Fundamental Physical Constants

Avogadro	$N_0 = 6.022\,141\,29 \times 10^{23}\ mol^{-1}$
Boltzmann	$k = 1.380\,6488 \times 10^{-23}\ J\,K^{-1}$
Planck	$h = 6.626\,0696 \times 10^{-34}\ Js$
Gas Constant	$\overline{R} = N_0\,k = 8.314\,4621\ J\,mol^{-1}\,K^{-1}$
Atomic Mass Unit	$m_0 = 1.660\,538\,921 \times 10^{-27}\ kg$
Velocity of light	$c = 2.997\,924\,58 \times 10^{8}\ ms^{-1}$
Electron Charge	$e = 1.602\,176\,53 \times 10^{-19}\ C$
Electron Mass	$m_e = 9.109\,382\,91 \times 10^{-31}\ kg$
Faradays Constant	$F = 96\,485.3365\ C\,mol^{-1}$
Proton Mass	$m_p = 1.672\,621\,77 \times 10^{-27}\ kg$
Gravitation (Std.)	$g = 9.806\,65\ ms^{-2}$
Stefan Boltzmann	$\sigma = 5.670\,373 \times 10^{-8}\ W\,m^{-2}\,K^{-4}$

Mol here is gram mol.

Prefixes

10^{-1}	deci	d
10^{-2}	centi	c
10^{-3}	milli	m
10^{-6}	micro	μ
10^{-9}	nano	n
10^{-12}	pico	p
10^{-15}	femto	f
10^{1}	deka	da
10^{2}	hecto	h
10^{3}	kilo	k
10^{6}	mega	M
10^{9}	giga	G
10^{12}	tera	T
10^{15}	peta	P
10^{18}	exa	E

Concentration

10^{-6}	parts per million ppm

Fundamentals of THERMODYNAMICS

Claus **Borgnakke** / Richard E. **Sonntag**

10th Edition

열역학

박영무 · 권오채 · 김홍집 · 박경근 · 신영기 · 이동찬 · 이성혁 · 장호명 옮김

WILEY

TEXT BOOKS
텍스트북스

Fundamentals of Thermodynamics, International Adaptation,
Claus Borgnakke, Richard E. Sonntag

ISBN 978-1-119-82077-2

옮긴이 소개

박영무 아주대학교
권오채 성균관대학교
김홍집 충남대학교
박경근 국민대학교
신영기 세종대학교
이동찬 서울시립대학교
이성혁 중앙대학교
장호명 홍익대학교

열역학 10th Edition

발행일 2026년 3월 1일 2쇄 발행
지은이 Claus Borgnakke, Richard E. Sonntag
옮긴이 박영무, 권오채, 김홍집, 박경근, 신영기, 이동찬, 이성혁, 장호명
발행인 임은정 발행처 (주)텍스트북스
주 소 서울시 영등포구 양평로 30길 14, 세종앤까뮤스퀘어 1109호
전 화 02-702-5725, 6 팩 스 02-702-5727 웹사이트 www.textbooks.co.kr
등록번호 제2022-000098호
ISBN 979-11-91679-12-0 93550

정가 **43,000원**

저자 서문

Preface

이번에 발간한 국제판(10판)에서도 이전 판들의 기본적인 목표를 유지하고 있으며 그중 주요한 것은 다음과 같다.

- 공학적인 관점을 유지하면서 고전 열역학의 종합적이고 엄밀한 설명을 제시하였다.
- 유체역학, 열전달, 그리고 통계 열역학과 같은 관련 과목의 학습에 기초를 제공하였다.
- 학생들이 공학 현장에서 열역학을 효과적으로 이용할 수 있도록 하였다.

이 책의 표현들은 세심하게 학생들을 지향하고 있다. 새로운 개념과 정의들은 처음 제기되는 문맥 속에 자연스러운 전개 과정으로 제시되도록 하였다. 10판에서는 열역학의 소개 부분을 대폭 새롭게 구성하였다. 1장에서부터 간단한 열역학 서론과 더불어 열역학 물성들, 즉 쉽게 측정할 수 있는 압력, 비체적, 그리고 온도들을 제시하였다. 2장에서는 측정 가능한 물성에 한하여 열역학 상태량표를 소개하였다. 내부 에너지와 엔탈피는 제1법칙 및 에너지 방정식과 연계하여, 엔트로피는 제2법칙과 연계하여, Helmholtz 함수와 Gibbs 함수는 열역학 관계식과 연계하여 소개하였다. 공학 현장의 많은 현실적인 예제들을 소개하여 학생들이 열역학을 이해하기 쉽도록 하였으며 각 장의 끝에 제시된 문제들은 각 장의 주제와 연관되도록 세심하게 분류하여 배치하였다. 특히 책의 전반부에 이전 판에 비하여 훨씬 많은 예제와 그림과 문제를 제시하였다. 각 장의 끝에는 그 장에서 학습한 내용의 요약을 제시하였으며 개념학습용 문제를 제시하여 학생들이 이해하는 데 도움이 되도록 하였다.

장들의 재구성과 개정

10판에서 많은 중요한 개정이 이루어졌다. 여러 가지 서술들을 간략하게 하였으며 이론에 대한 수학적 유도과정을 줄였다. 그러나 주제를 이해하는 데 중요한 유도과정은 유지하였다. 많은 예제들을 보다 간략하게 하였으며 각 장의 끝에 있는 응용부분을 강화하여서 실제 기계에서 일어나는 과정이나 기구들을 소개하고 이들을 해석하고 설계하는 지식을 강조하였다.

1장에서 물리학에서 얻은 가장 중요한 개념들과 열역학 해석에 필요한 물질들의 상태를 기술하는 열역학 물성에 대한 조건들을 수록하였다. 해석에 필요한 도구를 배울 수 있도록, 학습의 순서를 유지하였다. 순수 물질의 거동을 2장에 실었으며 고체, 액체, 그리고 기체 영역의 거동에 대한 기술을 조금 확장하였다. 이상기체 영역이 저밀도에서 증기 거동의 한계임을 보여 주는 설명과 새로운 그림들을 실었다. 열역학 물성 소프트웨어 CATT3는 수록하지 않았으나 이 책의 관련 웹사이트에 들어가면 이용할 수 있다.

3장에는 중요한 첫 개정내용이 있다. 우리가 사용하는 에너지원에 대하여 서술하였으며, 현대 사회에서 중요한 에너지 변환방식도 기술하였다. 재생에너지와 에너지의 최종단계에 대하여 함께 기술함으로써, 우리가 학습하는 모든 중요한 과정들과 이들의 상세한 내용에 대한 배경지식을 얻을 수 있게 하였다. 에너지 저장시스템과 에너지 변환 과정에 대한 간략한 설명을 각 과정에 대한 대표적인 수치와 함께 표로 제시하였다. 학생들은 이로부터 앞으로 학습할 많은 기구들에 대한 개괄적인 아이디어를 얻을 수 있다. 이러한 내용들은 에너지 방정식을 학습한 후에 3장의 후반부에 있는 공학 응용 절에서 다루고 있다. 이어지는 장들에서 열역학 과정이나 기구들에 대한 해석을 다루고 있으며 적절한 과제용 문제들을 수록하였다. 이러한 것들을 미리 제시하여 보여 줌으로써 이론의 필요성과 사용이 필요한 주제들을 공부해야 할 중요성을 미리 깨우쳐 줄 수 있다. 관련 범주에 들어가는 과제용 문제들을 제시하고 있는데, Wiely 웹사이트에서 구해 볼 수 있다. 이 문제들은 주로 에너지 변환과 보존과 관련된 주제들을 강조하였다.

질량, 운동량, 에너지 및 엔트로피 균형식은 기본 원리에 있어서 동일성을 보여줄 수 있도록 동일한 형태로 표현하였다. 이를 위하여 열역학 제1법칙과 제2법칙을 에너지 방정식 엔트로피 방정식이라고 표현하였다. 이 법칙들이 열역학뿐만 아니라 예외 없이 모든 분야 모든 상황에서 적용될 법칙들이며 기본 개념을 암기하는 것이 아니라 이해하는 것임을 강조하였다. 이 책에서 다루지 않은 지식이 필요한 특수한 경우가 분명히 있다. 이 중에 몇 가지는 열역학 관계식과 더불어 12장에서 다루었다.

일반적인 검사 체적에 적용하는 에너지 방정식은 이전의 판본에서 유지해 왔던 것과 같으며 다중 유동장치를 소개하는 절을 유지하고 있다. 여기서 학생들에게 다시 강조하는 것은 해석은 기본 원리를 탐구할 시스템에 적용하는 것이라는 사실이다. 이것은 일반 법칙을 적용하는 실제적인 수학식들은 시스템의 그림이나 개략도를 따라야 한다는 것을 의미한다. 이를 통하여 문제의 해석은 교재 속에서 적절한 공식을 찾는 질문이 아님을 알게 된다. 끝에 가서 약간의 열역학 표를 제시하여 학생들이 질량당 에너지 전달의 관점에서 유동시스템들의 상대적 크기에 대한 감을 얻을 수 있도록 하였다.

5장에서 열역학 제2법칙의 전개 과정을 이해할 수 있도록 Clausius 부등식을 실었다. 엔트로피 방정식의 일반성을 보이기 위하여 6장에서 몇 가지 예를 통하여 에너지 방정식과 엔트로피 방정식을 열기관과 열펌프에 적용하였다. 이렇게 함으로써 5장에 있는 제2법칙의 역사적 표현들을 엔트로피 방정식의 가정들과 절대온도 척도의 존재 정리로 대체하였다. Carnot 사이클 효율과 실제 기관의 효율이 Carnot 사이클보다 낮다는 것은 기본적인 일반 법칙들로부터 유도하였다. 그뿐만 아니라 고온 영역에서 저온 영역으로 가는 열전달의 방향은 양수의 엔트로피 생성을 요구하는 엔트로피 방정식으로부터 유도하였다. 이러한 것들은 일반적인 법칙들을 특수한 경우들에 적용하는 것을 보여 주는 예들이며, 이렇게 함으로써 열역학에 대한 학생들의 이해도를 높일 수 있을 것이다.

7장의 응용 절에서 에너지 보존과 효율을 개선하기 위한 도구로서 중간냉각기와 재열기를 추가하였다. 기구의 효율에 대하여서도 엔트로피 방정식의 적용 예로 다루었으며 이와 관련하여 30개의 연습문제들이 주어져 있다. 검사체적 해석의 일반적인 방법의 요약은 삭제하고 대신에 Wiely 웹사이트에서 볼 수 있도록 하였다.

8장의 엑서지의 내용은 수학적 식을 줄이고 사이클의 제2법칙 효율을 다루는 몇 가지 응용을 추가하였다. 응용문제들을 통하여 엑서지의 중요성을 이해할 수 있게 하였다. 엑서지에 대한 좀 더 자세한 것들은 10장에서 취급하였다.

사이클을 다루는 장들은 특수 사이클에 대하여 좀 더 자세히 다루었다. 이를 통하여 이론이 산업에서 실제 사용하는 시스템에 적용되는 것을 보여주었다. Stirling, Dual, Atkison 및 Miller 사이클 효율에 대한 표현들을 수록하고 이 사이클들의 효율이 압축비 및 팽창비와 관련이 있다는 것을 보였다.

12장의 상대 관계식은 혼합물의 퓨개서티와 희석의 영향을 포함하도록 개정하고 응용의 사례로서 표면 장력의 공학적 응용의 예를 소개하였다. 이번 개정에서 열역학 표를 개발하는 오래된 방법들 대신에 헬름홀츠 에너지에 기초한 방법을 소개하였다.

웹기반 학습자료

이 책에 대한 Wiely 웹사이트에서 많은 학습자료들을 볼 수 있다. 다음과 같은 자료들을 학생들이 접할 수 있으며 가르치는 교수님들을 위해서는 더 많은 자료들이 준비되어 있다.

열역학 기초에 대한 노트 기초적인 열역학 해석, 즉 일반 법칙(연속 방정식, 에너지 방정식, 엔트로피 방정식)과 기구 관련 식, 공정 관련 식 등과 같은 특정 식들을 설명하는 간단한 노트를 제공하고 있다. 이 노트는 전체 내용을 압축된 양식으로 제시하고 있으므로 학생들이 이 과목을 공부한 후 복습하거나 시험을 준비할 때 유용하게 사용할 수 있다.

검사체적의 일반적 해석 이 책 8판의 7장 끝에 수록하였던 검사체적의 단계적 해석 방법이다.

학습 예제들 모음집 이 자료는 학생들이 열역학 공부를 스스로 할 수 있도록 보충 자료들을 모아 놓은 것이다. 이 예제들에는 이 책에 제시된 것보다 더 자세한 풀이가 제시되어 있어서 학생들이 스스로 공부하는 데 큰 도움이 될 것이다. 이 책의 전체 내용을 포함할 수 있도록 각 장별로 8개의 SI 단위 문제들을 제시하고 있다.

'어떻게' 노트 이 책으로 공부하는 학생들이 자주 하는 질문들을 각 주제별로 자세한 답을 붙여서 제시하였다. 책에 싣기 어려운 질문들에는 이런 것들이 있다.

열역학표 B에서 R-410A의 상태를 어떻게 찾나요?
선형내삽은 어떻게 하나요?
에너지 방정식에 내부 에너지(u)를 사용해야 하나요, 아니면 엔탈피(h)를 사용해야 하나요?
언제 이상기체 법칙을 사용하나요?

교수용 자료 강의를 위한 PowerPoint 전체 노트가 있다. 대부분은 이 책의 내용을 옮긴 것이며 이상기체를 이용하여 재구성한 경우도 있다. 열역학 과목으로 제1 과정과 제2 과정으로 구분하여 제시한 강의계획안과 과제 문제들이 들어 있다. 그리고 1시간 중간시험과 2시간 기말시험용 표준 시험안을 열역학 I과 열역학 II 수업으로 구분하여 제시하였다.

보충 자료

교수용

본서를 교재로 사용하는 교수님들께는 다음과 같은 보충자료가 제공된다.

- 교수용 예비 문제
- 본서의 노트
- '어떻게' 노트

- SI 단위 문제의 해답집
- SI 단위 예비 문제의 해답집
- 연구 문제
- 시험문제 예시
- 강의 슬라이드
- CATT3
- 그림 모음집

학생용

본서를 사용하는 학생들에게 다음의 자료들이 제공된다.

- 본서의 노트
- '어떻게' 노트
- CATTS

본서의 보충자료들은 www.wiley.com에서 볼 수 있다. 이 자료들은 '관련 자료 링크'를 통하여 접근할 수 있다. 단, 본서를 주 교재로 사용하다는 것이 증빙되어야한다.

9판으로부터 계속된 특징들

내용 중 개념점검 질문을 제시

학생들이 제시된 내용을 생각하고 반추할 수 있도록 교재의 주요 절 속에 개념을 점검하는 질문을 배치하였다. 이 질문들은 학생들이 손쉽게 자기 테스트를 하거나 교수님들이 각 장 절을 마치면서 마무리 질문을 하는데 활용할 수 있도록 하였다. 대개의 질문은 책의 내용으로부터 곧바로 답을 얻을 수 있다. 그러나 대부분의 질문은 사실을 기억하는 것이 아니라 내용을 이해하는 것을 강조하고 있다.

각 장의 끝에 공학 응용 절을 제시

각 장의 마지막에 실은 '공학 응용' 절은 최근의 그림들과 사례들을 추가하여 보완하였다. 이 절의 의도는 그 장의 내용이 공학 현장에서 어떻게 이용되는지에 대한 유익한 정보를 주고 이 내용에 대한 학습 동기를 부여하는 것에 있다. 이 절에서 다루는 내용의 대부분은 식이나 이론 전개를 시도하지 않는 대신에 그 장의 내용이 공학 해석이나 설계에 활용되는 몇몇 실제 시스템에 관한 설명과 그림을 제시하였다. 이 장은 정밀하고 짧게 하였으며 관련 기기의 상세한 내용을 모두 설명하지는 않는다. 그러나 학생들이 비교적 짧은 시간 안에 응용에 관한 아이디어를 얻을 수 있도록 하였다.

각 장 끝에 주요 개념과 공식을 요약

각 장의 끝에 요약을 실어서 그 장에서 공부한 주요 개념을 핵심 단어에 유의하여 복습할 수 있게 하였다. 요약의 효과를 높이기 위하여 그 장을 공부한 학생들이 꼭 알아야 할 지식들을 제시하였다. 이 지식들은 개념학습용 문제들이나 과제용 문제들과 더불어 시험에 사용할 수도 있다. 주요 개념들이나 공식들은 참고할 수 있도록 요약 다음에 다시 제시되어 있다. 공식들 모음집은 Wiley의 웹사이트에서 얻을 수 있다.

개념학습용 문제

개념학습용 문제들을 각 장의 과제용 문제 앞에 제시하고 있다. 이 문제들은 내용 중에 제시되어 있는 개념점검 질문들과 유사하며 각 장의 학습을 안내하는 역할을 할 수 있다. 이 문제들은 과제용 문제들과 함께 그 장의 내용을 빨리 이해하는 데 도움을 줄 것이다. 이 문제들은 짧지만 특정 개념을 잘 드러내는 것들이다. 학생들은 이 문제의 질문들에 모두 답을 해 봄으로써 이 장이 제시하는 개념들에 대한 자신의 이해도를 평가하고 어느 내용을 더 공부해야 하는지를 판단할 수 있다. 이 문제들은 학습과제용 문제들과 함께 과제용으로 사용하기에도 적절하며 풀이집에도 소개되어 있다.

과제용 문제

새로운 문제들이 많이 추가되고 보완되었다. 많은 수의 개론적인 문제들을 통하여 그 장의 모든 내용을 충분하게 다루었으며 주어진 특정 분야를 쉽게 찾을 수 있도록 주제별로 분류하였으며 점차 복잡하고 관련도가 높아지는 순서로 제시하고 있다. 과제용 문제의 후반부에 제시되는 문제들은 산업계에서 실제로 일어나는 공정이나 사용되는 장치들과 관련된 것들이다. 이들은 보다 종합적인 응용 혹은 에너지 보존이라는 이름으로 분류하여 제시하고 복잡하고 긴 종합적인 문제들은 삭제하였다.

열역학표

작동 유체의 열역학표에 R-22의 대체 냉매인 **R-410A**와 자연 냉매인 이산화탄소를 실었다. 여러 가지 신물질의 상태량들이 상태량 소프트웨어에 들어있다.

취급 내용과 범위의 유연성

고전 열역학의 기초적이며 중요한 내용들을 상당히 포괄적으로 다루려고 노력하였다. 다양한 전문 분야에서 열역학의 응용을 공부하려는 사람들뿐만 아니라 재료공학, 표면현상공학, 플라즈마공학 및 극저온공학 등 보다 전문적인 열역학 분야를 공부하고자 하는 학생들도 이 책으로 적절한 준비를 할 수 있을 것이다. 많은 대학들에서는 모든 전공학과에서 배울 수 있도록 열역학 개론을 제공하고 있다. 이 책은 다양한 학과들이 열역학 개론서에서 다루기를 원하는 다양한 주제들을 실으려고 노력하였다. 그러나 특정 내용들은 선수과목이나 특별한 목적, 학습기간 및 학생들의 배경 등에서 차이가 크므로, 책의 후반부에 배치하였다. 이렇게 함으로써 이 책으로 학습할 내용을 정할 때 유연성이 있도록 하였다.

이 책에는 두 학기 연계 강의에 필요한 것 이상의 내용을 싣고 있으므로 다루고자 하는 내용을 유연하게 선택할 수 있다. 교수님들은 출판사의 웹사이트 www.wiley.com/college/borgnakke를 방문하면 강의 골격과 계획에 대한 유익한 자료는 물론 이 책의 오타에 대한 시정 등 최근에 올린 웹 자료를 얻을 수 있다.

감사의 말

미시간 대학교와 다른 많은 대학에서 보내 주신 제안, 의견, 격려에 감사드린다. 이러한 것들은 이전 판처럼 이번 판에서도 크게 도움이 되었다. 학부 학생들과 대학원 학생들도 특별한 도움이 있었다. 이들이 던진 질문의 관점들은 이 책의 많은 부분을 다시 쓰고 고치게 하였으며 이러한 질문이나 어려움을 예상하고 더 나은 표현 방식을 찾으려고 노력하게 하였다. 마지막으로 이 책이 나오기까지 필자의 아내와 다른 가족의 격려와 인내는 없어서는 안 되는 것이었다. 책을 쓴다는 중압감에도 불구하고 즐거운 마음으로 작업을 할 수 있었던 것은 이들의 덕분이다. 특별한 감사의 말은 이 책을 미리 읽어 보고 수정과 보완에 대한 의견을 주신 다른 대학의 교수님들께 드려야겠다. 이들의 이름은 다음과 같다.

Ruhul Amin, *Montana State University*
Edward E. Anderson, *Texas Tech University*
Cory Berkland, *University of Kansas*
Eugene Brown, *Virginia Polytechnic Institute and State University*
Sung Kwon Cho, *University of Pittsburgh*
Sarah Codd, *Montana State University*
Ram Deviredy, *Louisiana State University*
Fokion Egolfopoulos, *University of Southern California*
Harry Hardee, *New Mexico State University*
Hong Huang, *Wright State University*
Satish Ketkar, *Wayne State University*
Boris Khusid, *New Jersey Institute of Technology*
Joseph F. Kmec, *Purdue University*
Roy W. Knight, *Auburn University*
Daniela Mainardi, *Louisiana Tech University*
Randall Manteufel, *University of Texas, San Antonio*
Harry J. Sauer, Jr., *Missouri University of Science and Technology*
J. A. Sekhar, *University of Cincinnati*
Ahmed Soliman, *University of North Carolina, Charlotte*
Reza Toossi, *California State University, Long Beach*
Thomas Twardowski, *Widener University*
Yanhua Wu, *Wright State University*
Walter Yuen, *University of California at Santa Barbara*

편집인 Chris Nelson에게 개정판을 내기까지 그의 도움과 격려에 감사드린다.

이 책이 자신이 전문역량을 키우는 과정에서 매우 중요한 도전과 기회를 맞이한 학생들에게 열역학을 효과적을 가르치는 데 쓰임이 되기를 희망한다. 여러분들의 비판과 지적 그리고 제안들에 감사드리며 많은 의견들을 기대합니다. 언제든지 claus@umich.edu를 통하여 의견을 주시기 바랍니다.

CLAUS BORGNAKKE
Ann Arbor, Michigan
October 2018

역자 서문

Preface

이 책은 미국 미시간 대학교의 고 Sonntag 교수의 “Fundamentals of Thermodynamics”에서 시작해서 Sonntag 교수의 타계 이후 Borgnakke 교수의 주도하에 벌써 10판에 이를 만큼 세계의 유수한 많은 대학들에서 교재로 사용하고 있다.

강의실에서의 충분한 질문과 토론, 학생들의 탐구능력과 학습의 효율성이라는 세 가지 측면을 고려하여 우리의 글로 쓰인 교재가 열역학 학습에 도움이 되기를 기대하는 하는 마음으로 이 책을 번역하였다. Sonntag 교수에게 직접 박사 혹은 석사 과정의 지도를 받고 국내의 대학에서 여러 해 동안 열역학을 강의한 박영무, 박경근, 장호명 그리고 김영일 교수가 뜻을 같이 하여 번역한 4판에서 6판까지의 번역본이 여전히 기초가 되었으며, 9판에 이어서 10판 번역에도 그동안의 번역에서 얻은 전문용어 사용의 일관성과 통일성의 바탕 위에 권오채, 김홍집, 신영기, 이성혁, 이동찬 교수님이 동참하였다.

그동안 여러 차례의 번역을 통해 교재의 내용이 개선되고 보완되어 왔지만, 10판은 Borgnakke 교수가 서문에서 지적하고 있듯이 이 책의 실질적인 저자였던 Richard. E. Sonntag 교수님이 별세하신 후, 자신의 생각을 보다 더 도입하여 개정한 책이다. Borgnakke 교수는 이 책에서 정통적인 열역학을 다루면서 열역학이 기초를 제공하고 있는 분야들, 즉 열전달, 유체역학 연소공학 등에서 열역학의 응용 측면을 강조하였다.

이러한 측면에서 이 책의 특징은 첫째, 공학적인 관점을 유지하면서 고전 열역학의 종합적이고 엄밀한 설명을 제시하는 동시에 유체역학, 열전달, 연소공학 같은 과련 과목의 학습에 기초를 제공하고 학생들이 공학 현장에서 열역학을 효과적으로 이용할 수 있도록 기술되어 있다. 특히 10판에서는 질량, 에너지, 엔트로피 방정식들을 물리량의 균형식이라는 기본원리의 입장에서 기술하고, 그 개념은 단순히 암기하는 것이 아니라 이해하는 데 중심을 두고 있다. 이러한 의미에서 이 책은 열역학 제1법칙과 제2법칙이라는 용어뿐만 아니라 에너지 방정식과 엔트로피 방정식이라는 용어를 사용하여 열역학과 관련 열유체공학 분야와의 연관성을 강조하고 있다.

둘째, 개념의 이해와 학습을 강조하고 있다. 이 책에서는 새로운 개념을 소개한 후 적절한 곳에서 학생들이 중요한 개념에 대한 이해를 점검하는 질문들을 제시하고 있다. 아울러 해당 장의 학습 내용을 간단하게 확인할 수 있도록 각 장에 개념학습용 문제를 제시하고 있다. 학생들은 이 질문과 문제를 통하여 자신들의 이해 수준을 평가할 수 있으며 내용의 어느 부분을 더 공부할지를 판단할 수 있다.

셋째, 많은 수의 예제와 연습문제들을 개념학습문제, 과제용, 복습용 그리고 탐구형 등으로 구분하여 제시함으로써 학생들이 각 장의 내용 전반을 체계적으로 이해하고 연습할 수 있도록 저술되었다. 또 학습 내용에 관련된 문제를 쉽게 파악할 수 있도록 문제들을 장 절별로 분리하여 제시하고 있으며, 각 장의 문제의 후반부에서 종합적인 문제를 많이 수록하여 학생들의 종합적인 해석 및 설계 능력을 배양할 수 있도록 저술되었다. 특히 컴퓨터, 설계 및 탐구형 문제는 학생들이 설계 과정에서 겪는 의사결정과정을 연습할 수 있도록 저술되었다. 이러한 방향은 현재 진행되고 있는 공학교육혁신과 공학인증 사업의 설계 교육 강화라는 목표에 부합하는 중요한 지향점이다.

넷째, 각 장의 끝에 공학 응용 절을 제시하여 학습 내용이 공학현장에서 어떻게 이용되는지를 실례를 통하여 볼 수 있게 하였다. 학생들은 비교적 짧은 시간 안에 열역학의 응용에 관한 아이디어를 얻을 수 있으며 교수님들은 이 절을 이용하여 학생들에게 그 장의 내용을 학습하는 동기를 부여할 수 있다.

10판에서도 표준화된 과학기술 전문용어를 사용하려고 노력하였다. 아울러 저자들의 표현에 가장 근접하게 옮기면서도 우리말의 표현이 자연스럽게 되도록 노력하였다. 고유명사는 원어사용을 원칙으로 하여 학생들의 관련 자료 구글링에 도움을 주고자 하였다. 보통명사는 모두 번역하였으며 필요에 따라 괄호 안에 원어를 병기하였다. 여러 차례의 번역에도 불구하고 아직까지 문화적 배경이 다른 언어를 번역하는 일이 매우 어렵다는 사실을 새삼 느낀다. 미숙하거나 잘못된 표현 그리고 오류 등에 대한 독자 여러분들의 지적과 비판을 겸허하게 받아들여 앞으로 지속적으로 수정 보완해 가고자 하니 대표 역자인 박영무(youngmoo@ajou.ac.kr)나 다른 공역자들을 통하여 주시면 감사히 받고자 한다.

Richard. E. Sonntag 교수님의 뜻을 이어서 이 책을 개정하고 번역에도 관심을 보여 주신 Borgnakke 교수에게 감사드리며 편집과 출판에 이르기까지 수고를 아끼지 않은 텍스트북스의 여러분들께 감사드린다.

2023년 2월
대표 역자 박영무
아주대학교 율곡관 연구실에서

차례

Contents

4. 검사 체적에 대한 에너지 방정식 121

5. 열역학 제2법칙 159

6. 엔트로피 195

7. 검사 체적에 대한 엔트로피 해석 235

8. 엑서지 265

9. 기체 동력 및 냉동 시스템 293

10. 증기 동력 및 냉동 시스템 337

11. 기체 혼합물 377

12. 열역학 상태량 관계식 407

13. 연소 449

14. 상평형 및 화학 평형의 개요 491

15. 압축성 유체 519

기호

Symbols

a	가속도(acceleration)
A	면적(area)
a, A	단위 질량당 Helmholtz 함수와 총 Helmholtz 함수 (specific Helmholtz function and total Helmholtz function)
AF	공기연료비(air-fuel ratio)
B_S	단열 체적률(adiabatic bulk modulus)
B_T	등온 체적률(isothermal bulk modulus)
c	음속(velocity of sound)
c	질량 분율(mass fraction)
C_D	송출 계수(coefficient of discharge)
C_p	정압 비열(constant-pressure specific heat)
C_v	정적 비열(constant-volume specific heat)
C_{po}	영압력 정압 비열(zero-pressure constant-pressure specific heat)
C_{vo}	영압력 정적 비열(zero-pressure constant-volume specific heat)
COP	성능계수(coefficient of performance)
CR	압축비(compression ratio)
e, E	단위 질량당 에너지와 총에너지(specific energy and total energy)
EMF	기전력(electromotive force)
ER	팽창비(expansion ratio)
f	퓨개시티(fugacity), 유사압력(pseudo pressure)
F	패러데이 상수(Faradays constant)
F	힘 혹은 응력(force, also tension)
FA	연료공기비(fuel-air ratio)
g	중력 가속도(acceleration due to gravity)
g, G	단위 질량당 Gibbs 함수와 총 Gibbs 함수(specific Gibbs function and total Gibbs function)
h, H	단위 질량당 엔탈피와 총엔탈피(specific enthalpy and total enthalpy)
HR, HP	반응물 엔탈피, 생성물 엔탈피

HV	발열량(heating value)
i	전류(electrical current)
i, I	단위 질량당 비가역성, 총 비가역성(specifc and total irreversibility)
k	열전도도(conductivity)
k	비열비(specific heat ratio: C_p/C_v)
K	평형 상수(equilibrium constant)
ke, KE	단위질량당 운동에너지, 총 운동에너지(specific and total kinetic energy)
L	길이(length)
m	질량(mass)
$\dot{m}$	질량 유량(mass flow rate)
M	분자량(molecular mass)
M	마하수(Mach number)
n	몰수(number of moles)
n	폴리트로픽 지수(polytropic exponent)
P	압력(pressure)
P_i	혼합물 중 성분 i의 부분압(partial pressure of component i in a mixture)
pe, PE	단위 질량당 위치에너지, 총 위치에너지(specific and total potential energy)
P_r	환산 압력 P/P_c(reduced pressure P/P_c)
P_r	기체표에 사용되는 상대 압력(relative pressure as used in gas tables)
q, Q	단위 질량당 열전달과 총열전달(heat transfer per unit mass and total heat transfer)
$\dot{Q}$	열전달률(rate of heat transfer)
Q_H, Q_L	고온 물체와 저온 물체의 열전달: 부호는 문맥으로 결정함(heat transfer with high-temperature body and heat transfer with low-temperature body; sign determined from context)
R	기체 상수(gas constant)
$\overline{R}$	일반 기체 상수(universal gas constant)
s, S	단위 질량당 엔트로피와 총엔트로피(specific entropy and total entropy)
S_{gen}	엔트로피 생성(entropy generation)
$\dot{S}_{gen}$	엔트로피 생성률(rate of entropy generation)
t	시간(time)
T	온도(temperature)
T_r	환산 온도 T/T_c(reduced temperature T/T_c)
u, U	단위 질량당 내부 에너지와 총내부 에너지(specific internal energy and total internal energy)
v, V	비체적과 총체적(specific volume and total volume)
v_r	기체표에 사용되는 상대 비체적(relative specific volume as used in gas tables)
V	속도(velocity)
w, W	단위 질량당 일과 총일(work per unit mass and total work)
$\dot{W}$	일률, 즉 동력(rate of work, power)
w^{rev}	두 상태 간의 단위질량당 가역일(specific reversible work between two states)
x	건도(quality)
y	기체 상태 몰분율(gas-phase mole fraction)
y	추출비(extraction fraction)

Z	높이(elevation)
Z	압축성 인자(compressibility factor)
Z	전하(electrical charge)

그리스 문자

α	잔류 체적(residual volume)
α	무차원 Helmholtz 함수 a/RT (dimensionless Helmholtz function a/RT)
α_p	체적 팽창 계수(volume expansivity)
β	냉동기의 성능 계수(coefficient of performance for a refrigerator)
β'	열펌프의 성능 계수(coefficient of performance for a heat pump)
β_S	단열 압축률(adiabatic compressibility)
β_T	등온 압축률(isothermal compressibility)
δ	무차원 밀도(dimensionless density ρ/ρ_c)
η	효율(efficiency)
μ	화학 퍼텐셜(chemical potential)
ν	양론 계수(stoichiometric coefficient)
ρ	밀도(density)
σ	표면장력(F/L), 표면에너지(E/A)[surface tension (F/L), surface energy (E/A)]
σ	스테판 볼츠만 상수(Stefan-Boltzman constant)
τ	무차원 온도 변수(dimensionless temperature variable T_c/T)
τ_0	무차원 온도 변수(dimensionless temperature variable $1 - T_r$)
Φ	당량비(equivalence ratio)
ϕ	상대 습도(relative humidity)
ϕ, Φ	엑서지, 검사 질량의 가용 에너지(exergy or availability for a control mass)
ψ	유동 가용성(specific exergy, flow availability)
ω	절대 습도(습도비), 즉 비습도(humidity ratio or specific humidity)
ω	이심 인자(acentric factor)

하첨자

c	임계 상태량(property at the critical point)
c.v.	검사 체적(control volume)
e	검사 체적에서 나가는 물질의 상태(state of a substance leaving a control volume)
f	형성(formation)
f	포화 액체의 상태량(property of saturated liquid)
fg	포화 증기와 포화 액체의 상태량 차이(difference in property for saturated vapor and saturated liquid)
g	포화 증기의 상태량(property of saturated vapor)
i	검사 체적으로 들어가는 물질의 상태(state of a substance entering a control volume)
i	포화 고체의 상태량(property of saturated solid)
if	포화 액체와 포화 고체의 상태량 차이(difference in property for saturated liquid and saturated solid)

ig	포화 증기와 포화 고체의 상태량 차이 (difference in property for saturated vapor and saturated solid)
r	환산 상태량(reduced property)
s	등엔트로피 과정(isentropic process)
0	주위의 상태량(property of the surroundings)
0	정체 상태량(stagnation property)

상첨자

—	소문자에서 위 막대는 몰 기준 상태량을 나타냄(*V, H, S, U, A, G*에서 위 막대는 부분 몰 상태량을 나타냄)[bar over symbol denotes property on a molal basis (over *V, H, S, U, A, G*, the bar denotes partial molal property)]
°	표준 상태의 상태량(property at standard-state condition)
*	이상기체(ideal gas)
*	노즐 목에서의 상태량(property at the throat of a nozzle)
irr	비가역(irreversible)
r	실제 기체(real gas part)
rev	가역(reversible)

제 1 장

개요

Introduction and Preliminaries

열역학은 에너지 저장과 에너지 변환 과정에 중점을 둔 에너지 과학이다. 우리는 일정 질량의 물질이 가열/냉각되거나 압축/팽창될 때, 여러 가지 물질에 나타나는 영향을 공부할 것이다. 이러한 과정 동안 물질에 혹은 물질로부터 에너지가 전달되고, 그래서 온도, 압력, 부피와 같은 상태량으로 표현되는 물질의 상태가 변하게 된다. 우리는 일상생활에서 이와 유사한 과정들을 이용한다. 커피나 차를 만들기 위해 물을 가열하거나 냉수나 얼음을 만들기 위해 냉장고에서 물을 냉각한다. 자연에서는 바다와 호수에서 물이 증발하여 이를 이동시킬 수 있는 공기와 섞이고, 나중에 이 물은 비(액체 상태의 물)나 눈(고체 상태의 물)으로서 공기로부터 분리되어 나온다. 우리는 이러한 과정을 자세히 분석하면서, 물리적으로 단순하되 산업 혹은 자연에서의 전형적인 실제 상황의 분석에 초점을 맞출 것이다.

몇 가지 기본 과정들을 조합함으로써, 보다 복잡한 장치 혹은 전체 시스템—예를 들어 우리가 사용하는 전력의 대부분을 생산하는 기본 시스템인 단순 증기 발전소—을 나타낼 수 있다. 전력과 지역난방을 위한 온수를 생산하는 발전소는 그림 1.1에 보인 것처럼 석탄을 연소시킨다. 석탄은 배로 공급되고, 지역난방 배관은 지하터널에 설치되므로 그림에 보이지 않는다. 그림 1.2에 보인 것과 같은 발전소의 단순한 개략도를 이용하면 보다 기술적인 묘사가 가능하고 이해가 쉽다. 여기에는 발전소에서 나오는 전력, 지역난방을 위한 온수, 연소되는 석탄에서 나오는 슬래그(slag), 재(ash)나 석고(gypsum) 같은 기타 물질 등 다양한 부산물들이 포함된다. 마지막 산출물은 굴뚝에서 나오는 배기가스이다.

또 다른 일련의 과정들을 이용하면 냉장고를 잘 설명할 수 있다. 냉장고는 음식물을 냉각하거나 수분의 유출을 최소화되도록 조직을 냉동시켜 시행하는 극저온 수술을 위한 극저온 유체 생산에 사용된다. 이러한 시스템에 대한 개략도를 그림 1.3에 나타내었다. 이와 동일한 시스템은 여름철에는 건물을 냉방하고 겨울철에는 난방하는 두 가지 목적을 가지는 에어컨 기능을 할 수 있는데, 난방을 목적으로 사용될 때 히트 펌프(heat pump)라고 부른다. 수송 응용 분야로서, 지상 운송용으로 사용되는 휘발유 엔진과 디젤 엔진 그리고 비행기에 사용되는 제트 엔진의 가스 터빈에 대한 단순한 모델도 만들 수 있다. 이러한 시스템에서 질량과 부피의 감소가 최대 관심사이다. 이러한 것들은 열역학적 이론을 이용해 우리가 분석할 수 있는 익숙한 시스템의 몇몇 예들이다. 열역학을 배우고 이해하게 되면, 익숙하지 않은 다른 경우들을 분석하는 데까지 확장하여 적용하는 것이 가능하다.

기본적인 과정과 시스템에 대한 서술을 넘어서, 열역학은 기체의 혼합물인 습공기, 석탄, 석유, 혹은 천연가스를 태우는 연료의 연소—거의 모든 발전 장치에서 사용되는 화학 및 에너지 변환 과정임—와 같은

그림 1.1 ▸ 덴마크 Esbjerg의 동력 발전소(덴마크 Dong Energy A/S 제공).

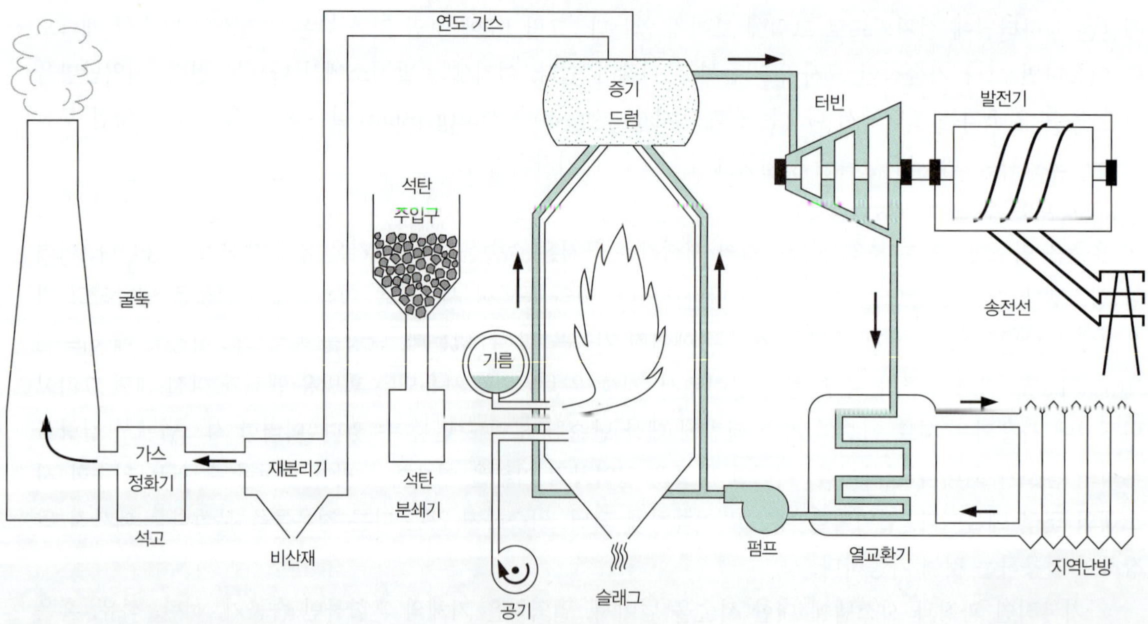

그림 1.2 ▸ 증기 동력 발전소의 개략도.

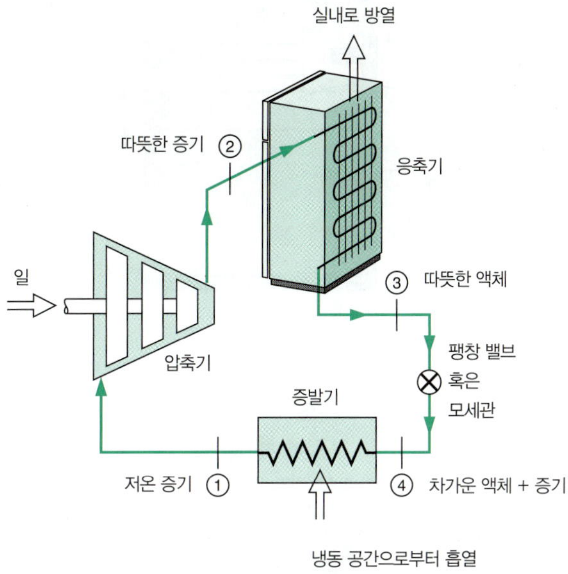

그림 1.3 ▸▸ 냉동기의 개략도.

특별한 상황에 대한 적용에까지 확장된다. 이 외에도 많은 적용 분야가 있으며, 이는 분야별 전문서적을 통해 학습할 수 있다. 공학자가 다루는 모든 과정들은 환경에 영향을 미치기 때문에, 우리는 천연자원의 사용을 최적화하고 환경에 미치는 부정적 영향을 최소화할 수 있는 방법을 반드시 알아야 한다. 이러한 이유로, 과정과 장치에 대한 효율의 취급은 현대의 과학적 분석에서 매우 중요하고, 시스템의 성능과 운전을 공학적으로 고려하는 데 필요한 지식이다.

열역학 이론의 적용을 다루기에 앞서, 열역학적 분석에 필요한 몇 가지 기본 개념과 정의를 다루고, 물리학과 화학으로부터 필요한 내용을 살펴본다.

1.1 열역학 시스템과 검사 체적

열역학 시스템(thermodynamic system)은 연구 대상인 일정량의 물질을 포함하는 장치 또는 이러한 장치들의 조합이다. 좀 더 정확히 정의하면 **검사 체적**(control volume)을 선정하여 검사면(control surface) 내에 질량과 장치가 포함되도록 한다. 검사 체적 외부의 모든 것을 주위(surroundings)라고 하고, 검사 체적과 주위를 분리하는 면을 검사면이라 한다. 검사면은 질량 유동(mass flow)에 대하여 개방(open)되어 있을 수도 있고 밀폐(closed)되어 있을 수도 있다. 에너지는 일과 열의 형태로 검사면을 통과할 수 있다. 경계(boundary)는 정지해 있을 수도 있고 움직일 수도 있다. 검사면이 질량 유동에 대하여 밀폐되어 있어 질량이 검사 체적으로 유입 또는 유출될 수 없을 때, 이를 **검사 질량**(control mass)이라 하며, 이 검사 질량에는 항상 동일한 물질이 들어 있다.

그림 1.4에서 실린더 안에 들어 있는 기체(gas)를 둘러싸는 검사면을 설정하여 그 기체를 검사 체적으로 선정하면 이것은 검사 질량이 된다. Bunsen 버너를 실린더 아래에 놓고 가열하면 기체의 온도가 상승하며, 피스톤은 위로 움직이게 된다. 피스톤이 올라감에 따라 검사 질량의 경계도 움직인다. 앞으로 살펴보겠지만 이 과정 중에 일(work)과 열(heat)은 검사 질량의 경계를 통과한다. 그러나 검사 질량을 구성하는 물질은 항상 식별이 가능하며 일정하다.

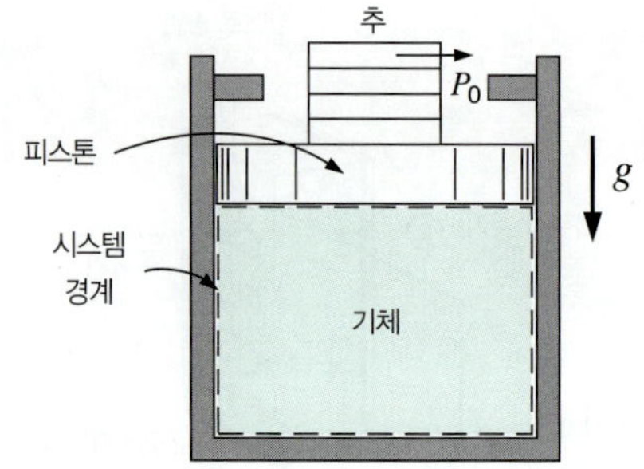

그림 1.4 ▸ 검사 질량의 예.

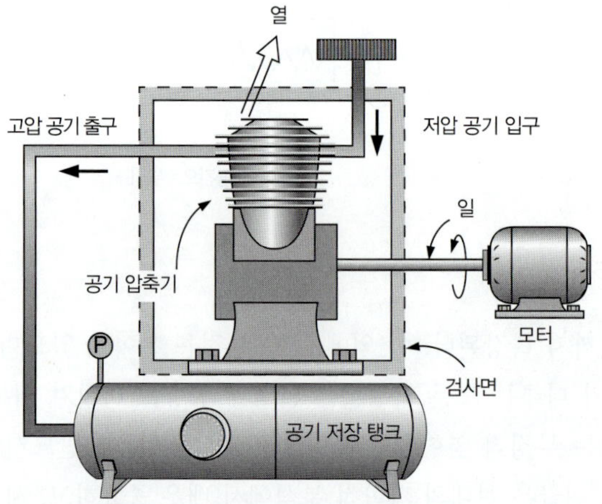

그림 1.5 ▸ 검사 체적의 예.

고립 시스템은 어떠한 방식으로든 주위로부터 영향을 받지 않으므로 질량, 열, 또는 일이 시스템의 경계를 통과하지 않는다. 많은 경우, 그림 1.5에 보인 것처럼 질량이 들어오고 나가는 공기 압축기 같은 장치에 대하여 열역학 해석을 하게 된다. 공기 압축기의 실제 시스템에는 그림 1.20에서 보듯이 저장 탱크가 있다. 이 시스템을 해석하기 위해서, **검사면**(control surface)이라고 부르는 표면으로 압축기를 둘러싸는 검사 체적을 설정한다. 이 검사면을 통하여 열과 일뿐만 아니라 질량과 운동량이 전달될 수 있다.

좀 더 일반적인 검사면을 이용하여 검사 체적을 정의하며, 검사 체적으로 질량이 유입 또는 유출될 수 있다. 특별하게 질량의 출입이 없는 검사 질량에서는 그 이름과 같이 항상 질량이 일정하다. 검사 질량 또는 검사 체적에 따른 해석 기법의 차이는 4장에서 상세히 다루게 된다. 때로는 (질량이 일정한) **밀폐 시스템**(closed)과 (질량의 출입이 있는) **개방 시스템**(open system)이라는 용어를 사용하여 구별하기도 한다. 이 책에서는 질량, 장치, 또는 장치들의 조합을 일반적으로 그리고 막연히 기술할 때에는 **시스템**(system)이라는 용어를 사용하며, 시스템을 더 정확히 정의할 때에는 검사 체적 혹은 검사 질량이라는 용어를 사용한다. 열역학 제1법칙과 제2법칙을 살펴보는 순서는, 먼저 검사 질량을 대상으로 하고 그 다음에 더 일반적인 검사 체적을 대상으로 하고자 한다.

1.2 거시적 관점과 미시적 관점

시스템의 거동은 거시적(macroscopic) 관점 또는 미시적(microscopic) 관점으로 관찰할 수 있다. 먼저 한 시스템을 미시적 관점으로 간략히 살펴보자. 대기 온도와 대기 압력의 단원자 분자가 들어 있는 한 변의 길이가 25 mm인 정육면체를 시스템이라 하면, 주어진 체적 안에는 대략 10^{20}개의 원자가 있다. 한 원자의 위치를 규명하려면 세 개의 좌표 값을 기술해야 하며, 속도를 규명하려면 세 방향의 속도 성분을 기술해야 한다.

따라서 미시적 관점으로 이 시스템의 거동을 완전하게 기술하려면 최소한 6×10^{20}개의 식을 다루어야 하는데, 실제로 이 계산은 대형 컴퓨터로도 불가능하다. 그러나 비교적 쉽게 계산할 수 있도록 식의 수와 변수의 수를 줄일 수 있으며 여기에는 두 가지 접근 방법이 있다. 한 가지 방법은 통계적 접근 방법이다. 통계 원리와 확률 이론에 기초하여 대상이 되는 모든 입자의 평균(average)값을 사용하는 것이다. 이러한 방법은 보통 원자의 모델과 관련이 있으며, 운동 이론(kinetic theory)과 통계 역학(statistical mechanics)이란 학문이 접근하는 방법이다.

상대적으로 쉽게 다룰 수 있도록 변수의 수를 줄이는 다른 방법은 고전 열역학의 거시적 관점과 관련이 있다. 거시적이라는 용어가 의미하듯이, 많은 입자의 집단(gross) 효과 또는 평균 효과를 취급하게 된다. 이러한 효과는 우리의 감각으로 감지할 수 있으며 기기로 측정할 수 있다. 그런데 실제로 감지하거나 측정하는 것은 많은 분자들의 시간 평균(time-average) 효과이다. 예를 들어 용기 안의 기체가 벽면에 가하는 압력을 생각해 보자. 압력은 분자가 벽에 충돌할 때 분자의 운동량이 변화하면서 발생한다. 그러나 거시적 관점에서 우리의 관심 대상은 각 입자의 작용이 아니라 주어진 면적에 작용하는 시간 평균 힘이며, 이 힘은 압력계로 측정할 수 있다. 실제로 이러한 거시적 관측은 물질의 본질에 대한 가정과는 전혀 무관하다.

이 책에 수록한 이론은 거시적 관점으로 전개하고 있으나, 내포된 물리 현상에 대한 이해를 돕기 위해 미시적 관점의 중요성에 대한 몇 가지를 살펴보고 있다. R. E. Sonntag와 G. J. Van Wylen의 *Introduction to Thermodynamics: Classical and Statistical*에서는 미시적 관점과 통계적 관점의 열역학을 다루고 있다.

연속체 접근법에 관해서 몇 가지 언급이 필요하다. 우리의 관찰 대상은 보통 분자의 크기에 비하여 부피가 매우 크고, 관찰시간은 분자 간 충돌 주기에 비하여 매우 길다. 이러한 이유로, 우리는 관찰하는 동안 극도로 많은 상호작용이 일어나는 매우 많은 분자들을 다루게 된다. 우리는 이러한 시스템을 **연속체**(continuum)라고 부르고 체적 안에 질량이 균일하게 분포되어 있다고 여긴다. 물론 이러한 개념은, 고진공 기술에서 사용되는 용기에서처럼, 분자들의 평균자유 이동거리(mean free path)가 용기 크기에 접근하면 적용되지 않는다. 그러나 많은 공학적 분석에서 연속체 가정은 타당하고 편리하며, 거시적 관점과 일치한다.

1.3 물질의 상태와 상태량

주어진 질량의 물이 있을 때, 이 물은 여러 가지 형태로 존재할 수 있다는 것을 알고 있다. 처음에 액체(liquid)인 물을 가열하면 증기(vapor)가 되고, 냉각하면 고체(solid)가 된다. 즉 물질은 서로 다른 **상**(phase)으로 존재할 수 있으며, 상은 '공간적으로 균일한 물질'이라고 정의한다. 두 개 이상의 상이 함께 존재할 때, 각 상은 상경계(phase boundary)에 의해 서로 구분된다. 각 상에서 물질은 여러 압력과 온도로 존재할 수 있는데, 열역학 용어로 여러 **상태**(state)로 존재할 수 있다고 한다. 상태는 관측 가능한 거시적 **상태량**(property)으로 확정하거나 기술할 수 있다. 우리에게 익숙한 상태량으로는 온도, 압력, 밀도가 있고, 다른 상태량들은 차차 소개한다. 주어진 상태에서 물질의 각 상태량 값은 유일하며 명확하다. 주어진 상태에서 상태량의 값은 항상 일정하며, 물질이 어떻게 그 상태에 도달하는가와 무관하다. 상태량은 시스템의 상태를 결정하는 양이라고 할 수 있으며, 시스템이 주어진 상태에 도달한 경로(즉 이전의 이력)와는 무관하다. 역으로 말하면, 상태는 상태량으로 지정하거나 기술한다. 추후에 물질의 독립 상태량의 수, 즉 물질의 상태를 결정하는 데 필요한 상태량의 최소 개수를 살펴보기로 한다.

열역학 상태량은 **강성적 상태량**(intensive property)과 **종량적 상태량**(extensive property)의 두 가지로 구분할 수 있다. 강성적 상태량은 질량과 무관하고 종량적 상태량은 질량에 직접 비례한다. 주어진 상태의 물질을 두 부분으로 이등분하였을 때 각 부분의 강성적 상태량은 처음과 같으나 종량적 상태량은 처음의 절반이 된다. 압력, 온도 및 밀도는 강성적 상태량의 예이며, 질량과 전체 체적은 종량적 상태량의 예이다. 비체적(specific volume)과 같이 단위 질량당 종량적 상태량은 강성적 상태량이다(1.6절 참고).

물질의 상태량뿐만 아니라 시스템의 상태량을 종종 언급할 것이다. 시스템의 상태량은 전체 시스템에 걸쳐 의미가 있는 상태량을 뜻하며, 이는 시스템이 평형(equilibrium)에 있다는 것을 암시한다. 예를 들어 그림 1.4에 있는 시스템(검사 질량)을 구성하는 기체가 열평형(thermal equilibrium)에 있다고 하면, 전 시스템에 걸쳐 온도는 같으며, 이때 시스템의 상태량으로 온도를 말하게 될 것이다. 역학 평형(mechanical equilibrium)도 생각할 수 있는데, 이는 압력과 관계가 있다. 시스템이 역학 평형 상태에 있다면, 시스템이 주위와 고립되어 있는 한, 시스템 안의 어떠한 위치에서도 압력이 시간에 따라 변화하지 않는다. 한편 중력의 영향으로 압력은 높이에 따라 변화할 것이다. 그러나 많은 열역학 문제에서 높이에 따른 압력의 변화는 작아서 무시할 수 있다. 화학 평형(chemical equilibrium)도 중요한 분야이며 14장에서 살펴본다. 가능한 모든 상태 변화에 대해 시스템이 평형 상태에 있을 때, 그 시스템은 **열역학 평형**(thermodynamic equilibrium)에 있다고 한다.

시스템이 열역학 평형상태에 있을 때, 그 시스템 상태는 상태량으로 정의될 수 있지만 많은 강성적 상태량과 종량적 상태량들을 가질 수도 있다. 그리고, 이러한 상태량들은 실제 현상에서 상호의존적이거나 독립적일 수 있다. 따라서, 열역학 평형에 있는 시스템의 상태를 완벽하게 정의하기 위해 최소 몇 개의 상태량들이 명시되어야 할까? 또한, 우리는 이 명시된 상태량들을 가지고 다른 상태량들을 결정할 수 있다. 우리는 상태가정을 통해 이 질문의 답을 얻을 수 있다. 상태가정이란, 단순압축성 시스템(simple compressible system)에서 그 시스템 상태를 완벽하게 정의하기 위해서는 두개의 독립적인 강성적 상태량만 있으면 충분하다는 것이다. 이러한 두 개의 독립적인 강성적 상태량들은 다른 모든 강성적 상태량들을 결정할 수 있다. 여기에서, **단순압축성시스템**은 자성, 중력, 표면장력, 전기적효과, 운동의 효과 등이 무시될 수 있거나 존재하지 않는 시스템을 의미한다.

1.4 과정과 사이클

한 개 또는 그 이상의 시스템 상태량이 변화하면 상태가 변화한다고 말한다. 예를 들어 그림 1.6에서 크랭크가 움직일 때 더 큰 실린더 체적을 제공하기 위해 피스톤이 움직이면서 압력이 감소하고 비체적이 증가하므로, 상태가 변화한다. 시스템이 거쳐 가는, 상태의 연속적인 경로를 **과정**(process)이라고 한다.

시스템의 상태가 변하는 동안의 평형에 대해 생각해보자. 그림 1.6에서 피스톤이 움직이는 순간 역학 평형이 파괴된다. 그 결과, 기계적 평형이 회복될 때까지 부피 및 압력이 변화한다. 이때 다음과 같은 의문이 생긴다: 상태량은 평형에 있는 시스템의 상태를 기술한다. 그러나 평형이 파괴될 때에만 실제 과정이 일어나므로, 과정 중에는 시스템의 상태를 어떻게 기술할 것인가? 이 질문에 답하기 위한 첫 단계로 **준평형 과정**(quasi-equilibrium process)이라는 이상적인 과정을 정의한다. 준평형 과정은 시스템이 열역학 평형에서 벗어난 정도가 매우 작은 과정이며, 따라서 준평형 과정 중에 시스템이 거쳐 가는 모든 상태를 평형 상태로 간주할 수 있다. 실제로 많은 과정이 준평형 과정에 가까우며 그렇게 취급해도 본질적으로 크게 틀리지 않는다. 피스톤이 천천히 움직인다면 그 과정을 준평형 과정으로 간주할 수 있다. 반면에 피스톤이 빠르게 움직이면 가스 내에 불균일한 압력 분포가 있게 될 것이다. 이러한 과정은 비평형(nonequilibrium) 과정이며, 상태가 변하는 동안에 시스템이 평형에 있지 않을 것이다.

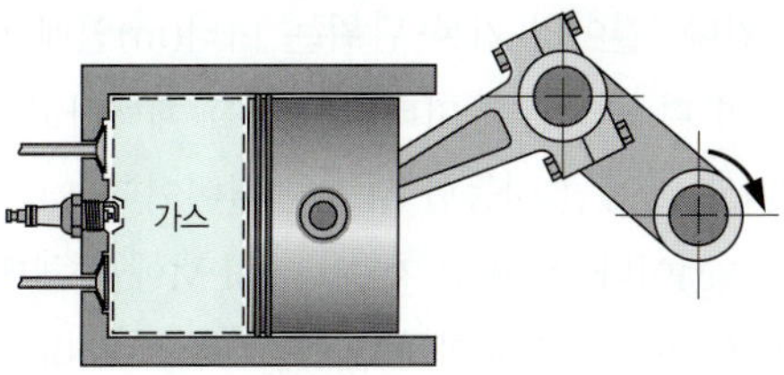

그림 1.6 ≫ 준평형 과정을 겪는 시스템의 예.

비평형 과정에 대해서는 과정이 시작하기 전과 과정이 완료되고 새로운 평형이 회복된 후의 상태만을 기술할 수 있다. 시스템이 지나가는 각 상태를 상술할 수 없으며 과정이 진행되는 속도도 알 수가 없다. 그러나 비평형 과정 동안 발생한 전체 효과는 기술할 수 있음을 나중에 알게 될 것이다.

과정이 진행되는 동안 하나의 상태량이 변화하지 않는 경우가 있다. 접두사로 등 또는 정(iso-)을 사용하여 그런 과정을 기술한다. 즉 등온 과정(isothermal process)은 온도가 일정한 과정, 등압 과정(isobaric process)은 압력이 일정한 과정, 등적 과정(isochoric process)은 체적이 일정한 과정이다.

시스템이 여러 가지 상태 변화 또는 과정을 거쳐서 처음 상태로 돌아올 때 그 시스템은 한 사이클(cycle)을 거쳤다고 한다. 따라서 사이클의 최종 상태에서 모든 상태량은 시스템의 초기 상태와 각각 같아야 한다. 증기 동력 발전소에서 순환하는 수증기(물)는 사이클을 거치게 된다.

방금 설명한 열역학 사이클과 역학 사이클은 구별되어야 한다. 4행정(four-stroke) 내연 기관(internal-combustion engine)은 매 2회전마다 역학 사이클을 거친다. 그러나 공기와 연료가 연소되어 연소 생성물로 바뀌어 대기로 배출되기 때문에, 작동 유체(working fluid)는 열역학 사이클을 거치지 않는다. 이 책에서는 별도의 언급이 없으면 사이클은 열역학 사이클을 의미한다.

1.5 질량, 길이, 시간 및 힘의 단위

우리는 열역학 상태량을 거시적 관점에서 고려하므로, 직접 또는 간접적으로 측정 또는 계량할 수 있는 양을 취급한다. 따라서 단위는 매우 중요한 문제이며, 부록 A의 표 A.1에 나와있다. 이 장의 나머지 절에서 몇 가지 열역학 상태량과 기본 단위를 정의하고자 한다. 종종 학생들에게 어렵게 생각되는 힘과 질량의 관계도 이 절에서 상세히 설명한다.

힘, 질량, 길이 및 시간은 Newton의 제2 운동 법칙(second law of motion)으로 서로 관련된다. 즉 물체에 작용하는 힘은 질량과, 작용하는 힘과 같은 방향의 가속도의 곱에 비례한다.

$$F \propto ma$$

시간의 개념은 잘 정립되어 있다. 시간의 기본 단위는 초(s)이다. 과거에는 지구가 태양을 기준으로 한 번 자전하는 데 걸리는 시간, 즉 태양일을 이용하여 초를 정의하였다. 태양일은 계절에 따라 변하므로 일 년의 평균을 구하여 **평균 태양일**(mean solar day)을 정의하고, 평균 태양일의 1/86 400을 평균 태양초(mean solar second)로 정의하였다. 1967년의 국제 도량형 총회(CGPM)에서는 1초를 세슘(cesium)-133 원자광이 세슘 공명기 안에서 9 192 631 770번 공명하는 데 걸리는 시간으로 정의하였다.

1초보다 짧은 시간을 나타내기 위해서는 **밀리**(milli), **마이크로**(micro), **나노**(nano), **피코**(pico), **펨토**(femto) 등의 접두사(prefix)를 사용한다. 표 A.0와 같이 보다 긴 시간을 나타내기 위해서는 분(min), 시간(hour), 일(day) 등을 사용한다. 접두사는 다른 단위와도 함께 사용한다.

길이의 개념은 잘 설정되어 있다. 길이의 기본 단위는 미터(m)인데, 백금-이리듐 막대에 표시되었다. 현재 CGPM은 빛의 속도를 이용하여 더욱 정밀한 미터의 정의를 채택하고 있다(이제는 고정된 상수이다): 미터는 진공 속에서 빛이 1/299 792 458초 동안 이동한 경로의 길이이다.

질량의 기본 단위는 킬로그램(kg)이다. 1889년 제1차 CGPM에서 채택하고 1901년에 개정한 내용에 의하면 1 kg은 국제 도량형국에서 특정 조건으로 보관하고 있는 백금-이리듐 원통의 질량이다. 질량과 관련하여 열역학에서 많이 사용하는 단위는 몰(mol)이다. 1 mol은 0.012 kg의 탄소-12에 들어 있는 원자의 개수와 같은 수의 기본 입자로 구성된 물질의 양이다. 기본 입자는 원자, 분자, 전자, 이온, 또는 특정한 그룹이 될 수 있다. 예를 들어 분자량이 32인 이원자 산소 1 mol은 (분자량이 12인 탄소와 비교하여) 질량이 0.032 kg이다. 몰을 종종 **그램몰**(gram mole)이라고도 하는데, 그 이유는 1 mol의 물질의 양을 그램 단위로 나타내면 분자량과 같은 수가 되기 때문이다. 이 책에서는 미터계 SI 단위를 사용하므로 몰보다는 킬로몰(kmol)을 주로 사용한다. 1 kmol의 물질의 양을 kg 단위로 나타내면 그 물질의 분자량과 같은 수가 된다.

현재 국제적으로 널리 사용하는 단위계는 국제 미터계(metric International System)이며 간단히 SI 단위계(Le Système International d'Unités)라고 한다. SI 단위계에서는 앞에서 정의한 초, 미터 및 킬로그램을 각각 시간, 길이 및 질량의 기본 단위로 사용하며, 힘의 단위는 Newton의 제2법칙으로부터 직접 정의한다. 단위환산은 표 A.1에 정리되어 있으며, SI 단위와 영어단위계에서 흔히 사용되는 대부분의 단위들을 환산할 수 있다.

이렇게 하면 비례 상수가 필요하지 않으므로 Newton의 제2법칙은 다음의 방정식으로 쓸 수 있다.

$$F = ma \tag{1.1}$$

힘의 단위는 newton (N)이며, 정의에 의해 1 N은 1 kg의 질량을 1 m/s^{2}의 가속도로 움직이는 데 필요한 힘이다.

$$1\,\text{N} = 1\,\text{kg m/s}^2$$

고유 명사에서 유래한 SI 단위는 대문자를 기호로 사용하고, 그렇지 않은 단위는 소문자를 기호로 사용한다. 단 리터(liter)의 기호 L은 예외이다.

미국에서 사용되는 관습적 단위 시스템은 영미공학시스템(English Engineering System: EES)이다. 이 시스템에서는 앞서 언급된 바와 같이, 시간의 단위는 초(s)이다. 길이의 기본 단위는 풋(ft)으로 다음과 같이 미터(m)의 항으로 정의된다.

$$1\text{ ft} = 0.3048\text{ m} = 12\text{ in:}$$

또한, 이것은 인치(in)로 표현되며 이 시스템의 질량단위는 파운드질량(lbm)이다. 질량이란, 원래 런던탑에 있는 백금으로 만들어진 원통의 질량으로 정의되었다. 그리고 지금은 아래와 같이 킬로그램(kilogram)으로 질량을 정의한다.

$$1\text{ lbm} = 0.453\ 592\ 37\text{ kg}$$

여기서 관련된 단위는 파운드몰(lb mol)이며, 파운드질량으로의 물질의 양은 그 물질의 분자질량과 수치적으로 동일하다. 또한, 파운드몰과 그램몰(gram mole)을 구별하는 것이 중요하다.

영미공학단위시스템에서, 힘의 단위는 파운드힘(lbf)이고, 위도 45°, 그리고 해수면 고도를 기준으로 표준중력가속도인 9.806 65 m/s^2 또는 32.1740 ft/s^{2}의 조건에서 표준 1 파운드 질량이 받는 중력으로 정의한다.

$$1\,\text{lbf} = 32.174\,\text{lbm ft/s}^2$$

이것은 단위환산과 일관성을 위해 필요한 인자이다. 파운드질량(lbm)과 파운드힘(lbf)을 주의 깊게 구별해야 하고, 파운드라는 용어를 단독으로는 사용하지 않는다.

중량(weight)이라는 용어는 우리의 몸(body)과 관련하여 주로 사용되지만 가끔 질량과 혼동된다. 실제로 중량은 정확하게 힘으로서만 사용된다. 우리의 몸무게가 너무 많다고 말할 때 이것은 지구표면(혹은 어떤 다른 물체)으로 이끌리는 힘, 즉 우리의 질량과 국부중력가속도의 곱을 나타낸다. 어떤 물질의 질량은 고도에 따라서 일정하게 유지되지만 중량은 고도에 따라서 변하게 된다.

예제 1.1

중력 가속도가 9.75 m/s^{2}인 위치에서 질량 1 kg의 무게는 얼마인가?

풀이

무게는 질량에 작용하는 힘이므로, Newton의 제2법칙으로부터

$$F = mg = 1\text{ kg} \times 9.75\text{ m/s}^2 \times [1\text{ N s}^2/\text{kg m}] = 9.75\text{ N}$$

개념점검

a. 그림 1.2의 증기 동력 발전소에서 터빈을 검사 체적으로 설정하고 질량과 에너지의 유동을 표시하라.

b. 가정용 냉장고를 검사 체적으로 설정하고 그림 1.3에 나타낸 주요 부품들에 모든 에너지 전달을 표시하라.

1.6 비체적 및 밀도

비체적(specific volume)은 단위 질량당 체적으로 정의하며, 기호 v로 표기한다. 밀도(density)는 단위 체적당 질량으로 정의하므로, 비체적의 역수이다. 밀도는 ρ로 표기한다. 비체적과 밀도는 강성적 상태량이다.

중력장 안에서 시스템의 비체적은 위치에 따라 변할 수 있다. 예를 들어 대기를 시스템으로 선정하면 높이 올라갈수록 비체적은 증가한다. 따라서 비체적의 정의에는 시스템 안의 한 점에서의 비체적이라는 의미가 내포되어 있다.

시스템의 체적이 δV이며 질량이 δm일 때, 비체적은 다음과 같이 정의한다.

$$v \equiv \lim_{\delta V \to \delta V'} \frac{\delta V}{\delta m} \tag{1.2}$$

여기서 $\delta V'$은 질량을 연속체로 가정할 수 있는 최소 체적이다. 체적이 이보다 작으면 질량이 공간 안에 고르게 분포되어 있지 않고 분자, 원자, 또는 전자 등과 같은 입자에 집중되어 있다. 그림 1.7에 나타낸 바와 같이, 체적이 0인 극한에서는 비체적이 무한대이거나(체적 안에 질량이 없음) 매우 작다(체적이 핵의 일부임).

따라서 주어진 시스템에서 비체적 또는 밀도는 한 점에서의 값을 의미하며, 높이에 따라 변할 수 있다.

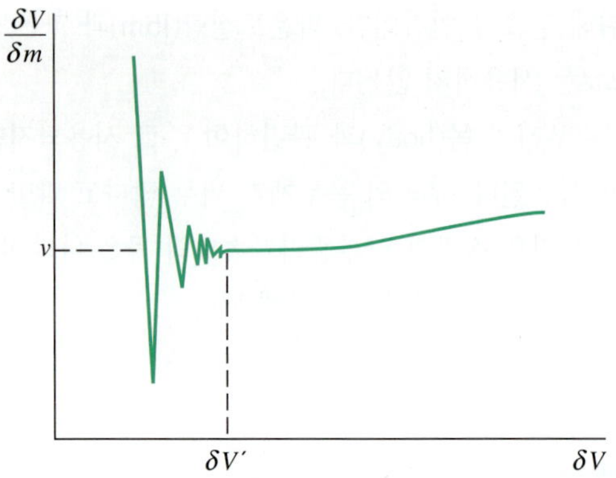

그림 1.7 ▸ 비체적의 연속체 한계.

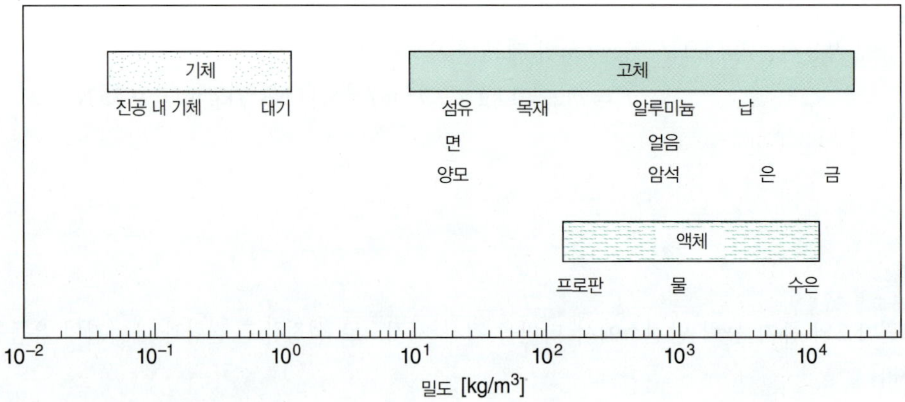

그림 1.8 ▸ 널리 사용되는 물질의 밀도.

다행히 우리가 취급하는 대부분의 시스템은 비교적 작고, 높이에 따른 비체적의 변화가 크지 않으므로 시스템 전체의 비체적 또는 밀도를 말할 수 있다.

이 책에서는 비체적과 밀도를 질량 기준 또는 몰 기준으로 나타낸다. 몰 기준으로 계산한 상태량은 (소문자) 기호 위에 막대 기호(-, bar)를 붙여 표기한다. 즉 $\bar{v}$는 몰 비체적(molal specific volume), $\bar{\rho}$는 몰 밀도(molal density)를 나타낸다. SI 단위계에서 비체적의 단위는 m^3/kg과 m^3/mol(또는 m^3/kmol)이며 밀도의 단위는 kg/m^3과 mol/m^3(또는 kmol/m^3)이다.

SI 단위계에서 체적의 단위는 m^3이지만, 상용 단위는 리터(L)이며, 특별히 0.001 m^3의 체적은 1 L = 10^{-3} m^3로 한다. 널리 사용되는 고체, 액체, 기체에 대해 밀도의 일반적인 범위를 그림 1.8에 나타내었다. 다양한 고체, 액체, 기체의 밀도 값을 SI 단위로 표 A.3, A.4, A.5에 각각 나열하였다.

예제 1.2

그림 1.9의 1 m^3 용기에 0.12 m^3은 화강암, 0.15 m^3은 모래, 0.2 m^3은 25°C의 물로 채워져 있고, 나머지 0.53 m^3의 공간에 밀도 1.15 kg/m^3인 공기가 있다. 전체적인 (평균) 비체적과 밀도를 구하라.

그림 1.9 ▸▸ 예제 1.2의 개략도.

풀이

비체적과 밀도의 정의로

$$v = V/m \text{ 그리고 } \rho = m/V = 1/v$$

표 A.3과 A.4에서 밀도를 찾아서, 전체 질량을 계산한다.

$$m_{\text{granite}} = \rho V_{\text{granite}} = 2750\,\text{kg/m}^3 \times 0.12\,\text{m}^3 = 330\,\text{kg}$$
$$m_{\text{sand}} = \rho_{\text{sand}} V_{\text{sand}} = 1500\,\text{kg/m}^3 \times 0.15\,\text{m}^3 = 225\,\text{kg}$$
$$m_{\text{water}} = \rho_{\text{water}} V_{\text{water}} = 997\,\text{kg/m}^3 \times 0.2\,\text{m}^3 = 199.4\,\text{kg}$$
$$m_{\text{air}} = \rho_{\text{air}} V_{\text{air}} = 1.15\,\text{kg/m}^3 \times 0.53\,\text{m}^3 = 0.61\,\text{kg}$$

전체 질량은

$$m_{\text{tot}} = m_{\text{granite}} + m_{\text{sand}} + m_{\text{water}} + m_{\text{air}} = 755\,\text{kg}$$

비체적과 밀도는 다음 식으로 계산한다.

$$v = V_{\text{tot}}/m_{\text{tot}} = 1\,\text{m}^3/755\,\text{kg} = 0.001325\,\text{m}^3/\text{kg}$$
$$\rho = m_{\text{tot}}/V_{\text{tot}} = 755\,\text{kg}/1\,\text{m}^3 = 755\,\text{kg/m}^3$$

주의: 외부 공기는 시스템의 질량과 분리되어 있으므로, ρ와 V에 포함시키지 않아야 한다.

개념점검

c. 사람이 담수호에서 수영할 때보다 사해에서 수영할 때 높게 뜨는 이유를 설명하라.

d. 액체 물의 밀도는 $\rho = 1008 - T/2$ [kg/m^3] (T의 단위는 °C)이다. 만약 온도가 증가한다면 밀도와 비체적은 어떻게 되겠는가?

1.7 압력

액체와 기체를 다룰 때 보통 압력(pressure)이라는 용어를 사용하고, 고체의 경우에는 응력(stress)이라는 용어를 사용한다. 움직이지 않는 유체의 한 점에서의 압력은 모든 방향으로 동일하다. **압력**은 단위 면적에 작용하는 힘의 수직 성분으로 정의한다. 좀 더 구체적으로, 유체의 미소 면적을 δA, 면적 위에 있는 유체를 연속체로 가정할 수 있는 최소 면적을 $\delta A'$, δA에 작용하는 힘의 수직 성분을 δF_n이라 할 때 압력 P는 다음과 같이 정의한다.

$$P = \lim_{\delta A \to \delta A'} \frac{\delta F_n}{\delta A} \tag{1.3}$$

여기서 최소 극한(lower limit)은 그림 1.7에서 비체적에 대하여 언급한 크기에 해당한다. 평형 상태에 있는 유체의 한 점에서 압력은 모든 방향으로 동일하다. 유동 중인 점성 유체(viscous fluid)에서는 방향에 따른 응력 상태의 변화를 중요하게 고려하여야 한다. 이러한 문제는 이 책의 범위를 벗어나므로 평형 상태에 있는 유체의 압력만을 고려하기로 한다.

SI 단위계에서 압력의 단위는 파스칼(pascal: Pa)이며, 1 Pa은 1 m^2의 면적에 1 N의 힘이 작용할 때의 압력이다.

$$1\ \text{Pa} = 1\ \text{N/m}^2$$

SI 단위계에는 포함되지 않으나 일반적으로 널리 사용하는 단위로 bar와 atm(표준 대기압)이 있다.

$$1\ \text{bar} = 10^5\ \text{Pa} = 0.1\ \text{MPa}$$

$$1\ \text{atm} = 101\,325\ \text{Pa} = 14.696\ \text{lbf/in.}^2$$

표준 대기압 1 atm은 1 bar보다 약간 크다. 이 책에서는 SI 단위인 Pa, kPa, MPa을 사용한다. 예제와 연습 문제에서 종종 압력의 단위로 bar를 사용한다. 그러나 특정 기준 압력을 지정하는 경우를 제외하고 atm은 사용하지 않는다.

그림 1.10과 같이, 이동이 가능한 피스톤 및 실린더로 구성된 장치 안에 들어 있는 기체를 생각해보자. 기체가 평형 상태에 있다고 가정하면, 기체가 모든 경계에 가하는 압력은 동일하다. 이 압력은 피스톤에 작용하는 외력에 의해 정해진다. 피스톤이 움직이지 않으려면 힘의 균형이 이루어져야 한다. 따라서 압력과 피스톤 면적의 곱은 외력과 같다. 이제 외력이 증가 또는 감소하였다면, 내부의 기체 압력은 그에 대응하여 변화해야 하므로, 피스톤이 적절히 이동하여 새로운 평형 상태에서 힘의 균형이 이루어진다. 다른 예로 실린더 안의 기체를 외부에서 가열하면 기체 압력이 올라가는 대신 피스톤이 이동하여, 외력에 의해 결정되는 압력과 기체 압력이 같게 유지되도록 한다.

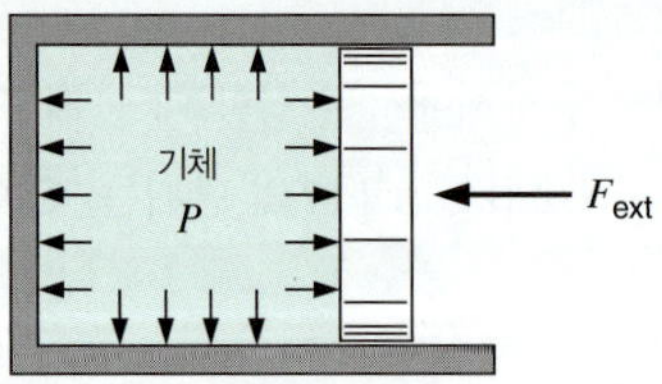

그림 1.10 » 이동 경계에 작용하는 힘과 기체 압력의 균형.

예제 1.3

그림 1.11과 같은 유압 피스톤-실린더 시스템에서 실린더의 지름은 $D = 0.1$ m이고, 피스톤과 막대의 질량은 25 kg이다. 막대의 지름이 0.01 m이며, 외부 대기 압력은 101 kPa이고, 내부 유체 압력이 250 kPa이다. 피스톤이 위 방향으로 움직이기 시작할 때 막대에 작용하는 힘은 얼마인가?

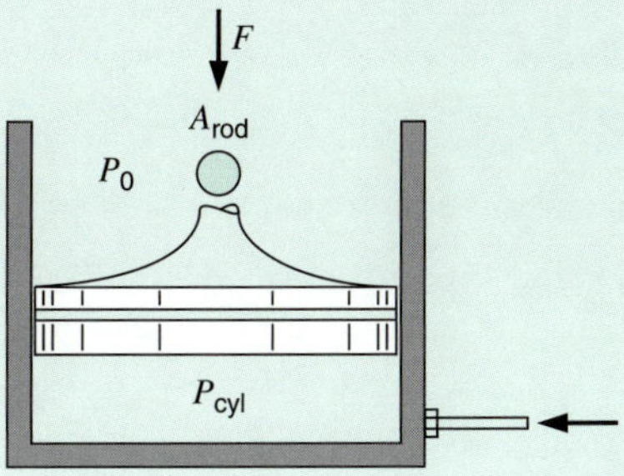

그림 1.11 ▸▸ 예제 1.3의 개략도.

↘ 풀이

피스톤에 대한 정역학 균형(위 방향을 양으로)을 가정하면

$$\begin{aligned} F_{net} &= ma = 0 \\ &= P_{cyl}A_{cyl} - P_0(A_{cyl} - A_{rod}) - F - m_p g \end{aligned}$$

F에 대해 풀면

$$F = P_{cyl}A_{cyl} - P_0(A_{cyl} - A_{rod}) - m_p g$$

면적은

$$A_{cyl} = \pi r^2 = \pi D^2/4 = \frac{\pi}{4}0.1^2\ \text{m}^2 = 0.007\,854\ \text{m}^2$$

$$A_{rod} = \pi r^2 = \pi D^2/4 = \frac{\pi}{4}0.01^2\ \text{m}^2 = 0.000\,078\,54\ \text{m}^2$$

따라서 힘은

$$\begin{aligned} F &= [250\ \text{kPa} \times 0.007\,854\ \text{m}^2 - 101\ \text{kPa}\,(0.007\,854 - 0.000\,078\,54)\ \text{m}^2]\ 1000\ \text{Pa/kPa} \\ &\quad - 25\ \text{kg} \times 9.81\ \text{m/s}^2 = [1963.5 - 785.32 - 245.25]\ \text{N} = 932.9\ \text{N} \end{aligned}$$

힘을 N의 단위로 구하기 위해, kPa은 Pa로 변환해야 한다.

대부분의 열역학 문제에서 사용하는 압력은 절대 압력(absolute pressure)이다. 그러나 대부분의 압력계와 진공계로 측정하는 값은 절대 압력과 대기압의 차이이다. 이렇게 측정한 압력을 계기 압력(gauge pressure)이라고 한다.

$$P_{gauge} = \Delta P = P - P_0 \tag{1.4}$$

절대 압력과 계기 압력의 관계는 그림 1.12에 도식적으로 나타내었고, 다음 예로 그 원리를 설명한다. 대기압보다 낮거나 다소 높은 압력과 (예를 들어 관 내의 오리피스 전후의) 차압은 마노미터(manometer)로 측정한다. 마노미터에는 물, 수은, 알코올, 기름, 또는 다른 유체가 들어 있다.

그림 1.13에 나타낸 마노미터에서 액주의 높이가 B보다 H만큼 높은 경우를 생각해보자. 액주의 바닥에서 아래로 작용하는 힘은

$$P_0A + mg = P_0A + \rho AgH$$

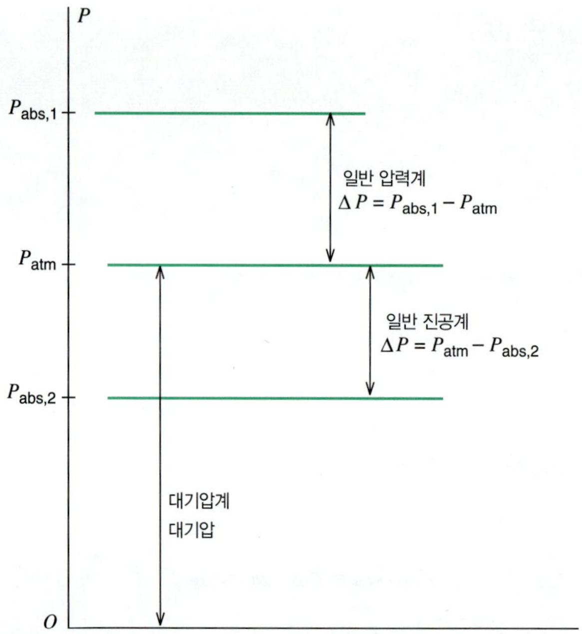

그림 1.12 ▸ 압력 측정에 사용하는 용어의 예시.

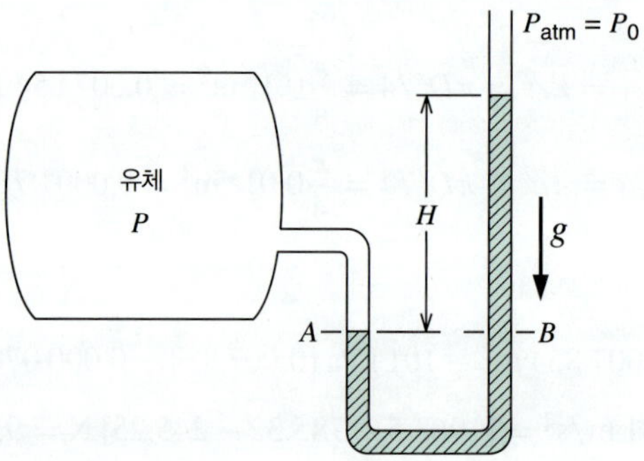

그림 1.13 ▸ 액주를 이용한 압력 측정의 예.

인데, 여기에서 m은 액주의 질량, A는 단면적, ρ는 밀도이다. 이 힘은 위 방향의 힘인 $P_B A$와 균형을 이룬다. 따라서

$$P_B - P_0 = \rho g H$$

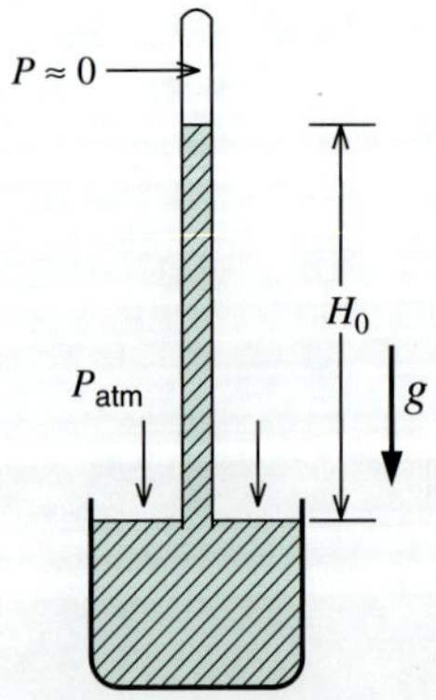

그림 1.14 ▸ 기압계.

두 점 A와 B는 같은 유체 내에서 같은 높이에 있으므로, 압력이 같다(용기 안의 측정되는 유체는 밀도가 매우 낮기 때문에 압력 P는 P_A와 같다). 이를 종합하면

$$\Delta P = P - P_0 = \rho g H \tag{1.5}$$

이 책에서는 절대 압력과 계기 압력을 구분하기 위하여, 파스칼 단위의 압력은 항상 절대 압력을 나타내며, 계기 압력은 별도로 명시한다.

그림 1.14에 있는 대기압 측정에 사용되는 기압계를 생각해보자. 닫힌 관의 유체 상층부는 진공과 흡사하다. 즉 유체 기둥의 최상부 압력 $P \cong 0$이므로 식 (1.5)로부터 대기압은 다음과 같이 구할 수 있다.

$$P_{atm} = \rho g H_0 \tag{1.6}$$

만약 밀도가 변한다면, 식 (1.5)를 높이가 증가할수록 압력이 낮아지도록 하는 부호를 포함하여, 다음과 같은 미분형태로 생각해야 한다.

$$dP = -\rho g\, dh$$

이제 높이 0에서의 압력을 P_0라고 하였을 때, 압력은 다음과 같다.

$$P = P_0 - \int_0^H \rho g\, dh \tag{1.7}$$

표면으로부터 어떤 깊이에 있는 유체의 체적을 생각해보자. 정적평형상태를 갖기 위해 유체의 체적에 작용하는 합력(net force)은 수직방향의 힘, 즉, $F = mg$와 같아야 한다. 그것은 체적 주위의 압력분포에 의해 위로 작용하는 합력이고 형상에 무관한, 부력효과를 의미한다. 보통, 그 유체체적에 다른 질량을 갖는 물체를 놓을 때를 제외하고는 이러한 부력효과를 인지하지 못한다($\rho_{object} \neq \rho_{liq}$). 아래에서 위로 작용하는 합력은 아래와 같다.

$$F_{net} = F_{buoyancy} - m_{object}\, g = (\rho_{liq} - \rho_{object})Vg = (m_{liq} - m_{object})g \tag{1.8}$$

만약, 물체가 더 무거우면 힘은 아래 방향으로 작용하고, 가벼운 물체인 경우, 힘은 위로 작용하게 되는데 이것은 우리가 보통 수영을 할 때나 보트 안에서 떠 있을 때 이러한 현상을 경험한다.

예제 1.4

25°C의 방 안에 있는 수은 기압계의 수은주가 750 mm의 높이에 위치해 있다. 대기압 kPa은 얼마인가?

풀이

25°C에서의 수은 밀도는 부록 표 A.4로부터 13 534 kg/m³임을 알 수 있다.
식 (1.6)을 사용하여

$$P_{atm} = \rho g H_0 = 13534\,\text{kg/m}^3 \times 9.807\,\text{m/s}^2 \times 0.750\,\text{m}$$
$$= 99\,540\,\text{Pa} = 99.54\,\text{kPa}$$

예제 1.5

수은(Hg) 마노미터를 이용하여 그림 1.13과 같이 용기 안의 압력을 측정한다. 수은의 밀도는 13 590 kg/m³이고, 두 액주의 높이차는 측정 결과 24 cm이다. 용기 안의 압력을 결정하라.

풀이

마노미터로 측정하는 차압은 계기 압력이며 다음과 같다.

$$\Delta P = P_{gauge} = \rho g H = 13\,590\,\text{kg/m}^3 \times 9.807\,\text{m/s}^2 \times 0.24\,\text{m}$$
$$= 31985\,\text{Pa} = 31.985\,\text{kPa} = 0.316\,\text{atm}$$

용기 안의 절대 압력은 다음과 같이 계산한다.

$$P_A = P_{vessel} = P_B = \Delta P + P_{atm}$$

따라서 기압계로 측정하는 대기압(절대 압력)을 알아야 한다. 대기압이 750 mm Hg라고 가정하면, 용기 안의 절대 압력은 다음과 같다.

$$P_{\text{vessel}} = \Delta P + P_{\text{atm}} = 31\,985\ \text{Pa} + 13\,590\ \text{kg/m}^3 \times 0.750\ \text{m} \times 9.807\ \text{m/s}^2$$
$$= 31985 + 99954 = 131940\ \text{Pa} = 1.302\ \text{atm}$$

예제 1.6

해양탐사를 위한 연구용잠수함의 체적은 22 m^3, 질량은 16000킬로그램이고 장비와 승무원 질량은 2000킬로그램이다. 초기에는 밸러스트 탱크가 비어있다. 이 잠수함이 물에 떠 있을 때, 얼마만큼의 물의 체적이 배제되는가? 또한, 이 잠수함이 물에 잠기기 위해서는 얼마의 해수(ρ_{liq} = 1025 kg/m^3)를 밸러스트 탱크에 넣어야 하는가?

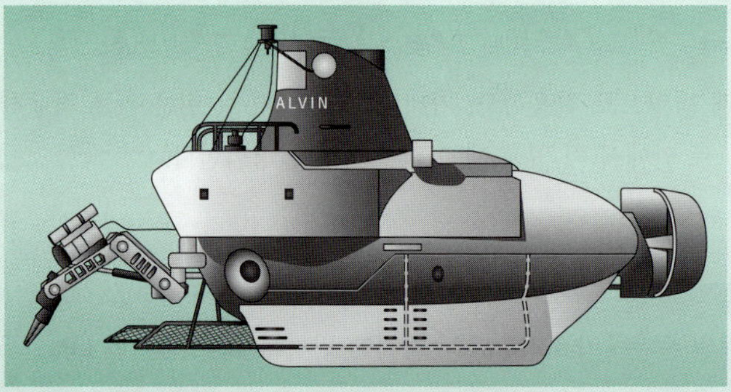

그림 1.15 ▸ 앨빈(Alvin)은 미국 해군이 소유한 잠수정으로 메사추세츠주 우즈홀에 있는 우즈홀 해양 그래픽 연구소에서 운영하고 있다.

풀이

잠수함은 합력이 영(zero)일 때 뜨게 된다. 위로 향하는 힘은 수직력과 같아야 한다. 즉, $F = N = mg$. 따라서 그만큼의 물의 질량을 정확하게 배제해야 한다.

$$F = mg = m_{\text{liq}}g = \rho_{\text{liq}} V_{\text{liq}} g \Rightarrow V_{\text{liq}} = m/\rho_{\text{liq}};$$
$$V_{\text{liq}} = (16000 + 2000)\ \text{kg}/(1025\ \text{kg/m}^3) = 17.56\ \text{m}^3$$

잠수함이 물에 잠기려면 부력이 있어야 하는데, 식 (1.8)에서 볼 수 있듯이, 잠수함의 질량과 밸러스트의 질량을 합한 것이 배제된 물의 질량과 같아야 한다.

$$m_{\text{liq}} = \rho_{\text{liq}} V_{\text{submarine}} = m_{\text{submarine}} + m_{\text{ballast}} \Rightarrow$$
$$m_{\text{ballast}} = \rho_{\text{liq}} V_{\text{submarine}} - m_{\text{submarine}}$$
$$= 1025\ \text{kg/m}^3 \times 22\ \text{m}^3 - (16000 + 2000)\ \text{kg} = 4550\ \text{kg}$$

이는 전체 체적에 비해 4.4 m^3의 상당한 부피를 차지한다.

예제 1.7

단면적이 0.01 m^2인 피스톤–실린더가 유압관을 통해 단면적이 0.05 m^2인 피스톤–실린더와 연결되어 있다. 두 실린더와 관이 모두 밀도 900 kg/m^3의 유압 액체로 채워져 있고, 큰 피스톤–실린더가 6 m 더 높은 위치에 있다. 그림 1.16과 같이, 텔레스코프 암(telescope arm)과 버킷(bucket)을 유압 피스톤–실린더로 구동한다. 외부 대기 압력이 100 kPa이고 작은 피스톤에 가하는 순 힘(net force)이 25 kN일 때, 큰 피스톤에 작용하는 힘은 얼마인가?

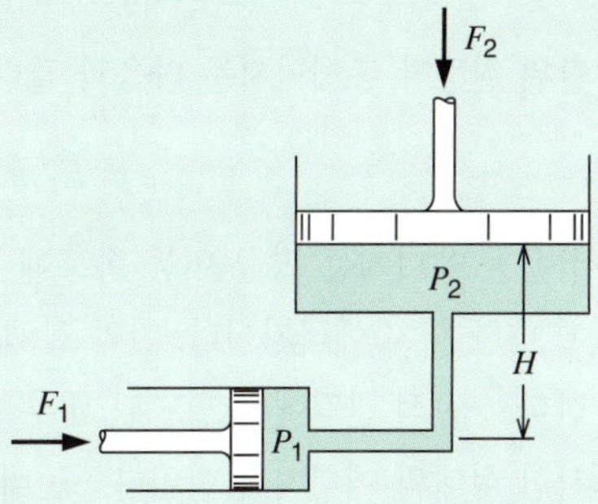

그림 1.16 » 예제 1.7의 개략도.

풀이

정지하고 있는 유체가 같은 높이에 있을 때, 유체의 모든 점에서 압력은 같다. 작은 피스톤에서 힘의 균형은 (막내의 단면적을 무시하면) 압력을 이용하여 다음과 같이 쓸 수 있다.

$$F_1 + P_0 A_1 = P_1 A_1$$

유체의 압력은

$$P_1 = P_0 + F_1/A_1 = 100\,\text{kPa} + 25\,\text{kN}/0.01\,\text{m}^2 = 2600\,\text{kPa}$$

높은 위치에 있는 피스톤–실린더 2의 압력은 식 (1.5)에서

$$P_2 = P_1 - \rho g H = 2600\,\text{kPa} - 900\,\text{kg/m}^3 \times 9.81\,\text{m/s}^2 \times 6\,\text{m}/(1000\,\text{Pa/kPa}) = 2547\,\text{kPa}$$

여기서 Pa을 kPa로 변환하기 위해 둘째 항을 1000으로 나누었다. 따라서 큰 피스톤에 작용하는 힘은 다음과 같다.

$$F_2 + P_0 A_2 = P_2 A_2$$

$$F_2 = (P_2 - P_0) A_2 = (2547 - 100)\,\text{kPa} \times 0.05\,\text{m}^2 = 122.4\,\text{kN}$$

개념점검

e. 자동차용 타이어 압력 게이지가 195 kPa을 가리킬 때 내부 공기압은 얼마인가?

f. 그림 1.13의 A점 상부의 유체 압력 ΔP를 항상 무시할 수 있겠는가? 이 결정은 무엇에 따라 달라지는가?

g. U형 유체 압력계의 왼쪽 부분은 압력이 110 kPa인 박스에 연결되어 있고 오른쪽 부분은 열려 있다. 어느 쪽 유체 기둥이 더 높아지겠는가?

h. 그림 1.13의 오른쪽 파이프 단면이 V형 깔때기 모양이라면 B 위치에서 압력 변화는 어떠한가?

i. 예제 1.3에서 표시된 실린더 압력이 $F_{net} = 0$이 아닌 경우 어떤 일이 생기는가?

1.8 에너지

거시적 물체는 내부 구조와 관련이 있는 내부 에너지(internal energy), 물체의 움직임에 따른 운동 에너지(kinetic energy), 그리고 물체에 작용하는 외력과 관련된 위치 에너지(potential energy) 형태로 에너지를 가질 수 있다. 총에너지는 다음과 같이 나타낼 수 있다.

$$E = \text{Internal} + \text{Kinetic} + \text{Potential} = U + \text{KE} + \text{PE}$$

그리고 단위 질량당 총에너지는 다음과 같다.

$$e = E/m = u + ke + pe = u + {}^1\!/\!{}_2V^2 + gz \tag{1.9}$$

여기에서 운동 에너지는 평균 이동 속도에 해당하는 에너지이며, 위치 에너지는 일정하다고 가정한 중력이라는 외력에 대한 위치 에너지이다. 만약 물체가 회전하고 있다면, 평행 이동 항에 회전 운동 에너지($1/2\ I\ \omega^2$)를 더해야 한다. 거시적 관점에서 명명된 내부 에너지라는 것은 미시적으로 보면 개별 분자들의 미시적 운동과 관련된 유사한 형태의 에너지 집합이다. 즉 내부 에너지는 분자들 사이에 작용하는 분자 간 힘들(intermolecular forces)에 의한 위치 에너지, 분자의 병진(translation) 운동에 의한 운동 에너지, 그리고 분자 내부 및 원자 구조와 관련된 에너지의 합으로 나타낼 수 있다.

$$u = u_{\text{ext molecule}} + u_{\text{translation}} + u_{\text{int molecule}} \tag{1.10}$$

더 자세히 설명하지 않아도, 분자 간 힘들 사이에는 차이가 있음을 알고 있다. 그래서 액체나 고체(고밀도)에서처럼 분자들이 서로 가까이 있는 형상에 대해서는 에너지의 첫 번째 항은 공기처럼 분자 간 거리가 큰 기체의 상태(저밀도)와 뚜렷한 차이를 보인다. 극히 희박한 기체에서는 분자들이 서로 매우 멀리 떨어져 있어서 서로 충돌하지 않는 한 상대방을 감지하지 못하고, 첫 번째 항은 거의 0에 가깝다. 2장에서 논의하겠지만, 이때가 어떤 물질을 이상기체로 다룰 수 있는 한계이다.

병진 운동 에너지는 오로지 분자의 질량과 무게 중심 속도(center of mass velocity)만으로 결정되며, 마지막 항은 분자의 상세한 구조에 따라 변한다. 일반적으로 에너지는 다음과 같이 쓸 수 있다.

$$u_{\text{int molecule}} = u_{\text{potential}} + u_{\text{rotation}} + u_{\text{vibration}} + u_{\text{atoms}} \tag{1.11}$$

분자 간 힘과 연관된 위치 에너지를 도식적으로 설명하기 위하여, 그림 1.17에 보인 것처럼 두 개의 원자로 이루어진 산소 분자를 생각해보자. 두 원자를 서로 분리하고자 한다면, 우리는 힘을 써서 끌어당겨 분리해야 하고, 그럼으로써 시스템에 일을 하게 된다(3장 참조). 이 일의 양은 두 원자가 결합되어 산소 분자로 있을 때 가지는 두 원자의 결합 에너지(binding energy)와 같다.

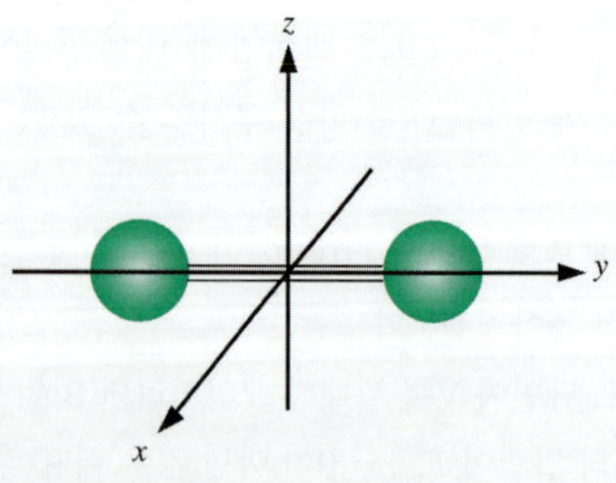

그림 1.17 » 이원자 분자에 대한 좌표계.

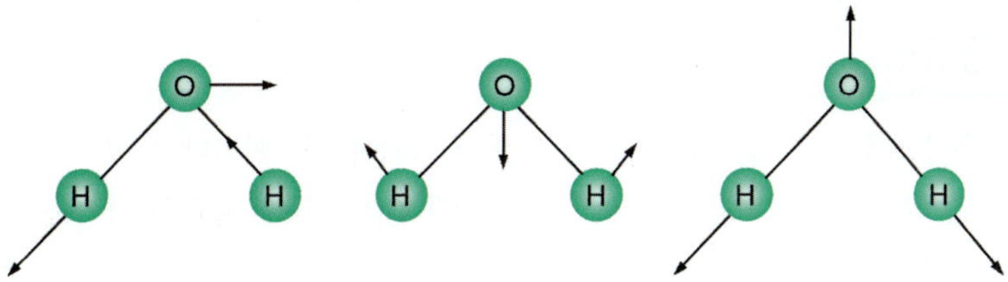

그림 1.18 ▸▸ H_2O 분자에 대한 3가지 주요한 진동 모드.

헬륨과 같은 간단한 단원자 분자를 생각해 보자. 각 분자는 하나의 헬륨 원자로 구성되어 있다. 이러한 원자에는 핵 주위를 돌고 있는 전자의 궤도 운동에 의한 각운동량(angular momentum)과 자신의 축을 중심으로 하는 자전에 의한 각운동량 모두에 의해 생기는 전자 에너지(electronic energy)가 있다. 이 전자 에너지는 병진 운동 에너지에 비하면 매우 작다(핵에너지도 있으나 핵반응이 일어나는 경우 외에는 일정하므로, 여기서 핵에너지는 고려하지 않는다). 두세 개의 원자로 구성된 좀 더 복잡한 분자일 경우에는 몇 가지 요인을 추가로 고려해야 한다. 분자가 무게 중심을 축으로 회전 운동을 할 수 있으므로 회전 에너지(rotational energy)를 전자 에너지에 추가해야 한다. 그리고 원자들이 서로 상대적으로 진동하므로 진동 에너지(vibrational energy)가 있으며, 상황에 따라서는 회전과 진동의 상호작용도 고려해야 한다.

분자의 에너지를 구할 때, 우리는 종종 자유도 f, 즉 분자의 에너지 모드를 고려한다. 헬륨($f = 3$)과 같은 단원자 분자는 x, y와 z 방향으로 분자가 움직일 수 있다. 산소와 같은 이원자 분자의 경우 $f = 6$이다. 이 중 세 개는 분자의 전체를 x, y 및 z 방향으로 변환하고, 두 개는 회전을 위한 것이다. 단지 두 가지 회전 에너지 모드가 존재하는 이유는 그림 1.17에서 볼 수 있으며, 여기서 분자의 중심에서 좌표계의 원점을 취하고 분자의 핵간 축을 따라 y축을 취한다. 그러면 분자는 x축과 z축에 대해 상당한 관성 모멘트를 갖지만 y축에 대해서는 관성 모멘트가 없다. 분자의 6자유도는 진동을 말하며, 이는 원자의 결합과 관련이 있다.

H_2O와 같은 좀 더 복잡한 분자는 진동 자유도가 더 늘어난다. 그림 1.18은 H_2O 분자의 모델을 나타낸다. 이 그림에서 H_2O는 3개 진동 자유도를 가지고 있다는 것이 분명히 나타난다. 또한 3개 축에 대한 회전 에너지가 존재할 수 있다. 그러므로 H_2O 분자는 자유도 9 ($f = 9$)를 가지고 있다. 즉 3개 병진 모드, 3개 회전 모드, 그리고 3개 진동 모드가 존재한다.

다원자 분자(polyatomic molecules)와 같이 더 복잡한 분자는 보통 구조가 3차원이고, 여러 개의 진동 모드를 갖는데 각 모드는 분자의 에너지 저장에 기여한다. 분자가 더 복잡할수록, 에너지 저장에 대한 자유도(degree of freedom)의 수가 더 커진다. 에너지 저장의 모드와 계산 방법에 대한 내용은 부록 C에 다루고 있으니, 분자의 관점에서 정량적인 효과에 관심 있는 학생은 참고하기 바란다.

앞에 설명한 일반적인 내용은 그림 1.19를 참고하여 요약할 수 있다. 저장 용기 안에 들어 있는 물을 가열하면 액체와 증기의 온도가 상승하게 되며 결국에는 액체가 모두 증발하여 증기가 된다. 거시적인 관점에서 우리의 관심은 열의 형태로 전달된 에너지, 온도 및 압력과 같은 상태량의 변화, 매 시각 H_2O가 갖는 전체 에너지의 변화에 있고, H_2O에 에너지가 어떻게 전달되고 저장되는가에는 큰 관심이 없다. 그러나 미시적 관점에서 보면, 분자에 에너지가 저장되는 방법과 주어진 온도 변화에 필요한 에너지의 양을 예측할 수 있는 분자 모델 개발에 관심이 있을 수도 있다. 이 책에서는 거시적 관점 즉 고전적 관점에 초점이 맞추어져 있지만, 미시적 관점 즉 통계적 관점도 염두에 두는 것이 도움이 된다. 두 관점의 연관성이 에너지와 같은 기본 개념을 이해하는 데 도움이 되기 때문이다.

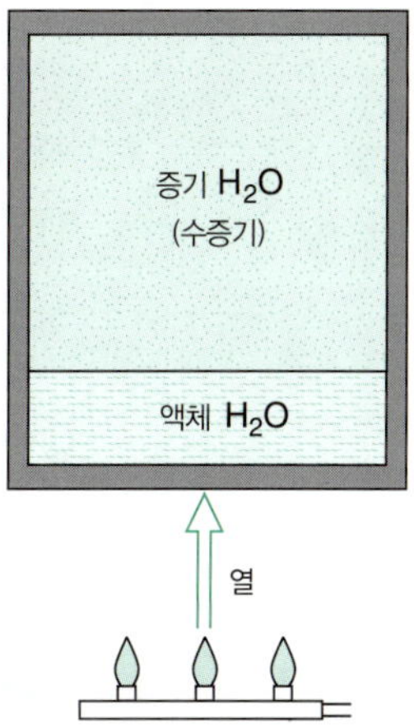

그림 1.19 ▸▸ 물에 전달되는 열.

1.9 온도의 동등성

온도(temperature)는 우리에게 익숙한 상태량이지만 정확히 정의하기는 어렵다. '온도'는 물체를 만질 때 느끼는 냉온의 의미로 우선 알고 있다. 또한 이미 알고 있는 바와 같이 따뜻한 물체와 차가운 물체를 접촉시키면 따뜻한 물체는 차가워지고 차가운 물체는 따뜻해진다. 두 물체를 상당 기간 동안 붙여 두면 냉온의 정도가 같아진다. 그러나 냉온에 대한 인간의 감각은 불확실하여 매우 차가운 물체를 뜨겁게 느낄 수도 있으며, 온도가 같은 서로 다른 재료의 물체도 온도를 다르게 느낄 수도 있다.

이러한 어려움 때문에 **온도의 동등성**(equality of temperature)을 정의한다. 한 개는 차갑고 다른 한 개는 뜨거운 두 개의 구리 블록을 붙여 두었다. 각각에 유리제 수은 온도계를 붙여 두면, 뜨거운 구리 블록에 접촉한 온도계의 수은주는 떨어지고 차가운 구리 블록에 접촉한 온도계의 수은주는 올라가며 어느 정도 시간이 지나면 두 수은주가 더 이상 변하지 않는다는 사실을 관찰하게 된다. 또한 냉온이 다른 두 개의 구리 블록 사이에 열교류(thermal communication)를 시키고 각각의 전기 저항을 측정하면 뜨거운 구리 블록의 저항은 시간에 따라 감소하며 차가운 구리 블록의 저항은 시간에 따라 증가하는 것을 볼 수 있다. 그러나 어느 정도 시간이 지나면 저항이 더 이상 변하지 않는다는 사실을 관찰할 수 있다. 그뿐만 아니라 냉온이 다른 두 블록을 붙였을 때 뜨거운 구리 블록의 한쪽 변의 길이가 시간에 따라 줄어들고 차가운 블록의 한쪽 변의 길이는 시간에 따라 늘어나는 것을 볼 수 있다. 어느 정도 시간이 지나면 길이가 더 이상 변하지 않는다는 사실을 관찰할 수 있다. 이와 같이 열교류가 가능하도록 접촉한 두 물체에서 관찰이 가능한 상태량에 아무런 변화가 없을 때 두 물체의 온도가 같다고 한다.

1.10 열역학 제0법칙

동일한 구리 블록 두 개와 온도계 한 개가 있다. 온도계를 하나의 구리 블록을 붙여 온도가 같아질 때까지 두었다가 분리한다. 그 후 다른 블록에 이 온도계를 접촉시킨다. 두 번째 블록에 온도계를 충분히 접촉한 후 온도계의 수은주 높이가 변하지 않았다면 두 블록은 수은 온도계와 열평형 상태에 있다고 할 수 있다.

열역학 제0법칙(zeroth law of thermodynamics)은 두 물체의 온도가 제3의 물체의 온도와 각각 같으면 두 물체의 온도도 같다는 것이다. 이는 경험에 의해 매우 익숙하므로 너무나 당연하게 느껴진다. 그러나 이 법칙은 다른 법칙으로부터 유도할 수 없으며 열역학의 논리적인 전개로 볼 때 열역학 제1법칙과 제2법칙보다 우선하므로 이를 **열역학 제0법칙**이라고 한다. 열역학 제0법칙은 온도 측정의 기본 법칙이다. 물체와 온도계 사이에서 온도의 동등성이 성립될 때 온도계에서 읽은 온도를 그 물체의 온도라고 말한다. 이제 남은 문제는 서로 다른 수은 온도계에서 읽거나 열전대나 저항 온도계와 같은 서로 다른 온도 측정 장치에서 얻은 온도들 사이의 관계를 설명하는 것이다. 이러한 생각으로부터 온도 측정의 표준 척도가 필요하게 된다.

1.11 온도 척도

온도 측정에는 화씨(Fahrenheit)(Gabriel Fahrenheit, 1686~1763)와 섭씨(Celsius) 두 개의 척도가 주로 사용된다. 섭씨 척도는 이전에는 백분도 척도(centigrade scale)라고 불렸으나 현재는 이 척도를 고안한 스웨덴의 천문학자 Anders Celsius (1701~1744)의 이름을 따서 섭씨로 지정되었다.

화씨 온도 척도는 영국공학 단위계에서 사용되며 섭씨 척도는 SI 단위계에서 사용된다. 1954년 이전까지는 두 척도 모두 재현하기 쉬운 두 개의 고정점, 즉 어는점(ice point)과 수증기점(steam point)을 기준으로 정의하였다. 어는점의 온도는 1 atm에서 포화 공기와 평형 상태에 있는 물-얼음 혼합물의 온도로 정의된다. 수증기점의 온도는 1 atm에서 물과 수증기가 평형 상태로 있을 때의 온도로 정의된다. 섭씨 척도에서는 이 두 점의 온도 값으로 0과 100을 각각 부여하였으며, 화씨 척도에서는 32와 212를 각각 부여하였다. Fahrenheit가 이러한 값을 선택한 이유가 흥미롭다. 쉽게 재현할 수 있는 온도를 찾는 과정에서, Fahrenheit는 사람의 체온을 선정하여 96이라는 값을 부여하였다. 그리고 소금, 얼음, 그리고 소금 용액의 어떤 혼합물의 온도에 0을 부여하였다. 이 척도에 의하면 어는점은 약 32였다. 이 척도를 약간 수정하고 어는점과 수증기점을 이용하여 정의하였을 때 사람의 체온은 98.6 F가 되었다.

이 책에서 F와 °C는 각각 화씨와 섭씨 척도를 나타낸다[SI 단위계에서 전하량의 단위인 Coulomb을 C라는 기호로 나타내기 때문에, 섭씨 척도 기호는 도(°)를 포함하도록 했다]. 척도에 관계없이 온도는 기호 T로 나타낸다.

1954년 제10차 CGPM에서 단일 고정점과 이상기체 온도 척도를 이용하여 섭씨 척도를 다시 정의하였다. 단일 고정점은 물의(고체상, 액체상, 증기상이 평형 상태로 공존하는) 삼중점이다. 온도 1도의 크기는 5장에서 논의할 이상기체 온도 척도를 이용하여 정의하였다. 새로운 척도의 특징은 단일 고정점과 1도의 크기의 정의에 있다. 물의 삼중점에 0.01°C를 부여하였으며, 이 척도에서 수증기점의 온도는 실험을 통해 100.00°C가 되었다. 따라서 예전의 온도 척도와 새로운 온도 척도는 실제로 같다.

절대 온도 척도(absolute scale of temperature)는 이제 처음으로 소개하는 내용인데, 정확히는 5장에서 살펴볼 열역학 제2법칙에 따라 결정할 수 있다. 열역학 제2법칙을 기초로 하면 온도계 물질과 무관한 온도 척도를 정의할 수 있는데, 이러한 절대 온도 척도를 **열역학 온도 척도**(thermodynamic scale of temperature)라고 한다. 그러나 이 척도를 직접 사용하기는 매우 복잡하기 때문에, 실용 척도로서 열역학 온도 척도에 가까운 국제 온도 척도(International Temperature Scale)를 채택하여 사용하고 있다.

섭씨 척도와 관련된 절대 온도 척도는 Kelvin 척도인데, 이 척도는 Kelvin 경(William Thomson, 1824~1907)의 이름에서 따왔고 기호로 (도의 기호를 생략한) K를 사용한다. 두 척도의 관계는 다음과 같다.

$$\mathrm{K} = {}^\circ\mathrm{C} + 273.15 \tag{1.12}$$

1967년 CGPM에서 1 K를 물의 삼중점 온도의 1/273.16로 정의하였다. 섭씨 척도는 원래의 정의 대신에 위 식으로 새로 정의하였다.

화씨 척도와 관련된 절대 척도는 랭킨척도이고 R로 나타내며 두 척도 간의 관계는 다음과 같다.

$$\mathrm{R} = \mathrm{F} + 459.67 \tag{1.13}$$

온도 측정 및 교정 방법을 표준화한 여러(경험적) 온도 척도가 사용되었다. 가장 최근의 척도는 1990 국제 온도 척도, 즉 ITS-90이다. 이 척도는 재현이 용이한 많은 (온도 값을 부여한) 고정점에 특정 온도 값을 부여하고, 정의된 고정점 사이를 보간(interpolation)하는 구체적인 온도 관계식과 온도 측정 장치를 명시하고 있다. 이 척도는 절대 열역학 온도 척도에 가까운 측정 방법을 정하는 실질적인 수단이다.

1.12 공학 응용

우리는 물질을 움직이거나 거래할 때, 물리량을 구체적으로 명시할 필요가 있다: 이는 종종 총 질량 혹은 부피이다. 합리적으로 잘 정의된 밀도가 있는 물질은 흔히 부피로 나타내기도 한다. 예를 들어 물, 휘발유, 기름, 천연가스, 그리고 다양한 음식물들은 양을 나타내기 위해 부피를 사용한다. 반면에 금, 석탄, 그리고 음식물들의 양은 질량으로 나타낸다. 물질을 저장하거나 이송하는, 장치의 적절한 크기를 결정하기 위해서 질량과 부피 두 가지 양이 모두 필요하다.

압력은 안전을 위한 공정 관리 혹은 한계 관리의 중요한 물리량으로 활용되고 있다. 이때 대부분의 경우 게이지 압력을 사용한다. 예를 들어 저장 탱크에는 압력 표시기가 있으며 미리 정해 놓은 압력을 초과할 때 압력을 낮추기 위하여 압력에 민감한 안전 밸브를 설치한다. 공기 압축기의 상부가 그림 1.20에 나타나 있다. 이것은 이동이 용이하여 설비기술자들이 많이 사용한다. 압력이 지정 압력보다 낮을 경우 스위치가 작동되어 압력 게이지가 올라가고 압력이 올라 지정 압력에 도달하면 게이지는 일정하게 유지된다.

그림 1.21*a*의 타이어 압력 게이지는 타이어의 밸브 시스템에 연결하여 사용한다. 어떤 게이지들은 디지털 표시장치를 가지고 있다. 타이어 압력은 안전과 자동차 타이어의 내구성에 중요한 역할을 한다. 타이어 압력이 너무 낮으면 큰 편마모를 일으키고 타이어가 과열된다. 압력이 너무 높으면 타이어 중심에 상당한 마모를 일으킨다.

많은 산업체 응용분야에서, 압력은 대기압 조건보다 높거나 낮은 상태에서 측정되어야 한다. 그림 1.21*b*에 나타난 진공게이지는 대기압보다 낮은 압력이나 진공을 측정할 수 있다. 대기압 상태보다 높거나 낮은 압력변화가 있는 경우 압력을 측정할 필요가 있는 경우, 그림 1.21*c*과 같이 복합압력게이지를 사용한다.

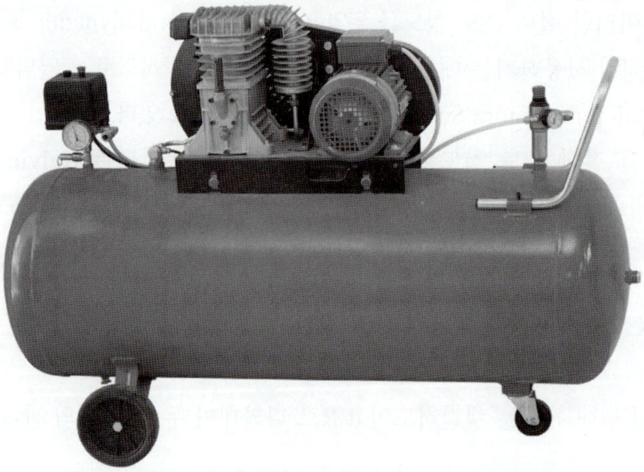

그림 1.20 ▸▸ 공기 압축기. (© zilli/iStockphoto)

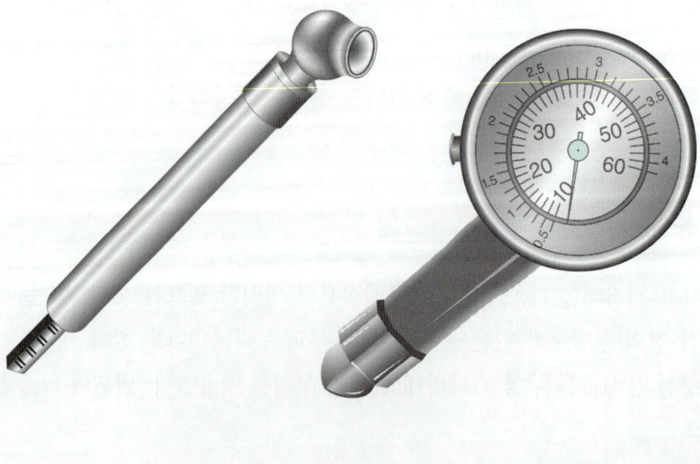

그림 1.21*a* ▸▸ 자동차 타이어 압력 게이지.

그림 1.21*b* » 티 피팅(t-fitting)을 가진 진공게이지.

그림 1.21*c* » 복합압력게이지.

그림 1.22는 스프링식 압력 안전 제거 밸브를 나타내고 있다. 캡이 있어서 압력이 절정값보다 높을 때에는 스프링이 압축되어서 밸브가 열리고 압력이 설정치보다 낮을 때에는 반대가 된다. 이 밸브는 공압 시스템에 사용된다.

그림 1.23의 흡기 시스템의 스로틀판은 자동차 엔진의 출력을 제어할 때 사용된다. 스로틀판은 진공 후

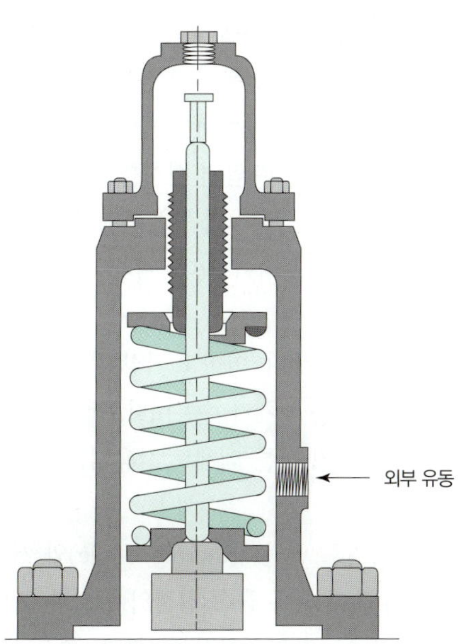

그림 1.22 » 압력 배출 밸브의 개략도.

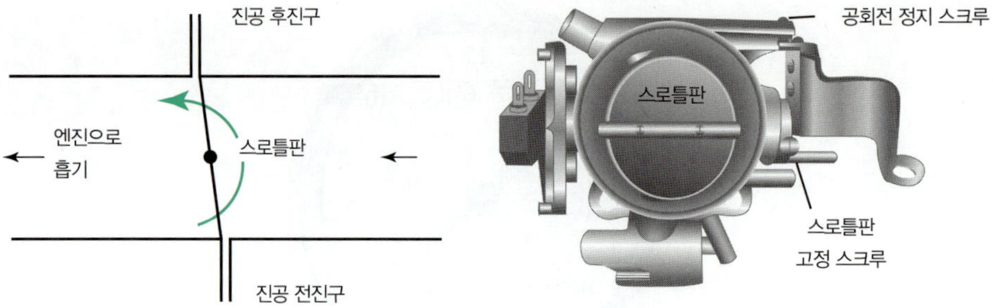

그림 1.23 ▸ 자동 엔진 흡기 스로틀.

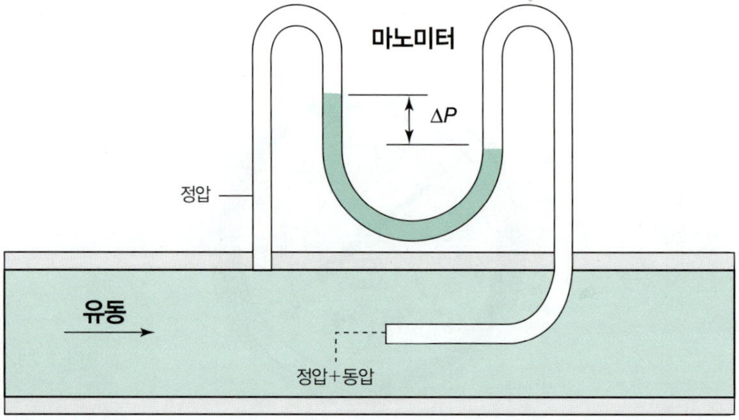

그림 1.24 ▸ 유속 측정기의 개략도.

진구에서 압력 게이지가 컴퓨터 제어장치에 보낸 신호에 의해 조절이 된다. 엔진이 공회전할 때 가장 작은 절대 압력(가장 높은 진공)이 발생하고 엔진의 스로틀판을 모두 개방할 때 가장 큰 압력(가장 작은 진공)이 발생한다. 그림 1.23에서 스로틀판은 거의 닫혀 있다.

압력차(ΔP)를 측정하여 유동 속도를 측정할 수 있다. 그림 1.24에 이를 개략적으로 나타내었다(이 효과는 운전자가 손을 창밖으로 내밀었을 때 느낄 수 있는데 높은 압력은 손의 정면, 낮은 압력은 후면에 작용하여 운전자 손에 계의 힘이 가해진다). 이와 같은 공학적 분석 과정은 7장에서 자세히 다루게 된다. 스피드보트에는 속도를 측정하기 위하여 직경이 작은 관이 하나 있는데 그 한끝은 보트와 물 사이에 상대 속도에 의한 고압을 감지하도록 달리는 전방을 향해 있고 다른 한끝은 압력 신호를 지시계로 전환하는 속도계에 연결되어 있다.

그림 1.25의 아네로이드(aneroid) 기압계는 절대 압력을 측정하며 일기예보에 사용된다. 이 기압계는 대기압에 수축되는 얇은 금속 캡슐과 송풍기로 구성되어 있다. 기계식 지침과 두 판 사이의 거리에 따른 전자식 축전기를 이용하여 측정된다.

다양한 타입의 계측기가 온도 측정에 사용된다. 아마도 가장 잘 알려진 온도계는 유리 액주 온도계(liquid-in-glass thermometer)일 것이다. 흔히 사용되는 액체가 수은이다. 액체의 밀도는 온도에 따라 감소하므로 액주의 높이는 늘어난다. 이러한 온도계에 여러가지 다른 액체도 사용되는데 측정할 온도 범위에 맞게 선정되어야 한다.

온도 측정에 사용되는 두 가지 계측기로 열전대(thermocouple)와 서미스터(thermistor)가 있다. 열전대를 그림 1.26에 나타내었다. 열전대는 서로 다른 두 금속 접점의 쌍으로 구성되어 있고 두 접점 사이의 온도차에 따라 전위차(전압)가 발생한다. 예를 들어 하나의 접점은 얼음통 속의 잘 알려진 기준 온도로 유지하고 다

그림 1.25 » 아네로이드 기압계.

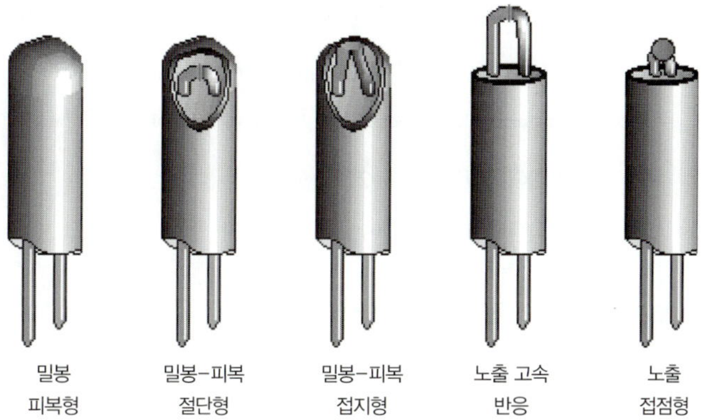

그림 1.26 » 열전대.

른 접점을 측정 부위에 두었을 때 측정된 전압은 다른 접점의 온도를 나타낸다. 온도 범위에 따라 적절한 재료로 조합된 열전대가 사용되며 접점의 크기는 반응 시간이 짧도록 작게 만든다. 서미스터는 온도에 따라 전기 저항이 변한다. 알고 있는 전류가 서미스터를 통과하게 되면 전압은 저항 값에 비례하게 된다. 출력 신호는 입력 신호가 들어오는 전기 브리지에서 증폭된다. 즉 계측기에서 온도를 볼 수 있거나 신호를 컴퓨터나 제어 시스템에 줄 수 있도록 센서의 작은 신호를 증폭시킨다. 정밀한 온도 측정은 백금 저항 온도계를 사용한 유사한 방식으로 이루어진다. ITS-90 (13.8033~1234.93 K)은 대부분은 이와 같은 방식으로 측정된다. 아주 높은 고온은 가시스펙트럼의 복사 강도를 관측하여 결정한다.

주요 개념과 공식

물리 개념

Newton의 운동 법칙: $F = ma$ (1.1)

가속도: $a = \dfrac{d^2x}{dt^2} = \dfrac{d\mathbf{V}}{dt}$

속도: $\mathbf{V} = \dfrac{dx}{dt}$

검사 체적	검사면 내부의 모든 것	
비체적	$v = V/m$	(1.2)
밀도	$\rho = m/V = 1/v$ 표 A.3, A.4, A.5	
압력의 정의:	$P = F/A$ (작은 A의 수학적 극한)	(1.3)
계기압력	$P_{gauge} = \Delta P = P - P_0$	(1.4)
	$P_0 = P_{atm}$	
정압력분포	$\Delta P = \rho g H$ 밀도 ρ인 유체에서 높이 H	(1.5)
부력	$F_{buoyancy} = \rho_{liq} V_{object} g = m_{liq}\, g$	
합력	$F_{net} = F_{buoyancy} - m_{object}\, g$	(1.8)
총에너지	$e \equiv u + \frac{1}{2}\mathbf{V}^2 + gz$ (internal + kinetic + potential)	(1.9)
내부에너지	$u = u_{ext\ molecule} + u_{translation} + u_{int\ molecule}$	(1.10)
	$u_{int\ molecule} = u_{potential} + u_{rotation} + u_{vibration} + u_{atoms}$	(1.11)
절대 온도	T [K] = T [°C] + 273.15	(1.12)
	T [R] = T [F] + 459.67	(1.13)
단위 표	표 A.1	
기본상수	표 A.0	

개념학습용 문제

1.1 $P, F, V, v, \rho, T, a, m, L, t, \mathbf{V}$가 각각 강성적 상태량인지, 종량적 상태량인지, 또는 상태량이 아닌지 구별하라.

1.2 그림 1.5와 같이 왕복동 압축기 장치 주변에 검사체적을 설정하고, 이 시스템에 들어오고 나가는 질량과 에너지의 흐름과 시스템 내의 에너지 저장을 표시하라. 또한, 선택된 검사체적 안과 밖에 무엇이 있는지 확인하라.

1.3 섬유, 암섬유 단열재, 발포재, 그리고 면섬유의 평균 밀도는 상당히 낮다. 왜 그런가?

1.4 한 체적 안에서 질량 분포에 대한 유일한 측정값은 밀도인가? 밀도는 변화하는가? 만일 변화한다면 어떤 크기(거리)에서 변화하는가?

1.5 자연에서 물은 고체, 액체, 증기(기체) 등 여러 상으로 존재한다. 세 가지 상에 대해 밀도와 비체적의 상대적 크기를 나타내라.

1.6 가솔린 1 L의 질량의 근사값을 구하라. T_0, P_0 상태에서 헬륨 풍선 1 L의 질량의 근사값은?

1.7 그림 1.5와 같은 왕복동 압축기가 있다. (*a*) 압축기가 작동하는 경우와 (*b*) 공회전을 하는 경우에 이 시스템이 밀폐시스템인지 혹은 개방시스템인지를 설명하라.

1.8 4개의 높이 조절 다리가 있는 무거운 냉동기가 있다. 바닥이 움푹 파이지 않기 위해서 냉장고 다리가 어떤 특징을 가지고 있어야 하는가?

1.9 균일하게 압력이 분포되어 있는 수영장 바닥이 있다. 딱딱한 강판이 바닥에 놓여있다고 할 때, 아래쪽 압력이 균일하게 분포되어 있는가?

1.10 물속에 어떠한 물체가 떠있는 경우, 그 밀도에 대해 설명하라.

1.11 두 명의 잠수부들이 25 m 깊이에서 수영을 하고 있다. 한 명은 초대형 유조선 아래에서 헤엄을 치고 있고 다른 한 명은 유조선을 피하면서 수영을 한다. 어떤 사람이 더 큰 압력을 느끼게 되는가?

1.12 수술실의 계기 압력은 양수값을 가지지만, 엔진 실험실은

진공 상태를 가진다. 왜 그럴까?

1.13 해수면을 기준으로 40 kPa의 산소탱크를 가진 잠수부가 해수의 특정 깊이에서 계기압력이 0 kPa로 측정되는 것을 읽었다면, 내부 모든 가스가 비워졌다는 것을 의미하는가? 이것이 맞는지 보이고, 만약 그렇다면 잠수부는 숨을 쉬기 위해 무엇을 할 것인가?

1.14 섭씨로 최소의 온도는 얼마인가? 또 몇 K인가?

1.15 액주(liquid column)형 온도계는 큰 액체 부피를 갖는 구부(bulb)를 가지고 있다. 왜 그런가?

1.16 냉각과정 동안 시스템 온도가 27°C만큼 낮아졌다면, 켈빈척도로는 얼마의 온도가 낮아진것인가?

1.17 바다의 특정 깊이에서 압력게이지가 P일 때, 잠수부가 공기탱크의 공기로 호흡하는 데 문제가 되지 않고 바닷속으로 잠수할 수 있는 깊이 h에 대한 방정식을 구하라. 이때 대기압은 P_o이다.

과제용 문제

물성, 단위, 그리고 힘

1.18 1 킬로폰드(1 kp)는 표준 중력장 내에서 1 kg 무게이다. 1 kg 무게는 몇 N인가?

1.19 스테인레스 스틸로 제작된 탱크안에 5킬로그램의 이산화탄소 가스와 7킬로그램의 아르곤 가스가 저장되어 있다. 탱크안에는 얼마의 킬로몰이 있는가?

1.20 950킬로그램의 강철 빔이 국부중력가속도 9.5 m/s^{2}인 위치에서 지면에 대해 3 m/s^2 가속도를 갖는 크레인에 의해 올려질 때 필요한 힘을 구하라.

1.21 달 탐사차 질량은 185 kg이다. 달 ($g = g_{std}/6$) 화성 g = 3.75 m/s^{2}에서 무게는 몇 N인가?

1.22 20 km/h로 움직이는 1500 kg의 자동차가 일정하게 4 m/s^{2}으로 가속하여 75 km/h에 도달했다. 가해진 힘과 총 걸린 시간은 얼마인가?

1.23 750킬로그램을 갖는 호텔의 승강기사 총 450킬로그램을 갖는 6명의 사람들을 이송하고 있다. 이들 중 80킬로그램의 체중을 가진 사람은 가만히 서있다고 할 때, 승강기가 움직이기 시작할 때 이 사람은 얼마의 중량을 느끼게 되는가?

1.24 지구표면에서 위로 이동할 때 중력은 $g = g_o - 3.32 \times 10^{-6}z$, 로 감소하고 이때 z는 미터단위의 고도이며 g_o = 9.807 m/s^{2}이다. 이 경우, 비행기가 10000 m에서 순항할 때 비행기 무게는 몇 퍼센트 감소하는가?

비체적

1.25 체적이 1 m^{3}인 용기를 화강암 400 kg, 모래 200 kg, 258°C의 물 0.2 m^{3}로 채웠다. 표 A.3과 A.4의 상태량을 이용하여, 공기의 질량과 체적을 제외한 평균 비체적과 밀도를 구하라.

1.26 문제 1.25를 공기 질량과 체적을 포함하여 다시 계산하라. 1 m^3 부피의 평균비체적과 밀도를 구하라. 공기밀도는 1.1 kg/m^{3}이다.

1.27 배기 가스에서 이산화탄소를 분리해서 110 kg/m^{3}까지 압축하고 다공성 체적이 100 000 m^{3}인 미활용 석탄광에 저장하는 발전소가 있다. 탄광에 저장할 수 있는 이산화탄소 질량을 구하라.

1.28 한 탱크가 분리 막으로 두 공간으로 나누어져 있다. 공간 A에는 1 kg의 공기가 0.6 m^{3}의 체적을 갖고 있고, 공간 B에는 밀도 0.9 kg/m^{3}의 공기가 0.8 m^{3}의 체적을 갖고 있다. 분리 막이 제거되어 공기가 균일한 상태로 되었다. 공기의 최종 밀도를 구하라.

압력

1.29 그림 P1.29와 같이 실린더에 있는 밸브의 단면적은 10 cm^{2}이고 내부 압력은 800 kPa이다. 실린더 외부압력이 표준대기압일 때 밸브를 열기 위해 필요한 힘은?

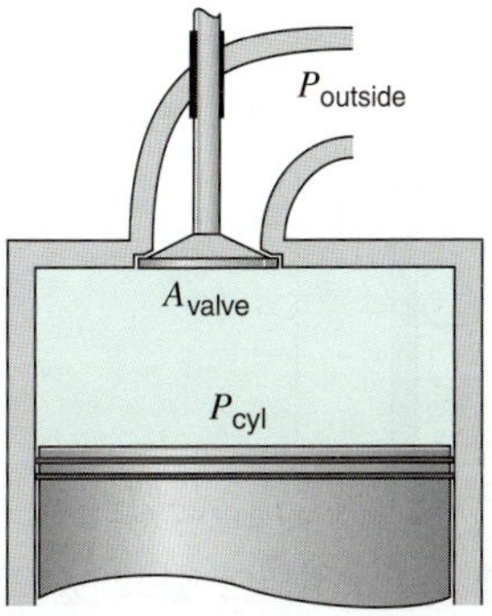

그림 P1.29

1.30 그림 P1.29에서 피스톤 실린더는 직경이 10 cm, 내부 압력은 735 kPa이다. 질량이 없는 피스톤 아래쪽에 압력

P_0를 힘 이외에 가해지고 있을 때 질량이 없는 피스톤을 위로 잡는 힘은 얼마인가?

1.31 최대 유체압력이 500 kPa인 유압리프트가 있다. 850 kg의 질량을 들어 올리기 위해 요구되는 피스톤/실린더 직경은 얼마인가?

1.32 실린더 직경이 0.3 m인 자동차 정비소의 유압리프트가 80 kg의 피스톤/암과 1000 kg의 자동차를 들어올리기 위해 요구되는 유압오일의 압력은 얼마인가? 여기서 대기압은 1 bar이다.

1.33 75 kg 질량을 가진 사람이 부츠를 신고 있을 경우 발자국 크기는 0.05 m^2이다. 눈 위에서는 추가로 3 kPa를 더 지탱할 수 있다고 하면, 발자국 크기 변화는?

1.34 단면적이 0.001 m^2인 피스톤–실린더 장치 안에 질량이 10 kg인 피스톤이 멈추개 위에 놓여 있다(그림 P1.34 참조). 대기압이 100 kPa일 때 피스톤을 들어 올리려면 물의 압력은 얼마나 되어야 하는가?

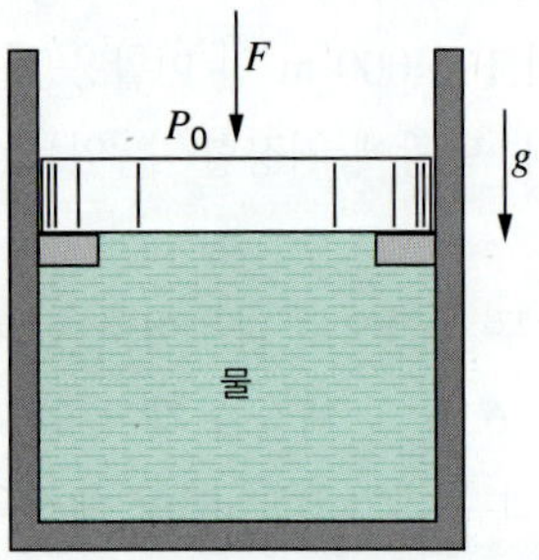

그림 P1.34

1.35 높이 2.5 m의 철제 실린더의 단면적이 1.5 m^2이다. 그림 P1.35와 같이, 바닥에 높이 0.5 m의 물이 있고, 그 위에 높이 1 m의 엔진오일이 있다. 가솔린 표면이 101 kPa의 대기에 노출되어 있다. 물의 최고 압력은 얼마인가?

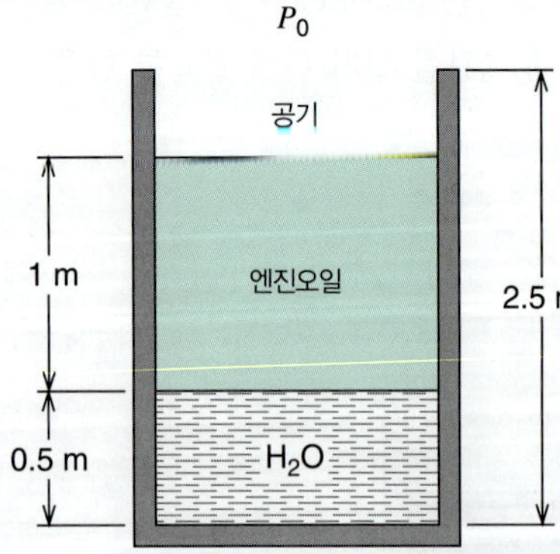

그림 P1.35

1.36 해저 부표는 케이블로 해저에 고정되어 있고, 총 250 kg의 질량을 갖는다. 케이블이 1000 N의 힘을 고정하기 위해 필요한 해저 부표의 체적은 얼마인가?

1.37 해저 바닥에 고정된 케이블에 석유 굴착 장치가 떠있으며, 10 000 kN로 상대적인 힘으로 당기고 있다. 얼마나 많은 물 부피 변화에 해당하는 양인가?

1.38 해변에서 대기압이 1010 mbar이다. 해저 20 m까지 들어갔다가 500 m 높이의 언덕으로 올라간다. 물의 밀도가 1027 kg/m^3이며 공기의 밀도가 1.2 kg/m^3일 때, 각 위치에서 느끼는 압력은 얼마인가?

1.39 그림 P1.39와 같이 단면적이 3 m^2이고 높이가 15 m이며 무게가 10000 kg인 강철탱크 상단이 개방되어 있다. 이 탱크바닥으로 콘크리트를 부어서 수직방향으로 8 m 위치에 있도록 물에 띄우려고 한다면 얼마의 콘트리트가 사용되어야 하는가?

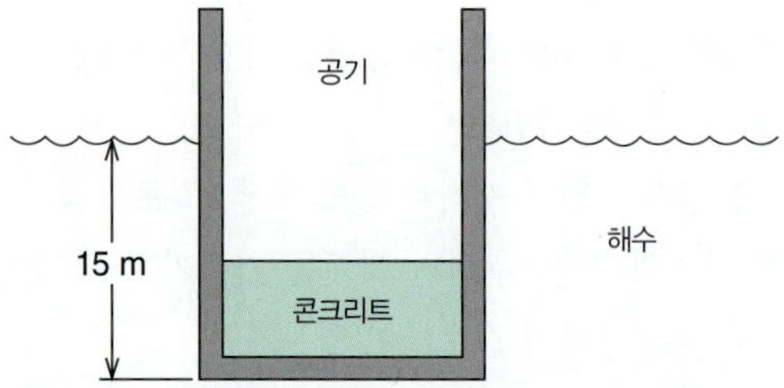

그림 P1.39

1.40 가스가 포함된 12 cm^2의 단면적을 가진 실린더에 10 kg의 질량을 가진 피스톤이 원심분리기 안에 있다. 피스톤은 가스를 향해 20 m/s^2의 가속도를 갖는다. 실린더 외부의 압력이 표준대기압일 때, 가스압력을 구하라.

1.41 가장큰 화물선 중 하나의 길이는 400 m이고 폭이 58 m이며, 직사각형 상자와 같은 형상으로 가정한다. 10 m 아래 물속에 있고, 선박 자체의 질량이 200,000톤이면 이 선박은 얼마나 많은 질량(톤)을 적재하는가? 여기서 바다물의 밀도는 1027 kg/m^3로 가정한다.

마노미터와 바로미터 비체적

1.42 마노미터가 액체수은의 20cm의 압력차이를 나타낼 때 압력차이는 몇 kPa인가? 대기압이 1기압일 때 절대압력은 얼마인가?

1.43 75 kg인 사람이 2 kg 질량과 0.6 m 크기의 스케이트 보드에서 0.25 m만큼 뛰어오른다면, 보드 아랫면에 얼마나 많은 계기압력이 필요한가?

1.44 조종사가 해발 2000 m의 고도에서 비행기를 조종하고 있다. 대기 밀도가 1.15 kg/m^3로 일정할때, 조종사가 느끼는 절대압력은 얼마일까? 해수면 압력은 101 kPa이고, 비행기의 고도에서 중력은 무시할 수 있다고 가정한다.

1.45 절대 압력을 측정하는 기압계의 수은주 높이가 725 mm이다. 수은의 밀도는 13550 kg/m^{3}일 때, 대기압을 구하라.

1.46 용기 내에 부착된 차압계로 측정된 압력은 1.25 MPa이고 국소 바로미터에 의한 대기압은 0.96 bar일 때, 용기 내의 절대압력은 얼마인가?

1.47 그림 P1.64와 같이 두 개의 피스톤-실린더 A와 B가 관으로 연결되어 있다. A의 단면적은 75 cm^{2}이고, B의 단면적은 25 cm^{2}이며, 피스톤 A의 질량은 25 kg이다. 외부 압력이 100 kPa이며, 표준 중력 가속도가 작용한다. 어느 쪽 피스톤도 바닥에 닿지 않을 때 피스톤 B의 질량을 구하라.

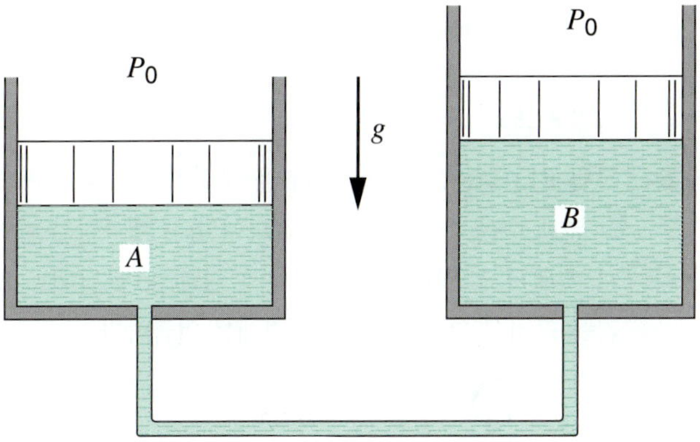

그림 P1.47

1.48 925 kg/m^{3}의 유체밀도를 갖는 마노미터는 한쪽 끝이 관에 부착되고, 다른 끝은 대기에 개방된 상태에서 12 cm 진공 액주 높이 차이를 갖는다. 물의 미터단위를 이용할 때 관내 절대압력은 얼마인가? 표준대기압은 10.3 m의 물기둥으로 간주한다.

1.49 탐사용 잠수함은 바다에서 1200 m 아래로 내려갈 수 있어야 한다. 해수의 밀도가 1020 kg/m^{3}일 때, 잠수한 선체에 가해지는 최대 압력은 얼마인가?

1.50 탱크의 절대압력이 115 kPa이고, 주변 대기의 절대압력은 102 kPa이다. 13350 kg/m^{3}의 밀도를 갖는 수은이 포함된 U-튜브가 계기압력을 측정하기 위해서 탱크에 부착되어있을 때 수은액주의 높이 차이는 얼마인가?

1.51 강철로 만들어진 실린더에 부탁된 절대 압력 게이지는 135 kPa를 나타내고 있다. 대기압 P_{atm}이 101 kPa인 어느 날에 물을 사용한 마노미터를 이 실린더에 부착하고자 한다. 이때, 유체의 높이 차이는 얼마로 되어야 하는가?

1.52 그림 P1.52와 같이 경유가 흐르는 파이프에 마노미터가 부착되어 있다. 파이프 유동내에서 절대압력을 구하라.

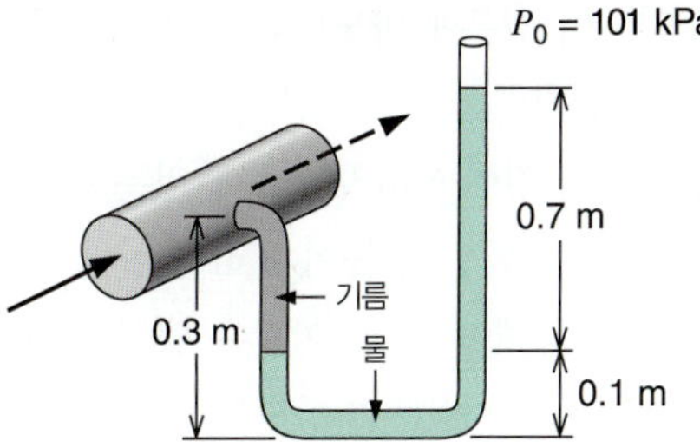

그림 P1.52

1.53 마노미터 액주의 높이차가 250 mm이고, 유체의 밀도는 900 kg/m^{3}이다. 압력 차이는 얼마인가? 수은(밀도 = 13600 kg/m^3)을 유체로 사용하는 액주계로 같은 압력차를 측정하면 높이차는 얼마이겠는가?

1.54 그림 P1.54의 실험 장치를 g = 9.5 m/s^2, 온도는 5°C인 곳에 설치하였다. 오리피스 전후의 압력차를 수은 마노미터로 측정하여 장치 내의 공기 유속을 구하려고 한다. 마노미터의 높이차가 200 mm일 때 압력차는 몇 kPa인가? (밀도 = 13580 kg/m^3)

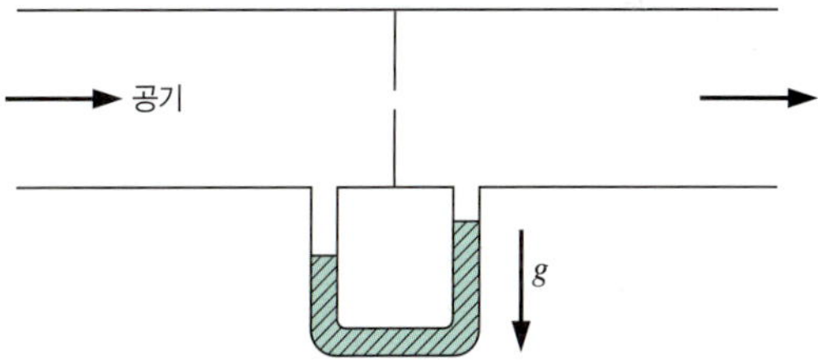

그림 P1.54

에너지와 온도

1.55 켈빈온도가 영(zero)일 때 이 온도를 °C로 나타내라.

1.56 75 km/h로 움직이고 있는 사람들을 태운 차량의 총 질량은 3200 kg이다. 차는 얼마나 많은 운동 에너지를 가지는가?

1.57 온도 −5°C는 몇 Kelvin인가?

1.58 수은의 밀도는 다음과 같이 대체로 온도에 선형적으로 변한다. ρ_{Hg} = 13595 − 2.5 T kg/m^3 T (°C) 따라서 압력차가 같더라도, 온도에 따라 마노미터를 읽을 때 차이가 있다. 압력차가 100 kPa이면 35°C인 여름과 −15°C인 겨울에 측정한 두 수은주의 높이차는 얼마나 달라지는가?

1.59 온도가 T°C일 때, 물의 밀도는 ρ = 1008 − T/2 (kg/m^3)이다. 온도가 10°C 증가하면, 수심 1 m인 물의 깊이는 어떻게 변화하는가?

복습문제

1.60 문제 1.54의 실험 장치에서 공기 대신 밀도가 1000 kg/m^{3}인 물이 흐를 때 관 바닥에 있는 두 구멍 사이의 압력

차는 얼마인가? 이 경우에 마노미터 내부 물기둥의 높이 차는 무시할 수 없다.

1.61 그림 P1.61와 같이 깊이 6 m의 호수에 있는 댐의 관문을 건설하기 위해서는 폭 5 m, 높이 6 m의 항만 구간에 대한 수평합력을 결정해야 한다. 이것은 댐의 5 m 구간을 대체하는 것이다. 물이 있는 한쪽면과 공기가 있는 다른 한쪽면에 작용하는 수평합력을 구하라.

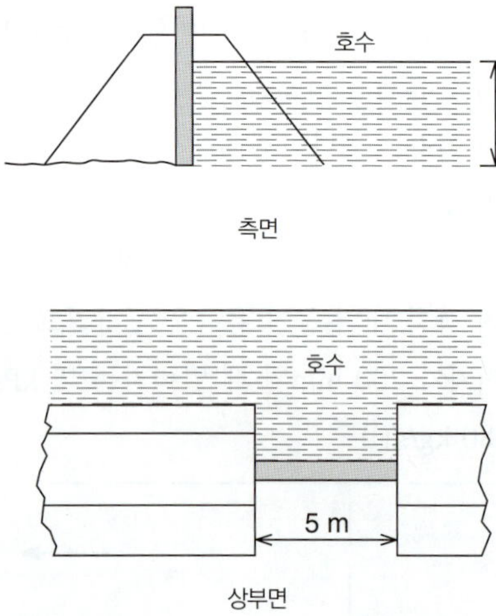

그림 P1.61

1.62 그림 P1.76과 같은 상수도 탑에서, 물을 지상 25 m 높이까지 끌어올려 가압 탱크에 저장한다. 수면 위에는 압력 150 kPa의 공기가 갇혀 있다. 물의 밀도는 1000 kg/m^{3}이며, 표준 중력 가속도를 가정한다. 지표면에 있는 물을 더 끌어올리려면 압력이 얼마가 되어야 하는가?

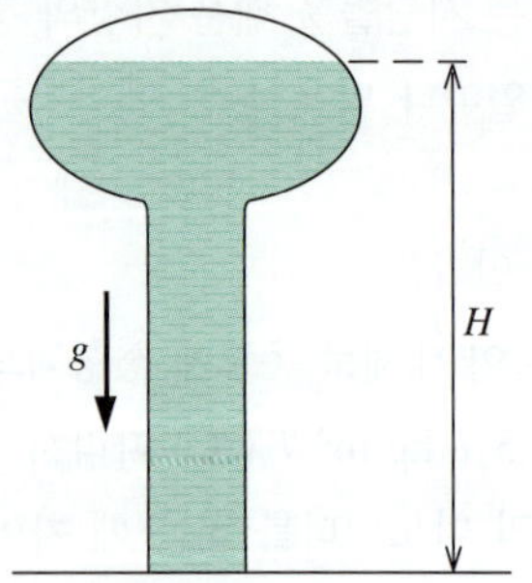

그림 P1.62

1.63 그림 P1.63과 같이 압력 650 kPa의 수도관이 지하 5 m의 깊이에서 고층 건물로 연결된다. 지상 125 m의 최고층에 200 kPa로 관이 연결되기 위해 필요한 펌프의 추가 압력은 얼마인가?

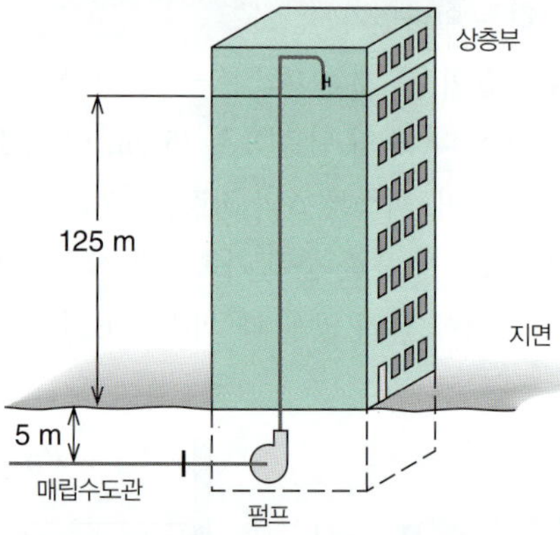

그림 P1.63

1.64 그림 P1.64와 같이, 글리세린을 포함하는 밀폐된 탱크에 *U*-튜브 수은 마노미터가 연결되어있다. 탱크상부는 공기로 채워있고, 압력계가 설치되어 있다. kPa 단위로 압력값을 구하고 그 결과에 대해 견해를 언급하라.

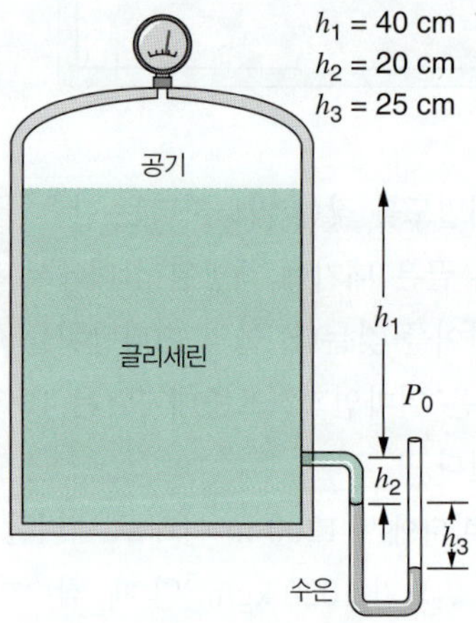

그림 P1.64

제 2 장

순수 물질의 거동

Properties of a Pure Substance

1장에서 우리에게 익숙한 상태량인 온도, 압력 및 비체적에 관해 살펴보았다. 이제는 순수 물질의 상(phase), 독립 상태량(independent property)의 수, 그리고 열역학 상태량을 나타내는 방법에 대해 살펴본다.

상태량과 물질의 거동은 여러 기기와 열역학 시스템을 학습하는 데 매우 중요하다. 그림 1.1에 보인 증기 발전소와 석유, 천연가스, 혹은 원자력 등 다른 연료를 사용하는 발전소들은 매우 유사한 과정을 가지며, 물을 작동 물질로 사용한다. 증기 발생기에서는 고압에서 물을 끓여 수증기를 만들고, 그 수증기는 터빈에서 저압으로 팽창하며, 응축기에서 냉각된 후, 펌프에 의해 압력을 높여 보일러로 돌아간다(그림 1.2 참고). 원하는 에너지 전달과 물의 유동을 얻기 위해서는 버너, 열교환기, 터빈, 펌프 등의 크기를 적절히 결정해야 하며, 이 결정에는 물의 상태량이 필요하다. 주어진 압력에서 물이 액체에서 증기로 증발하는 온도를 알아야 하고, 유동에 필요한 배관의 크기를 결정하기 위해서는 밀도나 비체적을 알아야 한다. 만일 배관이 너무 작으면, 팽창하면서 유속이 너무 빨라 압력 손실과 저항이 증가하므로, 더 큰 펌프가 필요하고 터빈 출력이 줄어든다.

다른 예로 그림 1.3의 냉장고를 생각해보자. 냉장고에는 낮은 온도(−20°C)에서 액체가 증기로 끓는 물질이 필요하다. 이 물질은 차가운 주위 공간에서 에너지를 흡수하여 낮은 온도 상태를 유지한다. 냉장고의 후면이나 아래부분의 검은 창살(grille) 안에서는 뜨거운 유체가 주위를 유동하는 공기에 의해 냉각되어, 실온보다 약간 높은 온도에서 증기가 액체로 응축된다. 이런 시스템을 설계하려면, 이 과정이 일어나는 압력과 에너지 양을 알아야 하며, 이 내용은 3장과 4장에서 다루게 된다. 또 물질이 얼마나 큰 체적을 차지하는가, 즉 비체적을 알아야 배관의 지름을 결정할 수 있으며, 이 과정은 증기 동력 발전소와 마찬가지이다. 물질을 선정하기 위해서는 압력의 범위가 적당해야 한다. 누설과 안전 면에서는 압력이 너무 높으면 안 되고, 공기가 시스템으로 새어 들어갈 수 있으므로 압력이 너무 낮아도 안 된다.

물질의 상태량이 필요한 마지막 예로 가스 터빈과 제트 엔진을 들 수 있다. 이 시스템에서 작업 물질은 기체(공기와 비슷함)이며 상변화가 일어나지 않는다. 연료와 공기는 많은 에너지를 방출하며 연소하고, 기체를 가열하여 팽창시킨다. 기체가 얼마나 뜨거워지는지 그리고 얼마나 팽창하는지 알아야 터빈이나 제트 엔진의 출구 노즐에서 일어나는 팽창 과정을 해석할 수 있다. 이런 기기는 터빈 내와 제트 엔진 출구에서 큰 유속이 필요하다. 고속 유동은 터빈 블레이드를 밀면서 축일을 생성하거나, 제트 엔진을 밀면서(**추진력**이라 함) 항공기를 앞으로 움직인다.

위에서 물질이 여러 과정을 거치는 동안 열역학 상태와 상태량이 변화하는 종합 시스템의 몇 가지 예를 살펴보았다. 앞으로 더 많은 예를 통하여 일반적인 학습내용을 자세히 설명하게 될 것이다.

2.1 순수 물질

순수 물질(pure substance)은 화학 조성이 균일하고 일정한 물질을 말한다. 순수 물질은 한 개 이상의 상으로 존재할 수 있다. 그러나 어떠한 상에서도 화학 조성은 같아야 한다. 그러므로 액체 상태의 물, 물과 수증기의 혼합물, 얼음과 물의 혼합물 등은 순수 물질이다. 각 상의 화학 조성이 모두 같기 때문이다. 반면에 액체 공기와 기체 공기의 혼합물은 순수 물질이 아니다. 액체의 조성과 기체의 조성이 다르기 때문이다.

간혹 공기와 같은 기체 혼합물을 상변화가 없는 한 순수 물질로 간주하기도 한다. 엄밀한 의미에서 이것은 옳지 않다. 앞으로 살펴보겠지만, 공기와 같은 기체 혼합물은 상변화가 없는 한, 순수 물질의 몇 가지 특성을 갖는다.

이 책에서는 단순 압축성(compressible) 물질을 주로 취급한다. 단순 압축성 물질이란 표면 효과, 자기 효과, 전기 효과 등은 중요하지 않지만, 실린더 안에서의 기체의 팽창과 같이 체적의 변화가 매우 중요한 물질을 의미한다. 표면 효과, 자기 효과, 전기 효과가 중요한 물질에 대해서는 별도로 언급한다. 우리는 **단순 압축성 시스템**(simple compressible system)으로 불리는 단순 압축성 물질로 구성된 시스템을 다룰 예정이다.

2.2 상경계

그림 2.1*a*와 같이 압력이 일정하게 유지되고 온도와 체적를 측정할 수 있는 피스톤–실린더 장치 안에 일정량의 물이 있다. 물은 액체 상태로 방 안의 조건인 0.1MPa, 20°C인 상태에서 출발한다고 가정하자. 이 때 물은 액체상태이다(상태 *A*). 물을 천천히 가열하면 온도가 올라가고 체적은 조금 증가하지만, 압력은 실험 장치에 의해 일정하게 유지된다. 물의 온도가 99.62°C에 도달하였을 때(상태 *B*), 열을 더 가하면 그림 2.1*b*와 같이 액체의 일부가 증기로 바뀌는 상변화가 발생하고, 이 과정 동안 온도는 일정하게 유지되나 체적은 상당히 많이 증가한다. 열이 더 가해짐에 따라 더 많은 양의 증기가 발생하고 마지막 액체 방울이 증발할 때까지 체적은 계속 증가한다(상태 *C*). 그 후 계속 열을 가하면 그림 2.1*c*와 같이 증기의 온도와 체적이 함께 증가한다(상태 *D*).

질량을 알고 있으므로 이 때의 비체적은 구할 수 있으며, 이 전체 과정은 온도를 *x*축, 비체적을 *y*축으로 나타내면 그림 2.2와 같이 나타낼 수 있다. 액체가 끓기 시작하는 상태 *B*를 포화 액체(saturated liquid)라고 부른다. 즉 포화 온도와 압력 조건에서 액체로 존재하는 물질을 이른다. 과정 *BC*를 통하여, 온도가 일정한 상태로 비체적이 증가하는데, 이 온도를 주어진 압력에서의 포화 온도(saturation temperature)라고 부른다. 이 포화 온도는 주어진 압력에서 증발이 일어날 때의 온도를 말하며 흔히 끓는점(boiling temperature)이라고

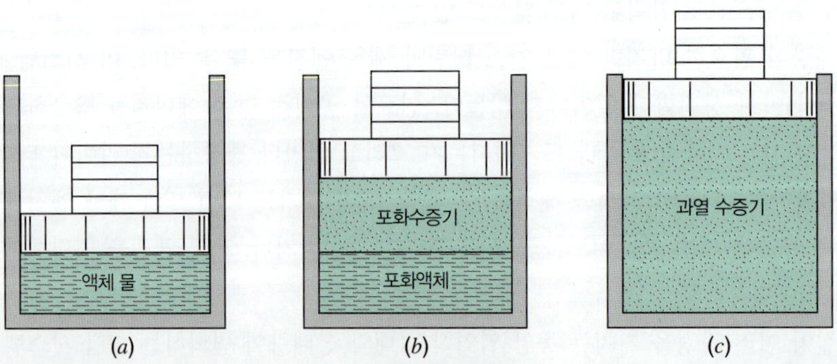

그림 2.1 » 일정한 압력에서 액체로부터 증기로의 변화.

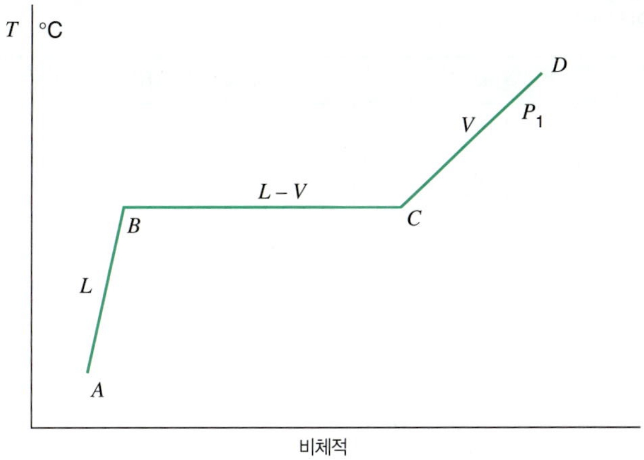

그림 2.2 ▸▸ 일정한 압력에서 순수물질인 물의 온도–체적 선도.

도 한다. 이때의 압력을 주어진 온도에서의 포화 압력(saturation pressure)이라고 한다. 그러므로 물의 경우, 99.62°C에서 포화 압력은 0.1 MPa이고, 마찬가지로 0.1 MPa에서 포화 온도는 99.62°C이다. 모든 액체가 증발되고 난 뒤인 상태 *C*를 포화 증기(saturated vapor)라고 부르며, 이 상태에서는 포화 온도 조건에서 모두 증기로 존재하므로, 건 **포화 증기**(dry saturated vapor)라고도 한다. 그림에서 *B*와 *C* 사이의 어떠한 상태도 모두 포화 액체–포화 증기 혼합물이다. *C*를 넘어서서 *CD* 선과 이 선을 넘어선 상태를 과열 증기(superheated vapor)라고 부르며, 여기서는 주어진 압력에서의 포화온도보다 높은 상태이다. 상태 A는 과냉 액체(subcooled liquid) 혹은 압축 액체(compressed liquid) 상태라고 한다. 이 상태는 주어진 압력에서의 포화 온도보다 낮은 온도 조건이기 때문에 과냉 액체라고 하며, 마찬가지로 주어진 온도에서의 포화 압력보다 높은 압력 조건이기 때문에 압축 액체라고도 불린다.

만약 실험을 각각 압력을 증가시켜 가면서 반복하면 다양한 압력에 따라 그림 2.3에서와 같이 나타낼 수 있다. 이번에는 압력이 1 MPa으로 일정한 상태에서 초기 온도 20°C에서부터 시작해보자. 점 *E*는 초기 상태로, 0.1 MPa과 20°C에서의 비체적보다 조금 작은 비체적을 가진 상태이다. 증발은 점 *F*에서 시작되며 그 때의 온도는 179.9°C이다. 점 *G*는 포화 증기 상태이며, 선 *GH*는 압력이 일정한 상태에서 과열 증기 상태이다. 이런 식으로 압력이 10 MPa로 일정한 경우에는 선 *IJKL*이 얻어지며, 이때의 포화 온도는 311.1°C이다. 선 *MNO*로 표현이 되는 압력이 22.09 MPa일 때에는, 온도가 일정한 상태에서 증발이 일어나는 포화 과정을 찾아볼 수 없게 된다. 대신 점 *N*은 기울기가 0인 변곡점이 된다. 이 점을 임계점(critical point)이라고 하며, 이 상태에서는 포화 액체와 포화 증기의 상태가 동일하다. 임계점에서의 온도, 압력, 비체적을 각각 **임계 온도**, 임계 압력, 임계 체적이라고 부른다. 물질에 따른 임계점에서의 데이터를 표 2.1에 나타내었다. 보다 더 많은 데이터는 부록 A의 표 A.2에 제시되어 있다.

임계 압력보다 높은 압력에서의 과정은 선 *PQ*로 나타내어진다. 만약 40 MPa과 20°C 상태의 물이 실린더에서 압력이 일정한 상태로 가열된다면, 그림 2.3에 보이는 바와 같이 두 개의 상(phase)은 결코 동시에 존재할 수 없으며, 따라서 그림 2.1*b*에 보여지는 상태는 존재할 수 없다. 대신 밀도가 연속적으로 변화할 것이며 모든 상태에서 오직 하나의 상만이 존재하게 된다. 그러면 문제는 언제 액체이며 언제 증기이냐는 것이다. 정답은 이러한 초임계(supercritical) 압력 조건에서는 이 질문이 타당하지 않다는 것이다. 우리는 간단히 이런 물질을 **유체**(fluid)라고 부른다. 약간 임의적이긴 하지만, 통상적으로 임계 온도보다 낮은 온도에서는 **압축 액체**라고 부르며, 임계 온도보다 높은 온도에서는 **과열 증기**라고 부른다. 그러나 여기서 강조되어야 할 것은, 임계 압력보다 높은 압력 조건에서는 평형(equilibrium) 상태에서 순수 물질이 액체나 증기의 상으로 존재할 수 없

표 2.1 ▸ 몇 가지 임계점 데이터

	임계 온도, °C	임계 압력, MPa	임계 체적, m^3/kg
물	374.14	22.09	0.003155
이산화탄소	31.05	7.39	0.002143
산소	−118.35	5.08	0.002438
수소	−239.85	1.30	0.032192

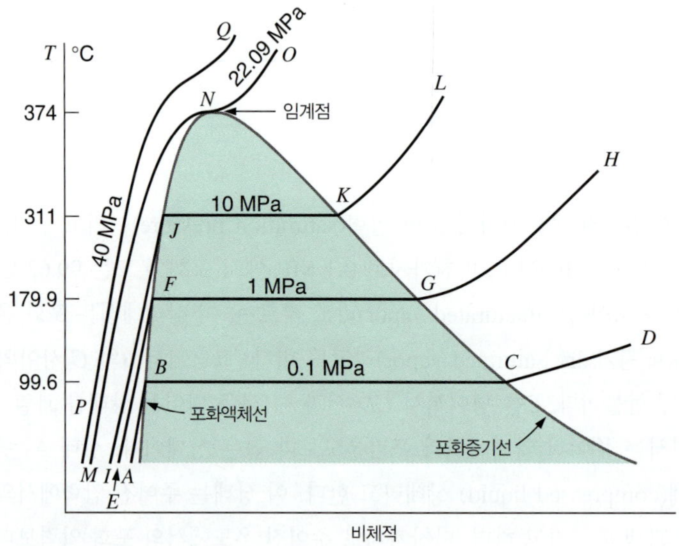

그림 2.3 ▸ 물의 액체상과 증기상을 나타내는 온도−체적 선도(임의 척도).

다는 것이다. 그림 2.3에서 선 *NJFB*는 포화 액체선을, 선 *NKGC*는 포화 증기선을 각각 나타낸다.

이번에는 위에서 언급한 피스톤/실린더 실험과 동일하게, 압력 0.1 MPa, 초기 온도 −20°C에서부터 시작해보자. 그러면 물은 고체 상태인 얼음의 형태일 것이다. 압력이 일정한 상태에서 얼음에 열이 가해지면, 비체적이 조금 증가하면서 온도가 0°C에 도달할 것이다. 이 때부터 얼음은 용해되기 시작하며 온도는 일정하게 유지된다. 이 상태에서 얼음은 포화 고체(saturated solid)라고 불린다. 대부분의 물질들은 이러한 용해 과정 동안 비체적이 증가하지만, 물의 경우 액체 상태가 고체 상태에서의 비체적보다 작다. 모든 얼음이 녹게 되면, 추가적인 열은 액체의 온도를 증가시킬 것이다. 만약 −20°C의 얼음이 압력이 0.260 kPa이라면, 얼음으로의 열전달로 인하여 얼음의 온도는 −10°C까지 증가할 것이다. 이 때에는 얼음은 고체인 상태에서 바로 증기 상태로 변화할 것이며, 이 과정을 승화(sublimation)라고 한다. 추가적으로 열이 전달되면 증기가 과열되게 된다.

그림 2.1에서 시작점이 압축 액체 혹은 과냉 액체 조건이었으므로, 그림 2.3에 나타낸 물의 *T-v* 선도는 액체와 증기 상태만이 연관되어 있는 평형 상태만을 나타내었다. 하지만 우리가 시작 조건을 고체 상태(−20°C, 0.1 MPa)로 바꾸어 실험을 다양한 고체 상태 조건에서 반복하면, 포화 고체−포화 액체 영역과 포화 고체−포화 증기 영역을 얻을 수 있다. 대부분의 물질들은 얼면서 부피가 줄어들지만, 물과 같은 물질들은 얼면서 팽창한다. 이렇듯 얼면서 부피가 줄어들거나 팽창하는 물질들의 *P-v* 선도가 그림 2.4*a*와 2.4*b*에 도시되어 있다.

특정 조건에서는 순수 물질이 평형 상태에서 세 개의 상(고체, 액체, 기체)으로 동시에 존재한다. 이러한

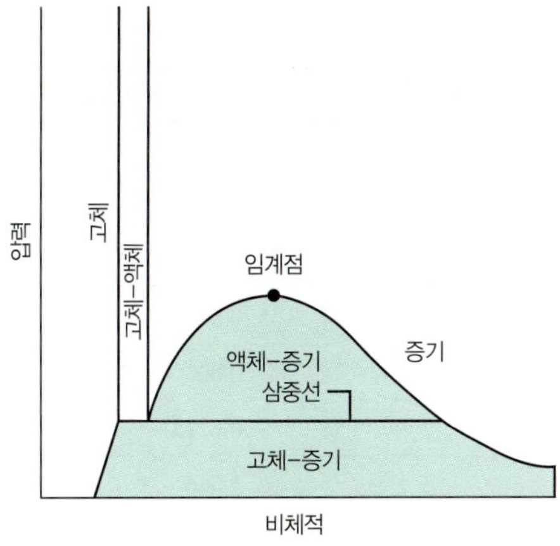

(a) 얼 때 수축하는 물질

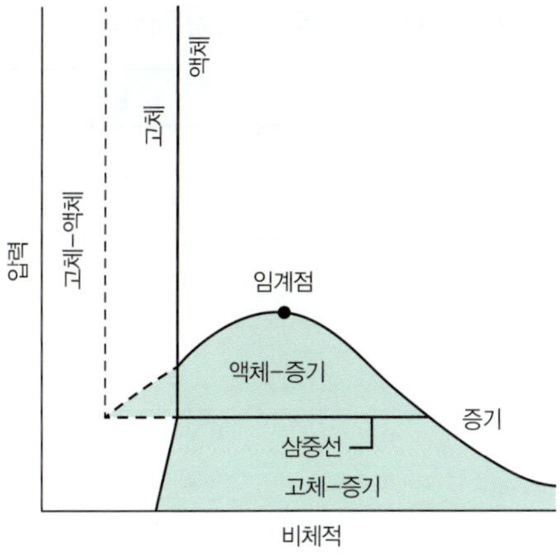

(b) 얼 때 팽창하는 물질

그림 2.4 » 다른 순수물질의 압력–체적 선도.

상태는 *P-v* 선도(그림 2.4)에서 하나의 라인으로 표시되는데 이를 삼중선(triple line)이라고 한다. 이 라인을 *P-T* 면으로 바라보면 점이 된다. 물의 경우, 이 조건은 0.6113 kPa과 0.01°C가 된다. 그러나 압력이 일정한 상태에서 열이 가해지면, 어떤 얼음은 증기가 되고, 또 어떤 얼음은 물이 된다. 따라서 이 조건에서는 세 개의 상이 평형을 이루며 존재하게 된다. 이를 삼중점(triple point)이라고 하는데, 세 개의 상(고체, 액체, 기체)이 공존할 수 있는 상태이다. 다양한 물질에 대하여 삼중점(triple point)에서의 온도와 압력이 표 2.2에 제시되어 있다.

이러한 모든 현상이 그림 2.5에 잘 요약되어 있는데, 평형 조건에서 고체와 액체 그리고 증기 상이 *P-T* 선도에서 같이 존재할 수 있음을 보여준다. 승화 곡선(sublimation line)을 따라서 고체와 증기상이 평형을 이루게 되며, 융해 곡선(fusion line)을 따라서는 고체와 액체가 평형을 이루게 되며, 증발 곡선(vaporization line)을 따라서는 액체와 증기가 평형을 이루게 된다. 세 개의 상(고체, 액체, 기체)이 공존할 수 있는 유일한 점은 삼중점(triple point)이다. 임계점을 넘어가면 더이상 액체에서 증기로의 뚜렷한 상태 변화가 발생하지 않기 때문에 증발 곡선은 임계점에서 끝에 이른다. 액체에서 고체로 변화할 때 수축하거나 팽창하는 순수 물질은 그림 2.5에 보여지는 바와 같이 *P-T* 선도에서 융해 곡선의 경향만이 다르게 된다.

표 2.2에서 뚜렷하게 알 수 있듯이 삼중점에서의 상태량은 물질에 따라 매우 크게 변한다. 다른 금속들처럼 수은의 삼중점 압력은 매우 낮으며, 이산화탄소의 경우는 대단히 높다. 수은의 낮은 증기압 때문에 바로미터의 유체로 수은을 사용한다는 1장의 내용을 되새겨 보자. 증발 곡선의 양 끝점을 알면 액체상과 증기상의 변화가 일어나는 지점을 알 수 있지만, 주어진 압력과 온도 정보로부터 상을 결정하기 위해서는 더 자세한 정보가 필요하다.

그림 2.5은 선형 좌표계에 대략적으로 도시한 것이지만, 그림 2.6는 물에 대한 실제 그래프로 넓은 압력 범위에서의 데이터를 표현하기 위해 압력 축은 로그 스케일로 표현되어 있다. 이 상선도에서 여러 개의 고체상 영역을 볼 수 있다. 이런 경우는 다른 물질에서도 관찰할 수 있다. 모든 고체들은 얼음이지만 각 상의 영역은 각기 다른 결정 구조를 가지며, 각 상의 경계를 공유함으로써 여러 개의 삼중점을 가진다. 하지만 고체–액체–기체가 평형을 이루는 삼중점은 단 한 개만 가능하다.

지금까지 우리는 물에 대해서 알아봤지만, 모든 순수 물질은 일반적으로 같은 거동을 보여준다. 앞서 언급했듯이 삼중점 정보는 물질마다 차이가 크며 임계점 또한 차이가 크다. 예를 들어 헬륨의 임계점 온도는 5.3 K(표 A.2 참조)이므로 상온은 헬륨 임계 온도의 약 50배 이상이다. 물의 임계 온도는 647.29 K이고 이는 상

표 2.2 » 몇 가지 고체–액체–증기 삼중점 데이터

	온도, °C	압력, kPa
수소(정상)	−259	7.194
산소	−219	0.15
질소	−210	12.53
이산화탄소	−56.4	520.8
수은	−39	0.00000013
물	0.01	0.6113
아연	419	5.066
은	961	0.01
구리	1083	0.000079

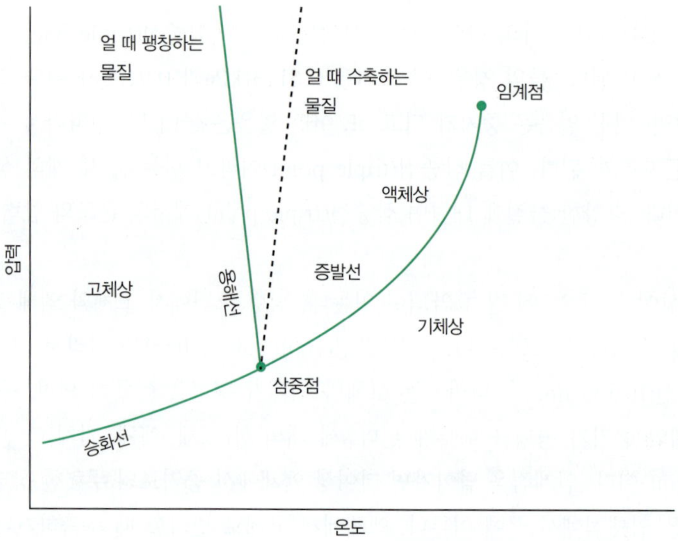

그림 2.5 » 순수물질의 압력–온도 선도.

온의 약 2배이며, 대부분의 금속은 물보다 임계 온도가 훨씬 높다.

그림 2.7는 이산화탄소의 상선도를 보여주고 있다. 압력 축은 넓은 압력 범위에서의 데이터를 표현해 주기 위해 로그 스케일로 표현되어 있다. 특이하게도 삼중점 압력이 대기압보다 높고(표 2.2 참조) 물의 거동과는 반대로 융해 곡선이 오른쪽으로 기울어져 있다. 따라서 100 kPa의 대기압에서 고체 이산화탄소는 액체 상태를 거치지 않고 바로 기체 상태로 변화하는데, 이러한 과정을 승화(sublimation)라고 한다. 주로 냉동육을 포장 및 이송할 때, 포장의 상태를 건조하게 유지하기 위하여 얼음 대신 고체 상태의 이산화탄소를 사용한다. 보통 고체 이산화탄소를 드라이아이스라고 부르는 이유가 여기에 있다. 그림 2.7를 보면 이런 상변화가 200 K 부근에서 발생한다는 것을 알 수 있으며 그래서 이때의 상태는 매우 차갑다.

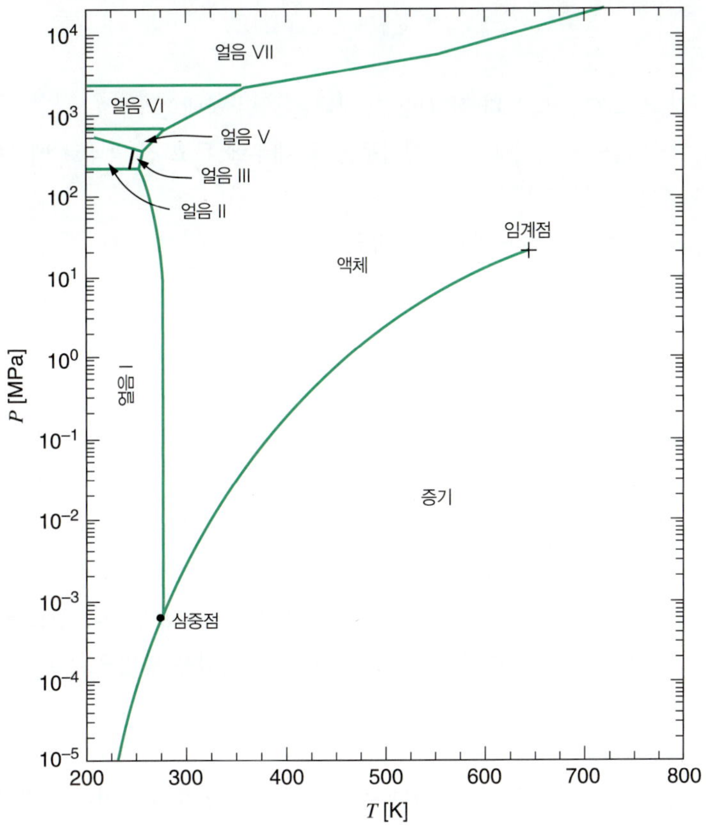

그림 2.6 ▸ 물의 상선도.

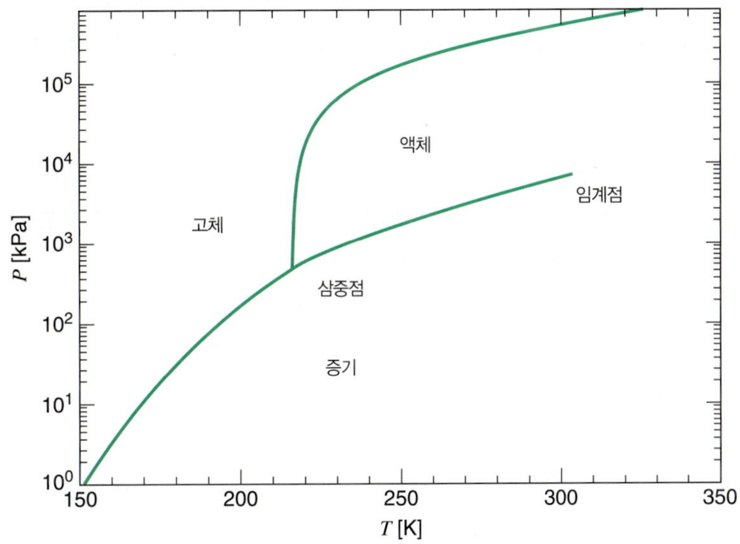

그림 2.7 ▸ 이산화탄소의 상선도.

개념점검

a. 압력이 주어진 온도 T의 P_{sat}보다 작다면, 이 상태는 어떤 상태인가?

b. 외벽에 있는 물 배출구에서 밸브의 개폐기구는 벽 내부에 두고 긴 막대로 밸브를 열고 닫는다. 이렇게 하는 이유는 무엇인가?

c. 물이 액체일 수 있는 가장 낮은 온도는 얼마인가?

2.3 *P-v-T* 면

일반적인 물질들에 대해서 존재 가능한 *P-v-T* 조합은 그림 2.8과 2.9에 보인 것처럼 *P-v-T* 선도에서 표면으로 나타낼 수 있다. 그림 2.8은 물과 같이 얼 때 체적이 증가하는 물질을 보여주고 있다. 고체의 비체적이 액체의 비체적보다 크다. 그림 2.9은 얼 때 체적이 감소하는 물질로 대개 일반적인 물질이 이 경우에 해당한다.

두 개의 3차원 열역학 면을 볼 때, 체적 축과 평행하게 표면을 바라보면 *P-T* 선도를 볼 수 있다. 이 방향으로는 액체-증기 표면이 평면이 되어 증발 곡선으로 축소된다. 똑같은 방법으로 고체-증기 표면에도 일어나서 승화 곡선으로 나타나며, 고체-액체 표면은 융해 곡선이 된다. 이 세 개의 표면에서는 압력과 온도(P, T) 축만 가지고는 상태점이 표면의 어디에 있는지 판별할 수 없다. 포화 상태의 P와 T는 하나의 쌍이므로, 이 두 상태량은 서로 독립적이지 않다. 주어진 T 또는 P에서 물질의 상태가 표면의 어디에 위치하는지 지정하기 위해서는 비체적과 같은 다른 상태량이 필요하다.

만약 압력 축과 평행하게 위에서 아래로 열역학 면을 내려다보면, 고체상과 관련된 복잡함 없이 그림 2.3에 스케치한 것과 같은 *T-v* 선도를 보게 된다. 이 열역학 면을 동일한 P, T, 혹은 v로 자른다면 제3의 상태량을 고정한 채로 하나의 상태량을 다른 상태량의 함수로 나타내는 선도를 보여준다. 한 가지 예로 *g-h-i-j* 곡선을 들 수 있다. 이 곡선은 일정한 T 곡선을 따라서 v의 함수로 P를 보여주고 있다. 이것은 *P-v-T* 표면에서 T 축과 평행하게 바라본 것으로, 그림 2.10에서 볼 수 있듯이 이상의 *L-V* 영역을 보여주는 *P-v* 선도가 된다.

3차원 표면이 매우 복잡하기 때문에, 과정이 진행되는 동안 상태가 어떻게 변해 가는지에 대한 시각적 인상을 얻기 위해서, 과정과 상태를 *P-v*, *T-v*, 또는 *P-T* 선도에 나타낼 것이다. 이 선도들 중에서 *P-v* 선도는 앞으로 다룰 장에서 과정 중 행해진 일에 대하여 말하는 데 특히 유용하다.

P-v-T 표면을 압력 축과 평행하게 위에서 내려다보면, 전체 표면을 볼 수 있고 겹치는 부분이 없다. 다시 말하면, 한 쌍의 좌표 (T, v)는 한 점이고 표면에서 오직 하나의 상태이므로, P는 T와 v의 유일한 함수가 된다. 이것은 단순 순수 물질에 대한 상태를 정의하는 일반적인 원칙으로서, 물질의 상태는 두 개의 독립 상태량(independent property)에 의해 정의된다.

독립 상태량(independent property)이라는 용어의 중요성을 이해하기 위하여 순수 물질의 포화 액체 상태와 포화 증기 상태를 생각해 보자. 이 두 상태의 압력과 온도는 각각 같지만 분명히 같은 상태는 아니다. 그러므로 포화 상태의 경우에 압력과 온도는 독립 상태량이 아니다. 따라서 포화 상태에서는 다른 두 개의 독립 상태량, 예를 들어 압력과 비체적 또는 압력과 건도 등이 순수 물질의 포화 상태를 파악하기 위해 필요하다.

앞에서 공기와 같은 기체 혼합물이 단지 한 상만으로 존재하는 한 순수 물질과 같은 특성을 보인다고 기술한 이유는 바로 이 점과 관계가 있다. 조성이 일정한 기체 혼합물인 공기의 상태는 공기가 기체상으로 유지되는 한, 두 개의 상태량을 지정하여 결정한다. 그러므로 공기를 순수 물질로 취급할 수 있다.

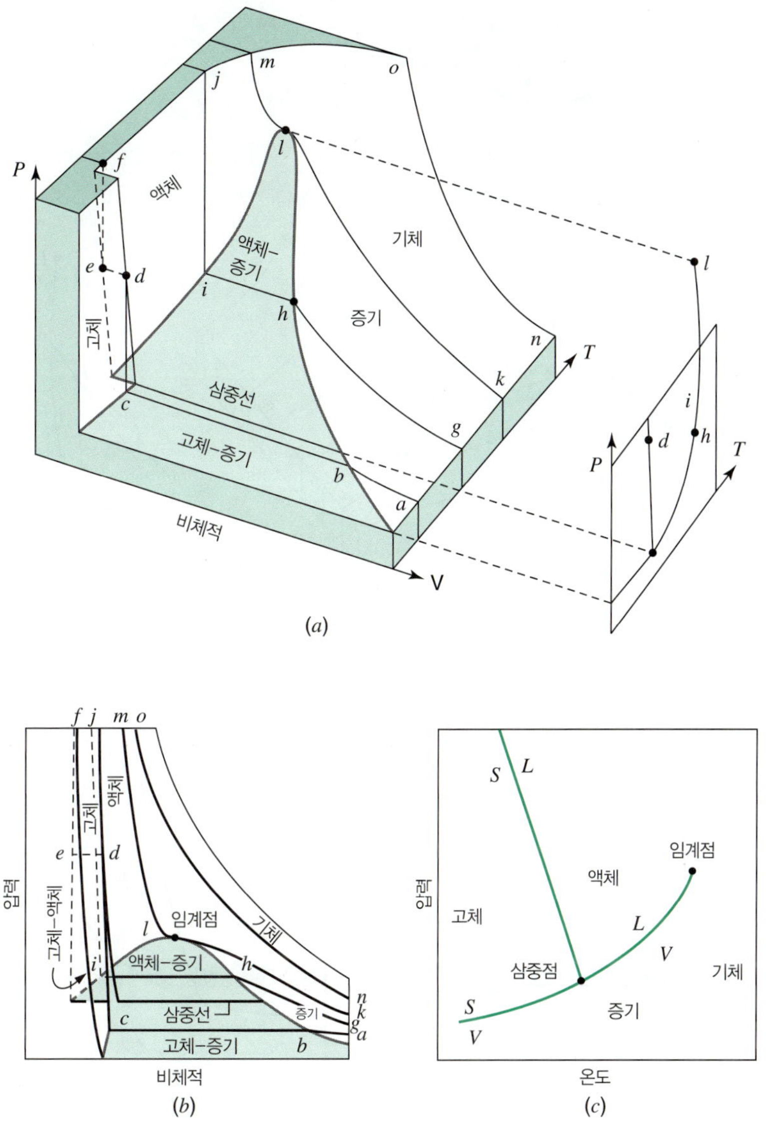

그림 2.8 ▸ 얼 때 팽창하는 물질의 압력-체적-온도 표면.

2.4 열역학 상태량표

물질별로 열역학 상태량표는 많이 있으나 일반적으로 그 형식은 동일하다. 이 절에서는 수증기표를 주로 살펴본다. 수증기표는 일반적인 열역학표를 설명하는 수단이 되며, 또한 수증기가 동력 발전소와 산업 공정에서 가장 광범위하게 쓰이고 있다. 수증기표를 이해하기만 하면 다른 상태량표도 즉시 사용할 수 있다.

수증기표는 여러 가지 판이 이미 출판되었다. 부록 B에 있는 표 B.1은 요약표이며, 물의 거동을 잘 나타내는 복잡한 상태 방정식을 근거로 하고 있다. 이 표와 매우 유사한 **수증기표**를 Keenan, Keyes, Hill, Moore가 1969년과 1978년에 개정 출판하였다. 주로 살펴볼 것은 1장과 2.3절에서 이미 논의한 세 상태량, 즉 T, P 및 v이며, 표 B.1에 나와 있는 다른 상태량인 u, h 및 s는 추후에 논의한다.

부록 B의 수증기표는 그림 2.11에 나타낸 바와 같이 다섯 개의 표로 구분되어 있다. 과열 증기 영역은 표 B.1.3에 나와 있으며, 압축 액체 영역은 표 B.1.4에 나와 있다. 그림 2.6의 압축 고체 영역은 부록에는 없다. 포화 액체 영역과 포화 증기 영역은 그림 2.3과 그림 2.10 T-v 선도에(그리고 그림 2.6의 증발 곡선으로)

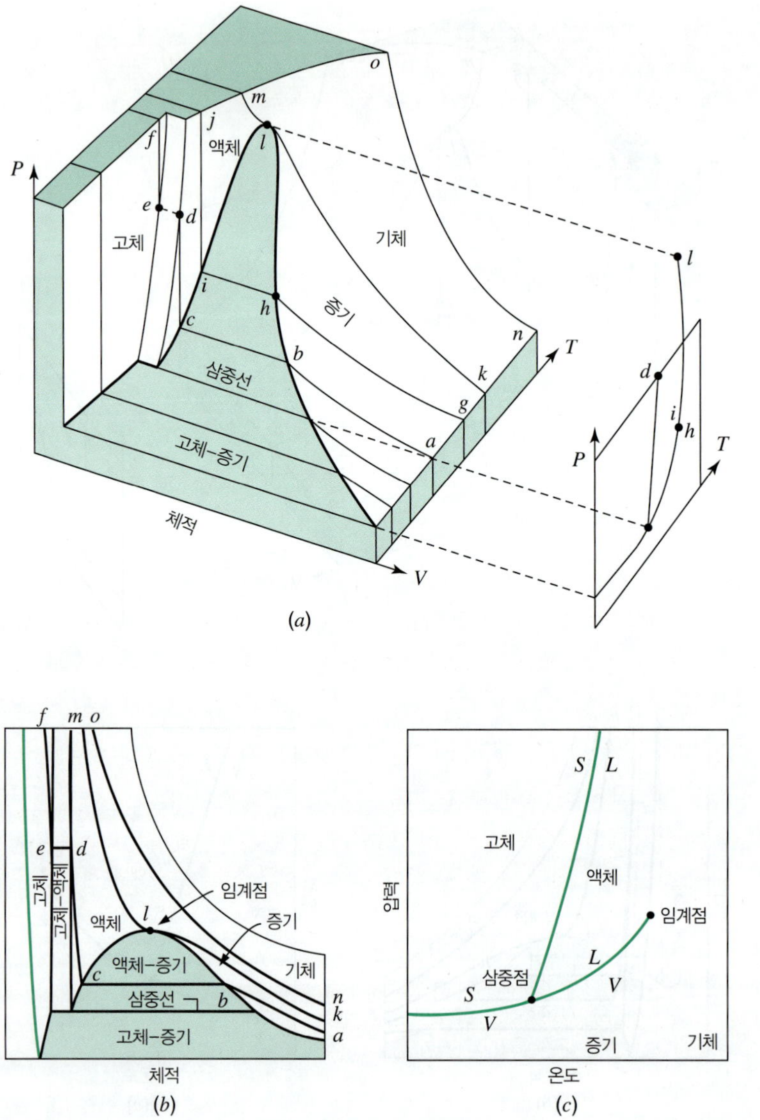

그림 2.9 » 얼 때 수축하는 물질의 압력-체적-온도 표면.

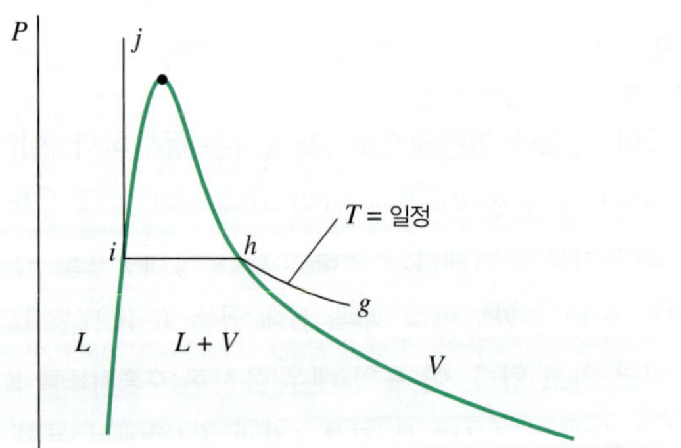

그림 2.10 » 액체상과 증기상을 보여주는 물의 P-v 선도.

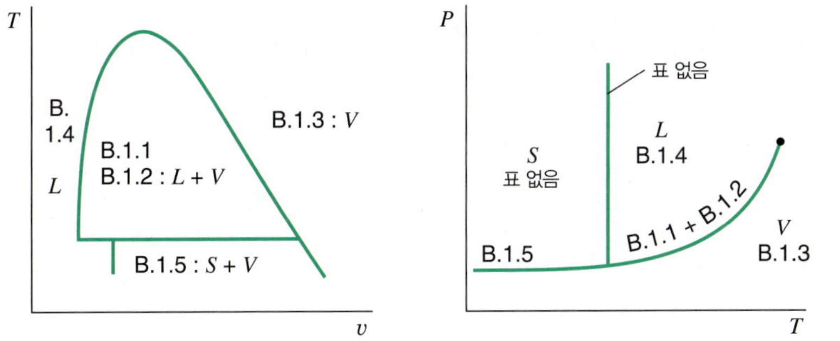

그림 2.11 ▸▸ 수증기표의 목록.

나타낸 바 있으며, 온도 T 기준으로 표 B.1.1에, 압력 P 기준으로 표 B.1.2에 나와 있다(2상 영역에서 T와 P는 독립이 아니다). 이와 유사하게 포화 고체 영역과 포화 증기 영역은 온도 기준으로 표 B.1.5에 나와 있다. 포화 고체 영역과 포화 액체 영역은 그림 2.6에 세 번째 상 경계선으로 나타낸 바 있으나 부록 B에는 나와 있지 않다.

표 B.1.1에서 온도 바로 다음 열(column)에는 그 온도에 대응되는 포화 압력이 kPa 또는 MPa 단위로 나와 있다. 그 다음의 세 열에는 비체적이 m^3/kg 단위로 나와 있다. 이들 세 열 중 처음 열에는 포화 액체의 비체적 v_f가 나와 있고 셋째 열에는 포화 증기의 비체적 v_g가 나와 있다. 둘째 열에는 2.5절에서 정의한 두 비체적의 차이 v_{fg}가 나와 있다. 표 B.1.2는 표 B.1.1과 같은 내용이나, 앞에서 언급한 바와 같이 압력에 따라 데이터가 주어져 있다.

수증기표 B.1.5에는 평형 상태의 포화 고체와 포화 증기의 상태량이 나와 있다. 첫째 열에는 온도가, 둘째 열에는 그 온도에 대응하는 포화 압력이 나와 있다. 예상대로 모든 압력은 삼중점 압력보다 낮다. 그 다음의 두 열에는 포화 고체와 포화 증기의 비체적이 나와 있다. 그 다음 세 열에는 포화 고체의 비체적 v_i, 포화 증기의 비체적 v_g, 그리고 그 차이 v_{ig}가 있다.

또한 부록 B에는 냉매 R-134a와 R-410A, 암모니아, 이산화탄소, 극저온의 질소와 메탄 등 몇 가지의 물질에 대한 열역학표들이 있다. 각각의 경우에, 온도에 따라 나열된 포화 증기(물에 대한 표 B.1.1과 동일)와 과열 증기(표 B.1.3과 동일)의 단 두 개의 표만이 주어진다.

예제 2.1

부록 B의 표를 이용하여 물의 각 상태의 상을 결정하고 P-v, T-v 및 P-T 선도에 상대적인 위치를 표시하라.

a. 120°C, 500 kPa

b. 120°C, 0.5 m^3/kg

풀이

a. 표 B.1.1의 120°C를 보면 포화 압력은 198.5 kPa이다. 그림 2.12의 a로 나타낸 것처럼 120°C의 포화선 위에 있으므로 압축 액체이다. 또 표 B.1.2의 500 kPa을 보면 포화 온도가 151.86°C이다. P-T 선도에서 500 kPa의 포화선 왼쪽에 있으므로 과랭 액체라고도 할 수 있다.

b. 표 B.1.1의 120°C에서 다음을 알 수 있다.

$$v_f = 0.001\,06 < v < v_g = 0.891\,86\ \mathrm{m^3/kg}$$

따라서 그림 2.12의 b로 나타낸 것처럼 이 상태는 액체와 증기의 2상 혼합물이다. T-v 선도에서는 포화 증기의 왼쪽에 있고, 포화 액체의 오른쪽에 있다.

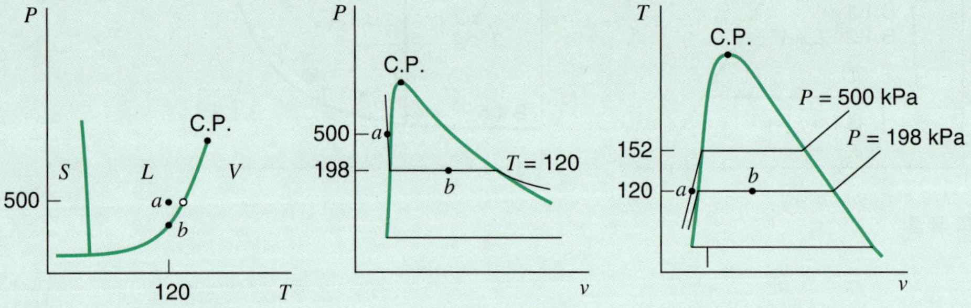

그림 2.12 » 예제 2.1의 선도.

2.5 2상 상태

2상 상태는 이미 P-v-T 선도와 2차원으로 투영한 P-T, T-v, 그리고 P-v 선도에서 다룬 적이 있다. 각 선도에서의 표면은 그림 2.1b에 나타낸 것처럼 액체와 증기의 조합과 같은 2상 상태의 혼합 물질을 나타낸다. 이러한 혼합물은 두 개의 상이 같은 온도와 압력에서 평형 상태에 있다고 가정한다. 그리고 그때의 각각의 덩어리들은 어떤 혼합물이냐에 따라서 포화 액체, 포화 고체, 또는 포화 증기 상태에 있다고 가정한다. 이 중 공학적으로 가장 흔히 사용되는 액체–증기 혼합물에 대하여 자세히 다룰 것이다. 다른 2상 상태의 혼합물은 동일한 방법으로 다룰 수 있다.

관례에 따라 하첨자 f는 포화 액체의 상태량을 나타내고 하첨자 g는 포화 증기의 상태량을 나타낸다. 따라서 그림 2.1b와 같이 일부가 액체, 일부가 증기인 포화 상태는 그림 2.13의 T-v 선도에 나타낼 수도 있다. 포화 상태에서 모든 액체는 비체적이 v_f인 f 상태에 있고 모든 증기는 비체적이 v_g인 g 상태에 있다. 전체 체적은 다음과 같이 액체 체적과 증기 체적의 합이다.

$$V = V_{\text{liq}} + V_{\text{vap}} = m_{\text{liq}} v_f + m_{\text{vap}} v_g$$

시스템의 평균 비체적 v를 **건도**(quality)의 정의 $x \equiv m_{\text{vap}}/m$을 이용하여 나타내면 다음과 같다.

$$v = \frac{V}{m} = \frac{m_{\text{liq}}}{m} v_f + \frac{m_{\text{vap}}}{m} v_g = (1 - x) v_f + x v_g \tag{2.1}$$

정의

$$v_{fg} = v_g - v_f$$

을 이용하면 식 (2.1)은 다음과 같이 된다.

$$v = v_f + x v_{fg} \tag{2.2}$$

이제 건도 x는 그림 2.13에 나타낸 바와 같이, 포화 액체와 포화 증기 사이의 길이에 대한 포화 액체에서 주어진 상태까지의 길이의 분율인 $(v - v_f)/v_{fg}$로 볼 수 있다.

건도를 사용하는 방법을 보이기 위해서, 200°C 포화 상태 물 혼합물의 건도가 70%일 때 물의 비체적을 구해보자. 표 B.1.1로부터 200°C의 포화 액체와 포화 증기의 비체적을 구하고 식 (2.1)을 사용한다.

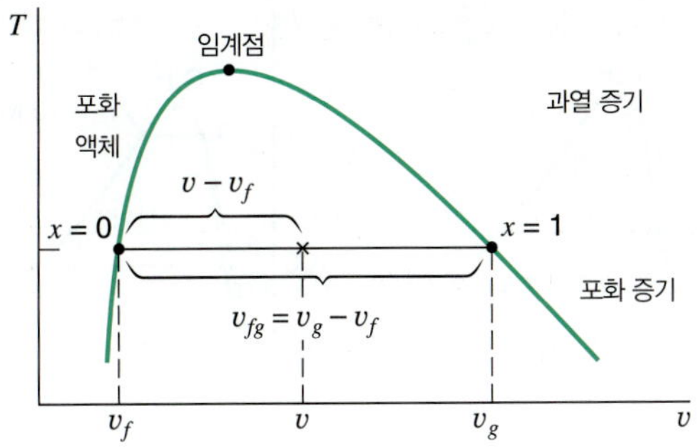

그림 2.13 ▸▸ 건도–비체적 관계를 설명하기 위한 액체–기체 2상 영역의 T-v 선도.

$$v = (1 - x)\,v_f + x\,v_g = 0.3 \times 0.001\ 156\ \mathrm{m^3/kg} + 0.7 \times 0.127\ 36\ \mathrm{m^3/kg}$$
$$= 0.0895\ \mathrm{m^3/kg}$$

이 값의 비체적을 가지는 물은 없다. 이 값은 두 질량의 평균값을 나타내는데, 하나는 $x = 0$ 상태이고 다른 하나는 $x = 1$ 상태로서, 이 둘은 그림 2.13에서 2상 상태 영역의 경계점으로 나타내었다.

예제 2.2

밀폐 용기에 R-134a가 들어 있는데, 0.1 $\mathrm{m^3}$가 포화 액체, 0.9 $\mathrm{m^3}$가 포화 증기이고, 30°C에서 평형을 이루고 있다. 질량 기준으로 증기의 분율(fraction)을 구하라.

풀이

R-134a의 포화 상태량 값은 표 B.5.1에서 찾는다. 질량–체적 관계는 다음과 같다.

$$V_{\text{liq}} = m_{\text{liq}} v_f, \qquad m_{\text{liq}} = \frac{0.1\ \mathrm{m^3}}{0.000\ 843\ \mathrm{m^3/kg}} = 118.6\ \mathrm{kg}$$

$$V_{\text{vap}} = m_{\text{vap}} v_g, \qquad m_{\text{vap}} = \frac{0.9\ \mathrm{m^3}}{0.026\ 71\ \mathrm{m^3/kg}} = 33.7\ \mathrm{kg}$$

$$m = m_{\text{liq}} + m_{\text{vap}} = 118.6\ \mathrm{kg} + 33.7\ \mathrm{kg} = 152.3\ \mathrm{kg}$$

$$x = \frac{m_{\text{vap}}}{m} = \frac{33.7}{152.3} = 0.221$$

즉 체적 기준으로 용기의 90%를 증기가 차지하지만, 질량 기준으로는 증기가 22.1%에 불과하다.

2.6 액체 상태와 고체 상태

액체가 주어진 온도에 대한 포화 압력보다 높은 압력에 있다면(그림 2.3의 상태 A), 그 상태를 압축 액체 상태(compressed liquid state)라고 한다. 같은 압력에서의 포화 액체와 비교했을 때, 주어진 압력에 대한 포화 온도보다 온도가 낮은 것을 알 수 있다. 그래서 과냉 액체(subcooled liquid)라고 부른다. 이 책에서는 이러한 상태의 액체를 지칭할 때 압축 액체(compressed liquid)라는 용어를 사용할 것이다. 고체 상태와 유사하게, 낮은 온도에서의 액체 P-v-T 표면은 상당히 가파르고 평평하며, 그래서 이 영역은 비체적이 온도에 둔한 함수인 비압축성 물질로 설명할 수 있고, 다음과 같이 나타낼 수 있다.

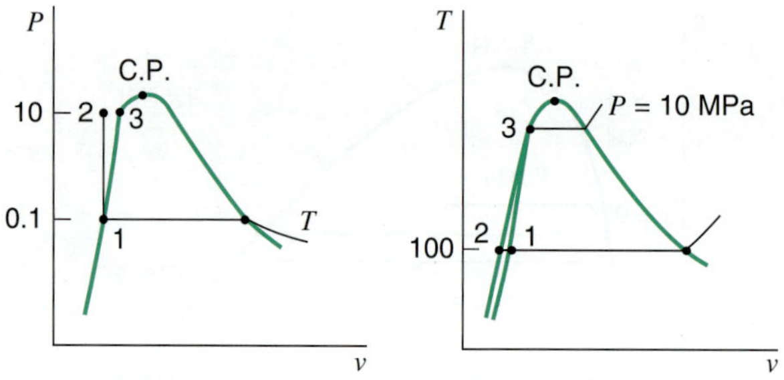

그림 2.14 ▸▸ 액체 상태량.

$$v \approx v(T) = v_f \tag{2.3}$$

이때 T에서 포화 액체의 비체적 v_f는 부록 B의 표 첫 부분에서 찾을 수 있다. 몇 가지 다른 물질의 경우 표 A.3의 밀도($1/v$)를 통해서 알 수 있다.

융해 또는 승화 곡선에서, 주어진 압력에 대한 포화 온도보다 낮은 온도의 상태는 **과냉 고체**(subcooled solid)라고 부르는 고체 상태이다. 만약 주어진 온도에서 압력이 포화 승화 압력보다 높다면, 압력이 융해 곡선의 포화 압력을 넘지 않는 한 **압축 고체**(compressed solid)로 존재한다. 물의 경우 융해 곡선의 기울기가 음수이기 때문에, 그림 2.6에서 이 상한선을 볼 수 있다. 대부분의 다른 물질의 경우, 융해 곡선의 기울기가 양수이기 때문에, 그림 2.7에서 보는 것처럼 상한선이 보이지 않는다. 고체의 상태량은 거의 온도의 함수로 표현되는데, 이는 고체가 **비압축성**(incompressible)에 가깝기 때문이다. 다시 말하면, 압력이 분자 간 거리를 변화시키지 못하기 때문에 고체의 부피는 압력의 영향을 받지 않는다. 고체에 대한 P-v-T 표면을 보면 이를 확연하게 알 수 있다. 이 부분은 그림 2.8과 2.9에서 거의 수직으로 나타난다.

이러한 거동은 다음과 같은 식으로 표현할 수 있다.

$$v \approx v(T) = v_i \tag{2.4}$$

물의 포화 고체 비체적 v_i는 표 B.1.5에 나와 있다. 다른 물질의 경우는 다루지 않지만, 몇 가지 물질의 경우 표 A.4에서 밀도($1/v$)를 찾을 수 있다.

표 B.1.4는 압축 액체의 상태량을 제공하고 있다. 이 표의 사용법을 설명하기 위해, 100°C 포화 액체 물을 생각해보자. 이때의 상태량이 표 B.1.1에 나와 있으며, 압력은 0.1013 MPa이고 비체적은 0.001044 m^3/kg이다. 압력을 10 MPa까지 증가시키는 동안 필요한 열량 Q를 전달함으로써 온도를 100°C로 유지한다고 가정해보자. 물은 약간 압축 가능하기 때문에, 이 과정 동안 비체적은 조금 감소할 것이다. 표 B.1.4에 주어진 이때의 비체적은 0.001039 m^3/kg이다. 이는 매우 작은 감소량으로, 만약 주어진 온도에서 압축 액체의 비체적이 같은 온도의 포화 액체 비체적과 같다고 가정하더라도 오차는 매우 작다. 많은 경우에 특히 압축 액체 데이터가 없는 경우, 이 가정은 매우 편리하다. 그러나 주어진 10 MPa의 압력에서의 포화 액체 비체적은 좋은 근삿값이 아님을 아는 것도 중요하다. 표 B.1.2를 보면, 포화 온도는 311.1°C이고 그때의 비체적은 0.001452 m^3/kg이므로 오차는 거의 40%나 된다.

2.7 과열 증기 상태

주어진 온도에서 포화 압력보다 낮은 압력의 상태(그림 2.3의 상태 D)는 팽창 증기이다. 혹은 같은 압력에서 포화 상태보다 높은 온도를 가지는 증기를 **과열 증기**(superheated vapor)라고 한다. 이러한 상태 그리고 포화 증기 곡선 근처의 상태를 지칭할 때 과열 증기라는 용어를 사용한다. 부록 B의 표에서 이 상태량들을 찾을 수 있다.

물의 과열 증기 상태량은 표 B.1.3에 주어진 압력에 대해 정리되어 있다. 과열 증기의 상태량은 그림 2.6의 *K-L*과 같은 곡선을 따라 온도의 함수로 나타내었으며, 주어진 압력에서의 포화 온도에서부터 시작된다. 압력 뒤 괄호 안에 포화 온도가 표기되어 있다. 예를 들어 500 kPa과 200°C의 경우를 보면, 끓는점 151.86°C가 괄호 안에 표기되어 있다. 따라서 약 48°C 정도 과열되어 있고 비체적은 0.4249 m³/kg이다. 만약 그림 2.6의 *P-Q* 곡선과 같이 압력이 임계 압력보다 높으면 포화 온도가 표기되어 있지 않다. *P-Q* 곡선의 저온 부분은 압축 액체 상태로서 표 B.1.4에 정리되어 있다.

과열 증기 표를 사용하는 몇 가지 예가 아래에 있다.

예제 2.3

부록 B의 표를 이용하여 다음 각 상태의 상을 결정하고 그림 2.11과 같이 *P-v*, *T-v* 및 *P-T* 선도에 상대적인 위치를 표시하라.

a. 암모니아, 30°C, 1000 kPa

b. R-134a, 200 kPa, 0.125 m³/kg

풀이

a. 표 B.1.6의 30°C를 보면 포화 압력은 1167 kPa이다. 포화선 아래에 있으므로 과열 증기이다. 또 1000 kPa을 보면 포화 온도가 25°C보다 약간 작아서, 약 5°C 과열된 상태이다(그림 2.15 참조).

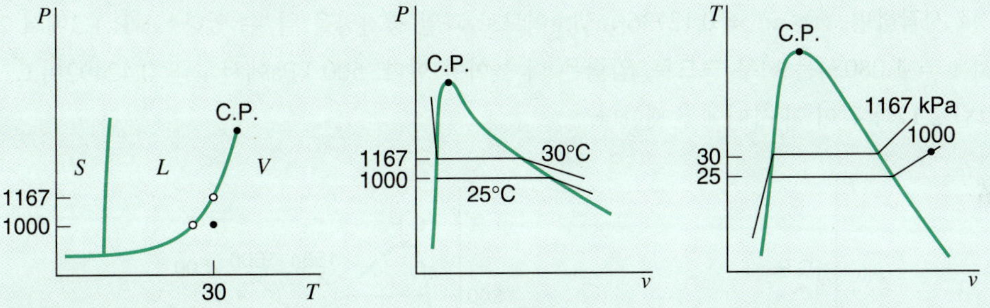

그림 2.15 ▸ 예제 2.3*a*의 선도.

b. 표 B.5.2(또는 B.5.1)의 200 kPa에서 다음을 알 수 있다.

$$v > v_g = 0.1000 \text{ m}^3/\text{kg}$$

따라서 *P-v* 선도에서 이 상태는 과열 증기이고, 표 B.5.2의 40°C와 50°C 사이에서 찾을 수 있다(그림 2.16).

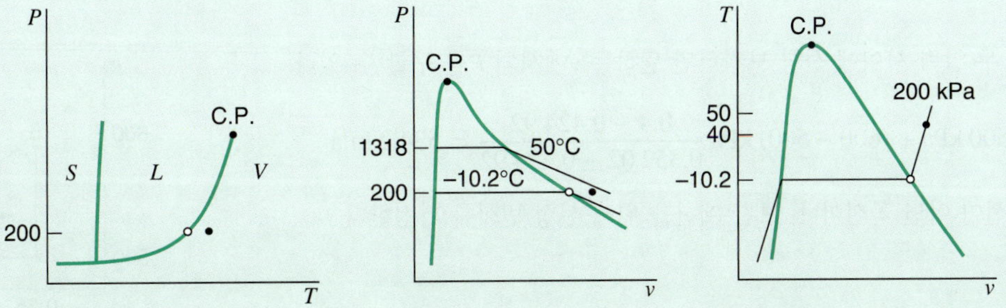

그림 2.16 ▸ 예제 2.3*b*의 선도.

예제 2.4

견고한 용기에 20°C의 암모니아 포화 증기가 들어 있다. 이 시스템에 열이 전달되어 온도가 40°C에 도달하였다. 최종 압력은 얼마인가?

풀이

이 과정 동안 체적은 변화하지 않으므로, 비체적도 일정하다. 표 B.1.6의 암모니아 표에서

$$v_1 = v_2 = 0.149\,22\ \mathrm{m^3/kg}$$

40°C에서 v_g가 0.149 22 $\mathrm{m^3}$/kg보다 작으므로, 최종 상태는 명백히 과열 증기이다. 표 B.1.7의 800 kPa과 1000 kPa 사이에 보간하여 구한다.

$$P_2 = 800\ \mathrm{kPa} + (1000 - 800)\ \mathrm{kPa}\ \frac{0.149\,22 - 0.1772}{0.138\,68 - 0.1772} = 945.3\ \mathrm{kPa}$$

예제 2.5

온도 200°C, 비체적 0.4 $\mathrm{m^3}$/kg인 물의 압력을 구하라.

풀이

표 B.1.1의 200°C로 시작하면, $v > v_g = 0.12736\ \mathrm{m^3/kg}$이므로 과열 증기임을 알 수 있다. 표 B.1.3에서 200°C인 부분을 찾는다. 200 kPa에서 $v = 1.08034$는 너무 크므로, 압력은 더 높아야 한다. 500 kPa에서 $v = 0.42492$이고, 600 kPa에서 $v = 0.35202$이므로, 그림 2.17과 같이 이 사이에 존재한다.

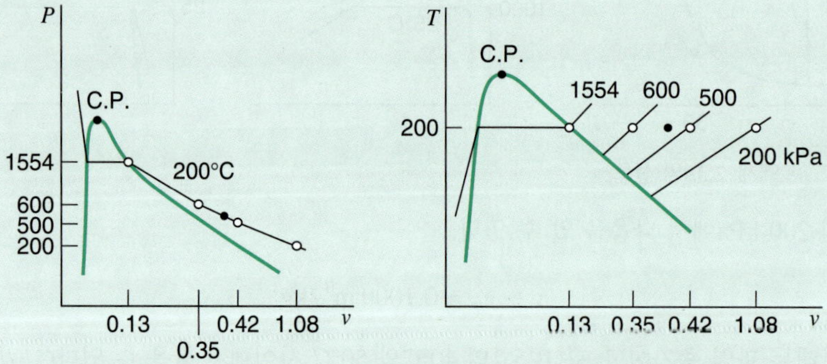

그림 2.17 » 예제 2.5의 선도.

그림 2.18과 같이 두 압력 사이에 선형 보간하면 원하는 v에서의 P를 구할 수 있다.

$$P = 500\ \mathrm{kPa} + (600 - 500)\ \mathrm{kPa}\ \frac{0.4 - 0.424\,92}{0.352\,02 - 0.424\,92} = 534.2\ \mathrm{kPa}$$

실제 등온선은 직선이 아닌 곡선이나, 보간 계산을 위해 선형 변화를 가정한다.

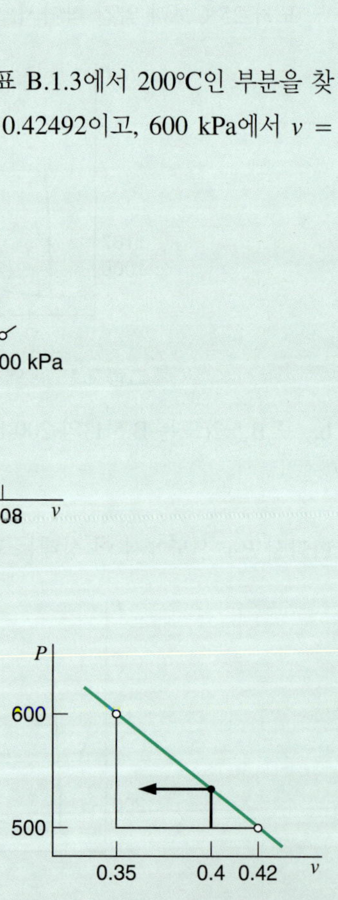

그림 2.18 » 예제 2.5의 선형 보간.

개념점검

d. 어떤 기기는 150°C 액상의 물에서 씻어야 한다. 얼마나 높은 압력이 필요한가?

e. 200 kPa에서 50% 건도의 물이 있다. 부피 분율 V_g/V_{tot}은 50% 이상인가, 이하인가?

f. 대부분의 압축 액체나 고체 영역이 열역학표에 포함되어 있지 않은 이유는 무엇인가?

g. 부록 B의 표에서 아르곤, 헬륨, 네온, 또는 공기에 대한 대표적인 표가 없는 이유는 무엇인가?

h. 액상의 물이 얼 때 부피 변화율은 얼마인가? 이 부피 변화가 자연계에서나 가정에서 일으키는 영향을 설명해보라.

2.8 이상기체 상태

주어진 온도에서 포화 증기 곡선으로부터 멀리 떨어지면 압력은 낮아지고 비체적은 증가하며, 그래서 분자 간의 인력은 약해지고, 그 결과 상태량들 사이의 상관관계가 단순하게 된다. 만약 3차원 열역학 면을 사영하여 일정한 압력, 온도, 또는 비체적 조건에 대한 2차원 그래프를 그리면, 그림 2.19와 같은 선도를 얻을 수 있다.

T-v 선도에서의 등압(constant-pressure) 곡선과 *P-T* 선도에서의 정적(constant-specific volume) 곡선은 과열 증기 영역에서 직선 형태로 나아간다. 또한 이 선들을 뒤로 연장하면 원점을 지난다. 이는 선형 관계뿐만 아니라 절편 값이 0인 관계를 주는 것이다. 이는 수학적으로 다음과 같이 표현할 수 있다.

$$T = Av, \quad P = \text{상수} \tag{2.5}$$

$$P = BT, \quad v = \text{상수} \tag{2.6}$$

마지막으로 변수 A는 P에 따라 증가하고 변수 B는 v에 따라 감소함을 볼 수 있으며, 다음과 같은 단순한 수학적 함수로 나타낼 수 있다.

$$A = A_0 P, \quad B = B_0/v$$

이 두 상관관계는 이상기체 방정식으로 충족된다.

$$Pv = RT \tag{2.7}$$

여기서 비례 상수 R은 이상기체 상수이고, T는 켈빈(kelvin) 혹은 랭킨(rankine) 단위의 절대 온도로 **이상기체 척도**(ideal gas scale)이다. 절대 온도는 5장에서 더 논의할 것이며, 열역학 척도의 온도와 동일하다는 것을 보일 것이다. 다른 기체들과 비교하면 더 간소화할 수 있는데, R은 분자량과 다음 관계를 가진다:

$$R = \frac{\bar{R}}{M} \tag{2.8}$$

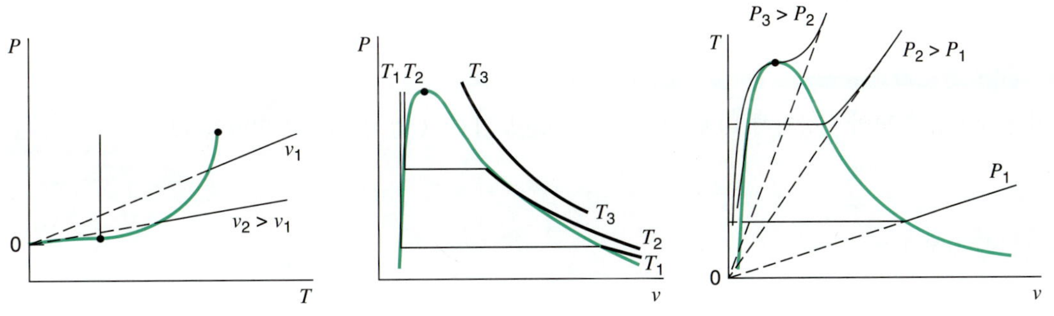

그림 2.19 ▸▸ 등적, 등온, 등압 곡선.

여기서 $\bar{R}$는 일반 기체 상수이며 그 값은 다음과 같다.

$$\bar{R} = 8.3145 \frac{\text{kJ}}{\text{kmol K}}$$

다양한 기체들의 기체 상수 값은 표 A.5에 정리되어 있다.

식 (2.7)의 **이상기체 법칙**(ideal gas law)에 의해 설명되는 거동은 식 (2.3)과 (2.4)의 액체 또는 고체 상태에 대한 법칙으로 기술되는 거동과는 큰 차이를 보인다. 이상기체의 비체적은 P와 T 모두에 매우 민감하여, 온도에 비례하고 압력에 반비례하여 변하는데, 압력에 대한 민감도는 압축성 물질의 특성이다. 만약 주어진 압력에서 온도가 두 배가 된다면 부피는 두 배가 되고, 주어진 온도에서 압력이 두 배가 된다면 부피는 반으로 줄어든다.

식 (2.7)에 질량을 곱하면 다음과 같이 총량으로 나타낸 이상기체 법칙이 된다.

$$PV = mRT = n\bar{R}T \tag{2.9}$$

위 식은 질량 단위 또는 몰 단위로 표현한 식이며, 여기서 n은 기체의 몰수이다.

$$n = m/M \tag{2.10}$$

식 (2.9)의 이상기체 법칙에 따르면, 주어진 상태(P, T)에서 모든 물질 1몰은 그 물질의 분자량에 관계없이 동일한 부피를 차지한다. 같은 (P, T)에서 H_2와 같이 가볍고 작은 물질의 분자도, R-134a처럼 더 무겁고 큰 분자와 동일한 체적을 가진다.

나중에 질량 유량 $\dot{m}$ (kg/s)이 검사 체적에 들어가거나 나가는 경우를 분석해볼 것이다. 임의의 상태(P, T)의 이상기체 유동이 있으면 식 (2.9)를 시간으로 미분하여 다음 식을 얻는다.

$$P\dot{V} = \dot{m}RT = \dot{n}\bar{R}T \tag{2.11}$$

예제 2.6

크기가 6 m × 10 m × 4 m인 방 안에 들어 있는 공기의 질량은 얼마인가? 압력은 100 kPa이고 온도는 25°C이다.

풀이

공기는 이상기체로 가정한다. 식 (2.9)와 표 A.5의 R 값을 이용하면 다음과 같다.

$$m = \frac{PV}{RT} = \frac{100\ \text{kN/m}^2 \times 240\ \text{m}^3}{0.287\ \text{kN m/kg K} \times 298.2\ \text{K}} = 280.5\ \text{kg}$$

예제 2.7

체적이 0.5 m^3인 용기 안에 분자량이 24인 이상기체 10 kg이 들어 있다. 온도가 25°C일 때 압력은 얼마인가?

풀이

우선 기체 상수를 다음과 같이 구한다.

$$R = \frac{\overline{R}}{M} = \frac{8.3145 \text{ kN m/kmol K}}{24 \text{ kg/kmol}} = 0.346\,44 \text{ kN m/kg K}$$

이제 압력 P를 다음과 같이 구한다.

$$P = \frac{mRT}{V} = \frac{10 \text{ kg} \times 0.346\,44 \text{ kN m/kg K} \times 298.2 \text{ K}}{0.5 \text{ m}^3} = 2066 \text{ kPa}$$

예제 2.8

그림 2.20과 같이, 기체 벨(gas bell)이 물(액체)에 잠겨 있고 로프와 도르래를 통하여 추와 균형을 이루고 있다. 벨 내부의 압력은 105 kPa이고 온도는 21°C이다. 185초 동안 체적이 0.75 m^3로 증가되었다. 기체를 이산화탄소로 가정하고, 체적 유량과 질량 유량을 구하라.

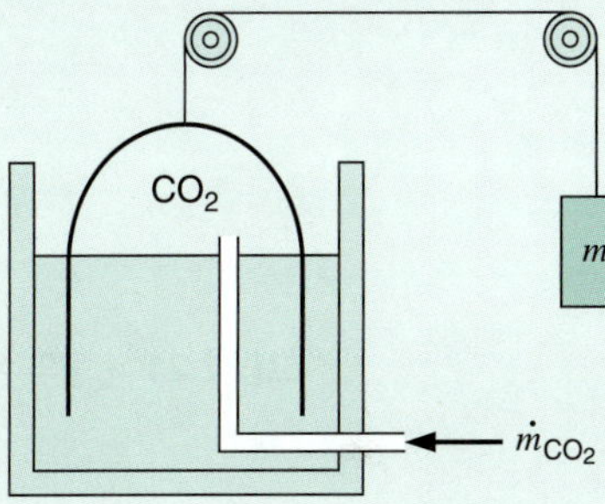

그림 2.20 ▸▸ 예제 2.8의 개략도.

풀이

체적 유량은

$$\dot{V} = \frac{dV}{dt} = \frac{\Delta V}{\Delta t} = \frac{0.75 \text{ m}^3}{185 \text{ s}} = 0.004\,054 \text{ m}^3/\text{s}$$

이고 질량 유량은 $\dot{m} = \rho\dot{V} = \dot{V}/v$이다. 실내와 유사한 조건에서 이산화탄소는 이상기체이므로 $PV = mRT$ 또는 $v = RT/P$이고, 표 A.5에서 기체 상수는 $R = 0.1889$ kJ/kg-K이다. 질량 유량은 다음과 같다.

$$\dot{m} = \frac{P\dot{V}}{RT} = \frac{105 \times 0.004\,054}{0.1889(273.15 + 21)} \frac{\text{kPa m}^3/\text{s}}{\text{kJ/kg}} = 0.00766 \text{ kg/s}$$

이상기체 상태 방정식은 간단하기 때문에 열역학 계산에 매우 편리하다. 그러나 두 가지 질문을 해볼 수 있다. 첫째, 이상기체 상태 방정식은 밀도가 낮을 때 훌륭한 근사식이 되는데, 밀도가 얼마나 낮아야 하는가? 다른 말로 표현하면 어떤 밀도 범위에서 이상기체 상태 방정식이 정확하게 성립되는가? 둘째, 주어진 압력과 온도에서 실제 기체는 이상기체 거동에서 얼마나 벗어나는가?

이런 질문에 답하기 위해서 한 예로 그림 2.21을 살펴보자. 물에 대한 T-v 선도에 포화 증기와 과열 증기를 이상기체로 가정했을 때의 오차를 나타내었다. 기대한 바와 같이, 매우 낮은 압력이나 높은 온도에서는 오차가 작지만, 밀도가 증가할수록 오차도 커진다. 그림 2.8이나 2.9에 대해서도 일반적으로 같은 경향이 있다. 상태가 포화 영역에서 멀어질수록(즉, T가 높고 P가 낮을수록) 기체의 거동이 이상기체 모델에 가까워진다.

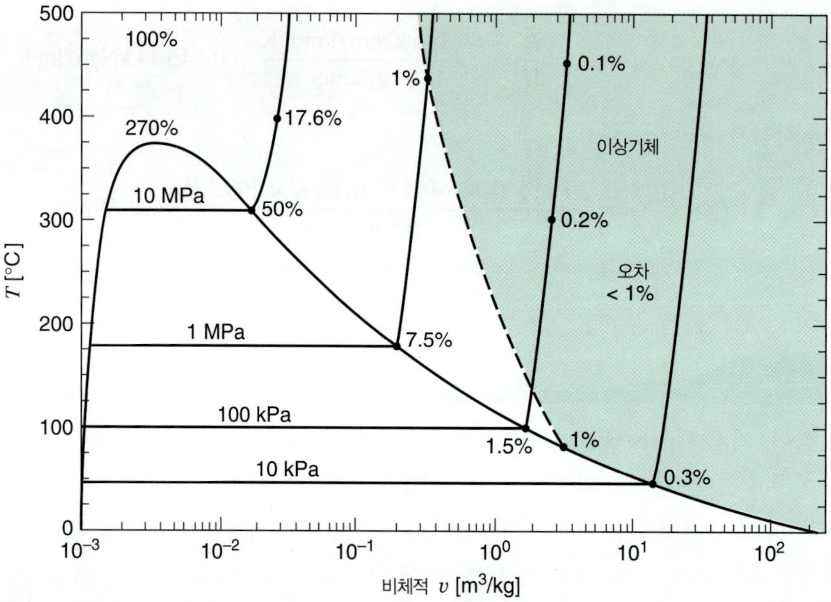

그림 2.21 » 물의 온도–비체적 선도.

2.9 압축성 인자

이상기체 근사에 대한 질문에 더 정량적으로 답하기 위해 압축성 인자(compressibility factor) Z의 개념을 도입한다. 압축성 인자는 다음의 두 관계식으로 정의한다.

$$Z = \frac{Pv}{RT}$$

$$Pv = ZRT \tag{2.12}$$

이상기체에 대해서 $Z = 1$이며, Z가 1에서 벗어나는 정도로부터 실제 관계가 이상기체 상태 방정식에서 벗어나는 정도를 판단할 수 있다.

그림 2.22는 질소에 대한 압축성 인자 선도의 골격이다. 이 선도로부터 세 가지를 관찰할 수 있다. 첫째, 온도와 관계없이 $Z \to 1$이면 $P \to 0$이다. 즉 압력이 0에 접근하면 P-v-T 거동은 이상기체 상태 방정식이 예측하는 거동에 접근한다. 둘째, 300 K(즉, 실온) 이상의 온도에서 압축성 인자는 약 10 MPa의 압력에 도달할 때까지 1에 가깝다. 이것이 의미하는 바는 질소(그리고 공기)에 대해 위의 범위에 걸쳐 이상기체 방정식을 사용하여도 상당히 정확하다는 것이다.

셋째, 낮은 온도 또는 매우 높은 압력에서 압축성 인자의 값은 이상기체의 값과 차이가 상당히 커진다. 중간 밀도에서는 분자를 서로 당기는 인력(attraction)으로 인해 $Z < 1$인 값을 갖고, 매우 높은 밀도에서는 분자를 서로 미는 척력(repulsion)으로 인해 반대의 효과를 보이는 경향이 있다.

다른 순수 물질에 대한 압축성 인자 선도를 살펴보면, 적어도 정성적인 면에서 위에서 기술한 질소의 거동과 모두 유사하다는 것을 알 수 있다. 그러나 임계 온도와 임계 압력이 물질에 따라 다르며 그 범위가 넓기 때문에, 정량적으로 이 선도들은 모두 서로 다르다. 이는 표 A.2에 나열한 값으로부터 분명히 알 수 있다. 공통점을 찾아 그것을 기초로 이들 물질 모두를 묶어 표현하는 방법이 있는가? 그렇게 하기 위해 상태량을 임계점의 상태량 값을 기준으로 "환산(reduce)"한다. 환산 상태량은 다음과 같이 정의한다.

$$\text{환산 압력(reduced pressure)} = P_r = \frac{P}{P_c}, \qquad P_c = \text{임계 압력}$$

$$\text{환산 온도(reduced temperature)} = T_r = \frac{T}{T_c}, \qquad T_c = \text{임계 온도} \tag{2.13}$$

위의 식들이 뜻하는 바는 주어진 상태에서의 환산 상태량은 상태량의 값을 임계점의 해당 상태량 값으로 나눈 값이라는 것이다.

환산 온도 T_r과 환산 압력 P_r에 따른 압축성 인자 Z를 선도에 나타내면 그림 D.1이 되고 이것을 일반 압축성 인자 선도라고 한다. 특이하게도 이러한 Z에 대한 T_r, P_r 선도는 많은 물질에 대하여 거의 일치한다는 점을 알 수 있다. 특히 물질이 단순 구형(spherical) 분자일 때 그렇다. 복잡한 물질에 대한 상관관계도 포화 상태, 그와 가까운 상태, 또는 고밀도 영역을 제외하면 상당히 일치한다. 따라서 그림 D.1은 단순 분자에 대한 일반 선도이다. 이는 여러 단순 물질에 대한 평균 거동을 나타낸다는 뜻이다. 이 선도를 특정 물질에 대해 이용하면 얼마간 오차가 있을 것이다. 그러나 어느 물질에 대한 P-v-T 관계가 필요하지만 해당 영역에서 실험을 통하여 측정한 것이 없는 경우에 임계 압력과 임계 온도만을 알면 이 일반 압축성 인자 선도를 이용하여 비교적 정확한 결과를 얻을 수 있다.

그림 D.1은 열역학 해석에 많이 사용할 것인데, 특히 주어진 상황에서 이상기체 거동을 가정하는 것이 타당한지 여부를 결정하는 데 주로 사용한다. 예를 들어 선도로부터 알 수 있는 것은, 압력이 매우 낮은($\ll P_c$) 경우에 이상기체 모델이 온도에 관계없이 정확하다고 가정할 수 있다는 것이다. 또한 고온(즉, T_c의 약 두 배 이상의 온도)에서 이상기체 모델은 P_c의 4~5배까지의 압력에서 정확하다고 가정할 수 있다. 온도가 임계 온도의 약 두 배보다 낮고 압력이 극히 낮지 않은 경우는 일반적으로 과열 증기라고 하는 영역에 있으며, 이상기체 거동에서 상당히 벗어나게 된다. 2.4절에서 살펴본 바와 같이, 이 영역에서는 그 특정 물질에 대한 열역학 상태량표 또는 선도를 이용하는 것이 바람직하다.

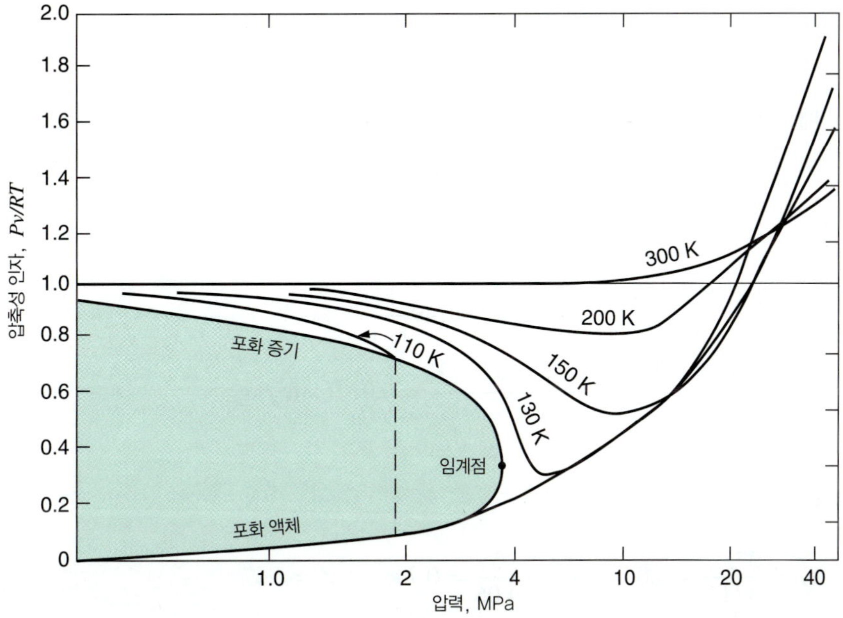

그림 2.22 ▸ 질소에 대한 압축성 인자.

예제 2.9

주어진 각 상태에서 이상기체의 거동을 가정하는 것이 타당한가?

a. 20°C, 1.0 MPa의 질소

b. 20°C, 1.0 MPa의 이산화탄소

c. 20°C, 1.0 MPa의 암모니아

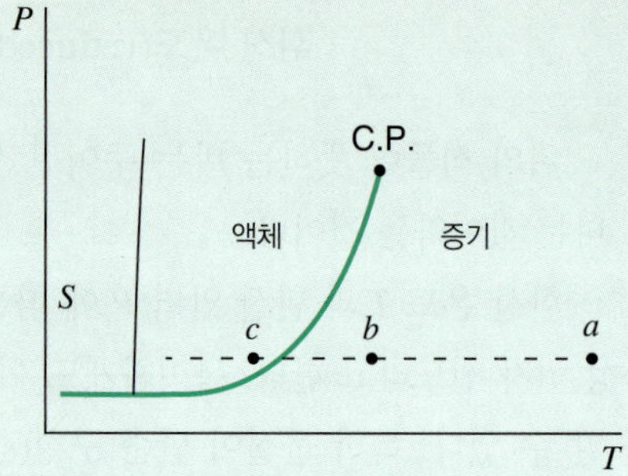

그림 2.23 » 예제 2.9의 상태.

풀이

각 경우에 대해 상경계와 임계 상태량을 살펴보아야 한다.

a. 표 A.2에서 질소의 임계 상태량은 126.2 K, 3.39 MPa이다. 주어진 온도 293.2 K가 임계 온도 T_c의 2배를 넘고 환산 압력이 0.3보다 작으므로, 이상기체 거동은 매우 좋은 가정이다.

b. 이산화탄소의 임계 상태량은 304.1 K, 7.38 MPa이다. 따라서 환산 상태량은 각각 0.96, 0.136이다. 부록의 그림 D.1에서 CO_2는 (비록 $T < T_c$라도) 기체이며, Z는 0.95 근처의 값을 갖는다. 따라서 이 경우 이상기체 모델은 약 5% 이내에서 정확하다.

c. 암모니아 표인 부록 B.2에 가장 정확한 정보가 나와 있다. 표 B.2.1의 20°C에서 P_g = 858 kPa이다. 주어진 1 MPa의 압력은 P_g보다 크므로, 상태는 압축 액체이고 기체가 아니다. 우리는 임계 물성치만으로는 이렇게 결론지을 수 없다. 증발 곡선과 비교하여 이 상태에 해당하는 위치는 그림 2.23에 보여진다.

예제 2.10

다음 모델을 이용하여 100°C, 3 MPa에서 R-134a의 비체적을 구하라.

a. R-134a, 표 B.5

b. 이상기체

c. 일반 선도, 그림 D.1

풀이

a. 표 B.5.2에서 100°C, 3 MPa일 때 비체적은 다음과 같다.

$$v = 0.006\,65\ \mathrm{m^3/kg}\ (\text{가장 정확한 값})$$

b. 이상기체를 가정하면 다음과 같다.

$$R = \frac{\overline{R}}{M} = \frac{8.3145\ \mathrm{kJ/kmol\text{-}K}}{102.03\ \mathrm{kg/kmol}} = 0.08149\frac{\mathrm{kJ}}{\mathrm{kg\,K}}$$

$$v = \frac{RT}{P} = \frac{0.08149\ \mathrm{kJ/kg\text{-}K} \times 373.2\ \mathrm{K}}{3000\ \mathrm{kPa}} = 0.01014\ \mathrm{m^3/kg}$$

이는 50% 이상 큰 값이다.

c. 일반 선도, 그림 D.1을 이용하면 다음과 같다.

$$T_r = \frac{373.2}{374.2} = 1.0, \qquad P_r = \frac{3}{4.06} = 0.74, \qquad Z = 0.67$$

$$v = Z \times \frac{RT}{P} = 0.67 \times 0.010\,14 = 0.00679\ \mathrm{m^3/kg}$$

이는 단지 2%만큼 큰 값이다.

예제 2.11

체적 0.1 m^3의 철제 용기에 건도 10%, 온도 15°C의 프로판이 들어 있다. 일반 압축성 인자 선도를 이용하여 프로판의 질량과 압력을 구하라.

풀이

그림 D.1인 일반 선도를 이용하기 위해 환산 압력과 환산 온도가 필요하다. 표 A.2에서 프로판의 임계 상태량은 $P_c = 4250$ kPa이고 $T_c = 369.8$ K이다. 식 (2.13)에서 환산 온도는 다음과 같다.

$$T_r = \frac{T}{T_c} = \frac{273.15 + 15}{369.8} = 0.7792 = 0.78$$

그림 D.1에서 포화 상태량을 찾는 과정은 그림 2.24에 나타내었다.

2상 상태에서 압력은 포화 압력이므로

$$P = P_{r\,\text{sat}} \times P_c = 0.2 \times 4250\,\text{kPa} = 850\,\text{kPa}$$

전체적인 압축성 인자는 v에 대한 식 (2.1)을 이용하면 다음과 같다.

$$Z = (1 - x)Z_f + xZ_g = 0.9 \times 0.035 + 0.1 \times 0.83 = 0.1145$$

표 A.5에서 기체 상수는 $R = 0.1886$ kJ/kg-K이므로, 기체 법칙은 식 (2.12)이다.

$$PV = mZRT$$

$$m = \frac{PV}{ZRT} = \frac{850 \times 0.1}{0.1145 \times 0.1886 \times 288.15}\ \frac{\text{kPa m}^3}{\text{kJ/kg}} = 13.66\,\text{kg}$$

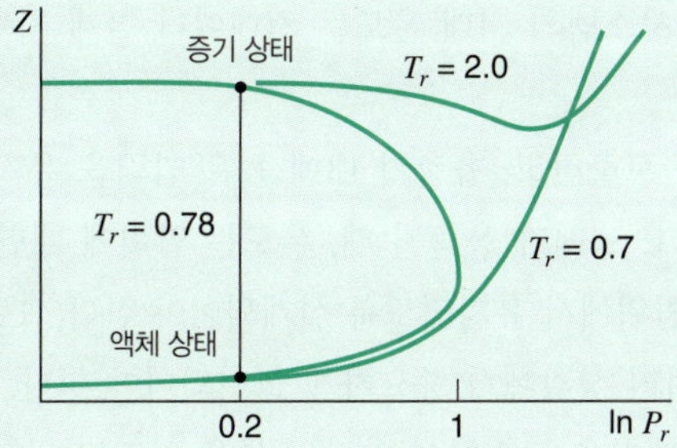

그림 2.24 ▸ 예제 2.11의 개략도.

개념점검

i. 상온 조건에서 메탄을 이상기체라고 가정하였을 때 얼마나 정확하게 이상기체로서 거동을 하는가?

j. 압력 $P = 200$ kPa을 알고 있고, 어떤 물질의 상태를 결정하고 싶다. 두 번째 상태량을 찾기 위해 $PV = mRT$를 사용하는 것이 도움이 되는가?

k. 용기 속에 온도 298 K의 액상 프로판을 보관하여야 한다. 얼마나 높은 압력이 필요한가?(그림 D.1을 사용하라.)

2.10 상태 방정식

기체의 거동을 나타내는 이상기체 모델 또는 근사식인 일반 압축성 인자 선도 대신에 **상태 방정식**(equation of state)을 사용할 수 있다. 특정 기체의 상태 방정식은 과열 증기 영역 전체에 걸쳐 P-v-T 거동을 정확하게 나타낸다. 이러한 상태 방정식은 필연적으로 더 복잡하며 결과적으로 사용하기 더 어렵다. 기체의 거동을 나타내기 위해 많은 상태 방정식들이 제안되어 사용되고 있다. 한 예로, 비교적 간단한 방정식이라고 알려진 것 중 다음과 같은 **체적 상태 방정식**이 있다.

$$P = \frac{RT}{v - b} - \frac{a}{v^2 + cbv + db^2} \tag{2.14}$$

이 식은 4개의 변수 a, b, c, 그리고 d로 이루어져 있다. (만약 4개의 변수가 모두 0이라면, 이상기체 모델로 간략화된다.) 이러한 종류의 여러 다른 모델은 부록 D에 주어진다. 이러한 모델 중 일부의 변수들은 온도의 함수이다. 좀 더 복잡한 Lee-Kesler 상태 방정식은 간략하게 표현된 상태 방정식과 일반 압축성 인자 선도를 연관시키기 위해 사용되는 것 중의 하나이다. 이 상태 방정식과 이 식의 12개 경험 상수가 부록 D에 나와 있다. 부록 B에서 볼 수 있듯이 압력, 비체적 및 온도뿐만 아니라 다른 상태량을 결정하고 이것을 도표로 만들기 위해서 컴퓨터를 이용하여 계산한다. 현대의 상태 방정식들은 흔히 40여 개 이상의 경험 상수를 포함하는 매우 복잡한 식이다. 이 주제에 관해서는 12장에서 자세하게 다룬다.

2.11 공학 응용

상경계에 관한 정보는 가스통과 같은 2상 상태의 물질 저장 용기 설계에 중요하다. 저장 용기 내의 압력은 일반적인 온도에 대한 포화 압력이며, 따라서 저장 시스템의 최대 온도는 컨테이너 설계 치수(그림 2.25, 2.26)에 의해 결정되는 최대 압력에 따라 변한다.

냉장고에서 압축기는 시스템을 통해 냉매를 토출하고, 응축기 내에 높은 압력을 유지한다. 압축기를 더욱 강도 높게 운전할수록 더 높은 압력이 얻어진다. 냉매가 응축될 때, 온도는 압력에 대한 포화 온도로 결정된다. 그래서 냉동 시스템의 온도와 압력은 적정 범위에서 유지되도록 설계되어야 한다(그림 2.27).

온도에 따른 물질의 팽창–수축의 효과는 여러 상황에서 중요하게 고려되어야 한다. 이런 몇 가지 경우를 그림 2.28에서 제시한다. 철도 선로는 레일의 팽창을 고려하여 약간의 틈을 가지고 있다. 기차의 바퀴들이

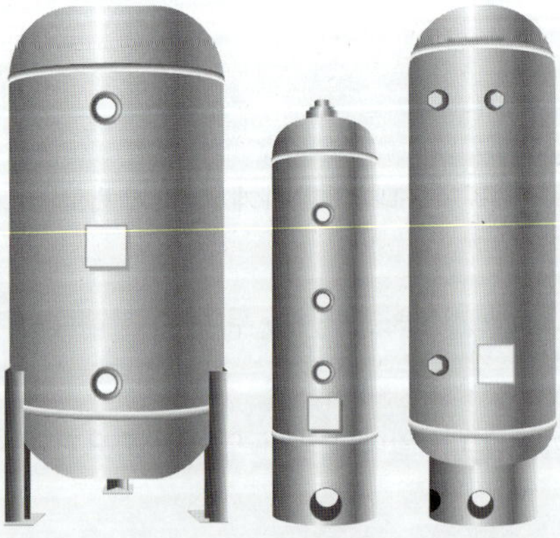

(*a*) 스테인리스강제 용기

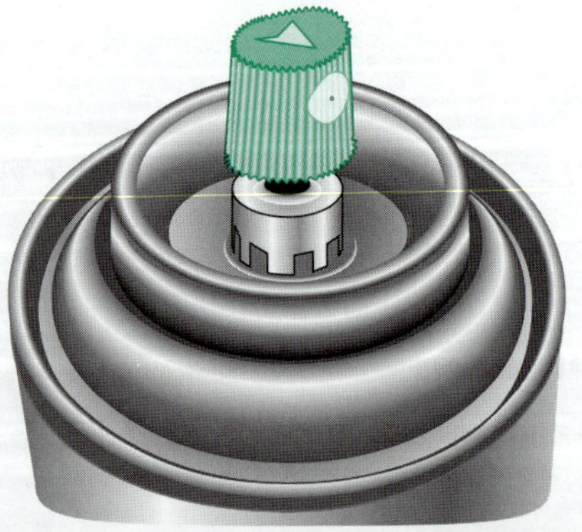

(*b*) 에어로졸 캔 상부

그림 2.25 » 저장 용기.

(NATALIA KOLESNIKOVA/AFP//Getty Images, Inc.)

그림 2.26 ▸ LNG(메탄이 주 성분) 수송선.

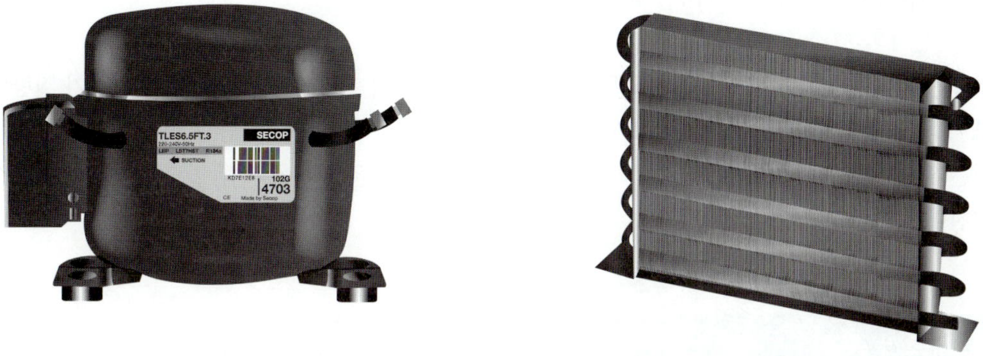

(*a*) 압축기 (*b*) 응축기

그림 2.27 ▸ 가정용 냉장고 부품들.

(©Victor Maffe/iStockphoto) (©David R. Frazier Photolibrary, Inc. /Alamy)

(*a*) 철도 선로 (*b*) 교량의 연결부

그림 2.28 ▸ 열팽창 연결부.

이 틈을 지날 때 '덜커덩' 하는 소리를 낸다. 교량에서도 철도 선로에서처럼 틈새가 있으며, 차량의 타이어가 교량의 틈새와 충돌하지 않게 핑거 조인트를 설치한다.

정압에서 공기가 팽창할 때 공기는 체적이 크게 늘어난다. 따라서 밀도는 더 작아진다. 이 때문에 곤돌

(a) (b)

그림 2.29 » 열기구와 부력 효과를 나타내는 수중 부표.

라와 탑승인원의 총질량이 열기구 내부 고온의 공기와 열기구 주위 저온의 공기 사이에서의 공기 질량의 차와 같을 때 열기구가 떠오를 수 있다. 이 효과를 부력(buoyancy)이라고 부른다(그림 2.29). 부표는 속에 공기가 들어 있는 일종의 빈 공간이며, 이 공간을 차지하는 부피의 총 질량은 해수에 비해 밀도가 낮으므로 비슷한 효과를 미친다.

주요 개념과 공식

상:	고체, 액체, 증기(기체)	
상평형:	$T_{sat}, P_{sat}, v_f, v_g, v_i$	
다상경계:	증발 곡선, 승화 곡선, 융해 곡선	
	물(그림 2.6), 이산화탄소(그림 2.7)	
	임계점 표 2.1, 표 A.2	
	삼중점 표 2.2	
액체, 압축	$v \approx v(T) = v_f$	(2.3)
고체, 압축	$v \approx v(T) = v_i$	(2.4)
평형 상태:	두 독립 상태량 (#1, #2)	
건도:	$x = m_{vap}/m$ (증기 질량 분율)	
	$1 - x = m_{liq}/m$ (액체 질량 분율)	
평균 비체적:	$v = (1 - x)\, v_f + x\, v_g$ (2상 혼합물에 대해서만)	(2.1)
평형 면:	P–v–T 표 및 상태 방정식	
이상기체 법칙:	$Pv = RT,\ PV = mRT = n\bar{R}T$	(2.9)
일반 기체 상수	$\bar{R} = 8.3145$ kJ/kmol-K = 1.98589 Btu/lbmol-R	
기체 상수	$R = \bar{R}/M$ kJ/kg-K, 표 A.5, M은 표 A.2	(2.8)
몰	$n = m/M$	(2.10)
압축성 인자 Z	$Pv = ZRT$, Z 선도는 그림 D.1	(2.12)

환산 상태량:	$P_r = \dfrac{P}{P_C}$; $T_r = \dfrac{T}{T_C}$ 압축성 선도의 입력 변수	(2.13)
상태 방정식:	방정식 없이 정확한 값으로 표 B와 F	
	상태 변화 없이 이상기체 법칙(식 2.9)	
	액체/기체의 경우 상변화 없이 체적 일정(식 2.3, 2.4)	
	3차식, 압력의 양함수: 부록 D, 표 D.1, D.4	
	B-W-R ; 식 (12.56)과 표 D.2	
	Lee-Kesler: 부록 D, 표 D.3, 그림 D.1	

개념학습용 문제

2.1 표에 나와 있는 압력은 절대 압력인가, 계기 압력인가?

2.2 이산화탄소가 액체로 있을 수 없는 최저 온도는 얼마인가?

2.3 얼음 위에서 스케이트를 탈 때, 얇은 액체 막이 스케이트 아래에 만들어지는 원리는 무엇인가?

2.4 삼중점 이하에서 순수물질은 액체 형태로 존재할 수 있는가?

2.5 높은 산의 고도가 높아지면 공기압이 떨어진다. 이 현상은 밥을 짓는 데 어떤 영향이 있는가?

2.6 상온, 상압에서 물의 비체적은 $v \approx 1 \times 10^n$ m^3/kg이다. n은 얼마인가?

2.7 −24°C에서 포화증기가 존재할 수 있는가?

2.8 물의 T-v 선도에 두 개의 등압선(10 bar, 250 bar)을 그리고, 상태량 표의 어느 부분에 해당하는지 곡선에 표시하라.

2.9 예제 2.1b에서 주어진 비체적에서 질량은 어떠한가? 설명하라.

2.10 압력 1 MPa, 온도 20°C에서 1 L의 R-410A를 가지고 있다면 질량은 얼마인가?

2.11 500 kPa, −10°C의 R-410A 상태를 결정하라. 표 B.4에 나와 있는 상태 중에서 가장 가까운 상태를 P-v 선도와 T-v 선도에 표시하라.

2.12 정적 과정에서 이상기체의 P-T 선도는 어떻게 나타나겠는가?

2.13 우리가 마시는 보통의 물의 열역학적 상태는 무엇인가? 0°C보다 높은 포화상태의 물을 마시는 것이 가능한가?

2.14 (a) 1 MPa과 (b) 15 MPa에서 포화 액체 1 kg을 응축시키기 위해서 더 많은 열을 제거해야 하는 경우는 무엇인가?

과제용 문제

상선도, 삼중점 및 임계점

2.15 280 K의 이산화탄소가 기체, 액체, 고체의 세 개의 다른 상이 될 수 있다. 각 상의 압력 범위를 나타내라.

2.16 순수한 물질의 상태는 P-T 다이어그램의 기화선에 점(P_1, T_1)으로 표시된다. 이 점을 P-v 및 T-v 다이어그램에 표시하시오. 또한 임계점을 표시하라.

2.17 27°C의 물은 압력에 따라서 다른 상으로 존재할 수 있다. 기체, 액체, 고체의 세 개의 다른 상으로 물이 존재할 수 있는 압력 범위를 kPa로 대략적으로 제시하라.

2.18 드라이아이스는 고체 이산화탄소를 이르는 이름이다. 상압(100 kPa)에서 얼마나 차가운 상태로 존재해야 하는가? 만약 100 kPa에서 가열된다면 무슨 일이 일어나는가?

2.19 견고한 탱크 안에 2 MPa, 17°C 물질이 있다. 만약 물질이 질소, 물, 혹은 프로판이라면, 임계점에서의 상태량만을 이용하여 물질의 상을 판별할 수 있는가?

일반 표

2.20 다음 조건에서 각각의 상을 결정하라.

a. −5°C, 100 kPa의 물

b. −5°C, 100 kPa의 암모니아

c. −5°C, 700 kPa의 R-410A

d. $-5°C$, 0.06 m^3/kg의 R-134a

2.21 다음 조건에서 물의 상태를 결정하라.

a. T = 260°C, P = 5 MPa

b. T = $-2°C$, P = 100 kPa

2.22 부록 B의 표를 이용하여 주어진 상태에서 물질의 상을 결정하라.

a. 물: 95°C, 350 kPa

b. 암모니아: $-15°C$, 150 kPa

c. R-410A: $-5°C$, 300 kPa

2.23 아래 조건에서 물의 P-v-T 중 누락된 상태량을 구하라.

a. 5 MPa, 0.001058 m^3/kg

b. 800 kPa, 250°C

c. 250°C, 0.087 m^3/kg

d. 20 kPa, 20°C

2.24 다음 각 상태의 R-134a가 압축 액체인지, 과열 증기인지, 혹은 포화 액체와 포화 증기의 혼합물인지 결정하라.

a. 60°C, 0.06 m^3/kg

b. 1.2 MPa, 50°C

c. 150 kPa, 0.09 m^3/kg

d. $-15°C$, 100 kPa

2.25 문제 2.24에 나타난 상태에 대한 P-v 선도를 도시하라.

2.26 암모니아에 대한 다음 표의 빈칸을 채우라.

	P[kPa]	T[°C]	v[m^3/kg]	x
a.		70	0.01 289	
b.		−25		0.8

2.27 문제 2.26의 두 상태 a, b를 개략적인 P-v 선도와 T-v 선도에 점으로 나타내라.

2.28 다음 조건에서 R-410A의 비체적을 결정하라.

a. $-10°C$, 500 kPa

b. 20°C, 1600 kPa

c. 20°C, 건도 35%

2.29 문제 2.28의 세가지 상태 a, b, c를 개략적인 P-v 선도와 T-v 선도에 점으로 나타내라.

2.30 CH_4의 P, x를 구하라.

a. T = 155 K, v = 0.04 m^3/kg

b. T = 250 K, v = 0.15 m^3/kg

2.31 온도가 $-40°C$, 압력이 800 kPa, 1400 kPa일 때의 CO_2의 비체적을 구하라.

2.32 주전자의 물을 105°C까지 끓이고자 한다. P_{atm}이 101 kPa이고 주전자 뚜껑의 지름이 15 cm일 때 뚜껑의 무게는 얼마인가?

2.33 건도 25%, 600 kPa 상태에 있는 물의 압력이 등적 과정으로 50 kPa 올라갔다. 이때의 건도와 온도는 얼마인가? 이 과정을 P-v, T-v 선도에 나타내어라.

2.34 200 kPa의 포화 수증기가 압력이 일정한 피스톤 실린더에 있다. 이 상태에서 피스톤은 바닥으로부터 0.1 m 떨어져 있다. 현재 체적의 반이 되도록 냉각되었다고 하면, 그때의 온도와 거리는 얼마인가? 이 과정을 P-v, T-v 선도에 나타내어라.

2.35 60°C의 포화수를 등온 과정으로 가압하여 체적을 1% 감소시키려 한다. 얼마의 압력까지 압축하여야 하는가? 이 과정을 P-v, T-v 선도에 나타내어라.

2.36 압력이 일정한 피스톤/실린더 내부에 물이 1000 kPa, 건도 25% 상태로 있다. 온도가 20°C 낮아졌다. 그 때의 건도와 비체적은 얼마인가?

2.37 유리 항아리에 500 kPa, 건도 25%인 포화 상태의 물을 채우고 뚜껑을 닫아 밀봉한 후 $-10°C$까지 냉각하였다. 이때 고체의 질량 분율은 얼마인가? 이 과정을 P-v, T-v 선도에 나타내어라.

2.38 60°C에서 R-410A 포화 증기는 온도를 일정하게 유지한 채로 체적을 10% 높이고자 압력을 감소시켜야 한다. 어떤 압력까지 팽창해야 하는가?

2.39 20°C의 건도 50%인 암모니아 2 kg이 단단한 탱크 안에 있고, 윗부분에 출구 밸브가 설치되어 있다. 온도가 일정하다고 가정하고, 액체가 사라질 때까지 밸브를 통해서 배출해야 하는 증기의 양이 얼마인가?

2.40 만약 출구가 아래에 설치되어 있다면, 위 문제와 유사하게 액체가 사라질 때까지 배출해야 하는 포화 액체의 양을 얼마인가?

2.41 R-134a는 2 m^3의 밀폐된 단단한 용기에 50°C에서 포화 증기로 들어있다가 20°C로 냉각되었다. R-134a의 최종 상태에서의 질량과 건도를 구하라. 이 과정을 P-v, T-v 선도에 나타내어라.

2.42 저장 탱크 안에 120 K, 건도 25%의 메탄이 들어 있다. 냉동 시스템이 고장 나서 이 저장 탱크의 온도가 시간당 5°C씩 올라간다. 메탄이 단상으로 변화할 때까지 걸리는 시간과 그때의 압력을 구하라. 이 과정을 P-v, T-v 선도에 나타내어라.

2.43 체적이 400 m^3인 탱크를 건설하여 액화 천연 가스(LNG)를 저장하려 한다. LNG는 순수 메탄으로 취급할 수 있다. 탱크에 체적비로 90% 액체, 10% 증기가 압력 100 kPa 조건에 들어 있어야 한다면 탱크 안의 LNG 질량(kg)은 얼마인가? 건도는 얼마인가?

2.44 단단하게 밀폐된 용기 1 m^3에 2 kg의 물이 100°C로 들어 있다. 이 용기가 가열된다. 만약 안전밸브가 설치되어 있다면, 최대 200°C까지만 운영하기 위해 압력을 얼마까지 설정해야 하는가?

2.45 압력 밥솥의 뚜껑은 단단히 고정되어 있고, $A = 5\ mm^2$의 작은 구멍 마개가 열리면 증기가 빠져나갈 수 있다. 외부 대기가 101.3 kPa일 때, 물을 120°C에서 끓이려면 마개의 질량은 얼마로 해야 하는가?

그림 P2.45

이상기체

2.46 체적이 1 m^3인 용기를 실내 온도 20°C, 압력 450 kPa 상태의 기체로 채운다. 이 기체가 (a) 공기, (b) 네온, 또는 (c) 프로판이라면 질량은 각각 얼마인가?

2.47 공기 실린더의 입구가 500 N의 힘으로 닫혀 있다. 실린더의 단면적이 5 cm^2, 체적은 50 cm^3이고, 온도는 25°C이다. 공기 압력과 질량은 얼마인가? 대기압은 1 bar라고 가정하라.

2.48 주어진 상태의 물질을 이상기체라고 가정하는 것이 타당한가?

a. 30°C, 3 MPa의 산소

b. 30°C, 3 MPa의 메탄

c. 30°C, 3 MPa의 물

d. 30°C, 3 MPa의 R-410A

e. 30°C, 100 kPa의 R-410A

2.49 250 kPa, 300 K의 헬륨이 부피 0.2 m^3의 철제 탱크에 들어 있다. 이것은 기구에 바람을 채우는 데 사용된다. 압력이 225 kPa로 떨어졌을 때 헬륨의 유입이 멈추었다. 헬륨의 온도가 290 K로 고정이라고 할 때 기구가 얼마나 부풀었나?

2.50 지름이 10 m인 구형 헬륨 풍선이 20°C, 100 kPa의 대기 중에 있다. 얼마나 많은 헬륨이 들어 있는가? 이 풍선은 같은 체적의 대기의 무게를 들어 올릴 수 있다. 들어 올려지는 풍선 재료인 직물과 구조물의 질량은 얼마인가?

2.51 유리컵을 45°C의 더운 물로 세척한 후, 탁자에 거꾸로 두었다. 20°C의 실내 공기가 유리컵으로 들어가서 40°C로 가열되었고, 일부 공기가 새어 나가 내부 압력이 101 kPa의 주위 압력보다 2 kPa 높게 되었다. 이제 유리컵과 내부 공기가 실온으로 냉각되었다. 유리컵 내부 압력은 얼마인가?

2.52 타이어 안의 공기 상태가 처음에 25°C, 200 kPa이다. 잠시 운전한 후 온도가 상승하여 35°C가 되었다. 이때의 압력을 구하라. 나름대로 계산에 필요한 적절한 하나의 가정을 하라.

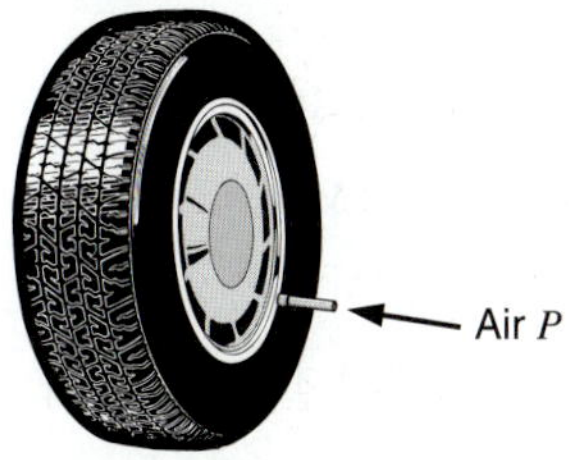

그림 P2.52

2.53 1 m^3의 견고한 용기에 600 kPa, 400 K의 질소 기체가 들어 있다. 실수로 0.6 kg이 흘러 나갔다. 최종 온도가 380 K라면, 최종 압력은 얼마인가?

2.54 온도가 +40°C, 0°C, −40°C인 포화 증기 R-410A를 생각하자. 이상기체로 거동한다고 가정하고 (T, P_{sat}) 조건에서의 비체적을 계산하라. 포화 R-410A 표에서 찾은 vg로 백분율 상대 오차 $= 100(v - v_g)/v_g$를 구하라.

2.55 위 문제 2.54와 동일하게 R-134a에 대해 구하라.

2.56 위 문제 2.54와 동일하게 암모니아에 대해 구하라.

2.57 길이 1 m, 내부 지름 30 cm인 원통형 가스 탱크를 완전히 비운 후 20°C의 이산화탄소로 충전하였다. 이산화탄소 2 kg을 충전하려면 압력이 얼마가 되어야 하는가?

2.58 피스톤/실린더 배열에 암모니아가 압력 700 kPa, 온도 80°C 상태로 있다. 이 암모니아가 일정한 압력으로 포화 증기(상태 2)로 냉각되며, 이때 피스톤이 핀으로 잠긴다. 그 뒤로 계속 −10°C까지 냉각되었다(상태 3). 상태 1에서 상태 2, 상태 2에서 상태 3으로의 과정을 모두 P-v와 T-v 도표에 나타내고 건도 x_3을 구하라.

압축성 인자

2.59 300 K의 질소가 30 bar의 압력까지 가압되었다. 압축성 인자를 구하라.

2.60 다음 조건에서 질소의 압축성 인자를 구하라.

a. 2000 kPa, 120 K

b. 2000 kPa, 300 K

c. 120 K, v = 0.005 m^3/kg

2.61 60°C, 10 MPa인 이산화탄소의 압축성 인자를 그림 D.1을 이용하여 구하라. 또한 표 B.3을 이용하여 구하라.

2.62 38°C, 550 kPa의 과열 암모니아 비체적을 이상기체 법칙을 이용하여 계산하면 그 오차는 몇 %인가? 그림 D.1의 압축성 인자를 이용하여 계산하면 몇 %인가?

2.63 300 K 염소의 포화 압력을 추산하라.

2.64 0.1 m^3의 용기에 건도 75%, 온도 300 K의 부탄이 들어 있다. 일반화된 압축성 인자 차트를 이용하여 부탄의 질량을 추산하라.

2.65 그림 D.1의 Z를 이용하여 270 K, 2500 kPa 에틸렌 2 kg의 체적을 계산하라.

2.66 아르곤이 5 m^3의 탱크에 −30°C, 3 MPa로 있다. 압축성 인자를 이용하여 질량을 구하라. 이상기체 법칙을 이용하면 그 오차는 몇 %인가?

2.67 새로운 냉매인 R-125를 −20°C의 액체와 매우 적은 양의 증기로 보관하고자 한다. 전체 질량 1.5 kg의 압력과 체적을 구하라.

상태 방정식

이 문제들은 상태 방정식에 관한 부록 D와 12장을 참고하라.

2.68 이상기체, van der Waals EOS, 질소표를 이용하여 160 K, v = 0.00291 m^3/kg일 때의 질소 압력을 구하라.

2.69 Soave EOS, 질소표를 이용하여 160 K, v = 0.00291 m^3/kg일 때의 질소 압력을 구하라.

2.70 60°C의 이산화탄소가 고압인 10 MPa 상태에서 점성을 낮춰 유동성을 높이기 위해 오일 저장소로 끌어올려졌다. Soave EOS를 이용하여 비체적을 구하라.

2.71 2.70 문제를 van der Waals Eos를 이용하여 푸시오. 이때는 시행착오 방법을 사용하여야 함을 유의하시오.

2.72 이상 기체 상태방정식과 van der Waals EOS를 이용하여, 37°C, 비체적 0.012 m^3/kg인 R-410A의 압력을 결정하라.

2.73 문제 2.72를 Redlich-Kwong EOS를 이용하여 구하라.

2.74 문제 2.72를 Soave EOS를 이용하여 구하라.

복습 문제

2.75 다음 물질의 두 상태에서 (포화 상태이면) 건도 또는 (과열 상태이면) 온도를 결정하라. 이를 P-v, T-v 선도에 나타내어라.

a. 물

1: 120°C, 1 m^3/kg; 2: 10 MPa, 0.01 m^3/kg

b. 질소

1: 1 MPa, 0.03 m^3/kg; 2: 100 K, 0.03 m^3/kg

2.76 상을 결정하고 누락된 상태량 P, T, v, x를 구하라. 문제들을 해결함에 있어 전산 소프트웨어를 사용하지 않고 부록 표를 사용하면 어려울 수 있다. 또한 이를 P-v, T-v 선도에 나타내어라.

a. T = 20°C, v = 0.03 m^3/kg의 R-410A

b. v = 0.2 m^3/kg, x = 0.5의 H_2O

c. T = 60°C, v = 0.001016 m^3/kg의 H_2O

d. T = −10°C, P = 60 kPa의 NH_3

e. v = 0.005 m^3/kg, x = 0.5의 R-134a

2.77 피스톤/실린더 장치에 15°C, x = 1의 냉매 R-410A가 들어 있다. $P = Cv^{-1}$의 과정을 따라 200 kPa까지 팽창시킨다. 최종 온도와 비체적을 구하라.

2.78 암모니아가 들어 있는 실린더에 피스톤이 끼워져 있다. 피스톤에 작용하는 외부 힘은 실린더 체적의 제곱에 비례한다. 초기에는 체적 5 L, 10°C, 건도 90%의 암모니아가 들어 있다. 실린더에 설치된 밸브를 열어서 질량이 두 배가 될 때까지 암모니아를 추가하였다. 이때 압력이 1.2 MPa이면 최종 온도는 얼마인가?

2.79 탱크에 2 kg의 암모니아 포화증기가 70°C로 있다. 이 탱크가 외기로의 열전달을 통해 20°C로 냉각되었을 때의 압력과 건도를 구하라.

2.80 탱크 A와 B가 그림 P2.80과 같이 밸브로 연결되어 있다. 각 탱크의 체적은 200 L이며, 탱크 A에는 25°C의 냉매 R-410A가 체적비로 10%의 액체와 90%의 증기로 들어 있고, 탱크 B는 진공 상태이다. 밸브를 열어서 B의 압력이 A의 압력과 같아질 때까지 포화 증기가 A에서 B로 흐른다. 이 과정이 천천히 일어나서 전 과정 동안 온도는 25°C로 일정하다. 이 과정 동안 탱크 A 내부의 건도 변화는 얼마인가?

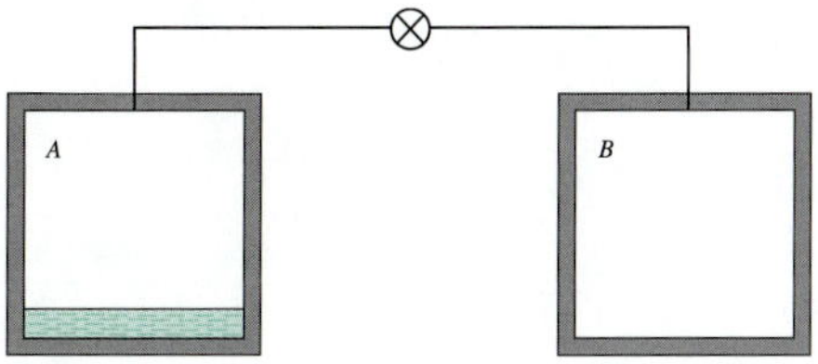

그림 P2.80

2.81 2 m^3의 탱크에 채워져 있는 −30°C, 2 MPa의 메탄 가스의 질량을 결정하라. 이상기체 모델을 이용하여 질량 결정시 생기는 오차를 평가하라.

2.82 피스톤/실린더 배열에 5 kg의 물이 100 kPa, 건도 50% 조건에서 포화 액체와 포화 증기의 혼합물로 존재한다. 이 물질이 체적이 3배가 될 때까지 천천히 가열되었다. 실린더 압력이 200 kPa이 되도록 그림 P2.82와 같이 피스톤이 떠 있다. (i) 처음 상태의 체적, (ii) 피스톤이 떠 있는 상태, 그리고 (iii) 물의 최종 온도와 체적을 구하라. 이 과정을 *P*-*v*, *T*-*v* 선도에 나타내어라.

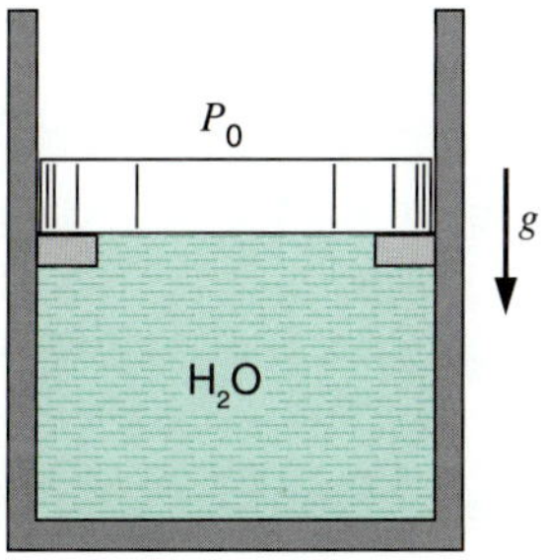

그림 P2.82

선형 보간

2.83 625 kPa, 0°C에서 이산화탄소의 비체적을 구하라.

2.84 선형 보간법을 사용하여 다음 암모니아 표의 빈칸을 채우라.

	P[kPa]	*T*[°C]	*v*[m^3/kg]	*x*
a.	550			0.75
b.	80	20		
c.		10		0.4

2.85 선형 보간법을 사용하여 900 kPa에서 질소의 T_{sat}를 추정하라. 표 B.6.1에서 900 kPa 근처의 몇 개 값을 찾아 $P_{sat}(T)$를 손으로 그려보라. 선형 보간은 실제 곡선의 위에 있는가? 또는 아래에 있는가?

2.86 2중 선형 보간법을 사용하여 13°C에서 v = 0.3 m^3/kg인 과열 R-134a의 압력을 구하라.

제3장

열역학 제1법칙과 에너지 방정식

Energy Equation and First Law of Thermodynamics

기본적인 개념과 정의를 살펴보았으므로, 이제 열역학 제1법칙(first law of thermodynamic)과 에너지 방정식(energy equation)에 대해 논의하고자 한다. 이들은 동일한 기초 물리 법칙에 대한 다른 표현일 뿐이다. 나중에 제1법칙과 에너지 방정식 표현의 차이를 보게 될 것이지만, 결국 서로 일치한다는 것을 알게 될 것이다. 시간에 따라 상태가 변화하는 과정을 겪고 있는 시스템(검사 질량)에 대한 에너지 방정식을 먼저 설명할 것이다. 그 후, 완성된 사이클에 대하여 표현된 동일한 법칙을 관찰하고, 이 법칙을 역사적으로 처음으로 체계화한 열역학 제1법칙을 설명한다.

에너지 방정식을 유도한 후, 이 식을 이용하여 검사 체적 내부의 상태 변화를 일이나 열로 전달되는 에너지로 설명한다. 예를 들어 자동차 엔진이 자동차에 일을 전달하면 속력이 빨라지는데, 이 운동 에너지의 증가는 일의 크기와 관련이 있다. 또 스토브가 주전자의 물에 열을 전달하면, 물의 온도 상승은 전달된 열의 크기와 관련이 있다. 피스톤-실린더 또는 자동차 엔진 내부의 기체가 팽창하는 과정은 외부로 일을 하면서 동시에 (기체에서 벽으로) 열이 전달되므로 더욱 복잡하다. 또한 물체가 낙하하면서 운동 에너지와 높이가 동시에 변화하는 경우에는 일이나 열전달이 없이 상태가 변화한다. 이 모든 경우에 에너지 방정식은 검사 질량이 가진 다양한 형태의 에너지를 열 또는 일 형태로 전달되는 에너지와 연관 맺어준다.

3.1 에너지 방정식

1장에서 임의의 물질과 관련된 에너지 그리고 물질의 열역학적 상태에 대하여 논의하였다. 이 에너지는 내부 에너지(internal energy, U)와 운동 에너지 그리고 위치 에너지와 같은 부가적인 형태의 에너지를 포함한다. 총에너지(total energy, E)는 다음과 같이 나타낼 수 있다.

$$E = me = U + \mathrm{KE} + \mathrm{PE} = m(u + ke + pe) \tag{3.1}$$

위 항들은 전체 질량에 대한 값을 나타낸 것이고, 따라서 u와 ke, pe는 단위 질량당 에너지이다.

에너지 방정식을 유도하기에 앞서, 총에너지 각 항들을 살펴보자. 총에너지는 운동 에너지 그리고 중력장과 관련된 위치 에너지로 다음과 같이 나타낼 수 있다.

$$E = mu + \frac{1}{2}m\mathbf{V}^2 + mgZ \tag{3.2}$$

그리고 과정이 진행되는 동안 이 항들은 다른 어떠한 형태의 에너지로도 변할 수 있다. 언덕을 굴러 올라가는 공은 높이 올라감에 따라 속도가 줄어들 것이고, 그래서 과정이 진행되는 동안 운동 에너지는 줄어들고 위치 에너지는 늘어날 것이다. 이는 간단히 **에너지 변환**(energy conversion) 과정이라고 할 수 있다. 운동 에너지와 위치 에너지는 어떤 물체의 물리적인 상태 그리고 위치와 연관되어 있고, 내부 에너지와 구별하여 **역학적 에너지**(mechanical energy)라고 말한다. 내부 에너지는 물체의 열역학적 상태를 나타내므로 **열에너지**(thermal energy)라고 한다.

일정한 질량, 즉 검사 질량을 가진 검사 체적에 대하여, 우리는 **에너지 보존**(conservation of energy)을 기본적인 물리 법칙으로서 수식으로 표현한다. 이 법칙은 고전 물리학의 한도 내에서 에너지를 창조하거나 파괴할 수 없다고 말한다. 이 한도란 질량의 변화와 관련된 에너지를 변화시키는 양자역학적 효과는 물론 상대성을 무시할 수 있음을 의미하고, 그래서 어떠한 속도도 빛의 속도보다 훨씬 느리다고 가정한다. 이로부터, 만약 검사 질량에서 에너지 변화가 일어났다면 이는 반드시 외부로부터 질량으로 에너지가 들어오거나 나갔기 때문이라고 추론한다. 이러한 경우에 에너지 전달은 질량의 전달과는 관련이 없으며(우리는 검사 질량을 바라보고 있다), 오로지 일 또는 열전달의 형태로만 발생할 수 있다. 이러한 과정을 변화율의 형태로 표현하면 다음과 같다.

$$\frac{dE_{cv}}{dt} = \dot{E}_{cv} = \dot{Q} - \dot{W} = +\text{in} - \text{out} \tag{3.3}$$

부호에 대한 규칙은 그림 3.1에 나타낸 것처럼, 검사 체적으로 들어오는 열전달을 양의 부호로 하고 검사 체적에서 나가는 일을 양의 부호로 정한다. 다만 부호에 대한 규칙은 선택 사항으로, 더 복잡한 시스템의 경우 부호를 달리 정할 수도 있다. 이해해야 할 중요한 개념은 식 (3.3)과 그림 3.1이 일치해야 한다는 것이다. 그래서 그림 속 화살표의 방향이 바뀐다면, 식에서 이와 대응하는 부호도 바뀌어야 한다. 이 식은 저장된 에너지의 총변화율은 더해지는 에너지의 유입률에서 제거되는 에너지의 유출률을 뺀 것과 같다는 것을 의미한다. 저장된 에너지의 순 변화량은 위 식 우변의 전달량들로만 설명될 뿐, 그 외의 설명은 있을 수 없다. 이 에너지의 전달량들은 반드시 검사 체적의 주변으로부터 들어오거나 나가는 것이며, 따라서 검사 체적과 비교하여 반대 방향으로 주변에 저장된 에너지에 영향을 미친다는 점에 유의해야 한다. 과정이 진행되는 동안 에너지는 한 곳에서부터 다른 곳으로 전달될 수 있지만, 에너지의 총량이 변하지는 않는다.

많은 경우, 우리는 과정이 일어나는 곳에서의 순간적인 변화량에 초점을 맞추지 않고, 과정이 진행되는 처음부터 끝까지 일어난 유한한 변화량에 관심을 가지게 된다. 이러한 경우, 식 (3.3)의 에너지 방정식을 과정이 시작하는 t_1부터 과정이 끝나는 시간 t_2까지 시간 dt를 곱하여 적분한다.

$$dE_{cv} = dU + d(\text{KE}) + d(\text{PE}) = \delta Q - \delta W \tag{3.4}$$

이를 적분하면 다음과 같다.

$$\int dE_{cv} = E(t_2) - E(t_1) = E_2 - E_1$$

이제 우변 항들은 다음과 같이 적분된다.

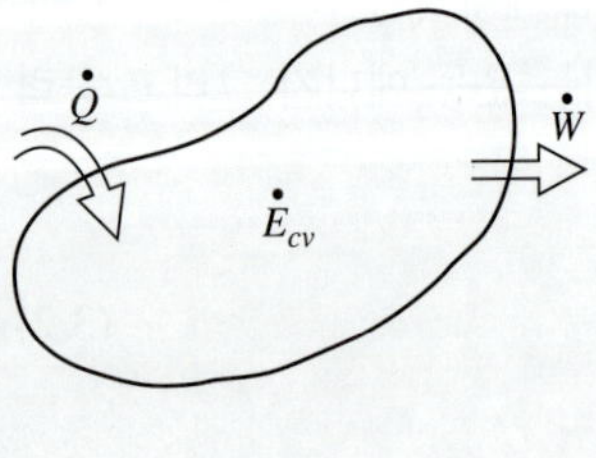

그림 3.1 » 에너지 항들에 대한 부호.

$$\int [\dot{Q} - \dot{W}]\, dt = \int_{\text{path}} \delta Q - \int_{\text{path}} \delta W = {}_1Q_2 - {}_1W_2$$

여기에서 적분은 과정의 시작과 끝 지점의 상태뿐만 아니라 그 사이에 있는 과정 경로의 영향도 받는다. 그래서 이 과정의 불완전 미분을 나타내기 위하여 dQ 대신 δQ를 사용한다. 각 상태를 구분하기 위하여 하첨자를 사용한다. E_1은 상태 1에서의 총에너지를 의미하며 오직 상태의 함수이다. 그러나 ${}_1Q_2$는 과정 동안 누적된(적분된) 열전달량을 의미하므로, 상태 1과 상태 2에 의한 것뿐만 아니라 과정이 진행된 경로의 함수이기도 하다. 동일한 내용이 일을 나타내는 항 ${}_1W_2$에도 적용된다. 이 과정을 더 깊이 설명하기 위하여, 3.4절에서 일과 열전달 항들의 적분을 좀 더 자세히 다룬다. 유한한 변화량에 대한 에너지 방정식은 다음과 같다.

$$E_2 - E_1 = {}_1Q_2 - {}_1W_2 \tag{3.5}$$

동반되는 식은 다음과 같다.

$$E_2 - E_1 = U_2 - U_1 + \frac{1}{2}m\left(\mathbf{V}_2^2 - \mathbf{V}_1^2\right) + mg(Z_2 - Z_1)$$

일반적으로 식 (3.3)과 식 (3.5)를 모두 에너지 방정식(energy equation)이라고 하는데, 변화율 형태를 원하는지 혹은 변화량 형태를 원하는지 그 해석에 따라서 다를 뿐이다. 이는 일에 대한 보수로 시간당 얼마를 받느냐와 한 달 또는 1년간과 같이 지정된 기간 동안 얼마만큼 받느냐로 표현하는 것과 유사하다. 두 가지 형태의 에너지 방정식 모두 다음과 같이 나타낼 수 있다.

저장량의 변화 = +유입량 − 유출량

위 식은 은행계좌에서와 같이 변화량을 설명하는 기본적인 수지 방정식이다. 만약 예금주가 입금을 한다면(+유입량) 잔액(저장량)은 늘어나지만, 인출을 한다면(−유출량) 잔액은 줄어들 것이다. 뒤에 이어지는 장에서는 질량, 운동량, 그리고 엔트로피와 같은 물리량들에 대해서도 유사한 방정식들이 제시될 것이다.

그림 3.2는 실제 시스템에 대한 개략도와 에너지 방정식과의 관계를 보여주고 있다. 이 검사 체적에 대하여 식 (3.3)과 같은 변화율 형태의 에너지 방정식은 다음과 같다.

$$\dot{E}_{cv} = \dot{E}_A + \dot{E}_B + \dot{E}_C = \dot{Q}_A + \dot{Q}_C - \dot{W}_B \tag{3.6}$$

그리고 질량 보존에 관한 식은 다음과 같다.

$$\dot{m}_{cv} = \dot{m}_A + \dot{m}_B + \dot{m}_C = 0 \tag{3.7}$$

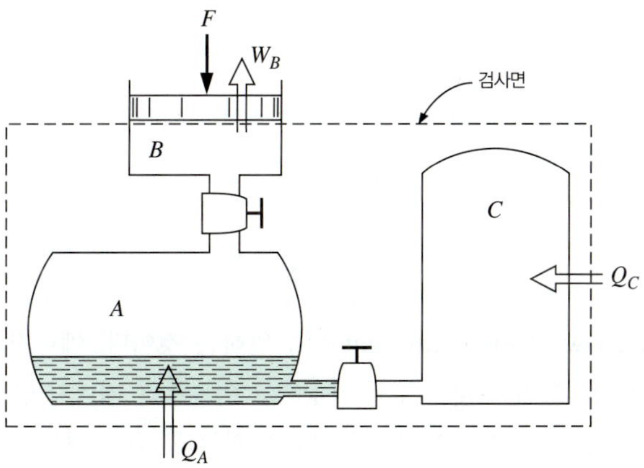

그림 3.2 » 여러 부분으로 구성된 검사 체적.

세 개의 에너지 저장 항 각각은 식 (3.2)처럼 나타내어 용기 A, B, C에 들어 있을 수 있는 모든 에너지들을 포함한다. 식 (3.5)와 같은 유한한 변화량에 관한 식은 에너지 방정식과 함께 질량 보존에 대하여 다음과 같이 표현된다.

$$m_2 - m_1 = (m_{2A} + m_{2B} + m_{2C}) - (m_{1A} + m_{1B} + m_{1C}) = 0 \tag{3.8}$$

$$(E_{2A} + E_{2B} + E_{2C}) - (E_{1A} + E_{1B} + E_{1C}) = {}_1Q_{2A} + {}_1Q_{2C} - {}_1W_{2B} \tag{3.9}$$

총질량은 변하지 않지만, A, B, C 영역들 사이의 분포는 과정이 진행하는 중에 변할 수 있다. 따라서 만약 한 개 항의 질량이 증가했다면, 나머지 항들에서 동일한 양의 질량이 감소할 것이다. 검사 체적의 경계를 통해 열과 일의 형태로 전달되는 총에너지 변화에도 같은 개념이 적용된다.

예제 3.1

피스톤–실린더 장치에서 피스톤에 200 kJ의 일을 가해 실린더 내 기체를 압축한다. 압축 과정에서 기체는 따뜻해지기 때문에 실린더 벽면을 통해 45 kJ의 열손실이 발생한다. 기체를 검사 체적으로 생각하고 이 과정에서 내부 에너지 변화를 구하라.

열역학 제1법칙은 식 (3.5)이므로

$$U_2 - U_1 + \frac{1}{2}m\left(\mathbf{V}_2^2 - \mathbf{V}_1^2\right) + mg(Z_2 - Z_1) = {}_1Q_2 - {}_1W_2$$

운동 에너지와 위치 에너지의 변화가 없으므로

$$U_2 - U_1 = {}_1Q_2 - {}_1W_2$$
$$U_2 - U_1 = -45\,\text{kJ} - (-200\,\text{kJ}) = 155\,\text{kJ}$$

3.2 열역학 제1법칙

사이클을 수행하는 내부의 물질을 검사 질량으로 생각하자. 이는 그림 1.2에 있는 발전소 안의 물이나 그림 1.6처럼 피스톤–실린더 안의 물질이 될 수 있는데, 여러 차례의 반복되는 과정을 겪게 된다. 이 물질은 한 점에서 시작하여 여러 과정들을 거친 후에 다시 원래의 상태로 돌아오기 때문에, 검사 체적 내 총에너지의 변화는 없고, 변화율도 0이다. 우변 항들의 순합(net sum)으로 에너지 방정식을 쓰면 다음과 같다.

$$0 = \oint \delta Q - \oint \delta W \tag{3.10}$$

기호 $\oint \delta Q$는 **열전달의 사이클 적분**(cyclic integral of heat transfer)이라고 하며, 한 사이클 동안의 순 열전달(net heat transfer)을 나타낸다. $\oint \delta W$는 **일의 사이클 적분**(cyclic integral of the work)으로, 그 사이클 동안 시스템이 생산한 순일(net work)을 나타낸다. 식을 다시 쓰면 다음과 같다.

$$\oint \delta Q = \oint \delta W \tag{3.11}$$

위 식은 **열역학 제1법칙**(first law of thermodynamics)을 말하는 것이다. 에너지 방정식의 결과로서 열역학 제1법칙을 보였지만, 역사적으로 보면 이것이 우선 가정되고 이로부터 에너지 방정식이 유도되었다. 위 식들을 아래 식처럼 변화율 형태로 쓰고 그림 3.3처럼 나타낼 수 있는데, 이때 적분은 검사 체적 경계 전체에서의 합을 의미한다.

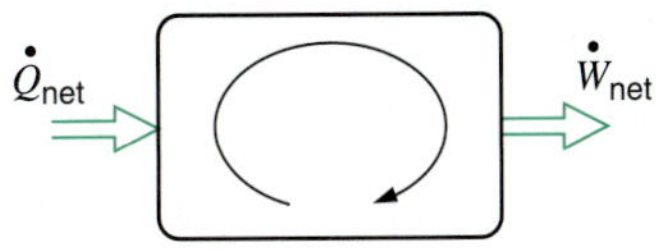

그림 3.3 » 사이클 기계.

$$\text{사이클: } \dot{Q}_{\text{net in}} = \dot{W}_{\text{net out}} \tag{3.12}$$

이 식은 본래 열기관 해석을 위한 것인데, 열기관의 목적은 열원으로부터 얻은 열을 이용해 얼마만큼의 일을 만들어내는 것이다. 그리고 이 식으로부터 에너지 방정식에서 열과 일에 대한 전통적인 부호의 규칙을 설명한다. 근래의 적용 분야로는 열펌프와 냉동기가 있는데, 여기에서는 구동력으로 일이 투입되고, 산출물로 열이 전달된다. 그러므로 모든 사이클은 에너지 변환 장치로 특징지을 수 있다. 즉 에너지는 보존되지만, 처음 들어올 때와는 다른 형태로 나간다는 것이다. 이런 사이클에 대한 추가적인 논의가 5장에서 다루어질 것이며, 9장과 10장에서 사이클에 대해 좀 더 구체적으로 다룰 것이다.

에너지 방정식 또는 열역학 제1법칙을 적용하기 전에, 내부 에너지뿐만 아니라 일과 열전달에 대하여 깊이 다룰 필요가 있다.

3.3 일의 정의

일의 고전적 정의는 변위 x와 작용하는 힘 F의 내적(스칼라 곱)으로 정의되는 기계적인 일이다. 미소량으로 표현하면 다음과 같다.

$$\delta W = F\,dx$$

그리고 유한한 일은 다음과 같이 된다.

$$_1W_2 = \int_1^2 F\,dx \tag{3.13}$$

일의 값을 구하기 위하여, 힘 F를 변위 x의 함수로 아는 것이 필요하다. 이 절에서는 적분이 단순하도록 힘을 간단히 평가해볼 수 있는 물리적 장치를 예로 들 것이다. 실제 시스템은 매우 복잡할 수도 있어서, 몇몇 수학적인 예들은 기계적 설명 없이 나올 것이다.

일은 전달되고 있는 에너지로서 검사 체적의 경계를 통과한다. 한 점에 작용하는 힘에 의한 기계적 일 외에도, 몇 가지 다른 예를 들면 자동차 변속장치의 회전축, 배터리나 전기 콘센트에서 나오는 전기적 일, 또는 화학적 일이 있다. 그림 3.4를 보면 배터리, 모터, 도르래로 구성된 간단한 시스템이 있다. 검사 체적을 어떻게 선택하느냐에 따라서, 단면 A, B, 또는 C와 같은 표면을 통과하는 일은 각각 전선을 통한 전기적 일, 모

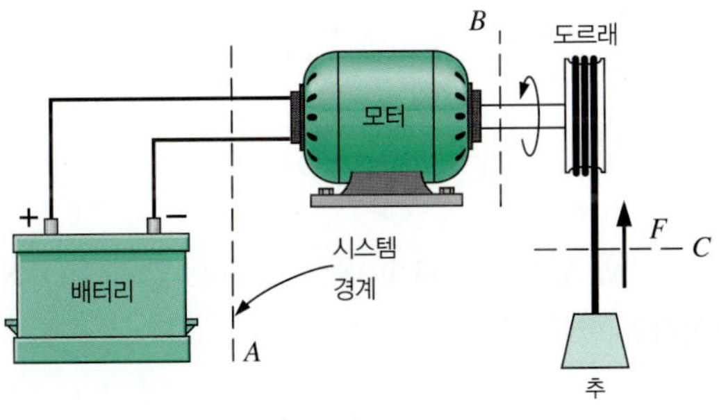

그림 3.4 » 시스템 경계를 지나는 일의 예.

터에서 나온 회전축에 의한 기계적 일, 도르래에 있는 줄로 전달되는 일이 될 수 있다.

식 (3.2)에 표현된 위치 에너지는 질량의 높이가 변함에 따라 중력장과 교환한 에너지에서 나온다. 그림 3.4에서 기준 높이부터 일정 높이에 정지되어 있는 추를 생각해보자. 만약 도르래가 천천히 돌기 시작하여 추를 올리면, 힘과 변위를 다음과 같이 표현할 수 있다.

$$F = ma = mg$$

$$\delta W = -F\,dZ = -d\mathrm{PE}$$

음의 부호는 추를 들어 올리면서 행해진 일을 의미한다. 그러면 다음 식을 얻을 수 있다.

$$d\mathrm{PE} = F\,dZ = mg\,dZ$$

적분하면 다음과 같다.

$$\int_{\mathrm{PE}_1}^{\mathrm{PE}_2} d\,\mathrm{PE} = m\int_{Z_1}^{Z_2} g\,dZ$$

Z가 변해도 g가 변하지 않는다고 가정하면(이 가정은 완만한 고도 변화에 대하여 합리적이다) 다음 식이 얻어진다.

$$\mathrm{PE}_2 - \mathrm{PE}_1 = mg(Z_2 - Z_1) \tag{3.14}$$

식 (3.2)에서처럼 위치 에너지가 총에너지에 포함되어 있으면, 식 (3.13)으로 계산되는 일에 중력은 포함되지 않는다. 에너지 방정식에서 다른 에너지 항은 검사 질량의 운동 에너지인데, 이는 질량에 가해진 힘에 의해 발생하는 에너지이다. 초기에 정지해 있다가 x 방향으로 작용한 힘 F에 의해 수평 방향으로 움직이는 물체를 생각해보자. 열전달이나 내부 에너지의 변화가 없다고 가정하면, 식 (3.4)의 에너지 방정식은 다음과 같이 표현된다.

$$\delta W = -F\,dx = -d\mathrm{KE}$$

그러나

$$F = ma = m\frac{d\mathbf{V}}{dt} = m\frac{dx}{dt}\frac{d\mathbf{V}}{dx} = m\mathbf{V}\frac{d\mathbf{V}}{dx}$$

그리고

$$d\mathrm{KE} = F\,dx = m\mathbf{V}\,d\mathbf{V}$$

적분하면 다음 식을 얻는다.

$$\int_{\mathrm{KE}=0}^{\mathrm{KE}} d\,\mathrm{KE} = \int_{\mathbf{V}=0}^{\mathbf{V}} m\mathbf{V}\,d\mathbf{V}$$
$$\mathrm{KE} = \frac{1}{2}m\mathbf{V}^2 \tag{3.15}$$

➲ 일의 단위

일을 정의할 때 추를 들어 올리는 것은 단위 거리(1 m)와 작용하는 단위 힘(1 N)의 곱을 의미한다. SI 단위계에서 일의 단위는 줄(J: joule)이라고 한다.

$$1\,\mathrm{J} = 1\,\mathrm{N\,m}$$

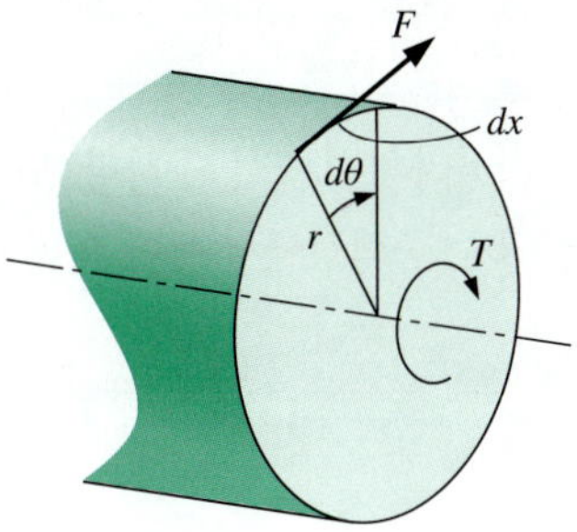

그림 3.5 ▸ 반경 r에 힘이 작용한 결과의 토크 $T = F_r$.

영국식 단위계에서 일의 단위는 힘과 거리의 곱으로 파운드 힘-피트(lbf-ft)이다.

$$1\,\text{lbf-ft} = 32.174\,\text{lbm ft}^2/\text{s}^2$$

여기서 1 파운드 힘(lbf)은 표준 중력 (g = 32.174 ft/s^2)에서 1 파운드 질량(lbm)에 작용하는 힘이다. 다양한 SI 단위와 영국식 단위 사이의 환산 인자는 표 A.1에 주어져 있다. 동력(power)은 단위 시간에 하는 일, 즉 일률(time rate of doing work)이며 기호 $\dot{W}$로 표기한다.

$$\dot{W} \equiv \frac{\delta W}{dt}$$

동력의 단위는 **와트**(W: watt)이며 1 W는 초당 1 J의 일을 할 때의 동력이다.

$$1\,\text{W} = 1\,\text{J/s}$$

통상 사용하는 동력의 단위는 **마력**(hp: horsepower)이다.

$$1\,\text{hp} = 0.7457\,\text{kW}$$

그림 3.4의 시스템 경계를 통과하는 일은 회전축(rotating shaft)과 관련이 있다. 동력에 대한 식을 유도하기 위해서, 다음과 같이 미소 일을 사용한다.

$$\delta W = F\,dx = Fr\,d\theta = T\,d\theta$$

그림 3.5와 같이, 힘이 작용하여 dx의 거리만큼 이동한 것은 토크($T = Fr$)가 작용하여 해당하는 각도만큼 회전한 것과 같다. 따라서 동력은 다음과 같다.

$$\dot{W} = \frac{\delta W}{dt} = F\frac{dx}{dt} = F\,\mathbf{V} = Fr\frac{d\theta}{dt} = T\omega \tag{3.16}$$

힘과 변위 변화율(속도)의 곱은 토크와 각속도의 곱과 같다. 각속도는 또한 축의 속력, 즉 초당 회전수 또는 분당 회전수(rpm)와 다음과 같은 관계를 갖는다.

$$\omega = \text{radians per sec.} = 2\pi\dot{rev} = 2\pi(\text{rpm}/60)$$

단위 질량당 일을 표현하는 것이 편리할 때가 있다. 즉 단위 질량당 일(specific work)은 w로 표기하고 다음과 같이 정의한다.

$$w \equiv \frac{W}{m}$$

예제 3.2

질량이 1100 kg인 자동차가 400 kJ의 운동 에너지를 갖고 이동한다(그림 3.6 참조). 자동차의 속도를 구하라. 만일 자동차를 크레인으로 들어 올려서 이 운동 에너지와 같은 크기의 위치 에너지를 갖도록 하려면, 표준 중력장에서 들어 올려야 하는 높이는 얼마인가?

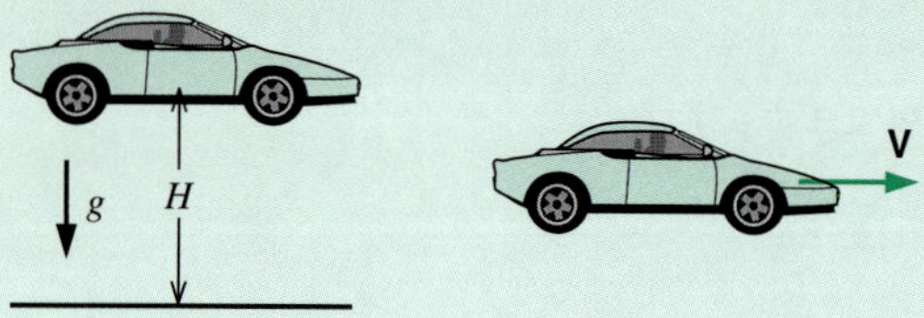

그림 3.6 ▸▸ 예제 3.2의 개략도.

↘ 풀이

이 질량의 표준 운동 에너지는

$$\mathrm{KE} = \frac{1}{2}m\mathbf{V}^2 = 400\ \mathrm{kJ}$$

이므로, 속도에 대하여 풀면

$$\mathbf{V} = \sqrt{\frac{2\ \mathrm{KE}}{m}} = \sqrt{\frac{2 \times 400\ \mathrm{kJ}}{1100\ \mathrm{kg}}} = \sqrt{\frac{800 \times 1000\ \mathrm{N\ m}}{1100\ \mathrm{kg}}} = \sqrt{\frac{8000\ \mathrm{kg\ m\ s^{-2}\ m}}{11\ \mathrm{kg}}} = 27\ \mathrm{m/s}$$

표준 위치 에너지는

$$\mathrm{PE} = mgH$$

이고, 운동 에너지와 같으므로

$$H = \frac{\mathrm{KE}}{mg} = \frac{400\,000\ \mathrm{N\ m}}{1100\ \mathrm{kg} \times 9.807\ \mathrm{m\ s^{-2}}} = 37.1\ \mathrm{m}$$

위 계산에서 kJ은 J로 변환해야 한다.

예제 3.3

100 kg의 물이 들어 있는 물동이와 질량이 10 kg인 돌이 있다. 처음에 돌이 물 위로 10.2 m 위치에 있으며 물과 돌의 온도는 같다(상태 1). 이제 돌이 물속으로 떨어진다.

다음 각 상태 변화에 대한 ΔU, ΔKE, ΔPE, Q 및 W를 계산하라. 단, 표준 중력가속도는 9.80665 m/s^{2}라고 가정한다.

a. 돌이 물속으로 들어가는 순간(상태 2)

b. 돌이 물동이 속에서 정지하려는 순간(상태 3)

c. 물과 돌의 온도가 처음 온도 T_1과 같아지도록 외부로 열전달이 일어난 후(상태 4)

↘ 해석과 풀이

각 단계에 대한 열역학 제1법칙은 다음과 같다.

$$\Delta U + \Delta \mathrm{KE} + \Delta \mathrm{PE} = Q - W$$

각 상태 변화에 따라 각 항을 판별하여야 한다.

a. 돌이 Z_1에서 Z_2로 떨어졌으며 이때 열전달이 없다고 가정한다. 물의 상태는 변하지 않았으므로

$$\Delta U = 0, \qquad {}_1Q_2 = 0, \qquad {}_1W_2 = 0$$

제1법칙은

$$\Delta \mathrm{KE} + \Delta \mathrm{PE} = 0$$

$$\begin{aligned}\Delta \mathrm{KE} &= -\Delta \mathrm{PE} = -mg(Z_2 - Z_1)\\ &= -10\ \mathrm{kg} \times 9.806\,65\ \mathrm{m/s^2} \times (-10.2\ \mathrm{m})\\ &= 1000\ \mathrm{J} = 1\ \mathrm{kJ}\end{aligned}$$

즉 상태 1에서 상태 2로 가는 동안

$$\Delta \mathrm{KE} = 1\ \mathrm{kJ} \quad \text{그리고} \quad \Delta \mathrm{PE} = -1\ \mathrm{kJ}$$

b. 상태 2에서 상태 3으로 가는 동안 운동 에너지는 0이다.

$$\Delta \mathrm{PE} = 0, \qquad {}_2Q_3 = 0, \qquad {}_2W_3 = 0$$

따라서

$$\Delta U + \Delta \mathrm{KE} = 0$$

$$\Delta U = -\Delta \mathrm{KE} = 1\ \mathrm{kJ}$$

c. 최종 상태에서, 운동 에너지와 위치 에너지가 0이며 내부 에너지는 상태 1과 같다.

$$\Delta U = -1\ \mathrm{kJ}, \qquad \Delta \mathrm{KE} = 0, \qquad \Delta \mathrm{PE} = 0, \qquad {}_3W_4 = 0$$

$${}_3Q_4 = \Delta U = -1\ \mathrm{kJ}$$

개념점검

a. 하나의 완성된 사이클에서, 에너지와 부피의 순(net) 변화량은 얼마인가?

b. 예제 3.3의 돌에 일어나는 에너지 변화들을 말로 설명하라. 만약 이 물체가 단단한 표면에 떨어지는 탄력 있는 공이라면 어떤 변화가 일어나겠는가?

c. 최소한 다섯 가지의 에너지 저장 시스템을 나열하고, 어떤 형태의 에너지가 연관되어 있는지 설명하라.

d. 질량이 일정한 물체가 100 J의 열이 들어오고 100 J의 일을 내보내는 과정을 겪었다. 이 물체의 상태는 변하는가?

e. 전력 회사는 고객에게 kW-hour 단위로 전기요금을 청구한다. 이것을 SI 단위로 환산하면 무엇이 되는가?

f. 토크, 에너지, 그리고 일은 같은 단위(Nm)를 가진다. 차이를 설명하라.

3.4 단순 압축성 시스템의 경계 이동에 의한 일

앞 절에서 시스템이 일을 하거나 시스템에 일을 가하는 여러 가지 방법이 있다는 것을 알았다. 이러한 방법 중에는 회전축에 의한 일, 전기적인 일, 그리고 실린더 내에서 피스톤이 움직일 때 행하는 일과 같이 시스템의 경계의 이동에 의한 일이 있다. 이 절에서는 준평형(quasi-equilibrium) 과정에서 단순 압축성 시스템의 경계가 이동할 때 이루어지는 일에 대해 자세히 살펴본다.

그림 3.7처럼, 실린더와 피스톤 내부에 들어 있는 기체를 시스템으로 간주하자. 피스톤 위에 있는 조그만 추를 제거하면 피스톤이 거리 dL만큼 위로 이동한다. 이 과정은 준평형 과정으로 간주할 수 있으며 이 과정 동안 시스템에 의한 일, 즉 시스템이 한 일 W를 계산할 수 있다. 피스톤에 작용하는 힘은 PA이다. 이때 P는 기체의 압력이며 A는 피스톤의 면적이다. 따라서 일 δW는

$$\delta W = P\,A\,dL$$

여기서 $A\,dL = dV$는 기체의 체적 변화량이므로

$$\delta W = P\,dV \tag{3.17}$$

주어진 준평형 과정 동안 경계가 이동하여 행한 일은 식 (3.17)을 적분하면 구할 수 있다. 그러나 적분을 하려면 이 과정 동안의 P와 V의 관계를 알아야 한다. 이러한 관계는 식이나 그래프로 나타낼 수 있다.

먼저 그래프로 표현하는 방법을 살펴보자. 그림 3.8의 실린더 내의 공기를 압축할 때 일어나는 압축 과정을 예로 든다. 과정이 시작될 때 피스톤은 위치 1에 있고 압력은 상대적으로 낮다. 이 상태를 압력–체적 선도(보통 P-V 선도라고 부름)상에 표시한다. 압축 과정이 끝나면 피스톤은 위치 2에 있으며 이에 대응하는 기체의 상태는 P-V 선도상에서 점 2로 표시한다. 압축 과정이 준평형 과정이며 이 과정 동안 시스템이 P-V 선도상에서 1과 2를 연결하는 선으로 표시된 상태를 지나간다고 가정하자. 선 1-2상의 각 점은 하나의 확정된 상태(state)를 나타내기 때문에 준평형 과정이라는 가정이 여기서 필수적이다. 시스템이 평형에서 벗어나는 정도가 극히 작은 경우에만 선 위의 각 상태는 시스템의 실제 상태에 해당한다고 할 수 있다. 압축 과정 동안 공기에 가한 일은 식 (3.17)을 적분하여 구한다.

$${}_1W_2 = \int_1^2 \delta W = \int_1^2 P\,dV \tag{3.18}$$

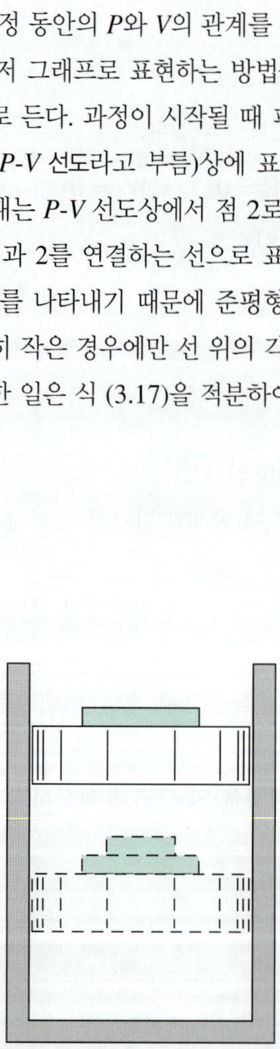

그림 3.7 ▸ 준평형 과정 동안 시스템의 이동 경계에서 하는 일의 예.

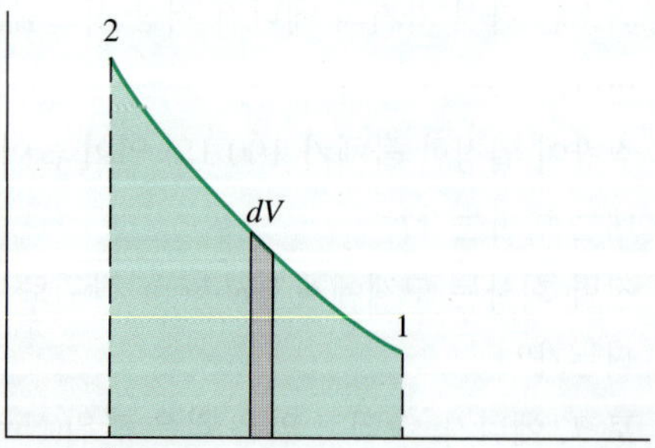

그림 3.8 ▸ 준평형 과정 동안 시스템의 이동 경계에서 일어나는 일을 나타내는 압력–체적 선도.

기호 ${}_1W_2$는 상태 1에서부터 상태 2까지 변하는 동안 한 일을 의미한다. *P-V* 선도를 보면 위의 과정 동안 한 일

$$\int_1^2 P\,dV$$

은 곡선 1-2 아래의 면적 *a*-1-2-*b*-*a*로 표시됨을 알 수 있다. 이 예에서는 체적이 감소하였으며 면적 *a*-1-2-*b*-*a*는 시스템에 가해진 일을 나타낸다. 위의 과정이 상태 2에서 상태 1로 같은 경로를 따라 진행하였다면, 면적 *a*-1-2-*b*-*a*는 시스템이 한 일을 나타낸다.

그림 3.9의 *P-V* 선도를 좀 더 살펴보면 또 다른 중요한 결론에 도달하게 된다. 상태 1에서 상태 2까지 갈 수 있는 준평형 과정 경로는 *A*, *B*, *C*와 같이 매우 많다. 곡선의 아래 면적은 그 과정에 대한 일을 나타내므로 일의 양은 과정의 양단의 상태에 의해서만 결정되지 않고, 한 상태에서 다른 상태로 변화하면서 지나가는 경로에 따라 다르게 된다. 이러한 이유로 일을 **경로 함수**(path function)라고 하며 δW는 수학 용어로 불완전 미분(inexact differential)이 된다.

여기에서 점함수(point function)와 경로 함수, 다른 표현으로 **완전 미분**(exact differential)과 **불완전 미분**에 대하여 간략히 살펴보자. 열역학 상태량은 **점함수**이다. 점함수라고 부르는 것은 선도(그림 3.9 참조) 혹은 표면(그림 2.7 참조) 위의 한 점은 하나의 상태로 정해지며 그 점에 대응하는 각 상태량의 값이 부여되기 때문이다. 점함수의 미분은 완전 미분이 되며 적분은 다음과 같이 간단히 표현한다.

$$\int_1^2 dV = V_2 - V_1$$

따라서 상태 2의 체적 혹은 상태 1의 체적이라는 표현이 가능하며 체적의 변화는 처음 상태와 최종 상태에 의해서만 결정된다.

반면에 일은 이미 언급한 바와 같이 경로 함수이다. 주어진 두 상태 사이에 있는 준평형 과정을 따라서 행한 일은 그 경로에 따라 다르다. 경로 함수의 미분은 불완전 미분이다. 이 책에서 기호 δ는 불완전 미분을 나타낸다. 반면에 기호 d는 완전 미분을 나타낸다. 따라서 일에 대해서 다음과 같이 표현한다.

$$\int_1^2 \delta W = {}_1W_2$$

상태 1에서 상태 2로 갈 때, 경로 *A*를 이용하였다면 ${}_1W_{2A}$로 표현하는 것이 더 정확한 표현이다. 그러나 ${}_1W_2$라는 표현 속에는 상태 1과 상태 2 사이의 과정이 지정되어 있다는 의미가 포함되어 있다. 상태 1의 일, 혹은 상태 2의 일이라는 표현은 쓸 수 없으며 $W_2 - W_1$이라는 표현도 사용하지 말아야 한다.

지금까지 준평형 과정에서 시스템의 경계 이동에 의한 일을 살펴보았다. 경계 이동에 의한 일은 비평형(nonequilibrium) 과정에서도 있을 수 있다는 사실에 유념해야 한다. 이 경우 실린더 내의 기체가 피스톤에

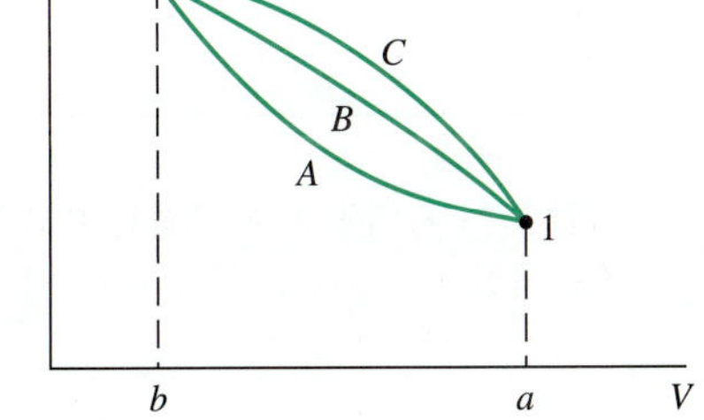

그림 3.9 ▸▸ 두 상태 사이에서 일이 경로 함수임을 보여주는 여러 준평형 과정.

가한 총힘 PA는 외력 F_{ext}와 같지 않으며 일도 식 (3.17)로 표현되지 않는다. 그러나 일은 F_{ext}나 외력을 피스톤 면적으로 나눈 등가 외압(equivalent external pressure) P_{ext}로 계산할 수 있다. 이 경우 이동 경계에 의한 일은 다음과 같이 나타낼 수 있다.

$$\delta W = F_{ext}\, dL = P_{ext}\, dV \tag{3.19}$$

특정 순간에 식 (3.19)를 계산하려면 외력이나 외압이 과정 중에 어떻게 변하는지 알아야 한다. 이러한 이유로, 식 (3.18)의 적분 항을 **도시일**(indicated work)이라고 부르기도 한다.

예제 3.4

조금 다른 경우로 그림 3.10과 같은 피스톤-실린더 장치를 생각해보자. 피스톤의 질량 m_p, 대기압 P_0, 선형 스프링, 그리고 한 점에 작용하는 힘(single point force) F_1이 피스톤에 작용한다. 피스톤 내부에는 압력 P인 기체가 채워져 있다. 압력 P를 체적의 함수로 표현하라. 준평형 과정 동안 가속도는 0이므로, 피스톤의 운동 방향으로 힘의 균형은 다음과 같다.

$$m_p a \cong 0 = \sum F_\uparrow - \sum F_\downarrow$$

스프링이 피스톤과 접촉하고 있을 때, 피스톤에 작용하는 힘은 다음과 같다.

$$\sum F_\uparrow = PA, \qquad \sum F_\downarrow = m_p g + P_0 A + k_s(x - x_0) + F_1$$

여기에서 k_s는 스프링 상수이다. x_0는 스프링 힘이 0일 때 피스톤의 위치로서 스프링 설치 위치에 따라 다르다. 힘 균형식의 양변을 면적으로 나누면 기체의 압력은

$$P = P_0 + [m_p g + F_1 + k_s(x - x_0)]/A$$

이 과정을 P-V 선도에 표시하기 위하여, 면적 A로 나누고 곱해 주면 거리 x는 체적으로 변환된다.

$$P = P_0 + \frac{m_p g}{A} + \frac{F_1}{A} + \frac{k_s}{A^2}(V - V_0) = C_1 + C_2 V$$

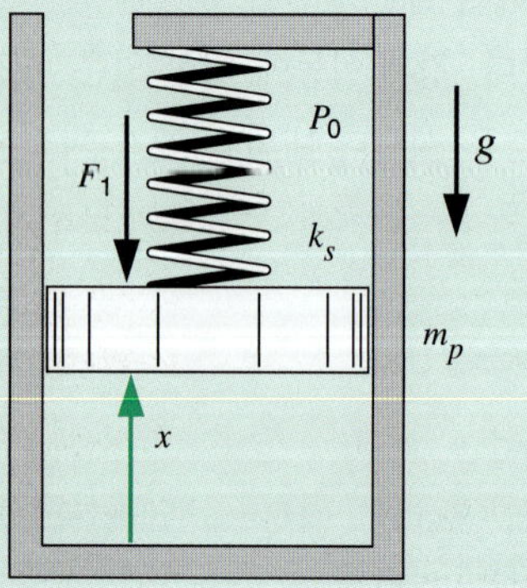

그림 3.10 » 예제 3.4의 물리적 시스템의 개략도.

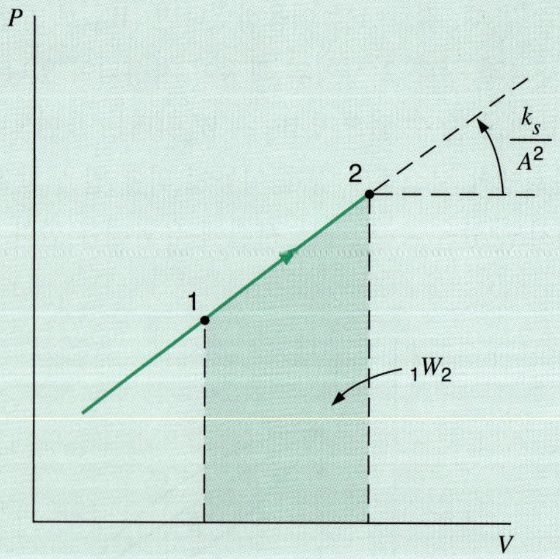

그림 3.11 » 예제 3.4의 가능한 P-V 조합을 보여주는 곡선.

이 관계식에서 압력은 체적의 선형 함수이며 기울기는 $C_2 = k_s/A^2$임을 알 수 있다. 팽창 과정에서 P와 V의 가능한 범위는 그림 3.11에 나타내었다. 실린더 내의 물질에 상관없이 어떠한 과정이라도 P-V 선도상의 직선을 따라 진행된다. 준평형 과정에서 일은 다음과 같다.

$$_1W_2 = \int_1^2 P\,dV = \text{선도 아래 면적}$$

$$_1W_2 = \frac{1}{2}(P_1 + P_2)(V_2 - V_1)$$

팽창과 반대로 수축되는 과정에 대해서는, 그림 3.11에 나타낸 같은 기울기를 따라 처음 위치 1에서 반대 방향으로 진행된다.

예제 3.5

그림 3.12와 같이 질량 m_p인 피스톤이 핀에 의해 고정된 시스템을 생각해보자. 실린더 안의 기체는 초기에 압력 P_1, 체적 V_1의 상태에 있다. 핀을 제거하면, 시스템(기체)의 경계에 작용하는 단위 면적당 외력은 두 힘으로 구성된다.

$$P_{\text{ext}} = F_{\text{ext}}/A = P_0 + m_p g/A$$

피스톤이 정지할 때까지 시스템이 한 일을 계산하라.

피스톤이 움직이기 시작한 후, 시스템은 P_{ext}의 경계 압력에 노출되고, 1.7절에서 그림 1.10으로 설명한 것처럼 이 압력이 시스템 내부의 압력에 큰 영향을 미친다. 경계가 이동해도 외력을 구성하는 두 힘은 변화하지 않는다는 점을 주의해야 한다. 실린더가 수직이기 때문에 중력이 일정하고, 개방된 대기에 대한 상향 운동은 단순히 공기를 밀어내면서 압력도 일정하기 때문이다. 초기 압력 P_1이 경계의 저항보다 클 때, 피스톤은 어느 정도의 속도로 상향 운동을 하므로 비평형 과정(nonequilibrium process)을 거치면서 실린더 압력은 결국 P_{ext}의 평형에 도달한다. 만일 시간의 함수로 추적할 수 있다면, 실린더의 평균 압력은 그림 3.13과 같을 것이다. 그러나 이 과정 동안에 시스템은 경계 이동의 저항력에 대해 일을 하므로, 이 일은 식 (3.19)로 계산한다. 이 과정 동안 외력은 일정하므로 결과는 다음과 같다.

$$_1W_2 = \int_1^2 P_{\text{ext}}\,dV = P_{\text{ext}}(V_2 - V_1)$$

여기에서 V_2는 V_1보다 커서 시스템 일은 양수이다. 만일 초기 압력이 경계 압력보다 작으면, 피스톤은 하향 운동으로 기체를 압축하고, 결국 시스템은 초기 체적보다 작은 체적에서 P_{ext}의 평형에 도달할 것이다. 이때 일은 음수이며 주위가 시스템에 일을 하게 된다.

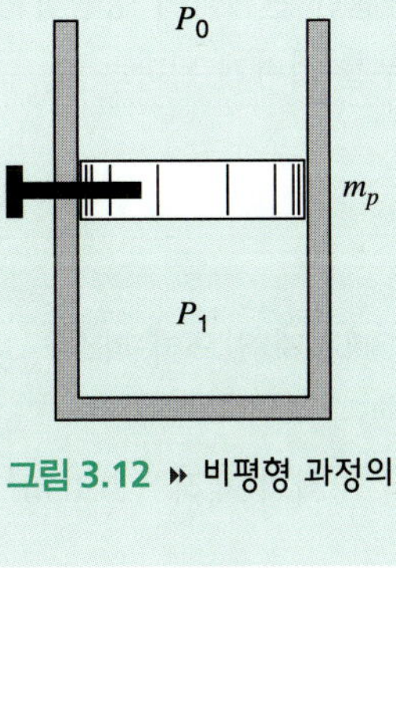

그림 3.12 » 비평형 과정의 예.

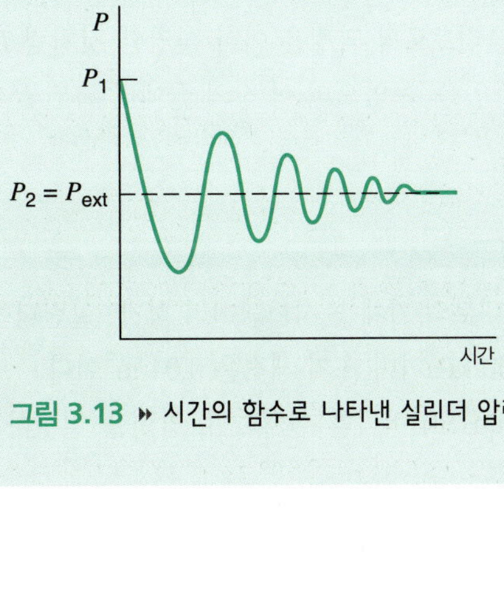

그림 3.13 » 시간의 함수로 나타낸 실린더 압력.

➲ 폴리트로픽 과정

한 과정의 일은 식 (3.14)의 적분에 필요한 압력과 부피의 관계를 측정함으로써 계산할 수 있다. 곡선을 만들거나 수치해석 방법을 이용하여, *P-V* 선도에서 곡선 아래에 있는 면적으로서 일을 산정할 수 있다. 하지만 전체 과정 곡선을 해석적 함수로 근사화할 수 있다면, 이 또한 매우 유용하다. 그 경우 인자들의 값을 알면, 적분을 수학적으로 수행할 수 있다. 이러한 목적으로 **폴리트로픽 과정**(polytropic process)이라고 하는 단순한 수학적 형태, 즉 지수와 상수 단 두 개의 인자만 있는 곡선을 사용한다.

$$PV^n = \text{상수} \tag{3.20}$$

폴리트로픽 지수(polytropic exponent) n은 과정의 유형을 나타내는데, 음의 무한대에서 양의 무한대까지 변할 수 있다. 몇 가지 단순한 과정들은 이러한 종류의 함수로 구분된다. 예를 들어 $n = 0$이면 등압 과정(constant pressure process)이고, $n \to \pm\infty$이면 정적 과정(constant volume process)이다. 폴리트로픽 과정 식에 대하여, 식 (3.14)의 적분을 계산하면 다음과 같다.

$$PV^n = \text{상수} = P_1V_1^n = P_2V_2^n$$

$$P = \frac{\text{상수}}{V^n} = \frac{P_1V_1^n}{V^n} = \frac{P_2V_2^n}{V^n}$$

$$\int_1^2 P\,dV = \text{상수} \int_1^2 \frac{dV}{V^n} = \text{상수} \left(\frac{V^{-n+1}}{-n+1}\right)\Bigg|_1^2$$

$$\int_1^2 P\,dV = \frac{\text{상수}}{1-n}\left(V_2^{1-n} - V_1^{1-n}\right) = \frac{P_2V_2^nV_2^{1-n} - P_1V_1^nV_1^{1-n}}{1-n}$$

$$= \frac{P_2V_2 - P_1V_1}{1-n} \tag{3.21}$$

식 (3.21)은 $n = 1$을 제외한 모든 n에 대하여 유효한 식이며, $n = 1$일 때에는

$$PV = \text{일정} = P_1V_1 = P_2V_2$$

이므로 다음 관계가 성립한다.

$$\int_1^2 P\,dV = P_1V_1 \int_1^2 \frac{dV}{V} = P_1V_1 \ln \frac{V_2}{V_1} \tag{3.22}$$

식 (3.21)과 (3.22)의 결과가 곧 일이라고 할 수는 없다. 이 표현은 수학적 결과인 적분 값을 나타낼 뿐이다. 적분 값이 특정 과정에서 행한 일과 같은지 여부는 그 과정에 대한 열역학적 해석의 결과에 달려 있다. 수학적 결과와 열역학적 해석을 구분하는 것이 중요한데, 일을 식 (3.18)로 표시할 수 없는 상황이 적지 않기 때문이다.

폴리트로픽 과정은 이미 설명한 것처럼 *P*와 *V* 간의 특별한 관계식이 성립하는 과정이다. 다른 많은 관계식이 있을 수 있으며 이 장의 끝에 수록된 문제에서 그 일부를 접하게 된다.

예제 3.6

그림 3.14에 있는 실린더 내부의 기체를 시스템이라 하자. 실린더에는 피스톤이 끼워져 있으며 피스톤 위에 작은 추가 여러 개 놓여 있다. 초기 압력이 200 kPa이며 초기 체적은 0.04 m³이다.

a. 실린더 아래에 분젠(Bunsen) 버너를 설치하여, 압력을 일정하게 유지하면서 기체의 체적이 0.1 m³가 될 때까지 시스템을

가열한다. 이 과정 동안 시스템이 한 일을 계산하라.

$$ {}_1W_2 = \int_1^2 P\,dV $$

압력이 일정하므로, 식 (3.18)과 (3.21)에서

$$ {}_1W_2 = P\int_1^2 dV = P(V_2 - V_1) = 200\,\text{kPa} \times (0.1 - 0.04)\text{m}^3 = 12.0\,\text{kJ} $$

b. 시스템의 초기 조건은 동일하며 실린더 아래에 있는 분젠(Bunsen) 버너로 시스템을 가열한다. 피스톤이 움직이는 순간부터 적절한 속도로 피스톤 위의 추를 제거하여 기체의 온도를 일정하게 유지한다.

이상기체 모델이 타당하다고 가정하면, 식 (2.9)에서

$$ PV = mRT $$

이 과정은 $n = 1$인 폴리트로픽 과정이다. 일은 식 (3.18)로 계산하며 결과는 식 (3.22)와 같다.

$$ {}_1W_2 = \int_1^2 P\,dV = P_1V_1 \ln\frac{V_2}{V_1} = 200\,\text{kPa} \times 0.04\,\text{m}^3 \times \ln\frac{0.10}{0.04} = 7.33\,\text{kJ} $$

c. 같은 시스템을 가열하는 동안, 적절한 속도로 추를 제거하여 압력과 체적의 관계가 '$PV^{1.3}$ = 일정'이 되도록 한다. 최종 체적이 0.1 m^3가 될 때까지 시스템이 한 일을 계산하라.

위 과정은 지수 $n = 1.3$인 폴리트로픽 과정이다. 이 과정에 대한 일은 식 (3.18)로 계산할 수 있으며 결과는 식 (3.21)과 같다.

$$ P_2 = 200\left(\frac{0.04}{0.10}\right)^{1.3} = 60.77\,\text{kPa} $$

$$ {}_1W_2 = \int_1^2 P\,dV = \frac{P_2V_2 - P_1V_1}{1 - 1.3} = \frac{60.77 \times 0.1 - 200 \times 0.04}{1 - 1.3}\,\text{kPa m}^3 = 6.41\ \text{kJ} $$

d. 시스템과 초기 상태는 앞의 세 문제와 같고, 피스톤이 핀으로 실린더에 고정되어서 체적이 일정하게 유지된다. 압력이 100 kPa로 떨어질 때까지 시스템에서 열이 전달된다. 이 과정 동안의 일을 계산하라.

준평형 과정에 대해서 $\delta W = P\,dV$이며 위 과정 동안 체적의 변화가 없으므로 일은 0이다. 이는 또한 n이 $n \to \infty$인 폴리트로픽 과정으로 볼 수 있으므로, 식 (3.21)에서 일은 0이다.

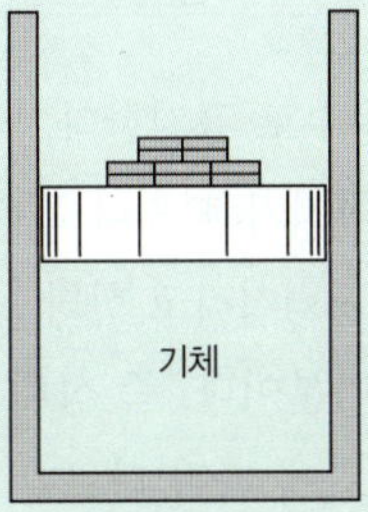

그림 3.14 ▸ 예제 3.6의 개략도.

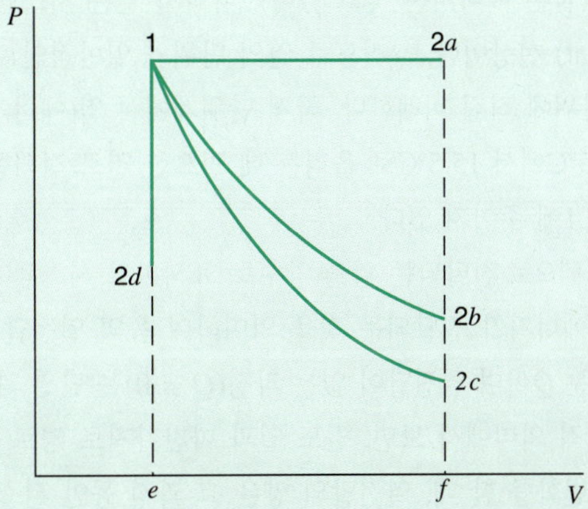

그림 3.15 ▸ 예제 3.6의 각종 과정에 대한 일을 보여 주는 압력–체적 선도.

이 예제의 네 가지 경우를 그림 3.15의 P-V 선도에 표시하였다. 1-2a 과정은 등압 과정이며 면적 1-2a-f-e-1이 일을 나타낸다. 마찬가지로 선분 1-2b는 PV=일정인 과정을 나타내며, 선분 1-2c는 $PV^{1.3}$ = 일정인 관계를, 선분 1-2d는 정적 과정을 나타낸다. 학생들은 곡선 아래의 면적과 일의 양을 구해 그 값을 비교해 볼 필요가 있다.

개념점검

g. 그림 3.15에서 과정 1-2c와 과정 1-2a에 대한 일의 상대적 크기는 대략 얼마인가?

h. 헬륨 기체가 n = 1.667인 폴리트로픽 과정으로 125 kPa, 350 K, 0.25 m^3에서 100 kPa까지 팽창한다. 일이 양수인가, 음수인가, 0인가?

i. 이상기체가 팽창 과정을 거쳐 체적이 2배가 되었다. 등온 과정과 n=1.25인 폴리트로픽 과정 중 어느 과정이 더 많은 일을 하는가?

3.5 열의 정의

열에 대한 열역학적 정의는 일상생활에서 이해하고 있는 용어와 약간 다르다. 열은 열역학 문제에 중요한 역할을 하기 때문에, 여기에서 열의 정의를 명백하게 이해해야 한다.

뜨거운 구리 덩어리를 차가운 물이 든 비커에 넣으면, 구리는 차가워지고 물은 더워져서 두 온도가 같아지는 것을 경험으로 알고 있다. 무엇 때문에 구리의 온도는 내려가고 물의 온도는 올라가는 것일까? 우리는 이것을 뜨거운 구리 덩어리로부터 차가운 물로 에너지가 전달된 결과라고 말하고, 이와 같은 에너지의 전달로 열을 정의하게 된다.

열(heat)은 두 시스템의 온도 차이로 인해 시스템의 경계를 통과하여 보다 낮은 온도에 있는 다른 시스템(혹은 주위)으로 전달되는 에너지의 형태로 정의한다. 즉 열은 고온 시스템에서 저온 시스템으로 전달되고, 두 시스템 사이의 온도차에 의해서만 일어난다. 이와 같은 열의 정의를 다른 관점에서 본다면, 물체는 열을 지닐 수 없고 경계를 통과할 때에만 식별이 가능하다는 뜻이다. 따라서 열은 과도적(transient) 현상이다. 뜨거운 구리 덩어리를 한 시스템으로, 비커 속의 차가운 물은 다른 시스템으로 보면 두 시스템 모두 어떠한 열도 갖지 않고 있다(물론 에너지는 갖고 있다). 따라서 열은 시스템으로 또는 시스템으로부터 에너지를 전달하는 과도적(transient) 현상이다. 그러므로 열의 단위와 일반적인 여러 형태의 에너지 단위는 일의 단위와 같거나 적어도 일의 단위에 직접 비례한다. 국제 단위계에서 열(에너지)의 단위는 줄(joule)이다. 칼로리(cal: calorie)는 물 1 g을 14.5°C에서 15.5°C로 올리는 데 필요한 열로 정의한다. 이들 에너지에 대한 단위는 일의 단위와 관련이 있고 표 A.1에 주어져 있다.

시스템으로 전달되는 열을 양수로 표시하고 시스템에서 나오는 열을 음수로 표시한다. 양의 열전달은 시스템으로 에너지가 전달되는 것을 의미하며 음의 열전달은 시스템에서 에너지가 빠져나오는 것을 의미한다. 열의 기호는 Q이며 열전달이 없는 과정(Q = 0)을 단열 과정(adiabatic process)이라고 한다.

수학적 의미에서 보면, 열도 일과 마찬가지로 경로 함수이며 불완전 미분이다. 즉 상태 1에서 상태 2로 시스템이 변화를 할 때, 열전달의 양은 그 과정 동안 시스템이 진행하는 경로에 따라 다르다. 열은 불완전 미분으로 표시되므로 미소 변화량은 δQ로 쓴다. 적분할 때에는

$$\int_1^2 \delta Q = {}_1Q_2$$

로 쓰며, ${}_1Q_2$는 상태 1과 2 사이에 주어진 과정 동안 전달된 열이다.

시스템의 단위 질량당 열전달 q를 이용하는 것이 편리하다. 이를 **비열전달**(specific heat transfer)이라고도 부르며 다음과 같이 정의한다.

$$q \equiv \frac{Q}{m}$$

3.6 열전달 방식

열전달은 에너지 이동의 한 방식으로 서로 다른 물질 사이의 온도차에 의해 이루어진다. 냉동기에서 꺼낸 얼음 조각은 더 따뜻한 환경, 예를 들어 실내 공기에 노출된 유리컵 속의 물이나 접시 위에 두면 녹는다. 1.8절의 설명에 의하면 물질의 분자는 병진(translational), 회전(rotational), 그리고 진동(vibrational) 에너지를 가진다. 이러한 형태의 에너지는 상호작용(충돌) 또는 평균적으로 더 많은 에너지(높은 온도)를 소유하는 분자들과 더 적은 에너지(낮은 온도)를 소유하는 분자들의 교환에 의해 주변의 분자에 전달될 수 있다. 이러한 분자 상호 간의 에너지 교환을 **전도**(conduction)라고 하며 이는 온도차와 물질의 전달 특성에 따라 그 크기가 달라진다. 이 현상은 Fourier 전도 법칙으로 표현된다.

$$\dot{Q} = -kA\,\frac{dT}{dx} \tag{3.23}$$

열전달률은 열전도율(thermal conductivity) k, 면적 A, 그리고 온도 구배(temperature gradient)에 비례한다. (−) 부호는 높은 온도에서 낮은 온도로 열이 전달된다는 것을 의미한다. 만일 수학적 또는 수치적 해석이 가능하지 않다면 종종 온도차를 거리로 나눈 값을 구배로 사용한다.

열전도율 k의 값은 금속은 100 W/m K 정도, 비금속 고체인 유리, 얼음, 암석은 1~10, 액체는 0.1~10, 단열재는 대략 0.1, 기체는 0.1에서 0.01 미만이다.

매체가 유동하면 다른 열전달 방식인 **대류**(convection) 열전달이 일어난다. 이 방식에서는 특정 에너지 값을 가진 물질이 온도가 다른 표면의 위 또는 근처를 흐르게 된다. 이때에는 전도에 의한 열전달보다 두 물질을 접촉시키거나 가깝게 만드는 유동(flow)이 더 중요하게 된다. 이러한 예로 건물 주위에 부는 바람이나, 방열기(radiator) 주위로 흐르는 공기, 배관 내부에 흐르는 물 등의 열교환기(heat exchanger)를 생각할 수 있다. 총열전달은 일반적으로 다음 식으로 표현되는 Newton의 냉각 법칙을 따른다.

$$\dot{Q} = Ah\,\Delta T \tag{3.24}$$

여기서 모든 전달 특성은 열전달 계수 h에 포함되어 있는데, 이 값은 매체의 상태량, 유동, 기하학적 형상의 함수가 된다. 주어진 상황에 대해 열전달 계수를 계산하기 위해서는 전체 과정에 대한 상세한 유체 역학과 열전달 요소들을 고려해야 한다.

열전달 계수의 대표적인 값은 다음과 같다(단위: W/m^2 K).

자연 대류	$h = 5-25$ 기체	$h = 50-1000$ 액체
강제 대류	$h = 25-250$ 기체	$h = 50-20000$ 액체
증발 상변화	$h = 2500-100000$	

열전달의 마지막 방식은 전자기파에 의한 에너지 전달인 **복사**(radiation)이다. 복사는 어떠한 매체도 필요하지 않고 빈 공간에서도 가능하지만, 복사의 방사(생산)와 흡수에는 물질의 존재가 필요하다. 표면 방사는 완전한 흑체 방사에 대한 비율인 방사율(emissivity) ε으로 다음과 같이 표현된다.

$$\dot{Q} = \varepsilon \sigma A T_s^4 \tag{3.25}$$

여기서 T_s는 표면 온도, σ는 Stefan-Boltzmann 상수이다. 대표적인 방사율의 값은 비금속 표면에 대해 0.92, 연마하지 않은 금속 표면에 대해 0.6~0.9, 잘 연마된 금속 표면에 대해 0.1 미만이다. 복사는 파장 범위와 표면에 따라 방사와 흡수가 달라지지만, 더 자세한 설명은 이 책의 범위를 벗어난다.

열전달을 실제로 계산할 때 모든 열전달 방식에 대해 다음과 같이 공통의 표현을 사용하는 것이 편리하다.

$$\dot{Q} = C_q A\,\Delta T = \Delta T / R_t \tag{3.26}$$

열전달은 $\dot{Q}$의 방향에 수직인 단면적에 비례하고 열전달 방식에 따른 나머지 정보는 상수 C_q에 포함되어 있다. 이 관계식은 또한 **열 저항**(thermal resistance) $R_t = 1/C_q A$를 정의하는 데 사용할 수 있는데, 열 저항이 클 경우 주어진 온도차 ΔT에 대해 열전달이 낮아짐을 알 수 있다. $dT/dx \approx \Delta T/\Delta x$로 가정하면 식 (3.23)로 표현되는 전도의 경우 이 관계식에서 $C_q = k/\Delta x$가 되고, 식 (3.24)로 표현되는 대류의 경우는 $C_q = h$가 된다. 마지막으로 식 (3.25)의 복사 표현은 온도차의 형태로 바뀌어야 하기 때문에 C_q는 온도에 비선형적으로 결정된다.

예제 3.7

그림 3.16과 같이 단일 유리창을 통하여 20°C인 실내의 따뜻한 방에서 −10°C인 추운 외기로 일정한 에너지가 전달된다.

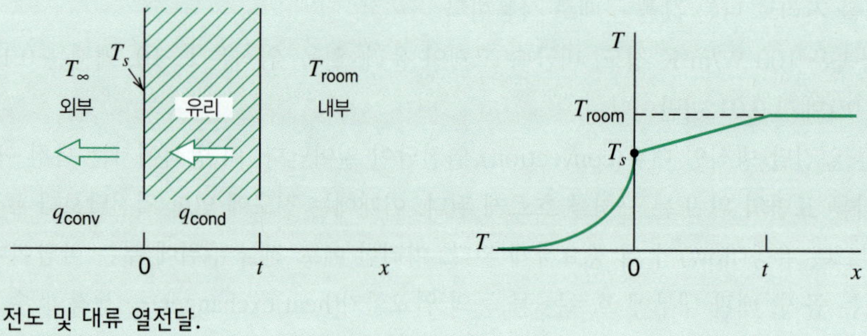

그림 3.16 » 유리창을 통한 전도 및 대류 열전달.

유리 바깥 표면에서의 거리에 따른 온도 변화는 대류 열전달층으로 나타나지만, (문제를 간단히 다루기 위해) 실내에는 이런 층이 없다고 가정한다. 유리창은 두께 5 mm (0.005 m), 열전도율 1.4 W/m K이고 총표면적은 0.5 m²이다. 외풍에 의한 대류 열전달 계수는 100 W/m² K이다. 유리 바깥 표면의 온도가 12.1°C라고 할 때 유리와 대류층의 열전달률을 구하라.

유리를 통한 전도는

$$\dot{Q} = -kA\frac{dT}{dx} = -kA\frac{\Delta T}{\Delta x} = -1.4\frac{\text{W}}{\text{mK}} \times 0.5\ \text{m}^2 \frac{20-12.1}{0.005}\frac{\text{K}}{\text{m}} = -1106\ \text{W}$$

(−) 부호는 에너지가 실내에서 나간다는 의미이다. 외부의 대류층에 대해서는

$$\dot{Q} = hA\,\Delta T = 100\frac{\text{W}}{\text{m}^2\,\text{K}} \times 0.5\ \text{m}^2[12.1 - (-10)]\ \text{K} = 1105\ \text{W}$$

열전달 방향은 높은 온도에서 낮은 온도로, 즉 바깥 방향이다.

3.7 내부 에너지—열역학 상태량

내부 에너지(internal energy)는 시스템의 질량에 비례하므로 종량적 상태량(extensive property)이다. 마찬가지로 운동 에너지와 위치 에너지도 종량적 상태량이다.

주어진 질량의 물체가 갖는 내부 에너지를 기호 U로 표시하며, 종량적 상태량을 표시하는 약속에 따라 단위 질량당 내부 에너지는 u로 표시한다. 비체적(specific volume)과 유사하게 비내부 에너지(specific internal energy)라고 부르기도 한다. 그러나 문장 속에서 앞뒤 내용에 따라 u와 U의 의미가 명확하므로 단위 질량당 내부 에너지와 총내부 에너지를 간단히 내부 에너지라는 용어로 표현한다.

2장에서 운동, 중력, 표면장력, 전기 및 자기의 영향이 없을 때 순수 물질의 상태는 두 개의 독립 변수에 의하여 확정된다고 하였다. 이러한 제한 조건하에서 내부 에너지가 순수 물질의 독립 상태량(independent property)의 하나가 될 수 있다는 점은 매우 중요하다. 예를 들어 과열 증기의 압력과 내부 에너지(임의로 정한 기준 상태로부터 정의함)가 정해지면 온도도 결정된다는 것을 의미한다.

따라서 수증기표와 같은 열역학표에는 다른 열역학 상태량과 함께 내부 에너지의 값이 나열되어 있다. Keenan과 동료들이 작성한 수증기표인 표 1과 2(표 B.1.1과 B.1.2)는 포화 상태의 내부 에너지를 제시하고 있다. 표에는 포화 액체의 내부 에너지 u_f, 포화 증기의 내부 에너지 u_g, 포화 액체와 포화 증기의 내부 에너지의 차이 u_{fg} 등이 포함되어 있다. 이들 값은 임의로 설정된 기준 상태에 대한 상대적인 값이다. 기준 상태로는 수증기 표의 물에 대해 삼중점 온도인 0.01°C에서 포화 액체에 대한 값으로 0을 선택한다. 수증기 표에서 내부 에너지의 모든 값은 이 기준 값에 대해 상대적으로 계산된다(임의의 두 상태에서 u의 차이를 계산할 때 기준 상태는 상쇄됨에 유의). 수증기 표에서 내부 에너지는 비체적과 같은 방법으로 계산한다. 포화 액체–증기 영역에서 관계식은 다음과 같다.

$$U = U_{\text{liq}} + U_{\text{vap}}$$

즉

$$mu = m_{\text{liq}}u_f + m_{\text{vap}}u_g$$

위 식의 양변을 m으로 나누고 건도 x의 정의를 도입하면 다음과 같다.

$$u = (1 - x)u_f + xu_g$$
$$u = u_f + xu_{fg}$$

예를 들어 압력이 0.6 MPa이고 건도가 95%인 포화 수증기의 단위 질량당 내부 에너지는 다음과 같이 계산한다.

$$u = u_f + xu_{fg} = (669.9 + 0.95 \times 1897.5)\ \text{kJ/kg} = 2472.5\ \text{kJ/kg}$$

과열 증기 영역에서의 u 값은 표 B.1.3에 나와 있고, 압축 액체는 표 B.1.4에, 그리고 고체–증기는 표 B.1.5에 나와 있다.

예제 3.8

다음의 각 상태에 대해 (P, T, x) 중 누락된 상태량과 v를 결정하라.

a. $T = 300°C$, $u = 2780$ kJ/kg

b. $P = 2000$ kPa, $u = 2000$ kJ/kg

각 경우에 두 상태량이 독립 상태량이므로 상태가 확정된다. 그림 3.17과 같이 각 선도 상에 물에 대한 표 B.1에서의 상태의 위치를 정해야 한다.

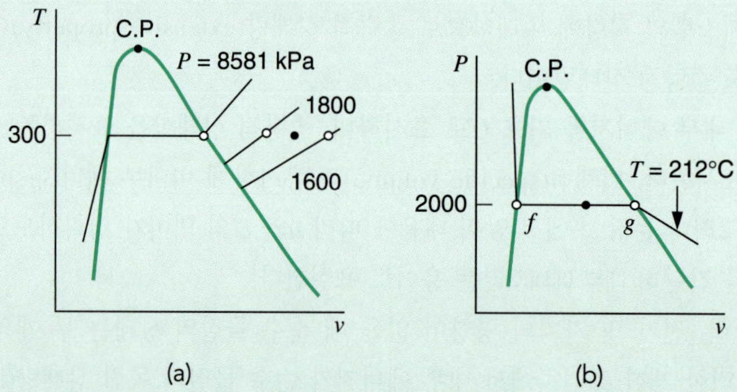

그림 3.17 » 예제 3.8의 T-v 및 P-v 선도. 열린 원 기호는 사용된 표의 값(상태)을 표시함.

a. 표 B.1.1에서 300°C의 값을 보면, $u_g = 2563.0$ kJ/kg이다. 주어진 조건이 $u > u_g$이므로 이 상태는 과열 증기 영역에 있고 압력 P는 $P_g = 8581$ kPa보다 작다. 표 B.1.3에서 300°C의 값들을 보면, $u = 2780$ kJ/kg은 1600 kPa (2781.0)과 1800 kPa (2776.8) 사이에 있다. 선형적으로 보간하면

$$P = 1600\,\text{kPa} + (1800 - 1600)\,\text{kPa} \times (2780 - 2776.8)/(2781 - 2776.8) = 1648\,\text{kPa}$$

과열 증기 영역에서 건도는 정의할 수 없다. 이 압력에서, 선형 보간법으로 $v = 0.1542\ \text{m}^3/\text{kg}$이다.

b. 표 B.1.2에서 $P = 2000$ kPa의 값을 보면, $u = 2000$ kJ/kg은 u_f (906.4)보다 크고 u_g (2600.3)보다 작다. 따라서 이 상태는 $T = T_g = 212.4°C$인 2상 영역에 있다.

$$u = 2000\,\text{kJ/kg} = (906.4 + x1693.8)\,\text{kJ/kg}, \qquad x = 0.6456$$

따라서 비체적은 다음과 같다.

$$v = (0.001\,177 + 0.6456 \times 0.098\,45)\,\text{m}^3/\text{kg} = 0.064\,74\,\text{m}^3/\text{kg}.$$

개념점검

j. 물이 100 kPa, 20°C에서 가열되어 1000 kPa, 200°C가 되었다. 첫 번째 경우는 등온하에서 압력이 증가한 후, 등압하에서 온도가 상승하였다. 두 번째 경우는 반대 순서로 진행되었다. 두 경우에 ${}_1Q_2$와 ${}_1W_2$의 변화는 얼마인가?

k. 단열된 견고한 탱크 A에 압력과 온도가 각각 400 kPa, 800°C인 물이 들어 있다. 탱크 A는 파이프와 밸브로 100 kPa의 포화 증기로 채워진 동일한 체적의 단열된 견고한 탱크 B와 연결되어 있다. 두 탱크 내부의 물이 동일한 상태가 될 때까지 밸브를 열어 둔다. 탱크 내부, 최종 상태의 온도와 압력을 결정하라.

3.8 문제 해석 및 풀이 기법

이제 열역학을 공부하면서 상당한 지식을 축적했다. 여기서 열역학 문제를 해석하는 체계적인 기법이나 과정을 정리해둘 필요가 있다. 당분간은 이러한 엄밀한 과정이 필요하지 않을 수도 있으나, 더 많은 해석 방법을 배울수록 우리가 점점 더 복잡한 문제도 취급할 수 있다는 사실에 유념해야 한다. 따라서 앞으로의 문제점들을 예상하여 이러한 문제 풀이 기법을 연습해야 한다.

아래의 단계는 체계적으로 정립된 열역학 문제 풀이 방법이다. 이는 모든 사람들이 이해할 수 있으며, 지름길을 택하지 않음으로써, 기본적 가정들을 빠뜨림으로 인해 발생할 수 있는 많은 오류들을 제거해준다.

1. 물리적 시스템에 대한 그림을 그리고, 모든 질량 흐름, 열 흐름, 그리고 일율을 표시하라. 외부 압력과 단점 힘(single-point force) 같은 힘들도 표시하라.
2. 분석하고자 하는 물질/장치를 포함하는 검사면을 설정하여 검사 질량 또는 검사 체적을 정의(즉 선택)하라. 검사 체적으로 들어가고 나가는 모든 전달항을 표시하고, 시스템에서 열역학적 상태가 다른 부분이 있으면 모두 표시하라.
3. 선택된 검사 체적 각각에 적용되는 법칙을 쓰라(지금은 에너지 방정식만 다루지만, 추후에 몇 개의 법칙을 사용할 것이다). 전달항이 하나의 검사 체적을 나와서 다른 검사 체적으로 들어가면, 각 방정식에 같은 항을 가지되 부호가 반대이어야 한다.
4. 각 검사 체적에 해당하는 보조법칙 또는 특수법칙을 적으라. 물질의 구성을 적거나 표를 참조하라. 주어진 과정에 대한 식은 보통 쉽게 쓴다. 이 식은 시스템 혹은 장치가 만들어진 방식에 따라 주어지는데, 가끔 실제 현상을 근사화하여 쓰기도 한다. 즉, 실제 거동에 대한 단순화된 수학적 모델을 만드는 것이다.
5. 모든 식을 조합하여 수식화를 완성하라(아직 숫자는 사용하지 않는다). 어떤 양을 알고 있으며 미지수가 무엇인지를 파악한다. 주어진 상태들을 결정하는 데 필요한 두 개의 독립 상태량을 결정함으로써 모든 상태를 지정하는 것이 중요하다. 이러한 작업을 가장 쉽게 하는 방법은 모든 과정과 상태들을 (P-v), (T-v), 혹은 유사한 선도에 나타내는 것이다. 이 선도들은 표를 찾고 상태를 지정하는 데 매우 유용하다.

에너지 방정식을 다음과 같이 쓰는 것처럼

$$U_2 - U_1 + \frac{1}{2}m(\mathbf{V}_2^2 - \mathbf{V}_1^2) + mg(Z_2 - Z_1) = {}_1Q_2 - {}_1W_2 \tag{3.27}$$

우리는 다양한 저장항들을 고려해야 한다. 만약 물체가 빠른 속도로 움직이거나 높이가 크게 변하지 않는다면, 운동 에너지 그리고/혹은 위치 에너지의 변화가 작다고 가정한다.

위의 모든 단계를 항상 기록할 필요는 없고, 이 책의 대부분의 예제에서도 모든 단계를 기록하지는 않는다. 그러나 더 복잡한 문제에 대한 해석 능력을 키우기 위하여, 익숙하지 않은 새로운 문제에서는 위와 같은 단계에 따라 해석할 필요가 있다. 다음 예제를 풀면서 이 기법을 자세히 살펴보자.

예제 3.9

체적이 5 m^3인 용기 속에 0.1 MPa의 포화 액체 0.05 m^3와 포화 증기 4.95 m^3가 들어 있다. 용기가 포화 증기로 채워질 때까지 가열하였다. 이 과정 동안 전달된 열을 구하라.

검사 질량: 용기 내 물의 상은 그림 3.18과 같음

초기 상태: 압력, 액체 체적, 증기의 체적을 알고 있으므로 상태 1은 확정

최종 상태: 포화 증기 곡선상의 한 점 용기가 가열되므로 $P_2 > P_1$

과정: 검사 체적과 검사 질량이 일정하므로 비체적이 일정

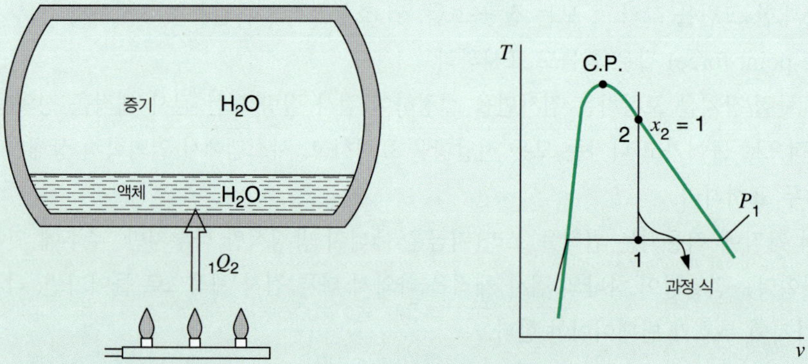

그림 3.18 » 예제 3.9의 개략도 및 T-v 선도.

해석

제1법칙에서

$$U_2 - U_1 + m\frac{\mathbf{V}_2^2 - \mathbf{V}_1^2}{2} + mg(Z_2 - Z_1) = {}_1Q_2 - {}_1W_2$$

용기가 견고하다고 가정하면 변위가 없기 때문에($dV = 0$) 일이 없다. 질량의 움직임은 무시할 수 있기 때문에 운동 에너지가 없고, 위치 에너지의 변화도 매우 작기 때문에 무시할 수 있다. 예제 3.13 참조.

$${}_1Q_2 = U_2 - U_1$$

풀이

제1법칙으로부터 열전달을 계산한다. 상태 1을 알고 있으므로 U_1을 계산할 수 있으며, 상태 2의 비체적(상태 1의 비체적과 같음)도 알고 있다. 상태 2는 포화 증기이므로 그림 3.18에서처럼 결정되고, 따라서 U_2를 구할 수 있다.

풀이 과정은 다음과 같다.

$$m_{1\,\text{liq}} = \frac{V_{\text{liq}}}{v_f} = \frac{0.05\ \text{m}^3}{0.001\,043\ \text{m}^3/\text{kg}} = 47.94\ \text{kg}$$

$$m_{1\,\text{vap}} = \frac{V_{\text{vap}}}{v_g} = \frac{4.95\ \text{m}^3}{1.6940\ \text{m}^3/\text{kg}} = 2.92\ \text{kg}$$

따라서

$$\begin{aligned} U_1 &= m_{1\,\text{liq}}u_{1\,\text{liq}} + m_{1\,\text{vap}}u_{1\,\text{vap}} \\ &= 47.94\ \text{kg} \times 417.36\ \text{kJ/kg} + 2.92\ \text{kg} \times 2506.1\ \text{kJ/kg} = 27326\ \text{kJ} \end{aligned}$$

u_2를 결정하려면 두 개의 열역학 상태량을 알아야 하며 이로부터 최종 상태가 결정된다. 알고 있는 상태량은 건도 $x = 100\%$와 최종 비체적 v_2이다. 최종 비체적은 다음과 같이 쉽게 계산할 수 있다.

$$m = m_{1\,\text{liq}} + m_{1\,\text{vap}} = 47.94\ \text{kg} + 2.92\ \text{kg} = 50.86\ \text{kg}$$

$$v_2 = \frac{V}{m} = \frac{5\ \text{m}^3}{50.86\ \text{kg}} = 0.098\,31\ \text{m}^3/\text{kg}$$

표 B.1.2에서 보간법을 이용하면 압력이 2.03 MPa일 때 $v_g = 0.09831\ \text{m}^3/\text{kg}$임을 알 수 있다. 따라서 수증기의 최종 압력이 2.03 MPa이 된다. 그러므로

$$u_2 = 2600.5\ \text{kJ/kg}$$

$$U_2 = mu_2 = 50.86\ \text{kg} \times 2600.5\ \text{kJ/kg} = 132261\ \text{kJ}$$

$${}_1Q_2 = U_2 - U_1 = 132\,261 - 27\,326 = 104935\ \text{kJ}$$

예제 3.10

예제 3.4의 피스톤-실린더 장치에 -20°C, 건도 25%의 암모니아 0.5 kg이 들어 있다. 암모니아를 20°C로 가열하여 체적이 1.41배가 되었다. 최종 압력과 암모니아가 수행한 일을 구하라.

풀이

P와 $v(V)$의 선형 관계식은 피스톤에 작용하는 힘, 중력 가속도, 일정한 대기 압력, 스프링 상수로 결정된다.

과정: $P = C_1 + C_2 v$ 예제 3.1의 그림 3.11 참조

상태 1: 표 B.2.1에서 (T_1, x_1)

$P_1 = P_{\text{sat}} = 190.2\ \text{kPa}$

$v_1 = v_f + x_1 v_{fg} = 0.001\,504 + 0.25 \times 0.621\,84 = 0.156\,96\ \text{m}^3/\text{kg}$

$u_1 = u_f + x_1 u_{fg} = 88.76 + 0.25 \times 1210.7 = 391.44\ \text{kJ/kg}$

상태 2: $(T_2,\ v_2 = 1.41\ v_1 = 1.41 \times 0.156\,96 = 0.2213\ \text{m}^3/\text{kg})$

표 B.2.2에서 $P_2 = 600\ \text{kPa}$, $u_2 \simeq 1347.9\ \text{kJ/kg}$에 가까운 상태

일은 P와 v 관계식을 적분한 것으로 그림 3.19의 P-v 선도에서 면적과 같다.

$${}_1W_2 = \int_1^2 P\,dV = \int_1^2 Pm\,dv = \text{면적} = m\frac{1}{2}(P_1 + P_2)(v_2 - v_1)$$

$$= 0.5\ \text{kg}\,\frac{1}{2}(190.2 + 600)\ \text{kPa}\,(0.2213 - 0.156\,96)\ \text{m}^3/\text{kg} = 12.71\ \text{kJ}$$

$${}_1Q_2 = m(u_2 - u_1) + {}_1W_2$$

$$= 0.5\ \text{kg}\,(1347.9 - 391.44)\frac{\text{kJ}}{\text{kg}} + 12.71\ \text{kJ} = 490.94\ \text{kJ}$$

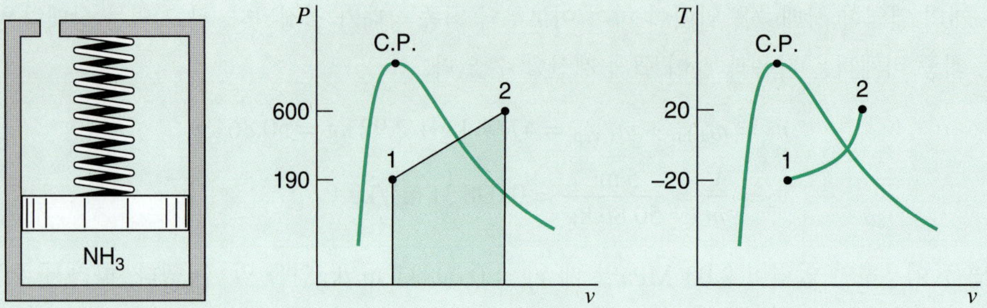

그림 3.19 ▸ 예제 3.10의 선도.

예제 3.11

그림 3.20과 같은 피스톤–실린더 장치에 1000 kPa, 500°C의 수증기가 0.1 kg이 들어 있다. 피스톤에 일정한 힘이 작용하면서 물의 체적이 1/2이 될 때까지 냉각된다. 피스톤이 멈추개에 닿은 채로 25°C까지 계속 냉각된다. 물의 최종 압력과 전 과정의 일을 구하고, 이 과정을 P-v 선도에 나타내라.

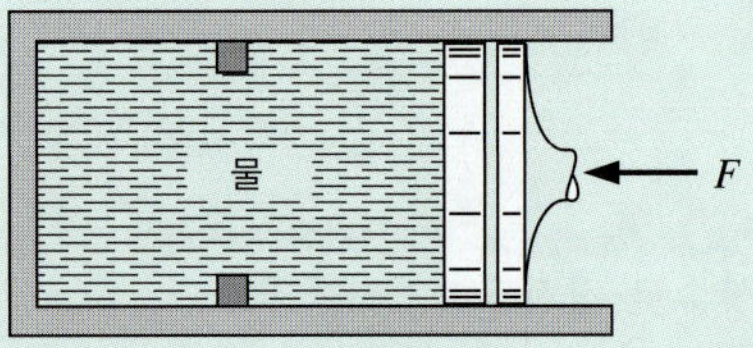

그림 3.20 ▸ 예제 3.11의 개략도.

풀이

이 과정은 등압 과정과 정적 과정의 두 단계로 구성된다. 이 거동은 장치의 구조에 의해 결정된다.

상태 1: 표 B.1.3에서 (P, T); $v_1 = 0.354\,11\ \text{m}^3/\text{kg}$, $u_1 = 3124.34\ \text{kJ/kg}$

과정 1-1a: $P = \text{일정} = F/A$

과정 1a-2: $v = \text{일정} = v_{1a} = v_2 = v_1/2$

상태 2: $(T,\ v_2 = v_1/2 = 0.17706\ \text{m}^3/\text{kg})$

$$x_2 = (v_2 - v_f)/v_{fg} = \frac{0.177\,06 - 0.001\,003}{43.35\,83} = 0.004\,0605$$

$$u_2 = u_f + x_2 u_{fg} = 104.86 + 0.004\,0605 \times 2304.9 = 114.22\ \text{kJ/kg}$$

표 B.1.1에서 $v_2 < v_g$이므로, 최종 상태는 2상 영역에 있고 $P_2 = P_{\text{sat}} = 3.169\ \text{kPa}$이다.

$$_1W_2 = \int_1^2 P\,dV = m\int_1^2 P\,dv = mP_1(v_{1a} - v_1) + 0$$

$$= 0.1\ \text{kg} \times 1000\ \text{kPa}\,(0.17706 - 0.345\,11)\ \text{m}^3/\text{kg} = -17.7\ \text{kJ}$$

그림 3.21에 나타낸 것처럼, 1a에서 2까지의 과정 동안 (체적이 변화하지 않으므로) 일은 0이다.

$$_1Q_2 = m(u_2 - u_1) + {}_1W_2$$

$$= 0.1\ \text{kg}\,(114.22 - 3124.34)\ \text{kJ/kg} - 17.7\ \text{kJ} = -318.71\ \text{kJ}$$

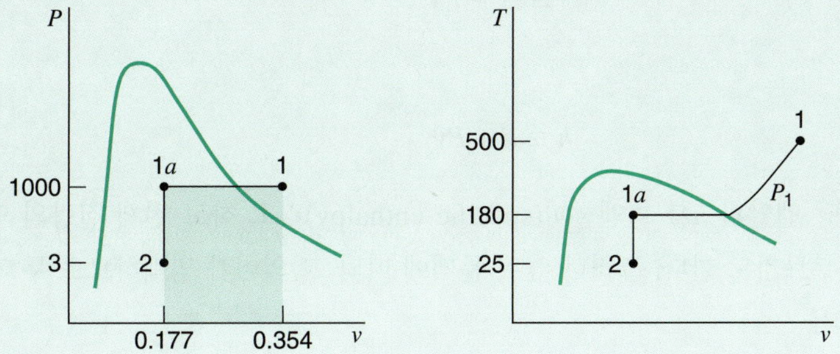

그림 3.21 ▸ 예제 3.11의 선도.

3.9 엔탈피–열역학 상태량

어떤 과정을 해석하다 보면, 열역학 상태량들의 조합된 형태가 나타나게 되는데, 이런 상태량의 조합도 역시 상태에 따라 변화하는 그 물질의 상태량이다. 이러한 일례로서 그림 3.22에 있는 검사 질량에 대한 준평형 정압 과정을 생각할 수 있다. 운동 에너지와 위치 에너지에는 변화가 없으며 이 과정의 유일한 일은 경계 이동에 의한 일이라고 가정한다. 장치 속에 있는 기체를 검사 질량으로 잡고 제1법칙인 식 (3.5)를 적용하면 다음과 같다.

$$U_2 - U_1 = {}_1Q_2 - {}_1W_2$$

일은 다음 관계식으로 계산할 수 있다.

$${}_1W_2 = \int_1^2 P\,dV$$

압력이 일정하므로

$${}_1W_2 = P\int_1^2 dV = P(V_2 - V_1)$$

따라서

$$\begin{aligned} {}_1Q_2 &= U_2 - U_1 + P_2V_2 - P_1V_1 \\ &= (U_2 + P_2V_2) - (U_1 + P_1V_1) \end{aligned}$$

바로 이러한 경우, 위 과정 동안 전달된 열량은 초기 상태와 최종 상태에서의 $U + PV$의 차이로 나타난다. 관련된 모든 양이 열역학 상태량, 즉 시스템의 상태만의 함수이므로, 이들이 조합된 양도 이와 같은 특성을 갖는다. 그러므로 새로운 종량적 상태량(extensive property)으로 **엔탈피**(enthalpy)를 정의하는 것이 편리하다.

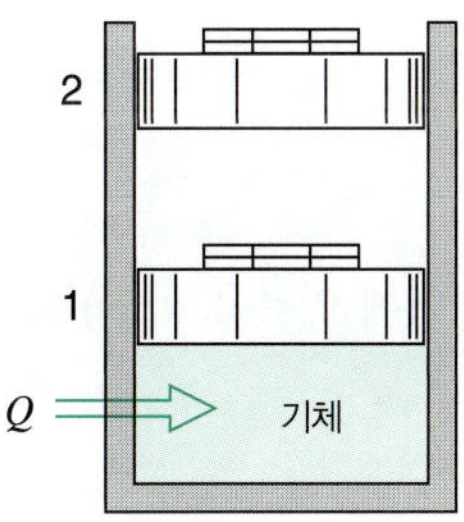

그림 3.22 ▸ 준평형 등압 과정.

$$H \equiv U + PV \tag{3.28}$$

단위 질량당 엔탈피는

$$h \equiv u + Pv \tag{3.29}$$

내부 에너지처럼 단위 질량당 엔탈피 h를 비엔탈피(specific enthalpy)라고 하고 전체 질량의 엔탈피 H를 총 엔탈피(total enthalpy)라고 부르기도 한다. 그러나 앞뒤 문맥에 따라 그 의미가 명백하므로 두 가지 모두 단순히 엔탈피라고 부르기도 한다.

등압 준평형(constant pressure quasi-equilibrium) 과정의 열전달은 엔탈피 변화량과 같으며 거기에는 내부 에너지의 변화량과 그 과정 동안 시스템이 한 일이 포함되어 있다. 이 결과는 결코 일반적인 것은 아니다. 위 과정의 일이 초기 상태의 PV와 최종 상태의 PV의 차이와 같기 때문에 생긴 특별한 결과이다. 압력이 일정하지 않으면 이 결과를 사용할 수 없다. 그러나 앞서 언급한 특별한 경우 외에도 엔탈피는 매우 널리 사용된다. 상태량의 조합인 $u + Pv$는 4장에서 검사 체적의 해석에 특히 많이 나타난다.

표 B.1에서 B.7에 나와 있는 내부 에너지와 엔탈피 값은 임의로 택한 기준에 대한 상대적인 값이다. 수증기표에는 0.01°C의 포화 액체가 기준 상태이며 내부 에너지 값으로 0을 부여하였다. 암모니아, R-134a와 R-410A와 같은 냉매의 기준 상태는 −40°C의 포화 액체이며, 이 기준 상태(reference state)의 엔탈피 값으로 0을 부여하였다. 질소와 같은 극저온 물질의 기준 상태는 또 다르며 표의 엔탈피 값은 각 물질의 기준에 대한 상대적인 값이다. 기준 상태는 임의로 선정할 수 있으므로 표 B.1.5에 있는 포화 고체−증기 표처럼 엔탈피는 음수가 될 수도 있다. 모든 열역학표에서 그러하듯이 엔탈피와 내부 에너지는 같은 기준 상태에 대한 상대적인 값이므로 기준 상태의 엔탈피와 내부 에너지의 차이는 Pv이다. 액체는 비체적이 매우 작으므로 표의 유효숫자 내에서 Pv 값은 무시할 수 있다. 그러나 그렇지 않은 경우도 있으므로 기본 원리는 기억해야 한다.

포화 상태에서 건도를 알고 있는 물질의 엔탈피는 비체적이나 내부 에너지를 계산할 때와 같은 방법으로 계산한다. 포화 액체의 엔탈피는 h_f, 포화 증기의 엔탈피는 h_g, 증발하는 동안 엔탈피 증가량은 h_{fg}로 표시한다. 포화 상태의 엔탈피는 다음의 두 식 중의 하나로 계산할 수 있다

$$h = (1 - x)h_f + xh_g$$
$$h = h_f + xh_{fg}$$

압축 액체인 물의 엔탈피는 표 B.1.4에 나와 있다. 압축 액체 표가 없는 경우, 압축 액체의 엔탈피는 같은 온도의 포화 액체의 엔탈피 값으로 대신한다.

예제 3.12

질량 0.5 kg의 물이 들어 있는 체적 0.1 m³의 피스톤−실린더 장치 내 압력이 0.4 MPa이다. 압력을 일정하게 유지하면서, 온도가 300°C가 되도록 가열하였다.

위 과정 동안의 열전달과 일을 구하라.

검사 질량: 실린더 속의 물

과정: 등압, 그림 3.23과 같이 $P_2 = P_1$

초기 상태: P_1, V_1, m; 비체적 v_1이 계산되므로 상태 1은 확정(P_1, v_1인 경우 수증기표를 이용하여 2상 영역에 있음을 확인)

최종 상태: P_2, T_2; 상태 2 확정(과열 증기)

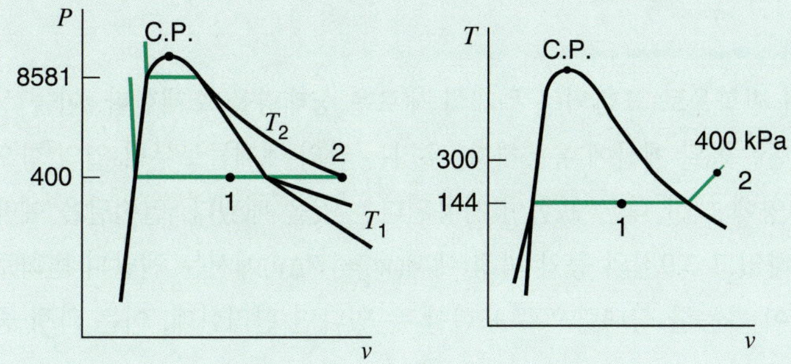

그림 3.23 ▸ 등압 과정.

해석

운동 에너지와 위치 에너지는 변화하지 않으며, 경계 이동에 의해 일을 하였다. 준평형 과정을 가정한다. 압력이 일정하므로

$$_1W_2 = \int_1^2 P\,dV = P\int_1^2 dV = P(V_2 - V_1) = m(P_2v_2 - P_1v_1)$$

제1법칙을 Q에 대해 정리하면

$$\begin{aligned} _1Q_2 &= m(u_2 - u_1) + {_1W_2} \\ &= m(u_2 - u_1) + m(P_2v_2 - P_1v_1) = m(h_2 - h_1) \end{aligned}$$

풀이

상태 1: 표 B.1.2에서 (P_1, v_1)

$$v_1 = \frac{V_1}{m} = \frac{0.1\ \text{m}^3}{0.5\ \text{kg}} = 0.2\ \text{m}^3/\text{kg} \Rightarrow x_1 = \frac{v_1 - v_f}{v_{fg}} = \frac{0.2 - 0.001\,084}{0.4614} = 0.4311$$

$$u_1 = u_f + x_1u_{fg} = (604.31 + 0.4311 \times 1949.3)\ \text{kJ/kg} = 1444.7\ \text{kJ/kg}$$

$$h_1 = h_f + x_1h_{fg} = (604.74 + 0.4311 \times 2133.8)\ \text{kJ/kg} = 1524.7\ \text{kJ/kg}$$

상태 2: 표 B.1.3(과열증기)에서 (P, T)

$$v_2 = 0.6548\ \text{m}^3/\text{kg};\quad u_2 = 2804.8\ \text{kJ/kg};\quad h_2 = 3066.8\ \text{kJ/kg}$$

과정 동안 일을 계산하고 에너지 방정식으로부터 열전달을 구하면,

$$_1W_2 = mP(v_2 - v_1) = 0.5\ \text{kg} \times 400\ \text{kPa} \times (0.6548 - 0.2)\ \text{m}^3/\text{kg} = 91.0\ \text{kJ}$$

$$_1Q_2 = U_2 - U_1 + {_1W_2} = 0.5\ \text{kg} \times (2804.8 - 1444.7)\ \text{kJ/kg} + 91.0\ \text{kJ} = 771.1\ \text{kJ}$$

열전달은 해석에 주어진 바와 같이 엔탈피로부터 구할 수도 있다.

$$_1Q_2 = m(h_2 - h_1) = 0.5\ \text{kg} \times (3066.8 - 1524.7)\ \text{kJ/kg} = 771.1\ \text{kJ}$$

$_1Q_2$를 구하는 두 번째 방법은 등압 과정에만 적용되기 때문에 일반적인 방법인 첫 번째 방법을 이용하는 것이 바람직하다.

3.10 정적 비열과 등압 비열

이 절에서는 에너지와 관련된 상태량 u와 h의 변화율로 표현되는 두개의 새로운 상태량을 소개한다. 이들 상태량은 온도 변화로 표현되는 에너지 변화의 단순화된 계산에 유용하다. 우리는 앞의 예제들로부터 일의 항으로 인해 물리적 장치에 따라 과정 중 열전달 양에 대한 다른 표현이 사용된다는 것을 배웠다. 열전달을 예제 3.9 ($w = 0$)에서는 내부 에너지 변화로 표현하였고 3.9절의 등압 과정 예제($w = P\Delta v$)에서는 엔탈피 변화로 표현하였다. 에너지 변화를 온도와 같이 측정이 가능한 상태량으로 표현할 수 있다면 편리한데, 이는 과정 중 상변화가 없을 경우에만 가능하다.

온도에 따른 변화율을 도입하기 위해 다음과 같이 모두 비열(*specific heat*)이라 부르는 두 개의 상태량을 정의한다.

$$C_v \equiv \left(\frac{\partial u}{\partial T}\right)_v; \quad C_P \equiv \left(\frac{\partial h}{\partial T}\right)_P \tag{3.30}$$

이들은 열역학 상태량만을 포함하기 때문에 비열 역시 상태량이고 상태만의 함수가 된다. 다음과 같이 각각 일정한 v와 P 과정에서의 열전달과 관계되기 때문에 정적 비열과 등압 비열로 정의된다.

$$v = \text{일정}: \delta q = du + \delta w = du = C_v\, dT$$
$$P = \text{일정}: \delta q = du + \delta w = du + P\, dv = dh = C_P\, dT$$

비열은 상대적으로 측정이 쉬운 T 변화로부터 u 또는 h의 변화를 구하는 데 사용된다. u 또는 h의 편미분으로부터 비열 값을 구할 때 고정한 변수(v 또는 P)에 의해 영향을 받는다면 이 방법은 적절하지 않고 u 또는 h는 부록 B의 표로부터 구해야 한다. 반면 고정한 변수에 의해 영향을 받지 않는 경우 편미분은 단순히 상미분으로 표현되고, 이는 고체 및 액체와 이상기체에 적용될 수 있다.

비열은 열전달과 관계가 있을 뿐만 아니라 온도의 함수로 내부 에너지와 엔탈피 변화를 표현한다. 예를 들어, 그림 3.24처럼 같은 유체로 이루어진 세 시스템을 생각해보자. 첫째 시스템에는 100 kJ의 열이 전달되며, 다른 두 시스템에는 100 kJ의 일이 전달된다. 비록 세 시스템의 열전달과 일의 전달 방식은 다르지만 시스템의 내부 에너지 변화량은 모든 경우 100 kJ로 같기 때문에 최종 상태는 같으며($U_2 = U_1 + 100$ kJ, $v_2 = v_1$), 모든 과정에서의 평균 C_v 역시 같다. 등압 피스톤–실린더 장치도 유사한 상황을 보여주는데, 이때는 엔탈피 변화량이 모든 경우 100 kJ로 같고 과정 중 평균 C_P가 같게 된다.

➲ 고체 및 액체

특수한 경우로, 고체나 액체를 고려해보자. 액체나 고체는 거의 비압축성이므로 다음과 같이 쓸 수 있다.

$$dh = du + d(Pv) \approx du + v\, dP \tag{3.31}$$

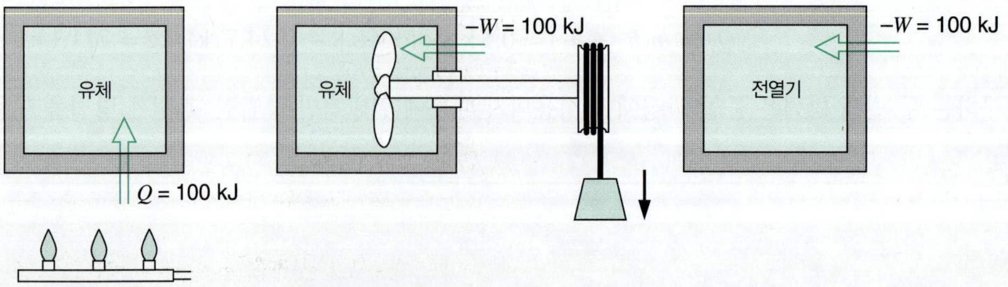

그림 3.24 ▸▸ 동일한 ΔU를 보여주는 세 방법에 대한 개략도.

두 상의 비체적이 매우 작으므로 많은 경우에 다음과 같이 쓸 수 있다.

$$dh \approx du \approx C\,dT \tag{3.32}$$

등압 비열과 정적 비열의 값은 거의 같으므로 C는 어느 값이라고 해도 좋다. 고체나 액체의 과정에서 (과정이 낮은 온도에서 일어나거나 온도 변화폭이 크지 않으면) 식 (3.32)의 비열을 일정하다고 가정할 수도 있다. 따라서 식 (3.32)를 다음과 같이 적분할 수 있다.

$$h_2 - h_1 \simeq u_2 - u_1 \simeq C(T_2 - T_1) \tag{3.33}$$

각종 고체와 액체의 비열은 표 A.3과 A.4에 있다.

비열이 일정하다는 가정을 할 수 없는 과정일 때에는 C를 온도의 함수로 알아야 하고, 식 (3.32)는 적분이 가능하다.

3.11 이상기체의 내부 에너지, 엔탈피 및 비열

일반적으로 물질의 내부 에너지 u는 그 상태를 나타내는 두 개의 독립 상태량으로 결정된다. 그러나 밀도가 낮은 기체에 대해서는 u가 주로 T에 따라 결정되며 P, v 등의 다른 상태량에는 크게 영향을 받지 않는다. 예를 들어 표 B.1.3의 일부를 발췌한 표 3.1을 살펴보자. 이 값들을 보면, u는 T에 따라 크게 달라지지만 P에 따라 크게 다르지 않다. 또 u에 대한 P의 영향은 낮은 압력에서 작고, 높은 온도에서 더욱 작아진다. 다시 말하면, 밀도가 작을수록 u에 대한 $P(v)$의 영향이 작아진다. 따라서 이런 거동을 매우 낮은 밀도의 영역으로 연장하여, 이상기체 모델이 타당할 정도로 밀도가 낮으면 내부 에너지가 압력에 전혀 관계없이 온도만의 함수라고 가정할 수 있다. 즉 이상기체에 대하여 다음의 관계가 성립된다.

$$Pv = RT \text{ 그리고 } u = f(T) \tag{3.34}$$

u는 온도만의 함수이고 P 또는 v에 민감하지 않기 때문에 식 (3.30)의 편미분은 다음과 같이 상미분으로 단순화된다.

$$C_{v0} = \frac{du}{dT} \qquad du = C_{v0}\,dT \tag{3.35}$$

여기에서 하첨자 0은 이상기체를 의미한다. 질량이 m일 때는 다음과 같다.

$$dU = mC_{v0}\,dT \tag{3.36}$$

엔탈피의 정의와 이상기체 상태 방정식으로부터 다음과 같이 쓸 수 있다.

표 3.1 » 과열 수증기의 내부 에너지

	P, kPa			
T, °C	10	100	500	1000
200	2661.3	2658.1	2642.9	2621.9
700	3479.6	3479.2	3477.5	3475.4
1200	4467.9	4467.7	4466.8	4465.6

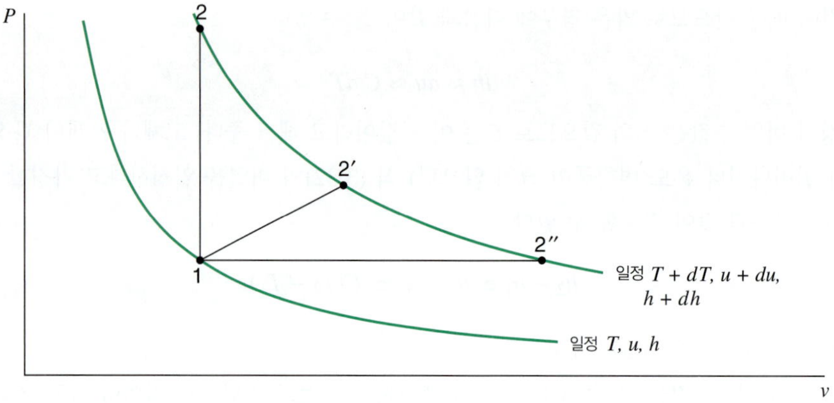

그림 3.25 ▸ 이상기체의 압력–비체적 선도.

$$h = u + Pv = u + RT \tag{3.37}$$

R은 상수이며 u가 온도만의 함수이므로, 이상기체의 엔탈피 역시 온도만의 함수이다. 즉

$$h = f(T) \tag{3.38}$$

따라서 엔탈피의 도함수는 다음과 같이 단순화된다.

$$C_{p0} = \frac{dh}{dT} \qquad dh = C_{p0}\,dT \tag{3.39}$$

질량이 m일 때는 다음과 같다.

$$dH = mC_{p0}\,dT \tag{3.40}$$

식 (3.35)와 (3.39)의 결과를 두 개의 등온선으로 표시하면 그림 3.25와 같다. 이상기체의 내부 에너지와 엔탈피는 온도만의 함수이므로 등온선을 따라 내부 에너지와 엔탈피가 일정하다. 등온선이 곧 등내부 에너지선(line of constant internal energy)이며 등엔탈피선(line of constant enthalpy)이다. 상태 1에서 여러 가지 경로를 통하여 온도가 보다 높은 상태에 도달할 수 있으며 각 경우의 최종 상태는 다르다. 그러나 경로와는 무관하게 내부 에너지의 변화량이 같으며 엔탈피의 변화량도 같다. 이는 등온선이 곧 등내부 에너지선이며 등엔탈피선이기 때문이다.

이상기체의 내부 에너지와 엔탈피가 온도만의 함수이므로 이상기체의 정적 비열과 등압 비열도 온도만의 함수이다. 즉

$$C_{v0} = f(T), \quad C_{p0} = f(T) \tag{3.41}$$

압력이 0에 접근하면 모든 기체가 이상기체 거동을 하므로 이상기체의 비열을 종종 **영압력 비열**(zero-pressure specific heat)이라고도 한다. 영압력 등압 비열은 C_{p0}로 표시하고 영압력 정적 비열은 C_{v0}로 표시한다. 그림 3.26에는 각종 물질의 C_{p0}를 온도의 함수로 나타내고 있다. 이 값은 통계 열역학의 방법으로 계산한 것이며 이 책에서는 더 자세히 논의하지 않는다. 부록 C에는 여기에 관한 내용이 간략히 요약되어 있다. 비열이 온도에 따라 변화하는 가장 큰 요인은 분자의 진동이다. 그림 3.26에 나타난 것처럼 분자가 복잡할수록 진동 모드가 많아지며 따라서 온도에 따라 비열이 크게 변화한다. 특정 응용 분야에서 비열에 대한 온도의 영향을 판단할 때에는 이 원리가 중요하다.

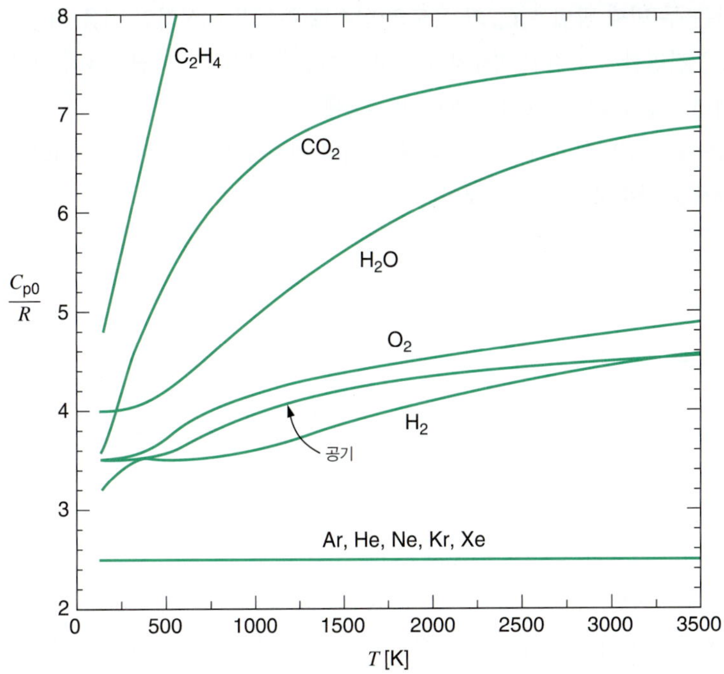

그림 3.26 ▸ 여러 기체들의 영압력 등압 비열.

이상기체의 등압 비열과 정적 비열 사이에는 중요한 관계식이 있는데, 엔탈피의 정의와 이상기체 상태 방정식으로 유도할 수 있다.

$$h = u + Pv = u + RT$$

이 식을 미분하고 식 (3.35)와 (3.39)를 이용하면 다음과 같이 쓸 수 있다.

$$dh = du + R\,dT$$
$$C_{p0}\,dT = C_{v0}\,dT + R\,dT$$

따라서

$$C_{p0} - C_{v0} = R \tag{3.42}$$

이 식을 몰 기준으로 표시하면 다음과 같다.

$$\overline{C}_{p0} - \overline{C}_{v0} = \overline{R} \tag{3.43}$$

이상기체의 등압 비열과 정적 비열은 둘 다 온도의 함수이긴 하지만 그 차이는 항상 일정하다. 그러므로 둘 중에 한 가지만 온도에 관한 함수를 알면 나머지는 식 (3.42)로 구할 수 있다.

이상기체 등압 비열 C_{p0}를 사용하는 세 가지 방법을 살펴보자. 가장 간단한 방법은 비열이 일정하다고 가정하는 것으로서 비열이 온도에 무관한 경우이다. 이때에는 식 (3.39)를 간단히 적분할 수 있다.

$$h_2 - h_1 = C_{p0}(T_2 - T_1) \tag{3.44}$$

그림 3.26에서 이러한 계산이 어떠한 경우에 정확한지를 알 수 있다. 비열이 일정하지 않은 경우라도 관심 있는 온도 구간의 평균 비열을 이용한다면 식 (3.44)를 이용하여 계산하는 것이 적절한 근사적 계산 방법이다. 각종 기체의 기체 상수(gas constant)와 상온(room temperature)의 비열 값들은 표 A.5에 나와 있다.

비열을 계산하는 두 번째 방법은 C_{p0}가 온도의 함수로 주어진 해석적인 식을 이용하는 것이다. 통계 열역학에서 유도한 식은 간편한 수학적인 형태로 표기하기 어렵기 때문에, 그 결과를 경험적 근사식으로 만들어 이용한다. 각종 기체에 대한 C_{p0}의 온도 함수식이 표 A.6에 나와 있다.

세 번째 방법은 통계 열역학에서 얻은 결과를 임의의 기준 온도에서부터 구하고자 하는 온도 T까지 적분하고 그 결과를 새로운 함수로 정의하는 것이다.

$$h_T = \int_{T_0}^{T} C_{p0}\,dT$$

이 함수는 온도의 함수표로 나열할 수 있으며, 상태 1과 상태 2의 차이는 다음과 같다.

$$h_2 - h_1 = \int_{T_0}^{T_2} C_{p0}\,dT - \int_{T_0}^{T_1} C_{p0}\,dT = h_{T_2} - h_{T_1} \tag{3.45}$$

이때 기준 온도의 값은 서로 상쇄된다. 공기에 대한 함수 h_T(그리고 유사한 식 $u_T = h_T - RT$)는 표 A.7에 나와 있고 다른 기체에 대한 엔탈피 함수는 표 A.8에 나와 있다.

세 가지 방법을 요약하면, 이상기체에 관한 표 A.7과 표 A.8을 이용하는 것이 가장 정확한 결과를 얻는 방법이며 표 A.6의 식을 이용하면 경험적 근사 계산을 할 수 있다. 단원자 기체이거나 기체의 온도가 상온 이하일 때를 제외하고는, 일정한 비열을 가정하면 정확도가 떨어진다. 세 가지 모두 이상기체 모델의 일부분이며, 다른 물질의 거동을 예측하기에 유효하지 않을 때도 많다는 사실에 유의해야 한다.

예제 3.13

이상기체 거동을 가정하고, 산소 1 kg을 300 K에서 1500 K까지 가열할 때 엔탈피 변화를 계산하라.

풀이

이상기체의 엔탈피 변화는 식 (3.39)로 계산한다. 그러나 비열의 온도 함수에 대한 가정이 필요하다. 이 문제를 여러 가지 방법으로 구한 후 그 결과를 비교해본다.

300 K에서 1500 K까지 이상기체 거동을 하는 산소의 엔탈피 변화량은 이상기체 표 A.8을 이용하면 가장 정확하게 계산할 수 있다. 식 (3.45)를 이용하면 결과는 다음과 같다.

$$h_2 - h_1 = 1540.2 - 273.2 = 1267.0\ \text{kJ/kg}$$

표 A.6의 경험식을 이용하면 이 값과 근사한 결과를 얻을 수 있다. 식 (3.39)를 적분하면

$$\begin{aligned} h_2 - h_1 &= \int_{T_1}^{T_2} C_{p0}\,dT = \int_{\theta_1}^{\theta_2} C_{p0}(\theta) \times 1000\,d\theta \\ &= 1000\left[0.88\theta - \frac{0.0001}{2}\theta^2 + \frac{0.54}{3}\theta^3 - \frac{0.33}{4}\theta^4\right]_{\theta_1=0.3}^{\theta_2=1.5} \\ &= 1241.5\ \text{kJ/kg} \end{aligned}$$

첫 번째 계산과 비교할 때, 오차가 2.0% 미만이다.

비열이 일정하다고 가정하려면, 그 비열의 값을 결정해야 한다. 표 A.5에 나와 있는 300 K의 값을 이용하면, 식 (3.44)에서

$$h_2 - h_1 = C_{p0}(T_2 - T_1) = 0.922\ \text{kJ/kg-K} \times 1200\ \text{K} = 1106.4\ \text{kJ/kg}$$

이 값은 첫째 결과에 비해 12.7% 작다. 반면에 비열이 구간의 평균 온도인 900 K에서의 값으로 일정하다고 하면, 표 A.6의 비열식에 온도 900 K를 대입하여

$$C_{p0} = 0.88 - 0.0001(0.9) + 0.54(0.9)^2 - 0.33(0.9)^3 = 1.0767\ \text{kJ/kg-K}$$

이 값을 식 (3.44)에 대입하면

$$h_2 - h_1 = 1.0767\ \text{kJ/kg-K} \times 1200\ \text{K} = 1292.1\ \text{kJ/kg}$$

이 값은 첫째 값에 비해 2.0% 크며, 상온의 비열 값을 이용하였을 때보다 훨씬 정확하다. 따라서 비열이 일정한 이상기체 모델을 가정할 때에는 그 값을 얼마로 할 것인가도 모델의 일부분이라는 사실에 유념해야 한다.

예제 3.14

실린더-피스톤 장치에 초기 체적이 0.1 m^3이며 150 kPa, 25°C인 질소가 들어 있다. 피스톤이 움직이면서 압력이 1 MPa, 온도가 150°C가 되도록 질소를 압축하였다. 압축 과정 동안 질소로부터 열이 전달되었으며, 질소에 가한 일은 20 kJ이었다. 열전달량을 구하라.

검사 질량: 질소
과정: 투입 일은 알고 있음
초기 상태: P_1, T_1, V_1; 상태 1 확정
최종 상태: P_2, T_2; 상태 2 확정
모델: 이상기체, 300 K에서의 일정 비열, 표 A.5

해석

제1법칙에서

$$_1Q_2 = m(u_2 - u_1) + {_1W_2}$$

풀이

질소의 질량은 이상기체 상태 방정식과 표 A.5의 기체 상수 R을 이용하여 구한다.

$$m = \frac{PV}{RT} = \frac{150\ \text{kPa} \times 0.1\ \text{m}^3}{0.2968\dfrac{\text{kJ}}{\text{kg K}} \times 298.15\ \text{K}} = 0.1695\ \text{kg}$$

표 A.5에 있는 비열 값을 사용하면

$$\begin{aligned} _1Q_2 &= mC_{v0}(T_2 - T_1) + {_1W_2} \\ &= 0.1695\ \text{kg} \times 0.745\frac{\text{kJ}}{\text{kg K}} \times (150 - 25)\ \text{K} - 20.0\ \text{kJ} \\ &= 15.8 - 20.0 = -4.2\ \text{kJ} \end{aligned}$$

고온의 T_0에서는 C_v를 사용하는 대신 표 A.8을 사용하는 것이 더 정확하다.

예제 3.15

일상적인 온도 · 압력 조건(20°C, 100 kPa)에서 책상 위에 있는 1 kg의 물이 있다. 정지 상태에서 10 m/s까지 가속시키는 경우, 10 m까지 들어 올리는 경우, 10°C까지 가열하는 경우 등 세 과정에 대한 각각의 에너지 변화를 계산해보라.

이 검사 질량에 대해 에너지 변화는 다음과 같다.

$$\Delta \mathrm{KE} = \frac{1}{2}m(\mathbf{V}_2^2 - \mathbf{V}_1^2) = \frac{1}{2} \times 1\,\mathrm{kg} \times (10^2 - 0)\,\mathrm{m^2/s^2} = 50\,\mathrm{kgm^2/s^2} = 50\,\mathrm{J}$$

$$\Delta \mathrm{PE} = mg(Z_2 - Z_1) = 1\,\mathrm{kg} \times 9.81\,\mathrm{m/s^2} \times (10 - 0)\,\mathrm{m} = 98.1\,\mathrm{J}$$

$$\Delta U = m(u_2 - u_1) = mC_v(T_2 - T_1) = 1\,\mathrm{kg} \times 4.18\frac{\mathrm{kJ}}{\mathrm{kg\text{-}K}} \times 10\,\mathrm{K} = 41.8\,\mathrm{kJ}$$

온도 상승에 의한 내부 에너지 변화에 비해 운동 에너지와 위치 에너지의 변화가 상대적으로 훨씬 적다는 것을 알 수 있다. 운동 및 위치 에너지가 예를 들어 ΔU의 10% 정도까지 상당한 정도 값을 갖기 위해서는 속도는 100 m/s, 높이 차는 500 m 수준까지 높여야 한다. 대부분의 공학 응용에서는 이러한 경우는 매우 드물기 때문에 운동 및 위치 에너지 변화가 대개 무시된다.

개념점검

l. 액체와 고체의 v와 u를 결정함에 있어, P와 T 중 어느 것을 아는 것이 더 중요한가?

m. 이상기체의 v와 u를 결정함에 있어 P와 T 중 어느 것을 아는 것이 더 중요한가?

n. 200 kPa의 일정한 압력에서 1 kg의 물질을 1도 높게 가열하였다. 만약 어떤 물질이 물 10°C, 철 25°C, 공기 325 K, 얼음 −10°C라면 각각 얼마만큼의 열이 필요한가?

o. 1227°C의 질소 기체는 25°C에서의 C_v에 값에 비해 상대적으로 7%, 17%, 27% 중 얼마나 높은 값을 갖는가?

p. 스프링이 장착된 피스톤–실린더 문제는 $P = C$ 또는 $V = C$인 경우가 아니다. 이 경우 C_P와 C_v를 사용할 수 있는가?

q. 폴리트로픽 과정은 이상기체에서만 가능한가?

3.12 상태 및 질량의 비균일 분포

이전의 모든 논의와 예제는 단일 질량과 균일 상태를 다루었다. 실제는 항상 이와 같지는 않기 때문에 시스템 내에서 다양한 종류의 질량과 상태가 존재하는 두 경우의 상황을 살펴보자. 질량 m_A는 가열, 냉각, 압축 또는 팽창으로 인해 온도가 변화할 수 있기 때문에 이 질량이 놓여있는 용기의 질량 m_B 역시 온도가 변할 수 있다. 따라서 에너지는 각 용기 속의 질량 내로 또는 밖으로 이동할 수 있고 해당 에너지는 에너지 전달에 고려되어야 한다. 이는 검사 체적이 에너지 저장 효과를 갖는 용기 질량을 포함하도록 선택할 때 가능하다.

$$U_2 - U_1 = m_A(u_2 - u_1)_A + m_B(u_2 - u_1)_B = {}_1Q_2 - {}_1W_2 \tag{3.46}$$

과정이 느리다면 일반적으로 용기가 주어진 시간에 질량과 동일한 온도를 갖는다고 가정할 수 있다. 과정이 매우 빠르다면 용기와 질량의 온도는 서로 다를 수 있기 때문에 (본 교재에서는 다루지 않지만) 구체적인 열

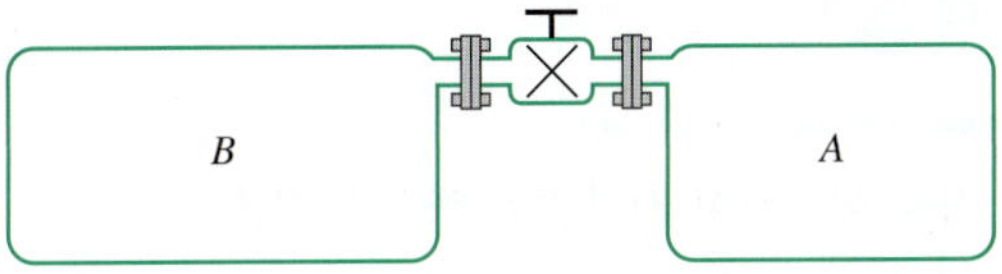

그림 3.27 » 초기 상태가 다른 연결된 두 개의 탱크 시스템.

전달 해석이 필요하다. 물질 A와 B의 상태량은 각 물질의 상태에 따라 다뤄져야 한다. 예를 들어, 단순한 금속 용기의 경우 $u_2 - u_1$은 비열을 이용하여 계산된다.

또 다른 상황은 그림 3.27의 개략도에 보여주는 바와 같이 두 질량이 하나의 균일한 최종 상태에 도달하기 위해 혼합되는 과정에서 발생한다. A와 B를 모두 포함한 검사 질량에 대해 연속 방정식에서 질량 보존을 보여줄 수 있다.

$$\text{질량 보존식:} \quad m_2 = m_1 = m_{1A} + m_{1B} \tag{3.47}$$

$$\text{에너지 방정식:} \quad m_2e_2 - (m_{1A}e_{1A} + m_{1B}e_{1B}) = {}_1Q_2 - {}_1W_2 \tag{3.48}$$

질량 보존 방정식의 일반적인 형태를 **연속 방정식**(*continuity equation*)이라고 부르는데, 유체역학에서 일반적으로 사용되는 이름으로서 다음 장에서 다룰 것이다.

이 시스템은 높이가 변하지 않으며 어떠한 움직임도 종료된 후 상태 2를 본다면, 모든 상태에서 운동 에너지는 없고 위치 에너지의 변화는 없다. 그러므로 에너지 방정식의 좌변은 다음과 같다.

$$\begin{aligned}
&m_2e_2 - (m_{1A}e_{1A} + m_{1B}e_{1B}) \\
&\quad = m_2(u_2 + 0 + gZ_1) - m_{1A}(u_{1A} + 0 + gZ_1) - m_{1B}(u_{1B} + 0 + gZ_1) \\
&\quad = m_2u_2 - (m_{1A}u_{1A} + m_{1B}u_{1B}) + [m_2 - (m_{1A} + m_{1B})]\, gZ_1 \\
&\quad = m_2u_2 - (m_{1A}u_{1A} + m_{1B}u_{1B})
\end{aligned}$$

질량 보존으로부터 위치 에너지 항이 0이 되었으며 에너지 방정식의 좌변은 내부 에너지만 포함한 간단한 형태로 바뀌었음에 유의하라. 에너지 방정식을 전체 질량으로 나누면 다음 식을 얻는다.

$$u_2 - (m_{1A}u_{1A} + m_{1B}u_{1B})/m_2 = ({}_1Q_2 - {}_1W_2)/m_2$$

또는

$$u_2 = \frac{m_{1A}}{m_2}u_{1A} + \frac{m_{1B}}{m_2}u_{1B} + ({}_1Q_2 - {}_1W_2)/m_2 \tag{3.49}$$

단열되어 있고(${}_1Q_2 = 0$) 단단한 탱크($V = C$, 따라서 ${}_1W_2 = 0$)에서는 마지막 항이 소거되고 최종적인 단위 질량당 내부 에너지는 초깃값들의 질량 가중 평균값(mass-weighted average)이 된다. 질량 가중치는 무차원수로, 총질량에 대한 각 부분의 상대적 기여도를 나타내므로 모두 더하면 1이 된다. 질량 가중치는 연속 방정식을 총질량으로 나누면 알 수 있다.

이 과정에서, 체적이 일정하므로, 최종 상태를 결정하는 두 번째 상태량인 비체적은 다음과 같다.

$$v_2 = V_2/m_2 = \frac{m_{1A}}{m_2}v_{1A} + \frac{m_{1B}}{m_2}v_{1B} \tag{3.50}$$

이 또한 초깃값들의 질량 가중 평균값이 된다.

3.13 과도 과정

과정이 초기 상태로부터 최종 상태로 진행될 때 순간 변화율 식을 이용하여 시간별로 해당 과정을 추적할 수 있다. 이전의 예제들에서는 유한한 변화를 살펴보았지만 과정이 얼마나 빠른지에 대해서는 명시하지 않았다. 변화율과 과정 기간을 고찰하기 위한 단순한 예제를 먼저 보여준 후 총 과도 기간을 기술하는 시간의 함수로서 온도를 구하는 좀 더 수학적인 예제를 살펴보겠다.

예제 3.16

그림 3.28과 같이 주철로 만든 25 kg의 난로에 소나무 5 kg과 공기 1 kg이 들어 있다. 모든 질량이 실온인 20°C와 압력 101 kPa의 상태에 있다. 나무가 타면서 나온 1500 W의 열로 모든 질량을 균일하게 가열한다. 공기의 유동, 질량 변화, 열손실 등을 무시하고, 온도의 변화율(dT/dt)을 구하고 온도 75°C에 도달하는 데 소요되는 시간을 예상하라.

그림 3.28 » 예제 3.16의 개략도.

풀이

검사 체적: 주철, 나무, 공기(검사 질량임)

에너지 변화율식: $\dot{E} = \dot{Q} - \dot{W}$

운동 에너지와 위치 에너지의 변화가 없고, 질량 변화가 없으므로

$$U = m_{\text{air}}u_{\text{air}} + m_{\text{wood}}u_{\text{wood}} + m_{\text{iron}}u_{\text{iron}}$$

$$\dot{E} = \dot{U} = m_{\text{air}}\dot{u}_{\text{air}} + m_{\text{wood}}\dot{u}_{\text{wood}} + m_{\text{iron}}\dot{u}_{\text{iron}}$$

$$= (m_{\text{air}}C_{V\,\text{air}} + m_{\text{wood}}C_{\text{wood}} + m_{\text{iron}}C_{\text{iron}})\frac{dT}{dt}$$

일이 없고, 열전달이 $\dot{Q}$일 때, 에너지 변화율식은

$$(m_{\text{air}}C_{V\,\text{air}} + m_{\text{wood}}C_{\text{wood}} + m_{\text{iron}}C_{\text{iron}})\frac{dT}{dt} = \dot{Q} - 0$$

$$\frac{dT}{dt} = \frac{\dot{Q}}{(m_{\text{air}}C_{V\,\text{air}} + m_{\text{wood}}C_{\text{wood}} + m_{\text{iron}}C_{\text{iron}})}$$

$$= \frac{1500}{1\times 0.717 + 5\times 1.38 + 25\times 0.42}\,\frac{W}{\text{kg (kJ/kg)}} = 0.0828\ \text{K/s}$$

온도의 변화율을 일정하다고 가정하면, 경과되는 시간을 구할 수 있다.

$$\Delta T = \int \frac{dT}{dt}dt = \frac{dT}{dt}\Delta t$$

$$\Rightarrow \Delta t = \frac{\Delta T}{\dfrac{dT}{dt}} = \frac{75-20}{0.0828}\,\frac{\text{K}}{\text{K/s}} = 664\ \text{s} = 11\ \text{min}$$

열전달과 비정상(unsteady) 형태의 에너지 방정식은 다음과 같은 경우에 필요하다. 주어진 질량이 얼마나 빠르게 주변의 온도에 도달하는지를 알고자 한다. 온도가 T_0로 균일하고 질량이 m인 물체를 온도 T_∞인 수조에 넣는다고 가정하자. 그리고 이 물체와 물 사이의 열전달은 열전달 면적 A에서 열전달 계수 C_q를 가지고

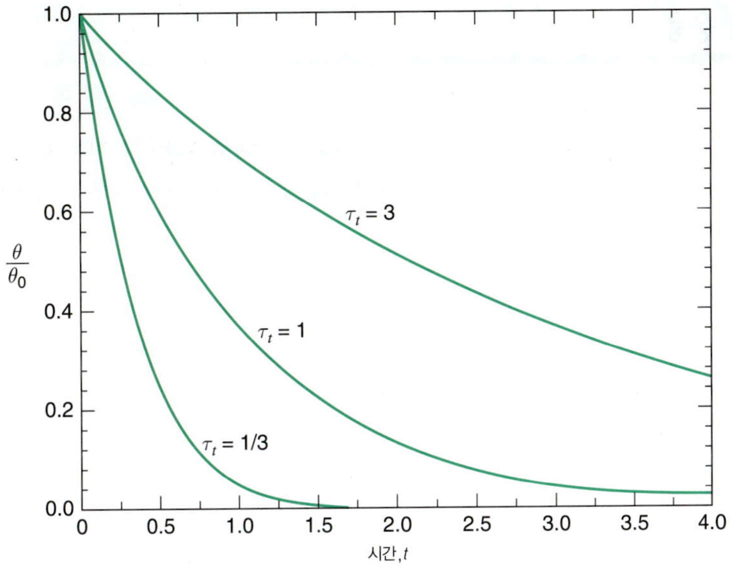

그림 3.29 » 시간에 따른 무차원 온도 θ/θ_0의 지수적 감소.

일어난다.

이 물체에 대한 에너지 방정식은 아래와 같다.

$$\frac{dE_{cv}}{dt} = \frac{dU_{cv}}{dt} = mC_v\frac{dT}{dt} = \dot{Q} = -C_qA(T - T_\infty) \tag{3.51}$$

여기에서 운동 에너지와 위치 에너지는 무시되었고 관련된 일은 없다. 또한 내부 에너지 변화는 비열로 나타낼 수 있다고 가정하였기 때문에, 상변화가 일어나는 과정에는 적용되지 않는다. 위 식은 T에 대한 1차 미분 방정식이고, $\theta = T - T_\infty$로 변환시키면 다음 식을 얻는다.

$$mC_v\frac{d\theta}{dt} = -C_qA\theta \quad \text{또는} \quad \theta^{-1}d\theta = -\frac{C_qA}{mC_v}dt \tag{3.52}$$

이 식을 $T = T_0$ $(\theta = \theta_0)$인 $t = 0$에서부터 적분하면 아래 식을 얻는다.

$$\ln\left(\frac{\theta}{\theta_0}\right) = -\frac{C_qA}{mC_v}t \quad \text{또는} \quad \theta = \theta_0\exp\left(-\frac{t}{\tau}\right) \tag{3.53}$$

위 식에서 **열 시간 상수**(thermal time constant)는 다음과 같다.

$$\tau = \frac{mC_v}{C_qA} = m\,C_vR_t \tag{3.54}$$

해를 온도로 나타내면

$$T - T_\infty = (T_0 - T_\infty)\exp\left(-\frac{t}{\tau}\right) \tag{3.55}$$

이 식은 물체와 주변 사이의 온도차가 시간에 따라 시간 척도 (τ)를 가지고 지수적으로 감소함을 보여준다(그림 3.29). 만약 이 물체가 열전대(thermocouple)의 끝부분이라면, 열 시간 상수가 작을 때(작은 mC_v, 높은 C_qA) 빠른 응답을 얻는다. 하지만 이 물체가 집이라면(주어진 mC_v), 큰 시간 상수를 원하므로 단열을 해서 C_qA를 낮춘다.

3.14 공학 응용

➲ 에너지 자원

에너지는 다양한 자연 자원으로부터 획득된다. 우리가 사용하는 대부분의 에너지는 탄화수소계 연료와 공기를 연소시켜 얻고, 일부는 원자로에서 사용되는 원자력 연료로부터 얻는다. 다양한 자원을 열거하면 다음과 같다.

연료: 석유, 석탄, 천연가스, 바이오매스, 폐기물
원자력: 우라늄, 중원자
위치 및 운동 에너지: 수력(댐, 유동, 파도), 풍력
열 에너지: 지열, 해양
복사 에너지: 태양광

미국에서 소비되는 총 에너지(약 100 EJ = 100 × 10^{18} J) 자원은 그림 3.30에 제시된 바와 같다. 소비 후 재생되지 않는 다른 에너지원과 달리 어떤 자원은 재생 에너지로 분류된다. 재생 에너지의 분포는 지난 10여 년간 상대적으로 일정했지만 이 중 태양광과 풍력의 기여가 여전히 낮은 수준임에도 불구하고 눈에 띄게 증가했다. 약 540~560 EJ인 전 세계 에너지 소비는 지역적 편차가 있지만 높은 석탄의 기여(30%), 낮은 원자력 이용(4.4%) 등을 보이며 미국과 유사한 분포를 나타낸다.

표 3.2는 2016년 미국에서 건물, 산업, 수송 등에 사용되는 에너지 소비를 보여준다. 건물과 산업에서 사용되는 에너지는 (주로 천연가스로부터) 열과 전기인 반면, 수송 에너지는 연료와 일부 전기 기차 및 자동차의 경우 전기로부터 얻어진다. 상기한 에너지 자원의 일부는 화학제품과 재료의 생산으로부터 획득되는 부분도 포함한다. 예를 들어, 탄화수소 원료로 생산되는 플라스틱과 철에(석탄 또는 석유로부터 만들어지는 연료인) 코크(coke)의 탄소를 첨가하여 생산되는 강철 등이 이에 해당한다.

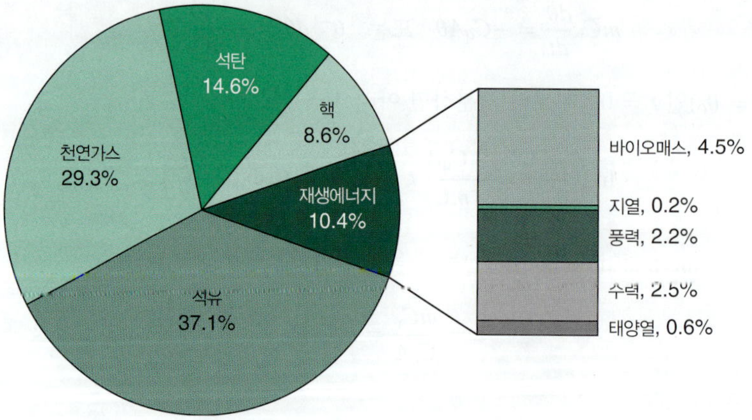

그림 3.30 ▸ 2011년 미국 에너지 소비(103 EJ).

표 3.2 ▸ 2016년 미국 에너지 소비(103 EJ)

건물용		
상업	18.7%	39.6%
주거	20.9%	
산업용		31.8%
수송용		28.6%

표 3.3 ▸ 1인당 에너지 사용과 이산화탄소 배출량, 2015년

지역	GJ/p*	t CO_2/p	지역	GJ/p	t CO_2/p
전 세계	78	4.4	프랑스	155	4.4**
브라질	60	2.2	독일	158	8.9
캐나다	315	15.3	한국	226	11.6
중국	90	6.6	러시아	206	10.2
일본	142	9.0	미국	285	15.5

* /p는 1인당을 의미
** 원자력 에너지로 만든 전력은 40%

에너지 소비를 1인당 소비로 측정한다면 전 세계적으로 지역에 따라 꽤 큰 차이를 보인다. 고도의 산업화 지역인 북미, 유럽, 아시아 일부 국가 등은 다른 지역에 비해 1인당 높은 에너지를 소비한다. 표 3.3은 몇 나라들에 대한 1인당 에너지 소비와 대기로 배출되는 CO_2 양(1 t = 1 tonnes = 1000 kg)을 보여주고 있다.

에너지 변환

고온 기체를 생성하기 위해 연료를 공기와 함께 연소하거나 자원을 직접 전력으로 변환하는 등, 에너지는 에너지원으로부터 좀 더 편리한 형태로 대개 변환된다. 대표적 변환은 다음과 같다.

자원	변환	변환 시스템
원 연료	변형된 연료 또는 화학제	정제 장치
연료	고온 기체 ⇒ 열 또는 전기 + 열	연소기, 발전소
수력, 풍력	기계 에너지 ⇒ 전기	댐 터빈, 풍력 터빈
태양광	고온 액체 또는 고온 기체 전기	집열기 광전판(PV)

일부의 경우 에너지원을 집중함으로써 변환 과정이 가능해지거나 더 효율적으로 된다. 강이나 만을 가로질러 설치되는 댐은 물의 위치 또는 운동 에너지로부터 에너지를 얻기 위해 더 편리하고 효율적인 터빈 배치를 해야 한다. 태양광이 작은 면적에 초점을 맞추도록 거울을 배치하면 더 높은 온도와 에너지율 달성이 가능하여 변환 효율을 증가시킬 수 있다.

전기는 에너지원으로 석탄, 천연가스 또는 원자로를 사용하여 발전소를 가동시키는 공공설비로부터 주로 생산된다. 그림 3.31은 2016년 현재 미국에서의 전력 생산원을 보여주고 있다. 재생에너지원 또한 상당한 비중을 차지하고 있다는 점에 주목할 필요가 있다. 2000~2016년 동안 석탄으로부터 생산되는 부분은 10% 감소했고, 감소분만큼 천연가스(+8%)와 재생에너지원(+3%)에 의한 생산이 증가되었다. 전기가 생산될 때 원 자원의 약 33%만이 전기로 변환되고 나머지는 자연환경으로 손실된다. 이에 대해서는 5장 및 8~10장에서 추가적인 분석과 설명이 있을 것이다. 열 공해 외에도 연료의 연소로 인해 대기로 이산화탄소가 발생한다. 2015년에는 전 세계적으로 CO_2 배출량이 32×10^{12} kg에 이르고 있으며 1인당 배출량은 표 3.3에 제시되어 있다. 열 공해 및 CO_2 방출은 풍력, 수력, 태양광 등과 같은 지속가능하고 친환경적인 에너지원 이용으로의 변화와 탄소 재순환을 통한 대기 중 CO_2 농도를 줄이는 바이오매스 연료를 이용하려는 중요한 이유가 된다. 환경오염 문제는 또한 최적 및 적절한 방식으로의 에너지 이용의 중요성을 시사한다. 예를 들어, 전기는 33%의 변환 효율로 연료로부터 생산되기 때문에 가능하다면 전기 대신 천연가스 버너로 열을 획득하는 것이 바람직하다. 변환 과정에서 발생하는 폐열 또한 공정에 필요한 열로 활용될 수 있다. 열병합(CHP) 발전소가 그 예

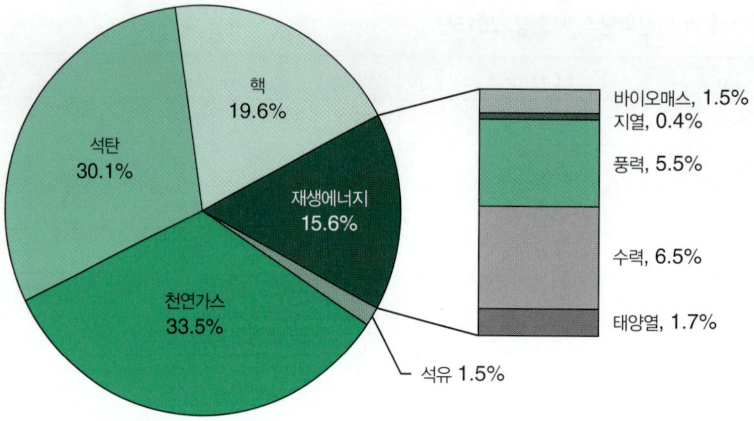

그림 3.31 » 2016년 미국 전기 발전(14.8 EJ).

인데 이에 대해서는 9장에서 다룰 것이다.

이와 같은 에너지 변환 과정의 많은 예들은 다음 장들에서 관련된 기술적 과정과 이론이 소개된 후에 기술될 것이다.

➲ 에너지 저장

에너지는 다양한 물리적 수단을 이용하여 여러 가지 형태로 저장될 수 있다. 그 방법에 따라 저장 효율, 에너지 변환율, 그리고 크기 등에 따라서 다양한 특성을 보인다. 에너지 저장 시스템에는 한 형태에서 다른 형태로의 에너지 변환이 내포되어 있다. 저장은 일반적으로 일시적인데, 저장 기간은 1초의 몇 분의 1에서부터 며칠 혹은 몇 년이 될 수 있으며 그 양도 매우 적은 양에서 대용량까지 가능하다. 에너지 저장은 에너지가 남아서 그 가격이 저렴한 때로부터 에너지 수요가 커서 가격이 상승하였을 때로 에너지를 전달하는 것이다. 크기나 가능한 손실들은 변환 비율에 민감하므로 충전이나 방전 과정에 있어서 최대 에너지 변환율을 고려하는 것은 매우 중요하다. 일부 범위들이 그림 3.32에 제시되었다. 그림에서 에너지 밀도(또는 단위 질량당 에너지)의 단위는 1 Wh/kg = 3.6 kJ/kg이고 동력 밀도(또는 단위 질량당 동력)의 단위는 W/kg이다. 그림은 또한 동일한 장치에서 높은 동력을 얻으며 동시에 높은 에너지 저장률을 얻기는 어렵다는 것과 가솔린보다 에너지를 더 효율적으로 저장하기는 어렵다는 것을 보여준다.

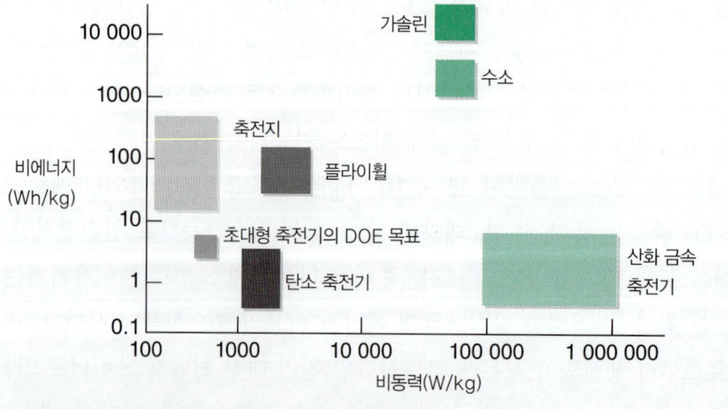

그림 3.32 » 비에너지 대 비동력.

➲ 기계적 시스템

플라이휠은 각운동 에너지($^1/_2 I\omega^2$)와 각운동량을 저장한다. 단일 혹은 몇 개의 실린더 엔진은 발생하는 속도 요동을 감쇠시키는 플라이휠이 없으며 회전 속도가 고르지 않게 된다. 이때 에너지 저장 시간은 매우 짧다. 현대의 플라이휠은 풍력 터빈과 같은 간헐적인 동력 공급에서 변동을 약화시키는 데 또는 고압 송전망에서 완충기로 사용된다. 이런 플라이휠은 비접촉식 자성 베어링을 사용한다. 5~10분 동안 2~5 MW의 동력을 공급할 수 있다.

그림 3.33은 초과 동력에 대한 옵션을 보여준다. 초과 동력 가용 시 높은 저수지까지 물을 끌어올리며 위치 에너지(mgZ)를 저장할 수 있다. 공기가 암염갱과 같은 커다란 공동(cavity)으로 압축된 후 나중에 동력 발생을 위한 가스터빈에 사용될 수 있다. 하이브리드 자동차 시스템은 축을 구동하기 위해 유압 펌프-모터를 커플링할 수 있다. 브레이크 작동이 필요할 때 드라이브 샤프트는 유압 액체를 가압하여 완충 가스로 질소가 들어 있는 고압 탱크에 밀어 넣는다. 그리고 가속이 필요하면 고압 용액은 다시 유압 모터로 보내지고 이 과정에서 드라이브 샤프트에 동력이 더해진다. 이러한 장치는 버스처럼 주정차가 많은 자동차의 시내의 주행에 매우 큰 득이 있지만 고속도로에서 장거리를 일정한 속도로 주행하는 트럭의 경우에는 실제적인 득이 없다.

➲ 열적 시스템

태양 에너지를 이용하여 물을 데울 수 있다. 태양 에너지를 사용할 수 없을 경우 열을 제공하기 위해 다른 열원을 사용할 수 있다. 마찬가지로 다음 날 공기 조화를 위해서 밤에 물을 냉각할 수 있다. 냉장팩을 냉동고에 넣어 두었다가 다음 날 점심용 아이스 박스 냉장에 사용할 수도 있다. 냉장팩의 내용물은 비열이 큰 젤이거나 상변화를 하는 물질이다. 응집형 태양광 구동 발전소는 타워 상단에 태양광의 초점을 맞출 수 있도록 태양을 추적하는 많은 가변 거울로 구성된다. 빛은 용융염을 가열해서 저장 탱크와 발전소로 흘러 들어가도록 한다. 태양광이 없을 때는 저장 탱크가 에너지 완충물을 제공하여 발전소가 가동을 유지하도록 한다. 초기 태양광 기술은 물이나 다른 물질을 사용했으나 현재는 고 열용량을 갖는 소금이 경제적인 완충 시스템을 제공한다.

(Courtesy Consumers Energy, Michigan)

그림 3.33 ▸ 미국 미시간(Michigan) 주 Ludington 소재 세계 최대 인공 저수장치는 초과 동력 가용 시 미시간호 100 m 위로 물을 끌어올릴 수 있다. 가역 펌프-터빈을 사용하여 필요 시 1800 MW 전력 공급이 가능하다.

전기적 시스템

어떤 배터리는 단 한 번 방전하고 나면 사용하지 못하고, 또 어떤 것은 여러 번 충전하여 사용 가능한 것이 있다. 화학 반응으로 전해질로 분리되어 있는 두 개 전극의 한 곳에 있는 전자들이 자유롭게 된다. 아연 탄소 배터리(일반적인 AA 전지)나 납 산성 배터리(일반적인 자동차 배터리)같이 전해질과 전극의 형태가 배터리의 이름을 결정한다. 니켈 수소산화물이나 리튬 아연 배터리 같은 새로운 형태의 배터리는 좀 더 비싸지만 많은 에너지를 저장할 수 있고 더 큰 순간 동력을 제공할 수 있다.

화학적 시스템

다양한 화학 반응들을 조작하여 어떤 때는 에너지를 저장하고 어떤 때는 방출하도록 할 수 있다. 조그만 히트팩을 깨뜨림으로써 화학제를 섞어서 반응을 일으켜 열에너지를 내도록 할 수도 있고, 또는 글로우 막대(glow stick) 내 화학제 반응을 통해 빛을 낼 수도 있다. 대형 에너지 저장 시스템은 에너지를 흡수하고 방출하는 복잡한 일련의 화학반응을 이용하기도 하며 공정은 한 사이클에서 반복될 수도 있다.

에너지 전달

앞서 논의한 바와 같이 에너지 전달 항은 에너지 방정식의 우변에 나오는 열전달 항과 일의 항이다. 전기를 이용하는 장치에서 전형적인 에너지 생성 또는 소비 율이 표 3.4에 주어져 있는데 작은 값부터 매우 큰 값까지 넓은 범위를 갖는다. 표 3.5는 열을 이용하는 장치의 에너지 생성 또는 소비 율을 보여주는데 전기를 이용하는 장치와 유사한 범위를 보여준다. 피스톤-실린더 장치에서는 일이 왕복 운동하는 피스톤에 의해 전달된다.

표 3.4 ▸▸ 전기 장치에서 전형적인 에너지 발생/소비 율

장치	에너지 율	장치	에너지 율
베이스보드 가열기	1~3 kW	수력댐(Hoover)	1300 MW
쿡탑 전열기	1~3.3 kW	백열등	60 W
전기차	75 kW	LED등	13 W
전동드릴	500 W	전자레인지	1000 W
가스터빈(소형)	3~5 MW	발전소 블록(block)	500 MW
헤어드라이어	750~1000 W	태양 광전(PV), 청명한 날	100 W/m^2
하이브리드차 전기모터	50 kW	물펌프 모터	0.5~3 kW
수력댐(소형*)	0.1~30 MW	풍력터빈	2.5 MW

* 100 kW 이하일 경우 마이크로 수력발전소, 30 MW 이상일 경우 대형

표 3.5 ▸▸ 열 장치에서 전형적인 에너지 발생/소비 율

장치	열 $\dot{Q}$	장치	열 $\dot{Q}$
알루미늄 용융로	2 MW	산업용 가스버너(소형)	15 kW
산업용 보일러	4 MW	산업용 노(소형)	750 kW
촛불	30 W	발전소 블록(투입)	900 MW
자동차(100 km/h, 62 mi/h)	> 50 kW	태양열, 청명한 날	500 W/m^2
주택용 노	25 kW	물 난방장치, 가정용	5 kW

*열은 연소에 의한 열변환도 포함

© Baloncici/iStockphoto) © (*a*) 오토바이 엔진 실린더

© C. Borgnakke) © (*b*) 베이스보드 히터 내부

(Martin Leigh/Getty Images, Inc.) © (*c*) 공랭식 중장비 오일 냉각기

그림 3.34 ▸ 핀 열교환기의 예.

운동을 일으키는 물질이 기체라면 공기식 시스템이고 액체라면 유압 시스템이다. 운동이 빠르거나 체적 변화가 크고 보통의 압력이라면 기체 또는 증기가 주로 사용된다. 고압(또는 큰 힘) 변위에 대해서는 유압 시스템이 사용된다. 유압 시스템을 이용하는 예로는 불도저, 지게차, 프론트 로더(front loader) 등이 있다(예제 1.7 참조). 가솔린 엔진과 디젤 엔진과 같이 피스톤–실린더 내 물질에서 연소과정이 진행되는 경우도 있는데 이들에 대해서는 9장에서 구체적으로 논의될 것이다. 많은 동력 전달 장치는 자동차의 트랜스미션, 드라이브 샤프트나 자전거, 오토바이의 체인과 기어같이 회전하는 축을 가지고 있다(그림 3.35). 동력을 먼 거리까지 전달하기 위해서 가장 편리하고 효과적인 형태는 전기이다.

건물의 내부와 외부 온도의 차이로 인해 서로 다른 온도 영역에서 열교환이 발생한다. 열전달 저감 시스템의 예로는 창을 통한 열전달을 감소하기 위해 창틀 사이에 기체를 가두는 이중 창틀과 벽 사이 단열을 위한 유리솜 매트 등이 있다. 이 예들은 그림 3.34와 그림 3.35에 있다.

핀(fin) 열교환기의 마지막 사례는 컴퓨터 중앙처리장치(CPU)의 냉각 용량을 향상시키기 위해 사용되

(© C. Borgnakke.)

그림 3.35 ▸ CPU 냉각에 사용되는 서모사이폰, 뒤에 송풍기를 가지고 있음.

는 **히트 파이프**(heat pipe) 혹은 **서모사이폰**(thermosyphon)이다(그림 3.35). 구리관을 가진 알루미늄 블록이 CPU 위에 붙어 있다. 구리관 안에는 약 60°C에서 비등하는 액체가 들어 있다. 증기는 구리관이 핀에 연결되어 있는 상부로 올라가고, 송풍기(fan)가 핀 사이로 공기를 불어 주어 증기를 냉각하고 응축시킨다. 액체는 중력으로 떨어지거나 윅(wick)에 의해서 CPU 위쪽 공간으로 돌아온다. 히트 파이프는 높은 열전달 계수를 가지는 비등 열전달을 일으켜 CPU의 작은 면적에서도 작동한다. 증기에서 공기로의 열전달은 멀리 떨어진 곳에서 일어나는데, 넓은 면적을 수용할 수 있는 큰 공간에서 일어난다. 유사한 히트 파이프가 태양열 집열기와 알래스카 송유관의 지지대에도 사용되고 있는데, 송유관이 따뜻한 동안에도 영구 동토층 토양이 얼어 있도록 유지한다.

개념점검

r. 한국 내 수송 분야에서 효율이 5% 증가한다면 전체 에너지 소비는 얼마나 감소하는가?

s. 건물이 대부분의 에너지를 소비한다면 더 단열을 하지 않는 이유는?

t. 풍력 및 태양 에너지원의 사용이 증가하는 반면 많은 원자로는 폐로 조치되고 있다. 이유는?

u. 태양을 이용하여 물을 가열하려면 태양광(PV)과 태양열 중 어느 것이 나은 방법이며, 이유는?

v. 최근 석탄 이용이 감소하고 있는데 이유는?

주요 개념과 공식

총에너지: $E = U + \text{KE} + \text{KE} = mu + \frac{1}{2}m\mathbf{V}^2 + mgZ$ (3.1)

운동 에너지: $\text{KE} = \frac{1}{2}m\mathbf{V}^2$ (3.15)

위치 에너지: $\text{PE} = mgZ$ (3.14)

비에너지: $e = u + \frac{1}{2}\mathbf{V}^2 + gZ$ (3.1)

엔탈피: $h \equiv u + Pv$ (3.29)

2상 질량 평균: $u = u_f + xu_{fg} = (1-x)\,u_f + xu_g$

$h = h_f + xh_{fg} = (1-x)\,h_f + xh_g$

비열: $C_v = \left(\frac{\partial u}{\partial T}\right)_v;\ C_p = \left(\frac{\partial h}{\partial T}\right)_p$ (3.30)

열용량: 주어진 질량을 1도 가열하는데 필요한 에너지, $Q/\Delta T$

'V = 일정'한 과정의 경우 mC_v (3.36)

'P = 일정'한 과정의 경우 mC_p (3.40)

고체와 액체: 비압축성, 즉 '$v \cong v_f$ = 일정'이며 매우 작은 값

$C = C_v = C_p$ (표 A.3, A.4)

$u_2 - u_1 = C\,(T_2 - T_1)$;

$h_2 - h_1 = u_2 - u_1 + v\,(P_2 - P_1)$; (보통 둘째 항은 매우 작다)

$h = h_f + v_f\,(P - P_{sat})$; $u \cong u_f$ (같은 T의 포화 상태)

이상기체: $h = u + Pv = u + RT$; (T만의 함수)

질량 기준 식: $C_v = \frac{du}{dT}$; $C_p = \frac{dh}{dT} = C_v + R$ (3.42)

$$u_2 - u_1 \int C_v dT \cong C_v\left(T_2 - T_1\right) \quad (3.35)$$

$$h_2 - h_1 = \int C_p dT \cong C_p\left(T_2 - T_1\right) \quad (3.44)$$

좌변은 표 A.7과 A.8, 가운데 적분은 표 A.6, 우변은 T_{avg} 에서의 표 A.6 또는 25°C에서의 표 A.5를 이용

변화율 형태의 에너지 방정식: $\dot{E} = \dot{Q} - \dot{W}$ (율 = + 유입 − 유출) (3.3)

적분한 에너지 방정식: $E_2 - E_1 = {}_1Q_2 - {}_1W_2$ (변화 = + 유입 − 유출) (3.5)

$$m\left(e_2 - e_1\right) = m\left(u_2 - u_1\right) + \frac{1}{2}m\left(\mathbf{V}_2^2 - \mathbf{V}_1^2\right) + mg\left(Z_2 - Z_1\right)$$

여러 질량, 여러 상태: $E = m_A e_A + m_B e_B + m_C e_C + \ldots$ (3.47~3.48)

일:

에너지 전달: 기계적, 전기적, 화학적:

변위 일: $W = \int_1^2 F\,dx = \int_1^2 P\,dV = \int_1^2 S\,dA = \int_1^2 T\,d\theta$ (3.13), (3.56)

비(단위 질량당) 일: w = W/m (단위 질량당 일)

동력, 일률: $\dot{W} = F\mathbf{V} = P\dot{V} = T\omega$ ($\dot{V}$ 변위율) (3.16)

[속도 $\mathbf{V} = r\omega$, 토크 $T = Fr$, 각속도 = ω]

ω = 초당 라디안 = 2π (rev/s) = 2π (rpm/60);

rpm = 분당 회전수

폴리트로픽 과정: PV^n = 일정 또는 Pv^n = 일정 (3.20)

폴리트로픽 과정 일: ${}_1W_2 = \frac{1}{1-n}(P_2V_2 - P_1V_1)$ ($n \neq 1$일 경우) (3.21)

${}_1W_2 = P_1V_1 ln\frac{V_2}{V_1}$ if $n = 1$ (3.22)

열:

ΔT에 의한 에너지 전달

전도 열전달: $\dot{Q} = -kA\frac{dT}{dx} \approx kA\frac{\Delta T}{L}$ (3.23)

열전도율: k[W/m K]

대류 열전달: $\dot{Q} = h_{\text{conv}}A\Delta T$ (3.24)

대류 계수: h_{conv} [W/m^{2}K]

복사 열전달(주변으로): $\dot{Q} = \epsilon\sigma A(T_S^4 - T_{\text{amb}}^4)$; (3.25)

$= h_{\text{rad}}A(T_S - T_{\text{amb}}) = h_{\text{rad}}A\Delta T$

$h_{\text{rad}} = \epsilon\sigma\left(T_s^2 + T_{\text{amb}}^2\right)\left(T_s + T_{\text{amb}}\right)\left(T_s - T_{\text{amb}}\right)$

Stefan Boltzman's 상수: $\sigma = 5.67 \times 10^{-8}$ W/m^{2}K^4

열 저항: $\dot{Q} = C_q A\Delta T = \Delta T/R_t$ (3.26)

$R_t = 1/C_q A$

C_q = k/L 또는 h_{conv} 또는 h_{rad} (3가지 열전달 방식)

열 시간 상수: $\tau = \frac{mC_v}{C_q A} = mC_v R_t$ (3.54)

전달률 적분: ${}_1Q_2 = \int \dot{Q}\, dt \approx \dot{Q}_{avg}\Delta t$

개념학습용 문제

3.1 1 cal는 SI 단위로 무엇이며, 1 N-m에 주어진 이름은 무엇인가?

3.2 자동차 엔진이 200 hp로 측정되었다. SI 단위로 환산한 일률은 얼마인가?

3.3 ${}_1Q_2$와 ${}_1W_2$로 표기하면서, 왜 ΔE 또는 $E_2 - E_1$로 표기하는가?

3.4 검사 질량의 에너지가 감소하는 $E_2 - E_1 < 0$인 과정에 대하여 ${}_1Q_2$와 ${}_1W_2$의 부호의 경우를 말해보라.

3.5 그림 P3.6*a*와 같은 장치를 가정하자. 우리는 이제 실린더를 가열한다. *P*, *T*, 그리고 *v*에 대하여 어떤 일들이 일어나겠는가(상승, 하강, 혹은 고정)? *Q*와 *W*의 변화는 어떠한가(들어오거나 나가거나 혹은 변화가 없거나)?

3.6 그림 P3.6에 3개의 물리적 상황이 나타나 있다. 각각 일정한 양의 열이 가해진다면 각 상황을 *P*-*v* 선도로 도시하라. 또한 각각의 경우 과정에 대한 방정식과 일에 대한 표현식을 구하라.

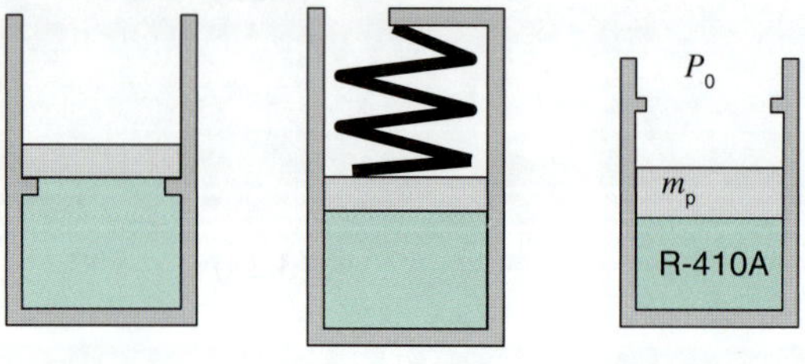

그림 P3.6

3.7 견고한 단열 용기에 수소와 산소 가스가 혼합되어 있다. 혼합 가스가 폭발반응을 일으킬 경우 이 과정에서 ΔU는 양수, 음수, 0 중 어느 값일까? 설명하라.

3.8 그림 P3.6*b*의 물리적 상황을 가정할 때 일에 대한 표현식은 다음 중 어느 것인가?

a. ${}_1w_2 = P_1(v_2 - v_1)$
b. ${}_1w_2 = v_1(P_2 - P_1)$
c. ${}_1w_2 = \frac{1}{2}(P_1 + P_2)(v_2 - v_1)$
d. ${}_1w_2 = \frac{1}{2}(P_1 - P_2)(v_2 + v_1)$

3.9 그림 P3.9에 나타난 물리적 상황에 대하여 *P*-*v* 선도를 도시하라.

그림 P3.9

3.10 동일한 피스톤-실린더 장치에 대해 그림 P3.9*c*의 경우와 비교하여 그림 P3.6*c*에서 R-410A는 초기 상태가 어떻게 다른가?

3.11 상 변화 과정 중 압력이 일정한 시스템 내에서 비열의 값은? 설명하라.

3.12 1 atm에서 진행되는 다음의 과정 중 내부 에너지 변화가 열전달보다 적은 경우는? (i) 얼음이 녹아 액체 상태의 물로 변하는 과정, (ii) 액체 상태의 물이 기체 상태로 기화하는 과정. 설명하라.

3.13 물이 가열되어 과열 증기가 되었다. 에너지 방정식에서 *u*나 *h*가 사용되어야 하는가? 설명하라. 열전달량을 구하기위해서 비열을 사용할 수 있겠는가? 설명하라.

3.14 막대형 전기히터를 사용하여 물 한 양동이를 상온에서 높은 온도로 가열하였다. 다음 각각의 경우 방향을 포함해 일과 열 전달을 설명하라. (a) 물만 시스템으로 고려한 경우, (b) 물과 전기히터 모두 시스템으로 고려한 경우

3.15 R-410A의 온도가 −50°C일 때의 u_f를 확인하라. 에너지가 음의 값을 가질 수 있는지 설명하라.

3.16 피스톤-실린더 내부에서 등온 과정으로 이상기체를 2 kJ 가열하였다. 얼마의 일이 포함되었는가?

3.17 철판의 열전도율은 k = 15 W/*mK*이고 벽돌은 k = 1 W/*mK*이다. 벽돌 10 cm와 동일한 단열을 하기 위해서

철판은 얼마나 두꺼워야 하는가?

3.18 일정한 압력에서 가스를 가열하여 10 K 올리려고 한다. 표 A.5에 있는 가스 중 어느 것이 가장 많은 에너지를 필요로 하는가? 설명하라.

3.19 20°C 물과 50°C 물을 개방된 용기에서 섞는다. 물의 최종 온도를 알기 위해 무엇을 알아야 하는가?

과제용 문제

운동 및 위치 에너지

3.20 피스톤 운동이 인쇄기(stamping machine) 내 25 kg의 망치 대가리를 정지 상태에서 50 m/s로 수직 아래 방향으로 1 m 움직이게 한다. 망치 대가리의 총에너지 변화는?

3.21 자동차의 구름 저항(rolling resistance)과 무게에는 $F = 0.006\ m_{car}\ g$의 관계가 있다. 90 km/h로 주행 중인 900 kg 자동차의 기어를 중립으로 둘 때 굴러가는 거리는 얼마인가? 공기의 저항을 무시하라.

3.22 1200 kg의 자동차가 5초 동안 30~50 km/h로 가속된다. 일은 얼마인가? 만일 5초 동안 50 km/h에서 70 km/h로 가속된다면, 일이 같은가?

3.23 자동차 정비소의 유압 기중기가 1750 kg의 자동차를 1.8 m 올린다. 유압 펌프는 피스톤에 800 kPa의 일정한 압력을 가한다. 자동차가 얻은 위치 에너지의 증가와 이 일을 전달하기 위하여 펌프가 이동한 체적 변화를 구하라.

3.24 질량이 10 kg인 강철 공이 10 m/s의 속도로 수평으로 굴러간다. 표준 중력이라고 가정할 때, 만약 경사로를 굴러 올라간다면 정지할 때까지 얼마나 높이 올라가겠는가?

힘의 이동에 의한 일

3.25 2 kg의 질량을 갖는 피스톤이 표준 중력장에서 0.5 m 하강했다. 필요한 힘과 이 과정에서의 일을 구하라.

3.26 피스톤 단면적 10 cm^2를 갖는 유압 실린더가 유압 2MPa을 유지한다. 피스톤이 0.25 m 이동한다면 이때 한 일은?

3.27 불도저가 1500 N의 힘으로 800 kg의 쓰레기를 200 m 밀었다. 그리고 그 쓰레기를 3 m 들어 올려 덤프 트럭에 부었다. 각 작업에서 한 일은 얼마인가?

3.28 두 개의 유압 실린더 압력이 1200 kPa로 유지된다. 단면적이 각각 0.01 m^2, 0.03 m^2이다. 피스톤에 1 kJ의 일을 전달하기 위해 필요한 각 실린더의 이동 체적 V과 피스톤 변위 H는 얼마인가? P_{atm}은 무시하라.

3.29 스프링 상수 k_s = 500 N/m인 선형 스프링 $F = k_s(x - x_0)$을 100 mm만큼 인장시킨다. 필요한 힘과 일을 구하라.

경계 일

3.30 피스톤-실린더 장치에 600 kPa, 290 K, 0.01 m^3의 공기가 채워져 있다. 등압 과정에서 54 kJ의 일을 한 경우 공기의 최종 체적과 온도를 구하라.

3.31 그림 P3.31과 같이 1000 kPa, 60°C, 5 kg의 R-410A가 들어 있다. 체적이 초기 체적의 절반이 되도록 냉각한다. 400 kPa의 압력이면 피스톤이 들어 올려진다. 이 과정의 일을 구하라.

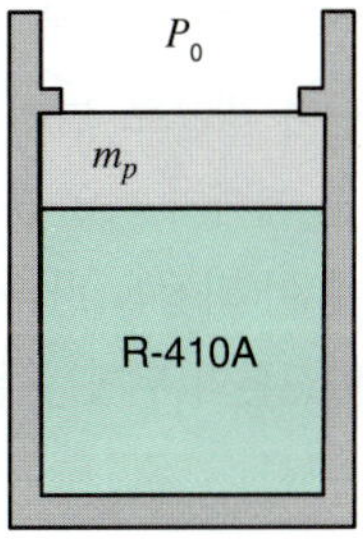

그림 P3.31

3.32 체적이 400 L인 탱크 A(그림 P3.32)에 250 kPa, 30°C의 아르곤 기체가 들어 있다. 마찰이 없는 피스톤이 달린 실린더 B는 초기에 비어 있고, 내부 압력이 150 kPa일 때 피스톤은 움직인다. 밸브를 열어 아르곤 기체가 B로 흘러가서 최종적으로 150 kPa, 30°C의 균일한 상태가 되었다. 아르곤이 한 일은 얼마인가? 이 과정을 P-v 선도로 도시하라.

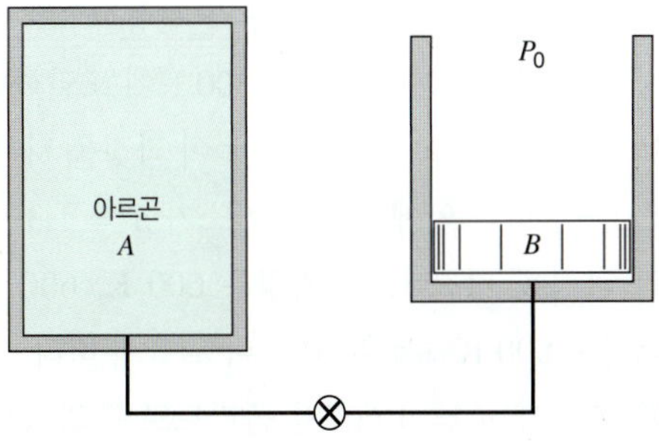

그림 P3.32

3.33 그림 P3.33과 같이 피스톤–실린더 장치에 20°C, 300 kPa의 물 1 kg이 들어 있다. 피스톤에 선형 스프링이 장착되어 있고, 물을 가열하여 3 MPa, 0.1 m^3이 되었다.

a. 최종 온도를 구하라.

b. P-v와 T-v 선도에 이 과정을 나타내라.

c. 이 과정의 일을 구하라.

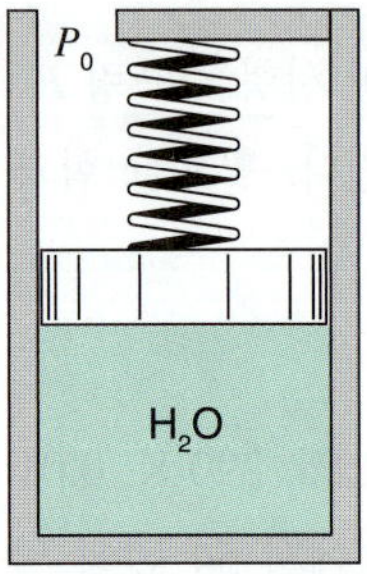

그림 P3.33

3.34 부엌에 있는 −10°C의 1.5 kg 얼음 덩어리에 열이 전달되어 10°C의 물이 되었다. 이때 물이 한 일은?

3.35 그림 P3.35와 같이 높이 10 m, 단면적 0.1 m^2의 실린더에 50 kg의 단열된 얇은 피스톤이 끼워져 있고, 피스톤 위에는 25°C의 물이 들어 있으며 아래에는 체적 0.3 m^3, 25°C의 2 kg 공기가 들어 있다. 공기를 가열하면 피스톤이 상승하여 물이 실린더 밖으로 넘쳐 흐른다. 피스톤 위의 물이 전부 없어질 때까지 가열했을 때 필요한 일을 구하고, P-V 선도에 이 과정을 나타내라. 대기압은 1 atm으로 가정하고 피스톤의 두께는 무시하라.

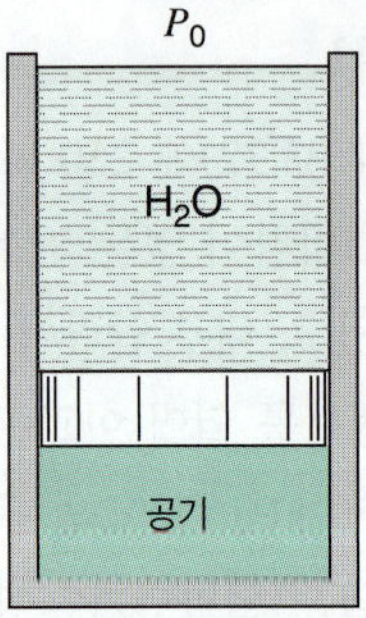

그림 P3.35

3.36 피스톤–실린더 안에 500 kPa, 500 K인 0.5 kg의 공기가 있다. 체적의 증가에 대해 P가 선형적으로 감소하는 과정을 거쳐 공기는 100 kPa, 300 K에 도달한다. 이 과정에서 일을 구하고, P-v 선도에 이 과정을 나타내라.

3.37 피스톤–실린더 안에서 질소 가스가 n = 1.3인 폴리트로픽 과정을 거친다. 이 과정은 600 K, 600 kPa에서 시작하여 800 K에서 끝난다. 비 일을 구하라.

3.38 헬륨 기체가 n = 1.667인 폴리트로픽 과정으로 125 kPa, 350 K, 0.25 m^3에서 100 kPa까지 팽창한다. 이 과정의 일을 구하라.

3.39 풍선 내 압력과 체적은 $P = C_2V^{1/3}$(C_2 = 100 kPa/m)의 관계를 갖는다. 풍선에 공기를 불어넣어 체적이 1 m^3에서 4 m^3가 되도록 하였다. 25°C로 가정하고 공기의 최종 질량과 공기가 한 일을 구하라.

열전달

3.40 k = 1.28 W/m K인 두께 15 cm의 콘크리트 벽에서의 단위 면적당 열전달률을 구하라. 여기서 양면 사이의 온도차는 20°C이다.

3.41 자동차가 감속하면서 자동차의 브레이크 슈와 강철 드럼은 75 W를 계속 흡수한다. 외부 총면적은 0.1 m^2, 20°C 공기로의 대류 열전달 계수는 10 W/m^2 K로 가정한다. 정상 상태가 되었을 때, 브레이크와 강철 드럼의 표면 온도는 얼마이겠는가?

3.42 태양이 150 m^2의 노면을 비추고 있어 온도가 45°C이다. 평균 0.06 W/m K의 열전도율을 갖는 5 cm 두께의 아스팔트 아래에는 15°C의 돌부스러기로 채워져 있다. 돌부스러기로의 열전달률을 구하라.

3.43 발전소에 있는 대형 응축기는 열교환기를 통해 관에서 흐르는 수증기로부터 펌프로 퍼내는 해수로 총 100 MW를 전달해야 한다. 수증기와 해수를 분리하는 벽은 4 mm 두께의 15 W/m K의 열전도도를 갖는 강철이고, 설계 시 두 유체 사이 최대 5°C 온도차가 허용된다고 가정한다. 유동의 대류 열전달은 무시하고 유체 간 열전달을 위한 최소 면적을 계산하라.

3.44 냉장고 후면의 흑색 그릴은 총표면적이 1 m^2이고 표면 온도는 35°C이다. 20°C인 실내 공기로의 평균 대류 열전달 계수는 15 W/m^2 K이다. 15분 동안 얼마만큼의 에너지가 제거되는가?

3.45 열전도율이 50 W/m K이고 바닥 두께가 5 mm인 철제 주전자에 15°C의 물이 들어 있다. 주전자의 직경은 20 cm이고 열전달로 250 W를 공급하는 전기 스토브 위에 두었다. 내부 표면 온도를 15°C로 가정하고, 주전자 바닥의 외부 표면 온도를 구하라.

3.46 주택의 벽면이 30°C이고 방사율 ε = 0.7이다. 주변 대기는 15°C이고 평균 방사율은 0.9이다. 각 표면의 단위 면적당 복사 에너지 방출률을 구하라.

3.47 난방용 복사 램프는 길이 0.5 m, 지름 0.5 cm인 봉이고, 이를 통해 400 W의 전기 에너지를 투입한다. 표면

의 방사율을 0.9로 가정하고 들어오는 복사를 무시할 때 이 봉의 표면 온도는 얼마인가?

3.48 냉장고 문의 불완전한 접촉으로 냉장고 내부 소형 전구(25 W)가 항상 켜져 있고 불완전한 단열로 외부로부터 50 W의 에너지가 냉장 공간에 유입된다. 냉장고는 에너지 누출을 막기위해 면적 1 m^2, 평균 열전달 계수 15 W/m^2 K를 갖는 열교환기 내에서 20°C인 주위로부터 얼마의 온도차를 유지해야 하는가?

열역학 표의 상태량(*u*, *h*)

3.49 다음 물질의 상을 결정하고, 다음의 상태량을 구하라.

a. 질소: 2000 kPa, 120 K, u = ?, h = ?

b. 질소: 120 K, 0.0050 m^3/kg, P = ?, u = ?

c. CO_2: 20°C, 6000 kPa, u = ?, h = ?

d. R-410A: 25°C, v = 0.01 m^3/kg, P = ?, h = ?

*P-v*와 *T-v* 선도에서 이 상태의 위치를 표시하라.

3.50 물의 상을 결정하고 P, T, v, u, x 중에서 누락된 상태량을 구하라.

a. 400 kPa, 100°C

b. 5000 kPa, h = 1800 kJ/kg

c. 5000 kPa, u = 2950 kJ/kg

d. −6°C, v = 1 m^3/kg

3.51 문제 3.50의 *P-v*와 *T-v* 선도에서 4가지 상태의 위치를 표시하라.

3.52 아래에 대하여 P, T, v, u, h, x의 누락된 상태량을 구하고 *P-v*와 *T-v* 선도에 표시하라.

a. 5000 kPa, u = 250.21 kJ/kg의 물

b. 20°C, u = 300 kJ/kg의 R-134a

c. 250 K, 200 kPa의 질소

3.53 암모니아의 상을 결정하고, P, v, u, x의 누락된 상태량을 구하라.

a. T = 70°C, P = 600 kPa

b. T = 20°C, P = 150 kPa

c. T = 50°C, v = 0.11846 m^3/kg

*P-v*와 *T-v* 선도에서 이 상태의 위치를 표시하라.

3.54 다음의 상태에 대해 P, T, v, u, h, x의 누락된 상태량을 구하고 *P-v*와 *T-v* 선도에 표시하라.

a. 500 kPa, h = 300 kJ/kg의 R-410A

b. 10°C, u = 200 kJ/kg의 R-410A

c. 40°C, h = 410 kJ/kg의 R-134a

3.55 20°C의 포화 액체 물이 등온 과정을 통해 높은 압력으로 압축되었다. 최종 압력이 500 kPa이라면 초기 상태로부터 u와 h의 변화를 구하라. 최종 압력이 2000 kPa일 경우에 대해서도 구하라.

문제 해석

3.56 철제 병 내부에 −20°C, 건도 20%, 체적 0.05 m^3의 이산화탄소가 들어 있다. 주전자에는 6 MPa에서 작동하는 안전 밸브가 있다. 우연히 안전 밸브가 작동할 때까지 주전자가 가열되었다. 밸브가 처음 작동할 때 온도와 열전달을 구하고 *P-v* 선도에서 이 상태의 위치를 표시하라.

3.57 피스톤−실린더 장치에 건도 75%, 200 kPa인 물이 담겨있다. 등압 과정으로 열전달이 진행되어 서서히 팽창하고, 체적이 2배가 될 때 과정이 멈춘다. 최종 상태와 열전달은?

3.58 상단에 멈추개가 있는 피스톤-실린더 시스템을 생각해 보자. 최종 상태는 주어졌으나 피스톤이 멈추개에 도달했는지는 모르고 다만 $V_{stop} = 2V_1$이라는 것만 안다. 이 과정에 대해 가능한 *P-v* 선도를 그리고, 선도 상에 상태 2를 특정하기 위해 필요한 상태량의 수를 결정하라. 과정 곡선에 비틀림이 있다. 그 상태에 대한 좌표는? 일의 항에 대한 표현을 적어라.

3.59 탱크 *A*에 건도 10%, 250 kPa, 0.5 kg의 물이 들어있다. 탱크는 밸브를 통해 초기에 0.5 kg, 400°C의 물을 담고 있고 200 kPa 등압을 유지하는 피스톤−실린더 장치에 연결되어 있다. 밸브가 열려 물이 150°C에 도달하도록 충분한 열전달이 진행된다. 최종 P과 V, 과정동안 일과 열전달을 구하라. *P-v* 선도에 과정을 나타내라.

단순 과정

3.60 견고한 탱크에 들어 있는 0°C 포화 증기 R-410A가 −20°C로 냉각되었다. 단위 질량당 열전달량을 구하고, *P-v* 선도에 과정을 나타내라.

3.61 등압 피스톤−실린더 장치가 0.2 kg, 400 kPa의 포화 증기 물을 담고 있다. 냉각되어 물이 초기 체적의 반이 된다면 이 과정 동안의 일과 열전달을 구하라.

3.62 용기가 박막에 의해 동일한 두 개의 체적으로 분리되어 있다. 한쪽은 진공 상태이고 다른 한쪽은 0.5 kg의 600 kPa, 60°C인 R-410A로 채워져 있다. 이제 박막이 파열되고 시스템이 열전달을 통해 40°C로 평형 상태가 되었다. 과정 중 열전달과 최종 압력을 구하라.

3.63 350 kPa에서, 100°C의 포화 증기 R-134a 2 kg이 채워진 마찰이 없는 피스톤에 실린더가 고정되어 있다. 일정한 압력에서 R-134a의 건도가 25%가 될 때가지 실린더가 냉각된다. 이 과정 동안의 열전달을 계산하라.

3.64 그림 P3.64와 같이 체적이 1 m^3인 탱크 A와 피스톤-실린더 장치 B가 관과 밸브로 연결되어 있다. A에는 100 kPa, 200°C의 헬륨이 들어 있고, B에는 400°C, 300 kPa의 헬륨 1 m^3가 들어 있다. 밸브를 열어 A와 B에 들어 있는 헬륨이 균일한 상태에 도달하였다.

a. 처음에 A와 B에 들어 있는 헬륨의 질량을 구하라.

b. 최종 상태에서 T = 200°C가 되었을 때 열전달과 일을 구하고, 결과에 대해 간략히 설명하라. 피스톤이 최종 상태에서 떠오르는가?

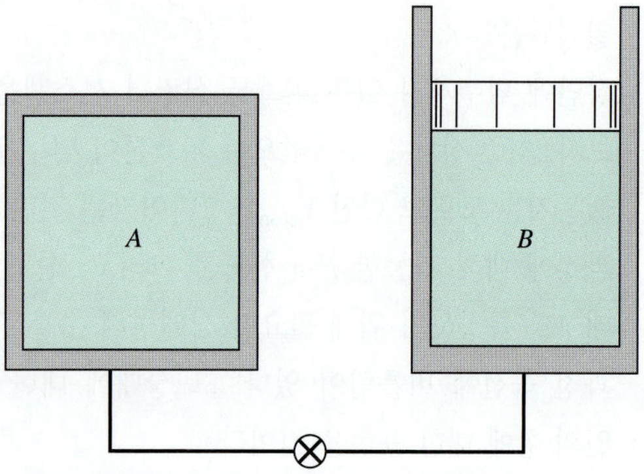

그림 P3.64

3.65 피스톤-실린더 장치에 있는 200 kPa, −10°C의 암모니아(0.5 kg)가 압력이 체적과 선형적으로 변하는 과정으로 가열되어 100°C, 300 kPa 상태가 되었다. 이 과정에서의 암모니아의 일과 열전달을 구하라. P-v 선도에 과정을 나타내라.

3.66 20 MPa, 360°C의 물이 가득 찬 체적 1 m^3의 반응로를 그림 P3.66과 같이 저장고에 넣어 두었다. 저장고는 단열되었으며 초기에는 진공 상태이다. 사고로 반응로가 파열되어 물이 저장고에 가득 채워졌다. 저장고의 최종 압력이 200 kPa을 넘지 않도록 저장고의 최소 체적을 구하라.

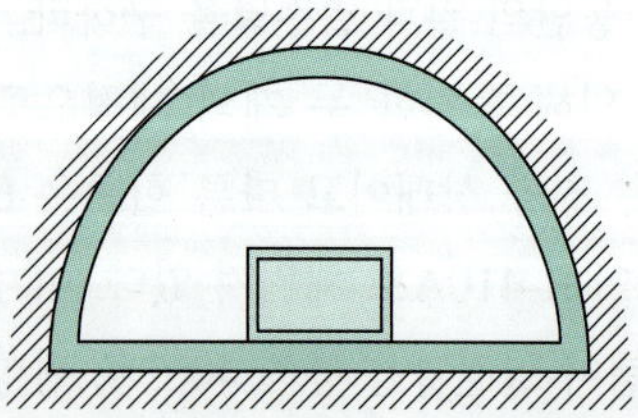

그림 P3.66

3.67 견고한 탱크에 70°C의 포화 증기 암모니아 0.75 kg이 있다. 탱크와 암모니아는 주위 온도의 열전달로 인해 20°C로 냉각된다. 이 과정 동안의 일과 열전달을 결정하라.

3.68 등압 피스톤-실린더 장치에 들어있는 2 MPa의 포화 증기 이산화탄소가 20°C까지 가열되었다. 단위 질량당 열전달량을 구하고, P-v와 T-v 선도에 과정을 나타내라.

3.69 서로 다른 상태의 물을 담고 있는 탱크 A (2 kg, 1000 kPa, 300°C)와 탱크 B (5 kg, 160°C, x = 0.4)가 처음에는 매우 얇은 분리막으로 분리되어 있다. 분리막이 제거되어 물이 300 kPa에서 평형상태가 되도록 혼합될 때 다음의 값을 결정하라.

a. 최종 온도와 포화 상태라면 건도

b. 일

c. 열전달량

3.70 그림 P3.70과 같이 높이 10 m, 단면적 A_{cyl} = 0.1 m^2의 위가 개방되어 있는 실린더에 198.5 kg의 단열된 얇은 피스톤이 끼워져 있고, 피스톤 위에는 20°C의 물이 들어 있으며 아래에는 2 kg, 20°C의 물이 들어 있다. 표준 g, P_0를 가정하라. 아래 물을 가열하면 피스톤이 상승하여 물이 실린더 밖으로 넘쳐 흐른다. 피스톤이 실린더 상단에 도달할 때까지 가열했을 때 아래 물의 최종 상태(T, P, v)와 이 과정 동안 가해진 열을 구하라.

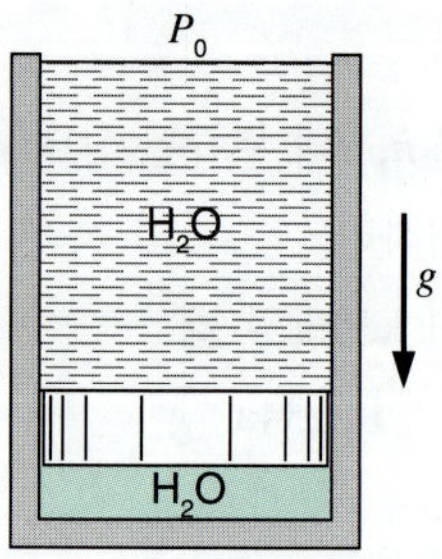

그림 P3.70

3.71 문제 3.66과 동일하나 저장고의 체적이 100 m^3인 장치를 가정하자. 최종 상태가 2상임을 보이고, 시행착오법으로 최종 압력을 구하라.

3.72 견고한 철제 탱크에 비체적이 0.01 m^3/kg이고 0°C에서 질량이 0.5 kg인 R-410A가 들어있다. 전체 시스템이 상온인 25°C로 가열되었다. 최종 압력과 열전달량을 구하라.

3.73 700 kPa, 150°C인 1 L의 물 캡슐이 단열이고 캡슐 외에는 진공상태인 용기 안에 놓여있다. 캡슐을 깨뜨려서 물이 용기 전체를 채울 때 최종 압력이 125 kPa을 넘지 않으려면 용기의 최소 체적은?

3.74 피스톤–실린더 장치에 600 kPa, 400°C의 물 1.5 kg이 200 kPa, 250°C 상태로 선형적으로 부피가 감소하며 냉각된다. 이 과정 동안의 P-v 선도를 그리고, 일과 열전달을 구하라.

3.75 피스톤–실린더에 들어 있는 20°C, 100 kPa의 과열 증기 상태인 R-134a 냉매가 일정 온도로 건도가 50%인 2상 상태가 될 때까지 냉각되었다. 냉매의 질량은 3 kg이며 이 과정 동안 R-134a로부터 357 kJ의 열이 제거되었다. 초기 체적과 최종 체적, 필요한 일을 구하라.

고체와 액체의 비열

3.76 질량 1 kg인 철제 주전자에 물 1 kg이 들어 있고, 온도는 모두 15°C이다. 스토브 위에 두어, 물의 끓는 점까지 가열하였다. 가열되는 공기는 무시하고 필요한 에너지 양을 구하라.

3.77 컴퓨터 CPU는 50 g의 실리콘, 20 g의 구리, 그리고 50 g의 폴리염화비닐(플라스틱)로 구성된다. 컴퓨터가 작동하면서 CPU는 15°C에서 70°C로 가열된다. 이만큼 가열하는 데 얼마나 많은 에너지가 필요한가?

3.78 체적이 1 L인 구리 블록(block)을 500°C까지 가열한 후 그림 P3.78의 체적이 200 L인 기름 탱크에 넣어 냉각시킨다. 기름의 초기 온도는 20°C이며 외부로 열전달은 없다. 최종 온도는 얼마인가?

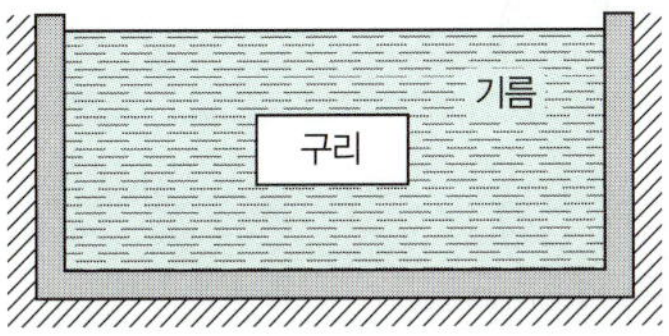

그림 P3.78

3.79 밀폐된 견고한 용기 안에 20°C의 스테인리스강 1 kg과 PVC(폴리염화비닐) 0.5 kg, 400 K, 100 kPa의 공기 0.1 kg과 함께 100 kPa, 55°C의 물 1.5 kg이 채워져 있다. 이 용기를 외부와의 열전달 없이 그대로 두었고 물은 기화되지 않는다. 최종 온도와 공기의 압력을 구하라.

3.80 일정한 압력을 유지하는 피스톤–실린더 장치(전체 0.5 kg의 강철) 안에 150 kPa에서 포화 증기 상태인 0.2 kg의 R-134a가 있다. R-134a를 가열하여 40°C가 되었으며 가열 중 강철은 항상 R-134a와 동일한 온도를 유지한다. 이 과정 중 일과 열전달을 구하라.

3.81 그림 P3.81과 같은 엔진이 100 kg의 주철(cast iron) 블록, 20 kg의 철강 부품, 20 kg의 알루미늄 헤드, 5 kg의 엔진 오일, 6 kg의 (동파 방지용) 글리세린으로 이루어져 있다. 초기 온도가 모두 5°C이고, 엔진을 시동하여 균일한 정상 온도에 이를 때까지 7000 kJ의 에너지를 받는다. 최종 온도를 구하라.

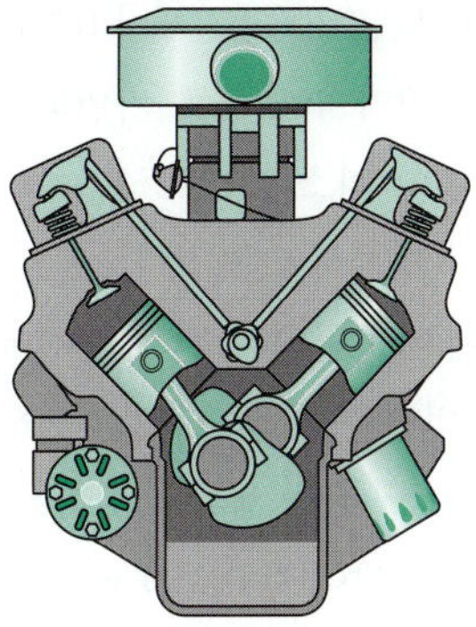

그림 P3.81

이상기체 상태량(u, h, C_v, C_p)

3.82 이상기체 공기표 A.7을 이용하여 $h(T)$의 기울기를 $\Delta h/\Delta T$로 계산하여 300 K에서의 비열 C_p를 예측하라. 1000 K와 1500 K에서는 얼마나 더 큰가?

3.83 표 B.5.2를 이용하여 100 kPa, 125°C에서 R-134a의 비열을 예측하라. 이 값을 표 A.5의 비열과 비교하고 그 차이를 설명하라.

3.84 이산화탄소에 대한 600 K와 1200 K의 u 차이를 다음의 방법으로 구하라.

a. 표 A.5에서 일정한 C_{v0}를 이용

b. 평균 T에서의 C_{v0}를 표 A.6의 식으로 계산

c. 표 A.8에 나열된 u 값을 이용

3.85 300 K, 3 MPa인 질소를 가열하여 500 K이 되었다. 다음 세가지 표를 이용하여 엔탈피 변화를 구하라. (a) 표 B.6, (b) 표 A.8, (c) 표 A.5.

3.86 문제 3.84를 질소로 바꾸어 구하라.

3.87 이산화탄소의 온도가 500 K에서 1500 K로 상승할 때 표 A.6의 식을 적분하여 엔탈피 변화를 구하라.

3.88 특수한 용도로, 이산화탄소가 100 kPa 압력에서 30°C에서 1500°C로 변할 때 엔탈피의 변화량을 계산할 필요가 있다. 표 A.5의 일정한 비열을 이용해 계산하고, 표 A.8을 이용하여 반복하라. 어느 표가 더 정확한가?

이상기체의 비열

3.89 일정한 부피에서 300 K의 공기가 350 K까지 가열된다. ${}_1q_2$를 구하라. 1300 K에서 1350 K까지 온도가 올라갈 때 ${}_1q_2$는 얼마인가?

3.90 견고한 용기에 100 kPa, 1200 K의 이산화탄소 가스 2 kg이 들어있다. 용기가 1400 K로 가열되었을 때 열전달을 (a) 표 A.5의 비열, (b) 표 A.8의 상태량을 이용하여 계산하라.

3.91 견고한 탱크 안에 100 kPa, 300 K, 체적 0.75 m^3인 공기가 있다(상태 1). 탱크가 400 K로 가열되었다(상태 2). 이제 탱크의 한 면이 피스톤으로 작동하여 공기를 일정한 온도로 서서히 팽창시켜 체적이 1.5 m^3가 된다(상태 3). 상태 2, 3에서의 압력과 전체 과정에서의 일과 열전달을 구하라. 비열은 일정하다고 가정하라.

3.92 피스톤 아래에 물 대신 공기가 채워져 있다는 것을 제외하고는 그림 P3.70과 같이 높이 10 m, 단면적 0.1 m^2의 실린더에 무게를 무시할 수 있는 피스톤이 끼워져 있다. 피스톤 위에는 20°C의 물이 들어 있으며 아래에는 체적 0.3 m^3, 온도 300 K의 공기가 들어 있다. 공기를 가열하면 피스톤이 상승하여 물이 실린더 밖으로 넘쳐 흐른다. 피스톤 위의 물이 전부 없어질 때까지 가열했을 때 공기에 가한 총열전달을 구하라.

3.93 선형 스프링으로 연결된 피스톤이 장착된 실린더에 500 kPa, 400°C 이산화탄소 2 kg이 들어 있다. 이 가스가 냉각되어 40°C, 300 kPa이 되었다. 이 과정에서의 열전달을 구하라.

3.94 100 kPa, 400 K의 물을 등압 과정으로 700 kJ/kg 만큼 전기 가열할 때 최종 온도를 (a) 물에 대한 표 B.1, (b) 이상기체에 대한 표 A.8, (c) 표 A.5로부터 일정한 비열을 이용하여 구하라.

3.95 스프링이 달려있는 피스톤-실린더 장치에 300 K, 160 kPa의 공기 1.5 kg이 들어 있다. 공기가 900 K로 가열되는데, 이 과정 동안 압력이 체적에 선형적으로 변화하고 최종 체적은 초기 체적의 2배가 되었다. 이 과정을 *P-v* 선도에 나타내고 일과 열전달을 계산하라.

3.96 그림 P3.96와 같이, 단열된 실린더가 초기에 잠근 피스톤에 의해 각각 1 m^3인 두 부분으로 분리되어 있다. *A*에는 200 kPa, 300 K의 공기가, *B*에는 1.0 MPa, 1000 K의 공기가 들어 있다. 이제 피스톤이 열려서 자유롭게 움직이도록 하였다. 공기들 사이에 열전달이 일어나 공기의 온도가 $T_A = T_B$로 균일하게 되었다. *A*와 *B*에 있던 공기의 질량과 최종 *T* 및 *P*를 구하라.

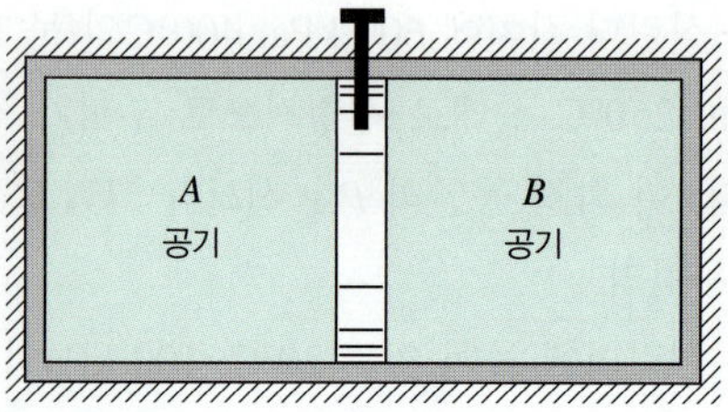

그림 P3.96

폴리트로픽 과정

3.97 피스톤–실린더 장치 내 헬륨 가스가 n = 1.5인 폴리트로픽 과정을 통해 100 kPa, 300 K에서 200 kPa로 압축되었다. 단위 질량당 일과 열전달을 구하라.

3.98 피스톤–실린더 장치에 100 kPa, 27°C의 질소 0.1 kg이 들어 있다. n = 1.25인 폴리트로픽 과정을 통해 250 kPa 로 압축된다. 비열이 일정하다고 가정하고 열전달을 구하라. 이 과정을 *P-v*와 *T-v* 선도에 나타내라.

3.99 가솔린 엔진의 피스톤-실린더 장치에 연소 후 4 MPa, 1800 K의 공기 0.1 kg이 있다. n = 1.5인 폴리트로픽 과정으로 부피가 10배 팽창했다. 표 A.7을 이용하여 팽창일과 열전달을 구하라.

3.100 그림 P3.100과 같은 자동차의 피스톤–실린더 장치에 90 kPa, 20°C의 공기 0.2 L가 들어있다. n = 1.25인 준평형 폴리트로픽 압축 과정을 통해 부피가 1/6로 감소했다. 최종 압력과 온도, 열전달을 구하라.

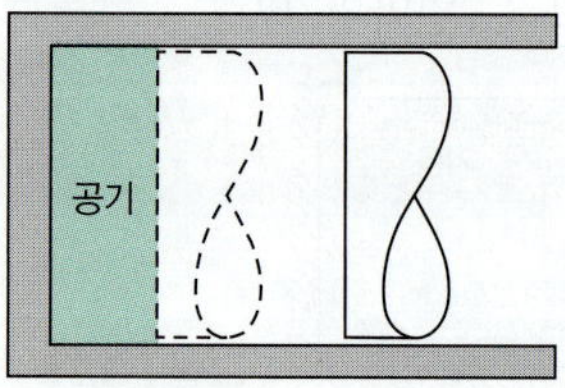

그림 P3.100

3.101 그림 P3.101과 같은 피스톤-실린더 장치에 750 K, 1500 kPa의 질소 기체가 들어 있다. n = 1.2인 폴리트로픽 과정으로 P = 750 kPa로 팽창한다. 최종 온도와 이 과정 동안의 단위 질량당 일 및 열전달을 구하라.

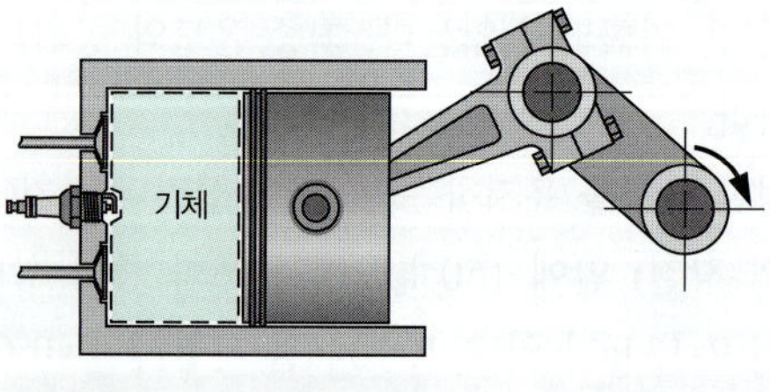

그림 P3.101

3.102 피스톤–실린더 장치에 700 kPa, 40°C의 프로판 가스 1 kg이 들어있다. 피스톤의 단면적은 0.5 m^2이고, 피스톤에 작용하는 총외력은 실린더 체적의 제곱에 정비례

한다. 프로판의 온도가 700°C가 될 때까지 가열된다면 이때 최종 압력, 일, 열전달을 구하라.

3.103 초기 체적이 0.025 m^3인 피스톤–실린더 장치에 180°C의 포화 증기 물이 들어있다. 이제 증기가 $n = 1$인 폴리트로픽 과정으로 팽창하여 최종 압력이 200 kPa이 되고, 이 과정 중 증기는 피스톤에 대해 일을 한다. 열전달을 구하라.

3.104 그림 P3.104와 같은 공기총의 소형 실린더 속에 압축 공기가 들어 있다. 장전하였을 때 체적이 1 cm^3, 압력이 1 MPa, 온도가 300 K라고 가정한다. 총알은 질량 $m = 15$ g이며 처음에 핀(방아쇠)으로 고정되어 있다. 격발하면 공기는 등온 과정(T = 일정)으로 팽창한다. 실린더 속의 공기 압력이 0.1 MPa이 되었을 때 총알이 총을 떠난다. 다음을 구하라.

a. 최종 체적과 공기의 질량

b. 공기가 한 일과 대기에 가한 일

c. 총알에 가해진 일과 총알의 탈출 속도

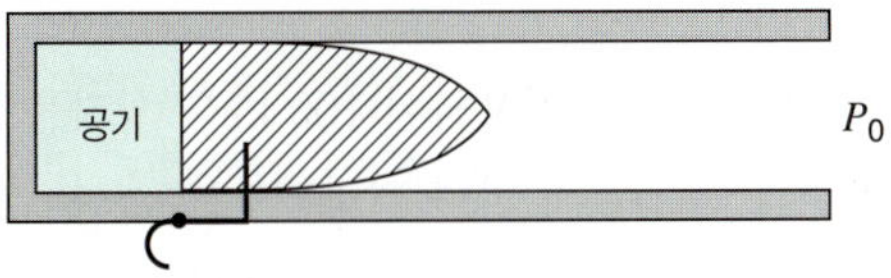

그림 P3.104

3.105 피스톤–실린더 장치 안에서 공기가 $n = 1.3$인 폴리트로픽 과정을 겪는다. 이 과정은 2200 kPa, 1800 K에서 시작하여 200 kPa로 끝난다. 팽창비 v_2/v_1, 단위 질량당 일, 단위 질량당 열전달을 구하라. 이때 비열이 일정하다고 가정하라.

3.106 피스톤–실린더 장치 내 질량 0.6 kg인 −10°C에서 포화증기 상태의 R-410A이 있다. $n = 1.5$인 폴리트로픽 과정을 통해 1200 kPa로 압축되었다. 이때 최종 온도, 과정 중 일과 열전달을 구하라.

다단계 과정: 모든 물질

3.107 100 kPa, 300 K 헬륨 가스가 일정한 체적에서 가열되어 500 K로 된다. 이어서 일정한 압력으로 팽창하여 초기 체적의 3배가 된다. 전체 과정에서 단위 질량당 일과 단위 질량당 열전달은 얼마인가? 이 과정을 P-v 선도에 나타내라.

3.108 그림 P3.108에 보인 피스톤–실린더 장치 안에 2 MPa, 150°C의 R-410A가 0.5 m^3 들어 있다. 피스톤 질량과 대기압은 450 kPa의 압력을 가하여 피스톤이 떠 있게 한다. 모든 장치를 −20°C로 유지되는 냉동고 안에서 냉각한다. 열전달을 구하고, 이 과정을 P-v와 T-v 선도에 나타내라.

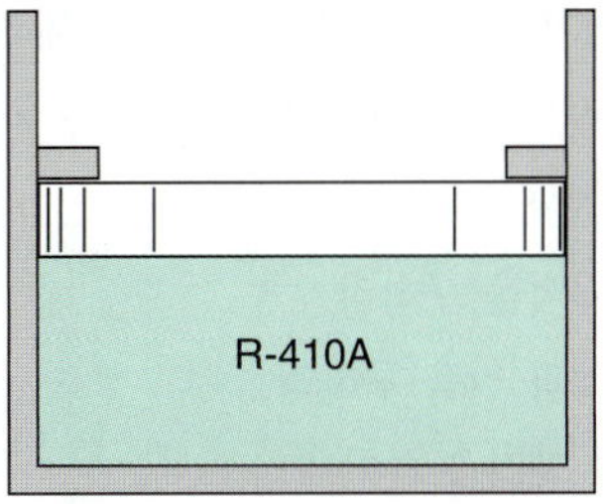

그림 P3.108

3.109 피스톤–실린더 장치에 200 kPa, $x = 0.5$인 물이 들어있고, 실린더에는 그림 P3.6c와 같이 멈추개가 있다. 이제 물이 가열되어 최종 상태 600°C, 400 kPa에 도달한다. 단위 질량당 일과 열전달을 구하라.

3.110 피스톤–실린더 장치에 100 kPa, 건도 50%의 물 10 kg이 들어 있다. 시스템을 가열하여, 체적이 3배가 되었다. 그림 P3.110과 같이, 실린더 압력이 200 kPa이 되면 피스톤이 떠오른다. 최종 온도, 이 과정에서 일과 열전달을 구하라.

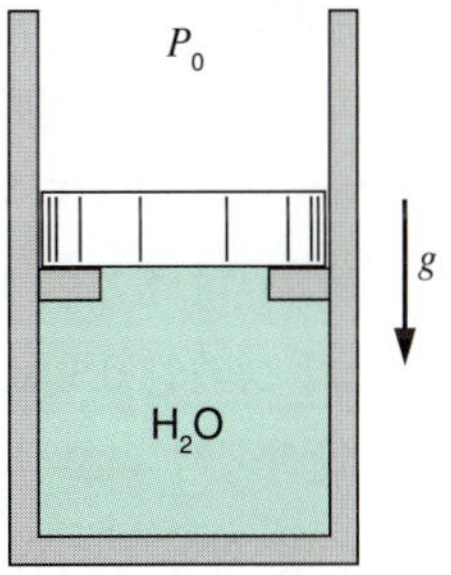

그림 P3.110

3.111 피스톤–실린더에 들어 있는 물(그림 P3.111)은 101 kPa, 25°C 상태에 있고, 질량이 0.5 kg이다. 피스톤이 멈추개 위에 정지해 있고, 피스톤이 떠오르기 위해서는 압력이 1000 kPa이어야 한다. 이제 물을 가열하여 피스톤 이 실린더의 끝에 도달하였다. 총 일과 열전달을 구하라. 이때 멈추개가 차지하고 있는 공간은 무시하라.

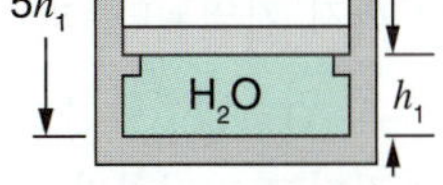

그림 P3.111

3.112 그림 P3.108에 있는 것과 같은 장치에 0.1 kg의 R-410A가 처음에 1000 kPa, 50°C에 있다. 균형을 이

루는 평형 압력이 400 kPa이고, 이제 냉각이 되어 부피가 처음의 반으로 줄었다. 일과 열전달을 구하고 이 과정을 P-v 선도에 나타내라.

3.113 그림 P3.113의 피스톤–실린더 장치 내 0.1 kg인 500°C, 1000 kPa의 물이 있다. 피스톤은 체적이 감소할 경우 원래 체적의 반 위치에서 멈추도록 되어 있다. 물이 냉각되어 상온인 25°C에 도달한다면,

a. 최종 압력과 체적을 구하라.

b. 과정 중 열전달과 일을 구하라.

c. P-v 선도에 이 과정을 나타내라.

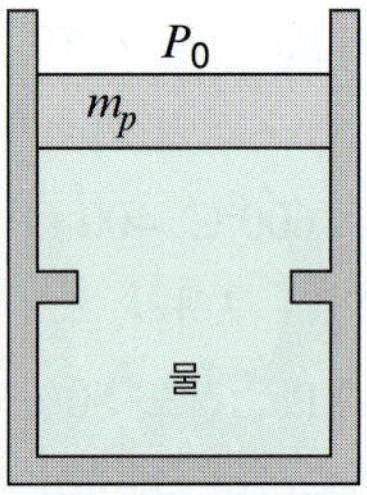

그림 P3.113

3.114 피스톤–실린더 장치 내에 100°C, x = 20%인 물이 5 kg 담겨 있다. 피스톤의 질량 m_p = 150 kg이며 처음에 그림 P3.110처럼 멈추개 위에 놓여 있다. 외부 압력은 100 kPa이며 피스톤의 단면적 A = 24.5 cm^{2}이다. 가열하여 물이 포화 증기가 되었다. 초기 체적, 최종 압력, 일 및 열전달을 구하고 이 과정을 P-v 선도상에 나타내라.

3.115 문제 3.110과 유사한 피스톤–실린더 장치에 100 kPa, 건도 25%의 포화 액체 및 증기 상태인 0.1 kg의 물이 있다. 피스톤은 600 kPa의 압력에서 떠오른다. 물이 300°C로 가열될 때 최종 압력 및 체적, 일 $_1W_2$와 열전달 $_1Q_2$를 구하라.

3.116 피스톤–실린더 장치에 1000 kPa, 800 K, 0.05 m^{3}의 공기가 들어 있다. 그림 P3.9c와 같이 실린더 상부에는 멈추개가 있고, 피스톤은 750 kPa의 압력에서 떠오른다. 공기가 400 K로 냉각될 때 일과 열전달을 구하라.

3.117 그림 P3.117의 피스톤–실린더 장치에 20°C의 암모니아 10 g이 있고 부피는 1 L이다. 장치 내에는 멈추개가 있는데, 만약 피스톤이 멈추개에 도달하면, 부피는 1.4 L이다. 이제 암모니아는 200°C까지 가열된다. 피스톤과 실린더는 0.5 kg의 알루미늄으로 만들어졌다. 이 알루미늄은 암모니아와 온도가 항상 같다고 가정하라. 최종 체적, 일, 총열전달을 구하고, P-v 선도에 과정을 나타내라.

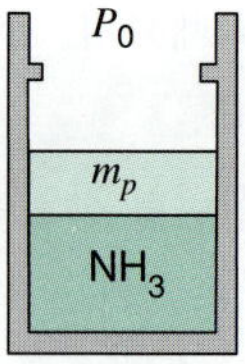

그림 P3.117

변화율 형태의 에너지 방정식

3.118 100 hp의 자동차 엔진에 2000 rpm으로 회전하는 구동축이 있다. 최대 출력의 25% 조건에서 축 위에 작용하는 토크는 얼마인가?

3.119 일정한 압력을 유지하는 피스톤–실린더 장치에 700 kPa, 건도 90%, 0.1 m^{3}의 물이 들어 있다. 히터가 작동하여 물을 2.5 kW로 가열한다. 기화되는 물의 질량 유량(kg/s)은?

3.120 새로 타설한 콘크리트가 양생되면서, 화학적 변화로 2 W/kg의 에너지가 방출된다. 콘크리트 층의 중심부에는 0.3 W/kg의 열손실이 있고 평균 비열이 0.9 kJ/kg K이라고 가정하라. 양생 과정 1시간 동안의 온도 상승을 구하라.

3.121 기중기가 2 kW를 사용하여 100 kg의 상자를 20 m 들어 올린다. 시간은 얼마나 걸리는가?

3.122 체적 200 m^{3}의 밀폐된 방에서 컴퓨터가 10 kW의 에너지를 방출한다. 방은 50 kg의 나무, 25 kg의 강철, 그리고 공기로 구성되어 있고, 모든 재료는 300 K, 100 kPa인 상태로 있다. 모든 질량이 균일하게 가열된다고 가정하면, 온도 10°C를 올리는 데 소요되는 시간은 얼마인가?

3.123 압력이 150 kPa로 일정한 채, 500 W의 히터를 사용하여 −10°C의 얼음 2 kg을 +5°C의 액체로 녹인다.

a. 물의 총체적 변화를 구하라.

b. 히터가 물에 공급해야 하는 에너지를 구하라.

c. 물의 T가 균일하다고 가정하고, 이 과정에서 소요되는 시간을 구하라.

3.124 2000 K, V = C인 질소 가스 3 kg을 500 W를 사용하여 냉각하였다. dT/dt는?

일반적인 일

3.125 10 L의 견고한 탱크에 −10°C, 건도 80%인 R-410A가 담겨 있다. 6 V 배터리에서 공급되는 10 A 전류가 탱크 속에 있는 저항을 통하여 10분간 흘렀더니 R-410A의 온도는 40°C로 상승하였다. 이 과정 동안 일과 열전

달을 구하라.

3.126 직경 2 mm, 길이 10 m인 구리선이 두 기둥 사이에 늘려져 있다. 수직응력(압력) $\sigma = E(L - L_0)/L_0$는 늘려지지 않았을 때의 길이 L_0에 대한 늘려졌을 때의 길이 L과 영의 계수(Young's modulus) $E = 1.1 \times 10^6$ kPa의 영향을 받는다. 힘 $F = A\sigma$이고 측정된 값은 110 N이다. 전선은 얼마나 길어졌고, 얼마의 일이 가해졌는가?

3.127 배터리가 12.3 V, 6 A로 충전되는 동안 단열되어 있다. 배터리를 검사 질량으로 잡고, 순간 일률과 4시간에 걸쳐 수행된 총일을 구하라.

3.128 고무판이 반경 0.25 m의 고리에 걸려 펼쳐져 있다. 20°C의 물을 부으니, 그림 P3.128에서처럼 고무판은 반구(컵) 모양이 되었다. 고무의 질량은 무시하고, 고리 근처의 표면장력을 구하라.

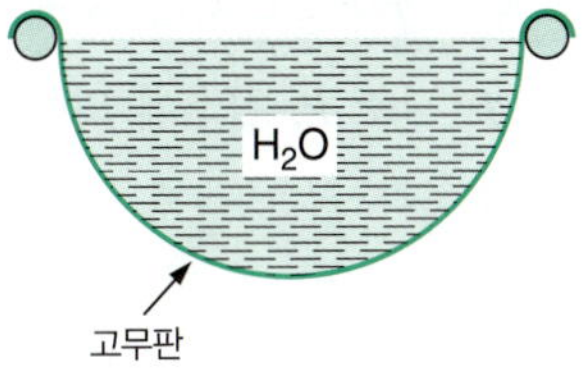

그림 P3.128

3.129 직경 1 cm, 길이 0.5 m인 강철 막대를 인장 시험 장치로 당긴다. 상대 변형률(relative strain)이 0.1%가 되려면 일이 얼마나 필요한가? 강철의 탄성률(modulus of elasticity)은 2×10^8 kPa이다.

3.130 직경 5 cm의 고리에 평면으로 형성된 비누방울의 표면장력은 $\sigma = 3 \times 10^{-4}$ N/cm이다. 이제 바람을 불어 직경 5 cm의 반구형 막을 만든다. 한 일은 얼마인가?

공학 응용

3.131 표 3.2에 의하면 미국 내 주거 건물에서 총에너지의 20.9%를 사용한다. 해당하는 에너지가 해당 연도에 밤낮으로 고르게 사용됐다면 전력은 몇 MW가 되는가?

3.132 표 3.2에 나와있는 2016년 미국의 총에너지 사용량 자료를 이용하고 온라인에서 인구 정보를 찾아서 표 3.3의 2015년 1인당 에너지 사용량과 비교하라. 기간 중 고르게 사용됐다고 가정하면 1인당 사용한 평균 전력은?

3.133 20 m 직경의 로터(rotor)를 갖는 풍력 터빈이 15 rpm으로 회전하고 1.5 MW의 전력을 생산한다. 로터 날개 끝의 속력과 로터 축 토크를 구하라.

3.134 지구로 유입되는 단위 시간 및 면적당 태양광의 양은 1377 W/m^{2}이고, 이 중 1000 W/m^{2}이 지표면에 도달한다. 표 3.6에 따르면 광전판은 단위 면적당 100 W/m^{2}의 동력을 발생할 수 있다. 이와 같이 사용 가능한 단위 면적당 동력이 낮아지는 이유에 대해 언급하라.

3.135 주택을 설계하는데 태양에너지 난방을 위해 열 저장 재료로 두꺼운 콘크리트 바닥을 사용하고자 한다. 콘크리트 두께는 30 cm이고, 낮 동안 태양에 노출되는 면적은 4 × 6 m이며 평균 약 3°C 상승된다. 야간에 난방을 위해 사용 가능한 에너지는?

3.136 20°C에서 밀도 997 kg/m^3, C_p = 3.8 kJ/kg-K인 염수를 담고 있는 태양열 온수지는 125 m^{2}의 면적과 0.5 m의 수심을 갖고 있다. 여기에 8시간 동안 110 W/m^{2}의 순태양광이 유입되었다면, 균일하다고 가정할 때 최종 온도와 저장된 총에너지를 구하라.

복잡한 장치와 복습 문제

3.137 120°C의 물 3 kg이 채워진 0.6 m^{3}의 견고한 탱크 A와 600 kPa, 200°C의 물이 채워진 0.4 m^{3}의 견고한 탱크 B가 있다. 그림 P3.137와 같이 밸브가 닫힌 상태로 비어 있는 피스톤–실린더 장치에 연결되어 있다. 피스톤을 올리기 위해 실린더의 압력 800 kPa이 필요하다. 밸브는 천천히 열리고 밸브가 열린 채로 물이 250°C가 될 때까지 열전달이 일어난다. 최종 부피와 압력을 구하고, 이 과정 동안의 일과 열전달을 구하라.

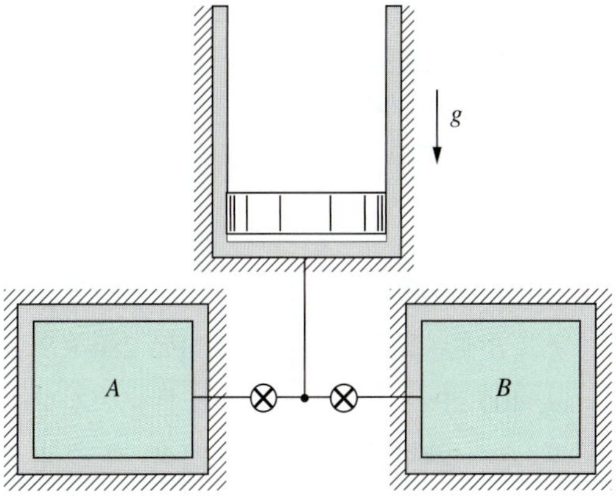

그림 P3.137

3.138 그림 P3.137과 유사하게 견고한 탱크가 밸브에 의해 둘로 나눠져 있고 양쪽 모두 물이 들어있다. 탱크 A는 200 kPa, v = 0.5 m^3/kg, V_A = 1 m^{3}이고, 탱크 B는 0.5 MPa, 400°C의 물 3.5 kg을 담고 있다. 밸브를 열고 열이 전달되어 물이 100°C의 균일한 상태가 되었다

면 이 과정 동안 열전달을 구하라.

3.139 피스톤-실린더 장치에 단단한 막에 의해 $V_A = 0.2$ m^3와 $V_B = 0.3$ m^3으로 물이 나뉘어 담겨 있다(그림 P3.139). A는 1000 kPa, $x = 0.75$, B는 1600 kPa, 250°C이다. 얇은 막이 찢어져 물이 균일하게 200°C가 되었다. 최종 압력은 얼마인가? 이 과정 동안의 일과 열전달을 구하라.

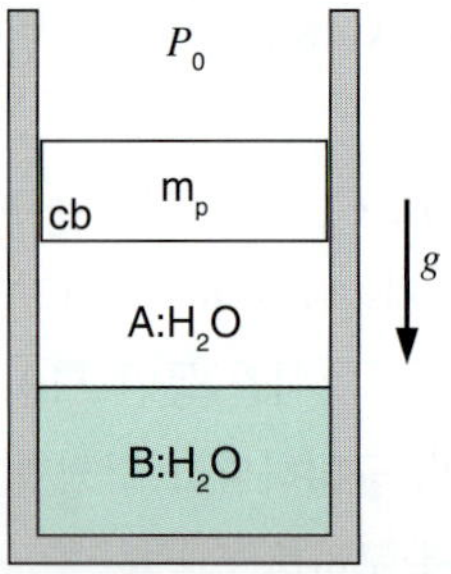

그림 P3.139

3.140 그림 P3.140에 보인 것처럼, 일정한 부하를 가지는 피스톤 아래의 실린더는 두 개의 공간 A와 B를 가지고 있고, 물로 채워져 있다. A에는 200 kPa, 150°C의 물 0.5 kg이 들어 있고, B에는 400 kPa, 건도 50%의 물이 들어 있고 체적은 0.1 m^3이다. 밸브를 열고 열이 전달되어 물은 균일한 상태가 되었고 총체적은 0.8938 m^3이다. 물의 총질량과 처음의 총체적을 구하라. 이 과정의 일과 열전달을 구하라.

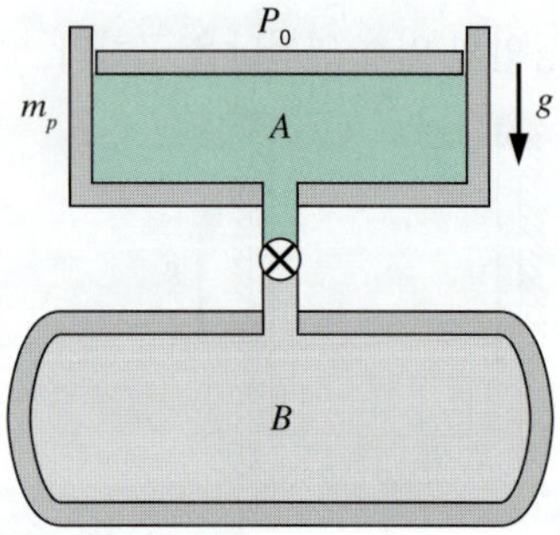

그림 P3.140

3.141 탱크 B에는 실량 1 kg인 200 kPa, 280 K의 공기가 있고, 400 kPa에서 떠오르는 피스톤을 포함한 비어 있는 피스톤-실린더 장치(그림 P3.140 참조)와 밸브로 연결되어 있다. 밸브를 열고 시스템이 600 K까지 가열될 때 최종 P와 V, 과정 중 일과 열전달을 구하라.

3.142 일정한 압력이 작용하는 피스톤-실린더 장치 속에 450°C, 0.633 m^3인 물 10 kg이 들어 있다. 시스템을 20°C가 될 때까지 냉각하였다. 이 과정을 P-v와 T-v 선도상에 표시하고 일과 열전달을 구하라.

3.143 그림 P3.143과 같이 피스톤-실린더 장치 속에 물 2 kg이 들어 있다. 피스톤에 선형 스프링과 대기압이 작용한다. 처음에 물은 200 kPa, 체적 0.2 m^3이고, 피스톤이 상부의 멈추개에 닿는 순간의 체적은 0.8 m^3이고 $T = 600$°C이 된다. 이제 열을 가하여 압력이 1.2 MPa이 된다. P-v 선도에 이 과정을 표시하고, 일과 열전달을 구하라.

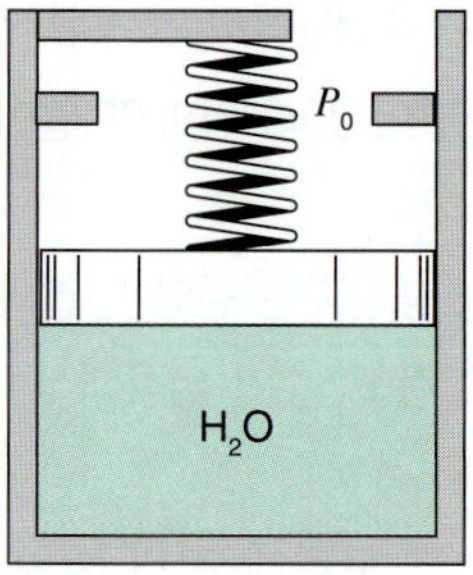

그림 P3.143

3.144 일정한 압력을 유지하는 피스톤-실린더 장치가 $x = 0.5$, 120°C의 물 0.1 kg을 담고 있다. 이제 500 K, 300 kPa의 질소 0.1 kg을 채운 견고한 용기와 열적으로 접촉시켜 균일한 최종 온도 T에 도달한다. 이때 주위와의 열전달은 없다. 최종 T, 질소 P, 질소에 의해 주어지는 열전달, 과정의 일을 구하라. 모든 액체 상태의 물을 끓게 하여 증기로 변화시킬 수 있는지 먼저 확인하라.

3.145 피스톤-실린더 장치의 피스톤에 대기압과 피스톤 자체 질량이 작용하여 내부 압력이 150 kPa이다. −2°C의 물이 담겨있고, 이제 포화 증기가 될 때까지 가열된다. 최종 온도, 단위 질량당 일과 열전달을 구하라. 이 과정을 P-v와 T-v 선도에 나타내라.

3.146 체적이 1 m^3인 탱크에 25°C, 500 kPa의 공기가 들어 있고, 다른 탱크에는 60°C, 200 kPa의 공기 4 kg이 들어 있으며, 두 탱크는 밸브로 연결되어 있다(그림 P3.146). 밸브를 열어 전체 시스템이 20°C의 주위와 열평형이 되었다. 25°C의 일정한 비열을 가정하고, 최종 압력, 일과 열전달을 구하라.

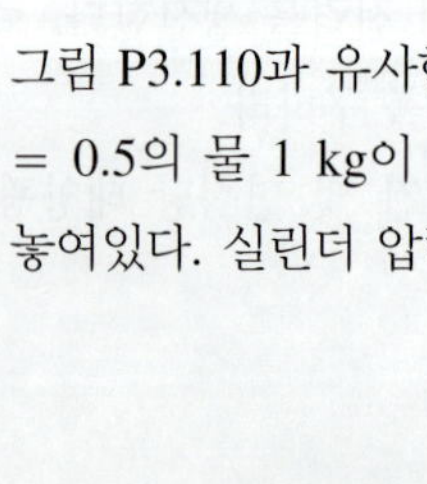

그림 P3.146

3.147 그림 P3.110과 유사한 피스톤-실린더 장치에 100°C, $x = 0.5$의 물 1 kg이 들어 있고, 피스톤은 멈추개 위에 놓여있다. 실린더 압력이 300 kPa이 되면 피스톤이 떠

오른다. 물을 전기 히터로 가열하여 300°C가 되었다. 온도가 얼마일 때 모든 액체 상태의 물이 없어지는가? 최종 P와 v, 이 과정에서 일과 열전달을 구하라.

3.148 그림 P3.137과 유사하게 견고한 탱크가 밸브에 의해 둘로 나눠져 있고 양쪽 모두 물이 들어있으며 각각의 체적은 1 m^3이다. 탱크 A는 $P = 200$ kPa, $x = 0.80$이고, 탱크 B는 $P = 2$ MPa, $T = 400$°C이다. 밸브를 열고 열이 전달되어 물이 200°C의 균일한 상태가 되었다면 최종 압력과 이 과정 동안 열전달을 구하라.

3.149 신축성 있는 작은 봉지에 -10°C, 300 kPa인 암모니아 0.1 kg이 담겨있다. 봉지는 내부 압력이 체적에 선형적으로 변하는 소재가 사용되었다. 봉지를 햇빛에 두어 75 W의 복사가 유입되도록 하였고, 이때 주위 바닥과 공기 중으로의 평균 에너지 손실은 25 W이다. 잠시 후 봉지는 30°C로 가열되었고 압력은 1000 kPa이 되었다. 이 과정 중 일과 열전달, 경과된 시간을 구하라.

3.150 그림 P3.150과 같은 피스톤–실린더 장치에 -20°C, 건도 20%의 R-410A가 들어있다. 초기 체적은 0.2 m^3이고, 피스톤이 멈추개에 도달할 경우 체적 $V_{stop} = 0.4$ m^3이다. 피스톤이 바닥에 놓여 있을 경우 선형 스프링의 힘은 피스톤에 작용하는 다른 하중과 균형을 이룬다. 시스템이 이제 20°C로 가열된다면, R-410A의 질량을 구하고 과정을 P-v 선도에 나타내라. 피스톤이 최종 조건에서 멈추개에 닿아 힘을 가하는지 판단하라. 또한 이 과정 중 일과 열전달을 구하라.

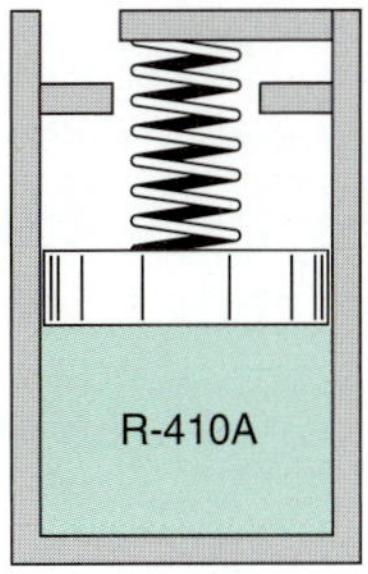

그림 P3.150

3.151 구형 풍선에 0°C, 건도가 30%인 R-410A 2 kg이 담겨 있다. 풍선 속의 압력이 1 MPa에 도달할 때까지 시스템이 가열된다. 이 과정에서 풍선 속의 압력은 풍선의 지름과 정비례한다고 가정할 수 있다. 체적에 따라 압력이 어떻게 바뀌는가? 그리고 이 과정 동안 일과 열전달은 얼마인가?

3.152 그림 P3.32의 시스템에서, 체적이 100 L인 탱크 A에 30°C의 R-134a 포화 증기가 들어 있다. 밸브의 결함으로 R-134a가 서서히 실린더 B로 들어간다. 실린더 B의 피스톤을 들어 올리는 데 200 kPa의 내부 압력이 필요하다. 탱크 A의 압력이 200 kPa 되었을 때 이 과정이 끝난다. 이 과정 동안 R-134a의 온도가 30°C로 유지되도록 외부와 열이 교환된다. 이 과정 동안의 열전달을 계산하라.

제 4 장

검사 체적에 대한 에너지 방정식

Energy Analysis for a Control Volume

3장에서 과정에 대한 검사 질량의 제1법칙 해석(에너지 평형)에 대하여 다루었다. 1장에서 다루었듯이 열역학의 많은 응용 문제는 검사 질량 기법보다는 더 일반적인 검사 체적 기법으로 해석하는 것이 편리하다. 이 장에서는 물질의 유입과 유출이 있는 경우에 대하여 질량과 에너지 보존을 검사 체적 기법으로 다루는 데 중점을 둔다.

4.1 질량 보존과 검사 체적

검사 체적(control volume)은 특정한 연구나 해석을 하고자 하는 공간이다. 검사 체적의 표면을 검사면(control surface)이라고 하며 이는 검사 체적을 완전히 둘러싼다. 질량도 일이나 열처럼 검사면을 통과할 수 있

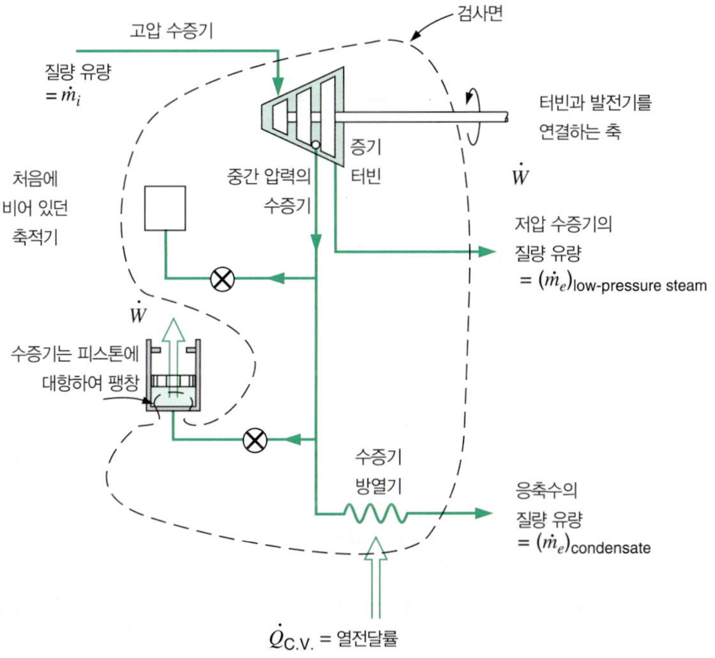

그림 4.1 » 질량 및 에너지 전달과 축적을 보여주는 검사 체적의 개략도.

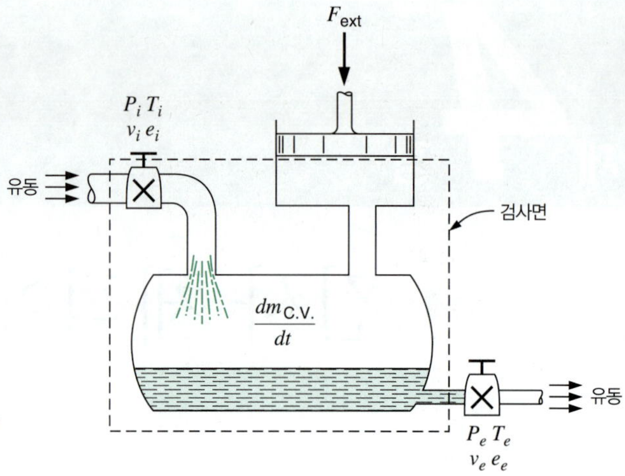

그림 4.2 ▸ 검사 체적을 연속 방정식으로 해석하기 위한 개략도.

으며, 상태량과 마찬가지로 검사 체적 내의 질량도 시간에 따라 변할 수 있다. 그림 4.1은 열전달, 축일(shaft work), 경계 이동에 의한 일, 검사 체적 내의 질량 축적, 그리고 여러 질량 유동 등을 포함하는 검사 체적에 대한 개략도이다. 각 질량과 에너지의 흐름, 그리고 질량을 축적할 수 있는 검사 체적을 확인하고 인식하는 일은 중요하다.

검사 체적과 관련하여 **질량 보존**(conservation of mass)을 살펴보도록 하자. 질량에 관한 물리적인 법칙에 따르면 질량은 생성되거나 소멸하지 않는다. 이 법칙을 검사 체적 내에 들어 있는 질량에 대하여 수학적으로 표현해보자. 이를 위해서 검사 체적 안으로 들어가고 밖으로 나가는 모든 질량의 유동과 검사 체적 내 질량의 순 증가량을 고려해야 한다. 간단한 검사 체적으로 그림 4.2처럼 탱크, 실린더, 피스톤, 그리고 두 개의 배관이 연결된 예를 고찰해보자. 유동에 의하여 질량이 더해지거나 감해짐에 따라 검사 체적 내의 질량이 변하며 그 변화량은 0이 아닐 수 있다.

$$\text{변화율} = +\text{유입량} - \text{유출량}$$

검사 체적에 출입하는 유동이 여러 가지일 경우에는 다음 식과 같이 표현할 수 있다.

$$\frac{dm_{\text{C.V.}}}{dt} = \sum \dot{m}_i - \sum \dot{m}_e \tag{4.1}$$

이 식은 검사 체적 내의 질량이 변한다면, 그것은 유동에 의하여 질량이 더해지거나 감해지기 때문이라는 것을 서술한다. 검사 체적 내의 질량이 변하는 것은 이 방법 외에는 없다. 질량 보존을 표현하는 식 (4.1)은 **연속 방정식**(continuity equation)이라고 부르기도 한다. 열역학을 응용하는 경우에는 대개 이 식으로 충분하지만, 유체 역학이나 열전달에서는 종종 국소 유체 상태량(local fluid property)을 사용하여 연속 방정식을 표현하기도 한다. 이 책에서는 질량의 총평형이 주 관심의 대상이므로 식 (4.1)을 연속 방정식의 일반적인 표현으로 사용한다.

식 (4.1)은 검사 체적 내의 총질량에 대한 표현이다. 검사 체적이 상태가 다른 여러 질량의 조합으로 구성되어 있는 경우에는 필요에 따라 질량을 다음 식과 같이 여러 부분으로 나누어 고려해야 할 경우도 있다.

$$m_{\text{C.V.}} = \int \rho\, dV = \int (1/v) dV = m_A + m_B + m_C + \cdots$$

검사면을 통과하는 질량의 유동에 대하여 좀 더 자세히 살펴보자. 간단히 설명하기 위하여 그림 4.3처럼 유체가 배관 또는 덕트 속을 흐른다고 가정한다. 식 (4.1)에 표현된 총 유량은 유체의 국소 상태량과 연관이

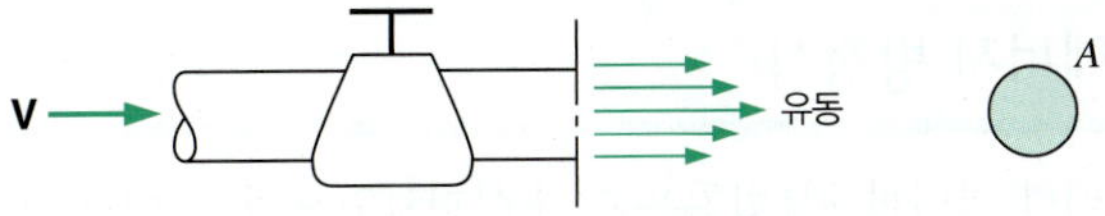

그림 4.3 ▸▸ 단면적 A인 검사면을 통과하는 유동, 밸브의 좌측에는 평균 속도, 밸브의 우측에는 단면의 속도 분포.

있다. 검사면을 통과하는 유동은 밸브의 좌측에 나타나는 평균 유속 또는 밸브의 우측에 나타나는 속도 분포에 의하여 표현될 수 있다.

그러므로 체적 유량은 다음 식과 같다.

$$\dot{V} = \mathbf{V}A = \int \mathbf{V}_{\text{local}}\, dA \tag{4.2}$$

그리고 평균 유속을 사용하면 질량 유량은 다음과 같이 계산된다.

$$\dot{m} = \rho_{\text{avg}}\dot{V} = \dot{V}/v = \int (\mathbf{V}_{\text{local}}/v)dA = \mathbf{V}A/v \tag{4.3}$$

식 (4.3)은 정지하고 있는 검사면에 대하여 유도되었고 유동은 배관의 단면에 대하여 수직이라고 가정하고 있다. 이 가정이 성립되면, 식 (4.3)은 검사 체적으로 들어오거나 나가는 어떠한 유동에 대해서도 성립된다.

예제 4.1

공기가 직경 0.2 m인 관 속을 속도 0.1 m/s로 흐른다. 온도는 25°C, 압력은 150 kPa이다. 질량 유량을 구하라.

풀이

식 (4.3)으로부터

$$\dot{m} = \mathbf{V}A/v$$

표 A.5에서 공기의 R 값을 구하여 이상기체 상태 방정식을 이용하면

$$v = \frac{RT}{P} = \frac{0.287\ \text{kJ/kg-K} \times 298.2\ \text{K}}{150\ \text{kPa}} = 0.5705\ \text{m}^3/\text{kg}$$

단면적은

$$A = \frac{\pi}{4}(0.2)^2 = 0.0314\ \text{m}^2$$

이므로

$$\dot{m} = \mathbf{V}A/v = 0.1\ \text{m/s} \times 0.0314\ \text{m}^2/(0.5705\ \text{m}^3/\text{kg}) = 0.0055\ \text{kg/s}$$

개념점검

a. 검사 체적으로 들어가는 질량 유량에 검사면의 수직 속도 성분이 필요한 이유는 무엇인가?

4.2 검사 체적의 에너지 방정식

질량이 일정한 검사 질량에 대한 열역학 제1법칙은 이미 살펴보았으며 식 (3.5)처럼 쓸 수 있다.

$$E_2 - E_1 = {}_1Q_2 - {}_1W_2$$

이 식은 식 (3.3)처럼 다음과 같이 변화율로 나타낼 수 있다.

$$\frac{dE_{\text{C.M.}}}{dt} = \dot{Q} - \dot{W} \tag{4.4}$$

검사 체적에 대한 제1법칙을 변화율로 표현하기 위하여, 질량 보존 법칙을 변화율로 표시할 때 사용한 것과 유사한 방법을 사용한다. 이를 위하여 열전달률, 일률, 그리고 질량 유동이 있는 검사 체적을 그림 4.4에 나타내었다. 기본적인 물리 법칙에 의하면 에너지는 생성되거나 소멸되지 않으며 에너지의 변화율은 검사 체적으로 들어오거나 나가는 에너지의 유량에 따라 변한다. 이미 식 (4.4)에서 열전달률과 일률은 포함시켰으므로, 추가되어야 할 것은 질량 유량과 관련된 에너지이다.

검사면을 통과하는 유체는 다음과 같은 단위 질량당 에너지를 가지고 들어오거나 나간다.

$$e = u + \frac{1}{2}\mathbf{V}^2 + gZ$$

이 에너지에는 유체의 상태와 운동 그리고 위치가 고려되었다. 유체가 검사 체적을 상태 i로 들어오거나 상태 e로 나갈 때, 경계 이동에 의한 일이 늘 존재한다.

이것을 좀 더 자세히 설명하기 위하여 검사 체적으로 들어가는 일정한 양의 질량을 살펴보자. 질량이 흐를 때, 유입 질량의 후면에 압력이 존재하여 이 면이 검사 체적으로 들어갈 때, 뒤에 위치한 질량, 즉 주변이 밀게 된다. 전체적으로 보면, 질량이 검사 체적으로 들어갈 때, 주변은 국소 압력에 대항하여 질량을 밀었다고 볼 수 있으며 이때 일이 발생한다. 이때 유입 속도는 이 과정의 일률(rate of work)과 관련이 있다. 마찬가지로 상태 e로 검사 체적을 나가는 유체는 앞에 있는 주변의 유체를 밀어야 하며, 이때 발생하는 일은 검사 체적에서 외부로 나가는 일이다. 유동 속도와 면적은 검사 체적으로 들어가는 단위 시간당 체적과 관련이 있으며 체적은 들어가는 질량의 유량과 그 상태에서의 비체적과 관련이 있다. 따라서 유동 일률(rate of flow work)은 다음과 같이 표현할 수 있다.

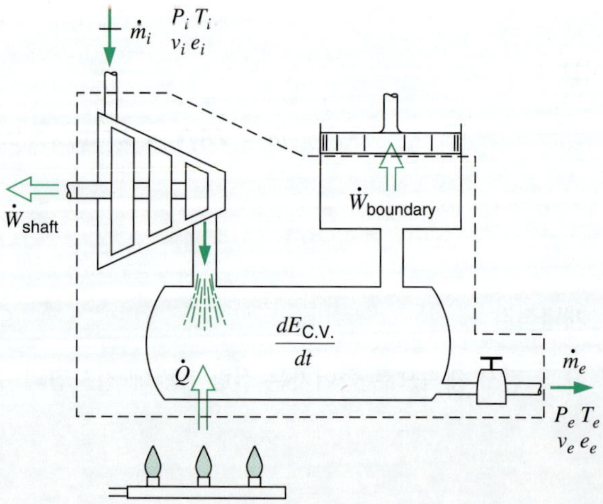

그림 4.4 ▸ 일반적인 검사 체적에서 에너지 방정식의 각 항을 나타내는 개략도.

$$\dot{W}_{\text{flow}} = F\mathbf{V} = \int P\mathbf{V}\,dA = P\dot{V} = Pv\dot{m} \tag{4.5}$$

검사 체적을 나가는 유동에서는 검사 체적이 일 $P_e v_e \dot{m}_e$을 하고, 들어가는 질량에 대해서는 주변이 일 $P_i v_i \dot{m}_i$을 한다. 따라서 단위 질량당 유동일(flow work)은 Pv가 되고, 질량 유동과 관련된 총에너지는 다음 식과 같이 된다.

$$e + Pv = u + Pv + \frac{1}{2}\mathbf{V}^2 + gZ = h + \frac{1}{2}\mathbf{V}^2 + gZ \tag{4.6}$$

이 식에서 열역학 상태량인 엔탈피가 사용되었다. 질량 유동이 있을 때, 에너지 항에 $(u + Pv)$의 조합이 나타나는데, 이것이 상태량 엔탈피를 이렇게 정의하게 된 주 이유이다. 정압 과정과 관련하여 엔탈피를 소개했는데, 이는 그 당시 열역학 상태량표의 사용을 촉진시키기 위해서였다.

예제 4.2

도시의 상수도 배관에 약 600 kPa (6 atm), 온도 약 10°C의 물이 흐르고 있다. 주배관에 연결된 측관(side pipe)과 밸브를 통하여 1 kg의 적은 양의 물을 넣고자 한다. 이 과정에서 수행한 일은 얼마나 되는가?

양동이에 있는 물 1 kg을, 밸브를 열어 배관의 개구부를 통하여 넣으려고 한다면 물은 밖으로 나올 것이다. 물은 높은 압력에서 낮은 압력으로 흐르기 때문이다. 즉 주배관의 내부에서 외부로 나온다(600 kPa에서 101 kPa로).

따라서 물을 넣기 위해서는 물 1 kg을 피스톤–실린더에 넣고(손으로 작동하는 펌프처럼), 이 실린더를 배관에 연결해야 한다. 실린더 내부의 압력이 600 kPa이 될 때까지 피스톤을 누른 후, 주배관과 연결된 밸브를 열어 물 1 kg을 밀어 넣어야 한다. 이때 물과 접촉하는 피스톤 표면의 일은 다음과 같다.

$$W = \int P\,dV = P_{\text{water}}\,mv = 600\text{ kPa} \times 1\text{ kg} \times 0.001\text{ m}^3/\text{kg} = 0.6\text{ kJ}$$

물 1 kg을 넣기 위해서는 이 양에 해당하는 유동일이 필요하다.

유동에 관련된 에너지와 일이 포함되도록, 식 (4.4)로부터 열역학 제1법칙을 확장하면 다음과 같다.

$$\frac{dE_{\text{C.V.}}}{dt} = \dot{Q}_{\text{C.V.}} - \dot{W}_{\text{C.V.}} + \dot{m}_i e_i - \dot{m}_e e_e + \dot{W}_{\text{flow in}} - \dot{W}_{\text{flow out}}$$

식 (4.5)를 대입하면

$$\begin{aligned}\frac{dE_{\text{C.V.}}}{dt} &= \dot{Q}_{\text{C.V.}} - \dot{W}_{\text{C.V.}} + \dot{m}_i(e_i + P_i v_i) - \dot{m}_e(e_e + P_e v_e)\\ &= \dot{Q}_{\text{C.V.}} - \dot{W}_{\text{C.V.}} + \dot{m}_i\left(h_i + \frac{1}{2}\mathbf{V}_i^2 + gZ_i\right) - \dot{m}_e\left(h_e + \frac{1}{2}\mathbf{V}_e^2 + gZ_e\right)\end{aligned}$$

에너지 식에서 일에는 모든 축일, 경계일, 그리고 검사 체적이 행한 다른 모든 방식의 일이 포함된다. 유동일은 분리되어 질량 유동에 의한 항에 포함되어 있다.

일반적인 검사 체적에서는 여러 경로로 질량이 들어오거나 나갈 수 있으므로 이러한 항들을 합할 필요가 있다. 열역학 제1법칙의 최종 형태는 다음과 같다.

$$\frac{dE_{\text{C.V.}}}{dt} = \dot{Q}_{\text{C.V.}} - \dot{W}_{\text{C.V.}} + \sum \dot{m}_i\left(h_i + \frac{1}{2}\mathbf{V}_i^2 + gZ_i\right) - \sum \dot{m}_e\left(h_e + \frac{1}{2}\mathbf{V}_e^2 + gZ_e\right) \tag{4.7}$$

이 식은 검사 체적 내의 에너지 변화율은 총열전달률, 총일률(외부로 행해진 경우 양), 그리고 검사 체적을 들어오거나 나가는 질량 유동에 의한 에너지 유량을 합한 것과 같다는 것을 의미한다. 질량 보존에서 언급되었듯이, 이 식은 검사 체적 전체에 대하여 쓰이므로 각 질량 덩어리의 합으로 쓸 수 있다.

$$E_{\text{C.V.}} = \int \rho e\, dV = me = m_A e_A + m_B e_B + m_C e_C + \cdots$$

모든 유동항에는 질량당 운동 에너지와 위치 에너지가 엔탈피와 같이 나타나므로, 다음 식과 같이 **총엔탈피**(total enthalpy) 혹은 **정체 엔탈피**(stagnation enthalpy)와 같은 간단한 표현을 종종 사용한다.

$$h_{\text{tot}} \equiv h + \frac{1}{2}\mathbf{V}^2 + gZ$$

$$h_{\text{stag}} \equiv h + \frac{1}{2}\mathbf{V}^2$$

정체 엔탈피는 유체 역학에서 흔히 사용한다. 이 표현을 사용하여 에너지 변화율을 다음과 같이 간단히 나타낼 수 있다.

$$\frac{dE_{\text{C.V.}}}{dt} = \dot{Q}_{\text{C.V.}} - \dot{W}_{\text{C.V.}} + \sum \dot{m}_i h_{\text{tot},i} - \sum \dot{m}_e h_{\text{tot},e} \tag{4.8}$$

에너지 식의 모든 응용은 식 (4.8)의 형태로부터 시작한다. 특별한 경우에 대하여 이 식은 다음 절에서 보여주듯이 좀 더 간단한 형태로 표현될 수 있다.

4.3 정상상태 과정

검사 체적에 관한 식을 적용하는 첫 단계는 열역학 해석의 중요한 대상인 터빈, 압축기, 노즐, 보일러, 응축기 등과 같은 장기간 정상(long term steady) 운전하는 장치에 대한 적절한 해석 모델을 개발하는 것이다. 이 모델은 이러한 장치들의 시동(startup)과 정지(shutdown) 시에 일어나는 짧은 과도기 과정에는 적용되지 않으며, 오직 정상 운전 기간에만 적용된다. 편의상 이러한 과정을 **정상상태 과정**(steady-state process)이라고 부른다.

식 (4.1)과 (4.7)의 유도에 사용한 것 이외에 정상 운전 과정에 대한 합리적인 모델 개발에 필요한 일련의 가정을 살펴보자.

1. 검사 체적은 좌표계에 대해 움직이지 않기 때문에 속도는 절대 속도이고 검사 체적의 운동에 의한 가속도는 없다.
2. 검사 체적 내 각 점에서 질량의 상태는 시간에 따라 변하지 않는다. 이는 연속 방정식과 에너지 방정식의 좌변이 모두 0이고 저장 효과가 없다는 것을 의미한다.

$$\frac{dm_{\text{C.V.}}}{dt} = 0, \quad \frac{dE_{\text{C.V.}}}{dt} = 0$$

3. 검사면을 지날 때 유량과 질량의 상태는 시간에 따라 변하지 않는다. 검사면을 통한 열과 일의 변화율은 일정하다.

정상상태 과정의 일례로 질량의 유입률과 유출률이 일정한 원심식 압축기를 살펴보자. 압축기 입출구의 단면상에 있는 각 점의 상태량, 주위로 전달되는 열전달률, 입력 동력 등이 일정하다. 압축기 속을 유동하는 공기의 각 지점의 상태량은 변할 수 있어도 압축기 속에 있는 고정점에서의 공기의 상태량은 시간에 따라 변하지 않는다. 그러므로 탐침이 시스템에 삽입된다면 시스템 입구와 출구 사이에서 상태량의 공간상 변화를 측정하게 될 것이다.

따라서 정상상태 과정에 대해서는 식 (4.1)과 식 (4.7)로부터 다음과 같은 식을 얻을 수 있다.

연속 방정식: $$0 = \sum \dot{m}_i - \sum \dot{m}_e \tag{4.9}$$

에너지 방정식: $$0 = \dot{Q}_{\text{C.V.}} - \dot{W}_{\text{C.V.}} + \sum \dot{m}_i h_{\text{tot},i} - \sum \dot{m}_e h_{\text{tot},e} \tag{4.10}$$

이와 같이 방정식은 검사면을 통한 모든 전달 항의 합은 0이 되어야 한다는 것을 나타낸다. 즉, 질량과 에너지는 시스템으로 들어올 수 있지만 동일한 양이 나가서 저장량의 변화는 0이 되어야 한다. 그러므로 입력과 출력이 같아야 한다는 방정식으로 표현된다.

정상상태 과정의 응용 예를 보면 검사 체적에 유입구와 유출구가 각각 한 개씩인 예가 많다. 이러한 과정에 대해서는 다음과 같이 쓸 수 있다.

연속 방정식: $$\dot{m}_i = \dot{m}_e = \dot{m} \tag{4.11}$$

에너지 방정식: $$\dot{Q}_{\text{C.V.}} + \dot{m}\left(h_i + \frac{\mathbf{V}_i^2}{2} + gZ_i\right) = \dot{m}\left(h_e + \frac{\mathbf{V}_e^2}{2} + gZ_e\right) + \dot{W}_{\text{C.V.}} \tag{4.12}$$

이 식을 전개하면 다음과 같다.

$$q + h_i + \frac{\mathbf{V}_i^2}{2} + gZ_i = h_e + \frac{\mathbf{V}_e^2}{2} + gZ_e + w \tag{4.13}$$

식에 나오는 기호의 정의는 다음과 같다.

$$q = \frac{\dot{Q}_{\text{C.V.}}}{\dot{m}} \quad \text{그리고} \quad w = \frac{\dot{W}_{\text{C.V.}}}{\dot{m}} \tag{4.14}$$

q와 w의 단위는 모두 kJ/kg이다. 위의 정의로부터 q와 w는 출입구가 각각 1개인 정상상태 과정에서 검사 체적을 출입하는 단위 질량당 열전달량과 (유동일을 제외한) 일이라고 할 수 있다.

q와 w는 검사 질량의 단위 질량당 열전달량 및 일을 나타내는 기호로도 사용한다. 그러나 관점이 검사 질량(일정 질량)인지 검사 체적(질량의 유동이 포함된)인지는 문맥상 명확하므로 기호 q와 w의 의미는 어떠한 경우이든지 쉽게 알 수 있다.

왕복동식 압축기나 엔진과 같은 왕복동식 기계의 해석에도 정상상태 과정을 종종 이용한다. 이때에는 실제 유량이 맥동하더라도 사이클이 정수(integral number)에 대한 평균 유량을 정상상태의 값으로 사용한다. 검사면을 통과하는 유체의 상태량, 열전달량 및 일에 대해서도 같은 가정을 적용한다. 그뿐만 아니라 왕복동식 기계가 정수 회의 사이클 운전을 하는 동안, 검사면을 통과하는 질량과 열전달량이 시간에 따라 변하지 않는다고 가정한다.

정상상태 정상 유동 과정의 해석을 설명하기 위하여 여러 예제를 제시한다.

개념점검

b. 정상상태 장치에 경계 이동 일이 있을 수 있는가?

c. 정상 유동 장치에서 질량 유량 $\dot{m}$과 체적 유량 $\dot{V}$의 변화에 관하여 말할 수 있는가?

d. 다중 유동 시스템에서 상태 특성을 결정하고자 한다. 상류와 하류 중 어느 부분의 정보를 알아야 하는가?

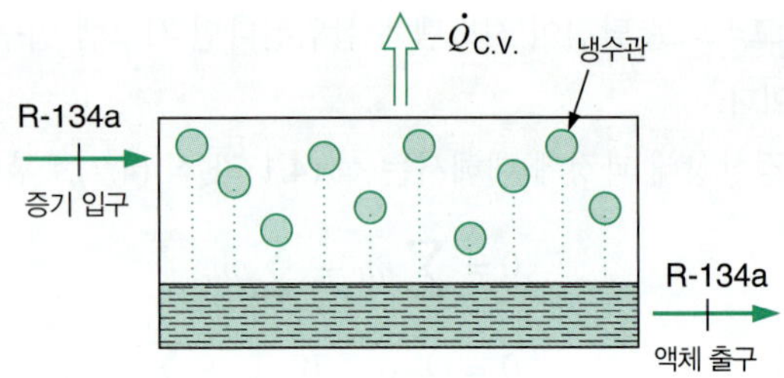

그림 4.5 » 냉동 시스템의 응축기.

4.4 정상상태 과정의 예

이 절에서는 하나의 유체 흐름이 검사 체적을 들어가고 나오는, 즉 식 (4.13)으로 표현될 수 있는 정상상태 과정에 대한 몇 가지 예를 다룬다. 이 식 대신에 하나 이상의 유체 흐름을 고려하는 검사 체적을 사용할 수도 있다. 4.5절에서 소개하는 복수의 입출구 유동이 존재할 경우, 식 (4.10)의 일반적인 에너지 방정식 형태가 요구된다. 간단한 유체 기계의 종류가 이 장 마지막 부분의 표 4.1에 나열되어 있는데, 표는 아래 절들에 제시된 것보다 더 많은 종류를 포함하고 있다. 요약 부분 이후에 나오는 표 4.2는 몇 개의 장치에서의 과정에 대한 단위 질량당 일 또는 엔탈피의 변화를 보여주고 있다.

➲ 열교환기

정상상태 열교환기(steady-state heat exchanger)는 유체의 유동 중에 하나의 유체에서 다른 유체로 열이 전달되는 배관 또는 배관 시스템이다. 이 유체는 가열 또는 냉각, 액체에서 기체로 증발 또는 기체에서 액체로 응축될 수 있다. 이것의 한 예가 그림 4.5에서 보는 바와 같이 R-134a 냉동 시스템의 응축기이며 과열 증기가 들어와 액체로 나온다. 관벽에서 유체의 마찰로, 배관 내를 흐르는 유체에 미소한 압력 강하가 발생하지만 이 과정은 일정한 압력에서 일어난다고 할 수 있다. 특정한 해석을 위하여 압력 강하를 고려할 수도 있다. 일(축일, 전기일 등)이 관여되지 않으며 일반적으로 운동과 위치 에너지의 변화는 무시할 수 있을 만큼 작다[하나의 예외로 액체로 들어가, 보다 큰 비체적의 기체로 나오는 보일러 배관을 생각해볼 수 있다. 이 경우에는 식 (4.3)을 이용하여 출구 속도를 검사해볼 필요가 있다]. 대부분의 열교환기의 열전달량은 식 (4.13)처럼 유체의 엔탈피 차로 구할 수 있다. 그림 4.5의 응축기 내의 R-134a의 응축 과정에 방출된 열은 배관 속을 흐르는 공기 또는 냉각수에 전달된다. 이러한 형태의 열교환기는 이중유체 열교환기(dual fluid heat exchanger)라고도 부른다. 제1법칙을 두 개의 유동을 포함하는 열교환기 전체에 적용하는 것이 더 수월한 경우가 종종 있다. 이 경우 주변과의 열전달은 없거나 무시할 수 있다. 이런 경우가 다음의 예제이다.

예제 4.3

냉매가 R-134a인 대형 냉동 시스템의 수랭식 응축기가 있다. 냉매는 응축기로 1.0 MPa, 60°C, 유량 0.2 kg/s로 들어가, 0.95 MPa, 35°C인 액체로 나온다. 냉각수는 응축기를 10°C로 들어가 20°C로 나온다. 응축기를 통과하는 냉각수의 유량을 구하라.

검사 체적:	그림 4.6의 응축기(두 종류의 유체를 갖는 열교환기)
입구 상태:	R-134a—확정; 물—확정
출구 상태:	R-134a—확정; 물—확정
과정:	정상상태이며, 일도 없고 외부로의 열교환도 없음
모델:	R-134a 표, 수증기표

해석

이 검사 체적에서는 R-134a와 물, 두 개의 유체 유동이 검사 체적을 들어오고 나온다. 운동과 위치 에너지의 변화가 무시할 만하다고 가정한다. 제1법칙, 식 (4.10)은 다음과 같이 된다.

$$\sum \dot{m}_i h_i = \sum \dot{m}_e h_e$$

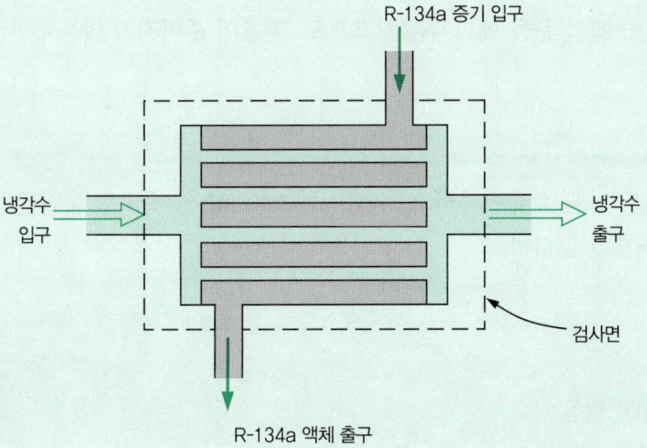

그림 4.6 » R-134a 응축기의 개략도.

첨자 r은 냉매, 첨자 w는 물로 사용하면 다음 식으로 된다.

$$\dot{m}_r(h_i)_r + \dot{m}_w(h_i)_w = \dot{m}_r(h_e)_r + \dot{m}_w(h_e)_w$$

풀이

R-134a와 수증기표로부터

$$(h_i)_r = 441.89\ \text{kJ/kg}, \qquad (h_i)_w = 42.00\ \text{kJ/kg}$$
$$(h_e)_r = 249.10\ \text{kJ/kg}, \qquad (h_e)_w = 83.95\ \text{kJ/kg}$$

위 식을 물의 유량 $\dot{m}_w$에 대하여 풀면

$$\dot{m}_w = \dot{m}_r \frac{(h_i - h_e)_r}{(h_e - h_i)_w} = 0.2\ \text{kg/s} \frac{(441.89 - 249.10)\ \text{kJ/kg}}{(83.95 - 42.00)\ \text{kJ/kg}} = 0.919\ \text{kg/s}$$

이 문제는 하나는 검사면을 통과하는 R-134a의 흐름, 다른 하나는 검사면을 통과하는 물의 흐름 등 두 개의 다른 검사 체적을 적용하여 풀 수도 있다. 이 경우 하나의 검사 체적에서 다른 쪽으로 열전달이 일어난다.

R-134a가 포함된 검사 체적에 대한 열전달량이 먼저 계산된다. 이 경우 정상상태 에너지 식 (4.10)은 다음과 같이 된다.

$$\begin{aligned} Q_{\text{C.V.}} &= \dot{m}_r(h_e - h_i)_r \\ &= 0.2\ \text{kg/s} \times (249.10 - 441.89)\ \text{kJ/kg} = -38.558\ \text{kW} \end{aligned}$$

이것은 다른 검사 체적으로 전달되는 열전달량이며, $\dot{Q}_{\text{C.V.}} = +38.558$ kW이다.

$$\dot{Q}_{\text{C.V.}} = \dot{m}_w(h_e - h_i)_w$$
$$\dot{m}_w = \frac{38.558\ \text{kW}}{(83.95 - 42.00)\ \text{kJ/kg}} = 0.919\ \text{kg/s}$$

➲ 노즐

노즐(nozzle)이란 압력을 이용하여 높은 속도의 유체 흐름을 생성해내는 정상상태 기구이다. 형상은 유동 유체가 서서히 낮은 압력으로 팽창하는 동안 속도가 증가하도록 적절한 곡선으로 처리되어 있다. 운동 부분이 없으므로 어떠한 일도 관여되지 않는다. 위치 에너지는 없거나 무시할 수 있으며, 일반적으로 열전달은 없거나 무시할 수 있다. 고온 환경에서 사용되는 노즐은 로켓 출구 노즐처럼 냉각되거나, 디젤 분사 노즐이나 가열로 연료 분사 노즐처럼 열을 외부로 전도하기도 한다. 이 같은 현상은 보다 복잡하고 상세한 열전달 해석을 요구하게 된다. 일반적으로 노즐 입구에서 운동 에너지는 작으므로 그 값이 주어지지 않는다면 무시한다.

예제 4.4

0.6 MPa, 200°C의 수증기가 50 m/s의 속도로 단열된 노즐로 들어가서 0.15 MPa에 600 m/s의 속도로 분사된다. 출구의 수증기가 과열 증기이면 온도를 구하고 포화 상태이면 건도를 구하라.

검사 체적:	노즐
입구 상태:	확정(그림 4.7 참조)
출구 상태:	P_e를 알고 있음. $Z_e = Z_i$, V_e 를 알고 있음
과정:	정상상태 단일 유동이며, 축에 의한 일은 없고($w = 0$), 단열($q = 0$).
모델:	수증기표

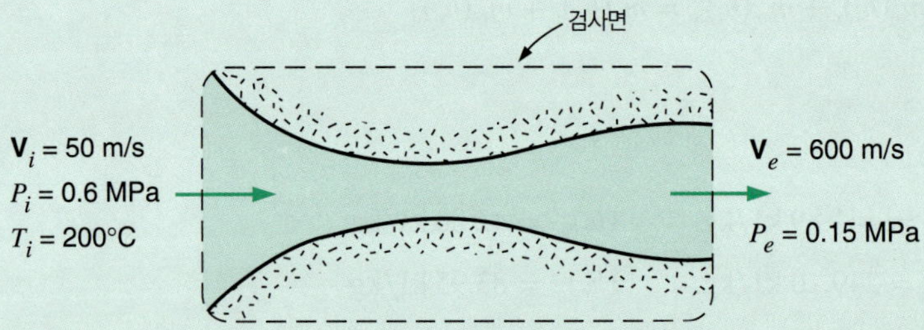

그림 4.7 ▸▸ 예제 4.4의 개략도.

➘ 해석

에너지 방정식에 많은 항들이 0이거나 서로 같기 때문에 에너지 방정식은 다음과 같이 단순화된다.

$$h_i + \frac{\mathbf{V}_i^2}{2} = h_e + \frac{\mathbf{V}_e^2}{2}$$

➘ 풀이

h_e에 대해 정리하면 다음과 같다.

$$h_e = 2850.1\ \text{kJ/kg} + \left[\frac{(50)^2}{2\times 1000} - \frac{(600)^2}{2\times 1000}\right]\frac{\text{m}^2/\text{s}^2}{\text{J/kJ}} = 2671.4\ \text{kJ/kg}$$

출구에서 알고 있는 유체의 상태량이 압력과 엔탈피 두 개이므로 출구의 상태를 결정할 수 있다. h_e가 0.15 MPa의 h_g보다 작으므로 출구의 상태는 포화 상태이며 건도를 계산하여야 한다.

$$h = h_f + xh_{fg}$$

$$2671.4 = 467.1 + x_e 2226.5$$

$$x_e = 0.99$$

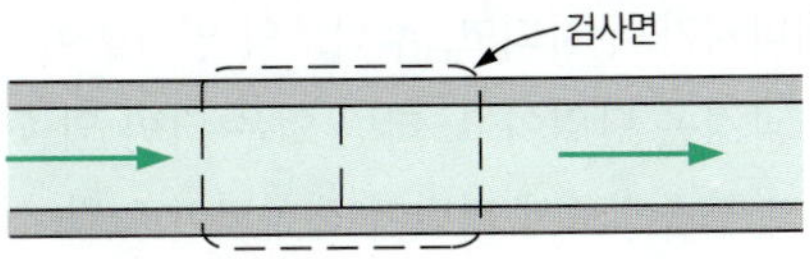

그림 4.8 » 스로틀 과정.

디퓨저

정상상태 디퓨저(diffuser)는 고속의 유체를 감속하는 기구이며 그 결과 유체의 압력이 증가한다. 기본적으로 디퓨저는 노즐의 정반대이며, 노즐의 반대 방향으로 유체가 흘러 반대의 결과를 가져온다고 생각해도 된다. 해석에 필요한 가정들은 노즐의 경우와 유사하다. 디퓨저 입구에서는 운동 에너지가 크므로 무시할 수 없으며 출구에서는 작지만 대개 무시할 수 없는 운동 에너지가 제1법칙 식 (4.13)에서 엔탈피 외에 남아 있는 유일한 항이 된다.

스로틀

일직선 상으로 흐르고 있는 유체에서 유동 통로의 면적이 갑자기 축소되면 스로틀 과정(throttling process)이 일어난다. 그림 4.8처럼 판에 뚫려 있는 작은 구멍이나 유동 통로에 부분적으로 닫혀 있는 밸브, 또는 냉장고에 보통 사용되는 직경이 매우 작은 관 즉 모세관(capillary tube)을 흐르는 유동이 스로틀의 예이다. 스로틀 동안 유체는 갑자기 작아진 통로를 통과해야 하므로 압력이 급격히 떨어진다. 이것은 형상이 부드럽게 곡선 처리되어, 면적 변화에 따라 속도가 현저하게 증가하는 노즐 과정과는 크게 다르다. 스로틀에서는 어느 정도 속도가 증가하지만, 입구와 출구의 운동 에너지는 대체로 무시할 수 있을 정도로 작다. 일이 관여하지 않으며, 위치 에너지의 변화가 없거나 무시할 수 있을 정도로 작다. 일반적으로 감지할 수 있을 정도의 열전달이 일어날 수 있는 시간 또는 기회가 없으므로 제1법칙 식 (4.13)에서 남아 있는 항은 입구와 출구의 엔탈피이다. 따라서 정상상태 스로틀은 근사적으로 **등엔탈피** 과정에서의 압력 강하 과정이 되며, 별도의 언급이 없는 한 이렇게 가정한다.

스로틀 과정은 종종 유체의 상변화를 동반한다. 대표적인 예가 증기 압축식 냉동 시스템의 팽창 밸브를 지나는 유동이다. 이는 예제 4.8에 나타나 있다.

터빈

터빈(turbine)은 작동 유체의 압력이 떨어지는 동안 축일(시간 변화율로는 동력)을 생성하는 회전식 정상상태 기계이다. 일반적으로 세 가지 종류의 터빈이 있는데 증기 터빈, 가스 터빈, 액체 터빈이 이에 해당한다. 수증기(또는 다른 작동 유체)가 터빈에서 팽창하는 동안 축일을 생산하고 응축기에서 액체로 응축되는 터빈이 증기 터빈이고, 가스가 터빈에서 팽창하는 동안 축일을 생산하고 대기 중으로 나가는 터빈이 가스 터빈이다. 마지막으로 댐에서와 같이 액체(대부분 물) 유동을 갖는 터빈이 액체 터빈이다. 어느 방식이든지 터빈의 출구 압력은 작동 유체가 배출되는 주변 환경에 따라 정해지고, 터빈의 입구 압력은 이전 과정의 펌프 또는 압축기의 가압 과정에 의하여 정해진다. 터빈 내에서는 두 개의 별개의 과정이 존재한다. 첫 과정에서, 작동 유체는 다수의 노즐 또는 유사한 장치를 통과한다. 여기서 유체는 곡선의 고정된 날개가 만드는 통로를 거쳐 저압, 고속으로 팽창된다. 두 번째 과정에서, 고속의 유체가 움직이는(회전하는) 날개에 분사되고, 통로에서 배출되기 전에 저속으로 감속된다. 분사된 유체의 속도 감소에 의해 회전하는 축에 토크(torque)가 발생되고, 결과적으로 축일이 발생한다. 최종적으로 저속, 저압의 유체가 터빈으로부터 나온다.

이 과정에 대한 제1법칙은 식 (4.10) 또는 (4.13)이다. 대개 위치 에너지의 변화와 입구의 운동 에너지는 무시할 수 있다. 속도 또는 높이 차이에 의한 운동 에너지 또는 위치 에너지 변화는 상대적으로 매우 작은 온도차에 의한 내부 에너지의 변화에 비해 무시할 만하다는 사실이 예제 3.15에 잘 나타나 있다. 엔탈피는 내부 에너지와 밀접한 관계가 있으므로 상대적으로 작은 온도 변화에 의한 엔탈피 변화가 운동 에너지와 위치 에너지의 변화보다 크다. 터빈 출구에서의 운동 에너지가 무시되고, 주위로의 열방출이 고려될 필요가 없을 정도로 작은 경우가 많다. 따라서 일반적으로 터빈 과정은 단열이고, 터빈 일은 터빈 입출구 간의 엔탈피 감소만큼 저감한다고 가정한다. 예제 4.7에 발전 플랜트의 부품으로서 터빈이 해석되어 있다.

앞에서 논의한 예제는 회전 동력 기계인 터빈에 대한 것이다. 이 외에도 일반적으로 **팽창기**라고 할 수 있는 비회전 동력 기계가 있다. 이러한 기계의 해석에도 동일한 방법을 사용할 수 있다. 단, 피스톤–실린더형 팽창기에서는 대개 열손실이 크다는 사실에 유의하여야 한다.

➲ 압축기 또는 펌프

정상상태 **압축기**(compressor)(기체) 또는 **펌프**(pump)(액체)의 목적은 축일(시간 변화율로 한다면 동력)을 입력하여 유체의 압력을 높이는 것이다. 압축기에는 근본적으로 다른 두 가지 종류가 있다. 가장 일반적인 것은 회전(rotary) 방식의 압축기로서(축류 또는 반경류/원심류), 내부에서 일어나는 과정은 기본적으로 터빈 내에서 일어나는 과정의 반대이다. 작동 유체는 압축기에 저압으로 들어가, 투입된 축일에 의하여 회전하는 날개를 거치면서 고속 유동이 되며 그 후 디퓨저를 거쳐 유체의 속도가 감속되어 결과적으로 압력이 증가한다. 최종적으로 고압 유체가 압축기를 나온다.

압축기에 대한 제1법칙은 식 (4.10) 또는 (4.13)이다. 대개 위치 에너지의 변화와 입구의 운동 에너지는 무시할 수 있다. 종종 출구 운동 에너지도 무시한다. 압축 과정 중 작동 유체로부터의 열전달은 바람직할 수도 있지만, 압축기는 체적 유량이 큰 기계이며 작동 유체로부터 많은 열전달이 일어날 수 있는 충분한 시간이 없다. 그러므로 일반적으로 회전식 압축기에서 그 값은 작으며 보통 회전식 압축 과정은 단열이라고 가정할 수 있다. 이 경우 입력된 일은 입구로부터 출구까지의 엔탈피 변화량과 같게 된다. 식 (4.13)은 운동 에너지와 위치 에너지의 변화를 무시하고 더 정리할 경우 식 (7.14)의 형태로 유도될 수 있으며 이는 7장에서 논의될 것이다.

$$w = -\int_i^e v\,dP \tag{7.14}$$

피스톤–실린더 방식의 압축기에서는 압축 과정 중 열을 방출하기 위하여 실린더에 핀을 부착한다(대형 압축기에서는 더 많은 냉각을 위해 실린더를 물로 냉각하기도 한다). 이 방식의 압축기에서는 작동 유체로부터의 열전달을 무시할 수 없으며, 제1법칙에서 고려해야 한다. 그러나 이 책의 모든 예제와 문제에서, 별도의 언급이 없는 한 압축기는 단열이라고 가정한다.

예제 4.5

어떤 공장의 압축기(그림 4.9 참조)에서 100 kPa, 280 K의 이산화탄소가 저속으로 유입되어 1100 kPa, 500 K의 상태로 25 m/s로 토출된다. 출구를 나온 이산화탄소는 등압의 후냉각기(열교환기)에서 350 K로 냉각된다. 압축기 입력 동력은 50 kW이다. 후냉각기의 열전달률을 구하라.

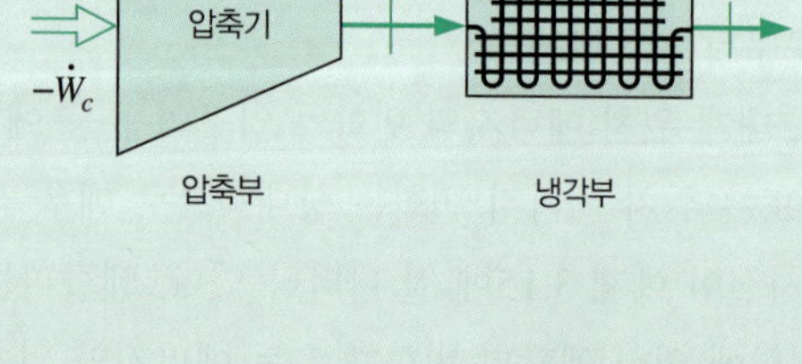

그림 4.9 » 예제 4.5의 개략도.

풀이

검사 체적 압축기: 입출구가 각각 한 개인 정상상태 과정이

식 (4.13)으로부터 $$q_c + h_1 + \frac{1}{2}\mathbf{V}_1^2 = h_2 + \frac{1}{2}\mathbf{V}_2^2 + w$$

$$-w = h_2 - h_1 + \frac{1}{2}\mathbf{V}_2^2 = (401.52 - 198)\ \frac{\text{kJ}}{\text{kg}} + \frac{1}{2}\frac{25^2}{1000}\ \frac{\text{m}^2/\text{s}^2}{\text{J/kJ}}$$

$$= (203.5 + 0.3)\ \frac{\text{kJ}}{\text{kg}} = 203.8\ \frac{\text{kJ}}{\text{kg}}$$

$$\dot{m} = \frac{\dot{W}_c}{w} = \frac{-50}{-203.8}\ \frac{\text{kW}}{\text{kJ/kg}} = 0.245\ \text{kg/s}$$

검사 체적 후냉각기: 단일 입출구이며 일의 전달이 없으므로

식 (4.13)으로부터 $$q + h_2 + \frac{1}{2}\mathbf{V}_2^2 = h_3 + \frac{1}{2}\mathbf{V}_3^2$$

운동 에너지(중요하지 않음에 유의)의 변화가 없다고 가정하고 표 A.8에서 h를 구하면

$$q = h_3 - h_2 = (257.9 - 401.5)\ \text{kJ/kg} = -143.6\ \text{kJ/kg}$$
$$\dot{Q}_{\text{cool}} = -\dot{Q}_{\text{C.V.}} = -\dot{m}q = 0.245\ \text{kg/s} \times 143.6\ \text{kJ/kg} = 35.2\ \text{kW}$$

예제 4.6

소형 액체 펌프가 저수조(그림 4.10 참조) 아래 15 m에 있다. 펌프는 10°C, 90 kPa의 물을 1.5 kg/s로 흡입한다. 출구 배관의 직경은 0.04 m이며 계기압 400 kPa의 저수조에 연결되어 있다. 입출구 속도는 같으며 단열 과정이며 물의 온도는 10°C로 일정하다는 가정하에 펌프 동력을 구하라.

검사 체적 펌프 + 배관: 정상상태 단일 입출구, 입출구 속도는 같으며 열전달은 없다.

풀이

연속 방정식: $\dot{m}_{\text{in}} = \dot{m}_{\text{ex}} = \dot{m}$

에너지 식 (4.12): $$\dot{m}\left(h_{\text{in}} + \frac{1}{2}\mathbf{V}_{\text{in}}^2 + gZ_{\text{in}}\right) = \dot{m}\left(h_{\text{ex}} + \frac{1}{2}\mathbf{V}_{\text{ex}}^2 + gZ_{\text{ex}}\right) + \dot{W}$$

$$w = -\int_i^e v\,dP$$

상태: $h_{\text{ex}} = h_{\text{in}} + (P_{\text{ex}} - P_{\text{in}})v$ (v와 u는 일정)

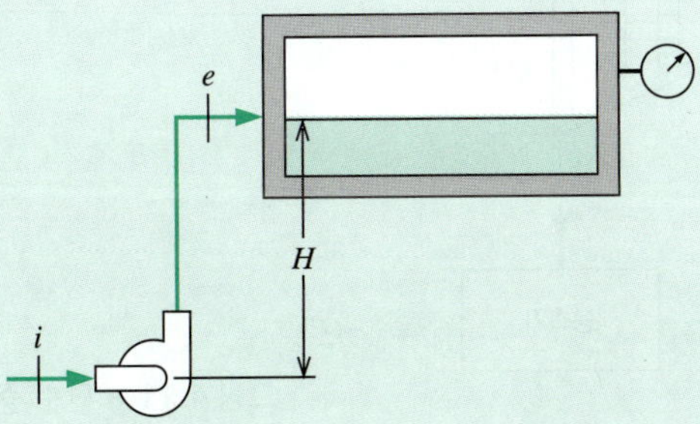

그림 4.10 » 예제 4.6의 개략도.

에너지 식으로부터

$$\dot{W} = \dot{m}(h_{in} + gZ_{in} - h_{ex} - gZ_{ex}) = \dot{m}[g(Z_{in} - Z_{ex}) - (P_{ex} - P_{in})v]$$

$$= 1.5\frac{\text{kg}}{\text{s}} \times \left[9.807\,\frac{\text{m}}{\text{s}^2} \times \frac{-15-0}{1000}\,\frac{\text{m}}{\text{J/kJ}} - (400 + 101.3 - 90)\,\text{kPa} \times 0.001\,001\,\frac{\text{m}^3}{\text{kg}}\right]$$

$$= 1.5 \times (-0.147 - 0.412)\,\text{kW} = -0.84\,\text{kW}$$

펌프 가동에 필요한 일은 840 W이다.

사이클 시스템: 동력 발전소와 냉동기

다음 예제들에서는 이 절에서 설명한 다양한 장치와 기계들을 조합하여 특정한 목적을 수행하는 보다 완전한 열역학 시스템을 다룬다.

예제 4.7

그림 4.11과 같은 단순 증기 동력 발전소가 있다. 표의 데이터는 펌프의 단위 질량당 일이 4 kJ/kg일 때의 발전 플랜트 상태량을 나타낸 것이다.

상태	압력	온도 또는 건도	표 B.1에서 엔탈피, h
1	2.0 MPa	300°C	$h_1 = 3023.5$ kJ/kg
2	1.9 MPa	290°C	$h_2 = 3002.5$ kJ/kg
3	15 kPa	90%	$h_3 = 225.9 + 0.9 \times 2373.1 = 2361.7$ kJ/kg
4	14 kPa	45°C	$h_4 = 188.4$ kJ/kg

각 장치의 단위 유량(kg)당 다음을 계산하라.

a. 보일러와 터빈 사이에 있는 관로의 열전달

b. 터빈 출력

c. 응축기의 열전달

d. 보일러의 열전달

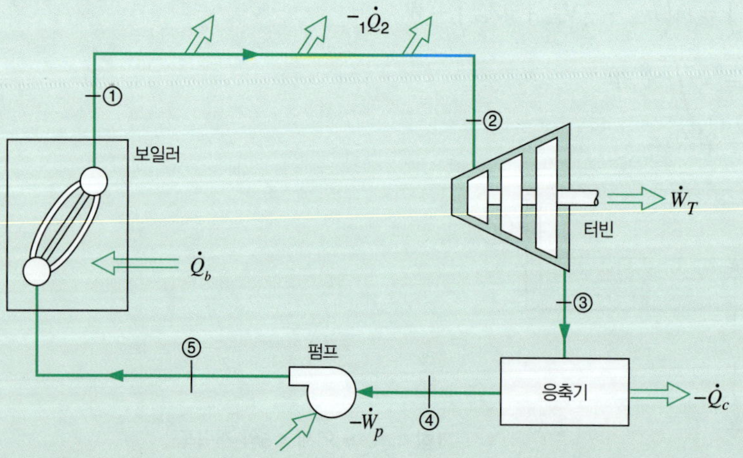

그림 4.11 » 단순 증기 동력 발전소.

이 문제를 풀려면 여러 개의 검사 체적이 필요하므로 이 예제를 통하여 풀이 과정을 확실히 하도록 하자. 그림 4.11의 기호를 사용한다.

모든 과정: 모든 장치를 통해 정상상태 단일 유동

모든 분석: 모든 장치에 대해 $\Delta ke = \Delta pe = 0$이고 에너지 방정식은 식 (4.13)과 같다.

문제의 각 질문에 답하기 위하여 다음과 같이 진행한다.

a. 검사 체적 보일러와 터빈 사이의 관에 대하여 제1법칙과 풀이는

$$_1q_2 + h_1 = h_2$$
$$_1q_2 = h_2 - h_1 = 3002.5 - 3023.5 = -21.0\ \text{kJ/kg}$$

b. 터빈은 단열이라고 가정($q = 0$)하면 에너지 방정식은 다음과 같다.

$$h_2 = h_3 + {_2w_3}$$
$$_2w_3 = (3002.5 - 2361.7)\ \text{kJ/kg} = 640.8\ \text{kJ/kg}$$

c. 응축기는 축 일이 없다고 가정($w = 0$)하면 에너지 방정식은 다음과 같다.

$$_3q_4 + h_3 = h_4$$
$$_3q_4 = (188.4 - 2361.7)\ \text{kJ/kg} = -2173.3\ \text{kJ/kg}$$

d. 보일러에 대한 검사 체적에서는 일이 없기($w = 0$) 때문에 에너지 방정식은 다음과 같다.

$$_5q_1 + h_5 = h_1$$

이 식을 풀려면 h_5의 값이 필요하다. 이 값은 펌프를 검사 체적으로 해석하여 구할 수 있다.

$$h_4 = h_5 + {_4w_5}$$
$$h_5 = [188.4 - (-4)]\ \text{kJ/kg} = 192.4\ \text{kJ/kg}$$

따라서 보일러에서

$$_5q_1 + h_5 = h_1$$
$$_5q_1 = (3023.5 - 192.4)\ \text{kJ/kg} = 2831.1\ \text{kJ/kg}$$

예제 4.8

그림 4.12의 냉장고는 작동 유체로 R-134a를 사용한다. 각 장치를 통과하는 질량 유량은 0.1 kg/s, 압축기에서 소요되는 동력은 5.0 kW이다. 그림 4.12의 기호에 대한 상태 데이터는 다음과 같다.

다음을 구하라.

a. 증발기 입구의 건도

b. 증발기에서의 열전달률

c. 압축기에서의 열전달률

모든 과정: 정상상태

모델: R-134a 표 B.5

모든 해석: 운동과 위치 에너지의 변화량은 없다. 제1법칙은 식 (4.10)으로 주어진다.

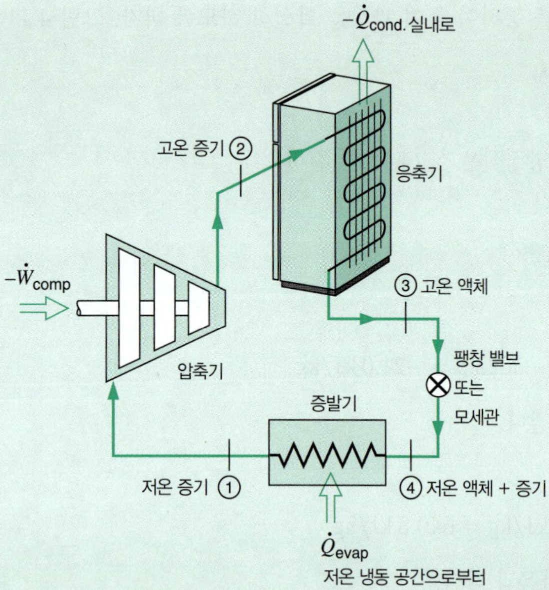

$P_1 = 100\,\text{kPa}, T_1 = -20°\text{C}$

$h_1 = 387.2\,\text{kJ/kg}$

$P_2 = 800\,\text{kPa}, T_2 = 50°\text{C}$

$h_2 = 435.1\,\text{kJ/kg}$

$T_3 = 30°\text{C}, x_3 = 0.0$

$h_3 = 241.8\,\text{kJ/kg}$

$T_4 = -25°\text{C}$

그림 4.12 » 냉장고.

풀이

a. 검사 체적 팽창 밸브에 대하여 제1법칙:

$$h_4 = h_3 = 241.8\,\text{kJ/kg} = h_{f4} + x_4 h_{fg4} = (167.4 + x_4 \times 215.6)\,\text{kJ/kg}$$
$$x_4 = 0.345$$

b. 검사 체적 증발기에 대하여 제1법칙:

$$\dot{Q}_{\text{evap}} = \dot{m}(h_1 - h_4)$$
$$= 0.1\,\text{kg/s} \times (387.2 - 241.8)\,\text{kJ/kg} = 14.54\,\text{kW}$$

c. 검사 체적 압축기에 대하여 제1법칙:

$$\dot{Q}_{\text{comp}} = \dot{m}(h_2 - h_1) + \dot{W}_{\text{comp}}$$
$$= 0.1\,\text{kg/s} \times (435.1 - 387.2)\,\text{kJ/kg} - 5.0\,\text{kW} = -0.21\,\text{kW}$$

개념점검

e. 노즐이나 분무기에서 운동 에너지는 어떻게 생성되는가?

f. 노즐 유동과 스로틀 과정의 차이는 무엇인가?

g. 포화 액체를 조절하면 유체 상태에 어떤 변화가 일어나는가? 이상기체의 경우는 어떻게 되겠는가?

h. 댐 바닥에 있는 터빈으로 물이 흐른다. 터빈 출력은 어떻게 발생하는가? 만약 터빈만을 검사 체적으로 고려한다면 에너지 방정식에서 어느 항이 중요한가? 또 만약 터빈과 호수 수면까지의 상류를 검사 체적에 포함시킨다면 에너지 방정식 중 어느 항이 중요한가?

i. 공기를 압축하면 온도가 올라가는 이유는 무엇인가? 고압의 뜨거운 공기가 긴 파이프를 흘러 마침내 대기 온도로 식는다. 이 유동에 어떤 변화가 있는가?

j. 혼합실에서 압력 손실을 무시하면 모든 유동은 등압이다. 열교환기에는 서로 섞이지 않고 에너지를 교환하는 별개의 유동이 있다. 왜 두 가지가 존재하는가?

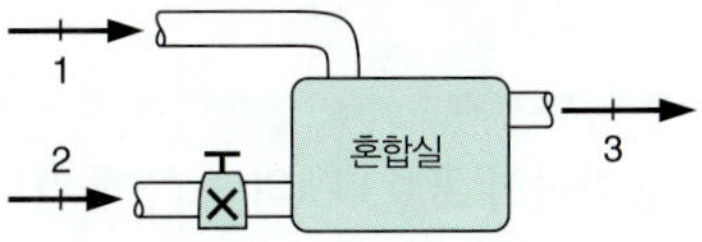

그림 4.13 » 혼합실.

4.5 다중 유동 장치

앞 절에서는 다양한 유체 기계들과 이들의 단일 유동으로 구성된 사이클 시스템에 대해 알아보았다. 그러나 경우에 따라 시스템을 구성하는 유체 기계 내에서 유동이 분리되거나 합쳐지는 경우도 있다. 예를 들어 부엌 또는 샤워기의 수도꼭지는 원하는 온도의 물을 공급하기 위하여 따뜻한 물과 차가운 물을 혼합한다. 또 천연가스로에서는 가연 혼합물을 만들기 위하여 연료를 작은 노즐로 분사하여 공기와 혼합한다. 지열 발전 플랜트에서 고온 고압 액체를 저압으로 교축하는 플래시 증발기가 있다(냉동 공조 사이클의 스로틀 밸브와 유사한 기능). 그 결과 2상 유체는 포화 증기와 포화액으로 분리되게 된다.

위와 유사한 경우에 있어서, 연속 방정식과 에너지 방정식은 앞선 사례들처럼 간단하게 표현되지는 않는다. 지금부터 이 같은 경우의 물리적 설정을 해석해보자. 그림 4.13에 나타난 2개의 입구와 1개의 출구를 가진 혼합실을 고려해보자. 이 시스템은 축이 없는 정상 유동이며, 일이 포함되지 않고, 운동 에너지 및 위치 에너지는 무시할 수 있다. 이 경우의 연속 방정식과 에너지 방정식은 아래와 같다.

연속 식 (4.9): $0 = \dot{m}_1 + \dot{m}_2 - \dot{m}_3$

에너지 식 (4.10): $0 = \dot{m}_1 h_1 + \dot{m}_2 h_2 - \dot{m}_3 h_3 + \dot{Q}$

전체 질량 유량으로 나누어 정리하면 아래와 같다.

$$1 = \frac{\dot{m}_1}{\dot{m}_3} + \frac{\dot{m}_2}{\dot{m}_3} \tag{4.15}$$

그리고 에너지 방정식은 다음과 같아진다.

$$0 = \frac{\dot{m}_1}{\dot{m}_3} h_1 + \frac{\dot{m}_2}{\dot{m}_3} h_2 - h_3 + \dot{Q}/\dot{m}_3 \tag{4.16}$$

위의 정리된 에너지 방정식에서, 무차원의 질량 유량비는 유량에서의 비율이고, 이 비율은 연속 방정식에 따라 하나의 식을 추가시킨다. $0 < y < 1$의 파라미터 y를 선택하면 에너지 방정식으로부터 아래의 식을 얻는다.

$$y = \frac{\dot{m}_1}{\dot{m}_3}; \qquad \frac{\dot{m}_2}{\dot{m}_3} = 1 - y \tag{4.17}$$

그리고 에너지 방정식은 아래와 같다.

$$0 = y h_1 + (1 - y) h_2 - h_3 + \dot{Q}/\dot{m}_3 \tag{4.18}$$

입구의 상태가 주어진다면, 출구 유동의 엔탈피가 아래와 같이 결정된다.

$$h_3 = y h_1 + (1 - y) h_2 + \dot{Q}/\dot{m}_3 \tag{4.19}$$

출구의 엔탈피는 단일 질량 유량비와 열전달에 의해 결정된 두 입구 엔탈피의 질량 가중치 평균이다. 만일 어떠한 열전달도 없다면, 비율 y가 0과 1 사이이므로 출구 엔탈피 h_3는 두 입구 엔탈피 h_2와 h_1 사이에 따라서 변할 수 있다. 이것은 부엌의 수도꼭지가 동일한 총유량에 따라 차가운 물과 따뜻한 물 사이에서 전환될 때 일어나는 일과 같은 것이다. 알고 있거나 모르는 파라미터의 다른 조합이 존재한다면, 에너지 방정식은 어떤 파라미터를 결정할 수 있고 연속 방정식은 단일 파라미터 y에 관한 두 개의 유량비를 결정할 수 있다.

예제 4.9

300 kPa, 300°C의 과열 증기 3 kg/s의 유동을 300 kPa, 90°C의 물을 혼합하여 300 kPa의 포화 증기로 온도를 낮추려고 한다. 혼합실은 단열되어 있다고 가정하고 혼합 과정에 필요한 물의 유량을 구하라.

검사 체적: 그림 4.13과 유사한 혼합실

과정: 정상상태 단열 혼합

입구, 출구 상태: 상태 1, 2 및 3 모두 알고 있음

모델: 증기표, 따라서

$$h_1 = 3069.28\,\mathrm{kJ/kg}; \qquad h_2 = 376.9\,\mathrm{kJ/kg}; \qquad h_3 = 2725.3\,\mathrm{kJ/kg}$$

↘ 해석

이 상황에서 미지수는 $\dot{m}_2$이며, 연속 방정식에 의해 주어지는 출구 유량은

$$\dot{m}_3 = \dot{m}_1 + \dot{m}_2$$

이고 에너지 방정식에 이를 대입하면

$$0 = \dot{m}_1 h_1 + \dot{m}_2 h_2 - (\dot{m}_1 - \dot{m}_2) h_3$$

와 같다.

↘ 풀이

미지수는 두 번째 질량 유량이며 따라서 에너지 방정식을 사용하면 아래와 같이 얻을 수 있다.

$$\begin{aligned}\dot{m}_2 &= \dot{m}_1(h_3 - h_1)/(h_2 - h_3) \\ &= 3\,\mathrm{kg/s} \times \frac{2725.3 - 3069.28}{376.9 - 2725.3} = 0.439\,\mathrm{kg/s}\end{aligned}$$

4.6 과도 과정

앞 절에서는 정상상태 및 단일 유동 상황에 따른 몇 가지 예를 고려했고, 다중 유동에 대한 해석으로 확장했다. 한편 이러한 범주에 들지 않는 몇 가지 흥미로운 과정들이 있다. 그 과정들은 상태나 조건이 시간에 따라 변하는 것으로 특징지어질 수 있으며 비정상 유동을 포함한다. 예를 들면 탱크에 액체나 기체가 채워지거나 저장된 물질이 비워지는 것, 그리고 검사 체적의 상태가 시간에 따라 변화하는 것이다. 바람이 빠진 타이어를 공기로 채운다고 상상해보라. 그 과정이 진행될수록 공기의 중량과 압력은 증가하고, 원하는 압력에 도달할 때 그 과정은 중단된다. 이러한 종류의 과정을 정상상태 과정으로부터 구분하여 과도 과정(transient process)이라고 부른다. 일반적으로 과도(천이)라는 단어는 상태량들이 시간에 따라 변화한다는 것을 의미하며 이러한 상황을 해석하기 위해 아래와 같이 우리는 수학적 해석을 위한 단순화된 가정을 필요로 한다.

1. 좌표계에서 검사 체적은 상대적으로 정지해 있다.
2. 검사 체적 속에 있는 질량의 상태는 시간에 따라 변할 수 있다. 그러나 매 순간마다 검사 체적 속의 모든 지점의(혹은 검사 체적을 구성하는 여러 개의 식별 가능한 구역별로) 질량의 상태가 동일하다.
3. 검사면의 각 부분을 지나는 질량 유량이 시간에 따라 변할 수는 있으나 질량의 상태는 시간에 따라 변하지 않는다.

이러한 가정이 의미하는 바를 조사하고 이러한 과정에 적용할 제1법칙을 유도해보자. 검사 체적이 좌표계에 상대적으로 정지해 있다는 가정이 의미하는 바는 4.3절에서 이미 논의하였다. 나머지 가정으로부터 제1법칙과 연속 방정식이 다음과 같이 간략하게 된다.

전체 과정은 시간 t에 걸쳐서 발생하고, 이 시간 동안 검사 체적 내 질량 변화에 대한 순간 수식은 식 (4.1)의 연속 방정식에 의해 주어진다. 누적된 변화량을 얻기 위해, 시간에 대한 방정식 각 항을 적분하면 아래 식을 얻는다.

$$\int_0^t \left(\frac{dm_{\text{C.V.}}}{dt}\right) dt = (m_2 - m_1)_{\text{C.V.}}$$

시간 t 동안 검사 체적을 들어가고 나가는 총 질량은 각각

$$\int_0^t \left(\sum \dot{m}_i\right) dt = \sum m_i; \quad \int_0^t \left(\sum \dot{m}_e\right) dt = \sum m_e$$

따라서 시간 t 동안 과도 과정에 대한 **연속 방정식**은 다음과 같다.

$$(m_2 - m_1)_{\text{C.V.}} = \sum m_i - \sum m_e \tag{4.20}$$

유한한 시간 변화에 대한 에너지 방정식은 유동항을 추가하기 위한 검사 질량을 위해 식 (3.5)에서 보였다. 각 항을 적분하여 식 (4.8)의 에너지 방정식을 적분해보면

$$\begin{aligned}\int_0^t \frac{dE_{\text{C.V.}}}{dt} dt &= E_2 - E_1 = m_2 e_2 - m_1 e_1 \\ &= m_2\left(u_2 + \frac{1}{2}\mathbf{V}_2^2 + gZ_2\right) - m_1\left(u_1 + \frac{1}{2}\mathbf{V}_1^2 + gZ_1\right)\end{aligned}$$

$$\int_0^t \dot{Q}_{\text{C.V.}}\, dt = Q_{\text{C.V.}}; \quad \int_0^t \dot{W}_{\text{C.V.}}\, dt = W_{\text{C.V.}}$$

유동항에 대해서, 과도과정의 가정으로부터 아래와 같이 단순한 적분이 가능하게 한다.

$$\int_0^t \left[\sum \dot{m}_i h_{\text{tot}\,i}\right] dt = \sum m_i h_{\text{tot}\,i} = \sum m_i \left(h_i + \frac{1}{2}\mathbf{V}_i^2 + gZ_i\right)$$

$$\int_0^t \left[\sum \dot{m}_e h_{\text{tot}\,e}\right] dt = \sum m_e h_{\text{tot}\,e} = \sum m_e \left(h_e + \frac{1}{2}\mathbf{V}_e^2 + gZ_e\right)$$

시간 t 동안, 과도 과정 에너지 방정식은 아래와 같이 쓸 수 있다.

$$\begin{aligned}E_2 - E_1 = Q_{\text{C.V.}} - W_{\text{C.V.}} &+ \sum m_i \left(h_i + \frac{1}{2}\mathbf{V}_i^2 + gZ_i\right) \\ &- \sum m_e \left(h_e + \frac{1}{2}\mathbf{V}_e^2 + gZ_e\right)\end{aligned} \tag{4.21}$$

더 전개하여 정리하면

$$\begin{aligned} Q_{\text{c.v.}} \quad &+ \quad \sum m_i \left(h_i + \frac{\mathbf{V}_i^2}{2} + gZ_i\right) \\ &= \quad \sum m_e \left(h_e + \frac{\mathbf{V}_e^2}{2} + gZ_e\right) \\ &+ \quad \left[m_2\left(u_2 + \frac{\mathbf{V}_2^2}{2} + gZ_2\right) - m_1\left(u_1 + \frac{\mathbf{V}_1^2}{2} + gZ_1\right)\right]_{\text{c.v.}} + W_{\text{c.v.}}\end{aligned} \tag{4.22}$$

이 에너지 방정식이 유동항이 더해진 검사 질량에 관한 식 (3.5)와 어떻게 유사한지 주목하라. 이제 식의 우변은 특정 시간 동안 열, 일, 또는 질량 유량에 의한 에너지 전달로서 검사 체적 경계에 걸쳐 전달되는 모든 에너지를 설명한다. 좌변의 변화는 내부 에너지를 포함하고 있지만(u_2, u_1), 우변의 유동항은 엔탈피를 포함하고 있다. 검사 체적 경계에 걸쳐 유동의 상태가 시간에 따라 변한다면, 출구 또는 입구 유동의 특성이 고려되어야 하는데 이것을 단순하게 추측해서는 안 된다.

과도 과정의 가정이 유효하고 식 (4.21)을 적절하게 적용할 수 있는 문제의 예로서 진공 용기를 충전하는 전형적인 문제를 살펴보자. 이것이 예제 4.10의 주제가 된다.

예제 4.10

그림 4.14처럼 1.4 MPa, 300°C의 수증기가 흐르는 관이 밸브를 거쳐 진공 탱크에 연결되어 있다. 밸브를 열어 탱크의 압력이 1.4 MPa에 이를 때까지 수증기를 충전하고 밸브를 닫았다. 이 과정은 단열 과정이며 운동 에너지와 위치 에너지는 무시한다. 수증기의 최종 온도를 구하라.

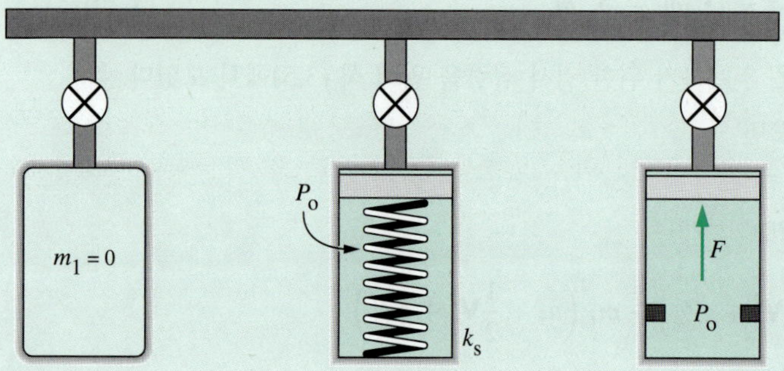

그림 4.14 ▸ 세 개의 다른 용기의 충전

장치 A: 견고한 탱크 $V = C$, $m_1 = 0$

장치 B: 스프링이 장착된 피스톤–실린더, $P = P_1 + C_B V$; $C_B = k_s/A^2$ (주어진 값), $P_1 = 0$, $m_1 = 0$

장치 C: 힘이 가해진 피스톤–실린더, $P_{float} = P_{line}$, $m_1 = 0$, V_{stop} 주어진 값

해석

밸브를 포함하여 각 장치 주위를 둘러싸는 검사 체적을 잡으면 일반 법칙은 운동 에너지와 위치 에너지를 무시하는 다음과 같은 과도 과정으로 표현될 수 있다.

연속 방정식, 식 (4.20): $m_2 - m_1 = m_2 - 0 = m_i - 0 \Rightarrow m_2 = m_i$

에너지 방정식, 식 (4.21): $m_2u_2 - m_1u_1 = m_2u_2 - 0 = {}_1Q_2 - {}_1W_2 + m_ih_i - 0$

과정 식: ${}_1Q_2 = 0$, 각 장치에 대한 과정 식 (P-V)로부터 ${}_1W_2$

에너지 방정식: $m_2u_2 = m_2h_{line} - {}_1W_2$

각 장치에 대해 유일하게 다른 항은 일의 항이다.

풀이

장치 A: ${}_1W_2 = \int P\,dV = 0$

에너지 방정식: $m_2u_2 = m_2h_{line} - 0 \Rightarrow u_2 = h_{line} = 3040.4\ \text{kJ/kg}$

탱크의 최종 상태: $(P_{line}, u_2) \Rightarrow$ 표 B.1.3을 사용하고 내삽법 적용, $T_{2A} = 452°C$

장치 B: $P_2 = P_{\text{line}} = 0 + C_B V_2 \quad \Rightarrow \quad V_2 = P_{\text{line}}/C_B$

$${}_1W_2 = \int P\,dV = \frac{1}{2}(0 + P_2)(V_2 - 0) = \frac{1}{2}P_2V_2 = \frac{1}{2}m_2P_2V_2$$

에너지 방정식: $m_2u_2 = m_2h_{\text{line}} - {}_1W_2 = m_2h_{\text{line}} - \frac{1}{2}m_2P_2v_2$

$$u_2 = h_{\text{line}} - \frac{1}{2}P_{\text{line}}v_2 \quad \Rightarrow \quad u_2 + \frac{1}{2}P_{\text{line}}v_2 = h_{\text{line}}$$

탱크의 최종 상태: $(P_{\text{line}}, ?)$, ?에 대해 T_2 가정 $\Rightarrow$ P_{line}에서 모두 T_2의 함수 $u(T_2)$, $v(T_2)$

표 B.1.3을 사용하여 T_2를 얻기 위해 에너지 방정식에 대한 시행착오 반복법 적용:

$$T_2 = 400°\text{C}: u_2 = 2952.5\ \text{kJ/kg}, v = 0.2178\ \text{m}^3/\text{kg} \quad \text{LHS} = 3104.96 > h_{\text{line}}$$
$$T_2 = 350°\text{C}: u_2 = 2869.12\ \text{kJ/kg}, v = 0.200\,26\ \text{m}^3/\text{kg} \quad \text{LHS} = 3009.3 < h_{\text{line}}$$
$$T_{2B} = 350°\text{C} + 50°\text{C}\,(3040.4 - 3009.3)/(3104.96 - 3009.3) = 366°\text{C}$$

장치 C: $P_{\text{eq}} = P_{\text{line}}$ 따라서 ${}_1W_2 = \int P\,dV = P_{\text{line}}m_2v_2$

에너지 방정식: $m_2u_2 = m_2h_{\text{line}} - {}_1W_2 = m_2h_{\text{line}} - m_2P_2v_2$

$$u_2 + P_2v_2 = h_2 = h_{\text{line}}$$

탱크의 최종 상태: $(P_{\text{line}}, h_{\text{line}}) \quad \Rightarrow \quad T_{2\text{C}} = T_{\text{line}} = 300°\text{C}$

해설: 질량이 장치로 들어갈 때 질량은 에너지를 동반하고 유동에 의한 일은 질량을 장치로 밀어 넣기 때문에 일이 가해진다(순간적으로 이 작용은 소산되는 운동 에너지를 생성한다). 장치로부터 행해지는 일은 에너지를 갖고 나가기 때문에 다른 결과를 보인다. 장치 C의 경우 외부로 움직이는 일은 정확하게 내부의 유동에 의한 일과 같기 때문에 상태는 변화가 없다. 관내 유동과 피스톤–실린더 내부로의 유동 모두 유동 전방의 압력이 P_{line}로 동일하기 때문에 유동의 요소는 이들 유동 간 차이를 구별하지 못한다.

예제 4.11

2 m^{3}의 단열된 탱크에 40°C, 건도 2%인 포화 상태의 암모니아가 있다. 증기는 탱크의 상부를 통해 10°C에 도달할 때까지 배출된다. 과정은 단열 과정이며 증기만 배출되고 액체는 배출되지 않는다고 가정하고 배출된 질량을 구하라.

↘ 해석

검사 체적: 탱크, $V = C$, 단열

연속 방정식: $m_2 - m_1 = m_i - m_e = -m_e$

에너지 방정식: $m_2u_2 - m_1u_1 = m_ih_i - m_eh_e + {}_1Q_2 - {}_1W_2$

과정 식: $V = C \Rightarrow {}_1W_2 = 0$; 단열 $\Rightarrow {}_1Q_2 = 0, m_i = 0$

에너지 방정식은 연속 방정식을 이용하여 다음과 같이 표현될 수 있다.

$$m_2u_2 - m_1u_1 = -m_eh_e = (m_2 - m_1)h_e$$

또는

$$m_2(h_e - u_2) = m_1(h_e - u_1)$$

↘ 풀이

초기 상태: T_1, x_1은 문제에서 주어진 값이며, 표 B.2로부터 다음과 같이 상태량 결정

$$v_1 = v_{f1} + x_1 v_{fg1} = [0.001\,725 + 0.02 \times 0.081\,41]\ \mathrm{m^3/kg} = 0.003\,353\,2\ \mathrm{m^3/kg}$$
$$u_1 = u_{f1} + x_1 u_{fg1} = [368.74 + 0.02 \times 972.2]\ \mathrm{kJ/kg} = 388.184\ \mathrm{kJ/kg}$$
$$m_1 = V/v_1 = 2\ \mathrm{m^3}/0\ 003\,353\,2\ \mathrm{m^3/kg} = 596\ 45\ \mathrm{kg}$$

배출되는 유동은 포화 증기 상태이므로 과정 중 상태가 변한다(그림 4.15 참조). 따라서 평균값으로 단순 근사하면

$$(h_e)_{\text{avg}} \approx \frac{1}{2}(h_{e1} + h_{e2}) = 0.5(1470.2 + 1452.0)\ \mathrm{kJ/kg} = 1461.1\ \mathrm{kJ/kg}$$

상태 2 역시 이상(two-phase)이라고 가정하면 비체적과 단위 질량당 내부 에너지는 다음과 같이 $T_2 = 10°\mathrm{C}$에 의해 결정되고 x_2로 표현된다.

$$v_2 = v_{f2} + x_2\, v_{fg2} = [0.001\,60 + x_2 \times 0.203\,81]\ \mathrm{m^3/kg}$$
$$u_2 = u_{f2} + x_2\, u_{fg2} = [226.0 + x_2 \times 1099.7]\ \mathrm{kJ/kg}$$

$m_2 = V/v_2$이기 때문에 상태 2에서 유일한 미지수는 건도 x_2이다. 에너지 방정식으로부터

$$V(h_e - u_2)/v_2 = m_1(h_e - u_1) = 596.45\ \mathrm{kg}\,(1461.1 - 388.184)\ \mathrm{kJ/kg} = 639\,941\ \mathrm{kJ}$$

또는

$$2\ \mathrm{m^3}[1461.1 - 226.0 - x_2 \times 1099.7]\ \mathrm{kJ/kg} = [0.001\,60 + x_2 \times 0.203\,81]\ \mathrm{m^3/kg} \times 639\,941\ \mathrm{kJ}$$

건도를 구하고 위의 식에 적용하면

$$x_2 = 0.010\,905 \quad \Rightarrow \quad v_2 = 0.003\,822\,5\ \mathrm{m^3/kg}, \quad m_2 = V/v_2 = 523.22\ \mathrm{kg}$$

따라서

$$m_e = m_1 - m_2 = (596.45 - 523.22)\ \mathrm{kg} = 73.2\ \mathrm{kg}$$

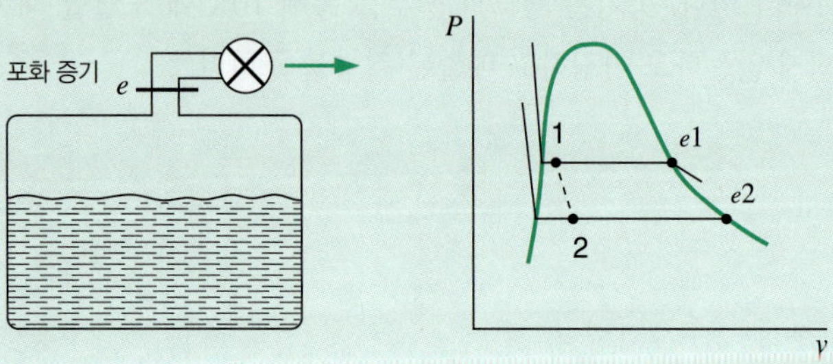

그림 4.15 » 예제 4.11에 대한 개략도 및 P-v 선도.

개념점검

k. 초기에 비어 있던 실린더가 20°C, 100 kPa의 공기로 가득 채워진다. 열전달은 없다고 가정하면 최종 온도는 20°C보다 높은가, 같은가 또는 낮은가? 최종 T가 실린더의 크기에 영향을 받는가?

4.7 공학 응용

➲ 유동 시스템과 유동 장치

에너지 변환 및 전달 기술을 적용한 장치의 대다수는 물질의 유동을 포함한다. 유동 장치는 밸브 및 파이프와 같은 수동적 장치나 터빈 및 펌프와 같은 능동적 장치가 될 수 있으며 일 또는 열 교환을 하거나 유동하는 유체 내외에서 열전달을 수반한다. 이들 장치의 예를 용도 및 공통적인 가정을 포함하여 표 4.1에 제시하였다. 표 4.2는 대표적인 단위 질량당 일과 열전달 값을 포함한 몇 개의 과정을 보여주고 있는데, 이들 표는 본 장 요약 이후에 있다.

➲ 노즐, 디퓨저, 밸브, 스로틀과 같은 수동 장치

노즐은 압력이 팽창하는 곳에서 유체 흐름의 속도를 증가시키는 수동 장치(움직이는 부분이 없음)이다. 노즐의 형상은 유동이 아음속인지 초음속인지에 따라 결정된다. 물의 고속 흐름을 가지지 않는 소화전에 달린, 기본적으로 노즐과 정반대인 디퓨저는 그림 4.16에 나타내었다.

정상적으로 유동은 유동이 통과하는 밸브의 개방구를 조작함으로써 제어된다. 밸브의 좁은 개방구를 지날 때 높은 압력 강하가 발생하고 유동은 크게 제약되며 넓은 개방구에서는 거의 아무런 제한 없이 유동이 자유롭게 노즐을 통과한다. 실제 사용하는 다양한 종류의 밸브들을 그림 4.17에 나타내었다.

그림 4.16 ▸▸ 디퓨저.

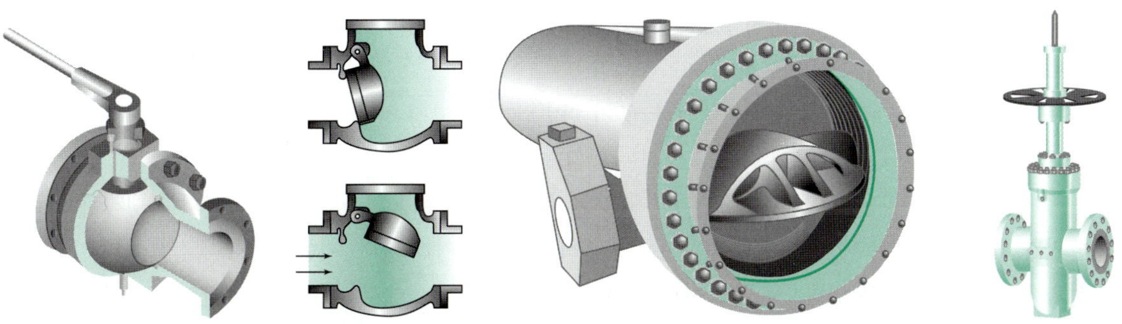

(*a*) 볼 밸브 (*b*) 체크 밸브 (*c*) 대형 나비형 밸브 (*d*) 수송관 게이트 밸브

그림 4.17 ▸▸ 밸브의 몇 가지 종류.

(a) 디젤 엔진 후냉각기

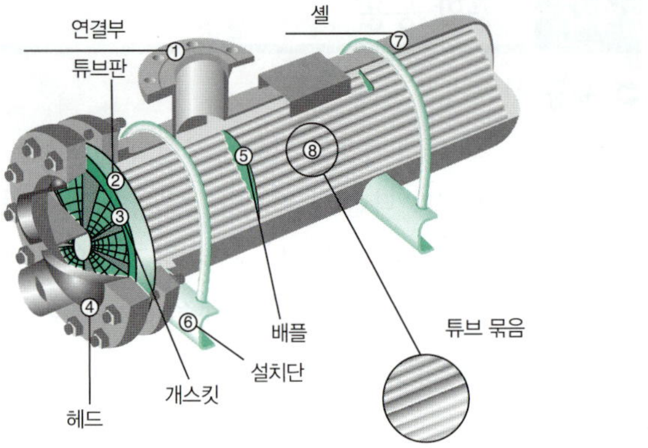

(b) 셸-튜브 열교환기

그림 4.18 ▸ 열교환기.

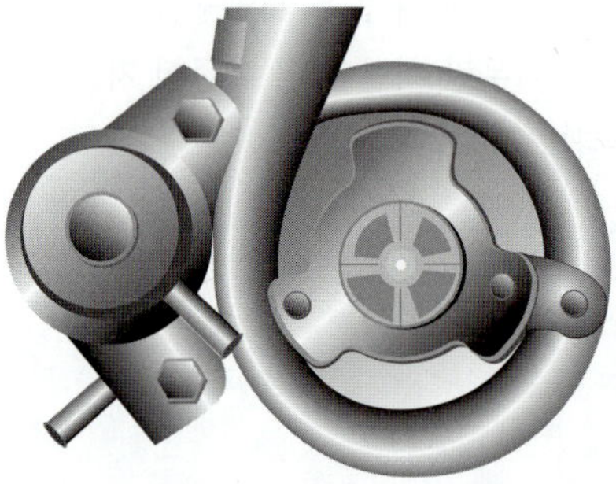

(a) 차량용 원심 공기 압축기

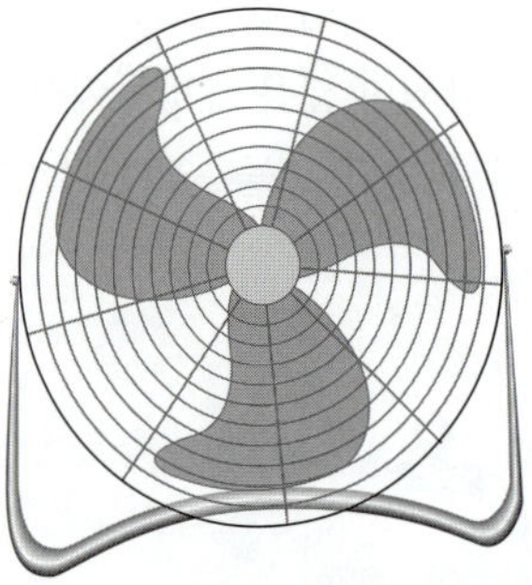

(b) 선풍기

(c) 대형 축류 가스 터빈 압축기 회전체

그림 4.19 ▸ 공기 압축기와 팬.

가열기/냉각기 및 열교환기

열교환기의 두 가지 예를 그림 4.18에 나타내었다. 후냉각기(aftercooler)는 공기가 엔진에 들어가기 전에 압축기에서 도출된 공기의 온도를 낮춰 준다. 그림 4.18*b*의 열교환기의 목적은 고온의 유동을 냉각시키거나 차가운 유동을 가열시키는 것이다. 튜브의 내부는 두 유체 사이에서 상경계(interphase) 영역처럼 동작한다.

능동 유동 장치와 시스템

몇 개의 공기 압축기와 팬을 그림 4.19에 나타내었다. 이런 기기들은 입력일을 필요로 하고 압축기는 공기를 높은 압력으로 이동시키고 팬은 특정 속도로 공기 유동을 유지할 수 있다. 그림 4.20에서의 예와 같이 높은 압력으로 분사된 액체가 펌프 역활을 한다.

몇 가지 터빈을 그림 4.21에 나타내었다. 증기 터빈의 외부 고정 하우징에는 유동 방향을 바꾸는 블레이드가 있다. 이것들은 그림 4.21*b*에 나타나 있지는 않다.

그림 4.22는 냉방용 에어컨이다. 에어컨에는 두 개의 열교환기가 있다. 실내에는 공기를 냉각시키는 열교환기가 있고 실외에는 대기 중으로 에너지를 방출하는 열교환기가 있다. 기능적으로 냉장고에서 일어나는 현상과 같다. 이 시스템은 열펌프로서도 사용될 수 있다. 즉 난방 모드에서, 실내의 열교환기는 방열하며(응축기 및 열 방출기), 실외의 열교환기는 흡열(증발기)하도록 유동의 방향이 조절된다.

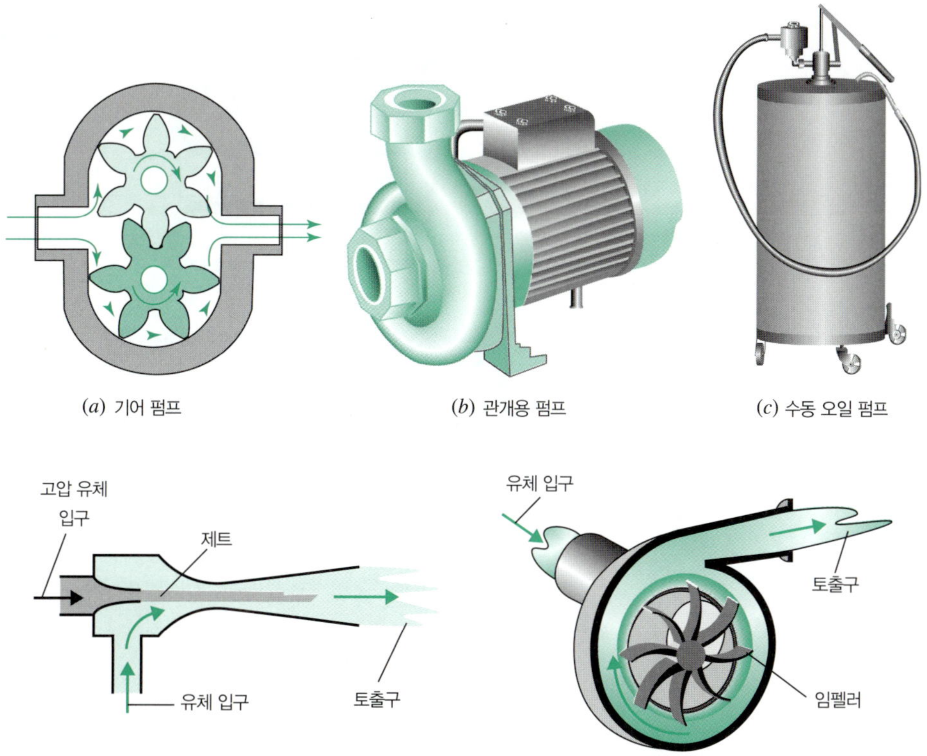

(*a*) 기어 펌프 (*b*) 관개용 펌프 (*c*) 수동 오일 펌프

(*d*) 제트 펌프와 회전 펌프

그림 4.20 ▸▸ 액체 펌프.

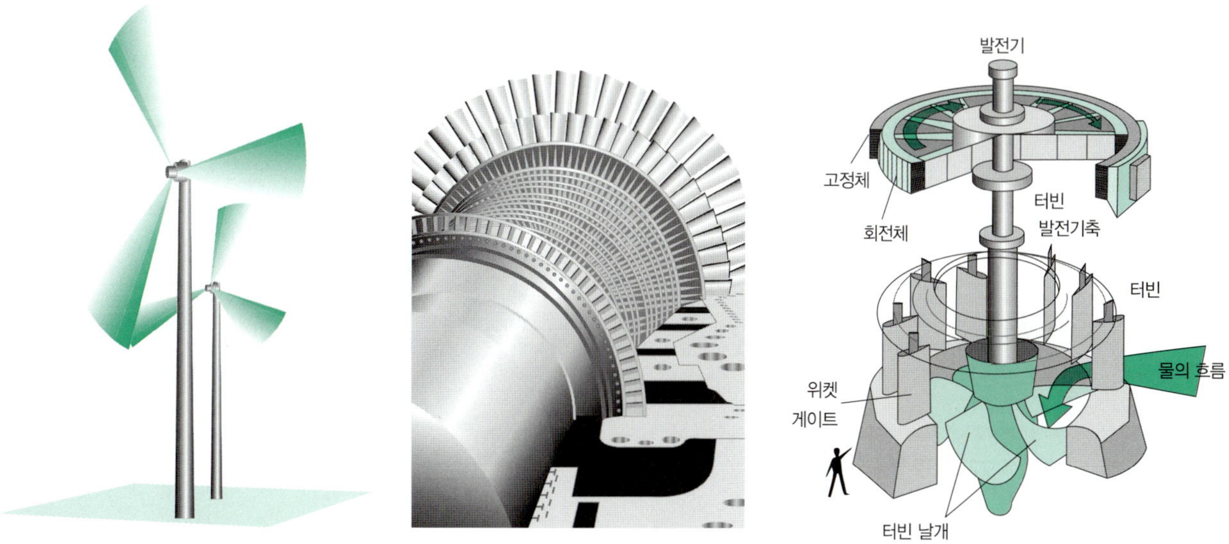

(*a*) 대형 풍력 터빈 (*b*) 회전 블레이드가 달린 증기 터빈 축 (*c*) 수력 발전용 터빈

그림 4.21 ▸▸ 터빈의 예.

많은 종류의 전력 생산 시스템이 있다. 석탄 화력 발전소를 개략적으로 그림 1.1과 1.2에 나타내었다. 또한 엔진의 종류들을 1장에 서술하였다. 이 주제는 9장과 10장에서 더 자세하게 다룰 예정이다.

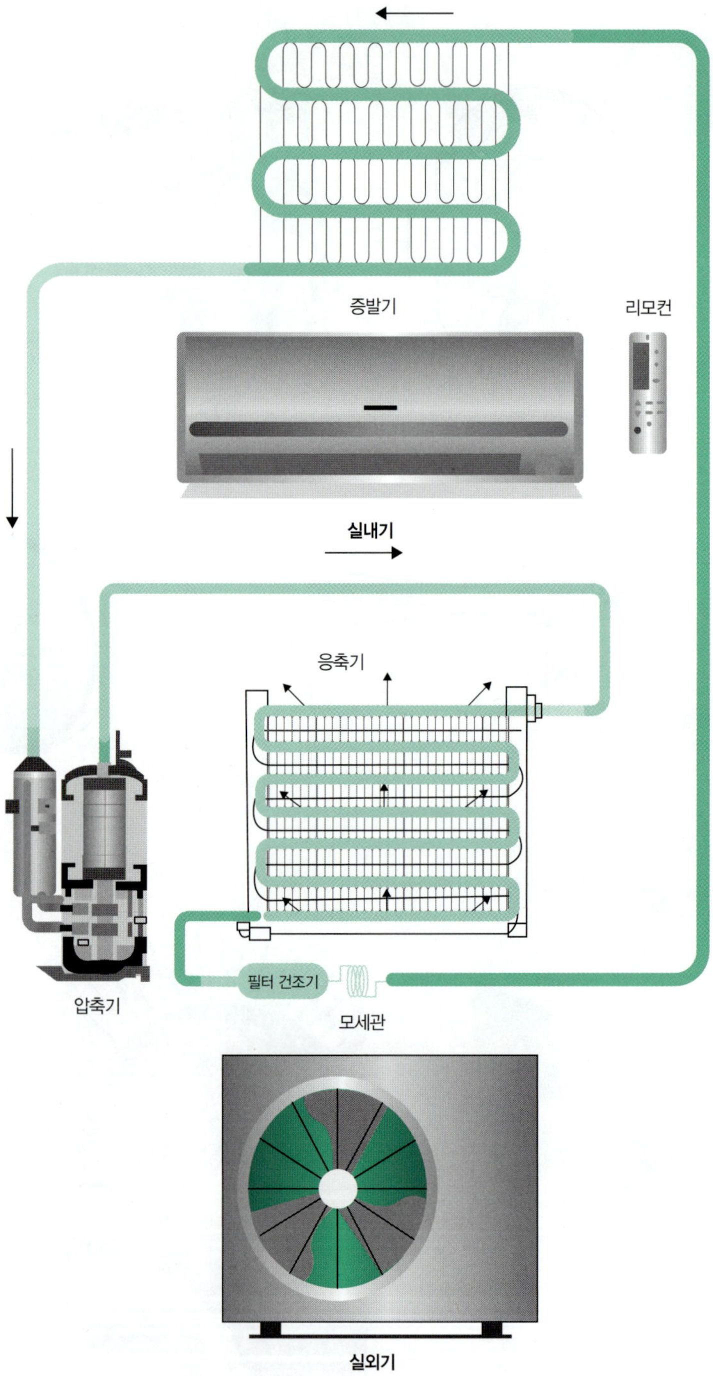

그림 4.22 ▸ 가정용 냉방 시스템.

➲ 다중 유동 장치

두 개의 입구와 하나의 출구 유동을 가지는 **혼합실**의 예제, 그리고 예제 4.9에서는 **과열 저감기**가 소개되었다. 이것은 발전소에서 증기를 공정 또는 가열 시스템으로 보내기 직전에 사용된다. 이러한 경우에 과열 저감의 목적은 증기의 분배 이전에 최대 온도를 낮추는 것인데, 이것은 배관시스템 내의 열전달 손실을 줄일 수 있다. 건물의 배기 시스템은 배기 팬에 도달하기 전에 덕트 도관에 몇 개의 입구가 있으며, 반면에 건물의 **난방 덕트**는 하나의 주입구와 많은 수의 출구를 가지고 있다. 따라서 덕트의 크기는 전달해야 할 질량 유량이 줄어듦으로 덕트의 분지로를 따라 줄어든다. 거의 모든 제조 플랜트에는 **압축 공기 시스템**을 가지고 있다. 이 시스템에는

표 4.1 » 전형적인 정상상태 기기들

기구	목적	기지의 사실	가정
후냉각기	압축기 이후에서 유동을 냉각	$w = 0$	$P =$ 일정
보일러	내용물을 증기 상태로 만듦	$w = 0$	$P =$ 일정
응축기	q를 방열하고 내용물을 액체로 만듦	$w = 0$	$P =$ 일정
연소기	연료를 태움, 열을 가하는 것과 같음	$w = 0$	$P =$ 일정
압축기	내용물에 압력을 가함	w 입력	$q = 0$
탈기기	액체에 녹아 있는 기체를 제거함	$w = 0$	$P =$ 일정
제습기	공기 중의 습기를 제거		$P =$ 일정
과열 제거기	과열 증기에 물을 더해 포화 증기를 만듦	$w = 0$	$P =$ 일정
디퓨저	운동 에너지를 고압으로 전환	$w = 0$	$q = 0$
예열기	저온 저압 열교환기	$w = 0$	$P =$ 일정
증발기	내용물을 증기 상태로 만듦	$w = 0$	$P =$ 일정
팽창기	터빈과 유사하나 q가 있을 수 있음		
팬/송풍기	내용물을 이송, 공기가 대표적임	w 입력, 운동 에너지 상승	$P =$ 일정, $q = 0$
급수 가열기	물을 다른 유동으로 가열	$w = 0$	$P =$ 일정
플래시 증발기	팽창(스로틀) 과정으로 증기 생산	$w = 0$	$q = 0$
열기관	열을 일로 변환하는 기구	q 입력, w 출력	
열교환기	열을 한 매체에서 다른 매체로 전달	$w = 0$	$P =$ 일정
열펌프	저온에서 고온으로 열을 전달하며 입력일을 필요로 함, 냉장고	w 입력	
가열기	내용물을 가열함	$w = 0$	$P =$ 일정
가습기	공기 · 수증기 혼합물에 수분을 더함	$w = 0$	$P =$ 일정
중간 냉각기	압축 단계 사이에 있는 열교환기	$w = 0$	$P =$ 일정
노즐	운동 에너지 증가, 압력 강하, 유량 측정	$w = 0$	$q = 0$
혼합실	두 개 이상의 유동을 섞음	$w = 0$	$q = 0$
펌프	압축기와 같으나 액체를 취급	w 입력, 압력 상승	$q = 0$
반응기	두 개 이상의 내용물이 반응을 일으킴	$w = 0$	$q = 0$, $P =$ 일정
재생기	에너지를 회수하는 열교환기	$w = 0$	$P =$ 일정
증기 발생기	보일러와 같음, 액체의 물을 과열 증기로 만듦	$w = 0$	$P =$ 일정
과급기	자동차 엔진에 공기를 주입하기 위해 엔진 축력으로 구동하는 압축기	w 입력	
과열기	온도를 포화 온도 이상으로 올리는 열교환기	$w = 0$	$P =$ 일정
터빈	고압 유동으로부터 축일을 생성	w 출력	$q = 0$
터보 과급기	공기를 엔진에 주입하기 위하여 터빈 출구 유동을 이용하여 구동하는 압축기	$\dot{W}_{\text{turbine}} = -\dot{W}_C$	
스로틀	밸브와 같음		
밸브	유동을 억제하여 조절, 압력 강하	$w = 0$	$q = 0$

표 4.2 ▸ 유동 장치에서 전형적인 단위 질량당 에너지

장치	에너지(kJ/kg)	장치	에너지(kJ/kg)
보일러(증기 발생기)	$\Delta h = 2600$	펌프(액체, 1 → 10 atm)	$w = 0.9$
압축기(공기, 1 → 10 atm)	$w_c = 270$	터보 과급기(자동차)	$w_c = 80$
댐(100 m)	$gH = 1$	증기터빈(3 → 0.2 MPa)	$\Delta h = 560$
헤어드라이어(20°C → 80°C)	$\Delta h = 60$	바람(8 m/s)	$\Delta ke = 0.032$
노즐(~0 → 100 m/s)	$\Delta ke = 5$	온수기(20°C → 80°C)	$\Delta h = 250$

주 압축기로부터의 단일 입구 유동과 작업대에서 사용되는 압축 공기 도구 및 기계를 위한 많은 출구가 있다.

대형 증기 터빈은 다양한 공정을 위해 여러 가지 압력의 출구를 가질 수 있으며, 몇 개의 출구는 10장에서 보게 될 기본 동력 사이클의 효율을 높일 수 있는 **급수 가열기**를 위해 사용된다.

주요 개념과 공식

물리 개념

체적 유량: $\dot{V} = \int \mathbf{V}\,dA = A\mathbf{V}$ (평균 속도 이용) (4.2)

질량 유량: $\dot{m} = \int \rho\mathbf{V}\,dA = \rho A\mathbf{V} = A\mathbf{V}/v$ (4.3)

유동 일률: $\dot{W}_{\text{flow}} = P\dot{V} = \dot{m}Pv$ (4.5)

유동 방향: 운동 에너지와 위치 에너지의 변화가 크지 않으면 고압에서 저압으로

순간 과정:

연속 방정식: $\dot{m}_{\text{C.V.}} = \sum \dot{m}_i - \sum \dot{m}_e$ (4.1)

에너지 방정식: $\dot{E}_{\text{C.V.}} = \dot{Q}_{\text{C.V.}} - \dot{W}_{\text{C.V.}} + \sum \dot{m}_i h_{\text{tot}\,i} - \sum \dot{m}_e h_{\text{tot}\,e}$ (4.8)

총엔탈피: $h_{\text{tot}} = h + \frac{1}{2}\mathbf{V}^2 + gZ = h_{\text{stagnation}} + gZ$

정상상태:

저장량이 없음: $\dot{m}_{\text{C.V.}} = 0;\quad \dot{E}_{\text{C.V.}} = 0$

연속 방정식: $\sum \dot{m}_i = \sum \dot{m}_e$ (유입 = 유출) (4.9)

에너지 방정식: $\dot{Q}_{\text{C.V.}} + \sum \dot{m}_i h_{\text{tot}\,i} = \dot{W}_{\text{C.V.}} + \sum \dot{m}_e h_{\text{tot}\,e}$ (4.10)

비 열전달: $q = \dot{Q}_{\text{C.V.}}/\dot{m}$ 정상상태 경우에만 (4.14)

비 일: $w = \dot{W}_{\text{C.V.}}/\dot{m}$ 정상상태 경우에만

정상상태 단일유동 에너지 방정식: $q + h_{\text{tot}\,i} = w + h_{\text{tot}\,e}$ (유입 = 유출) (4.13)

과도 과정:

연속 방정식: $m_2 - m_1 = \sum m_i - \sum m_e$ (4.20)

에너지 방정식: $E_2 - E_1 = {}_1Q_2 - {}_1W_2 + \sum m_i h_{\text{tot}\,i} - \sum m_e h_{\text{tot}\,e}$ (4.21)

$$E_2 - E_1 = m_2\left(u_2 + \frac{1}{2}\mathbf{V}_2^2 + gZ_2\right) - m_1\left(u_1 + \frac{1}{2}\mathbf{V}_1^2 + gZ_1\right)$$

$$h_{\text{tot}\,e} = h_{\text{tot exit average}} \approx \frac{1}{2}\left(h_{\text{tot}\,e1} + h_{\text{tot}\,e2}\right)$$

개념학습용 문제

4.1 열전달은 온도차에 의해 일어난다. 유사한 개념이 $\dot{m}$에도 적용되는가?

4.2 단열 밸브를 통해 이상 기체를 스로틀 한다. ΔU, ΔH, ΔT, ΔP, W 중 이 과정에서 0이 아닌 것은?

4.3 포화 액체 R-12가 단열 스로틀 한다. 새로운 상은? 이유를 설명하라. 또한 이 과정을 P-v 선도에 나타내라.

4.4 800 kPa 공기를 200 kPa까지 두 가지 정상유동의 경우로 팽창시킨다. 경우 1은 노즐이며 경우 2는 터빈이다. 두 경우에 출구 상태는 같다. 단위 질량당 터빈 일은 노즐의 출구 유동에서 단위 질량당 운동 에너지에 비해 어떠한가?

4.5 풍차는 바람의 운동 에너지 일부를 끌어내어 축의 동력원으로 사용한다. 온도와 풍속은 동력에 어떤 영향을 미치는가?

4.6 물속의 터빈은 해류로부터 운동 에너지 일부를 끌어낸다. 온도와 물의 속도는 동력에 어떤 영향을 미치는가? 힌트: 동력 항을 질량 유량과 단위 질량당 일의 곱으로 생각해보라.

4.7 멈추개가 없는 피스톤–실린더 장치의 바닥에 단일 입출구를 갖는 배관이 장착되어 있다. 입구 배관을 통해 과열 증기가 실린더에 공급되고 출구 배관을 통해 포화 증기가 배출된다. 이 장치는 시간에 따라 질량과 에너지 변화없이 작동한다. 이 과정에서 일이 발생하는가? 설명하라.

4.8 단열 시스템에서 일이 있고 속도는 10 m/s에서 20 m/s로 변하며 고도는 20 m 상승하고 온도는 1 K 상승한다. 등압 비열은 100 J/kg K이고 시스템의 다른 에너지의 변화는 없다면 이 과정에서 총 단위 질량당 일을 구하라. 결과에 대해 간단히 설명하라.

4.9 극저온 액체(O_2, N_2, CH_4)의 저장 탱크는 매우 차갑기 때문에 단열을 하지만 약간의 열은 유입된다. 탱크는 일반적으로 냉각되지 않기 때문에 차갑게 유지하기 위해 소량의 물질을 상부에서 배출시킨다. 이유를 설명하라. 배출하지 않을 경우 어떤 일이 발생하겠는가?

과제용 문제

연속 방정식과 유량

4.10 어떤 대형 맥주 공장에서 400 kPa, 20°C의 이산화탄소가 0.2 m^3/s의 체적 유량으로 단면적 0.3 m^2의 배관을 흐른다. 이산화탄소의 속도 및 질량 유량을 구하라. 이 조건에서 이산화탄소는 이상기체인가?

4.11 직경 2 cm인 정원 호스를 통해 흐르는 물의 유속이 2 m/s일 때 어떤 연못이 80 m^3의 물로 채워진다. 연못을 채우는 데 필요한 물의 질량 유량 및 시간을 구하라. 물의 밀도는 997 kg/m^3으로 가정하라.

4.12 300 K, 200 kPa의 질소 기체가 0.05 kg/s의 유량으로 직경 50 mm인 관 내를 흐른다. 질소가 부분적으로 잠긴 밸브를 지나며 온도는 변화 없이 100 kPa의 압력강하가 발생하였다면 밸브의 상류와 하류에서의 속도는 각각 얼마인가?

4.13 보일러에서 일정한 유량 5000 kg/h의 물이 5 MPa, 20°C로 들어가 450°C, 압력 4 MPa이 되도록 가열된다. 속도가 20 m/s를 넘지 않도록 하기 위하여 입구와 출구의 최소 배관 면적은 얼마가 되어야 하는가?

4.14 직경 0.75 m의 가정용 선풍기에서 98 kPa, 295 K의 공기가 빨려 들어가 105 kPa, 296 K, 1.5 m/s로 나온다(그림 P4.14). 질량 유량(kg/s), 입구 속도, 출구에서 체적 유량(m^3/s)을 구하라.

그림 P4.14

단일 유동, 단일 기구 과정

노즐, 디퓨저

4.15 노즐에서 25°C의 물이 수직 상공으로 15 m까지 뿜어진다. 노즐의 출구 속도는 얼마인가?

4.16 어떤 노즐에서 속도 25 m/s의 이상기체가 유입되고 노즐 출구에서 속도는 250 m/s이고 상태는 100 kPa, 300 K이다. 기체가 아르곤, 헬륨, 또는 메탄이라고 했을 때 입구 온도를 결정하라.

4.17 제트 엔진에서 1000 K, 200 kPa의 공기가 40 m/s로 노즐로 들어간다(그림 P4.17). 공기가 500 m/s, 90 kPa로 배출될 때 출구 온도를 구하라. 열손실은 없다고 가정한다.

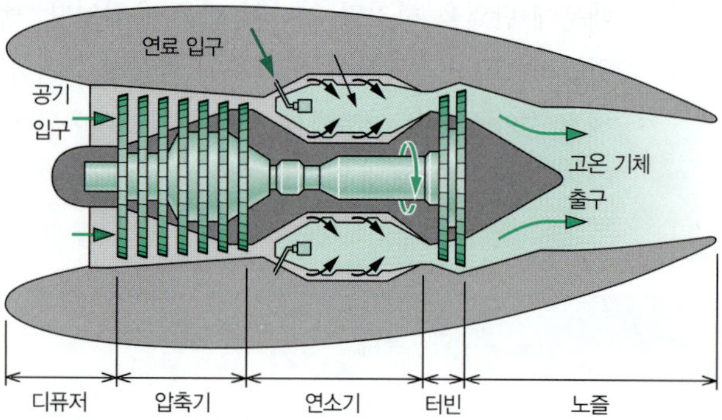

그림 P4.17

4.18 P_o, 20°C의 폭풍 속에서 바람이 수평으로 30 m/s로 어떤 벽을 향해 흐르는데 바람은 곧 멈추고(정체 상태) 매우 큰 출구 면적을 갖는 디퓨저와 유사하게 무시 가능한 속도로 지나간다. 에너지 방정식으로부터 정체 온도를 구하라. 비열은 일정하다고 가정하라.

4.19 운석이 압력 0.1 atm, 온도 −40°C인 대기 상부와 3000 m/s로 충돌한다. 단열 정체 과정으로 열전달이 없다고 가정하면 운석의 바로 앞의 공기는 얼마나 뜨거워지는가?

스로틀 유동

4.20 이산화탄소가 20°C, 2 MPa에서 800 kPa로 스로틀된다. 이상기체로 가정하고 출구 온도를 구하라. 실제 기체의 거동을 고려할 경우의 출구 온도도 구하라.

4.21 냉장고에서 25°C 포화 액체 상태의 R-410A가 400 kPa로 스로틀된다. 출구 온도를 구하라. 체적 유량의 증가 %를 구하라.

4.22 천연 냉매로 사용되는 10 MPa, 40°C 상태의 이산화탄소가 냉각기 바깥으로 스로틀 유동을 통하여 1.4 MPa로 되었다. 출구에서의 (T, x) 상태를 구하라.

4.23 180°C, 2000 kPa의 액체 상태 물이 압력 500 kPa인 순간(플래시) 증발기 챔버 내로 스로틀된다. 운동 에너지의 변화는 무시하면 챔버에서 액체와 증기의 분율은 얼마인가?

4.24 1 MPa, 300 K의 메탄이 밸브를 통해서 100 kPa로 스로틀된다. 운동 에너지에 어떠한 변화도 없다고 가정하라. 출구 온도는 얼마인가? 이상기체라면 출구 온도는 얼마인가?

터빈, 팽창기

4.25 2000 kPa, 400°C인 물이 질량 유량 2 kg/s, 속도 15 m/s로 단열 증기 터빈으로 유입된다. 출구에서 압력 100 kPa인 포화 증기로 배출되며 속도는 매우 낮다. 단위 질량당 일과 출력을 구하라.

4.26 1500 K, 875 kPa인 공기가 20 m/s, 5 kg/s로 터빈에 유입되고 25 m/s, 850 K, 105 kPa로 배출된다. 비열이 일정하다고 가정하고 출력을 구하라.

4.27 문제 4.26을 표 A.7을 이용하여 풀어라.

4.28 풍력 터빈이 바람의 운동 에너지 중 최대 16/27까지 이용할 수 있다. 로터 직경 15 m, 바람의 속력이 5 m/s일 때 질량 유량과 출력을 구하라. 적절한 가정이 필요하다.

4.29 2000 kPa, 20°C의 수증기가 속도 30 m/s, 질량 유량 2 kg/s로 터빈으로 유입된다. 출구 상태는 100 kPa, 20°C, 속도는 매우 낮다. 단위 질량당 일과 출력을 구하라.

4.30 압축 공기로 작동하는 고속의 소형 터빈이 100 W의 출력을 낸다. 입구의 상태는 400 kPa, 50°C이고 출구의 상태는 150 kPa, −30°C이다. 속도는 낮고 단열 과정으로 가정할 경우 요구되는 공기의 질량 유량을 구하라.

4.31 Colorado 강의 Hoover 댐 설치로 하류보다 200 m 높은 Mead 호가 형성되었다(그림 P4.31). 수력 터빈으로 구동되는 발전기의 출력이 1300 MW이다. 물의 온도가 15°C일 때 터빈을 통과하는 물의 최소 유량(m^3/s)을 구하라.

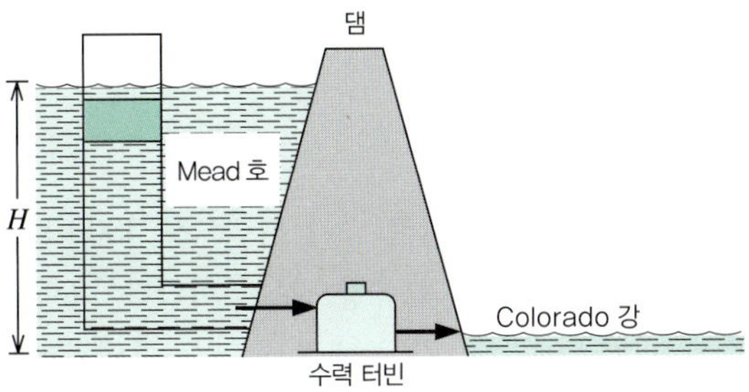

그림 P4.31

4.32 하류의 강 대비 수위가 현재 160 m인 Hoover 댐으로부터 얻을 수 있는 단위 질량당 일은? 생산된 총 동력은 얼마인가? 문제 4.31과 동일한 질량 유량을 가정하라.

압축기, 팬

4.33 상업용 냉장고 압축기에 −25°C, $x = 1$의 R-410A가 유입되어 1200 kPa, 60°C로 토출된다. 운동 에너지를 무시하고 냉매 단위 질량당 일을 구하라.

4.34 200 kPa, 300 K의 질소를 1500 kPa로 가압하는 압축기가 있다. 이 과정에 450 kJ/kg의 입력일이 필요하고 압축기 출구의 온도는 500 K이 된다. 질소를 비열이 일정한 이상기체로 가정할 때 단위 질량당 열전달을 구하라.

4.35 냉장고가 천연 냉매인 이산화탄소를 사용한다. 압축기가 2 kW의 동력을 사용하여 0.02 kg/s의 이산화탄소를 1 MPa, −20°C에서 6 MPa로 가압할 때 압축기 출구 온도를 구하라.

4.36 단열 압축기에서 400 kPa의 포화 증기 R-410A가 2000 kPa, 60°C로 토출된다. 토출된 R-410A는 다시 냉각기를 거쳐 2000 kPa의 포화 액체가 된다(그림 P4.36). 단위 질량당 압축일과 냉각기에서의 단위 질량당 열전달을 구하라.

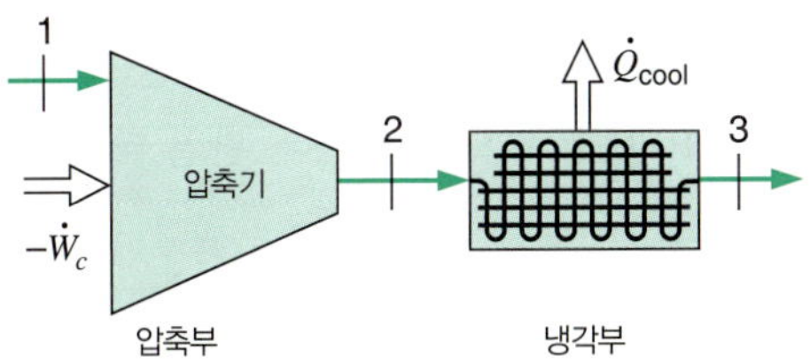

그림 P4.36

4.37 R-134a를 사용하는 압축기에서 150 kPa, −10°C의 냉매가 1200 kPa, 50°C로 압축된다. 수랭식으로 손실되는 열량이 40 kW이며 압축기 동력은 160 kW이다. 냉매의 질량 유량을 구하라.

4.38 어떤 건물의 배기 송풍기가 0.4 m 직경을 가지는 통기구멍을 통해서 98 kPa, 대기압의 20°C의 공기 2.5 kg/s을 제거해야 한다고 한다. 환기구 내의 속도와 환풍기 구동 동력을 구하라.

4.39 50 kW의 모터를 사용하여 움직이는 단열 압축기에 의해서 300 K, 100 kPa의 공기가 1000 kPa, 600 K의 공기로 압축된다. 공기의 질량 유량 및 출구의 체적 유량은 얼마인가?

가열기, 냉각기

4.40 집이나 자동차 안의 에어컨은 30°C의 외부 공기를 10°C로 낮추는 냉각기를 가지고 있는데 두 상태(외부, 내부) 모두 101 kPa이다. 0.75 kg/s의 유량에 대하여 열전달률은 얼마인가? 비열은 일정하다고 가정하라.

4.41 보일러가 가역 등압 과정으로 4000 kPa, 3 kg/s의 포화 액체인 물을 포화 증기로 가열한다. 열전달을 구하고, 이 과정을 *P*-*v*와 *T*-*v* 선도에 나타내라.

4.42 과열기에 들어간 3 kg/s의 포화 수증기가 5000 kPa에서 450°C로 가열된다. 열전달을 구하고, 이 과정을 *P*-*v*와 *T*-*v* 선도에 나타내라.

4.43 이상기체인 이산화탄소가 300 kPa, 300 K로 정상상태 정상 유동의 가열기에 들어가서 275 kPa, 1500 K로 나온다. 운동 에너지와 위치 에너지의 변화를 무시하고 가열기에서의 단위 질량당 열전달을 구하라. 비열은 일정하다고 가정하라.

4.44 문제 4.13에서 열전달을 구하라.

4.45 냉수기(chiller)에서 공조용으로 물을 냉각한다. 20°C, 100 kPa의 물 2.5 kg/s를 5°C까지 냉각한다. 열전달(kW)은 얼마인가? 액체 상태의 물에 대해 비열이 일정하다고 가정하면 열전달(kW)은 얼마인가?

4.46 600 kPa의 포화 액체 질소가 유량 0.005 kg/s로 정상상태 보일러를 들어가 포화 증기로 나온다(그림 P4.46). 그리고 다시 600 kPa로 과열기로 들어가 600 kPa, 280 K로 나온다. 보일러와 과열기에서의 열전달률을 구하고, 이 과정을 *P*-*v*와 *T*-*v* 선도에 나타내라.

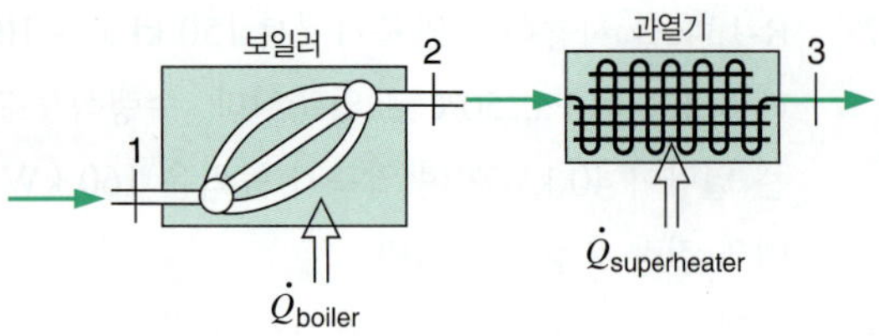

그림 P4.46

4.47 오븐 내 5개의 복사 히터가 있는데 각각의 출력은 15 kW이다. 오븐은 2 kg의 강철 판을 20°C에서 800 K로 가열할 수 있다. 분당 몇 개의 판을 가열할 수 있나?

4.48 극저온 수술에 사용되는 기기에 90 K, 400 kPa의 액체 질소가 유입되어 160 K, 400 kPa로 나간다. 질소로의 단위 질량당 열전달을 구하라. 출구 단면적이 입구 단면적의 100배일 때 입구 속도에 대한 출구 속도의 비를 구하라.

4.49 액체 글리세린은 엔진 주위에 흐르면서 엔진을 냉각하여 에너지를 흡수한다. 50°C의 글리세린은 20 kW의 열을 받는다. 최대 온도 95°C로 나가기 위해 필요한 질량 유량은 얼마인가?

펌프, 파이프, 관 유동

4.50 용수펌프가 25°C, 100 kPa의 강물을 받아서 100 m 높은 곳에 있는 개방된 운하로 25°C 상태로 공급한다. 펌프 출입구의 배관 직경이 0.1 m, 구동 모터가 5 hp이라면 유량은? 운동 에너지와 손실은 무시하라.

4.51 300 m 높이의 빌딩을 위한 수증기 파이프가 지상에서 200 kPa의 과열 수증기를 유입한다. 최상층에서 압력은 125 kPa이고 열손실은 110 kJ/kg이다. 파이프 내에서 물이 응축되지 않기 위해서는 입구 온도가 얼마이어야 하는가?

4.52 25°C, 100 kPa의 물이 펌프에 들어와 직경 2 cm (0.02 m)의 노즐이 달린 동일 직경의 파이프로 나간다. 대기압은 100 kPa이다(그림 P4.52). 파이프 내 운동 에너지는 무시하고 물의 내부 에너지는 일정하다고 가정한다. 펌프의 구동 동력이 1 kW일 때, 노즐 출구에서의 속도와 질량 유량을 구하라.

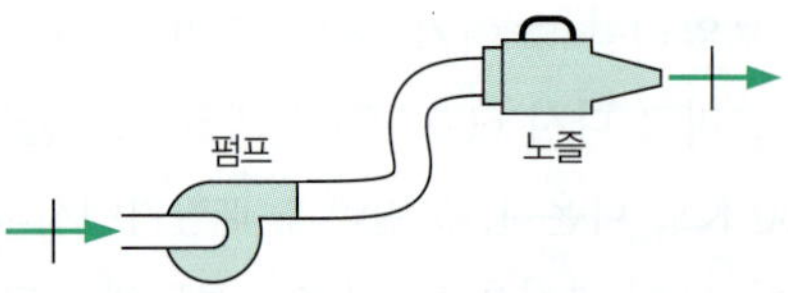

그림 P4.52

4.53 절단장치는 고속 액체 물 제트를 발생시키는 노즐을 사용한다. 20°C 액체 상태의 제트 직경은 2 mm (0.002 m), 출구 속도는 500 m/s이다. 질량 유량은? 200 kPa, 20°C 액체 상태의 물을 일정하게 공급하여 제트를 발생시키려면 얼마나 큰 동력의 펌프를 사용해야 하는가?

다수 유동, 단일 기기 과정

터빈, 압축기, 팽창기

4.54 발전소에 있는 단열 증기 터빈으로 3000 kPa, 500°C의 물이 5 kg/s의 유량으로 들어간다. 유량의 20%가 1000 kPa, 350°C 상태에서 급수 가열기로 배출되고 나머지는 후단에서 200 kPa, 200°C로 배출된다(그림 P4.54). 터빈의 출력을 구하라.

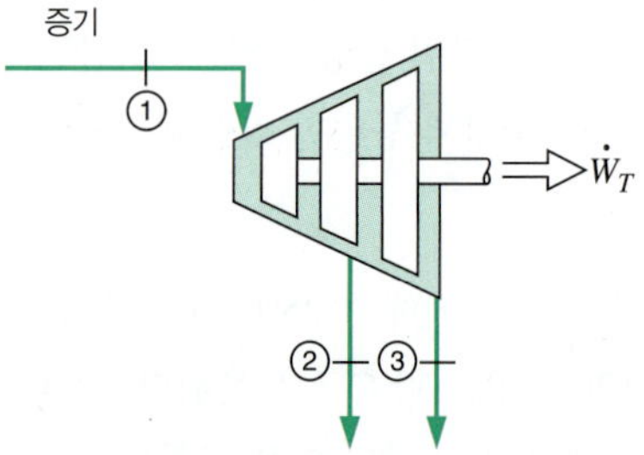

그림 P4.54

4.55 그림 4.55와 같이 압축기에 300 kPa, −20°C의 R-410A 0.05 kg/s와 500 kPa, 0°C의 R-410A 0.1 kg/s가 유입되고, 1000 kPa, 60°C로 배출된다. 단열 과정에, 운동 에너지를 무시한다고 가정할 때, 필요로 하는 동력을 구하라.

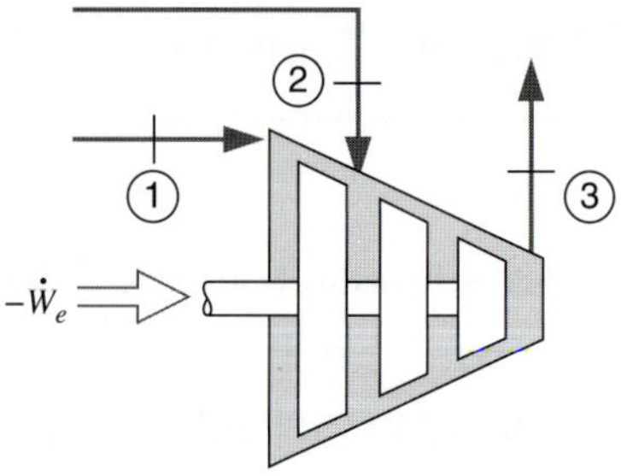

그림 P4.55

4.56 두 개의 보일러가 증기 터빈에 수증기를 공급한다(그림 P4.56 참조). 하나는 5 kg/s, 3 MPa, 700°C, 다른 하나는 15 kg/s, 800 kPa, 500°C의 증기를 공급한다. 출구 상태는 10 kPa, 건도 96%이다. 단열 터빈의 총출력을 구하라.

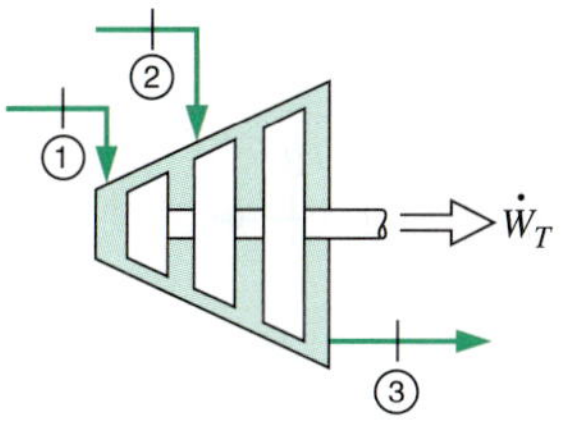

그림 P4.56

4.57 R-134a가 150 kPa, −10°C로 공랭식 압축기로 들어와 1000 kPa, 40°C로 배출되며 유량은 0.1 kg/s이다. 압축기 동력은 3 kW이다. 압축기는 100 kPa, 20°C로 들어와 25°C로 나가는 공기와 열교환을 한다. 공기의 질량 유량을 구하라. 비열은 일정하다고 가정하라.

4.58 그림 P4.58과 같이 공기가 두개의 정상 유동으로 검사체적에 들어간다. 하나는 350 kPa, 150°C로 0.025 kg/s의 유량을 갖고(상태 1), 다른 하나는 450 kPa, 15°C로 들어간다(상태 2). 단일 유동으로 100 kPa, −40°C로 나간다(상태 3). 검사 체적은 1 kW의 열을 주위로 방출하고 4 kW의 출력을 낸다. 운동 에너지를 무시하고 상태 2의 질량 유량을 결정하라.

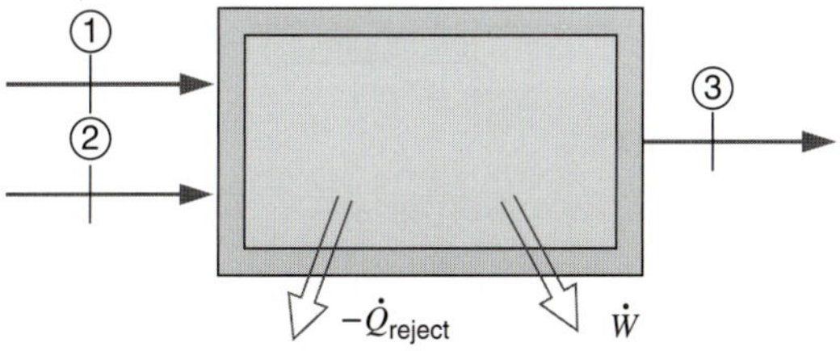

그림 P4.58

열교환기

4.59 그림 P4.59와 같은 응축기(열교환기)에서 10 kPa, 건도 0.86의 수증기 1 kg/s가 10 kPa의 포화 액체로 응축된다. 호수의 물을 냉각수로 사용하며 입구 온도는 25°C, 출구 온도는 35°C이다. 응축기 외부가 단열되었을 때 냉각수 유량을 구하라.

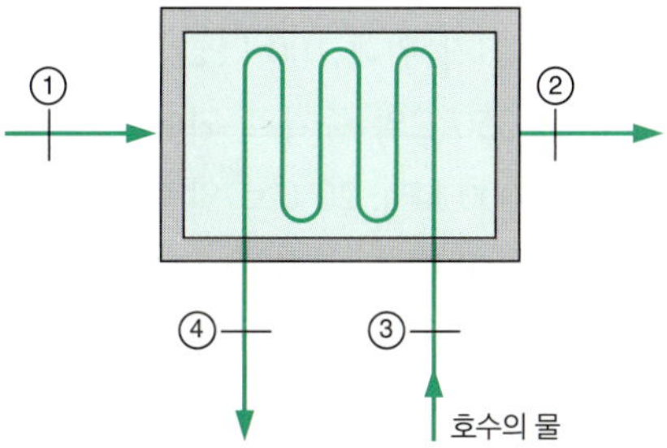

그림 P4.59

4.60 그림 P4.60의 대향류형 열교환기를 이용하여 800 K의 공기를 360 K로 냉각한다. 이때 압력은 1 MPa로 일정하며 냉각수는 15°C, 0.1 MPa의 물이다. 물이 포화 증기 상태로 배출될 때 유량비 $\dot{m}_{water}/\dot{m}_{air}$를 구하라.

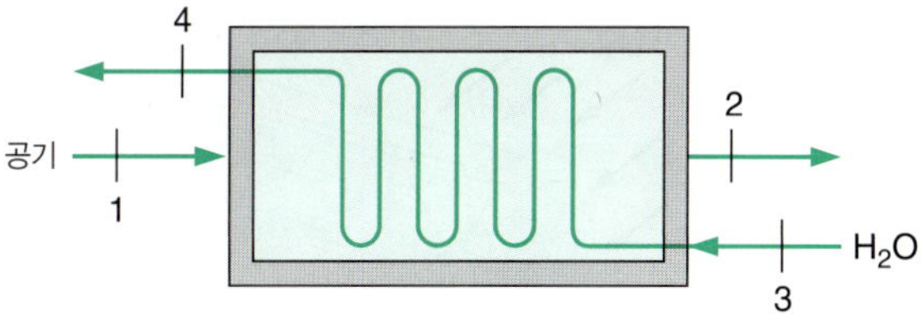

그림 P4.60

4.61 과열기에서 2 MPa의 포화 증기 2.5 kg/s를 450°C까지 가열한다. 그림 P4.60(대향류형 열교환기)와 같이 수증기관의 외부에서 물과 반대 방향으로 흐르는 1200 K의 고온 공기로부터 에너지가 공급된다. 공기 출구의 온도가 수증기 입구 온도보다 20°C 높으려면 공기의 최소 유량은 얼마나 되어야 하는가?

4.62 그림 P4.62와 같은 에너지 회수 열교환기는 15°C, 150 kPa로 흐르는 물을 80°C로 가열하는 데 사용된다. 에너지는 500 K, 200 kPa로 들어와 330 K, 200 kPa로 나가는 공기 2 kg/s에서 얻는다. 가능한 물의 유량을 구하라.

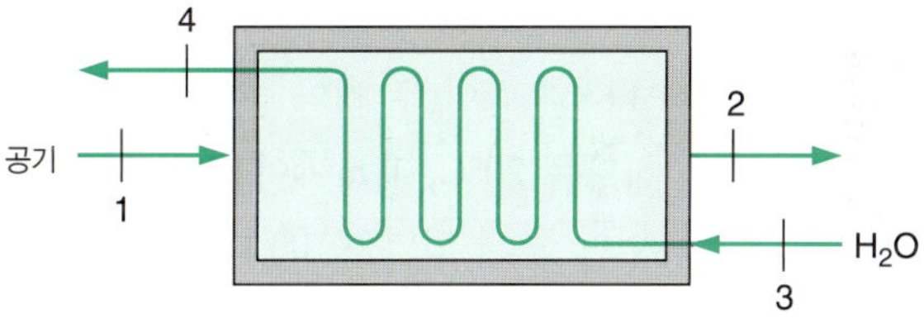

그림 P4.62

4.63 물이 200 kPa에서의 끓는점까지만 가열될 경우에 대해 앞의 문제를 풀어라.

4.64 동축류(동일한 방향)형 열교환기에서 500 K의 공기 1 kg/s가 하나의 관으로 들어가고 공기 2 kg/s는 300 K에서 인접한 관으로 들어간다. 열교환기가 무한히 길다면 출구 온도는? 두 유동의 온도 변화를 스케치하라.

4.65 공기−물 대향류형 열교환기의 한쪽 관에서는 2 kg/s의 공기가 125 kPa, 1000 K로 들어와 100 kPa, 400 K로 나가고, 다른 관에서는 0.5 kg/s의 물이 200 kPa, 20°C에서 들어와 200 kPa로 나간다. 물의 출구 온도는?

4.66 그림 P4.66과 같은 자동차 라디에이터에서 95°C의 글리세린이 들어와 55°C로 나간다. 공기는 20°C로 들어와 25°C로 나간다. 라디에이터에서 25 kW의 열을 방

열하려면 글리세린의 질량 유량이 얼마가 되어야 하는가? 100 kPa 공기의 체적 유량은 얼마인가? 비열은 일정하다고 가정하라.

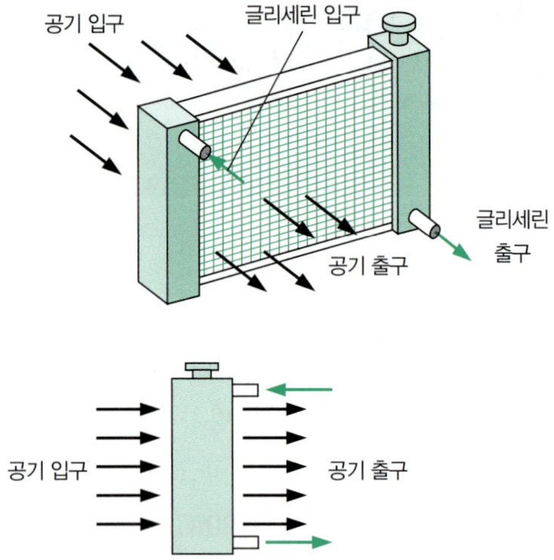

그림 P4.66

4.67 1000 K로 가열된 구리선이 유량 1.5 kg/s의 공기가 20°C로 들어와 60°C로 나가는 냉각실로 들어간다. 구리선의 이동 속도가 0.25 kg/s일 때, 출구에서의 구리의 온도를 구하라. 비열은 일정하다고 가정하라.

혼합과정

4.68 그림 P4.68과 같이 두 개의 공기 유동이 하나도 합쳐진다. 하나는 20°C, 1 m^3/s이고 다른 하나는 200°C, 2 m^3/s이며 둘 다 압력은 100 kPa로 동일하다. 열전달 없이 섞이고 압력은 100 kPa이다. 운동 에너지는 무시하고 출구 온도와 체적 유량을 구하라.

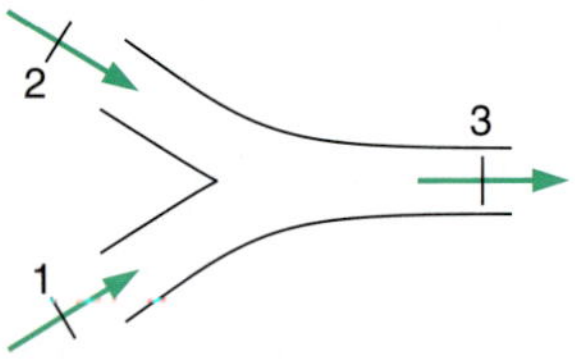

그림 P4.68

4.69 발전소의 개방형 급수 가열기에서 4 kg/s의 물이 45°C, 100 kPa로 들어와 터빈에서 추출된 100 kPa, 250°C의 증기와 혼합된다(그림 P4.69). 출구에서의 상태가 주어진 압력에서 포화 액체일 때 터빈에서 추출된 증기의 질량 유량을 구하라. 이 과정을 *P-v*와 *T-v* 선도에 나타내라.

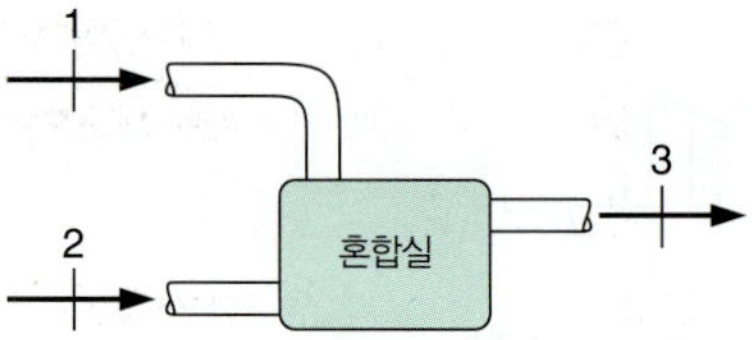

그림 P4.69

4.70 공조기 냉각기에 0.5 kg/s의 공기가 35°C에서 5°C로 냉각된다. 압력은 모두 101 kPa이다. 냉각된 공기는 다시 0.25 kg/s의 20°C, 101 kPa 상태의 공기와 섞여서 덕트로 보내진다. 냉각기에서의 총열전달과 덕트 내 공기 온도를 구하라. 비열은 일정하다고 가정하라.

4.71 그림 P4.71처럼 열전달이 있는 혼합 상자에 관을 통하여 1 MPa, 40°C, 유량 2 kg/s의 R-410A가 들어간다. 15°C, 건도 50%인 R-410A가 다른 관을 통하여 밸브를 지나 혼합 상자로 들어간다. 출구 유동은 1 MPa, 60°C이다. 혼합 상자로의 열전달률을 구하고, 입구와 출구 조건을 *P-v* 선도에 나타내라.

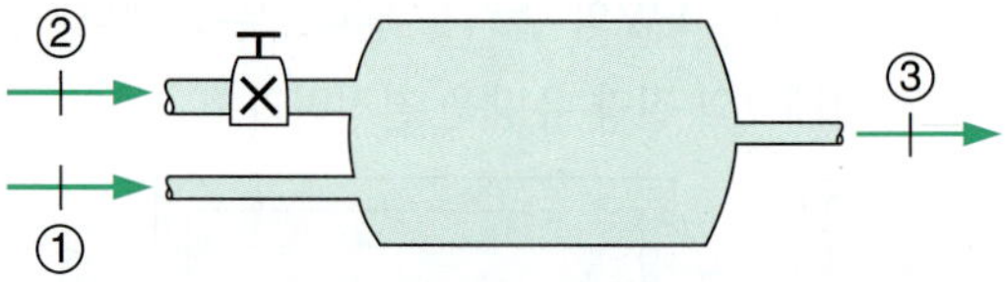

그림 P4.71

4.72 제트 엔진을 냉각하기 위해서 흡입 공기의 일부를 연소실을 거치지 않고 통과시킨다. 2000 K, 500 kPa, 2 kg/s의 고온 공기를 500 K, 500 kPa, 1.5 kg/s의 공기와 섞는다. 이때 외부로 열손실은 없다(그림 P4.72). 표 A.5의 비열을 이용하여 출구 온도를 구하라.

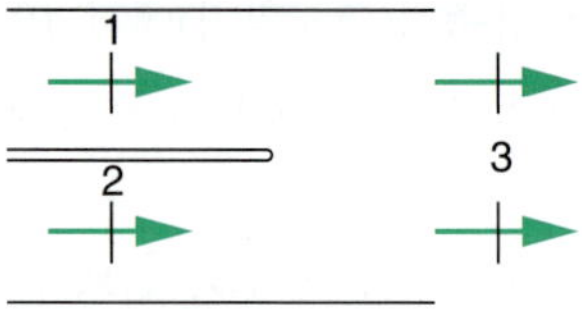

그림 P4.72

복합 기기, 사이클 과정

4.73 어떤 곳에 사용되기 위해 100 kPa, 20°C인 물 5 kg/s가 1000 kPa, 350°C의 증기로 되어야 한다. 이를 위해 물을 먼저 1000 kPa, 20°C로 압축하고 일정한 압력 1000 kPa에서 350°C로 가열하는 과정을 고려하라. 어떤 장치들이 필요한지 결정하고 해당 장치에서 단위 질량당 에너지 전달을 구하라.

4.74 어떤 2단 압축기가 20°C, 150 kPa의 질소(이상기체)를 유입하여 600 kPa, 450 K으로 압축한다. 그 후 중간

냉각기를 통해서 320 K으로 냉각된 다음 두 번째 단에서 3000 kPa, 530 K으로 질소를 압축한다. 이때 2단 압축기의 각 단에서의 단위 질량당 일 및 중간 냉각기에서의 단위 질량당 열전달을 구하라. 비열은 일정하다고 가정하라.

4.75 문제 4.74에서의 중간 냉각기는 질소를 냉각시키기 위해 냉각수(물)를 사용한다. 질소(이상기체) 유동은 0.1 kg/s, 냉각수의 입구는 20°C이고 질소의 흐름과 반대 방향으로 흐르도록 설정되어 있으며, 따라서 냉각수는 35°C로 빠져나간다. 냉각수의 유량을 구하라. 비열은 일정하다고 가정하라.

4.76 냉장고(그림 4.12 참조)에서 압축기가 400 kPa에서 포화 증기 R-410A를 받아서 2000 kPa, 60°C로 만든다. 그리고 응축기가 2000 kPa에서 포화 액체 상태로 만든다. 압축기의 단위 질량당 일과 응축기에서 단위 질량당 열전달을 구하라.

4.77 현대식 제트 엔진에서 연소실을 지나 터빈 구역에 들어갈 때 상태는 3200 kPa, 1500 K가 된다(그림 P4.77의 상태 3). 압축기 입구는 80 kPa, 260 K(상태 1)이며 출구는 3300 kPa, 780 K(상태 2), 터빈 출구는 400 kPa, 900 K(상태 4), 노즐 출구는 80 kPa, 640 K(상태 5)이다. 모든 열전달과 노즐 입출구를 제외한 모든 과정에서의 운동 에너지를 무시하고 압축기와 터빈의 단위 질량당 일과 노즐 출구 속도를 구하라.

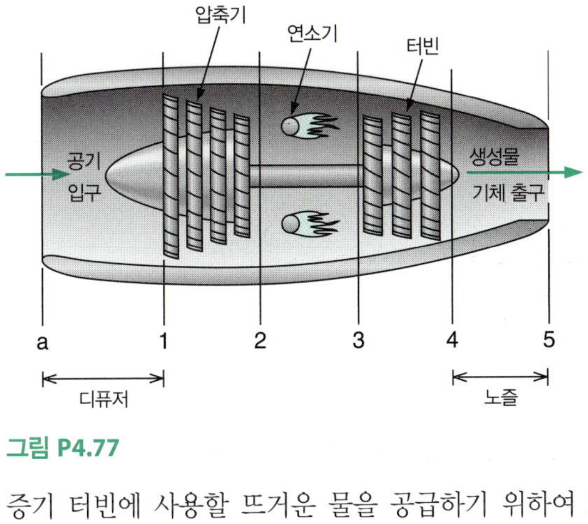

그림 P4.77

4.78 증기 터빈에 사용할 뜨거운 물을 공급하기 위하여 그림 P4.78과 같이 지열을 이용하자는 제안이 있다. 1.5 MPa, 180°C의 물을 플래시 증발기에서 스로틀하여 400 kPa의 저압에서 포화 증기와 액체로 만든다. 액체는 버리고 포화 증기만 터빈에 공급되어 10 kPa, 건도 90%로 터빈에서 나온다. 터빈의 출력이 1 MW일 때 필요한 지열 공급수의 질량 유량을 kg/h 단위로 구하라.

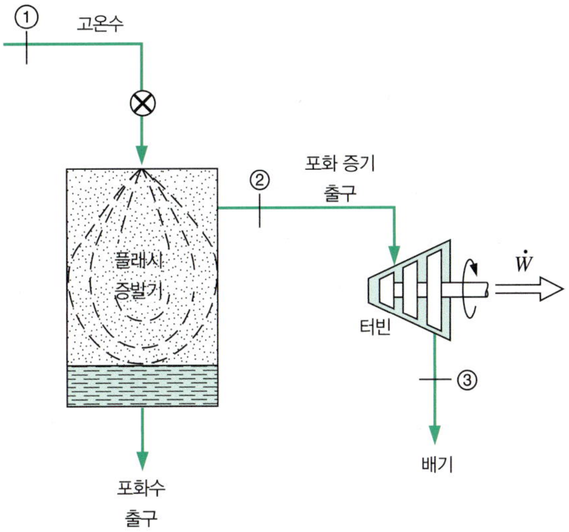

그림 P4.78

과도 과정

4.79 빈 실린더에 30°C, 150 kPa 공기를 가득 찰 때까지 채웠다. 열전달이 없다고 가정할 때, 최종 온도는 높아지는가? 같은가? 낮아지는가? 그리고 최종 온도 T는 실린더의 크기에 의존하는가?

4.80 0.2 m^3의 빈 깡통에 공급관을 통해 1000 kPa, 400 K의 이산화탄소(이상기체)를 채우고자 한다. 단열 과정으로 멈출 때까지 진행된다고 가정할 때, (a) 일정한 비열, (b) 표 A.8을 이용하여 깡통의 최종 온도를 구하라.

4.81 문제 4.80의 공급관 조건이 800 kPa, 20°C로 변경되었을 때 표 B.3을 이용하여 최종 온도를 구하라.

4.82 어떤 탱크에 100 kPa, 350 K에서 2 m^3의 공기가 들어 있다. 1000 kPa, 350 K의 공기가 흐르는 배관이 탱크와 연결되어 있고, 천천히 1000 kPa로 채워진다. 최종 온도 300 K에 도달하기 위해 필요한 열전달을 구하라.

4.83 그림 P4.83과 같이 체적이 750 L인 견고한 탱크에 250°C의 물이 들어 있다. 처음에 탱크 체적의 50%는 액체, 나머지 50%는 증기이다. 탱크의 바닥에 있는 밸브를 열어 액체 물을 천천히 배출하며, 이때 열전달이 발생해서 온도가 일정하게 유지된다. 초기 질량의 반이 배출되기 위해 요구되는 열전달량을 구하라.

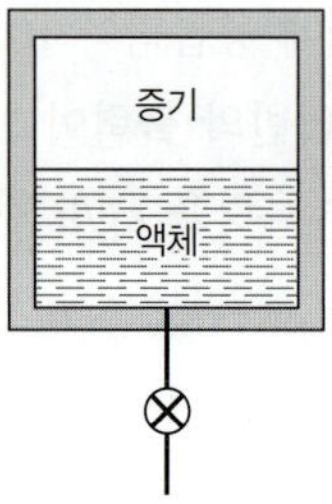

그림 P4.83

4.84 문제 4.83과 동일한 탱크와 초기 조건이나 관과 밸브가 탱크의 상단에 있다. 이제 포화 증기가 천천히 배출되며, 이때 열전달이 발생해서 온도가 일정하게 유지된다. 초기 질량의 반이 배출되기 위해 요구되는 열전달량을 구하라.

4.85 2 MPa, 90°C의 냉매 R-134a가 흐르는 관으로부터 2 m^3의 단열된 탱크가 채워진다. 탱크는 초기에 진공 상태이고, 탱크 내부의 압력이 2 MPa에 도달할 때 밸브가 잠긴다. 탱크 내부의 질량과 탱크 내부의 최종 온도를 구하라.

4.86 초기에 진공인 2.5 L의 탱크에 10 g의 암모니아를 채우려고 한다. 암모니아는 25°C의 포화 증기관으로부터 공급된다. 목표량을 채우기 위해 천천히 암모니아를 공급하는 동안 탱크와 탱크 내부의 암모니아를 30°C로 유지하도록 탱크를 냉각한다. 밸브를 닫기 전에 도달하는 압력과 열전달을 구하라.

4.87 그림 P4.87과 같은 300 K, 0.5 MPa의 질소 공급관에 터빈을 연결하였다. 터빈 출구는 초기에 진공인 체적 50 m^3의 밀폐된 탱크에 연결되어 있다. 탱크 압력이 0.5 MPa, 온도가 250 K가 될 때까지 터빈을 운전하였다. 전 과정이 단열 과정이라는 가정하에 터빈 일을 구하라.

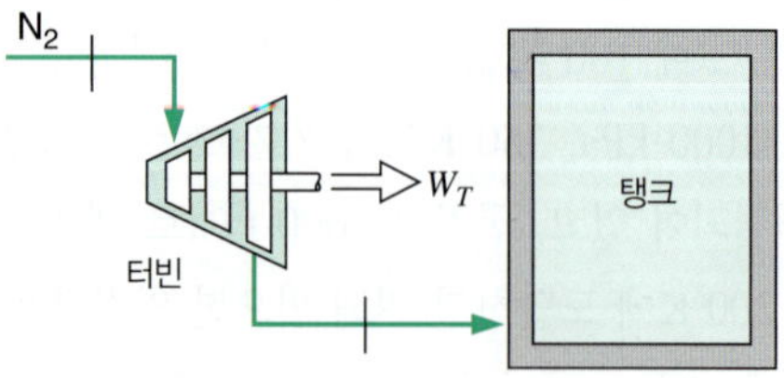

그림 P4.87

4.88 주위 온도 15°C인 상태에서 1 m^3의 견고한 탱크에 100 kg의 R-410A가 들어있다. 탱크 상단의 밸브가 열리고 포화 액체가 주위 압력 100 kPa로 스로틀된다. 이 과정 동안 탱크 내부 온도는 15°C를 유지한다. 더 이상 액체가 남지 않을 때 밸브를 닫는다면 이 과정 동안 탱크로의 열전달을 구하라.

4.89 진공인 200 L의 탱크가 상온 25°C, 10 MPa의 공기 공급관에 연결되어 있다. 밸브가 열리고 내부 압력이 7 MPa이 될 때까지 공기가 공급된다. 공기를 채우는 과정은 신속히 진행되고 단열이다. 이 조건에서 온도를 결정하라. 이제 탱크를 창고에 넣어서 결국 상온으로 된다면 최종 압력은?

4.90 1 L의 깡통에 들어있는 R-410A의 상태는 상온 20°C, 건도 50%이다. 상단 밸브에서의 유출로 증기가 새어 나가고 주위로부터 열전달이 발생하여 최종 상태는 건도 100%, 5°C가 된다. 새어 나간 질량과 열전달을 구하라.

복습 문제

4.91 3 MPa, 400°C인 수증기가 체적 유량 5 m^3/s로 터빈에 들어간다. 입구 질량 유량의 15%가 600 kPa, 200°C로 중간에 추출되고 나머지는 건도 90%, 20 kPa, 유속 20 m/s로 출구를 나간다. 추출 유동의 체적 유량과 총 터빈 일을 구하라.

4.92 유리 공장에서 너비 2 m, 온도 1500 K의 판유리가 최종 롤러를 거쳐 나온다. 판유리 두께는 5 mm이며 이동 속도는 0.5 m/s이다(그림 P4.92). 20 kg/s, 290 K의 냉각 공기가 너비 2 m의 틈으로 들어와 유리와 함께 흘러간다. 이 장치는 충분히 길어서 유리와 공기의 온도는 거의 같아진다(일종의 동축류 열교환기). 출구 온도를 구하라. 비열은 일정하다고 가정하라.

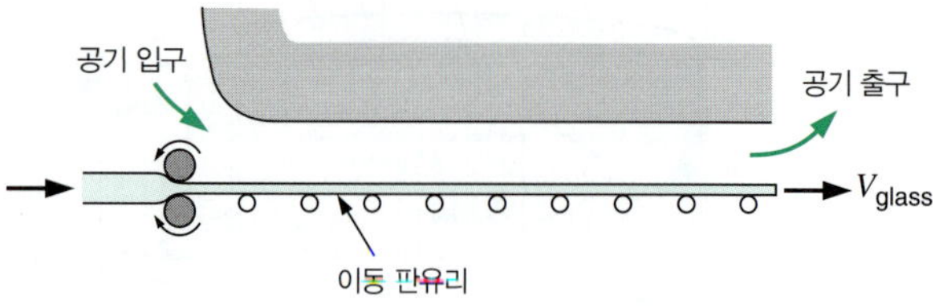

그림 P4.92

4.93 문제 4.92와 유사한 장치이나 공기가 유리와 반대 방향으로 흐른다. 유리를 450 K까지 냉각하는 데 필요한 290 K 공기의 양을 구하라. 어느 지점에서나 공기 온도는 유리보다 적어도 120 K 이상 낮고 공기의 비열은 온도에 따라 변한다고 가정하라.

4.94 체적이 500 L인 단열된 탱크에 40°C, 2 MPa의 공기가 들어 있다. 탱크의 밸브를 열어 공기가 빠져나가게 하고 질량이 처음의 반이 된 순간 밸브를 닫았다. 이때 내

부 압력은 얼마인가? 비열은 일정하다고 가정하라. 힌트: 출구 엔탈피는 대해 초기와 최종 엔탈피의 평균값을 사용하라.

4.95 1 m^3, 40 kg의 견고한 강철 탱크에 500 kPa의 공기가 들어있고, 탱크와 공기는 모두 20°C이다. 탱크는 2 MPa, 20°C의 공기 공급관과 연결되어 있다. 밸브가 열려 압력이 1.5 MPa에 도달할 때까지 공기가 공급된 후 닫힌다. 항상 공기와 탱크의 온도는 동일하고 최종 온도는 35°C라고 가정하라. 최종 공기 질량과 열전달을 구하라. 비열은 일정하다고 가정하라.

4.96 그림 P4.96과 같이 스프링이 작용하는 단열된 피스톤–실린더 장치가 연결 밸브를 통하여 600 kPa, 700 K의 공기관에 연결되어 있다. 처음에 실린더는 비어 있으며 스프링 힘은 없다. 밸브를 열고 압력이 300 kPa에 이르도록 공기를 주입하였다. $u_2 = u_{\text{line}} + C_v(T_2 - T_{\text{line}})$이며 $h_{\text{line}} - u_{\text{line}} = RT_{\text{line}}$이라는 점에 유의하여 T_2를 P_2, P_0, T_{line} 함수로 표시하고, $P_0 = 100$ kPa일 때 T_2를 구하라.

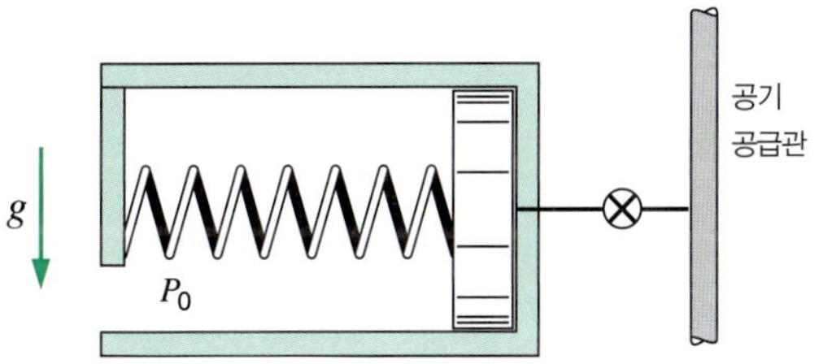

그림 P4.96

4.97 그림 4.96과 같은 피스톤–실린더 장치는 $V = 0$에서 스프링에 힘이 걸리지 않고 $V = 100\ \text{cm}^3$에서 힘의 평형을 이루는 압력이 300 kPa이 된다. 관은 600 K, 400 kPa의 공기를 공급하고 대기압은 100 kPa이다. 밸브가 열려서 과정이 멈출 때까지 공기가 흐른다. 단열 과정을 가정하고 최종 온도와 실린더 내 공기 질량을 구하라.

4.98 그림 P4.98과 같은 질량을 무시할 수 없는 피스톤–실린더 장치에 300 kPa, 290 K의 공기가 0.3 m^3 담겨있으며, 멈추개에 도달 시 V = 1 m3이다. 실린더에 500 kPa, 600 K의 공기 주입관을 연결하고 실린더 속의 압력이 400 kPa, T = 350 K 될 때까지 열어 두었다. 주입된 공기의 질량, 일, 그리고 열전달을 구하라.

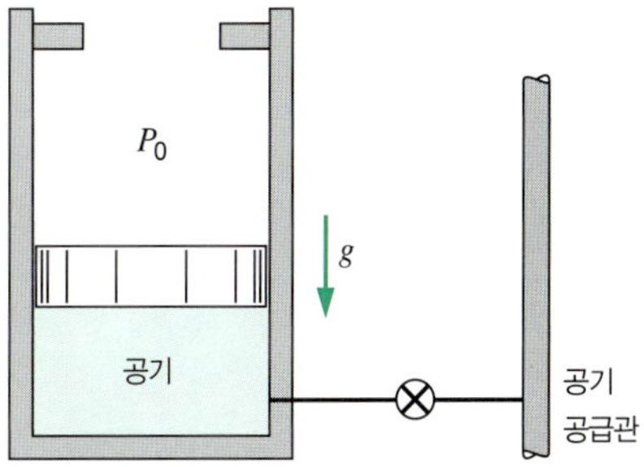

그림 P4.98

4.99 그림 P4.99와 같이 2 m^3의 저장 탱크에 160 K의 액화천연가스(LNG)가 체적비로 95% 액체, 5% 기체 상태로 들어 있다. LNG는 순수 메탄(methane)과 상태량이 같다고 가정할 수 있다고 한다. 탱크를 가열하면 160 K의 포화 증기가 정상 유동 가열기로 주입되어 출구 온도 300 K가 되어 나온다. 탱크 속의 모든 액체가 없어질 때까지 계속 가열한다. 탱크에 전달된 총열전달량과 가열기에 가해진 총열전달량을 계산하라.

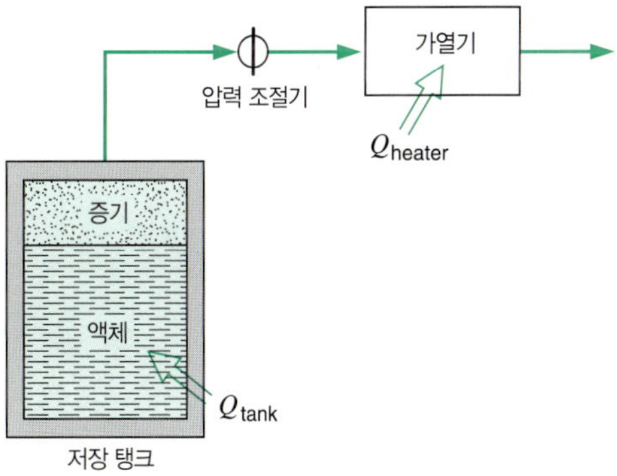

그림 P4.99

제 5 장

열역학 제2법칙

The Second Law of Thermodynamics

열역학 제1법칙은 사이클 변화를 하는 시스템의 열전달을 사이클 적분한 값과 일을 적분한 값이 같다고 기술하고 있다. 그러나 열역학 제1법칙에서는 일과 열의 유동 방향에 대해서는 아무런 제한을 두지 않는다. 시스템으로부터 일정 양의 열이 방출되고 같은 양의 일이 시스템에 가해지는 사이클도 열역학 제1법칙을 만족시키며 열과 일의 유동 방향이 반대인 사이클도 열역학 제1법칙을 만족시킨다. 그러나 경험으로 알고 있듯이, 제안된 사이클이 제1법칙에 위배되지 않는다고 하여 그 사이클이 실제로 존재한다고 보장할 수 없다. 이러한 경험적 근거로부터 **열역학 제2법칙**이 유도되었다. 따라서 열역학 제1법칙과 제2법칙이 모두 충족되는 사이클만이 실제로 일어날 수 있는 것이다.

좀 더 넓은 의미로 제2법칙은 과정은 어떤 특정한 방향으로만 진행되며, 그 반대 방향으로는 진행하지 않는다는 사실을 밝히고 있다. 일상적인 예로 컵 속의 뜨거운 커피로부터 주위로 열이 전달되지만 온도가 낮은 주위로부터 뜨거운 커피로는 열이 전달되지 않는다. 자동차가 언덕을 올라가는 동안 가솔린이 소모된다. 그러나 자동차가 언덕 아래로 내려온다고 가솔린 탱크에 가솔린이 원래의 양만큼 회복되지 않는다. 이러한 것 이외에도 우리에게 익숙한 여러 가지 관측으로부터 열역학 제2법칙의 유효성에 대한 증거를 찾을 수 있다.

5장에서는 사이클 변화를 하는 시스템에 대한 열역학 제2법칙에 대하여 살펴보고 다음 두 장에 걸쳐 제2법칙을 상태 변화를 하는 시스템과 검사 체적으로 확장하고자 한다.

5.1 열기관과 냉동기

열역학 제1법칙을 유도하기 위하여 사용하였던 그림 5.1과 같은 시스템과 주위(surroundings)에 대하여 살펴보자. 시스템은 기체이며 제1법칙을 논의할 때처럼 먼저 추가 내려가면서 날개의 회전에 의하여 일이 시스템에 가해진다. 그런 후 열이 시스템으로부터 주위로 전달되면서 사이클이 완성된다.

이 사이클은 역으로 진행되지 않는다는 것을 경험으로부터 알고 있다. 즉 점선 화살표로 표시된 것처럼 기체에 열을 가하여 온도를 상승시켜도 회전 날개가 돌아 추를 올리지는 못한다. 주어진 주위 여건(용기, 회전 날개, 추)하에서는 열과 일이 모두 음수일 때에만 시스템의 사이클 운전이 가능하며, 일과 열이 양수일 때에는 제1법칙에 위배되지는 않지만 시스템이 사이클로 운전될 수 없다.

경험으로부터 실제로 완성될 수 없다는 사실을 알고 있는 사이클을 구성해보자. 한 개는 고온이며 다른

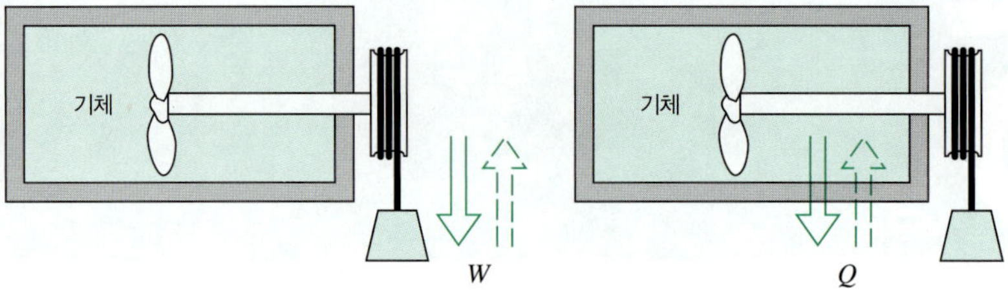

그림 5.1 ▸ 일과 열이 전달되며 사이클 변화를 하는 시스템.

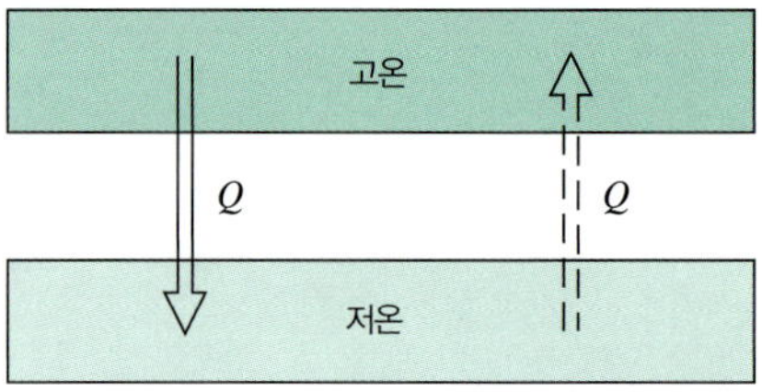

그림 5.2 ▸ 저온 물체에서 고온 물체로 열을 전달하는 것으로는 한 사이클을 완성할 수 없음을 보여주는 예.

한 개는 저온인 두 개의 시스템 사이에서 고온 시스템에서 저온 시스템으로 열이 전달되고 있다. 이 과정은 실제로 일어날 수 있음을 알고 있다. 저온 시스템에서 고온 시스템으로 열이 전달되는 반대 과정은 일어나지 않는다는 사실도 잘 알고 있다. 열전달만으로는 이 두 과정이 하나의 사이클을 구성할 수 없다. 그림 5.2는 이러한 불가능성을 보여주고 있다.

위의 두 가지 사실로부터 **열기관**(heat engine)과 **열펌프**(heat pump) 혹은 **냉동기**(refrigerator)에 대한 생각에 이르게 된다. 열기관에서는 시스템이 사이클 운전을 하면서 양수의 순일과 양수의 순 열전달이 발생한다. 이 과정 동안 일이 필요하기는 하지만, 열펌프에서는 시스템이 사이클 변화를 하면서 저온 물체로부터 열을 흡수하여 고온 물체로 열을 전달한다. 다음에는 단순 열기관 세 대와 단순 냉동기 두 대를 고찰해본다.

가스를 사용하는 피스톤-실린더 장치로 구성된 단순한 열 엔진이 그림 5.3에 표시되어 있다. 처음에 피스톤이 아래 멈추개 위에 놓여 있으며 추는 단(platform)에 놓여 있다. 이제 고온 물체로부터 기체로 열이 전달되어 이로 인하여 기체가 팽창하여 피스톤은 위 멈추개까지 올라간다. 위 멈추개에 도달하였을 때 추를 제거한다. 이번에는 기체에서 저온 물체로 열이 전달되면서 시스템은 처음 상태를 회복하며 한 사이클이 완성된다. 사이클이 진행되는 동안 추가 위로 움직였으므로 기체가 일을 한 것이 분명하다. 열역학 제1법칙으로부터 순 열전달은 양수이며 그 크기는 사이클 동안 기체가 수행한 일의 크기와 같다.

열기관은 열역학 사이클로 작동하면서 고온 물체로부터 저온 물체로 열이 전달되는 과정 동안 양수의

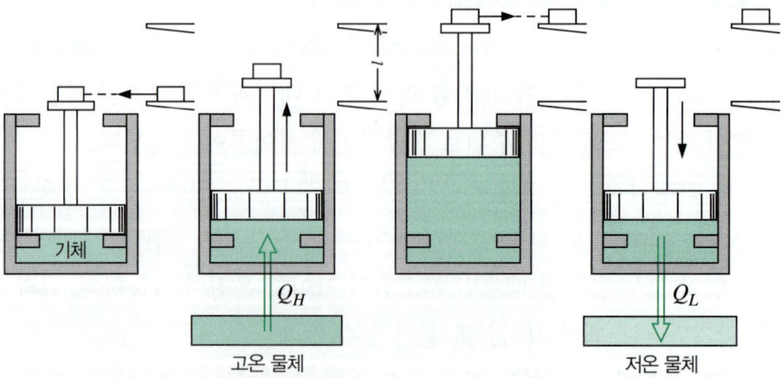

그림 5.3 ▸ 단순 열기관.

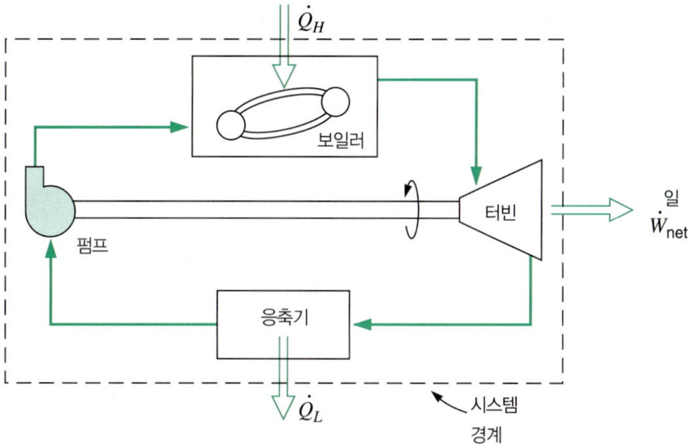

그림 5.4*a* » 정상상태 과정의 열기관.

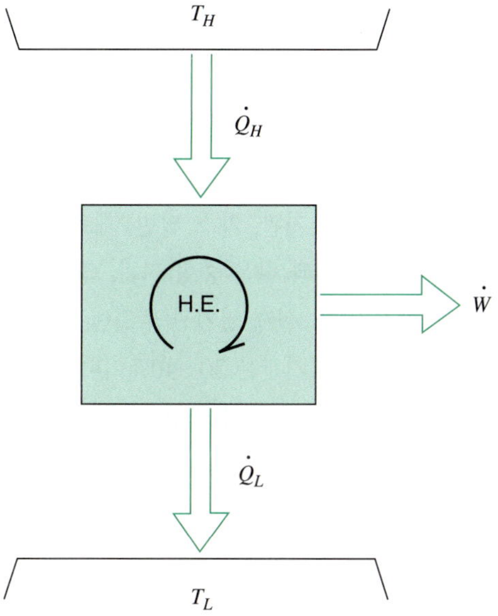

그림 5.4*b* » 열기관의 개략도.

순일을 하는 장치라고 정의할 수 있다. **열기관**이라는 용어는 넓은 의미로 열전달이나 연소에 의하여, 심지어는 열역학 사이클로 작동하지 않는 경우일지라도, 일을 산출하는 모든 장치를 의미하는 말로 종종 사용된다. 내연 기관이나 가스 터빈이 이러한 장치의 예이며 이들을 **열기관**이라고 불러도 좋다. 그러나 이 장에서는 앞서 정의된 것과 같이 엄밀한 열기관, 즉 열역학적 사이클로 작동하는 장치에 관하여 논의한다.

단순 증기 동력 발전소는 열역학 사이클로 작동하는 이러한 엄밀한 의미의 열기관의 예이다. 발전소의 각 부분은 정상상태 과정으로 해석할 수 있으며 전체적으로는 물(수증기)이 작동 유체인 열기관(그림 5.4)으로 볼 수 있다. 열량 Q_H가 고온 물체로부터 전달된다. 이 열량은 연소실 속의 연소 생성물, 반응로, 혹은 반응로에서 가열된 2차 유체로부터 올 수 있다. 그림 5.4*a*에서 터빈이 펌프를 구동하는 것을 개략적으로 보여주고 있다. 중요한 것은 이 사이클 동안 얻을 수 있는 순일이다. 열량 Q_L은 저온 물체로 전달되는 열량이며, 일반적으로 응축기의 냉각수로 열이 전달된다. 따라서 단순 수증기 동력 발전소는 열을 전달받거나 방출하는 작동 유체가 있으며, 사이클 과정 동안 일정 양의 일을 산출하므로 엄밀한 의미에서의 열기관이다. 그림 5.4b는 일반적인 열기관의 개략도를 보여준다.

따라서 열기관을 이용하면 사이클로 작동하면서 양(positive)의 순일과 순 열전달이 일어나는 장치를 구성할 수 있다. 이것은 그림 5.1의 시스템과 주위로는 가능하지 않았다.

위에서 사용한 기호 Q_H와 Q_L은 열의 부호에 대한 약속에 위배되고 있다는 점에 유의하여야 한다. 열기관의 경우 작동 유체를 시스템으로 할 때 Q_L이 음수이기 때문이다. 그러나 열전달의 방향이 문맥상 명확하기 때문에 이 장에서는 고온 물체와의 열교환량을 Q_H로 표시하고 저온 물체와의 열교환량을 Q_L로 표시하는 것이 편리하다.

이제 열기관의 **열효율**(thermal efficiency)에 대한 개념을 소개할 필요가 있다. 일반적으로 효율은 소요에너지, 즉 입력에 대하여 얻은 에너지, 즉 출력의 비이다. 이때 출력과 입력은 명확히 정의되어야 한다. 지나치게 간략히 표현하는 감은 있으나, 열기관에서 얻은 에너지는 일이며, 비용으로 지불한 에너지는 고온 물체로부터 받은 열량(간접적으로는 연료의 비용)이다. 따라서 열효율은 다음과 같이 정의한다.

$$\eta_{\text{thermal}} = \frac{W\,(\text{성취 에너지})}{Q_H\,(\text{비용 에너지})} = \frac{Q_H - Q_L}{Q_H} = 1 - \frac{Q_L}{Q_H} \tag{5.1}$$

유입되는 에너지는 보존되지만 다른 형태로 퇴출되므로 열기관과 냉동기는 일반적으로 에너지 변환 기기로 볼 수 있다. 열기관은 고온의 입열을 출력일로 변환하고 열을 저온으로 방출한다. 반면에 냉동기와 열펌프는 입력일과 열을 높은 온도의 열로 변환시킨다. 그 열효율은 필요한 입력으로부터 원하는 출력으로 가는 과정의 변환 효율이다.

열기관의 크기와 형태는 다양하다. 수증기 기관, 가스 터빈, 제트 엔진과 같은 대형 기관으로부터 자동차용 가솔린 기관, 트럭 또는 자동차용 디젤 기관과 같은 중형 기관, 그리고 잔디 깎는 기계, 휴대용 사슬톱 또는 모발 다듬기계와 같은 매우 작은 기기가 있다. 실제 열기관의 일반적인 열효율은 대형 동력 발전소의 경우 35~50%, 가솔린 기관은 30~35%, 그리고 디젤 기관은 30~40%이다. 소형 설비용 기관은 기화기와 제어 장치가 단순하고 일부 손실이 기관의 크기에 비례하지 않아 소형 기계의 경우 손실이 큰 비율을 차지할 수 있으므로 효율이 겨우 20% 정도가 될 수도 있다.

예제 5.1

자동차 기관이 열효율 30%로 출력 축에 136 hp의 동력을 전달한다. 연료는 연소하면서 35000 kJ/kg의 열을 발생시킨다. 주위로 방출된 총열전달률과 연료 소모량을 kg/s 단위로 구하라.

풀이

열기관의 효율을 정의하는 식 (5.1)과 표 A.1로부터 단위 hp를 변환하면

$$\dot{W} = \eta_{\text{eng}}\dot{Q}_H = 136\ \text{hp} \times 0.7355\ \text{kW/hp} = 100\ \text{kW}$$

$$\dot{Q}_H = \dot{W}/\eta_{\text{eng}} = 100\ \text{kW}/0.3 = 333\ \text{kW}$$

전체 기관에 대하여 에너지 식을 적용하면

$$\dot{Q}_L = \dot{Q}_H - \dot{W} = (1 - 0.3)\dot{Q}_H = 233\ \text{kW}$$

연소에 의해 방출되는 에너지는 $\dot{Q}_H = \dot{m}q_H$이므로

$$\dot{m} = \dot{Q}_H/q_H = \frac{333\ \text{kW}}{35\,000\ \text{kJ/kg}} = 0.0095\ \text{kg/s}$$

그림 5.5에 나타난 바와 같이 실제 기관은 대기에 의해 냉각되는 라디에이터, 배기 시스템에 의한 열전달, 그리고 고온 가스의 배출에 의해 주변으로 에너지가 방출된다.

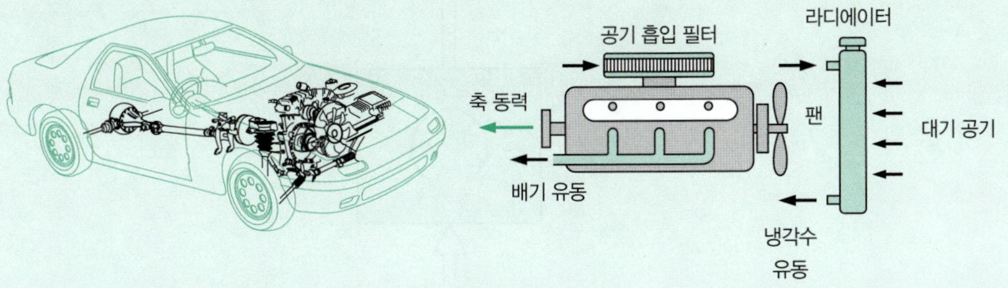

그림 5.5 ▸▸ 예제 5.1의 개략도.

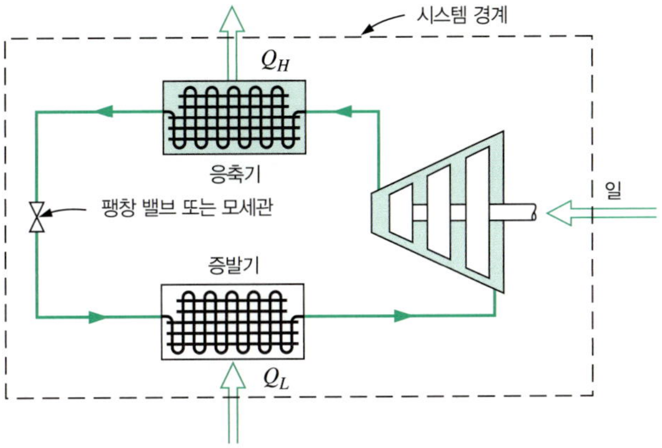

그림 5.6a ▸▸ 단순한 증기 압축 냉동 사이클.

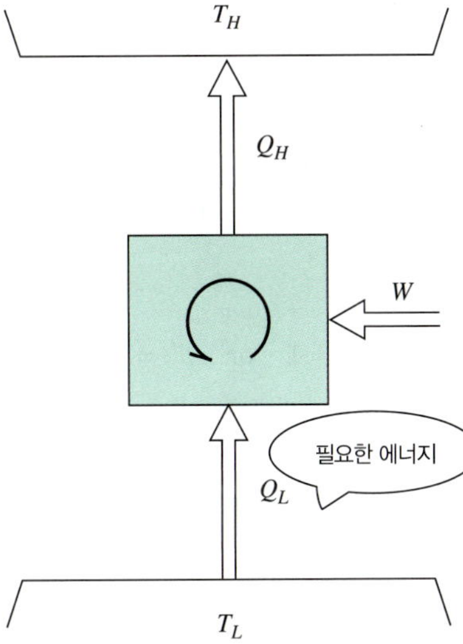

그림 5.6b ▸▸ 냉동기의 개략도.

실현 불가능한 두 번째 사이클은 저온 물체에서 고온 물체로 열을 직접 전달할 수 없다는 것을 의미한다. 물론 열펌프나 냉동기를 이용하면 이것도 가능하다. 1장에서 소개하고 그림 1.3에 보여준 증기 압축 냉

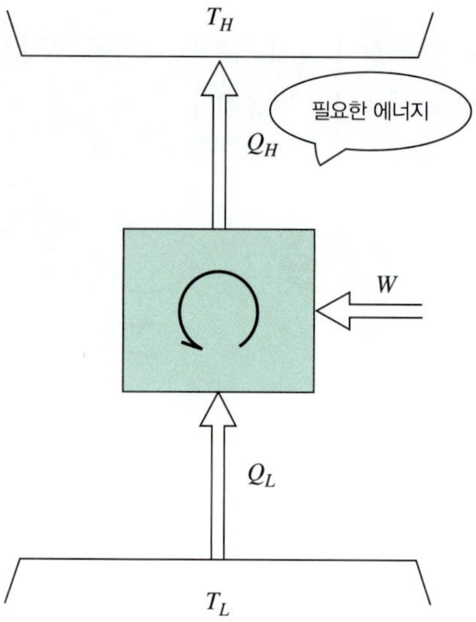

그림 5.6c ▸ 열펌프의 개략도.

동 사이클을 그림 5.6a에서 다시 보여주고 있다. 작동 유체는 R-134a 또는 암모니아와 같은 냉매이고 이 냉매가 열역학 사이클을 이룬다. 압력과 온도가 낮은 증발기의 냉매로 열이 전달된다. 압축기에서는 냉매에 일이 가해지며, 압력과 온도가 높은 응축기의 냉매로부터 열이 외부로 전달된다. 냉매가 팽창 밸브 또는 모세관(capillary tube)을 지나면서 압력이 떨어진다.

따라서 냉동기나 열펌프는 사이클을 구성하면서 일을 입력받아 저온 물체에서 고온 물체로 열의 전달을 실현할 수 있는 장치이다. 그림 5.6b는 냉동기의 개략도를 보여주는 반면, 그림 5.6c는 열펌프를 나타낸다.

냉동기의 '효율'은 **성능 계수**(coefficient of performance, COP)라는 용어로 나타내며 기호 β로 표기한다. 냉동기의 목적, 즉 구하고자 하는 에너지는 냉동 공간으로부터 흡수하고자 하는 열량 Q_L이다. 이를 위하여 입력한 에너지는 W이다. 따라서 성능 계수 β는 다음과 같다.

$$\beta = \frac{Q_L(\text{흡수 에너지})}{W(\text{입력 에너지})} = \frac{Q_L}{Q_H - Q_L} = \frac{1}{Q_H/Q_L - 1} \tag{5.2}$$

만약 목표가 고온에서 열전달을 전달받는 것이라면 COP는 열 펌프가 된다.

$$\beta' = \frac{Q_H(\text{흡수 에너지})}{W(\text{입력 에너지})} = \frac{Q_H}{Q_H - Q_L} = \frac{1}{1 - Q_L/Q_H} \tag{5.3}$$

또한 주어진 사이클에 대해,

$$\beta' - \beta = 1 \quad \text{or} \quad \beta' = \beta + 1$$

가정용 냉장고의 성능 계수는 대략 2.5이고, 냉동고의 성능 계수는 1에 가깝다. 5.6절에서 알 수 있듯이 저온 공간의 온도가 낮을수록, 고온 공간의 온도가 높을수록 COP 값은 낮아진다. 일반적인 온도 범위에서 작동하는 열펌프의 성능 계수는 대략 4이고 저온과 고온의 온도차가 증가하면 성능 계수는 급격히 감소한다.

예제 5.2

그림 5.7에서 보여주는 바와 같이 부엌에 있는 냉장고는 전기 동력으로 150 W가 입력되어 시스템이 운전되며 부엌의 공기로 400 W의 열을 방출한다. 저온 공간으로부터 시간당 에너지가 제거되는 양과 냉장고의 성능 계수를 구하라.

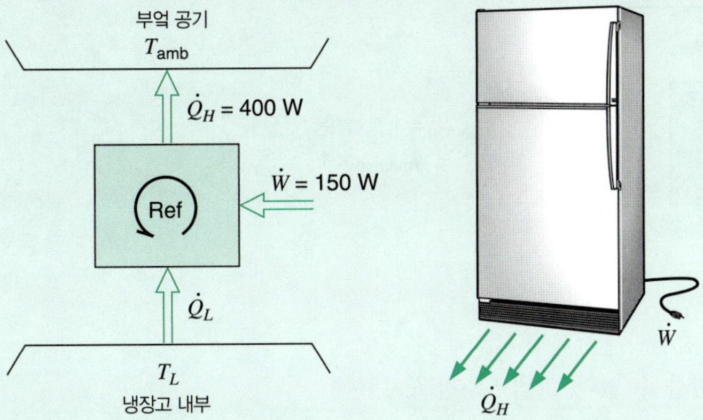

그림 5.7 » 예제 5.2의 개략도.

풀이

검사 체적: 냉장고. 정상상태로 가정하므로 에너지의 축적은 없다. $\dot{W} = 150$ W이고 방출된 열은 $\dot{Q}_H = 400$ W이므로 에너지식은

$$\dot{Q}_L = \dot{Q}_H - \dot{W} = 400 - 150 = 250 \text{ W}$$

이것은 냉장고 문을 열 경우 냉장고 내의 저온 공기와 부엌의 따뜻한 공기가 서로 교환되어 따뜻한 부엌으로부터 저온 공간으로 이루어지는 열전달률과 같다.

성능 계수를 정의하는 식 (5.2)로부터

$$\beta_{\text{REFRIG}} = \frac{\dot{Q}_L}{\dot{W}} = \frac{250}{150} = 1.67$$

이때, 열펌프에 대해서

$$\beta' = \dot{Q}_H/\dot{W} = 400/150 = 2.67$$

또는

$$\beta' = \beta + 1 = 1.67 + 1 = 2.67$$

제2법칙을 설명하기 전에 **열저장조**(thermal reservoir)의 개념을 소개할 필요가 있다. 열저장조는 저장조의 온도 변화 없이 무한정으로 열교환을 할 수 있는 물체를 말한다. 따라서 열저장조의 온도는 항상 일정하다. 해양(ocean)이나 대기(atmosphere)는 이러한 정의에 매우 가깝다. 고온 저장조와 저온 저장조를 구분하는 것이 편리할 때가 많다. 열을 방출하는 저장조를 **발열원**(source)이라고 하며, 열을 받는 저장조를 **흡열원**(sink)이라고 부르기도 한다.

5.2 열역학 제2법칙

앞 절에서 살펴본 내용에 기초하여 열역학 제2법칙을 설명하고자 한다. 열역학 제2법칙에 관한 고전적인 서술로는 Kelvin-Planck 서술과 Clausius 서술 두 가지가 있다.

Kelvin-Planck 서술: 하나의 저장조와 열교환을 하여, 추를 들어 올리는 것 이외에 어떠한 효과도 내지

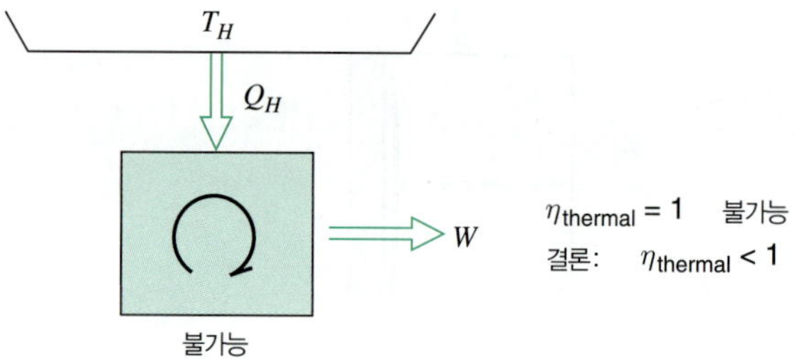

그림 5.8 ▸ Kelvin-Planck 서술.

않으면서 사이클로 작동하는 장치는 만들 수 없다. 그림 5.8 참조.

위 서술은 열기관에 대한 논의와 연관이 있다. 결국 이 말은 사이클 작동을 하면서 고온 물체로부터 일정 양의 열을 받아서 같은 양의 일을 하는 열기관을 만들 수 없다는 것을 의미한다. 가능한 유일한 방법은 저온의 작동 유체로부터 열량의 일부를 더 낮은 저온 물체로 전달하는 것이다. 따라서 두 개의 온도 준위(level)가 있어야 열전달에 의한 일을 얻을 수 있다. 즉 고온 물체로부터 열기관으로 열이 전달되고 다시 열기관으로부터 저온 물체로 열이 전달된다. 이 서술은 열효율이 100%인 열기관을 만들 수 없다는 것을 의미한다.

Clausius 서술: 저온 물체에서 고온 물체로 열을 전달하는 것 이외의 다른 어떠한 효과도 내지 않으면서 사이클로 작동하는 장치는 만들 수 없다. 그림 5.9 참조.

이 서술은 냉동기나 열펌프와 관련이 있다. 결국 이 말은 입력일(work input) 없이 작동되는 냉동기를 만들 수 없다는 것을 의미한다. 이것은 성능 계수가 무한대가 될 수 없다는 것을 의미한다.

앞의 두 가지 서술에서 세 가지를 관찰할 수 있다. 첫째는 두 서술 모두 부정하는 서술이라는 점이다. 부정의 서술을 증명할 수 없다는 것은 당연하다. 그러나 (다른 모든 자연법칙처럼) 열역학 제2법칙도 실험적 근거에 기초하고 있다. 직간접적으로 수행되어온 모든 관련 실험에 의해서 제2법칙이 검증되었으며 제2법칙에 어긋나는 실험은 없었다. 따라서 제2법칙의 근거는 실험에 의한 검증이다.

두 번째는 제2법칙에 대한 두 가지 서술이 동등(equivalent)하다는 점이다. 한 가지 서술이 진실일 때 다른 서술도 진실이거나 한 가지 서술이 사실이 아닐 때 다른 서술도 사실이 아니라면 두 서술은 동등하다. 다음은 Clausius 서술에 위배되는 것은 Kelvin-Planck 서술에도 위배된다는 것을 보여준다. 그림 5.10*a*의 좌측에 있는 장치는 일이 필요 없는 냉동기로서 Clausius 서술에 위배된다. 저온 물체에서 냉동기로 전달되는 열량을

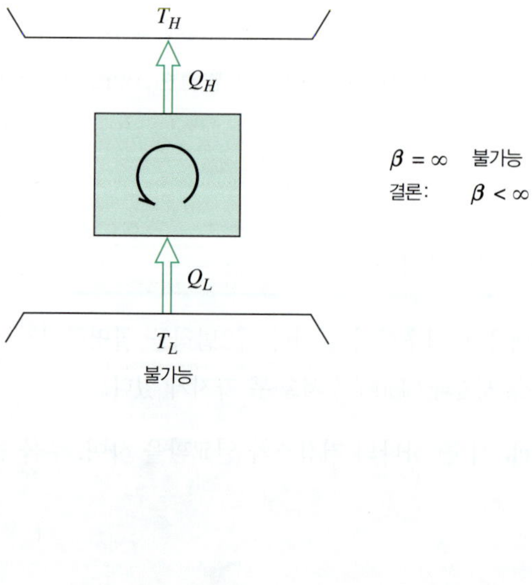

그림 5.9 ▸ Clausius 서술.

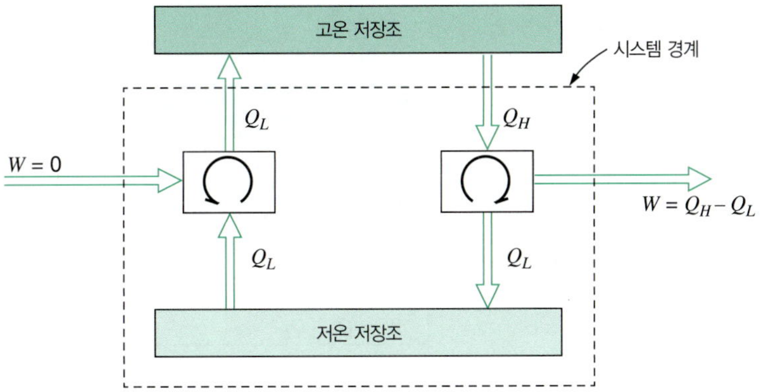

그림 5.10*a* » 열역학 2법칙에서 언급되는 두 서술이 동등함을 보여주는 예시.

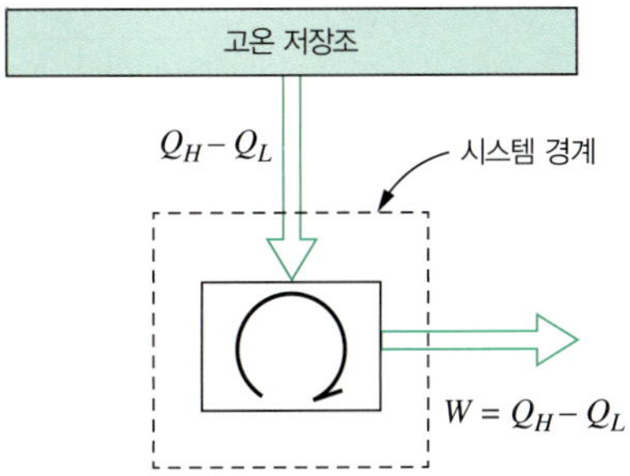

그림 5.10*b* » 동등한 열기관.

Q_L이라 하고, 같은 양의 열량 Q_L이 고온 물체로 전달된다고 한다. Q_L보다 큰 Q_H가 고온 물체로부터 열기관으로 전달되고, 열기관으로부터 저온 물체로 Q_L이 전달되면서 $Q_H - Q_L$과 같은 양의 일 W가 발생한다. 저온 물체에 대한 순 열전달이 0이므로, 그림 5.10*b*에서 나타낸 바와 같이, 저온 물체, 열기관 및 냉동기를 합친 것은 한 개의 열저장조와 열교환을 하며 추를 들어 올리는 일 외에는 아무런 다른 효과도 내지 않으면서 사이클로 작동하는 장치라고 할 수 있다. 따라서 Clausius 서술에 위배되는 것은 Kelvin-Planck 서술에도 위배된다는 것을 의미한다. Kelvin-Planck 서술에 위배될 때 Clausius 서술도 위배된다는 것을 보이면 두 서술이 완전히 동등하다는 것이 입증된다. 이 증명은 연습 문제로 남겨 둔다.

세 번째 고찰은 열역학 제2법칙으로 제2종 영구 기관(perpetual-motion machine)을 만드는 것이 불가능하다는 것을 설명할 수 있다는 것이다. 제1종 영구 기관은 무에서 일을 발생시키거나 질량 혹은 에너지를 창조하는 기관으로서 제1법칙에 위배된다. 제2종 영구 기관은 열원으로부터 받은 열을 모두 다른 에너지로 변환하는 기관으로서 제2법칙에 위배된다. 제3종 영구 기관은 마찰이 없어서 영구히 운전하되 아무런 일도 하지 않는 기관이다.

그림 5.4*a*와 같은 화력발전소는 보일러로 $\dot{Q}_H$의 열을 공급하고 $\dot{Q}_L$의 열을 응축기에서 방출하며 $\dot{W}$의 일을 생산한다. 일반적으로 응축기에서 방출되는 열의 양은 50% 이상이다. 어떤 사람이 그림 5.11*a*와 같이 응축기를 제거하여 응축기에서 방출되는 열을 없애면 발전소의 효율을 향상시킬 수 있다고 주장했다. 이 방식이 가능하다면 100%의 발전효율을 가질 수 있다. 파이프라인의 일부 손실, 마찰 등이 여전히 고려되는 경우 효율은 약 90%가 될 수도 있다. 그러나 시스템을 주의 깊게 분석해 보면, 그림 5.11*b*와 같이 전체 시스템은 Kelvin-Planck 진술을 위반하고, 두 번째 종류의 영구 기관이 될 것이다.

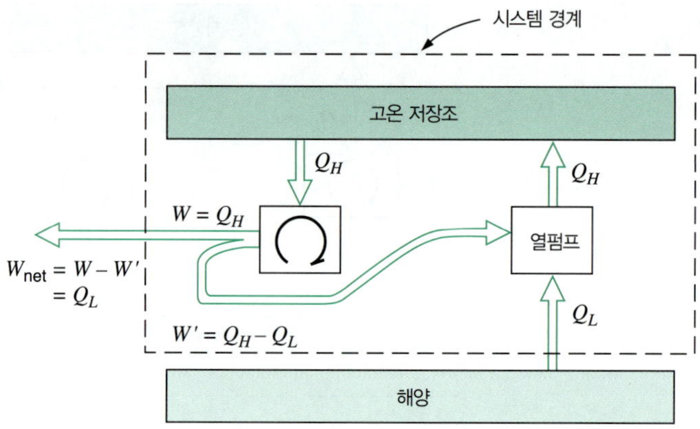

그림 5.11*a* ▸▸ 제2종 영구 기관.

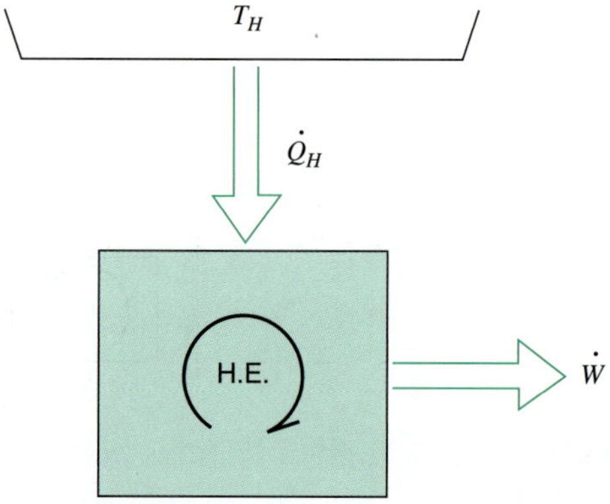

그림 5.11*b* ▸▸ 동등한 열기관.

개념점검

a. 가전 용품(TV, 스테레오)은 전기를 사용하여 작동된다. 입력된 전기 동력에 어떤 일이 일어나는가? 이것들은 열기관인가? 이러한 기기들에 대하여 열역학 제2법칙을 어떻게 설명할 수 있는가?

b. 지하의 온수 또는 수증기를 이용하여 전기 에너지를 발생시킬 수 있다. 이 경우 열역학 제2법칙을 위배하는가?

c. 풍차는 바람으로 축에서 운동 에너지를 발생시켜 동력을 얻는다. 이것은 열기관에 해당하는가? 이것은 영구 기관인가?

d. 열기관과 열펌프는 Q와 W 사이에 에너지를 변환하는 에너지 보존 장치이다. 열역학 제2법칙에 의해 어떤 방향이 제한되고 어떤 방향이 허용되는가($Q \rightarrow W$ 또는 $W \rightarrow Q$)?

5.3 가역 과정

이제 다음과 같은 질문이 논리적으로 제기될 수 있다: 열기관의 효율이 100%가 될 수 없다면 가능한 최대 효율은 얼마인가? 이 질문에 답하기 위해서는 먼저 **가역 과정**(reversible process)이라고 하는 이상적인 과정(ideal process)을 정의하여야 한다.

시스템의 가역 과정은 한번 진행된 과정이 역으로 진행될 수 있으며 그때 시스템이나 주위에 아무런 변

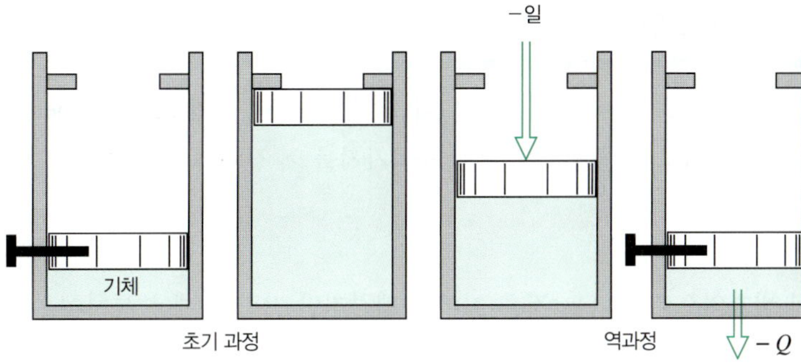

그림 5.12 ▸ 비가역 과정의 한 예.

화를 남기지 않는 과정이다.

이러한 정의의 의미를 피스톤−실린더 장치 속에 있는 기체를 통하여 설명하고자 한다. 먼저 그림 5.12처럼 기체가 핀으로 고정된 피스톤에 의하여 고압 상태에 있는 시스템을 고려해본다. 핀을 제거하면 피스톤이 급격히 상승하여 멈추개에 도달하게 된다. 피스톤이 일정 거리를 위로 움직였으므로 시스템은 어느 정도 일을 하게 된다. 시스템을 처음 상태로 회복시켜 보자. 한 가지 방법은 피스톤 위에서 힘을 가하여 핀을 다시 피스톤에 끼울 수 있도록 기체를 압축하는 것이다. 피스톤 면에 가해야 할 압력이 처음의 팽창 과정보다 압축 과정 때 더 크다. 따라서 압축 과정 동안 기체에 가한 일이 팽창 과정 동안 기체에 가한 일보다 더 크다. 그러므로 시스템이 초기에 지녔던 것과 같은 양의 내부 에너지를 가지려면 회복 과정 동안 일정량의 열이 기체로부터 외부로 전달되어야 한다. 따라서 시스템은 처음 상태로 돌아왔지만 피스톤을 내리는 데 소요된 일과 주위로 전달된 열에 의하여 주위는 변하였다. 주위에 아무런 영향을 남기지 않고 원래대로 회복되지 않았으므로 첫 과정은 비가역 과정(irreversible process)이다.

그림 5.13에서 실린더 속의 기체가 시스템이며 피스톤 위에는 많은 추가 놓여 있다. 한 번에 한 개씩 추를 수평으로 밀어 내리면, 기체가 팽창하면서 피스톤에 남아 있는 추를 들어 올리는 동안 일을 한다. 추의 크기를 점점 작게 만들고 그 수를 늘려 가면 가역 과정에 접근할 수 있다. 가역 과정 동안 피스톤의 높이마다 평판과 정확하게 같은 높이에 작은 추가 있으므로 기체에 일을 가하지 않고 추를 평판 위에 올려놓을 수 있다. 그러므로 추를 매우 작게 하는 극한에서는 시스템과 주위가 처음 상태와 정확하게 같아지는 가역 과정이 완성될 수 있다. 이러한 과정이 가역 과정이다.

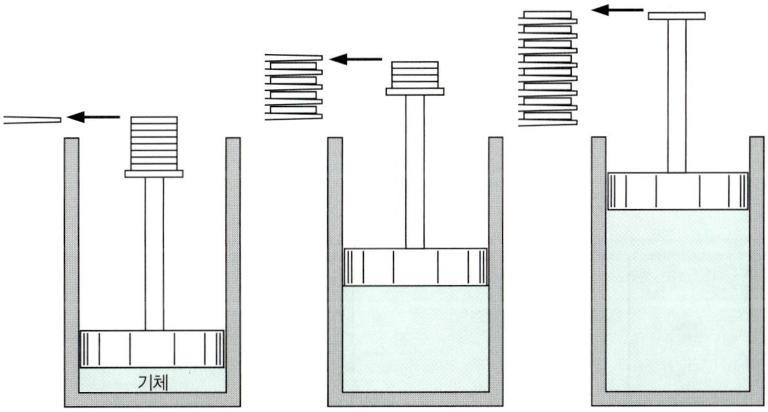

그림 5.13 ▸ 가역 과정에 가까운 과정의 예.

5.4 비가역 과정의 요인

비가역 과정이 발생되는 요인으로는 여러 가지가 있다. 마찰, 불구속 팽창(unrestrained expansion), 유한 온도차에 의한 열전달, 두 개의 서로 다른 물질의 혼합 등 4가지를 이 절에서 살펴본다.

➲ 마찰

마찰에 의하여 과정이 비가역으로 된다는 것은 이미 명백하지만 간략한 예를 통하여 이 점을 강조하고자 한다. 그림 5.14와 같이 블록과 경사면으로 구성된 시스템이 있다. 추가 내려가면서 블록을 경사면을 따라 끌어올린다. 이 과정에서 일정량의 일이 필요하다. 일 중에서 일부는 블록과 경사면 사이에 존재하는 마찰을 극복하는 데 필요하며, 일부는 블록의 위치 에너지를 올리는 데 필요하다. 추의 일부를 제거하면 블록은 경사면을 미끄러져 내려가 원래의 자리로 되돌아간다. 블록이 원래의 온도를 회복하는 동안 시스템으로부터 주위로 얼마간의 열전달이 있을 것이 확실하다. 따라서 역과정이 완료되었을 때 주위는 처음 상태로 회복되지 않았으므로, 마찰에 의하여 이 과정이 비가역이 되었다고 결론을 내린다. 다른 형태의 마찰 효과로서 관 내에서 점성 유체(viscous fluid)의 유동이나 점성 유체 속에서 물체를 움직일 때 발생하는 것 등이 있다.

➲ 불구속 팽창

불구속 팽창(unrestrained expansion)의 고전적인 예는 그림 5.15와 같이 박막에 의하여 진공과 분리되어 있는 기체이다. 박막이 파열되어 기체가 용기 전체에 퍼져 나갈 때 어떠한 일이 발생하는가를 생각해보자. 기체를 처음 상태로 회복하려면 어떻게 하여야 하는가 생각해보면, 불구속 팽창 과정이 비가역 과정임을 알 수 있다. 기체가 처음 상태로 회복될 때까지 기체를 압축하여야 하며 그동안 기체에서 외부로 열전달이 발생한다. 일과 열전달에 의하여 주위에 변화가 있게 되므로 주위는 처음 상태로 회복되지 않으며 이는 곧 불구속 팽창이 비가역 과정임을 의미한다. 그림 5.12에 기술한 과정도 불구속 팽창의 일례이다.

기체가 가역 팽창(reversible expansion)을 하려면 기체가 가하는 압력과 팽창을 억제하는 힘의 차이가

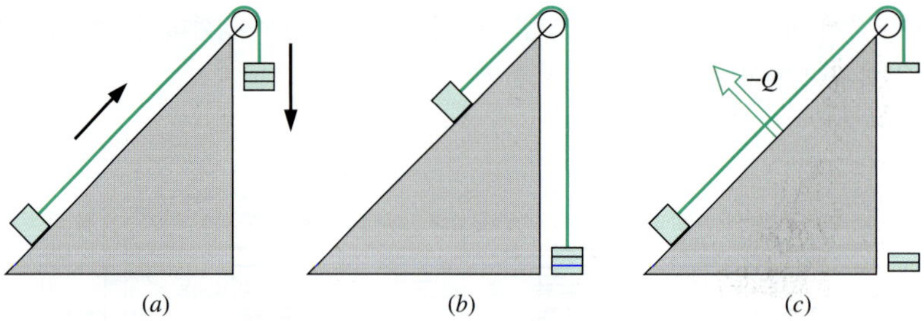

그림 5.14 ▸ 마찰에 의한 비가역 과정의 증명.

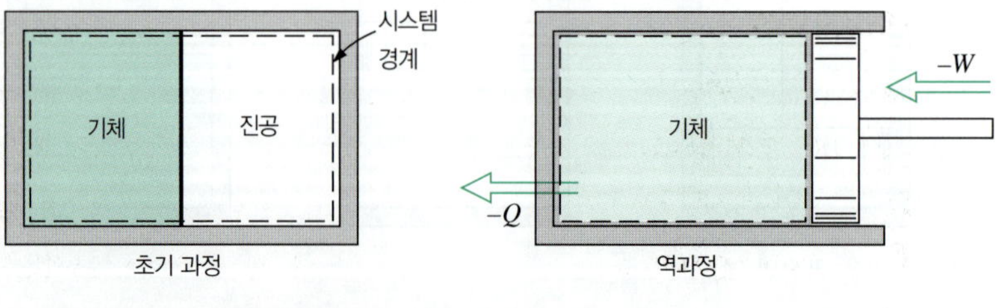

그림 5.15 ▸ 불구속 팽창이 비가역 과정이라는 사실의 증명.

무한히 작아서 경계가 움직이는 속도가 무한히 작아야 한다. 앞서 정의한 바에 따르면 이러한 과정은 준평형(quasi-equilibrium)과정이다. 그러나 실제 시스템에서 두 힘 사이에 유한한 차이가 존재하며 이로 인하여 경계가 유한한 속도로 움직인다. 따라서 모든 과정은 어느 정도는 비가역이다.

유한 온도 차이에 의한 열전달

고온 물체로부터 저온 물체로 열이 전달되는 고온 물체와 저온 물체로 구성된 시스템을 고려해본다. 시스템을 처음 상태로 회복하는 유일한 방법은 냉동기를 이용하는 것이다. 이때 주위로부터 일이 필요하며 얼마간의 열이 주위로 전달되어야 한다. 일과 열전달에 의하여 주위는 원래의 상태로 회복되지 않으며 이는 곧 이 과정이 비가역이라는 사실을 의미한다.

여기서 재미있는 질문이 제기된다. 열은 온도차에 의하여 전달되는 에너지라고 정의하였으며, 방금 온도차에 의한 열전달은 비가역 과정이라는 점을 보았다. 그렇다면 가역 열전달 과정은 어떻게 일어날 수 있는가? 두 물체 간의 온도차가 0에 근접할 때 열전달 과정은 가역 과정에 근접한다. 따라서 가역 열전달은 무한히 작은 온도차에 의한 열전달 과정이라고 정의한다. 온도차가 무한히 작을 때, 일정량의 열을 전달하려면 무한히 오랜 시간을 요하거나, 전열 면적이 무한히 넓어야 한다는 점을 알고 있다. 실제로 모든 열전달은 유한한 온도차에 의하여 이루어지므로 모두 비가역 과정이며, 온도차가 크면 클수록 비가역성(irreversibility)이 커진다. 그러나 가역 열전달의 개념이 이상적인 과정을 설명하는 데 매우 유익하다는 점도 알게 될 것이다.

혼합

그림 5.16은 박막으로 분리되어 있던 서로 다른 두 기체의 혼합 과정을 보여주고 있다. 박막이 제거되면 산소와 질소의 균일한 혼합물이 전 공간을 채우게 된다. 11장에서 이 과정을 상세히 고찰한다. 각 기체가 전 공간으로 퍼져 나갈 때 각각 불구속 팽창 과정을 겪으므로 여기서는 이 과정을 불구속 팽창의 특별한 경우로 간주한다. 공기 분리 장치에서 순수 산소와 순수 질소를 얻으려면 입력 일이 필요하다.

두 개의 서로 다른 상태의 동일한 물질을 섞는 것도 비가역 과정이다. 미지근한 물을 생성하기 위해 뜨거운 물과 차가운 물의 혼합을 생각해보자. 이 과정은 역과정으로 작동될 수 있다. 그러나 물의 일부를 가열하고 다른 일부를 냉각하기 위해서 열펌프에 입력일이 필요하다.

기타 요인들

비가역 과정을 만드는 요인은 수없이 많으나 여기서 자세히 고찰하지는 않는다. 히스테리시스(hysteresis) 효과나 전기 회로에서 발생하는 i^2R 열은 모두 비가역 과정의 요인이다. 연소 과정도 일반적으로 비가역 과정이다.

비가역성은 내적(internal) 비가역과 외적(external) 비가역으로 구분하는 것이 종종 편리하다. 그림 5.17은 열을 전달받는 두 개의 동일한 시스템을 보여주고 있다. 각 시스템이 순수 물질이라고 가정하면, 열전

그림 5.16 ▸▸ 두 개의 서로 다른 기체의 혼합 과정이 비가역 과정임을 보여주는 예.

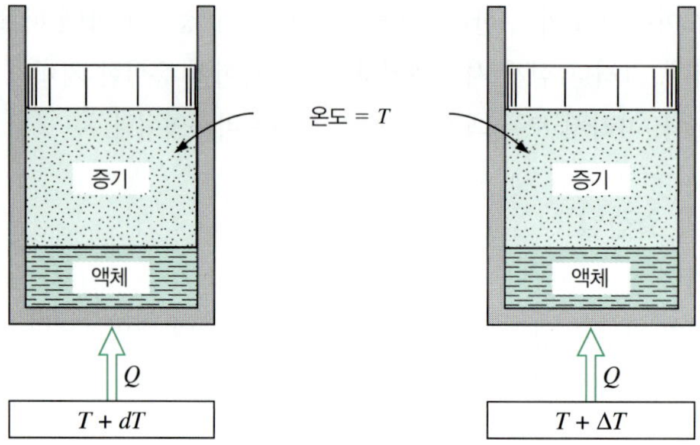

그림 5.17 ▸ 내적 가역 과정과 외적 가역 과정의 차이를 보여주는 그림.

달 과정 동안 온도가 일정하게 유지된다. 한 시스템에서는 $T + dT$인 저장조로부터 열을 받고 있으며, 다른 시스템에서는 저장조 온도가 시스템 온도보다 훨씬 높은 $T + \Delta T$이다. 첫째 과정은 가역 열전달 과정이며, 두 번째 것은 비가역 열전달 과정이다. 그러나 시스템만을 고려할 때, 두 과정에서 두 시스템은 모두 정확하게 같은 상태를 지나가며 가역이라고 가정한다. 따라서 두 번째 과정은 내적으로는 가역이나 시스템 외부에서 비가역성이 발생하므로 외적으로는 비가역이라고 말할 수 있다.

비가역성, 평형 및 시간에 대한 일반적인 의미를 알고 있어야 한다. 가역 과정은 평형에서 벗어나는 정도가 무한히 작으므로 매우 무한히 낮은 속도로 진행된다. 실제 과정은 유한한 속도로 진행될 필요가 있으므로 평형에서 벗어나는 정도가 유한할 수밖에 없고, 따라서 실제 과정은 어느 정도는 비가역이다. 평형에서 벗어나는 정도가 커질수록 비가역성은 커지며 과정은 더욱 빨리 진행된다. 1장에서 설명한 준평형 과정은 가역 과정이며 지금부터는 **가역 과정**이라는 용어를 대신 사용하고자 한다.

개념점검

e. 그림 5.7에서 정사각형 상자는 사이클을 나타낸다. 냉장고 그림에서 사이클이 어디에 위치하고 있는가?

f. 태양광 발전소에서 T_H 위치는 어디인가?

g. 한 엔지니어가 집안 온풍기를 히트 펌프 시스템으로 변경할 것을 제안했다. 좋은 아이디어인가?

h. 한 발전소는 45~60°C 온도 조건에서 상당량 에너지를 배출한다. 이 에너지가 필요한가? 이 에너지가 어딘가에 유용한가?

5.5 Carnot 사이클

가역 과정을 정의하고 비가역 과정의 요인들에 대하여 살펴보았으므로 5.3절에서 제기하였던 문제를 다시 생각해 보자. 열기관의 효율이 100%보다 작다면 성능이 가장 좋은 사이클의 효율은 얼마나 될까? 고온 저장조로부터 열을 받아 저온 저장조로 열을 방출하는 열기관에 대하여 살펴보자. 저장조의 정의에 따라 고온 저장조와 저온 저장조는 모두 열교환량에 관계없이 온도가 일정하게 유지된다.

고온 저장조와 저온 저장조 사이에서 작동하는 이 열기관은 모든 과정이 가역이며 사이클 작동을 한다고 가정한다. 모든 과정이 가역이면 사이클 자체도 가역이다. 사이클을 역으로 운전하면 열기관이 냉동기가 된다. 다음 절에서 이 가역 사이클이 두 개의 등온 저장조 사이에서 작동하는 사이클 중에서 가장 효율이 높은 사이클임을 증명하게 된다. 이 사이클을 1824년 열역학 제2법칙의 기초를 정립한 프랑스 기술자 Nicolas Leonard Sadi Carnot (1796~1832)의 이름을 따서 **Carnot 사이클**이라고 한다.

가역적이고 두 개의 온도가 고정된 열 저장조를 가지는 Carnot 사이클 과정을 살펴보자. 열전달 과정은 가역적으로서, 열교환이 발생하면 두 저장조 온도로부터 발생한다. 만약 실제와 다르다면, 유한한 온도차에 대해 Q를 갖는 비가역적 과정이다. 따라서 Q_H가 전달될 때, 고온부 온도는 T_H이어야 하고, Q_L로 전달된 온도는 T_L이어야 한다. 작동유체는 사이클을 거치며 T_L과 T_H 사이에서 온도 변화를 거친다. 가역 조건은 단열이어야 하고 T_L과 T_H 사이에 또다른 열 저장조가 없어야 한다. Carnot 사이클은 다음과 같은 네 가지 기본 과정을 거친다:

1. 고온 열저장조와 열교환하는 가역 정온 과정, $T = T_H$
2. 작동유체 온도가 고온에서 저온으로 감소하는 가역 단열 과정, T_H에서 T_L
3. 저온 열저장조와 열교환하는 가역 정온 과정, $T = T_L$
4. 작동유체 온도가 저온에서 고온으로 상승하는 가역 단열 과정, T_L에서 T_H

Q_H을 어떤 물질로부터 전달받아 Q_L을 전달하면 열기관에 해당한다. 만약 반대 방향으로 전달된다면 냉장고/열펌프이다. 아래 설명처럼 모든 사이클은 정상상태에서 표현될 수 있으므로(그림 5.18에서 열기관에 대해 설명된 것처럼), 각각 장치에서 다양한 과정이 발생한다. 또한 그림 5.19와 같이 실린더 피스톤 유형과 같은 한 장치에서 시간에 따라 순차적으로 발생할 수 있다.

그림 5.18에서 모든 Q 및 W 전달 방향이 바뀌어 열기관이 냉장고/열 펌프가 될 수 있다는 점을 주목하자. 그림 5.19 장치도 전달 방향이 반대이면 마찬가지로 바뀐다.

열기관과 냉장고는 Carnot 사이클과 유사한 사이클을 가지지만, 실제 사이클을 도입했을 경우 발생하는 비효율과 손실을 줄이기 위하여 다르게 작동한다. 예를 들어, 그림 5.18에서 열기관에서 펌프는 작동유체 압력을 상승시키지만, 비압축성이므로 온도를 상승시키지 않는다. 하지만 펌프는 작동 온도를 높이기 위해 액체와 증기의 2상 혼합물을 받아야 한다. 2상 혼합물은 응축기에서 전달받기는 매우 어려운 문제이며, 펌프 내부에서는 공동 현상(증기가 액체로 붕괴)이 발생하며 충격파를 발생시켜 베어링을 파괴시킬 수 있다. 일반적으로 일

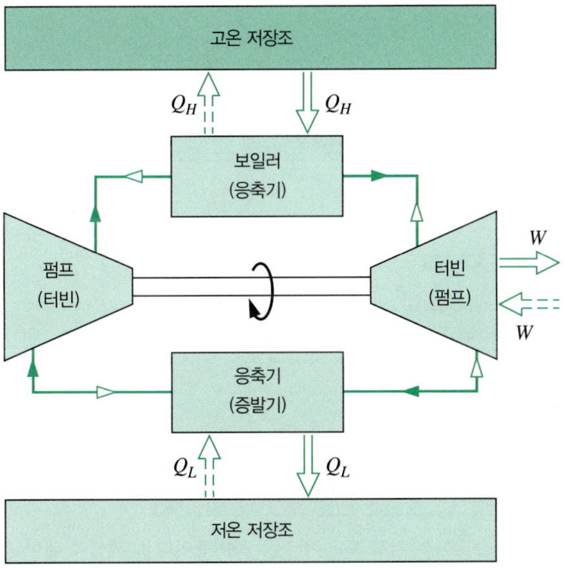

그림 5.18 » Carnot 사이클로 작동하는 열기관의 예.

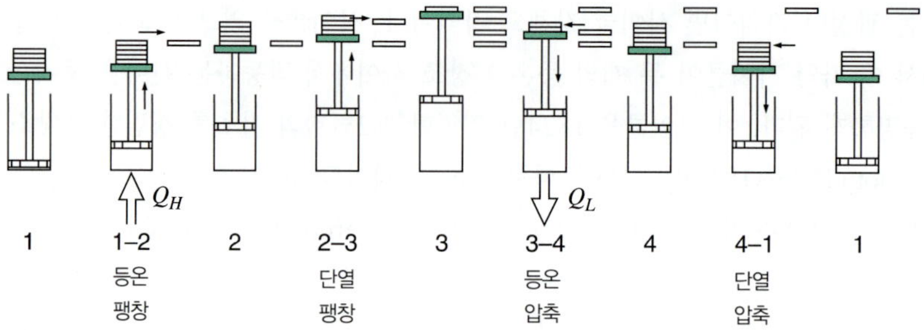

그림 5.19 » Carnot 사이클에서 작동하는 가스 시스템의 예.

정한 온도의 에너지원과 흡수원(저장소)을 가질 수 없으므로, 그림 5.18에서 상변화를 제외하더라도 두개의 등온 과정을 수행하기가 어렵다. 열기관과 냉장고에서 실제로 사용되는 사이클에 대해서는 9장과 10장에서 이와 유사한 복잡한 과정에 대해 설명한다. 현 단계에서는 두 열저장조 사이에서 일정하게 작동하는 Carnot 사이클 장치를 에너지 변환 사이클 중 최상의 설비로 생각할 수 있으며, 다음 절에서 추가로 설명하고 있다:

5.6 Carnot 사이클의 효율에 대한 두 가지 정리

Carnot 사이클의 효율에 관한 두 가지의 중요한 정리가 있다.

➲ 첫째 정리

주어진 두 개의 열저장조 사이에서 작동하면서, 가역 기관보다 효율이 더 높은 열기관은 만들 수 없다.

$$\text{정리 I:} \quad \eta_{\text{any}} \le \eta_{\text{rev}}$$

이 정리에 대한 증명은 '사고 실험(thought experiment)'을 통하여 할 수 있다. 먼저 가정을 하고 그 가정을 따르면 불가능한 결론에 도달한다는 것을 보임으로써, 가능한 유일한 결론은 그 가정이 불합리하다는 점을 보이는 방법이다.

주어진 두 개의 열저장조 사이에서 작동하면서, 가역 기관보다 효율이 더 높은 비가역 기관이 있다고 가정하자. 그림 5.20에서처럼 비가역 기관으로 전달되는 열량을 Q_H, 비가역 기관에서 방열되는 양을 Q_L', 출력

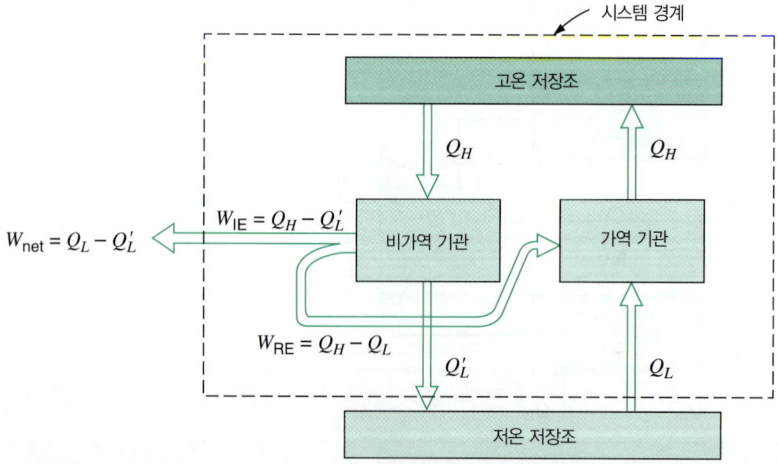

그림 5.20 » Carnot 사이클이 두 개의 정해진 열저장조 사이에서 작동하는 가장 효율이 좋은 사이클이라는 사실에 대한 증명.

을 W_{IE} ($Q_H - Q_L'$과 같음)라고 하자. 가역 기관을 냉동기로 사용해본다(가역 기관은 역방향으로 운전할 수 있으므로 가능). 저온 저장조와의 열교환량을 Q_L, 고온 저장조와의 열교환량을 Q_H, 냉동기의 구동일을 W_{RE} ($Q_H - Q_L$과 같음)라고 하자.

처음에 비가역 기관의 효율이 높다고 가정하였으므로, (Q_H는 두 기관에 대하여 같기 때문에) $Q_L' < Q_L$이며 $W_{IE} > W_{RE}$이다. 비가역 기관으로 가역 기관을 구동할 수 있으며 $W_{IE} - W_{RE} = Q_L - Q_L'$과 같은 양의 순 출력을 낼 수 있다. 그림 5.20에 표시된 것처럼 두 개의 기관과 고온 저장조를 포함하는 한 개의 시스템을 구성하면, 이 시스템은 한 개의 열원과 열교환을 하면서 일정량의 일을 한다. 그러나 이러한 기관은 열역학 제2법칙에 위배된다. 그러므로 처음의 가정(비가역 기관의 효율이 가역 기관의 효율보다 높다)은 옳지 않다. 따라서 같은 열저장조 사이에서 작동하면서 가역 기관보다 효율이 더 좋은 비가역 기관은 존재하지 않는다.

➲ 둘째 정리

주어진 두 개의 등온 저장조 사이에서 Carnot 사이클로 작동하는 모든 열기관의 효율은 같다.

$$\text{정리 II:} \quad \eta_{\text{rev 1}} = \eta_{\text{rev 2}}$$

두 번째 정리의 증명도 첫 번째 정리의 증명과 유사하다. 두 개의 등온 저장조 사이에서 작동하는 Carnot 사이클의 효율이 같은 온도의 저장조 사이에서 작동하는 다른 Carnot 사이클의 효율보다 높다고 가정한다. 앞서 주장한 것과 같은 비가역 사이클을 효율이 높은 Carnot 사이클로 대치하고 효율이 낮은 Carnot 사이클을 냉동기로 운전하도록 한다. 증명은 첫 번째 정리의 증명과 같은 방법으로 진행한다. 상세한 내용은 연습 문제로 남겨 둔다.

5.7 열역학 온도 척도

1장에서 온도에 관하여 논의할 때 열역학 제0법칙이 온도 측정의 기초는 되지만 온도 척도(temperature scale)는 온도계 물질(thermometer substance)과 장치에 따라 정의하여야 한다는 점을 지적하였다. 특정 온도계 물질과는 무관한 온도 척도, 즉 **절대 온도 척도**(absolute temperature scale)라고 부를 수 있는 온도 척도가 가장 바람직하다. 마지막 단락에서 Carnot 사이클의 효율은 작동 유체에 무관하고 오직 온도에만 의존한다는 사실을 지적하였다. 이 사실로부터 **열역학 온도 척도**(thermodynamic temperature scale)라고 부르는 절대 온도 척도에 대한 기초를 마련할 수 있다. Carnot 사이클의 효율은 온도만의 함수이므로 다음과 같이 쓸 수 있다.

$$\eta_{\text{thermal}} = 1 - \frac{Q_L}{Q_H} = 1 - \psi(T_L, T_H) \tag{5.4}$$

이 식에서 ψ는 함수 관계를 의미한다.

식 (5.4)를 만족시키는 함수 관계에는 여러 가지가 있다. 간단하게 다음과 같은 열역학적 척도가 정의된다.

$$\frac{Q_H}{Q_L} = \frac{T_H}{T_L} \tag{5.5}$$

정의된 식을 식 (5.4)에 대입하면 결과적으로 Carnot 사이클의 효율과 절대 온도의 관계로 나타낼 수 있다.

$$\eta_{\text{thermal}} = 1 - \frac{Q_L}{Q_H} = 1 - \frac{T_L}{T_H} \tag{5.6}$$

하지만 식 (5.5)는 온도의 크기나 고정된 기준점의 값을 완전하게 설명하지 못한다. 이상기체의 절대 온도에 대한 좀 더 자세한 내용은 2.8절에서 다루게 될 것이며 이 척도에서 식 (5.5)를 만족시킴을 보여줄 것이다.

5.8 이상기체 온도 척도

이 절에서는 2.8절에서 소개된 이상기체 온도 척도(ideal-gas temperature scale)에 대하여 살펴본다. 이 온도 척도는 기체의 압력이 0에 접근할 때 기체의 거동이 이상기체 상태 방정식에 접근한다는 관찰에 근거하고 있다.

$$Pv = RT$$

앞 절에서 논의한 이상기체 온도 척도와 제2법칙과 Carnot 사이클에 대한 논의 과정에서 정의한 열역학 온도 척도가 일치한다는 것을 보이고자 한다. 이상기체를 작동 유체로 사용하는 Carnot 사이클의 네 과정을 분석함으로써 그 목적을 달성할 수 있다. 네 개의 상태점 1, 2, 3, 4와 네 과정이 그림 5.21에 있다. 편의상 실린더 속에 단위 질량의 기체가 들어 있다고 하자. 네 개의 과정 모두 움직이는 경계에 의한 가역일은 식 (3.16)으로 계산한다.

$$\delta w = P\,dv$$

각 과정마다 기체의 거동은 이상기체 관계식 (2.7)을 따른다.

$$Pv = RT$$

내부 에너지 변화는 식 (3.33)으로부터 계산한다.

$$du = C_{v0}\,dT$$

운동과 위치 에너지의 변화가 없다고 가정하면, 단위 질량에 대한 제1법칙, 식 (3.4)는 다음과 같다.

$$\delta q = du + \delta w$$

앞의 세 식을 위 식에 대입하면 네 개의 각 과정에 대하여 다음 식을 얻는다.

$$\delta q = C_{v0}\,dT + \frac{RT}{v}\,dv \tag{5.7}$$

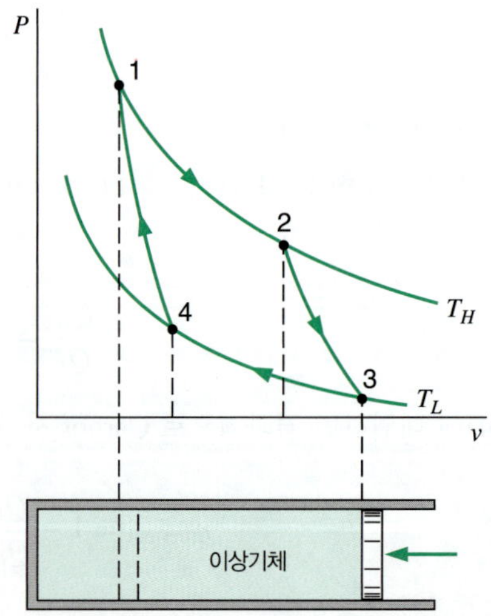

그림 5.21 » 이상기체 Carnot 사이클.

그림 5.21에서 2개의 등온 과정은 Pv의 값이 각각 일정하므로, 그 모양을 알 수 있다. 등온 열전달 1-2 과정은 v_2가 v_1보다 크므로, 온도 T_H에서의 팽창 과정이다. 마찬가지로 3-4는 더 낮은 온도 T_L에서의 압축 과정이며, v_4는 v_3보다 작다. 2-3 과정은 비체적이 증가하며, 온도 T_H에서 T_L로 팽창하는 단열 과정이다. 4-1 과정은 비체적이 감소하며, 온도 T_L에서 T_H로 압축하는 단열 과정이다. 각 과정 곡선의 하부 면적은 식 (3.17)에서 주어진 바와 같이 그 과정의 일이 된다.

Carnot 사이클을 구성하는 네 개의 과정 각각에 대하여 식 (5.7)을 적분한다. 등온 가열 과정인 1-2에 대하여

$$q_H = {}_1q_2 = 0 + RT_H \ \ln \frac{v_2}{v_1} \tag{5.8}$$

단열 팽창 과정 2-3에 대해서는

$$0 = \int_{T_H}^{T_L} \frac{C_{v0}}{T}\, dT + R \ \ln \frac{v_3}{v_2} \tag{5.9}$$

등온 방열 과정 3-4에 대해서는

$$\begin{aligned} q_L = -{}_3q_4 &= -0 - RT_L \ \ln \frac{v_4}{v_3} \\ &= +RT_L \ \ln \frac{v_3}{v_4} \end{aligned} \tag{5.10}$$

그리고 단열 압축 과정인 4-1에 대해서는 다음 식을 얻는다.

$$0 = \int_{T_L}^{T_H} \frac{C_{v0}}{T}\, dT + R \ \ln \frac{v_1}{v_4} \tag{5.11}$$

식 (5.9)와 식 (5.11)로부터

$$\int_{T_L}^{T_H} \frac{C_{v0}}{T}\, dT = R \ \ln \frac{v_3}{v_2} = -R \ \ln \frac{v_1}{v_4}$$

그러므로

$$\frac{v_3}{v_2} = \frac{v_4}{v_1} \qquad \text{또는} \qquad \frac{v_3}{v_4} = \frac{v_2}{v_1} \tag{5.12}$$

따라서 식 (5.8)과 (5.10)에 식 (5.12)를 대입하면 다음과 같다.

$$\frac{q_H}{q_L} = \frac{RT_H \ \ln \dfrac{v_2}{v_1}}{RT_L \ \ln \dfrac{v_3}{v_4}} = \frac{T_H}{T_L}$$

위 식은 식 (5.5)와 같으며 이는 제2법칙과 연관된 열역학 온도 척도의 정의이다.

식 (5.5)와 이상기체의 절대 온도기준은 0도이다. 저온부 온도 T_L이 0도에 가까워지면 Carnot 열 엔진 효율은 1에 근접하며 작동하는 동안 열이 배출되지 않으면 열 엔진은 열 입력을 100% 전환한다. 마찬가지로 Carnot 냉장고는 저온부 온도가 0에 가까워지면 성능 계수는 0에 가까워진다. 유한한 Q_L를 위한 일 입력 한계는 무한하며, 절대 0도가 냉장고 냉각의 궁극 한계이다. 따라서 적절한 일 입력 크기를 고려해야 하며, 물의 삼중점에 의해 273.16 K (1.11절에서 설명)로 결정된다.

5.9 이상적 기계와 실제적 기계

식 (5.5)의 열역학적 온도 척도를 정의하는 식으로부터, Carnot 사이클 열기관의 열효율은 식 (5.6)과 같이 나타낸다고 언급되었다. Carnot 사이클로 작동하는 냉동기 또는 열펌프의 성능 계수는 다음과 같이 나타낸다.

$$\beta = \frac{Q_L}{Q_H - Q_L} \underset{\text{Carnot}}{=} \frac{T_L}{T_H - T_L} \tag{5.13}$$

$$\beta' = \frac{Q_H}{Q_H - Q_L} \underset{\text{Carnot}}{=} \frac{T_H}{T_H - T_L} \tag{5.14}$$

식 (5.6), (5.13) 및 (5.14)의 "효율"에서, 첫 번째 등식은 에너지 식을 사용하여 정의한 것으로 항상 옳다. 두 번째 등식은 사이클이 가역일 때, 즉 Carnot 사이클일 때만 옳다. 실제 열기관, 냉동기, 또는 열펌프는 이보다는 효율이 낮으며 다음과 같다.

$$\eta_{\text{real thermal}} = 1 - \frac{Q_L}{Q_H} \le 1 - \frac{T_L}{T_H}$$

$$\beta_{\text{real}} = \frac{Q_L}{Q_H - Q_L} \le \frac{T_L}{T_H - T_L}$$

$$\beta'_{\text{real}} = \frac{Q_H}{Q_H - Q_L} \le \frac{T_H}{T_H - T_L}$$

예제 5.3

그림 5.22와 같이 고온 550°C에서 1 MW의 열전달률을 받고, 300 K의 주위로 열을 방출하는 열기관을 고려해본다. 동력은 450 kW 생산된다. 주위로의 에너지 방출량, 엔진의 효율을 구하라. 그리고 두 개의 같은 저장조 사이에서 작동하는 Carnot 열기관과 비교하라.

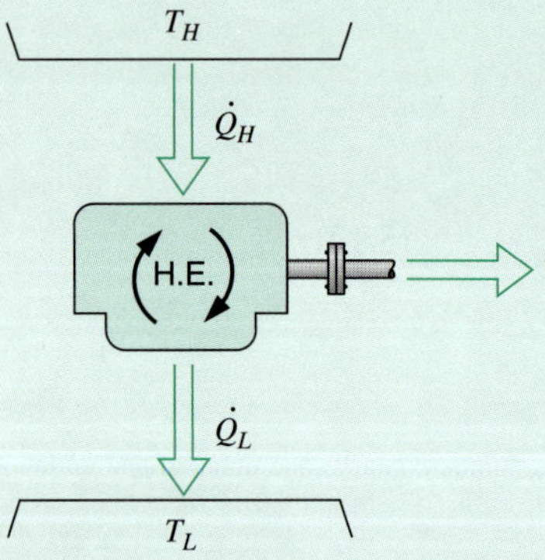

그림 5.22 » 두 개의 등온 열저장조 사이에서 작동하는 열기관. 예제 5.4.

풀이

열기관을 검사 체적으로 하면 에너지 방정식은 다음과 같다.

$$\dot{Q}_L = \dot{Q}_H - \dot{W} = 1000\ \text{kW} - 450\ \text{kW} = 550\ \text{kW}$$

효율의 정의로부터

$$\eta_{\text{thermal}} = \dot{W}/\dot{Q}_H = 450/1000 = 0.45$$

Carnot 열기관에서 효율은 저장조의 온도로 주어진다.

$$\eta_{\text{Carnot}} = 1 - \frac{T_L}{T_H} = 1 - \frac{300}{550 + 273} = 0.635$$

동력과 열방출률은 다음과 같다.

$$\dot{W} = \eta_{\text{Carnot}} \dot{Q}_H = 0.635 \times 1000 \text{ kW} = 635 \text{ kW}$$

$$\dot{Q}_L = \dot{Q}_H - \dot{W} = 1000 \text{ kW} - 635 \text{ kW} = 365 \text{ kW}$$

그러므로 실제 열기관은 Carnot (이상) 열기관에 비하여 효율이 낮다. 일반적인 증기 동력 발전소의 효율은 45%이다. 이것은 실제 기관이 주위로 방출하는 열량이 Carnot 열기관(36%)에 비하여 매우 크다는(55%) 것을 의미한다.

예제 5.4

공기 조화기를 그림 5.23과 같이 냉방 모드로 작동시켜 더운 날 실내를 냉방한다. 실외 35°C인 조건에서, 24°C인 실내로부터 총 4 kW의 열이 제거되어야 한다. 필요한 일의 양을 추정하고자 한다. 냉방기의 내부 과정을 해석하는 것은 9장으로 미루기로 하고, 지금은 Carnot 사이클 냉동기를 가정하여 동력의 최소값을 구하고자 한다.

풀이

성능 계수는 다음과 같다.

$$\beta = \frac{\dot{Q}_L}{\dot{W}} = \frac{\dot{Q}_L}{\dot{Q}_H - \dot{Q}_L} = \frac{T_L}{T_H - T_L} = \frac{273 + 24}{35 - 24} = 27$$

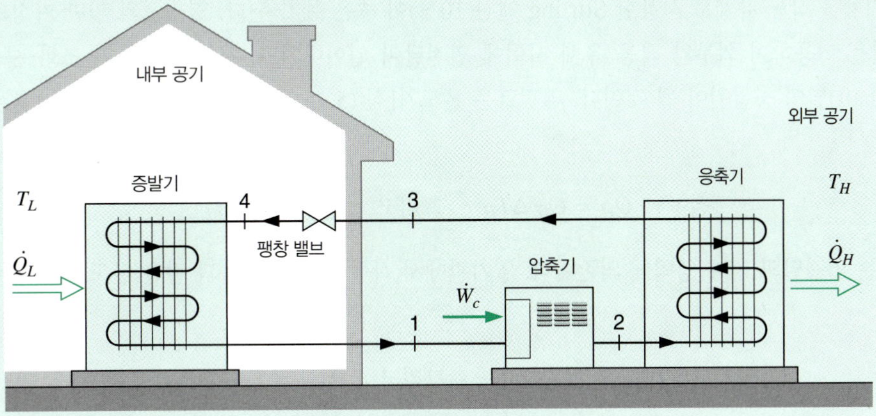

그림 5.23 ▸ 온도가 T_L인 실내에서 냉방 모드로 운전하는 공조기.

따라서 요구되는 동력은 다음과 같다.

$$W = Q_L / \beta = 4 \text{ kW}/27 = 0.15 \text{ kW}$$

Carnot 냉동기를 가정하여 동력을 계산하였으므로, 이 동력은 가능한 값 중 최소값이다. 3장에서 표현한 열전달률을 상기해보자. 냉동기가 35°C인 외기에 4.15 kW의 열을 방출하기 위해서 고온 측 온도는 이것보다는 높아야 한다. 열교환기가 합리적인 크기, 즉 어느 정도 소형이 되기 위해서는 냉동기의 고온 측 온도가 약 45°C 이상이어야 한다. 실내를 냉방하기 위해서, 공기의 출구 온도는 약 18°C 이하가 되어야 한다. 고온 45°C, 저온 18°C를 고려하여 성능 계수를 다시 계산하면, 보다 현실적인 값인 10.8이 된다. 실제 냉동기는 성능 계수 5 정도로 작동한다.

앞의 설명과 예제에서 등온 에너지 저장조가 고려되었고, 이 온도로 Carnot 사이클 효율이 계산되었다. 3장에서 다루었던 전도, 대류, 또는 복사에 의한 열전달을 다시 표현하면

$$Q = C\,\Delta T \tag{5.15}$$

계수 C는 열전달 방식에 따라 달라진다.

$$\text{전도: } C = \frac{kA}{\Delta x} \qquad \text{대류: } C = hA$$

$$\text{복사: } C = \epsilon\sigma A(T_s^2 + T_\infty^2)(T_s + T_\infty)$$

여러 층과 방식이 조합된 더 복잡한 열전달 경우에도 식 (5.15)는 유효하다. 그러나 C의 값은 형상, 재료, 그리고 열전달 방식에 따라 달라진다. 열전달이 발생하려면, 온도차가 반드시 있어야 한다. 열전달 면적이 무한대로 크지 않는 한, 사이클 내 작동 유체의 온도는 저장조 온도에 도달하지 못한다.

➲ 실제 열기관 및 열펌프

많은 시스템에서의 열전달 필요성은 전형적으로 2유체(double-fluid)의 열교환기에서 일어난다. 이러한 열기관에는 보편적으로 석탄, 석유 및 천연가스 화력 발전소와 같이 외부 연소(external combustion)과정이 있거나 열을 핵 반응기나 다른 원천에서 받는다. 외부 연소 과정으로 작동 가능한 몇 종류의 엔진이 있는데 밀도가 낮은 기체를 작동 유체로 사용한 Stirling 엔진(10장)이 좋은 예가 된다. 열펌프와 일반 가정의 냉장고는 전기 입력일을 이용하여 외부와 작동 유체 사이에 열전달이 일어나지만, 자동차의 공기 조화 시스템은 벨트를 통한 축(shaft)일이 공급원이 될 것이다. 열전달은 온도차[식 (5.15)]를 필요로 하는데 열전달률은 다음과 같게 된다.

$$\dot{Q}_H = C_H\,\Delta T_H \quad \text{그리고} \quad \dot{Q}_L = C_L\,\Delta T_L$$

여기서 C는 열전달과 경계 영역에 의존한다. 열기관에서 작동 물질은 다음과 같은 온도를 가지는 한 사이클을 겪는다.

$$T_{\text{high}} = T_H - \Delta T_H \quad \text{그리고} \quad T_{\text{low}} = T_L + \Delta T_L$$

따라서 사이클 효율을 결정하는 작동 범위는 다음과 같다.

$$\Delta T_{\text{HE}} = T_{\text{high}} - T_{\text{low}} = T_H - T_L - (\Delta T_H + \Delta T_L) \tag{5.16}$$

열펌프의 고온부에서 작동 물질은 $\dot{Q}_H$을 받는 열저장소보다 온도가 높아야 하고 저온부는 $\dot{Q}_L$을 주는 열저장소보다 낮아야 한다. 따라서 우리는 다음과 같은 식을 얻을 수 있다.

$$T_{\text{high}} = T_H + \Delta T_H \quad \text{그리고} \quad T_{\text{low}} = T_L - \Delta T_L$$

그리고 아래와 같은 식으로 작동 물질에 대한 작동 범위가 주어진다.

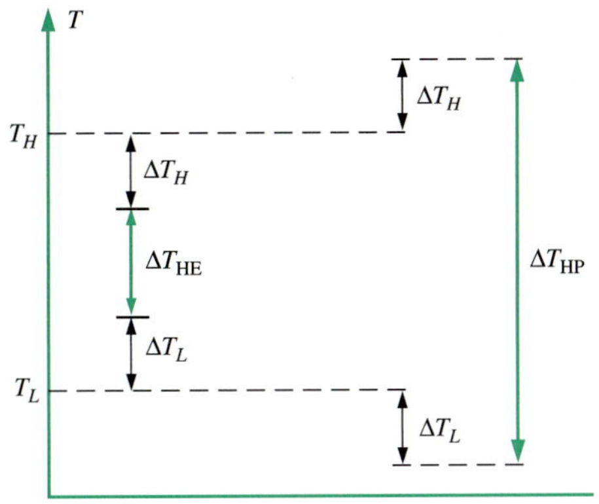

그림 5.24 ▸ 열기관과 열펌프의 온도 간격.

$$\Delta T_{HP} = T_{high} - T_{low} = T_H - T_L + (\Delta T_H + \Delta T_L) \tag{5.17}$$

그림 5.24에서 이러한 효과를 열기관과 열펌프에 대하여 설명하였다. 두 경우에 열전달에 의한 유한한 온도 차이의 영향은 성능을 감소시킨다. 열기관의 최대 가능한 효율은 T_{high}가 낮을수록, T_{low}가 높을수록 낮아지고 열펌프(냉장고 등)의 COP는 T_{high}가 높을수록, T_{low}가 낮을수록 낮아진다.

5.10 Claussius 부등식

온도와 열역학 제2법칙에 관한 과거 표현은 **Clausius 부등식**이다. 가역 또는 비가역 열기관 및 냉동기를 포함하는 가능한 모든 사이클에 대하여 이 부등식이 유효하다는 것을 증명하고자 한다. 모든 가역 사이클은 Carnot 사이클의 조합으로 볼 수 있으므로 Carnot 사이클만을 고찰하여 Clausius 부등식을 유도하면 된다.

먼저 그림 5.25의 가역(Carnot) 열기관 사이클을 살펴보자. 이 사이클은 온도가 각각 T_H와 T_L인 두 저장조 사이에서 작동한다. 이 사이클에 대하여 열전달의 사이클 적분 $\oint \delta Q$는 다음과 같이 0보다 크다.

$$\oint \delta Q = Q_H - Q_L > 0$$

온도 T_H와 T_L이 일정하므로, 절대 온도 척도의 정의와 가역 사이클이라는 사실로부터 다음의 결과를 얻는다.

$$\oint \frac{\delta Q}{T} = \frac{Q_H}{T_H} - \frac{Q_L}{T_L} = 0$$

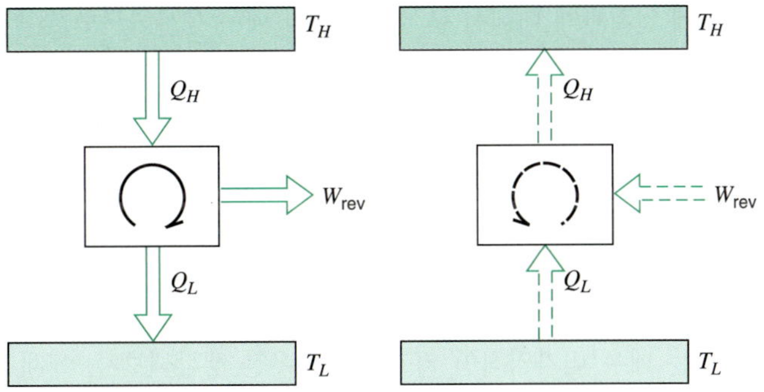

그림 5.25 ▸ Clausius 부등식을 증명하기 위한 가역 열 엔진/냉동기(화살표 표시) 사이클.

δQ의 사이클 적분 $\oint \delta Q$가(T_H가 T_L에 접근함에 따라) 0에 접근하고, 사이클이 가역이라면 $\delta Q/T$의 사이클 적분도 0이다. 따라서 모든 가역 열기관 사이클에 대하여 다음과 같은 두 가지 결론을 얻는다.

$$\oint \delta Q \geq 0$$

$$\oint \frac{\delta Q}{T} = 0$$

이번에는 비가역 열기관 사이클을 살펴보자. 이 사이클은 그림 5.25의 가역 기관의 경우와 마찬가지로 온도가 각각 T_H와 T_L인 저장조 사이에서 작동하며, 같은 양의 열 Q_H가 전달된다. 비가역 사이클은 낮은 효율을 가지고 있기 때문에, 가역 사이클보다 일량은 작고, 열 배출은 많다. 따라서

$$W_{\text{irr}} < W_{\text{rev}}$$

그리고

$$Q_{L\,\text{irr}} > Q_{L\,\text{rev}}$$

이다. 결과적으로 비가역 열기관 사이클에 대하여 다음과 같다.

$$\oint \delta Q = Q_H - Q_{L\,\text{irr}} > 0$$

$$\oint \frac{\delta Q}{T} = \frac{Q_H}{T_H} - \frac{Q_{L\,\text{irr}}}{T_L} < 0$$

열기관을 점점 더 비가역으로 만들면서 Q_H, T_H 및 T_L을 일정하게 유지하면 δQ의 사이클 적분은 0에 접근하며 $\delta Q/T$의 사이클 적분은 점점 더 큰 음수가 된다. 출력의 극한값은 0이 되므로 다음과 같이 된다.

$$\oint \delta Q = 0$$

$$\oint \frac{\delta Q}{T} < 0$$

따라서 모든 비가역 열기관 사이클에 대하여 다음과 같은 결론을 얻는다.

$$\oint \delta Q \geq 0$$

$$\oint \frac{\delta Q}{T} < 0$$

Clausius 부등식에 대한 증명을 완성하려면, 가역 냉동 사이클과 비가역 냉동 사이클도 유사하게 해석하여야 한다. 이 부분은 이전에 열기관에 대해서 분석한 내용과 매우 유사하므로 생략한다.

일반적으로, 모든 가능한 사이클에 대해서 아래와 같은 최종결과를 나타낼 수 있다.

$$\oint \frac{\delta Q}{T} \leq 0 \tag{5.18}$$

여기서 등호는 가역 사이클에 대하여, 부등호는 비가역 사이클에 대하여 적용한다. 이 관계식 (5.18)을 **Clausius 부등식**이라고 한다.

생성되는 일이 전혀 없는 매우 비가역적인 열기관의 경우를 생각해보자. 예제 3.7에서 언급된 바와 같이, 이것은 창문 혹은 벽을 통해 전달되는 단순한 정상상태 열전달의 경우이다. 그림 5.25의 고온부 T_H와 저

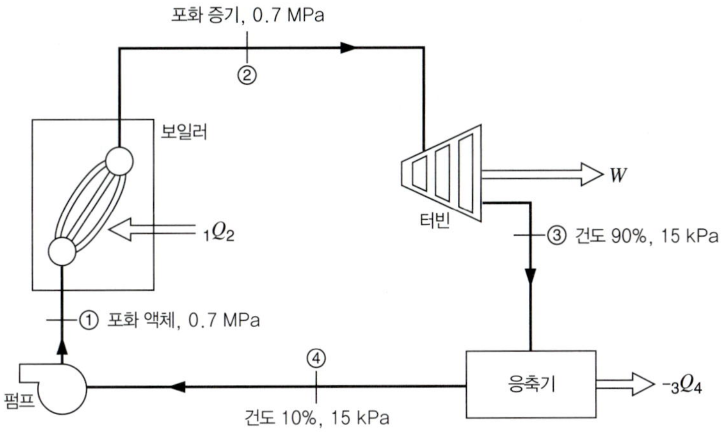

그림 5.26 ▸ Clausius 부등식을 예시하는 단순 증기 동력 발전소.

온부 T_L 사이를 검사체적으로 생각하고 정상상태에서 $W = 0$이면,

$$\text{에너지방정식: } 0 = \dot{Q}_H - \dot{Q}_L \Rightarrow \dot{Q}_H = \dot{Q}_L = \dot{Q}$$

$$\text{Clausius 부등식: } \dot{Q}/T_H - \dot{Q}/T_L \le 0$$

$T_H > T_L$이면, Clausius 부등식은 양(positive)의 $\dot{Q}$에 대해서 만족한다. 만약 온도가 $T_H < T_L$로 변하면, Clausius 부등식에 의해 열전달량 $\dot{Q}$는 음수가 되어야 하며, 에너지는 반대방향으로 이동한다. 따라서 Clausius 서술은 우리가 실험을 통해 아는 바와 같이, 열전달은 높은 고온 영역에서 저온영역으로 발생하며, 열전달이 없거나 ($\dot{Q} = 0$) 두 영역의 온도가 동일할 때 ($T_H = T_L$)만 등식이 성립한다는 것을 의미한다.

Clausius 부등식의 중요성을 분명히 하기 위해서 그림 5.26에 나타낸 단순 증기 동력 발전소를 살펴보자. 이 사이클은 액체와 증기의 혼합물이 펌프로 가압되어 포화 액체 상태에서 보일러로 보내진다는 점에서 증기 동력 발전소의 일반적인 사이클과 약간 다르다. 이 사이클 내의 다양한 지점에서 압력과 건도가 그림 5.26과 같이 주어진다고 할 때, 이 사이클은 Clausius 부등식을 만족하는가?

열은 보일러와 응축기 두 곳에서 전달된다. 따라서

$$\oint \frac{\delta Q}{T} = \int \left(\frac{\delta Q}{T}\right)_{\text{boiler}} + \int \left(\frac{\delta Q}{T}\right)_{\text{condenser}}$$

보일러와 응축기에서 온도가 일정하므로 다음과 같이 적분할 수 있다.

$$\oint \frac{\delta Q}{T} = \frac{1}{T_1}\int_1^2 \delta Q + \frac{1}{T_3}\int_3^4 \delta Q = \frac{{}_1Q_2}{T_1} + \frac{{}_3Q_4}{T_3}$$

작동 유체 1 kg에 대하여

$$_1q_2 = h_2 - h_1 = 2066.3\ \text{kJ/kg}, \qquad T_1 = 164.97\,°\text{C}$$

$$_3q_4 = h_4 - h_3 = 463.4 - 2361.8 = -1898.4\ \text{kJ/kg}, \qquad T_3 = 53.97\,°\text{C}$$

이므로

$$\oint \frac{\delta Q}{T} = \left[\frac{2066.3}{164.97 + 273.15} - \frac{1898.4}{53.97 + 273.15}\right]\frac{\text{kJ/kg}}{\text{K}} = -1.087\ \text{kJ/kg-K}$$

이 된다. 따라서 이 사이클은 Clausius 부등식을 만족시킨다. 즉 열역학 제2법칙을 위배하지 않는다.

개념점검

i. 식 (5.15)에 표시된 열전달률이 가역과정인가?

j. Clausius 서술에서도 Carnot 사이클에서와 같이 열전달 온도 T가 일정해야 하는가?

k. Clausius 서술은 열전달 방향에 대해서 어떻게 설명하는가?

5.11 공학 응용

이 장에서는 열역학 제2법칙에 대한 추가적인 설명을 한다. 열역학 제2법칙의 중요한 의미는 가능한 과정에 대한 한계를 부여하는 것이다. 열기관 및 열펌프와 같은 완전한 사이클의 작동 과정은 일어날 수 있지만 어떤 과정은 일어날 수 없다.

일(대표적으로 기계적 일에서 전기적 일로 변환)을 생성하는 거의 모든 에너지 변환 과정은 몇 가지 종류의 사이클 열기관을 포함한다. 차량의 엔진, 발전소의 터빈, 그리고 풍차 등이 포함된다. 그 에너지의 근원은 지하자원(가솔린, 천연가스와 같은 연소할 수 있는 화석연료) 또는 궁극적으로 태양으로부터 나는 열에서 얻어지는 풍력 에너지이다.

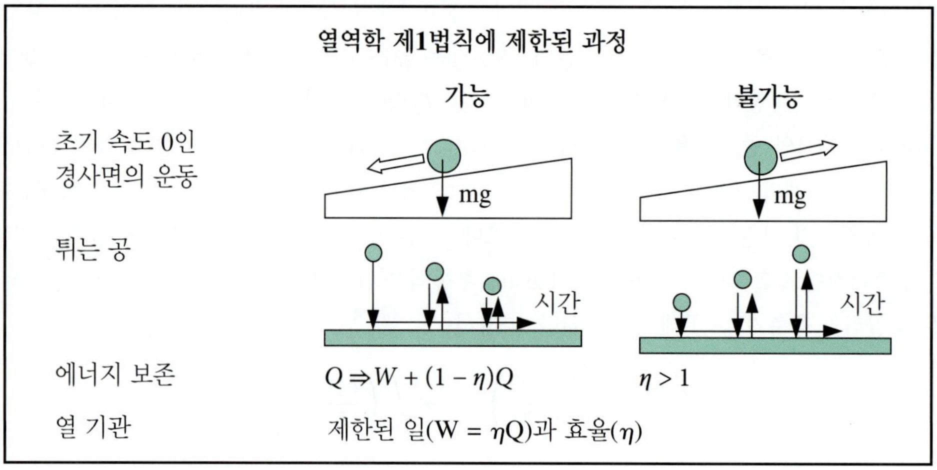

무(無)에서 에너지를 생성한다고 말하는 열역학 제1법칙에 위배되는 기계들을 **제1종 영구 기관**(perpetual-motion machines of the first kind)이라고 한다. 그러한 기계들은 계속 "발명되어" 왔고 발명가들은 개발에 돈을 투자하기를 요청했지만, 대부분은 입력 에너지를 쉽게 관측하기 어렵다(매우 작거나 압축된 공기 라인 또는 숨겨진 연료 공급 등). 최근에 저온핵 융합(cold fusion), 전기적 위상 불균형(electrical phase imbalance) 등이 소개되고 있는데, 이것들은 단지 그렇게 알고 있는 공학자에 의해서만이 측정될 수 있다. 오늘날 이러한 과정들은 불가능하다고 인식되고 있다.

열역학 제1법칙은 만족시키지만 제2법칙에 위배되는 기관들은 **제2종 영구 기관**(perpetual-motion machines of the second kind)이라고 부른다. 이런 종류는 조금 더 분석하기 어렵고 열역학을 잘 모르는 사람들은 종종 이러한 기계가 가능하다고 오해한다. 이러한 사례는 많으며, 아직도 제안되고 있으나 종종 애매하고 복잡한 과정들로 구성되어서 해석하기 힘들다.

열역학 제2법칙에 제한된 과정

	가능	불가능
일이 없는 열전달	$\dot{Q}$ (at T_{hot}) $\Rightarrow$ $\dot{Q}$ (at T_{cold})	$\dot{Q}$ (at T_{cold}) $\Rightarrow$ $\dot{Q}$ (at T_{hot})
유동, $\dot{m}$ KE, PE 무시	$P_{\text{high}} \Rightarrow P_{\text{low}}$	$P_{\text{low}} \Rightarrow P_{\text{high}}$
에너지 보존	$W \Rightarrow Q$ (100%)	$Q \Rightarrow W$ (100%)
에너지 보존	$Q \Rightarrow W + (1 - \eta)Q$ $W = \eta Q$ and η limited	$\eta > \eta_{\text{rev. heat eng}}$
연소와 같은 화학 반응	연료 + 공기 ⇒ 제품	제품 ⇒ 연료 + 공기
열전달 혼합	더움 | 추움 ⇨ 따뜻함	따뜻함 ⇨ 더움 | 추움
혼합	O_2 | N_2 ⇨ 공기	공기 ⇨ O_2 | N_2

연소와 같이 작동 물질 내에서 에너지 변환 과정이 일어나는 열기관은 외부와 어떠한 열전달도 하지 않는다. 이러한 것의 대표적인 예가 이동용 엔진인데 승용차나 트럭 엔진, 가스 터빈, 제트 엔진에서 체적이나 질량은 바람직하지 않으므로, 대형 부품이 없다. 작동 물질이 고온이 될 때, 주위로 열전달 손실이 커지게 되고, 이는 압력의 저하를 초래하여 유동 경계면에서의 일을 저감시킨다. 이러한 과정들은 분석하기 어렵고 효율 등을 예측하는 데 광범위한 지식을 요구한다. 이러한 사이클들은 몇몇의 간단한 모델을 이용하여 설명할 것이다.

마지막으로 언급할 것은 Carnot 사이클로 작동하는 실제 열기관이나 열펌프는 없다는 것이다. 9장과 10장에서 보여주겠지만 모든 사이클은 실제 운전을 고려하여 약간 변형된 사이클로 작동된다.

➲ 열역학 발달사

물리학에 대한 지식이 늘어나면서 열역학 제1법칙 이전에 열역학 제2법칙의 기초가 마련되었다. Carnot, Kelvin과 같은 서로 다른 배경 지식을 지닌 연구자들이 수학과 물리학을 복합적으로 연구하여 산업혁명을 이루는 데 공헌하였다(표 5.1). 이러한 많은 연구들은 1800년대 후반부터 시작되어 증기 기관, 가솔린 및 디젤 엔진, 근대적인 냉장고와 같은 응용 개발이 가능하게 되었으며 1900년대 초반으로 계속되었다. 이러한 모든 발명과 개발은 우리 사회에 중요한 업적을 남겼다.

표 5.1 ▸▸ 열역학에 관한 중요한 역사적 사건

연도	인물	업적
1660	Robert Boyle	$P = C/V$, 등온하에서(최초의 기체 법칙)
1687	Isaac Newton	Newton 법칙, 중력, 운동 법칙
1712	Thomas Newcomen & Thomas Savery	피스톤–실린더를 이용한 최초의 실용 증기 기관
1714	Gabriel Fahrenheit	최초의 수은 온도계
1738	Daniel Bernoulli	정수력, Bernoulli 방정식(7장)
1742	Anders Celsius	섭씨 온도 제안

(계속)

표 5.1 ▸ 열역학에 관한 중요한 역사적 사건 (계속)

연도	인물	업적
1765	James Watt	응축기가 분리된 증기 기관(10장)
1787	Jaques A. Charles	V와 T에 대한 이상기체 관계
1824	Sadi Carnot	열기관의 개념, 제2법칙 의미
1827	George Ohm	Ohm의 법칙
1839	William Grove	최초의 연료 전지(13장)
1842	Julius Robert Mayer	에너지 보존
1843	James P. Joule	열과 일의 동등성을 실험으로 증명
1848	William Thomson	Carnot와 Charles의 연구 결과에 기초하여 Kelvin 경이 절대 온도 제안
1850	Rudolf Clausius and later, William Rankine	최초의 에너지 보존 법칙, 열역학이 새로운 과학이 됨
1865	Rudolf Clausius	닫힌 계에서의 엔트로피 증가(6장), 제2법칙
1877	Nikolaus Otto	Otto 사이클 엔진 개발(9장)
1878	J. William Gibbs	비균질 물질의 평형 및 상법칙
1882	Joseph Fourier	열전달의 수학적 이론
1882		뉴욕의 발전소(10장)
1893	Rudolf Diesel	압축 분사 엔진의 개발(9장)
1896	Henry Ford	미시간에서 최초의 4사이클 자동차 제작
1927	General Electric Co.	최초의 상용 냉장고 제작(10장)

주요 개념과 공식

(모든 W, Q는 시간당 변화율 $\dot{W}$, $\dot{Q}$일 수도 있다.)

열기관: $W_{\mathrm{HE}} = Q_H - Q_L;\quad \eta_{\mathrm{HE}} = \dfrac{W_{HE}}{Q_H} = 1 - \dfrac{Q_L}{Q_H}$ (5.1)

열펌프: $W_{\mathrm{HP}} = Q_H - Q_L;\quad \beta_{\mathrm{HP}} = \dfrac{Q_H}{W_{HP}} = \dfrac{Q_H}{Q_H - Q_L}$ (5.3)

냉동기: $W_{\mathrm{REF}} = Q_H - Q_L;\quad \beta_{\mathrm{REF}} = \dfrac{Q_L}{W_{REF}} = \dfrac{Q_L}{Q_H - Q_L}$ (5.2)

비가역 과정을 일으키는 요인: 마찰, 불구속 팽창($W = 0$), Q 나누기
ΔT, 혼합, 저항을 흐르는 전류, 연소, 또는 밸브 유동(스로틀)

Carnot 사이클:
1−2 등온 T_H에서 Q_H 흡열
2−3 T가 감소하는 단열 팽창 과정
3−4 등온 T_L에서 Q_L 방열
4−1 T가 증가하는 단열 압축 과정

정리 I: $\eta_{\mathrm{any}} \le \eta_{\mathrm{reversible}}$ 동일한 T_H, T_L 하에서

정리 II: $\eta_{\mathrm{Carnot\ 1}} = \eta_{\mathrm{Carnot\ 2}}$ 동일한 T_H, T_L 하에서

절대 온도: $\dfrac{T_L}{T_H} = \dfrac{Q_L}{Q_H}$ (5.5)

실제 열기관:	$\eta_{HE} = \dfrac{W_{HE}}{Q_H} \le \eta_{Carnot\ HE} = 1 - \dfrac{T_L}{T_H}$	(5.6)
실제 열펌프:	$\beta_{HP} = \dfrac{Q_H}{W_{HP}} \le \beta_{Carnot\ HP} = \dfrac{T_H}{T_H - T_L}$	(5.14)
실제 냉동기:	$\beta_{REF} = \dfrac{Q_L}{W_{REF}} \le \beta_{Carnot\ REF} = \dfrac{T_L}{T_H - T_L}$	(5.13)
열전달률:	$\dot{Q} = C\,\Delta T$	(5.15)
	C는 형상과 물질, 그리고 유동 등에 의존함.	
	전도: $C = kA/\Delta x$	
	대류: $C = hA$	
	복사: $C = \epsilon\sigma A(T_s^2 + T_\infty^2)(T_s + T_\infty)$	
Clausius 부등식:	$\oint \dfrac{dQ}{T} \le 0$	(5.18)

개념학습용 문제

5.1 두 개의 열기관이 도일한 두 개의 에너지 저장소 사이에서 작동하며 두 기관 모두 동일한 Q_H의 열을 받고 있다. 한 기관은 가역기관이고, 다른 하나는 가역기관이 아니다. 두 개의 Q_L에 대해 어떤 생각을 할 수 있을까?

5.2 그림 P5.2에는 두 개의 열기관 조합이 나와 있다. 두 열기관의 각각의 열효율을 이용하여 전체적인 열효율을 구하라.

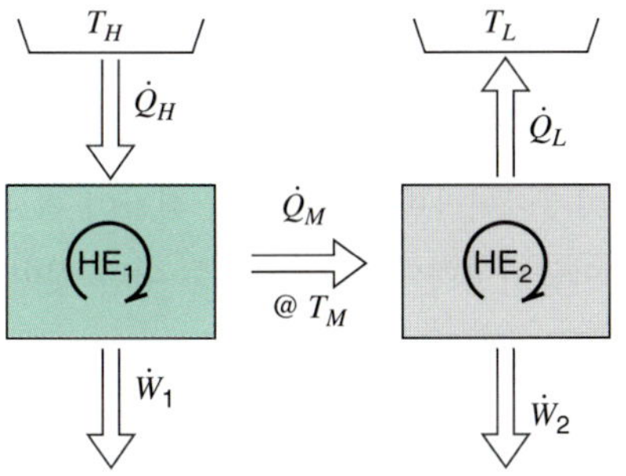

그림 P5.2

5.3 1500 K의 고온 연소 가스(공기)가 열기관의 열원으로 사용되고 있다. 가스는 750 K로 냉각되며 주변의 온도는 300 K이다. 열원의 온도 T는 일정하지 않다. 이것은 효율에 어떻게 영향을 미치는가?

5.4 당신이 운전을 끝내고 집으로 돌아갔다. 자동차의 엔진은 식어서 운전 초기와 동일한 상태가 되었다. 가솔린을 태우면서 모든 에너지를 방출하는 동안 무슨 일이 있었는가? 모든 에너지를 발산하는 동안 무슨 일이 일어났는가?

5.5 가정용 에어컨은 냉동기 혹은 히트펌트 중 어떤 형태로 작동하는가?

5.6 낮은 온도가 떨어질수록 발전소효율이 증가한다면, 왜 모든 발전소는 −40°C에서 에너지를 방출하지 않는가?

5.7 발전소는 낮은 온도 T에서 상당한 양의 에너지를 방출한다. 이 열을 히트펌프에 넣으면 더 유용한 온도에서 열을 방출할 수 있다고 하자. 그러면 이것이 가능한 것일까? 그리고 좋은 아이디어일까?

5.8 석탄을 연소시키는 동력 발전소는 고온을 600°C로 운전하는 반면에 제트 기관은 1400 K로 운전한다. 석탄 화력 발전소는 600°C의 고온에서 운전하는 반면에 가스터빈은 약 1400 K의 온도를 갖는다. 이것은 모든 화력발전소가 가스터빈으로 대체될 수 있다는 것을 의미하는가?

5.9 3장에서 언급한 바와 같이, 열전달에 의해 $\dot{Q}$를 만들려면 온도차이가 있어야 한다. 실제 열기관에 대해 의미하는 바는 무엇인지 설명하라. 그리고 냉동기에 대해서도 의미하는 바가 무엇인지 설명하라.

과제용 문제

열기관과 냉동기

5.10 냉동기는 1.5 kW의 입력으로 저온 공간으로부터 2.5 kW의 열을 제거한다. 얼마만큼의 에너지가 부엌으로 방출되는가? 성능 계수는 얼마인가?

5.11 5.10절에서 서술된 증기 동력 발전소 사이클의 열효율을 계산하라.

5.12 냉동기가 2.5의 COP와 500 W의 전력을 사용하여 정상 상태에서 구동하고 있다면, 주방공기에 대한 효과는 무엇인가?

5.13 방이 1000 W의 전기 히터로 가열되고 있다. 만약 COP가 2.0인 열펌프가 사용되었다면 얼마만큼의 동력이 절약될 수 있는가?

5.14 효율 40%의 화력 발전소가 총 660 MW의 전기를 생산한다. 석탄은 연소하면서 28000 kJ/kg을 열을 방출한다. 단위 시간당 얼마만큼의 석탄이 사용되는가?

5.15 창문에 부착되어 있는 에어컨(그림 P5.15)은 1.8 kW의 입력 동력으로 6.2 kW를 외기로 방출한다. 냉각률과 COP를 구하라.

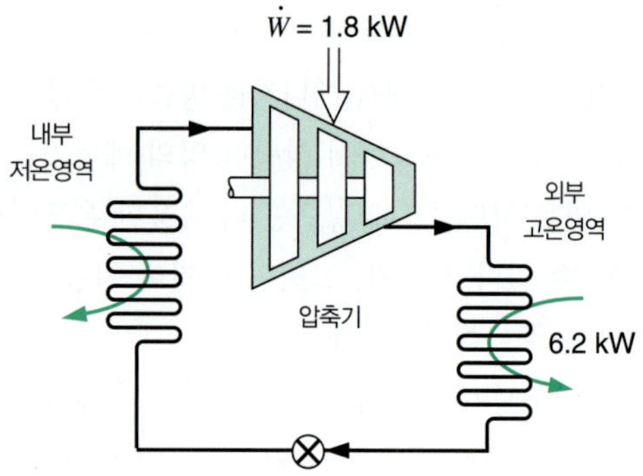

그림 P5.15

5.16 COP 3을 가지는 냉동기에 의해 35°C에서 15°C로 냉각된 물 0.4 kg/s가 어떤 산업용 기계를 냉각하기 위해 사용된다. 요구되는 냉각률과 냉동기의 입력 동력을 구하라.

5.17 바이오리액터는 3kW의 모터로 구동되는 히트펌프에 의해 42°C로 유지되어야 한다. 이 리액터가 12 kW의 모터 열손실을 가지고, 15°C의 외기로 12 kW의 열손실을 가지고 있다면, 히트펌프에 허용되는 최소 COP는 얼마인가?

5.18 −20°C, x = 28%인 R-410A가 공기 조화기의 증발기(열교환기)를 통과하여 −20°C, x = 100%인 상태로 배출된다. 성능 계수(COP)는 1.5이고 질량 유량은 0.003 kg/s이다. 사이클에 들어가는 일을 구하라.

5.19 실험용 발전소가 130 MW의 전력을 생성하고 있다. 이 발전소는 1200 MW의 지열원으로부터 1200 MW의 에너지를 공급받고, 대기로 에너지를 방출한다. 공기온도를 12°C 이상 높아질 수 없다면 이때 공기로의 출력과 냉각탑으로 유입되어야 하는 공기 유량(kg/s)을 구하라.

5.20 2.0의 COP를 가진 소형 냉동기 장치를 이용하여 25 L/h의 물을 30°C에서 10°C로 냉각하는 식수용 수냉기가 있다. 이 장치에 필요한 전력과 냉각률을 계산하라.

5.21 다음의 각 경우에 대하여, 열기관이 열역학 제1법칙(에너지 식)을 만족시키는지 그리고 제2법칙을 위배하는지 말하라.

a. $\dot{Q}_H = 6\,\text{kW}, \dot{Q}_L = 4\,\text{kW}, \dot{W} = 2\,\text{kW}$

b. $\dot{Q}_H = 6\,\text{kW}, \dot{Q}_L = 0\,\text{kW}, \dot{W} = 6\,\text{kW}$

c. $\dot{Q}_H = 6\,\text{kW}, \dot{Q}_L = 2\,\text{kW}, \dot{W} = 5\,\text{kW}$

d. $\dot{Q}_H = 6\,\text{kW}, \dot{Q}_L = 6\,\text{kW}, \dot{W} = 0\,\text{kW}$

5.22 문제 5.21의 각각에 대하여 열펌프는 제1법칙(에너지 식)을 만족시키는지 그리고 제2법칙을 위배하는지 설명하라.

5.23 10°C의 물 0.25 kg을 얼음으로 만들기 위하여 얼마만큼의 일이 냉동기에서 필요한지 계산하라. 냉동기의 성능계수는 β = 3.5, 압축기 모터 입력은 750 W로 가정한다. 냉동 부하가 이것만이라면 얼마만큼의 시간이 필요한가?

5.24 문제 5.21에 언급된 4개의 열기관들 중 어떤 것이 제1종 혹은 제2종 영구 기관인지 결정하라.

Carnot 사이클과 절대 온도

5.25 문제 5.17의 바이오리액터에서 히트펌프의 COP는 얼마인가?

5.26 이상적인 Carnot 열기관은 40%의 효율을 가진다. 만약 고온부의 온도가 10% 증가하고, 동일한 저온부 온도를 유지하는 경우, 새롭게 계산되는 효율은 얼마인가?

5.27 겨울철 공기 온도가 매우 낮은 곳에서, 예를 들어 −25°C일 때, 땅 밑의 온도가 15°C로 유지된 곳을 찾는 것이 가능하다. 이 2개의 열 저장조 사이에서 작동하는 열기관의 효율은 얼마인가?

5.28 대형 열펌프로 5 MW의 열을 85°C에서 150°C로 이동시키고자 한다. 이 펌프를 작동시키기 위한 최소 입력일(동력)의 양은 얼마인가?

5.29 그림 P5.2처럼 2개로 구성된 열기관을 고려하자. T_H = 900 K, T_M = 600 K, 그리고 T_L = 300 K이라 하자. Carnot 사이클이라고 가정했을 때, 결합된 두 엔진의 전체 효율을 구하라.

5.30 350°C에서 8 kW를 받고, 25°C로 열을 방출하는 Carnot 사이클 열기관에서 출력과 저온에서의 열방출량을 구하라.

5.31 자동차 엔진은 1200 K에서 5 g/s의 연료를 연소시키고 (Q_H의 열을 가하는 것과 같은 효과), 평균 온도 600 K로 방열기와 배기로 에너지를 방출한다. 연료가 40 MJ/kg의 에너지를 공급한다면, 엔진이 생산할 수 있는 최대 일은 얼마인가?

5.32 1 kg/s의 유량에서 외부공기를 35°C에서 15°C로 냉각하는 에어컨이 있다. 이를 위해 필요한 전력량을 계산하라. 또한, 24°C에서 내부 공기를 이용하여 15°C로 냉각하는 재순환 모드가 있을 경우, 필요한 전력을 재계산하라.

5.33 열펌프가 겨울 동안 집을 난방하기 위해 사용된다. 실내는 항상 20°C로 유지되어야 한다. 외기 온도가 −10°C로 떨어질 때 외부로 손실되는 열량이 25 kW라고 한다. 열펌프를 구동하는 데 소요되는 최소 전력은 얼마인가?

그림 P5.33

5.34 10°C의 물 0.25 kg을 얼음으로 만들기 위하여 얼마만큼의 일이 냉동기에서 필요한지 계산하라. 냉동기는 −8°C와 35°C 사이의 Carnot 사이클로 작동하고, 압축기 모터 입력은 750 W로 가정한다. 냉동 부하가 이것만이라면 얼마만큼의 시간이 필요한가?

5.35 가정용 냉동고는 20°C 방에서 작동한다. 냉동고를 −30°C로 유지하기 위해 2 kW로 열을 밖으로 전달해야 한다. 이론적으로 냉동고 작동에 필요한 최소 모터 동력은 얼마인가?

5.36 암석층 2 m^3로 구성된 축열조가 태양 에너지를 이용하여 400 K로 가열되었다. 열기관은 축열조로부터 Q_H의 열량을 받아 290 K인 주위로 열을 방출한다. 암석층은 냉각되며 290 K에 도달하면 과정이 정지된다. 암석층이 배출하는 에너지의 양을 구하라. 열기관의 처음과 최종 과정의 열효율은 얼마인가?

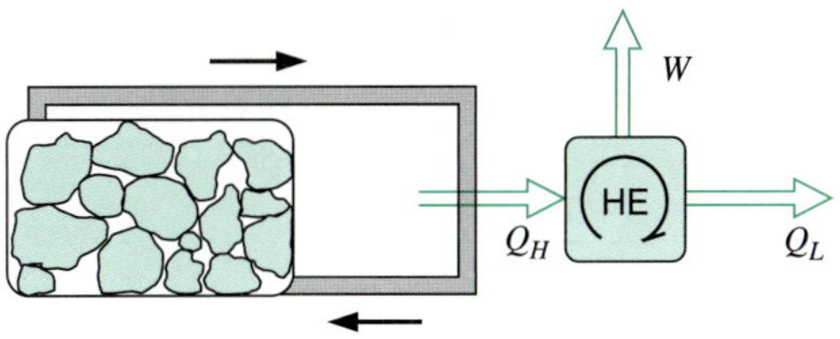

그림 P5.36

5.37 극저온 실험 중에 외부로부터 100 W의 열이 침입하는 용기를 −125°C로 유지하여야 한다. 용기에서 열을 흡열하여 20°C의 실내로 방열하는 열펌프의 최소 모터 동력은 얼마가 되어야 하는가?

5.38 증기를 작동유체로 하는 1000 MW의 발전소를 건설하고자 하는 제안서가 있다. 응축기는 강물로 (그림 P5.38 참조) 냉각해야 하고, 최대 증기온도는 550°C이고, 응축기 압력은 10 kPa 이다. 발전소 하류로 방출되는 강물의 온도상승을 예측하라.

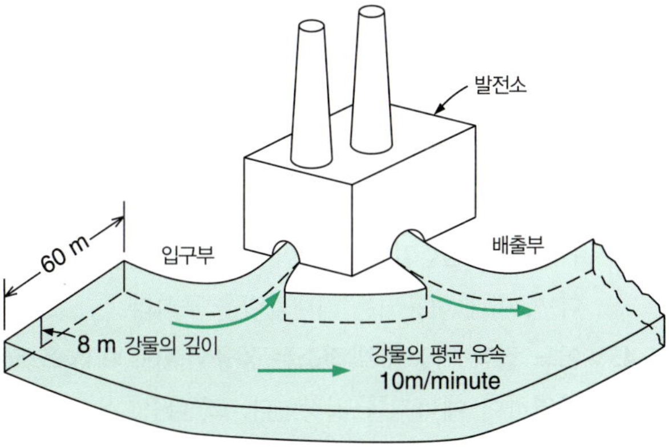

그림 P5.38

5.39 20°C의 온도와 200 kPa의 압력에서 0.1-m^3의 체적을 가진 캡슐에 R-134a이 채워져 있다. 이 캡슐은 −10°C로 냉각된 초저온 냉동고에 보관되어 있는데 이 냉동고는 20°C의 대기온도를 갖는 공간에 있고, 내부온도는 −10°C 이다. 냉동고가 R-134a 냉매로부터 제거해야 할 에너지양과 이 프로세스를 만들기 위해 냉동고에 추가적으로 요구되는 일의 양은 얼마인가?

5.40 열기관에 태양 집열기가 설치되어 0.2 kW/m^2을 받아 내부에 있는 열 매체를 450 K까지 가열한다. 열기관은 수집된 에너지로 작동하고, 40°C로 열을 방출한다. 열기관

이 2.5 kW의 동력을 생산한다면, 태양 집열기의 최소 면적은 얼마인가?

5.41 그림 P5.41에서 보여주는 열기관의 출력을 이용하여 열펌프가 운전된다. 모든 기기가 이상적이라고 가정하여 열기관에 공급되는 열량 $\dot{Q}_{L1}$에 대한 집에 공급되는 총열량 $\dot{Q}_{L1} + \dot{Q}_{H2}$의 비를 온도의 함수로 표현하라.

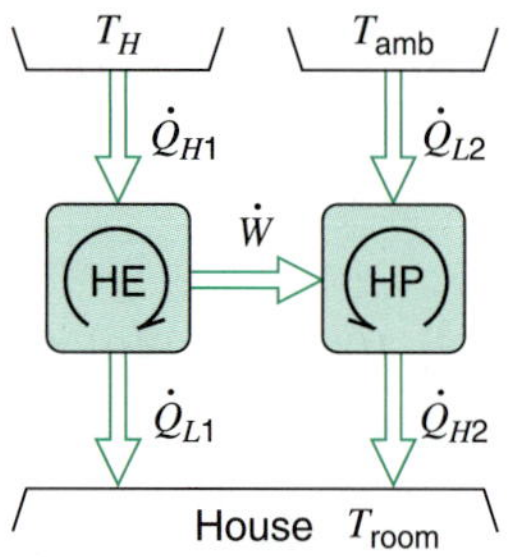

그림 P5.41

5.42 문제 5.41의 장치에서 T_H = 700 K, T_{amb} = 275 K이고 T_{room} = 295 K일때, 열기관에 공급되는 단위 열량에 대한 집에 총 공급되는 열량의 비율을 구하라.

5.43 어떤 냉장고는 음식으로부터 400 kJ을 제거해야 한다. 냉장고가 400 W의 모터 압축기로 −10°C와 42°C 사이에서 Carnot 사이클로 동작한다고 가정하라. 만약 냉각에 의한 부하만 존재한다면 이 과정은 얼마의 시간이 걸리겠는가?

5.44 열효율이 40%인 화력발전소는 그림 P5.38과 유사한 형태로 강가에 위치해 있다. 하천의 총 유량이 15°C에서 1×10^5 kg/s 일때, 강물이 1도 이상 가열되지 말아야 한다면, 이때 허용되는 최대출력을 구하라.

5.45 어느 집적 태양광 발전소는 용융염 10000 kg을 560°C로 가열하여 에너지를 저장한다. 그 다음, 온도가 300°C에 도달할 때까지 에너지를 소모한다. 소금의 열용량은 대기 온도는 300 K일 때 C_p = 1.5 kJ/kg-K이다. $\delta Q_H = -mC_p\, dT_H$이고, $\delta W = \eta_{HE}\delta Q_H$일 때, 소금이 방출할 수 있는 에너지량과 열 엔진 일량에 대해서 구하라.

5.46 80°C의 지하수를 에너지원으로 이용하고 50 MW를 전력망으로 공급해야 하는 지열발전소가 10°C의 차가운 대기로 에너지를 방출하고 있다. 최소 얼마의 열을 열원으로부터 얻어야 하는가? 이때 고온의 물은 45°C인 수원으로 돌아온다고 가정할 때, 물은 얼마의 유량이 요구되는가?

이상기체 Carnot 사이클

5.47 공기를 작동 유체로 하는 피스톤-실린더는 이상기체 Carnot 사이클을 이루며 고온은 1200 K, 열방출은 400 K에서 한다. 열이 가해지는 동안 체적은 3배가 된다. 2가지 단위 질량당 열전달(q)과 총 사이클 효율을 구하라.

5.48 이산화탄소는 이상적인 가스냉동사이클에 사용되며 이것은 그림 5.21과는 반대과정을 나타낸다. 열흡수는 250 K, 열은 325 K에서 방출되고 이때 압력은 1200 kPa에서 2400 kPa로 변한다. 저온에서 냉동 COP와 열전달량을 구하라.

5.49 피스톤-실린더 내의 공기는 그림 5.21의 P-v 선도를 따라 Carnot 사이클로 작동한다. 고온과 저온의 온도는 각각 600 K와 300 K이다. 고온 측에 가해진 열량은 250 kJ/kg, 사이클 내에서 가장 낮은 압력은 75 kPa이다. 열이 가해진 후의 비체적과 압력 그리고 단위 질량당 순일을 구하라.

Clausius 부등식

5.50 예제 4.7의 증기 동력 발전소에서 배관 1과 2 사이의 평균 온도를 T로 가정한다. 이 사이클이 Clausius 부등식을 만족시킨다는 것을 보여라.

5.51 열기관이 250°C의 열원으로부터 6 kW를 받아 30°C로 방출한다. 다음의 세 가지 경우에 대하여 각각 Clausius 부등식을 검토하라.

a. $\dot{W} = 6\,\text{kW}$

b. $\dot{W} = 0\,\text{kW}$

c. Carnot 사이클

5.52 Clausius 부등식을 이용하여, 일이 없이 고온 공간에서 저온 공간으로 열을 전달하는 것이 가능한 과정(즉 출력일이 없는 열기관)임을 보여라.

5.53 문제 5.21의 열기관은 1200 K의 고온과 400 K의 저온부에서 구동한다고 할 때, Clausius 부등식은 이 4가지 경우에 대해서 어떻게 설명할 수 있는가?

5.54 그림 5.18의 증기발전소 내의 보일러는 700°C의 온도를 가지고 있고, 응축기에서 열을 방출하는 동안 40°C의 온도가 된다. 이 경우, 클라시우스 부등식을 만족하는가? 한편, 냉동기처럼 역방향으로 작동하는 사이클에 대해서도 같은 질문에 답하라.

실제 사이클

5.55 어느 발명가가 25°C 실내에서 구동되는 냉동실의 온도가 −10°C로 유지되는 냉장고를 개발하고 있다. 발명가는 이 냉장고의 COP가 8.5라고 주장한다. 당신은 이것을 어떻게 평가할 것인가?

5.56 그림 P5.56에서 보이는 어느 사이클 기계는 1000 K의 에너지 저장조로부터 325 kJ을 받는다. 400 K의 에너지 저장조로 125 kJ을 방출하고 사이클은 200 kJ의 일을 출력한다. 이 사이클은 가역적인가, 비가역적인가, 또는 불가능한가?

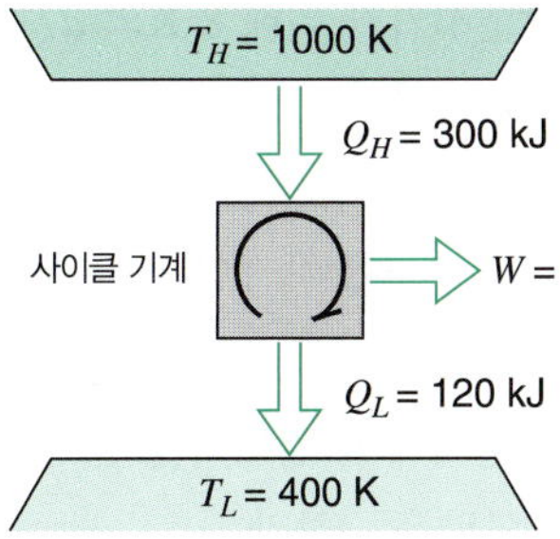

그림 P5.56

5.57 이전 문제에서 온도와 열이 입력으로 주어졌다고 가정하자. 만약 실제 기계가 Carnot 사이클의 절반 정도의 효율을 가진다고 가정했을 때 출력 및 방출되는 열전달량을 구하라.

5.58 문제 5.57의 열기관이 Clausius 부등식을 만족하는지 검토하라.

5.59 대형 열펌프로 80°C의 열원으로부터 에너지를 공급받아서 350 kPa에서 작동되는 보일러로 열을 전달한다. 보일러에는 포화 상태 물이 공급되고 포화 증기가 배출되며 압력은 350 kPa이다. 열펌프는 2.5 MW의 모터로 작동되고, COP는 Carnot 열펌프 COP의 60%이다. 시스템으로 공급되는 물의 최대질량 유속은 얼마인가?

5.60 슈퍼트럭의 폐열회수시스템은 330°C의 배기시스템으로부터 14 kW의 열을 받아서 열기관을 가동하며, 300 K의 대기로 열을 방출한다. 열기관의 물질은 500 K의 고온부와 325 K의 저온부에서 구동되고 사이클효율은 해당 카르노 사이클의 50%이다. 이때, 열기관의 출력을 구하라.

5.61 대형 열펌프로 5 MW의 열을 85°C에서 150°C로 이동시키고자 한다. 실제 열펌프 COP는 2.5이다. 장치를 운전하는 데 요구되는 동력은 얼마인가? 동일한 저온을 가정했을 때 동일한 COP를 낼 수 있는 Carnot 열펌프의 가능한 최고 온도는 얼마인가?

5.62 보다 현실적인 열효율인 45%를 사용하여 문제 5.38을 재계산하라.

유한 ΔT 열전달

5.63 내부온도를 5°C로 유지하는 냉장고가 30°C의 방에 놓여 있다. 이 냉장고는 실제로 열일 전달하기 위해서 실내온도보다 높은 온도차이 ΔT를 가져야 하고, 사이클내에서는 냉동공간보다 낮은 온도차이 ΔT를 가져야 한다. 이 온도차이가 0°C, 5°C 그리고 10°C일 때, COP를 계산하라. 이때 Carnot 사이클로 가정하여 COP를 각각 계산하라. 또한, 이 결과들을 비교 검토하라.

5.64 외기를 저온 저장조로 삼아 공기조화기를 이용하여 집을 냉방하고자 한다. 그 집의 에너지 이득은 온도차에 직접 비례한다. 즉 $\dot{Q}_{gain} = K(T_H - T_L)$이다. 공기조화기를 구동하기 위한 최소 전력을 두 온도의 함수로 표현하라.

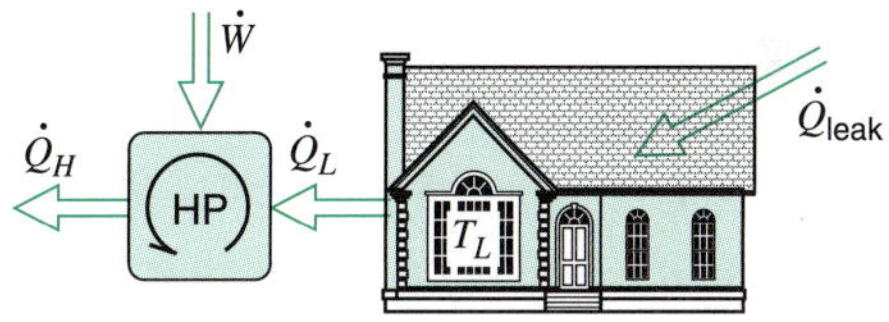

그림 P5.64

5.65 어느 매우 더운 지역에 있는 에어컨은 40°C의 공간을 15°C로 냉방하기 위해 2.5 kW의 입력 동력을 사용한다. Q_H는 열교환 계수가 50 W/m²K인 열교환기를 통해 30°C의 외부로 방출된다. 최소 요구 열전달 면적을 구하라.

5.66 실내온도를 20°C로 유지하고 있는 작은 집은 0°C의 외기로 12 kW를 배출한다. 또한, 히트펌프는 가능한 전기열과 함께 난방을 위해 사용되고, 2.5 kW의 모터로 구동되며 Carnot 히트펌프 장치의 1/4의 COP를 갖는다. 이때, 히트펌프의 실제 COP와 집의 온도를 유지하기 위해 사용되어야 하는 전기열량(만약 있다면)을 구하라.

5.67 두 개의 열전달에 대해서 ΔT = 5°C를 필요로 하는 냉동고에 대해서 문제 5.34를 재계산하라.

5.68 2 kW의 동력을 사용해 COP 3.5의 에어컨에 의해서 냉방되는 25°C의 실내를 생각해보자. 외기 온도는 45°C이다. 외기에서 실내로의 열전달에 대한 식 (5.15)의 열전달 상수는 무엇인가?

5.69 북극 탐험가들은 5 kW의 모터로 구동되는 열펌프가 따뜻하게 해줄 수 있을지 확신이 없다. 그들의 대피소는 15°C로 유지되어야 한다. 대피소는 외기에 대한 온도차당 0.5 kW의 에너지를 잃어버린다. 열펌프는 Carnot 열

펌프의 절반 정도의 COP를 가진다. 만약 외기 온도가 −25°C까지 떨어진다면 당신은 탐험가들에게 이 열펌프를 추천할 수 있겠는가?

5.70 이전 문제에서 주어진 열펌프를 사용할 때 북극의 밤 동안 대피소를 얼마만큼 따뜻하게 할 수 있는가?

5.71 외기를 저온 저장조로 삼아 공기 조화기로 집을 냉방하고자 한다(그림 P5.71). 여러 가지 하절기 외기 온도에 대하여 실내 온도를 20°C에서 25°C로 유지하고자 할 때 전력이 절약되는 퍼센트(%)를 계산하라. 식 (5.15)에서 $C = 4$ kW/K로 가정한다.

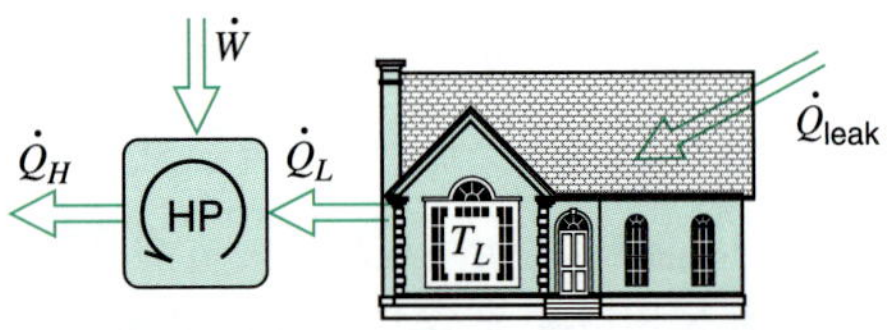

그림 P5.71

5.72 −10°C의 추운 겨울날, COP_{HP} 4인 히트펌프는 20 KW를 통해 집을 20°C로 난방을 한다. 이 히트펌프는 얼마의 동력을 요구하는가? 다음 날, 폭풍으로 인해 외기 온도가 −15°C가 되었다. 동일한 COP와 집에서 외부 공기로의 열전달계수가 동일할 때, 히트펌프 구동을 위해 필요한 동력은 얼마인가?

5.73 농부가 2 kW 모터를 이용하여 열펌프를 운전하고 있다. 이것으로 외부 온도와의 온도차 1도마다 0.5 kW의 열손실 있는 닭 부화장을 30°C로 유지하고 있다. 열펌프의 성능 계수는 Carnot 사이클에 비하여 50%이다. 열펌프로 충분하게 난방할 수 있는 외부의 최소 온도는 얼마인가?

복습 문제

5.74 25°C의 4리터 우유를 냉장고에 두고 5°C로 냉각하고 있다. Carnot 냉동사이클에서 고온부의 온도는 45°C이고, 저온부의 온도는 −5°C이며, 우유의 물성은 액체의 물과 같다고 하자. 이때, 우유로부터 제거되어야 할 에너지의 양과, 냉장고를 구동하기 위해 필요한 추가일을 구하라.

5.75 −20°C로 냉동하고자 한다. 그림 P5.75과 같이 220°C의 저장조가 있으며 주위 온도는 35°C이다. 따라서 220°C의 저장조와 주위 사이에서 작동하는 열기관으로 일을 얻을 수 있으며 이 일로 냉동기를 구동한다. 모든 과정이 가역이라고 가정하고 220°C의 저장조에서 얻는 열량과 −20°C의 저장조에서 전달되는 열량의 비를 구하라.

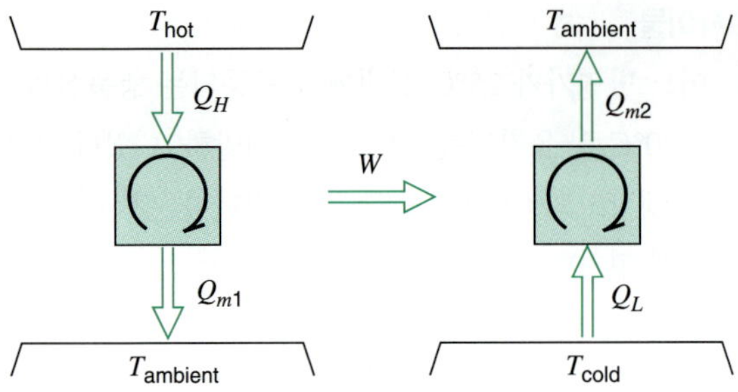

그림 P5.75

5.76 이론적 최대치의 50%인 성능을 가지는 실제 장치를 가정하고 이전 문제를 다시 풀라.

5.77 각 장치에서 열전달을 발생시키기 위해 8 K의 dT가 필요한 경우 문제 5.75을 다시 구하라.

5.78 $\beta' = 2.2$의 열펌프로 난방하여 항상 20°C로 유지하고자 한다. 외부 온도가 20°C보다 낮을 때 1도당 0.8 kW의 열손실이 발생한다.

5.79 외부 온도가 −15°C로 떨어지면 열펌프를 운전하는 데 필요한 COP 및 전력 소모량을 구하라.

5.80 바이오리액터는 2 kW의 모터로 구동되는 열펌프에 의해 42°C로 유지된다. 이 리액터는 단위 온도차이당 0.5 kW의 비율로 온도가 더 낮은 외기로 에너지를 손실하고 있다. 열펌프의 COP는 Carnot 열펌프의 50%일 때, 이 열펌프가 충분히 구동하기 위한 최소 외기 온도는 얼마인가?

5.81 더운 여름날에 어떤 에어컨이 21°C의 집으로부터 8 kW의 열을 31°C의 외부로 방출한다. 집은 평균 비열 0.95 kJ/kg K를 가지는 15000 kg의 질량을 가진다. 이 과정을 행하기 위해 에어컨의 저온부는 5°C이고 고온부는 40°C이다. 에어컨(냉장고)은 Carnot 냉동기의 60%에 상응하는 COP를 가진다. 에어컨의 실제 COP와 요구되는 동력을 구하라.

5.82 이전 문제에서의 에어컨의 전원이 꺼졌다. 얼마나 빨리 집이 가열되겠는가(K/s)?

5.83 1-의 부피를 갖는 강체박스 내에 300 K, 200 kPa의 상태에서 공기가 채워져 있다. 공기는 입력일 외에 300 K의 대기로부터 에너지를 받는 가역열펌프로부터의 열전달에 의해 600 K으로 가열된다. 300 K에서 비열이 일정하다고 할 때, $\delta Q = m_{air} C_v dT$를 쓰고, δW를 구하라. 또한, 요구되는 열펌프일을 구하기 위해 온도에 대해서 δW를 적분하라.

5.84 체적이 10 m^3인 탱크에 들어 있는 500 kPa, 600 K의 공기를 고온 열저장조로 삼아 300 K에 방열하는 Carnot 열기관을 작동시킨다. 열기관의 고온부와 열저장조 사이의 열전달을 위하여 25°C의 온도차가 필요하다. 공기의 온도가 400 K로 떨어질 때까지 열기관을 운전한다. 공기의 비열이 일정할 때 열기관에서 얻을 수 있는 일의 양을 계산하라.

제 6 장

엔트로피

Entropy

지금까지 열역학 제2법칙을 고찰하면서 열역학 사이클만을 다루었다. 이러한 접근 방법은 매우 중요하며 유용하지만 우리는 사이클보다는 과정에 자주 관여하게 된다. 따라서 우리의 관심은 일상적으로 접하는 과정을 제2법칙으로 해석하는 것이다. 이 과정으로는 자동차 기관에서 일어나는 연소 과정, 커피가 식는 과정, 우리의 몸 안에서 일어나는 화학 과정 등이 있다. 제2법칙을 정성적뿐만 아니라 정량적으로도 다룰 수 있어야 유익할 것이다.

우리는 사이클에 대한 에너지 식을 언급하였고, 그 식을 이용하여 열역학 제1법칙을 어떻게 이끌어내는지를 예시하였다. 이러한 순서는 이론이 개발된 역사상의 순서와 반대다. 5장에서 사이클에 대한 제2법칙을 제시하였으며, 6장에서는 제2법칙을 더 깊게 알아본다. **엔트로피**라는 상태량을 자세히 살펴보면 과정에 대한 제2법칙을 정량적으로 다룰 수 있다. 에너지와 엔트로피는 모두 추상적인 개념이며, 관측한 내용을 기술할 수 있도록 해 준다. 1장에서 언급하였듯이 열역학은 에너지와 엔트로피의 과학이라고 할 수 있다. 여기서는 이 말의 의미가 점차 명확해질 것이다.

6.1 엔트로피—시스템의 상태량

식 (5.15)과 그림 6.1을 이용하여 열역학 제2법칙으로부터 **엔트로피**라고 하는 시스템의 상태량을 유도할 수 있다. 시스템(검사 질량)이 상태 1에서 가역 경로 A를 따라 상태 2까지 가고, 가역 경로 B를 따라 상태 1로 돌아오면 한 사이클이 완성된다.

이 사이클은 가역이므로 다음과 같이 쓸 수 있다.

$$\oint \frac{\delta Q}{T} = 0 = \int_1^2 \left(\frac{\delta Q}{T}\right)_A + \int_2^1 \left(\frac{\delta Q}{T}\right)_B$$

이제 가역 경로 C를 따라 상태 1에서 상태 2까지 가며 경로 B를 따라 사이클이 완성되는 다른 가역 사이클을 생각해 보자. 이 사이클에 대해서도 다음과 같이 쓸 수 있다.

$$\oint \frac{\delta Q}{T} = 0 = \int_1^2 \left(\frac{\delta Q}{T}\right)_C + \int_2^1 \left(\frac{\delta Q}{T}\right)_B$$

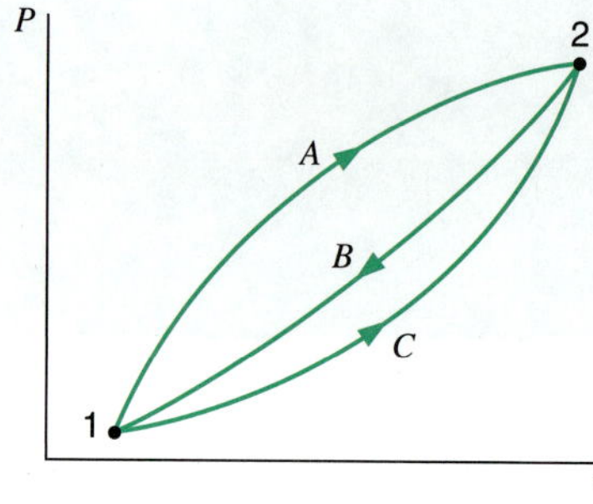

그림 6.1 ▸ 엔트로피가 물질의 상태량이라는 사실을 예시하는 두 개의 가역 사이클.

위의 첫째 식에서 둘째 식을 빼면 다음의 결과를 얻는다.

$$\int_1^2 \left(\frac{\delta Q}{T}\right)_A = \int_1^2 \left(\frac{\delta Q}{T}\right)_C$$

상태 1과 상태 2를 연결하는 모든 가역 경로에 대하여 $\oint \delta Q/T$는 같으므로 이 양은 경로와 무관하며, 양 끝 상태만의 함수이다. 따라서 이 양은 상태량이다. 이 상태량을 **엔트로피**(entropy)라고 하며 S로 표기한다. 엔트로피는 물질의 상태량이며, 다음의 관계식으로 정의한다.

$$dS \equiv \left(\frac{\delta Q}{T}\right)_{\text{rev}} \tag{6.1}$$

엔트로피는 종량적 상태량(extensive property)이며, 강성적 상태량(intensive property)인 단위 질량당 엔트로피는 소문자 s로 표기한다. 여기서 가역 과정과 연관하여 엔트로피를 정의하였다는 점이 중요하다.

시스템의 상태가 변화할 때 엔트로피 변화량은 식 (6.1)을 다음과 같이 적분하여 구할 수 있다.

$$S_2 - S_1 = \int_1^2 \left(\frac{\delta Q}{T}\right)_{\text{rev}} \tag{6.2}$$

이 적분을 하려면 T와 Q의 관계를 알아야 한다. 이에 대한 예들은 추후에 제시하고자 한다. 중요한 점은 엔트로피가 상태량이므로 물질이 한 상태에서 다른 상태로 변할 때 엔트로피 변화량은 가역 또는 비가역과 상관없이 두 상태를 연결하는 모든 과정에 대하여 같다는 것이다. 엔트로피 변화량은 단지 가역 경로만을 따라서 식 (6.2)로 계산할 수 있다. 그러나 그 변화량을 한번 계산하면 그 값은 두 상태를 연결하는 모든 과정에 대한 엔트로피 변화량이 된다.

식 (6.2)로 엔트로피 변화량은 계산할 수 있으나 엔트로피의 절댓값은 알 수 없다. 저온에서의 화학 반응 관측에 근거한 열역학 제3법칙에 의하면 모든 순수 물질(적절한 구조 형태)의 엔트로피는 절대 온도 0도에서 그 값이 0이다. 통계 열역학에 의하면 이상기체(가상적인) 상태인 모든 순수 물질은 절대 온도 0도에서는 엔트로피의 값이 0이다.

화학 반응에서는 조성(composition)이 변하지만 조성이 변하지 않을 때에는 임의로 선택한 기준 상태(reference state)에 대한 상대적인 엔트로피 값을 결정하는 것도 매우 적절하다. 이러한 방법은 앞에서 내부에너지와 엔트로피의 값을 결정할 때와 유사하다. 어떠한 기준 값을 택하든 두 상태 사이에서의 변화량을 구할 경우 기준 값은 소거된다. 이 방법은 앞으로 다루게 될 열역학 상태량표에 그대로 적용된다.

적분 인자(integrating factor)로서 T의 역할에 관하여 언급하고자 한다. 3장에서 지적한 바와 같이 Q는 경로 함수이므로 δQ는 불완전 미분이다. 그러나 $(\delta Q/T)_{\text{rev}}$은 열역학 상태량이므로 완전 미분이다. 수학적 관점에서 불완전 미분은 적분 인자를 이용하여 완전 미분으로 바꿀 수 있다. 그러므로 $1/T$은 적분 인자 구실을 하여 가역 과정에 대하여 불완전 미분 δQ를 완전 미분 $\delta Q/T$로 바꾸어 준다.

6.2 순수 물질의 엔트로피

엔트로피는 시스템의 종량적 상태량(extensive property)이다. 비엔트로피(단위 질량당 엔트로피) 값이 비체적과 비엔탈피와 같은 방식으로 열역학 상태량표에 나와 있다. 수증기표, 냉매표, 암모니아표에 있는 비엔트로피의 단위는 kJ/kg-K이며, 그 값은 임의의 기준 상태에 대한 상대적인 값이다. 수증기표에서는 0.01°C 포화 액체의 엔트로피 값에 0을 부여한다. 냉매의 경우 대부분 −40°C 포화 액체의 엔트로피 값에 0을 부여한다.

일반적으로 **엔트로피**라는 용어를 사용하여 총 엔트로피와 단위 질량당 엔트로피 모두를 지칭한다. 그 이유는 문맥 또는 적절한 기호로 그 용어의 정확한 의미를 알 수 있기 때문이다.

포화 영역에서는 건도를 이용하여 엔트로피를 계산한다. 관계식은 비체적이나 내부 에너지, 엔탈피의 경우와 유사하며 다음과 같다.

$$s = (1 - x)s_f + xs_g$$
$$s = s_f + xs_{fg} \tag{6.3}$$

압축 액체의 엔트로피도 다른 상태량과 같은 방식으로 도표화되어 있다. 압축 액체의 엔트로피는 기본적으로 온도의 함수이며, 같은 온도의 포화 액체 엔트로피와 크게 다르지 않다. 표 B.1.4에 요약되어 있는 네 번째 수증기표에 압축 액체 물의 엔트로피가 다른 상태량과 같은 방식으로 나와 있다.

물질의 열역학 상태량을 흔히 온도−엔트로피 선도나 엔탈피−엔트로피 선도상에 나타낸다. 엔탈피−엔트로피 선도는 독일인 Richard Mollier (1863~1935)의 이름을 따서 Mollier 선도라고 한다. 그림 6.2와 6.3은 수증기에 대한 온도−엔트로피 선도와 엔탈피−엔트로피 선도의 골격이다. 이러한 선도의 일반적인 특성은 모든 순수 물질에 대해서 동일하다. 물에 대한 좀 더 완전한 온도−엔트로피 선도는 부록 E의 그림 E.1에 있다.

이들 선도는 열역학 데이터를 제시할 뿐만 아니라 각종 과정에서 일어나는 상태 변화를 가시화할 수 있기 때문에 이용 가치가 높다. 열역학을 배워 가면서 학생들은 이들 선도상에 열역학 과정을 나타내는 능력을 갖추어야 한다. 온도−엔트로피 선도는 이러한 목적에 특히 적합하다.

대부분의 물질들은 압축 액체 엔트로피와 같은 온도에서의 포화 액체 엔트로피의 차이가 매우 작아서 액체를 정압으로 가열하는 과정은 포화 온도에 도달할 때까지는 포화−액체선에 거의 일치하는 과정이 된다

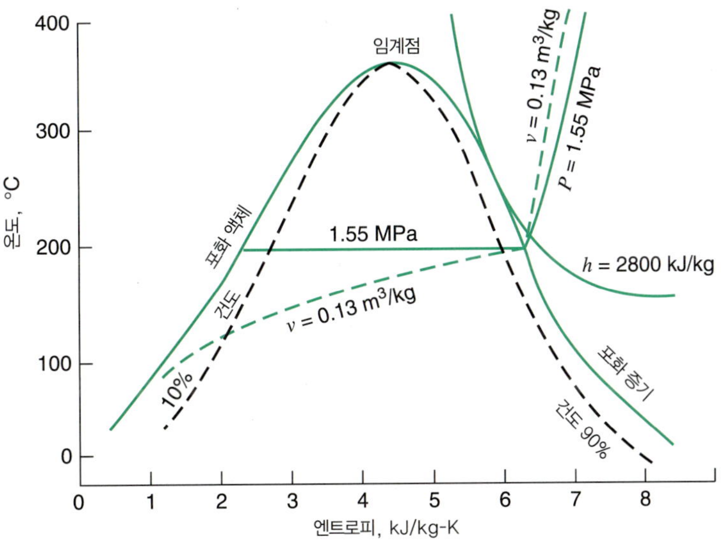

그림 6.2 ▸ 수증기에 대한 온도−엔트로피 선도.

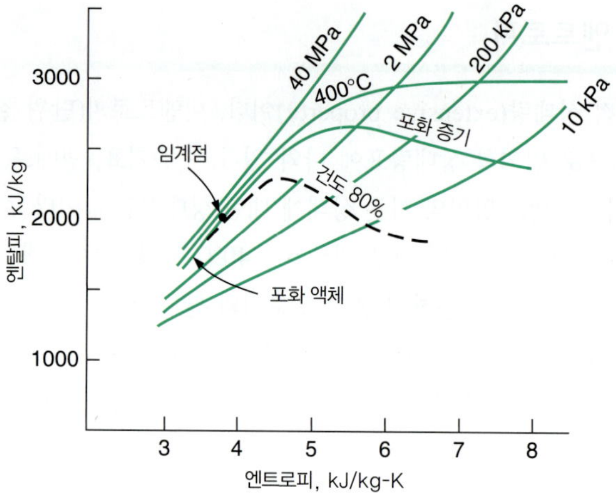

그림 6.3 ▸ 수증기에 대한 엔탈피–엔트로피 선도.

(그림 6.4). 그러므로 만약 10 MPa의 물을 0°C에서부터 포화 온도까지 가열한다면, 그 과정은 선 *ABD*로 나타나며, 이 선은 포화–액체선과 일치한다.

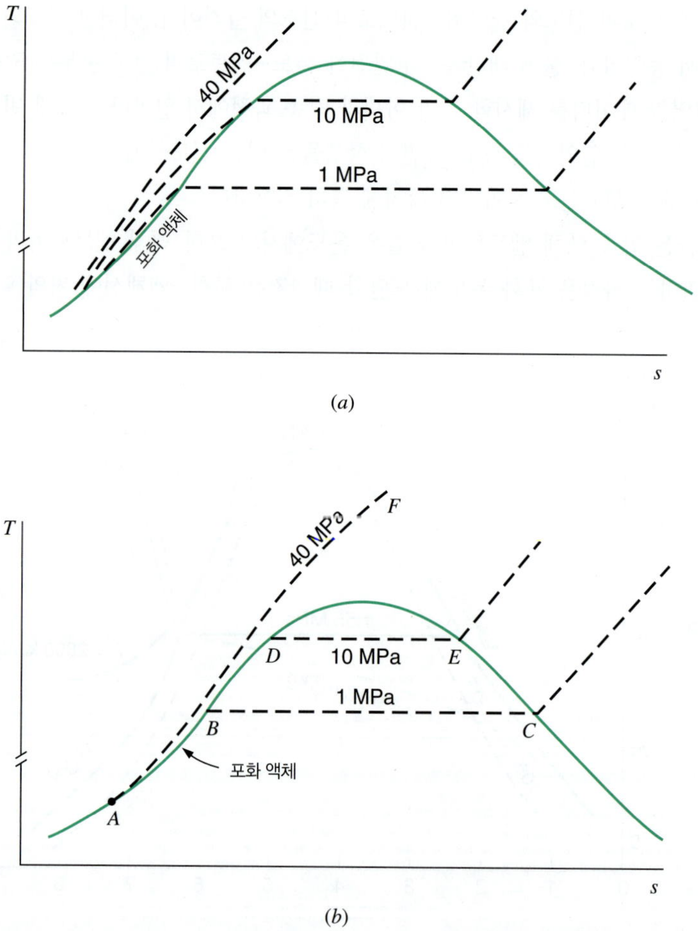

그림 6.4 ▸ 압축 액체 물의 상태량을 나타내는 온도–엔트로피 선도.

6.3 가역 과정의 엔트로피 변화

엔트로피가 시스템의 열역학 상태량임을 밝혔으므로 이제는 각종 과정에서 엔트로피가 갖는 의미를 살펴보기로 한다. 이 절에서는 가역 과정을 겪는 시스템에 한정하여 Carnot 사이클, 가역 열전달 과정, 그리고 가역 단열 과정에 대하여 생각해 본다.

Carnot 사이클로 작동하는 열기관의 작동 유체를 시스템으로 하면, 첫째 과정은 고온 저장조로부터 작동 유체로의 등온 열전달 과정이다. 이 과정에 대하여 다음과 같이 쓸 수 있다.

$$S_2 - S_1 = \int_1^2 \left(\frac{\delta Q}{T}\right)_{\text{rev}} = \frac{1}{T_H}\int_1^2 \delta Q = \frac{{}_1Q_2}{T_H}$$

이 가역 등온 과정은 그림 6.5*a*에 나와 있다. 선 1–2 아래의 면적, 즉 면적 1–2–*b*–*a*–1은 이 과정 동안 작동 유체에 전달한 열량을 나타낸다.

Carnot 사이클의 둘째 과정은 가역 단열 과정이다. 엔트로피의 정의에 따라

$$dS = \left(\frac{\delta Q}{T}\right)_{\text{rev}}$$

이다. 가역 단열 과정에서는 엔트로피가 변하지 않는다. 엔트로피가 일정한 과정을 등엔트로피 과정(isentropic process)이라고 한다. 선 2–3이 이 과정을 나타낸다. 이 과정은 작동 유체의 온도가 T_L에 도달하는 상태 3에서 끝난다.

세 번째 과정은 가역 등온 과정으로, 작동 유체로부터 저온 저장조로 열이 전달된다. 이 과정에 대해서 다음과 같이 쓸 수 있다.

$$S_4 - S_3 = \int_3^4 \left(\frac{\delta Q}{T}\right)_{\text{rev}} = \frac{{}_3Q_4}{T_L}$$

위 과정 동안 열전달이 (작동 유체에 대하여) 음수이므로 작동 유체의 엔트로피는 감소한다. 더욱이 사이클을 완성하는 최종 과정인 4–1 과정이 가역 단열 과정(따라서 등엔트로피 과정)이므로 과정 3–4의 엔트로피 감소량과 과정 1–2의 엔트로피 증가량이 정확하게 같아야 한다. 선분 3–4 아래의 면적 3–4–*a*–*b*–3은 작동 유체에서 저온 저장조로 전달되는 열량을 나타낸다.

사이클의 순일은 사이클의 순 열전달량과 같으므로 면적 1–2–3–4–1이 사이클의 순일을 나타낸다. 그뿐만 아니라 사이클의 효율도 면적으로 다음과 같이 나타낼 수 있다.

$$\eta_{\text{th}} = \frac{W_{\text{net}}}{Q_H} = \frac{\text{area 1–2–3–4–1}}{\text{area 1–2–}b\text{–}a\text{–1}}$$

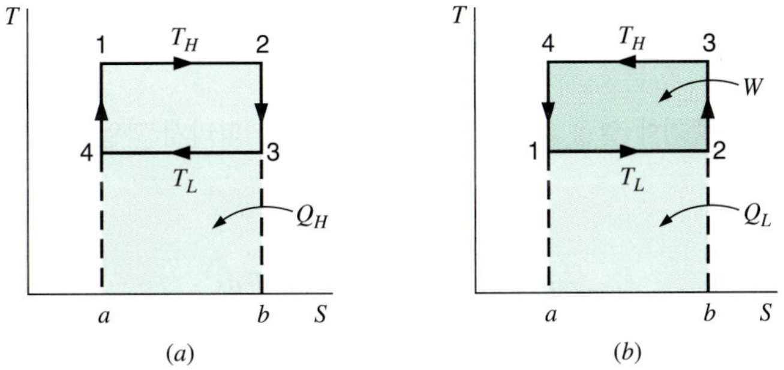

그림 6.5 ▸ 온도–엔트로피 선도상에 나타낸 Carnot 사이클.

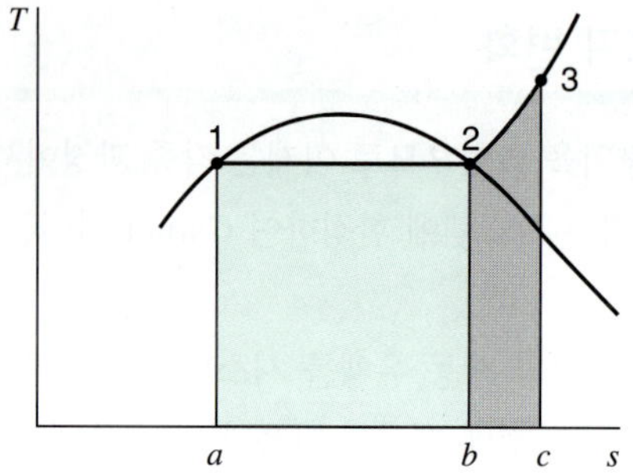

그림 6.6 ▸ 내적 가역 과정에 대한 열전달량을 면적으로 나타내는 온도-엔트로피 선도.

효율에 관하여 앞에서 언급한 내용을 이제 그림으로 이해할 수 있다. 예를 들어 T_L을 고정하고 T_H를 올리면 효율이 증가한다. T_H를 고정하고 T_L을 내려도 효율은 증가한다. 열을 방출하는 온도가 절대 0도에 접근하면 효율이 100%에 접근한다는 것도 명백하다.

사이클을 역으로 운전하면 냉동기 또는 열펌프 사이클이 된다. 냉동기용 Carnot 사이클은 그림 6.5*b*와 같다. 온도가 T_L인 작동 유체로 열이 전달되므로 온도가 일정한 상태에서 작동 유체의 엔트로피는 증가한다. 반면에 온도가 T_H인 작동 유체로부터 열이 방출되므로 온도가 일정한 상태에서 작동 유체의 엔트로피는 감소한다.

이제 가역 열전달 과정을 살펴보기로 하자. 실제로는 내적 가역 과정, 즉 시스템의 경계 안에 비가역성이 존재하지 않는 과정에 대하여 살펴보고자 한다. 이 과정에 대하여 시스템의 열교환량은 온도-엔트로피 선도상의 면적으로 나타낼 수 있다. 예를 들어 일정한 압력하에서 포화 액체에서 포화 증기로 상태가 변화하는 것을 살펴보자. 이 과정은 그림 6.6(절대 온도를 사용하여야 함)의 T-s 선도상에서 과정 1-2에 해당하며, 면적 1-2-b-a-1은 열전달을 나타낸다. 이 과정은 정압 과정이므로 단위 질량당 열전달은 h_{fg}와 같다. 따라서 엔트로피 변화량은 다음 식과 같다.

$$s_2 - s_1 = s_{fg} = \frac{1}{m}\int_1^2 \left(\frac{\delta Q}{T}\right)_{\text{rev}} = \frac{1}{mT}\int_1^2 \delta Q = \frac{{}_1q_2}{T} = \frac{h_{fg}}{T} \tag{6.4}$$

이는 s_{fg}와 그에 대응하는 증발 엔탈피 h_{fg} 사이의 관계를 나타낸다. 하나의 예로 10 MPa의 수증기를 고려해 보자. 수증기표에서

$$h_{fg} = 1317.1\ \text{kJ/kg}$$

$$T = 311.06 + 273.15 = 584.21\ \text{K}$$

이다. 그러므로

$$s_{fg} = \frac{h_{fg}}{T} = \frac{1317.1\ \text{kJ/kg}}{584.21\ \text{K}} = 2.2544\ \text{kJ/kg-K}$$

이다. 이 값이 수증기표에 나와 있는 s_{fg}의 값이다.

일정 압력하에서 포화 증기에 열을 가하면 증기는 선 2-3을 따라서 과열된다. 이 과정에 대하여 다음과 같이 쓸 수 있다.

$${}_2q_3 = \frac{1}{m}\int_2^3 \delta Q = \int_2^3 T\,ds$$

온도 T가 일정하지 않으므로 온도와 엔트로피의 관계를 알지 못하면 이 식은 적분할 수 없다. 그러나 선 2−3 아래의 면적 2−3−c−b−2는 $\int_2^3 T\,ds$를 나타낸다. 따라서 이 가역 과정 동안 전달된 열량을 나타낸다.

여기서 알 수 있는 중요한 결론은 내적 가역 과정에 대하여 온도−엔트로피 선도상에 있는 과정 아래의 면적은 전달된 열량을 나타낸다는 것이다. 비가역 과정에 대해서는 그렇지 않으며 이는 추후에 예시하고자 한다.

예제 6.1

작동 유체가 R-134a인 Carnot 사이클 열펌프를 고려한다. 0°C의 R-134a로 열은 흡수되며, 이 과정 동안 작동 유체는 2상 상태에서 포화 증기로 변한다. 60°C의 R-134a에서 열은 방출되며 출구 상태는 포화 액체이다. 압축 후, 즉 열방출 과정 전의 압력, 그리고 사이클의 성능계수를 구하라.

풀이

Carnot 사이클의 정의로부터, 열이 전달되는 2개의 등온 과정 그리고 온도가 변하는 2개의 단열 과정이 있다. s의 변화량은 식 (6.1)로부터

$$ds = \delta q/T$$

이다. Carnot 사이클은 그림 6.5에 있으며, 이 경우에는 그림 6.7과 같이 된다. 따라서

상태 4, 표 B.5.1: $s_4 = s_3 = s_f@60\text{deg} = 1.2857$ kJ/kg-K

상태 1, 표 B.5.1: $s_1 = s_2 = s_g@0\text{deg} = 1.7262$ kJ/kg-K

상태 2, 표 B.5.2: 60°C, $s_2 = s_1 = s_g@0\text{deg}$

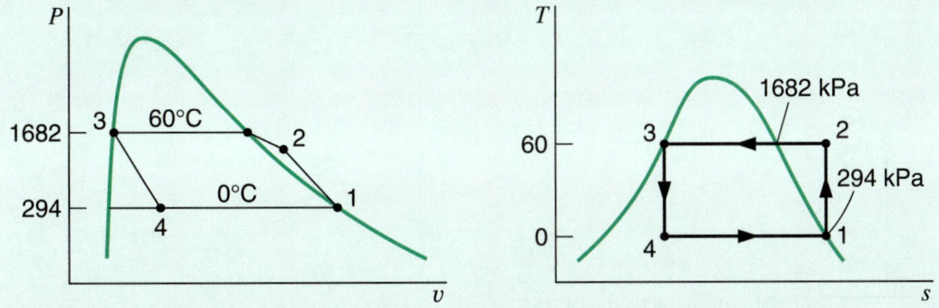

그림 6.7 ▸ 예제 6.1의 선도.

표 B.5.2의 1400 kPa과 1600 kPa 사이에서 보간하면

$$P_2 = 1400 + (1600 - 1400)\,\frac{1.7262 - 1.736}{1.7135 - 1.736} = 1487.1\ \text{kPa}$$

Carnot 사이클임을 고려하여, 식 (5.14)로부터 성능 계수는 다음과 같다.

$$\beta' = \frac{q_H}{w_{\text{IN}}} = \frac{T_H}{T_H - T_L} = \frac{333.15}{60} = 5.55$$

주의: 열방출 과정 동안 압력이 어떻게 변화하는지를 살펴보라. 실제 기기에서 이 과정을 실현하기는 매우 어려우므로, 열펌프나 냉동기를 Carnot 사이클에 근접하도록 설계하지 않는다.

예제 6.2

실린더–피스톤 장치에 20°C, 1 L의 냉매 R-410A가 포화 액체 상태로 있다. 피스톤이 서서히 팽창하여 가역 등온 과정으로 최종 압력이 400 kPa이 된다. 이 과정을 수행하기 위하여 필요한 일과 열전달량을 구하라.

풀이

검사 체적: 검사 질량인 냉매 R-410A, 위치 에너지의 변화와 운동 에너지의 변화를 무시한다.

연속 방정식: $m_2 = m_1 = m$

에너지 식 (3.5): $m(u_2 - u_1) = {}_1Q_2 - {}_1W_2$

엔트로피 식 (6.3): $m(s_2 - s_1) = \int \delta Q/T$

과정: T = 일정, 가역

상태 1(T, P), 표 B.4.1: $u_1 = 87.94$ kJ/kg, $s_1 = 0.3357$ kJ/kg-K

$$m = V/v_1 = 0.001\ \text{m}^3/0.000\,923\ \text{m}^3/\text{kg} = 1.083\ \text{kg}$$

상태 2(T, P), 표 B.4.2: $u_2 = 276.44$ kJ/kg, $s_2 = 1.2108$ kJ/kg-K

T가 일정하므로 $\int \delta Q/T = {}_1Q_2/T$이다. 따라서 엔트로피 식은

$${}_1Q_2 = mT(s_2 - s_1) = 1.083\ \text{kg} \times 293.15\ \text{K} \times (1.2108 - 0.3357)\ \text{kJ/kg-K} = 277.8\ \text{kJ}$$

이다. 에너지 식으로부터 일은

$${}_1W_2 = m(u_1 - u_2) + {}_1Q_2 = 1.083\ \text{kg} \times (87.94 - 276.44)\ \text{kJ/kg} + 277.8\ \text{kJ} = 73.7\ \text{kJ}$$

이다. 그림 6.8을 보면, P-v 선도상에 과정을 나타내는 곡선의 형태 때문에 일을 면적으로 계산하는 것은 어렵다. 열전달량은 T-s 선도상의 면적이다.

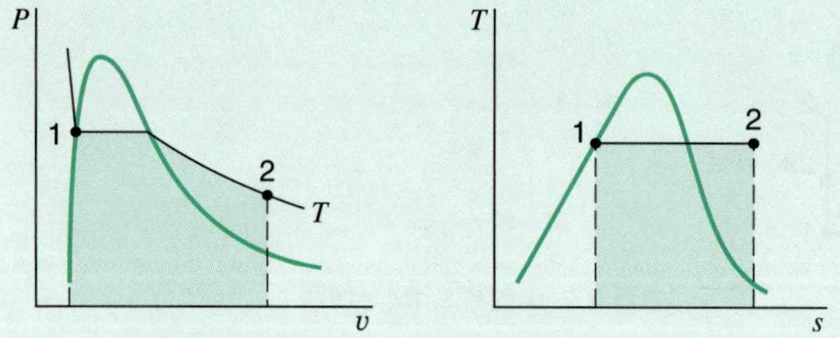

그림 6.8 ▸▸ 예제 6.2의 선도.

개념점검

a. 가역 과정을 겪는 물질의 엔트로피를 어떻게 변화시킬 수 있는가?

b. 가역 과정으로 열을 물질에 전달한다. 온도 변화가 엔트로피 변화에 영향을 주는가?

c. 100 kPa, 150°C의 물에 75 kJ/kg의 열이 가역 과정으로 전달된다. 엔트로피의 변화가 가장 큰 과정은 등온 과정, 정적 과정, 정압 과정 중 어느 것인가?

6.4 열역학 상태량 관계식

여기서는 단순 압축성 물질에 대한 두 개의 중요한 열역학 관계식을 유도하고자 한다. 이 관계식은 다음과 같다.

$$T\,dS = dU + P\,dV$$

$$T\,dS = dH - V\,dP$$

첫 번째 관계식은 정지해 있으며 중력의 영향을 받지 않는 단순 압축성 물질을 고려하여 유도할 수 있다. 이러한 조건하에서 상태 변화가 있을 때 제1법칙은 다음과 같이 쓸 수 있다.

$$\delta Q = dU + \delta W$$

지금 유도하고자 하는 관계식은 물질의 상태가 항상 식별되는 상태 변화에 우선 적용된다. 따라서 준평형 과정, 즉 앞 장에서 소개한 가역 과정에 대하여 고찰하여야 한다. 단순 압축성 물질의 가역 과정에 대해서 다음과 같이 쓸 수 있다.

$$\delta Q = T\,dS \qquad \text{그리고} \qquad \delta W = P\,dV$$

이 식을 제1법칙에 대입하면 다음 식을 얻게 된다.

$$T\,dS = dU + P\,dV \tag{6.5}$$

이 식이 유도하고자 하는 첫 번째 식이다. 이 식은 가역 과정이라는 가정하에서 유도하였다. 가역 과정 중에는 물질의 상태를 항상 식별할 수 있으므로, 어떠한 가역 과정에 대해서도 이 식을 적분할 수 있다. 식 (6.5)에는 물질의 상태량만이 나와 있음에 유의하여야 한다. 주어진 초기 상태와 최종 상태를 연결하는 비가역 과정이 있다고 하자. 물질의 상태량은 상태에 의해서만 결정되므로 주어진 상태 변화에 의한 상태량의 변화는 가역 과정에 대해서나 비가역 과정에 대해서나 모두 같다. 그러므로 식 (6.5)는 주어진 두 상태를 연결하는 비가역 과정에 대해서도 종종 적용한다. 그러나 식 (6.5)의 적분은 같은 두 상태를 연결하는 가역 경로만을 따라서 한다.

엔탈피는 다음과 같이 정의하므로

$$H \equiv U + PV$$

다음의 결과를 얻는다.

$$dH = dU + P\,dV + V\,dP$$

이 식을 식 (6.5)에 대입하면 다음 식을 얻는다.

$$T\,dS = dH - V\,dP \tag{6.6}$$

이 식이 유도하고자 하는 두 번째 식이다. 이들 표현식 (6.5)와 (6.6)은 **열역학 상태량 관계식**(thermodynamic property relation)의 두 형태이며, 흔히 **Gibbs 식**이라고 한다.

이 식들을 단위 질량에 대해 나타내면 다음과 같다.

$$T\,ds = du + P\,dv \tag{6.7}$$

$$T\,ds = dh - v\,dP \tag{6.8}$$

Gibbs 식을 이 책의 몇몇 절에서 광범위하게 이용할 것이다.

단순 압축성 물질이 아닌, 조성이 일정한 물질을 살펴보면 단순 압축성 물질에 대하여 구한 식과는 다른

"$T\,dS$" 식을 얻게 된다 식 (3.47)에서 가역 과정에 대하여 일은 다음과 같이 쓸 수 있다고 하였다.

$$\delta W = P\,dV - F\,dL - \sigma\,dA - EMF\,dZ + \cdots$$

따라서 열역학 상태량 관계에 대한 보다 일반적인 표현식은 다음과 같다.

$$T\,dS = dU + P\,dV - F\,dL - \sigma\,dA - EMF\,dZ + \cdots \tag{6.9}$$

6.5 고체와 액체의 엔트로피 변화

3.10절에서 온도 변화에 따른 고체와 액체에 대한 내부 에너지 및 엔탈피 변화량의 계산에 대하여 살펴보았다. 일반적으로 내부 에너지 및 엔탈피 변화량은 식 (3.32)와 같이 간단히 비열로 표현할 수 있으며, 대개의 경우 식 (3.33)과 같은 적분 식으로 표현할 수 있다. 그 결과와 열역학 상태량 관계식 (6.7)을 이용하여 고체와 액체에 대한 엔트로피 변화량을 계산할 수 있다. 고체상과 액체상에 대하여 식 (6.7)의 비체적 항이 매우 작으므로 식 (3.32)를 식 (6.7)에 대입하면 다음과 같다.

$$ds \simeq \frac{du}{T} \simeq \frac{C}{T}\,dT \tag{6.10}$$

이제 3.10절에서 언급하였듯이 고체와 액체가 관련된 많은 과정에서 비열은 일정하다고 가정할 수 있다. 이 경우에 식 (6.10)을 적분하면 결과는 다음과 같다.

$$s_2 - s_1 \simeq C \ln \frac{T_2}{T_1} \tag{6.11}$$

비열이 일정하지 않다고 하더라도 대개 C를 T의 함수로 알 수 있으므로 식 (6.10)을 적분하여 엔트로피 변화량을 구할 수 있다. 식 (6.11)은 가역 단열($dq = 0$) 과정, 즉 등엔트로피 과정에 무엇이 발생하는지를 기술한다. 이 과정에서 근사적으로 v가 일정하다고 가정하면 온도가 일정하다는 결론에 도달하므로, 액체를 가압하면 온도가 변하지 않는 이유가 설명이 된다.

예제 6.3

액체 상태의 물 1 kg을 20°C에서 90°C까지 가열한다. 비열이 일정하다고 가정하여 엔트로피 변화량을 계산하고, 수증기표를 이용하여 구한 값과 비교하라.

검사 질량: 물

초기 상태와 최종 상태: 알고 있음

모델: 비열은 실온에서의 값으로 일정함

풀이

비열이 일정하므로 식 (6.11)로부터

$$s_2 - s_1 = 4.184\ \text{kJ/kg-K} \ln\left(\frac{363.2}{293.2}\right) = 0.8958\ \text{kJ/kg-K}$$

이다. 이 값을 수증기표를 이용하여 구한 값과 비교한다.

$$s_2 - s_1 = s_{f\,90°\text{C}} - s_{f\,20°\text{C}} = (1.1925 - 0.2966)\ \text{kJ/kg-K} = 0.8959\ \text{kJ/kg-K}$$

6.6 이상기체의 엔트로피 변화

식 (3.35)와 (3.39)를 식 (6.7)에 대입하면 이상기체 엔트로피 변화의 계산에 매우 유용한 두 개의 식을 유도할 수 있다.

$$T\,ds = du + P\,dv$$

이상기체의 경우

$$du = C_{v0}\,dT \qquad \text{그리고} \qquad \frac{P}{T} = \frac{R}{v}$$

이므로

$$ds = C_{v0}\frac{dT}{T} + \frac{R\,dv}{v} \tag{6.12}$$

$$s_2 - s_1 = \int_1^2 C_{v0}\frac{dT}{T} + R\ln\frac{v_2}{v_1} \tag{6.13}$$

이다. 마찬가지 방법으로

$$T\,ds = dh - v\,dP$$

이며, 이상기체에 대하여

$$dh = C_{p0}\,dT \qquad \text{그리고} \qquad \frac{v}{T} = \frac{R}{P}$$

이므로 다음과 같다.

$$ds = C_{p0}\frac{dT}{T} - R\frac{dP}{P} \tag{6.14}$$

$$s_2 - s_1 = \int_1^2 C_{p0}\frac{dT}{T} - R\ln\frac{P_2}{P_1} \tag{6.15}$$

식 (6.13)과 (6.15)를 적분하려면 온도에 따라 정압 비열과 정적 비열이 어떻게 변화하는가를 알아야 한다. 그러나 정압 비열과 정적 비열의 차이는 식 (3.42)와 같이 항상 일정하므로 둘 중에 하나만을 알면 된다.

3.11절에서처럼 정압 비열 C_{p0}를 살펴보자. 비열을 계산하는 방법에는 역시 세 가지가 있다. 그중에서 가장 간단한 것은 비열이 일정하다고 가정하는 것이다. 비열이 일정할 때에는 식 (6.15)를 바로 적분할 수 있으며 그 결과는 다음과 같다.

$$s_2 - s_1 = C_{p0}\ln\frac{T_2}{T_1} - R\ln\frac{P_2}{P_1} \tag{6.16}$$

마찬가지로 비열이 일정할 때 식 (6.13)을 적분하면 다음 식을 얻는다.

$$s_2 - s_1 = C_{v0}\ln\frac{T_2}{T_1} + R\ln\frac{v_2}{v_1} \tag{6.17}$$

두 번째 방법은 온도의 함수로 주어진 C_{p0}에 대한 식을 이용하는 것이다. 이 식의 예가 표 A.6에 있다. 세 번째 방법은 통계 열역학에서 계산한 결과를 기준 온도 T_0에서 구하고자 하는 온도 T까지 적분하고, 그 값을 다음과 같이 **표준 엔트로피**(standard entropy)로 정의하는 것이다.

$$s_T^0 = \int_{T_0}^{T} \frac{C_{p0}}{T} dT \tag{6.18}$$

이 함수는 공기에 대한 표 A.7 또는 여타 기체에 대한 표 A.8과 같이 입력 변수가 한 개(온도)인 이상기체표에 나와 있다. 따라서 상태 1과 상태 2 사이의 엔트로피 변화는 다음 식으로 구한다.

$$s_2 - s_1 = \left(s_{T2}^0 - s_{T1}^0\right) - R \ln \frac{P_2}{P_1} \tag{6.19}$$

3.11절에서 논의한 에너지 함수의 경우와 같이 이상기체 표 A.7과 A.8을 이용하면 가장 정확한 결과를 얻을 것이며, 표 A.6에 있는 식들을 이용하면 근사적인 결과를 얻을 것이다. 비열이 일정하다고 가정하면 정확도가 떨어진다. 단, 단원자 기체와 실온 이하에서의 여타 기체는 예외이다. 지금까지의 결과는 이상기체 모델의 일부이며, 문제에 따라 이 모델이 적합하지 않을 수 있다는 점에 유의하여야 한다.

예제 6.4

예제 3.13과 같이 산소를 300 K에서 1500 K까지 가열한다. 이 과정 동안 압력이 200 kPa에서 150 kPa로 떨어진다고 가정한다. 단위 질량당 엔트로피 변화량을 계산하라.

풀이

이상기체 거동을 가정하여 엔트로피 변화량을 가장 정확하게 계산하는 방법은 이상기체 표 A.8을 이용하는 것이다. 식 (6.19)를 이용하면 결과는 다음과 같다.

$$s_2 - s_1 = (8.0649 - 6.4168)\ \text{kJ/kg-K} - 0.2598\ \text{kJ/kg-K} \ln\left(\frac{150}{200}\right) = 1.7228\ \text{kJ/kg-K}$$

표 A.6의 경험식을 이용하면 위의 결과에 상당히 근사한 값을 얻을 수 있다. 식 (6.15)를 적분하면 다음과 같다.

$$s_2 - s_1 = \int_{T_1}^{T_2} C_{p0} \frac{dT}{T} - R \ln \frac{P_2}{P_1}$$

$$\begin{aligned} s_2 - s_1 &= \left[0.88\ \ln\theta - 0.0001\theta + \frac{0.54}{2}\theta^2 - \frac{0.33}{3}\theta^3\right]_{\theta_1 = 0.3}^{\theta_2 = 1.5} \text{kJ/kg-K} \\ &\quad - 0.2598\ \text{kJ/kg-K} \ln\left(\frac{150}{200}\right) \\ &= 1.7058\ \text{kJ/kg-K} \end{aligned}$$

이 값은 앞에서 계산한 결과와 1.0% 이내로 일치한다. 표 A.5에 있는 300 K에서의 비열 값을 이용하여 계산하면 다음과 같다.

$$s_2 - s_1 = 0.922\ \text{kJ/kg-K} \ln\left(\frac{1500}{300}\right) - 0.2598\ \text{kJ/kg-K} \ln\left(\frac{150}{200}\right) = 1.5586\ \text{kJ/kg-K}$$

이 값은 9.5% 낮은 값이다. 이와는 달리 예제 3.13과 같이 평균 온도 900 K에서의 비열 값을 이용하여 계산하면 다음과 같다.

$$s_2 - s_1 = 1.0767\ \text{kJ/kg-K} \ln\left(\frac{1500}{300}\right) + 0.0747\ \text{kJ/kg-K} = 1.8076\ \text{kJ/kg-K}$$

이 값은 4.9% 높은 값이다.

예제 6.5

공기를 300 K에서 600 K까지 가열할 때 단위 질량당 엔트로피 변화량을 계산하라. 압력은 400 kPa에서 300 kPa로 떨어진다. 다음과 같이 가정한다.

1. 비열은 일정
2. 비열은 변함

풀이

1. 공기표 A.5로부터 300 K의 공기 비열 값은 다음과 같다.

$$C_{p0} = 1.004 \text{ kJ/kg-K}$$

따라서 식 (6.16)을 이용하면 다음 결과를 얻는다.

$$s_2 - s_1 = 1.004 \text{ kJ/kg-K} \ln\left(\frac{600}{300}\right) - 0.287 \text{ kJ/kg-K} \ln\left(\frac{300}{400}\right) = 0.7785 \text{ kJ/kg-K}$$

2. 표 A.7로부터

$$s_{T1}^0 = 6.8693 \text{ kJ/kg-K}; \quad s_{T2}^0 = 7.5764 \text{ kJ/kg-K}$$

이다. 식 (6.19)를 이용하면 다음과 같다.

$$\begin{aligned} s_2 - s_1 &= (7.5764 - 6.8693) \text{ kJ/kg-K} - 0.287 \text{ kJ/kg-K} \ln\left(\frac{300}{400}\right) \\ &= 0.7897 \text{ kJ/kg-K} \end{aligned}$$

이제 이상기체가 등엔트로피 과정을 거치는 경우를 생각해 보자. 식 (6.15)의 좌변은 0이므로 초기와 최종 상태에서의 온도와 압력에 관한 식이 되며, 이 관계식은 온도 T의 함수인 비열의 특성에 영향을 받는다. 식 (6.15)에 대하여 논의한 바와 같이, 세 가지 방법이 가능하다. 이들 중 가장 정확한 것은 세 번째 방법, 즉 이상기체 표 A.7 또는 A.8과 식 (6.19)를 이용하는 것으로, 식 (6.18)로 정의한 적분된 온도 함수 s_T^0를 사용한다. 다음 예제는 그 절차를 예시한다.

예제 6.6

피스톤이 끼워진 실린더 안에 압력 400 kPa, 온도 600 K의 공기 1 kg이 들어 있다. 공기가 가역 단열 과정으로 150 kPa까지 팽창한다. 공기가 하는 일을 계산하라.

검사 질량: 공기
초기 상태: P_1, T_1; 상태 1 확정
최종 상태: P_2
과정: 가역 단열

해석

제1법칙:

$$0 = u_2 - u_1 + w$$

제2법칙:

$$s_2 = s_1$$

풀이

표 A.7로부터

$$u_1 = 435.10\,\text{kJ/kg}, \quad s^0_{T1} = 7.5764\,\text{kJ/kg-K}$$

이다. 식 (6.19)에서

$$\begin{aligned} s_2 - s_1 &= 0 = (s^0_{T2} - s^0_{T1}) - R\ln\frac{P_2}{P_1} \\ &= (s^0_{T2} - 7.5764\,\text{kJ/kg-K}) - 0.287\,\text{kJ/kg-K}\ln\left(\frac{150}{400}\right) \\ s^0_{T2} &= 7.2949\,\text{kJ/kg-K} \end{aligned}$$

이다. 표 A.7로부터

$$T_2 = 457\,\text{K}, u_2 = 328.14\,\text{kJ/kg}$$

이므로 다음과 같이 된다.

$$w = 435.10 - 328.14 = 106.96\,\text{kJ/kg}$$

세 가지 방법 중 첫 번째인 일정한 비열은 특별한 경우로 분석할 가치가 있다. 이 경우의 결과로 식 (6.16)에서 좌변이 0이다.

$$s_2 - s_1 = 0 = C_{p0}\ln\frac{T_2}{T_1} - R\ln\frac{P_2}{P_1}$$

이 식은 다음과 같이 쓸 수도 있다.

$$\ln\left(\frac{T_2}{T_1}\right) = \frac{R}{C_{p0}}\ln\left(\frac{P_2}{P_1}\right)$$

또는

$$\frac{T_2}{T_1} = \left(\frac{P_2}{P_1}\right)^{R/C_{p0}} \tag{6.20}$$

그러나

$$\frac{R}{C_{p0}} = \frac{C_{p0} - C_{v0}}{C_{p0}} = \frac{k-1}{k} \tag{6.21}$$

이며, 여기서 비열비 k는 다음과 같이 정의한다.

$$k = \frac{C_{p0}}{C_{v0}} \tag{6.22}$$

식 (6.20)은 이제 다음과 같이 편리하게 표현될 수 있다.

$$\frac{T_2}{T_1} = \left(\frac{P_2}{P_1}\right)^{(k-1)/k} \tag{6.23}$$

이 식은 다음과 같이 쓸 수도 있다.

$$TP^{(l-k)/k} = \text{일정}$$

이 식과 이상기체 식으로부터

$$\frac{T_2}{T_1} = \left(\frac{v_1}{v_2}\right)^{k-1} \tag{6.24}$$

또는

$$Tv^{(k-1)} = \text{일정}$$

그리고

$$\frac{P_2}{P_1} = \left(\frac{v_1}{v_2}\right)^{k} \tag{6.25}$$

이다. 마지막 식으로부터, 이 과정에 대해서 다음과 같이 표현된다.

$$Pv^k = \text{일정} \tag{6.26}$$

이것은 폴리트로픽(polytropic) 지수 n이 비열비 k와 같은 폴리트로픽 과정의 특별한 경우이다.

6.7 이상기체의 가역 폴리트로픽 과정

기체가 가역 과정을 겪으며 열전달이 있을 때 그 과정은 그림 6.9와 같이 log P 대 log V 그래프상에 직선으로 나타난다. 이 과정에 대하여 PV^n은 일정하다.

압력과 체적 사이에 이러한 관계가 성립되는 과정을 **폴리트로픽 과정**(polytropic process)이라고 한다. 일례로 수냉식 왕복동 기관의 실린더 안에서 연소 가스가 팽창하는 과정을 들 수 있다. 엔진 선도(engine indicator)에서처럼, 폴리트로픽 과정인 팽창 행정 동안 압력과 체적을 측정하고, 압력과 체적의 로그값을 도시하면, 그 결과는 그림 6.9의 직선과 유사할 것이다. 이 그림으로부터 다음과 같은 식이 유도된다.

$$\frac{d \ln P}{d \ln V} = -n$$

$$d \ln P + n d \ln V = 0$$

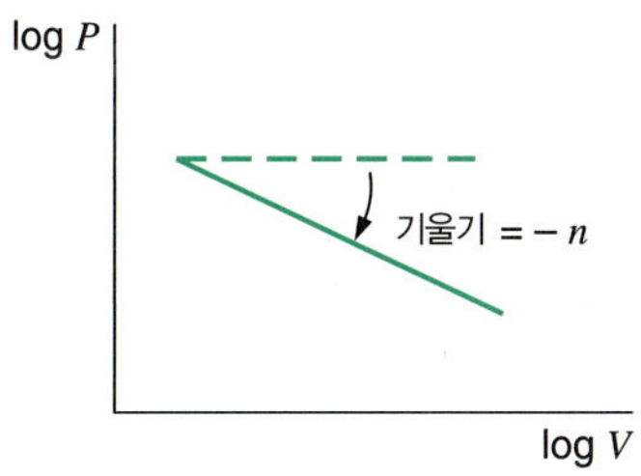

그림 6.9 » 폴리트로픽 과정의 예.

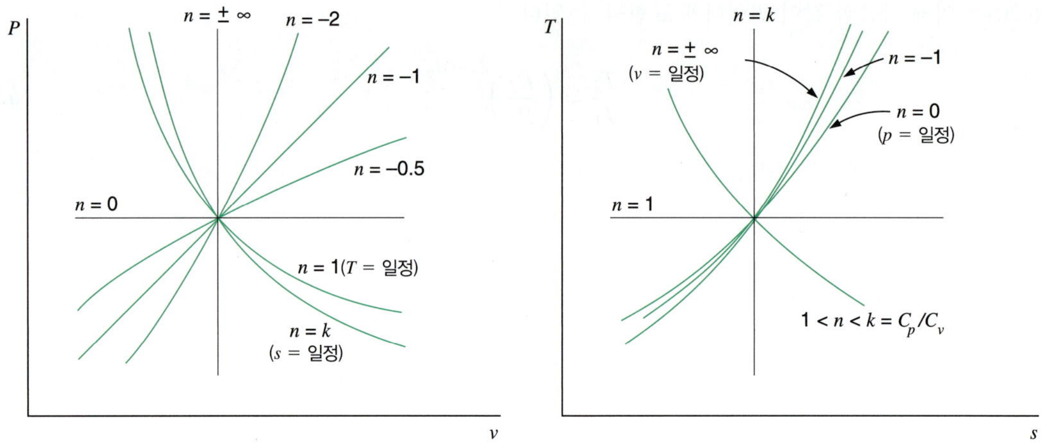

그림 6.10 ▸ *P-v* 및 *T-s* 선도상의 폴리트로픽 과정.

만약 n이 상수이면(log P 대 log V 그래프상에서 직선을 의미함) 위 식을 적분하여 다음의 관계식을 얻을 수 있다.

$$PV^n = \text{C} = P_1V_1^n = P_2V_2^n \tag{6.27}$$

이 식으로부터 폴리트로픽 과정에 대하여 다음의 관계식을 쓸 수 있다.

$$\frac{P_2}{P_1} = \left(\frac{V_1}{V_2}\right)^n$$
$$\frac{T_2}{T_1} = \left(\frac{P_2}{P_1}\right)^{(n-1)/n} = \left(\frac{V_1}{V_2}\right)^{n-1} \tag{6.28}$$

이상기체로 이루어진 검사 질량에 대하여 가역 폴리트로픽 과정 동안 경계가 이동하여 하는 일을 다음과 같이 유도할 수 있다[식 (3.21) 참조].

$${}_1W_2 = \int_1^2 P\,dV \qquad \text{그리고} \qquad PV^n = \text{C}$$
$${}_1W_2 = \int_1^2 P\,dV = \text{C}\int_1^2 \frac{dV}{V^n}$$
$$= \frac{P_2V_2 - P_1V_1}{1-n} = \frac{mR(T_2 - T_1)}{1-n} \tag{6.29}$$

여기서 n은 1이 아닌 값이다.

여러 가지 n 값에 대한 폴리트로픽 과정을 그림 6.10의 *P-v* 및 *T-s* 선도상에 나타내었다. 몇 가지 익숙한 과정에 대한 n 값은 다음과 같다.

등압 과정	$n = 0,$	$P =$ 일정
등온 과정	$n = 1,$	$T =$ 일정
등엔트로피 과정	$n = k,$	$s =$ 일정
등적 과정	$n = \infty,$	$v =$ 일정

이상기체의 가역 등온 과정은 특별히 흥미로운 과정이다. 이 과정에서

$$PV = \text{C} = P_1V_1 = P_2V_2 \tag{6.30}$$

예제 6.7

가역 과정으로 실린더 안의 질소를 100 kPa, 20℃ 상태에서 500 kPa까지 압축한다. 이 압축 과정 동안 압력과 체적의 관계는 $PV^{1.3}$ = 일정이다. 단위 질량당 일과 열전달량을 계산하고, 이 과정을 P-v와 T-s 선도상에 나타내라.

검사 질량: 질소
초기 상태: P_1, T_1; 상태 1을 알고 있음
최종 상태: P_2
과정: 가역 폴리트로픽, 지수 $n < k$ (그림 6.11 참조)
모델: 이상기체, 비열은 300 K에서의 값으로 일정

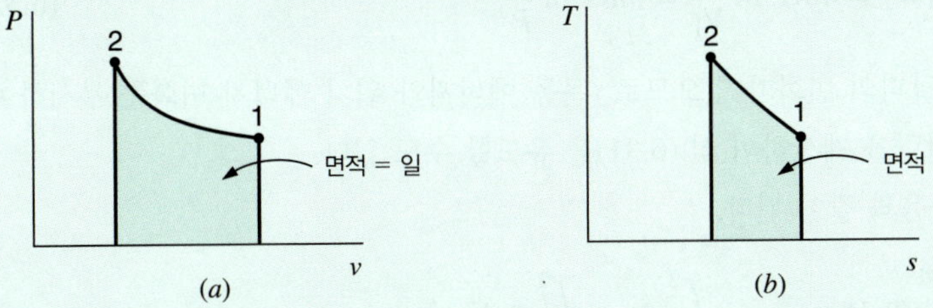

그림 6.11 ▸ 예제 6.7에 대한 선도.

↘ 해석

식 (6.30)으로부터 경계 이동 일은 다음과 같다.

$$_1W_2 = \int_1^2 P\,dV = \frac{P_2V_2 - P_1V_1}{1-n} = \frac{mR(T_2 - T_1)}{1-n}$$

제1법칙:

$$_1q_2 = u_2 - u_1 + {}_1w_2 = C_{v0}(T_2 - T_1) + {}_1w_2$$

↘ 풀이

식 (6.28)로부터 다음과 같다.

$$\frac{T_2}{T_1} = \left(\frac{P_2}{P_1}\right)^{(n-1)/n} = \left(\frac{500}{100}\right)^{(1.3-1)/1.3} = 1.4498$$

$$T_2 = 293.2\ \text{K} \times 1.4498 = 425\ \text{K}$$

따라서

$$_1w_2 = \frac{R(T_2 - T_1)}{1-n} = \frac{0.2968(425 - 293.2)\ \text{kJ/kg}}{(1 - 1.3)} = -130.4\ \text{kJ/kg}$$

이며, 제1법칙으로부터 다음과 같이 된다.

$$\begin{aligned} _1q_2 &= C_{v0}(T_2 - T_1) + {}_1w_2 \\ &= 0.745\ \text{kJ/kg-K}\ (425 - 293.2)\ \text{K} - 130.4\ \text{kJ/kg} = -32.2\ \text{kJ/kg} \end{aligned}$$

이다. 가역 등온 과정 동안에 단순 압축성 질량의 경계에서 이루어지는 일은 다음 식을 적분하여 구할 수 있다.

$$ {}_1W_2 = \int_1^2 P\,dV $$

적분하면 다음과 같다.

$$ {}_1W_2 = \int_1^2 P\,dV = \mathrm{C} \int_1^2 \frac{dV}{V} = P_1V_1 \ln\frac{V_2}{V_1} = P_1V_1 \ln\frac{P_1}{P_2} \tag{6.31} $$

또는

$$ {}_1W_2 = mRT \ln\frac{V_2}{V_1} = mRT \ln\frac{P_1}{P_2} \tag{6.32} $$

등온 과정에서 내부 에너지와 엔탈피의 변화가 없으므로 (운동 에너지와 위치 에너지 변화를 무시하여) 열전달량은 일과 같다. 그러므로 열전달량을 계산하여 식 (6.31)을 유도할 수도 있다.

예를 들어 식 (6.7)을 이용하면 다음과 같이 된다.

$$ \int_1^2 T\,ds = {}_1q_2 = \int_1^2 du + \int_1^2 P\,dv $$

그러나 $du = 0$이며 $Pv =$ 일정 $= P_1v_1 = P_2v_2$이므로

$$ {}_1q_2 = \int_1^2 P\,dv = P_1v_1 \ln\frac{v_2}{v_1} $$

이며, 이는 식 (6.31)과 같은 결과이다.

개념점검

d. 액체를 가역 단열 과정으로 압축한다. 온도 T의 변화는 어떠한가?

e. 이상기체가 가역 등온 열흡수 과정을 겪는다. 상태량(v, u, h, s, P)이 어떻게 변화(증가, 감소, 일정)하는가?

f. 이산화탄소를 $n = 1.2$인 폴리트로픽 과정으로 체적이 작아지도록 압축한다. 상태량(u, h, s, P, T)이 어떻게 변화(증가, 감소, 일정)하는가?

6.8 비가역 과정에 대한 검사 질량의 엔트로피 변화

그림 6.12의 사이클 변화를 하는 검사 질량을 살펴보자. 가역 과정 A와 B로 구성된 사이클은 가역이다. 그러므로 다음과 같이 쓸 수 있다.

$$ \oint \frac{\delta Q}{T} = \int_1^2 \left(\frac{\delta Q}{T}\right)_A + \int_2^1 \left(\frac{\delta Q}{T}\right)_B = 0 $$

비가역 과정 C와 가역 과정 B로 구성된 사이클은 비가역이다. 그러므로 이 사이클에 Clausius 부등식을 적용하면 다음과 같다.

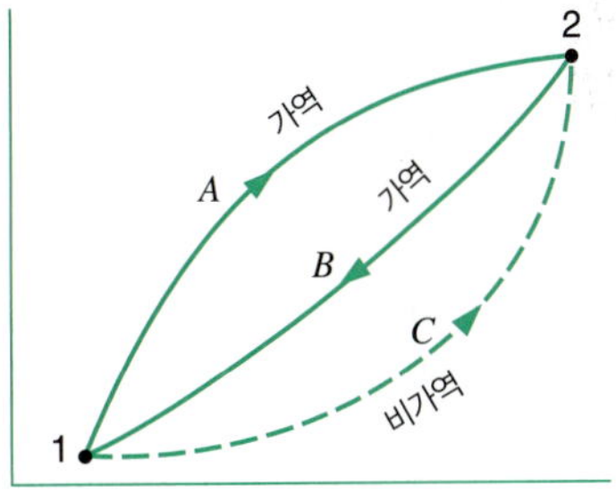

그림 6.12 » 비가역 과정에 대한 검사 질량의 엔트로피 변화.

$$\oint \frac{\delta Q}{T} = \int_1^2 \left(\frac{\delta Q}{T}\right)_C + \int_2^1 \left(\frac{\delta Q}{T}\right)_B < 0$$

위의 첫 번째 식에서 두 번째 식을 빼고 정리하면 다음 식을 얻는다.

$$\int_1^2 \left(\frac{\delta Q}{T}\right)_A > \int_1^2 \left(\frac{\delta Q}{T}\right)_C$$

경로 A는 가역이며 엔트로피는 상태량이므로 다음과 같이 쓸 수 있다.

$$\int_1^2 \left(\frac{\delta Q}{T}\right)_A = \int_1^2 dS_A = \int_1^2 dS_C$$

그러므로

$$\int_1^2 dS_C > \int_1^2 \left(\frac{\delta Q}{T}\right)_C$$

이다. 경로 C는 임의적이므로 일반적인 결과는 다음과 같다.

$$dS \ge \frac{\delta Q}{T}$$

$$S_2 - S_1 \ge \int_1^2 \frac{\delta Q}{T} \tag{6.33}$$

위의 식에서 등호는 가역 과정에 대하여, 부등호는 비가역 과정에 대하여 성립된다.

따라서 이 식은 검사 질량에 대한 엔트로피 식의 일반적인 표현이다. 식 (6.1)의 엔트로피 정의 식을 임의 과정에 대한 변화량 식으로 확장하였다. 이 식의 최종 형태는 다음 절에서 다룬다.

열전달은 시간변화율로 나타나므로 $\dot{Q}/T$ 항을 엔트로피 플럭스라고 부른다. 이 항은 검사 질량을 출입하는 열전달과 관련되며, $\dot{Q}$ 항 자체는 에너지 플럭스라고 부른다.

6.9 엔트로피 생성과 엔트로피 방정식

앞에서 살펴본 결과에 의하면 비가역 과정에 대한 엔트로피 변화량은 δQ와 T가 각각 같은 가역 과정의 엔트로피 변화량보다 크다. 이는 다음과 같은 일반적인 등식 형태로 쓸 수 있다.

$$dS = \frac{\delta Q}{T} + \delta S_{\text{gen}} \tag{6.34}$$

마지막 항은 다음과 같이 양수이다.

$$\delta S_{gen} \geq 0 \tag{6.35}$$

엔트로피 δS_{gen}은, 현재로는 검사 질량이며 추후 확장하면 일반적인 검사 체적인 시스템의 내부에서 발생하는 비가역성에 의하여 과정 중에 생성된다. 이 내적 엔트로피 생성은 5.4절에서 언급한 마찰, 불구속 팽창, 유한한 온도차에 의한 내부적 에너지 전달(재분배) 등과 같은 과정에 의하여 유발된다. 이 내적 엔트로피 생성과 더불어, 저장조로부터 유한한 온도차에 의해 δQ의 열이 전달되는 과정 또는 역학적으로 일이 전달되는 과정에 의한 외적 비가역성(external irreversibility)에 따른 엔트로피 생성이 있을 수 있다.

식 (6.35)에서 등호는 가역 과정에 대하여 성립되며, 부등호는 비가역 과정에 대하여 성립된다. 엔트로피 식을 이용하여 비가역 과정에서 일의 한곗값을 제시할 수 있다.

엔트로피 생성(entropy generation)이 없는 가역 과정에서 열전달량과 일은 다음과 같다.

$$\delta Q = T\,dS \quad \text{그리고} \quad \delta W = P\,dV$$

엔트로피 생성이 있는 비가역 과정에 대한 열전달량은 식 (6.34)로부터 다음과 같다.

$$\delta Q_{irr} = T\,dS - T\,\delta S_{gen}$$

따라서 같은 상태 변화량 dS에 대하여 가역인 경우보다 열전달량이 작다. 제1법칙은 다음과 같으며

$$\delta Q_{irr} = dU + \delta W_{irr}$$

다음의 상태량 관계식은 유효하다.

$$T\,dS = dU + P\,dV$$

따라서 다음과 같은 결과를 얻는다.

$$\delta W_{irr} = P\,dV - T\,\delta S_{gen} \tag{6.36}$$

엔트로피 생성량에 비례하여 일이 감소한다는 것을 알 수 있다. 이러한 이유로 $T\,\delta S_{gen}$ 항을 종종 손실일(lost work)이라고 한다. 비록 이것이 실제일도 아니고 손실된 에너지도 아니지만 일을 추출할 기회를 잃어버린 것이라고 할 수 있다.

식 (6.34)를 초기 상태에서 최종 상태까지 적분하면 다음과 같다.

$$S_2 - S_1 = \int_1^2 dS = \int_1^2 \frac{\delta Q}{T} + {}_1S_{2\,gen} \tag{6.37}$$

따라서 비가역 과정에 대한 엔트로피 변화량의 표현식을 등식으로 얻는다. 앞 절에서는 부등식으로 얻었다. 엔트로피 생성이 없는 가역 과정이라는 극한에 가서는 엔트로피 변화를 나타내는 식 (6.37)이—등호가 성립되며 일이 $\int P\,dV$가 되므로—식 (6.33)과 일치하게 된다. 식 (6.37)은 식 (3.5)의 에너지 식과 마찬가지로 이제 검사 질량에 대한 엔트로피 평형식(entropy balance equation)이 되며 여러 개의 부시스템(subsystem)을 포함할 수 있다. 이 식은 일반적인 형태로 다음과 같이 나타낼 수 있다.

$$\text{엔트로피 변화량} = +\text{유입량} - \text{유출량} + \text{생성량}$$

여기서 엔트로피는 생성시킬 수는 있어도 소멸시킬 수는 없다. 이것은 생성과 소멸이 가능하지 않았던 에너지와는 대비된다.

식 (6.34)에서 (6.37)까지로부터 몇 가지 중요한 결론을 얻게 된다. 첫째로 시스템의 엔트로피가 증가하는 방법은 두 가지가 있다. 열을 전달하거나, 과정이 비가역인 것이다. 엔트로피 생성량은 0보다 작을 수 없으므로

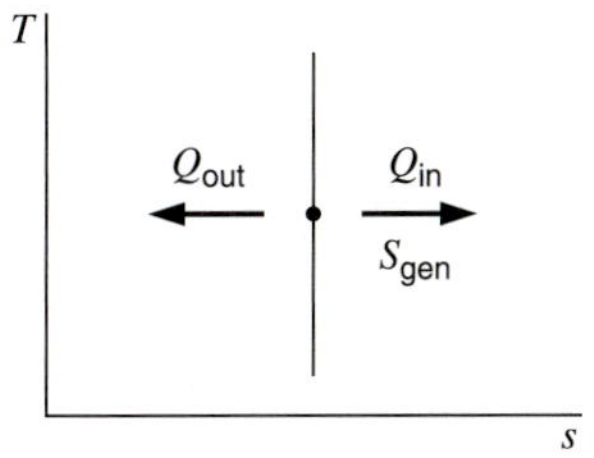

그림 6.13 ▸ 열전달과 엔트로피 생성에 의한 엔트로피의 변화.

시스템의 엔트로피가 감소하는 방법은 한 가지밖에 없으며, 그것은 시스템에서 열을 방출하는 것이다. 이와 같은 변화는 그림 6.13의 T-s 선도에 나타내었다. 여기서 상태는 열전달 또는 엔트로피 생성에 의하여 움직인다.

두 번째로 이미 지적한 바와 같이 단열 과정에 대하여 $\delta Q = 0$이므로 엔트로피 증가는 항상 비가역성과 관련이 있다.

세 번째로 비가역성이 있으면 일이 가역일보다 작아진다. 팽창 과정에서는 출력일이 작아지고, 압축 과정일 때에는 검사 질량에 더 많은 일을 입력($\delta W < 0$)하여야 한다.

마지막으로 열전달과 관련된 s의 변화는 검사면을 지나 전달된 것이므로 검사 체적 안에서 증가하면 검사 체적 밖에서 같은 양만큼 감소하게 됨을 강조한다. 이와 대조적으로 생성항은 비가역 과정에 의해 검사 체적 내부에서 생성되는 모든 엔트로피를 나타낸다.

비가역 과정을 P-v 선도와 T-s 선도상에 나타내는 것과 관련하여 한 가지를 지적하고자 한다. 비가역 과정의 일은 $\int P\, dV$와 같지 않으며 열전달량도 $\int T\, dS$와 같지 않다. 그러므로 P-v 선도와 T-s 선도상에서 비가역 과정(경로) 아래의 면적이 일과 열을 나타내지 않는다. 실제로는 비가역 과정을 겪는 동안 시스템이 지나가는 상태를 정확히 알 수 없는 경우가 많다. 이러한 이유로 비가역 과정을 파선으로 나타내고 가역 과정을 실선으로 나타내는 것이 유리하다. 따라서 파선 아래의 면적은 일이나 열을 나타내지 않는다. 그림 6.14*a*는 비가역 과정을 나타내고 이 과정의 열전달량과 일이 0이므로 점선 아래의 면적은 아무 의미가 없다. 그림 6.14*b*는 가역 과정을 나타내고, 면적 $1-2-b-a-1$은 P-v 선도상에서 일을, T-s 선도상에서 열전달량을 의미한다.

개념점검

g. 물질에서 열이 방출된다. 가역 과정이라면 s의 변화에 대하여 무엇을 말할 수 있는가? 비가역 과정이라면 s의 변화는 어떠한가?

h. 물질을 단열 압축하여 P와 T가 올라간다. 이것이 s를 변화시키는가?

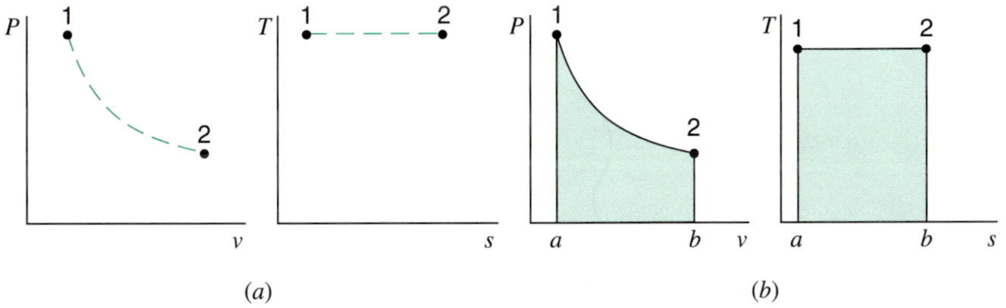

그림 6.14 ▸ P-v 선도와 T-s 선도에 나타낸 가역 과정과 비가역 과정.

6.10 엔트로피 증가의 원리

앞 절에서 시스템 또는 검사 질량 내부에서 비가역성이 발생하는 비가역 과정을 살펴보았다. 내적 엔트로피 생성에 의해 엔트로피가 증가할 수 있으며, 열전달의 방향에 의해 엔트로피가 증가 또는 감소할 수 있으므로 검사 질량의 엔트로피의 변화량은 양수일 수도 있고 음수일 수도 있다. 이제 에너지 식과 엔트로피 식의 차이를 강조하고, 에너지는 보존되지만 엔트로피는 보존되지 않는다는 것을 지적하고자 한다.

서로 다른 검사 체적 A와 B가 한 면을 공통으로 하고 주위 C에 둘러싸여 온 세상을 이루고 있다. 어떤 과정이 진행되어 이들 검사 체적이 그림 6.15와 같이 일과 열을 교환한다. 한 검사 체적에서 다른 검사 체적으로 Q와 W가 전달되므로 각각 한 기호로 나타내고 화살표로 방향을 표시한다. 각 검사 체적에 대하여 에너지 식과 엔트로피 식을 쓰고 그 식들을 더하여 순 효과를 알아보고자 한다. 식을 쓸 때에 그 식들을 외우기보다는 다음과 같이 단순하게

$$\text{엔트로피 변화량} = +\text{유입량} - \text{유출량} + \text{생성량}$$

로 하고 부호는 그림을 참조한다. 에너지는 생성되지 않으며 엔트로피는 생성됨을 기억한다.

에너지 식:

$$(E_2 - E_1)_A = Q_a - W_a - Q_b + W_b$$
$$(E_2 - E_1)_B = Q_b - W_b - Q_c + W_c$$
$$(E_2 - E_1)_C = Q_c + W_a - Q_a - W_c$$

엔트로피 식:

$$(S_2 - S_1)_A = \int \frac{\delta Q_a}{T_a} - \int \frac{\delta Q_b}{T_b} + S_{\text{gen } A}$$
$$(S_2 - S_1)_B = \int \frac{\delta Q_b}{T_b} - \int \frac{\delta Q_c}{T_c} + S_{\text{gen } B}$$
$$(S_2 - S_1)_C = \int \frac{\delta Q_c}{T_c} - \int \frac{\delta Q_a}{T_a} + S_{\text{gen } C}$$

에너지 식을 합하면, 온 세상에 대한 에너지 변화는 다음과 같다.

$$\begin{aligned}(E_2 - E_1)_{\text{total}} &= (E_2 - E_1)_A + (E_2 - E_1)_B + (E_2 - E_1)_C \\ &= Q_a - W_a - Q_b + W_b + Q_b - W_b - Q_c + W_c + Q_c + W_a - Q_a - W_c \\ &= 0 \end{aligned} \tag{6.38}$$

즉 총 에너지는 변화가 없다. 즉 에너지는 보존되며 우변의 전달항들은 짝을 이루어 소거된다. 에너지는 과정 이전과는 다른 형태로 다른 장소에 저장되나 총량은 같다. 엔트로피에 대해서는 약간 다른 결과를 얻는다.

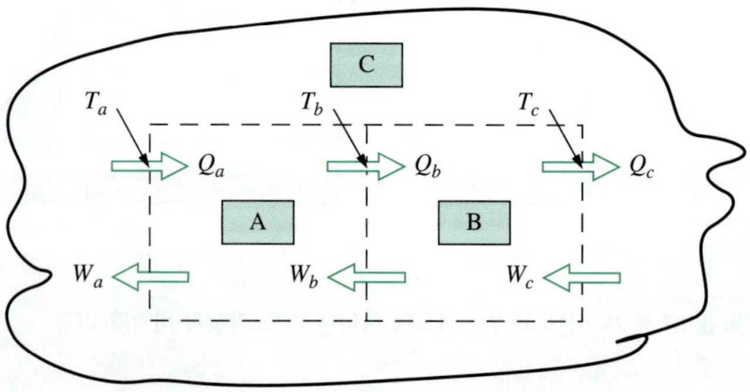

그림 6.15 » 세 개의 검사 체적으로 분할된 세상.

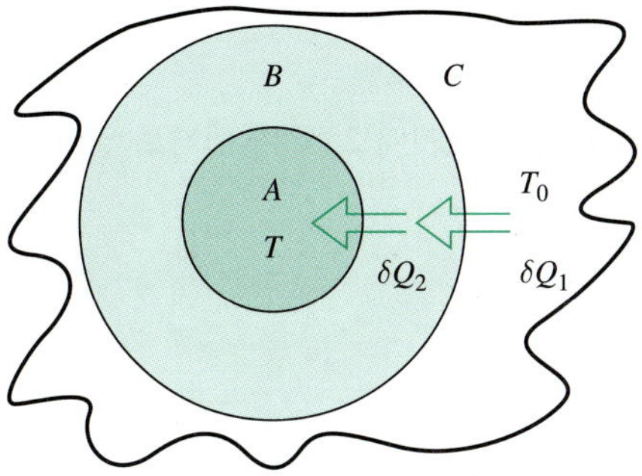

그림 6.16 ▸ 벽을 지나는 열전달.

$$
\begin{aligned}
(S_2 - S_1)_{\text{total}} &= (S_2 - S_1)_A + (S_2 - S_1)_B + (S_2 - S_1)_C \\
&= \int \frac{\delta Q_a}{T_a} - \int \frac{\delta Q_b}{T_b} + S_{\text{gen}\,A} + \int \frac{\delta Q_b}{T_b} - \int \frac{\delta Q_c}{T_c} + S_{\text{gen}\,B} \\
&\quad + \int \frac{\delta Q_c}{T_c} - \int \frac{\delta Q_a}{T_a} + S_{\text{gen}\,C} \\
&= S_{\text{gen}\,A} + S_{\text{gen}\,B} + S_{\text{gen}\,C} \geq 0 \qquad (6.39)
\end{aligned}
$$

여기서 모든 전달항은 소거되며 남는 것은 온 세상의 각 부분에 대한 양의 엔트로피 생성항이다. 총엔트로피는 증가하며 보존되지 않는다. 온 세상의 모든 부분에서 과정이 가역이면 우변은 0이 될 것이다. 이 개념을 **엔트로피 증가의 원리**라고 한다. 상태 1에서 상태 2로 변화하는 온 세상에 대한 엔트로피 변화량을 합하면 총 생성량(증가량)을 얻게 되나, 엔트로피가 구체적으로 어느 곳에서 만들어졌는가는 알 수 없을 것이다. 더 상세한 정보를 얻기 위해서는 검사 체적을 A, B, C로 나누어 필요한 전달항을 계산하고, 변화량과 전달량의 균형식으로부터 엔트로피 생성항을 구할 수 있다.

비가역 과정의 예로 그림 6.16와 같이 고온 영역에서 저온 영역으로 에너지가 흐르는 열전달 과정을 살펴보자. 검사 체적 A가 온도 T인 검사 질량이며, 균일 온도 T_0인 주위 검사 체적 C로부터 δQ의 열전달이 있다. 열은 A와 C 사이에 있는 검사 체적 B인 벽을 지나 전달된다. 검사 체적 B, 즉 벽을 중심으로 해석하고자 한다. 벽에서는 시간적인 상태 변화는 없으나 공간적인 분포가 있다(벽면 온도는 T_0이고, 내면 온도는 T이다).

에너지 식: $$dE = 0 = \delta Q_1 - \delta Q_2 \Rightarrow \delta Q_1 = \delta Q_2 = \delta Q$$

엔트로피 식: $$dS = 0 = \frac{\delta Q}{T_0} - \frac{\delta Q}{T} + \delta S_{\text{gen}\,B}$$

에너지 식으로부터 열전달의 크기는 같지만 서로 다른 온도에서 발생하므로 다음과 같이 엔트로피 생성이 있다.

$$\delta S_{\text{gen}\,B} = \frac{\delta Q}{T} - \frac{\delta Q}{T_0} = \delta Q\left(\frac{1}{T} - \frac{1}{T_0}\right) \geq 0 \qquad (6.40)$$

여기서 $T_0 > T$이므로 표시 방향으로 열이 전달되고, 엔트로피 생성량은 양수이다. 온도 분포가 바뀌어 $T_0 < T$이면 괄호 안은 음수가 되지만 δQ가 음수이므로, 즉 열전달 방향이 바뀌므로 양의 엔트로피 생성이 있게 된다. 따라서, 열전달 방향이 고온 영역에서 저온 영역인 것은 제2법칙의 논리적인 결과이다.

엔트로피 증가(총 엔트로피 생성)의 원리인 식 (6.39)를 다음 예제에서 살펴본다.

예제 6.8

온도 100℃의 포화 수증기 1 kg이 등압 과정으로 응축하여 100℃의 포화 액체가 되며, 이때 25℃의 대기로 열이 전달된다. 물과 주위의 순 엔트로피 증가량은 얼마인가?

풀이

검사 질량(물)에 대하여 수증기표로부터

$$\Delta S_{\text{c.m.}} = -ms_{fg} = -1\ \text{kg} \times 6.0480\ \text{kJ/kg-K} = -6.0480\ \text{kJ/K}$$

이다. 주위에 관하여 다음과 같이 계산한다.

$$Q_{\text{to surroundings}} = mh_{fg} = 1\ \text{kg} \times 2257.0\ \text{kJ/kg} = 2257\ \text{kJ}$$

$$\Delta S_{\text{surr}} = \frac{Q}{T_0} = \frac{2257}{298.15}\frac{\text{kJ}}{\text{K}} = 7.5700\ \text{kJ/K}$$

$$\Delta S_{\text{gen total}} = \Delta S_{\text{c.m.}} + \Delta S_{\text{surr}} = -6.0480 + 7.5700 = 1.5220\ \text{kJ/K}$$

이 엔트로피의 증가는 엔트로피 증가의 원리와 부합하며, (우리가 경험한 바와 같이) 이 과정이 실제로 일어날 수 있다는 것을 알려 준다.

물에서 주위로 열이 어떻게 가역적으로 전달될 수 있는가를 알아보자. Carnot 사이클로 작동하는 그림 6.17의 기관은 물에서 열을 받아 주위로 방출한다. 물의 엔트로피 감소량은 주위의 엔트로피 증가량과 같다. 따라서 다음과 같이 계산할 수 있다.

$$\Delta S_{\text{c.m.}} = -6.0480\ \text{kJ/K}$$

$$\Delta S_{\text{surr}} = 6.0480\ \text{kJ/K}$$

$$Q_{\text{to surroundings}} = T_0 \Delta S = 298.15\ \text{K} \times 6.0480\ \text{kJ/K} = 1803.2\ \text{kJ}$$

$$W = Q_H - Q_L = 2257 - 1803.2 = 453.8\ \text{kJ}$$

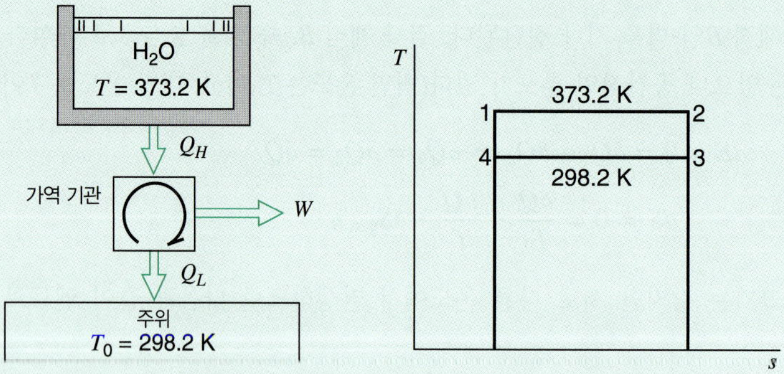

그림 6.17 ▸ 주위와의 가역 열전달.

이것은 가역 사이클이므로 기관을 역방향으로 운전하면 열펌프가 된다. 이 경우 열펌프에 입력하는 일은 453.8 kJ이 될 것이다.

6.11 시간 변화율로 나타낸 엔트로피 식

열역학 제2법칙을 이용하여 엔트로피의 균형을 미소한 변화에 대하여 식 (6.34)로, 유한한 변화에 대하여 식 (6.37)로 나타내었다. 어떤 경우에는 식을 변화율 형태로 나타내어 주어진 과정을 시간적으로 추적할 필요가 있다. 변화율 형태를 기본으로 하여 엔트로피 균형식을 전개하여 일반적인 검사 체적의 비정상(unsteady) 과정을 해석하게 된다.

식 (6.34)의 엔트로피 증분을 시간 δt로 나누면 다음을 얻는다.

$$\frac{dS}{\delta t} = \frac{1}{T}\frac{\delta Q}{\delta t} + \frac{\delta S_{\text{gen}}}{\delta t} \tag{6.41}$$

주어진 검사 질량에 대하여 여러 열원에서 열이 전달될 수 있으며, 이때 표면 온도가 다를 수 있다(일부 분포가 있는 상황임). 에너지 방정식에 대해서는 검사면을 거쳐 열이 전달될 때 그 지점에서 온도를 고려할 필요가 없었으므로, 모든 항을 더한 순 열전달을 식 (3.3)에서 변화율로 나타내었다. 이것을 이용하고 변화율을 점기호를 써서 나타내면, 극한에서 엔트로피 방정식의 최종 형태는 다음과 같다.

$$\frac{dS_{\text{c.m.}}}{dt} = \sum \frac{1}{T}\dot{Q} + \dot{S}_{\text{gen}} \tag{6.42}$$

이 식은 엔트로피 변화율을 열전달에 의해 검사 질량으로 들어오는 **엔트로피 플럭스**(flux of entropy)와 검사 질량 내부의 비가역 과정에 의한 엔트로피 증가율의 합으로 나타낸다. 검사 질량 내부에서 가역 과정만이 일어난다면 엔트로피 변화율은 단지 열전달률을 온도로 나눈 항들만으로 결정된다.

예제 6.9

난방용 전열기로 1 kW의 전력을 1 kW의 열플럭스로 변환한다. 전선의 표면 온도는 600 K이다. 이렇게 전기를 열로 바꾸는 에너지 변환에 대한 총 엔트로피 생성률을 구하라.

검사 질량: 전열기 전선

상태: 전선의 온도는 600 K로 일정

해석

변화율로 나타낸 열역학 제1법칙과 제2법칙은 다음과 같다.

$$\frac{dE_{\text{c.m.}}}{dt} = \frac{dU_{\text{c.m.}}}{dt} = 0 = \dot{W}_{\text{el.in}} - \dot{Q}_{\text{out}}$$

$$\frac{dS_{\text{c.m.}}}{dt} = 0 = -\dot{Q}_{\text{out}}/T_{\text{surface}} + \dot{S}_{\text{gen}}$$

에너지 방정식에서, 운동 에너지와 위치 에너지의 변화를 무시하였으므로 에너지 E의 변화율은 내부 에너지 U의 변화율이다. 또한 정상상태이므로 좌변은 0이다. 우변은 들어오는 전기일에서 나가는 열을 빼는 형태가 된다. 엔트로피 방정식에서 정상상태이므로 좌변은 0이다. 우변은 열전달에 의해 나가는 엔트로피 플럭스에 전선에서 생성되는 엔트로피를 더하는 형태가 된다.

풀이

이제 엔트로피 생성량을 다음과 같이 얻는다.

$$\dot{S}_{\text{gen}} = \dot{Q}_{\text{out}}/T = 1\,\text{kW}/600\,\text{K} = 0.001\,67\,\text{kW/K}$$

예제 6.10

최신 공기 조화기가 R-410A를 이용하여 열펌프 모드로 작동한다(그림 6.18 참조). 성능 계수는 4이고, 입력 동력은 10 kW이다. 저온부는 8°C의 지하이고, 고온부는 21°C의 주택이다. 간단한 해석을 위해 사이클의 고온은 50°C이고 저온은 −10°C라고 가정한다(5.10절 참조) 열펌프와 관련하여 엔트로피가 생성되는 지점을 알고자 한다. 정상상태 운전을 가정한다.

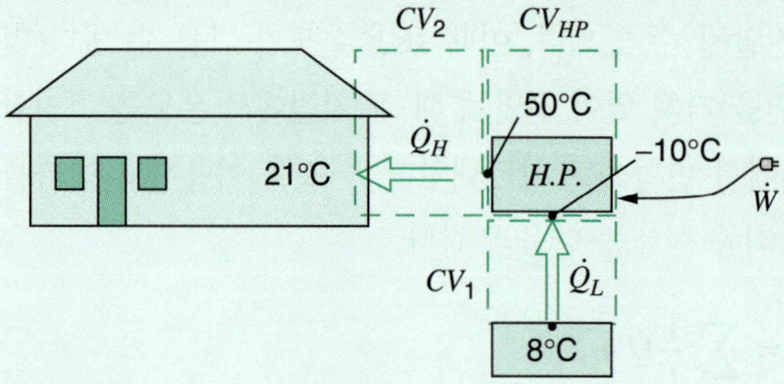

그림 6.18 » 가정용 열펌프.

우선 열펌프 자체(CV_{HP})를 보면 COP로부터

$$\dot{Q}_H = \beta_{HP} \times \dot{W} = 4 \times 10\,\text{kW} = 40\,\text{kW}$$

에너지 식: $$\dot{Q}_L = \dot{Q}_H - \dot{W} = 40\,\text{kW} - 10\,\text{kW} = 30\,\text{kW}$$

엔트로피 식: $$0 = \frac{\dot{Q}_L}{T_{\text{low}}} - \frac{\dot{Q}_H}{T_{\text{high}}} + \dot{S}_{\text{gen}HP}$$

$$\dot{S}_{\text{gen}HP} = \frac{\dot{Q}_H}{T_{\text{high}}} - \frac{\dot{Q}_L}{T_{\text{low}}} = \frac{40\,\text{kW}}{323\,\text{K}} - \frac{30\,\text{kW}}{263\,\text{K}} = 9.8\,\text{W/K}$$

검사 체적 CV_1에서(지하 온도 8°C, 사이클 온도 −10°C)

엔트로피 식: $$0 = \frac{\dot{Q}_L}{T_L} - \frac{\dot{Q}_L}{T_{\text{low}}} + \dot{S}_{\text{gen}CV_1}$$

$$\dot{S}_{\text{gen}CV_1} = \frac{\dot{Q}_L}{T_{\text{low}}} - \frac{\dot{Q}_L}{T_L} = \frac{30\,\text{kW}}{263\,\text{K}} - \frac{30\,\text{kW}}{281\,\text{K}} = 7.3\,\text{W/K}$$

검사 체적 CV_2에서(열펌프 50°C, 주택 21°C)

엔트로피 식: $$0 = \frac{Q_H}{T_{\text{high}}} - \frac{Q_H}{T_H} + \dot{S}_{\text{gen}CV_2}$$

$$\dot{S}_{\text{gen}CV_2} = \frac{\dot{Q}_H}{T_H} - \frac{\dot{Q}_H}{T_{\text{high}}} = \frac{40\,\text{kW}}{294\,\text{K}} - \frac{40\,\text{kW}}{323\,\text{K}} = 12.2\,\text{W/K}$$

총 엔트로피 생성률은 다음과 같다.

$$\begin{aligned}\dot{S}_{\text{genTOT}} &= \dot{S}_{\text{gen}CV_1} + \dot{S}_{\text{gen}CV_2} + \dot{S}_{\text{gen}HP} \\ &= \frac{\dot{Q}_L}{T_{\text{low}}} - \frac{\dot{Q}_L}{T_L} + \frac{\dot{Q}_H}{T_H} - \frac{\dot{Q}_H}{T_{\text{high}}} + \frac{\dot{Q}_H}{T_{\text{high}}} - \frac{\dot{Q}_L}{T_{\text{low}}} \\ &= \frac{\dot{Q}_H}{T_H} - \frac{\dot{Q}_L}{T_L} = \frac{40\,\text{kW}}{294\,\text{K}} - \frac{30\,\text{kW}}{281\,\text{K}} = 29.3\,\text{W/K}\end{aligned}$$

이 최종 결과는 세 검사 체적의 합(21°C의 저장소와 8°C의 열방출이 있는 열펌프)을 이용하여 구할 수도 있다. 그러나 그러한 해석 결과로는 어느 지점에서 엔트로피가 생성되는가를 알 수 없으며, 더 세분된 작은 검사 체적을 이용하여야 한다. 위에서 언급하지 않은 비가역 과정이 하나 더 있다. 이른바 주택에서 주위로의 열손실이다(이것 때문에 주택을 난방할 필요가 있다). 주위 온도를 이용하여 이 과정도 평가할 수 있다.

검사 질량에 대한 엔트로피 식 (6.37) 또는 식 (6.42)는 제2법칙을 현대 공학적 관점에서 쓴 것이다. 이 식들은 공학 해석에서 사용될 것이다. 5장에서는 역사적으로 식이 어떻게 전개되었나를 다루었다. 식의 최종 형태는 다음 장에서 일반 검사 체적에 대하여 제시하며, 4장에서 에너지 방정식에 대하여 했던 바와 같이 유동 항이 더해지게 된다. 엔트로피 식을 사용하는 것이 5장에서 전개한 식을 사용하는 것과 동등함을 예시하기 위해 열기관과 냉동기(열펌프)에 대하여 엔트로피 식을 적용해 본다.

그림 5.25와 유사한 장치의 실제 열기관을 고려한다. 이 열기관은 정상상태로 동작하고 있다. 에너지 식과 엔트로피 식은 다음과 같다.

$$0 = \dot{Q}_H - \dot{Q}_L - \dot{W}_{HE} \tag{6.43}$$

$$0 = \frac{\dot{Q}_H}{T_H} - \frac{\dot{Q}_L}{T_L} + \dot{S}_{\text{gen}} \tag{6.44}$$

일 항을 에너지원인 $\dot{Q}_H$의 일부로 나타내기 위해, 열전달 항 $\dot{Q}_L$을 엔트로피 식에서 다음과 같이 나타내어 소거한다.

$$\dot{Q}_L = \frac{T_L}{T_H}\dot{Q}_H + T_L\dot{S}_{\text{gen}}$$

위 식을 에너지 식에 대입하면 일 항은 다음과 같다.

$$\begin{aligned} \dot{W}_{HE} &= \dot{Q}_H - \dot{Q}_L \\ &= \dot{Q}_H - \frac{T_L}{T_H}\dot{Q}_H - T_L\dot{S}_{\text{gen}} \\ &= \left(1 - \frac{T_L}{T_H}\right)\dot{Q}_H - T_L\dot{S}_{\text{gen}} \end{aligned} \tag{6.45}$$

이 결과를 다음과 같이 나타내어 실제 열효율과 관련시킬 수 있다.

$$\begin{aligned} \dot{W}_{HE} &= \eta_{HE\,\text{carnot}}\dot{Q}_H - \text{loss} \\ &= \eta_{HE\,\text{actual}}\,\dot{Q}_H \end{aligned} \tag{6.46}$$

이 결과에 대하여 계속 논의하기 전에, 그림 5.25와 유사한 정상상태로 동작하는 실제 냉동기(열펌프)를 살펴보자. 에너지 식과 엔트로피 식은 다음과 같다.

$$0 = \dot{Q}_L - \dot{Q}_H + \dot{W}_{\text{ref.}} \tag{6.47}$$

$$0 = \frac{\dot{Q}_L}{T_L} - \frac{\dot{Q}_H}{T_H} + \dot{S}_{\text{gen}} \tag{6.48}$$

냉동기에 대하여 열전달률 $\dot{Q}_L$이 입력일의 몇 배인가를 나타내기 위해 엔트로피 식을 이용하여 $\dot{Q}_H$를 다음과 같이 나타낼 수 있다.

$$\dot{Q}_H = \frac{T_H}{T_L}\dot{Q}_L + T_H\dot{S}_{\text{gen}}$$

이 식을 에너지 식에 대입하여 $\dot{Q}_H$를 소거한다.

$$0 = \dot{Q}_L - \left[\frac{T_H}{T_L}\dot{Q}_L + T_H\dot{S}_{\text{gen}}\right] + \dot{W}_{\text{ref.}}$$

이제 $\dot{Q}_L$을 다음과 같이 쓸 수 있다.

$$\dot{Q}_L = \frac{T_L}{T_H - T_L}\dot{W}_{\text{ref.}} - \frac{T_H T_L}{T_H - T_L}\dot{S}_{\text{gen}} \tag{6.49}$$

이 결과를 다음과 같이 나타내어 Carnot COP와 실제 COP를 관련시킬 수 있다.

$$\begin{aligned}\dot{Q}_L &= \beta_{\text{carnot}}\,\dot{W}_{\text{ref.}} - \text{loss}\\ &= \beta_{\text{actual}}\,\dot{W}_{\text{ref.}}\end{aligned} \tag{6.50}$$

열기관과 냉동기의 해석 결과로부터 다음과 같은 결론을 내릴 수 있다.

1. 최대 성과는 $\dot{S}_{\text{gen}} = 0$인 가역 과정에서 얻을 수 있다. 식 (6.45)에서 알 수 있듯이 주어진 입력 $\dot{Q}_H$에 대해 $\dot{W}_{HE}$가 최대이며, 냉동기에 대한 식 (6.49)에서 알 수 있듯이 주어진 입력 $\dot{W}_{\text{ref}}$에 대해 $\dot{Q}_L$이 최대가 된다.
2. 가역 장치에 대하여, 이 해석을 통해 장치의 성능이 Carnot 열기관의 효율 또는 Carnot 냉동기의 COP와 같음을 예측할 수 있다.
3. 실제 장치에 대하여, 성능 감소(낮은 $\dot{W}_{HE}$와 $\dot{Q}_L$)는 엔트로피 생성량에 직접 비례한다.

실제 성능을 예측하기 위해서는 과정을 상세히 알아야 하며, 그래야 엔트로피 생성량을 구할 수 있다. 이 작업은 어떤 장치이든지 간에 하기 어려우므로, 보통은 제조업자가 운전 조건의 범위 안에서 성능을 측정하여 효율 또는 COP를 수치로 제시한다.

에너지 식과 엔트로피 식을 적용하면, 5장에서 역사적으로 제2법칙 식이 어떻게 전개되었나를 다루며 제시한 모든 결과를 얻을 수 있다. 시스템과 장치를 공학적으로 해석할 때 바로 이 식들을 활용할 것이다.

6.12 엔트로피와 카오스에 관한 몇 가지 일반적인 설명

학생들은 지금까지 설명한 내용을 잘 이해하고 있을 수도 있으나, 엔트로피의 의미에 대하여 잘 이해하지 못한 부분도 있을 것이다. 실제로 어떤 학생들은 잘 알지 못한다는 뜻으로 "엔트로피가 무엇입니까?"라는 질문을 하기도 한다. 이 절에서는 엔트로피의 개념에 대한 정성적인 그리고 철학적인 측면을 설명하고, 엔트로피가 여러 가지 분야에 어떻게 응용되는가를 예를 들어 살펴보기로 한다.

에너지의 개념은 열역학 제1법칙에서 나왔으며 엔트로피 개념은 열역학 제2법칙에서 나왔다. 실제로 "에너지가 무엇입니까?"라는 질문에 답하는 것은 "엔트로피가 무엇입니까?"라는 질문에 답하는 것과 마찬가지로 어렵다. 그러나 에너지라는 용어는 일상적으로 사용하며 우리가 매일 관찰하는 현상과 연관시킬 수 있다. 따라서 에너지는 우리에게 명확한 의미를 지니고 있으며 사고와 의사 전달을 위한 효과적인 용어로 사용한다. 우리가 (컵에 얼음 조각을 넣어 커피를 냉각하는 경우처럼) 매우 비가역적인 과정을 관찰할 때 "엔트로피가 증가하고 있군."이라고 말할 수 있다면 우리가 에너지와 친숙한 것처럼 곧 엔트로피와도 친숙할 수 있을 것이다. 또 효율이 더 높다고 말할 때에는 총 엔트로피 증가량을 좀 더 줄이면서 주어진 목표를 달성하였다는 것을 의미한다.

엔트로피에 대한 설명 중 두 번째 사항으로, 통계(statistical) 열역학에서 엔트로피는 확률(probability)을 이용하여 정의한다는 점을 지적할 수 있다. 통계 열역학은 이 책에서 자세히 다루지 않지만, 엔트로피와 확률에 관한 몇 가지 간단한 설명은 유익할 것이다. 통계 및 확률의 관점에서 볼 때, 비가역 과정에서 발생하는 엔트로피의 순 증가량은 확률이 낮은 상태에서 확률이 높은 상태로 가는 상태 변화와 관련이 있다. 예를 들어 앞의 예제에서, 그림 5.15에 있는 박막이 파열된 상자의 두 공간에서 기체가 존재할 확률이 기체가 한쪽 공간에만 있고 나머지 공간은 진공일 확률보다 크다. 따라서 박막이 파열될 때 확률이 낮은 상태에서 높은 상태로 가는 과정이 진행되며 이와 관련하여 엔트로피가 증가한다. 커피가 냉각되는 경우에도 마찬가지로, 컵 속의 커피 온도가 주위보다 높은(혹은 낮은) 상태에 비해 주위 온도와 같아진 상태가 확률이 더 높은 상태이다. 그러므로 주위로 열이 전달되면서 커피가 냉각될 때, 확률이 낮은 상태에서 높은 상태로 과정이 진행되며 이와 관련하여 엔트로피가 증가한다.

엔트로피를 물리학 및 무질서(즉 카오스)의 수준과 연관시키기 위해, 매우 단순한 시스템을 생각해 보자. 주어진 상태의 물질에 대한 U와 S 같은 상태량들은 분자 수준에서 많은 입자들의 평균이다. 따라서 그들(원자와 분자)은 동일한 양자 상태에서 존재하지 않는다. 다수의 서로 다른 배치(configuration)가, 주어진 거시적 상태에서 가능하며, 이것이 시스템의 불확실성(또는 카오스)을 이루게 된다. 가능한 배치의 수 w를 **열역학적 확률**이라 하며, 이들 각각의 배치는 같은 가능성을 갖는다. 이것을 이용하여 엔트로피를 다음과 같이 정의한다.

$$S \equiv k \ln w \tag{6.51}$$

여기서 k는 Boltzmann 상수이다. 이 정의에 따라서 S가 불확실성(또는 카오스)과 연결된다. 가능한 배치의 수가 커질수록 S도 커진다. 주어진 상태에 대하여 운동 에너지, 회전 에너지, 진동 에너지 등등에 대한 모든 가능한 양자 상태를 파악하여 평형 분포와 w를 찾는다. 이들에 대한 상세 내용은 통계 열역학에서 다루기로 하고, 여기서는 매우 단순한 예를 들어 원리를 제시한다(그림 6.19).

4개의 동일한 물체가 한 종류의 에너지, 이른바 큰 빌딩의 높이(층)와 관련된 위치 에너지만을 갖는다고 가정한다. 4개의 물체는 2 단위의 에너지를 갖는다(층 높이 × 질량 × 중력 가속도). 이 시스템을 어떻게 배치할 수 있는가? 1개는 2층에, 나머지 3개를 0층에 배치하면 전체 에너지 단위는 2가 된다. 또한 물체 2개를 1층에 나머지 2개를 0층에 배치해도 전체 에너지 단위는 2가 된다. 이들 두 종류의 배치가 같은 시간 확률로 가능하며, 처음의 배치를 50%, 다른 배치를 50%로 볼 수 있다. S는 어떤 양수 값을 갖는다.

이제 열전달에 의해 2 에너지 단위를 더하기로 한다. 이는 물체들에 에너지를 주어 공유하도록 한다. 이제 총 에너지는 4 단위이고 시스템은 다음의 배치(a~e) 상태에 있다.

층 번호	0	1	2	3	4
물체의 개수 a:	3				1
물체의 개수 b:	2	1		1	
물체의 개수 c:	2		2		
물체의 개수 d:	1	2	1		
물체의 개수 e:		4			

이제 5개의 배치($w = 5$)가 있으며, 각각의 가능성은 동일하다. 따라서 시스템이 각 배치에 20%의 시간 확률로 있게 될 것이다. 이제 S의 값은 이전 값보다 크다.

한편 일을 통하여 2 단위의 에너지를 증가시킨다면 결과는 달라진다. 일은 경계의 이동과 관련된다. 따라서 잡아당겨진 건물 높이가 2배가 된다. 즉 1층은 2 에너지 단위에 해당한다. 이것이 뜻하는 바는 원래의 배

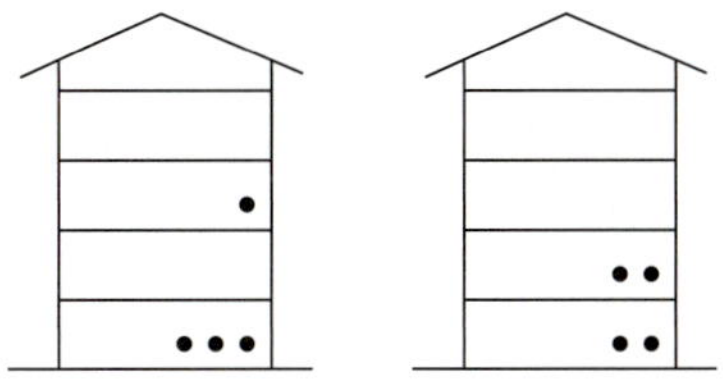

그림 6.19 » 에너지 분포의 예시.

치에서 배치의 수를 바꾸지 않고 물체당 에너지를 두 배로 하는 것이다. 이때는 여전히 $w = 2$이고 S는 변하지 않는다.

층 번호	0	1	2	3	4
물체의 개수 f:	3		1		
물체의 개수 g:	2	2			

이 예가 보여 주는 중대한 차이는 열전달을 통하여 에너지를 더하여 S가 바뀌지만 일을 통하여 에너지를 더하는 경우에는 S가 바뀌지 않는 것이다. 첫 번째 예에서는 입자를 낮은 에너지 준위에서 높은 에너지 준위로 움직여서 입자 분포가 바뀌고 카오스가 증가한다. 그러나 두 번째 예에서는 입자의 배치가 바뀌지 않고 주어진 상태의 에너지 준위가 바뀌어 질서와 카오스를 유지한다.

주요 개념과 공식

Clausius 부등식: $\oint \frac{dQ}{T} = -S_{gen}$ 사이클에 대한 식 (6.37), (6.42)

엔트로피: $ds = \frac{dq}{T} + ds_{gen}; \quad ds_{gen} \ge 0$ (6.34~35)

엔트로피 변화율 식: $\dot{S}_{c.m.} = \sum \frac{\dot{Q}_{c.m.}}{T} + \dot{S}_{gen}$ (6.42)

Q에 의한 엔트로피 플럭스: $\dot{Q}/T$ 6.8절의 마지막 문장

엔트로피 식(질량): $m(s_2 - s_1) = \int_1^2 \frac{dQ}{T} + {}_1S_{2\,gen}; \quad {}_1S_{2gen} \ge 0$ (6.37)

총엔트로피 변화: $\Delta S_{net} = \Delta S_{cv} + \Delta S_{surr} = \sum \Delta S_{gen} \ge 0$ (6.39)

손실일, 정의: $W_{lost} = \int T\, ds_{gen}$

실제 경계일 ${}_1W_2 = \int P\, dV - W_{lost}$ (6.36)

Gibbs 관계식: $T\,ds = du + P\,dv$ (6.7)

(상태량 관계식) $T\,ds = dh - v\,dP$ (6.8)

고체, 액체:

v = 일정, $dv = 0$

s의 변화: $s_2 - s_1 = \int \frac{du}{T} = \int C\frac{dT}{T} \approx C \ln \frac{T_2}{T_1}$ (6.11)

이상기체:

표준 엔트로피: $s^o_T = \int_{T_o}^{T} \frac{C_p}{T}\, dT$ 온도의 함수

s의 변화: $s_2 - s_1 = s^o_{T2} - s^o_{T1} - R \ln \frac{P_2}{P_1}$ 표 A.7 또는 A.8 사용, (6.19)

일정 C_p, C_v: $s_2 - s_1 = C_p \ln \frac{T_2}{T_1} - R \ln \frac{P_2}{P_1}$ (6.16)

일정 C_p, C_v: $s_2 - s_1 = C_v \ln \frac{T_2}{T_1} + R \ln \frac{v_2}{v_1}$ (6.17)

비열비: $k = C_p/C_v$ (6.22)

폴리트로픽 과정: Pv^n = 일정; PV^n = 일정

$$\frac{P_2}{P_1} = \left(\frac{V_1}{V_2}\right)^n = \left(\frac{v_1}{v_2}\right)^n = \left(\frac{T_2}{T_1}\right)^{\frac{n}{n-1}} \qquad n = k\text{이면 식 (6.25)와 같음}$$

$$\frac{T_2}{T_1} = \left(\frac{v_1}{v_2}\right)^{n-1} = \left(\frac{P_2}{P_1}\right)^{\frac{n-1}{n}} \qquad n = k\text{이면 식 (6.24)와 같음}$$

$$\frac{v_2}{v_1} = \left(\frac{P_1}{P_2}\right)^{\frac{1}{n}} = \left(\frac{T_1}{T_2}\right)^{\frac{1}{n-1}}$$

단위 질량당 일:

$$n \neq 1: \quad {}_1w_2 = \frac{1}{1-n}(P_2v_2 - P_1v_1) = \frac{R}{1-n}(T_2 - T_1) \qquad (6.29)$$

$$n = 1: \quad {}_1w_2 = P_1v_1 \ln\frac{v_2}{v_1} = RT_1 \ln\frac{v_2}{v_1} = RT_1 \ln\frac{P_1}{P_2} \qquad (6.31)$$

경계이동일 $w = \int P\,dv$

다양한 과정:

$n = 0$: P = 일정; 등압

$n = 1$: T = 일정; 등온

$n = k$: s = 일정; 등엔트로피

$n = \pm\infty$: v = 일정; 등적(정적)

개념학습용 문제

6.1 어떤 물질이 사이클 과정을 완전히 마쳤을 때 v, u, h와 s가 변하지 않았다. 어떤 일이 발생했는지를 설명하라.

6.2 주어진 Q_H로 작동하는 열기관이 있다. 기관이 가역이라면 Q_L은 어떻게 되는가? 만약 비가역이라면 어떻게 되는가?

6.3 견고한 용기에 들어있는 100°C, 건도 50%의 물이 가열되어 110°C가 되었다. 상태량(P, v, x, u, s)이 어떻게 변화(증가, 감소, 거의 일정)하는가?

6.4 20°C, 200 kPa 상태의 물이 피스톤-실린더 장치에서 열전달 없이 팽창하여 압력이 100 kPa이 되었다. 상태량 (T, v, u, s)이 어떻게 변화(증가, 감소, 거의 일정)하는가? 과정을 P-v, T-s 선도에 나타내어라.

6.5 피스톤-실린더 장치 안의 가역 과정이 그림 P6.5와 같다. 저장량 변화 $u_2 - u_1$, 전달량 ${}_1w_2$와 ${}_1q_2$의 값을 (양수, 영, 음수 등으로) 보여라.

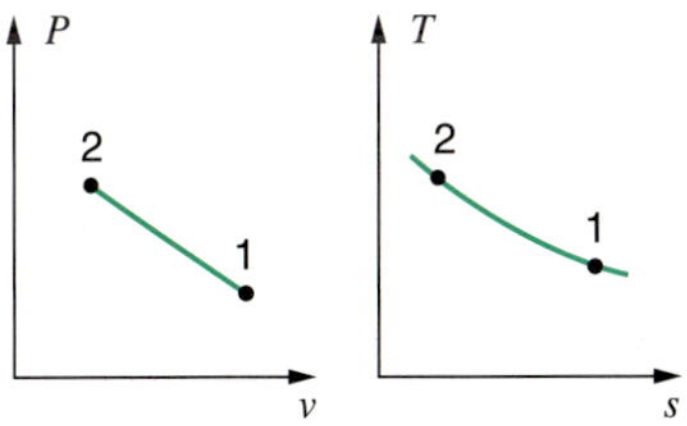

그림 P6.5

6.6 피스톤-실린더 장치 안의 가역 과정이 그림 P6.6과 같다. 저장량 변화 $u_2 - u_1$, 전달량 ${}_1w_2$와 ${}_1q_2$의 값을 (양수, 영, 음수 등으로) 보여라.

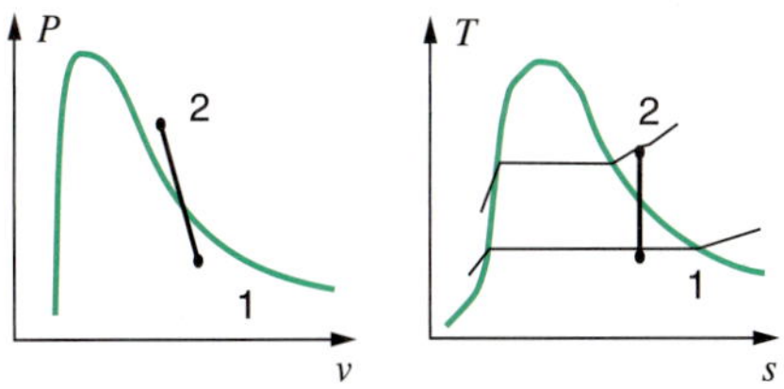

그림 P6.6

6.7 견고한 용기에 들어있는 290 K, 100 kPa의 공기가 가열되어 325 K가 되었다. 상태량(P, v, u, s)이 어떻게 변화(증가, 감소, 거의 일정)하는가?

6.8 20°C, 100 kPa 상태의 공기가 피스톤-실린더 장치에서 열전달 없이 압축되어 압력이 200 kPa이 되었다. 상태량(T, v, u, s)이 어떻게 변화(증가, 감소, 거의 일정)하는가?

6.9 이산화탄소가 n = 1.2인 폴리트로픽 과정으로 압축되어 체적이 작아진다. 상태량(u, h, s, P, T)이 어떻게 변화(증가, 감소, 일정)하는가?

6.10 왜 ΔS 또는 $S_2 - S_1$이라고 쓰는 데 반해서 $\int \delta Q/T$와 ${}_1S_{2\,\text{gen}}$이라고 쓰는가?

6.11 가역 열펌프에서 $\dot{Q}_L/T_L$의 엔트로피 플럭스가 유입된다. 온도 T_H에서 유출되는 플럭스에 대하여 어떤 언급을 할 수 있는가?

6.12 용량 500 W의 전기 가열기 내부에 작은 팬이 달려 있어 공기를 고온 전열선으로 불어 넣어 가열한다. 각각의 검사 체적 (a) 온도 T_{wire}의 전선, (b) 온도 T_{room}의 방 공기 전부, (c) 방 전체와 가열기에 대하여 저장항, 엔트로피 전달항, 엔트로피 생성항을 시간 변화율로 상술하라(방의 벽이나 창을 통하는 모든 열은 무시한다).

과제용 문제

순수물질의 엔트로피

6.13 다음 상태에서 엔트로피를 결정하고 *P-v* 선도와 *T-s* 선도에 상태를 나타내어라.

a. 질소, $P = 2000$ kPa, 120 K

b. 질소, 120 K, $v = 0.0050\ \text{m}^3/\text{kg}$

c. R-410A, $T = 25°\text{C}$, $v = 0.01\ \text{m}^3/\text{kg}$

6.14 R-410A에 대한 미지의 상태량 *T*, *P*, *s*, *x*를 다음 상태에서 구하고 *P-v* 선도와 *T-s* 선도에 상태를 나타내어라.

a. $T = -20°\text{C}$, $v = 0.1377\ \text{m}^3/\text{kg}$

b. $T = 20°\text{C}$, $v = 0.01377\ \text{m}^3/\text{kg}$

c. $P = 400$ kPa, $s = 1.2108$ kJ/kg·K

6.15 다음 상태에서 물의 엔트로피를 구하고 각 상태를 *T-s* 선도에 2상 영역(two-phase region)에 대한 상대적인 위치로 나타내어라.

a. 200°C, $v = 0.02\ \text{m}^3/\text{kg}$

b. 200°C, 2000 kPa

c. −2°C, 100 kPa

6.16 이산화탄소(CO_2)에 대하여 *P*, *v*, *s*, *x* 중 미지의 상태량을 구하고, 각 상태를 *T-s* 선도에 2상 영역에 대한 상대적인 위치로 나타내라.

a. −20°C, 2000 kPa

b. 20°C, $s = 1.49$ kJ/kg.K

c. −10°C, $s = 1$ kJ/kg.K

6.17 미지의 상태량(*T*, *P*, *v*, *s*)을 구하라.

a. H_2O, 20°C, $v = 0.001000\ \text{m}^3/\text{kg}$

b. R-410A, 400 kPa, $s = 1.17$ kJ/kg-K

c. NH_3, 10°C, $v = 0.1\ \text{m}^3/\text{kg}$

d. N_2, 101.3 kPa, $s = 3.5$ kJ/kg-K

6.18 온도 120°C, 건도 25%의 물 2 kg이 있다. 이 물의 온도를 등엔트로피 과정으로 15°C 올렸다. 건도와 비체적을 구하라. 이 과정을 *P-v*, *T-v*, *T-s* 선도에 나타내어라.

6.19 압력 200 kPa, 건도 25%의 물 2 kg이 있다. 이 물의 온도를 정압과정으로 20°C 올렸다. 엔트로피 변화를 구하라. 이 과정을 *P-v*, *T-v* 선도에 나타내어라.

가역 과정

6.20 Carnot 사이클 열펌프에서 R-410A가 작동유체이다. 온도 40°C의 R-410A에서 열이 방출되는 과정동안 R-410A는 포화증기에서 포화액체로 변한다. 열은 −5°C의 R-410A로 전달된다.

a. 이 사이클을 *T-s* 선도에 나타내어라.

b. −5°C의 등온 가열 과정이 시작되는 점과 끝나는 점에서 R-410A의 건도를 구하라.,

c. 이 사이클의 COP를 결정하라.

6.21 R-410A 대신 R-134a를 적용하여 문제 6.20을 풀어라.

6.22 피스톤/실린더 장치로 200 kPa, −20°C의 R-410A를 가역단열 과정으로 1200 kPa까지 압축한다. 최종 온도와 단위질량당 압축일을 구하라.

6.23 피스톤/실린더 장치로 500 kPa의 R-410A를 가역단열 과정으로 1800 kPa, 60°C까지 압축한다. 초기 온도를 구하라. 이 과정을 *P-v*, *T-s* 선도에 나타내어라.

6.24 피스톤/실린더 장치로 1400 kPa, 20°C의 이산화탄소를 가역등온 과정으로 압축하고 가열하여 포화증기로 만든다. 단위질량당 열전달량과 일을 구하라. 이 과정을 *P-v*, *T-s* 선도에 나타내어라.

6.25 압력이 일정하게 유지되는 피스톤/실린더 장치에 125°C의 포화 액체 물 0.1 kg이 들어 있다. 가역 과정으로 가열하여 포화 증기가 되었다. 일을 구하고, 에너지 식에서 열전달량을 구하라. 엔트로피 식에서 열전달량을 구하라. 두 값은 같은가?

6.26 피스톤/실린더 장치에 200 kPa, 300°C의 물 0.5 kg이

들어있다. 시스템을 등압과정으로 150°C까지 냉각한다. 이 열이 열기관에 전달되고 열기관은 25°C의 주위로 열을 방출한다(그림 P6.26). 전 과정은 가역이다. 물이 방출하는 열과 열기관이 하는 일을 구하라.

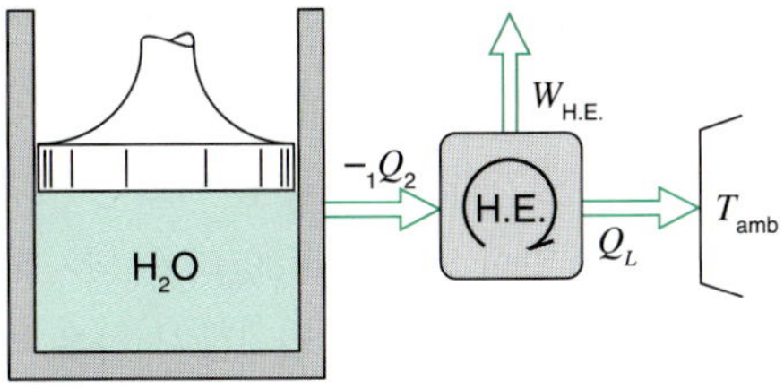

그림 P6.26

6.27 질량 1 kg의 피스톤/실린더 장치에 50°C, 건도 20%, 체적 1 L의 암모니아가 들어있다. 암모니아가 서서히 팽창하고, 열이 전달되어 이 과정은 가역 등온이다. 과정은 P = 1600 kPa에서 끝난다. 이 과정의 일과 열전달량을 구하라. 이 과정을 P-v, T-s 선도에 나타내어라.

6.28 피스톤–실린더 장치에 들어 있는 400°C, 2000 kPa의 물이 가역 단열 과정으로 팽창한다. 단위 질량당 한 일은 415.72 kJ/kg이다. 최종 P, T를 구하고 이 과정을 P-v와 T-s 선도에 나타내어라.

6.29 질량 1 kg의 강철제 피스톤/실린더 장치에 1000 kPa, 200°C의 물 2 kg이 들어있다. 물이 서서히 정압 냉각한다. 물이 포화 액체가 될 때 과정이 끝난다. 일과 열전달량을 구하라. 강철과 물은 항상 온도가 같다고 가정한다. 이 과정을 P-v와 T-s 선도에 나타내어라.

6.30 견고한 용기에서 1000 kPa, 250°C 상태의 물이 포화 증기가 된다. 이 등적 과정의 최종 온도와 단위질량당 열전달량을 구하라.

6.31 체적 10 L의 밀폐용기에 물 5 kg이 들어 있다. 이 용기를 열펌프로 가열하여 물의 온도가 25°C에서 150°C로 되었다. 열펌프는 25°C 주위로부터 열을 공급받는다. 이 과정은 가역으로 가정한다. 물로 전달된 열량과 엔트로피 변화량을 구하라.

6.32 1 MPa, 250°C 상태의 물이 피스톤–실린더 장치 안에서 팽창하여 200 kPa, x = 1.0 상태가 되었다. 이 가역과정에서 P는 v에 선형으로 변한다. 단위 질량당 일과 열전달량, 물의 단위질량당 엔트로피 변화량을 구하라.

6.33 위의 문제를 다시 풀어라. T가 s에 선형으로 변한다.

6.34 피스톤–실린더 장치에 들어 있는 800 kPa, 250°C의 물이 느린 등온 과정으로 포화 증기가 되었다. 단위 질량당 일과 열전달량을 구하라. P-v 선도 상의 면적으로 단위 질량 당 일을 추산하고 앞에서 계산한 참값과 비교하라.

6.35 견고한 단열 용기에 3 MPa, 400°C의 과열 수증기가 들어있다. 용기에 부착된 밸브를 열어 수증기가 빠져나간다(그림 P6.35) 전 과정은 비가역이지만 용기 내부에 남아있는 수증기는 가역 단열 팽창 과정을 거치는 것으로 가정한다. 내부의 최종 상태가 포화 증기가 되었을 때까지 빠져나간 수증기의 질량비율을 구하라.

그림 P6.35

액체와 고체의 엔트로피

6.36 온도 250°C의 강철 4 kg과 25°C의 알루미늄 3 kg이 열접촉을 하게 되었다. 최종 온도 및 강철과 알루미늄의 엔트로피 변화량을 구하라.

6.37 1.2 kg의 견고한 강철 용기에 40°C, 300 kPa의 R-134a 1.5 kg이 들어있다. 이 용기를 냉장고 속에 넣어서 온도가 −20°C가 되게 하였다. 이 과정의 열전달 및 용기와 R-134a의 엔트로피 변화량을 구하라.

6.38 5 × 8 × 0.3 m의 대형 콘크리트 슬래브를 태양열 난방 주택의 열저장 물질로 사용한다. 18°C의 주택 안에서 밤사이에 슬래브가 23°C에서 18°C로 식었다. 이 과정에 대해 슬래브의 엔트로피 변화량, 주위의 엔트로피 변화량, 총 엔트로피 변화량은 얼마인가?

6.39 200°C의 뜨거운 모래 20 kg이 들어 있는 200°C, 5 kg의 강철 상자를 15°C의 물 50 L가 들어 있는 버킷에 투하하였다. 주위와의 열전달이 없고, 액체 물의 증발은 없다고 가정한다. 전체 질량의 순 엔트로피 변화량을 계산하라. 일정 비열을 가정한다.

6.40 모두 20°C인 알루미늄 냄비(1 kg), 강철 식기(1 kg), 유리(1 kg)가 들어있는 싱크대에 70°C의 물 5 L를 더한다. 최종 균일 온도와 총엔트로피 변화량을 구하라. 열손실과 일은 무시한다.

6.41 압력이 2000 kPa로 일정한 피스톤/실린더 장치에 20°C의 물이 들어있다. 시스템을 100°C까지 가열한다.

수증기표를 이용하여 열전달량과 엔트로피 변화량을 구하라. 일정 비열과 비압축성을 이용하여 다시 계산하고 결과를 비교하라.

6.42 질량 1.2 kg의 정압 강철 용기에 40°C, 500 kPa 상태의 R-134a 1.5 kg이 들어있다. 용기를 냉장고에 넣어 온도가 −20°C에 도달한다. 이 과정에 대한 열전달량 및 강철과 R-134a 모두의 엔트로피 변화량을 구하라.

6.43 냄비에 20°C, 100 kPa의 엔진오일 5 L가 담겨 있다. 이것에 100°C의 고온 엔진오일 2 L를 혼합하였다. 일과 열전달을 무시한다. 최종 온도 및 엔진오일의 엔트로피 변화량을 구하라.

6.44 컴퓨터 CPU 칩은 50 g의 실리콘, 20 g의 구리, 50 g의 플라스틱(PVC)로 이루어져 있다. 컴퓨터를 켜면 칩이 15°C에서 70°C까지 가열된다. 엔트로피 증가량은 얼마인가?

6.45 12 kg의 강철 용기에 1000 kPa의 과열 수증기 0.2 kg이 들어 있다. 이 시스템이 200°C에서 주위 온도 30°C까지 냉각되었다. 시스템의 방출 열량과 엔트로피 변화량은 얼마인가?

6.46 4000 kg의 콘크리트 블록이 낮에는 태양에 의해 가열되어 80°C가 된다. 밤에는 에너지를 열기관으로 방출하면서 냉각되어 주위 온도 20°C가 된다. 이 시스템은 그림 P6.26과 유사하다. 이 열기관의 출력일을 구하라.

이상기체의 엔트로피

6.47 400 kPa의 R-410A를 20°C에서 120°C까지 정압 과정으로 가열한다. 단위 질량당 엔트로피 변화량을 표 B.4와 이상기체 비열 C_p = 0.81 kJ/kg·K을 이용하여 구하라.

6.48 300 kPa, 20°C의 R-410A가 정적 과정으로 220°C가 되었다. 단위질량당 엔트로피 변화량을 구하라. 표 B.4와 이상기체 정적 비열(C_v = 0.695 kJ/kg·K)을 이용한다.

6.49 견고한 용기에 프로판 1 kg이 500 K, 1500 kPa 상태로 들어 있다. 이를 300 K까지 냉각한다. 열전달량과 엔트로피 변화량을 구하라. 이상기체 모델을 이용하라. 일정 비열을 가정한다.

6.50 피스톤/실린더 장치에 공기 3 kg이 27°C, 300 kPa 상태로 들어있다. 이 정압 시스템을 500 K까지 가열한다. *T-s* 선도에 과정을 그리고 열전달량을 구하라.

6.51 피스톤/실린더 장치에 공기가 1000 kPa, 800 K 상태로 들어있다. 공기가 100 kPa까지 팽창한다. 두 과정을 고려한다. (a) 가역 단열 과정 (b) 가역 등온 과정. 두 과정을 *P-v*, *T-s* 선도에 나타내어라. 두 과정 각각에 대하여 최종 온도와 단위질량당 일을 구하라.

6.52 소형 공기총(그림 P6.52)의 실린더 안에 1 cm^3, 250 kPa, 300 K의 공기가 들어 있다. 피스톤 역할을 하는 총알이 초기에 방아쇠에 잡혀 있다가 발사되면 공기는 단열 팽창한다. 총알이 실린더에서 나올 때 압력이 100 kPa이어야 한다. 최종 체적과 공기가 하는 일을 구하라.

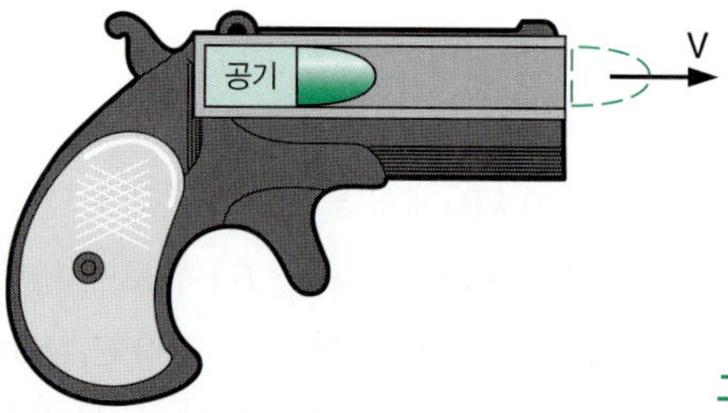

그림 P6.52

6.53 단열된 피스톤−실린더 장치에 들어 있는 400 kPa, 300 K의 이산화탄소를 가역 단열 과정으로 3 MPa까지 압축한다. 다음의 표를 각각 이용하여 최종 온도와 단위질량당 일을 구하라. (a) 이상기체 표 A.8, (b) 일정 비열 표 A.5.

6.54 위의 문제를 확장하여 평균 온도에서의 비열을 표 A.6에서 찾아 다시 풀어라. 표 B.3을 이용하여 문제를 다시 풀어라.

6.55 자전거용 수동 공기 펌프의 최대 체적이 25 cm^3이다(그림 P6.55). 플런저(plunger, 피스톤)를 압축하면서 공기 출구를 엄지손가락으로 막아 공기 압력이 300 kPa이 되었다. 외부 대기 상태는 P_0, T_0(1 atm, 298 K)이다. 가역 과정을 가정한다. (1) 매우 빨리(~1 s), (2) 매우 천천히(~1시간) 압축하는 두 경우를 고려한다. 각 경우의 과정을 해석하기 위해 필요한 가정을 하라. 각 경우의 최종 체적과 온도를 구하라.

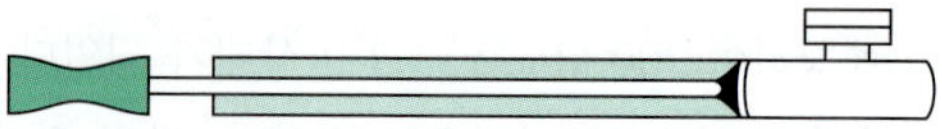

그림 P6.55

6.56 조명 전구에 들어 있는 90 kPa, 20°C의 아르곤이 전구를 켠 후 전기 입력에 의해 가열되어 온도가 75°C가 되었다. 아르곤의 엔트로피 증가량을 구하라.

6.57 체적이 1 m^3인 견고한 단열 용기에 800 kPa, 400 K의 공기가 들어 있다. 용기에 부착된 밸브를 열어 내부 압력이 150 kPa까지 급속히 떨어진 후 밸브를 잠갔다. 내부에 남아 있는 공기는 가역 단열 팽창을 한다고 가정한다. 이 과정 동안 빠져나간 질량을 구하라.

6.58 두 개의 견고한 용기(그림 P6.58) 각각에 1000 K, 500 kPa 상태의 질소가스 10 kg이 들어있다. 가역 열기관이 두 용기 사이에서 작동하여 한쪽을 가열하고 다른 쪽을 냉각한다. 주위와 열교환은 없다. 한쪽 용기가 1500 K가 되었을 때 과정이 끝난다. 두 용기의 최종 상태(T, P)를 구하라. 열펌프의 입력일을 구하라. 일정 비열을 가정한다.

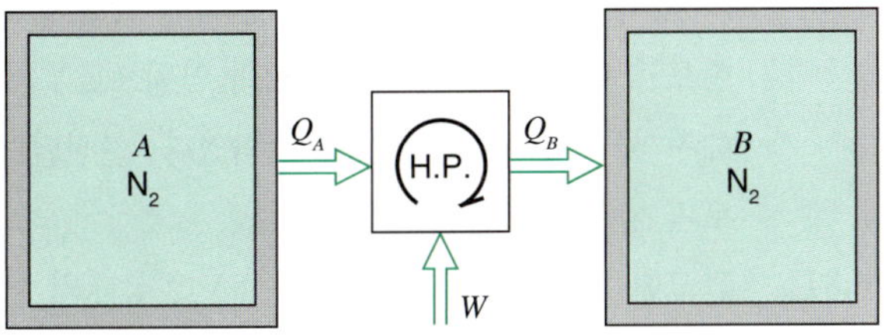

그림 P6.58

6.59 견고한 용기 안에 200°C, 4 MPa의 공기 4 kg이 들어 있다. 열기관이 이 공기를 고온 에너지 저장조로 이용하며, 저온 저장조 온도는 20°C이다(그림 P6.59). 열기관으로 열이 전달되면서 공기가 가역 과정으로 20°C까지 냉각되면 이 과정이 종료된다. 최종 공기 압력과 열기관 출력일을 구하라. 일정 비열을 가정한다.

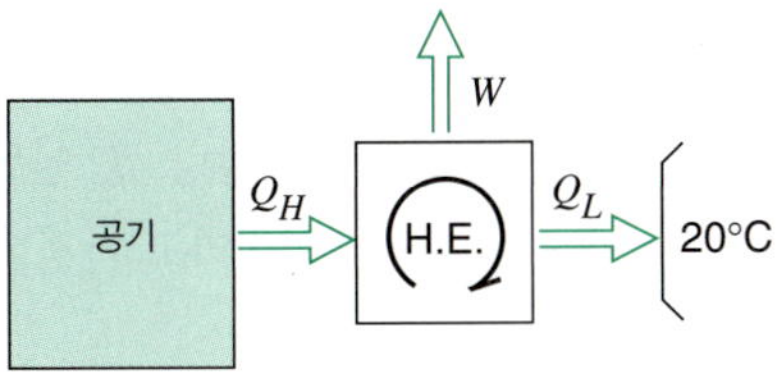

그림 P6.59

6.60 위 문제의 용기를 압력이 일정한 피스톤/실린더 장치로 대체한다. 초기 상태는 600 K, 250 kPa이고 최종 온도는 300 K 이다. Q_H를 구하라. 열기관의 일을 구하라.

폴리트로픽 과정

6.61 비열이 일정한 이상기체가 가역 폴리트로픽 과정(n = 1.4)으로 팽창한다. 이 기체가 이산화탄소라면 이 과정의 열전달량은 양수, 음수, 0 중 어느 것인가?

6.62 위의 문제를 기체 일산화탄소 CO에 대하여 다시 풀어라.

6.63 피스톤-실린더 장치에서 질소 기체가 n = 1.3인 폴리트로픽 과정을 거친다. 초기 상태는 600 K, 600 kPa이고 최종 온도는 900 K이다. 열전달은 양수, 음수, 0 중 어떤 것인가?

6.64 피스톤-실린더 장치에 100 kPa, 20°C 상태의 메탄 가스 1 kg이 들어 있다. 이 가스를 가역 압축하여 압력이 800 kPa이 되었다. 메탄은 이상기체이며, 비열은 일정하다고 가정한다. 단열 과정을 가정하고 필요 일을 구하라.

6.65 위 문제를 등온 과정으로 바꾸어 다시 풀라.

6.66 문제 6.64를 폴리트로픽 과정(n = 1.15)의 경우로 다시 풀라.

6.67 피스톤-실린더 장치에 들어 있는 20°C, 100 kPa의 헬륨이 지수 n = 1.25인 가역 폴리트로픽 과정으로 400 K가 되었다. 최종 압력과 헬륨 1 kg당 열전달량 및 일을 구하라.

6.68 내연 기관의 동력 행정은 폴리트로픽 팽창 과정으로 근사화할 수 있다. 그림 P6.68의 실린더 안에 7 MPa, 1800 K의 공기 0.2 L가 들어 있다. 가역 폴리트로픽 과정(n = 1.5)으로 체적비가 8:1이 되도록 공기가 팽창한다. 이 과정을 P-v와 T-s 선도에 보이고, 일과 열전달량을 계산하라.

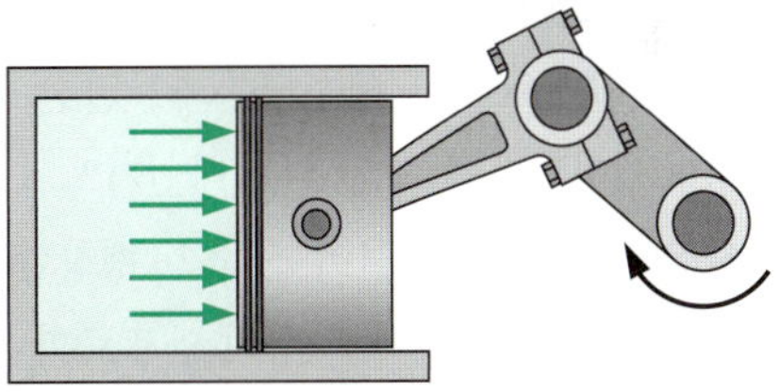

그림 P6.68

6.69 피스톤-실린더 장치에서 공기가 폴리트로픽 과정(n = 1.3)을 거친다. 초기 상태는 200 kPa, 300 K이고 최종 압력은 2000 kPa 이다. 압축비 v_1/v_2, 단위질량당 일, 열전달량을 구하라. 다음의 두 방법을 이용한다.

a. 일정 비열, 표 A.5를 이용한다.

b. 이상기체 표, A.7을 이용한다.

엔트로피 생성

6.70 100 kJ의 열이 1500 K의 고온 기체에서 750 K의 강철 용기로 전달되고, 이 강철 용기에서 375 K의 공기로 연이어 전달된다. 그림 P6.70에 나타낸 각각의 검사 체적에서의 엔트로피 생성량을 결정하라.

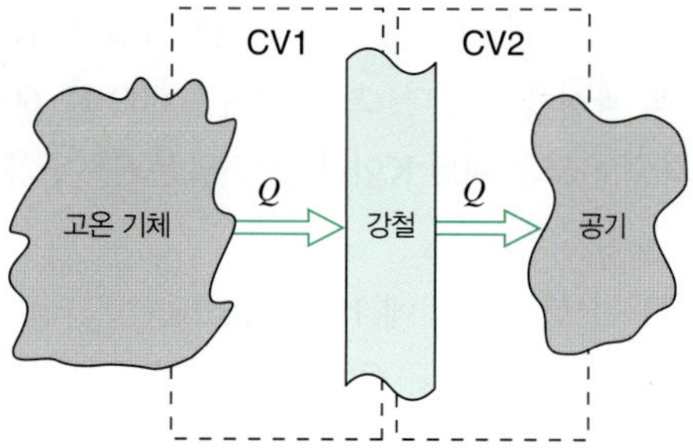

그림 P6.70

6.71 문제 5.56에서 총엔트로피 생성량을 구하라.

6.72 견고한 용기에 0°C의 R-410A 포화 증기 0.1 kg이 들어있다. 이 용기가 −20°C의 열원에 의해 −20°C까지 냉각된다. 과정을 *T*-*s* 선도에 나타내고, R-410A와 열원의 엔트로피 변화량을 각각 구하라. 총 엔트로피 생성량은 얼마인가?

6.73 500°C의 물 1 kg과 포화 수증기 1 kg을 압력 200 kPa로 일정한 단열 과정으로 혼합하였다. 이 과정의 최종 온도와 엔트로피 생성량을 구하라.

6.74 자동차가 1시간 왕복 주행하는 동안 평균 동력이 25 hp이다. 열효율이 35%라면 얼마의 연료 에너지를 사용하는가? 그 에너지 전부는 어떻게 되는가? 얼마의 엔트로피 변화가 발생하는가? 주위 온도는 20°C이다.

6.75 용량 750 W의 전열기를 15분 동안 켜두어 온도 800 K의 표면에서 25°C의 공기로 열이 전달되었다. 열선에서 얼마의 엔트로피가 생성되는가? 열선 외부에서 엔트로피가 생성된다면 그 값은 얼마인가?

6.76 문제 3.66의 반응로에서 물이 불구속 팽창한 후 최종 상태가 2상 영역이었다. 이 과정의 엔트로피 생성량을 구하라.

6.77 20°C의 부엌에서 열이 전달되어 −10°C의 얼음 덩어리 1.5 kg이 녹아 20°C의 액체가 되었다. 생성된 엔트로피는 얼마인가?

6.78 움직일 수 있는 피스톤이 끼워져 있는 실린더에 3 MPa, 건도 50%의 물이 들어 있으며, 이때 체적이 20 L이다. 이제 물이 1.2 MPa까지 팽창하며, 이는 300°C의 대용량 열원으로부터 600 kJ의 열량이 전달된 결과이다. 이 과정 동안 물이 124 kJ의 일을 한다고 주장한다. 이것이 가능한가?

6.79 피스톤−실린더 장치에 20°C의 물 1 kg과 100°C의 물 1 kg이 모두 압력 500 kPa 하에서 그림 P6.79와 같이 얇은 막으로 분리되어 들어있다. 막이 파괴되고 물이 균일 상태에 도달하였다. 외부로의 열전달은 없었으며, 압력은 일정하다. 이 과정은 내부적으로 가역이라고 가정한다. 최종 온도와 이 과정의 생성 엔트로피를 구하라.

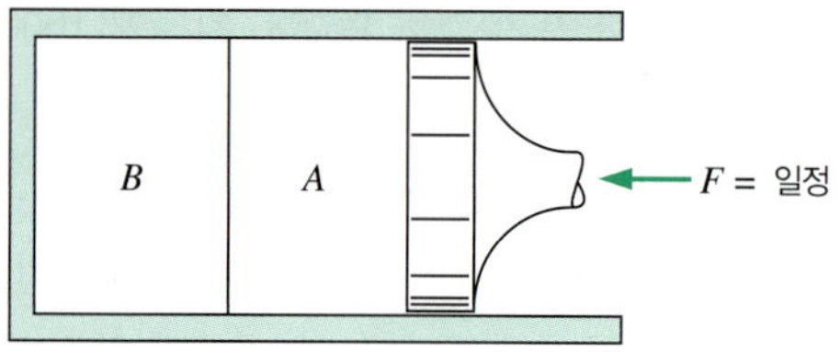

그림 P6.79

6.80 피스톤−실린더 장치에 150 kPa, 20°C의 물 1 kg이 들어 있다. 피스톤에 가해진 힘에 의해 압력이 체적에 선형으로 변화한다. 온도 600°C의 열원으로부터 열이 더해져 물이 1 MPa, 500°C가 되었다. 열전달량과 엔트로피 생성량을 구하라.

6.81 견고한 밀폐 용기에 100 kPa, 55°C 상태의 물 1.5 kg, 20°C의 스테인리스강 1 kg, 20°C의 폴리염화비닐(PVC) 0.5 kg, 400 K, 100 kPa 상태의 고온 공기 0.1 kg이 들어있다. 이 시스템을 그대로 내버려두었다. 외부 열전달과 물의 증발은 없다고 가정한다. 최종 온도와 이 과정의 엔트로피 생성량을 구하라.

6.82 피스톤−실린더 장치에 체적 0.1 m^3, 2000 kPa, 80°C 상태의 암모니아가 들어 있다. 피스톤에 선형 스프링이 부착되어 있으며, 주위 온도는 20°C이다(그림 P6.82). 이제 암모니아를 냉각하여 20°C가 되었으며 이때 건도가 15%이다. 이 과정의 일과 열전달량, 총 엔트로피 생성량을 구하라. 과정은 내적 가역이라고 가정한다.

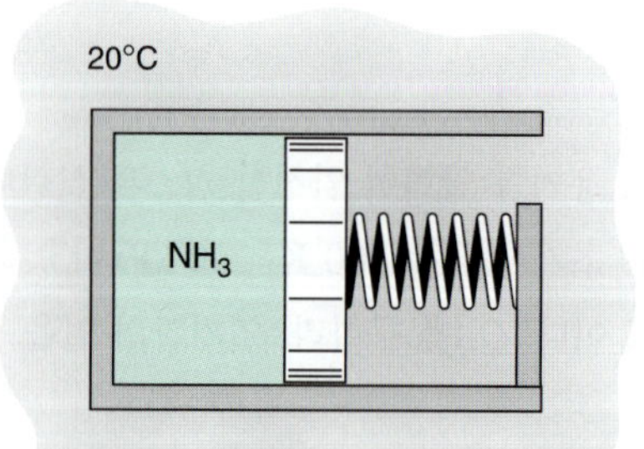

그림 P6.82

6.83 스프링이 부착된 피스톤/실린더 장치(그림 P6.82와 유사함)에 −20°C 포화 액체 상태의 암모니아(NH_3) 1 kg이 들어있다. 100°C의 저장조로부터 열이 더해져 최종

상태가 800 kPa, 70°C가 되었다. 일, 열전달량, 엔트로피 생성량을 구하라. 이 과정은 내적 가역이라고 가정한다. 과정을 *P*-*v* 선도에 나타내어라.

6.84 강철 1 kg으로 만들어진 피스톤-실린더 장치에 1600 kPa의 암모니아 0.5 kg이 들어 있다. 이때 온도는 모두 120°C이다. 멈추개가 설치되어 있어 최소 체적은 0.02 m^3이다(그림 P6.84). 이제 전체 시스템이 30°C까지 냉각되면서 20°C의 주위로 열이 전달된다. 전 과정 동안 암모니아와 강철의 온도는 같다. 이 과정의 일, 열전달량, 엔트로피 생성량을 구하라. 과정은 내적 가역이라고 가정한다. *P*-*v*, *T*-*s* 선도에 이 과정을 나타내어라.

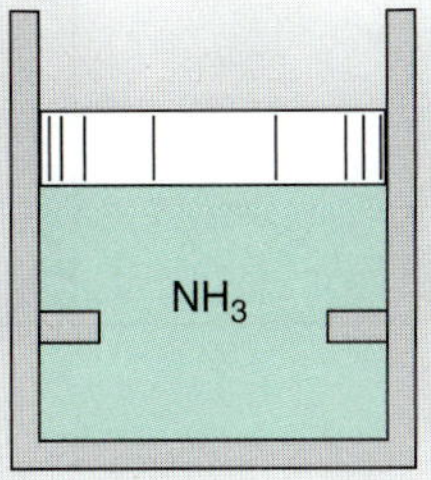

그림 P6.84

6.85 피스톤-실린더 장치에 500°C, 1000 kPa의 물 0.1 kg이 들어 있다. 원래 체적의 반이 되는 위치에서 피스톤의 멈추개가 설치되어 있다(그림 P6.84와 유사함). 이제 물이 냉각되어 실내 온도 25°C가 되었다. 열전달량과 엔트로피 생성량을 구하라. 과정은 내적 가역이라고 가정한다. *P*-*v* 선도에 이 과정을 나타내어라.

6.86 내부 직경 0.5 m, 벽두께 2 mm인 강철 중공구(hollow steel sphere)에 2 MPa, 250°C의 물이 들어 있다. 이 시스템(물+중공구)을 주위 온도 30°C까지 냉각한다. 이 과정에 대한 시스템과 주위의 순엔트로피 변화량을 계산하라.

6.87 피스톤-실린더 장치에 체적 1 L, 20°C의 암모니아 10 g이 들어 있다(그림 P6.87). 멈추개가 설치되어 피스톤이 멈추개에 닿으면 체적이 1.4 L가 된다. 이제 암모니아를 가열하여 200°C가 되었다. 열원의 온도는 240°C이다. 피스톤과 실린더는 0.5 kg의 알루미늄으로 만들어졌으며, 항상 암모니아와 온도가 같다고 가정한다. 총 열전달량과 총 엔트로피 생성량을 구하라.

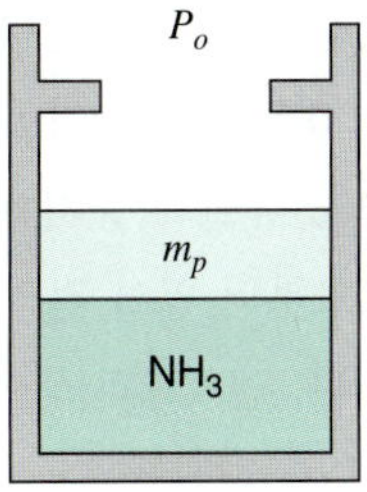

그림 P6.87

6.88 온도 300 K의 공기 1 kg이 온도 400 K의 공기 1 kg과 단열 정압(100 kPa) 과정으로 혼합된다. 최종 온도와 이 과정의 엔트로피 생성량을 구하라, 과정은 내적 가역이고 비열은 일정하다고 가정한다.

6.89 두 개의 견고한 단열 용기가 관과 밸브로 연결되어 있다. 한쪽 용기에는 200 kPa, 300 K 상태의 공기 0.5 kg이 들어있고, 다른 쪽에는 100 kPa, 400 K 상태의 공기 0.75 kg이 들어있다. 밸브가 열려 공기가 하나의 균일 상태에 도달하였다. 외부와 열전달은 없다. 최종 온도와 압력, 엔트로피 생성량을 구하라.

6.90 견고한 단열 용기에 압력 100 kPa, 온도 300 K 상태의 공기 1 kg과 압력 200 kPa, 온도 300 K 상태의 공기 1 kg이 혼합된다. 최종 온도와 압력, 엔트로피 생성량을 구하라.

6.91 백열전구에 110 kPa, 70°C 상태의 아르곤이 들어있다. 전구를 끄면 아르곤이 주위 온도 20°C까지 냉각된다. 유리와 여타 물질을 무시하고 단위 질량당 엔트로피 생성량을 구하라.

6.92 체적이 200 L인 견고한 용기가 격막에 의해 체적이 같은 두 부분으로 나뉘어졌다(그림 P6.92). 두 부분 모두에 질소가 들어있다. 한쪽은 2 MPa, 200°C 상태, 다른 쪽은 200 kPa, 100°C 상태다. 격막이 파괴되어 질소가 70°C의 균일 상태에 도달하였다. 주위 온도는 20°C이고 일정 비열을 가정한다. 이 과정에서의 일과 순 엔트로피 변화량을 구하라.

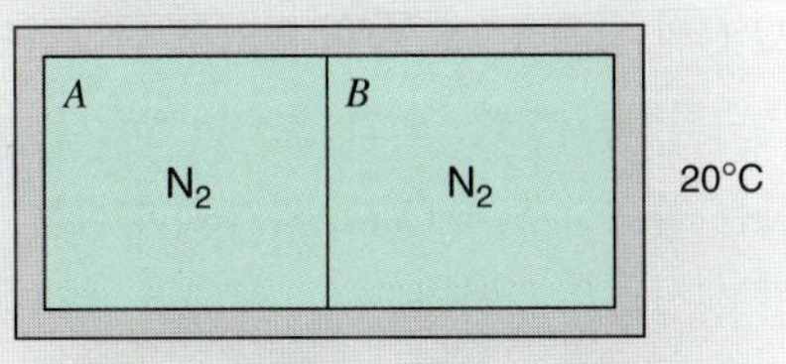

그림 P6.92

6.93 질량 1 kg의 강철로 만들어진 피스톤/실린더 장치에 300 K, 400 kPa 상태의 공기 0.5 kg이 들어있다. 장치의 압력은 일정하게 유지되면, 강철과 공기는 온도가 항상 같다. 1700 K의 열원으로부터 열이 전달되어, 이 시스템이 1400 K까지 가열된다. 엔트로피 생성량을 구하라. 공기 비열은 일정하다고 가정한다.

6.94 문제 6.93을 표 A.7을 이용하여 다시 풀어라.

6.95 피스톤/실린더 장치에 200°C, 300 kPa 상태의 질소가 들어있다. 체적은 5 L이고, 피스톤은 핀으로 고정되어 있다. 핀이 없을 때, 피스톤을 들어 올리려면 내부 압력 200 kPa이 필요하다. 이제 핀을 제거하여, 열전달 없이 피스톤이 빠르게 이동하여 평형 위치에 도달하였다. 최종 압력과 온도를 구하라. 부분적으로 불구속 팽창이 이루어지는 이 과정의 엔트로피 생성량을 구하라. 과정은 내적 가역이고 비열은 일정하다고 가정한다.

6.96 견고한 단열 용기에서 100 kPa, 500 K 상태의 이산화탄소 1 kg과 200 kPa, 2000 K 상태의 이산화탄소 2 kg이 혼합된다. 최종 압력과 온도, 엔트로피 생성량을 구하라. 표 A.5의 일정 비열 값을 이용한다.

6.97 문제 6.96을 표 A.8을 이용하여 풀어라.

6.98 컴퓨터 칩에서 2 kJ의 전기 일이 소산되며, 그 에너지는 열의 형태로 50°C의 칩 표면에서 25°C의 공기로 방출된다. 칩에서 생성되는 엔트로피는 얼마인가? 칩 외부에서 엔트로피가 생성된다면 얼마가 되는가?

6.99 피스톤–실린더 장치에 110 kPa, 25°C의 공기 100 L가 들어 있다. 이 공기를 가역 폴리트로픽 과정으로 압축하여 최종 상태가 800 kPa, 500 K가 되었다. 열전달은 25°C의 주위와 이루어진다고 가정한다. 폴리트로픽 지수 n과 공기의 최종 체적을 구하라. 이 과정은 내적 가역이고 비열은 일정하다고 가정한다. 이 과정 동안 공기가 한 일, 열전달량, 총 엔트로피 생성량을 구하라.

엔트로피의 시간 변화율 또는 플럭스

6.100 22°C의 방을 1500 W의 전기로 난방하여 정상(steady) 온도를 유지한다. 외기 온도는 5°C다. 실내 공기로 향하는 플럭스 $S(= \dot{Q}/T)$, 외기로 향하는 플럭스, 엔트로피 생성률을 구하라.

6.101 2000 K의 질소 기체 3 kg이 정적 과정으로 냉각되면서 500 W의 열을 방출한다. dS/dt를 구하라.

6.102 문제 5.60에서 엔트로피 생성률과 생성 위치를 상술하라. 각 부분이 더해져 전체가 됨을 보여라.

6.103 창문에서 200 W의 열이 20°C의 내부 면을 통과하고, 2°C의 외부 면을 지나, −5°C의 외기에 도달한다. 세 면에서 엔트로피 플럭스를 각각 구하고, 창에서의 엔트로피 생성률을 계산하라.

6.104 온도 23°C의 실내 공기를 필라멘트 표면 온도가 700 K인 2000 W 난방기로 가열한다(그림 P6.104). 정상상태에서 실내에서 온도 7°C의 외부로 열이 방출된다. 엔트로피 생성률과 생성 위치를 상술하라.

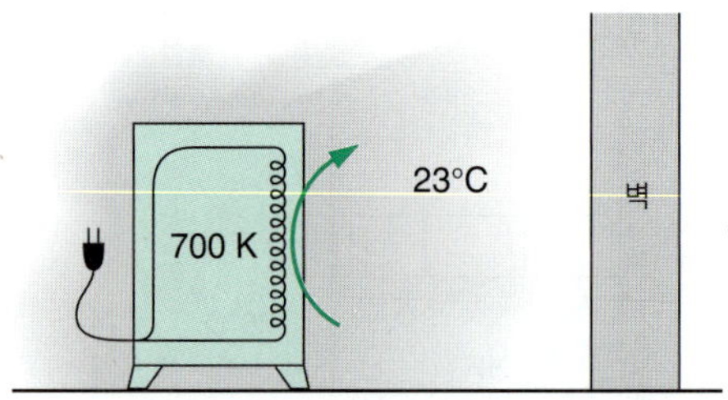

그림 P6.104

6.105 전기 난방램프의 표면 온도가 1000 K이고, 500 W의 에너지를 방사한다. 이 복사 에너지는 주위 온도 18°C인 면에 흡수된다. 총 생성 엔트로피를 구하고, 그것이 어디서 얼마만큼 만들어지는가를 상술하라.

6.106 용량 1.5 kW의 오븐으로 200°C의 음식을 굽고 있으며, 열이 90°C의 벽을 통과한 후 25°C의 부엌 공기로 전달된다. 정상상태를 가정한다. 모든 엔트로피 플럭스를 구하라. 엔트로피 생성률과 생성 위치를 상술하라.

복습 문제

6.107 단열된 피스톤/실린더 장치에 체적 0.15 m^3, 400 kPa, 200°C 상태의 수증기가 들어있다. 이 수증기의 단열 팽창으로 인한 출력일이 30 kJ로 측정되었다. 주장에 의하면 물의 최종 상태는 2상(기체 액체) 영역에 있다. 이 주장을 평가하라.

6.108 질량 1 kg인 강철제 피스톤/실린더 장치에 50 kPa, −20°C 상태의 암모니아 2.5 kg이 들어있다. 이 시스템을 정압 과정으로 50°C까지 가열한다. 열은 200°C의 외부 고온가스로부터 실린더 바닥을 통과하여 전달된다. 강철과 암모니아의 온도는 항상 같다고 가정한다. 고온가스로부터의 열전달량과 총 엔트로피 생성량을 구하라.

6.109 피스톤–실린더 장치에 1 MPa, 500°C의 물이 들어있다(그림 P6.109). 두 개의 멈추개가 설치되어 있어 아래의 것은 V_{min} = 1 m^3, 위의 것은 V_{max} = 3 m^3에 해당한다. 피스톤에 자중과 외부 대기압이 작용하여 압력 500 kPa에서 피스톤이 움직인다. 이제 이 장치를 100°C까지 냉각하며, 열은 20°C의 주위로 방출된다. 과정은 내적 가역으로 가정한다. 이 과정 동안 총 엔트로피 생성량을 구하라. 전체 과정을 *P-v*, *T-s* 선도에 나타내어라.

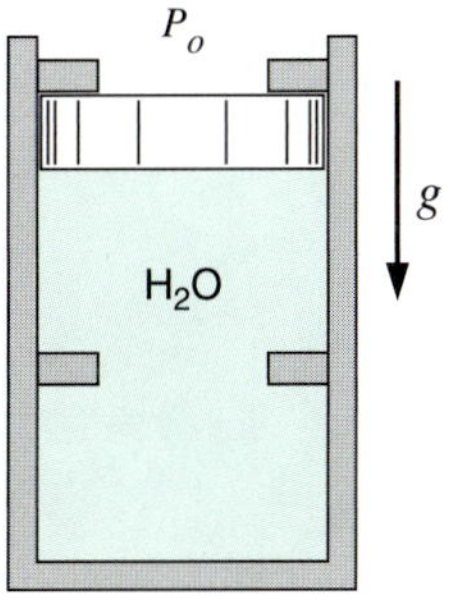

그림 P6.109

6.110 피스톤/실린더 장치에 300 K, 100 kPa 상태의 공기가 들어있다. 가역 폴리트로픽 과정(n = 1.3)으로 공기를 500 K까지 가열한다. 들어오는 열은 온도 325°C의 저장조로부터 전달된다. 나가는 열은 300 K의 주위로 전달된다. 이 과정을 *P-v*, *T-s* 선도에 나타내어라. 단위질량당 일과 열전달량, 엔트로피 생성량(공기 외부의)을 구하라. 일정 비열을 가정한다.

6.111 전열선 저항기의 무게가 0.5 kg이고 비열은 0.8 kJ/kgK이다. 500 W의 전기 동력을 받아 저항기가 20°C에서 150°C까지 가열된다. 외부 열손실을 무시하고 이 과정의 경과 시간과 엔트로피 생성량을 구하라.

6.112 수증기가 들어 있는 두 용기가 피스톤–실린더 장치에 연결되어 있다(그림 P6.112). 처음에 피스톤은 바닥에 있으며, 피스톤 아래의 압력이 1.4 MPa일 때 피스톤이 위로 움직인다. 탱크 *A*에는 7 MPa, 700°C의 수증기 4 kg이 들어 있으며, 탱크 *B*에는 3 MPa, 350°C의 수증기 2 kg이 들어있다. 두 밸브가 열리고 물이 들어와서 균일 상태가 된다. 열전달이 없다고 가정하고 최종 온도와 총 엔트로피 생성량을 구하라.

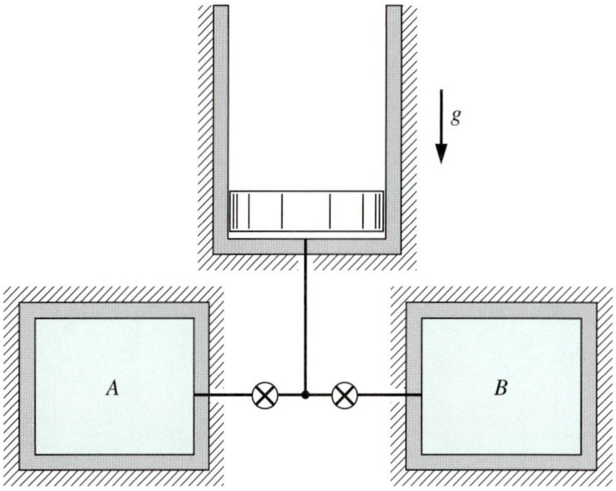

그림 P6.112

6.113 어떤 장치로 150 kPa, −20°C 상태의 암모니아 2 kg을 폴리트로픽 과정을 거쳐 400 kPa, 80°C 상태로 만든다. 폴리트로픽 지수 n, 일, 열전달량을 구하라. 과정은 내적 가역으로 가정한다. 100°C의 열원을 가정하고 총 엔트로피 생성량을 구하라.

6.114 견고한 용기에 들어 있는 1600 kPa, 160°C의 암모니아 0.5 kg이 가역 과정으로 냉각되어 열을 방출한다. 이 열은 저온부가 주위 온도 20°C인 가역 열기관으로 전달된다(그림 P6.114). 최종적으로 암모니아 온도가 20°C에 도달하면 이 과정이 끝난다. 암모니아로부터 열기관으로 전달되는 열량과 열기관의 출력일을 구하라.

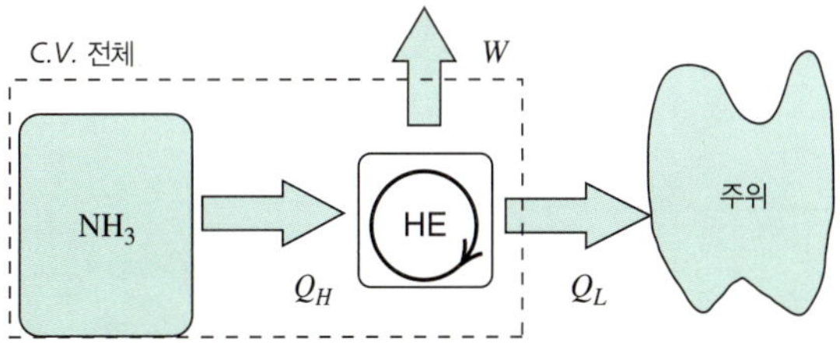

그림 P6.114

6.115 소형 할로겐 전구에 50 W의 전력이 공급된다. 온도 1000 K의 필라멘트는 공급 에너지의 20%를 빛으로 내보내고 나머지를 500 K의 기체로 전달한다. 유리의 온도는 400 K이다. 모든 공급 에너지는 25°C의 실내 벽에 흡수된다. 필라멘트, 유리를 포함하는 전체 전구, 전구를 포함하는 실내에서 엔트로피 생성률을 각각 구하라. 실내 벽에서 외부로 열전달은 없으며, 정상(steady) 열전달을 가정한다.

제 7 장

검사 체적에 대한 엔트로피 해석

Entropy Analysis for a Control Volume

5장과 6장에서는 열역학 제2법칙과 열역학 상태량인 엔트로피를 살펴보았다. 제1법칙에서와 마찬가지로, 이제 엔트로피 개념의 일반적인 응용 분야, 검사 체적 해석, 그리고 여러 가지 특별한 경우를 다루고, 널리 사용되는 열역학 효율의 정의도 소개한다.

7.1 검사 체적에 대한 엔트로피 균형식

4.1절에서 열역학 제1법칙을 검사 체적에 적용했던 것과 유사한 절차로, 열역학 제2법칙을 검사 체적에 적용할 수 있다. 검사 질량에 대한 제2법칙은 엔트로피 균형식 (6.42)으로 표현된다.

$$\frac{dS_{\text{c.m.}}}{dt} = \sum \frac{\dot{Q}}{T} + \dot{S}_{\text{gen}} \tag{7.1}$$

이 식에 검사 체적을 출입하는 질량 유량이 기여하는 항을 추가하려 한다. 간단한 예를 그림 7.1에 나타내었다. 질량 유동은 단위 질량당 s의 엔트로피를 동반하지만 그 밖에 다른 기여항은 없다. 유동 중에 어떤 과정이 진행되어 엔트로피가 생성될 수 있으나 이는 검사 체적의 내부나 외부의 해당 공간에서 일어나는 것으로 간주한다.

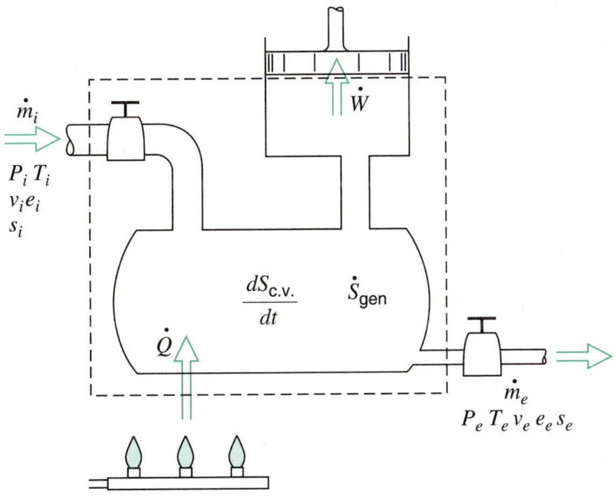

그림 7.1 ▸ 검사 체적에 대한, 변화율 형태의 엔트로피 균형.

엔트로피 균형식이 뜻하는 것은 검사 체적 내의 전체 엔트로피의 변화율은 검사면을 통과하는 엔트로피 플럭스와 엔트로피 생성률의 합과 같다는 것이다. 즉

$$\text{변화량} = +\text{유입량} - \text{유출량} + \text{생성량}$$

$$\frac{dS_{\text{c.v.}}}{dt} = \sum \dot{m}_i s_i - \sum \dot{m}_e s_e + \sum \frac{\dot{Q}_{\text{c.v.}}}{T} + \dot{S}_{\text{gen}} \tag{7.2}$$

이 엔트로피 플럭스는 엔트로피를 동반하는 질량 유량과 어떤 특정 온도(검사면의 온도)에서 이루어지는 엔트로피 전달률이다. 축적되거나 생성되는 항은 검사 체적 전체에 적용하는 적분 형태로 표현된다.

$$S_{\text{c.v.}} = \int \rho s\, dV = m_{\text{c.v.}} s = m_A s_A + m_B s_B + m_C s_C + \cdots$$

$$\dot{S}_{\text{gen}} = \int \rho \dot{s}_{\text{gen}}\, dV = \dot{S}_{\text{gen.}A} + \dot{S}_{\text{gen.}B} + \dot{S}_{\text{gen.}C} + \cdots \tag{7.3}$$

만일 검사 체적의 여러 곳에서 축적이 일어나며 유체의 상태와 진행 과정이 다르다면, 각 영역에 걸쳐 계산한 기여항을 모두 더해야 한다. 만일 열이 검사면의 여러 곳에서 전달된다면, 역시 국소 온도와 단위 면적당 열전달률 $(\dot{Q}/A)_{\text{local}}$을 이용하여 전체 검사면에 대해 다음과 같이 적분해야 한다.

$$\sum \frac{\dot{Q}_{\text{c.v.}}}{T} = \int \frac{d\dot{Q}}{T} = \int_{\text{surface}} (\dot{Q}/A_{\text{local}})/T\, dA \tag{7.4}$$

이러한 경우에는 훨씬 더 자세한 해석을 해야 하는데, 그 내용은 여기에서 다루려는 제2법칙의 범주에서 벗어난다.

식 (7.2)의 생성항은 식 (7.3)에 나타낸, 내부 비가역성에 기인하는 각 엔트로피 생성항의 합이다. 엔트로피 생성항들은 일반적으로 양수이지만, 가역 과정만이 일어나는 영역에 대한 항은 0이다. 식 (7.2)로 나타낸 제2법칙은 일반적인 형태이며 특정 예에 적용하면 간단한 형태로 바뀌게 된다. 다양한 종류의 예제를 다음 절들에서 다룬다.

만일 출입하는 질량 유동이 없으면, 검사 체적은 단순히 검사 질량이 되며 엔트로피 식은 다시 식 (6.42)가 된다. 이 검사 질량에 대한 열역학 제2법칙은 6장에서 다루었으므로 여기에서는 검사 체적에 대해 생각한다.

7.2 정상상태 과정과 과도 과정

이제는 엔트로피 식 (7.2)를, 4장에서 다루었던 두 개의 검사체적 모델 과정에 적용한다.

➲ 정상상태 과정

4.3절에서 정의한 정상상태 과정(steady-state process)에서는 검사 체적 속의 어느 곳에서나 단위 질량당 엔트로피가 시간에 따라 변하지 않는다. 따라서 식 (7.2)의 첫째 항은 0이다. 즉

$$\frac{dS_{\text{c.v.}}}{dt} = 0 \tag{7.5}$$

이므로 정상상태 과정에 대해 다음과 같이 쓸 수 있다.

$$\sum \dot{m}_e s_e - \sum \dot{m}_i s_i = \sum_{\text{c.s.}} \frac{\dot{Q}_{\text{c.v.}}}{T} + \dot{S}_{\text{gen}} \tag{7.6}$$

여기서 각종 질량 유량, 열전달률 및 엔트로피 생성률과 상태는 시간에 관계없이 일정하다.

정상상태 과정에서 질량이 한 면에서 모두 균일하게 검사 체적으로 들어오고 한 면에서 모두 균일하게 나가면 다음과 같이 쓸 수 있다.

$$\dot{m}(s_e - s_i) = \sum_{\text{c.s.}} \frac{\dot{Q}_{\text{c.v.}}}{T} + \dot{S}_{\text{gen}} \tag{7.7}$$

질량 유량으로 위 식을 나누면 다음과 같이 된다.

$$s_e = s_i + \sum \frac{q}{T} + s_{\text{gen}} \tag{7.8}$$

s_{gen}은 항상 0보다 크거나 같으므로 단열 과정일 때 다음과 같이 표현된다.

$$s_e = s_i + s_{\text{gen}} \geq s_i \tag{7.9}$$

여기서 등호는 가역 단열 과정에 적용한다.

예제 7.1

압력 1 MPa, 온도 300°C의 수증기가 50 m/s의 속도로 증기 터빈으로 들어간다. 터빈 출구에서 수증기의 압력이 150 kPa, 속도는 200 m/s이다. 가역 단열 과정으로 가정하고 터빈을 통과하는 수증기 1 kg당 출력일을 구하라.

검사 체적: 터빈(그림 7.2)
입구 상태: 확정(그림 7.2)
출구 상태: P_e, $\mathbf{V}_e$를 알고 있음
과정: 정상상태, 가역 단열

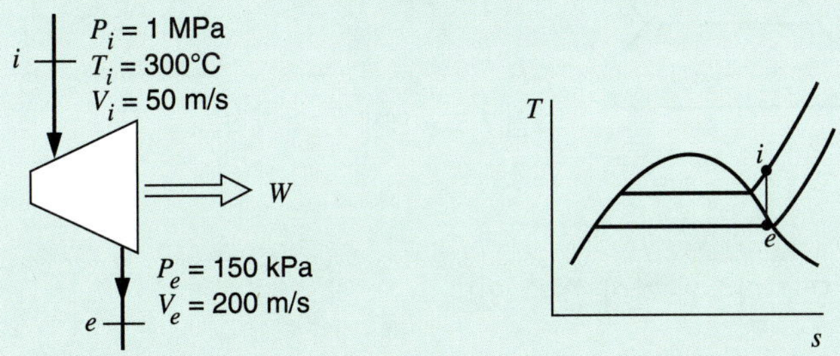

그림 7.2 ▸ 예제 7.1의 개략도.

해석

연속 방정식: $\dot{m}_e = \dot{m}_i = \dot{m}$

에너지 식: $h_i + \frac{\mathbf{V}_i^2}{2} = h_e + \frac{\mathbf{V}_e^2}{2} + w$

엔트로피 식: $s_e = s_i$

풀이

입구 상태: (P, T) 표 B.1.3 $\quad h_i = 3051.2\ \text{kJ/kg},\ s_i = 7.1228\ \text{kJ/kg-K}$

출구 상태: $\quad P_e = 0.15\ \text{MPa},\ s_e = s_i = 7.1228\ \text{kJ/kg-K}$

터빈에서 나오는 수증기의 건도와 엔탈피를 다음과 같이 계산할 수 있다.

$$s_e = 7.1228 = s_f + x_e s_{fg} = 1.4335 + x_e 5.7897$$
$$x_e = 0.9827$$
$$h_e = h_f + x_e h_{fg} = 467.1 + 0.9827(2226.5)$$
$$= 2655.0\ \text{kJ/kg}$$

이 등엔트로피 과정에 대한, 수증기 단위 질량당 출력일은 에너지 식을 이용하여 구할 수 있다.

$$w = 3051.2\ \text{kJ/kg} + \frac{50 \times 50}{2 \times 1000}\frac{\text{m}^2/\text{s}^{-2}}{\text{J/kJ}} - 2655.0\ \text{kJ/kg} - \frac{200 \times 200}{2 \times 1000}\frac{\text{m}^2/\text{s}^{-2}}{\text{J/kJ}} = 377.5\ \text{kJ/kg}$$

예제 7.2

노즐(nozzle)을 통과하는 가역 단열 수증기 유동이 있다. 1 MPa, 300°C의 수증기가 30 m/s의 속도로 노즐로 들어간다. 노즐 출구에서 수증기 압력이 0.3 MPa이다. 가역 단열, 정상상태 과정을 가정하고 노즐 출구에서의 수증기 속도를 구하라.

검사 체적: 노즐(그림 7.3)
입구 상태: 확정(그림 7.3)
출구 상태: P_e를 알고 있음
과정: 정상상태, 가역 단열

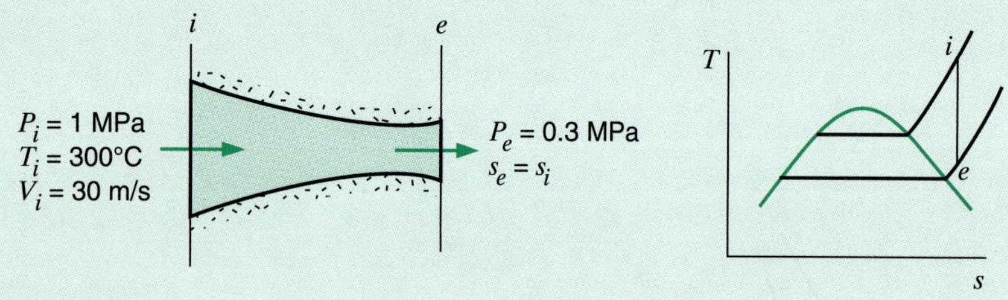

그림 7.3 » 예제 7.2의 개략도.

↘ 해석

정상상태 과정이며 일과 열전달이 없고 위치 에너지의 변화가 없으므로 다음과 같이 쓸 수 있다.

연속 방정식: $\dot{m}_e = \dot{m}_i = \dot{m}$

에너지 식: $h_i + \frac{\mathbf{V}_i^2}{2} = h_e + \frac{\mathbf{V}_e^2}{2}$

엔트로피 식: $s_e = s_i$

↘ 풀이

입구 상태: (*P*, *T*) 표 B.1.3 $h_i = 3051.2\ \text{kJ/kg}$, $s_i = 7.1228\ \text{kJ/kg-K}$

출구 상태: $P_e = 0.3\ \text{MPa}$, $s_e = s_i = 7.1228\ \text{kJ/kg-K}$

표 B.1.3으로부터

$$T_e = 159.1°\text{C}, \quad h_e = 2780.2\ \text{kJ/kg}$$

이다. 이 값을 에너지 식에 대입하면 다음과 같다.

$$\frac{\mathbf{V}_e^2}{2} = h_i - h_e + \frac{\mathbf{V}_i^2}{2} = (3051.2 - 2780.2)\ \mathrm{kJ/kg} + \frac{30 \times 30}{2 \times 1000}\ \frac{\mathrm{m^2/s^2}}{\mathrm{J/kJ}} = 271.5\ \mathrm{kJ/kg}$$

$$\mathbf{V}_e = \sqrt{2000 \times 271.5\ \mathrm{J/kg}} = 737\ \mathrm{m/s}$$

예제 7.3

어떤 발명가의 보고에 의하면 냉매 압축기로 −20°C의 R-134a 포화 증기가 유입되어 1 MPa, 40°C 증기로 배출된다고 한다. 압축 과정은 단열 과정이다. 이 과정은 제2법칙을 위배하는가?

검사 체적: 압축기
입구 상태: 확정(T_i의 포화 증기)
출구 상태: 확정(P_e, T_e를 알고 있음)
과정: 정상상태, 단열

해석

정상상태, 단열 과정이므로 엔트로피 식을 다음과 같이 쓸 수 있다.

$$s_e = s_i + s_{\mathrm{gen}}$$

풀이

R-134a 상태량표로부터

$$s_e = 1.7148\ \mathrm{kJ/kg\text{-}K}, \qquad s_i = 1.7395\ \mathrm{kJ/kg\text{-}K}$$

이다. 따라서 $s_e < s_i$ 이므로 엔트로피 생성량이 음수다. 이 과정은 제2법칙을 위배하며 따라서 불가능한 과정일 것이다.

예제 7.4

주유소의 공기 압축기(그림 7.4)에서 100 kPa, 290 K의 대기가 흡입되어 가역 단열 과정으로 1000 kPa까지 압축된다. 단위 질량당 일과 출구 공기 온도를 구하라.

풀이

검사 체적은 압축기, 정상상태, 단일 유동, 단열($\dot{Q} = 0$) 과정이다.

연속 방정식 (4.11): $\dot{m}_i = \dot{m}_e = \dot{m}$
에너지 식 (4.12): $\dot{m}h_i = \dot{m}h_e + \dot{W}_C$
엔트로피 식 (7.8): $\dot{m}s_i + \dot{S}_{\mathrm{gen}} = \dot{m}s_e$
과정: 가역 $\dot{S}_{\mathrm{gen}} = 0$

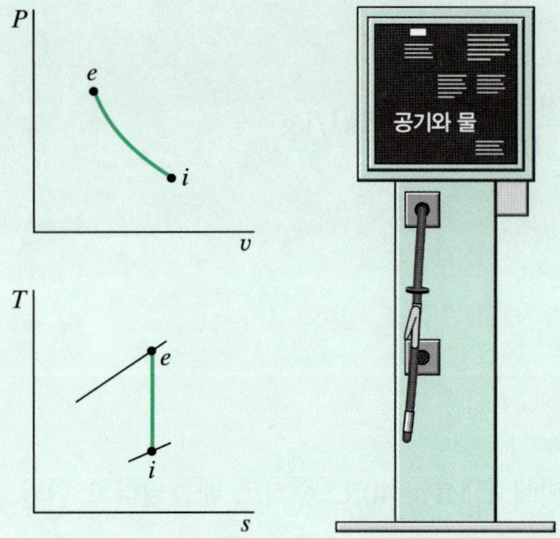

그림 7.4 » 예제 7.4의 개략도.

일정 비열 값을 이용한다. 표 A.5에서 $C_{P0} = 1.004$ kJ/kg·K, $k = 1.4$이다. 엔트로피 식에서 s가 일정하므로 식 (6.23)으로부터

$$s_i = s_e \Rightarrow T_e = T_i \left(\frac{P_e}{P_i}\right)^{\frac{k-1}{k}} = 290\text{ K}\left(\frac{1000}{100}\right)^{0.2857} = 559.9\text{ K}$$

단위 질량당 에너지 식으로부터 일은 다음과 같다.

$$w_c = h_i - h_e = C_{P0}(T_i - T_e) = 1.004\text{ kJ/kg-K}\,(290 - 559.9)\text{ K} = -271\text{ kJ/kg}$$

예제 7.5

과열 제거기에서는 과열 수증기 유동에 물을 분사한다. 300 kPa, 200°C의 수증기 2 kg/s를 300 kPa의 포화 수증기로 만들려면 20°C의 물을 얼마나 분사하여야 하는가? 이 과정의 엔트로피 생성률도 구하라.

풀이

검사 체적은 과열 제거기(그림 7.5), 외부 열전달과 일이 없다.

연속 방정식 (4.9):	$\dot{m}_1 + \dot{m}_2 = \dot{m}_3$
에너지 식 (4.10):	$\dot{m}_1 h_1 + \dot{m}_2 h_2 = \dot{m}_3 h_3 = (\dot{m}_1 + \dot{m}_2) h_3$
엔트로피 식 (7.7):	$\dot{m}_1 s_1 + \dot{m}_2 s_2 + \dot{S}_{\text{gen}} = \dot{m}_3 \dot{s}_3$
과정:	$P =$ 일정, $\dot{W} = 0$, 그리고 $\dot{Q} = 0$

모든 상태량이 확정되었다(상태 2는 20°C의 포화 액체로 근사화함).

$$\text{B.1.3: } h_1 = 2865.54\,\frac{\text{kJ}}{\text{kg}}, \quad s_1 = 7.3115\,\frac{\text{kJ}}{\text{kg K}}; \quad h_3 = 2725.3\,\frac{\text{kJ}}{\text{kg}}, \quad s_3 = 6.9918\,\frac{\text{kJ}}{\text{kg K}}$$

$$\text{B.1.2: } h_2 = 83.94\,\frac{\text{kJ}}{\text{kg}}, \quad s_2 = 0.2966\,\frac{\text{kJ}}{\text{kg K}}$$

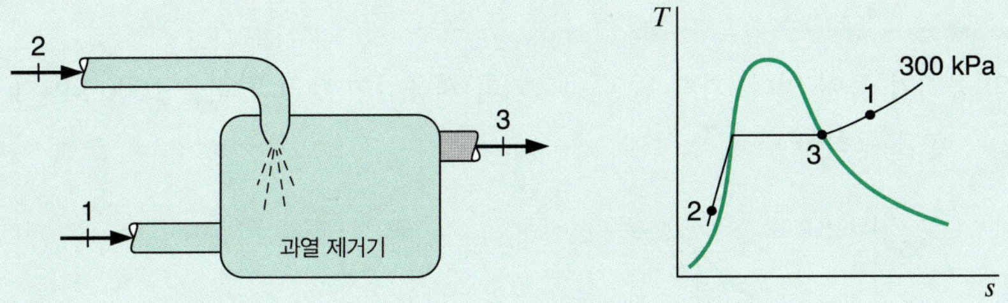

그림 7.5 » 예제 7.5의 개략도와 선도.

에너지 식을 유량 $\dot{m}_2$에 관하여 풀고 연속 방정식을 이용하여 $\dot{m}_3$을 소거하면

$$\dot{m}_2 = \dot{m}_1 \frac{h_1 - h_3}{h_3 - h_2} = 2\,\text{kg/s}\,\frac{2865.54 - 2725.3}{2725.3 - 83.94} = 0.1062\,\text{kg/s}$$

$$\dot{m}_3 = \dot{m}_1 + \dot{m}_2 = 2.1062\,\text{kg/s}$$

엔트로피 생성률은 엔트로피 식으로부터 다음과 같다.

$$\begin{aligned}\dot{S}_{\text{gen}} &= \dot{m}_3 s_3 - \dot{m}_1 s_1 - \dot{m}_2 s_2 \\ &= (2.1062 \times 6.9918 - 2 \times 7.3115 - 0.1062 \times 0.2966)\,\text{kg/s} \times \text{kJ/kg-K} = 0.072\,\text{kW/K}\end{aligned}$$

과도 과정

4.6절에서 살펴본 과도 과정(transient process)에 대하여 검사 체적에 대한 제2법칙 식 (7.2)를 적용하면 다음과 같다.

$$\frac{d}{dt}(ms)_{\text{c.v.}} = \sum \dot{m}_i s_i - \sum \dot{m}_e s_e + \sum \frac{\dot{Q}_{\text{c.v.}}}{T} + \dot{S}_{\text{gen}} \tag{7.10}$$

이 식을 시간 t에 걸쳐 적분하면

$$\int_0^t \frac{d}{dt}(ms)_{\text{c.v.}}\,dt = (m_2 s_2 - m_1 s_1)_{\text{c.v.}}$$

$$\int_0^t \left(\sum \dot{m}_i s_i\right) dt = \sum m_i s_i, \quad \int_0^t \left(\sum \dot{m}_e s_e\right) dt = \sum m_e s_e, \quad \int_0^t \dot{S}_{\text{gen}}\,dt = {}_1S_{2\text{gen}}$$

이므로 시간 t 동안 과도 과정에 대한 제2법칙은 다음과 같이 쓸 수 있다.

$$(m_2 s_2 - m_1 s_1)_{\text{c.v.}} = \sum m_i s_i - \sum m_e s_e + \int_0^t \sum_{\text{c.s.}} \frac{\dot{Q}_{\text{c.v.}}}{T}\,dt + {}_1S_{2\text{gen}} \tag{7.11}$$

이 과정 동안 검사 체적의 온도가 항상 균일하므로 우변의 적분은

$$\int_0^t \sum_{\text{c.s.}} \frac{\dot{Q}_{\text{c.v.}}}{T}\,dt = \int_0^t \frac{1}{T} \sum_{\text{c.s.}} \dot{Q}_{\text{c.v.}}\,dt = \int_0^t \frac{\dot{Q}_{\text{c.v.}}}{T}\,dt$$

이므로, 과도 과정의 제2법칙은 다음과 같다.

$$(m_2 s_2 - m_1 s_1)_{\text{c.v.}} = \sum m_i s_i - \sum m_e s_e + \int_0^t \frac{Q_{\text{c.v.}}}{T}\,dt + {}_1S_{2\text{gen}} \tag{7.12}$$

예제 7.6

40 L의 공기 탱크 안에 대기 온도 17°C, 100 kPa의 공기가 들어 있다. 가역 단열 압축기를 사용하여 탱크 압력을 1000 kPa까지 올리고 밸브를 닫는다. 탱크 내 공기의 온도와 압축 일을 구하라.

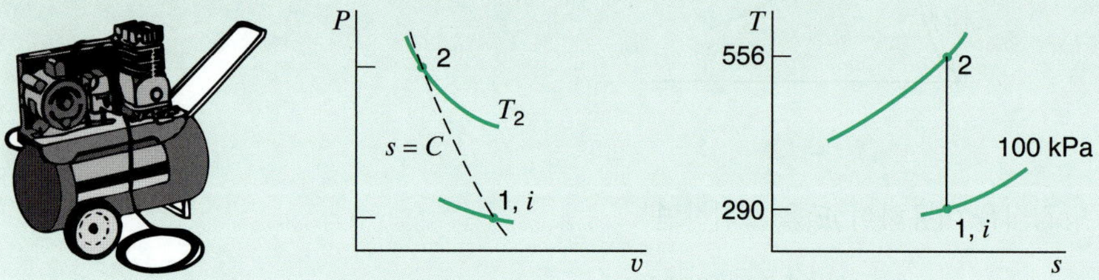

그림 7.6 ▸▸ 예제 7.6에 대한 그림과 그래프

풀이

검사 체적은 압축기와 공기 탱크(그림 7.6)이다.

연속 방정식 (4.20): $m_2 - m_1 = m_{in}$

에너지 식 (4.21): $m_2u_2 - m_1u_1 = {}_1Q_2 - {}_1W_2 + m_{in}h_{in}$

엔트로피 식 (7.12): $m_2s_2 - m_1s_1 = \int dQ/T + {}_1S_{2gen} + m_{in}s_{in}$

과정: 단열 ${}_1Q_2 = 0$, 이상 과정 ${}_1S_{2gen} = 0$, $s_1 = s_{in}$

$$\Rightarrow m_2s_2 = m_1s_1 + m_{in}s_{in} = (m_1 + m_{in})s_1 = m_2s_1 \Rightarrow s_2 = s_1$$

일정한 $s \Rightarrow$ 식 (6.19) $\quad s^0_{T2} = s^0_{T1} + R\ln(P_2/P_i)$

$$s^0_{T2} = 6.835\,21\ \text{kJ/kg-K} + 0.287\ \text{kJ/kg-K}\ \ln(10) = 7.496\,05\ \text{kJ/kg-K}$$

표 A.7에서 보간법으로 $\Rightarrow T_2 = 555.7\ \text{K},\ u_2 = 401.49\ \text{kJ/kg}$

$$m_1 = P_1V_1/RT_1 = 100\ \text{kPa} \times 0.04\ \text{m}^3/(0.287\ \text{kJ/kg-K} \times 290\ \text{K}) = 0.048\,06\ \text{kg}$$

$$m_2 = P_2V_2/RT_2 = 1000\ \text{kPa} \times 0.04\ \text{m}^3/(0.287\ \text{kJ/kg-K} \times 555.7\ \text{K}) = 0.2508\ \text{kg}$$

$$\Rightarrow m_{in} = 0.2027\ \text{kg}$$

$${}_1W_2 = m_{in}h_{in} + m_1u_1 - m_2u_2$$

$$= m_{in}(290.43) + m_1(207.19) - m_2(401.49) = -31.9\ \text{kJ}$$

주의: 최종 온도가 높으므로 열전달이 없다는 가정에 다소 문제가 있다. 충전 과정이 빠르게 진행되지 않으므로 열손실이 있을 것이다. 이를 이해하여, 실제 과정에 대한 근사 방법을 개선할 필요가 있다.

개념점검

a. 액체상태의 물이 가역 단열 유동하는 펌프에서 압력이 상승하면 온도는 올라가는가 아니면 내려가는가?

b. 공기가 가역 단열 유동하는 압축기에서 압력이 올라가면 온도는 올라가는가 아니면 내려가는가?

c. 압축기에서 R-134a가 −10°C, 200 kPa 상태로 들어와서 1200 kPa, 50°C 상태로 나간다. 이 과정을 평가해 보라.

d. 노즐에서 뿜어져 나온 물이 세차에 쓰인 후 지면으로 떨어진다. 속도 **V**, 온도 T, 엔트로피 s의 관점에서 물의 상태 변화를 말하라.

7.3 정상상태 단일 유동 과정

정상상태 단일 유동 과정의 일에 대한 표현식을 유도하여 중요 변수들이 일의 출력에 어떤 영향을 미치는가를 알아본다. 검사 체적을 출입하는 단일유동의 정상 과정에 대한 에너지 식 (4.13)은 다음과 같다.

$$q + h_i + \frac{1}{2}\mathbf{V}_i^2 + gZ_i = h_e + \frac{1}{2}\mathbf{V}_e^2 + gZ_e + w$$

제2법칙 식 (7.9)와 식 (7.4)에 의해

$$s_i + s_{\text{gen}} + \int \frac{\delta q}{T} = s_e$$

이다. 이것을 미분 형태로 바꾸면

$$\delta s_{\text{gen}} + \delta q/T = ds \qquad \Rightarrow \qquad \delta q = T\,ds - T\,\delta s_{\text{gen}}$$

이다. 적분을 하기 위해 상태량 관계식 (6.8)을 적용하면

$$\delta q = T\,ds - T\,\delta s_{\text{gen}} = dh - v\,dP - T\,\delta s_{\text{gen}}$$

이고

$$q = \int_i^e \delta q = \int_i^e dh - \int_i^e v\,dP - \int_i^e T\,\delta s_{\text{gen}} = h_e - h_i - \int_i^e v\,dP - \int_i^e T\,\delta s_{\text{gen}}$$

이 된다. 이 결과를 에너지 방정식에 대입하고 일에 대하여 풀면 다음과 같다.

$$\begin{aligned} w &= q + h_i - h_e + \frac{1}{2}(\mathbf{V}_i^2 - \mathbf{V}_e^2) + g(Z_i - Z_e) \\ &= h_e - h_i - \int_i^e v\,dP - \int_i^e T\,\delta s_{\text{gen}} + h_i - h_e + \frac{1}{2}(\mathbf{V}_i^2 - \mathbf{V}_e^2) + g(Z_i - Z_e) \end{aligned}$$

엔탈피 항은 소거되며 실제 과정의 정상상태 단일 유동에 대한 축일은 다음과 같게 된다.

$$w = -\int_i^e v\,dP + \frac{1}{2}(\mathbf{V}_i^2 - \mathbf{V}_e^2) + g(Z_i - Z_e) - \int_i^e T\,\delta s_{\text{gen}} \tag{7.13}$$

이 표현식에 대한 몇 가지 언급을 차례로 하기로 한다.

1. 마지막 항은 항상 감소량($T > 0$ 및 $\delta s_{\text{gen}} \geq 0$)이고, 이 항이 0일 때 가역 과정에서 최대 일 출력을 얻는다. 이는 엔트로피 생성이 일 출력을 작게 한다는 경계 일 식 (6.36)에 대한 결론과 동일하다. 식 (7.13)에서 마지막 적분 항을 적은 이유는 과정에 대하여 그 계산을 해야 하기 때문이 아니라 엔트로피 생성의 영향을 보이기 위해서이다.
2. 가역 과정의 축일은 압력, 운동 에너지, 위치 에너지 등이 각각 또는 조합으로 변화하는 것과 관계가 있다. 압력이 증가하면(펌프 또는 압축기) 일은 주로 음수이다. 즉 축일을 투입해야 한다. 압력이 감소하면(터빈) 일은 주로 양수이다. 비체적은 일의 부호에 영향을 미치지 않으나 크기에는 영향을 미친다. 따라서 비체적이 클 때(기체), 일이 크게 발생하고 비체적이 작을 때(액체) 일이 작게 발생한다. 유체의 운동 에너지가 감소하거나(풍차), 위치 에너지가 감소할 때(댐과 터빈) 그 차이를 일로 추출할 수 있다.
3. 검사 체적에 축이 없을 때($w = 0$) 우변의 항들은 합이 0이 되어야 한다. 한 항의 크기 변화는 다른 항의, 부호가 반대인 순 변화를 동반한다. 마지막 항은 항상 빼는 항이다. 예를 들어 운동 에너지와 위치

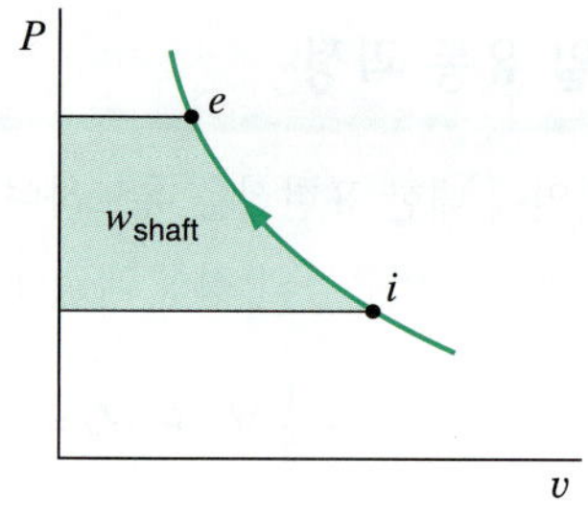

그림 7.7 ▸ 식 (7.14)의 축일.

에너지의 변화가 없는 관 내 유동을 간단히 살펴보자. 유동이 가역이면 마지막 항은 0이고 첫 번째 항이 0이 되어야 한다. 즉 압력이 일정해야 한다. 유체 마찰이 있어 비가역이면 첫째 항은 양수(압력 감소)가 되어 마지막 항과 균형을 이루어야 한다.

위의 언급과 같이, 식 (7.13)는 작동 유체의 운동 에너지와 위치 에너지의 변화가 작은(터빈, 압축기, 펌프 등) 많은 종류의 유동 과정에 포함되는 일을 예시하는 데 유용하다. 이러한 기계에 대한 모델 과정은 위치 에너지와 운동 에너지의 변화가 없는 정상상태 가역 유동 과정이다. 이 과정은 주로 단열이지만 단열 과정이 아니어도 표현식을 다음과 같이 간단히 쓸 수 있다.

$$w = -\int_i^e v\,dP \tag{7.14}$$

이 결과로부터 이러한 유형의 과정에서 축일은 그림 7.7에 나타낸 면적임을 알 수 있다. 이 결과는 유동 장치의 특정 상황에 적용되며 피스톤-실린더 장치의 경계 이동 일($\int_1^2 P\,dv$)과는 전혀 다르다. 이러한 유형의 과정에서 축일은 작동 유체의 비체적과 밀접한 관계가 있음을 알 수 있다. 이 점을 좀 더 강조하기 위하여 그림 7.8에 있는 단순 증기 동력 발전소를 살펴보자. 이 발전소를 배관, 보일러, 응축기에서 압력 손실이 없는 이상적인 장치의 조합이라고 가정하자. 그러면 펌프에서의 압력 상승은 터빈에서의 압력 강하와 같다. 위치 에너지와 운동 에너지의 변화를 무시하면, 각 과정의 일은 식 (7.14)로 계산할 수 있다. 펌프는 액체를 가압하며, 액체의 비체적은 터빈을 통과하는 증기의 비체적에 비하여 매우 작다. 따라서 펌프의 입력일이 터빈의 출력일보다 훨씬 작다. 그 차이가 발전소의 순 출력일이다.

엄밀하게 가역 단열이 아니더라도 정상상태 과정으로 운전되는 실제 장치에 이와 같은 논리를 정성적으로 적용할 수 있다. **비압축성 유체**(incompressible fluid, v=일정)의 가역 유동에 대하여 식 (7.13)을 단순화할 수 있다. 첫 번째 적분 항을 계산하면

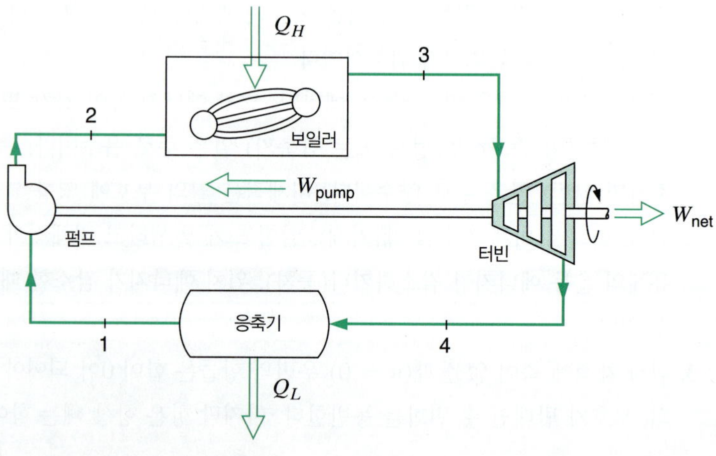

그림 7.8 ▸ 단순 증기 동력 발전소.

$$w = -v(P_e - P_i) + \frac{1}{2}(\mathbf{V}_i^2 - \mathbf{V}_e^2) + g(Z_i - Z_e) \tag{7.15}$$

이 되며 이를 확장된 **Bernoulli 식**이라 한다. Daniel Bernoulli는 일이 없는 경우에 대한 다음의 식을 유도하였다.

$$vP_i + \frac{1}{2}\mathbf{V}_i^2 + gZ_i = vP_e + \frac{1}{2}\mathbf{V}_e^2 + gZ_e \tag{7.16}$$

이 식에 의하면 유동일(Pv)과 운동 에너지, 위치 에너지의 합은 유선을 따라 일정하다. 예를 들어 유체가 높은 곳으로 이동하면 그에 따라 운동 에너지 또는 압력의 감소가 있게 된다.

식 (7.13)을 응용하는 마지막 예로서, 6.7절에서 다루었던 이상기체 검사 질량에 대한 가역 폴리트로픽 과정을 다시 살펴보자. 위치 에너지와 운동 에너지의 변화가 없는 정상상태 과정에 대해서 다음 식들을 얻을 수 있다.

$$w = -\int_i^e v\,dP \quad \text{그리고} \quad Pv^n = \text{상수} = C^n$$

$$w = -\int_i^e v\,dP = -C\int_i^e \frac{dP}{P^{1/n}}$$

$$= -\frac{n}{n-1}(P_e v_e - P_i v_i) = -\frac{nR}{n-1}(T_e - T_i) \tag{7.17}$$

등온 과정이라면 $n = 1$이며 적분은 다음과 같다.

$$w = -\int_i^e v\,dP = -\text{상수}\int_i^e \frac{dP}{P} = -P_i v_i \ln\frac{P_e}{P_i} \tag{7.18}$$

이 경우에도 그림 6.10의 P-v와 T-s 선도를 이용하여 폴리트로픽 과정의 기울기를 나타낼 수 있다는 점에도 유의하라.

다음의 적분

$$\int_i^e v\,dP$$

을 계산한 결과는 식 (7.13)과 관련하여 운동 에너지와 위치 에너지의 변화를 무시할 수 없는 경우에 대해서도 이용할 수 있다.

예제 7.7

물 1 kg을 등엔트로피 과정으로 100 kPa, 30°C에서 5 MPa까지 가압하는 데 필요한 일을 구하라.

검사 체적: 펌프

입구 상태: P_i, T_i를 알고 있음; 상태 확정

출구 상태: P_e를 알고 있음

과정: 정상상태, 등엔트로피

해석

이 과정은 정상상태 가역 단열이며, 운동 에너지와 위치 에너지의 변화를 무시할 수 있다.

에너지 식: $h_i = h_e + w$

엔트로피 식: $s_i - s_e = 0$

풀이

P_e와 s_e를 알고 있으므로, 상태 e가 확정되어 h_e를 알 수 있으며, 에너지 식으로부터 w를 계산할 수 있다. 그러나 이 과정이 가역 정상 상태이며 운동 에너지와 위치 에너지의 변화가 무시할 정도로 작으므로 식 (7.14)도 유효하다. 더욱이 액체를 가압하므로 비체적 $v_i = 0.001004\ m^3/kg$ 표 (B.1.1)은 일정하다. 식 (7.14)는 다음과 같다.

$$-w = \int_i^e v\,dP = v(P_e - P_i) = 0.001\,004\ \mathrm{m^3/kg}\ (5000 - 100)\ \mathrm{kPa} = 4.92\ \mathrm{kJ/kg}$$

예제 7.8

노즐을 이용하여 물을 분사한다. 배관 압력이 300 kPa이고 물 온도가 20°C이다. 이상 노즐 출구에서 속도는 얼마인가?

해석

이 정상상태 단일 유동에서 일과 열전달이 없고, 비압축성 가역 과정이므로 Bernoulli 식을 적용한다.

$$vP_i + \frac{1}{2}\mathbf{V}_i^2 + gZ_i = vP_i + 0 + 0 = vP_e + \frac{1}{2}\mathbf{V}_e^2 + gZ = vP_0 + \frac{1}{2}\mathbf{V}_e^2 + 0$$

출구 운동 에너지는 다음과 같다.

$$\frac{1}{2}\mathbf{V}_e^2 = v(P_i - P_0)$$

풀이

유속을 구하기 위해 수증기표로부터 20°C에서 $v = v_f = 0.001002\ m^3/kg$(표 B.1.1)을 이용한다.

$$\mathbf{V}_e = \sqrt{2v(P_i - P_0)} = \sqrt{2 \times 0.001002\ \mathrm{m^3/kg}\ (300 - 100)\ \mathrm{kPa}\ 1000\ \mathrm{Pa/kPa}} = 20\ \mathrm{m/s}$$

개념점검

e. 정상상태 단일 유동에서 s는 일정하거나 증가한다. 이것이 맞는가?

f. 유동 장치의 입출구에서 압력이 같다. 축일이 이루어질 수 있는가?

g. $n = 0$인 폴리트로픽 과정은 어떤 기기인가?

7.4 엔트로피 증가의 원리

검사 질량에 대한 엔트로피 증가의 원리는 6.10절에서 다루었다. 같은 일반적인 결론을 검사 체적에 대해서도 얻는다. 이를 입증하기 위하여 그림 7.9와 같이 온 세상을 검사 체적 A와 주위(검사 체적 B)로 나누어 본다. 검사 체적 A에서 한 과정이 진행되어 질량 유동, 에너지 및 엔트로피 전달 등이 주위와 이루어진다고 가정한

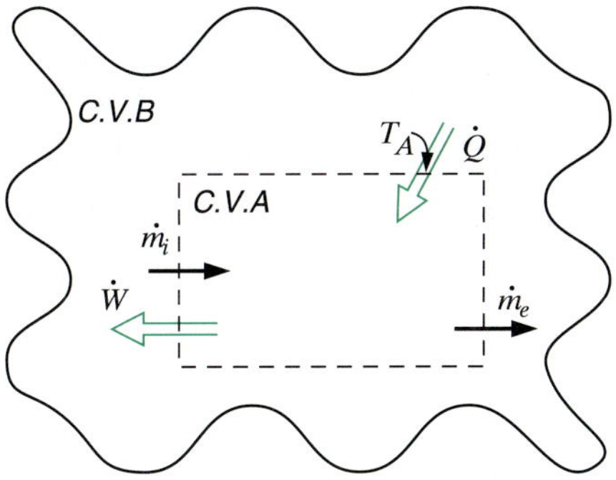

그림 7.9 » 검사 체적과 주위의 엔트로피 변화.

다. 검사 체적 A로 열이 전달되는 지점에서의 온도가 T_A이고, 이 온도는 검사 체적에서 멀리 떨어진 주위의 온도와 반드시 같지는 않다.

우선 두 검사 체적에 대한 엔트로피 균형식은 다음과 같다.

$$\frac{dS_{CV\,A}}{dt} = \dot{m}_i s_i - \dot{m}_e s_e + \frac{\dot{Q}}{T_A} + \dot{S}_{\text{gen }A} \tag{7.19}$$

$$\frac{dS_{CV\,B}}{dt} = -\dot{m}_i s_i + \dot{m}_e s_e - \frac{\dot{Q}}{T_A} + \dot{S}_{\text{gen }B} \tag{7.20}$$

모든 전달항은 검사면에서 계산한다. 두 엔트로피 균형식을 더하여 온 세상에 대한 순 엔트로피 변화율을 다음과 같이 구한다.

$$\begin{aligned}\frac{dS_{\text{net}}}{dt} &= \frac{dS_{CV\,A}}{dt} + \frac{dS_{CV\,B}}{dt} \\ &= \dot{m}_i s_i - \dot{m}_e s_e + \frac{\dot{Q}}{T_A} + \dot{S}_{\text{gen }A} - \dot{m}_i s_i + \dot{m}_e s_e - \frac{\dot{Q}}{T_A} + \dot{S}_{\text{gen }B} \\ &= \dot{S}_{\text{gen }A} + \dot{S}_{\text{gen }B} \geq 0\end{aligned} \tag{7.21}$$

여기서 모든 전달항은 소거되며, 두 검사 체적에 대한 양의 생성항만이 남게 된다. 주위에서 진행되는 과정이 없다면 해당 생성항은 0이다. 그러나 열전달이 표시 방향으로 있으려면 $T_B \geq T_A$이어야 한다. 즉 열전달이 유한한 온도차에 걸쳐 일어나므로 주위에서 비가역 과정이 발생한다(**외적 비가역 과정**). 이는 검사 체적 A의 내부에서 엔트로피가 생성되는 과정과 구별된다(**내적 비가역 과정**).

이러한 일반적인 검사 체적 해석을 통하여 우리는 검사 질량의 경우와 같은 결론—온 세상의 엔트로피(총엔트로피)는 증가하거나 일정하다[식 (7.21)로부터 $dS_{\text{net}}/dt \geq 0$]—을 얻는다. 이러한 결론을 만족시키는 과정만이 일어날 수 있다. 총엔트로피를 감소시키는 과정은 불가능하며 일어날 수 없다.

엔트로피 증가의 원리에 대하여 달리 설명할 수 있다. 온 세상의 각종 부분에 대하여 상태 변화를 살펴보고 식 (7.21)의 좌변의 시간 변화율을 계산하여 그 값이 양수임을 보일 수 있다. 이렇게 함으로써, 과정이 일어나는 검사 체적 및 그 과정에 영향을 받는 주변 대기에 한정하여 집중할 수 있다. 좌변은 저장항의 합산이므로 엔트로피가 어디서 만들어지는지는 알 수 없다. 따라서 검사 체적을 여러 개로 분리하여 해석하고 저장항과 전달항을 계산하여야 한다. 그러면 생성률을 식 (7.21)과 같은 평형식을 이용하여 구할 수 있으며 그 값은 양수이거나 최소한 0이어야 한다. 따라서 생성항의 합인 총엔트로피는 증가해야 하며, 분리된 각 검사 체적에서 엔트로피 생성 값도 양수 또는 최소한 0이어야 한다. 이러한 해석을 매우 작은(미소 dV) 검사 체적에 적용하면 국소적으로 엔트로피를 생성하는 과정만이 일어날 것이며, 국소적으로 엔트로피를 붕괴시키는 과정은 일어날 수 없다. 그러나 일부의 엔트로피는 바깥 방향으로의 열전달(또는 질량 전달)에 의해 감소할 수 있다.

즉 음의 저장항은 음의 전달항으로 설명할 수 있다.

엔트로피 증가의 원리를 더 예시하기 위해, 4.5절에서 다룬 다중 유동이 있는 정상상태 과정의 경우인 예제 7.5의 과열 제거기를 고려한다. 그림 7.5의 혼합실에는 두 개의 유입 유동과 하나의 유출 유동이 있다. 정상상태로 운전되고 있으며 축일이 없고, 운동 에너지와 위치 에너지를 무시한다. 이 경우에 에너지와 엔트로피 식은 다음과 같다.

$$\begin{aligned} &\text{에너지 식 (4.10):} \quad 0 = \dot{m}_1 h_1 + \dot{m}_2 h_2 - \dot{m}_3 h_3 + \dot{Q} \\ &\text{엔트로피 식 (7.2):} \quad 0 = \dot{m}_1 s_1 + \dot{m}_2 s_2 - \dot{m}_3 s_3 + \dot{Q}/T + \dot{S}_{\text{gen}} \end{aligned} \tag{7.22}$$

이전의 해석과 마찬가지로, 각 식을 $\dot{m}_3$로 나누고 질량 유량비율 $y = \dot{m}_1/\dot{m}_3$와 다른 유량비율 $1 - y = \dot{m}_2/\dot{m}_3$를 도입한다. 유동 출구에서 상태량은 다음과 같다.

$$h_3 = y h_1 + (1 - y)h_2 + \tilde{q} \tag{7.23}$$

$$s_3 = y s_1 + (1 - y)s_2 + \tilde{q}/T + \tilde{s}_{\text{gen}} \tag{7.24}$$

$$\tilde{q} = \dot{Q}/\dot{m}_3; \qquad \tilde{s}_{\text{gen}} = \dot{S}_{\text{gen}}/\dot{m}_3 \tag{7.25}$$

열전달이 없다면, 출구 엔탈피는 두 입구 엔탈피에 각 질량 유량비율을 가중치로 곱해 계산한 평균값이 된다. 그러나 출구 엔트로피는 두 입구 엔트로피에 각 질량 유량비율을 가중치로 곱해 계산한 평균값에 엔트로피 생성량을 더한 값이 된다. 엔트로피 생성량은 양수(최소 0)이므로 출구 엔트로피는 커지며, 그 결과로 순 엔트로피는 증가한다. 증가한 엔트로피는 주위에 저장된다.

밸브를 이용하여 유량을 제어하는 일반 장치에서는 비가역 스로틀링 과정 외에도 비가역 혼합이 발생하며 유한한 온도차에 의한 열전달이 일어날 수 있다.

예제 7.9

R-410A 포화 증기가 5°C로 가정용 중앙 공조 시스템의 비단열 압축기로 들어간다. 압축기를 지나는 냉매의 유량은 0.08 kg/s 이고 입력 전기 동력은 3 kW이다. 출구 상태는 65°C, 3000 kPa이다. 압축기에서 30°C의 대기로 열손실이 있다. 이 과정에 대한 엔트로피 생성률을 구하라.

검사 체적: 압축기, T_0의 대기까지 연장
입구 상태: T_i, x_i를 알고 있음; 상태 확정
출구 상태: P_e, T_e를 알고 있음; 상태 확정
과정: 정상상태, 단일 유동

해석

정상상태, 단일 유동, 위치 에너지와 운동 에너지의 변화는 무시한다.

에너지 식: $0 = \dot{Q}_{\text{c.v.}} + \dot{m}h_i - \dot{m}h_e - \dot{W}_{\text{c.v.}}$

엔트로피 식: $0 = \dot{m}(s_i - s_e) + \dfrac{\dot{Q}_{\text{c.v.}}}{T_0} + \dot{S}_{\text{gen}}$

풀이

R-410A 표 B.4로부터

$$h_i = 280.6\ \text{kJ/kg}, \qquad s_i = 1.0272\ \text{kJ/kg-K}$$
$$h_e = 307.8\ \text{kJ/kg}, \qquad s_e = 1.0140\ \text{kJ/kg-K}$$

에너지 식으로부터

$$\dot{Q}_{\text{c.v.}} = 0.08\ \text{kg/s}\ (307.8 - 280.6)\ \text{kJ/kg} - 3.0\ \text{kW} = 2.176 - 3.0 = -0.824\ \text{kW}$$

엔트로피 식으로부터

$$\begin{aligned}\dot{S}_{\text{gen}} &= \dot{m}(s_e - s_i) - \frac{\dot{Q}_{\text{c.v.}}}{T_0}\\ &= 0.08\ \text{kg/s}\ (1.0140 - 1.0272)\ \text{kJ/kg-K} - (-0.824\ \text{kW}/303.2\ \text{K})\\ &= -0.001\,06 + 0.002\,72 = +0.001\,66\ \text{kW/K}\end{aligned}$$

이 엔트로피 생성량은 주위 저장량과 같다.

주의: 이 과정에서 두 개의 엔트로피 생성원이 있다. 내부 비가역성은 R-410A(압축기) 안에서 일어나므로 과정과 관계가 있다. 외부 비가역성은 유한한 온도차에 의한 열전달과 관계가 있다. 열전달이 시작되는 지점에서 R-410A의 온도를 알지 못하므로 두 생성량을 분리하여 다룰 수 없다.

예제 7.10

견고한 단열 용기 안에 체적 2 m^3의 물이 100 kPa, 150°C 상태로 들어있다. 용기를 충전하기 위해 밸브를 열어 수증기가 400 kPa, 200°C 상태로 흐르는 관으로부터 들어온다. 유동이 멈춘 후에 밸브를 닫는다. 최종 질량과 온도, 이 과정의 생성 엔트로피를 구하라.

해석:

검사체적: 용기 + 밸브 (그림 7.10), 질량이 유입되는 과도 과정

연속 방정식:	$m_2 - m_1 = m_i$
에너지 식:	$m_2u_2 - m_1u_1 = m_ih_i = (m_2 - m_1)h_i$
엔트로피 식:	$m_2s_2 - m_1s_1 = m_is_i + {}_1S_{2\text{gen}}$
과정:	견고한 용기 $V = C$, ${}_1W_2 = 0$, 단열 ${}_1Q_2 = 0$

풀이

상태 1:	(P, T) 표 B.1.3	$v_1 = 1.936\,36\text{m}^3/\text{kg}$,	$u_1 = 2582.75$ kJ/kg,
		$s_1 = 7.6133$ kJ/kg-K	
상태 i:	(P, T) 표 B.1.3	$h_i = 2860.51$ kJ/kg,	$s_i = 7.1706$ kJ/kg-K
상태 2:	$(P_2 = \text{P}_{\text{line}}, ?)$	한 개의 미지 상태량 (예: T_2)	

두 상태 1과 2에 대해 $m = V/v$ 이므로 에너지 식을 정리하면 다음과 같다.

$$(V/v_2)(u_2 - h_i) = m_1u_1 - m_1h_i = (V/v_1)(u_1 - h_i)$$

이 식에 알고 있는 상태량 값을 대입하고 v_1/V 항을 곱하면

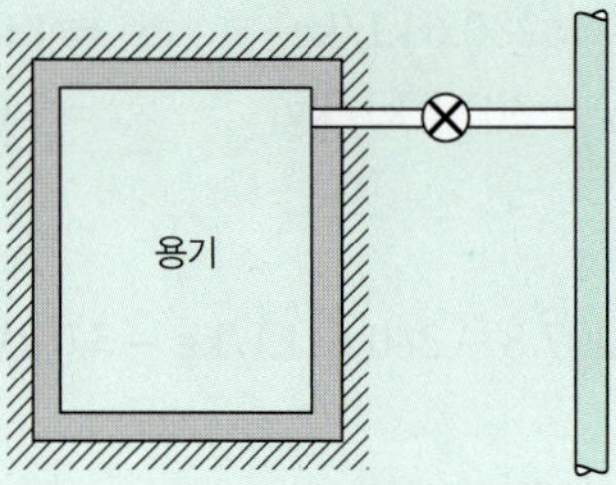

그림 7.10

$$\text{LHS} = \frac{1.936\,36\,\text{m}^3/\text{kg}}{v_2}\left(u_2 - 2860.51\,\frac{\text{kJ}}{\text{kg}}\right) = (2582.75 - 2860.51)\,\frac{\text{kJ}}{\text{kg}} = -277.76\,\frac{\text{kJ}}{\text{kg}}$$

미지수는 예를 들어 T_2 하나이므로 이 에너지 식을 시행착오법으로 풀 수 있다.

T_2를 300°C로 가정하면: $u_2 = 2804.81\,\text{kJ/kg}, v_2 = 0.654\,84\,\text{m}^3/\text{kg}$, LHS $= -164.7\,\text{kJ/kg}$

T_2를 250°C로 가정하면: $u_2 = 2726.11\,\text{kJ/kg}, v_2 = 0.595\,12\,\text{m}^3/\text{kg}$, LHS $= -437.3\,\text{kJ/kg}$

이 온도 구간에서 선형 내삽법을 적용하면: $T_2 = 279.3°\text{C}, u_2 = 2772.2\,\text{kJ/kg}, v_2 = 0.6301\,\text{m}^3/\text{kg}$,
$s_2 = 7.4884\,\text{kJ/kg-K}$, LHS $= -271\,\text{kJ/kg}$이 되므로 충분한 결과를 얻는다.

$$m_1 = V/v_1 = 1.0329\,\text{kg}, m_2 = V/v_2 = 3.1742\,\text{kg}, m_i = m_2 - m_1 = 2.1413\,\text{kg}$$

생성 엔트로피는 다음과 같다.

$$\begin{aligned} {}_1S_{2\text{gen}} &= m_2 s_2 - m_1 s_1 - m_i s_i \\ &= (3.1742 \times 7.4884 - 1.0329 \times 7.6133 - 2.1413 \times 7.1706)\,\text{kJ/K} = 0.5515\,\text{kJ/K} \end{aligned}$$

7.5 공학 응용—에너지 보존과 장치 효율

현대의 공학 응용에서 에너지를 다룰 때는 지속 가능한 운전과 에너지 보존을 중점적으로 고려한다. 일이 관련되는 모든 에너지 변환 과정의 설계와 운전에서 목표는 터빈과 팽창기의 출력일 최대화 및 펌프와 압축기의 입력일 최소화다. 여기서 우리가 간단하게 살펴볼 것은 일이 관련되는 과정에서 정상유동 압축성 물질을 사용할 때, 일으킬 수 있는 변화다. 일은 식 (7.14)로 나타낸 축일이다.

일의 크기는 비체적에 좌우되므로, 과정을 조정하여 장치가 일을 할 때는 비체적을 크게 하고, 장치에 일을 공급할 때는 비체적을 작게 한다. 비체적을 크게 하려면 유동을 가열하고, 비체적을 작게 하려면 유동을 냉각한다. 이것이 압축 과정 이전이나 압축 과정 동안 물질을 냉각하거나, 터빈에서 팽창 과정 전에 가열하는 이유다. 같은 과정에서 일과 열을 동시에 전달하는 것은 어려우므로 종종 이 과정들을 순차적으로 진행시킨다.

그림 7.11의 2단 압축기에는 중간냉각기가 단 사이에 있다. 유동을 P_1에서 P_2까지 압축하고, 정압으로 냉각한 후, 목표하는 출구 압력 P_4까지 압축한다. 전 과정을 그림 7.12에 1-2-3-4로 나타내었다. 과정 왼쪽의 그리고 아래의 면적이 각각 압축일 (P-v)과 열전달량 (T-s)이다. 이와 같이 배치된 장치에서 총 압축기일은 P-v 선도에 동시에 나타낸 바와 같이 1단 압축 과정 1-2-b와 비교하면 면적 2-b-4-3-2(음영 부분)만큼 감소한다.

에너지를 절약하는 또 다른 방법으로 압축 전에 물질의 온도를 낮추는 것이 있다(상태 1을 상태 a로 이동함). 이를 위해 능동 냉각(active cooling)을 하거나 흡입구를 저온부로 옮길 수 있다. 실제 압축 과정을 이상기체의 폴리트로픽 과정으로 나타낼 수 있다고 가정하면, 식 (7.17)로부터 다음을 얻는다.

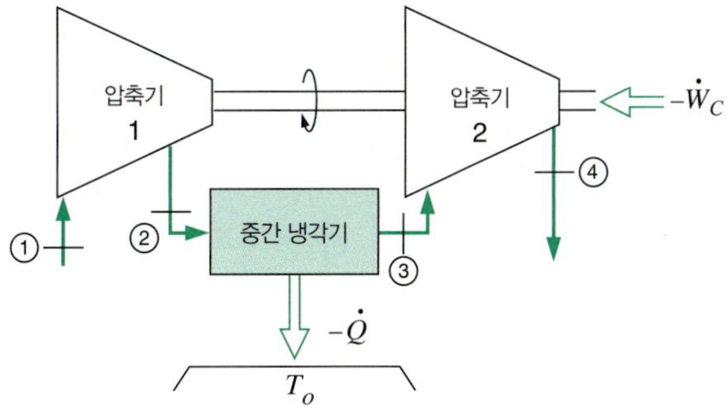

그림 7.11 »

$$w = \frac{nR}{1-n}(T_e - T_i) = \frac{nR}{1-n}T_i(T_e/T_i - 1) = \frac{nR}{1-n}T_i\left[(P_e/P_i)^{(n-1)/n} - 1\right] \tag{7.26}$$

따라서 입구 온도가 5% 낮아지면 일도 5% 감소한다.

같은 계산을 터빈과 팽창기에도 적용할 수 있다. 이 장치들의 목적은 일을 얻는 것이다. 이 경우에 과정은 압축 과정과 정반대다. 입구는 그림 7.12의 상태 4이고 출구는 상태 1이다. 중간 냉각기는 **재열기**가 되며, 상태 3에서 상태 2로 가열하여 비체적을 크게 한다. 일은 1단 터빈과 비교하면 면적 3-2-1-a-3 만큼 커진다. 만약 입구 온도 T가 상태 4에서 상태 b로 올라가면 출력일이 커진다. 이는 식 (7.26)의 일에 대한 표현식을 통해서도 알 수 있다. 예를 들면, 지열 수증기의 온도를 천연가스 버너로 올린 후에 증기터빈에서 팽창시키는 것이다.

과정에 변화를 일으켜 일과 관련된 장치의 가치를 올리는 방법을 열교환기 과정에도 적용할 수 있다. 즉, 열교환기 과정을 잘 배치하여 열원의 온도와 어울리게 하는 것이다. 그 결과로 열원과 작동유체 사이의 온도차가 과정 중에 최소화되므로 생성 엔트로피가 최소화된다. 이렇게 특정 방열원과 흡열원을 과정과 어울리게 하는 방법은 현대의 **대체** 에너지 시스템 및 **지속가능** 에너지 시스템 분야에서 개발하는 내용의 일부다.

5장에서는 열역학 제2법칙에 근거해서 열기관 사이클의 열효율의 개념을 얻었다.

$$\eta_{\text{th}} = \frac{W_{\text{net}}}{Q_H}$$

여기서 W_{net}는 사이클의 순일이며 Q_H는 고온 저장조로부터 전달된 열이다. 이 효율은 에너지 변환 효율이며, 여러 과정으로 구성된 사이클의 운전 성능을 측정하는 척도다.

이 장에서는, 대부분 정상 상태로 운전되는 유동 장치들을 주로 다루고 있다. 실제 장치의 성능을 측정하기 위해 같은 용도의 가역 장치와 비교한다.

비교 대상인 가역 장치는 일반적으로 실제 장치에 가장 가깝게 되도록 하며, 입구 조건이 같도록 한다. 압력차를 이용하는 장치 혹은 압력을 높이는 장치와 비교할 가역 장치는 같은 고저 압력 사이에서 작동하도록 한다. 대표적인 예로 터빈과 펌프, 압축기, 노즐, 디퓨저 등이 있다. 추가로 단열 과정을 가정한다. 즉, 이들 장치를 사용하는 목적은 열전달이 아니다. 따라서 이상 터빈 과정은 그림 7.13에 나타낸 바와 같이 상태 i에서 상태 e_s로 가는 과정이며, 실제 터빈 과정은 비가역이므로 실제 출구 상태 e에서 엔트로피가 더 크게 된다. 그림 7.13은 증기 터빈에 대한 전형적인 상태를 나타낸다. 상태 e_s는 2상 영역에 있고, 상태 e는 2상 영역

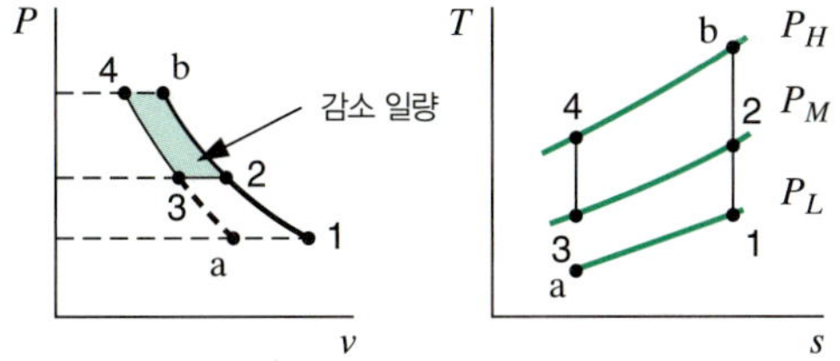

그림 7.12 » 압축단 사이의 중간 냉각에 의한 감소 일량과 과정을 나타내는 선도.

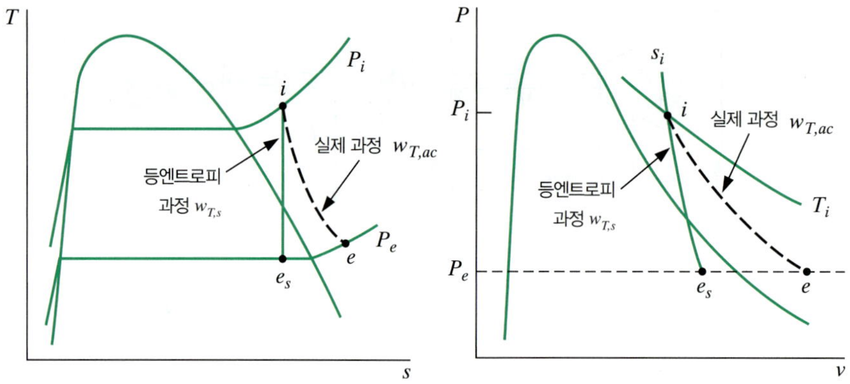

그림 7.13 ▸ 가역 단열 증기 터빈 과정과 실제 터빈 과정.

또는 과열 증기 영역에 있다. 이는 실제 과정의 비가역성의 정도에 의해 좌우된다. i에서 e로의 실제 과정에서의 일을 $w_{T,\,ac}$라 하고, 같은 P_i, T_i에서 같은 P_e로의 이상 등엔트로피 과정에서의 일을 $w_{T,\,s}$라 하면 **터빈 효율**(efficiency of turbine)은 다음과 같이 정의된다.

$$\eta_{\text{turbine}} = \frac{w_{T,ac}}{w_{T,s}} = \frac{h_i - h_e}{h_i - h_{es}} \tag{7.27}$$

동일한 정의를 가스 터빈에도 적용할 수 있다. 이 경우 모든 상태는 기체상에 있다. 전형적인 터빈 효율은 0.70~0.88이며, 대개 대형 터빈이 소형 터빈보다 효율이 높다.

예제 7.11

압력 1 MPa, 온도 300℃의 수증기가 증기 터빈으로 들어가서 15 kPa로 나온다. 터빈의 출력일을 측정하였더니 터빈을 통과하는 수증기 1 kg당 600 kJ이었다. 터빈 효율을 구하라.

검사 체적: 터빈, 정상 상태, 단열을 가정함
입구 상태: P_i, T_i를 알고 있음; 상태 확정
출구 상태: P_e를 알고 있음

↘ 해석

터빈 효율은 식 (7.27)과 같다.

$$\eta_{\text{turbine}} = \frac{w_{T,ac}}{w_{T,s}}$$

터빈 효율을 계산하려면 주어진 입구 상태와 출구 압력 사이의 등엔트로피 과정에서 일을 구해야 한다. 이 등엔트로피 과정에 대하여 다음과 같다.

$$\text{에너지 식:}\quad h_i = h_{es} + w_{T,s}$$
$$\text{엔트로피 식:}\quad s_i = s_{es}$$

↘ 풀이

입구 상태: (T, P) 표 B.1.3 $h_i = 3051.2\ \text{kJ/kg}$, $s_i = 7.1228\ \text{kJ/kg-K}$

$P_e = 15$ kPa일 때

$$s_{es} = s_i = 7.1228 \text{ kJ/kg-K} = (0.7548 + x_{es}7.2536) \text{ kJ/kg-K}$$
$$x_{es} = 0.8779$$
$$h_{es} = 225.9 + 0.8779 \times 2373.1 \text{ kJ/kg} = 2309.3 \text{ kJ/kg}$$

등엔트로피 과정에 대한 에너지 식으로부터

$$w_{T,s} = h_i - h_{es} = 3051.2 - 2309.3 = 741.9 \text{ kJ/kg}$$

이다. 그러나 $w_a = 600 \text{ kJ/kg}$ 이므로

$$\eta_{\text{turbine}} = \frac{w_{T,ac}}{w_{T,s}} = \frac{600}{741.9} = 0.809 = 80.9\%$$

이다. 이 예제에서 터빈 출구에서 수증기의 실제 상태 e를 구하려면 실제 과정을 분석해야 한다. 실제 과정에 대하여

$$h_i = h_e + w_{T,ac} \quad \text{그리고} \quad s_e > s_i$$

이므로 실제 과정에 대한 에너지 식으로부터 다음과 같다.

$$h_e = 3051.2 - 600 = 2451.2 \text{ kJ/kg}$$
$$2451.2 = 225.9 + x_e 2373.1 \quad \Rightarrow \quad x_e = 0.9377$$

앞서 했던 논의와 터빈 효율의 정의를 응용하여, 압축기 또는 펌프를 살펴보자. 입구 유동의 상태는 P_i, T_i이고, 출구 유동의 압력은 목표 값인 P_e다. 압력을 높이는 것이 압축기를 사용하는 목적이다. 따라서 주어진 입구 상태 i와 출구 압력 사이의 이상 과정은 그림 7.14에 나타낸 바와 같이 상태 i와 상태 e_s 사이의 등엔트로피 과정이며 입력일은 $w_{C,s}$이다. 그러나 실제 과정은 비가역이며 유체는 엔트로피가 더 큰 실제 상태 e로 배출되고, 더 큰 입력일 $w_{C,ac}$가 필요하다. **압축기**(또는 액체의 경우, 펌프) **효율**(compressor efficiency)은 다음과 같이 정의한다.

$$\eta_{\text{comp}} = \frac{w_{C,s}}{w_{C,ac}} = \frac{h_i - h_{es}}{h_i - h_e} \tag{7.28}$$

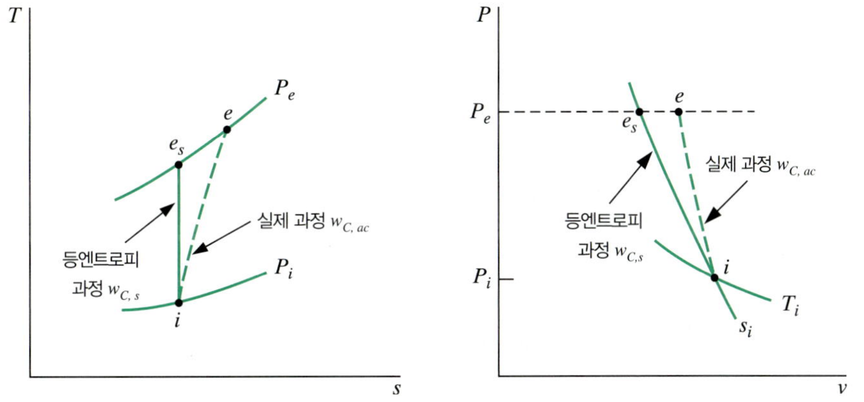

그림 7.14 ▸▸ 이상 및 실제 단열 압축기의 압축 과정.

전형적인 압축기 효율은 0.70~0.88이며, 대형 압축기가 소형 압축기보다 효율이 높다.

압축 과정 동안 물 재킷(water jacket)이나 방열 핀(fin)으로 기체를 냉각한다면, 이상적인 과정은 가역 등온이다. 가역 등온 과정의 입력일 $w_{C,T}$를 실제 압축기에 필요한 큰 일 w와 비교하여, 냉각식 압축기의 효율을 다음과 같이 정의한다.

$$\eta_{\text{cooled comp}} = \frac{w_{C,T}}{w_{C,ac}} \tag{7.29}$$

예제 7.12

자동차용 과급기로 공기가 100 kPa, 300 K로 들어가서 150 kPa까지 압축된다. 효율은 70%이다. 공기 단위 질량당 입력일이 얼마나 필요한가? 출구 온도는 얼마인가?

검사 체적: 과급기(압축기), 정상 상태, 단열을 가정

입구 상태: P_i, T_i를 알고 있음; 상태 확정

출구 상태: P_e를 알고 있음

해석

터빈 효율은 70%이며 식 (7.28)에 의해 다음과 같다.

$$\eta_{\text{comp}} = \frac{w_{C,s}}{w_{C,ac}}$$

실제 압축기 에너지 식: $h_i = h_e + w_{C,ac}$, $\quad w_{C,ac} = C_{p0}(T_i - T_e)$

이상 압축기 에너지 식: $h_i = h_{es} + w_{C,s}$, $\quad w_{C,s} = C_{p0}(T_i - T_{es})$

엔트로피 식 $s_{es} = s_i$

$$\frac{T_{es}}{T_i} = \left(\frac{P_e}{P_i}\right)^{(k-1)/k}$$

풀이

등엔트로피 과정에 대한 엔트로피 식 $s_{es} = s_i$로부터

$$T_{es} = T_i(P_e/P_i)^{(k-1)/k} = 300\text{ K}\left(\frac{150}{100}\right)^{0.286} = 336.9\text{ K}$$

이다. 등엔트로피 과정에 대한 에너지 식으로부터

$$w_{C,s} = 1.004\text{ kJ/kg-K }(300 - 336.9)\text{ K} = -37.1\text{ kJ/kg}$$

이므로 실제 입력일은 효율을 이용하여

$$w_{C,ac} = -37.1\text{ kJ/kg}/0.70 = -53.0\text{ kJ/kg}$$

이다. 실제 과정에 대한 에너지 식으로부터 과급기 출구에서 온도는 다음과 같다.

$$T_e = 300\text{ K} - \frac{-53.0}{1.004}\,\frac{\text{kJ/kg}}{\text{kJ/kg-K}} = 352.8\text{ K}$$

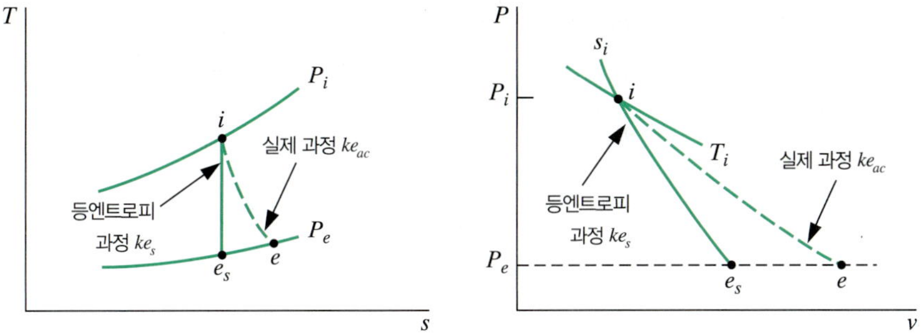

그림 7.15 ▸▸ 단열 노즐에서의 이상 과정 및 실제 과정.

마지막 예는 노즐(nozzle) 효율이다. 4.4절에서 설명한 바와 같이, 노즐의 목적은 유체의 압력을 이용하여 고속 유체 유동, 즉 큰 운동 에너지를 얻는 것이다. 터빈과 마찬가지로 설계 변수는 P_i, T_i, P_e이다. 노즐은 보통 단열로 간주하므로, 그림 7.15에 나타낸 바와 같이 이상 과정은 상태 i에서 상태 e_s로의 등엔트로피 과정이며, 이 경우 출구 속도는 $\mathbf{V}_{es}$이다. 실제 과정은 비가역이며, 출구 상태 e에서 엔트로피가 크고 출구 속도 $\mathbf{V}_e$는 작다. **노즐 효율**(nozzle efficiency)은 운동 에너지를 이용하여 다음과 같이 정의한다.

$$\eta_{\text{nozz}} = \frac{\mathbf{V}_e^2/2}{\mathbf{V}_{es}^2/2} \tag{7.30}$$

노즐은 단순한 장치로 운동부가 없다. 그 결과, 노즐 효율은 보통 0.90~0.97로 매우 높다.

요약하면, (사이클이 아닌) 과정을 수행하는 장치의 효율을 결정하기 위하여 실제 과정의 성능과, 그와 관련되어 잘 정의된(well-defined) 이상적인 과정의 성능을 비교한다.

주요 개념과 공식

엔트로피 시간변화율 식: 변화율 = +유입률 − 유출률 + 생성률

$$\dot{S}_{C.V.} = \sum \dot{m}_i s_i - \sum \dot{m}_e s_e + \sum \frac{\dot{Q}_{C.V.}}{T} + \dot{S}_{\text{gen}} \tag{7.2}$$

정상상태 단일유동:

$$s_e = s_i + \int_i^e \frac{dq}{T} + s_{\text{gen}} \tag{7.8}$$

가역 축일:

$$w = -\int_i^e v\,dp + \frac{1}{2}\mathbf{V}_i^2 - \frac{1}{2}\mathbf{V}_e^2 + gZ_i - gZ_e \tag{7.13}$$

가역 열전달:

$$q = \int_i^e T\,ds = h_e - h_i - \int_i^e v\,dp \quad \text{(Gibbs 관계식으로부터)}$$

Bernoulli 식 (v = 일정):

$$v(P_i - P_e) + \frac{1}{2}\mathbf{V}_i^2 - \frac{1}{2}\mathbf{V}_e^2 + gZ_i - gZ_e = 0 \tag{7.16}$$

폴리트로픽 과정 일:

$$n \neq 1:\ w = -\frac{n}{n-1}(P_e v_e - P_i v_i) = -\frac{nR}{n-1}(T_e - T_i) \tag{7.17}$$

$$n = 1:\ w = -P_i v_i \ln\frac{P_e}{P_i} = -RT_i \ln\frac{P_e}{P_i} = RT_i \ln\frac{v_e}{v_i} \tag{7.18}$$

축일 $w = -\int_i^e v\,dP$ 그리고 이상기체일 경우 (7.26)

$$w_C = -w = \frac{nR}{n-1}(T_e - T_i) = \frac{nR}{n-1}T_i[(P_e/P_i)^{(n-1)/n} - 1]$$

w_C는 양의 입력일

등엔트로피 효율:

$$\eta_{turbine} = w_{T,\,ac}/w_{T,\,s} \qquad w_{T,\,ac} \text{ 출력} \tag{7.27}$$

$$\eta_{compressor} = w_{C,\,s}/w_{C,\,ac} \qquad w_{C,\,ac} \text{ 입력} \tag{7.28}$$

$$\eta_{pump} = w_{P,\,s}/w_{P,\,ac} \qquad w_{P,\,ac} \text{ 입력} \tag{7.28}$$

$$\eta_{nozzle} = \Delta\frac{1}{2}\mathbf{V}_{ac}^2/\Delta\frac{1}{2}\mathbf{V}_s^2 \qquad \Delta\frac{1}{2}\mathbf{V}_{ac}^2 \text{ 출력} \tag{7.30}$$

개념학습용 문제

7.1 가역단열 유동과정의 질량 요소를 따라가면서 관찰하면 상태는 어떻게 변하는가?

7.2 개념 점검 항목 e의 서술이 참이 되는 것은 어떤 과정에서인가?

7.3 가역 정상유동 과정에서 운동 에너지와 위치 에너지를 무시할 수 있다(그림 P7.3). 엔탈피 변화($h_e - h_i$), w, q의 부호를 말하라.

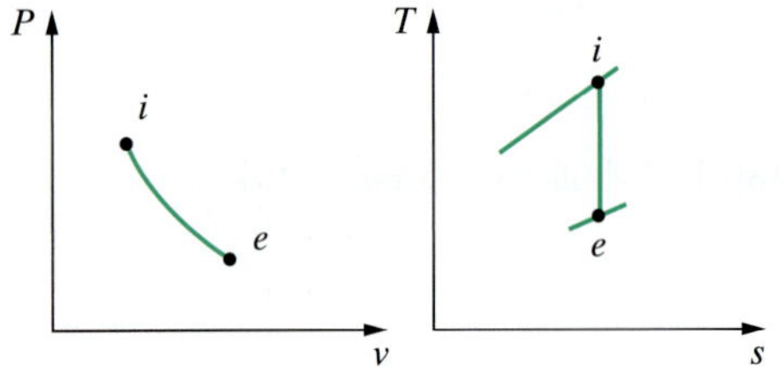

그림 P7.3

7.4 공기의 가역 정상유동 과정에서 운동 에너지와 위치 에너지를 무시할 수 있다(그림 P7.4 참조). 엔탈피 변화 $h_e - h_i$), w, q의 부호를 말하라.

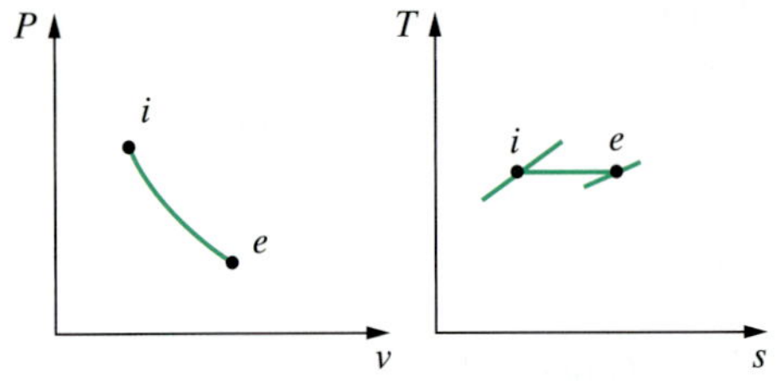

그림 P7.4

7.5 가역 정상 등압 유동에 5 kW의 열이 가해진다. 운동 에너지와 위치 에너지의 변화를 무시한다. 일전달량은 얼마인가?

7.6 공기 압축기에서 외부로 상당한 열전달이 있다(예제 7.4에서 열전달이 없다면 온도가 얼마나 올라갈지 생각해보라). 열전달은 이득인가 아니면 압축기를 단열해야 하는가?

7.7 수증기가, 완전 단열된 실제 터빈에서 팽창한다. 입구 조건과 비교하여 터빈 출구에서 수증기의 엔트로피는 증가 또는 감소하는가, 아니면 일정한가?

7.8 펌프에서 일어나는 액체 물의 비가역 단열 유동에서는 출구 P가 입구보다 높다. 출구 T는 높은가 낮은가?

7.9 물펌프에서 가압에 필요한 축일은 같은 압력을 올리는 데 필요한 공기 압축기 축일보다 작다. 그 이유는 무엇인가?

7.10 용기에 500 kPa, 300 K의 공기가 들어 있다. 밸브를 열어 공기가 100 kPa, 300 K의 외부로 유출된다. 배출되는 공기의 상태가 어떻게 변화하는가?

7.11 입출구 압력이 주어진 경우에 터빈 출력을 올리려면 입구 상태를 어떻게 바꾸어야 하는가?

7.12 두 개의 단열 증기터빈 A와 B의 입구 상태와 출구 압력이 같다. 터빈 A의 등엔트로피 효율이 B의 효율보다 높다. 어느 터빈의 엔트로피 생성량이 더 큰가? 근거는 무엇인가?

과제용 문제

정상상태 가역 단일유동 과정

7.13 터빈으로 10 MPa, 800°C의 수증기가 유입된다. 출구 압력은 800 kPa이다. 터빈은 단열이라고 가정하며 운동 에너지는 무시한다. 이 과정이 가역이라면, 출구 온도와 단위 질량당 일은 얼마인가? 과정을 P-v 선도와 T-s 선도에 나타내어라.

7.14 응축기로 −20°C, 건도 80%의 R-410A가 들어와서 −20°C 포화액체로 나간다. 이 냉각 과정을 가역이라고 가정한다. 엔트로피식으로부터 단위질량당 열전달량을 구하라.

7.15 제트 기관의 노즐로 운동 에너지를 무시할 수 있는 1200 K, 150 kPa의 공기가 유입된다. 출구 압력은 80 kPa이며 과정은 가역 단열이다. 300 K에서의 일정 비열을 이용하여 출구 속도를 구하라.

7.16 디퓨저는 정상상태 장치이며, 고속 유체를 감속하여 압력을 높인다. 120 kPa, 30°C의 공기가 200 m/s로 디퓨저로 들어가 20 m/s로 나온다. 가역 단열 과정을 가정한다. 공기의 출구 압력과 온도는 얼마인가?

7.17 열펌프의 작동유체가 R-134a이다. 압축기로 150 kPa, −10°C의 R-134a가 0.1 kg/s의 유량으로 들어가서 단열과정으로 1 MPa까지 압축된다. 압축기 구동에 필요한 입력동력을 계산하라. 과정은 가역이라고 가정한다. 과정을 *P-v* 선도와 *T-s* 선도에 나타내어라.

7.18 질소가스가 관에서 500 kPa, 200°C, 속도 10 m/s로 흐르고 있다. 질소가스를 노즐에서 팽창시켜 300 m/s의 속력을 얻는다. 질소는 비열이 일정한 이상기체로 가정한다. 출구 압력과 노즐의 단면적을 결정하라. 질량유량은 0.15 kg/s이고 팽창은 가역단열이다.

7.19 가역 등온 팽창기(열전달이 있는 터빈)에서 3 MPa, 40°C의 이산화탄소가 들어가서 1 MPa, 40°C로 나온다. 엔트로피 식에서 단위 질량당 열전달량을, 에너지 식에서 단위 질량당 일을 구하라. 이산화탄소는 비열이 일정한 이상기체라고 가정한다.

7.20 팽창기로 2000 kPa, 300 K의 공기 0.5 kg/s가 들어와서 400 kPa, 300 K 상태로 나간다. 이 과정은 가역 등온이다. 열전달률과 일률을 구하라. 위치 에너지와 운동 에너지는 무시한다.

7.21 상용 냉동기의 압축기에서 −5°C, 건도가 1인 R-410A가 들어간다. 출구에서 압력은 2000 kPa이고, 가역 단열 과정을 가정한다. 운동 에너지를 무시하고, 출구 온도와 단위 질량당 일을 구하라.

7.22 가역 단열 압축기로 280 K, 100 kPa의 수소가스 유동을 압력 1000 kPa까지 압축한다. 출구 유동의 온도와 단위질량당 입력일을 구하라.

7.23 −45°C, 60 kPa의 대기가 제트 엔진의 전면 디퓨저로 들어간다(그림 P7.23). 디퓨저의 속도는 900 km/h이고 유동 면적은 1 m^2이다. 단열 디퓨저 출구에서 속도는 20 m/s이다. 과정은 가역이고, 일정 비열을 가정한다. 디퓨저 출구 온도와 가능한 최대 압력을 구하라. 과정을 *P-v* 선도와 *T-s* 선도에 나타내어라.

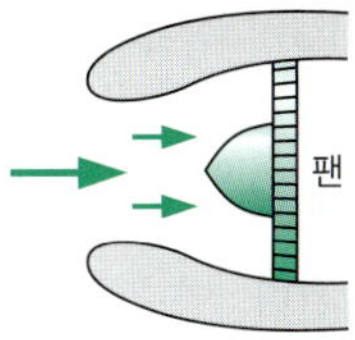

그림 P7.23

7.24 문제 7.30과 유사한 장치에서 150°C, 125 kPa의 고온 토출 공기 2 kg/s가 열기관으로 열을 공급한다. 열교환기 출구에서 공기 온도는 50°C이다. 열기관은 290 K의 주위 대기로 열을 방출한다. 이 열기관의 가능한 최대 출력 동력을 구하라. 일정 비열을 가정한다.

7.25 터빈으로 800 kPa, 1200 K의 공기가 들어가서 가역단열 과정으로 100 kPa까지 팽창한다. 출구 온도와 단위질량당 출력일을 표 A.7을 이용하여 계산하라. 표 A.5의 일정 비열을 이용하여 다시 계산하라.

7.26 가역 정상상태 장치로 400 K, 450 kPa의 공기 1 kg/s가 들어가서 600 K, 100 kPa로 나온다. 800 kW의 열이 1000 K의 저장조에서 더해지고 100 kW의 열이 350 K에서 나가며, 일부의 열이 500 K에서 전달된다. 500 K에서의 열전달률과 생산되는 일률(동력)을 구하라.

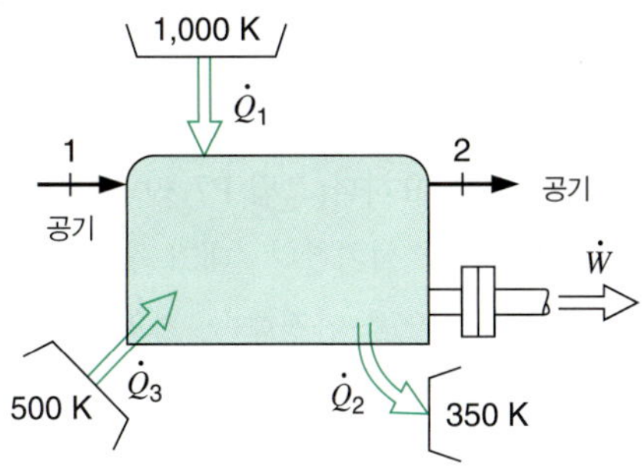

그림 P7.26

다중 장치 및 사이클

7.27 증기 동력 발전소의 터빈에서 3000 kPa, 500°C의 수증기가 4 kg/s로 유입된다. 유동의 25%가 1000 kPa에서 추출되어 급수 가열기로 들어가고, 나머지는 200 kPa에서 배출된다. 터빈에서의 팽창은 가역단열이다. 두 곳의 출구 온도와 터빈 출력 동력을 구하라.

7.28 20°C, 100 kPa 상태의 공기를 200 kPa까지 가역단열 압축한 후, 이상 노즐에서 100 kPa까지 팽창시킨다. 두 과정은 어떤 과정인가? 압축 후 공기 온도는 얼마인가? 노즐 출구에서 속력은 얼마인가? 일정 비열을 가정하고, 입구 속력은 매우 느리다고 가정한다.

7.29 두 공기 유동의 압력이 200 kPa이고 각각 1 kg/s, 400 K와 2 kg/s, 290 K의 상태에 있다. 두 공급관 사이에 있는 다수의 이상 열기관을 통하여 고온 유동관에서 저온 유동관으로 에너지가 전달된다. 병행류 열교환기에서와 마찬가지로 두 유동의 출구 온도가 같다. 모든 과정이 가역일 때 출구 온도와 열기관의 총 출력 동력을 구하라.

7.30 그림 P7.30와 같이 열펌프는 일을 입력 받아 T = 20°C인 주위의 열을 제거한다. 이 열펌프는 20°C, 500 kPa 상태의 R-410A 유동 2 kg/s을 60°C까지 정압 가열한다. 모든 과정을 가역이라고 가정한다. 열펌프의 입력동력과 R-410A로 전달되는 열전달률을 구하라. 결과적으로 COP가 매우 높은 이유는?

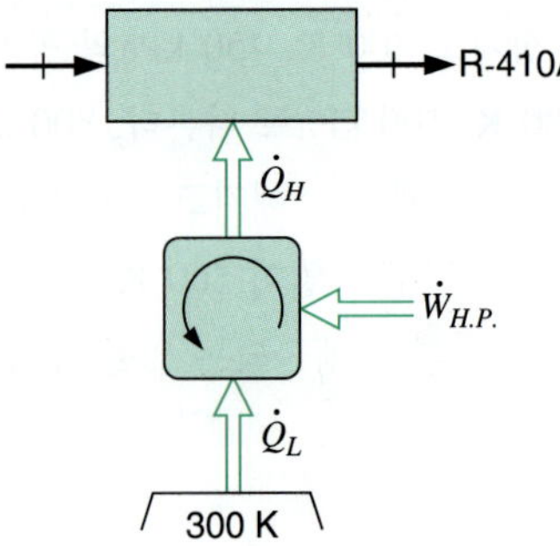

그림 P7.30

7.31 어떤 산업 공정에서 500 kPa, 최고 온도 30°C의 압축 공기 0.5 kg/s가 필요하다(그림 P7.39). 이를 위하여 압축기와 후냉각기를 설치한다. 대기 상태는 100 kPa, 20°C이다. 일정 비열을 가정한다. 가역 압축기의 구동 동력과 후냉각기의 열방출률을 구하라.

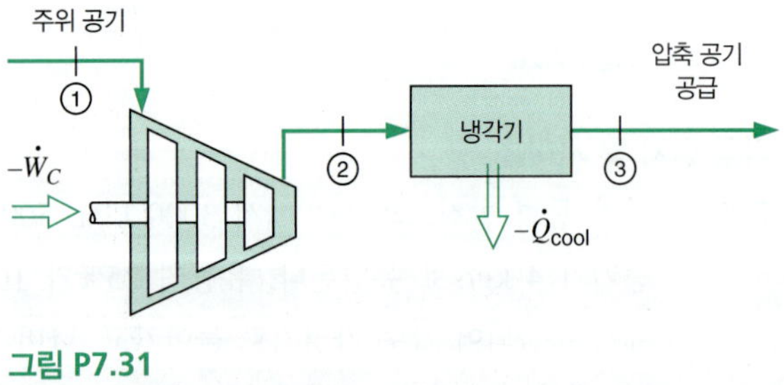

그림 P7.31

7.32 소형 터빈이 700°C, 2 MPa의 수증기를 공급받아 150 kW의 일을 한다. 토출된 유체는 10 kPa의 열교환기(응축기)를 거쳐 포화 액체로 배출된다. 터빈은 가역단열이다. 단위질량당 터빈 일과 열교환기에서의 열전달량을 구하라. 전 과정을 T-s 선도에 나타내어라.

7.33 그림 7.8의 동력 발전소에서 $P_1 = P_4 = 20$ kPa, $T_1 =$ 40°C이고 $P_2 = P_3 = 15$ MPa, $T_3 = 600$°C이다. 펌프와 터빈의 단위질량당 일을 구하고 출구 상태를 결정하라.

과도 가역 유동 과정

7.34 높이 10 m, 단면적 2 m^{2}인 물탱크가 탑 위에 설치되어 있다. 물탱크의 바닥은 지상 5 m에 위치하며, 상부는 대기에 노출되어 있다. 초기에 이 탱크는 비어있다. 펌프를 이용하여, 지면에 위치한 작은 연못으로부터 주위 T = 17°C, 100 kPa 상태의 물을 탱크에 공급하여 채운다. 가역 과정을 가정하고 총 펌프일을 구하라.

7.35 체적 0.5 m^{3}의 용기에 300 K, 150 kPa의 이산화탄소(이상기체)가 들어 있다. 이 용기에 300 K, 150 kPa의 이산화탄소를 압축기로 추가 공급하여 용기의 최종 압력이 450 kPa이 되었다. 전 과정을 가역 단열로 가정한다. 비열은 일정하다. 용기 안의 최종 질량과 온도 및 필요한 압축기 일을 구하라.

7.36 단열 용기에 들어 있는 120°C, 4 MPa의 R-410A를 터빈으로 흘려보낸다. 터빈의 배압은 800 kPa이다. 이 유동은 용기 압력이 최종적으로 800 kPa이 될 때까지 계속된다. 초기 질량이 1 kg이었다면 용기에 남아 있는 질량은 얼마인가? 가역 과정을 가정하면 터빈 일은 얼마인가?

7.37 단열 압축기로 들어오는 5°C 건도 96.5%의 R-134a를 가역 과정을 거쳐 3 MPa까지 압축하여 관으로 공급한다. 초기에 비어있는 2 m^{3}의 단열 용기를 이 관을 통해 들어오는 3 MPa의 R-134a로 채운다. 용기 안의 압력이 3 MPa에 도달할 때 밸브를 잠근다. 용기를 채우기 위해 압축기에 공급해야 할 총 입력일을 구하라.

가역 축일, Bernoulli 식

7.38 용량 3 kW의 모터로 15°C의 액체 물을 100 kPa에서 300 kPa까지 가압하고자 한다. 얼마나 많은 물을 가압할 수 있는가?

7.39 강의 유속이 0.5 m/s이며, 강의 단면은 높이 1 m, 폭 10 m이다. 이 강에 있는 댐의 낙차는 3 m이다. 터빈이 하루에 내놓을 수 있는 에너지는 얼마인가? 위치 에너지의 80%를 일로 변환할 수 있다고 가정한다.

7.40 수평속도 2 m/s로 파도가 해변으로 오고 있다. 마찰을 무시하고, 파도가 해변에 도달할 때 높이를 구하라.

7.41 소형 펌프로 20°C, 100 kPa의 물을 2.5 MPa까지 가압한다. 유량은 100 kg/min이다. 필요한 펌프 입력 동력을 구하라.

7.42 정원 급수용 호스에 200 kPa, 15°C의 액체 물이 흐르고 있다. 이 호스에는 소형 이상 노즐이 달려있다. 노즐 출구에서 물의 속도를 구하라. 물을 수직으로 분사시키면 얼마나 높이 올라가겠는가?

7.43 −10°C, 유량 0.5 kg/s의 포화 R-134a가 가역 단열 과정으로 1.0 MPa까지 가압(압축)된다. 다음의 두 가지 입구 상태에 대해 소요 동력과 출구 온도를 구하라.

a. 건도 100%

b. 건도 0%

과정을 *T-s* 선도에 나타내어라.

7.44 한 쾌속선에 수심 0.25 m에 위치한 프로펠러가 달린 구동 장치가 있다. 그 장치 전면에 작은 구멍이 있다. 배가 60 km/h의 속도로 항해할 때, 이 구멍에 정체점이 있다고 가정하면 그 곳에서 전압력(total pressure)은 얼마인가?

7.45 지표면에 있는 소형 물펌프에 깊이 *H*인 취수관이 연결되어 있어 우물에 있는 100 kPa, 15°C 상태의 물을 끌어올린다. 이 펌프는 건물에 400 kPa의 물을 공급한다. 물의 절대압력이 적어도 포화압력의 2배 이상이어야 캐비테이션을 피할 수 있다. 이 장치에 허용된 최대 깊이는 얼마인가?

7.46 2 kW의 모터로 구동되는 소형 펌프로 150 kPa, 10°C의 액체 물이 들어온다. 출구 압력 1 MPa을 얻기 위한 최대 유량은 얼마인가? 운동 에너지는 무시한다. 출구에서 물은 노즐의 작은 구멍을 통해 100 kPa의 대기로 분사된다(그림 P7.46). 분사 속도를 구하라.

그림 P7.46

7.47 유량 4 kg/s의 암모니아가 폴리트로픽 과정이 진행되는 장치로 들어간다. 입구 상태는 150 kPa, −20°C, 출구 상태는 400 kPa, 80°C이다. 폴리트로픽 지수 n과 단위 질량당 일, 열전달량을 구하라.

7.48 날개 끝으로 80 kPa, 280 K 상태의 공기가 200 m/s의 속도로 접근하고 있다. 날개 끝에서 열전달 없이 유동이 정체되어 속도가 0이 된다(그림 P7.48). 정체 압력을 (a) 비압축성 유동 또는 (b) 단열압축을 가정하고 구하라. 힌트: 온도는 에너지 식으로부터 온다.

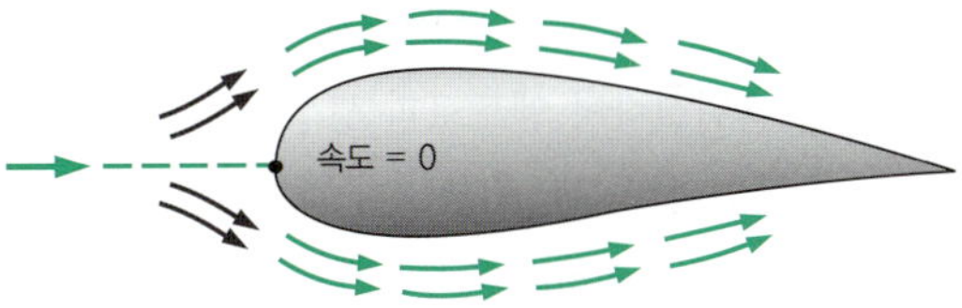

그림 P7.48

7.49 정상유동 팽창기로 800 KPa, 300°C 상태의 질소가스(이상기체)가 들어와서 120 kPa로 나간다. 팽창 과정은 가역 폴리트로픽 과정(n = 1.3)이다. 팽창기 출력일이 150 kW 이다. 질량유량을 구하라.

7.50 2000 m/s의 속도로 −70°C, 20 kPa의 대기로 들어오는 운석 전면의 정체점에서 공기 온도와 압력을 계산하라. 주어진 상태에서 공기는 비압축성이라고 가정한다. 공기가 압축성 물질이고 단열 압축 과정을 거친다고 가정하고 다시 풀어라.

7.51 가스 터빈의 팽창 과정을 폴리트로픽 과정 (n = 1.25)으로 근사할 수 있다. 1200 K, 800 kPa의 공기가 유입되어 125 kPa, 유량 0.75 kg/s로 나간다. 터빈 열전달량과 출력 동력을 구하라.

비가역 정상 유동 과정

7.52 정상 유동으로 −5°C, 700 kPa의 R-410A를 저압으로 스로틀 냉각하여 −30°C로 배출한다. 출구 압력과 단위 질량당 엔트로피 생성량을 구하라. 이 과정을 *P-v* 선도에 나타내어라.

7.53 증기 동력 발전소의 대형 응축기에서 15 MW의 열을 버리면서 45°C의 포화 수증기를 포화 액체로 응축시칸다. 물의 유량과 엔트로피 생성률은 얼마인가? 주위는 25°C이다.

7.54 증기터빈의 입구상태가 2 MPa, 350°C이고 출구 유동 상태가 100 kPa, 포화증기이다. 298 K의 대기로 6 kJ/kg의 열손실이 있다. 이 터빈은 가능한가? *T-s* 선도에

나타내어라.

7.55 상용 냉동기의 압축기로 -25°C, 건도 1의 R-410A가 들어와서 2000 kPa, 80°C로 나간다. 운동 에너지를 무시하고 단위 질량당 엔트로피 생성량을 구하라.

7.56 증기 터빈에서 1000 kPa, 350°C의 물이 유량 2 kg/s, 속도 15 m/s로 들어와서 100 kPa, 150°C의 느린 유동으로 나간다. 출력 동력과 엔트로피 생성률을 구하라.

7.57 100 kPa, 290 K의 주위 대기를 압축하여 1000 kPa, 600 K의 공기를 만든다. 압축 후 정압 냉각기로 300 K까지 냉각하며 열은 주위로 방출된다. 압축기와 냉각기에서 단위질량당 엔트로피 생성량을 각각 구하라.

7.58 혼합실의 한쪽 관(상태 1)에서 -20°C의 포화 액체 암모니아가 5 kg/min의 유량으로 들어오고 다른 관(상태 2)에서 40°C, 250 kPa의 암모니아가 밸브를 거쳐 들어온다. 또한 40°C의 저장조로부터 전달되는 325 kJ/min의 열이 혼합실로 들어온다(그림 P7.58). 이로 인해 만들어진 -20°C의 포화 증기 암모니아가 배출관으로 나간다. 상태 2의 질량 유량은 얼마이며, 이 과정의 총 엔트로피 생성량은 얼마인가?

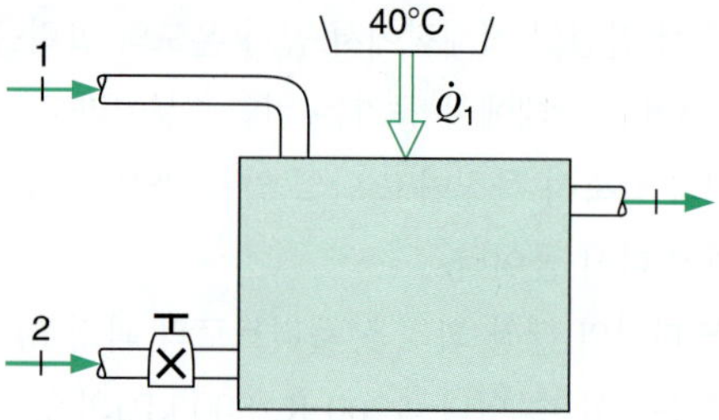

그림 P7.58

7.59 1 MPa, 300 K의 메탄을 밸브를 통과시켜 200 kPa까지 스로틀한다. 운동 에너지를 무시한다. 단위질량당 엔트로피 생성량을 구하라.

7.60 어떤 장치로 300 K, 200 kPa의 이산화탄소가 유입되어 600 K의 저장조에 의해 500 K까지 정상 정압 가열된다. 단위 질량당 일과 열전달량, 엔트로피 생성량을 구하라.

7.61 400 K, 200 kPa, 1 kg/s의 공기 유동과 290 K, 200 kPa, 2 kg/s의 공기 유동이 단열 혼합기에서 혼합되어 200 kPa의 단일 유동이 되어 나간다. 출구 온도와 총 엔트로피 생성률을 구하라. 다음을 이용한다.

a. 일정 비열, 표 A.5

b. 표 A.7

7.62 동력 발전소의 응축기에 15 kPa, 건도 90%의 수증기 5 kg/s가 들어가서 포화 액체로 나온다. 응축기는 평균 온도 17°C의 냉각수로 열을 방출한다. 이 정압 과정(그림 P7.62)으로 냉각수로 방출되는 열전달률과 총 엔트로피 생성률을 구하라.

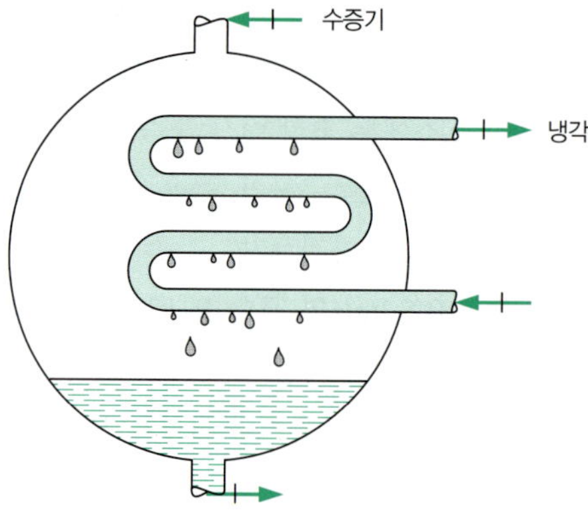

그림 P7.62

7.63 대형 공급관에서 1000 kPa, 60°C의 R-410A가 정상 유동하고 있다. 그림 P7.63과 같이 세 가지 단열 장치(스로틀 유동, 이상 노즐, 이상 터빈)에서 이 유동을 이용한다. 모든 출구에서 압력은 300 kPa이다. 각 장치에서의 출구 온도와 단위 질량당 엔트로피 생성량을 구하라. 노즐에서 출구 속도를 구하라.

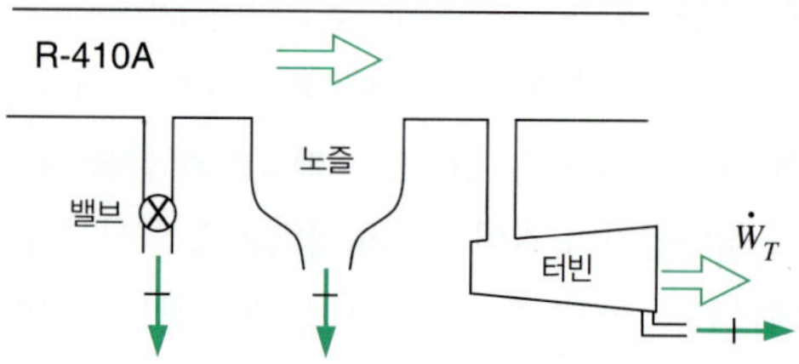

그림 P7.63

7.64 에너지 회수용 열교환기(그림 P7.64)에서 15°C, 0.4 MPa 상태의 물이 가열되어 포화 증기로 나간다. 또한 2 kg/s의 공기 유동이 800 K로 들어와서 1 MPa의 정압 과정을 거쳐 360 K가 되어 나간다. 이 과정은 1 MPa의 정압과정이다. 물의 유량과 총 엔트로피 생성률을 구하라.

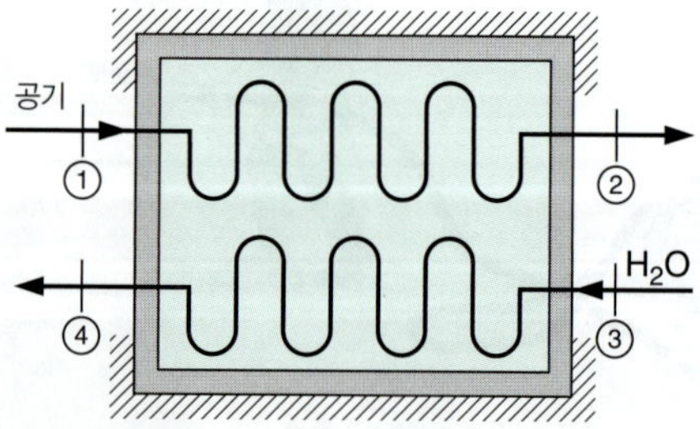

그림 P7.64

7.65 대형 공급관에 500 K, 200 kPa의 공기가 정상 유동하고 있다. 그림 P7.63과 같이 유동이 노즐을 통과한다. 출구 압력은 100 kPa이다. 출구 온도와 단위 질량당 엔트로피 생성량 그리고 노즐 출구 속도를 구하라.

7.66 위의 문제를 다시 푼다. 입구 온도는 2000 K이고 공기표를 이용한다.

7.67 냉각기로 들어가는 이산화탄소의 압력이 10 MPa이다. 초임계 상태이므로 응축이 일어나지 않는다. 입구 온도는 200°C, 출구 온도는 40°C이다. 열은 20°C의 주위와 교환한다고 가정한다. 이 과정에 대해 단위질량당 엔트로피 생성량을 구하라.

7.68 동력발전소의 증기터빈으로 3000 kPa, 500°C의 수증기가 들어간다. 터빈에는 두개의 출구가 있다. 유량의 20%가 1000 kPa, 350°C 상태로 터빈에서 나와 급수가열기로 가고, 나머지 유량은 200 kPa, 200°C 상태로 터빈에서 나온다. 들어오는 유량의 단위질량당 터빈 일과 엔트로피 생성량을 구하라. 전 과정을 *T-s* 선도에 나타내어라.

7.69 급수 가열기는 보일러로 들어가기 전에 급수를 예열하는 용도로 쓰인다. 작동 원리는 터빈에서 추출한 증기와 급수를 섞는 것이다. 그림 P7.69에 나타낸 상태에 대해, 과정의 순 엔트로피 증가율을 계산하라. 과정을 단열 정상 유동으로 가정한다. 전 과정을 *T-s* 선도에 나타내어라.

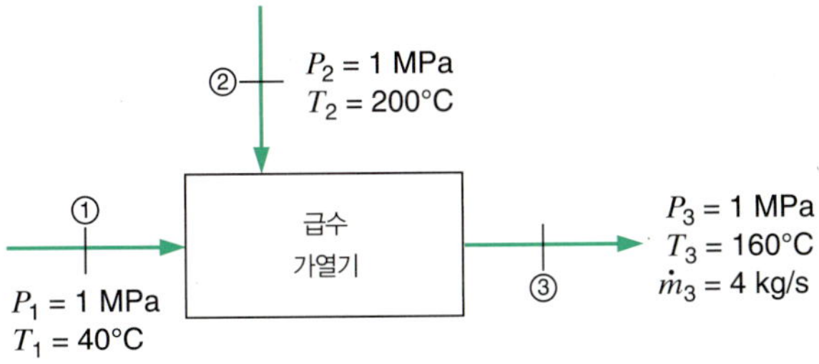

그림 P7.69

7.70 병행류 열교환기(그림 P7.70)의 한 관에서 290 K, 200 kPa의 산소가 0.25 kg/s로 들어오고 다른 관에서 150 kPa, 500 K의 질소가 0.6 kg/s로 들어온다. 열교환기가 충분히 길어서 두 유동의 출구 온도가 같다. 두 기체는 이상기체이고 비열은 일정하다. 출구 온도와 총 엔트로피 생성률을 구하라.

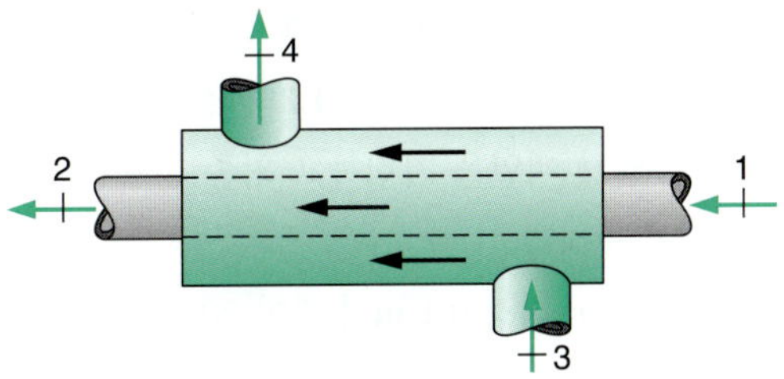

그림 P7.70

비가역 과도 유동 과정

7.71 예제 4.10의 충전 과정의 단위 질량당 엔트로피 생성량을 구하라.

7.72 초기에 비어 있는 체적 0.2 m^3의 용기에, 500 kPa, 200°C 상태의 물이 흐르는 관을 연결한 후 더 이상의 유동이 없을 때까지 물을 채운다. 단열 과정을 가정한다. 최종 질량과 최종 온도, 총 엔트로피 생성량을 구하라.

7.73 초기에 비어 있는 0.1 m^3의 상자를, 공급관에서 나오는 −5°C의 포화 액체 R-410A로 채운다. 이것이 빨리 진행되어 과정이 단열이다. 총 질량을 구하고, 상자 안의 액체와 기체의 체적을 있는 대로 결정하라. 이 과정은 가역인가?

7.74 체적 1 L의 용기 안에 R-134a가 실온 20°C, 건도 50% 상태에 있다. 상부 밸브가 조금 열려 증기가 빠져나가고 주위로부터 열이 전달되어 최종 상태가 5°C, 건도 100%가 되었다. 빠져나간 질량, 열전달량, 엔트로피 생성량(밸브는 제외함)을 구하라. 힌트: 출구 상태를 초기 상태와 최종 상태의 평균으로 가정한다.

7.75 단열 압축기로 들어오는 5°C, 건도 96.5%의 R-134a를 가역 과정을 거쳐 압력 3 MPa까지 압축하여 관으로 공급한다. 초기에 비어있는 체적 2 m^3의 단열 용기를 이 관을 통해 들어오는 3 MPa 상태의 R-134a로 채운다. 용기 안의 압력이 2 MPa에 도달할 때 밸브를 잠근다. 용기를 채우기 위해 압축기에 공급해야 할 총 입력일을 구하라. 이 충전 과정은 가역인가?

7.76 체적 0.002 m^3의 빈 깡통을, 0°C 포화 액체 상태의 R-134a가 흐르는 공급 관을 연결하여 채운다. 깡통이 급격히 채워지므로 이 과정은 단열이다. 잠시 후 깡통의 온도는 실내 온도 20°C까지 올라간다. 깡통 안의 최종 질량과 총 생성 엔트로피를 구하라.

7.77 체적 200 L의 단열 용기에 질소가스가 200 kPa, 300 K

상태로 들어있다. 500 K, 500 kPa 상태의 질소가 흐르는 관에서 밸브를 통해 40%의 질량이 용기에 추가되었다. 일정 비열을 가정하고 최종 온도와 엔트로피 생성량을 구하라.

7.78 길이 10 m, 직경 0.1 m의 관이 20°C의 액체 물로 채워져있다. 상부는 100 kPa의 대기에 노출되어 있고 하부에는 작은 노즐이 달려 있다. 물이 노즐을 통과하여 지표면으로 분출되어 관이 비워졌다. 물의 초기 배출 속도와 출구 유동의 평균 운동 에너지, 이 과정의 총 엔트로피 생성량을 구하라.

7.79 200 kPa, 300 K의 공급관에서 나오는 공기로 풍선을 채워 최종 상태가 110 kPa, 300 K, 질량 0.1 kg이 되었다. 압력이 풍선 체적에 P = 100 kPa + CV로 비례한다. 300 K의 주위와 교환하는 열량과 총 엔트로피 생성량을 구하라.

에너지 보존과 재생 가능 에너지

7.80 가역단열 공기압축기에서 100 kPa, 300 K의 공기를 특정 압력까지 압축한다. 입구 온도 T가 280 K로 낮아지면 단위질량당 일은 얼마나 감소하는가? 일정 비열을 가정한다.

7.81 가역 단열 공기압축기에서 출구 압력이 1000 kPa에서 800 kPa로 낮아지면 단위질량당 일은 얼마나 작아지는가? 일정 비열을 가정한다.

7.82 중간냉각기가 있는 2단 압축기에서 300 K, 100 kPa의 공기를 2 MPa까지 압축한다(그림 7.11). 이후 공기는 중간냉각기에서 340 K까지 냉각된 후 두 번째 단으로 보내져서 출구 압력 15.74 MPa로 배출된다. 각 단은 가역 단열이다. 일정 비열을 가정한다. 냉각기에서의 열량과 총 일을 단위질량당으로 구하라. 이 일과 중간냉각기가 없는 경우의 일을 비교하라.

7.83 2단 압축기로 300 K, 100 kPa의 질소가 들어와서 600 kPa, 500 K까지 압축된다. 이후 질소는 중간 냉각기에서 350 K까지 냉각되고, 두 번째 단에서 3000 kPa, 600 K 까지 압축된다. 두 압축기는 단열되어 있다. 두 압축단 각각에서 단위질량당 엔트로피 생성량을 구하라.

7.84 600 K, 400 kPa의 공기가 체적 유량 1 m^3/s로 단열 터빈을 통과하여 100 kPa로 배출된다. 운동 에너지를 무시하고, 일정 비열을 이용한다. 가능한 출구 온도의 최저값과 최고값을 구하라. 각 경우에 대해 동력과 엔트로피 생성률을 구하라.

7.85 위 문제에서 가역 단열 터빈을 가정한다. 공기를 750 K로 가열하여 터빈에 공급하였다. 단위질량당 일 증가량을 계산하라.

7.86 지열 설비에서 500 kPa, 150°C, 유량 1.5 kg/s의 온수가 단열 플래시(flash) 증발기에 공급된다. 200 kPa의 포화 액체가 증발기 하부에서 배출되고(그림 P7.86), 200 kPa의 포화 증기가 상부로 빠져나와 터빈에 공급된다. 이 플래시 증발기에서 엔트로피 생성률을 구하라.

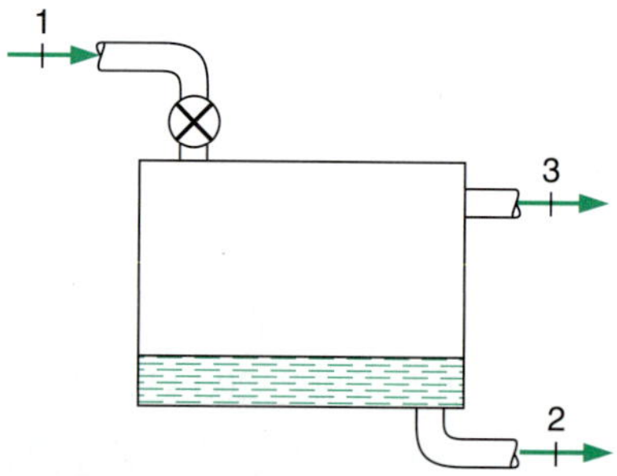

그림 P7.86

7.87 가역단열 증기터빈으로 위 문제 상태 3의 수증기가 들어와서 100 kPa로 나간다. 단위질량당 출력일을 구하라. 터빈으로 들어가기 전에 상태 3의 유동을 가스버너로 가열하여 250°C까지 올린다. 단위질량당 출력일을 구하라.

7.88 위 문제에서 가스버너를 추가한 효과를 계산한다. 터빈 출력일 증가량과 버너에 공급해야하는 추가 에너지의 비율을 구하라.

7.89 그림 3.33의 수소저장 설비에서 1800 MW를 생산한다. 과정이 가역이라면 질량 유량은 얼마인가?

장치 효율

7.90 증기 터빈의 입구 상태가 1200 kPa, 500°C이고, 출구 압력은 200 kPa이다. 가능한 가장 낮은 출구 온도는 얼마인가? 그때의 효율은 얼마인가? 과정을 T-s 선도에 나타내어라.

7.91 증기 터빈의 입구 상태가 1200 kPa, 400°C이고 출구 압력은 200 kPa이다. 가능한 가장 높은 출구 온도는 얼마인가? 그에 해당하는 효율은 얼마인가?

7.92 증기 터빈의 입구 상태가 1200 kPa, 500°C이다. 출구 상태는 200 kPa, 275°C이다. 등엔트로피 효율은 얼마인가? 이 과정을 T-s 선도에 나타내어라.

7.93 상용 냉동기의 압축기에서 −25°C, x = 1인 R-410A가

유입된다. 출구 상태는 2000 kPa, 80°C이다. 운동 에너지를 무시하고, 압축기의 등엔트로피 효율을 구하라.

7.94 증기 터빈으로 입구 상태 1000 kPa, 400°C의 물이 유량 2 kg/s, 속도 15 m/s로 들어와서 100 kPa, 150°C의 출구 상태로 매우 느리게 나간다. 출력 동력과 엔트로피 생성률을 구하라. 등엔트로피 효율을 구하라.

7.95 노즐의 출구 속도가 500 m/s이다. 노즐 효율이 88%이면, 이상 노즐의 출구 속도는 얼마인가?

7.96 비상용 배수 펌프(그림 P7.96)로 15°C, 0.1 m^3/s의 물을 수직으로 10 m 높은 곳까지 20 m/s로 보내야 한다. 추산한 결과, 펌프, 관, 노즐을 종합하여 등엔트로피 효율이 60%이다. 펌프 구동에 필요한 동력을 구하라.

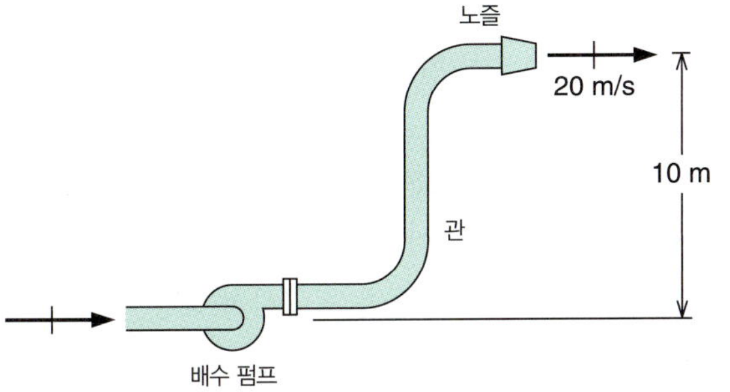

그림 P7.96

7.97 터빈으로 300°C, 600 kPa 상태의 수증기가 들어와서 20 kPa의 포화증기로 나간다. 등엔트로피 효율은 얼마인가?

7.98 예제 4.4의 노즐의 등엔트로피 효율을 구하라.

7.99 원심(centrifugal) 압축기에 100 kPa, 15°C의 주위 공기가 유입되어 450 kPa로 배출된다. 압축기의 등엔트로피 효율은 80%이다. 최선의 출구 온도 추정치는 얼마인가? 다음을 이용하여 계산한다.

a. 표 A.5.

b. 표 A.7.

7.100 냉장고에서 1 MPa, -20°C, 질량 유량 0.02 kg/s의 이산화탄소를 6 MPa까지 압축하기 위해 2.2 kW의 동력을 압축기에 입력한다. 압축기 출구 온도와 등엔트로피 효율을 구하라.

7.101 펌프로 100 kPa, 15°C 상태의 물을 가압한다. 입력동력은 1.5 kW이다, 펌프의 등엔트로피 효율은 75%이고 1.2 kg/s의 유량과 출구 속도 30 m/s가 필요하다. 펌프가 만들 수 있는 출구 압력의 최고값은 얼마인가?

7.102 단열 압축기로 100 kPa, 300 K 상태의 이산화탄소가 들어가서 1000 kPa, 520 K 상태로 나온다. 표 A.5를 이용하여 압축기 효율과 과정의 생성 엔트로피를 구하라.

7.103 소형 공기 터빈의 등엔트로피 효율이 80%이고 출력이 270 kJ/kg이다. 입구 온도는 1000 K이며, 출구는 대기 상태이다. 입구 압력과 출구 온도를 구하라.

7.104 고압 물 분사기의 노즐 단면적이 0.5 cm^2이고, 250 kPa, 20°C의 물이 유입되어 압력 100 kPa로 유출된다. 운동 에너지는 무시하며 노즐의 등엔트로피 효율은 85%이다. 이상 노즐의 출구 속도와 실제 노즐의 질량 유량을 구하라.

7.105 수냉식 공기압축기로 20°C, 90 kPa 상태의 공기가 들어가서 500 kPa까지 압축되어 나온다. 등온효율이 88%이고, 열전달량은 실제 압축기와 이상 압축기가 같다. 단위질량당 압축기 일과 출구 온도를 구하라.

복습 문제

7.106 터보-과급기로 유입 공기의 압력을 자동차 엔진 압력까지 올린다. 과급기는 배기가스로 구동되는 터빈 및 그와 직결된 공기 압축기로 구성되어 있다. 부하가 걸린 엔진의 상태가 그림 P7.106과 같다. 터빈과 압축기가 모두 가역 단열이며 질량 유량도 같다고 가정한다. 터빈 출구 온도와 출력 동력을 구하라. 압축기 출구 압력과 온도를 구하라. 일정 비열을 가정한다.

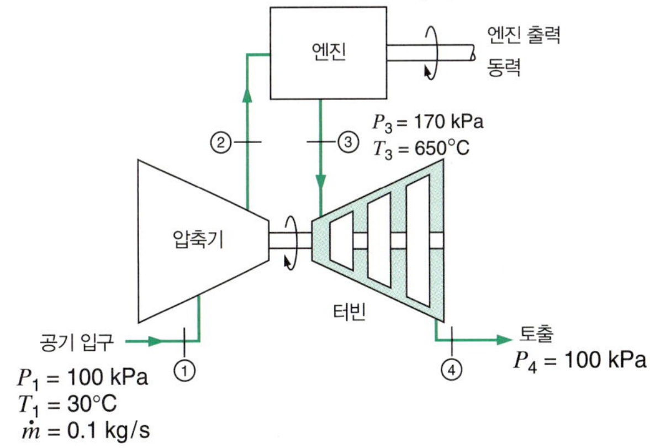

그림 P7.106

7.107 단열 터빈으로 50°C의 공기가 들어가서 −30°C, 100 kPa 상태로 나온다. 터빈의 등엔탈피 효율은 70%이다. 입구에서 체적유량은 20 L/s이다. 터빈 입구 압력과 터빈 출력동력은 얼마인가? 일정 비열을 가정한다.

7.108 어떤 장치로 300 K, 200 kPa의 이산화탄소가 들어가서 500 K로 나온다. 이 과정은 정상 폴리트로픽(n = 3.8)

이고, 열은 600 K의 열원에서 전달된다. 이 과정의 단위 질량당 일, 열전달량, 엔트로피 생성량을 구하라.

7.109 가역 등온 팽창기에 2000 kPa, 40°C 상태의 R-410A가 들어가서 압력 1000 kPa 상태로 나온다. 단위질량당 열전달량과 일량을 구하라.

7.110 병행류 열교환기의 한 배관에 100 kPa의 포화 수증기 2 kg/s가 흐르고, 다른 배관에 200 kPa, 1200 K의 공기 1 kg/s가 흐른다. 열교환기가 충분히 길어서 출구에서 두 유동의 온도가 같다. 시행착오법으로 출구 온도를 구하라. 엔트로피 생성률을 구하라.

7.111 압축기로부터 유량 0.1 kg/s의 질소가 500 kPa, 500 K 상태로 나온다. 질소는 대향류 중간냉각기로 들어가서 310 K까지 냉각되며 냉각수는 125 kPa, 15°C 상태로 들어와서 22°C로 나간다. 물의 유량과 총 엔트로피 생성률을 구하라.

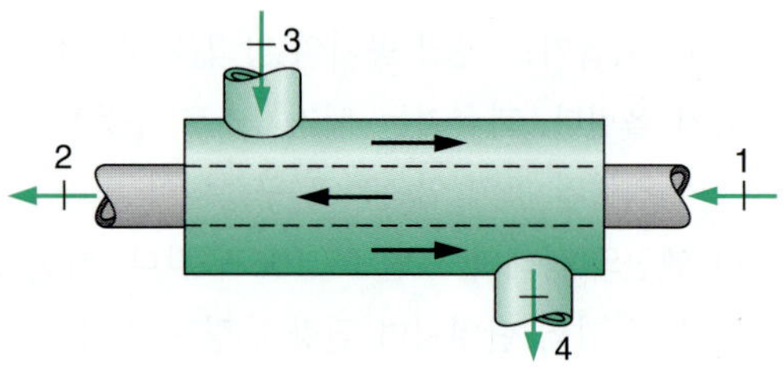

그림 P7.111

7.112 어떤 산업 공정에 압력 500 kPa, 온도 30°C 이하의 압축 공기가 정상 유량 0.5 kg/s로 공급되어야 한다. 이 공기를 공급하기 위해 압축기와 후냉각기(그림 P7.31 참조)를 이용한다. 주위는 100 kPa, 20°C 상태이다. 압축기 등엔트로피 효율은 80%이다. 압축기를 구동하기 위해 필요한 동력과 후냉각기에서의 열방출률을 결정하라. 일정 비열을 가정한다.

7.113 어떤 관에 12 MPa, 15°C 상태의 공기가 흐르고 있다. 초기에 주위 조건 100 kPa, 15°C 상태의 공기가 들어있는 500 L의 견고한 용기에 이 공기 관을 연결하여 채운다. 이 과정은 급속히 일어나므로 본질적으로 단열이다. 내부 압력이 어떤 값 P_2에 도달하면 밸브를 잠근다. 최종적으로 용기는 실온까지 냉각되며 이때 내부 압력은 5 MPa이다. 압력 P_2는 얼마인가? 과정 전반의 순 엔트로피 변화량은 얼마인가?

7.114 초기에 비어있고 단열된, 스프링이 달린 피스톤/실린더 장치가 있다. 피스톤을 들어 올리려면 100 kPa의 압력이 필요하다. 이제, 관과 밸브가 부착된 압축기를 이용하여 실린더에 물을 공급하여 최종 압력 1.4 MPa, 체적 0.6 m^3이 되었다(상태 2). 가역 단열 압축기의 입구 조건은 100 kPa 포화 수증기 상태이다. 물의 최종 질량, 과정 1-2에서 피스톤 일, 필요한 압축기 일을 구하라. 이 시스템 안의 물이 거치는 과정을 P-v 선도에 나타내어라.

제 8 장

엑서지

Exergy

앞의 여러 장에서 검사 체적에 대한 일반적인 법칙들을 제시하였다. 그 법칙들을 열역학 문제에 적용하여 에너지 저장 및 질량 유동에 의한 에너지 전달 또는 일과 열로서의 에너지 전달 등이 있는 과정을 해석하였다. 이제는 이 법칙들을 확대 적용하며, 과정과 시스템 특성을 추가로 고려하여 에너지 식과 엔트로피 식을 종합하고자 한다. 우리가 알고자 하는 것은 시스템과 장치의 운전에 대한 일반적인 제약 조건이다. 그것을 알게 되면 시스템이 최적 효율을 갖도록 설계하여 자원을 최소로 사용하면서 주어진 과제를 해낼 수 있다.

8.1 엑서지와 가역일, 비가역성

6장에서 검사 질량의 가역 경계 이동 일, 7장에서 단일 유동의 가역 축일을 다루었다. 가역 장치와 각각 비교하여 터빈, 압축기, 노즐 등 단순 장치의 효율을 도입하였다. 이 효율은 실제 장치의 출력을 그와 유사한 가역 장치의 출력과 비교하여 정의한 것이다. 이때 출력은 에너지로 측정하였다. 이제 실제 시스템과 장치의 성능 평가에 사용하는 더 일반적인 개념을 전개한다.

구체적인 해석을 하기 전에, 말로써 엑서지의 개념을 정의하고 간단한 상황을 살펴보면서 그 개념을 평가한다. 엑서지(exergy)는 주어진 장치가 주위와 상호작용하며 과정의 끝 상태가 P_0, T_0일 때 그 장치로부터 얻어 낼 수 있는 가용 일이다. 즉

$$\Phi = W_{\text{out}}, \text{ 주위는 } P_0, T_0 \text{ 상태}$$

이다. 이 일은 가역일과 밀접하게 관련되며, 몇 가지 예제를 통해 설명할 것이다. 이 장의 후반부에서 상태량인 엑서지를 더 자세히 정의한다.

그림 8.1a의 간단한 상황을 살펴보자. 온도가 일정한 매우 큰 저장조로부터 에너지인 열 Q가 전달된다. 이 시스템으로부터 얼마의 일을 추출하는 것이 가능한가? 5장의 내용과 6장의 논의로부터 최대 일은 가역 열기관에서 얻을 수 있다. 시스템이 주위와 상호작용하므로 일정 온도 T_0인 주위가 또 다른 에너지 저장조가 될 수 있다. 두 저장조의 온도가 일정하므로 열기관은 Carnot 사이클로 운전되며 일은 다음과 같다.

$$\text{에너지: } W_{\text{rev HE}} = Q - Q_0$$

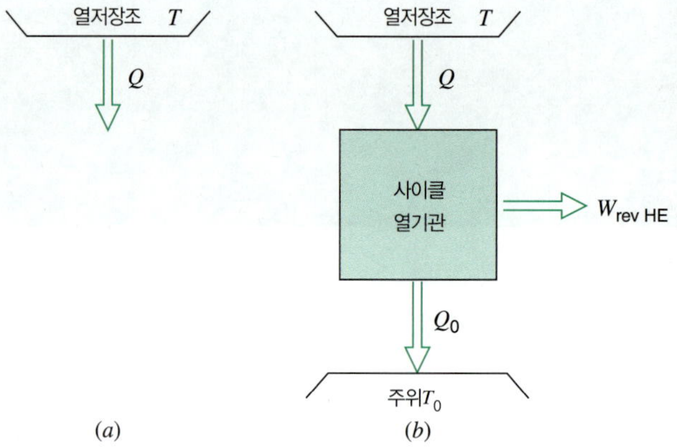

그림 8.1 ▸▸ 온도가 일정한 에너지원.

$$\text{엔트로피: } 0 = \frac{Q}{T} - \frac{Q_0}{T_0}$$

따라서

$$\Phi_{QT} = W_{\text{rev HE}} = Q\left(1 - \frac{T_0}{T}\right) \tag{8.1}$$

이다. 열전달의 일부만이 일로 바뀌며, 그 일부가 Q의 엑서지 가치이다. 이는 Carnot 사이클 효율에 Q를 곱한 것과 같다. 그림 8.2의 T-S 선도에 에너지를 나누어 나타내었다. 음영 면적 전체가 열 Q이다. 열 Q 중 온도 T_0 아랫부분은 열기관에 의해 일로 변환될 수 없으므로 버려지는, Q의 비가용 부분이다.

다음으로 예를 들어 그림 8.3a와 같은 간단한 열교환기가 있다. 일정한 압력의 열원으로부터 열 Q가 전달된다는 점을 제외하고 이전과 같은 상황이다. 앞에서 사용한 한 개의 Carnot 사이클을 여러 대의 Carnot 열기관으로 대치하여야 하며, 그 결과는 그림 8.3b와 같다. 두 번째 예가 첫 번째 예와 다른 점은 ΔS에 해당하는 적분을 해야 한다는 것이다.

$$\Delta S = \int \frac{\delta Q_{\text{rev}}}{T} = \frac{Q_0}{T_0} \tag{8.2}$$

제1법칙에 대입하면 다음과 같다.

$$\Phi_{QT} = W_{\text{rev HE}} = Q - T_0\,\Delta S \tag{8.3}$$

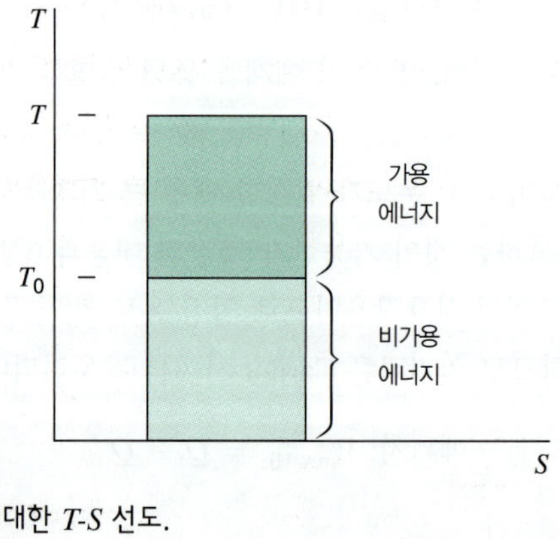

그림 8.2 ▸▸ 온도가 일정한 에너지원에 대한 T-S 선도.

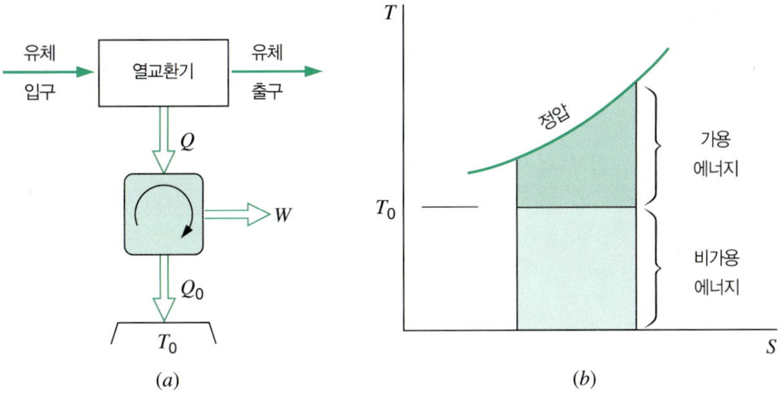

그림 8.3 ▸ 온도가 변하는 에너지원.

위 식의 ΔS에는 일반적인 부호의 약속을 적용하지 않고 있다. ΔS는 그림 8.3*b*에 나타낸 엔트로피 변화량에 해당한다. 전체 에너지 Q 중에서 가용 부분은 식 (8.2)로 결정된다. 이 상황에서 일을 생산하는 데 이용할 수 없는 에너지 부분은 그림 8.3*b*에서 T_0 아래의 면적이다.

지금까지 여러 다른 열원에서 열을 받는 단순 열기관 사이클을 알아보았다. 이제는 일반적인 검사 체적에서 일어나는 실제 비가역 과정을 해석하기로 한다.

그림 8.4의 실제 검사 체적에 저장항을 포함하여 질량 전달과 에너지 전달을 나타내었다. 이 검사 체적에 대한 연속 방정식은 식 (4.1), 에너지 식은 식 (4.7), 엔트로피 식은 식 (7.2)이며 각각 다음과 같다.

$$\frac{dm_{\text{c.v.}}}{dt} = \sum \dot{m}_i - \sum \dot{m}_e \tag{8.4}$$

$$\frac{dE_{\text{c.v}}}{dt} = \sum \dot{Q}_j + \sum \dot{m}_i h_{\text{tot } i} - \sum \dot{m}_e h_{\text{tot } e} - \dot{W}_{\text{c.v. ac}} \tag{8.5}$$

$$\frac{dS_{\text{c.v.}}}{dt} = \sum \frac{\dot{Q}_j}{T_j} + \sum \dot{m}_i s_i - \sum \dot{m}_e s_e + \dot{S}_{\text{gen ac}} \tag{8.6}$$

우리는 이 실제 과정의 비가역 정도를 에너지로 표현하여 계량하는 수단을 확립하고자 한다. 그 방법은 가역 과정만이 있는 이상적인 검사 체적과 비교하는 것이다. 실제 검사 체적에 대응하는 이 이상적인 검사 체적은 가능한 한 여러 가지 면에서 실제 검사 체적과 같아야 한다. 저장항(각 식의 좌변 항)이 같고, 온도 T_j에서 열전달 $\dot{Q}_j$가 같으며, 같은 상태에서 질량 유량 $\dot{m}_i$, $\dot{m}_e$이 같아서 식 (8.5)와 (8.6)에서 앞의 네 개 항이 같아야 한다. 차이가 있다면, 식 (8.6)의 실제 엔트로피 생성항은 양수이지만, 이상적인 (가역)엔트로피 생성항은 0이다. 따라서(등호를 유지하기 위해) 식 (8.6)의 마지막 항을 양의 가역 엔트로피 플럭스로 대체하여야 하며, 엔트로피를 증가시킬 수 있는 유일한 가역 과정은 유입 열전달이므로 온도 T_0의 주위로부터의 열전달 $\dot{Q}_0^{\text{rev}}$이 있다고

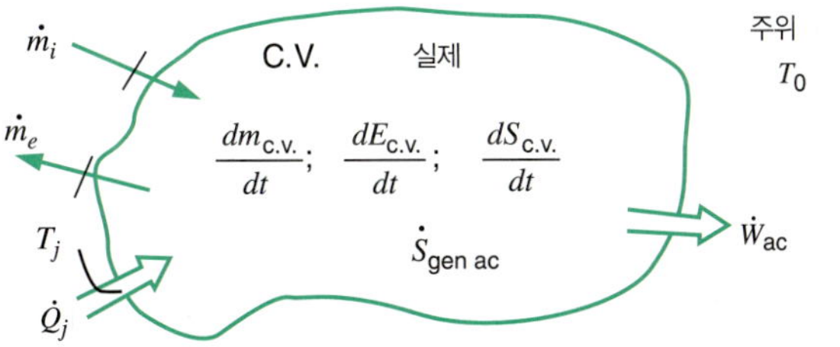

그림 8.4 ▸ 비가역 과정이 있는 실제 검사 체적.

가정한다. 이상 검사 체적에 대한 에너지 식에도 이 열전달 $\dot{Q}_0^{\text{rev}}$이 나타나야 하며, 이 열전달과 실제일을 더한 것이 가역일과 같아야 한다. 식 (8.5)와 (8.6)의 실제 검사 체적에 대한 항들을 이상 검사 체적에 대한 항들과 비교하면 다음과 같다.

실제 검사 체적 항 이상 검사 체적 항

$$\dot{S}_{\text{gen ac}} = \frac{\dot{Q}_0^{\text{rev}}}{\text{T}_0} \tag{8.7}$$

$$-\dot{W}_{\text{c.v. ac}} = \dot{Q}_0^{\text{rev}} - \dot{W}^{\text{rev}} \tag{8.8}$$

식 (8.7)에서 엔트로피 생성항과 엔트로피 플럭스가 같으므로

$$\dot{Q}_0^{\text{rev}} = T_0\,\dot{S}_{\text{gen ac}} \tag{8.9}$$

이고, 식 (8.8)로부터 가역일은 다음과 같다.

$$\dot{W}^{\text{rev}} = \dot{W}_{\text{c.v. ac}} + \dot{Q}_0^{\text{rev}} \tag{8.10}$$

실제 검사 체적이 단열일지라도 이상 검사 체적에는 주위로부터의 열전달이 있다. 실제 검사 체적이 가역일 때만 이 열전달이 0이고 두 검사 체적은 동일하다.

가역일을 실제 검사 체적의 유동과 플럭스를 이용하여 나타내기 위해 식 (8.6)을 풀어서 엔트로피 생성률을 구하고, 그것을 식 (8.9)에 대입한 결과를 식 (8.10)에 적용한다. 또한 실제일을 에너지 식 (8.5)에서 구하여 식 (8.10)에 적용하면, 가역일은 다음과 같다.

$$\begin{aligned}\dot{W}^{\text{rev}} &= \dot{W}_{\text{c.v. ac}} + \dot{Q}_0^{\text{rev}}\\ &= \sum \dot{Q}_j + \sum \dot{m}_i h_{\text{tot}\,i} - \sum \dot{m}_e h_{\text{tot}\,e} - \frac{dE_{\text{c.v.}}}{dt}\\ &\quad + T_0\left[\frac{dS_{\text{c.v.}}}{dt} - \sum \frac{\dot{Q}_j}{T_j} - \sum \dot{m}_i s_i + \sum \dot{m}_e s_e\right]\end{aligned}$$

유사 항을 조합하고 재배치하면 다음과 같다.

$$\begin{aligned}\dot{W}^{\text{rev}} &= \sum\left(1 - \frac{T_0}{T_j}\right)\dot{Q}_j\\ &\quad + \sum \dot{m}_i(h_{\text{tot}\,i} - T_0 s_i) - \sum \dot{m}_e(h_{\text{tot}\,e} - T_0 s_e)\\ &\quad - \left[\frac{dE_{\text{c.v.}}}{dt} - T_0\frac{dS_{\text{c.v.}}}{dt}\right]\end{aligned} \tag{8.11}$$

열전달에 의한 가역일은 독립적인 것으로 나타난다. 마치 각각의 열이 Carnot 열기관을 통하여 낮은 온도 T_0로 전달되면서 일을 생산하는 것과 같다. 각 유동은 고유의 가역일을 만들어 낸다. 저장항은 마지막 대괄호 안에 나타내었다. 이 결과는 일반적인 검사 체적에 의해 생산되는 일률의 이론적인 상한 극한치를 나타내며, 실제일과 비교하여 실제 검사 체적을 평가하는 수단을 제공한다. 이 가역일과 실제일의 차이를 **비가역성(irreversibility)** $\dot{I}$라 한다. 즉

$$\dot{I} = \dot{W}^{\text{rev}} - \dot{W}_{\text{c.v. ac}} \tag{8.12}$$

이다. 이것은 이론적으로 가능한 값과 실제 생산 값의 차이를 나타내며 **손실일(lost work)**이라고도 한다. 그러나 에너지 손실이 있는 것은 아니다. 에너지는 보존되므로 이는 어떤 다른 형태의 에너지를 일로 전환할 수 있

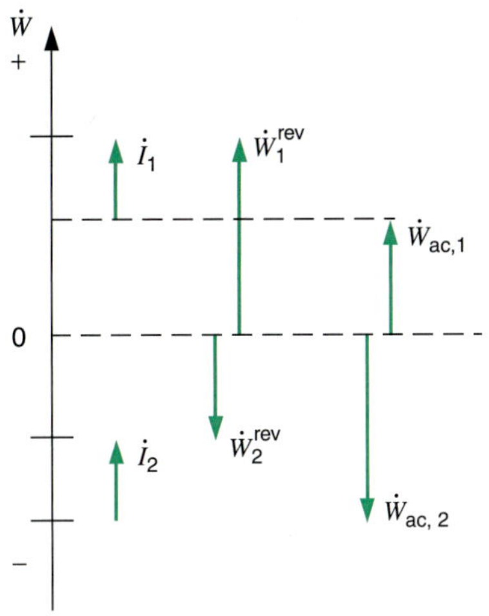

그림 8.5 ▸ 실제 일률과 가역 일률.

는 기회의 손실이다. 비가역성을 다른 형태로 표현하기 위해 식 (8.9)와 (8.10)을 이용하면

$$\dot{I} = \dot{W}^{rev} - \dot{W}_{c.v.\ ac} = \dot{Q}_0^{rev} = T_0 \dot{S}_{gen\ ac} \tag{8.13}$$

이 된다. 즉 비가역성은 엔트로피 생성량에 직접 비례하지만 에너지 단위로 나타내며, 이를 위해 필요한 것은, 일반적으로 사용이 가능한, 고정된 그리고 알려진 기준 온도 T_0이다. 가역일이 실제일보다 양(+)의 비가역성만큼 크다는 것에 유의한다. 장치가 터빈 또는 팽창일이 있는 엔진의 피스톤–실린더일 때에는 실제일은 양수이고 가역일은 그보다 크다. 따라서 더 많은 일을 가역 과정에서 생산할 수 있다. 반면에 장치가 펌프나 압축기처럼 입력일을 필요로 할 때에는 실제일은 음수이고 가역일은 0에 가까운 큰 값이다. 따라서 가역 장치가 적은 입력일을 필요로 한다. 이를 그림 8.5에 나타내었으며, 양의 실제일을 경우 1로, 음의 실제일을 경우 2로 표시하였다.

이후의 예제에서 가역일과 비가역성의 개념을 예시하고자 하며, 정상상태 과정, 검사 질량 과정, 과도 과정의 단순 모델을 이용한다. 이들 예는 모두 위에서 언급한 일반적인 이론의 특별한 경우이다.

정상상태 과정

이제는 전형적인 정상 단일 유동 장치에서 열전달과 실제일이 있는 경우를 생각해 보자. 단일 유동에 대하여 연속 방정식은 간단히 입출구에서 질량 유동률이 같음[식 (4.11) 참조]을 의미한다. 이 경우에 식 (8.11)의 가역일을 질량 유동률로 나누어 단위 질량당 가역일로 다음과 같이 표현할 수 있다.

$$w^{rev} = \dot{W}^{rev}/\dot{m} = \sum \left(1 - \frac{T_0}{T_j}\right) q_j + (h_{tot\,i} - T_0 s_i) - (h_{tot\,e} - T_0 s_e) \tag{8.14}$$

정상 과정이므로 식 (8.11)의 마지막 항은 없어진다. 이 경우에 식 (8.12)와 (8.13)의 비가역성은 다음과 같이 단위 질량당 비가역성으로 나타낼 수 있다.

$$\begin{aligned} i = \dot{I}/\dot{m} &= w^{rev} - w_{c.v.\ ac} = q_0^{rev} = T_0 s_{gen\,ac} \\ &= T_0 \left[s_e - s_i - \sum \frac{q_j}{T_j} \right] \end{aligned} \tag{8.15}$$

다음의 예제는 가역일과 비가역성을 예시하며, 열교환기와 열손실이 있는 압축기를 다룬다.

예제 8.1

급수 가열기에서 5 MPa, 40°C의 물이 5 kg/s로 통과한다. 이 급수 가열기에는 그림 8.6과 같이 두 개의 가열 열원이 있다. 첫 번째 100°C 저장조에서 900 kW를 공급하고 두 번째 200°C 저장조에서 열을 공급하여 출구 상태가 5 MPa, 180°C가 되도록 한다. 가역일 및 비가역성을 구하라.

검사 체적: 급수 가열기를 포함하고 두 저장조까지 확장함
입구 상태: P_i, T_i를 알고 있음; 상태 확정
출구 상태: P_e, T_e를 알고 있음; 상태 확정
과정: 정상 상태 단일 유동, $P = C$, 열교환기에서
$d_{pe} = d_{ke} = 0$.

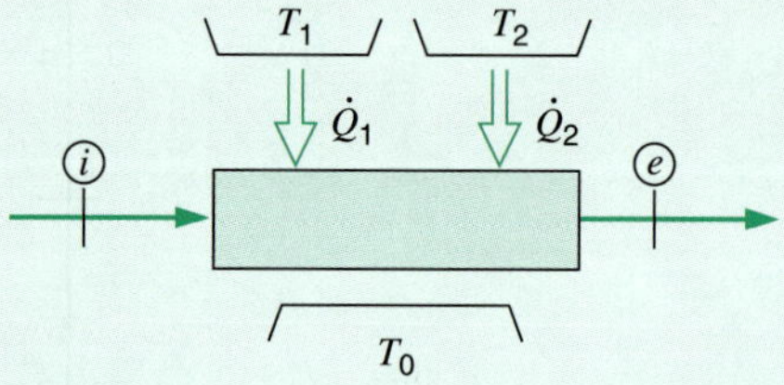

그림 8.6 ▸ 예제 8.1의 급수 가열기.

해석

이 검사체적에는 실제 일이 없으며, 25°C 주위와의 열전달이 없다.

$$\text{에너지 식: } h_i + q_1 + q_2 = h_e$$

주어진 상태 변화에 대한 가역일은 식 (8.14)를 이용하고, T_1의 저장조로부터의 열전달 q_1 및 T_2의 저장조로부터의 열전달 q_2가 있으므로

$$w^{\text{rev}} = T_0(s_e - s_i) - (h_e - h_i) + q_1\left(1 - \frac{T_0}{T_1}\right) + q_2\left(1 - \frac{T_0}{T_2}\right)$$

이다. 식 (8.15)에서, 실제일은 0이므로 다음과 같다.

$$i = w^{\text{rev}} - w = w^{\text{rev}}$$

풀이

수증기표로부터 입출구 상태량은

$$h_i = 171.95 \text{ kJ/kg}, \qquad s_i = 0.5705 \text{ kJ/kg-K}$$
$$h_e = 765.24 \text{ kJ/kg}, \qquad s_e = 2.1341 \text{ kJ/kg-K}$$

이다. 두 번째 열전달량은 에너지 방정식에서 구한다.

$$q_2 = h_e - h_i - q_1 = (765.24 - 171.95) \text{ kJ/kg} - 900 \text{ kW}/5 \text{ kg/s} = 413.29 \text{ kJ/kg}$$

가역일은

$$\begin{aligned} w^{\text{rev}} &= T_0(s_e - s_i) - (h_e - h_i) + q_1\left(1 - \frac{T_0}{T_1}\right) + q_2\left(1 - \frac{T_0}{T_2}\right) \\ &= 298.2 \text{ K}(2.1341 - 0.5705) \text{ kJ/kg-K} - (765.24 - 171.95) \text{ kJ/kg} \\ &\quad + 180 \text{ kJ/kg}\left(1 - \frac{298.2}{373.2}\right) + 413.29 \text{ kJ/kg}\left(1 - \frac{298.2}{473.2}\right) \\ &= 466.27 - 593.29 + 36.17 + 152.84 = 62.0 \text{ kJ/kg} \end{aligned}$$

이고 비가역성은 다음과 같다.

$$i = w^{\text{rev}} = 62.0 \text{ kJ/kg}$$

예제 8.2

공기 압축기에서 100 kPa, 25°C의 주위 공기가 들어가서 1 MPa, 540 K로 압축되어 나온다. 공기와 압축기 벽이 주위보다 뜨거우므로 압축기를 통과하는 공기 1 kg당 50 kJ의 열이 빠져나간다. 이 과정의 가역일과 비가역성을 구하라.

검사 체적: 공기 압축기(그림 8.7), 정상상태 단일 유동

입구 상태: P_i, T_i를 알고 있음; 상태 확정

출구 상태: P_e, T_e를 알고 있음; 상태 확정

과정: 비단열(nonadiabatic) 압축, $q = -50$ kJ/kg, 운동 에너지와 위치 에너지의 변화가 없음

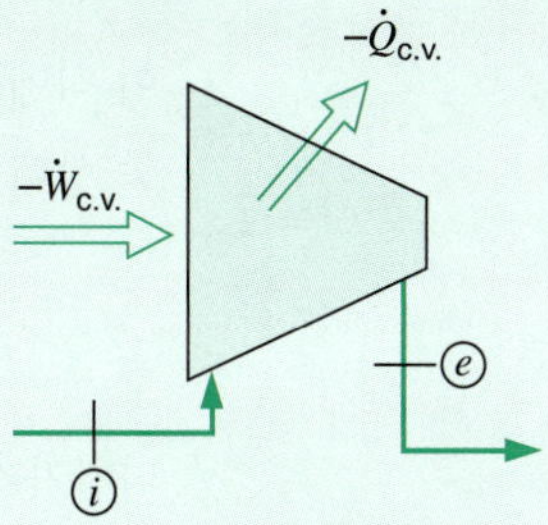

그림 8.7 ▸▸ 예제 8.2의 예시도.

해석

이상기체 공기표에서

$$h_i = 298.6\ \text{kJ/kg}, \qquad s^0_{T_i} = 6.8631\ \text{kJ/kg-K}$$

$$h_e = 544.7\ \text{kJ/kg}, \qquad s^0_{T_e} = 7.4664\ \text{kJ/kg-K}$$

이다. 실제 압축기에 대한 에너지 방정식에서 일을 구한다.

$$w = h_i - h_e + q = (298.6 - 544.7 - 50)\ \text{kJ/kg} = -296.1\ \text{kJ/kg}$$

주어진 상태 변화에 대한 가역일은 식 (8.14)를 이용하고 $T_j = T_0$이므로 다음과 같다.

$$\begin{aligned} w^{\text{rev}} &= T_0(s_e - s_i) - (h_e - h_i) + q\left(1 - \frac{T_0}{T_0}\right) \\ &= 298.2\ \text{K}\,[(7.4664 - 6.8631)\ \text{kJ/kg-K} - 0.287\ \text{kJ/kg-K}\ \ln 10] \\ &\quad - (544.7 - 298.6)\ \text{kJ/kg} + 0 \\ &= -17.2 - 246.1 = -263.3\ \text{kJ/kg} \end{aligned}$$

식 (8.15)에서 비가역성은 다음과 같다.

$$i = w^{\text{rev}} - w = -263.3\ \text{kJ/kg} - (-296.1)\ \text{kJ/kg} = 32.8\ \text{kJ/kg}$$

가역일의 표현식에서 유동항의 총엔탈피 안에는 운동 에너지와 위치 에너지가 포함되어 있다. 이들을 많은 장치에서 무시할 수 있으며 이때 총엔탈피는 단순히 열역학 상태량인 엔탈피가 된다. 노즐과 디퓨저 등의 장치에서는 운동 에너지가 중요한 반면에 높이를 달리하는 긴 관과 유로를 통과하는 유동에서는 위치 에너지가 중요하므로 식에 포함되어야 한다. 정상상태 과정에서 검사 체적을 출입하는 한 개 이상의 유체 흐름이 있을 수 있다. 그 경우에는 식 (8.11)의 일률에 대한 원래의 표현식을 사용하고 마지막 항만을 제거한다.

검사 질량 과정

검사 질량에는 질량의 유출입이 없으므로 가역일은 다음과 같다.

$$\dot{W}^{\text{rev}} = \sum \left(1 - \frac{T_0}{T_j}\right)\dot{Q}_j - \left[\frac{dE_{\text{c.v.}}}{dt} - T_0\frac{dS_{\text{c.v.}}}{dt}\right] \tag{8.16}$$

이 식에는 열전달의 효과와 저장항의 변화율이 나타난다. 대부분의 응용에서 검사 질량은 초기 상태 1에서 최종 상태 2로 가는 과정을 거치므로 식 (8.16)을 시간 적분하여 다음과 같은 결과를 얻는다.

$$_1W_2^{\text{rev}} = \sum \left(1 - \frac{T_0}{T_j}\right){}_1Q_{2j} - [E_2 - E_1 - T_0(S_2 - S_1)] \tag{8.17}$$

마찬가지로 식 (8.13)의 비가역성을 시간 적분하면 다음과 같다.

$$\begin{aligned} {}_1I_2 &= {}_1W_2^{\text{rev}} - {}_1W_{2\,\text{ac}} = T_0\,{}_1S_{2\,\text{gen ac}} \\ &= T_0(S_2 - S_1) - \sum \frac{T_0}{T_j}\,{}_1Q_{2\,j} \end{aligned} \tag{8.18}$$

여기서 마지막 등식은 식 (6.14) 또는 (8.6)을 시간 적분하여 얻어지는 엔트로피 식의 생성항을 대치한 결과이다.

많은 과정에서 운동 에너지와 위치 에너지의 변화는 무시할 수 있다. 이 경우 식 (8.17)의 $E_2 - E_1$은 $U_2 - U_1$이 된다.

예제 8.3

견고한 단열 용기가 격막에 의해 A, B 두 공간으로 분리되어 있다. 각 공간의 체적은 1 m³이다. 처음에 공간 A에는 실온 20℃, 건도 50%의 물이 들어 있고 공간 B는 진공이다. 격막이 파열되면서 물이 전체 공간을 채운다. 이 과정의 가역일과 비가역성을 구하라.

검사 질량: 물
초기 상태: T_1, x_1을 알고 있음; 상태 확정
최종 상태: V_2를 알고 있음
과정: 단열, $W = 0$, 운동 에너지와 위치 에너지의 변화가 없음

해석

물에 대하여 경계 이동이 있으나, 저항이 없으므로 일이 없다.

$$\text{에너지 식: } m(u_2 - u_1) = 0$$

식 (8.17)에서 내부 에너지의 변화와 열전달이 없으므로

$$_1W_2^{\text{rev}} = T_0(S_2 - S_1) = T_0 m(s_2 - s_1)$$

이다. 식 (8.18)에서 다음과 같다.

$$_1I_2 = {}_1W_2^{\text{rev}} - {}_1W_2 = {}_1W_2^{\text{rev}}$$

풀이

상태 1: 표 B.1.1 $u_1 = 1243.5\ \text{kJ/kg}$ $v_1 = 28.895\ \text{m}^3/\text{kg}$ $s_1 = 4.4819\ \text{kJ/kg-K}$
상태 2: (v_2, u_2) $v_2 = V_2/m = 2 \times v_1 = 57.79\ \text{m}^3/\text{kg}$ $u_2 = u_1 = 1243.5\ \text{kJ/kg}$

최종 온도 T_2는 수증기표를 이용하고 시행착오법으로 찾아야 한다.

$$T_2 = 5°\text{C에 대해} \quad v_2 \Rightarrow x = 0.3928, \qquad u = 948.5\ \text{kJ/kg}$$

$$T_2 = 10°\text{C에 대해} \quad v_2 \Rightarrow x = 0.5433, \qquad u = 1317\ \text{kJ/kg}$$

따라서 최종 내삽법으로 온도 9°C에서 내부에너지를 구할 수 있다. 실제일은 0이므로 다음과 같다.

$$\begin{aligned} {}_1I_2 &= {}_1W_2^{\text{rev}} = T_0(V_1/v_1)(s_2 - s_1) \\ &= 293.2\ \text{K}\,(1/28.895)\ \text{kg}\,(4.644 - 4.4819)\ \text{kJ/kg-K} = 1.645\ \text{kJ} \end{aligned}$$

과도 과정

과도 과정에서는 검사 질량과 마찬가지로 검사 체적의 상태가 1에서 2로 변한다. 질량 유동이 상태 i로 들어오고 상태 e로 나간다. 가역일과 비가역성의 시간 변화율에 대한 식 (8.11)과 식 (8.13)을 시간 적분하면 다음과 같다.

$$\begin{aligned} {}_1W_2^{\text{rev}} = &\sum\left(1 - \frac{T_0}{T_j}\right){}_1Q_{2\,j} + \sum m_i(h_{\text{tot}\,i} - T_0 s_i) - \sum m_e(h_{\text{tot}\,e} - T_0 s_e) \\ &- [m_2 e_2 - m_1 e_1 - T_0(m_2 s_2 - m_1 s_1)] \end{aligned} \tag{8.19}$$

$$\begin{aligned} {}_1I_2 &= {}_1W_2^{\text{rev}} - {}_1W_{2\,\text{ac}} = T_0\ {}_1S_{2\ \text{gen ac}} \\ &= T_0\left[(m_2 s_2 - m_1 s_1) + \sum m_e s_e - \sum m_i s_i - \sum \frac{1}{T_j}\,{}_1Q_{2\,j}\right] \end{aligned} \tag{8.20}$$

여기서 마지막 표현식은 (시간 적분한)엔트로피 식 (8.6)의 엔트로피 생성항을 대치한 결과이다.

예제 8.4

1 m^3의 견고한 용기 안에 200 kPa, 대기 온도 20°C의 암모니아가 들어 있다(그림 8.8). 이 용기를 관과 밸브로 연결하였다. 관에는 −10°C의 포화 액체 암모니아가 흐르고 있다. 밸브를 열어서 급속히 탱크를 충전하고 유동이 멈출 때 밸브를 닫는다. 이 과정이 매우 급속히 진행되어 열전달이 없다. 용기 안의 최종 질량과 이 과정의 비가역성을 구하라.

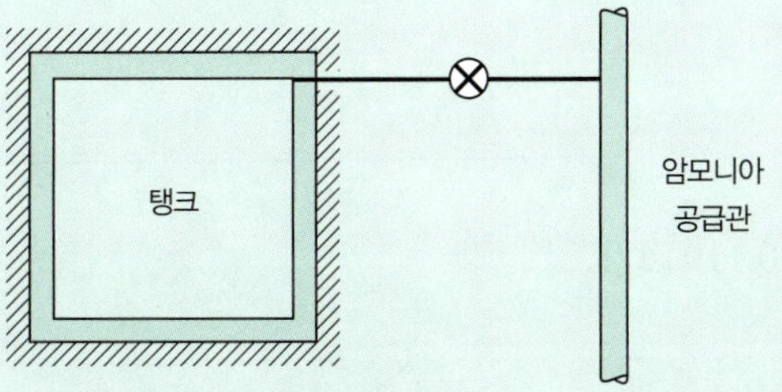

그림 8.8 » 예제 8.4의 암모니아 탱크와 공급관.

검사 체적: 용기와 밸브

초기 상태: T_1, P_1을 알고 있음; 상태 확정

입구 상태: T_i, x_i를 알고 있음; 상태 확정

최종 상태: $P_2 = P_{line}$을 알고 있음

과정: 단열, 일이 없으며, 운동 에너지와 위치 에너지의 변화 없음

➘ 해석

공급관의 압력이 용기의 초기 압력보다 높으므로 용기 안으로 들어가는 유동이 있다. 용기 압력이 공급관 압력까지 상승하면 유동이 멈춘다.

연속 방정식: $m_2 - m_1 = m_i$

에너지 식: $m_2u_2 - m_1u_1 = m_ih_i = (m_2 - m_1)h_i$

엔트로피 식: $m_2s_2 - m_1s_1 = m_is_i + {}_1S_{2gen}$

여기서 운동 에너지와 위치 에너지는 초기 및 최종 상태에서 0이고 유입 유동에 대해서는 무시한다.

➘ 풀이

상태 1: 표 B.2.2 $v_1 = 0.6995\ \text{m}^3/\text{kg}$ $u_1 = 1369.5\ \text{kJ/kg}$ $s_1 = 5.927\ \text{kJ/kg}\cdot\text{K}$

상태 i: 표 B.2.1 $h_i = 134.41\ \text{kJ/kg}$ $s_i = 0.5408\ \text{kJ/kg}\cdot\text{K}$

초기 질량은

$$m_1 = V/v_1 = 1\ \text{m}^3/0.6995\ \text{m}^3/\text{kg} = 1.4296\ \text{kg}$$

이다. 최종 압력만을 알고 있으므로 한 개의 상태량이 더 필요하다. 미지수는 에너지 방정식에 있는 최종 질량과 최종 내부 에너지이다. 미지수는 한 개뿐이므로 두 상태량은 독립이 아니다. 에너지 방정식에서

$$m_2(u_2 - h_i) = m_1(u_1 - h_i)$$

이고 $u_2 > h_i$이다. 따라서 상태는 2상(two-phase) 영역에 있거나 과열 증기이다. 2상 상태를 가정하면

$$m_2 = V/v_2 = 1\ \text{m}^3/(0.001\,534 + x_2 \times 0.416\,84)\ \text{m}^3/\text{kg}$$
$$u_2 = (133.964 + x_2 \times 1175.257)\ \text{kJ/kg}$$

이며 에너지 방정식은 다음과 같다.

$$\frac{133.964 + x_2 \times 1175.257 - 134.41}{0.001\,534 + x_2 \times 0.041\,684}\ \text{kJ} = 1.4296\ \text{kg}\,(1369.5 - 134.41)\ \text{kJ/kg} = 1765.67\ \text{kJ}$$

이 식을 풀어 건도를 구하고 나머지 상태량들을 구하면

$$x_2 = 0.007\,182 \qquad v_2 = 0.004\,527\,6\ \text{m}^3/\text{kg} \qquad s_2 = 0.5762\ \text{kJ/kg}$$

이다. 최종 질량과 비가역성은 다음과 같다.

$$m_2 = V/v_2 = 1\ \text{m}^3/0.004\,527\,6\ \text{m}^3/\text{kg} = 220.87\ \text{kg}$$
$${}_1S_{2\,gen} = m_2s_2 - m_1s_1 - m_is_i = 127.265 - 8.473 - 118.673 = 0.119\ \text{kJ/K}$$
$$I_{c.v.} = T_0\,{}_1S_{2gen} = 293.15\ \text{K} \times 0.119\ \text{kJ/K} = 34.885\ \text{kJ}$$

개념점검

a. 열전달로 100%의 에너지 전달이 가능한가?
b. 전기일을 100% 이용하는 것이 가능한가?
c. 노즐에는 (실제)일이 없다. 그렇다면 가역일을 어떻게 해석해야 하는가?
d. 실제 검사 체적 과정이 가역이면 일에 대하여 무엇을 말할 수 있는가?
e. 가역 검사 체적 과정에서 엔트로피가 변할 수 있는가?

8.2 엑서지와 엑서지 균형식

주어진 상태의 질량으로부터 얻을 수 있는 최대 가역일은 얼마나 될까? 앞 절에서는 검사 체적과 검사 질량이 특별한 유형의 과정을 겪을 때 주어진 상태 변화로부터 얻을 수 있는 가역일을 구하는 식을 유도하였다. 그렇다면 최종 상태가 어떠할 때 최대 가역일을 얻을 수 있을까?

이 질문에 대한 답은 과정의 종류와 상관없이 질량이 주위와 평형을 이루어 더 이상의 자발적인 상태 변화를 할 수 없고 어떠한 일도 할 수 없을 때 최대 가역일을 얻게 된다는 것이다. 그러므로 주어진 상태의 질량이 완전한 가역 과정을 따라서 주위와 평형을 이루는 상태에 도달할 때 그 질량으로부터 최대 가역일을 얻게 된다. 이러한 의미에서 원래 상태에서의 엑서지(exergy)는 그 질량이 할 수 있는 가능한 최대 일을 하는 잠재력이라고 할 수 있다.

엑서지를 검토하기 위해, 일어날 수 있는 다양한 유형의 과정과 상황을 고려하기로 하며, 식 (8.11)의 가역일 표현식으로 시작해 보자. 이 표현식을 보면, 가역일이 별도의 여러 항으로 되어 있다. 열전달에 의한 항, 질량 유동에 의한 항, 저장 효과(검사 체적 안의 물질의 상태 변화)에 의한 항 등이다. 우리가 계량하는 엑서지는 주위에 상대적으로 추출할 수 있는 최대 일이다.

우선 열전달에 대하여 알아보자. 가역일을 이루는, 온도가 T_0인 주위에 상대적인 해당 항은

$$\dot{\Phi}_q = \sum \left(1 - \frac{T_0}{T_j}\right)\dot{Q}_j \tag{8.21}$$

이며, 식 (8.1)에서 이미 얻은 결과이다. 이제 엑서지 변화율이라고 부르기로 하는 이 기호 $\dot{\Phi}_q$은 열전달로부터 추출할 수 있는 가능한 가역일과 같고, 그러므로 열전달의 가치를 일로 나타낸 것이다. 열이 더 높은 온도 T_j에서 온다면 가치(엑서지)는 증가하고, 열전달의 더 많은 부분을 일로 추출할 수 있다. 때로는 이를 더 높은 품질의 열전달이라고 표현한다. 그 극한은 무한히 높은 온도($T_j \to \infty$)이며, 열전달은 100%로 엑서지를 갖는다. 다른 극한은 $T_j = T_0$이며 열전달은 0%의 엑서지를 갖는다.

유동에 의한 엑서지를 살펴보자. 각 유동별로 엑서지를 나타내고자 하며 주위를 열에너지뿐만 아니라 운동 에너지, 위치 에너지의 기준으로 한다. 어떤 상태의 유동이 가역 과정을 거쳐 주위와 평형 상태로 배출될 때 최대 가역일을 하게 된다. 유체가 주위와 평형인 상태를 전사 상태(dead state)라 하며, 가능한 최소 에너지를 갖게 된다. 즉 온도 T_0, 압력 P_0 상태에서 속도가 0이고 기준 고도 Z_0(보통은 표준 해수면에서 그 값이 0임)에 있게 된다. 이러한 경우라면, 단일 유동이 열전달이 없는 검사 체적으로 들어와서 전사 상태로 나가는 과정에서 하는, 식 (8.14)의 단위 질량당 가역일은 유동 엑서지(flow exergy)를 나타내며 기호 ψ로 표기한다 .

$$\psi = (h_{\text{tot}} - T_0 s) - (h_{\text{tot }0} - T_0 s_0)$$
$$= \left(h - T_0 s + \frac{1}{2}\mathbf{V}^2 + gZ\right) - (h_0 - T_0 s_0 + gZ_0) \tag{8.22}$$

여기서는 총 엔탈피를 풀어 써서 운동 에너지 항과 위치 에너지 항을 명시적으로 보이고 있다. 전사 상태에서 유동은 엑서지가 0인 반면에 대부분의 유동은 검사 체적을 출입할 때 전사 상태가 아니다. 단일 정상 유동의 단위 질량당 엑서지의 변화량 식은 다음과 같다.

$$\psi_i - \psi_e = [(h_{\text{tot }i} - T_0 s_i) - (h_0 - T_0 s_0 + gZ_0)] - [(h_{\text{tot }e} - T_0 s_e) - (h_0 - T_0 s_0 + gZ_0)]$$
$$= (h_{\text{tot }i} - T_0 s_i) - (h_{\text{tot }e} - T_0 s_e) \tag{8.23}$$

여기서 상수는 상쇄되어 나타나지 않는다. 이 엑서지 변화량은 가역일 식 (8.14)의 마지막 두 항과 동일하다. 따라서 단일 정상 유동의 가역일은 유동의 엑서지 감소량과 같음을 알 수 있다.

검사 체적의 상태가 변화할 때 저장항으로부터 얻는 가역일을 이용하여 검사 체적의 엑서지를 정의하기로 한다. 이 경우에 체적이 변화할 수 있으며, 주위와 교환하는 일부 일은 유용한 일이 되지 못한다. 시간 변화율 형식을 써서, 즉 체적의 시간 변화율 $\dot{V}$를 이용하면, 주위에 가한 일은

$$\dot{W}_{\text{surr}} = P_0 \dot{V} \tag{8.24}$$

이므로 저장항의 최대 가용 일률은 다음과 같다.

$$\dot{W}^{\text{max}}_{\text{avail}} = \dot{W}^{\text{rev}}_{\text{storage}} - \dot{W}_{\text{surr}}$$
$$= -\left[\frac{dE_{\text{c.v.}}}{dt} - T_0 \frac{dS_{\text{c.v.}}}{dt}\right] - P_0 \dot{V} \tag{8.25}$$

이 식을 주어진 상태에서 최종 상태(주위, 전사 상태)까지 적분하면 엑서지는 다음과 같다.

$$\Phi = -[E_0 - E - T_0(S_0 - S) + P_0(V_0 - V)]$$
$$= (E - T_0 S) - (E_0 - T_0 S_0) + P_0(V - V_0) \tag{8.26}$$
$$\dot{\Phi}_{\text{c.v.}} = \frac{dE_{\text{c.v.}}}{dt} - T_0 \frac{dS_{\text{c.v.}}}{dt} + P_0 \dot{V}$$

따라서 식 (8.25)의 최대 가용 일률은 저장된 엑서지의 시간 변화율의 음수 값이다. 검사 질량의 경우 단위 질량당 엑서지는 질량 m으로 나누어

$$\phi = (e - T_0 s + P_0 v) - (e_0 - T_0 s_0 + P_0 v_0) \tag{8.27}$$

이다. 여기서 하첨자 "0"이 지칭하는 것은 운동 에너지와 위치 에너지가 없는 주위 상태로, **전사 상태**(dead state)라고 하는 기준 상태다.

유동항에서 했던 것처럼 두 상태 사이의 변화량은

$$\phi_2 - \phi_1 = (e_2 - T_0 s_2 + P_0 v_2) - (e_1 - T_0 s_1 + P_0 v_1) \tag{8.28}$$

이다. 여기서 상수[식 (8.27)의 마지막 괄호 안의 항]는 소거되어 없어진다.

서로 다른 에너지 항과 관련된 엑서지에 대한 표현식을 유도하였으므로 실제 일률, 가역 일률, 각종 엑서지 사이의 최종 관계식을 쓸 수 있다. 가역일에 대한 식 (8.11)의 우변 항을 전부 엑서지로 나타내면 다음과 같다.

$$\dot{W}^{\text{rev}} = \dot{\Phi}_q + \sum \dot{m}_i\psi_i - \sum \dot{m}_e\,\psi_e - \dot{\Phi}_{\text{c.v.}} + P_0\dot{V} \tag{8.29}$$

실제일은 식 (8.9)와 (8.10)으로부터 다음과 같다.

$$\dot{W}_{\text{c.v. ac}} = \dot{W}^{\text{rev}} - \dot{Q}_0^{\text{rev}} = \dot{W}^{\text{rev}} - \dot{I} \tag{8.30}$$

이 최종 표현식으로부터 비가역성은 잠재일의 일부를 파괴한다는 것을 알 수 있다. 잠재일은 각종 유형의 엑서지로 이루어지며, 식 (8.29)에 나타내었다. 이 두 식을 자세히 풀어 써서, 이전에 다루었던 검사 질량 과정, 정상 단일 유동 과정, 과도 과정 등의 모든 특별한 경우에 적용할 수 있다.

실제일의 표현식으로부터, 6장과 7장의 결론과 같이 이른바 실제일은 가역일에서 비가역성을 뺀 것과 같음을 알 수 있다. 비가역성은 생성엔트로피에 직접 비례한다. 대기에 저장되는 비가용일을 파악하여 가역일을 조정한 후에, 엑서지 관계식을 식 (8.26)과 같이 시간 변화율로 알 수 있었으며, 저장되는 양으로 알 수 있었다.

엑서지가 어떻게 저장되고, 전달되며, 붕괴되는가를 파악하기 위해, 일반 검사 체적에 대해 변화율 형태로 나타낸 에너지 식과 유사한 시간 변화율 식을 만든다. 엑서지의 시간 변화율 식 (8.29)와 가역일과 실제일의 관계 식 (8.30)을 조합하면 다음과 같다.

$$\dot{\Phi}_{\text{c.v.}} = \sum\left(1 - \frac{T_0}{T}\right)\dot{Q}_{\text{c.v.}} + \sum \dot{m}_i\psi_i - \sum \dot{m}_e\psi_e - \dot{W}^{\text{rev}} + P_0\dot{V}$$

$$\dot{W}^{\text{rev}} = \dot{W}_{\text{c.v. ac}} + \dot{I}_{\text{c.v.}} = \dot{W}_{\text{c.v. ac}} + T_0\dot{S}_{\text{gen}}$$

최종 엑서지 균형식은 다음과 같다.

$$\begin{aligned} \frac{d\Phi}{dt} &= \sum\left(1 - \frac{T_0}{T}\right)\dot{Q}_{\text{c.v.}} && \text{온도 } T\text{의 열에 의한 전달량} \\ &\quad - \dot{W}_{\text{c.v.}} + P_0\frac{dV}{dt} && \text{축일/경계이동일에 의한 전달량} \\ &\quad + \sum \dot{m}_i\psi_i - \sum \dot{m}_e\psi_e && \text{유동에 의한 전달량} \\ &\quad - T_0\dot{S}_{\text{gen}} && \text{엑서지 붕괴량} \end{aligned} \tag{8.31}$$

엑서지 식을 다음과 같이 말로 풀어 설명할 수 있다.

엑서지 저장률 = 열에 의한 전달량 + 축일/경계이동일에 의한 전달량
+ 유동에 의한 전달량 − 엑서지 붕괴량

모든 **전달**은 주위의 일부와 이루어지므로, 온 세상을 고려할 때는 순 변화량이 없음에 유의한다. 엔트로피 생성에 의한 엑서지 붕괴만이 전체 엑서지 수준을 낮춘다. 따라서 **엑서지 붕괴**가 일어나는 공간상의 영역이 엔트로피가 생성되는 지점인 것을 확인할 수 있다. 엑서지 붕괴는 이전에 정의한 용어인 비가역성과 동일하다.

예제 8.5

500 W 전열선의 표면 온도가 1000 K이다. 전열선 위에 놓인 세라믹 뚜껑의 상부 표면 온도는 500 K이다(그림 8.9). 아래 방향의 열전달은 무시한다. 엑서지 플럭스를 따라 이 과정의 엑서지 붕괴량을 구하라.

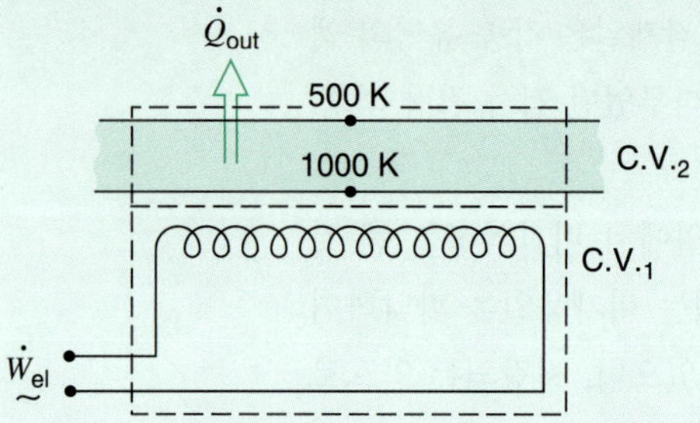

그림 8.9 » 전열선과 세라믹 뚜껑.

풀이

전열선을 정상상태 검사 체적으로 한다. 전기일이 들어가고 열이 빠져나온다.

에너지 식: $0 = \dot{W}_{electrical} - \dot{Q}_{out}$

엔트로피 식: $0 = -\dfrac{\dot{Q}_{out}}{T_{surf}} + \dot{S}_{gen}$

엑서지 식: $0 = -\left(1 - \dfrac{T_0}{T}\right)\dot{Q}_{out} - (-\dot{W}_{electrical}) - T_0\dot{S}_{gen}$

엑서지 균형식으로부터

$$\dot{Q}_{out} = \dot{W}_{electrical} = 500\ \mathrm{W}$$

$$\dot{S}_{gen} = \dot{Q}_{out}/T_{surf} = 500\ \mathrm{W}/1000\ \mathrm{K} = 0.5\ \mathrm{W/K}$$

$$\dot{\Phi}_{destruction} = T_0\dot{S}_{gen} = 298.15\ \mathrm{K} \times 0.5\ \mathrm{W/K} = 149\ \mathrm{W}$$

$$\dot{\Phi}_{transfer\ out} = \left(1 - \frac{T_0}{T}\right)\dot{Q}_{out} = \left(1 - \frac{298.15}{1000}\right)500\ \mathrm{W} = 351\ \mathrm{W}$$

이다. 전열선으로 들어온 500 W의 엑서지 플럭스 중 149 W가 붕괴되고 남은 351 W가 나가며, 이때 열은 1000 K에서 전달된다.

두 번째 검사 체적은 전열선 표면에서부터 세라믹 뚜껑의 상부까지로 한다. 열은 1000 K에서 들어와서 500 K로 나가며 일은 없다.

에너지 식: $0 = \dot{Q}_{in} - \dot{Q}_{out}$

엔트로피 식: $0 = \dfrac{\dot{Q}_{in}}{T_{surf}} - \dfrac{\dot{Q}_{out}}{T_{top}} + \dot{S}_{gen}$

엑서지 식: $0 = \left(1 - \dfrac{T_0}{T_{surf}}\right)\dot{Q}_{in} - \left(1 - \dfrac{T_0}{T_{top}}\right)\dot{Q}_{out} - T_0\dot{S}_{gen}$

에너지 식으로부터 두 열전달량이 같음을 알 수 있으며, 엔트로피 생성량은 다음과 같다.

$$\dot{S}_{gen} = \frac{\dot{Q}_{out}}{T_{top}} - \frac{\dot{Q}_{in}}{T_{surf}} = 500\left(\frac{1}{500} - \frac{1}{1000}\right)\mathrm{W/K} = 0.5\ \mathrm{W/K}$$

엑서지 식은 다음과 같이 된다.

$$0 = \left(1 - \frac{298.15}{1000}\right)500\ \text{W} - \left(1 - \frac{298.15}{500}\right)500\ \text{W} - 298.15\ \text{K} \times 0.5\ \text{W/K}$$

또는

$$0 = 351\ \text{W} - 202\ \text{W} - 149\ \text{W}$$

세라믹 뚜껑은 351 W의 엑서지를 전열선으로부터 받아서 상부 표면에서 202 W를 방출하며 그 과정 중에 149 W의 엑서지가 붕괴된다. 엑서지 유동과 붕괴를 그림 8.10에 나타내었다.

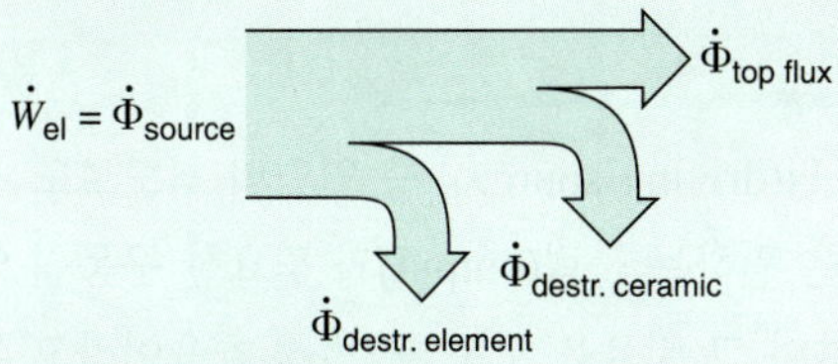

그림 8.10 » 엑서지 플럭스 항과 붕괴 항.

예제 8.6

단열 증기 터빈(그림 8.11)으로 3 MPa, 350°C의 수증기가 30 kg/s로 들어간다. 압력이 0.5 MPa이 되는 지점에서 수증기를 5 kg/s씩 추출하여 공정에 사용한다. 추출 수증기의 온도는 200°C이다. 나머지 수증기는 압력 15 kPa, 건도 90%로 터빈에서 나온다. 세 지점 모두에서 수증기의 비엑서지를 결정하고 가역일을 구하라.

검사 체적: 터빈

입구 상태: P_1, T_1을 알고 있음; 상태 확정

출구 상태: P_2, T_2를 알고 있음; P_3, x_3를 알고 있음; 두 상태 확정

과정: 정상상태

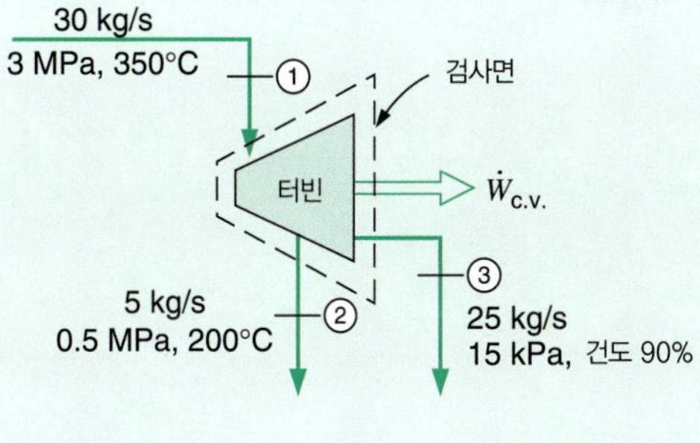

그림 8.11 » 예제 8.6의 개략도.

해석

각 위치에서 (운동 에너지와 위치 에너지가 없는) 수증기의 엑서지는 식 (8.22)로 구한다.

$$\psi = (h - h_0) - T_0(s - s_0) + \frac{\mathbf{V}^2}{2} + g(Z - Z_0) = (h - h_0) - T_0(s - s_0)$$

풀이

기준 상태: 포화 액체를 가정함. $h_0 = 104.9$ kJ/kg $\quad s_0 = 0.3674$ kJ/kg-K

해석에서 구한 엑서지 식으로부터 다음과 같다.

$$\psi_1 = (3115.3 - 104.9)\,\text{kJ/kg} - 298.15\,\text{K}\,(6.7428 - 0.3674)\,\text{kJ/kg-K} = 1109.6\,\text{kJ/kg}$$

$$\psi_2 = (2855.4 - 104.9)\,\text{kJ/kg} - 298.15\,\text{K}\,(7.0592 - 0.3674)\,\text{kJ/kg-K} = 755.3\,\text{kJ/kg}$$

$$\psi_3 = (2361.8 - 104.9)\,\text{kJ/kg} - 298.15\,\text{K}\,(7.2831 - 0.3674)\,\text{kJ/kg-K} = 195.0\,\text{kJ/kg}$$

$$\dot{W}^{\text{rev}} = \dot{m}_1\psi_1 - \dot{m}_2\psi_2 - \dot{m}_3\psi_3$$

$$= 30\,\text{kg/s}(1109.6)\,\text{kJ/kg} - 5\,\text{kg/s}(755.3)\,\text{kJ/kg} - 25\,\text{kg/s}(195.0)\,\text{kJ/kg} = 24637\,\text{kW}$$

8.3 제2법칙 효율

이제는 엑서지를, 과정의 출력뿐만 아니라 과정을 진행시키는 구동원(driving source), 즉 입력의 척도로도 사용할 수 있다. 이는 변환 효율을 결정할 수 있게 해준다. 변환 효율은 원하는 출력(output)과 필요한 구동원 입력(input)의 상대적인 비율로 표현된다. 두 항 모두 엑서지로 측정하며 그 비율을 보통 **제2법칙 효율**이라고 부른다. 따라서 일, 열전달, 질량유동 등과 같은 항들을 엑서지 전달 항으로 바꾸어 표현한다. 이들을 이용하는 방법은 이전에 제1법칙 효율을 정의할 때 에너지 항을 이용하는 것과 같다.

1법칙 효율과 2법칙 효율의 차이를 예시하기 위해, 실제 단열 터빈 과정을 살펴보자. 그림 8.12에 입구 상태와 실제 출구 상태가 주어져 있다. 실제일과 가역일 모두는 주어진 입구 상태와 실제 출구 상태와 관련된다. 이는 등엔트로피 일이 입구 상태와 등엔트로피 출구 상태(그림 8.12)와 관련되는 것과 같다. 따라서, 터빈의 제2법칙 효율은 다음과 같다.

$$\eta_{\text{2nd law}} = \frac{w_{T\,\text{ac}}}{\psi_i - \psi_{e\,\text{ac}}} \tag{8.32}$$

여기서 엑서지 변화량은 가역일과 같다. 이런 개념이 실제 과정을 평가하거나 측정할 때 실제 상태 변화를 이용할 수 있게 해준다. 이는 엑서지 개념을 이용하는 또 다른 편리한 방법이다. 같은 방식으로, 펌프 또는 압축기의 제2법칙 효율은 엑서지 증가량과 (장치로 투입되는) 일의 비율이다.

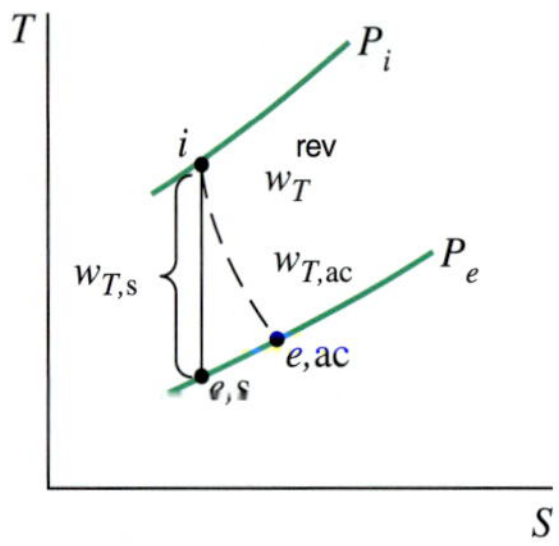

$w_{T\,\text{ac}} = h_i - h_{e\,\text{ac}}$

$w_T^{\text{rev}} = \psi_i - \psi_{e\,\text{ac}}$

$w_{T\,\text{s}} = h_i - h_{e\,\text{s}}$

그림 8.12 » 비가역 터빈.

예제 8.7

예제 8.6에서 터빈을 엑서지로 해석하고 가역일을 구하였다. 터빈의 제1법칙 효율과 제2법칙 효율을 구하라.

해석

이상 등엔트로피 터빈의 에너지 식은 다음과 같다.

$$\dot{W}_{T\,s} = \dot{m}_1 h_1 - \dot{m}_2 h_{2s} - \dot{m}_3 h_{3s}$$

실제 터빈의 에너지 식은 다음과 같다.

$$\dot{W}_{T\,\text{ac}} = \dot{m}_1 h_1 - \dot{m}_2 h_2 - \dot{m}_3 h_3$$

풀이

이상 등엔트로피 터빈에 대해 다음과 같다.

$$s_{2s} = s_1 = 6.7428\ \text{kJ/kg-K} = (1.8606 + x_{2s} \times 4.906)\ \text{kJ/kg-K}, \qquad x_{2s} = 0.9842$$

$$h_{2s} = (640.2 + 0.9842 \times 2108.5)\ \text{kJ/kg} = 2715.4\ \text{kJ/kg}$$

$$s_{3s} = s_1 = 6.7428\ \text{kJ/kg-K} = (0.7549 + x_{3s} \times 7.2536)\ \text{kJ/kg-K}, \qquad x_{3s} = 0.8255$$

$$h_{3s} = (225.9 + 0.8255 \times 2373.1)\ \text{kJ/kg} = 2184.9\ \text{kJ/kg}$$

$$\dot{W}_{T\,s} = 30\ \text{kg/s}\ (3115.3\ \text{kJ/kg}) - 5\ \text{kg/s}\ (2715.4\ \text{kJ/kg}) - 25\ \text{kg/s}\ (2184.9\ \text{kJ/kg}) = 25\,260\ \text{kW}$$

실제 터빈에 대해 다음과 같다.

$$\dot{W}_{T\,\text{ac}} = 30\ \text{kg/s}\ (3115.3\ \text{kJ/kg}) - 5\ \text{kg/s}\ (2855.4\ \text{kJ/kg}) - 25\ \text{kg/s}\ (2361.8\ \text{kJ/kg}) = 20\,137\ \text{kW}$$

등엔트로피 효율을 구한다.

$$\eta_s = \dot{W}_{T\,\text{ac}}/\dot{W}_{T\,s} = \frac{20\,137}{25\,260} = 0.797$$

제2법칙 효율을 구한다.

$$\eta_{\text{2nd law}} = \dot{W}_{T\,\text{ac}}/\dot{W}^{\text{rev}} = \frac{20137}{24637} = 0.817$$

일의 입력이나 출력이 없는 장치의 경우에 제2법칙 효율의 정의는 그 과정이 달성하는 가용성을 엑서지 변화량 또는 전달량으로 나타낸 입력과 비교하여 결정한다. 예를 들어 열교환기에서는 고온 유체 유동에서 저온 유체 유동으로 에너지가 전달된다(그림 8.13). 이 경우에 제2법칙 효율은 다음과 같이 정의한다.

$$\eta_{\text{2nd law}} = \frac{\dot{m}_1(\psi_2 - \psi_1)}{\dot{m}_3(\psi_3 - \psi_4)} \tag{8.33}$$

위에서 언급한 제2법칙 효율에 대한 표현식들을 하나의 식으로 나타낼 수 있다. 먼저 실제일은 식 (8.30)으로부터 다음과 같다.

$$\dot{W}_{\text{c.v.}} = \dot{\Phi}_{\text{source}} - \dot{I}_{\text{c.v.}} = \dot{\Phi}_{\text{source}} - T_0 \dot{S}_{\text{gen c.v.}} \tag{8.34}$$

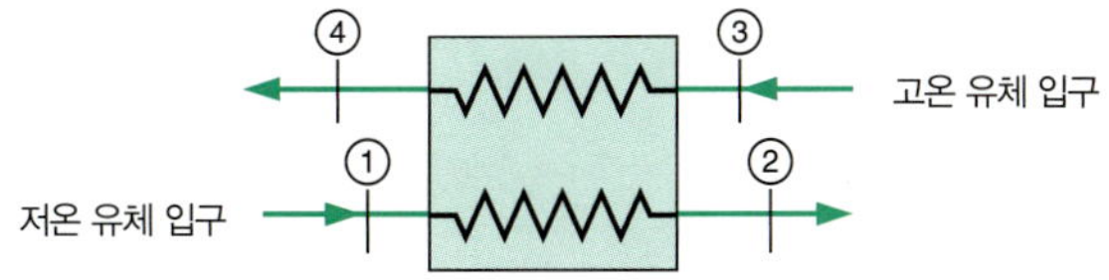

그림 8.13 » 두 유체 유동이 있는 열교환기.

여기서 $\dot{\Phi}_{source}$는 모든 요인, 즉 유동, 열전달, 입력일 등으로부터 공급되는 총엑서지의 시간 변화율이다. 위 식을 달리 표현하면 출력 엑서지 $\dot{W}_{c.v.}$는 입력 엑서지에서 비가역성을 뺀 것과 같다. 그러므로 모든 경우에 제2법칙 효율을 다음과 같이 쓸 수 있다.

$$\eta_{2nd\ law} = \frac{\dot{\Phi}_{wanted}}{\dot{\Phi}_{source}} = \frac{\dot{\Phi}_{source} - \dot{I}_{c.v.}}{\dot{\Phi}_{source}} \tag{8.35}$$

분자의 $\dot{\Phi}_{wanted}$는 그것이 실제로 일이거나 위치 에너지, 운동 에너지, 열전달이거나에 상관없이 엑서지로 표현한다. 이 식은 터빈 효율 식(8.32)와 입력일이 있는 펌프와 압축기 효율 및 열교환기 효율 식 (8.33) 모두를 포함한다.

예제 8.8

보일러에서 연소 생성물에서 수증기로 열이 전달된다. 연소 생성물의 온도는 1100°C에서 550°C로 낮아지며 압력은 0.1 MPa로 일정하다. 연소 생성물의 평균 정압 비열은 1.09 kJ/kg K이다. 물은 0.8 MPa, 150°C로 들어가서 0.8 MPa, 250°C로 나온다. 이 과정의 제2법칙 효율과 증발된 물의 단위 질량당 비가역성을 구하라.

검사 체적: 열교환기 전체(그림 8.14)
입출구 상태: 모두 알고 있음(그림 8.14)
과정: 전체적으로 단열 정상 상태, 두 단일 유동(그림 8.15)

해석

생성물에 대하여, 정압 과정 동안의 엔트로피 변화는 다음과 같다.

$$(s_e - s_i)_{prod} = C_{po} \ln \frac{T_e}{T_i}$$

연속 방정식: $(\dot{m}_i)_{H_2O} = (\dot{m}_e)_{H_2O};\ (\dot{m}_i)_{prod} = (\dot{m}_e)_{prod}$ **(a)**

에너지 식: $(\dot{m}_i h_i)_{H_2O} + (\dot{m}_i h_i)_{prod} = (\dot{m}_e h_e)_{H_2O} + (\dot{m}_e h_e)_{prod}$ **(b)**

엔트로피 식: $(\dot{m}_e s_e)_{H_2O} + (\dot{m}_e s_e)_{prod} = (\dot{m}_i s_i)_{H_2O} + (\dot{m}_i s_i)_{prod} + \dot{S}_{gen}$ **(c)**

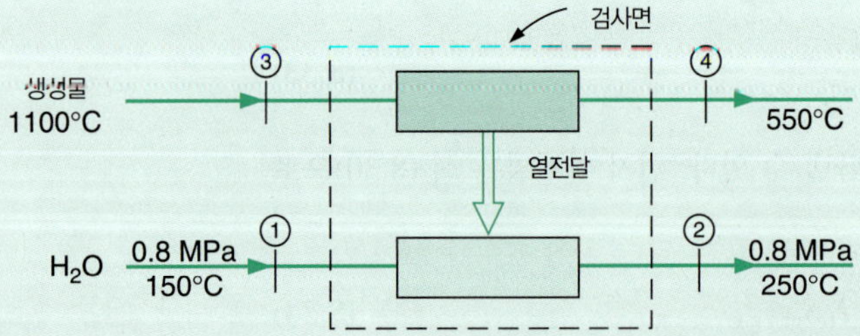

그림 8.14 » 예제 8.8의 개략도.

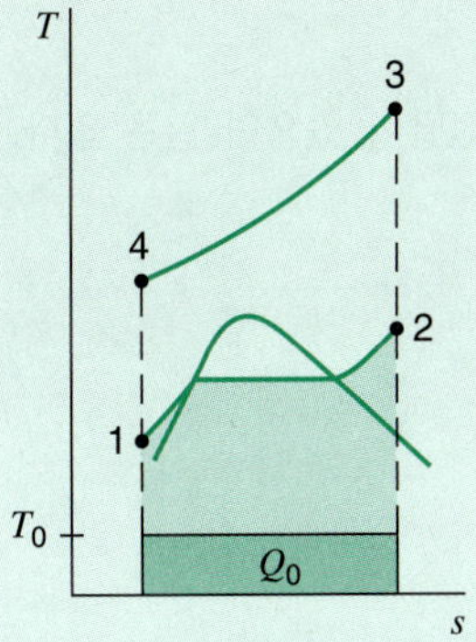

그림 8.15 » 예제 8.8에 대한 온도–엔트로피 선도.

풀이

식 (a), (b)로부터 물의 질량 유량에 대한 생성물의 질량 유량의 비율을 계산할 수 있다.

$$\dot{m}_{\text{prod}}(h_i - h_e)_{\text{prod}} = \dot{m}_{\text{H}_2\text{O}}(h_e - h_i)_{\text{H}_2\text{O}}$$

$$\frac{\dot{m}_{\text{prod}}}{\dot{m}_{\text{H}_2\text{O}}} = \frac{(h_e - h_i)_{\text{H}_2\text{O}}}{(h_i - h_e)_{\text{prod}}} = \frac{(2950 - 632.2)\ \text{kJ/kg}}{1.09\ \text{kJ/kg-K}\ (1100 - 550)\ \text{K}} = 3.866$$

물 1 kg당 엑서지 증가량은 다음과 같다.

$$\begin{aligned}\psi_2 - \psi_1 &= (h_2 - h_1) - T_0(s_2 - s_1)\\ &= (2950 - 632.2)\,\text{kJ/kg} - 298.15\,\text{K}\,(7.0384 - 1.8418)\,\text{kJ/kg-K} = 768.4\,\text{kJ/kg}\,\text{H}_2\text{O}\end{aligned}$$

물 1 kg당 생성물의 엑서지 감소량은 다음과 같다.

$$\begin{aligned}\frac{\dot{m}_{\text{prod}}}{\dot{m}_{\text{H}_2\text{O}}}(\psi_3 - \psi_4) &= \frac{\dot{m}_{\text{prod}}}{\dot{m}_{\text{H}_2\text{O}}}[(h_3 - h_4) - T_0(s_3 - s_4)]\\ &= 3.866\left[1.09(1100 - 550) - 298.15\left(1.09\ln\frac{1373.15}{823.15}\right)\right]\text{kJ/kg} = 1674.7\ \text{kJ/kg}\ \text{H}_2\text{O}\end{aligned}$$

그러므로 제2법칙 효율은 식 (8.33)으로부터 다음과 같다.

$$\eta_{\text{2nd law}} = \frac{\dot{m}_{\text{H}_2\text{O}} \times (\psi_2 - \psi_1)}{\dot{m}_{\text{prod}} \times (\psi_3 - \psi_4)} = \frac{768.4}{1674.7} = 0.459$$

식 (8.30)으로부터 $\dot{I} = \dot{W}^{\text{rev}}$이고, 식 (8.29)로부터 과정의 단위질량당 비가역성은 다음과 같다.

$$\begin{aligned}\frac{\dot{I}}{\dot{m}_{\text{H}_2\text{O}}} &= \sum_i \frac{\dot{m}_i}{\dot{m}_{\text{H}_2\text{O}}}\psi_i - \sum_2 \frac{\dot{m}_e}{\dot{m}_{\text{H}_2\text{O}}}\psi_e\\ &= (\psi_1 - \psi_2) + \frac{\dot{m}_{\text{prod}}}{\dot{m}_{\text{H}_2\text{O}}}(\psi_3 - \psi_4) = (-768.4 + 1674.7)\ \text{kJ/kg} = 906.3\ \text{kJ/kg}\ \text{H}_2\text{O}\end{aligned}$$

두 과정을 그림 8.15의 *T-s* 선도에 나타내었다. 선 3-4는 생성물 3.866 kg의 과정이다. 물리적 열교환기 위치에 맞도록 선 3-4를 변형하여 두 유동의 실제 온도차를 예시하였다.

예제 8.9

예제 8.1의 급수 가열기에서 엑서지 유동과 플럭스를 살펴보자. 급수 가열기에는 단일 유동과 두 열전달이 있으며 일은 없다. h_0와 s_0의 기준값은 예제 8.6과 동일하다.

유동 엑서지는 다음과 같다.

$$\psi_i = h_{\text{tot } i} - h_0 - T_0(s_i - s_0)$$
$$= (171.97 - 104.87)\ \text{kJ/kg} - 298.2\ \text{K} \times (0.5705 - 0.3673)\ \text{kJ/kg-K} = 6.92\ \text{kJ/kg}$$
$$\psi_e = h_{\text{tot } e} - h_0 - T_0(s_e - s_0)$$
$$= (765.25 - 104.87)\ \text{kJ/kg} - 298.2\ \text{K} \times (2.1341 - 0.3673)\ \text{kJ/kg-K} = 133.94\ \text{kJ/kg}$$

각 열전달에 의한 엑서지 플럭스는 다음과 같다.

$$\phi_{q1} = \left(1 - \frac{T_0}{T_1}\right) q_1 = \left(1 - \frac{298.2}{373.2}\right) 180\ \text{kJ/kg} = 36.17\ \text{kJ/kg}$$

$$\phi_{q2} = \left(1 - \frac{T_0}{T_2}\right) q_2 = \left(1 - \frac{298.2}{473.2}\right) 413.28\ \text{kJ/kg} = 152.84\ \text{kJ/kg}$$

엑서지 붕괴는 식 (8.38)로부터(단, $w = 0$) 다음과 같다.

$$T_0 s_{\text{gen}} = i = \sum \left(1 - \frac{T_0}{T}\right) q_{\text{c.v.}} + \psi_i - \psi_e$$
$$= 36.17 + 152.84 + 6.92 - 133.94 = 62.0\ \text{kJ/kg}$$

가열기의 제2법칙 효율은 다음과 같다.

$$\eta_{\text{2nd law}} = \frac{\dot{\Phi}_{\text{source}} - \dot{I}_{\text{c.v.}}}{\dot{\Phi}_{\text{source}}} = \frac{\phi_{q1} + \phi_{q2} - i}{\phi_{q1} + \phi_{q2}} = \frac{36.17 + 152.84 - 62.0}{36.17 + 152.84} = 0.67$$

엑서지 플럭스는 그림 8.16에 나타내었다. 제2법칙 효율로부터, 이 시스템을 개선할 여지가 있음을 알 수 있다. 열원과 물 유동 사이의 온도차를 줄이기 위해 저온 열원으로부터 더 많은 에너지를 전달하면 비가역성을 작게 할 수 있다.

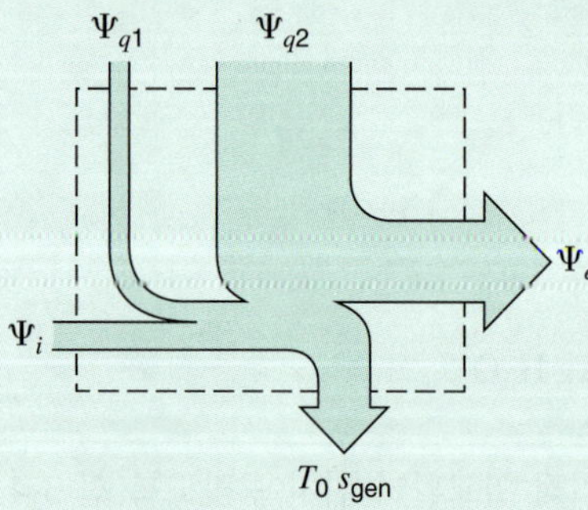

그림 8.16 » 급수 가열기에서 엑서지의 플럭스, 유동, 붕괴.

개념점검

f. 에너지는 내부 에너지, 위치 에너지, 운동 에너지 등으로 저장된다. 이들 형태의 에너지는 모두 100% 이용 가능한가?

g. 에너지는 생기거나 없어지지 않는다. 엑서지는 어떠한가?

h. 터빈에서 엑서지 공급원은 무엇인가?

i. 펌프에서 무엇이 엑서지 공급원이며, 무엇이 엑서지를 얻는가?

8.4 공학 응용

엑서지 개념의 가장 중요한 응용 예는 단일 장치와 전체 시스템을 에너지 전달뿐만 아니라 엑서지 전달과 붕괴의 관점에서 해석하는 것이다. 에너지 항을 고려하여 제1법칙 효율인 열기관의 에너지 변환 효율을, 그리고 실제 장치와 그에 상응하는 가역 장치를 비교하는 장치 효율을 얻었다. 에너지 대신 엑서지에 주목하면 장치의 제2법칙 효율[식 (8.32)~(8.35)]에 이르게 되었다. 이들 제2법칙 효율은 일반적으로 제1법칙 효율보다 높다. 실제 장치의 운전을 실제와 동일한 입출구 상태 사이에서 이론적으로 가능한 운전과 비교하기 때문이다. 이것이 제1법칙 효율과 다른 점이다. 제1법칙 효율을 다룰 때, 비교 대상인 이상 장치는 실제 장치와 동일한 출구 상태 또는 최종 상태에 있지 않다.

이 효율은 펌프, 압축기, 터빈, 노즐 등과 같은 실제 기기와 시스템을 평가하는 지침으로 사용할 수 있다. 결과를 판단할 때에는 경험이 필요하다. 예를 들어 제2법칙 효율 85%는 충분히 좋은가? 이 값은 초고압을 발생시키는 압축기라면 우수한 것이지만, 중간 정도의 고압을 발생시키는 압축기라면 충분히 좋은 것이 아닐 수도 있다. 그리고 이 값은 노즐의 경우에는 너무 낮은 값이다.

제2법칙 효율은 이전에 보인 바와 같은 장치뿐만 아니라 열기관이나 열펌프 같은 완전한 사이클 시스템에도 적용할 수 있다. 고온에서 열을 전달받아 실제일을 하는 단순 열기관을 생각해 보자. 제1법칙 효율은 다음과 같은 에너지 변환 효율이다.

$$W_{HE} = \eta_{HE\ I} Q_H$$

이때 제2법칙 효율은 얼마인가? 기본적으로 같은 관계식을 만들되 에너지 대신 엑서지를 써서 나타내며, 일은 100% 엑서지이므로 다음의 식을 얻는다.

$$W_{HE} = \eta_{HE\ II} \Phi_H = \eta_{HE\ II} \left(1 - \frac{T_0}{T_H}\right) Q_H \tag{8.36}$$

열펌프의 제2법칙 효율은 얻은 엑서지 Φ_H(또는 $\Phi_H - \Phi_L$, 저온의 Φ_L이 중요한 경우)를 입력일, 즉 엑서지원으로부터 받은 엑서지로 나눈 것으로 다음과 같다.

$$\eta_{HP\ II} = \frac{\Phi_H}{W_{HP}} = \left(1 - \frac{T_0}{T_H}\right) Q_H / W_{HP} \tag{8.37}$$

유사하게 그러나 약간 다르게 성능을 측정하는 방법으로 엑서지 붕괴량을 엑서지원으로부터 받은 엑서지량과 절대 또는 상대 비교하기도 한다. 여러 장치가 있는 완전한 증기 발전소와 같은 더 복잡한 시스템을 살펴보자. 예제 6.10과 그림 7.9의 동력 발전소, 예제 8.8 등에서 열원과 사이클 사이의 온도차가 상당히 크면 비가역성이 커지고 엑서지가 붕괴된다. 공학의 목적은 **사이클 과정을 열원에 어울리게 하는 것**이며, 그 결과로 과정의 비가역성이 작아지고 변환 효율이 높아진다. 이것이 중요한 목표가 되는 대상으로는 새로운 저온 **에너지 회수 시스템**에서 유기 Rankine 사이클(ORC)을 이용하는 경우, 기존의 에너지 변환용 사이클을 변형하는 경우 등이 있다. 증기 응축기에서 다량의 에너지가 주위로 버려지지만, 극소량의 엑서지가 붕괴되거나 손실된다. 에너지를 고려한다는 것은 오해를 일으키는 말이며, 엑서지의 유동과 플럭스라는 용어가 전체 성능의 중요성 측면에서 적절하다(9.14절의 추가 해석 참조).

개념점검

j. 열기관에서 무엇이 엑서지 공급원인가?

k. 열펌프에서 무엇이 엑서지 공급원인가?

l. 열기관에 대한 식 (8.36)에서 엑서지 공급원은 열전달이다. 엑서지 공급원이 열기관에 에너지를 전달하면서 냉각되는 고온 유동 기체라면 식은 어떻게 되겠는가?

주요 개념과 공식

열에 들어있는 엑서지(가용일):

$$W = Q\left(1 - \frac{T_o}{T_H}\right) \qquad (8.1)$$

온도 T_0의 주위로부터 공급되는 열 q_o^{rev}과 온도 T_H인 열원에서 공급되는 열 q의

$$q_o^{\text{rev}} = T_o(s_e - s_i) - q\frac{T_o}{T_H} \qquad (8.15)$$

가역 유동일:

$$w^{\text{rev}} = h_{\text{tot}\,i} - h_{\text{tot}\,e} - T_o(s_i - s_e) + q\left(1 - \frac{T_o}{T_H}\right) \qquad (8.14)$$

유동 비가역성:

$$i = w^{\text{rev}} - w = q_o^{\text{rev}} = T_o\dot{S}_{\text{gen}}/\dot{m} = T_o s_{\text{gen}} \qquad (8.15)$$

가역일(검사질량):

$$_1W_2^{\text{rev}} = T_o(S_2 - S_1) - (E_2 - E_1) + {}_1Q_2\left(1 - \frac{T_o}{T_H}\right) \qquad (8.17)$$

비가역성(검사질량):

$$_1I_2 = T_o(S_2 - S_1) - {}_1Q_2\frac{T_o}{T_H} = T_o\,{}_1S_{2\text{gen}} \qquad (8.18)$$

엑서지, 유동 가용성:

$$\psi = \left[h - T_o s + \tfrac{1}{2}\mathbf{V}^2 + gZ\right] - [h_o - T_o s_o + gZ_o] \qquad (8.22)$$

엑서지, 저장:

$$\phi = (e - e_o) + P_o(v - v_o) - T_o(s - s_o); \qquad (8.27)$$

$$\Phi = m\phi$$

엑서지, 열전달:

$$\Phi_{\text{transfer}\,q} = q\left(1 - \frac{T_o}{T_H}\right) \qquad (8.1)$$

엑서지, 유동:

$$\phi_{\text{transfer flow}} = \psi = h_{\text{tot}\,i} - h_{\text{tot}\,e} - T_o(s_i - s_e) \qquad (8.22)$$

엑서지 시간변화율 식:

$$\frac{d\Phi}{dt} = \sum\left(1 - \frac{T_o}{T}\right)\dot{Q}_{cv} - \dot{W}_{cv} + P_o\frac{dV}{dt} + \sum \dot{m}_i\psi_i - \sum \dot{m}_e\psi_e - T_o\dot{S}_{\text{gen}} \qquad (8.31)$$

엑서지 식(검사질량):

$$\Phi_2 - \Phi_1 = \left(1 - \frac{T_o}{T_H}\right){}_1Q_2 - {}_1W_2 + P_o(V_2 - V_1) - {}_1I_2$$

식(8.31)을 시간 t_1에서 t_2까지 적분, 유동 없음

터빈, 제2법칙 효율: $\eta_{TII} = w_{T,\,ac}/(\psi_i - \psi_{e,\,ac})$ (8.32)

압축기, 제2법칙 효율: $\eta_{CII} = (\psi_i - \psi_{e,\,ac})/w_{C,\,ac} =$ 출력/공급원, 부호에 대한 표준 표기법

2법칙 효율: $$\eta_{\text{2nd law}} = \frac{\dot{\Phi}_{\text{gained}}}{\dot{\Phi}_{\text{supplied}}} = \frac{\dot{\Phi}_{\text{supplied}} - \dot{\Phi}_{\text{destroyed}}}{\dot{\Phi}_{\text{supplied}}} \quad (8.35)$$

개념학습용 문제

8.1 실제 검사 체적에 대응하는 가역 검사 체적에 왜 동일한 저장항과 유동항이 있는가?

8.2 식 (8.5)와 (8.6)에 있는 열전달이 주위 공기와의 열전달이 될 수 있는가?

8.3 해양에 저장된 모든 에너지가 가용한가?

8.4 일이 없는 가역 과정에서 엑서지가 변화하는가?

8.5 두 상태 사이의 가역일은 해당 장치의 이상 일과 같은가?

8.6 어떤 경우에 가역일이 등엔트로피 일과 같은가?

8.7 온도 5°C의 물(액체)을 T_0(25°C)까지 가열한다. 엑서지가 증가하는가?

8.8 가역일과 엑서지는 연관이 있는가?

8.9 유동과 관련된 엑서지를 고려해 보자. 총 엑서지는 열역학적 상태와 운동 에너지, 위치 에너지에 따라 다르다. 이들이 모두 음수가 될 수 있는가?

8.10 Carnot 열기관의 제2법칙 효율은 얼마인가?

8.11 얼음 덩어리가 양지바른 곳에서 녹는다. 엑서지가 증가하는가 감소하는가? 한 문장으로 설명하라.

8.12 노즐에서, 엑서지로 나타낸 출력과 입력(근원)은 무엇인가?

8.13 엑서지 식은 에너지 식이나 엔트로피 식과 무관한가?

8.14 두 단열 터빈 A와 B가 있다. 입구 상태와 출구 압력이 같다. 터빈 A의 등엔트로피 효율이 터빈 B보다 높다. 어느 터빈의 비가역성이 더 큰가? 그 이유는?

과제용 문제

엑서지, 가역일

8.15 검사 질량에서 50 kJ의 에너지가 다음의 각 형태로 방출된다.

a. 배터리의 전기일

b. 스프링의 기계일

c. 500°C의 열전달

각 경우 검사 질량의 엑서지 변화량을 구하라. 주위 온도는 25°C이다.

8.16 모터의 동력 5 kW(1)의 일부가 400 K의 열(2)로 전달되고, 온도 25°C의 주위(3)로 소산된다. 과정 1-2-3을 따라서 엑서지 전달률을 파악하라.

8.17 가정용 냉장고(그림 P8.17)에 있는 온도 T_F의 냉동실과 T_C의 냉장실에서 열이 제거되고, T_A의 주위로 열이 방출된다. 냉장실의 열전달률 $\dot{Q}_C$와 냉동실의 열전달률 $\dot{Q}_F$이 같다. 열펌프(냉장고)에 공급해야 할 최소 동력을 식으로 구하라. $T_A = 25°\text{C}$, $T_C = 5°\text{C}$, $T_F = -15°\text{C}$, $\dot{Q}_F = 4$ kW이다. 공급 동력 값을 계산하라.

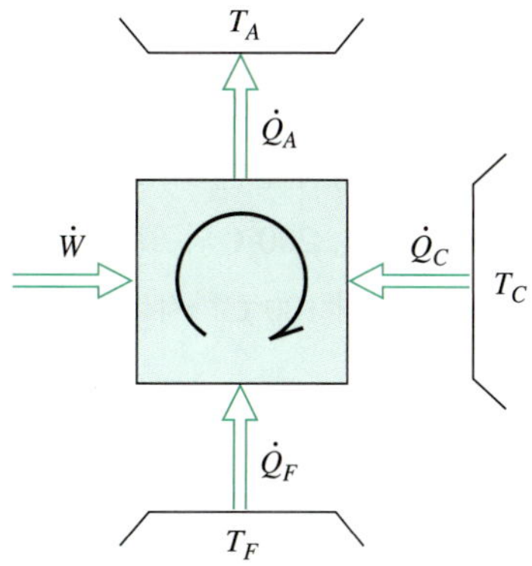

그림 P8.17

8.18 공기압축기로 주위 상태 100 kPa, 300 K의 공기가 유입된다. 공기를 400 kPa, 200°C 상태로 배출하기 위해 100 kW의 동력이 사용된다. 압축기의 최소 입력일을 결정하라.

8.19 단열 증기 터빈의 단위 질량당 가역일을 구하라. 입구

상태가 4 MPa, 500°C이고, 실제 출구 상태는 100 kPa, x = 1.0이며, 주위 온도는 25°C이다.

8.20 냉동기의 압축기로 150 kPa 포화증기 상태의 R-410A가 들어와서 600 kPa까지 가압된다. 이 단열 압축기의 등엔트로피 효율은 76%이다. 단위 질량당 가역일을 구하라.

8.21 1500 K, 125 kPa, 유량 5 kg/min의 공기 유동이 정압 열교환기를 지나면서 에너지(열)를 가역 열기관에 공급한다(그림 P8.21). 출구 온도는 500 K이고, 주위는 298 K, 100 kPa 상태이다. 열기관이 공급하는 열전달률과 출력 동력을 구하라.

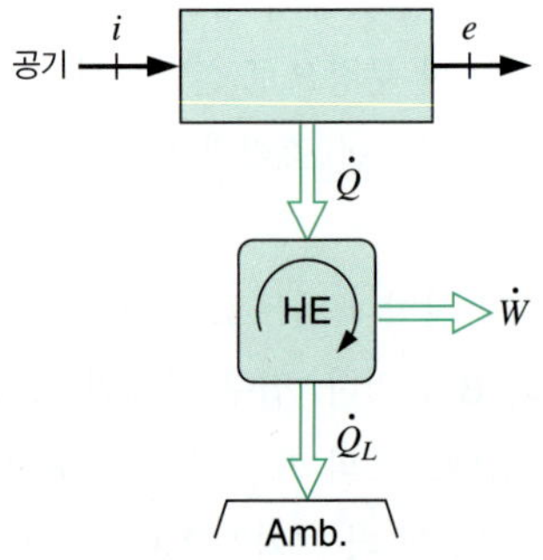

그림 P8.21

8.22 암석층이 6000 kg의 화강암이고 온도가 70°C이다. 소형주택은 12000 kg의 목재와 1000 kg의 철로 지어졌고 온도가 15°C이다. 암석층과 주택이 균일한 최종 온도에 도달하도록 여러 대의 열기관으로 연결하였다. 외부와의 열전달이 없고, 이 과정은 가역이다. 최종 온도와 일을 구하라.

8.23 피스톤-실린더 장치의 피스톤에 힘이 가해져 압력이 일정하게 유지된다. 이 장치 안에 1 MPa, 40°C의 암모니아 2 kg이 들어있으며, 200°C의 열원으로부터 열을 받는 가역 열기관에 의해 100°C까지 가열된다. 열기관의 출력일을 구하라.

8.24 1000°C, 15 MPa의 물이 정상 유동 열교환기로 유입되어 에너지를 내놓고 15 MPa의 포화 액체 상태로 나온다. 단위 질량당 열전달량과 엑서지 전달량을 구하라.

8.25 지하실이 범람하여 15°C, 6 m^3의 물로 차 있다. 물을 0.75 kW의 전기 모터로 구동되는 소형 펌프로 퍼낸다. 물호스는 수직으로 8 m 높이에 도달할 수 있으며, 제방을 넘기려면 노즐에서의 속도가 15 m/s가 되어야 한다(그림 P8.25). 최대 유량을 구하라. 이 지하실을 얼마나 빨리 비울 수 있는가?

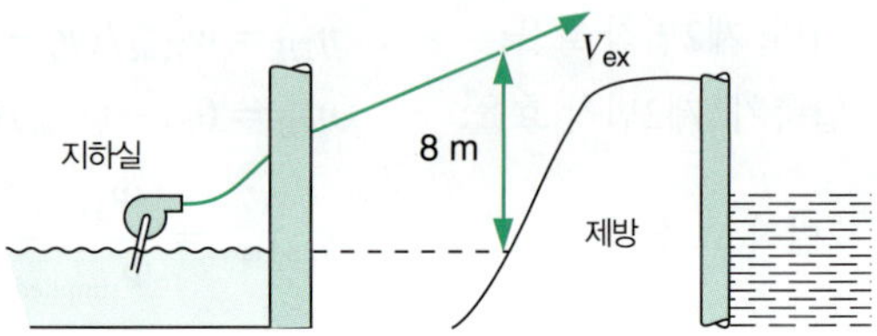

그림 P8.25

비가역성

8.26 20°C의 방을 2500 W의 전기 가열기로 난방한다. 비가역성의 시간 변화율은 얼마인가?

8.27 냉장고에 있는 −10°C의 냉동실에서 1.5 kW를 제거한다. 입력 동력은 750 W이고, 열은 25°C의 부엌(주위)으로 방출한다. 비가역성의 시간변화율을 구하라.

8.28 문제 7.62의 응축기에서 비가역성을 계산하라. 주위 온도는 17°C로 가정한다.

8.29 스로틀 과정은 비가역이다. 밸브로 1000 kPa, 400 K 상태의 공기가 들어와서 주위 압력 100 kPa로 나간다. 가역일과 비가역성을 구하라. 주위 온도는 25°C이다.

8.30 정압 피스톤-실린더 장치에 5 MPa, 100°C의 물 2 kg이 들어 있다. 700°C의 저장조로 물을 가열하여 온도가 700°C가 되었다. 이 과정의 총비가역성을 구하라.

8.31 연속으로 "흘러가는" 유량 2 kg/s, 20°C의 강철 조각들이 화로로 들어가서, 평균 온도 1250 K의 열원에 의해 900°C까지 열처리된다. 가역일과 비가역성을 구하라.

8.32 가스터빈에서 팽창 과정이 n = 1.5인 폴리트로픽 과정이다. 공기는 1200 K, 800 kPa 상태로 들어와서 640 K로 나간다. 열전달은 1200 K의 열원 또는 298 K의 주위와 이루어진다. 출구 압력을 구하라. 유동 단위질량 당 일과 비가역성, 가역일을 구하라.

8.33 두 개의 공기 유동이 600 kPa의 단열 혼합실에서 혼합 배출된다. 한 유동은 1500 K, 질량 유량 1 kg/s이고, 다른 유동은 300 K, 질량 유량 2 kg/s이다. 유출 공기의 단위 질량당 비가역성을 구하라.

8.34 위의 문제를 표 A.7을 이용하여 다시 풀어라.

8.35 컴퓨터 CPU 칩이 실리콘 50 g, 구리 20 g, 폴리염화비닐(PVC) 50 g으로 구성되어 있다. 컴퓨터가 켜지고, 칩이 주위 온도 25°C에서 70°C까지 단열과정으로 가열된다. 비가역성을 구하라.

8.36 공급관에서 나오는 500 kPa의 포화 증기 R-134a가, 초기에 비어 있는 체적 0.2 m^3의 단열 용기로 흘러 들어

간다. 유동은 저절로 멈출 때까지 계속된다. 용기 안의 최종 질량과 온도, 이 과정의 비가역성을 구하라.

8.37 문제 8.22의 주택과 암석층을 다시 다룬다. 주택과 암석층 사이에 물을 순환시켜 최종적으로 온도가 균일하게 되었다. 이 온도를 구하고, 비가역성을 구하라. T_0는 15°C로 한다.

엑서지

8.38 200 kPa, 60°C 상태에 있는 암모니아의 유동 엑서지를 구하라.

8.39 다음 상태에서 물의 저장 엑서지를 구하라.

a. 150°C, 200 kPa

b. 80°C, 500 kPa

8.40 열기관이 1000 K에서 1 kW의 열을 받아 600 W의 일을 하고 나머지 열을 25°C의 주위로 전달한다. 출입하는 엑서지 플럭스는 얼마인가?

8.41 질소(이상기체)가 300 m/s의 속도로 관 속을 흐르고 있으며, 질소의 상태는 500 kPa, 300°C이다. 주위 대기 조건은 100 kPa, 20°C이다. 이 질소의 엑서지는 얼마인가? 일정 비열을 가정한다.

8.42 열펌프의 COP가 2이고 입력 동력이 3 kW이다. 저온은 주위 온도 T_0 = 25°C이고 고온은 80°C이다. 에너지 플럭스의 출입과 관련된 엑서지 플럭스를 구하라.

8.43 100 L의 온수 탱크 안에 물이 25°C, 200 kPa 상태로 들어있다. 이를 정압 가열하여 온도가 80°C가 되었다. 물의 엑서지 증가량과 총 엑서지 붕괴량을 구하라. 열원은 (a) 전기, (b) 문제 8.42의 열펌프이다.

8.44 피스톤–실린더 장치에 암모니아 2 kg이 400 kPa, 40°C 상태로, 질량을 알 수 없는 400 kPa의 포화 액체 암모니아와 함께 들어 있다. 피스톤에 작용하는 힘에 의해 압력이 일정하게 유지된다. 두 암모니아가 섞이게 되어 최종 상태가 포화 증기로 균일하게 되었다. 그 동안 외부와 열전달이 없었다. 이 과정의 총 엑서지 붕괴량을 구하라.

8.45 냉동기에서 1 kW가 −10°C 저온부에서 제거되고, 1.3 kW가 30°C 고온부로 이동된다. 두 열전달에 대하여 엑서지 플럭스와 이동 방향을 구하라. 주위는 25°C이다.

8.46 정상 유동 장치에서 800 kPa, 40°C의 R-410A가 들어와서 100 kPa, 40°C로 나간다. 가역 등온 과정을 가정한다. 단위 질량당 엑서지 변화량을 구하라.

8.47 10 kg의 뜨거운 물이 들어 있는 나무 양동이(2 kg)가 있다. 물과 양동이의 온도는 모두 85°C이다. 양동이를 광산의 수직 통로를 통해 400 m 아래로 내려보낸다. 지표면 주위 온도 20°C를 기준으로 양동이와 물의 엑서지는 얼마인가?

8.48 문제 7.64의 두 유동의 엑서지 변화량(kW)을 계산하라.

8.49 문제 6.80의 초기 상태와 최종 상태에서 물의 엑서지와 과정의 비가역성을 구하라.

8.50 1000 kPa, 300 K의 공기 유동을 500 kPa까지 스로틀 팽창시킨다. 비가역성과 유동 엑서지의 감소량을 구하라.

8.51 압축 공기를 공급하기 위해 중앙 압축기로 100 kPa, 300 K, 질량 유량 1 kg/s의 공기가 유입되어 600 kPa로 가압되고 완충(buffer) 탱크와 분배관으로 전달된다. 탱크와 관을 거치면서 공기는 사용 지점에 도달하여 주위 온도 300 K가 된다. 가역 단열 압축기를 가정한다. 압축기 출구 온도를 구하라. 압축기를 통과하면서 증가되는 공기 엑서지를 구하라. 일정 비열을 가정한다.

8.52 위 문제의 공기 시스템에 대해 입구에서 사용 지점까지 오는 동안의 공기 엑서지 증가량을 구하라. 유동이 압축기 출구에서 사용 지점(600 kPa)까지 오는 동안 얼마의 엑서지 손실이 있었는가?

8.53 자동차에 있는 10 kg의 철제 디스크 브레이크의 초기 온도가 10°C이다. 브레이크 패드(pad)가 걸리면서 마찰에 의해 브레이크 온도가 110°C까지 올라갔다. 자동차의 속도는 일정하다. 디스크의 엑서지 변화량과 이 과정만에 의한, 자동차 연료 탱크의 에너지 손실량을 구하라. 엔진의 열효율은 35%이다.

8.54 지열원에서 공급하는 10 kg/s의 온수가 500 kPa, 145°C로 플래시 증발기에 들어가서 250 kPa의 포화 액체와 포화 증기로 분리되어 나온다(그림 P8.54). 세 유동(입구 하나 및 출구 둘)의 엑서지 플럭스와 비가역성 시간 변화율을 구하라.

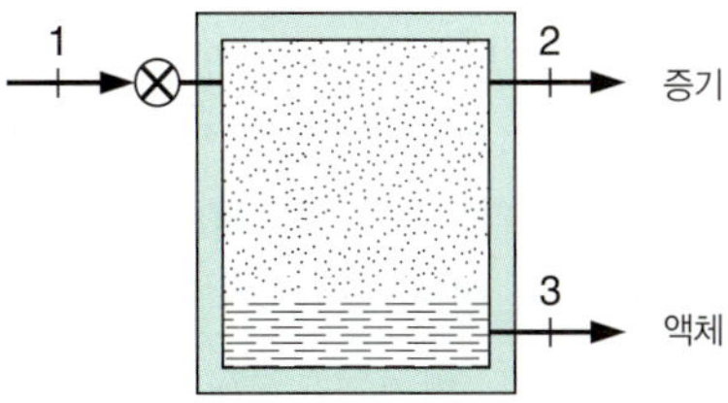

그림 P8.54

8.55 200 L의 단열 탱크에 200 kPa, 300 K의 질소기체가 들어있다. 500 K, 500 kPa 상태의 질소가 흐르는 관에서 밸브를 거쳐 들어오는 유동에 의해 탱크의 질량이 40% 증가한다. 일정 비열을 가정하여 최종 온도와 엑서지 붕괴량을 구하라.

엑서지 균형 방정식

8.56 엑서지 식을 적용하여 문제 8.26을 풀어라. T_0는 20°C이다.

8.57 벽을 통과하는 250 W의 열전달에 의한 정상상태 엑서지 플럭스를 구하라. 벽의 한 면은 600 K이고 다른 면은 400 K이다(그림 P8.66). 벽에서의 엑서지 붕괴량은 얼마인가?

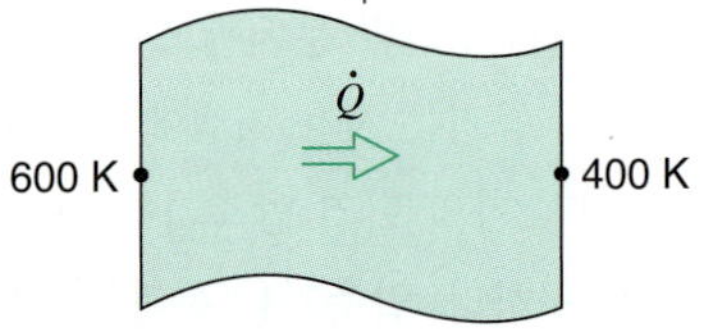

그림 P8.57

8.58 300 K, 1 kg/s의 공기 유동과 1500 K, 2 kg/s의 공기 유동이 100 kPa의 단열 관 접속부(pipe junction)에서 혼합된다. 출구 온도와 엑서지 붕괴량을 구하라.

8.59 엑서지 식을 적용하여 문제 8.40의 엑서지 붕괴량을 구하라.

8.60 예제 5.1의 자동차 엔진에서, 연료로부터 일정 온도 1500 K의 에너지가 공급된다고 가정한다. 공급 에너지의 70%가 손실되며, 40%는 900 K의 배기 유동으로, 나머지 30%는 450 K의 벽을 통과하고 370 K의 냉각 유체를 거쳐 최종적으로 주위 온도 20°C의 대기로 빠져나가는 열전달로 손실된다. 이 열기관의 모든 에너지 및 엑서지 유동을 구하라. 또한 엑서지 붕괴량을 구하고, 그 붕괴 지점을 파악하라.

8.61 샤워기에서 80°C, 0.1 kg/s의 온수가 20°C, 0.2 kg/s의 냉수와 혼합된다. 이 과정의 엑서지 붕괴량(비가역성)의 시간변화율은 얼마인가?

8.62 피스톤-실린더 장치의 피스톤에 외력이 가해져 압력이 일정하게 유지된다. 장치에는 800 kPa, 40°C의 암모니아 2 kg이 들어 있다. 이 장치를 100°C까지 가역 열기관으로 가열한다. 열기관은 200°C의 열원에서 열을 공급 받는다. 엑서지 균형식을 이용하여 열기관의 출력일을 구하라.

8.63 엔진으로부터 오는 450 K의 폐열을 이용하여 생물반응기(bio-reactor)를 45°C로 유지하고 있다. 생물반응기는 12 kW의 열을 20°C의 주위로 빼앗기고 있다. 엑서지 붕괴량을 구하고 붕괴 지점을 파악하라.

8.64 소형 주택을 내부 온도 20°C로 유지한다. 0°C의 외부로 12 kW의 열손실이 있다. 열펌프와, 필요하다면 전기를 함께 이용하여 주택을 난방한다. 열펌프는 2.5 kW의 모터로 구동하며 COP는 Carnot 열펌프의 1/4이다. 실제 열펌프의 COP를 구하고 전 과정의 엑서지 붕괴량을 구하라.

8.65 엔진을 구동하기 위해 고온 열교환기로 1200 K의 고온 공기 2 kg/s가 들어와서 400 K로 나간다. 열기관의 제1법칙 효율은 0.30이다. 열기관의 냉각을 위한 325 K에서의 열방출은 20°C의 주위 공기를 이용하는 저온 열교환기에서 이루어진다. 엑서지 식을 이용하여 (a) 저온 열교환기와 (b) 열기관 + 고온 열교환기에서 엑서지 붕괴량을 구하라.

장치의 제2법칙 효율

8.66 열기관이 1 kW의 열전달을 1000 K에서 받아 400 W의 일을 하고, 나머지 열을 주위로 전달한다. 제1법칙 효율과 제2법칙 효율을 구하라.

8.67 열교환기에서 물 3 kg/s의 엑서지를 1650 kJ/kg만큼 증가시키기 위해 공기를 이용한다. 10 kg/s의 공기는 1400 K로 들어와서 600 kJ/kg만큼 엑서지가 감소하여 나간다. 비가역성과 제2법칙 효율은 얼마인가?

8.68 문제 8.42의 열펌프의 제2법칙 효율을 구하라.

8.69 증기 터빈의 입구 상태는 1200 kPa, 500°C이다. 실제 출구 상태는 300 kPa이고 실제 일은 407 kJ/kg이다. 제2법칙 효율은 얼마인가?

8.70 공기압축기를 사용하여 처음에 비어 있던 200 L의 용기를 공기로 채워 압력이 5 MPa에 도달하였다. 압축기 입구에서 공기는 100 kPa, 17°C 상태이며, 압축기의 등엔트로피 효율은 80%이다. 총 압축기 일과 공기의 엑서지 변화량, 제2법칙 효율을 구하라.

8.71 문제 8.18의 압축기의 제2법칙 효율을 구하라. 이상 과정과 실제 과정을 *T-s* 선도에 나타내어라.

8.72 문제 8.20의 압축기의 등엔트로피 효율과 제2법칙 효율을 구하라. 이상 과정과 실제 과정을 *T-s* 선도에 나타

내어라.

8.73 증기 터빈의 입구 상태가 4 MPa, 500 °C이고 실제 출구 상태가 100 kPa, x = 1.0 이다. 제1법칙(등엔트로피) 효율과 제2법칙 효율을 구하라. 이상 과정과 실제 과정을 P-v, T-s 선도에 나타내어라.

8.74 문제 8.51의 압축 공기 시스템의 제2법칙 효율을 구하라. 입구에서부터 사용 지점까지의 전체 시스템을 대상으로 하고, 일정 비열을 가정하라.

8.75 연소실에서 오는 1500 K, 1200 kPa 상태의 공기가 터빈으로 들어간다. 단열 정상유동 터빈의 출구 상태는 200 kPa이고 등엔트로피 효율은 78%다. 일정 비열을 이용하여 출구 온도와 비가역성(kJ/kg), 제2법칙 효율을 구하라.

8.76 위의 문제를 표 A.7을 이용하여 다시 풀어라.

8.77 298 K의 주위와 연관하여 열기관이 작동하며 5 kW의 동력을 생산한다. 제1법칙 효율은 50%이고, 제2법칙 효율은 80%이며, T_L = 310 K이다. 에너지 및 엑서지의 출입량 모두를 구하라. 또한 가역 열기관이 고온 T_H와 주위 사이에서 작동할 때 고온 T_H를 결정하라.

8.78 압축기에서 나오는 500 kPa, 500 K의 질소 유동 0.1 kg/s가 수냉식 대향류 중간 냉각기에서 310 K까지 냉각된다. 액체 냉각수는 125 kPa, 15°C로 들어가서 22°C로 나온다. 물의 질량 유량과 열교환기의 제2법칙 효율을 구하라. 질소와 물에 대해 일정 비열을 가정한다.

8.79 열기관으로 주위 조건 100 kPa, 300 K의 공기가 들어온다(그림 P8.79). 1500 K의 열원에서 공기 1 kg당 1200 kJ의 에너지가 공급되며, 과정의 한 부분에서 공기 1 kg 당 300 kJ의 열전달 손실이 온도 750 K에서 발생한다. 열기관에서 공기는 100 kPa, 800 K 상태로 나간다. 제1법칙 효율과 제2법칙 효율을 구하라.

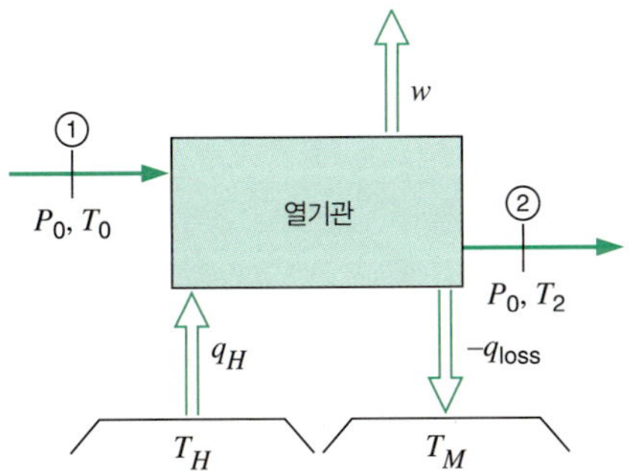

그림 P8.79

8.80 예제 4.8의 압축기를 엑서지 식을 이용하여 해석한다. 제2법칙 효율을 구하라. 주위 온도는 20°C이다.

8.81 문제 7.70의 병행류 열교환기의 제2법칙 효율을 구하라. 주위 온도는 290 K이다.

8.82 정압 보일러에 물 2 kg/s이 1000 kPa, 80°C 상태로 들어가서 400°C까지 가열된다. 물을 가열하는 고온 가스인 공기는 1200 K로 들어와서 900 K로 나간다. 보일러는 대향류 열교환기로 간주한다. 과정의 총 비가역성 변화율과 보일러 장치의 제2법칙 효율을 구하라.

8.83 증기 터빈으로 400°C, 10 MPa의 수증기 5 kg/s가 유입된다. 한 유동은 2.5 MPa 포화 증기 0.8 kg/s로 추출되고 나머지는 1500 kPa, 건도 0.975로 토출된다. 터빈의 제2법칙 효율을 구하라.

사이클과 관련된 엑서지 응용 문제가 9장과 10장에 추가되어 있다.

에너지 보존과 재생 가능 에너지

8.84 열기관에서 800 K에서 5 kW, 1000 K에서 10 kW가 들어오고 600 K에서 열을 내보낸다. 이 가역 열기관의 출력 동력을 구하라. T_0 = 298 K에서 열을 내보낼 수 있다면 출력 동력은 얼마인가?

8.85 가역단열 공기압축기로 100 kPa, 310 K의 공기가 들어와서 600 kPa, 질량 유량 0.4 kg/s로 나간다. 압축기 최소 입력일을 구하라. 입구 온도가 295 K인 경우에 최소 입력일은 얼마인가? 입구 T가 낮아지면 왜 일이 작아지는가? 일정 비열을 가정한다.

8.86 문제 8.54의 지열원 온수 유동을 다시 다룬다. 상태 2의 증기를 이용하여 동력을 얻고자 한다. 가역 시스템을 이용하여 얼마의 동력을 얻을 수 있는가? 이 동력을 증가시키기 위해 200 kW의 가스버너로 물을 가열하고자 한다. 상태 2 이후에 유동을 가열하는 경우와, 플래시 증발기로 들어오기 전인 상태 1의 유동을 가열하는 경우에 동력은 각각 얼마인가?

8.87 문제 8.82의 보일러 열교환기를 다시 다룬다. 물의 압력을 1600 kPa로 올리고, 출구 공기 온도는 900 K가 아니라 540 K라고 가정한다. 제2법칙 효율을 새로 구하라.

8.88 2단 압축기로 20°C, 150 kPa의 질소가 들어와서 600 kPa, 450 K까지 압축된다. 압축 후 질소는 중간 냉각기를 통과하여 320 K까지 냉각되고 두 번째 단의 압축

기에서 3000 kPa, 530 K로 압축된다. 단위질량당 엑서지 증가량과 엑서지 붕괴량을 두 압축단 각각에서 구하라. 일정 비열을 가정한다.

8.89 위 문제의 중간냉각기에서 냉수를 이용하여 질소를 냉각한다. 질소의 유량은 0.1 kg/s이고, 냉수의 입구 온도는 20°C이다. 냉수 유동은 질소와 반대 방향이며 물의 출구 온도는 35°C이다. 물의 유량을 구하고 이 중간냉각기에서 엑서지 붕괴량을 구하라. 일정 비열을 가정한다.

8.90 열기관으로 800 K의 열 100 kW가 전달된다. 열기관의 변환 효율은 Carnot 열기관의 50%이다. 사이클의 최저 온도는 100°C다. 저온 방출열을 이용하여 15°C의 냉수를 80°C의 가정용 온수로 만든다. 열기관의 출력 동력과 온수 유량을 구하라.

8.91 문제 8.90의 열기관의 제2법칙 효율을 구하라. 열 공급원에서부터 100°C의 열방출까지를 고려한다. 저온 열교환기의 제2법칙 효율도 구하라.

복습 문제

8.92 문제 4.98에서 기술한 과정의 비가역성을 계산하라. 열전달은 290 K의 주위와 이루어진다고 가정한다.

8.93 공기 압축기로 $T_0 = 17°C$, 100 kPa의 주위 대기가 들어가서 1400 kPa까지 압축된다. 압축기의 등엔트로피 효율은 88%이며, 주위로의 열손실량은 등엔트로피 일의 10%이다. 실제 출구 온도와 가역일을 구하라.

8.94 문제 4.92의 유리판 냉각과정에 대한 비가역성을 구하라.

8.95 피스톤–실린더 장치에 110 kPa, 25°C 상태의 공기가 들어있다. 체적은 50 L이다. 가역 폴리트로픽 과정을 거쳐 최종 상태 700 kPa, 500 K가 되며, 가역 장치를 통하여 25°C의 대기와 열을 교환한다. 전체 일(외부 장치의 일을 포함)과 주위로부터 전달된 열량을 구하라.

8.96 문제 8.79의 열기관을 다시 다룬다. 출구 온도가 800 K로 주어졌다. 이 온도의 이론 한계값은 얼마인가? 최저값과 최고값을 구하라. 주어진 열전달을 그대로 가정한다. 각 경우에 대해 제1법칙 효율과 제2법칙 효율을 구하라.

8.97 소형 공기총에 1 cm^3의 공기가 250 kPa, 300 K 상태로 들어 있다. 피스톤은 질량 20 g의 탄환이다. 탄환이 나올 때, 가능한 최고 속도는 얼마인가? 일정 비열을 가정한다.

8.98 정상유동 터빈으로 1600 K의 공기가 들어가서 1000 K로 대기에 토출된다. 제2법칙 효율은 85%이다. 터빈 입구 압력은 얼마인가? 주위 대기는 100 kPa, 25°C로 가정한다.

8.99 문제 6.115의 전구를 다시 다룬다. 언급한 각 위치에서 엑서지 플럭스는 얼마인가? 필라멘트, 유리를 포함하는 전체 전구, 전구를 포함하는 실내에서 엑서지 붕괴는 각각 얼마인가? 빛은 전구의 가스나 유리에 영향을 미치지 않으나 방의 벽에 흡수된다. 열은 전체적으로 정상(steady) 전달되며, 전구, 공기 또는 방의 벽 등에 저장되지 않는다고 가정한다.

8.100 피스톤/실린더 장치(그림 P8.100)에 체적 0.5 m^3의 공기가 200 kPa, 300 K 상태로 들어있다. 피스톤이 멈추개에 닿을 때 체적은 1 m^3이고, 400 kPa의 압력이 필요하다. 공기를 초기 상태에서 1500 K까지 1900 K의 저장조를 이용하여 가열한다. 이 과정의 총 비가역성을 구하라. 주위 온도는 20°C로 가정한다. 이 과정을 *P-v* 선도에 나타내어라.

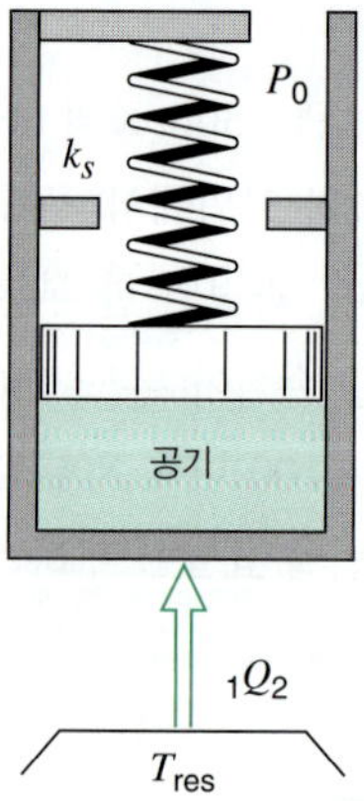

그림 P8.100

제 9 장

기체 동력 및 냉동 시스템

Gas Power and Refrigeration Systems

앞서 여러 번 다루었던 증기 동력 발전소와 같은 동력 기관들은 사이클로 운전된다. 즉 작동 유체는 일련의 과정을 거친 후에 다시 초기 상태로 돌아온다. 내연 기관이나 가스 터빈과 같은 동력 기관에서는 작동 유체가 열역학 사이클을 거치지는 않지만 기관 자체는 역학 사이클(mechanical cycle)로 운전된다. 이 경우 작동 유체는 과정이 종료되었을 때 초기와 조성이 다르거나 상태가 다르게 된다. 이러한 기기들은 **개방 사이클**로 운전된다(여기서 **사이클**은 사실은 잘못된 용어이다). 반면에 증기 동력 발전소는 **밀폐 사이클**로 운전된다. 개방 사이클과 밀폐 사이클의 구분은 냉동 기기에도 똑같이 적용할 수 있다. 개방 사이클 기기와 밀폐 사이클 기기 모두 실제 사이클과 유사한 이상화한 밀폐 사이클로 해석하면 편리하다. 이 방법은 특히 어떤 변수가 기기의 성능에 어떻게 영향을 미치는지 살펴보는 데 유리하다. 예를 들어 스파크–점화식 내연 기관은 보통 Otto 사이클에 가깝다. Otto 사이클에서는 압축비가 증가하면 사이클 효율도 증가하게 된다. Otto 사이클의 효율이 실제 기관의 효율과 크게 다르다고 하더라도 이러한 경향은 실제 현상과 매우 잘 일치한다.

9장과 10장에서는 동력 기기 및 냉동 기기에 대한 이상 사이클을 다룬다. 9장에서는 정상상태 유동 과정을 포함한 동력 및 냉동 사이클을 학습하되, 작동 유체가 기체인 경우를 살펴본다. 기체 시스템에서는 팽창과 압축 일의 차이가 훨씬 더 작게 된다. 그러고 나서 경계 이동일이 포함된 피스톤–실린더 시스템의 동력 사이클을 학습한다. 이 두 장에서는 실제 기기에서의 과정이 이상적인 과정과 어떻게 다른가도 살펴본다. 또 사이클의 성능을 향상시키기 위한 여러 방법도 제시한다. 이러한 방법에는 재생기, 다단 압축기 및 다단 팽창기, 재열기, 중간 냉각기 등이 있다. 이 장의 마지막에는 기체 작동유체를 이용한 냉동 시스템을 소개한다. 기체 동력 사이클의 기본 모델인 공기 표준 사이클 개념을 소개하면서 이 장을 시작한다.

9.1 동력 시스템의 개요

5장에서 열역학 제2법칙을 설명할 때, 4과정으로 구성된 열기관 사이클을 소개하였다. 이러한 기관들은 그림 5.18과 같이 축일이 있는 정상상태 기기로 운전되거나 그림 5.19와 같이 경계 이동일이 있는 피스톤–실린더 기기로 운전될 수 있다. 전자의 경우 한 사이클 동안 작동 유체는 상변화를 하기도 하며 하나의 상으로 있기도 한다. 후자의 경우에서는 작동 유체가 기체인 경우가 많다.

가역 정상상태 과정에서 운동 에너지와 위치 에너지를 무시하면 단위 질량당 축일은 식 (7.15)로 표현된다.

$$w_{\text{shaft}} = -\int v\, dP$$

단순 압축성 물질에 대한 가역 과정에서 단위 질량당 경계 이동일은 식 (3.17)로 표현된다.

$$w_{\text{boundary}} = \int P\, dv$$

그림 9.1은 적분값을 빗금 친 면적으로 나타내고 있다. 그림 9.1*a*는 1−2 과정에서 축일을 나타내고, 그림 9.1*b*는 경계일 4−1과 1−2를 나타낸다. 그림은 운동 에너지와 위치 에너지의 변화가 없는 두 개의 등온 과정과 두 개의 등엔트로피 과정으로 구성된 사이클이지만, 이 적분은 임의의 사이클에 적용할 수 있다. 순수 일은 사이클에 대한 누적 값이므로, 그림 9.1*a*의 정상상태 사이클에 대해

$$w_{\text{shaft net}} = -\oint v\, dP = -\int_1^2 v\, dP + 0 - \int_3^4 v\, dP + 0 = \text{내부 면적}$$

압력비가 주어진 열기관에서, 3−4 팽창 과정의 비체적이 1−2 압축 과정의 비체적보다 클수록 이 일은 더 크다. 반대 방향으로 운전되는 사이클인 열펌프나 냉동기에서는 입력일을 최소화 해야 하므로, 이와 반대로 4−3 과정에서 비체적으로 줄여야 한다.

그림 9.1*b*와 같이, 동일한 사이클 과정이 피스톤−실린더 기구에서 이루어지면, 순수 일은

$$w_{\text{boundary net}} = \oint P\, dv = \int_1^2 P\, dv + \int_2^3 P\, dv + \int_3^4 P\, dv + \int_4^1 P\, dv = \text{내부 면적}$$

이 경우에 일을 증가시기키 위해, 피스톤 운동으로 체적이 증가하는 2−3−4 팽창 과정의 압력은 피스톤 운동으로 체적이 감소하는 4−1−2 압축 과정의 압력보다 커야 한다.

유동 사이클이나 피스톤−실린더의 연속과정 사이클을 비교해 보면, 개별적인 과정에 대한 일이 서로 다르지만 순수 일(내부 면적)은 명백히 같은 값으로 계산된다.

5.5절에서 Carnot 사이클을 다루었다. 이는 T_H와 T_L의 발열원과 흡열원 사이에 운전되는 최대 효율의 열기관에 대한 가장 기본적인 사이클이다. 5.6절은 같은 두 온도의 열저장조 사이에 운전될 때, 어떠한 열역학 사이클도 Carnot 사이클 보다 효율적이지 않다고 설명한다. Carnot 사이클 효율은 작동 유체와 상관없이 모든 열기관과 냉동기의 상한을 결정한다.

이 장에서는 기체 작동 유체를 사용하는 시스템을 살펴보는데, 여기서는 축일이 포함된 정상상태 유동 시스템과 경계 이동일이 포함된 피스톤-실린더 시스템의 두 가지를 모두 다룬다.

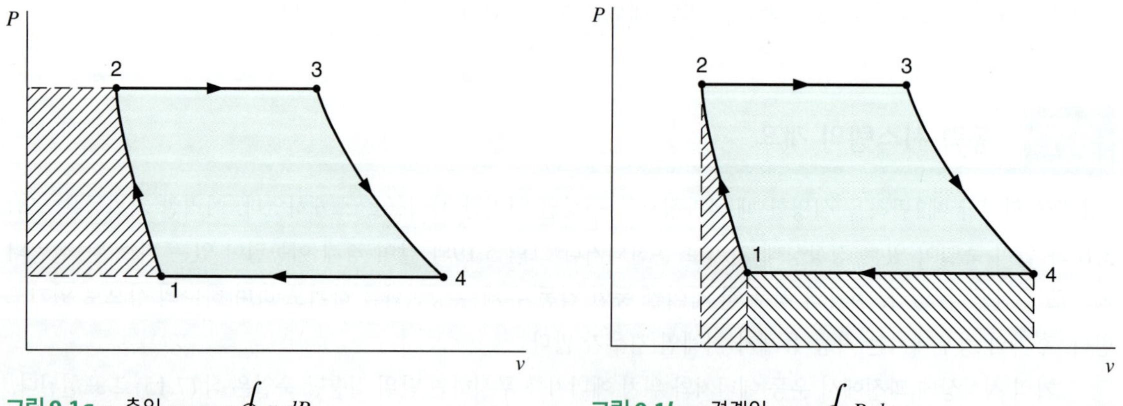

그림 9.1*a* » 축일 $\omega = -\oint v\, dP$.

그림 9.1*b* » 경계일 $\omega = \oint P\, dv$.

9.2 공기 표준 동력 사이클

일을 생성하는 많은 기관들은 작동 유체로 기체만을 사용한다. 자동차용 스파크-점화 기관이 가장 좋은 예이고, Diesel 기관과 재래식 가스 터빈도 마찬가지이다. 이러한 기관에서는 연소 과정 동안 공기와 연료가 연소 생성물로 변화하므로 작동 유체의 조성이 변화한다. 따라서 이러한 기관을 **내연 기관**(internal combustion engine)이라 한다. 반면에 증기 동력 발전소는 연소 생성물로부터 작동 유체로 열이 전달되므로 **외연 기관**(external combustion engine)이라 할 수 있다. 기체상의 작동 유체(주로 공기)를 사용하는 외연 기관이 제작되기도 하였다. 이들은 현재까지 상당히 제한적인 분야에만 사용하였으나 원자로에 응용되는 가스 터빈 사이클은 널리 연구되고 있다. 현재 다른 외연 기관들은 대기 오염 문제를 해결하기 위한 측면에서 관심을 갖고 있다.

작동 유체가 완전한 열역학 사이클을 형성하지 못하고(기관은 역학 사이클로 작동) 내연 기관은 소위 개방 사이클로 작동한다. 그러나 내연 기관의 해석을 위해서는 개방 사이클과 유사한 밀폐 사이클을 고안하는 것이 편리하다. 이러한 방법 중 하나가 공기 표준 사이클이며 다음의 가정에 근거하고 있다.

1. 전 사이클에 걸쳐 일정 질량의 공기가 작동 유체이며, 공기는 항상 이상기체이다. 따라서 흡기 과정과 배기 과정이 없다.
2. 연소 과정은 외부 열원으로부터의 열전달 과정으로 대치한다.
3. 사이클은 주위로의 열전달 과정으로 완성된다(실제 기관에서는 배기 과정과 흡기 과정이 있다).
4. 모든 과정은 내적 가역성이 있다.
5. 정확한 모델이라고는 할 수 없지만, 종종 공기의 비열을 **저온 공기** 상태량, 즉 300 K에서의 값으로 일정하다고 가정한다.

공기 표준 사이클은 여러 변수들이 성능에 미치는 영향을 정성적으로 검토하는 데 매우 중요하다. 효율이나 평균 유효 압력(mean effective pressure)과 같이, 공기 표준 사이클에서 얻는 정량적 결과는 실제 기관과는 차이가 있을 것이다. 따라서 공기 표준 사이클을 다룰 때에는 정량적인 면보다는 정성적인 면에 중점을 두어야 한다.

9.3 Stirling 및 Ericsson 사이클

Stirling 사이클은 그림 9.2의 P-v 선도와 T-s 선도에 나타내었다. 등적 과정 2-3과 등온 팽창 과정 3-4 동안 작동 유체에 열이 전달된다. 등적 과정 4-1과 등온 압축 과정 1-2 동안 열이 방출된다. Stirling 사이클에는 두 개의 등적 열전달 과정이 있으므로, 사이클 동안 전체 체적 변화를 최소로 유지할 수 있다. 따라서 실린더-피스톤의 경계 이동일 기기에 적합하며 평균 유효 압력이 높아진다. 각각의 에너지, 엔트로피, 과정 식을 표 9.1에 나타내었다.

두 등적 열전달의 크기는 같고 부호가 반대이다.

$$
{}_2q_3 = u_3 - u_2 = u_{TH} - u_{TL}
$$
$$
{}_4q_1 = u_1 - u_4 = u_{TL} - u_{TH} = -{}_2q_3
$$

일은

$$
{}_1w_2 = {}_1q_2 = RT_1 \ln (v_2/v_1) = -RT_1 \ln r_v
$$
$$
{}_3w_4 = {}_3q_4 = RT_3 \ln (v_4/v_3) = RT_3 \ln r_v
$$

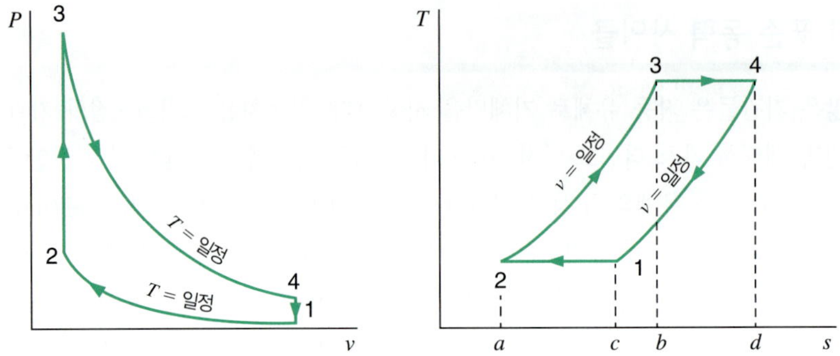

그림 9.2 ▸ 공기표준 Stirling 사이클.

표 9.1 ▸ Stirling 사이클 과정

과정	에너지 식	엔트로피 식	과정식
압축/방열	$u_2 - u_1 = {}_1q_2 - {}_1w_2$	$s_2 - s_1 = {}_1q_2/T_L + 0$	$T_1 = T_2 = T_L$
흡열, $w = 0$	$u_3 - u_2 = {}_2q_3$	$s_3 - s_2 = \int \delta q/T + 0$	$v_3 = v_2 = C$
팽창/흡열	$u_4 - u_3 = {}_3q_4 - {}_3w_4$	$s_4 - s_3 = {}_3q_4/T_H + 0$	$T_3 = T_4 = T_H$
방열	$u_1 - u_4 = {}_4q_1$	$s_1 - s_4 = \int \delta q/T + 0$	$v_4 = v_1 = C$

이 합이 순수 일이다. 가열량은

$$q_{in} = {}_2q_3 + {}_3q_4 = C_v(T_3 - T_2) + T_3(s_4 - s_3) = C_v(T_3 - T_1) + RT_3 \ln r_v \tag{9.1}$$

따라서 기본 Stirling 사이클 효율은

$$\eta_{Stirling} = \eta_{Carnot} \ln r_v / [\eta_{Carnot} C_v/R + \ln r_v] \tag{9.2}$$

여기서 Carnot 효율은

$$\eta_{Carnot} = 1 - T_1/T_3 = 1 - T_L/T_H \tag{9.3}$$

Stirling 사이클 효율은 결국 압축비의 함수일 뿐 아니라 온도 비 T_1/T_3의 함수이다. 압축비가 커지면 효율은 Carnot 사이클 효율에 근접해 간다.

Stirling 사이클 기관은 최근에 재생기가 포함된 외연기관(external combustion engine)으로 개발되고 있다. 피스톤의 조합으로 유체를 재생기 축열재(matrix)로 유동시켜, 사이클 일부의 열(${}_4q_1$)을 다른 부분(${}_2q_3$)으로 전달하면, 순수 열전달은 고온과 저온의 열만 남는 셈이다. 내부적으로 이상적인 과정이 있으면 이런 외연기관 효율은 Carnot 사이클 효율이 된다. 실제로는 상당한 비가역성과 이상 사이클과의 차이가 있기 때문에 월등히 낮은 효율을 갖는다.

Ericsson 사이클은 그림 9.3의 P-v 선도와 T-s 선도에 나타내었다. Stirling 사이클의 등적 과정을 등압 과정으로 대치하면 Ericsson 사이클이 된다. 이 사이클에서 등압 과정 2−3과 등온 팽창 과정 3−4 동안 작동 유체에 열이 전달된다. 등압 과정 4−1과 등온 압축 과정 1−2 동안 열이 방출된다. 각각의 에너지, 엔트로피, 과정 식을 표 9.2에 나타내었다.

두 등압 열전달의 크기는 같고 부호가 반대이다.

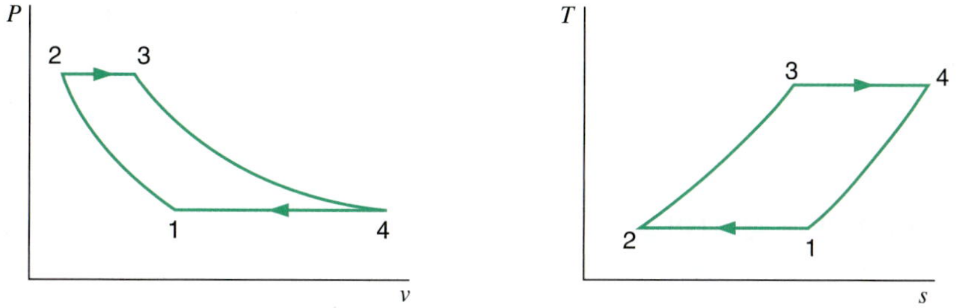

그림 9.3 ▸ 공기표준 Ericsson 사이클.

표 9.2 ▸ Ericsson 사이클 과정

과정	에너지 식	엔트로피 식	과정식
압축/방열, 일 들어옴	$u_2 - u_1 = {}_1q_2 - {}_1w_2$	$s_2 - s_1 = \frac{{}_1q_2}{T_L} + 0$	$T_1 = T_2 = T_L$
흡열/일 나감	$u_3 - u_2 = 2q_3 - {}_2w_3$	$s_3 - s_2 = \int \delta q/T + 0$	$P_3 = P_2 = C$
팽창/흡열, 일 나감	$u_4 - u_3 = {}_3q_4 - {}_3w_4$	$s_4 - s_3 = \frac{{}_3q_4}{T_H} + 0$	$T_3 = T_4 = T_H$
방열/일 들어옴	$u_4 - u_1 = {}_4q_1 - {}_4w_1$	$s_4 - s_1 = \int \delta q/T + 0$	$P_4 = P_1 = C$

$$ {}_2q_3 = h_3 - h_2 = C_p(T_3 - T_2) $$

$$ {}_4q_1 = h_1 - h_4 = C_p(T_1 - T_4) = -{}_2q_3 $$

일은

$$ {}_1w_2 = {}_1q_2 = RT_1 \ln\left(\frac{v_2}{v_1}\right) = RT_1 \ln\left(\frac{P_1}{P_2}\right) = -RT_1 \ln r_p $$

$$ {}_2w_3 = P_2(v_3 - v_2) = R(T_3 - T_2) = R(T_3 - T_1) $$

$$ {}_3w_4 = {}_3q_4 = RT_3 \ln\left(\frac{v_4}{v_3}\right) = RT_3 \ln\left(\frac{P_3}{P_4}\right) = RT_3 \ln r_p $$

$$ {}_4w_1 = P_1(v_1 - v_4) = R(T_1 - T_4) = R(T_1 - T_3) $$

이 합이 순수 일이다. 가열량은

$$ q_{in} = {}_2q_3 + {}_3q_4 = C_p(T_3 - T_2) + RT_3 \ln r_p \tag{9.4} $$

따라서 기본 Ericsson 사이클 효율은

$$ \eta_{\text{Ericsson}} = \eta_{\text{Carnot}} \ln r_p / \left[\eta_{\text{Carnot}}(C_p/R) + \ln r_p\right] \tag{9.5} $$

여기서 Carnot 효율은

$$ \eta_{\text{Carnot}} = 1 - T_1/T_3 = 1 - T_L/T_H $$

작동 유체 해석은 Stirling 사이클과 비슷한 방법으로 할 수 있다. 완전한 재생기에서 사이클 일부의 열(${}_4q_1$)

을 다른 부분($_2q_3$)으로 전달하면, 순수 열전달은 고온과 저온의 열만 남는 셈이다. Stirling 사이클의 경우와 마찬가지로 Ericsson 사이클 효율도 역시 Carnot 사이클 효율이 된다.

9.4 왕복동 기관 동력 사이클

9.1절에서는 정상상태 과정 또는 실린더-피스톤의 경계 이동일 과정을 이용한 동력 사이클에 관해 언급하였다. 그 절에서 정상상태 등압 과정에서는 일이 0임을 설명하였다. 앞 절들에서 다룬 정상상태 동력 사이클에는 두 개의 등압 열전달 과정이 포함되어 있다. 또한 9.1절에서 경계 이동일 $\int P\,dv$ 과정에서 등적 과정이면 일이 0임을 설명하였다. 다음의 세 절에서는 실린더-피스톤의 경계 이동일 과정을 이용한 이상적인 공기 표준 동력 사이클을 다루기로 한다. 각 경우에는 하나 또는 두 개의 등적 열전달 과정이 포함되어 있다.

왕복동 기관 사이클을 설명하기에 앞서, 몇 가지 정의와 용어에 대하여 설명한다. 자동차 기관은 일반적으로 4, 6, 또는 8개의 실린더로 구성되며, 각 실린더의 지름은 B라고 한다. 피스톤은 그림 9.4에 나타낸 바와 같이 크랭크축에 연결되며, 회전에 따라 크랭크 각도 θ가 변화한다. 피스톤은 상사점과 하사점 사이를 움직이는데, 이 거리를 행정이라고 한다.

$$S = 2R_{\text{crank}} \tag{9.6}$$

모든 실린더의 **배기량**(displacement)은

$$V_{\text{displ}} = N_{\text{cyl}}(V_{\max} - V_{\min}) = N_{\text{cyl}}A_{\text{cyl}}S \tag{9.7}$$

이며, 기관 크기의 주요 요소이다. 최소 체적에 대한 최대 체적의 비가 압축비이다.

$$r_v = CR = V_{\max}/V_{\min} \tag{9.8}$$

위의 두 값은 기관의 기하학적 구조에 따라 결정된다. 완전한 한 사이클에 대한 단위 질량당 순일은 **평균 유효 압력**(mean effective pressure)을 정의하는 데 사용된다.

$$w_{\text{net}} = \oint P\,dv \equiv P_{\text{meff}}(v_{\max} - v_{\min}) \tag{9.9}$$

한 사이클에서 한 실린더가 수행한 순일은

$$W_{\text{net}} = mw_{\text{net}} = P_{\text{meff}}(V_{\max} - V_{\min}) \tag{9.10}$$

이것을 전체 기관의 동력을 계산하는 데 사용한다.

$$\dot{W} = N_{\text{cyl}}mw_{\text{net}}\frac{\text{RPM}}{60} = P_{\text{meff}}V_{\text{displ}}\frac{\text{RPM}}{60} \tag{9.11}$$

여기서 RPM은 분당 회전수이다. 4행정 기관에서는 한 사이클을 형성하기 위하여 2회전(흡기와 배기 과정 수행)이 필요하므로 위 결과에 1/2을 곱해야 한다.

대부분의 기관은 4행정 기관이며, 다음의 과정으로 구성된다. 피스톤 운동과 크랭크 위치는 그림 9.4를 참고한다.

과정, 피스톤 운동	크랭크 위치, 크랭크 각도	상태량 변화
흡기, 1 S	상사점에서 하사점, 0–180도	$P \approx C$, $V \nearrow$, 유입
압축, 1 S	하사점에서 상사점, 180–360도	$V \searrow$, $P \nearrow$, $T \nearrow$, $Q = 0$

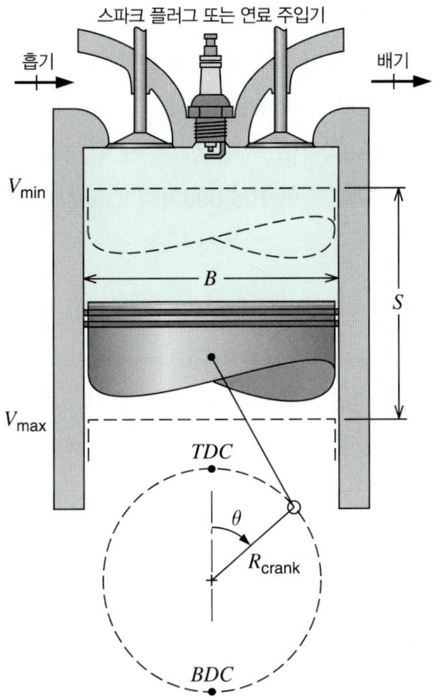

그림 9.4 » 내연 기관용 피스톤-실린더 구조.

점화 및 연소	순간~상사점, 360도	$V = C$, Q in, P ↗, T ↗
팽창, 1 S	상사점에서 하사점, 360-540도	V ↗, P ↘, T ↘, $Q = 0$
배기, 1 S	하사점에서 상사점, 540-720도	$P \approx C$, V ↘, 유출

흡기와 배기 과정은 각각 피스톤의 한 행정에 해당하므로, 한 사이클은 4행정인 2회전이 필요하다. 2행정 기관에서 배출 유동은 팽창이 끝나기 전에 시작되고, 흡기 유동은 배기 유동과 부분적으로 겹치면서 압축 행정으로 진행된다. 이렇게 되면 유효 압축 및 팽창 과정이 줄어들게 되어, 출력이 매 회전 발생하여 총출력은 같은 크기의 4행정 기관의 거의 2배에 이른다. 2행정 기관은 선박용 대형 Diesel 기관이나 잔디깎이 및 제초용 동력 공구 등의 소형 가솔린 기관으로 사용된다. 연료의 흡기 유동이 배기구로 바로 배출될 가능성 때문에, 2행정 가솔린 기관은 사용이 줄어들고 있고 최근의 배출물 기준도 따르지 못하고 있다. 예전에 2행정 기관을 사용하던 대부분의 야외용 모터도 현재는 4행정 기관으로 생산된다.

일반적으로 기관의 크기는 총 배기량과 최대 출력으로 정한다. 엔지니어는 기관의 순간 부하를 평균 유효 압력으로 나타내지만, 동력 밀도($\dot{W}/V_{displ}$, 단위 hp/L)도 기관의 종합적 작동 특성으로 사용할 수 있다. 최신 기관은 소형화(작은 V_{displ})되고 터보 과급기(turbo-charger 또는 super-charger: 큰 P_{meff})로 출력을 높이는 추세에 있다. 아래 표는 배기량과 출력 밀도를 나타내고 있다.

V_{displ} [L] 자동차 기관	< 1 초소형	1 소형	2-3 중형	3-4 중대형/승합	5-6 대형
$\dot{W}/V_{displ}$ [hp/L] 기관의 응력 수준	< 50 매우 낮음	50 낮음	75 보통	100 높음	150 매우 높음

주 또는 보조용 발전기 등으로 고정설치하여 사용하거나 철도 또는 선박 등의 수송 산업용으로 쓰이는 가장 큰 대형 기관은 Diesel 기관이다. 보통 증기 동력 발전소는 자체 기동이 불가능하여, Diesel 기관을 이

용하여 계측 및 제어 시스템 등을 구동하면서 초기 운전한다. 육상의 원거리 설비나 해상의 굴착 플랫폼에도 Diesel 기관을 동력원으로 사용한다. 트럭이나 버스에도 효율이 높고 내구성이 좋은 수백 마력급(500 hp 정도) Diesel 기관이 사용된다. 선박에는 100~180 RPM 속도의 Diesel 기관을 사용하여 기어 변속 장치가 필요 없이 프로펠러를 구동(역방향 운전으로 후진도 가능)한다. 세계 최대 기관은 25 m^3의 배기량과 14개의 실린더로 구성된 2행정 Diesel 기관이며, 최대 출력 105 000마력으로 최신 컨테이너 선박에 사용된다.

9.5 Otto 사이클

공기 표준 Otto 사이클은 스파크-점화 내연 기관의 이상 사이클이다. 사이클을 그림 9.5의 P-v 선도와 T-s 선도에 나타내었다. 과정 1-2는 피스톤이 하사점(BDC)에서 상사점(TDC)으로 이동하면서 공기를 등엔트로피 압축하는 과정이다. 그리고 피스톤이 상사점에 잠시 머무는 동안 일정한 체적에서 열이 공급된다(이 과정은 실제 기관에서의 스파크에 의한 연료-공기 혼합물의 점화 및 그 이후의 연소에 해당한다). 과정 3-4는 등엔트로피 팽창 과정이며 과정 4-1은 피스톤이 하사점에 머무는 동안 공기로부터 열이 방출되는 과정이다.

공기의 비열이 일정하다고 가정하면, 이 사이클의 열효율은 다음과 같다.

$$\eta_{\text{th}} = \frac{q_H - q_L}{q_H} = 1 - \frac{q_L}{q_H} \approx 1 - \frac{C_v(T_4 - T_1)}{C_v(T_3 - T_2)} = 1 - \frac{T_1(T_4/T_1 - 1)}{T_2(T_3/T_2 - 1)}$$

또한

$$\frac{T_2}{T_1} = \left(\frac{V_1}{V_2}\right)^{k-1} = \left(\frac{V_4}{V_3}\right)^{k-1} = \frac{T_3}{T_4}$$

따라서

$$\frac{T_3}{T_2} = \frac{T_4}{T_1}$$

이고

$$\eta_{\text{th}} = 1 - \frac{T_1}{T_2} = 1 - (r_v)^{1-k} = 1 - \frac{1}{r_v^{k-1}} \tag{9.12}$$

이며, 여기서

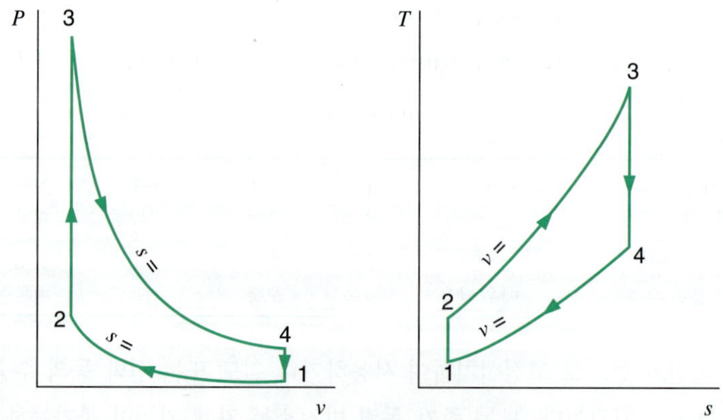

그림 9.5 » 공기 표준 Otto 사이클.

표 9.3 ▸ Otto 사이클 과정

과정	에너지 식	엔트로피 식	과정식
압축	$u_2 - u_1 = -{}_1w_2$	$s_2 - s_1 = (0/T) + 0$	$q = 0, s_1 = s_2$
연소	$u_3 - u_2 = q_H$	$s_3 - s_2 = \int dq_H/T + 0$	$v_3 = v_2 = C$
팽창	$u_4 - u_3 = -{}_3w_4$	$s_4 - s_3 = (0/T) - 0$	$q = 0, s_3 = s_4$
방열	$u_1 - u_4 = -q_L$	$s_1 - s_4 = -\int dq_L/T + 0$	$v_4 = v_1 = C$

$$r_v = 압축비 = \frac{V_1}{V_2} = \frac{V_4}{V_3}$$

공기 표준 Otto 사이클의 효율은 압축비만의 함수이며, 압축비가 증가할수록 효율이 증가한다는 점은 매우 중요하다. 그림 9.6은 공기 표준 사이클의 열효율을 압축비의 함수로 보여 주고 있다. 실제 스파크-점화 기관에서도 압축비가 증가할수록 효율이 증가한다. 발화 후 연료가 급속히 연소(detonation)하여 실린더 내에 강한 압력파가 형성되므로 소위 스파크 노킹(spark knock)이 발생한다. 따라서 급속한 연소를 피해야 하므로 최대의 압축비는 제한되어 있다. 실제 기관에서의 압축비 증가를 위해서는 테트라에틸 연(tetraethyl lead)을 첨가한 노킹 억제용 연료를 사용하고 있다. 최근에는 기관의 컴퓨터 제어를 통해 노킹이나 착화실패를 예방하고, 유해 가스나 입자의 배출도 저감하고 있다.

실제 개방 사이클 스파크-점화 기관과 공기 표준 사이클의 주요 차이점들은 다음과 같다.

1. 실제 기체의 비열은 온도에 따라 증가한다.
2. 고온 열전달 과정 대신에 연소 과정이 있으며, 불완전 연소가 일어날 수 있다.
3. 실제 기관의 각 역학 사이클마다 흡기 과정과 배기 과정이 있으며, 밸브 전후로 압력 강하가 있으므로 실린더를 공기로 충전하고 연소 생성물을 토출하기 위해서는 일정한 양의 일이 필요하다.
4. 실린더 내의 기체와 실린더 벽 사이에 상당한 양의 열전달이 있다.
5. 압력 구배와 온도 구배에 따른 비가역성이 있다.

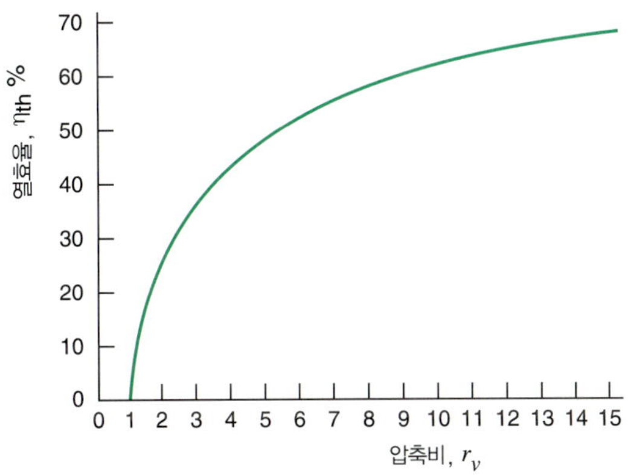

그림 9.6 ▸ 압축비의 함수인 Otto 사이클의 열효율.

예제 9.1

한 공기 표준 Otto 사이클의 압축비가 10이다. 압축 행정을 시작할 때의 압력이 0.05 MPa이고 온도는 15℃이다. 한 사이클당 공기로의 열전달이 1800 kJ/kg 공기이다. 다음을 계산하라.

1. 사이클의 각 과정 끝에서의 압력과 온도
2. 열효율
3. 평균 유효 압력

사이클은 4개 값으로 결정된다. $P_1 = 50$ kPa, $T_1 = 15$℃, $r_v = 10$ 그리고 $q_H = 1800$ kJ/kg.

해석

압축 과정: $s_2 = s_1 \Rightarrow \dfrac{T_2}{T_1} = r_v^{k-1}$ 그리고 $\dfrac{P_2}{P_1} = r_v^k$

가열 과정: $q_H = {}_2q_3 = u_3 - u_2 = C_v(T_3 - T_2)$

팽창 과정: $s_4 = s_3 \Rightarrow \dfrac{T_3}{T_4} = r_v^{k-1}$ 그리고 $\dfrac{P_3}{P_4} = r_v^k$

식 (9.10)과 (9.12)에서: $\eta_{\text{th}} = 1 - r_v^{-(k-1)}$, 그리고 $P_{\text{meff}} = \dfrac{w_{\text{net}}}{v_1 - v_2}$

풀이

각 과정을 차례로 따라 가면

1: $v_1 = RT_1/P_1 = 0.287\ \text{kJ/kg-K} \times 288.15\ \text{K}/50\ \text{kPa} = 1.654\ \text{m}^3/\text{kg}$

1 → 2 $T_2 = T_1 r_v^{k-1} = 288.15\ \text{K} \times 10^{0.4} = 723.9\ \text{K}$

$P_2 = P_1 r_v^k = 50\ \text{kPa} \times 10^{1.4} = 1255.9\ \text{kPa}$

$v_2 = v_1/r_v = 1.654\ \text{m}^3/\text{kg}/10 = 0.1654\ \text{m}^3/\text{kg}$

2 → 3 $T_3 = T_2 + q_H/C_v = 723.9\ \text{K} + 1800\ \text{kJ/kg}/0.717\ \text{kJ/kg-K} = 3234\ \text{K}$

$P_3 = P_2 \times (T_3/T_2) = 1255.9\ \text{kPa} \times (3234/723.9) = 5611\ \text{kPa}$

3 → 4 $T_4 = T_3/r_v^{k-1} = 3234\ \text{K}/10^{0.4} = 1287.5\ \text{K}$

$P_4 = P_3/r_v^k = 5611\ \text{kPa}/10^{1.4} = 223.4\ \text{kPa}$

4 → 1 $q_L = -{}_4q_1 = C_v(T_4 - T_1) = 0.717\ \text{kJ/kg-K}\ (1287.5 - 288.15)\ \text{K} = 716.5\ \text{kJ/kg}$

전체 사이클에 대해

$$\eta_{\text{th}} = 1 - r_v^{-(k-1)} = 1 - 10^{-1.4} = 0.602 \quad \text{or} \quad 60.2\%$$

$$P_{\text{meff}} = \frac{w_{\text{net}}}{v_1 - v_2} = \frac{q_H - q_L}{v_1 - v_2} = \frac{1800 - 716.5}{1.654 - 0.1654}\frac{\text{kJ/kg}}{\text{m}^3/\text{kg}} = 728\ \text{kPa}$$

이 평균 유효 압력은 중간 정도의 값이며, 상태 1은 진공 압력이다. 무부하 상태에서 이 값은 더 낮을 수도 있고, 이후 최대 출력 시에 높아진다. 과급 기관에서 P_1은 더 높고 v_1은 더 낮아져, P_{meff}는 1500 kPa 이상이 되기도 한다.

9.6 Diesel 사이클

그림 9.7에 나타나 있는 공기 표준 **디젤 사이클**(diesel cycle)은 **압축-점화 기관**(compression-ignition engine)이라고도 하는 Diesel 기관의 이상 사이클이다.

이 사이클에서 열은 일정한 압력에서 작동 유체에 전달된다. 이 과정은 실제 기관에서 연료의 분사와 연소에 해당한다. 공기 표준 사이클에서 열이 전달되면 기체가 팽창하므로, 압력을 일정하게 유지하기에 충분한 정도의 열만이 공급되어야 한다. 상태 3에 도달했을 때 열전달은 중지되고, 피스톤이 하사점에 도달할 때까지 기체는 등엔트로피 팽창(과정 3–4)을 거치게 된다. 공기 표준 Otto 사이클에서와 마찬가지로, 하사점에서의 등적 과정은 열을 방출하는 과정이며, 실제 기관의 배기 및 흡입 과정에 해당하고, 네 과정을 표 9.4에 나타내었다.

연소 과정 동안 일을 하기 때문에, 에너지 식에서 열전달은

$$q_H = u_3 - u_2 + {}_2w_3 = u_3 - u_2 + P_2(v_3 - v_2) = h_3 - h_2$$

이며, Diesel 사이클의 이 과정만 Otto 사이클과 다르다. Diesel 사이클의 효율은 다음의 식으로 표현된다. 이 과정에서 체적 팽창으로 **컷오프비**(cut-off ratio)가 결정된다.

$$r_{\text{cut-off}} = \frac{v_3}{v_2} = \frac{T_3}{T_2} \tag{9.13}$$

Otto 사이클과 비교했을 때, 그 이후 과정의 팽창비는 더 작다. 사이클에 전달되는 열을 증가시키면, 그림 9.7에서 상태 3이 상태 3′로 이동하여 컷오프비가 증가하고 순수 일이 늘어난다.

Diesel 사이클의 효율은 아래 식으로 구한다.

$$\eta = 1 - \frac{q_L}{q_H} \approx 1 - \frac{C_v(T_4 - T_1)}{C_p(T_3 - T_2)} = 1 - \frac{T_1}{kT_2}\frac{T_4/T_1 - 1}{T_3/T_2 - 1} = 1 - r_v^{1-k}\frac{r_{\text{cut-off}}^k - 1}{k(r_{\text{cut-off}} - 1)} \tag{9.14}$$

Diesel 사이클에서는 등엔트로피 압축비가 등엔트로피 팽창비보다 크다. 또한 주어진 압축 전 상태와 주어진 압축비에 대해(즉 주어진 상태 1과 상태 2에 대해) 최고 온도가 증가할수록 사이클 효율이 감소한다. 이 내용은 T-s 선도를 이용하여 간단히 설명할 수 있다. 선도 상의 등압선과 등적선은 수렴하고, 온도가 3에서 3′으로 증가하면 더욱 많은 열(면적 3–3′–c–b–3)이 전달되어야 하나 일(면적 3–3′–4′–4–3)은 상대적으로 조금만 증가한다.

표 9.4 » Diesel 사이클 과정

과정	에너지 식	엔트로피 식	과정식
압축	$u_2 - u_1 = -{}_1w_2$	$s_2 - s_1 = (0/T) + 0$	$q = 0,\ s_1 = s_2$
연소	$u_3 - u_2 = q_H - {}_2w_3$	$s_3 - s_2 = \int dq_H/T + 0$	$P_3 = P_2 = C$
팽창	$u_4 - u_3 = -{}_3w_4$	$s_4 - s_3 = (0/T) + 0$	$q = 0,\ s_3 = s_4$
방열	$u_1 - u_4 = -q_L$	$s_1 - s_4 = -\int dq_L/T + 0$	$v_4 = v_1 = C$

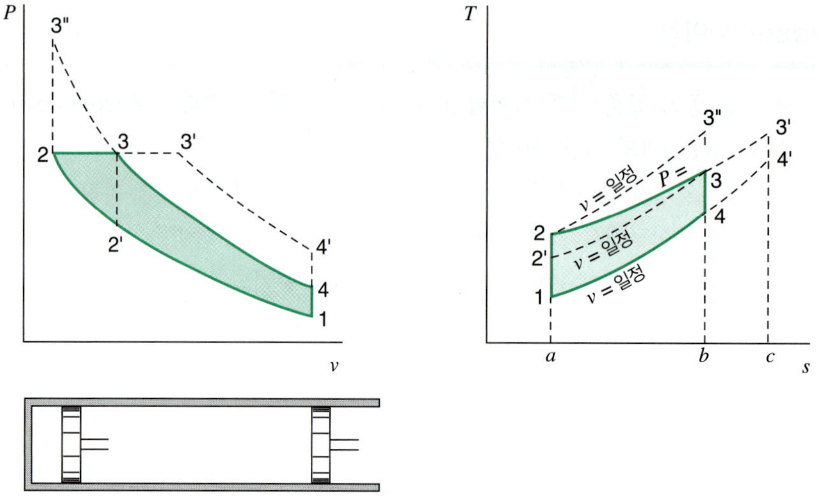

그림 9.7 ➤ 공기 표준 Diesel 사이클.

Otto 사이클과 Diesel 사이클은 여러 가지 면에서 비교가 가능하나 여기서는 두 가지만을 설명하기로 한다. 압축 전 상태, 피스톤 변위, 압축비 등이 같은 1–2–3″–4–1의 Otto 사이클과 1–2–3–4–1의 Diesel 사이클을 생각해 보자. *T-s*선도로부터 명백히 Otto 사이클의 효율이 더 높은 것을 알 수 있다. 그러나 실제로는 Diesel 기관을 스파크–점화 기관보다 더 높은 압축비로 운전할 수 있다. 그 이유는 스파크–점화 기관에서 공기–연료 혼합물이 압축될 때, 지나치게 높은 압축비는 스파크 노킹이라는 심각한 문제를 야기할 수 있기 때문이다. Diesel 기관에서는 공기만을 압축하므로 이러한 문제가 발생하지 않는다.

그러므로 Otto 사이클과 Diesel 사이클을 비교하기 위해서는 먼저 실제로 가능한 압축비를 선정하여야 한다. 이러한 관점에서 Otto 사이클 1–2′–3–4–1과 Diesel 사이클 1–2–3–4–1을 서로 비교해 보자. 두 사이클에서 최고 압력과 최고 온도는 같으므로 Otto 사이클이 Diesel 사이클보다 압축비가 낮다. *T-s*선도로부터 명백히 Diesel 사이클의 효율이 더 높다. 비교의 기준에 따라 두 사이클의 비교 결과가 다를 수 있다.

실제 압축–점화 개방 사이클과 공기 표준 Diesel 사이클의 차이점은 스파크–점화 개방 사이클과 공기 표준 Otto 사이클의 차이점과 비슷하다.

예제 9.2

한 공기 표준 Diesel 사이클의 압축비가 20이다. 압축 행정을 시작할 때의 압력이 0.1 MPa이고 온도는 15°C이다. 한 사이클당 공기로의 열전달이 1800 kJ/kg 공기이다. 다음을 계산하라.

1. 사이클의 각 과정 끝에서의 압력과 온도
2. 열효율
3. 평균 유효 압력

사이클은 4개 값으로 결정된다. $P_1 = 100$ kPa, $T_1 = 15$°C, $r_v = 20$ 그리고 $q_H = 1800$ kJ/kg.

해석

압축 과정: $s_2 = s_1 \Rightarrow \dfrac{T_2}{T_1} = r_v^{k-1}$ 그리고 $\dfrac{P_2}{P_1} = r_v^k$

가열 과정: $q_H = {}_2q_3 = h_3 - h_2 = C_p(T_3 - T_2)$

팽창 과정: $s_4 = s_3 \Rightarrow \dfrac{T_3}{T_4} = (V_4/V_3)^{k-1}$

식 (9.10)과 (9.12)에서: $\eta_{th} = \dfrac{w_{net}}{q_H}$, 그리고 $P_{meff} = \dfrac{w_{net}}{v_1 - v_2}$

풀이

각 과정을 차례로 따라가면

$$
\begin{aligned}
&1: && v_1 = RT_1/P_1 = 0.287\ \text{kJ/kg-K} \times 288.15\ \text{K}/100\ \text{kPa} = 0.827\ \text{m}^3/\text{kg} \\
&1 \to 2 && T_2 = T_1 r_v^{k-1} = 288.15\ \text{K} \times 20^{0.4} = 955.2\ \text{K} \\
& && P_2 = P_1\, r_v^k = 100\ \text{kPa} \times 20^{1.4} = 6629\ \text{kPa} \\
& && v_2 = v_1/r_v = 0.827\ \text{m}^3/\text{kg}/20 = 0.041\,35\ \text{m}^3/\text{kg} \\
&2 \to 3 && T_3 = T_2 + q_H/C_p = 955.2\ \text{K} + 1800\ \text{kJ/kg}/1.004\ \text{kJ/kg-K} = 2748\ \text{K} \\
& && r_{\text{cut-off}} = T_3/T_2 = 2748\ \text{K}/955.2\ \text{K} = 2.877 = v_3/v_2
\end{aligned}
$$

팽창비를 구하면

$$
\begin{aligned}
&3 \to 4 && v_4/v_3 = v_4/(r_{\text{cut-off}}\, v_2) = r_v/r_{\text{cut-off}} = 20/2.877 = 6.952 \\
& && T_4 = T_3(v_3/v_4)^{k-1} = T_3(r_{\text{cut-off}}/r_v)^{k-1} = 2748\ \text{K}\,(1/6.952)^{0.4} = 1265\ \text{K} \\
&4 \to 1 && q_L = -{}_4q_1 = C_v(T_4 - T_1) = 0.717\ \text{kJ/kg-K} \times (1265 - 288.15)\ \text{K} = 700.4\ \text{kJ/kg}
\end{aligned}
$$

전체 사이클에 대해

$$
\eta_{th} = \frac{w_{net}}{q_H} = \frac{q_H - q_L}{q_H} = \frac{1800 - 700.4}{1800} = 0.611 \quad \text{또는} \quad 61.1\%
$$

$$
P_{meff} = \frac{w_{net}}{v_1 - v_2} = \frac{q_H - q_L}{v_1 - v_2} = \frac{1800 - 700.4}{0.827 - 0.04135}\,\frac{\text{kJ/kg}}{\text{m}^3/\text{kg}} = 1400\ \text{kPa}
$$

Diesel 기관은 가솔린 기관처럼 조절 운전하지 않는다. 대부분의 Diesel 기관은 터보 과급기를 사용하며 압축 단 사이에 중간 냉각기를 설치하여, 최대 온도를 낮추고 배기가스 제어를 한다.

9.7 이중 사이클

Otto 사이클은 일정한 체적으로 가열되고, Diesel 사이클은 일정한 압력으로 가열된다. 실제로 둘 모두 장점이 있으나, 실제 기관에서 연료가 자발적 점화 온도에 도달하는 데에는 어느 정도 시간이 필요하므로, 이러한 조건의 가열을 완수하기 어렵다. 두 사이클의 장점을 살린 복합 시스템으로 이중 사이클이 제안되었다. 이중 사이클에서 일부는 일정한 제적으로 가열되고 일부는 일정한 압력으로 가열되며, 압축, 팽창, 방열 등 다른 과정(그림 9.5)은 Otto 및 Diesel 사이클과 유사하다. 이 사이클은 현대식 고속 Diesel 기관에 적합하다.

공급되는 열은

$$
q_H = {}_2q_3 + {}_3q_4 = C_v(T_3 - T_2) + C_p(T_4 - T_3)
$$

압축비는

$$
r_v = \frac{V_1}{V_2}
$$

표 9.5 ▸ 이중 사이클 과정

과정	에너지 식	엔트로피 식	과정식
압축	$u_2 - u_1 = -{}_1w_2$	$s_2 - s_1 = \left(\frac{0}{T}\right) + 0 = 0$	$q = 0, s_1 = s_2$
연소	$u_3 - u_2 = {}_2q_3$	$s_3 - s_2 = \int \delta q/T + 0$	$v_3 = v_2 = C$
연소	$u_4 - u_3 = {}_3q_4 - {}_3w_4$	$s_4 - s_3 = \int \delta q/T + 0$	$P_4 = P_3 = C$
팽창	$u_5 - u_4 = -{}_4w_5$	$s_5 - s_4 = \left(\frac{0}{T}\right) + 0 = 0$	$q = 0, s_5 = s_4$
방열	$u_1 - u_5 = {}_5q_1$	$s_1 - s_5 = -\int \delta q/T + 0$	$v_5 = v_1 = C$

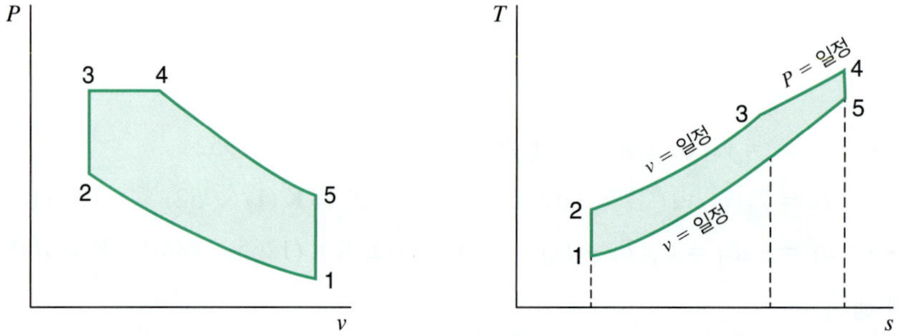

그림 9.8 ▸ 공기표준 이중 사이클

컷오프비는

$$r_{\text{cutoff}} = \frac{V_4}{V_3}$$

압력비는

$$r_P = \frac{P_3}{P_2} \tag{9.15}$$

이중 사이클의 효율은

$$\eta = 1 - \frac{q_L}{q_H} = 1 - \frac{1}{r_v^{\gamma-1}} \left[\frac{r_P r_{\text{cutoff}}^{\gamma} - 1}{(r_P - 1) + r_P \gamma \left(r_{\text{cutoff}} - 1\right)} \right] \tag{9.16}$$

1보다 큰 압력비(r_p) 에서 이중 사이클 효율은 같은 압축비(r_v)의 Otto 사이클과 Diesel 사이클 사이에 있다. 식 9.16에 r_p =1을 대입하면 Diesel 사이클 효율이 되고, r_{cutoff} =1을 대입하면 Otto 사이클 효율이 된다.

9.8 Atkinson 및 Miller 사이클

Atkinson 사이클은 Otto 사이클과 약간 다른 사이클로 팽창비를 압축비보다 더 높게 하여 등압 과정으로 열을 방출하도록 제안되었다. 높은 팽창비로 인해 더 많은 일을 얻을 수 있어서, 이 사이클은 Otto 사이클보다 효율이 높다. 이 사이클의 피스톤 운동은 기계적으로 복잡하며, 압축 행정 중에 흡기 밸브를 열어서 실제 압축이 정격 압축보다 작도록 해야 한다. 네 과정을 그림 9.9의 P-v 선도와 T-s 선도에 나타내었고 공정은 표 9.6과 같다.

압축 및 팽창 과정(s = 일정)에 대해

$$\frac{T_2}{T_1} = \left(\frac{v_1}{v_2}\right)^{k-1} \quad \text{및} \quad \frac{T_4}{T_3} = \left(\frac{v_3}{v_4}\right)^{k-1}$$

이며, 열을 방출하는 과정에 대해

$$P = C: \qquad T_4 = \left(\frac{v_4}{v_1}\right)T_1 \quad \text{및} \quad q_L = h_4 - h_1$$

이므로, 사이클의 효율은 다음과 같다.

$$\begin{aligned}\eta &= \frac{q_H - q_L}{q_H} = 1 - \frac{q_L}{q_H} = 1 - \frac{h_4 - h_1}{u_3 - u_2} \\ &\cong 1 - \frac{C_p}{C_v}\frac{(T_4 - T_1)}{(T_3 - T_2)} = 1 - k\frac{T_4 - T_1}{T_3 - T_2}\end{aligned} \tag{9.17}$$

압축비 $CR = v_1/v_3$가 팽창비 $ER = v_4/v_3$보다 작고, 온도를

$$T_2 = T_1\, CR^{k-1}; \qquad T_4 = \left(\frac{v_4}{v_1}\right)T_1 = \frac{ER}{CR}T_1 \tag{9.18}$$

로 표현할 수 있으며, T_3와 T_4의 관계식을 이용하면

$$T_3 = T_4\, ER^{k-1} = \frac{ER}{CR}T_1\, ER^{k-1} = \frac{ER^k}{CR}T_1$$

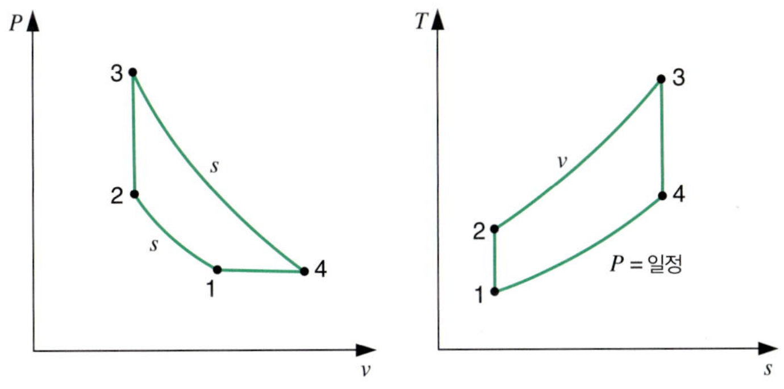

그림 9.9 ▸ Atkinson 사이클.

표 9.6 ▸ Atkinson 사이클 과정

과정	에너지 식	엔트로피 식	과정식
압축	$u_2 - u_1 = -{}_1w_2$	$s_2 - s_1 = (0/T) + 0$	$q = 0, s_1 = s_2$
연소	$u_3 - u_2 = q_H$	$s_3 - s_2 = \int \delta q_H/T + 0$	$v_3 = v_2 = C$
팽창	$u_4 - u_3 = -{}_3w_4$	$s_4 - s_3 = (0/T) + 0$	$q = 0, s_3 = s_4$
방열	$h_1 - h_4 = -q_L$	$s_1 - s_4 = -\int \delta q_L/T + 0$	$P_4 = P_1, {}_3w_4 = P_4(v_1 - v_4)$

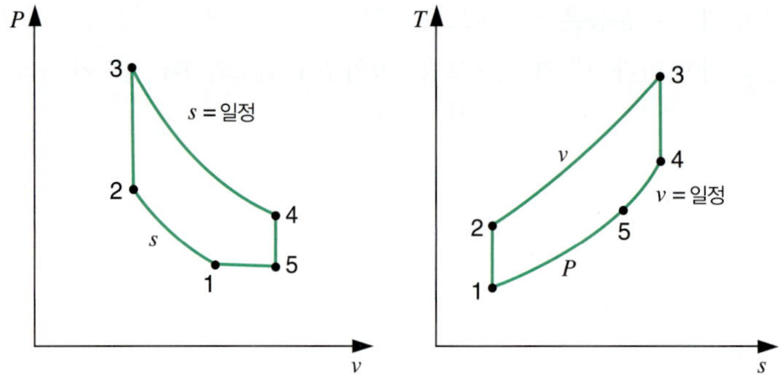

그림 9.10 ▸ Miller 사이클.

이제 모든 온도를 식 (9.17)에 대입하면

$$\eta = 1 - k\frac{\frac{ER}{CR} - 1}{\frac{ER^k}{CR} - CR^{k-1}} = 1 - k\frac{ER - CR}{ER^k - CR^k} \tag{9.19}$$

을 얻으며, 다른 사이클과 마찬가지로 압축비와 팽창비가 중요하다.

실제 기관에서는 $P_4 = P_1$을 구현하기 어렵기 때문에 팽창을 더 짧게 하고 과급기를 이용하여 Miller 사이클에 근접할 수 있는데, 그림 9.10은 Otto 사이클과 Atkinson 사이클 사이의 사이클을 나타내며 표 9.7은 에너지, 엔트로피 및 공정방정식을 나타내고 있다. 이 사이클은 Ford Escape와 Toyota Prius 같은 하이브리드 자동차용 기관과 유사하다.

Miller 사이클에는 추가적인 과정이 포함되어 있으므로, 사이클 효율식이 Atkinson 사이클보다 다소 복잡하다. 동일한 압축비에 대해, 두 사이클은 모두 Otto 사이클보다 높은 효율을 갖지만, 팽창 행정이 길기 때문에 동일한 크기의 기관에 대해 출력이 작은 경향이 있다. 하이브리드 기관의 구성에서 가속을 위한 최대 출력은 배터리의 에너지를 사용하는 전기 모터로 공급된다.

Miller 사이클 효율은 다른 열기관과 유사하게 표현되며, 에너지 식에서 방열을 이용하여 계산한다.

$$\eta_{th} = w_{net}/q_H = 1 - \frac{q_L}{q_H} = 1 - \frac{u_4 - u_5 + h_5 - h_1}{u_3 - u_2}$$

저온 공기 근사와 사이클 과정 관계로부터

$$\eta_{th} \approx 1 - \frac{T_4 - T_5 + k(T_5 - T_1)}{T_3 - T_2} = 1 - \frac{(a-1)ER + k(ER - CR)}{aER^k - CR^k} \tag{9.20}$$

표 9.7 ▸ Miller 사이클 과정

과정	에너지 식	엔트로피 식	과정식
압축	$u_2 - u_1 = -{}_1w_2$	$s_2 - s_1 = (0/T) + 0$	$q = 0,\ s_1 = s_2$
연소	$u_3 - u_2 = q_H$	$s_3 - s_2 = \delta q_H/T + 0$	$w = 0,\ v_3 = v_2$
팽창	$u_4 - u_3 = -{}_3w_4$	$s_4 - s_3 = (0/T) + 0$	$q = 0,\ s_3 = s_4$
방열1	$u_5 - u_4 = -q_{L1}$	$s_5 - s_4 = -\delta q_{L1}/T + 0$	$w = 0,\ v_4 = v_5$
방열2	$h_1 - h_5 = -q_{L2}$	$s_1 - s_5 = -\delta q_{L2}/T + 0$	$P_5 = P_1,\ {}_5w_1 = P_1(v_1 - v_4)$

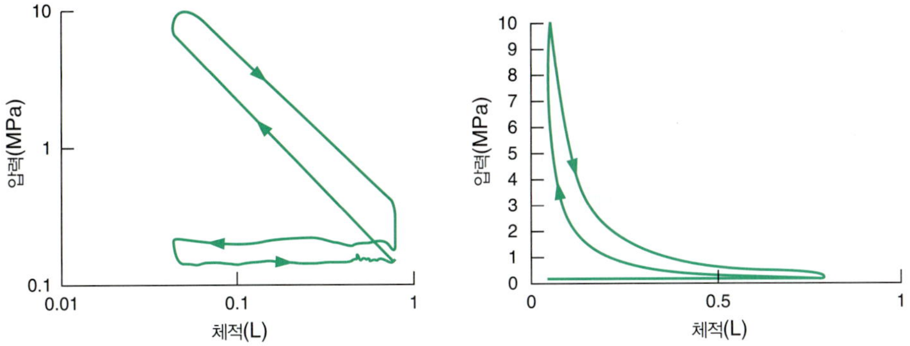

그림 9.11 ▸▸ 실제 Diesel 사이클의 P-v 선도, 로그-로그 눈금 및 선형 눈금(Michigan 대학교 W. E. Lay 자동차 실험실 측정).

여기에서 파리미터는

$$a = P_4/P_1; \quad CR = v_1/v_2; \quad ER = v_4/v_3$$

$a = 1$이면 극한적으로 Atkinson 사이클이 되고, a가 매우 크면 Otto 사이클 효율에 접근한다.

추가사항: 상태 1(흡기 상태), 압축비 CR, 그리고 ER이 결정되면, Atkinson 사이클이 확정된다. 즉 정해진 방열량에 대해 이 사이클이 주어진다. 방열량은 공기-연료 혼합물의 함수이며, 따라서 사이클이 제어 가능한 상태 및 과정의 결과라고 할 수 없다. 방열량이 다소 높으면, 사이클은 Miller 사이클이 되고 팽창 종료 시 압력이 충분히 낮아지지 않는다. 방열량이 작으면, 팽창 종료 시 압력이 P_1보다 낮아져 배기 유동이 어렵게 된다. 이런 관점에서 보면 Atkinson 사이클을 실현한 결과가 Miller 사이클이라고 할 수 있다.

이 절을 마치면서 실제 Diesel 기관에서 측정한 실린더 압력-체적 선도를 그림 9.11에서 살펴보자. 과급 기관이므로 터빈을 구동하기 위한 배기 압력은 약 200 kPa이며, 압축기로 공급하는 흡입 압력은 약 150 kPa이다. 분사기를 사용하고 분사 시간이 적절히 설계된 최신 급속 연소 Diesel 기관의 사이클은 선형 좌표에서 Otto 사이클과 유사하다. 사이클을 로그-로그 좌표에 나타내면, 압축 및 팽창 과정은 거의 직선이 된다. 두 과정은 모두 폴리트로픽 과정이며, 폴리트로픽 지수는 압축 과정에는 $n \approx 1.32$, 팽창 과정에는 $n \approx 1.2$이다. 두 과정을 $n \approx k$인 등엔트로피 과정과 비교하면, 팽창 과정에는 어느 정도 열손실이 있지만 압축 과정의 열손실은 매우 작은 것을 알 수 있다. 연소 후 온도가 높을수록 비열은 더 크고 비열비 k는 더 작은 값을 갖는다.

개념점검

a. Otto 사이클의 압축이 Brayton 사이클의 압축과 어떻게 다른가?

b. Otto 사이클을 확정하기 위해서 몇 개의 변수가 필요한가? Diesel 사이클은 어떠한가?

c. 배기 및 흡기 유동 과정은 Otto 사이클과 Diesel 사이클에 포함되어 있지 않다. 이 과정은 사이클 성능에 어떤 영향을 미치는가?

9.9 Brayton 사이클

9.1절에서 다루었던 4개의 정상상태 과정으로 구성된 이상적인 동력 사이클 중에서 2개의 등압 과정과 2개의 등엔트로피 과정으로 구성된 사이클을 그림 10.1에 나타내었다. 작동 유체가 응축되는 경우를 Rankine 사이클이라 하고, 작동 유체가 항상 단상의 기체인 경우를 **Brayton 사이클**이라 한다. 공기 표준 Brayton 사이클

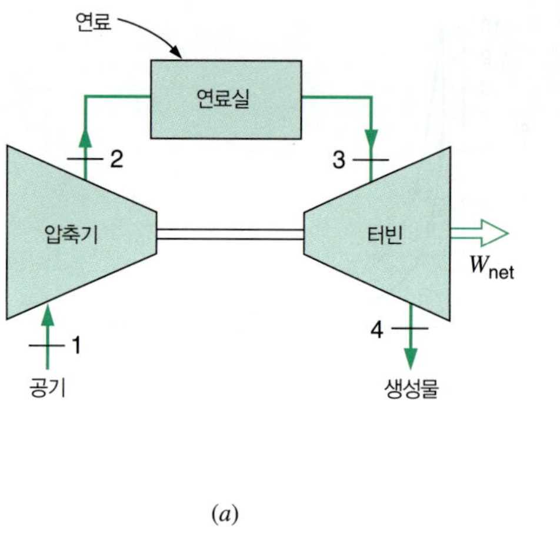

그림 9.12 ▸ Brayton 사이클로 운전되는 가스 터빈. (a) 개방 사이클. (b) 밀폐 사이클.

은 단순 가스 터빈(gas turbine)의 이상 사이클이다. 내연 과정을 이용하는 단순 개방 사이클 가스 터빈과 열전달 과정을 이용하는 단순 밀폐 사이클 가스 터빈을 그림 9.12에 도식적으로 나타내었다. 공기 표준 Brayton 사이클을 그림 9.13의 P-v 선도 및 T-s 선도에 나타내었다.

Brayton 사이클은 그림 9.12b의 네 부품을 각각 검사 체적으로 잡아 해석할 수 있는데, 에너지 및 엔트로피 식이 표 9.8에 나와 있다. 이 해석에서 사이클의 총변환 효율을 구할 수 있다.

$$\eta_{th} = 1 - \frac{q_L}{q_H} = 1 - \frac{h_4 - h_1}{h_3 - h_2} \approx 1 - \frac{C_P(T_4 - T_1)}{C_P(T_3 - T_2)} = 1 - \frac{T_1(T_4/T_1 - 1)}{T_2(T_3/T_2 - 1)}$$

이상 사이클에서 압축기의 압력 증가와 터빈의 압력 감소가 같으므로

$$r_p = \frac{P_2}{P_1} = \frac{P_3}{P_4}$$

그리고 두 등엔트로피 과정에 대한 동력 관계식은

$$\frac{P_2}{P_1} = \left(\frac{T_2}{T_1}\right)^{k/(k-1)} = \frac{P_3}{P_4} = \left(\frac{T_3}{T_4}\right)^{k/(k-1)}$$

$$\frac{T_3}{T_4} = \frac{T_2}{T_1} \therefore \frac{T_3}{T_2} = \frac{T_4}{T_1} \quad \text{그리고} \quad \frac{T_3}{T_2} - 1 = \frac{T_4}{T_1} - 1$$

이므로, 사이클 효율은 다음과 같다.

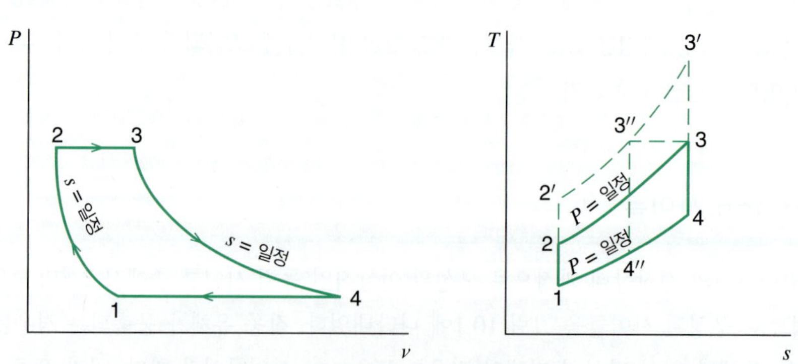

그림 9.13 ▸ 공기 표준 Brayton 사이클.

표 9.8 ▸ Brayton 사이클 과정

요소	에너지 식	엔트로피 식	과정
압축기	$0 = h_1 + w_C - h_2$	$0 = s_1 - s_2 + (0/T) + 0$	$q = 0, s_1 = s_2$
연소식	$0 = h_2 - h_3 + q_H$	$0 = s_2 - s_3 + \int dq/T + 0$	$P_3 = P_2 = C$
터빈	$0 = h_3 - h_4 - w_T$	$0 = s_3 - s_4 + (0/T) + 0$	$q = 0, s_3 = s_4$
열 교환기	$0 = h_4 - h_1 - q_L$	$0 = s_4 - s_1 - \int dq/T + 0$	$P_4 = P_1 = C$

$$\eta_{\text{th}} = 1 - \frac{T_1}{T_2} = 1 - r_p^{-(k-1)/k} \tag{9.21}$$

공기 표준 Brayton 사이클의 효율은 등엔트로피 압력비의 함수이다. 그림 9.13은 효율이 압력비의 함수임을 나타내고 있다. 효율은 압력비에 따라 증가한다. 효율이 압력비 증가에 따라 증가되는 사실은 그림 9.13에서 보는 바와 같이 명백하다. 이는 압력비가 증가하면 사이클이 1–2–3–4–1에서 1–2′–3′–4–1로 변화하기 때문이다. 두 경우 방출하는 열은 같으나 후자의 경우 전자보다 공급하는 열이 더 많으므로 효율이 더 높게 된다. 후자의 경우 최고 온도가 T_3'으로 전자의 T_3보다 높다. 실제 가스 터빈에서 기체의 터빈 입구 최고 온도는 터빈의 재료에 따라 제한된다. 따라서 온도 T_3를 고정시키고 압력비를 증가시키면, 사이클은 1–2′–3″–4″–1로 변화한다. 이 사이클은 본래의 사이클보다 효율이 높을 것이나 작동 유체의 질량당 일은 줄어든다.

원자로의 출현과 함께 밀폐 사이클 가스 터빈은 더욱 중요하게 되었다. 열은 원자로의 연료로부터 가스 터빈의 작동 유체로 직접 또는 2차 유체를 통해 전달된다. 그리고 작동 유체에서 주위로 열이 방출된다.

실제 가스 터빈과 이상 사이클의 차이는 주로 압축기와 터빈의 비가역성과 유체의 유로 및 연소실(또는 밀폐 사이클 터빈의 열교환기)에서의 압력 강하로 인해 발생된다. 이러한 손실을 고려한 단순 개방 사이클 가스 터빈의 각 상태는 그림 9.14에 나타내었다.

압축기와 터빈의 효율은 등엔트로피 과정과 비교하여 정의한다. 그림 9.14에 나타낸 상태를 이용하여 압축기 효율과 터빈 효율은 각각

$$\eta_{\text{comp}} = \frac{h_{2s} - h_1}{h_2 - h_1} \tag{9.22}$$

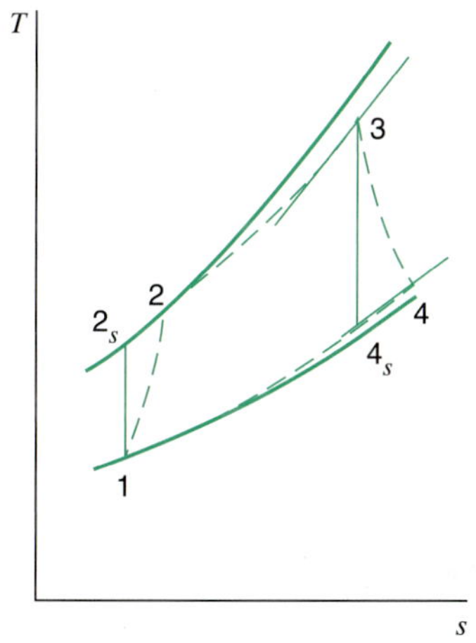

그림 9.14 ▸ 가스 터빈 사이클에 미치는 비효율의 영향.

$$\eta_{\text{turb}} = \frac{h_3 - h_4}{h_3 - h_{4s}} \tag{9.23}$$

이 된다.

Brayton 사이클의 다른 특징은 압축기 일[역일(back work)이라고도 함]이 터빈 일에 비해 상대적으로 크다는 점이다. 압축기는 터빈 출력의 40% 내지 80%를 소모한다. 실제 사이클에서는 손실로 인해 터빈의 출력일이 감소하고 압축기의 입력일이 증가한다. 따라서 압축기 효율과 터빈 효율의 감소로 인해 사이클 효율은 급격히 떨어진다. 실제로 압축기 효율과 터빈 효율이 60% 미만이 되면 터빈 일은 모두 압축기를 구동하는 데 소요되고 사이클 효율은 0이 된다. Brayton 사이클과 매우 대조적인 사이클이 Rankine 사이클이며, Rankine 사이클에서는 터빈 일의 1% 내지 2%만이 펌프를 구동하는 데 필요하다. 이것은 작동 유체가 응축하는 사이클의 고유한 장점으로, 팽창 과정과 압축 과정 사이의 큰 비체적 차이를 효율적으로 이용하는 것이다.

예제 9.3

공기 표준 Brayton 사이클에서 공기는 0.1 MPa, 15°C의 상태로 압축기에 들어가고 1.0 MPa의 압력으로 나온다. 사이클의 최고 온도는 1100°C이다. 다음을 결정하라.

1. 사이클의 각 점에서의 압력과 온도
2. 압축기 일, 터빈 일, 사이클 효율

각 검사 체적에 대해 모델은 비열이(300 K에서의 값으로) 일정한 이상기체이고, 각 과정은 운동 에너지와 위치 에너지의 변화가 없는 정상상태 과정이다. 이 예제에 대한 선도는 그림 9.13과 같다. 일과 열전달 항의 부호는 모두 선도에 나타낸 방향을 양(+)으로 택한다. 에너지와 에너지식은 표 9.8에 나와 있다.

압축기, 터빈, 그리고 고온 및 저온 열교환기를 차례로 고려한다.

사이클은 아래 4개의 조건으로 완전히 결정된다.

$$P_1 = 0.1\,\text{MPa},\quad T_1 = 15°\text{C} = 288.15\,\text{K},\quad P_2 = 1\,\text{MPa},\quad T_3 = 1100°\text{C} = 1373.15\,\text{K}$$

압축비는 $r_p = P_2/P_1 = 1.0\text{MPa}/0.1\text{MPa} = 10$

해석

압축기 에너지 식: $w_c = h_2 - h_1$

엔트로피 식: $s_2 = s_1 \Rightarrow \dfrac{T_2}{T_1} = \left(\dfrac{P_2}{P_1}\right)^{(k-1)/k} = r_p{}^{(k-1)/k}$

터빈 에너시 식: $w_t = h_3 - h_4$

엔트로피 식: $s_4 = s_3 \Rightarrow \dfrac{T_3}{T_4} = \left(\dfrac{P_3}{P_4}\right)^{(k-1)/k} = r_p{}^{(k-1)/k}$

연소기 에너지 식: $q_H = h_3 - h_2 = C_p(T_3 - T_2)$

방출열 에너지 식: $q_L = h_4 - h_1 = C_p(T_4 - T_1)$

풀이

T_2와 압축일을 구하면

$$T_2 = T_1\left(\frac{P_2}{P_1}\right)^{(k-1)/k} = 288.2\,\text{K} \times 10^{0.286} = 556.8\,\text{K}$$

따라서,

$$\begin{aligned} w_c &= h_2 - h_1 = C_p(T_2 - T_1) \\ &= 1.004\frac{\text{kJ}}{\text{kg K}}(556.8 - 288.2)\text{K} = 269.5\ \text{kJ/kg} \end{aligned}$$

T_4를 구하면

$$T_4 = T_3 r_p^{-(k-1)/k} = 1373.2\ \text{K} \times 10^{-(1.4-1)/1.4} = 710.8\ \text{K}$$

따라서,

$$\begin{aligned} w_t &= h_3 - h_4 = C_p(T_3 - T_4) \\ &= 1.004\ \text{kJ/kg-K}\,(1373.2 - 710.8)\ \text{K} = 664.7\ \text{kJ/kg} \\ w_{\text{net}} &= w_t - w_c = 664.7 - 269.5 = 395.2\ \text{kJ/kg} \end{aligned}$$

연소기(고온 열교환기)에서

$$q_H = h_3 - h_2 = C_p(T_3 - T_2) = 1.004\ \text{kJ/kg-K}\,(1373.2 - 556.8)\ \text{K} = 819.3\ \text{kJ/kg}$$

저온에서 방출열을 구하면

$$q_L = h_4 - h_1 = C_p(T_4 - T_1) = 1.004\ \text{kJ/kg-K}\,(710.8 - 288.2)\ \text{K} = 424.1\ \text{kJ/kg}$$

순수일과 종합 변환효율은

$$\begin{aligned} w_{\text{net}} &= w_t - w_c = (664.7 - 269.5)\ \text{kJ/kg} = 395.2\ \text{kJ/kg}\ (= q_H - q_L) \\ \eta_{\text{th}} &= \frac{w_{\text{net}}}{q_H} = \frac{395.2}{819.3} = 48.2\% \end{aligned}$$

이 값은 식 (9.21)로 확인할 수 있다.

$$\eta_{\text{th}} = 1 - r_p^{-(k-1)/k} = 1 - 10^{-(1.4-1)/1.4} = 0.482\ \text{또는}\ 48.2\%$$

예제 9.4

예제 9.3과 같은 조건으로 공기가 압축기에 유입되고 1.0 MPa로 배출되는 가스 터빈을 생각하자. 최고 온도는 1100°C이다. 압축기 효율 80%, 터빈 효율 85%, 그리고 압축기와 터빈 사이의 압력 강하는 15 kPa이라고 가정하자. 압축기 일, 터빈 일, 사이클 효율을 계산하라.

예제 9.3과 마찬가지로 각 검사 체적에 대해 모델은 비열이 (300 K에서의 값으로) 일정한 이상기체이고, 각 과정은 운동 에너지와 위치 에너지의 변화가 없는 정상상태 과정이다. 이 예제에 대한 선도는 그림 9.14와 같다. 그림 9.14와 이상 사이클은 예제 9.3과 같은 4개 값으로 결정되고, 추가로 주어지는 3개 값으로 실제 사이클이 어떻게 다른지 설명한다.

$$P_3 = P_2 - \Delta P_{\text{drop}} = 1000\ \text{kPa} - 15\ \text{kPa} = 985\ \text{kPa}$$

압축기, 터빈, 그리고 고온 열교환기를 차례로 고려한다.

해석

이상적인 압축기 에너지 식: $w_{cs} = h_{2s} - h_1 = C_p(T_{2s} - T_1)$

엔트로피 식: $s_{2s} = s_1 \Rightarrow \dfrac{T_{2s}}{T_1} = \left(\dfrac{P_2}{P_1}\right)^{(k-1)/k} = r_p^{(k-1)/k}$

실제 압축기 에너지 식: $w_c = w_{cs}/\eta_c = h_2 - h_1 = C_p(T_2 - T_1)$

연소기 에너지 식: $q_H = h_3 - h_2 = C_p(T_3 - T_2)$

이상적인 터빈 에너지 식: $w_{ts} = h_3 - h_{4s} = C_p(T_3 - T_{4s})$

엔트로피 식: $s_{4s} = s_3 \Rightarrow \dfrac{T_3}{T_{4s}} = \left(\dfrac{P_3}{P_4}\right)^{(k-1)/k}$

실제 터빈 에너지 식: $w_t = \eta_t w_{ts} = h_3 - h_4 = C_p(T_3 - T_4)$

풀이

T_{2s}, w_{cs}와 실제 압축기 일을 구하면

$$
\begin{aligned}
T_{2s} &= T_1 r_p^{(k-1)/k} = 288.2\,\mathrm{K} \times 10^{(1.4-1)/1.4} = 556.8\,\mathrm{K} \\
w_{cs} &= C_p(T_{2s} - T_1) = 1.004\,\mathrm{kJ/kg\text{-}K}\,(556.8 - 288.2)\,\mathrm{K} = 269.5\,\mathrm{kJ/kg} \\
w_c &= w_{cs}/\eta_c = 269.5\,\mathrm{kJ/kg}/0.8 = 337.0\,\mathrm{kJ/kg} \\
T_2 &= T_1 + w_c/C_p = 288.2\,\mathrm{K} + 337.0\,\mathrm{kJ/kg}/1.004\,\mathrm{kJ/kg\text{-}K} = 624.0\,\mathrm{K}
\end{aligned}
$$

이제 고온 열교환기에 대해

$$q_H = C_p(T_3 - T_2) = 1.004\,\mathrm{kJ/kg\text{-}K}\,(1373.2 - 624.0)\,\mathrm{K} = 751.8\,\mathrm{kJ/kg}$$

이상적인 터빈과 실제 터빈에 대해 r_p가 서로 다르다.

$$
\begin{aligned}
r_{p'} &= P_3/P_4 = 985\,\mathrm{kPa}/100\,\mathrm{kPa} = 9.85 \\
T_{4s} &= T_3 r_{p'}^{-(k-1)/k} = 1373.2\,\mathrm{K} \times 9.85^{-(1.4-1)/1.4} = 714.3\,\mathrm{K} \\
w_{ts} &= C_p(T_3 - T_{4s}) = 1.004\,\mathrm{kJ/kg\text{-}K}\,(1373.2 - 714.3)\,\mathrm{K} = 661.5\,\mathrm{kJ/kg} \\
w_t &= \eta_t w_{ts} = 0.85 \times 661.5\,\mathrm{kJ/kg} = 562.3\,\mathrm{kJ/kg}
\end{aligned}
$$

전체적으로 순수 일과 변환 효율은

$$
\begin{aligned}
w_{\mathrm{net}} &= w_t - w_c = (562.3 - 337.0)\,\mathrm{kJ/kg} = 225.3\,\mathrm{kJ/kg} \\
\eta_{\mathrm{th}} &= \frac{w_{\mathrm{net}}}{q_H} = \frac{225.3}{751.8} = 0.30 \text{ or } 30\%
\end{aligned}
$$

예제 9.3과 예제 9.4를 비교하면 다음과 같다.

	w_c	w_t	w_{net}	q_H	η_{th}
예제 9.1(이상)	269.5	664.7	395.2	819.3	48.2
예제 9.2(실제)	337.0	562.4	225.3	751.8	30.0

앞서 언급했듯이, 비가역성으로 인해 터빈 일이 감소하고 압축기 일이 증가한다. 순일(net work)은 두 일의 차이이므로, 압축기 효율 및 터빈 효율이 감소함에 따라 순일은 급격히 감소한다. 따라서 고효율 압축기와 고효율 터빈의 개발은 가스 터빈 개발에 매우 중요하다.

이상 사이클(예제 9.3)에서는 터빈 일의 약 41% 정도가 압축기를 구동하는 데 소요되고 59% 정도가 순일이다. 실제 사이클(예제 9.4)에서는 터빈 일의 60% 정도가 압축기를 구동하는 데 소요되고 40% 정도가 순일이다. 따라서 순 출력 동력이 10000 kW가 되기 위해서는 25000 kW의 터빈과 15000 kW의 압축기가 필

요하다. 이 결과로 가스 터빈에서는 역일비(back-work ratio, 터빈 일에 대한 압축기 일의 비)가 매우 크다는 것을 알 수 있다.

9.10 재생기가 있는 단순 가스 터빈 사이클

가스 터빈 사이클의 효율은 재생기를 도입하여 향상시킬 수 있다. 재생기가 있는 단순 개방 가스 터빈 사이클의 구성을 그림 9.15에 나타내었으며, 그에 대응하는 공기 표준 이상 사이클을 P-v 선도 및 T-s 선도에 나타내었다. 사이클 $1-2-x-3-4-y-1$에서 터빈 출구인 상태 4의 기체(배기 가스) 온도는 압축기 출구의 기체 온도보다 높다. 따라서 배기 가스에서 압축기 출구의 고압 기체로 열이 전달될 수 있다. **재생기**(regenerator)의 한 가지인 대향류 열교환기(counterflow heat exchanger)를 사용할 때, 이상적으로는 재생기 출구에서 고압 기체의 온도 T_x가 터빈 출구의 기체 온도 T_4와 같게 된다. 외부 열원으로부터의 열전달은 기체의 온도를 T_x에서 T_3까지 증가시키는 데에만 필요하다. 면적 $x-3-d-b-x$는 전달된 열을 나타내고 면적 $y-1-a-c-y$는 방출된 열을 나타낸다.

재생기가 있는 단순 가스 터빈 사이클에서 압력비의 영향을 살펴보기 위해 사이클 $1-2'-3'-4-1$을 생각해 보자. 이 사이클에서 터빈 출구의 배기 온도는 압축기 출구의 기체 온도와 같으므로 재생기를 사용할 수 없게 된다. 이를 좀 더 정확히 알아보기 위하여 재생기가 있는 이상적인 가스 터빈 사이클의 효율을 계산해 본다.

그림 9.15에 나타낸 상태를 이용하면 재생 가스 터빈 사이클의 효율은 다음과 같다.

$$\eta_{\text{th}} = \frac{w_{\text{net}}}{q_H} = \frac{w_t - w_c}{q_H}$$

$$q_H \cong C_p(T_3 - T_x)$$

$$w_t \cong C_p(T_3 - T_4)$$

그러나 이상적인 재생기에서 $T_4 = T_x$이므로 $q_H = w_t$이다. 따라서

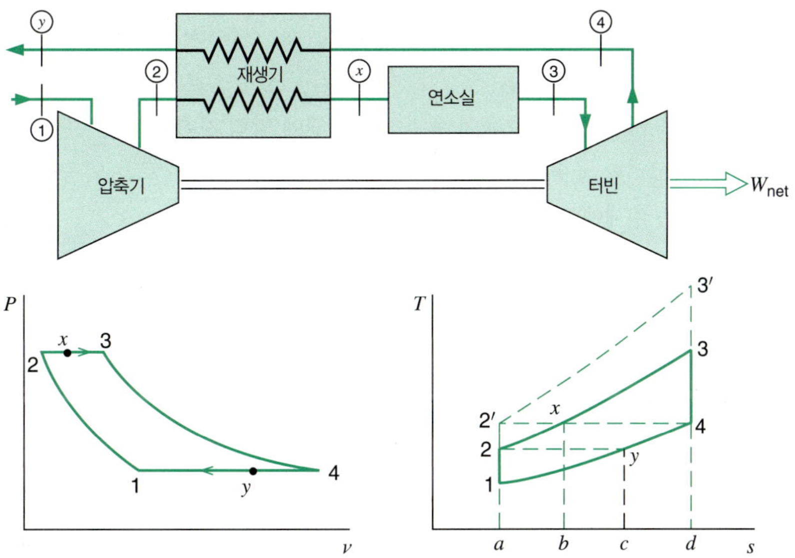

그림 9.15 ▸▸ 이상적인 재생 가스 터빈 사이클.

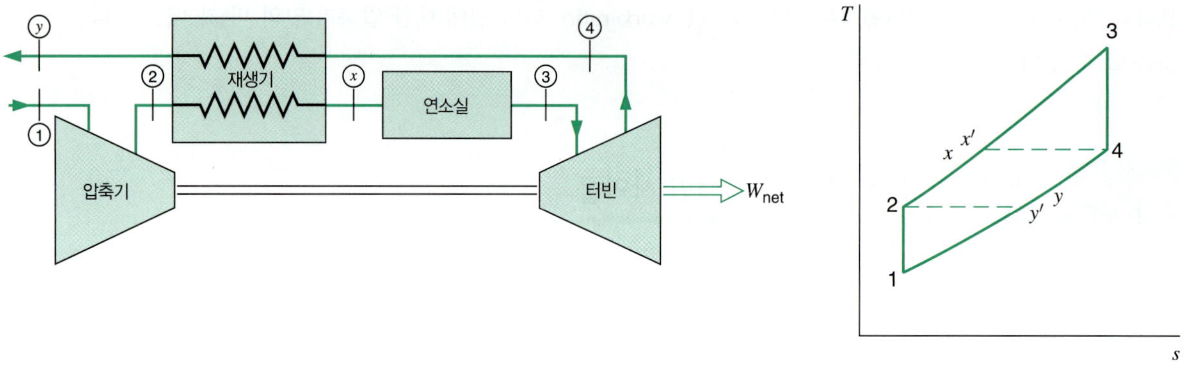

그림 9.16 ▸ 재생기 효율의 정의를 설명하는 온도-엔트로피 선도.

$$\eta_{th} = 1 - \frac{w_c}{w_t} \cong 1 - \frac{C_p(T_2 - T_1)}{C_p(T_3 - T_4)}$$

$$= 1 - \frac{T_1(T_2/T_1 - 1)}{T_3(1 - T_4/T_3)} = 1 - \frac{T_1[(P_2/P_1)^{(k-1)/k} - 1]}{T_3[1 - (P_1/P_2)^{(k-1)/k}]}$$

$$\eta_{th} = 1 - \frac{T_1}{T_3}\left(\frac{P_2}{P_1}\right)^{(k-1)/k} = 1 - \frac{T_2}{T_3}$$

결과적으로 이상적인 재생 사이클에서 열효율은 압력비뿐만 아니라 최저 온도-최고 온도비의 함수이다. Brayton 사이클과 달리 압력비가 증가하면 효율이 감소함을 알 수 있다.

재생기의 유효도(effectiveness) 또는 효율은 그림 9.16을 이용하여 정의할 수 있다. 상태 x는 재생기 출구에서 고압 기체의 상태를 나타낸다. 이상적인 재생기에서 두 유체 간의 온도차는 매우 작고 재생기 출구에서 고압 기체의 온도는 T'_x이며 T'_x은 T_4와 같다. 실제 재생기에서는 유한한 온도차가 존재하므로 재생기 출구에서 실제 온도 T_x는 T'_x보다 낮게 된다. 따라서 **재생기 효율**(regenerator efficiency)은

$$\eta_{reg} = \frac{h_x - h_2}{h'_x - h_2} \tag{9.24}$$

비열이 일정하다고 가정하면 재생기 효율은

$$\eta_{reg} = \frac{T_x - T_2}{T'_x - T_2}$$

재생기의 열전달 면적이 넓을수록 재생기 효율이 증가하는 반면에 압력 강하에 의한 손실이 증가한다. 따라서 최종 선택은 경제 요소들을 고려한 균형(trade-off)으로 이루어진다. 최신 기술로는 압축비를 증가시켜 가스터빈에 재생기를 사용하지 않는 추세에 있다.

예제 9.5

예제 9.3의 사이클에 이상적인 재생기를 부착하였을 때, 사이클의 열효율을 결정하라.

이 예제에 대한 선도로 그림 9.3을 이용하고 예제 9.3에서 계산한 값들을 이용한다. 고온 열교환기(연소실)를 제1법칙으로 해석하면

$$q_H = h_3 - h_x$$

이므로 풀면

$$T_x = T_4 = 710.8\,\text{K}$$

$$q_H = h_3 - h_x = C_p(T_3 - T_x) = 1.004\,\text{kJ/kg-K}\,(1373.2 - 710.8)\,\text{K} = 664.7\,\text{kJ/kg}$$

$$w_{\text{net}} = 395.2\,\text{kJ/kg}$$

$$\eta_{\text{th}} = \frac{395.2}{664.7} = 0.595 \text{ 또는 } 59.5\%$$

9.11 가스 터빈 동력 사이클의 구성

가스 터빈 동력 발전소에 대한 이상적인 모델인 Brayton 사이클에는 가역 단열 압축기와 가역 단열 터빈이 있다. 다음 예제에서는 이러한 기기들의 가역 단열 과정을 가역 등온 과정으로 대치한 결과에 대해 살펴본다.

예제 9.6

공기 표준 동력 사이클의 각 상태가 예제 9.3과 같다. 그러나 이 사이클에서는 압축기와 터빈이 모두 가역 등온 과정으로 운전된다. 압축기 일과 터빈 일을 계산하고 예제 9.3의 결과와 비교하라.

검사 체적: 압축기, 터빈

해석

각각의 가역 등온 과정에 대해 식 (7.18)로부터

$$w = -\int_i^e v\,dP = -P_i v_i \ln\frac{P_e}{P_i} = -RT_i \ln\frac{P_e}{P_i}$$

풀이

압축기에 대해

$$w = -0.287\,\text{kJ/kg-K} \times 288.2\,\text{K} \times \ln 10 = -190.5\,\text{kJ/kg}$$

이다. 단열 압축기에서는 −269.5 kJ/kg이었다.

터빈에 대해

$$w = -0.287 \times 1373.2 \times \ln\,0.1 = +907.5\,\text{kJ/kg}$$

이다. 단열 터빈에서는 +664.7 kJ/kg이었다.

압축기와 터빈에 있어서 단열 과정보다 등온 과정이 더 유리함을 확인하였다. 그렇게 두 개의 가역 등압 과정과 두 개의 가역 등온 과정으로 구성된 사이클을 **Ericsson 사이클**이라 한다. 실제 가스 터빈은 Ericsson 사이클보다 Brayton 사이클에 더 가깝다. 그 이유는 압축기와 터빈에서는 많은 유량이 통과하며 일을 하므로, 충분히 많은 열을 전달하기가 현실적으로 곤란하기 때문이다. 따라서 이 과정들은 단열에 가까우며 따라서 모델 사이클에서 이렇게 모사된다 .

Brayton 가스 터빈 사이클을 수정하여 Ericsson 사이클의 성능에 가깝도록 하는 방법이 있다. 이 방법은 **중간 냉각**(intercooling)을 하는 **다단 압축**(multi-stage compression)과 **재열**을 하는 **다단 팽창**(multi-stage expansion)으로 이루어진다. 2단 압축과 2단 팽창을 하고 재생기를 부착한 공기 표준 사이클의 구성을 그림 9.17에 나타내었다. 공기표준 사이클은 T-s 선도에 나타내었다. 이 사이클의 효율은 두 압축기와 두 터빈의 압력비가 같을 때 최대가 됨을 보일 수 있다. 이상적인 사이클에서 중간 냉각기 출구의 공기 온도 T_3는 1단 압축기 입구의 공기 온도 T_1과 같고, 재열기 출구의 공기 온도 T_8이 제1터빈 입구의 공기 온도 T_6와 같다. 또한 이상적인 사이클에서는 재생기 출구의 고압 기체 온도 T_5가 터빈 출구의 저압 공기 온도 T_9과 같다.

정상상태 축일은 식 (7.14)

$$w = -\int v\,dP + \Delta ke + \Delta pe - \text{loss}$$

에서 알 수 있듯이, 주어진 압력 변화에 대해 비체적이 작을수록 일이 작다. 따라서 많은 압축 과정에서 **중간 냉각기**(intercooler)를 이용하면, 온도를 크게 높이지 않고도 고압 기체를 얻을 수 있다. 열교환기에서 등압 과정으로 기체를 냉각하면 비체적이 줄어들고, 그 이후의 압축은 적은 입력일로 수행할 수 있다. 그림 9.17에서 초기 상태 1과 최종 상태 4 사이의 가역 압축 과정을 살펴보자. 필요한 일의 크기는 P-v 선도의 P축에서 본 곡

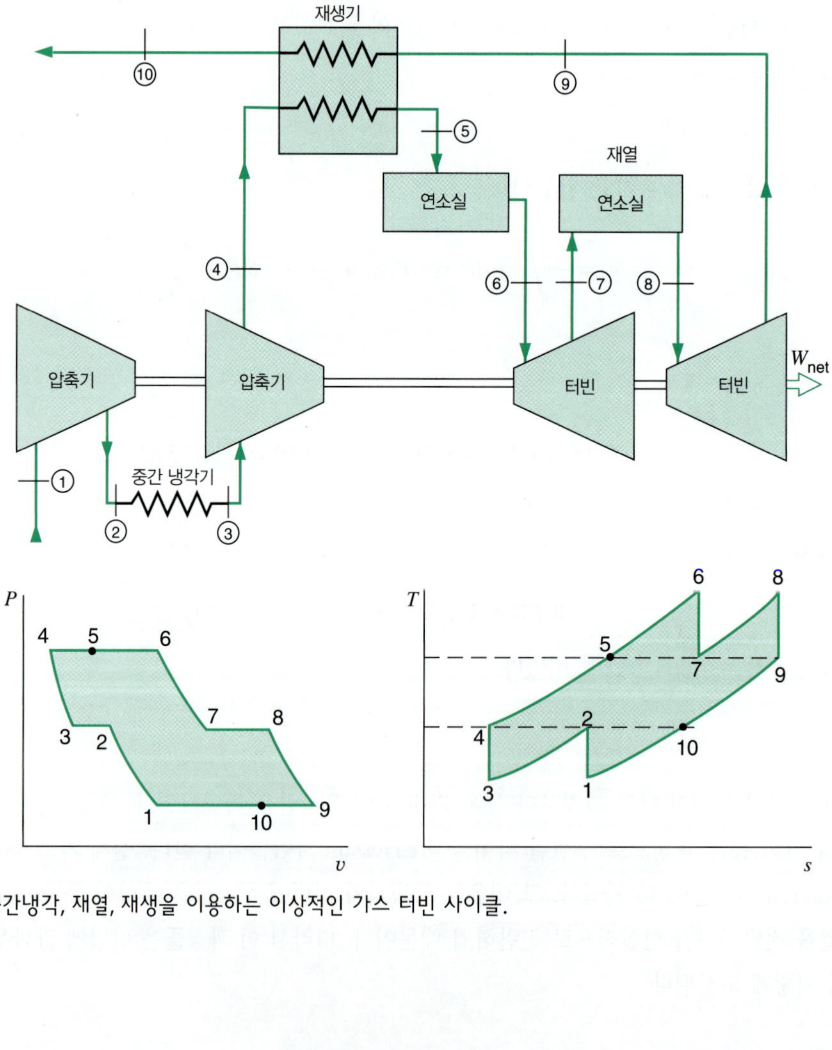

그림 9.17 ▸ 중간냉각, 재열, 재생을 이용하는 이상적인 가스 터빈 사이클.

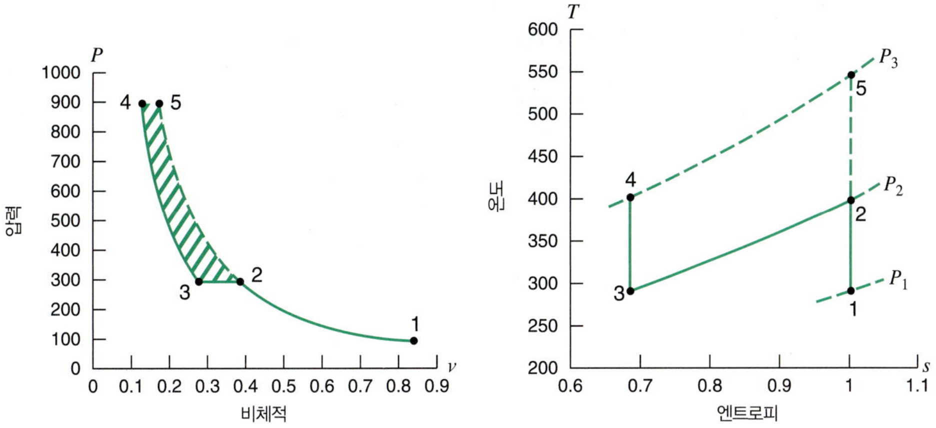

그림 9.18 ▸ 중간 냉각하는 압축기.

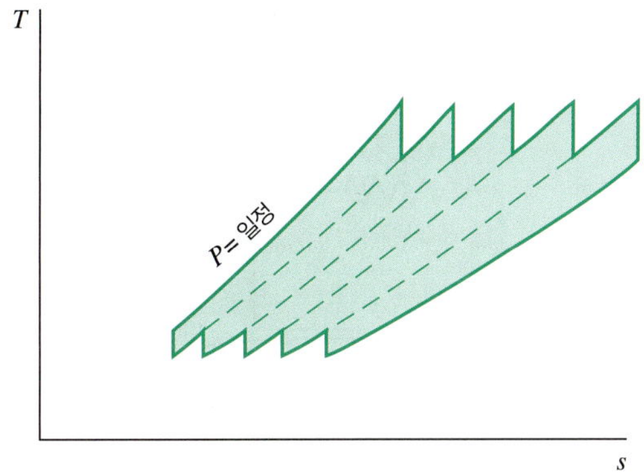

그림 9.19 ▸ 여러 단의 가스 터빈 사이클이 Ericsson 사이클에 접근함을 나타내는 온도-엔트로피 선도.

선의 면적과 같다. 유동은 상태 2의 중간 압력에서 나와 압축 전 입구 온도로 냉각된 후, 최종 압력까지 압축된다. 전체 과정은 그림 9.18의 P-v 선도와 T-s 선도에 나와 있다. 만일 이 과정에 중간 냉각기가 없다면, 경로 1–2–5를 따라갈 것이고 후단부에서 비체적이 더 크기 때문에 더 많은 일이 필요하다. 입력일의 차이는 그림 9.18에 빗금으로 나타낸 2–3–4–5–2 곡선의 내부 면적에 해당한다. 두 단 사이에 재열하는 2단 터빈을 사용하면, 유사한 효과로 총 출력일을 증가시킬 수 있다.

만약 여러 단의 압축과 팽창을 수행한다면 그림 9.19에 나타난 바와 같이 사이클은 Ericsson 사이클에 가까워진다. 실제로는 경제적인 이유로 단의 수를 2 또는 3 정도로 제한한다. 앞에서 살펴보았던 터빈 손실, 압축기 손실, 압력 강하 등이 이 사이클에도 적용된다.

이 사이클에서 터빈과 압축기는 매우 다양한 방법으로 사용될 수 있다. 그림 9.20은 가능한 두 개의 밀폐 사이클의 구성을 나타내고 있다. 이러한 구성의 주된 장점은 부하의 변화에 따른 제어의 용이성이다. 더 자세한 내용은 이 교재의 범위를 벗어나므로 더 이상 다루지 않기로 한다.

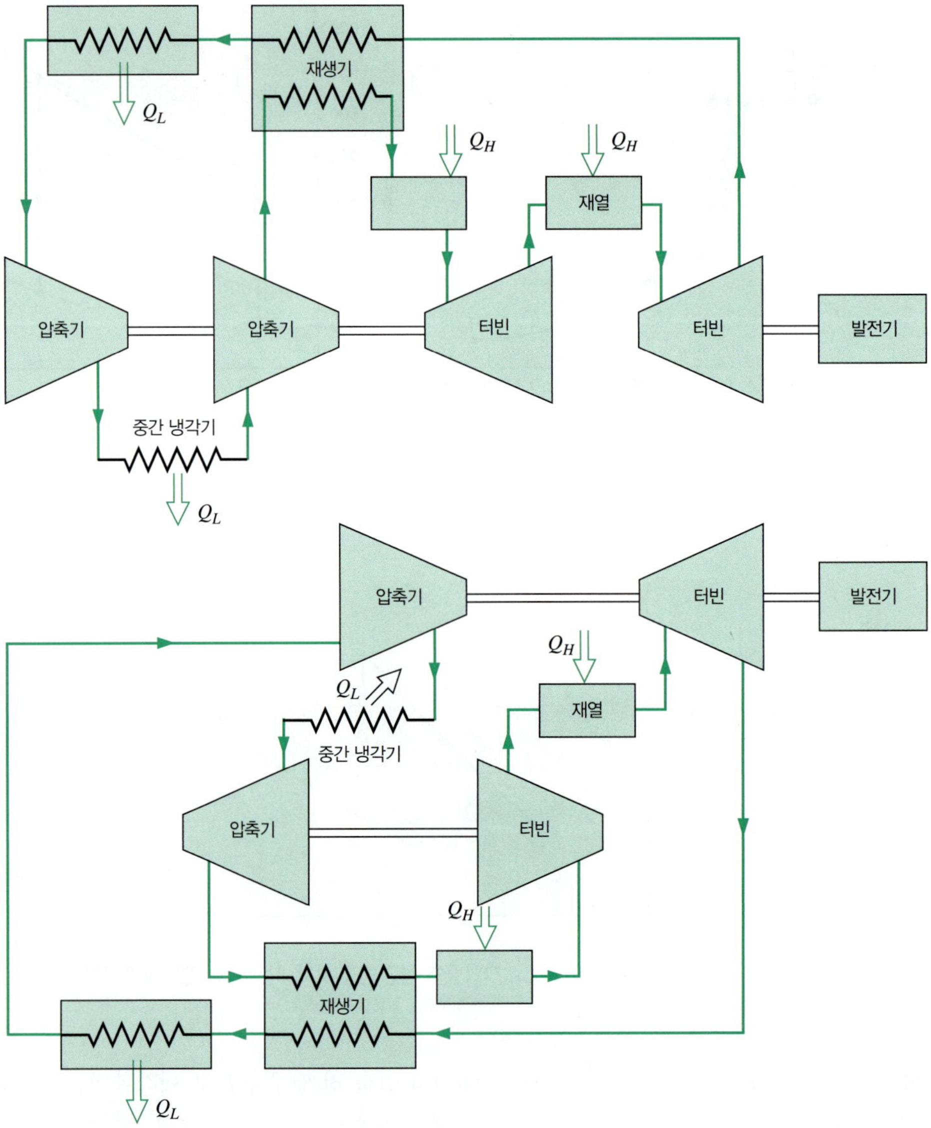

그림 9.20 » 가스 터빈 동력 발전소에서 가능한 여러 요소 기기의 배열.

9.12 제트 추진용 공기 표준 사이클

여기서 다루는 공기 표준 사이클은 **제트 추진**(jet propulsion)에 이용된다. 이 사이클에서는 터빈 일을 압축기 구동 일과 같도록 한다. 터빈에서 기체는 터빈 일이 압축기 일과 같아지는 압력까지만 팽창한다. 터빈의 토출 압력은 주위의 압력보다 높으며 기체는 노즐에서 주위의 압력까지 팽창한다. 기체가 고속으로 분출되므로 기체의 운동량 변화가 엔진이 설치되어 있는 비행체에 추진력을 공급한다. 제트 기관은 그림 9.21에 나타냈으며 이러한 공기 표준 사이클을 그림 9.22에 나타내었다. 이 사이클의 원리는 Brayton 사이클의 해석에 가역 단열 노즐을 추가하여 설명할 수 있다.

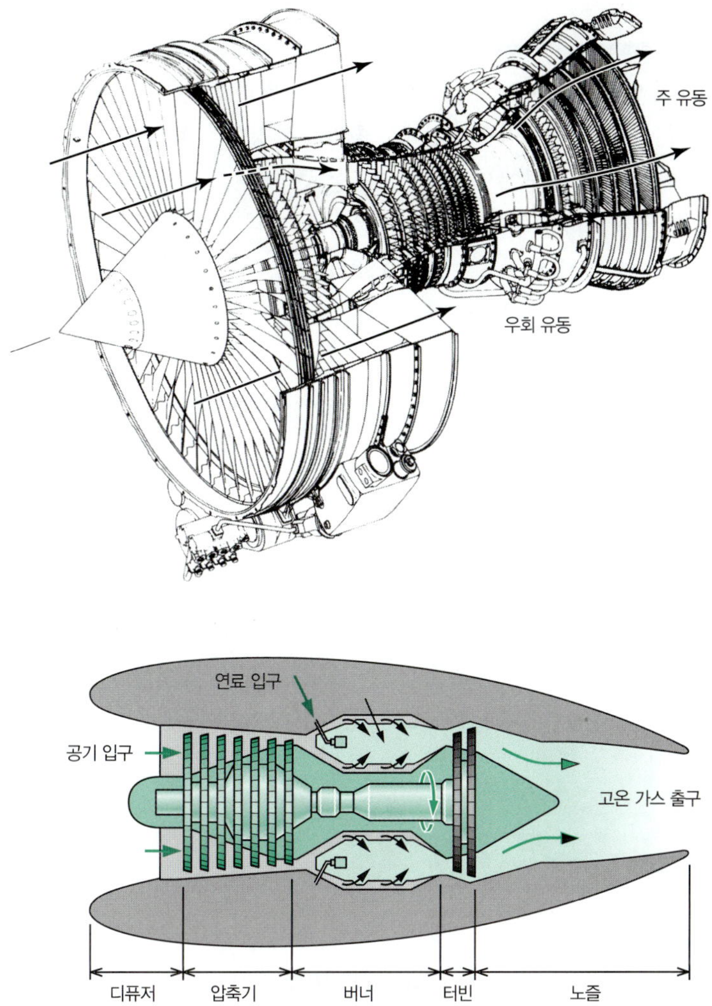

그림 9.21 ▸▸ 터보팬 제트 엔진(General Electric Aircraft Engines 제공).

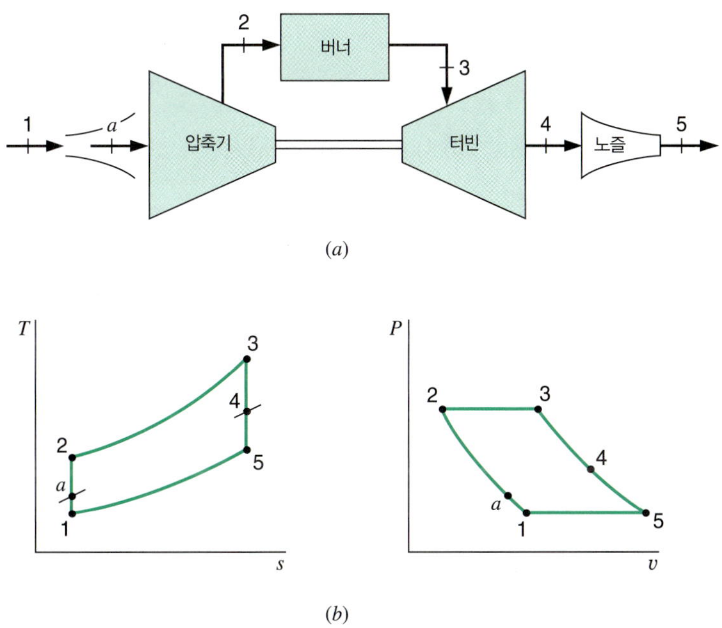

그림 9.22 ▸▸ 제트 기관에 대한 이상적인 가스 터빈 사이클.

예제 9.7

압축기 입구의 공기가 0.1 MPa, 15°C 상태인 이상적인 제트 추진 사이클이 있다. 압축기 출구의 압력이 1.0 MPa이고 최고 온도가 1100°C이다. 터빈 일과 압축기 일이 같아지는 압력까지만 터빈에서 공기가 팽창한다. 터빈에서 나온 공기는 노즐에서 0.1 MPa까지 팽창한다. 과정은 가역 단열 과정이다. 노즐 출구에서의 공기 속도를 구하라.

모델은 비열이(300 K에서의 값으로) 일정한 이상기체이고, 각 과정은 위치 에너지의 변화가 없는 정상상태 과정이다. 운동 에너지의 변화는 노즐에서만 일어난다. 이 예제에 대한 선도는 그림 9.22와 같다.

압축기 해석은 예제 9.3과 같고, 그 결과는 다음과 같다.

1: (0.1 MPa, 288.2 K) 2: (1 MPa, 556.8 K)
3: (1 MPa, 1373.2 K) $w_c = 269.5\ \text{kJ/kg}$

터빈 해석도 예제 9.3과 같으나

$$w_c = w_t = C_p(T_3 - T_4) = 269.5\ \text{kJ/kg}$$

$$T_3 - T_4 = \frac{269.5}{1.004}\frac{\text{kJ/kg}}{\text{kJ/kg-K}} = 268.6\ \text{K}, \qquad T_4 = 1104.6\ \text{K}$$

이므로

$$P_4 = P_3(T_4/T_3)^{k/(k-1)} = 1.0\ \text{MPa}\,(1104.6/1373.2)^{3.5} = 0.4668\ \text{MPa}$$

이제 노즐 해석을 수행한다.

해석

$$\text{노즐 에너지 식:}\quad h_4 = h_5 + \frac{\mathbf{V}_5^2}{2}$$

$$\text{엔트로피 식:}\quad s_4 = s_5 \Rightarrow T_5 = T_4(P_5/P_4)^{(k-1)/k}$$

풀이

P_5가 0.1 MPa이므로 제2법칙에서 $T_5 = 710.8$ K를 얻을 수 있다.

$$\mathbf{V}_5^2 = 2C_{p0}(T_4 - T_5)$$

$$\mathbf{V}_5^2 = 2 \times 1000\ \frac{\text{J}}{\text{kJ}} \times 1.004\ \frac{\text{kJ}}{\text{kg}}(1104.6 - 710.8)\ \text{K} = 790750\ \text{m}^2/\text{s}^2$$

$$\mathbf{V}_5 = 889\ \text{m/s}$$

개념점검

d. Brayton 사이클은 Rankine 사이클과 동일한 네 과정으로 되어 있으나, *T-s* 선도나 *P-v* 선도가 매우 다른데 그 이유가 무엇인가?

e. Brayton 사이클에 재생기를 항상 추가해도 좋은가? 압력비가 증가하면 어떻게 되는가?

f. 압축단 사이에 중간 냉각기를 사용하는 이유는 무엇인가?

g. 제트 엔진은 축일을 생산하지 않는다. 추진 동력은 어떻게 얻는가?

9.13 냉동 시스템의 개요

9.1절에서 정상상태 기기 또는 실린더-피스톤 경계 이동일 기기인, 4과정으로 구성된 열기관 사이클을 설명하였다. 작동 유체는 사이클 동안 상변화가 있는 경우도 있었으며 하나의 상에서만 작동하는 경우도 있었다. 그리고 4개의 가역 정상상태 과정으로 구성된 동력 시스템을 살펴보았다. 여기서 두 과정은 일의 출입이 없으므로 편의상 등압 열전달 과정으로 간주하였다. 일의 출입이 있는 나머지 두 과정은 단열이며 따라서 등엔트로피 과정으로 가정하였다. 그 결과로 그림 9.1의 동력 사이클을 얻었다.

이제 위와 똑같은 방법으로 이상적인 기본 냉동 시스템 사이클을 살펴보자. 단 각 과정은 동력 사이클과 반대 방향으로 진행된다. 그 결과 이상적인 사이클은 그림 9.23과 같다. 사이클 전체가 기체-액체 2상 포화 영역 내에 위치하면, 두 등압 과정은 등온 과정이므로 동력 사이클에서와 같이 이 사이클은 Carnot 사이클이 된다. 그렇지 않다면 이 사이클은 Carnot 사이클이 되지 않는다. 그리고 각 과정이 정상상태이든 실린더-피스톤 경계 이동이든 상관없이, 사이클에 대한 입력일은 폐곡선 1-2-3-4-1의 내부 면적이 된다.

다음 절에서는 이러한 이상적인 기본 냉동 시스템 사이클에 한 가지를 수정하여 얻을 수 있는 냉동 시스템과 열펌프 시스템의 모델을 살펴보기로 한다.

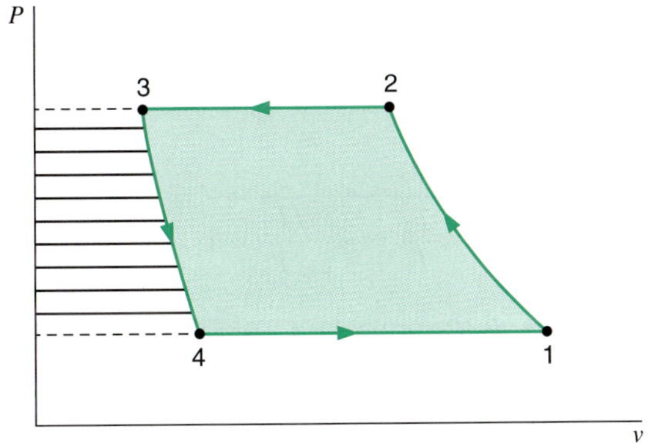

그림 9.23 » 네 과정으로 이루어진 냉동 사이클

9.14 공기 표준 냉동 사이클

그림 9.24는 응축되지 않는 (기체 상의) 작동 유체를 사용하는 이상적인 4과정 냉동사이클을 나타낸다. 이 경우, 응축되는 작동 유체와 달리 등엔트로피 팽창 과정 동안의 출력일은 무시할 만큼 작지 않다. 그러므로 네 개의 정상상태 과정으로 이루어진 이상적인 공기 표준 냉동 사이클에는 그림 9.24와 같이 터빈(팽창기)을 사용한다(다음 장의 Linde-Hampson 시스템 참조). 이 사이클이 역 Brayton 사이클이며 실제로 공기 및 여러 기체의 액화 또는 항공기 냉방 시스템과 같은 특수 용도로 사용된다. 상태 1에서 상태 2로 압축된 후 공기는 온도 T_0의 주위로 열을 방출하며 냉각된다. 그 후 공기는 팽창기에서 과정 3-4로 압축기 입구 압력까지 팽창되며 온도는 T_4까지 강하한다. 공기의 온도가 T_L에 도달할 때까지 공기는 열을 흡수한다. 이 사이클의 일은 면적 1-2-3-4-1로 나타나고 냉동 효과는 면적 4-1-b-a-4로 나타난다. 성능 계수는 두 면적의 비이다.

공기 표준 냉동 사이클의 성능 계수에는 압축기와 팽창기 일 차이인 순수 일이 포함되어 다음과 같다.

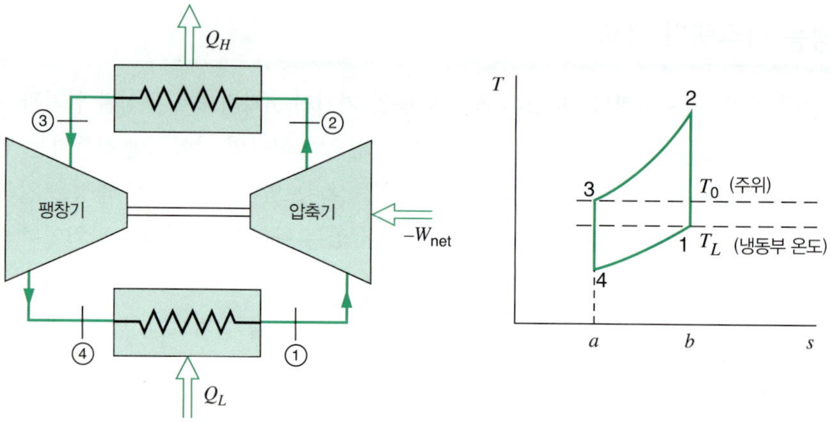

그림 9.24 » 공기 표준 냉동 사이클.

$$\beta = \frac{q_L}{w_{\text{net}}} = \frac{q_L}{w_C - w_E} = \frac{h_1 - h_4}{h_2 - h_1 - (h_3 - h_4)} \approx \frac{C_P(T_1 - T_4)}{C_P(T_2 - T_1) - C_P(T_3 - T_4)}$$

엔탈피 차이의 계산에 일정한 비열을 이용하고 두 등엔트로피 과정에 대한 동력 관계식을 적용하면

$$\frac{P_2}{P_1} = \left(\frac{T_2}{T_1}\right)^{k/(k-1)} = \frac{P_3}{P_4} = \left(\frac{T_3}{T_4}\right)^{k/(k-1)}$$

이므로

$$\beta = \frac{T_1 - T_4}{T_2 - T_1 - T_3 + T_4} = \frac{1}{\dfrac{T_2}{T_1}\dfrac{1 - T_3/T_2}{1 - T_4/T_1} - 1} = \frac{1}{\dfrac{T_2}{T_1} - 1} = \frac{1}{r_p^{(k-1)/k} - 1} \tag{9.25}$$

여기에서 $T_3/T_2 = T_4/T_1$과 압력비 $r_p = P_2/P_1$을 이용하였으며, 결과는 다른 사이클과 유사하다. 이 냉동 사이클도 Brayton 사이클이므로, 반대 방향의 유동에 대해 동일한 상태량 관계식을 갖는다.

실제로 이 사이클은 개방 사이클로 항공기 냉방에 사용된다. 단순화한 형태를 그림 9.25에 나타내었다. 팽창기 출구의 찬 공기를 직접 기내로 보내서 냉방에 사용한다.

이 사이클에 대향류 열교환기를 추가로 사용하면 매우 낮은 온도에 도달할 수 있다. 이러한 사이클은 저압 공기 액화기와 Collins 헬륨 액화기의 기본 사이클이다. 이상 사이클을 그림 9.26에 나타내었다. 팽창기는 매우 낮은 온도에서 작동하므로 윤활과 재료 선택에 특수한 문제가 야기된다.

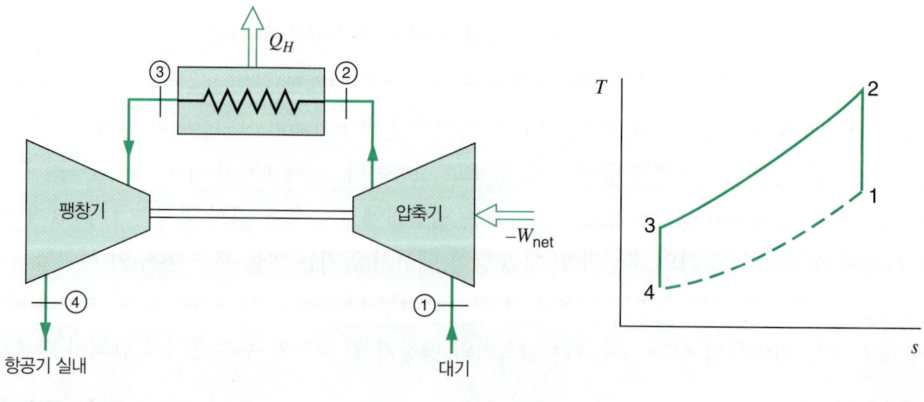

그림 9.25 » 항공기용 공기 냉동 사이클.

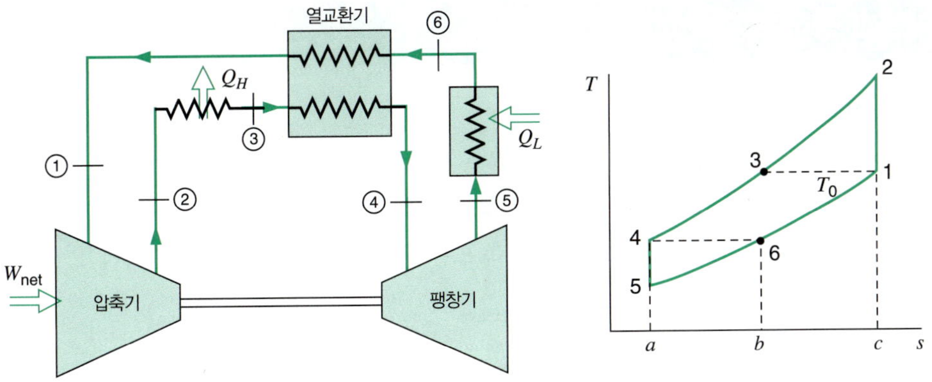

그림 9.26 ▸ 열교환기를 이용한 공기 냉동 사이클.

예제 9.8

그림 9.24의 공기 표준 냉동 사이클이 있다. 압축기 입구에서 공기는 0.1 MPa, −20°C, 출구에서 0.5 MPa의 상태에 있다. 팽창기 입구에서 공기의 온도는 15°C이다. 다음을 구하라.

1. 냉동 사이클의 성능 계수
2. 1 kW의 냉동을 수행하기 위하여 필요한 공기의 유량

이 예제의 각 검사 체적에 대해 모델은 비열이(300 K에서의 값으로) 일정한 이상기체이고 각 과정은 운동 에너지와 위치 에너지의 변화가 없는 정상상태 과정이다. 이 예제의 선도는 그림 9.24와 같고, 사이클 전체를 고려하여 성능 계수는 $r_p = P_2/P_1 = 5$로 식 (9.25)로 계산한다.

$$\beta = \left[r_p^{(k-1)/k} - 1\right]^{-1} = [5^{0.286} - 1]^{-1} = 1.711$$

해석

팽창기 에너지 식: $w_t = h_3 - h_4 = C_p(T_3 - T_4)$

엔트로피 식: $s_3 = s_4 \Rightarrow \dfrac{T_3}{T_4} = \left(\dfrac{P_3}{P_4}\right)^{(k-1)/k} = r_p^{(k-1)/k}$

저온 열교환기 에너지 식: $q_L = h_1 - h_4 = C_p(T_1 - T_4)$

풀이

팽창기 출구와 열교환기에 대해

$$T_4 = T_3 r_p^{-(k-1)/k} = 288.2\,\text{K} \times 5^{-(1.4-1)/1.4} = 181.9\,\text{K}$$
$$q_L = C_p(T_1 - T_4) = 1.004\,\text{kJ/kg-K}\,(253.2 - 181.9)\,\text{K} = 71.6\,\text{kJ/kg}$$

1 kW의 냉동 능력을 공급하기 위해

$$\dot{m} = \frac{\dot{Q}_L}{q_L} = \frac{1}{71.6}\frac{\text{kW}}{\text{kJ/kg}} = 0.014\,\text{kg/s}$$

주요 개념과 공식

피스톤-실린더 동력 사이클

압축비:	체적비 $r_v = CR = V\text{max}/V_{\min}$	(9.8)
배기량 (한 사이클):	$\Delta V = V_{\max} - V_{\min} = m(v_{\max} - v_{\min}) = SA_{\text{cyl}}$	(9.7)
행정:	$S = 2R_{\text{crank}}$; 압축 또는 팽창에서 피스톤이 움직인 거리	(9.6)
평균 유효 압력:	$P_{\text{meff}} = w_{\text{net}}/(v_{\max} - v_{\min}) = W_{\text{net}}/(V_{\max} - V_{\min})$	(9.10)
실린더별 동력:	$\dot{W} = mw_{\text{net}}\dfrac{\text{RPM}}{60}$ (4행정 사이클은 곱하기 $\frac{1}{2}$)	
Otto 사이클 효율:	$\eta = 1 - \dfrac{u_4 - u_1}{u_3 - u_2} \approx 1 - r_v^{1-k}$	(9.12)
Diesel 사이클 효율:	$\eta = 1 - \dfrac{u_4 - u_1}{h_3 - h_2} \approx 1 - \dfrac{T_1}{kT_2}\,\dfrac{T_4/T_1 - 1}{T_3/T_2 - 1}$ $= 1 - r_v^{1-k}\dfrac{r_{\text{cut-off}}^k - 1}{k(r_{\text{cut-off}} - 1)}$	(9.14)
컷오프비:	$r_{\text{cut-off}} = v_3/v_2 = T_3/T_2$	
이중 사이클 효율:	$\eta = 1 - \dfrac{q_L}{q_H} = 1 - \dfrac{1}{r_v^{\gamma-1}}\left[\dfrac{r_P r_{\text{cutoff}}^{\gamma} - 1}{(r_P - 1) + r_P\gamma\,(r_{\text{cutoff}} - 1)}\right]$	
압력비:	$r_P = \dfrac{P_3}{P_2}$	
Atkinson 사이클:	$CR = \dfrac{v_1}{v_2}$(압축비) $ER = \dfrac{v_4}{v_3}$(팽창비)	
Atkinson 사이클 효율:	$\eta = 1 - \dfrac{h_4 - h_1}{u_3 - u_2} \approx 1 - k\dfrac{ER - CR}{ER^k - CR^k}$	

Brayton 사이클

압축비:	압력비 $r_p = P_{\text{high}}/P_{\text{low}}$	
기본 사이클 효율:	$\eta = 1 - \dfrac{h_4 - h_1}{h_2 - h_4} \cong 1 - r_p^{(1-k)/k}$	(9.12)
재생기:	이중 유체 열교환기, 배기되는 에너지 사용	
재생기 사용 사이클:	$\eta = 1 - \dfrac{h_2 - h_1}{h_3 - h_4} \cong 1 - \dfrac{T_1}{T_3} r_p^{(1-k)/k}$	
중간 냉각기:	압축기 단 사이에 냉각, 입력일 감소	
재열:	터빈 단 사이에 가열, 출력일 증가	
제트 기관:	축일이 없음, 출구 노즐에서 운동 에너지 발생	
추력:	$F = \dot{m}(\mathbf{V}_e - \mathbf{V}_i)$ (운동량 식)	
추진 동력:	$\dot{W} = F\mathbf{V}_{\text{aircraft}} = \dot{m}(\mathbf{V}_e - \mathbf{V}_i)\mathbf{V}_{\text{aircraft}}$	

➲ 공기 표준 냉동 사이클

성능 계수: $\text{COP} = \beta_{\text{REF}} = \dfrac{\dot{Q}_L}{\dot{W}_{\text{net}}} = \dfrac{q_L}{w_{\text{net}}} \cong \left(r_p^{(k-1)/k} - 1\right)^{-1}$ (9.25)

냉동 용량: $\dot{Q}_L$

개념학습용 문제

9.1 주어진 압축비에 대해 Otto 사이클의 효율은 Diesel 사이클보다 더 높은가 더 낮은가?

9.2 입구 상태(P_1, T_1)는 Otto 사이클의 효율에 어떤 영향을 미치는가? 실제 자동차 기관의 동력은 어떠한가?

9.3 Otto 사이클에서 크랭크 구조와 크랭크 위치에 따라 체적이 결정된다. Brayton 사이클에서도 비슷한 점을 말할 수 있는가?

9.4 압축비가 10:1인 Otto 사이클이나 Diesel 사이클의 효율은 약 60%로 계산된다. 실제 기관의 효율이 이 값에 가까운가?

9.5 Atkinson 사이클을 확정하기 위해서는 몇 개의 변수가 필요한가? Miller 사이클은 어떠한가?

9.6 Rankine 사이클은 Carnot 사이클과 동일한가? 네 과정을 열거하라.

9.7 압축기 각 단 사이의 중간 냉각기는 입력 일을 줄여 준다. 터빈에 대해 이와 비슷한 기기는 무엇인가?

9.8 주어진 Brayton 사이클에서 저온 공기 근사로 효율 공식을 구했다. 각 엔탈피 계산에서 평균 온도의 비열을 이용하면, 효율은 더 높은가 더 낮은가?

9.9 그림 9.20에서 두 터빈은 왜 같은 축으로 연결되지 않았는가?

9.10 고도에 따라 공기 밀도가 변화하면, 제트 기관의 효율은 어떻게 변화하는가?

9.11 가스 터빈의 배기 유동은 유용하게 활용할 수 있는가?

9.12 공기 냉동 사이클은 왜 가정용 냉장고에 사용되지 않는가?

9.13 어떤 곳에서 열기관 구동 냉장고를 유용하게 활용할 수 있는가?

9.14 열전달이 이루어지기 위해서는 온도차가 있어야 하는데, 이 사실은 이상 사이클과 비교하여 실제 사이클에 어떠한 영향을 미치는가?

9.15 모든 기체 사이클에서 이상적인 압축과 팽창은 등엔트로피 과정으로 가정한다. 이 과정은 근사적으로 $n = k$인 폴리트로픽 과정이다. 연소 이후의 팽창 과정은 높은 온도로 인해 약간의 열손실이 있는데, 이는 n값에 어떤 의미가 있는가?

9.16 복합 동력 전달 장치에는 배터리/모터와 내연 기관이 결합되어 있다. 이 조합의 효율을 높일 수 있는 몇 가지 방법을 제시하라.

과제용 문제

Stirling 및 Carnot 사이클

9.17 이상적인 Stirling 사이클 기관에서 등온 압축 전 상태는 100 kPa, 25°C이다. 압축비가 6이고 사이클 최고 온도는1100°C이다. 사이클의 최고 압력을 구하고, 재생기를 사용할 경우와 사용하지 않을 경우에 대하여 각각 사이클의 열효율을 계산하라. 저온 공기 상태량을 이용하고 사이클을 P-v 선도 및 T-s 선도에 나타내라.

9.18 공기 표준 Stirling 사이클에서 헬륨을 작동 유체로 사용한다. 헬륨은 100 kPa, 310 K에서 600 kPa까지 등온 압축된다. 1200 K에서 팽창되며 재생기는 사용하지 않는다. 네 과정에 대해 헬륨 단위 질량당 일과 열전달을 구하고, 사이클의 열효율을 구하라.

9.19 이상적인 재생기를 사용하는 이상 공기 표준 Stirling 사이클에서 최저 압력과 최저 온도는 100 kPa, 25°C, 압축비가 10, 최고 온도는 1000°C이다. 이 사이클의 네 과정에 대해 단위 질량당 일과 열전달을 각각 구하고 기관의 전체 효율을 계산하라. 저온 공기 상태량을 이용하라.

9.20 피스톤-실린더 내의 공기가 Carnot 사이클을 거치며, T_L = 26.8°C이고 사이클 효율이 η = 2/3이다. 일정한 C_P, C_V을 이용할 때, T_H, 단위 질량당 일, 단열 팽창의 체적비를 구하라. 사이클을 *P-v* 선도 및 *T-s* 선도에 나타내라.

9.21 표 A.7.1을 이용하여 문제 9.20을 풀라.

9.22 공기 표준 Carnot 사이클은 본문에 다루지 않았으나, 이 사이클을 *T-s* 선도에 나타내라. 사이클의 최저 온도가 320 K이고, 효율이 50%이다. 압축 전 및 열을 방출한 후의 압력이 100 kPa일 때, 사이클의 최고 온도와 열을 공급하기 직전의 압력을 구하라.

9.23 표 A.7.1을 이용하여 문제 9.22를 풀라.

Ericsson 사이클

9.24 그림 P9.24와 같이 이상적인 재생기를 이용한 이상적인 공기 표준 Ericsson 사이클이 있다. 고압은 1 MPa이고 사이클 효율은 70%이다. 사이클에서 열이 방출되는 온도는 350 K이고 등온 압축 과정의 초기 상태의 압력은 150 kPa이다. 최고 온도, 공기의 단위 질량당 압축기 일과 터빈 일을 구하라. 사이클을 *P-v* 선도 및 *T-s* 선도에 나타내라.

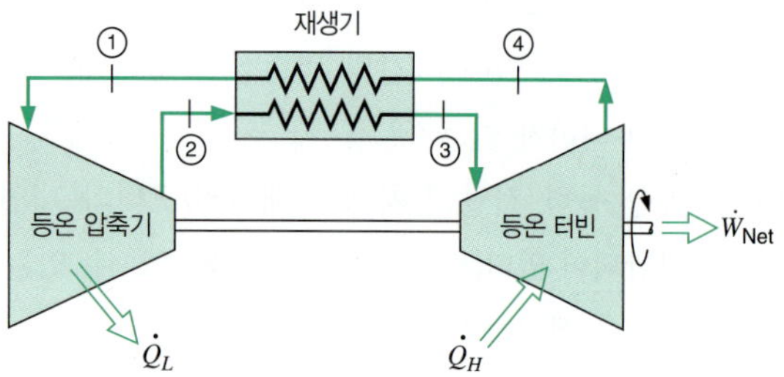

그림 P9.24

9.25 이상저인 재생기를 가진 공기 표준 Ericsson 사이클이 있다. 열은 1000°C에서 공급되고 80°C에서 방출된다. 등온 압축 과정의 초기 압력은 70 kPa이다. 공급된 열은 700 kJ/kg이다. 압축기 일, 터빈 일, 사이클 효율을 구하라. 사이클을 *P-v* 선도 및 *T-s* 선도에 나타내라.

Otto 사이클

9.26 4행정 가솔린 기관이 1800 RPM으로 운전되며, 총배기량은 3 L이고 압축비는 10:1이다. 흡기 상태는 290 K, 75 kPa이고, 평균 유효 압력은 600 kPa이다. 사이클 효율과 출력 동력을 구하라.

9.27 문제 9.26의 사이클에서 누락된 압력과 온도를 구하라. 사이클을 *P-v* 선도 및 *T-s* 선도에 나타내라.

9.28 3.6 L의 4행정 가솔린 기관 입구 상태는 280 K, 75 kPa이고, 최고 온도 2400 K, 배기 온도 960 K이다. 2500 RPM으로 운전된다. 저온 공기 상태량을 이용하여 최대 사이클 압력, 평균 유효 압력, 출력 동력을 구하라.

9.29 4.2 L의 4행정 가솔린 기관이 2000 RPM으로 운전되며, 입구 상태는 85 kPa, 280 K이다. 연소 후 온도는 2000 K이고 최고 압력이 5 MPa이다. 압력비, 사이클 효율, 배기 온도를 구하라. 사이클을 *P-v* 선도 및 *T-s* 선도에 나타내라.

9.30 문제 9.29에서 기관의 동력을 구하라. 저온 공기 상태량을 이용하라.

9.31 3.3 L의 4행정 가솔린 기관이 2000 RPM, *CR* = 10으로 운전된다. 입구 상태는 20 kPa, 280 K이고 출력은 15 kW이다. 평균 유효 압력과 사이클의 최고 온도를 구하라. 저온 공기 상태량을 이용하라.

9.32 배기량 3 L, *CR* = 3의 4행정 가솔린 기관이 1800 RPM으로 운전된다. 입구 상태는 10°C, 100 kPa이고 연소 후 온도는 2500 K이다. 최고 사이클 온도, 평균 유효 압력, 기관 출력을 구하라. 저온 공기 상태량을 이용하라.

9.33 4행정 2.4 L 가솔린 기관이 2500 RPM으로 운전되고 효율은 60%이다. 압축 전 상태가 40 kPa, 280 K이고 연소 후 온도는 2400 K이다. 사이클의 최고 *T*와 *P*, 단위 질량당 가열량, 사이클의 평균 유효 압력, 그리고 총 생산 동력을 구하라. 저온 공기 상태량을 이용하라.

9.34 표준 이상 사이클 대신, 팽창 과정을 n = 1.5인 폴리트로픽 과정으로 가정하여 앞선 문제를 다시 생각하자. 배기 온도와 단위 질량당 팽창일은 얼마인가?

9.35 실제 스파크-점화 기관과 유사한 공기 표준 Otto 사이클을 생각하자. 공기의 단위 질량당 열전달은 1800 kJ/kg, 압축비가 7, 압축 과정의 초기 압력과 온도는 90 kPa, 10°C이다. 비열이 표 A.5의 값으로 일정하다 가정하고, 사이클의 최고 압력과 최고 온도, 사이클의 열효율, 그리고 평균 유효 압력을 구하라.

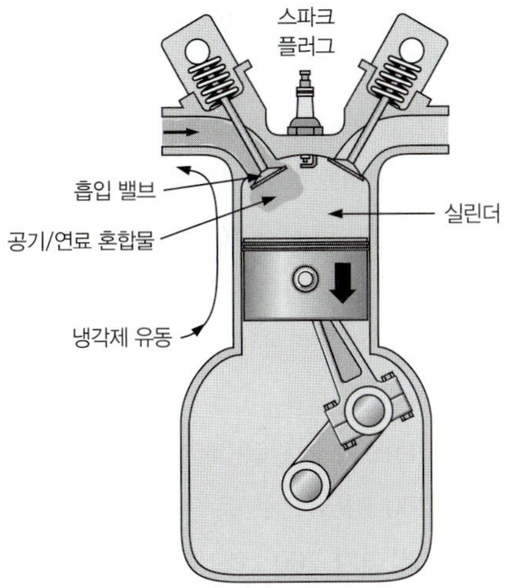

그림 P9.35

9.36 비열이 변화한다고 가정하고, 문제 9.35를 다시 풀어라. 이 계산에는 이상기체 공기표 A.7을 추천한다.

9.37 4행정 가솔린 기관(그림 P9.37)의 압축비는 10:1이고 4개 실린더의 총 배기량은 2.3 L이다. 입구 상태는 280 K, 70 kPa이고, 기관은 2100 RPM으로 운전되며 연소 과정 중에 1400 kJ/kg의 열량이 더해진다. 사이클의 단위 질량당 순일과 생산된 동력은 얼마인가?

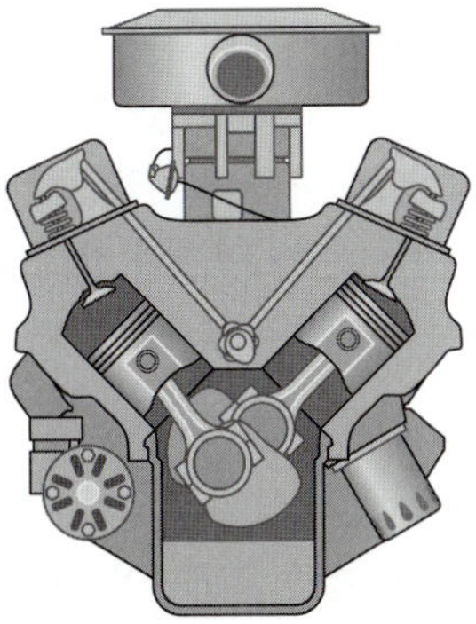

그림 P9.37

9.38 가솔린 기관으로 290 K, 90 kPa 상태의 공기가 유입되어 압축된다. 연소로 인해 1000 kJ/kg의 열이 공기에 가해져 온도가 2050 K로 된다. 저온 공기의 상태량을 이용하여 압축비, 단위 질량당 압축일, 사이클의 최고 압력을 구하라.

9.39 연소에 의해 1225 kJ/kg의 열이 전달된다고 가정할 때, 표 A.7을 이용하여 문제 9.38을 다시 풀라.

9.40 압축비가 10:1인 Otto 사이클에서 연소 후 상태가 5000 kPa, 2100 K이고, 흡기 온도는 300 K라고 가정하라. 표A.7을 이용하여 사이클에 누락된 온도를 구하고, 압축과 팽창 과정에 대해 평균 k(비열비) 값을 구하라.

9.41 가솔린 기관에서 체적 압축비는 8이고 압축 전 공기는 280 K, 85 kPa이다. 연소에 의해 최고 압력 5500 kPa에 도달한다. 최고 온도, 연소 과정에서 가한 에너지, 그리고 배기 온도를 구하라. 저온 공기 상태량을 이용하라.

9.42 터보 과급 기관(그림 P9.42)이 최저 온도 290 K, 최저 압력 150 kPa의 Otto 사이클로 운전된다. 최고 온도 2400 K, 연소1200 kJ/kg 의 열이 더해진다. 저온 공기 상태량을 이용하여 압축비와 평균 유효 압력을 구하라.

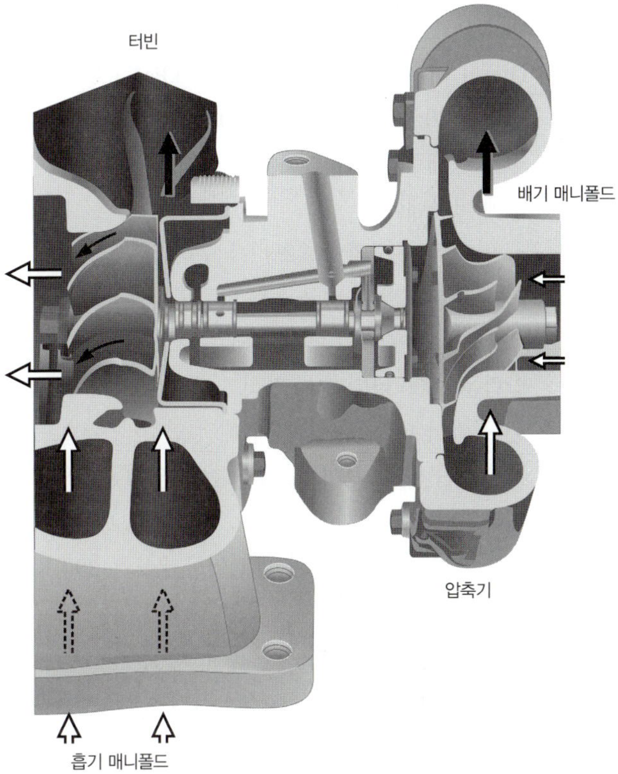

그림 P9.42

9.43 Otto 사이클에서 최저 온도는 290 K이고 최저 압력은 85 kPa이다. 최고 온도가 2400 K이고, 연소에 의한 전달되는 열이 1200 kJ/kg이다. 압축비와 평균 유효 압력을 구하라. 저온 공기 상태량을 이용하라.

9.44 앞선 문제에서 사이클은 2.4 L의 기관으로 1800 RPM으로 운전된다. 생산되는 동력은 얼마인가? 저온 공기 상태량을 이용하라.

9.45 석탄에서 생산된 메탄올을 자동차용 휘발유의 대체 연료로 사용하면, 기관의 압축비는 7에서 10으로 더 높아질 수 있다. 그러나 공기와의 양론 혼합물은 연소를 통해 약간 더 적은 에너지인 1700 kJ/kg을 방출한다. 이 값들을 이용하여 문제 9.35를 다시 풀어라. 저온 공기 상태량을 이용하고, 사이클을 P-v 선도 및 T-s 선도에 나타내라.

9.46 한 공기 표준 Otto 사이클의 압축비가 10이다. 압축 행정을 시작할 때의 압력이 0.1 MPa이고 온도는 15°C이다. 한 사이클당 공기로의 열전달이 1800 kJ/kg 공기이다. 저온 공기 상태량을 이용하여 다음을 계산하라.

a. 사이클의 각 과정 끝에서의 압력과 온도

b. 열효율

c. 평균 유효 압력

Diesel 사이클

9.47 Diesel 기관에서 입구 상태는 95 kPa, 300 K이고, 압축비는 20:1이다. 연소로 1300 kJ/kg이 전달된다. 저온 공기 상태량을 이용하고 사이클을 *P-v* 선도 및 *T-s* 선도에 나타내라.

a. 연소 후 온도와 컷오프비를 구하라.

b. 사이클 효율과 평균 유효 압력도 구하라.

9.48 Diesel 기관에서 압축 전 상태는 95 kPa, 290 K, 최고 압력은 6000 kPa, 그리고 최고 온도는 2400 K이다. 저온 공기 상태량을 이용하여 체적 압축비, 컷오프비, 열효율을 구하라. 사이클을 *P-v* 선도 및 *T-s* 선도에 나타내라.

9.49 CR = 20인 Diesel 기관에서, 입구 온도는 290 K, 최대 압력은 6300 kPa, 최대 온도는 1800 K이다. 저온 공기의 상태량을 이용하여, 컷오프비, 팽창비 v_4/v_3, 배기 온도를 구하라. 사이클을 *P-v* 선도 및 *T-s* 선도에 나타내라.

9.50 한 Diesel 기관의 지름(bore)이 0.1 m, 행정(stroke)이 0.11 m, 압축비는 19:1이며 2000 RPM으로 운전된다. 매 사이클당 2회전하며, 평균 유효 압력은 1400 kPa이다. 모두 6개의 실린더가 있다. 기관의 출력을 kW와 마력(hp)으로 계산하라.

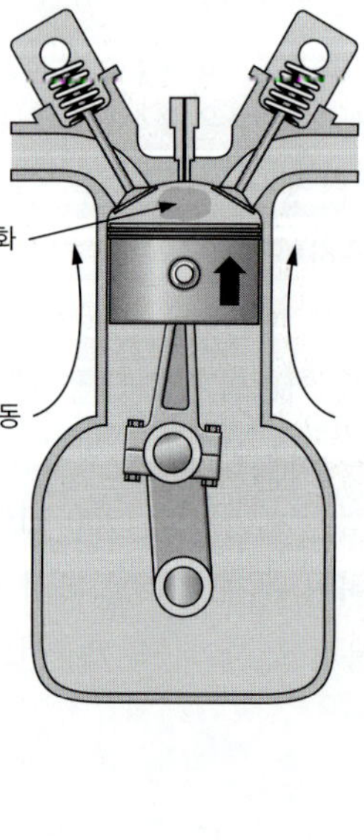

그림 P9.50

9.51 Diesel 기관에 과급기가 2행정 10 L Diesel 기관에 사용된다. 흡기 상태가 200 kPa, 320 K이다. 사이클의 압축비는 18:1이고 평균 유효 압력이 1030 kPa이다. 10 L의 기관이 200 RPM으로 운전된다. 출력 동력을 구하라.

9.52 대기 조건을 100 kPa, 20°C로 가정하고 앞의 문제에서 Diesel 기관의 과급기 입력 일 크기(kW와 hP)를 산출하라. 평균 유효 압력은 830 kPa이고, 저온 공기 상태량을 사용하라.

9.53 세계 최대 Diesel 기관은 배기량이 25 m^3이며, 2행정 사이클을 200 RPM으로 운전하여 100000마력을 생산한다. 입구 상태가 200 kPa, 300 K이고 압축비가 20:1이라 가정하라. 평균 유효 압력과 기관의 공기 유량은 얼마인가?

9.54 Diesel 사이클에서 압축 전의 상태는 T = 300 K, P = 200 kPa이며, 연소(열전달)가 완료된 후의 상태는 T = 1500 K, P = 7.0 MPa이다. 압축비, 열효율, 평균 유효 압력을 구하라. 저온 공기 상태량을 이용하고, 사이클을 *P-v* 선도 및 *T-s* 선도에 나타내라.

이중 사이클

9.55 Otto 사이클에서 모든 열 q_H는 일정한 체적에서 전달된다. 일부 q_H는 팽창 행정에서 피스톤이 하향 운동을 시작한 후 발생한다고 가정하는 것이 더 현실적이다. 따라서 전체 q_H 중 초기 2/3는 일정한 체적에서 발생하고 마지막 1/3은 일전한 압력에서 발생하는 이중 사이클을 살펴보자. 전체 q_H가 2100 kJ/kg, 압축 시작하는 상태를 90 kPa, 20°C, 압축비를 9라 가정하자. 최대 압력과 온도, 그리고 사이클의 열효율을 계산하라. 저온 공기 상태량을 이용하고, 사이클을 *P-v* 선도 및 *T-s* 선도에 나타내라. 결과를 동일한 변수에 대한 일반적 Otto 사이클과 비교하라.

Atkinson 및 Miller 사이클

9.56 Atkinson 사이클에서 상태 1이 150 kPa, 300 K이고, 압축비는 9이며, 방열량은 1000 kJ/kg이다. 필요한 팽창비를 구하라. 저온 공기 상태량을 이용하라.

9.57 Atkinson 사이클에서 상태 1이 150 kPa, 300 K이고, 압축비는 9, 팽창비는 14이다. 연소에서 필요한 방열량을 구하라. 저온 공기 상태량을 이용하라.

9.58 이전 문제에서 평균 유효 압력을 구하라. 저온 공기의 상태량을 이용하라.

9.59 문제 9.35의 Otto사이클을 Atkinson 사이클로 변경하는데, 다른 조건은 동일하고 다른 상태 4가 되도록 팽창이 증가한다고 가정한다. 저온 공기 상태량을 이용하고, 사이클을 P-v 선도 및 T-s 선도에 나타내라.

9.60 Miller 사이클에서 상태 1이 150 kPa, 300 K이고, 압축비가 9, 방열량이 1000 kJ/kg이다. P_4가 250 kPa일 때, 연소 과정의 방열량을 구하라.

9.61 Miller 사이클에서 상태 1이 150 kPa, 300 K이고, 압축비가 9, 팽창비는 14이다. P_4가 250 kPa일 때, 연소 과정의 방열량을 구하라. 저온 공기 상태량을 이용하고, 사이클을 P-v 선도 및 T-s 선도에 나타내라.

9.62 Miller 사이클에서 상태 1(흡기 상태)과 CR과 ER을 알고 있다고 가정하라. $P_4 = P_5$, 즉 Atkinson 사이클이 되기 위해 가능한 최소 방열량의 계산식을 구하라.

Brayton 사이클, 가스 터빈

9.63 Brayton 사이클의 입구 상태가 300 K, 100 kPa이고 연소에 의해 850 kJ/kg의 열이 공급된다. 재료의 특성을 고려한 최고 온도는 1500 K이다. 저온 공기 상태량을 사용하여, 가능한 최고 압력비와(이 압력비에서)사이클 효율을 구하라.

9.64 대형 Brayton 사이클 가스 터빈 동력 발전소에서 발전기에 100 MW의 출력 동력이 전달된다. 사이클의 최저 온도가 300 K이고 최고 온도가 1600 K이다. 사이클의 최저압력은 100 kPa이고 압축기 압력비는 14:1이다. 터빈의출력 동력을 계산하라. 터빈 출력 중 얼마가 압축기를 구동하는 데 사용되는가? 사이클의 열효율은 얼마인가? 저온 공기 상태량을 사용하고, 사이클을 P-v 선도 및 T-s 선도에 나타내라.

9.65 가스터빈이 75 MW의 전기를 생산한다. 압축기 입구 공기는 100 kPa, 300 K이고, 압축비는 13:1이며, 최고 온도는 1600 K이다. 저온 공기 상태량을 이용하여, 사이클 효율, 배기 온도, 필요한 공기 유량을 구하라.

9.66 Brayton 사이클에서 입구 상태가 290 K, 90 kPa이고 연소에 의해 1100 kJ/kg의 열이 전달된다. 최고 온도를 1700 K 이하로 하려면 압력비를 얼마나 높일 수 있는가? 이 계산에 저온 공기 상태량을 이용하고, 사이클을 P-v 선도 및 T-s 선도에 나타내라.

9.67 표 A.7을 이용하여 문제 9.66을 다시 풀라.

9.68 Brayton 사이클에서 95 kPa, 290 K의 공기가 압축기에 들어간다. 효율은 50%이고, 배기 온도는 675 K이다. 저온 공기 상태량을 이용하여, 이 사이클의 압축비와 연소에 의한 단위 질량당 가열량을 구하라.

9.69 Brayton 사이클에서 압축비가 15:1이고, 고온은 1600 K이며 입구 상태가 290 K, 100 kPa이다. 저온 공기 상태량을 이용하여 단위 질량당 열전달과 순 출력을 구하라.

9.70 Brayton 사이클의 입구 상태는 290 K, 100 kPa이며 압력비 16:1로 14 MW의 출력을 발생시킨다. 연소에 의해1160 kJ/kg의 열이 더해진다. 저온 공기 상태량을 가정하여 최고 온도와 공기의 유량을 구하라.

9.71 Brayton 사이클에서 터빈은 1400 kPa, 2100 K 상태에서 100 kPa로 단열 팽창하고, 압축기 입구 온도는 300 K라 가정한다. 표 A.7을 이용하여 사이클에 누락된 온도를 구하고, 압축과 팽창 과정에 대한 k(비열비)의 평균값을 구하라.

9.72 이상적인 공기 표준 Brayton 사이클에서 압축기 입구 상태는 100 kPa, 20°C이고 압축기 압력비는 12:1이다. 사이클의 최고 온도는 1100°C이고 공기 유량은 10 kg/s이다. 공기의 비열이 표 A.5의 값으로 일정하다고 가정한다. 압축기일, 터빈 일, 사이클의 열효율을 구하라. 사이클을 P-v 선도 및 T-s 선도에 나타내.라

9.73 Bryaton 사이클의 입구 상태는 290 K, 100 kPa이며 압력비 16:1로 14 MW의 출력을 발생시킨다. 연소에 의해 960 kJ/kg의 열이 더해진다. 저온 공기 상태량을 가정하면, 최고 온도와 공기의 유량은 얼마인가?

재생기, 중간 냉각기, 비이상 사이클

9.74 문제 9.70에서 이상적인 재생기를 추가하면 Brayton 사이클이 개선되는가?

9.75 이상적인 재생기를 사용하는 Brayton 사이클에서 입구 상태가 290 K, 90 kPa이고 최고 P, T가 1170 kPa, 1700 K이다. 저온 공의 상태량을 이용하여 단위 질량당 열전달과 사이클 효율을 구하라. 사이클을 P-v 선도 및 T-s 선도에 나타내라.

9.76 문제 9.72의 이상적인 표준 Brayton 사이클에 이상적인 재생기가 사용된다. 이 수정 사이클의 열효율을 구하라. 사이클을 P-v 선도 및 T-s 선도에 나타내라.

9.77 이상적인 가스터빈 사이클에서 압축기의 압력비는 12:1이다. 압축기 입구 상태는 300 K, 100 kPa이고,

사이클 최고 온도는 1600 K이다. 이상적인 재생기가 사이클에 사용된다. 저온(298 K) 공기 상태량을 이용하여, 사이클 열효율을 구하라.

9.78 2단 공기 압축기의 양단 사이에 그림 P9.78과 같이 중간 냉각기가 있다. 입구 상태는 100 kPa, 290 K이고 최종 출구 압력은 1.6 MPa이다. 정압 중간 냉각기는 공기를 입구 온도 $T_3 = T_1$까지 냉각한다. 총압축 일을 최소로 하는 최적의 압력은 $P_2 = (P_1P_4)^{1/2}$이다. 최적의 압력 P_2에 대해, 단위 질량당 압축 일과 중간 냉각기 열전달을 구하라. 우선 저온 공기 상태량을 이용하여 전체 사이클을 *P-v* 선도 및 *T-s* 선도에 나타내고, 표 A.7을 이용하라.

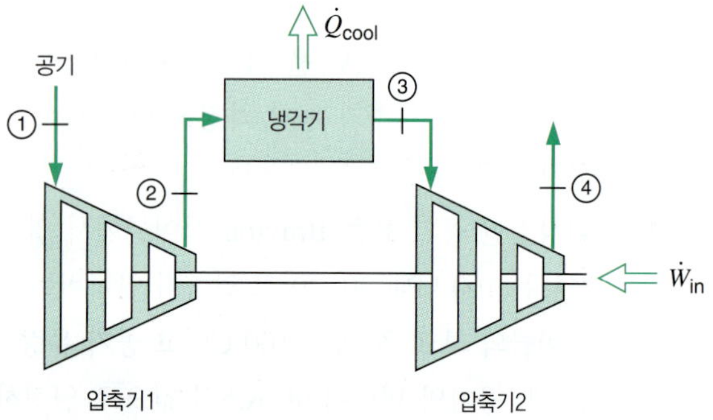

그림 P9.78

9.79 문제 9.78의 압축기에는 500 kPa의 공기를 330 K로 냉각하는 중간 냉각기가 있고, 그 후에 2단 압축으로 1600 kPa로 압축한다. 중간 냉각기에서 단위 질량당 열전달과 필요한 총 압축 일을 구하라.

9.80 문제 9.78에서 중간 냉각기가 공기를 $T_3 = 320$ K까지 냉각할 때, 저온 공기 상태량으로 다시 풀라. 최적 압력에 대한 수정 공식은 $P_2 = [P_1P_4(T_3/T_1)^{n/(n-1)}]^{1/2}$이고, 여기에서 n은 가정한 폴리트로픽 과정의 지수이다.

9.81 그림 P9.81의 가스 터빈 사이클은 자동차 기관으로 사용된다. 제1터빈에서 기체는 터빈이 압축기를 구동할 수 있을 만큼의 낮은 압력인 P_5까지 팽창된다. 그 후 기체는 제2터빈에서 팽창하면서 바퀴를 구동한다. 이 기관에 대한 자료는 그림에 나와 있으며, 모든 과정은 이상적이라 가정한다. 중간 압력 P_5, 기관의 단위 질량당 순 출력일과 기관을 통과하는 질량 유량을 구하라. 또 버너 입구의 공기 온도 T_3와 기관의 열효율을 구하라.

9.82 공기 압축기의 입구는 100 kPa, 290 K이고, 500 kPa로 배출된 공기는 290 K의 주위와 열전달로 340 K까지 냉각된다. 압축 과정은 등엔트로피 효율이 85%이고 단열이라 가정하라. 일정한 비열을 이용하여 압축기 출구 온도와 이 과정의 단위 질량당 엔트로피 생성을 구하라.

9.83 2단 압축 가스 터빈에서 100 kPa, 290 K의 대기를 500 kPa로 압축한 후, 중간 냉각기에서 정압으로 300 K까지 냉각한다. 2단에서는 공기를 2500 kPa까지 압축한다. 모든 단에서의 과정은 단열이고 가역이라고 가정한다. 단위 질량당 총압축 일을 구하라. 이 값을 중간 냉각기가 없는 경우(즉 하나의 압축기로 100 kPa에서 2500 kPa로 압축하는 경우)와 비교하라. 변화에 대한 모든 과정을 *P-v* 선도 및 *T-s* 선도에 나타내라.

9.84 문제 9.70에서 2단 터빈이 사용된다. 400 kPa에서 580 kJ/kg 만큼 재열되고, 1단 이전에도 580 kJ/kg 만큼 가열된다. 사이클 최고 온도와 사이클 효율을 구하라. 저온 공기 상태량을 이용하고, 수정 사이클을 *P-v* 선도 및 *T-s* 선도에 나타내라.

9.85 공기를 작동 유체로 하는 이상적인 가스 터빈이 그림 P9.85와 같이 두 개로 나누어져 있다. 제1터빈은 이상

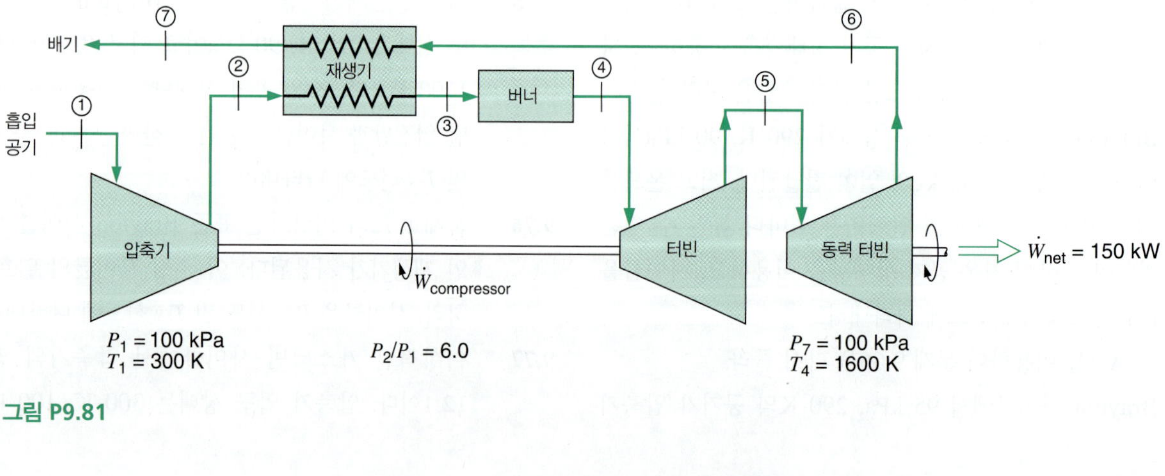

그림 P9.81

적인 압축기를 구동하고 제2터빈은 출력 동력을 생산한다. 압축기 입구 상태는 290 K, 100 kPa이며 출구 압력은 450 kPa이다. 유량의 일부인 x는 버너를 우회하여 지나가고 나머지$(1 - x)$는 버너를 통과하며 버너에서 1200 kJ/kg의 연소 에너지가 전달된다. 두 유동은 혼합되어 제1터빈으로 유입되며 계속하여 제2터빈에서 100 kPa까지 팽창된다. 혼합 후 제1터빈의 입구 온도가 1000 K일 때, 유량의 비 x를 구하라. 제2터빈의 입구 압력과 온도, 단위 질량당 출력을 구하라.

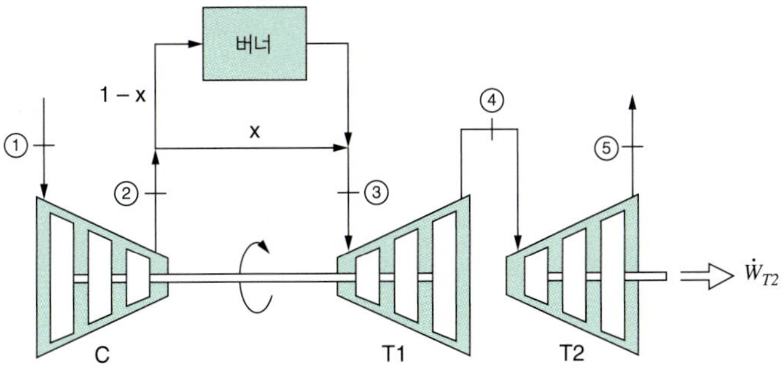

그림 P9.85

9.86 중간 냉각기가 있는 2단 압축 가스 터빈 사이클이 있다. 공기는 제1단에 100 kPa, 300 K로 들어간다. 압축기 각 단의 압축비가 5:1이고, 각 단의 등엔트로피 효율이 82%이다. 중간 냉각기의 출구 공기 온도는 330 K이다. 각 압축단의 출구 온도와 전체 압축에 필요한 단위 질량당 일을 계산하라.

제트 기관 사이클

9.87 문제 9.64의 Brayton 사이클이 제트 기관 사이클로 수정된다. 저온 공기의 상태량을 이용하여 출구 속도를 구하라.

9.88 그림 9.22와 같이 제트 추진에 사용되는 이상적인 공기 표준 가스 터빈 사이클이 있다. 압축기 입구 상태는 90 kPa, 290 K이다. 압축기의 압력비는 14:1이고 터빈 입구 온도는 1500 K이다. 터빈에서 나온 공기는 노즐로 들어가서 90 kPa까지 팽창한다. 저온 공기 상태량을 이용하여, 노즐 입구 압력과 노즐 출구에서의 공기 속도를 구하라. 사이클을 *P-v* 선도 및 *T-s* 선도에 나타내라.

9.89 표 A.7을 이용하여 이전 문제를 풀라.

9.90 제트 기관의 터빈 부분(공기로 가정)은 80 kPa의 대기를 이용하여 1200 K, 800 kPa의 기체를 받는다고 가정한다. 터빈 다음에는 대기 중으로 개방된 노즐이 있고, 터빈 일은 모두 85 kPa, 270 K의 공기를 같은 유량으로 압축하는 데 사용된다. 노즐 출구 속도가 800 m/s가 되기 위한 터빈 출구 압력을 구하라.

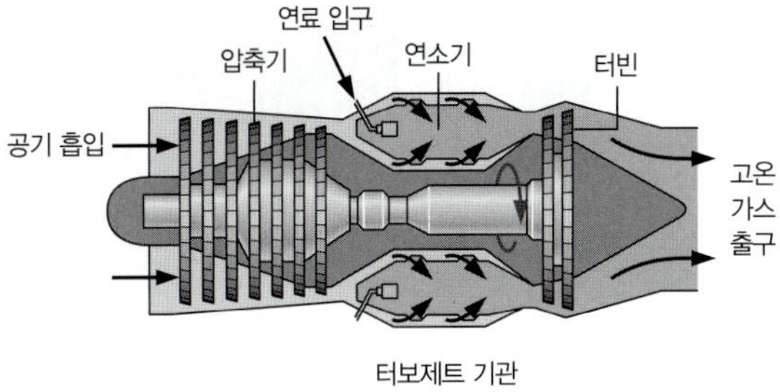

그림 P9.90

9.91 터빈이 압축기와 프로펠러에 동력을 전달하는 터보 기관을 생각하자. 문제 9.65과 같은 사이클에서 터빈 출구 온도는 900 K이다. 저온 공기 상태량을 이용하여 프로펠러에 전달되는 단위 질량당 일과 출구 속도를 구하라. 수정 사이클을 *P-v* 선도 및 *T-s* 선도에 나타내라.

9.92 공기 표준 제트 기관 사이클이 주위 상태 280 K, 100 kPa에서 운전된다. 압축기에는 4000 kW의 입력 축동력이 필요하다. 터빈 입구의 상태 3은 1600 K, 2 MPa이고, 질량 유량은 9 kg/s이다. 노즐 입구 상태 4의 압력과 온도를 결정하라. 노즐 효율이 95%일 때, 노즐 출구 상태 5의 온도와 속도를 결정하라. 저온 공기 상태량을 이용하라.

9.93 제트 비행기가 고도 4900 m에서 비행하고 있다. 이 고도에서 주위의 압력은 50 kPa, 온도는 −20°C이다. 비행기의 속도가 280 m/s이고 압축기 압력비는 14:1이고 사이클 최고 온도는 1450 K이다. 입구 유동은 디퓨저를 통과하여 상태 1에서 상대 속도가 0이 되었다고 가정하라. 저온 공기 상태량을 이용하여 상태 1의 온도와 압력을 구하라.

9.94 제트 기관의 터빈으로 1250 K, 1.5 MPa의 공기가 들어간다. 터빈에서 나온 250 kPa의 공기는 노즐로 들어가서 100 kPa의 대기로 방출된다. 터빈의 등엔트로피 효율은 85%이고 노즐 효율은 95%이다. 노즐 입구 온도와 노즐 출구 속도를 구하라. 터빈 출구에서의 운동 에너지는 무시하고 저온 공기 상태량을 이용하라.

9.95 공기 표를 이용하여 앞선 문제를 풀라.

9.96 제트 기관에서 터빈 다음에 설치된 후버너(afterburner)에 연료를 공급하여 연소 에너지로 압력과 온도를

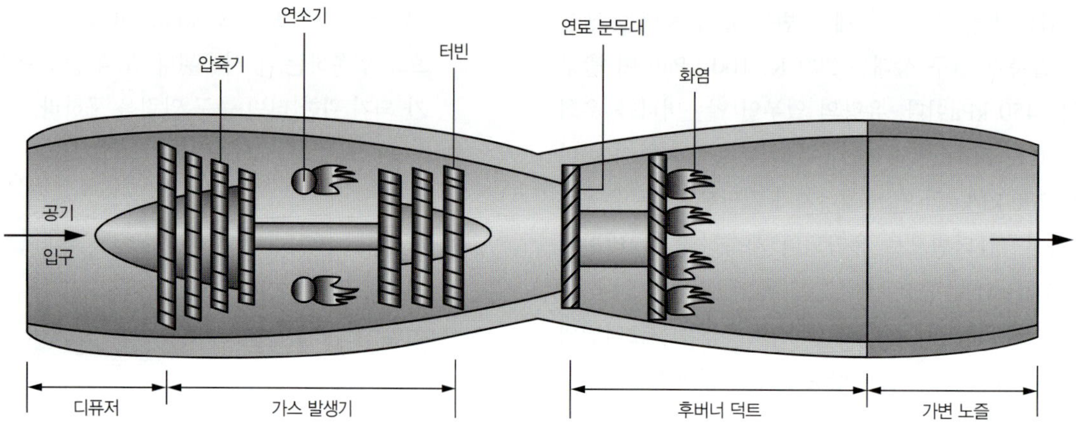

그림 P9.96

상승시킨다(그림 P9.96). 터빈 출구는 800 K, 250 kPa이고 노즐을 통과한 후 95 kPa로 나온다. 후버너는 450 kJ/kg를 공급하며 같은 비체적으로 압력을 증가시키고 터빈의 상류에는 아무 영향도 미치지 않는다고 가정한다. 저온 공기 상태량을 이용하여 후버너를 가동하지 않는 경우와 가동하는 경우에 대하여 노즐의 출구 속도를 구하라.

공기 표준 냉동 사이클

9.97 공기 표준 냉동 사이클에서 공기는 100 kPa, 270 K로 압축기에 들어가고 압력비는 3:1이다. 열을 방출한 후 온도는 300 K이다. 성능 계수와 사이클의 최고 온도를 구하라.

9.98 공기 표준 냉동 사이클에서 압축기 입구 상태는 −10°C, 100 kPa이고 주위가 공기를 400 kPa에서 35°C로 냉각한다. 사이클의 최저 온도와 단위 질량당 저온 열전달 및 압축일을 구하라.

9.99 저온 공기 상태량을 가정할 때 공기 표준 냉동 사이클의 성능 계수를 구하는 공식은 식 (9.25)로 주어져 있다. 그림 9.26과 같이 열교환기를 추가한 사이클에 대해 유사한 공식을 유도하라.

9.100 그림 9.26의 냉동 사이클에서 가역 단열 압축기와 팽창기를 가정하라. 이 사이클에서 저압은 100 kPa이고 고압은 1.4 MPa이다. 온도가 $T_4 = T_6 = -50°C$, $T_1 = T_3 = 15°C$일 때, 냉동 사이클의 성능 계수를 구하라. 저온 공기 상태량을 이용하고 사이클을 *P-v* 선도 및 *T-s* 선도에 나타내라.

9.101 작동 유체를 공기 대신 헬륨으로 가정하여 문제 9.100을 다시 풀라. 이 결과의 중요성을 논하라.

9.102 압축기와 팽창기의 등엔트로피 효율이 모두 75%라고 가정하고, 문제 9.100을 다시 풀라.

엑서지 개념

9.103 문제 9.70의 Brayton 사이클에서 엑서지의 유동과 플럭스, 그리고 전체 사이클 제2법칙 효율을 구하라. 열전달은 내부적으로 가역 과정이라고 가정하며 모든 외부 비가역성은 무시하라. 저온 공기 상태량을 이용하라.

9.104 Brayton 사이클에서 압축비는 15:1이고, 고온은 1600 K이며, 입구 상태는 290 K, 100 kPa이다. 저온 공기 상태량을 이용하여, 단위 질량당 순 출력일과 제2법칙 효율을 구하라(배기 유동 값 무시).

9.105 앞선 문제에서 배기 유동 값을 고려하여 제2법칙 효율을 구하라.

9.106 Brayton 사이클의 재생기 효율이 η_{reg}라 가정한다. 압력 손실이 없다고 가정하고 제2법칙 효율의 표현식을 유도하라.

9.107 Brayton 사이클에서 이상적인 재생기의 제2법칙 효율을 결정하라.

9.108 식 (9.21)에서 Brayton 사이클의 변환 효율은 저온 공기 상태량으로 결정되었다. 저온 방열의 엑서지 기준을 0으로 놓고, 제2법칙 효율에 대한 유사한 공식을 유도하라.

복습 문제

9.109 가솔린 기관에서 체적 압축비가 9이다. 압축 전 상태는 290 K, 90 kPa이고 사이클 최고 온도는 1800 K이다.

표 A.7의 상태량을 이용하여 팽창 후 압력, 사이클당 순일, 사이클 효율을 구하라.

9.110 이상적인 공기 표준 Diesel 사이클에서 압축 전 상태가 95 kPa, 290 K이고 압축비는 20이다. 사이클이 60%의 열효율을 갖기 위한 최대 온도를(반복적 방법으로) 구하라.

9.111 저온 공기 상태량을 이용하여 문제 9.53에서 연소 후 온도와 연소에 의해 방출되는 단위 질량당 열을 구하라. 이는 어려운 문제이고 반복 계산이 필요하다.

9.112 표 A.7의 변화하는 비열을 이용하여 문제 9.63을 풀라.

9.113 압축기 효율이 82%, 두 터빈의 효율이 모두 87%, 재생기 효율이 70%라고 가정하여 문제 9.81를 다시 풀라.

9.114 표 A.7.1의 상태량을 이용하여 문제 9.70에서 사이클 효율과 공기 질량 유량을 구하라.

9.115 그림 P9.115의 가스 터빈 사이클에서 2단으로 압축하며 두 단 사이에 중간 냉각기를 사용한다. 제1단의 입구 공기 상태는 100 kPa, 300 K이다. 압축기 각 단의 압력비는 5:1이며, 각 단의 등엔트로피 효율은 82%이다. 중간 냉각기의 출구 온도는 330 K이다. 사이클 최고 온도는 1500 K이며 각 단의 등엔트로피 효율이 86%인 터빈과 효율이 80%인 재생기를 사용한다. 압축기 각 단의 출구 온도, 터빈의 제2법칙 효율, 그리고 사이클 열효율을 계산하라.

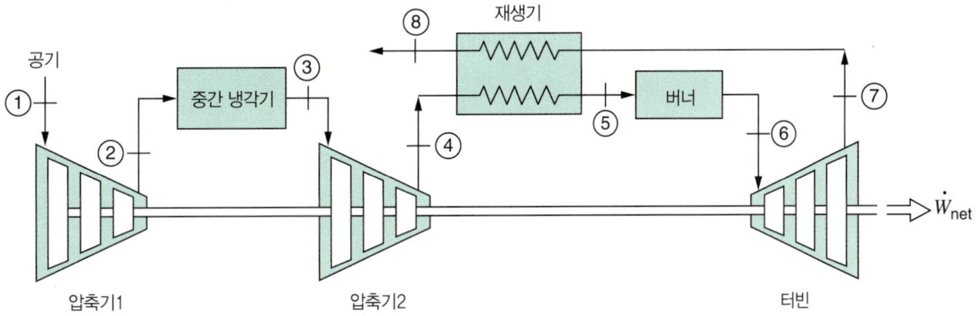

그림 P9.115

제 10 장

증기 동력 및 냉동 시스템

Gas Power and Refrigeration Systems

9장에서는 상변화 없는 기체를 작동 유체를 사용하는 시스템에 초점을 맞추었고, 10장에서는 응축하는 작동 유체, 즉 상변화 시스템에 촛점을 맞추어 동력 기기 및 냉동 기기에 대한 이상 사이클을 다룬다. 또 실제 기기에서의 과정이 이상적인 과정과 어떻게 다른가도 살펴보는데, 여기에는 Rankine 사이클의 성능을 개선하기 위한 터빈의 다단 팽창 및 재열, 재생기 (밀폐형 및 개방형 급수 가열기) 등이 포함된다. 이러한 시스템들의 여러 가지 조합과 열병합 발전(cogeneration), 복합 사이클, 상부(topping) 사이클 및 하부(bottoming) 사이클, 2원 사이클 시스템 등의 특별한 응용 방법도 이 장에서 설명할 것이다. 증기 압축 및 증기 흡수 냉동 시스템도 살펴보며 연습 문제에서 실례를 살펴본다.

10.1 Rankine 사이클

그림 10.1와 같이 4개의 정상상태 과정으로 구성된 이상 사이클을 고려한다. 여기서 상태 1은 포화 액체이고 상태 3은 포화 증기 또는 과열 증기이다. 이 시스템을 **Rankine 사이클**이라고 부르며 이것은 단순 증기 동력 발전소에 대한 적절한 모델이다. 각 상태와 과정을 그림 10.1과 같은 *T-s* 선도상에 표시하면 편리하다. 사이클은 다음의 네 과정으로 구성된다.

1−2: 펌프에서의 가역 단열 가압

2−3: 보일러에서의 등압 열전달

3−4: 터빈에서의 가역 단열 팽창(또는 증기 기관과 같은 동력 생성 기기)

4−1: 응축기에서의 등압 열전달

응축기 출구 유동인 상태 1은 특별한 언급이 없는 한 포화 액체로 가정하여, $x_1 = 0$이다. 보일러 출구인 상태 3은 포화증기이지만, 많은 실제 시스템에서 보일러의 과열기를 통과하여 과열증기 상태 3′로 배출된다. 그림 10.1에 보는 것처럼, 과열은 터빈 저압부의 건도를 상태 4에서 상태 4′로 증가시키는 효과가 있다.

Rankine 사이클은 그림 10.1*a*의 네 개 부품을 각각 검사체적으로 잡아 해석한다. 사이클에서 에너지 전달은 부호에 특히 주의해야 하는데, 모든 q와 w를 그림에 나타낸 방향을 양(+)으로 선택한다. 가역 과정을 가정할 때, 단위 질량당 에너지 식과 엔트로피 식은 표 10.1과 같다.

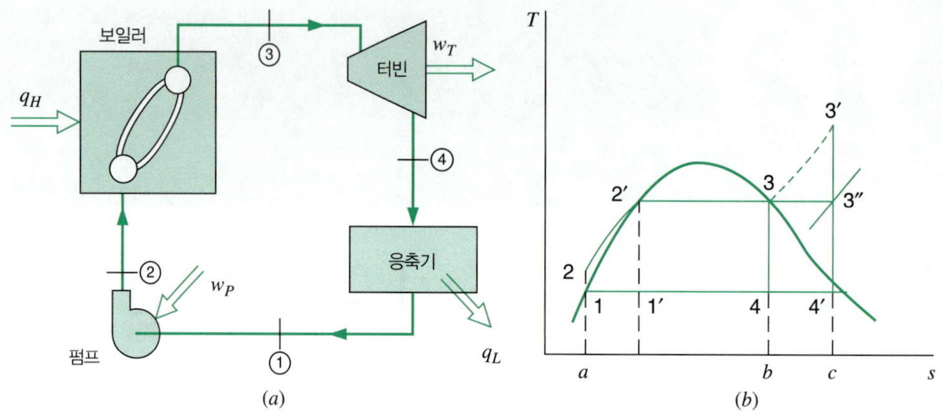

그림 10.1 ▸ Rankine 사이클로 운전되는 단순 증기 동력 발전소

표 10.1 ▸ Rankine 사이클 과정

부품	에너지 식	엔트로피 식	과정
펌프	$0 = h_1 + w_P - h_2$	$0 = s_1 - s_2 + (0/T) + 0$	$q = 0, s_1 = s_2$
보일러	$0 = h_2 + q_H - h_3$	$0 = s_2 - s_3 + \int dq_H/T + 0$	$P_2 = P_3 = C$
터빈	$0 = h_3 + w_T - h_4$	$0 = s_3 - s_4 + (0/\text{T}) + 0$	$q = 0, s_3 = s_4$
응축기	$0 = h_4 + q_L - h_1$	$0 = s_3 - s_1 - \int dq_L/T + 0$	$P_4 = P_1 = C$

그림 10.1*b*에서 열전달과 *T*-*s* 선도 면적의 관계를 살펴보자. 보일러에서 가한 q는 곡선 2−2′−3 하부 면적이고, 응축기에서 나간 열 q_L은 곡선 4−1 하부 면적이다. 두 열전달의 차이가 순수 열전달인데, 이 값이 순수 일과 같으므로, 면적으로 사이클 열효율을 나타낼 수 있다.

$$\eta_{\text{th}} = \frac{w_{\text{net}}}{q_H} = \frac{q_H - q_L}{q_H} = \frac{\text{면적 } 1\text{-}2\text{-}2'\text{-}3\text{-}4\text{-}1}{\text{면적 } a\text{-}2\text{-}2'\text{-}3\text{-}b\text{-}a} \tag{10.1}$$

Rankine 사이클을 해석할 때, 열이 공급되는 평균 온도와 열이 방출되는 평균 온도의 관점에서 효율을 살펴보면 편리하다. 열이 공급되는 평균 온도가 증가하는 방향이나 열이 방출되는 평균 온도가 감소하는 방향으로 온도가 변화하면 Rankine 사이클의 효율은 증가한다.

이 장의 이상 사이클 해석에서는 운동 에너지와 위치 에너지의 변화를 무시한다. 일반적으로 이것은 실제 사이클에 대해서도 적절한 가정이다.

표 10.1의 에너지 식과 엔트로피 식을 더욱 잘 활용하려면 몇 가지 추가 사항이 필요하다. 펌프는 액체를 다루기 때문에 출구에서 압축 액체 상태이고, 상태 2를 표 B.1.4로 보간하기 어렵다. 대신 비압축성을 가정하면,

$$w_P = h_2 - h_1 = \int v\, dP \approx v_1(P_2 - P_1) = v_{f1}(P_2 - P_1) \tag{10.2}$$

이 식으로 펌프 일을 구하고, h_2를 계산한다.

일반적으로 엔트로피를 구하기 위해 q/T 적분하지만, 여기에서는 다른 상태량으로 상태를 결정할 수 있으므로 적분 계산이 필요없다. 사이클은 네 개의 상태(8개의 상태량)로 결정되는데, 1) 4개 과정에 대한 식과 2) 과열이 없다는 가정 2개(x_1과 x_3)가 있으므로, 두 개 5(8 − 4 − 2)의 값을 알면 사이클이 완성된다. 물리적

으로 펌프가 고압 $P_2 = P_3$를 결정하고, 응축기에서 열전달은 사실상 T_1을 결정한다. 과열되는 경우, 추가로 한 개의 값이 필요한데, T_3은 과열기에서 이루어지는 열전달로 결정된다.

Rankine 사이클의 변환 효율은 동일한 조건의 Carnot 사이클보다 명백히 낮다. 그 이유는 2–2′ 부분으로 인해 가열 과정의 평균 온도가 더 낮기 때문이다. 일정한 고압과 일정한 저압의 Carnot 사이클은 그림 1′–2′–3–4–1′로 나타낼 수 있다. 펌프는 2상 혼합물을 가압해야 하고, 터빈은 저압부에서 매우 낮은 건도를 갖게 된다. 만일 등온 과정으로 3″까지 과열한다면 과열증기 영역에서 압력이 감소해야 하므로, 열전달이 있는 터빈이 필요하다. 이런 모든 과정은 가능하지 않거나(캐비테이션 충격파로 펌프가 파괴될 수 있음) 효율이 지나치게 낮게 (낮은 건도의 터빈 또는 열전달 있는 터빈) 된다. Rakine 사이클은 구현 가능한 이상적인 사이클에 가까우며, 부분적인 개조를 통해 기본 사이클보다 효율을 높일 수 있다.

일부 변수들이 Rankine 사이클의 성능에 어떠한 영향을 미치는지 논의하기 전에 먼저 예제를 살펴보기로 한다.

예제 10.1

수증기를 작동 유체로 사용하고 응축기 압력이 10 kPa, 보일러 압력이 2 MPa인 Rankine 사이클의 효율을 구하라. 보일러 출구에서 수증기는 포화 증기이다.

해석

과열이 없는 기본 Rankine 사이클에서 두 상태량을 알고 있으므로, 4개의 상태가 모두 결정된다. 각 부품에 대한 표 9.1의 검사체적 해석을 수행한다. 주어진 두 상태는

1. 10 kPa, $x_1 = 0$: $v_1 = 0.001\,01\ \mathrm{m^3/kg}$, $h_1 = 191.81\ \mathrm{kJ/kg}$

2. 2 MPa, $x_3 = 1.0$: $h_3 = 2799.51\ \mathrm{kJ/kg}$, $s_3 = 6.3408\ \mathrm{kJ/kg\text{-}K}$

풀이

펌프에서 식 (10.2)의 비압축성 유동을 가정하면

$$w_P = \int v\,dP \approx v_{f1}(P_2 - P_1) = 0.001\,01\ \mathrm{m^3/kg}\,(2000 - 10)\ \mathrm{kPa} = 2.0\ \mathrm{kJ/kg}$$

$$h_2 = h_1 + w_P = 191.81 + 2.0 = 193.81\ \mathrm{kJ/kg}$$

보일러에서 가한 열은

$$q_H = h_3 - h_2 = 2799.51 - 193.81 = 2605.7\ \mathrm{kJ/kg}$$

터빈 일을 계산하기 위해 상태 4를 구하면

$$s_4 = s_3 = 6.3408\ \mathrm{kJ/kg\text{-}K} = (0.6492 + x_4 \times 7.501)\ \mathrm{kJ/kg\text{-}K}, \qquad x_4 = 0.7588$$

$$h_4 = h_f + x_4\,h_{fg} = (191.81 + x_4 \times 2392.82)\ \mathrm{kJ/kg} = 2007.5\ \mathrm{kJ/kg}$$

$$w_T = h_3 - h_4 = (2799.51 - 2007.5)\ \mathrm{kJ/kg} = 792.01\ \mathrm{kJ/kg}$$

응축기에서 열전달도 구할 수 있다.

$$q_L = h_4 - h_1 = (2007.5 - 191.81)\ \text{kJ/kg} = 1815.7\ \text{kJ/kg}$$

열효율은

$$\eta_{th} = \frac{w_{net}}{q_H} = \frac{q_H - q_L}{q_H} = \frac{W_T - w_P}{q_H} = \frac{792.01 - 2.0}{2605.7} = 0.303$$

평균 열공급 온도(Mean Temperature of Heat Addition)

Carnot 사이클과 비교하면, Rankine 사이클에서 일정한 온도가 아니라 일정한 압력으로 열이 공급된다. 그림 10.2에 나타낸 바와 같이, 단순 Rankine 사이클 1−2−3−4−1을 1−2′−3′−4−1로 두 면적이 같게 수정하면, 두 경우 공급된 열의 크기가 같다. 이 경우, 온도 $T_{2'} = T_{3'} = T_{mean}$이 곧 평균 열공급 온도이다.

공급열, $q_H = h_3 - h_2 = h_{3'} - h_{2'} = T_{mean}\Delta s$

방출열, $q_L = h_4 - h_1 = T_L \Delta s$

따라서 Rankine 사이클의 열효율은

$$\eta_{th} = 1 - \frac{q_L}{q_H} = 1 - \frac{T_L}{T_{mean}} \tag{10.3}$$

T_L은 주위 온도로 저온이고 주어진 위치에서 정해지므로, 식 (10.3)에서 Rankine 사이클의 열효율은 가열 평균 온도만의 함수라고 할 수 있다. 따라서 가열 평균 온도가 증가하면, Rankine 사이클 효율도 증가할 것이다.

10.2 온도와 압력이 Rankine 사이클에 미치는 영향

터빈의 토출 압력과 온도가 Rankine 사이클에 미치는 영향을 먼저 고려하자. 이 영향은 그림 10.3의 $T-s$ 선도에 나타내었다. 토출 압력이 P_4에서 P'_4으로 강하하고 따라서 열을 방출하는 온도도 강하했다고 하자. 순 출력일은 면적 1−4−4′−1′−2′−2−1(빗금 부분)만큼 증가하였다. 수증기에 전달된 열도 면적 $a'-2'-2-a-a'$만큼 증가하였다. 이 두 면적은 대체로 비슷하므로 사이클의 효율은 증가하는 결과가 된다. 이는 열을 방출하는 평균 온도가 낮아졌다는 사실로도 명백하다. 그러나 토출 압력이 강하하면 터빈 출구에서

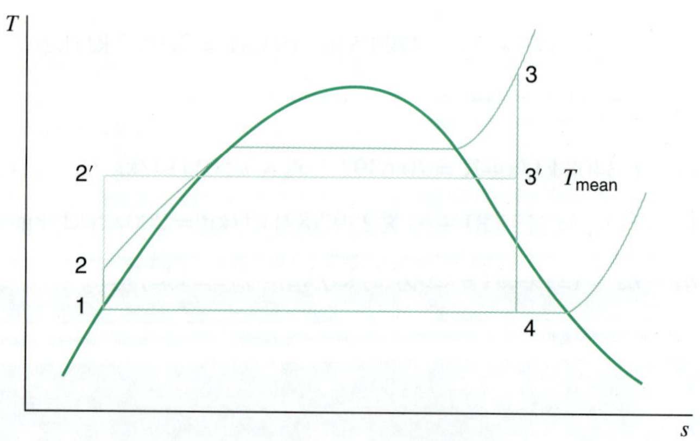

그림 10.2 » 가열 평균 온도

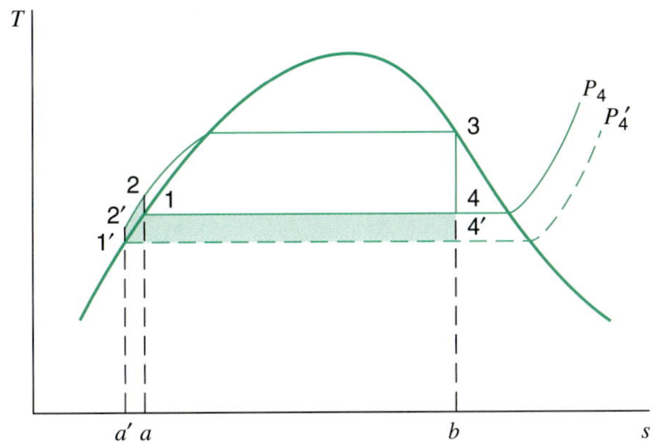

그림 10.3 ▸ 토출 압력이 Rankine 사이클의 효율에 미치는 영향.

수증기의 습분(= 1 − 건도)이 증가한다. 터빈의 저압부에서 건도가 90% 이하(습분이 10% 이상)가 되면 터빈의 효율이 감소할 뿐 아니라 터빈 날개가 부식되는 심각한 문제가 발생한다.

다음으로 그림 10.4와 같이 보일러에서 일어나는 증기 과열의 영향을 살펴보자. 일은 면적 3−3′−4′−4−3만큼 증가하며 보일러에 전달된 열은 면적 3−3′−b'−b−3만큼 증가한다. 이 두 면적의 비는 사이클의 다른 부분에서의 일과 열의 비보다 크므로, 주어진 압력에서 수증기의 과열은 Rankine 사이클의 효율을 증가시킨다. 효율의 증가는 또한 수증기로 열을 전달하는 평균 열공급 온도의 증가로도 설명할 수 있다. 수증기가 과열되면 터빈 출구에서 증기의 건도가 증가함을 알 수 있다.

마지막으로 그림 10.5에 나타난 바와 같이 수증기 최고 압력의 영향을 살펴보자. 여기서 수증기의 최고 온도와 토출 압력은 일정하다고 생각한다. 방출하는 열은 면적 b'−4′−4−b−b'만큼 감소한다. 순일은 빗금친 면적만큼 증가하고 빗금을 교차시킨 면적만큼 감소한다. 따라서 출력일은 대체로 일정한 편이나 방출하는 열이 감소하므로, 최고 압력이 증가하면 Rankine 사이클의 효율도 증가한다. 이 경우도 압력이 증가함에 따라 열을 공급하는 평균 온도가 증가한다. 최고 압력이 증가하면 터빈 출구에서 수증기의 건도는 감소한다.

정리하면, 응축기 압력을 낮추거나, 열을 공급하는 동안의 압력을 높이거나, 수증기를 과열하면, Rankine 사이클의 순일과 효율을 증가시킬 수 있다. 터빈 출구에서 건도는 수증기의 과열로 증가하지만, 토출 압력을 낮추거나 열을 공급하는 동안의 압력을 높이면 감소한다. 이러한 영향을 그림 10.6a와 그림 10.6b에 나타내었다.

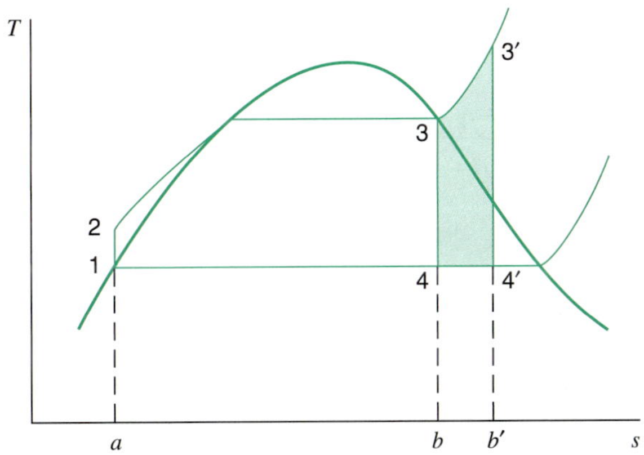

그림 10.4 ▸ 열이 Rankine 사이클의 효율에 미치는 영향.

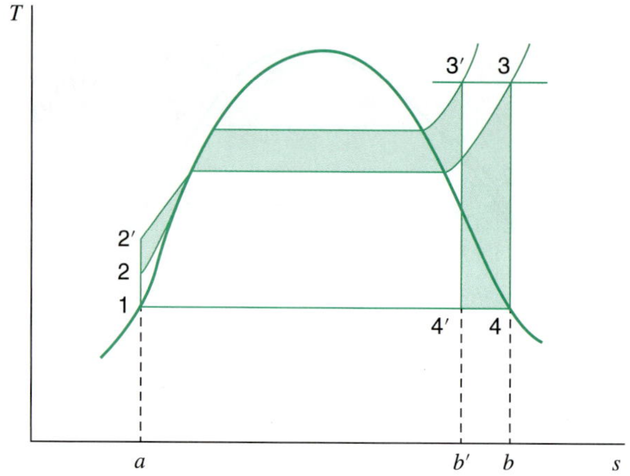

그림 10.5 » 보일러 압력이 Rankine 사이클의 효율에 미치는 영향.

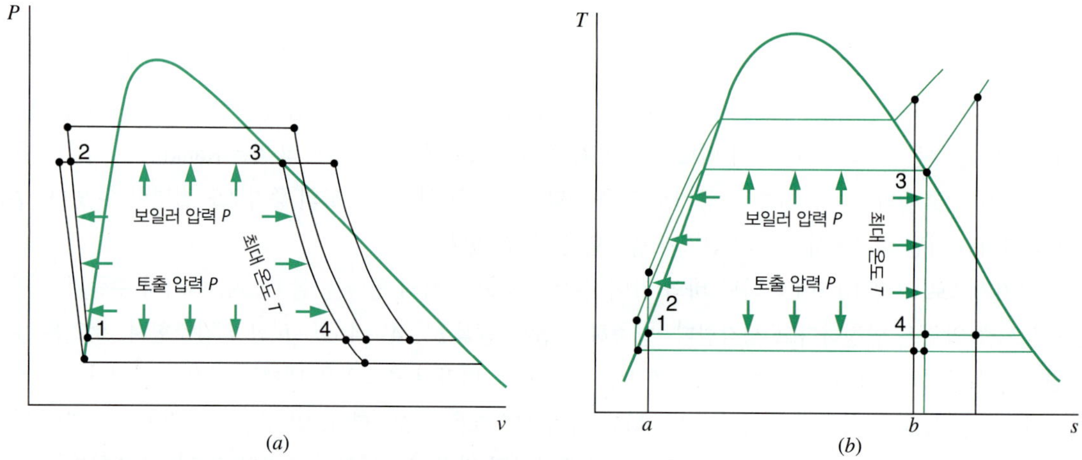

그림 10.6 » 압력과 온도가 Rankine 사이클의 일과 효율에 미치는 영향.

예제 10.2

Rankine 사이클에서 수증기는 4 MPa, 400°C 상태로 보일러에서 나와 터빈으로 들어간다. 응축기 압력은 10 kPa이다. 사이클의 효율을 계산하라.

해석

이 사이클에는 과열이 있으므로, 주어진 두 상태는

1. 10 kPa, $x_1 = 0$: $v_1 = 0.001\,01\ \text{m}^3/\text{kg}$, $h_1 = 191.81\ \text{kJ/kg}$

3. 4 MPa, 400°C: $h_3 = 3213.51\ \text{kJ/kg}$, $s_3 = 6.7689\ \text{kJ/kg-K}$

각 부품에 대해 표 9.1의 검사체적 해석을 수행한다. 두 개의 일과 가한 열전달을 구하거나, 두 개의 열전달을 구하면 효율을 구할 수 있다.

풀이

펌프에 대해 식 (9.2)의 비압축성 유동으로

$$w_P = \int v\,dP \approx v_{f1}(P_2 - P_1) = (0.001\,01)\,\text{m}^3/\text{kg}\,(4000 - 10)\,\text{kPa} = 4.0\,\text{kJ/kg}$$

$$h_2 = h_1 + w_P = (191.81 + 4.0)\,\text{kJ/kg} = 195.81\,\text{kJ/kg}$$

보일러에서 가한 열은

$$q_H = h_3 - h_2 = 3213.51 - 195.81 = 3017.7\,\text{kJ/kg}$$

터빈 일을 구하기 위해 상태 4를 구하면

$$s_4 = s_3 = 6.7689\,\text{kJ/kg-K} = (0.6492 + x_4 \times 7.501)\,\text{kJ/kg-K}, \quad x_4 = 0.8159$$

$$h_4 = h_f + x_4\,h_{fg} = (191.81 + x_4\,2392.82)\,\text{kJ/kg} = 2144.1\,\text{kJ/kg}$$

$$w_T = h_3 - h_4 = (3213.51 - 2144.1)\,\text{kJ/kg} = 1069.41\,\text{kJ/kg}$$

응축기에서 열전달도 구할 수 있다.

$$q_L = h_4 - h_1 = (2144.1 - 191.81)\,\text{kJ/kg} = 1952.3\,\text{kJ/kg}$$

열효율은

$$\eta_{\text{th}} = \frac{w_{\text{net}}}{q_H} = \frac{q_H - q_L}{q_H} = \frac{W_T - w_P}{q_H} = \frac{1069.41 - 4.0}{3017.7} = 0.353$$

10.3 재열 사이클

앞 절에서 설명한 바와 같이, 열을 공급하는 동안의 압력이 증가하면 Rankine 사이클의 효율이 증가한다. 그러나 압력이 증가하면 터빈의 저압 출구에서 수증기의 습분이 증가한다. 재열 사이클(reheat cycle)은 압력을 증가시켜 사이클의 효율을 높이는 동시에 터빈의 저압 출구에서 습분이 너무 증가하지 않도록 고안된 사이클이다. 이 사이클에 대한 구성과 T-s 선도를 그림 10.7에 나타내었다. 수증기는 터빈에서 중간 정도의 압력까지만 팽창하고 보일러에서 재열된 후 다시 터빈에서 토출 압력까지 팽창한다. T-s 선도에서 알 수 있듯이, 수증기의 재열로 인해 열을 공급하는 평균 온도는 크게 변화하지 않으므로 사이클의 효율 증가도 크지 않다. 이 사이클의 주된 장점은 터빈의 저압부에서 습분을 안전한 값까지 낮추는 데 있다. 증기를 3′까지 과열할 수 있

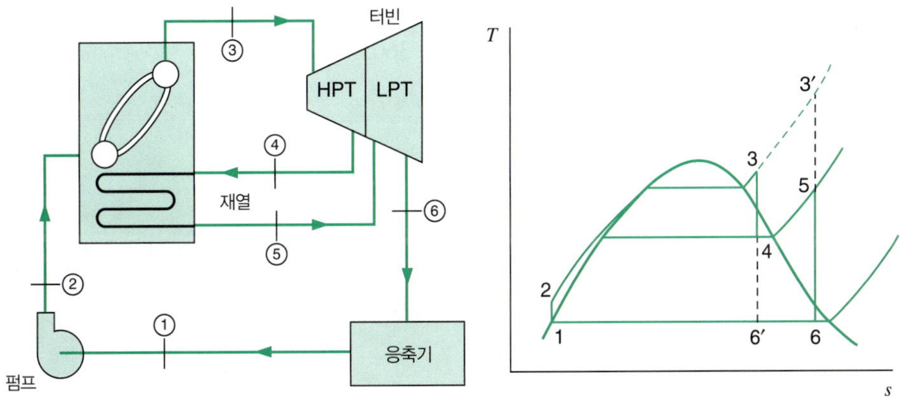

그림 10.7 ▸▸ 이상적인 재열 사이클.

는 금속이 있다면, 단순 Rankine 사이클이 재열 사이클보다 더 효율적이며 재열 사이클은 필요하지 않을 것이다.

예제 10.3

수증기를 이용하는 재열 사이클을 생각하자. 수증기는 4 MPa, 400°C의 상태로 보일러에서 나와서 터빈으로 들어간다. 터빈에서 400 kPa까지 팽창된 후, 수증기는 400°C까지 재열되고 저압 터빈에서 10 kPa까지 팽창된다. 사이클의 효율을 계산하라.

해석

이 Rankine 사이클에는 과열과 재열이 있고, 주어진 3개 상태는:

1. 10 kPa, $x_1 = 0$: $v_1 = 0.001\,01\ \text{m}^3/\text{kg}$, $h_1 = 191.81\ \text{kJ/kg}$
3. 4 MPa, 400°C: $h_3 = 3213.51\ \text{kJ/kg}$, $s_3 = 6.7689\ \text{kJ/kg-K}$
5. 400 kPa, 400°C: $h_5 = 3273.41\ \text{kJ/kg}$, $s_5 = 7.8984\ \text{kJ/kg-K}$

터빈 일과 가한 열은 각각 2개 항의 합이므로(그림 10.7 참조), 표 10.1의 검사체적 해석은 수정이 필요하다.

보일러 에너지 식: $q_H = (h_3 - h_2) + (h_5 - h_4)$
터빈 에너지 식: $w_T = w_{HPT} + w_{LPT} = (h_3 - h_4) + (h_5 - h_6)$

풀이

펌프의 비압축성 유동에서

$$w_P = \int v\,dP \approx v_{f1}(P_2 - P_1) = 0.001\,01\ \text{m}^3/\text{kg}\,(4000 - 10)\ \text{kPa} = 4.0\ \text{kJ/kg}$$
$$h_2 = h_1 + w_P = (191.81 + 4.0)\ \text{kJ/kg} = 195.81\ \text{kJ/kg}$$

터빈 일을 구하기 위해, 상태 4와 상태 6을 구하면

$$s_4 = s_3 = 6.7689\ \text{kJ/kg-K} = (1.7766 + x_4 \times 5.1193)\ \text{kJ/kg-K}, \quad x_4 = 0.9752$$
$$h_4 = h_f + x_4\,h_{fg} = (604.73 + x_4\,2133.81)\ \text{kJ/kg} = 2685.62\ \text{kJ/kg}$$
$$s_6 = s_5 = 7.8984\ \text{kJ/kg-K} = (0.6492 + x_6 \times 7.5010)\ \text{kJ/kg-K}, \quad x_6 = 0.9664$$
$$h_6 = h_f + x_6\,h_{fg} = (191.81 + x_6\,2392.82)\ \text{kJ/kg} = 2504.23\ \text{kJ/kg}$$
$$w_T = [(3213.51 - 2685.62) + (3273.41 - 2504.23)]\ \text{kJ/kg} = 1297.1\ \text{kJ/kg}$$

보일러에서 가한 두 열을 더하면

$$q_H = [(3213.51 - 195.81) + (3273.41 - 2685.62)]\ \text{kJ/kg} = 3605.49\ \text{kJ/kg}$$

열효율은

$$\eta_{\text{th}} = \frac{w_{\text{net}}}{q_H} = \frac{q_H - q_L}{q_H} = \frac{W_T - w_P}{q_H} = \frac{1297.1 - 4.0}{3605.49} = 0.359$$

예제 10.2와 비교할 때, 재열에 의한 효율 증가는 상대적으로 작지만, 터빈 출구에서 수증기 습분은 18.4%에서 3.4%로 감소했다.

10.4 재생 사이클과 급수 가열기

Rankine 사이클의 또 다른 중요한 변형은 급수 가열기(feedwater heater)를 사용하는 **재생 사이클**이다. 이 사이클(regenerative cycle)의 기본 개념은 그림 10.8에 나타낸 과열이 없는 Rankine 사이클로 설명할 수 있다. 상태 2와 상태 2′ 사이의 과정 동안 작동 유체는 액체상으로 가열되고 평균 온도가 증발 과정인 2′–3 과정보다 훨씬 낮다. 과정 2–2′때문에 1′–2′–3–4–1′의 Carnot 사이클보다 Rankine 사이클에서 열이 공급되는 동안의 평균 온도가 낮다. 따라서 Rankine 사이클 효율도 이와 상응하는 Carnot 사이클보다 낮게 된다. 재생 사이클에서는 작동 유체가 상태 2와 상태 2′ 사이의 어떤 상태로 보일러로 들어가고, 그 결과로 열이 공급되는 동안의 평균 온도가 더 높게 된다.

우선 그림 10.9에 나타낸 이상적인 재생 사이클을 생각해 보자. 이 사이클에서는 펌프에서 나온 액체가 (터빈 내부의 증기 유동과 반대 방향으로) 터빈 외곽을 순환한다. 따라서 터빈 내부의 증기로 터빈 외곽을 순환하는 액체를 가열하는 것이 가능하다. 각 위치에서 증기의 온도가 액체의 온도보다 아주 미소하게 높아서 열전달이 가역적이라고 가정하자. 그러면 그림 10.9의 T-s 선도상에 터빈 내의 증기 상태를 나타내는 곡선 4–5가 액체의 가압 과정(1–2)과 터빈 외곽을 순환하는 액체의 상태를 나타내는 곡선 1–2–3과 정확히 평행이 된다. 그 결과로 면적 2–3–b–a–2와 5–4–d–c–5는 크기가 같고 합동이다. 이 면적들은 각각 액체가 받은 열과 증기가 빼앗긴 열이 된다. 등온 과정인 3–4 동안 열이 작동 유체로 전달되며, 면적 3–4–d–b–3은

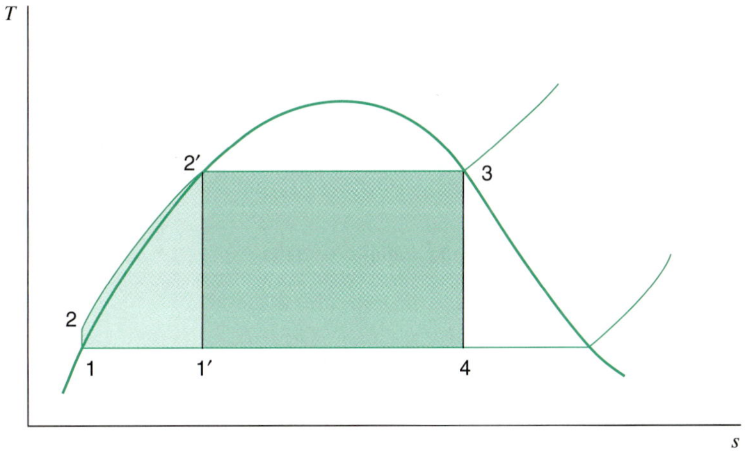

그림 10.8 ▸ Carnot 사이클 효율과 Rankine 사이클 효율을 나타내는 온도–엔트로피 선도.

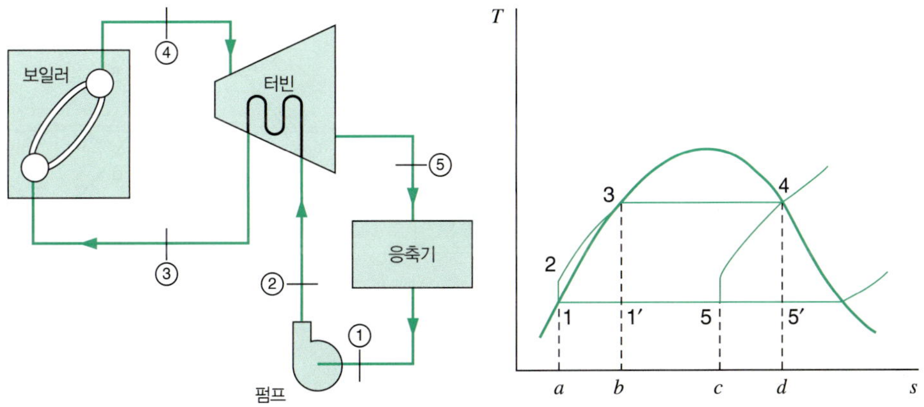

그림 10.9 ▸ 이상적인 재생 사이클.

이 열전달을 나타낸다. 과정 5−1 동안 작동 유체로부터 열이 방출되며, 면적 $1-5-c-a-1$은 이 열전달을 나타낸다. 이 면적은 관련된 Carnot 사이클의 열방출량인 면적 $1'-5'-d-b-1'$과 같다. 따라서 이상적인 재생 사이클의 효율은 열 공급 온도와 방출 온도가 같은 Carnot 사이클의 효율과 정확히 같게 된다.

명백히 이러한 이상적인 재생 사이클은 실현 가능하지 않다. 그 첫째 이유는 터빈 내 증기에서 액체로의 효과적인 열전달이 가능하지 않기 때문이다. 더욱이 열전달의 결과로 터빈 출구에서 증기의 습분이 현저하게 증가한다. 높은 습분의 단점은 이미 앞서 설명하였다. 현실적인 재생 사이클에서는 터빈에서 일부 팽창된 증기의 일부를 추출하여 그림 10.10과 같이 **급수 가열기**에 공급한다.

수증기는 상태 5로 터빈에 들어간다. 상태 6까지 팽창된 후, 수증기의 일부는 추출되어 급수 가열기에 공급된다. 남은 수증기는 터빈에서 상태 7까지 팽창하고 응축기에서 응축된다. 응축된 액체는 펌프를 통해 급수 가열기로 보내지고, 여기서 터빈에서 추출된 수증기와 혼합된다. 추출되는 수증기의 비율은 급수 가열기 출구의 액체가 상태 3의 포화 액체가 되도록 결정한다. 액체는 보일러 압력까지 가압하지 않고 상태 6에 해당되는 중간 압력까지만 가압한다. 따라서 또 다른 펌프를 이용하여 급수 가열기의 출구 액체를 보일러 압력까지 가압한다. 여기서 중요한 점은 열을 공급하는 동안의 평균 온도가 증가했다는 사실이다.

그림 10.10에서 **개방형 급수 가열기**(open feedwater heater)를 검사 체적으로 고려해 보자. 질량 보존은

$$\dot{m}_2 + \dot{m}_6 = \dot{m}_3$$

이며, **추출비**(extraction fraction)를 만족시켜야 하므로

$$y = \dot{m}_6/\dot{m}_5 \tag{10.4}$$

따라서

$$\dot{m}_7 = (1-y)\dot{m}_5 = \dot{m}_1 = \dot{m}_2$$

열과 일의 출입이 없는 에너지 식은

$$\dot{m}_2 h_2 + \dot{m}_6 h_6 = \dot{m}_3 h_3$$

이며, 질량 유량($\dot{m}_3 = \dot{m}_5$)을 대입하면

$$(1-y)\dot{m}_5 h_2 + y\dot{m}_5 h_6 = \dot{m}_5 h_3 \tag{10.5}$$

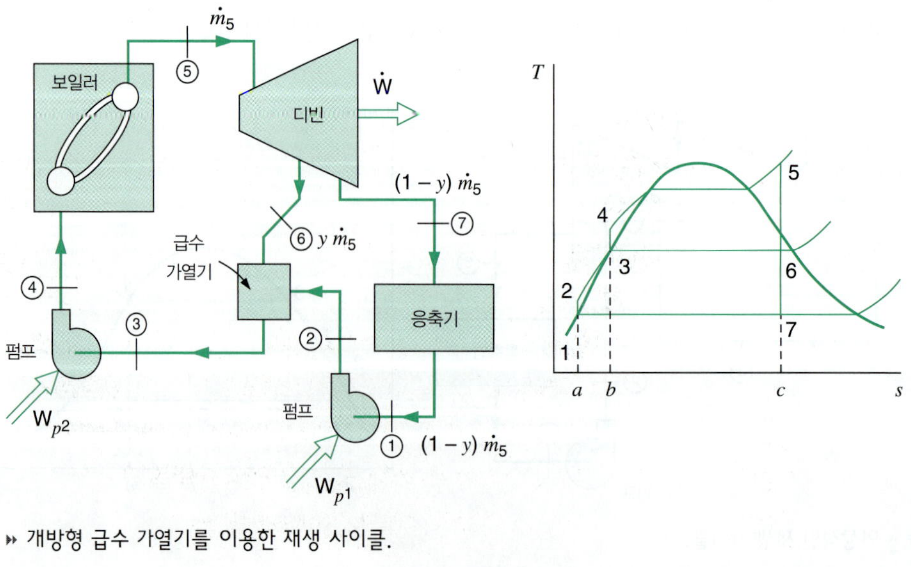

그림 10.10 ▸▸ 개방형 급수 가열기를 이용한 재생 사이클.

상태 3을 포화 액체로 제한하고(더 가열할 경우 2상 영역으로 이동하여 펌프 P_2를 손상시킬 수 있다) y에 대해 풀면

$$y = \frac{h_3 - h_2}{h_6 - h_2} \tag{10.6}$$

이 식으로 주어진 추출 압력에서 얻을 수 있는 최대 추출비를 정할 수 있다.

이 사이클에서 각 기기를 지나는 수증기의 질량이 서로 다르기 때문에 T-s 선도상에 표시하기가 다소 어렵다. 그림 10.10의 T-s 선도는 각 위치에서 유체의 상태만을 나타내고 있다.

그림 10.10에서 면적 $4-5-c-b-4$는 작동 유체의 단위 질량당 열전달을 나타낸다. 과정 7–1은 열을 방출하는 과정이나, 모든 수증기가 응축기를 통과하지는 않으므로 면적 $1-7-c-a-1$은 응축기를 통과하는 단위 질량당 열전달을 나타내며 터빈으로 들어가는 작동 유체의 단위 질량당 열전달을 나타내지는 않는다. 상태 6과 상태 7 사이에서는 수증기의 일부만이 터빈을 통과하고 있다. 다음 예제는 재생 사이클에 대한 계산 방법을 예시하고 있다.

예제 10.4

수증기를 작동 유체로 사용하는 재생 사이클을 생각해 보자. 수증기는 4 MPa, 400°C의 상태로 보일러에서 나와서 터빈으로 들어간다. 터빈에서 400 kPa까지 팽창한 후, 수증기의 일부는 추출되어 개방형 급수 가열기에 공급된다. 급수 가열기의 압력은 400 kPa이고 출구 상태는 400 kPa의 포화 액체이다. 나머지 수증기는 10 kPa까지 팽창한다. 사이클의 효율을 계산하라.

이 사이클의 구성과 T-s 선도는 그림 10.10에 나와 있다.

앞의 예제에서와 같이, 각 검사 체적에 대해 모델로 수증기표를 사용하고 운동 에너지와 위치 에너지의 변화가 없는 정상상태 과정으로 간주한다.

예제 10.2와 예제 10.3을 참조하면 다음과 같이 상태량을 얻을 수 있다.

$$h_5 = 3213.51\ \mathrm{kJ/kg} \qquad h_6 = 2685.62\ \mathrm{kJ/kg}$$

$$h_7 = 2144.1\ \mathrm{kJ/kg} \qquad h_1 = 191.8\ \mathrm{kJ/kg} \quad h_3 = h_{f\,400\,\mathrm{kPa}} = 604.73\ \mathrm{kJ/kg}$$

해석

이 Rankine 사이클에는 과열과 개방형 급수가열기가 있다. 급수가열기로 분리되는 질량 유량을 결정하고, 에너지 식은 보일러의 유량으로 나눈다.

급수가열기 에너지 식: $0 = y\,h_6 + (1-y)\,h_2 - h_3 \Rightarrow y = (h_3 - h_2)/(h_6 - h_2)$

터빈 에너지 식: $w_T = \dot{W}_T/\dot{m}_5 = (h_5 - h_6) + (1-y)(h_6 - h_7)$

풀이

펌프의 비압축성 유동에서

$$w_{P1} = \int v\,dP \approx v_{f1}(P_2 - P_1) = 0.001\,01\ \mathrm{m^3/kg}\,(400 - 10)\ \mathrm{kPa} = 0.394\ \mathrm{kJ/kg}$$

$$h_2 = h_1 + w_P = (191.81 + 0.394)\ \mathrm{kJ/kg} = 192.2\ \mathrm{kJ/kg}$$

$$w_{P2} = \int v\,dP \approx v_{f3}(P_4 - P_3) = 0.001\,084\ \mathrm{m^3/kg}\,(4000 - 400)\ \mathrm{kPa} = 3.9\ \mathrm{kJ/kg}$$

$$h_4 = h_3 + w_{P2} = (604.73 + 3.9)\ \mathrm{kJ/kg} = 608.63\ \mathrm{kJ/kg}$$

급수가열기에서

$$y = (h_3 - h_2)/(h_6 - h_2) = \frac{604.73 - 192.2}{2685.62 - 192.2} = 0.1654$$

터빈 일은

$$w_T = [(3213.51 - 2685.62) + (1 - 0.1654)(2685.62 - 2144.1)]\,\text{kJ/kg} = 979.8\,\text{kJ/kg}$$

펌프 1의 유량 분율이 $(1 - y)$이므로, 순수 일은

$$w_{\text{net}} = w_T - (1 - y)\,w_{P1} - w_{P2} = 979.8 - (1 - 0.1654)\,0.394 - 3.9 = 975.6\,\text{kJ/kg}$$

보일러 에너지 식: $q_H = h_5 - h_4 = (3213.51 - 608.63)\,\text{kJ/kg} = 2604.88\,\text{kJ/kg}$

전체 열효율: $\eta_{\text{th}} = \dfrac{w_{\text{net}}}{q_H} = \dfrac{975.6}{2604.88} = 0.375$

예제 10.2의 Rankine 사이클에 비해 효율이 증가했다.

지금까지는 터빈에서 추출한 수증기와 급수가 급수 가열기에서 혼합된다고 가정하였다. 이보다 더욱 많이 사용되는 형태의 급수 가열기는 **밀폐형 급수 가열기**(closed feedwater heater)이다. 이 경우 수증기와 급수는 혼합되지 않으며, 추출된 수증기가 급수관 외부에서 응축되면서 열을 전달한다. 그림 10.11에 도식적으로 나타낸 밀폐형 가열기에서는 수증기와 급수가 상당히 다른 압력에 있을 수 있다. 응축된 액체는 가압하여 급수관에 공급하거나 **트랩**(trap)으로 제거하여 저압 가열기 또는 응축기로 보낸다(증기는 통과시키지 않고 액체만을 저압부로 통과시키는 기기가 트랩이다).

응축수를 응축기로 보내는 트랩이 있는 그림 10.11의 밀폐형 급수 가열기를 해석해 보자. 급수는 추출된 증기의 응축 온도까지 가열된다고 가정한다. 즉 낙수 펌프(drip pump)가 없으므로, $T_3 = T_4 = T_{6a}$가 된다. 급수 가열기에 질량 보존을 적용하면

$$\dot{m}_4 = \dot{m}_3 = \dot{m}_2 = \dot{m}_5; \qquad \dot{m}_6 = y\dot{m}_5 = \dot{m}_{6a} = \dot{m}_{6c}$$

응축기에 추출된 유량이 더해지므로, 상태 2에서의 유량은 상태 5와 같다. 에너지 식은

$$\dot{m}_5 h_2 + y\dot{m}_5 h_6 = \dot{m}_5 h_3 + y\dot{m}_5 h_{6a} \tag{10.7}$$

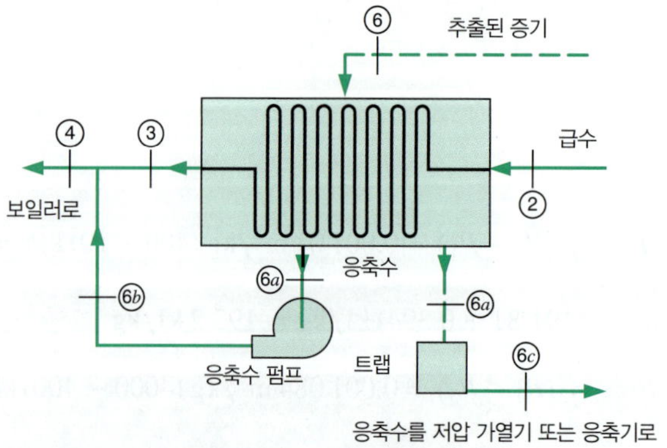

그림 10.11 » 밀폐형 급수 가열기의 도식적 배열.

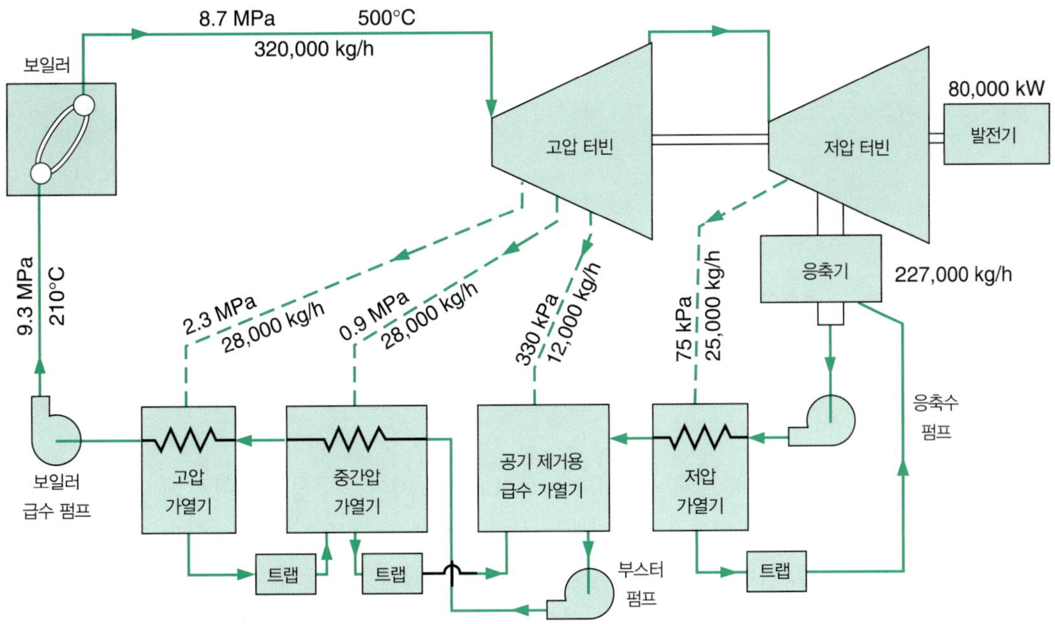

그림 10.12 » 재생형 급수 가열기를 이용하는 실제 동력 발전소에서의 가열기 배열.

y에 대해 풀면

$$y = \frac{h_3 - h_2}{h_6 - h_{6a}} \tag{10.8}$$

개방형 급수 가열기는 밀폐형 급수 가열기에 비해 가격이 저렴하고 열전달 특성이 더 우수한 장점이 있다. 반면에 각 가열기 사이에서 급수를 다루기 위한 펌프가 필요하다는 것이 단점이다.

많은 동력 발전소에서는 여러 단(보통 5단 이하)에서 증기를 추출한다. 물론 단의 수는 경제적인 면에서 결정한다. 급수 가열기와 추출단의 수가 매우 많으면, 사이클 효율은 그림 10.9의 이상적인 재생 사이클(최고 압력의 포화 액체로 보일러에 급수 공급)의 효율에 접근해 간다. 그러나 단의 수가 너무 많으면 효율의 증가에 따른 에너지 절약 효과보다 추가적인 장비(급수 가열기, 배관 등)의 가격이 더 높으므로 경제성이 떨어진다.

실제 동력 발전소의 주요 부품의 전형적인 배열을 그림 10.12에 나타내었다. 하나의 개방형 급수 가열기는 **공기 제거용 급수 가열기**(deaerating feedwater heater)로, 가열의 목적과 함께 급수 내의 공기를 제거하는 목적을 동시에 갖고 있다. 공기가 제거되지 않으면 보일러 내에 부식이 과도하게 발생한다. 한편 고압 가열기에서 응축된 액체는 트랩을 통해 중간 가열기로 배수되고 중간 가열기에서는 공기 제거용 급수 가열기로 배수되고 있다. 저압 가열기에서는 응축기로 배수된다.

많은 실제 동력 발전소에서는 하나의 재열단과 여러 재생단을 복합하여 사용한다. 이러한 사이클에 대해서는 이미 살펴본 원리를 바로 적용할 수 있다.

10.5 실제 사이클과 이상 사이클의 차이

증기 동력 사이클을 마치기 전에, 실제 사이클이 이상 사이클과 어떻게 다른지에 대해 몇 가지 언급하고자 한다. 가장 중요한 차이점은 터빈, 펌프, 배관, 그리고 응축기에서의 손실이며, 아래에 차례로 소개한다.

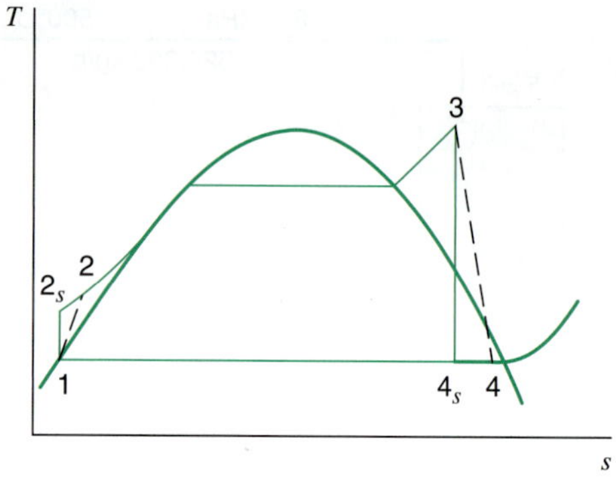

그림 10.13 ▸ 터빈과 펌프 비효율이 사이클 성능에 주는 영향을 나타내는 T-s 선도.

➲ 터빈 손실

터빈 손실은 7.5절에서 설명했으며, 실제 사이클과 이상 Rankine 사이클의 성능 차이를 가장 크게 하는 요인이다. 큰 값의 터빈 일은 사이클의 열효율을 나타내는 식의 분자에 가장 중요하며, 등엔트로피 터빈 효율만큼 사이클의 열효율도 감소한다. 터빈에서의 손실은 주로 터빈을 통과하는 작동 유체의 유동과 관련이 있다. 주위로의 열전달도 손실로 나타나지만 일반적으로 부차적이다. 이 과정은 그림 10.13과 같이 나타낼 수 있다. 여기서 4_s는 등엔트로피 팽창 후의 상태이고 4는 비가역 과정을 거친 실제 터빈 출구 상태를 나타낸다. 만약 스로틀 과정을 이용하여 터빈 운전을 제어한다면, 이것도 터빈 손실로 작용한다.

➲ 펌프 손실

펌프에서의 손실도 터빈과 유사하며, 주로 유동의 비가역성에 기인한다. 펌프 손실은 7.5절에서 다루었으며, 이상적인 출구 상태 2_s와 실제 출구 상태 2를 그림 10.13에 나타내었다. 펌프 손실은 매우 작은 값을 가지므로 터빈 손실에 비해 상대적으로 매우 작다.

➲ 배관 손실

마찰에 의한 압력 강하와 주위로의 열전달이 가장 중요한 배관 손실이다. 예를 들어 터빈과 보일러를 연결하는 배관에 대해 생각해보자. 만일 마찰의 영향만이 있다면 그림 10.14의 상태 a와 상태 b는 각각 보일러 출구와 터빈 입구의 수증기 상태를 나타낼 수 있으며, 마찰의 영향으로 엔트로피가 증가한다. 일정한 압력에서 주위로 열전달이 발생하면 과정 bc로 나타낼 수 있으며, 이 영향으로 엔트로피는 감소한다. 압력 강하와 열전달은 터빈으로 유입되는 수증기의 가용성을 감소시킨다. 이 과정 동안의 비가역성은 8장에서 소개한 방법으로 계산할 수 있다.

보일러에서의 압력 강하도 이와 비슷한 손실이다. 압력 강하 때문에, 보일러로 들어가는 물은 보일러에

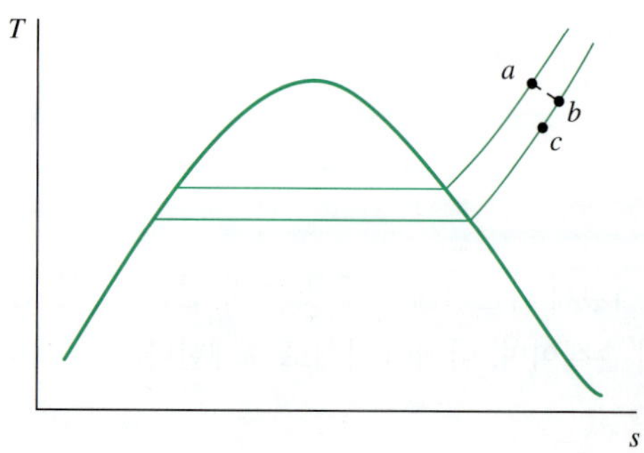

그림 10.14 ▸ 보일러와 터빈 사이 손실의 영향을 나타내는 T-s 선도.

서 나가는 수증기의 목표 압력보다 더 높은 압력으로 가압해야 하고, 따라서 추가적인 펌프 일이 필요하다.

응축기 손실

응축기에서의 손실은 상대적으로 작다. 응축기 출구에서 액체를 포화 온도 이하로 냉각하는 것이 그 손실 중의 하나인데, 그 이유는 액체를 다시 포화 온도까지 가열하기 위해 추가적인 열전달이 필요하기 때문이다.

이러한 손실들이 사이클에 미치는 영향은 다음 예제에 설명되어 있으며, 그 결과를 예제 10.2와 비교한다.

예제 10.5

증기 동력 발전소가 사이클로 작동되며 각 상태의 온도와 압력을 그림 10.15에 표기하였다. 터빈의 효율은 86%이고, 펌프의 효율은 80%이다. 사이클의 열효율을 계산하라.

앞의 예제와 같이 각 검사 체적에 대해 모델로 수증기표를 사용하고 운동 에너지와 위치 에너지의 변화가 없는 정상상태 과정으로 간주한다. 이 사이클을 그림 10.16의 T-s 선도에 나타내었다.

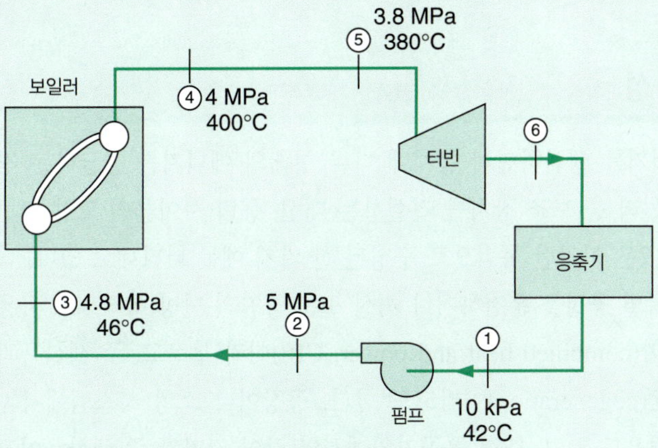

그림 10.15 » 예제 10.5에 대한 개략도.

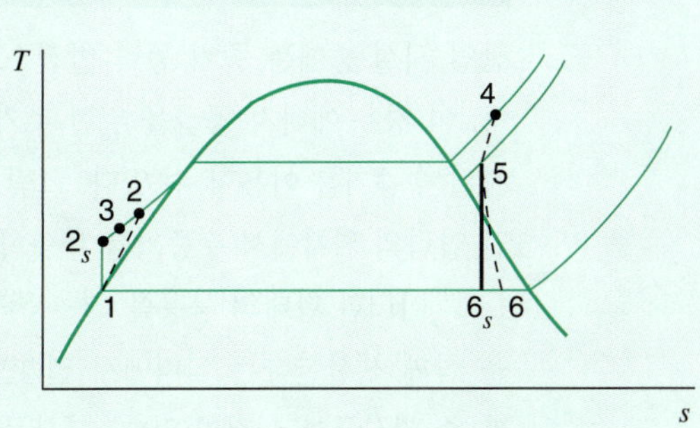

그림 10.16 » 예제 10.5에 대한 T-s 선도.

해석

펌프와 터빈의 등엔트로피 효율이 주어졌으므로

이상적인 터빈:	$w_{Ts} = h_5 - h_{6s}; \quad s_{6s} = s_5;$
실제 터빈:	$w_{Tac} = \eta_T \, w_{Ts} = h_5 - h_6$
이상적인 펌프:	$w_{Ps} = h_{2s} - h_1 = v(P_{2s} - P_1); \quad s_{2s} = s_1$
실제 펌프:	$w_{Pac} = w_{Ps}/\eta_P = h_2 - h_1$

풀이

주어진 상태에서 상태량은:

$$1:\ v_1 = 0.001\,009\ \mathrm{m^3/kg},\quad 3:\ h_3 = 196.81\ \mathrm{kJ/kg},\quad 4:\ h_4 = 3213.51\ \mathrm{kJ/kg},$$
$$5:\ h_5 = 3169.1\ \mathrm{kJ/kg},\quad s_5 = 6.7235\ \mathrm{kJ/kg\text{-}K}$$

이상적인 펌프 일과 효율로 실제 펌프 일이 결정된다.

$$w_{Ps} \approx v_{f1}(P_2 - P_1) = 0.001\,009\ \mathrm{m^3/kg}\,(5000 - 10)\ \mathrm{kPa} = 5.03\ \mathrm{kJ/kg}$$
$$w_{Pac} = W_{Ps}/\eta_P = 5.03\ \mathrm{kJ/kg}/0.8 = 6.3\ \mathrm{kJ/kg}$$

보일러에서 가한 열은

$$q_H = h_4 - h_3 = 3213.51 - 196.81 = 3016.7\,\text{kJ/kg}$$

터빈 일을 계산하기 위해, 상태 6s를 구하면(그림 10.16 참조)

$$s_{6s} = s_5 = 6.7235\,\text{kJ/kg-K} = (0.6492 + x_{6s} \times 7.501)\,\text{kJ/kg-K}, \quad x_{6s} = 0.8098$$
$$h_{6s} = h_f + x_{6s}\,h_{fg} = (191.81 + x_{6s}\,2392.82)\,\text{kJ/kg} = 2129.5\,\text{kJ/kg}$$
$$w_{T\text{ac}} = \eta_T\,w_{Ts} = \eta_T\,(h_5 - h_{6s}) = 0.86(3169.1 - 2129.5)\,\text{kJ/kg} = 894.1\,\text{kJ/kg}$$

열효율은

$$\eta_{\text{th}} = \frac{w_{\text{net}}}{q_H} = \frac{w_{Tac} - w_P}{q_H} = \frac{894.1 - 6.3}{3016.7} = 0.294$$

이 결과는 예제 10.2의 유사한 Rankine 사이클의 효율인 35.3%와 비교할 수 있다.

10.6 열-동력 병합: 기타 구성

산업 시설 중에는 증기 동력 발전소로 전기를 생산하면서 동시에 다른 형태의 에너지를 공급하는 경우가 있다. 이 경우 에너지 공급을 위한 추가 보일러 등 보조 장치를 건설하는 대신, 동력 사이클의 고압 터빈에서 팽창된 수증기를 이용할 수 있다. 그림 10.17은 이러한 목적으로 구성된 한 가지 예를 나타내고 있다. 터빈의 중간 압력의 위치에서 수증기를 추출하여 특별 공정을 운전하거나 시설 또는 공간의 난방 목적으로 사용한다.

이러한 형태의 응용을 **열-동력 병합**(combined heat and power, CIP)이라 부르고, 주 생산품과 부산물을 함께 생산한다는 의미에서 **열병합 발전**(cogeneration)이라고도 한다. 공장이나 소형 시스템에서는 수증기가 주 생산품이고 전기(일)가 부산물인 경우도 있고, 대형 공공기업에서와 같이 전기가 주 생산품이고 수증기가 부산물인 경우도 있다. 예를 들면 그림 1.1이나 1.2의 동력 발전소에서는 전력망에 공급하는 전기를 생산

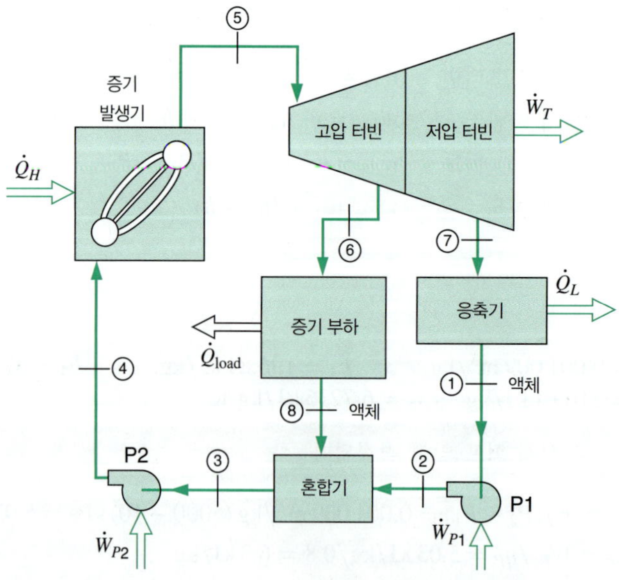

그림 10.17 » 열병합 발전 시스템의 예.

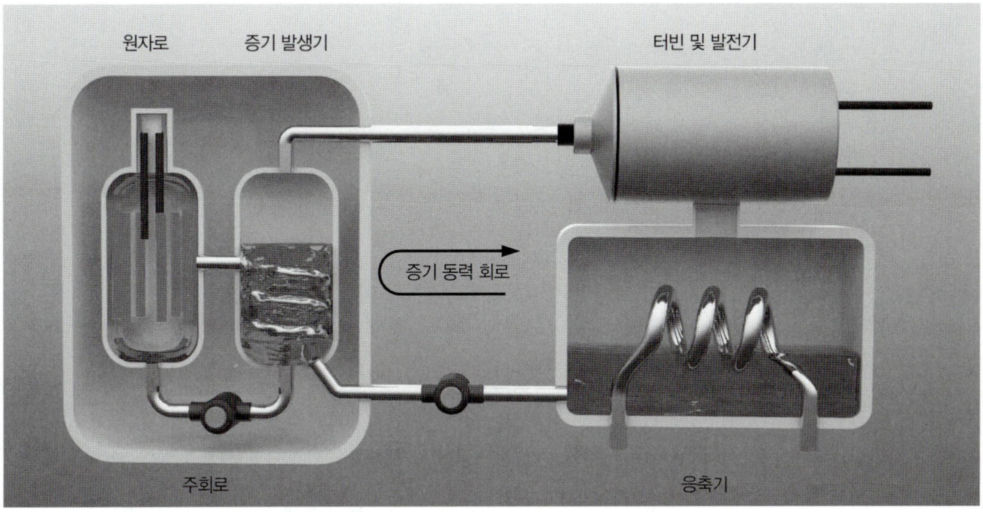

그림 10.18 ➽ 선박용 핵추진 시스템의 계통도.

하면서, 추가로 인근 도시의 난방을 위해 지하 배관에 공급하는 수증기를 생산하는데, 이런 장치를 **지역난방**(district heating)이라 부른다. 이 시스템은 인구밀도가 충분히 높고 배관 거리가 충분히 짧을 때 경제적으로 실현 가능하다.

기본 Rankine 사이클은 특수한 환경에서 여러 가지 용도로 사용될 수 있다. 대부분의 대형 발전소에서는 연료로 값싼 석탄이 사용되지만, 다른 연료도 사용이 가능하다. 그림 10.18은 잠수함에 사용되는 원자로 추진 발전소의 예를 나타내고 있다. 이 시스템은 연료를 자주 공급하지 않아도 되고, 적당한 공간에 설치할 수 있으며, 연소를 위한 공기가 필요 없는 장점이 있다. 물론 이러한 발전소를 운전하기 위해서는 여러 가지의 안전 예방책들이 필요하다.

또 다른 대체 에너지원도 발전소 운전에 사용될 수 있다. 낮은 온도의 태양열이나 폐열을 사용하기 위해서는 물보다 훨씬 낮은 온도에서 끓고 대기 온도에서 응축되는 물질로 사이클을 구성해야 한다. 이러한 "하부(bottom)" 온도 사이클은 다음 장의 복합 사이클에서 설명한다.

열원의 온도가 높을수록 사이클의 효율이 증가하기 때문에 태양 에너지는 반사경을 이용한 집열 시스템으로 에너지를 집중하여 사용할 수 있다. **헬리오스탯**(heliostat)은 고정된 위치에서 태양의 궤도를 따라가며 광선의 초점을 맞추는 역할을 한다. 태양에서 에너지를 받을 수 있는 시간은 제한되어 있기 때문에, 에너지 저장 시스템을 이용하면 발전소의 운전 시간을 늘리고 시설 활용도도 크게 높일 수 있다. 이러한 원리의 새로운 태양열 발전소가 Nevada 주에 건설 중이며, 그림 10.19와 같이 용융 염(molten salt)으로 태양열 집열판의 에너지를 Rankine 사이클에 전달한다. 이 시스템은 주간에 동력을 생산하지만, 일몰 시간에서 자정까지도 계속 운전되어 에너지 수집과 소비 사이에 시간적 완충 작용을 한다.

개념점검

a. 과열이 없는 Rankine 사이클에서 사이클을 결정하기 위해서는 몇 개의 상태량이 필요한가? 과열 있는 사이클의 경우는 어떠한가?

b. Rankine 사이클에서 어느 부품이 고압을 결정하는가? 어떤 요소가 저압을 결정하는가?

c. 개방형 급수 가열기와 밀폐형 급수 가열기의 차이점은 무엇인가?

d. 열병합 발전소에서는 무엇이 함께 생산되는가?

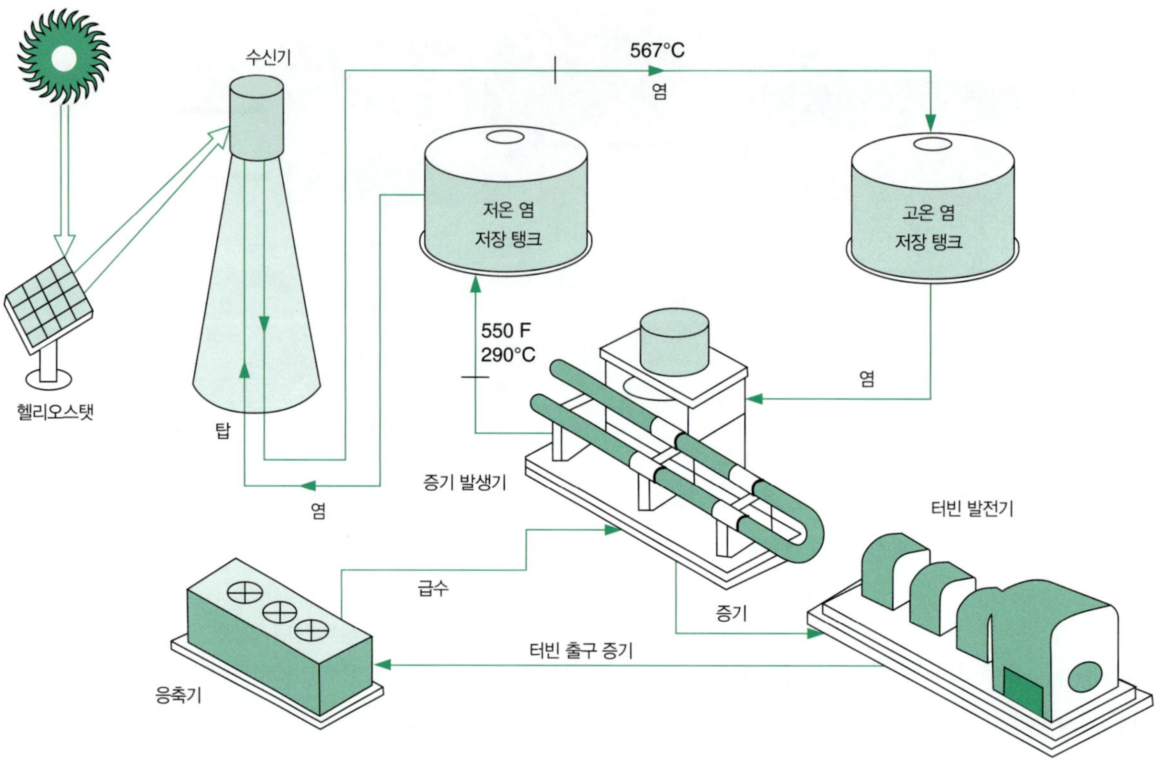

그림 10.19 ▸ Nevada 주 Tonopah에 건설 중인 태양열 발전소.

10.7 증기 압축 냉동 사이클

이 절에서는 10.1절의 Rankine 동력 사이클과 같이, 사이클 동안 상변화를 하는 작동 유체에 대한 이상적인 냉동 사이클을 살펴본다. 그림 9.23에서 상태 3을 응축기 온도에서의 포화 액체로, 상태 1을 증발기 온도에서의 포화 증기로 생각한다. 따라서 등엔트로피 팽창 과정 3−4는 액체가 대부분인 2상 영역에 있게 된다. 그 결과로 이 과정 동안 출력일은 매우 미약하며 시스템에 장치를 설치하는 비용 대비 가치가 없다. 따라서 터빈을 밸브나 긴 모세관 등의 스로틀 기기(throttling device)로 대치하여, 작동 유체가 고압에서 저압으로 스로틀 팽창하도록 한다. 그 결과가 그림 10.20에 나타낸 증기 압축 냉동(vapor compression refrigeration)시스템의 이상 모델이다. 저압의 포화 증기는 압축기로 들어가서 과정 1−2로 가역 단열 압축된다. 그러고 나서 과정 2−3에서 등압으로 열이 방출되며 작동 유체는 포화 액체로 응축기에서 나온다. 그 후 작동 유체는 단열 스로

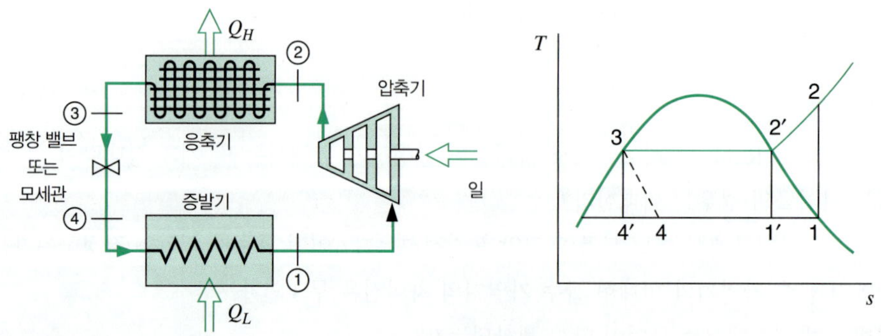

그림 10.20 ▸ 이상적인 증기 압축 냉동 사이클.

표 10.2 ▸ 증기압축 냉동 사이클의 과정

부품	에너지 식	엔트로피 식	과정
압축기	$0 = h_1 + w_C - h_2$	$0 = s_1 - s_2 + (0/T) + 0$	$q = 0, s_1 = s_2$
응축기	$0 = h_2 - q_H - h_3$	$0 = s_2 - s_3 - \int dq_H/T + 0$	$P_2 = P_3 = C$
밸브	$0 = h_3 - h_4$	$0 = s_3 - s_4 + (0/T) + S_{gen}$	$q = 0$, 비가역
증발기	$0 = h_4 + q_L - h_1$	$0 = s_4 - s_1 + \int dq_L/T + 0$	$P_4 = P_1 = C$

틀 과정 3−4를 거치며, 등압 증발 과정 4−1을 통해 한 사이클을 완성한다.

사이클이 Rankine 사이클의 역사이클과 유사하다는 점은 이미 언급하였다. 이 사이클과 작동 유체가 항상 2상 영역에 있는 1′−2′−3−4′−1′의 Carnot 사이클과의 차이점을 살펴보자. Carnot 사이클의 과정 1′−2′에서와 같이 액체와 증기의 혼합물을 압축하기보다는 증기만을 압축하기가 훨씬 용이하다. 적절한 속도로 상태 1′과 같은 혼합물을 압축하면서 액체와 증기 간의 평형을 유지하는 것은 사실상 불가능하다. 또 다른 차이점은 앞서 언급한 바와 같이 터빈을 스로틀 과정으로 대치한 점이다.

표준 증기 압축 냉동 사이클은 네 상태(총 8개의 상태량) 사이에 네 개의 과정(한 등엔트로피 과정, 두 등압 과정, 한 등엔탈피 과정)으로 이루어진다. 상태 3이 포화 액체이고 상태 1이 포화 증기라 가정하면, 두 개의 변수(= 8 − 4 − 2)를 결정해야 한다. 압축기가 고압인 $P_2 = P_3$을 생성하고, 응축기와 찬 공간 사이의 열전달이 저온인 $T_4 = T_1$을 결정한다.

이 사이클 해석은 Rankine 사이클과 유사하며, 각 부품에 대한 과정은 표 10.2에, 선도는 그림 10.20에 나와 있다. 이상적인 사이클에 하나의 비가역 부품이 있는데, 바로 스로틀 밸브이다. 이 시스템은 두 가지 용도 중 하나로 사용된다. 첫째 용도는 냉동 시스템인데, 주어진 공간을 주변 온도인 T_3보다 낮은 저온 T_1으로 유지한다. 따라서 이 경우에 설정된 시스템 목표는 q_L이고, 냉동 시스템 성능은 5장에서 정의한 성능 계수(COP), β로 나타낸다.

$$\beta = \frac{q_L}{w_c} = \frac{h_1 - h_4}{h_2 - h_1} = \frac{h_1 - h_3}{h_2 - h_1} \tag{10.9}$$

두 번째 용도는 열펌프(heat pump) 시스템인데, 이 경우 일정한 공간을 주변(또는 열원) 온도 T_1보다 높은 온도 T_3로 유지하고자 한다. 시스템을 사용하는 목적은 q_H를 얻는데 열펌프의 성능 계수 β'은 다음과 같다.

$$\beta' = \frac{q_H}{w_c} = \frac{h_2 - h_3}{h_2 - h_1} = \beta + 1 \tag{10.10}$$

냉동 시스템과 열펌프 시스템에서 설계 변수는 서로 다르나 해석 방법은 동일하다. 이 절과 다음 절들에서 다루는 냉동기에 대한 내용은 일반적으로 열펌프 시스템에 대해서도 적용할 수 있다.

예제 10.6

작동 유체가 R-134a인 이상 냉동 사이클을 생각해보자. 증발기에서 냉매 온도는 −20°C이고 응축기에서 온도는 40°C이다. 냉매가 0.03 kg/s의 유량으로 순환하고 있다. 냉동기의 성능 계수와 단위 시간당 냉동 용량을 구하라.

해석

이 예제에 대한 선도는 그림 10.20이고, 각 과정에 대한 해석은 표 10.2에 있다.

풀이

주어진 조건에서 상태량은

1. $-20°C, x = 1$: $h_1 = 386.1$ kJ/kg, $s_1 = 1.7395$ kJ/kg-K
3. $40°C, x = 0$: $h_3 = 256.5$ kJ/kg, $P_3 = P_2 = P_g = 1017$ kPa

해석에서

압축기: $s_2 = s_1 \Rightarrow T_2 = 47.7°C, \quad h_2 = 428.4\ \text{kJ/kg}$

$$w_C = h_2 - h_1 = (428.4 - 386.1)\ \text{kJ/kg} = 42.3\ \text{kJ/kg}$$

밸브: $h_4 = h_3$

증발기: $q_L = h_1 - h_4 = (386.1 - 256.5)\ \text{kJ/kg} = 129.6\ \text{kJ/kg}$

성능 계수: $\beta = \dfrac{q_L}{w_c} = \dfrac{129.6}{42.3} = 3.06$

냉동 능력 $= \dot{Q}_L = \dot{m}\, q_L = 0.03\ \text{kg/s} \times 129.6\ \text{kJ/kg} = 3.89\ \text{kW}$

10.8 증기 압축 냉동 시스템의 작동 유체

증기 압축 냉동 시스템에서는 증기 동력 사이클보다 훨씬 많은 종류의 작동 유체(냉매)를 사용한다. 증기 압축 냉동의 초기에는 암모니아와 이산화황이 중요한 냉매였으나, 두 가지 모두 유독하며 위험한 물질이다. 근래에는 Freon과 Genatron이란 상품명의 할로겐화 탄화수소를 주로 사용하였다. 예를 들면 CCl_2F_2 (dichlorodifluo-romethane)는 Freon-12, Genatron-12, 또는 냉매-12나 R-12로 알려져 있다. 보통 *CFC* (*chlorofluorocarbon*)로 불리는 이러한 종류의 냉매는 상온에서 화학적으로 대단히 안정하며, 특히 수소 원자가 없는 경우 더욱 안정하다. 이러한 특성은 작동 유체인 냉매에 꼭 필요하다. 반면에 이러한 특성은 치명적인 결과를 초래할 수도 있는데 이는 기체가 냉동 기기에서 대기 중으로 유출되면 수년에 걸쳐 성층권으로 서서히 확산되어 가기 때문이다. 성층권에서 냉매는 분해되어 염소를 배출하여 오존층을 파괴한다. 따라서 이미 널리 사용되고 있으나 생태계를 위협할 수 있는 CFC 특히 R-11과 R-12를 제거하고 적절한 대체물을 개발하는 일은 대단히 중요하게 되었다. R-22와 같이, 수소를 포함하는 CFC(때로는 *HCFC*라고 부른다)는 대기 중의 수명이 짧으므로 분해되지 않고 성층권에 도달하는 양이 적으며 따라서 덜 유해하다. 가장 바람직한 유체는 염소 원자를 전혀 갖지 않은 *HFC* (*hydrofluorocarbon*)로 불리는 물질이나, 이들의 대기 온실 효과는 이산화탄소와 유사하거나 경우에 따라서는 더 크다. 과거 냉동 시스템에 널리 사용되던 R-12의 판매는 많은 국가에서 금지되어 있고, 공기 조화 시스템에 사용되던 R-22도 머지 않아 금지될 예정이다. 대체 냉매들을 표 10.3에 열거하였는데, 이들 중 일부는 순수 물질이 아니라 여러 유체의 혼합물이다.

작동 유체인 냉매를 선정하는 데에 우선적으로 고려해야 하는 두 가지의 중요한 사항은 냉동 온도와 사용 장치의 종류이다.

표 10.3 ▸▸ 기존 냉매와 대체 냉매

기존 냉매	R-11	R-12	R-13	R-22	R-502	R-503
대체 냉매	R-123	R-134a	R-23(저온용 T)	NH_3	R-404a	R-23(저온용 T)
	R-245fa	R-152a R-401A	CO_2 R-170(에탄)	R-410A	R-407a R-507a	CO_2

열전달 과정 동안 냉매는 상변화를 하는데, 냉매 압력은 열공급 또는 방출 과정 동안 항상 포화 압력으로 일정하게 유지된다. 저압에서 냉매의 비체적은 크며 따라서 큰 장치가 필요하다. 고압이면 장치는 작아도 되나 고압에 견딜 수 있도록 설계해야 한다. 특히 압력은 임계 압력보다는 매우 낮아야 한다. 극저온 응용을 위해서는 두 개의 별도 시스템을 연결하는 캐스케이드(cascade) 냉동을 하기도 한다.

사용되는 압축기의 종류는 냉매와 밀접한 관계에 있다. 왕복동 압축기는 작은 비체적과 높은 압력에 적합하며, 원심 압축기는 낮은 압력과 큰 비체적에 적합하다.

가전제품용 냉매에 있어서는 무독성도 중요한 요소이다. 환경적인 면 이외에 냉매가 갖추어야 할 특성으로는 압축기 윤활유와의 상용성(miscibility), 부전도성(dielectric strength), 안정성, 저가격 등이 있다. 냉매는 대체로 부식을 유발하는 경우가 많다. 주어진 응축 온도와 증발 온도에 대하여 이상 사이클의 성능 계수는 냉매에 따라서 달라진다. 물론 다른 여건이 허락하는 한 성능 계수가 가장 높은 냉매를 사용하는 것이 바람직하다.

10.9 실제 증기 압축 냉동 사이클과 이상 사이클의 차이

실제 냉동 사이클이 이상 사이클과 다른 가장 중요한 이유는 유체 유동에 의한 압력 강하와 주위와의 열전달이다. 실제 사이클은 그림 10.21의 선도와 같이 표시할 수 있다.

압축기 입구에서 냉매는 보통 과열 증기이다. 압축 과정 동안 비가역성이 존재하며, 주위에서 혹은 주위로 열전달이 생기는데, 그 방향은 주위의 온도와 냉매의 온도로 결정된다. 비가역성과 냉매로의 열전달은 엔트로피를 증가시키지만, 냉매에서 주위로의 열전달은 엔트로피를 감소시키므로, 이 과정 동안 엔트로피는 증가할 수도 있고 감소할 수도 있다. 두 가지의 가능성을 점선 1−2 및 1−2′으로 나타내었다. 응축기 출구에서 액체 압력은 입구에서 증기 압력보다 낮으며 응축기 내의 냉매 온도는 열이 전달되는 주위의 온도보다 약간 높을 것이다. 보통 응축기 출구에서 액체 온도는 포화 온도보다 낮다. 냉매의 온도는 응축기와 팽창 밸브 사이의 배관에서 약간 더 낮아질 수 있다. 그러나 이 온도 강하로 인해 증발기 입구에서 냉매의 엔탈피가 더 낮게 되어 증발기에서 더욱 많은 열이 냉매로 전달되므로 이득이 된다.

증발기를 통과하면서 냉매의 압력은 다소 떨어진다. 증발기 출구에서 냉매는 약간 과열될 수 있으며, 주위에서 열전달로 인해 증발기와 압축기 사이의 배관에서 온도가 상승한다. 이 열전달은 압축기 입구에서 유체 비체적을 크게 하여 압축일을 증가시키므로 손실이 된다.

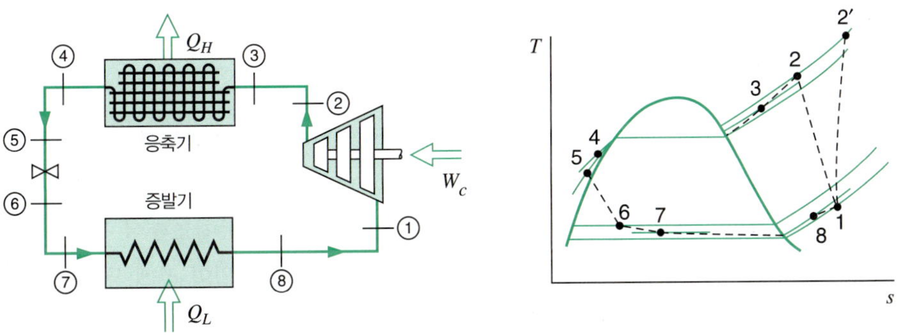

그림 10.21 ▸ 실제 증기 압축 냉동 사이클.

예제 10.7

냉동 사이클이 R-134a를 작동 유체로 사용한다. 그림 10.21에 표시한 각 위치에서 상태량은 아래와 같고, 엔탈피 값은 표 B.5를 이용하라.

상태	1	2	3	4	5	6	7	8
P, [kPa]	125	1200	1190	1170	1150	140	135	130
T, [°C]	−10	100	80	45	40	−18.8	−19.6	−20
h, [kJ/kg]	394.9	480.9	459.7	263.9	256.4	256.4	256.4	386.6

압축 과정 동안 R-134a의 열손실은 4 kJ/kg이다. 사이클의 성능 계수를 결정하라.

해석

이 사이클은 표 10.2와 약간 다르다.

압축기 에너지 식: $0 = h_1 + w_C - q_{\text{loss}} - h_2$

스로틀 과정: $h_5 = h_6 = h_7$

증발기: $q_L = h_8 - h_7$

풀이

해석에서

$$w_C = h_2 - h_1 + q_{\text{loss}} = (480.9 - 394.9 + 4)\ \text{kJ/kg} = 90.0\ \text{kJ/kg}$$

증발기: $q_L = h_8 - h_7 = (386.6 - 256.4)\ \text{kJ/kg} = 130.2\ \text{kJ/kg}$

성능 계수: $\beta = \dfrac{q_L}{w_c} = \dfrac{130.2}{90.0} = 1.44$

개념점검

e. 부엌에 있는 냉장고의 냉매는 R-134a이고, −5°C의 얼음을 만들려 한다. 고압의 최솟값과 저압의 최댓값은 얼마인가? 실내 온도는 20°C이다.

f. 표준 증기 압축 냉동 사이클을 정확히 결정하기 위해서는 몇 개의 변수가 필요한가?

10.10 냉동 사이클의 변형

기본 냉동 사이클은 특수 용도를 위해 또 성능 계수를 증가시키기 위해 변형이 가능하다. 온도차가 클 때는 그림 10.22에 나타낸 2중 회로의 2단 압축을 통해 성능을 개선할 수 있다. 2단 압축에서 압축단 사이의 온도가 너무 낮으면 중간 냉각을 할 수 있는 냉각 매체가 존재하지 않는데(그림 7.11 참조), 이 구성은 이러한 경우에 사용될 수 있다. 저온용 압축기에서는 매우 큰 비체적 때문에 단위 질량당 일이 크게 되는데, 다루는 유체의 유량을 적게 하여 성능 계수의 증가를 가져온다.

재생기(regenerator)는 기체에서 액체를 생산하는 Linde-Hampson 공정에 사용할 수 있는데, 그림 10.23은 그림 10.24의 액체 산소 플랜트를 단순화한 형태이다. 재생기에서 기체는 더욱 냉각된 후 스로틀 과정을 거치게 되는데, 재생기에서 냉각은 압축기로 되돌아가는 찬 증기로 이루어진다. 압축기는 전형적으로 다단 피스

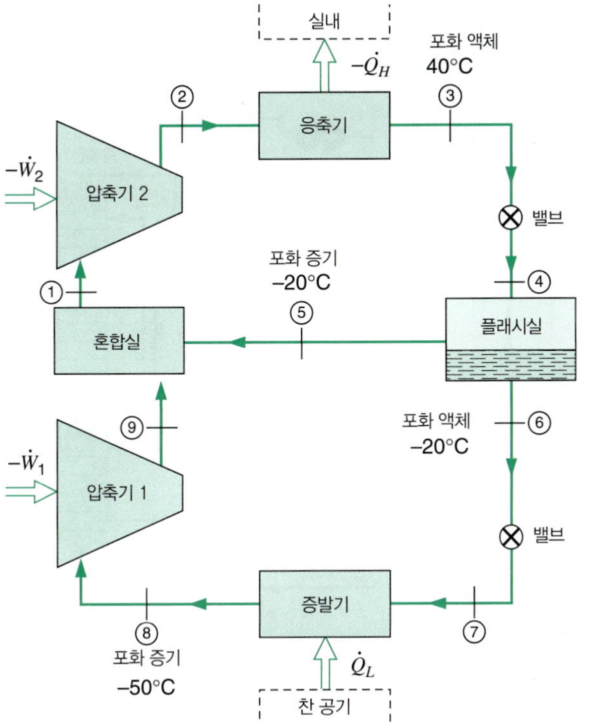

그림 10.22 » 2단 압축 2중 회로 냉동 시스템.

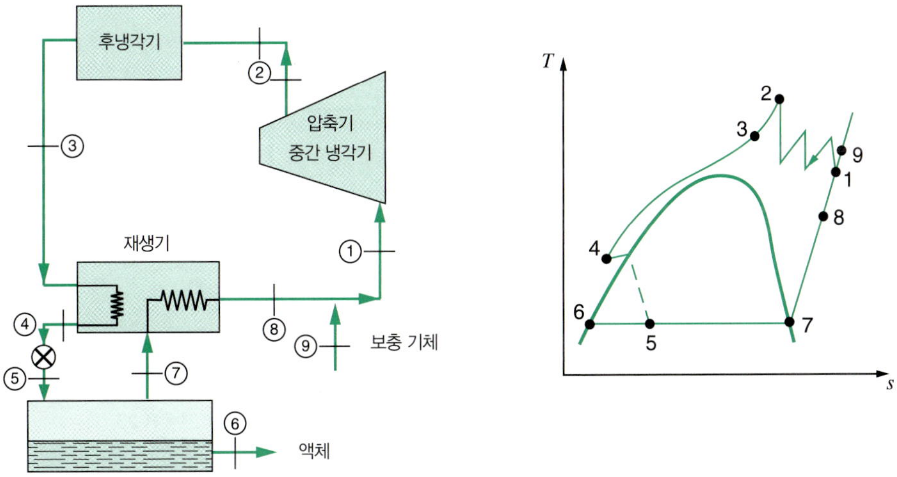

그림 10.23 » 기체 액화용 Linde-Hampson 시스템.

톤-실린더형인데, 압축일을 줄이기 위해 각 압축단 사이에 중간 냉각을 하여 등온 압축에 근접해갈 수 있다.

마지막으로 온도 범위가 매우 클 때에는, 두 개의 냉동 사이클에 각각 서로 다른 냉매를 사용하고 그림 10.25와 같이 한 사이클을 다른 사이클의 상부에 두는 **캐스케이드 냉동 시스템**을 이용한다. 이 시스템에서 고온 사이클의 증발기는 저온 사이클의 응축기에서 열을 흡수하므로 두 냉매 사이에 온도차가 필요하다. 2유체 열교환기에서 두 질량 유량은 외부 열전달이 없이 두 사이클 사이의 에너지 균형을 통해 결정된다. 한 사이클 시스템과 비교해 보면, 전체 압축기 일은 줄어들고 냉동 능력은 증가하는 효과를 갖는다. 점도나 열전도율을 포함하여 각 온도 범위에 적합한 열역학 상태량을 가져야 하므로, R-23이나 탄화수소와 같은 특수한 저온 냉매가 필요하다.

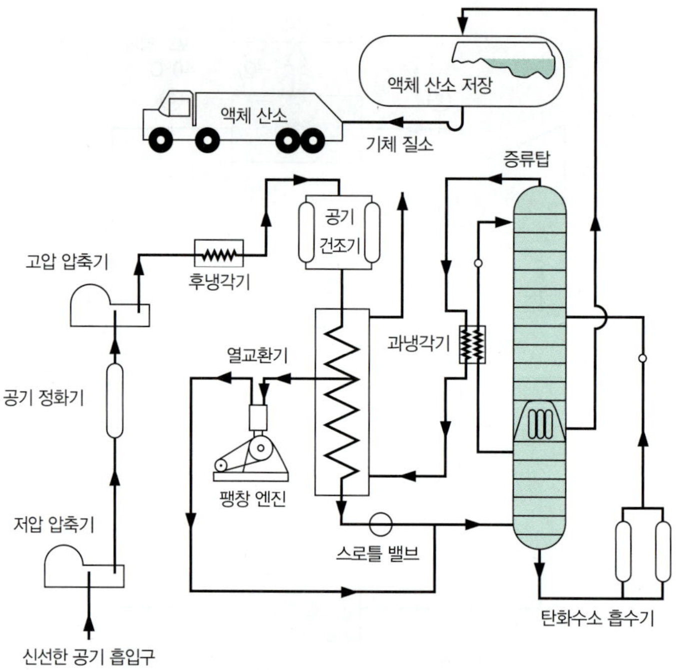

그림 10.24 » 액체 산소 플랜트의 단순 선도.

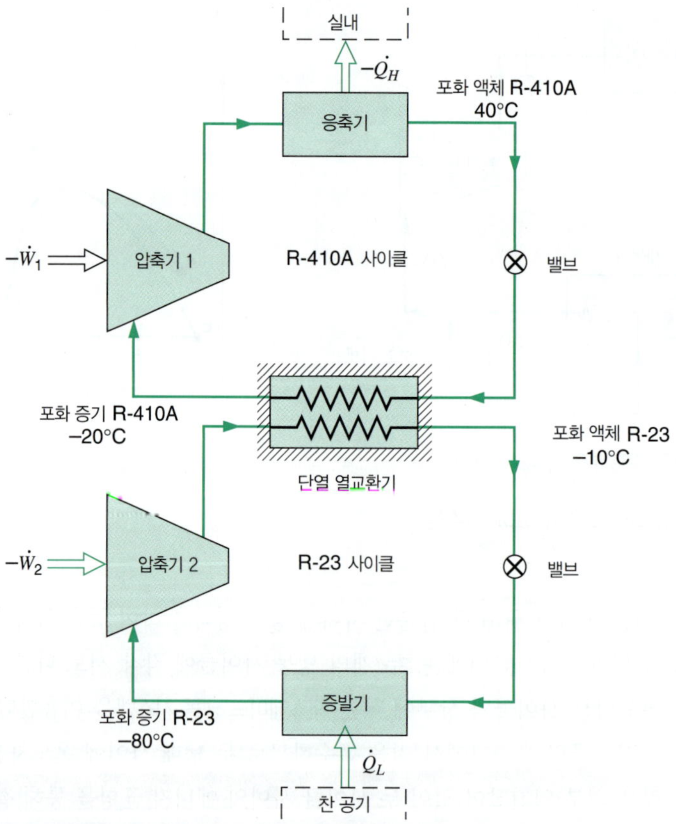

그림 10.25 » 2사이클 캐스케이드 냉동 시스템.

10.11 흡수식 냉동 사이클

흡수식 냉동 사이클(absorption refrigeration cycle)은 압축하는 방법이 증기 압축 사이클과 다르다. 흡수식 사이클에서 저압의 증기는 물에 흡수되어 수용액이 되고, 수용액은 액체 펌프에 의해 고압으로 가압된다. 그림 10.26은 이러한 시스템의 기본 요소의 구성을 나타내고 있다.

저압의 암모니아 증기는 증발기를 떠나 흡수기(absorber)에 유입되고 여기에서 묽은 암모니아 용액(weak solution)에 흡수된다. 이 과정은 주위보다 약간 높은 온도에서 진행된다. 이 과정 동안 열은 주위로 방출되어야 한다. 짙은 암모니아 용액(strong solution)은 가압되어 열교환기를 지나 발생기(generator)로 가며, 발생기는 고온과 고압으로 유지된다. 이러한 조건하에서 고온의 열원으로부터 열이 전달되면 암모니아 증기가 용액에서 추출된다. 이 암모니아 증기는 (증기 압축 시스템과 같이) 응축기로 가서 응축된 후, 팽창 밸브를 거쳐 증발기로 보내진다. 묽은 암모니아 용액은 열교환기를 지나 흡수기로 되돌아간다.

흡수식 시스템에서는 액체를 가압하기 때문에 필요한 입력일이 매우 작은 장점이 있다. 운동 에너지와 위치 에너지의 변화가 없는 가역 정상상태 과정에서 일은 $-\int v\,dP$인데, 액체의 비체적이 증기의 비체적보다 매우 작기 때문이다. 반면에 대체로 고온(약 100~200°C 정도)의 열원이 필요하다.

그림 10.26에서 상태 1과 상태 2의 왼쪽에 있는 모든 부품이 그림 10.20의 표준 냉동 사이클에서 압축기와 입력일을 대신한다. 열기관과 같이 작용하고 소량의 펌프 입력일이 있으므로, 냉동기를 구동하는 데 사용되는 전체 일은

$$\dot{W}_{\text{in}} = \dot{W}_P + \eta_{\text{HE}}\,\dot{Q}'_H \tag{10.11}$$

열기관 효율의 상한은 Carnot 사이클 효율

$$\eta_{\text{HE}} \le 1 - \frac{T_0}{T_s}$$

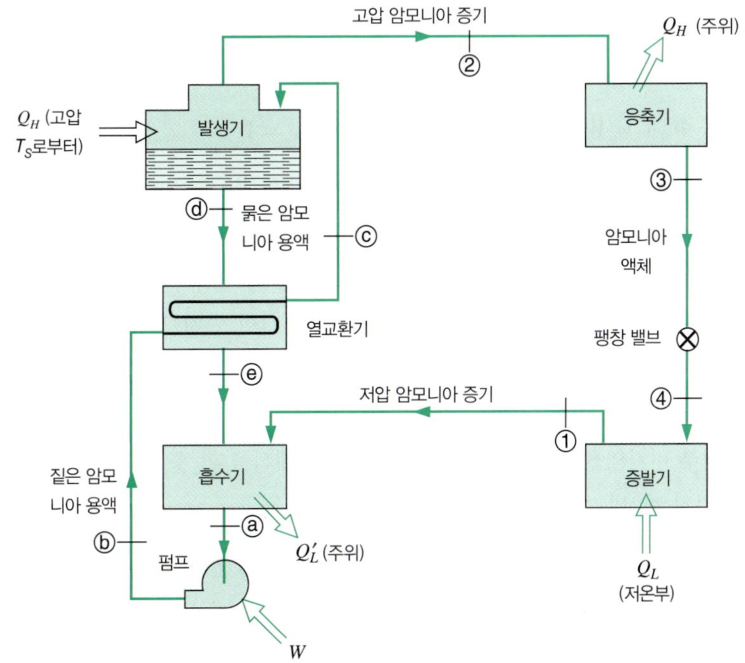

그림 10.26 ▸ 암모니아 흡수식 냉동 사이클.

이고 COP의 표준 정의인 식 (10.9) 또는 식 (5.2)를 이용하면

$$\dot{Q}_L = \text{COP}\,\dot{W}_{\text{in}} = \text{COP}\,(\dot{W}_P + \eta_{\text{HE}}\,\dot{Q}'_H) \tag{10.12}$$

이 사이클의 주 에너지 입력은 열원이므로, 열전달의 비를 이용한 수정 COP를 보통 사용한다.

$$\begin{aligned} \text{COP}' = \beta_{\text{absorption ref.}} &= \frac{\dot{Q}_L}{\dot{Q}'_H} \\ &= \text{COP}\,(\eta_{\text{HE}} + \dot{W}_P/\dot{Q}'_H) \end{aligned} \tag{10.13}$$

그리고 펌프 일은 매우 작으므로 대부분 무시하고 계산한다. 이러한 흡수식 냉동 사이클에서 COP′ 비는 보통 1보다 작다.

흡수식 시스템은 증기 압축 시스템보다 더 많은 장치가 필요하므로, 폐열 등 적절한 열원이 있는 경우에만 경제성이 있다. 최근에는 태양열이나 지열 등의 대체 에너지원을 이용하기 위한 흡수식 사이클에 대한 관심도 늘어나고 있다. 암모니아 수용액이 아닌 다른 작동 유체가 흡수식 사이클에 사용되기도 하는데, 그중 한 가지 예가 브롬화리튬과 물이다.

운동 에너지와 위치 에너지의 변화가 없는 가역 정상상태 과정에서 축일은 $-\int v\,dP$이다. 따라서 압축 과정은 가능한 한 작은 비체적 상태에서 진행되어야 한다는 원리가 이 사이클에서 다시 강조된다.

10.12 사이클의 엑서지 해석

에너지 변환 과정인 사이클들을 살펴보았고, 원하는 출력 에너지를 얻기 위한 사이클의 입력 에너지에 초점이 맞추어져 있다. 개별적인 부품과 과정에 대해 자세히 해석하였는데, 여기에는 각 과정과 전체 사이클의 특성을 나타내는 에너지 식과 엔트로피 식이 함께 사용되었다. 엑서지 해석을 전체 시스템으로 확장하기 위해, 엑서지 개념이 어떻게 사이클에 적용되는지 간략한 설명하고자 한다.

8장에서 다룬 여러 예제와 해석은 개별적인 과정과 기기에 초점이 맞추어졌으나, 여기에서는 열기관인 Rankine 사이클 전체 시스템을 살펴본다. Rankine 사이클에 들어가거나 나오는 엑서지를 두 개의 일과 두 개의 열전달로 표현하면

$$\dot{\Phi}_{\text{in}\,W} = \dot{W}_P; \qquad \dot{\Phi}_{\text{out}\,W} = \dot{W}_T$$

$$\dot{\Phi}_{\text{in}\,Q} = \dot{\Phi}_H = \dot{m}_{\text{cycle}}(\psi_3 - \psi_2); \quad \dot{\Phi}_{\text{out}\,Q} = \dot{\Phi}_L = \dot{m}_{\text{cycle}}(\psi_4 - \psi_1)$$

과열이 포함된 Rankine 사이클에서 고온의 가열이 일정한 온도에서 이루어지지 않으므로, 엑서지 유입을 계산하려면 과정 경로에 대한 적분이 필요하다. 따라서 위 식과 같이 유동 엑서지의 증가로 표현하는 것이 편리하다. 열원의 온도도 일정하지 않기 때문에, 2유동 열교환기에서의 열전달과 제2법칙 효율을 살펴봐야 한다. 효율의 증가는 사이클과 열원의 조합으로 이루어지는데, 여기에서 외부 비가역성에 의한 엑서지 붕괴가 발생한다. 유사한 상황이 냉각 유동에 의해 나가는 응축기 열전달에서도 발생한다. 모든 가역 사이클은 제2법칙 효율이 100%이므로, 외부 비가역성을 포함해야 유용한 엑서지 해석을 할 수 있다.

보일러와 응축기의 제2법칙 효율을 이용하면

$$\begin{aligned} \dot{\Phi}_H &= \dot{m}_{\text{cycle}}(\psi_3 - \psi_2) = \eta_{\text{2nd law boiler}}\dot{\Phi}_{\text{source}} \\ \dot{\Phi}_{\text{sink}} &= \eta_{\text{2nd law condenser}}\dot{\Phi}_L \end{aligned} \tag{10.14}$$

발열원과 흡열원도 보통 유동이므로

$$\dot{\Phi}_{\text{source}} = \dot{m}_{\text{source}}\,\Delta\psi_{\text{source}}; \quad \dot{\Phi}_{\text{sink}} = \dot{m}_{\text{sink}}\,\Delta\psi_{\text{sink}} \tag{10.15}$$

열교환기를 포함한 전체 사이클의 제2법칙 효율은

$$\eta_{\text{II}} = \frac{\dot{\Phi}_{\text{wanted}}}{\dot{\Phi}_{\text{source}}} = \frac{\dot{W}_T - \dot{W}_P}{\dot{\Phi}_{\text{source}} - \dot{\Phi}_{\text{sink}}} \tag{10.16}$$

흡열원의 엑서지를 활용하지 않을 때, 엑서지는 모두 붕괴되어 주위로 나가는 엑서지는 0이 된다.

냉동 사이클에는 엑서지의 기준 온도보다 더 낮은 온도의 찬 공간이 있다. 찬 공간을 냉각할 때, 에너지는 찬 공간에서 나오지만 엑서지는 찬 공간으로 전달된다. 식 (8.35)의 정의에 따라 적절한 제2법칙 효율을 엑서지로 표현하면

$$\eta_{\text{II}} = \frac{\dot{\Phi}_{\text{wanted}}}{\dot{\Phi}_{\text{source}}} = \frac{-\dot{\Phi}_L}{\dot{\Phi}_{\text{source}}} = \frac{-\left(1 - \dfrac{T_0}{T_L}\right)\dot{Q}_L}{\dot{W}_C} \tag{10.17}$$

일반적인 냉장고 또는 공기조화기와 같이, 그 밖의 열전달은 주위 온도에서 이루어진다고 가정하므로, 나가는 엑서지가 0이거나 고온 엑서지가 단순히 폐기된다.

예제 10.8

예제 10.2의 Rankine 사이클에서 엑서지의 출입을 고려하여 사이클의 제2법칙 효율을 구하라. 추가 부품을 포함하는데, 1500 K, 100 kPa의 더운 공기가 열교환기(보일러)에 들어가서 560 K로 나가면서 에너지를 전달하고, 물은 상태 2로 들어가서 상태 3으로 나간다. 이 사이클에 대한 엑서지 붕괴와 보일러의 제2법칙 효율을 구하라.

해석

사이클에서 일은 자체가 엑서지이므로, 열전달을 먼저 생각한다.

보일러에서 가한 엑서지: $\phi_{qH} = \psi_3 - \psi_2 = h_3 - h_2 - T_o(s_3 - s_2) = q_H - T_o(s_3 - s_2)$

응축기에서 나간 엑서지: $\phi_{qL} = \psi_4 - \psi_1 = h_4 - h_1 - T_o(s_4 - s_1) = q_L - T_o(s_4 - s_1)$

제2법칙 효율: $\eta_{\text{2nd law}} = \dfrac{W_{\text{net}}}{\phi_{qH} - \phi_{qL}}; \quad \eta'_{\text{2nd law}} = \dfrac{W_{\text{net}}}{\phi_{qH}}$

대부분 경우, 엑서지 ϕ_{qL}는 폐기되므로 $\eta'_{\text{2nd law}}$가 사용된다.

열교환기 질량 유량을 포함한 에너지 균형과 단위 질량의 물에 공기가 전달하는 엑서지는

$$\dot{m}_{\text{H}_2\text{O}}\,q_H = \dot{m}_{\text{air}}\,q_{\text{air}} = \dot{m}_{\text{air}}(h_i - h_e)_{\text{air}}$$

$$\phi_{\text{in}} = \dot{m}_{\text{air}}(\psi_i - \psi_e)_{\text{air}}/\dot{m}_{\text{H}_2\text{O}}; \quad (\psi_i - \psi_e)_{\text{air}} = q_{\text{air}} - T_o(s_i - s_e)_{\text{air}}$$

풀이

예제 10.2의 결과를 이용하면

$$\begin{aligned}\phi_{qH} &= q_H - T_o(s_3 - s_2) = 3017.7\ \text{kJ/kg} - 298.15\ \text{K}\,(6.7689 - 0.6492)\ \text{kJ/kg-K} \\ &= 1193.1\ \text{kJ/kg} \\ \phi_{qL} &= q_L - T_o(s_4 - s_1) = 1952.3\ \text{kJ/kg} - 298.15\ \text{K}\,(6.7689 - 0.6492)\ \text{kJ/kg-K} \\ &= 127.7\ \text{kJ/kg}\end{aligned}$$

$$\eta_{\text{2nd law}} = \frac{1069.41 - 4.0}{1193.1 - 127.7} = 1; \quad \eta'_{\text{2nd law}} = \frac{1069.41 - 4.0}{1193.1} = 0.89$$

첫째 효율은 가역 사이클에 대한 것이고, 둘째 효율은 응축기에서 외부적 비가역성(q_L로 나가는)은 포함하고 보일러에서 비가역성은 제외한 것이다.

$$\text{공기 에너지 식: } q_{\text{air}} = (h_i - h_e)_{\text{air}} = (1635.8 - 565.5)\,\text{kJ/kg} = 1070.3\,\text{kJ/kg}$$
$$\dot{m}_{\text{air}}/\dot{m}_{H_2O} = q_H/q_{\text{air}} = 3017.7/1070.3 = 2.8195$$
$$(\psi_i - \psi_e)_{\text{air}} = q_{\text{air}} - T_o(s_i - s_e)_{\text{air}}$$
$$= 1070.3\,\text{kJ/kg} - 298.15\,\text{K}(8.612\,08 - 7.504\,22)\,\text{kJ/kg-K} = 740\,\text{kJ/kg}$$
$$\phi_{\text{in}} = \dot{m}_{\text{air}}(\psi_i - \psi_e)_{\text{air}}/\dot{m}_{H_2O} = 2.8195 \times 740\,\text{kJ/kg} = 2086.3\,\text{kJ/kg}$$

공기 상태량은 표 A.7을 사용하고, $P = C$로 압력에 의한 엔트로피 변화를 무시한다. 이 공기 엑서지로 전체 제2법칙 효율을 구하면

전체 제2법칙 효율: $\eta_{\text{2nd law total plant}} = w_{\text{net}}/\phi_{\text{in}} = 1065.41/2086.3 = 0.51$

보일러 제2법칙 효율: $\eta_{\text{2nd law heat exch}} = \phi_{qH}/\phi_{\text{in}} = 1193.1/2086.3 = 0.57$

이제 물의 단위 질량당 엑서지 붕괴는

응축기에서 주위로 열전달: $\phi_{\text{destruction}} = \phi_{qL} = 127.7\,\text{kJ/kg}$

보일러 열교환기: $\phi_{\text{destruction}} = \phi_{\text{in}} - \phi_{qH} = (2086.3 - 1193.1)\,\text{kJ/kg} = 892.9\,\text{kJ/kg}$

10.13 복합 사이클의 동력 및 냉동 시스템

매우 넓은 온도 범위에서 활용하기 위해서 또는 폐열을 효율 향상에 이용하기 위해서 두 사이클을 직렬로 복합한 동력 시스템 또는 냉동 시스템이 바람직한 경우가 많다. 그림 10.27에 나타낸 사이클은 단순 증기 사이클에 수은(mercury) **상부 사이클**(topping cycle)을 **복합한 동력 사이클**(combined power cycle)로 **2원 사이클**(binary cycle)이라 부른다. 이 복합 시스템의 장점은 수은의 증기압이 물에 비하여 매우 낮으며, 따라서 수은의 등온 비등 과정이 물의 임계 온도보다 매우 높은 온도에서 일어나고 있으나 압력은 그리 높지 않다는 것

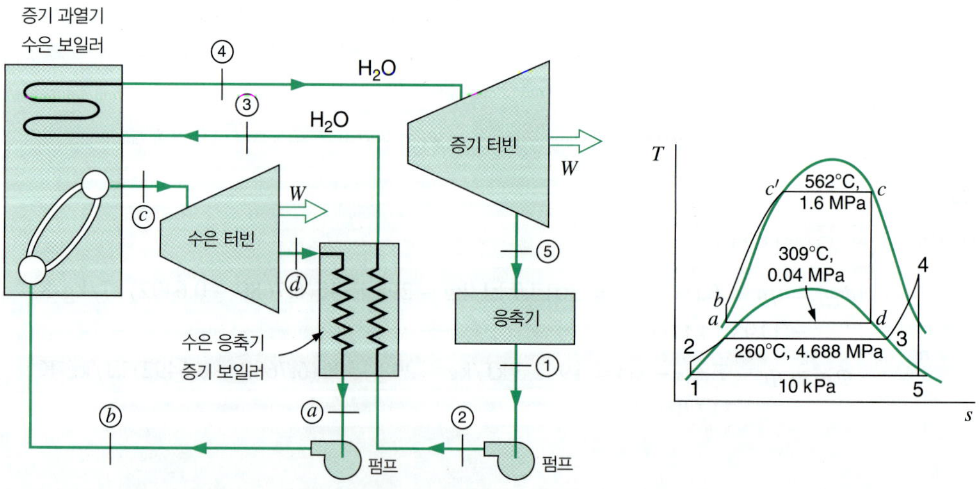

그림 10.27 ▸ 액체 금속-물 2원 동력 시스템.

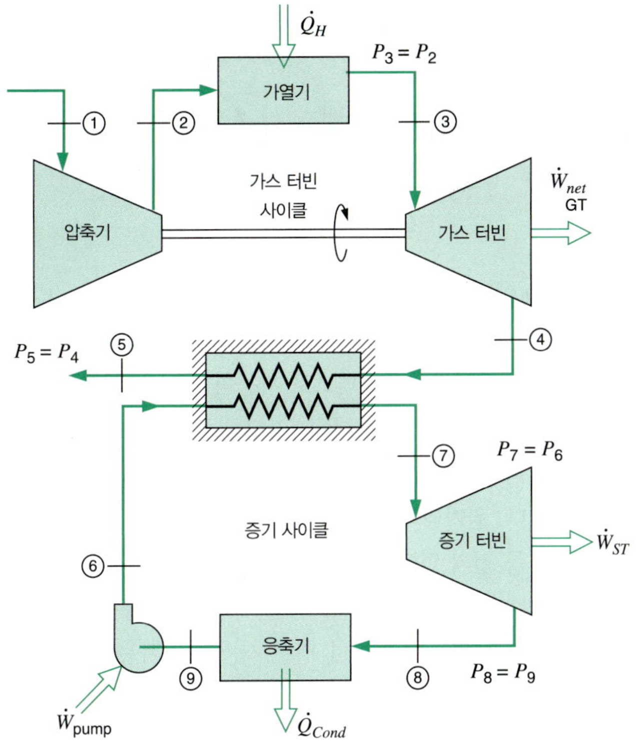

그림 10.28 ▸▸ 복합 Brayton-Rankine 사이클 동력 시스템.

이다. 수은 응축기는 증기 보일러의 등온 열원이 되며, 두 사이클이 적절한 사이클 변수로 연결되었을 때 열효율이 높다. 전형적인 수은-물 2원 사이클에 대한 포화 압력 및 포화 온도를 그림 10.27의 *T-s* 선도에 나타내었다.

상당한 관심을 끌고 있는 다른 형태의 복합 사이클은 Brayton 사이클 가스 터빈(또는 디젤 기관과 같은 다른 연소 기관)에서 방출되는 폐열을 다른 증기 동력 사이클의 열원으로 사용하는 경우이다. 이 경우 증기 사이클은 복합 동력 사이클의 전체 열효율을 증가시키기 위한 **하부 사이클**(bottoming cycle)로 작용한다. 가스 터빈과 증기 Rankine 사이클을 이용하는 시스템을 그림 10.28에 나타내었다. 이러한 조합에서, 응축되지 않는 기체의 열을 등온 비등 및 과열 과정의 에너지원으로 이용할 때 서로 조화가 되지 않는 경우가 있으므로 설계에 주의를 기울여서 핀치점(pinch point)을 피해야 한다. 핀치점이란 기체가 열을 빼앗겨 증기의 비등 온도까지 도달하였으나 그 열이 충분치 못하여 증기가 비등 과정을 마치지 못한 상태를 말한다(문제 10.49 참조).

이러한 복합 시스템에서 Brayton 사이클의 토출 기체의 열을 활용하기 위한 한 가지 방법이 Rankine 사이클의 작동 유체로 혼합물을 사용하는 것이다. 이 방법의 한 예가 암모니아-물 혼합물을 Rankine형 사이클의 작동 유체로 이용하는 **Kalina 사이클**이다. 이 복합 시스템을 주의 깊게 설계하여 두 유체 간의 온도차를 조절할 수 있으므로 사이클의 효율을 아주 높게 할 수 있다. 유사한 하부 사이클을 디젤 기관의 배출 가스로 구동할 수 있는데, 이 경우 Rankine 사이클 또는 Kalina 사이클의 일이 구동축에 추가되며 이를 복합방식(compounding)이라 부른다. 버스나 트럭용 디젤 기관이 사용 가능한데, 그 이유는 대부분의 가솔린 기관과 달리 부하가 크고 대체로 일정하기 때문이다. 이러한 방식은 에너지를 보존하며 배기가스를 줄이는 노력의 일환으로 계속되고 있다.

냉동 시스템에서도 주위와 냉동부의 온도차가 매우 큰 경우 복합 사이클을 이용할 수 있는데, 이러한 냉동 시스템이 10.10장의 캐스케이드(cascade) 시스템이다. 또 그림 10.29와 같이 열기관 사이클의 일로 냉동

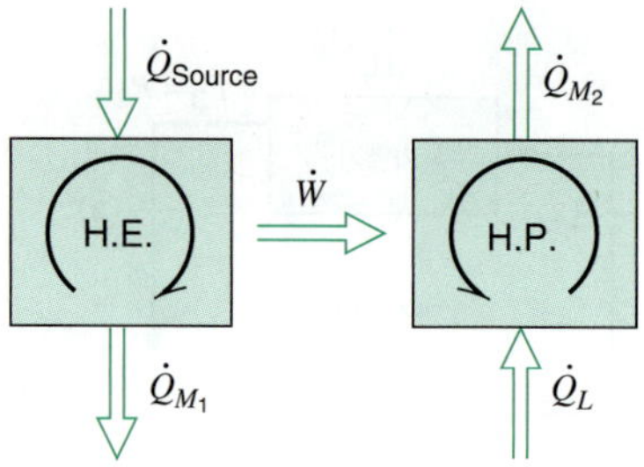

그림 10.29 ▸ 열기관 구동 열펌프 및 냉동기.

사이클을 운전하는 결합 사이클도 가능하다. 이 방법으로 자동차 기관이 생산한 축일로 자동차 공기 조화 유닛을 운전하거나 연료 연소로 생산된 전력으로 가정용 냉장고를 운전한다. 그림 10.26의 암모니아 흡수식 시스템도 기계적 입력일을 크게 절감하는 방법이다. 좌측 부품들을 검사 체적으로 생각하면 표준 냉동 사이클에서 압축기가 대체된 점을 알 수 있다. 원거리의 위치에서는 그림 10.29와 같이 입력일이 전혀 없어도, 열원으로 프로판 연소를 이용하여 냉장고를 전기 없이 운전한다.

여기에서 언급한 것들은 복합 사이클 시스템의 응용 분야나 전체 성능의 향상에 대한 예의 일부에 불과하다. 사실 수많은 다른 종류의 복합 동력 시스템이나 냉동 시스템이 가능하고 그중 몇 가지는 연습문제에서 다루기로 한다.

주요 개념과 공식

Rankine 사이클

표준 사이클: $2 * (P = C$ 열교환기$) + 2 * (s = C,$ 펌프, 터빈$)$
표 10.1의 과정 식

표준 가정 $x_1 = 0$ 응축기 출구

과열 $\Delta T = T_{3'} - T_{3\text{sat}}$ (그림 10.4 참조)

펌프 일: $w_P = h_2 - h_1 \approx v_1 (P_2 - P_1)$;last ≈ 비압축성 경우 (10.2)

순수 일: $w_{\text{net}} = w_{\text{T}} - w_{\text{P}} = q_{\text{H}} - q_{\text{L}}$

사이클 효율: $\eta_{\text{th}} = w_{\text{net}}/q_{\text{H}}$ (10.1)

2법칙 효율 $\eta_{\text{2nd law}} = \dfrac{\dot{\Phi}_{\text{gained}}}{\dot{\Phi}_{\text{supplied}}} = \dfrac{\dot{W}_{\text{T}} - \dot{W}_{\text{P}}}{\dot{\Phi}_{\text{source}} - \dot{\Phi}_{\text{sink}}}$ (10.16)

재열 사이클: 일부 팽창 후 증기 가열 (그림 10.7)

개방형 급수 가열기: 급수와 추출 수증기가 혼합, 출구는 포화 액체(그림 10.10)

추출비: $y = \dot{m}_6/\dot{m}_5 = \dfrac{h_3 - h_2}{h_6 - h_2}$ (10.5)

밀폐형 급수 가열기: 급수가 추출 수증기에 의하여 가열, 비혼합(그림 10.11)

트랩 추출비: $y = \dot{m}_6/\dot{m}_5 = \dfrac{h_3 - h_2}{h_6 - h_{6a}}$ (10.7)

공기 제거 급수 가열기: 기체를 제거하기 위하여 대기압에서 작동하는 개방형 급수 가열기

열병합: 증기 공급과 함께 터빈 동력을 생산(그림 10.17)

열 및 동력 병합 열(증기) 및 동력 전달에 최적화된 플랜트(그림 10.17)

냉동 사이클

표준 사이클: $(P$ = 일정, 열교환기) 과정 2개 $(s$ = 일정, 펌프, 터빈) 과정 2개
표 10.2의 과정 식

표준 가정: 증발기 출구는 $x_1 = 1$, 응축기 출구는 $x_3 = 0$

성능 계수:

$$COP_{\text{REF}} = \beta_{\text{REF}} = \frac{\dot{Q}_L}{\dot{W}_C} = \frac{q_L}{w_c} = \frac{h_1 - h_3}{h_2 - h_1} \quad (10.9)$$

$$COP_{\text{HP}} = \beta_{\text{HP}} = \frac{q_H}{w_c} = \frac{h_2 - h_3}{h_2 - h_1} = \beta_{REF} + 1 \quad (10.10)$$

제2법칙 효율:

$$\eta_{\text{2nd lawref}} = \frac{\dot{\Phi}_{\text{gained}}}{\dot{\Phi}_{\text{supplied}}} = \frac{\dot{\Phi}_{\text{L}}}{\dot{\Phi}_{\text{source}}} = \frac{-\left(1 - T_{\text{o}}/T_{\text{L}}\right) q_{\text{L}}}{w_{\text{C}}} \quad (10.17)$$

단일 T_L에서 열전달 q_L 가정 (10.12절)

복합 사이클

다단: 냉동기 압축 (그림 10.22), 팽창 (그림 10.7)

상부 및 하부 사이클: 고온 및 저온 사이클 (그림 10.27, 10.28)
저온 T 사이클은 유기 Rankine 사이클 (ORC)

흡수식 냉동 사이클

성능 계수:

$$COP_{\text{REF}} = \beta_{\text{REF}} = \frac{\dot{Q}_L}{\dot{W}_P + \eta_{HE}\dot{Q}'_H} \quad (10.12)$$

$\dot{W}_P$ 펌프 일, $\dot{Q}'_H$ 가열, $\eta_{HE} \le (1 - T_o/T_s)$

개념학습용 문제

10.1 증기 동력 발전소는 Carnot 사이클로 작동하고 있는가? 발전소의 4가지 과정을 서술하라.

10.2 Rankine 사이클에서 과열과 응축 온도가 정해져 있을 때, 보일러 압력을 높이면 터빈 일, 펌프 일, 터빈 출구의 온도 또는 건도는 어떻게 변화하는가?

10.3 Rankine 사이클에서 다른 상태량이 정해져 있을 때, 응축기 온도를 높이면 각 기기의 일과 열은 어떻게 변화하는가?

10.4 재열 사이클의 2가지 장점을 열거하라.

10.5 동력 발전소 응축기에서 제거된 에너지는 유용하게 사용될 수 있는가?

10.6 터빈에서 추출된 수증기는 동력을 생성하는 대신 급수 가열기에서 물을 가열하는 데 사용된다. 이 방법이 왜 유리한가?

10.7 지역 난방 시스템(그림 1.1)에서 90°C의 온수를 공급해야 한다. 물을 작동 유체로 사용하면 가장 낮은 응축기 압력은 얼마인가?

10.8 Rankine 사이클 기반 동력 발전소는 Brayton 사이클로 운전되는 같은 용량의기체 기반 동력 발전소보다 효율이 높은 이유는 무엇인가?

10.9 R-410A를 이용하는 열펌프가 20°C의 실내에 이용되며, 외부 온도는 −5°C이다. 가능한 고압의 최솟값과 저압의 최댓값은 얼마인가?

10.10 이산화탄소를 사용하는 열펌프에서 응축 온도가 최소 22°C이고, 동절기에 −10°C의 외기에서 열을 받는다. 운전 압력에는 어떠한 제한 조건이 있는가?

10.11 Brayton 사이클의 역일비는 왜 Rankine 사이클보다 큰 값을 가지는가?

10.12 냉동기에 들어가는 엑서지는 압축기 일이다. 나가는 엑서지가 두 개의 열전달과 어떤 관계인지 설명하라.

과제용 문제

Rankine 사이클, 동력 발전소
단순 사이클

10.13 증기 동력 발전소는 10 MW의 동력을 생성한다. 5 MPa, 500°C의 수증기가 터빈에 들어가고, 응축기 출구 온도는 50°C이다. 필요한 수증기의 질량 유량을 구하라. 사이클을 T-s 선도에 나타내라.

10.14 앞선 문제에서 단위 질량당 일과 열전달, 그리고 사이클 효율을 구하라.

10.15 설비용 Rankine 사이클에서 물 보일러의 압력은 3.0 MPa이고, 사이클의 최고 온도와 최저 온도는 각각 450°C와 45°C이다. 발전소 효율과 같은 온도에서 작동하는 Carnot 사이클의 효율을 구하라.

10.16 R-410A를 사용하는 Rankine 사이클의 보일러에서 3 MPa, 180°C로 과열되고 응축기는 800 kPa로 운전된다. 네 개의 에너지 전달과 사이클 효율을 구하라. 사이클을 P-v 선도 및 T-s 선도에 나타내라.

10.17 Rankine 사이클로 운전되는 증기 동력발전소에서 보일러 출구 상태는 3.0 MPa의 포화 증기이다. 유체는 터빈에서 10 kPa까지 팽창되어 응축기로 들어간다. 사이클 효율과 (이상적인) 각 요소 기기에서의 단위 질량당 일과 열전달을 구하고, 사이클 효율을 구하라.

10.18 그림 P10.18과 같이 지열로 가열된 물을 열원으로 사용하고 작동 유체가 R-410A인 이상 Rankine 사이클이 있다. 보일러 출구에서 R-410A는 4000 kPa, 70°C이고 응축기 온도는 40°C이다. 이 사이클의 열효율을 계산하라.

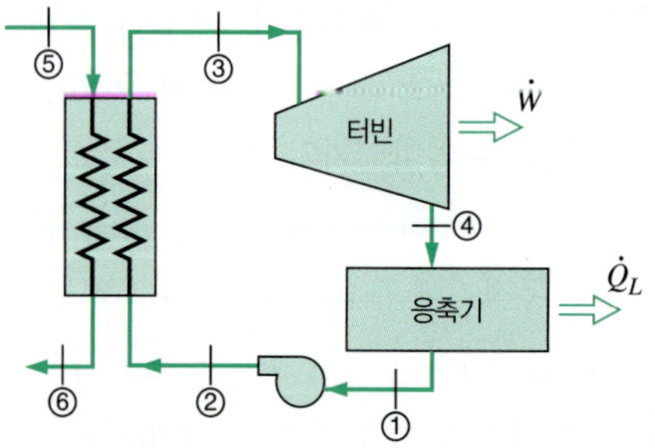

그림 P10.18

10.19 작동 유체가 R-134a일 때, 문제 10.18을 다시 풀라. 보일러 출구에서 85°C의 포화 증기이고, 응축기 온도는 40°C 이다.

10.20 저온 동력 발전소가 이산화탄소로 운전되는데, 응축기는 −10°C로 유지되고 고압은 6 MPa이며 100°C로 과열된다. 터빈 출구 온도와 전체 사이클 효율을 구하라.

10.21 물을 사용하는 Rankine 사이클에서 최고 압력 4 MPa, 보일러 출구 온도 600°C, 열원 온도 700°C이다. 20°C의 주위에서 응축기 내부 온도는 60°C이다. 사이클 효율을 구하라.

10.22 R-410A를 사용하는 저온용 동력 발전소에서 응축기는 −20°C로 유지되고 3 MPa의 고압으로 과열된다. 터빈 출구 온도가 40°C가 되도록 터빈 입구 온도와 전체적인 사이클 효율을 구하라. 사이클을 P-v 선도 및 T-s 선도에 나타내라.

10.23 석탄 화력 발전소에서 보일러가 3 MPa, 600°C의 수증기 25 kg/s를 생산한다. 냉각을 위해 해수가 15°C로 응축기에 들어와서 23°C로 나가고, 응축기 출구의 온도는 50°C이다. 순수 출력 동력과 필요한 해수의 질량 유량을 구하라.

10.24 수증기를 작동 유체로 사용하는 이상 Rankine 사이클에서 사이클의 고압이 초임계 압력이다. 이 사이클은 (예를 들어 고온의 에너지원이 가스 터빈의 배기 가스인 경우와 같이) 증기 발생기에서 유체 간의 온도차를 최소화할 수 있는 장점이 있다. 터빈 입구 상태가 30 MPa, 550°C이고 응축기 압력이 10 kPa일 때, 사이클의 열효율을 계산하라. 터빈 출구에서 증기의 건도는 얼마인가? 사이클을 P-v 선도 및 T-s 선도에 나타내라.

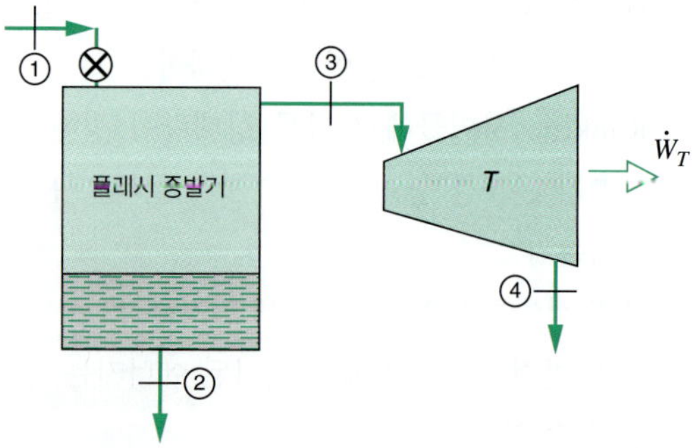

그림 P10.24

재열 사이클

10.25 문제 10.15의 동력 발전소는 터빈 저압부 건도가 너무 낮아 800 kPa에서 재열한다. 터빈 건도가 92% 이상이 되려면 재열기에서 얼마의 과열이 필요한가?

10.26 문제 10.23에 500 kPa, 400°C의 재열을 포함한 후 저압 터빈에서 팽창한다. 순수 출력 동력과 보일러에서 총 열전달을 구하라.

10.27 재열 압력에 따라서 작동 변수와 터빈 성능이 변화한다. 문제 10.13에서 재열 압력이 0.6 MPa과 1.0 MPa일 때, 최종 터빈 출구에서 포화 증기가 되도록 같은 계산을 반복하라.

10.28 문제 10.24의 초임계 사이클에서 첫 터빈은 3 MPa로 팽창하고 500°C로 재열한 후, 저압 터빈에서 10 kPa로 팽창한다고 가정하라. 단위 질량당 총터빈 일과 총보일러 열전달을 구하라. 사이클을 *P*-*v* 선도 및 *T*-*s* 선도에 나타내라.

개방형 급수 가열기

10.29 터빈에서 나온 1 MPa, 200°C의 증기와 급수관에서 나온 1 MPa, 100°C의 물이 개방형 급수 가열기에 들어간다. 터빈에서 추출해야 하는 유량비를 구하라

10.30 문제 10.21의 발전소에서 500 kPa의 개방형 급수 가열기가 사용되고, 출구에서 포화 액체라 가정하라. 두 펌프의 단위 질량당 일은 w_{p1} = 0.4988 kJ/kg, w_{p2} = 3.826 kJ/kg이다. 추출 유동의 질량 분율과 사이클 효율을 구하라.

10.31 극지방 탐사용 동력 발전소는 암모니아를 사용한다. 보일러 출구에서 80°C, 1000 kPa의 상태에 있고, 응축기 온도는 −15°C이다. 한 개의 개방형 급수 가열기가 400 kPa로 운전되고 출구에서 포화 액체로 나온다. 터빈에서 추출하는 질량 분율을 구하라.

10.32 문제 10.31에서 사이클 효율을 구하라.

10.33 증기 동력 발전소에서 보일러 출구 상태는 5 MPa, 400°C이다. 응축기가 60°C에서 운전되고, 800 kPa의 개방형 급수가열기가 사용된다. 보일러를 통과하는 단위 질량당 터빈 일을 구하라. 사이클을 *T*-*s* 선도에 나타내라.

10.34 증기 동력 발전소에서 고압과 저압은 각각 20 MPa, 15 kPa이고 출구 상태가 포화 액체인 하나의 개방형 급수 가열기가 1 MPa에서 작동한다. 최고 온도는 800°C이고 터빈은 5 MW의 총출력을 생산한다. 급수 가열기로 추출되는 증기의 비율과 응축기의 총열전달률을 구하라.

10.35 한 증기 동력 발전소에서 보일러는 2 MPa, 600°C의 수증기를 20 kg/s만큼씩 배출한다. 응축기는 50°C로 운전되며, 평균 온도가 20°C인 강물로 열을 방출한다. 터빈에서 수증기를 추출하는 압력은 600 kPa이며, 하나의 개방형 급수 가열기를 사용하고 출구에서는 포화 액체 상태이다. 추출되는 증기의 질량 유량을 구하라. 만일 강물이 5°C 이상 가열되지 않으려면, 강에서 얼마나 많은 물을 열교환기(응축기)에 공급하여야 하는가?

10.36 원자력 발전소에서 원자로는 액체 나트륨에 열을 전달하고, 열교환기를 통해 끓는 물에 열이 전달된다. 열교환기 출구에서 5 MPa 포화 수증기가 나가고 외부의 가스 연료 과열기에서 600°C로 과열된다. 수증기가 터빈에 들어가 0.4 MPa에서 개방형 급수 가열기로 추출되고, 응축기 압력은 10 kPa이다. 순수 출력 5 MW를 생산하기 위한 원자로와 과열기의 열전달을 결정하라.

밀폐형 급수 가열기

10.37 그림 10.11과 같이 낙수 펌프를 이용한 밀폐형 급수 가열기에 대한 해석식(연속 방정식 및 에너지 방정식)을 작성하라. 검사 체적에 낙수 펌프를 포함하여 상태 4를 출구가 되도록 하라. 추출 비율을 식으로 구하라.

10.38 하나의 밀폐형 급수 가열기가 있는 동력 발전소에서 응축기 온도 45°C, 최대 압력 5 MPa, 보일러 출구 온도 900°C이다. 1 MPa에서 급수 가열기로 추출된 증기가 응축되어 5 MPa 급수 관으로 가압되고, 모든 물은 200°C로 보일러에 들어간다. 수증기 유량의 추출비와 두 펌프의 단위 질량당 입력일을 구하라.

10.39 증기 동력 발전소의 20°C 응축기가 겨울철 제설용으로 사용된다. 사이클의 고압은 P = 5 MPa, 고온은 T = 400°C이며, 응축수 펌프와 함께 1000 kPa의 밀폐형 급수가열기가 있다. 상태 4의 보일러 유동은 170°C, 5 MPa이다. 두 개의 단위 질량당 펌프 일과 추출비를 구하라.

10.40 증기 동력 발전소에서 고압은 20 MPa, 응축기 압력은 10 kPa이다. 1 MPa에서 추출되는 밀폐형 급수 가열기와 응축기로 배수되는 트랩이 있다. 가열기 후단의 급수 온도를 175°C로 가정하라. 주 펌프는 응축기에서 나온 급수를 20 MPa로 보내고 최대 온도는 800°C이다. 보일러의 주 유량은 3 kg/s이다.

주어진 조건: w_{p1} = 20.19 kJ/kg, h_2 = 212 kJ/kg, h_6 = 3013.7 kJ/kg, h_7 = 2235.1 kJ/kg

터빈의 총 출력과 사이클 열효율을 구하라.

10.41 문제 10.33의 동력 발전소에 개방형 대신 밀폐형 급수 가열기가 사용된다. 출구 온도가 170°C이고, 액체는

트랩에서 응축기로 배수된다고 가정하라. 터빈에서 추출비와 사이클 효율을 구하라. 사이클을 *T-s* 선도에 나타내라.

10.42 증기 동력 재생 사이클의 밀폐형 급수 가열기에서 물의 유량은 20 kg/s이고, 100°C, 20 MPa의 상태에서 200°C, 20 MPa의 상태로 가열된다. 터빈에서 추출된 수증기는 가열기로 4 MPa, 275°C의 상태로 들어가고 포화 액체로 나온다. 필요한 추출 수증기의 유량은 얼마인가?

10.43 Rankine 사이클에서 5 kg/s의 암모니아가 2 MPa, 140°C로 터빈에 들어가고, 추출 지점의 압력은 800 kPa이다. 응축기 온도는 −20°C이고, 밀폐형 급수가열기 출구 온도는 추출 유동의 응축온도이며, 응축수 펌프가 있다. 보일러 열원의 온도는 180°C로 일정하다. 추출 유량과 보일러 입구의 상태 4를 구하라.

10.44 증기 사이클에서 터빈 입구는 5 MPa, 400°C이고 응축기 압력은 10 kPa이다. 0.8 MPa의 밀폐형 급수 가열기와 100 kPa의 개방형 급수 가열기를 추가한다. 그림 P10.44와 같이, 저압 펌프는 응축기 출구의 물을 100 kPa로 가압하여 개방형 가열기로 보내고, 고압 펌프는 급수를 3.0 MPa까지 가압한다. 밀폐형 급수 가열기에서 나오는 응축수는 트랩을 거처 개방형 급수 가열기로 배수된다. 사이클의 열효율과 단위 질량당 순수 일을 계산하라.

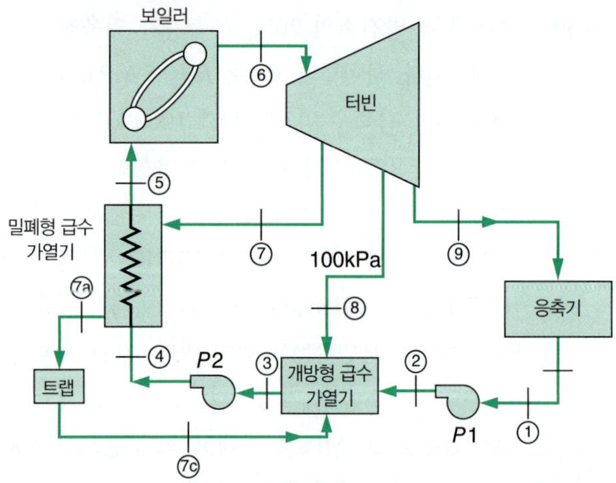

그림 P10.44

비이상 사이클

10.45 문제 10.13의 증기 동력 발전소에서 터빈의 등엔트로피 효율을 87%라 가정한다. 10 MW의 순 출력을 생산하기 위한 사이클 질량 유량을 구하라.

10.46 증기 동력 사이클에서 고압이 3 MPa이고 응축기 출구 온도가 45°C이다. 터빈 효율이 85%이고 다른 부품은 모두 이상적이다. 보일러에서 800°C로 과열될 때, 사이클의 열효율을 구하라. 사이클을 *P-v* 선도 및 *T-s* 선도에 나타내라.

10.47 단순 증기 동력 발전소에서 네 상태는 다음과 같다. 1: (20°C, 100 kPa), 2: (25°C, 1 MPa), 3: (1000°C, 1 MPa), 4: (250°C, 100 kPa) 열원의 온도는 1100°C이고, 0°C의 주위에 열을 방출한다. 이 사이클이 가능한가? 어느 부품이 불가능한가?

10.48 어느 Rankine 사이클의 보일러에서 물은 500°C, 3 MPa로 과열되고 응축기는 100°C로 운전된다. 터빈을 제외한 모든 부품을 이상적이라 가정하라. 터빈의 출구 상태는 100°C의 포화 증기이다. (a) 이상적인 터빈과 (b) 실제 터빈에 대해 사이클 효율을 구하라. 사이클을 *P-v* 선도 및 *T-s* 선도에 나타내라.

10.49 문제 10.18의 보일러에서 지열 온수가 R-134a를 포화 증기로 가열한다. 향류 열교환기(그림 P10.49) 배열을 가정하고, 열교환기 내에서 지열수 온도는 항상 R-134a 온도 이상이 되어야 한다. 열원과 작동 유체 사이의 온도차가 최소가 되는 위치를 핀치점(pinch point)이라 한다. 만일 95°C의 지열수 2 kg/s이 사용 가능하다면, R-134a가 작동 유체인 사이클의 최대 출력 동력은 얼마인가? (힌트: 열교환기 검사 체적을 두 개로 나누어 $\Delta T = 0$, $T = 85°C$인 핀치점을 찾아야 한다.)

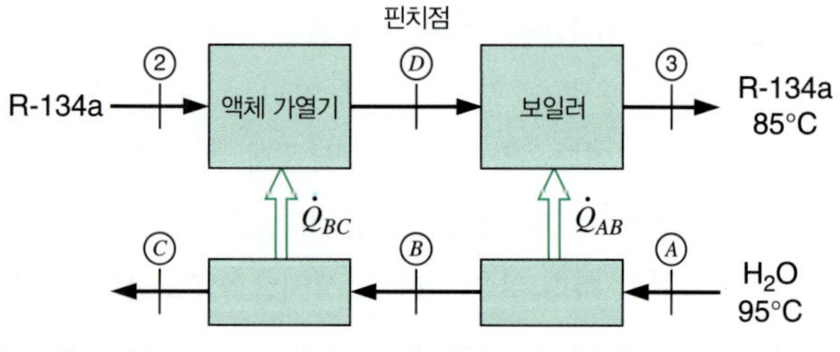

그림 P10.49

10.50 증기 동력 발전소에서 고압이 4 MPa이고, 보일러는 750°C의 열원에서 열을 받아 출구의 온도가 600°C이다. 응축기를 냉각하는 주위의 온도가 20°C이며 응축기 내부 온도는 60°C로 유지된다. 터빈 출구에서의 건도가 92%이며, 터빈 이외의 모든 부품은 이상적이다.

모든 부품에서 단위 질량당 일과 열전달을 구하고 터빈의 등엔트로피 효율을 계산하라. 보일러와 열원에서 생성되는 단위 질량당 엔트로피 생성률을 구하라.

10.51 앞선 문제의 보일러-열원 기구에서 단위 질량당 엔트로피 생성을 구하라.

10.52 문제 10.31의 동력 발전소에서 고온 열원이 120°C의 온수 유동으로 300 kPa의 등압으로 열교환기에 들어가서 90°C로 나간다. 응축기는 −20°C의 주위로 열을 방출한다. 엔트로피가 생성되는 곳을 모두 열거하고 암모니아의 단위 질량당 보일러 열교환기에서의 엔트로피 생성을 구하라.

10.53 증기 동력 발전소에서 고압과 저압은 각각 20 MPa, 15 kPa이고 출구 상태가 포화 액체인 하나의 개방형 급수 가열기가 1 MPa에서 작동한다. 최고 온도는 800°C이고 터빈은 5 MW의 총출력을 생산한다. 급수 가열기로 추출되는 증기의 비율과 응축기의 총열전달률을 구하라. 터빈의 등엔트로피 효율은 85%로 가정한다.

10.54 문제 10.29에서 개방형 급수 가열기의 출구 질량당 엔트로피 생성을 구하라.

10.55 증기 동력 발전소에서 사이클의 고압은 5 MPa이고, 응축기는 50°C로 운전된다. 보일러 출구 온도는 600°C이다. 터빈을 제외한 모든 부품을 이상적이라 가정하라. 터빈의 출구 상태는 50°C의 포화 증기이다. 실제 터빈에 대해 사이클 효율과 터빈 등엔트로피 효율을 구하라.

열-동력 병합

10.56 그림 10.17과 같은 열병합 증기 동력 발전소의 보일러는 7 MPa, 500°C의 수증기 25 kg/s를 생산한다. 응축기 압력이 7.5 kPa이며, 터빈의 500 kPa인 상태 6에서 5 kg/s의 수증기를 추출하여 난방에 사용한 후, 100 kPa의 포화 액체인 상태 8로 돌아간다. 모든 부품이 이상적이라 가정하고, 펌프 1의 출구 온도, 터빈의 전체 출력과 전체 난방용 열전달률을 구하라. 사이클을 *T-s* 선도에 나타내라.

10.57 식품 생산 설비에서 공정 가열을 위해 150°C의 수증기가 필요하다. 이를 위해 열-동력 병합시스템의 터빈에서 증기를 추출한다. 표준 사이클의 터빈 입구 상태가 3 MPa, 450°C이고, 응축기 온도는 60°C이다. 150°C에서 공정 가열을 최대로 하고 터빈 일의 손실을 최소로 하려면, 추출 압력은 얼마가 되어야 하는가?

10.58 제지 공장에서 목재 펄프 슬러리 건조를 위해 500 kPa 포화 증기 15 kg/s의 정상 공급이 필요하다(그림 P10.58). 이 수증기를 열병합 발전으로 공급하기로 했다. 즉, 수증기는 증기 터빈에서 추출하여 공급한다. 20°C, 100 kPa의 물이 5 MPa로 가압되어 증기 발생기에 공급되고 출구에서 400°C이다. 필요한 증기 공급만을 위한 열과 비교할 때, 증기 발생기에 전달되는 추가 열을 얼마인가? 순수 동력의 차이는 얼마인가?

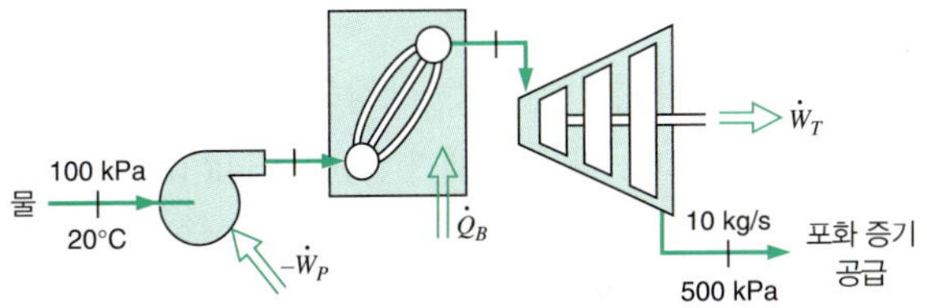

그림 P10.58

10.59 그림 10.19의 보일러를 이용하여 10 MPa, 550°C 상태의 수증기를 2단 터빈에 공급한다. 1단에서 25%의 수증기가 1.4 MPa의 압력으로 추출되어 다른 공정(증기 부하)에 사용된 후 1 MPa, 90°C의 압축 액체로 급수 가열기(혼합기)로 돌아온다. 나머지 수증기는 저압 터빈을 통해 10 kPa까지 팽창하여 응축된다. 첫 번째 펌프는 급수를 1 MPa까지 가압하며, 두 번째 펌프로 10 MPa까지 가압한다. 모든 부품은 이상적이라 가정한다. 다른 공정(증기 부하)에서 5 MW의 열량을 필요로 한다면, 얼마의 동력이 터빈에 의해 병합 발전될 수 있는가?

10.60 소형 동력 발전소는 보일러에서 3 MPa, 600°C의 수증기를 25 kg/s의 유량으로 생산한다. 응축기에서는 출구 온도가 45°C 되도록 냉각되고, 사이클은 그림 P10.60과 같다. 개방형 급수 가열기를 위해 500 kPa에서 수증기가 추출되고, 이 외에 추가로 5 kg/s의 증기가 추출되어 사용되고 귀환되지는 않는다. 부족한 5 kg/s의 물은 20°C, 500 kPa의 상태로 급수 가열기에 공급된다. 급수 가열기와 증기 공급을 위해 필요한 추출 유량을 구하라. 터빈의 총 출력을 구하라.

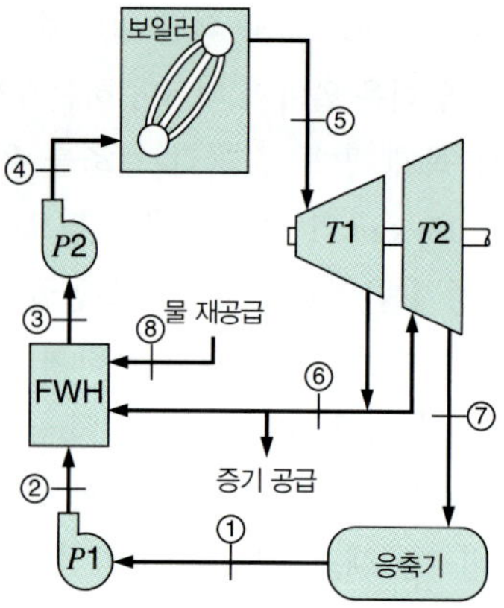

그림 P10.60

위해 공기조화기가 15°C의 공기를 10 kW 냉각해야 한다. 이를 위해 R-410A를 사용하고, 응축 온도는 49°C, 증발 온도는 5°C이다. COP와 필요한 동력을 구하라.

10.69 Timbuktu 공항의 공기 조화기는 R-410A를 이용한 냉동 시스템으로 운전된다. 고압은 1500 kPa이고 저압은 200 kPa이며, 45°C의 사막 공기를 15°C로 냉각한다. 사이클 성능 계수를 구하라. 이 시스템이 작동하겠는가?

10.70 R-410A를 사용하는 열펌프에서 고압은 3000 kPa이고 증발기는 −10°C에서 운전되어 4°C의 지하수 층에서 열을 흡수한다. COP와 에너지를 전달할 수 있는 온도를 구하라.

10.71 R-134a로 운전되는 냉동 사이클에서 저압/고압은 각각 200/1000 kPa이다. 찬 공간을 −5°C로 유지하기 위해 250 W의 열을 제거하고, 실내 온도는 27°C이다. 이 조건에서 COP와 모든 부품의 엔트로피 생성을 구하라.

10.72 R-134a로 운전되는 냉동 사이클에서, 저압은 200 kPa이고 고압은 1000 kPa이다. −5°C의 찬 공간에서 냉각률은 750 W이고, 전체 시스템은 27°C의 실내에 위치한다. 사이클 COP를 구하고, 모든 엔트로피 생성의 위치와 크기를 명시하라. 총 엔트로피 생성율도 구하라.

10.73 앞선 문제의 공기조화기에서 실제 압축기 출구는 1800 kPa, 60°C이고 가열 용량은 2.5 kW이다. COP와 (두 개의) 엔트로피 생성율을 구하라.

냉동 사이클

10.61 30°C의 주방에 있는 냉장고에 육류를 −10°C로 냉동 보관한다. 작동 유체가 (a) R-134a (b) R-410A (c) 암모니아인 경우에 대해, 사이클 고압의 최솟값과 저압의 최댓값은 각각 얼마인가?

10.62 응축기 온도 45°C, 증발기 온도 −15°C의 이상적인 냉동 사이클이 있다. 작동 유체 R-134a와 R-410A에 대해 냉동기 성능계수를 결정하라.

10.63 작동 유체 암모니아에 대해 문제 10.62를 다시 풀라.

10.64 주위 온도가 30°C일 때, R-410A를 사용하는 공기조화기가 22°C에서 주택을 냉방한다. 기본 사이클에서 저압이 800 kPa이고 고압이 2 MPa이다. 사이클의 COP를 구하라.

10.65 작동 유체가 R-134a인 냉동기의 최저 온도가 −10°C, 최고 압력이 1 MPa이다. 이상적인 냉동 사이클을 가정하라. 찬 공간에서의 단위 질량당 열전달, 더운 공간으로의 단위 질량당 열전달, 그리고 성능 계수를 구하라. 사이클을 *T*-*s* 선도에 나타내라.

10.66 소형 열펌프 유닛이 온수 가열에 사용된다. 작동 유체는 암모니아이고, 이상적인 냉동 사이클을 가정하라. 증발기 온도는 15°C이고, 응축기 온도는 60°C이다. 필요한 온수의 유량이 0.1 kg/s일 때, 15°C의 물을 직접 60°C로 가열하는 대신 열펌프를 사용하여 절약되는 에너지의 양을 구하라.

10.67 가열 성능의 개선을 위한 열펌프에 암모니아가 사용된다. 저온은 25°C이고, 고압이 5000 kPa이다. 1 MW의 축일을 받으면, 고온으로의 열전달은 얼마인가?

10.68 주위 온도가 45°C일 때, 실내 온도를 22°C로 유지하기

응용 냉동 사이클

10.74 넓은 온도 범위에서 작동하는 냉동 시스템의 성능을 향상시키기 위한 방법으로 2단 압축기를 사용한다. 이러한 종류의 이상 냉동 시스템은 그림 10.22와 같고 작동 유체로 R-410A를 사용한다. 유동은 플래시실(flash chamber)에서 분리되고 혼합실(mixing chamber)에서 합쳐지는데, 두 기기 모두 단열로 가정한다. 시스템의 COP를 결정하라. 이 문제의 2단 압축기 유닛과 같은 응축 온도와 증발 온도에서 작동하는 단순 이상 냉동 사이클의 COP와 비교하라. (T_1 = −50°C, T_3 = 40°C, T_2 − 90.7°C, h_2 = 350.35 kJ/kg)

10.75 그림 10.25와 같은 캐스케이드(cascade)시스템에서 한 냉동 사이클은 R-410A로 운전되고, 증발 온도가 −40°C, 고압이 1400 kPa이다. 고온 사이클은 R-134a를 사용하고, 증발 온도가 0°C, 고압이 1600 kPa이다. 두 사이클의 질량 유량비와 전체 COP를 구하라.

10.76 분리형 증발기(split evaporator)는 그림 P10.76과 같이 냉장부과 냉동부를 별도로 냉각하는 데 사용된다. 두 증발기에서 등압 과정을 가정하라. COP = $(Q_{L1} + Q_{L2})/W$와 저온의 단일 증발기에 대한 냉동 COP를 어떻게 비교해야 하는가?

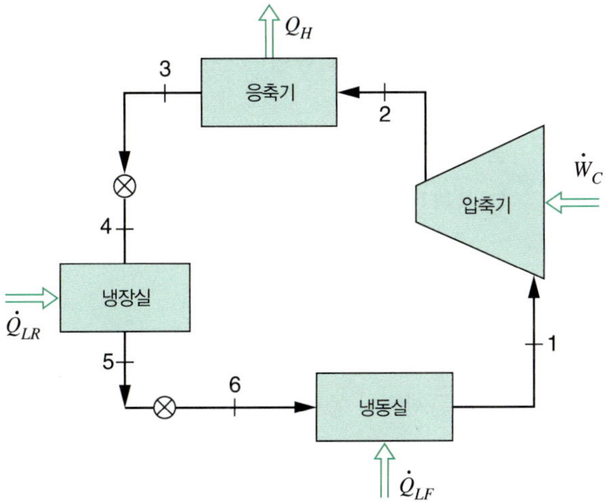

그림 P10.76

암모니아 흡수식 사이클

10.77 10.11절에 설명한 바와 같이, 압축기는 그림 10.17의 1과 2 상태 좌측 부품들로 대치된다. 열기관의 효율을 30%, 냉동 사이클의 성능 계수를 3.0으로 가정하라. 냉각과 가열의 열전달비 Q_L/Q_1는 얼마인가?

10.78 암모니아 흡수식 사이클이 25°C 주위에서 물을 5°C로 냉각하는 칠러로 사용된다. 작은 펌프일을 무시하고 전체 성능 계수를 추산하라. 100°C의 열원을 사용할 수 있다. 또 열기관 부분의 효율과 냉동기 부분의 COP를 구하라.

10.79 소형 암모니아 흡수식 냉동 사이클이 태양 에너지로 구동되고 공기 조화기로 사용된다. 발생기 출구에서 암모니아는 50°C의 포화 증기이고 증발기 출구에서는 10°C의 포화 증기이다. 암모니아 증기를 발생시키기 위하여 단위 질량당 7000 kJ의 열이 발생기(태양열 집열기)에서 필요하다. 이 시스템의 전체 성능 계수를 계산하라(q_L/q_H).

엑서지 개념

10.80 Rankine 사이클 동력 발전소의 제2법칙 효율은 무엇인가?

10.81 응축기는 20°C로 들어가서 35°C로 나오는 대기 공기로 냉각되어 60°C가 유지된다. 응축기는 물에서 공기로 25 MW의 열을 방출해야 한다. 공기 유량과 열교환기의 제2법칙 효율을 구하라.

10.82 동력 발전소에서 유한 온도차 열전달에 의한 외부 비가역성을 무시하면, 제2법칙 효율을 어떻게 정의해야 하는가?

10.83 문제 10.23의 응축기에서 엑서지 유동과 플럭스를 구하라. 이를 이용하여 제2법칙 효율을 결정하라. T_0 = 15°C이다.

10.84 물을 사용하는 Rankine 사이클에서 고압은 4 MPa, 보일러 출구 온도는 600°C이고, 가열하는 열원의 온도는 700°C이다. 0°C 주위로 냉각되고, 응축기 내부 온도는 60°C이다. 전체 동력 발전소의 제2법칙 효율을 구하라.

10.85 10 MPa, 550°C의 수증기 유동이 2단 터빈을 통과한다. 중간 단의 압력은 2 MPa이고 저압 터빈의 토출 압력은 50 kPa이다. 각 단의 등엔트로피 효율이 모두 85%라 가정하라. 터빈 각 단에 대해 제2법칙 효율을 구하라.

10.86 소형 동력 발전소에서 보일러는 3 MPa, 600°C의 수증기 25 kg/s를 생산한다. 응축기가 12°C로 들어와 15°C로 나가는 바닷물로 냉각되어 응축기 출구 온도는 45°C이다. 응축기에서 엑서지 유동과 플럭스를 구하고, 이를 이용하여 제2법칙 효율을 결정하라. T_0 = 12°C이다.

10.87 문제 10.68의 공기조화 유닛에서 고온 및 저온 열교환기에서 엑서지 붕괴율을 구하라. 공기조화기 운전에 의한 열교환기 외부의 엑서지 붕괴를 구하라.

10.88 R-410A를 이용하는 신형 공기 조화기가 열펌프 용도로 사용된다. 고압은 2000 kPa이고, 저압은 400 kPa이다. 대기 온도가 −5°C일 때, 2 kW의 전력으로 20°C의 주택을 난방한다. (1) 열펌프 내부, (2) 고온 열교환기, (3) 저온 열교환기, (4) 주택 안팎의 경계인 벽체 및 창문 등 네 곳에서의 엑서지 붕괴를 각각 구하라.

10.89 수증기가 3 MPa, 700°C의 관으로 공급된다. 이 관에 등엔트로피 효율이 85%인 터빈이 밸브로 연결되고, 100 kPa의 대기로 토출된다. 수증기가 터빈에 들어가기 전에 2 MPa로 스로틀 팽창된다면, 실제 터빈의 단위 질량당 일을 구하라. 밸브를 통과할 때 엑서지 변화를 구하고, 터빈의 제2법칙 효율을 구하라.

복합 사이클

그림과 설명은 10.13절을 참고하라.

10.90 그림 10.27과 같은 2원 시스템 동력 발전소에서 고온 사이클은 수은을, 저온 사이클은 물을 작동 유체로 사용한다. 온도와 압력을 해당 *T-s* 선도에 나타나 있다. 수증기 사이클의 최고 온도는 과열기 출구인 상태 4에서 500°C이다. 수은이 응축되고 물이 비등하는 열교환기에서 수은과 물의 질량 유량의 비를 결정하고 이 이상적인 사이클의 열효율을 구하라. 수은의 포화 상태량은 다음과 같다.

P, MPa	T_g, °C	h_f, kJ/kg	h_g, kJ/kg	s_f, kJ/kg-K	s_g, kJ/kg-K
0.04	309	42.21	335.64	0.1034	0.6073
1.60	562	75.37	364.04	0.1498	0.4954

10.91 그림 P10.91과 같이 R-134a를 작동 유체로 사용하는 이상적인 이중 회로(dual-loop)열구동 냉동 사이클이 있다. 보일러에서 나온 90°C의 포화 증기는 터빈에서 응축기 압력까지 팽창된다. 증발기에서 나온 −15°C의 포화 증기는 응축기 압력까지 압축된다. 두 회로의 유량비는 터빈에서 생성된 동력으로 겨우 압축기를 구동할 수 있도록 결정된다. 두 출구 유체는 혼합되어 응축기로 들어간다. 응축기에서 나온 45°C의 포화 액체는 필요한 비율로 두 유로로 분리된다. 동력 회로의 질량 유량과 냉동 회로의 질량 유량의 비를 결정하라. 또 사이클의 성능을 Q_L/Q_H 비를 이용하여 구하라. 사이클을 *T-s* 선도에 나타내라.

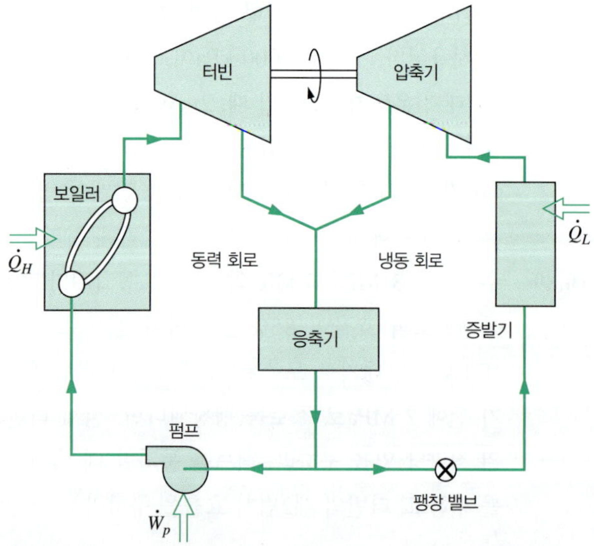

그림 P10.91

10.92 R-410A가 작동 유체인 단순 Rankine 사이클이 디젤 사이클의 배기 가스를 열원으로 구동하는 전력 생산 설비의 하부 사이클로 사용된다. 디젤 입구 조건은 100 kPa, 20°C이고, 압축비는 20, 사이클 최고 온도는 2800°C이다. 하부 사이클의 보일러 출구 R-410A는 80°C, 4 MPa이고 응축기 압력은 1800 kPa이다. 디젤 기관 출력은 1 MW이다. 이상 사이클로 가정하고, 다음을 결정하라.

a. 디젤 기관에 필요한 유량

b. R-410A 보일러에서 디젤 배기가스가 200°C까지 냉각된다는 가정으로 하부 사이클의 출력 동력. 사이클을 *T-s* 선도에 나타내라.

에너지 보존과 재생 에너지

10.93 앞선 문제에서 동력 발전소에 천연 가스 버너를 추가하여 물이 300°C까지 과열된 후 터빈에 들어간다. 이 구성에서 사이클 효율과 천연 가스 버너가 가하는 단위 질량당 열전달을 구하라.

10.94 지열원의 더 높은 공급 압력과 온도를 이용하면 그림 P10.94와 같은 두 플래시 증발기를 사용할 수 있다. 250°C 포화 액체가 공급되고 첫 플래시실에서 2000 kPa로 팽창되고 상태 2의 포화 액체는 500 kPa로 플래시 팽창된다. 포화 증기는 터빈에 추가되어 10 kPa, 건도 78%로 배출된다. 10 kg/s의 공급에 대해 터빈으로 들어가는 상태 3과 5의 유량과 전체 출력 동력을 구하라.

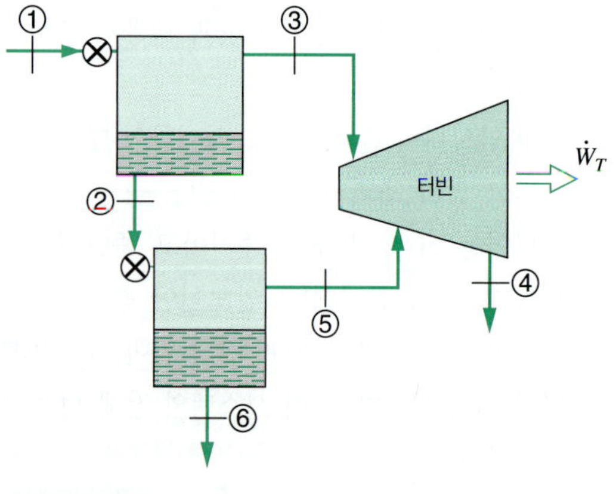

그림 P10.94

10.95 문제 10.18에서 지열원은 상태 5에서 500 kPa 포화 액체 유동이고, 상태 6에서 90°C로 나간다. 이 열원으로 이소부탄을 이용하는 Rankine 사이클을 운전한다. 사이클의 상태와 상태량은 아래와 같다.

1. 400 kPa, 30°C, $v_f = 0.001835\ m^3/kg$,
   $h_f = -327.2$ kJ/kg, $s_f = -1.193$ kJ/kg-K
2. $P_2 = P_3 = 3.0$ Mpa, $h_3 = 153.6$ kJ/kg,
   $s_3 = 0.0927$ kJ/kg-K
3. 400 kPa, $h_4 = 74.1$ kJ/kg

사이클이 생산하는 순수 일과 사이클 효율을 구하라.

10.96 앞선 문제에서 사이클의 제2법칙 효율을 구하라.

10.97 문제 10.95의 상태 400 kPa, $s_{4s} = s_3$에서 $h_{4s} = 65.76$ kJ/kg일 때, 터빈 등엔트로피 효율을 구하라.

10.98 집중 태양열 동력 발전소에서 용융 염(molten salt)은 550°C로 가열되고, 향류 열교환기를 통해 3 MPa, 450°C의 수증기를 생산한다. Rankine 사이클은 60°C의 저온으로 운전된다. 사이클의 4개 부품에서 에너지 전달을 구하라.

복습 문제

10.99 초임계 동력 발전소의 고압이 30 MPa이고, 보일러에서 물을 500°C로 가열하며, 응축기 온도는 45°C이다. 터빈출구에서 건도가 92% 이하가 되지 않기 위해 400°C까지 재열할 경우, 재열 압력을 결정하라(표 B.1에 나와 있는 압력만을 이용하고 보간하지 않아도 된다).

10.100 R-410A로 운전되는 저온 동력 발전소에서 응추기는 −20°C로 유지되고 고압은 3 MPa, 80°C로 과열된다. 800°C에서 운전되는 한개의 개방형 급수 가열기가 있고, 출구에서 0°C의 포화 액체로 배출된다. 터빈에서 추출 유량비와 보일러의 단위 질량당 터빈 일을 구하라.

10.101 이상적인 증기 재생 사이클에서 터빈 입구 상태에서 수증기는 3.0 MPa, 400°C이고 0.8 MPa의 개방형 급수 가열기에 추출되고, 출구에서 포화 액체이다. 터빈의 0.8 MPa인 위치에서 수증기를 추출하여 개방형 급수 가열기에 공급한다. 가열기 출구에서 급수는 포화 액체이다. 나머지 증기는 0.8 MPa에서 400°C로 재열된다. 응축기 압력은 10 kPa이다. 사이클의 열효율과 수증기의 단위 질량당 순일을 계산하라.

제 11 장

기체 혼합물

Gas Mixtures

지금까지 주로 순수 물질에 대한 내용을 다루었다. 많은 열역학 문제들은 서로 다른 순수 물질들의 혼합물(mixture)을 다루고 있다. 액체상 또는 고체상인 혼합물을 특별히 **용액**(solution)이라고 부른다.

11장에서는 기체 혼합물에 대한 여러 가지의 열역학 내용을 다루게 된다. 우선 비교적 단순한 문제인 이상기체 혼합물부터 시작한다. 그리고 여러 성분 중 한 성분이 (고체 또는 액체로) 응축되기도 하는 특정 혼합물, 예를 들어 공기-수증기 혼합물과 같이 단순하지만 아주 유용한 모델로 이어진다.

11.1 일반적인 고찰 및 이상기체 혼합물

N개 순수 물질의 일반적인 혼합물에서 전체 질량과 전체 몰수는

$$m_{\text{tot}} = m_1 + m_2 + \cdots + m_N = \sum m_i$$

$$n_{\text{tot}} = n_1 + n_2 + \cdots + n_N = \sum n_i$$

로 표현할 수 있다. 이 혼합물은 보통 각 성분의 질량 분율(mass fraction) 또는 농도(concentration)인

$$c_i = \frac{m_i}{m_{\text{tot}}} \tag{11.1}$$

또는 각 성분의 몰분율(mole fraction)

$$y_i = \frac{n_i}{n_{\text{tot}}} \tag{11.2}$$

로 나타낸다. 이 두 가지는 분자량 M_i를 통해 서로 관련되는데, 즉 $m_i = n_i M_i$이다. 따라서 몰 기준에서 질량 기준으로 변환할 때는

$$c_i = \frac{m_i}{m_{\text{tot}}} = \frac{n_i M_i}{\sum n_j M_j} = \frac{n_i M_i / n_{\text{tot}}}{\sum n_j M_j / n_{\text{tot}}} = \frac{y_i M_i}{\sum y_j M_j} \tag{11.3}$$

와 같이 하고, 질량 기준에서 몰 기준으로는

$$y_i = \frac{n_i}{n_{\text{tot}}} = \frac{m_i/M_i}{\sum m_j/M_j} = \frac{m_i/(M_i m_{\text{tot}})}{\sum m_j/(M_j m_{\text{tot}})} = \frac{c_i/M_i}{\sum c_j/M_j} \tag{11.4}$$

와 같이 변환한다. 혼합물에 대한 분자량은 다음과 같다.

$$M_{\text{mix}} = \frac{m_{\text{tot}}}{n_{\text{tot}}} = \frac{\sum n_i M_i}{n_{\text{tot}}} = \sum y_i M_i \tag{11.5}$$

이것이 식 (11.3)의 분모이기도 하다.

예제 11.1

한 기체 혼합물의 체적 분석 결과가 다음과 같다. 한 기체 혼합물의 몰 기준 분석 결과가 다음과 같다.

성분	CO_2	O_2	N_2	CO
몰분율 %	12	4	82	2

혼합물의 질량 분석을 하고 혼합물의 분자량을 구하라.

풀이

이 문제에 답하기 위해 표 11.1과 같이 계산하면 편리하다. 질량 분석은 식 (11.3)을 이용하여 찾을 수 있으며, 표에 나타난 바와 같다. 이 계산 결과로 혼합물의 분자량은 30.08임을 알 수 있다.

표 11.1

성분	몰 %	몰분율	분자량	혼합물 1 kmol당 질량(kg)	질량 분석(%)
CO_2	12	0.12	× 44.0	= 5.28	$\frac{5.28}{30.08}$ = 17.55
O_2	4	0.04	× 32.0	= 1.28	$\frac{1.28}{30.08}$ = 4.26
N_2	82	0.82	× 28.0	= 22.96	$\frac{22.96}{30.08}$ = 76.33
CO	2	0.02	×. 28.0	= $\frac{0.56}{30.08}$	$\frac{0.56}{30.08}$ = $\frac{1.86}{100.00}$

만약 질량 분석 결과에 대하여 몰분율 또는 백분율을 구하려면 식 (11.4)를 이용하여 표 11.2에 나타난 계산을 하면 된다.

표 11.2

성분	질량 분율	분자량	혼합물 1 kg당 kmol 수	몰분율	몰 %
CO_2	0.1755	÷ 44.0	= 0.03 99	0.120	12.0
O_2	0.0426	÷ 32.0	= 0.001 33	0.040	4.0
N_2	0.7633	÷ 28.0	= 0.027 26	0.820	82.0
CO	0.0186	÷ 28.0	= $\frac{0.000\ 66}{0.033\ 24}$	$\frac{0.020}{1.000}$	$\frac{2.0}{100.0}$

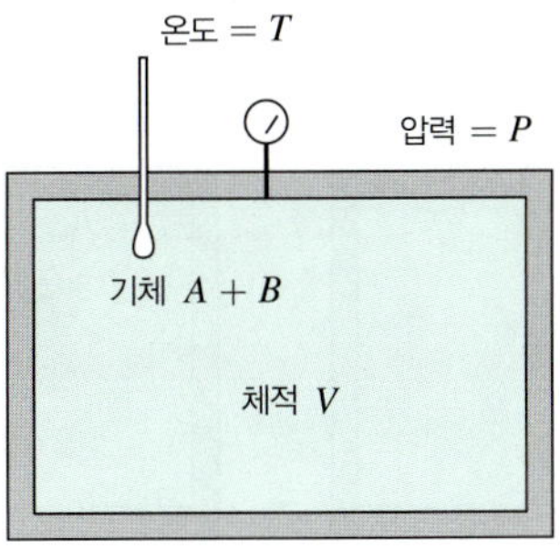

그림 11.1 » 두 기체의 혼합물.

그림 11.1과 같은 두 기체(반드시 이상기체인 것은 아니다)의 혼합물을 생각해 보자. 이런 혼합물에 대해 어떤 상태량을 실험으로 측정할 수 있는가? 혼합물의 압력, 온도, 체적, 질량을 측정할 수 있다. 그리고 혼합물의 조성을 실험으로 측정할 수 있으며, 따라서 몰분율과 질량 분율을 계산할 수 있다.

이 혼합물이 어떤 과정이나 화학 반응을 겪으며, 열역학으로 그 과정이나 화학 반응을 해석해야 한다고 가정하자. 이러한 해석에는 어떤 종류의 열역학 데이터를 이용하겠는가? 한 가지 방법으로 혼합물에 대한 열역학 상태량표를 이용하면 된다. 그러나 가능한 혼합물의 수는 포함된 물질의 수와 각 물질의 상대적인 양에 따라 너무 많으므로 모든 상황을 전부 다룰 수 있는 상태량표는 그야말로 도서관을 가득 채울 수 있을 양이 될 것이다. 만일 순수 성분의 열역학 상태량으로부터 혼합물의 상태량을 결정할 수 있다면 해석은 매우 간단할 것이다. 본질적으로 이러한 접근 방법이 혼합물에 대한 이상기체 모델 및 여타 특정 단순 모델을 다룰 때 이용하는 방법이다.

이 방법에 대한 한 가지의 예외는 공기와 같이 매우 자주 사용하는 특정 혼합물이다. 공기의 열역학 상태량 표와 선도는 주어져 있다. 그러나 이 경우에도 "공기"의 조성을 표에서 정의할 필요가 있다. 대기의 조성은 고도, 오염물의 수, 그리고 지역에 따른 여러 조건 등에 따라 변하기 때문이다. 대부분의 공기표에서 근거하는 공기의 조성은 다음과 같다.

성분	질소	산소	아르곤	CO_2 및 미량 원소
몰 기준 %	78.10	20.95	0.92	0.03

이 장에서는 이상기체 혼합물에 초점을 맞추기로 한다. 각 성분은 다른 성분의 존재에 의해 영향을 받지 않으며 각 성분을 이상기체로 간주할 수 있다고 가정한다. 고압 상태의 실제 기체 혼합물에서는 서로 다른 성분 분자 간의 상호작용으로 인해 이 가정이 맞지 않을 것이다. 이 책에서는 기체 혼합물을 해석하기 위해 Dalton 모델이라는 단 한 가지 모델만을 고려한다.

Dalton 모델

기체 혼합물에 대한 **Dalton 모델**에서는 각 성분이 그림 11.2와 같이 혼합물과 동일한 온도와 체적에서 분리되어 있고 독립적인 것으로 간주하여 각 성분의 상태량을 다룬다. 추가로 기체 혼합물 및 분리된 성분 모두가 이상기체 모델[식 (2.7)~(2.9)]에 따라서 거동한다고 가정한다. 일반적으로 기체 혼합물 거동을 질량 기준으로 해석한다. 그러나 여기의 특별한 경우에는 각 성분과 혼합물의 기체 상수가 일반 기체 상수와 동일하게 되는 몰 기준 해석이 더 선호된다. 따라서 혼합물에 대해서(그림 11.1)

$$PV = n\overline{R}T = (n_A + n_B)\overline{R}T \tag{11.6}$$

이며 각 성분에 대해서

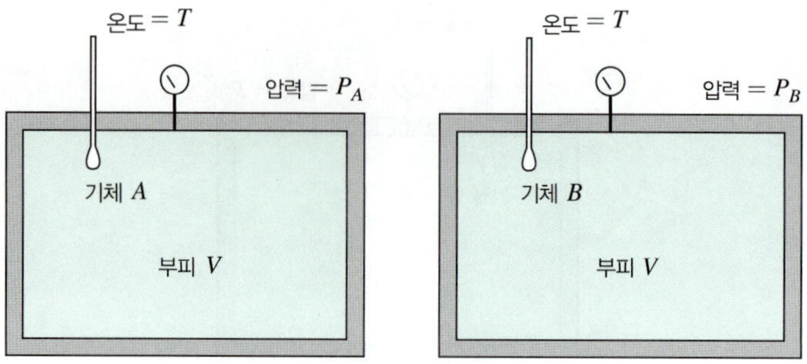

그림 11.2 ▸ Dalton 모델.

$$P_A V = n_A \overline{R} T$$
$$P_B V = n_B \overline{R} T \tag{11.7}$$

식 (11.7)을 각각 식 (11.6)으로 나누면

$$P_A/P = n_A/n = y_A, \qquad P_B/P = n_B/n = y_B, \qquad y_A + y_B = 1 \tag{11.8}$$

그러므로 **분압** P_A와 P_B는 전체 압력의 분율이 된다.

$$P_A = y_A P, \qquad P_B = y_B P \tag{11.9}$$

$$P_A + P_B = y_A P + y_B P = P \tag{11.10}$$

이상기체 혼합물의 내부 에너지, 엔탈피, 엔트로피를 결정하는 데 있어서, 각 성분이 전체 체적을 차지하고 있다고 가정하는 Dalton 모델이 유용하다. 따라서 내부 에너지, 엔탈피, 엔트로피는 각 성분이 혼합물 안에서 존재하고 있는 상태(조건)에서의 구성 기체의 각 상태량들의 합으로 계산할 수 있다. 이상기체의 내부 에너지와 엔탈피는 온도만의 함수이므로 성분 A와 B의 혼합물에 대하여 질량 기준으로

$$U = mu = m_A u_A + m_B u_B$$
$$= m(c_A u_A + c_B u_B) \tag{11.11}$$

$$H = mh = m_A h_A + m_B h_B$$
$$= m(c_A h_A + c_B h_B) \tag{11.12}$$

이다. 식 (11.11)과 (11.12)에서 u_A, u_B, h_A, h_B는 혼합물 온도에서 각 성분의 이상기체 상태량이다. 온도 변화가 있는 과정에 대하여 이들 값의 변화는 3.11절에서 다룬 세 가지 모델(이상기체 표 A.7 또는 각 성분의 비열 이용) 중 하나를 이용하여 계산한다. 식 (11.11)과 (11.12)와 유사한 방법으로 혼합물의 에너지와 엔탈피를 각 성분의 몰분율과 몰당 상태량의 곱의 합으로 나타낼 수 있다.

질량 기준으로 이상기체 혼합물의 상태 방정식은 다음과 같다.

$$PV = mR_{\text{mix}}T \tag{11.13}$$

여기서

$$R_{\text{mix}} = \frac{1}{m}\left(\frac{PV}{T}\right) = \frac{1}{m}(n\overline{R}) = \overline{R}/M_{\text{mix}} \tag{11.14}$$

이며 또한 다음과 같다.

$$R_{\text{mix}} = \frac{1}{m}(n_A\overline{R} + n_B\overline{R}) = \frac{1}{m}(m_A R_A + m_B R_B) = c_A R_A + c_B R_B \tag{11.15}$$

이상기체 혼합물의 엔트로피는 다음과 같이 나타낼 수 있다.

$$S = ms = m_A s_A + m_B s_B = m(c_A s_A + c_B s_B) \tag{11.16}$$

강조할 것은 식 (11.16)에서 각 성분의 엔트로피는 혼합물 온도와 혼합물 안에 있는 각 성분의 분압, 즉 몰분율과 식 (11.10)을 이용하여 계산한 부분합 상태에서 구해야 한다는 것이다.

이상기체 엔트로피 표현식 (6.15)를 이용하여 식 (11.16)을 계산하려면 6.7절에서 다룬 비열 모델 중 하나를 사용하는 것이 필요하다. 가장 단순한 모델은 비열이 일정한 경우의 식 (6.15)이고, 임의의 기준 상태 T_0, P_0, s_{0i}를 정하면 T, P 상태의 혼합물 안에 있는 각 성분 i에 대하여 다음과 같이 쓸 수 있다.

$$s_i = s_{0i} + C_{p0i} \ln\left(\frac{T}{T_0}\right) - R_i \ln\left(\frac{y_i P}{P_0}\right) \tag{11.17}$$

상태 1에서 상태 2까지 가는 어떤 과정에서 혼합물 조성이 일정하면 식 (11.17)에 의해 성분 i에 대한 엔트로피 변화량은 다음과 같이 계산한다.

$$\begin{aligned}(s_2 - s_1)_i &= s_{0i} - s_{0i} + C_{p0i}\left[\ln\frac{T_2}{T_0} - \ln\frac{T_1}{T_0}\right] - R_i\left[\ln\frac{y_i P_2}{P_0} - \ln\frac{y_i P_1}{P_0}\right] \\ &= 0 + C_{p0i}\ln\left[\frac{T_2}{T_0}\times\frac{T_0}{T_1}\right] - R_i \ln\left[\frac{y_i P_2}{P_0}\times\frac{P_0}{y_i P_1}\right] \\ &= C_{p0i}\ln\frac{T_2}{T_1} - R_i \ln\frac{P_2}{P_1}\end{aligned}$$

이 표현은 식 (6.16)과 아주 유사하다는 것과 기준값 s_{0i}, T_0, P_0 모두가 몰분율과 마찬가지로 상쇄되어 없어짐을 알 수 있다.

다른 모델로 식 (6.18)로 정의한 함수 s_T^0을 사용하면 식 (11.16)에서 필요한 각 성분의 엔트로피는 다음과 같이 나타낼 수 있다.

$$s_i = s_{Ti}^0 - R_i \ln\left(\frac{y_i P}{P_0}\right) \tag{11.18}$$

혼합물 엔트로피 또한 몰 기준으로 각 성분 상태량의 합으로 나타낼 수 있다.

혼합이 비가역 과정이라는 것을 설명하기 위해 어떠한 열전달과 일의 관여도 없으며 압력이 P이고 온도가 T이며 질량이 m_A와 m_B인 두 이상기체의 혼합을 고려한다. 혼합물의 최종 상태의 온도는 동일한 T(에너지 평형식으로부터 구해진다)이며 최종 압력은 P가 된다. 엔트로피의 변화는 식 (11.16)으로부터 구해지는데 각각의 엔트로피 값은 식 (11.17)로 구해진다. 엔트로피 변화량은 다음 식과 같이 혼합 과정에 의한 엔트로피 생성량과 같아진다.

$$\begin{aligned}S_2 - S_1 = S_{\text{gen mix}} &= m_A(s_2 - s_1)_A + m_B(s_2 - s_1)_B \\ &= m_A\left(0 - R_A \ln\frac{P_A}{P}\right) + m_B\left(0 - R_B \ln\frac{P_B}{P}\right) \\ &= -m_A R_A \ln y_A - m_B R_B \ln y_B\end{aligned}$$

이것은 다음 식과 같이 표현될 수도 있다.

$$S_{\text{gen mix}} = -n_A \bar{R} \ln y_A - n_B \bar{R} \ln y_B$$

이 결과를 일반화하여, 같은 온도와 압력에서 여러 성분의 혼합 과정에 대하여 다음과 같이 나타낼 수 있다.

$$S_{\text{gen mix}} = -\bar{R}\sum_k n_k \ln y_k = -n\bar{R}\sum_k y_k \ln y_k \tag{11.19}$$

이 식에서 엔트로피 증가는 성분 기체의 몰수에만 관련되며 기체의 종류와는 무관함을 알 수 있다. 예를 들어 산소 1몰과 질소 1몰이 혼합될 때의 엔트로피 증가는 수소 1몰과 질소 1몰이 혼합될 때의 엔트로피 증가와 같다. 그러나 질소 1몰이 다른 1몰의 질소와 "혼합"될 때 엔트로피는 증가하지 않는다. 그렇다면 엔트로피가 증가하기 위해서는 기체들이 어떻게 달라야 하는가? 그 답은 두 기체를 (분자량이 다름을 근거로) 구별하는 우리의 능력에 달려있다. 기체가 혼합될 때 각 기체를 구별할 수 있으면 엔트로피는 항상 증가한다. 기체를 구별할 수 없으면 엔트로피는 증가하지 않는다.

자주 일어나는 특수한 경우로 이상기체 혼합물이 조성 변화가 없는 과정을 거치는 때가 있다. 비열 또한 일정하다고 가정하자. 이 경우에 질량 기준으로, 식 (11.11)에 의하면 내부 에너지 변화는 다음과 같다.

$$\begin{aligned} u_2 - u_1 &= c_A C_{v0\,A}(T_2 - T_1) + c_B C_{v0\,B}(T_2 - T_1) \\ &= C_{v0\,\text{mix}}(T_2 - T_1) \end{aligned} \tag{11.20}$$

여기서

$$C_{v0\,\text{mix}} = c_A C_{v0\,A} + c_B C_{v0\,B} \tag{11.21}$$

이다. 마찬가지로 식 (11.12)에 의하면 엔탈피 변화는 다음과 같다.

$$\begin{aligned} h_2 - h_1 &= c_A C_{p0\,A}(T_2 - T_1) + c_B C_{p0\,B}(T_2 - T_1) \\ &= C_{p0\,\text{mix}}(T_2 - T_1) \end{aligned} \tag{11.22}$$

여기서

$$C_{p0\,\text{mix}} = c_A C_{p0\,A} + c_B C_{p0\,B} \tag{11.23}$$

이다.

한 성분에 대한 엔트로피 변화는 식 (11.17)을 이용하여 계산하였다. 따라서 그 결과를 식 (11.16)에 대입하여 변화량을 계산하면 다음과 같다.

$$\begin{aligned} s_2 - s_1 &= c_A(s_2 - s_1)_A + c_B(s_2 - s_1)_B \\ &= c_A C_{p0\,A} \ln \frac{T_2}{T_1} - c_A R_A \ln \frac{P_2}{P_1} + c_B C_{p0\,B} \ln \frac{T_2}{T_1} - c_B R_B \ln \frac{P_2}{P_1} \\ &= C_{p0\,\text{mix}} \ln \frac{T_2}{T_1} - R_{\text{mix}} \ln \frac{P_2}{P_1} \end{aligned} \tag{11.24}$$

최종 표현식에서 혼합물의 기체 상수 식 (11.15)와 혼합물의 비열 식 (11.23)을 사용하였다. 식 (11.20), (11.22), (11.24)는 순수 물질에 대한 식 (3.35)와 (3.44), (6.16)과 같다. 조성과 식 (11.15), (11.21), (11.23)의 성분 상태량을 이용하여 혼합물의 상태량을 구한 후에는 혼합물을 순수 물질과 유사하게 취급할 수 있다.

또한 이것이 의미하는 바는 혼합물의 모든 폴리트로픽 과정을 순수 물질에 대하여 했던 방식(6.7절과 6.8절 참조)과 유사하게 취급할 수 있다는 것이다. 보다 구체적으로 말하면 등엔트로피 과정은 식 (11.24)로부터 온도와 압력 사이의 지수 관계식이 된다. 혼합물의 비열과 기체 상수를 사용한다면 이 결과는 식 (6.20)과 유사하다. 그러면 비열비는 다음과 같이 된다.

$$k = k_{\text{mix}} = \frac{C_{p\,\text{mix}}}{C_{v\,\text{mix}}} = \frac{C_{p\,\text{mix}}}{C_{p\,\text{mix}} - R_{\text{mix}}}$$

관계식은 식 (6.23)과 같이 쓸 수 있다.

예제 11.2

400 K, 100 kPa이며 질량 기준 60% 이산화탄소와 40% 물 혼합물이 가역 단열 압축기로 유입되어 1000 kPa로 압축된다. (a) 일정한 비열, (b) 변하는 비열로 가정하여 출구 온도를 구하라.

해석 및 풀이

$$\text{에너지 식:} \quad 0 = h_i - h_e + w_{c\,\text{in}}$$

$$\text{엔트로피 식:} \quad 0 = s_i - s_e + 0 + 0$$

그러므로 출구 상태는 다음과 같이 결정된다.

$$\text{출구 상태:} \quad P_e, s_e = s_i$$

혼합물의 기체 상수 R_{mix}와 비열 $C_{p\,\text{mix}}$는 다음과 같이 된다.

$$\begin{aligned} R_{\text{mix}} &= 0.6 \times 0.1889 + 0.4 \times 0.4615 = 0.297\,94\ \text{kJ/kg-K} \\ C_{p\,\text{mix}} &= 0.6 \times 0.842 + 0.4 \times 1.872 = 1.254\ \text{kJ/kg-K} \\ k_{\text{mix}} &= 1.254/(1.254 - 0.297\,94) = 1.3116 \end{aligned}$$

식 (6.23)으로부터 다음을 얻는다.

$$T_e = T_i (P_e/P_i)^{(k-1)/k} = 400\ \text{K} \left(\frac{1000}{100}\right)^{0.3116/1.3116} = 691.25\ \text{K}$$

변하는 비열인 경우는 계산된 기준 엔트로피 함수로부터 엔트로피 변화량을 계산해야 한다.

$$\begin{aligned} s_e - s_i &= \sum c_j (s^0_{Te} - s^0_{Ti})_j - R_{\text{mix}} \ln(P_e/P_i) = 0 \\ &= 0.6(s^0_{Te\,CO_2} - 5.1196\ \text{kJ/kg-K}) + 0.4(s^0_{Te\,H_2O} - 11.0345\ \text{kJ/kg-K}) \\ &\quad - 0.297\,94\ \text{kJ/kg-K} \ln\left(\frac{1000}{100}\right) \end{aligned}$$

엔트로피 식을 오른쪽 항의 알고 있는 값을 대입하여 정리하면 다음과 같다.

$$\begin{aligned} 0.6\,s^0_{Te\,CO_2} + 0.4\,s^0_{Te\,H_2O} &= \left[0.6 \times 5.1196 + 0.4 \times 11.0345 + 0.297\,94 \ln\left(\frac{1000}{100}\right)\right] \text{kJ/kg-K} \\ &= 8.171\,59\ \text{kJ/kg-K} \end{aligned}$$

왼쪽 항의 T_e는 시행착오(trial and error)방법에 의해 구한다.

$$\text{LHS at 650 K} = 8.164\,66\ \text{kJ/kg-K}; \qquad \text{LHS at 700 K} = 8.2754\ \text{kJ/kg-K}$$

이제 최종 해를 위해 보간법을 사용하면 다음과 같이 된다.

$$T_e = 650\ \text{K} + 50\ \text{K}\,\frac{8.171\,59 - 8.164\,66}{8.2754 - 8.164\,66} = 653.1\ \text{K}$$

여기까지 이상기체 혼합물에 대하여 순수 물질에 대한 과정을 확대 적용하여 알아보았다. 비이상(실제) 기체 혼합물과 다상 상태의 취급은 예를 들어 화학 공정 산업과 같은 기술적 응용에서 중요하다. 이 경우에는 상태량과 일반 상태 방정식에 대한 더 많은 연구가 필요하며 12장에서 다루게 된다.

개념점검

a. 혼합물에서 질량 분율과 몰분율이 같아질 수 있는가?

b. 혼합물에서 조성비는 몇 개가 필요한가?

c. 공기 중에 있는 산소 및 질소의 상태량(P, T, v) 중 어떠한 것이 동일한가?

d. 일정한 P에서 네 성분 혼합물을 300 K에서 310 K로 가열한다면, 열전달량을 구하기 위해 몇 가지 상태량과 어떠한 상태량이 필요한가?

e. T, P가 다른 두 상태 사이에서 일어나는 혼합물의 엔트로피 변화를 구하고자 한다면 부분압이 필요한가?

11.2 기체-증기 혼합물에 대한 단순 모델

이상기체 혼합물이 혼합물 중 한 성분의 고체나 액체와 접촉하고 있는 경우의 문제를 적절히 단순화하여 살펴보자. 가장 친숙한 예로서 공기 조화나 건조 과정에서 공기-수증기 혼합물이 물이나 얼음과 접촉하는 경우가 있다. 여름철에 대기가 냉각되면 대기에서 물이 응축되는 사례는 우리 모두에게 익숙한 현상이다.

이 문제 및 그와 유사한 여러 문제들은 다음의 가정으로 매우 간단하면서도 상당히 정확히 풀 수 있다.

1. 고체 또는 액체에는 용해된 기체가 없다.
2. 기체는 이상기체 혼합물로 간주할 수 있다.
3. 혼합물과 응축상이 주어진 온도와 압력에 있을 때, 그 응축상과 해당 기체 사이의 평형은 다른 성분의 존재에 의해 영향을 받지 않는다. 즉 평형에 도달했을 때, 증기의 부분압은 혼합물의 온도에 해당하는 포화 압력과 같다.

이러한 접근 방법은 널리 사용되며 상당히 정확하므로 관련된 용어의 정의를 소개하고, 적용할 수 있는 종류의 문제들을 언급하도록 한다. 이 혼합물을 **기체-증기 혼합물**(gas-vapor mixture)이라고 부르기로 한다.

기체-증기 혼합물의 **이슬점**(dew point)은 일정한 압력하에서 냉각될 때 증기가 응축되거나 응고되는 온도이다. 이것을 그림 11.3의 증기에 대한 T-s 선도에 나타내었다. 증기는 기체 혼합물의 온도 및 증기의 부분압하에서 과열 상태 1에 있다고 볼 수 있다. 혼합물이 정압(constant pressure)냉각이 되면 증기의 부분압은 점 2에 도달할 때까지 일정하고 그 후에는 응축이 시작된다. 상태 2의 온도가 이슬점 온도이다. 선도상의 곡

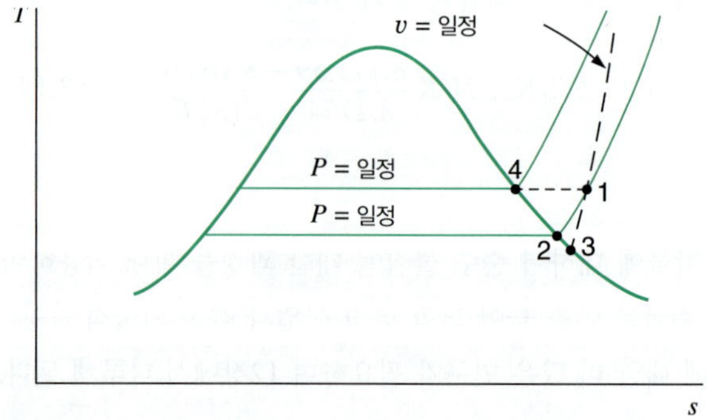

그림 11.3 ▸ 이슬점의 정의를 나타내는 T-s 선도.

선 1-3은 혼합물이 정적(constant volume)냉각이 될 때의 과정이며 응축이 시작되는 상태 3의 온도는 이슬점 온도보다 약간 낮다.

증기가 포화 압력과 포화 온도에 있을 때 혼합물을 **포화 혼합물**(saturated mixture)이라 부르고, 공기-수증기 혼합물에 대해서는 **포화 공기**(saturated air)라 부른다.

상대 습도(relative humidity) ϕ는 혼합물에서의 증기의 몰분율과 포화 혼합물(같은 온도 및 같은 전체 압력 상태)에서의 증기의 몰분율의 비로 정의한다. 증기를 이상기체로 간주하므로 상대 습도는 혼합물에서의 증기의 부분압 P_v와 그 온도에서의 증기의 포화 압력 P_g의 비로 계산할 수 있다.

$$\phi = \frac{P_v}{P_g} = \frac{P_1}{P_4} \tag{11.25}$$

증기를 이상기체로 간주하므로 상대 습도는 비체적이나 밀도를 이용하여 다음과 같이 정의할 수도 있다.

$$\phi = \frac{P_v}{P_g} = \frac{\rho_v}{\rho_g} = \frac{v_g}{v_v}$$

공기-수증기 혼합물의 절대 습도 또는 **습도비**(humidity ratio) ω는 수증기의 질량 m_v와 **건공기**(dry air)의 질량 m_a의 비로 정의한다. 여기서 건공기는 수증기를 제외한 공기만을 의미한다. **비습도**(specific humidity)와 **절대 습도**(absolute humidity)는 습도비와 동의어로 사용한다.

$$\omega = \frac{m_v}{m_a} \tag{11.26}$$

이 정의는 다른 기체-증기 혼합물에도 동일하게 적용되며, 하첨자 a는 증기를 제외한 기체를 의미한다. 증기와 혼합물을 이상기체로 간주하므로 사용하기 편리하게 절대 습도를 부분압과 분자량을 이용하여 나타낼 수 있다.

$$m_v = \frac{P_v V}{R_v T} = \frac{P_v V M_v}{\bar{R} T}, \qquad m_a = \frac{P_a V}{R_a T} = \frac{P_a V M_a}{\bar{R} T}$$

따라서

$$\omega = \frac{P_v V / R_v T}{P_a V / R_a T} = \frac{R_a P_v}{R_v P_a} = \frac{M_v P_v}{M_a P_a} \tag{11.27}$$

이고 공기-수증기 혼합물에 대해서 절대 습도는 다음과 같다.

$$\omega = 0.622 \frac{P_v}{P_a} = 0.622 \frac{P_v}{P_{tot} - P_v} \tag{11.28}$$

포화도(degree of saturation)는 실제 절대 습도와 포화 혼합물(같은 온도 및 같은 전체 압력 상태)의 절대 습도의 비로 정의한다. 이것은 식 (11.28)의 절대 습도에서 보는 바와 같이 습공기가 보유할 수 있는 수증기의 최대량을 의미한다. 공기의 부분압은 $P_a = P_{tot} - P_v$이고 식 (11.25)에서 $P_v = \phi P_g$이므로

$$\omega = 0.622 \frac{\phi P_g}{P_{tot} - \phi P_g} \quad \leq \quad \omega_{max} = 0.622 \frac{P_g}{P_{tot} - P_g} \tag{11.29}$$

이다. 최대 습도비는 상대 습도 100%에 해당하며, 전체압(일반적으로 대기압)과 P_g에 따른 온도로 정해지는 함수가 된다. 이 관계는 온도의 함수로 그림 11.4에 나타나 있다. 이 함수는 $P_g = P_{tot}$이 되는 온도에 접근하는데, 대기압일 때 그 온도는 100°C이다. 색칠된 영역은 수증기압이 포화 압력보다 커지므로 허용되지 않는 상태이다. 정압 냉각 과정에서 증기의 부분압은 노점이 상태 2에 도달할 때까지 일정하다. 추가 냉각되면 최

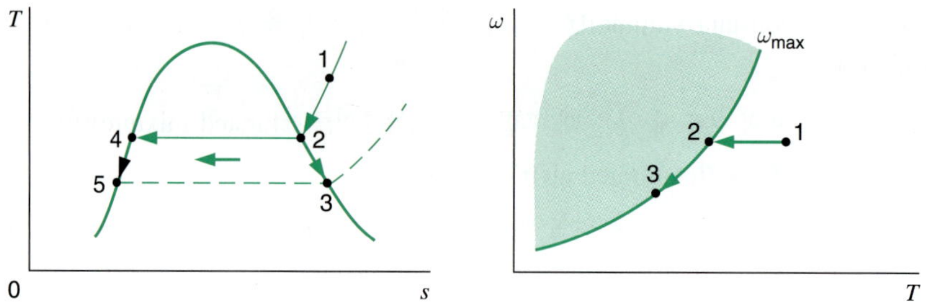

그림 11.4 » 기체–증기 혼합물의 정압 냉각을 나타내는 T-s 선도.

대 가능 습도비가 낮아지며, 증기 일부는 응축된다. 이때 혼합물에 존재하는 증기는 항상 포화된 상태이며, 증기는 액체 또는 고체와 평형을 이룬다. 예를 들어 온도가 T_3로 낮추어지면 혼합물 내의 증기는 상태 3이 되고, 부분압은 T_3에 해당하는 P_g가 되며, 상태 5의 액체는 증기와 평형을 이룬다.

예제 11.3

100 m^{3}의 공기–수증기 혼합물이 0.1 MPa, 35°C, 상대 습도 70%의 상태에 있다. 절대 습도, 이슬점, 공기 질량, 증기 질량을 계산하라.

검사 질량: 혼합물

상태: P, T, ϕ를 알고 있음; 상태 확정

해석 및 풀이

식 (11.25)와 수증기표에서 다음과 같다.

$$P_v = \phi P_g = 0.70 \times 5.628\,\text{kPa} = 3.94\,\text{kPa}$$

이슬점은 이 압력에 해당하는 포화 온도이므로 28.6°C이다. 공기의 부분압은

$$P_a = P - P_v = 100\,\text{kPa} - 3.94\,\text{kPa} = 96.06\,\text{kPa}$$

이다. 절대 습도는 식 (11.28)로 계산할 수 있다.

$$\omega = 0.622 \times \frac{P_v}{P_a} = 0.622 \times \frac{3.94}{96.06} = 0.0255$$

공기의 질량은 다음과 같다.

$$m_a = \frac{P_a V}{R_a T} = \frac{96.06\,\text{kPa} \times 100\,\text{m}^3}{0.287\,\text{kJ/kg-K} \times 308.15\,\text{K}} = 108.6\,\text{kg}$$

증기의 질량은 절대 습도를 이용하거나 이상기체 상태 방정식을 이용하여 계산할 수 있다.

$$m_v = \omega m_a = 0.0255 \times 108.6\,\text{kg} = 2.77\,\text{kg}$$

$$m_v = \frac{P_v V}{R_v T} = \frac{3.94\,\text{kPa} \times 100\,\text{m}^3}{0.4615\,\text{kJ/kg-K} \times 308.15\,\text{K}} = 2.77\,\text{kg}$$

예제 11.4

예제 11.3의 혼합물을 정압 과정으로 5°C까지 냉각시켰을 때 응축되는 수증기의 양을 계산하라.

검사 질량: 예제 11.3으로부터 혼합물의 상태는 알고 있음

해석

최종 온도 5°C는 이슬점 온도보다 낮으므로 혼합물은 포화되어 있다. 따라서

$$P_{v2} = P_{g2}, \qquad P_{a2} = P - P_{v2}$$

그리고

$$\omega_2 = 0.622 \frac{P_{v2}}{P_{a2}}$$

이다. 질량 보존에 의하면 응축되는 물의 양은 수증기의 초기 질량과 최종 질량의 차이이므로 다음과 같이 쓸 수 있다.

$$\text{응축된 증기 질량} = m_a(\omega_1 - \omega_2)$$

풀이

$$P_{v2} = P_{g2} = 0.8721\ \text{kPa}$$
$$P_{a2} = 100\ \text{kPa} - 0.8721\ \text{kPa} = 99.128\ \text{kPa}$$

따라서 다음과 같다.

$$\omega_2 = 0.622 \times \frac{0.8721}{99.128} = 0.0055$$

$$\text{응축된 증기 질량} = m_a(\omega_1 - \omega_2) = 108.6\ \text{kg}\ (0.0255 - 0.0055) = 2.172\ \text{kg}$$

11.3 기체-증기 혼합물에 대한 에너지 방정식

열역학 제1법칙을 기체-증기 혼합물에 적용할 때, 이상기체의 가정에 따라 각 성분을 별도로 취급하여 내부에너지와 엔탈피 변화량을 계산할 수 있다. 따라서 공기-수증기 혼합물에서 수증기의 엔탈피 변화량은 수증기표로 구할 수 있고 공기의 엔탈피 변화량은 이상기체 관계식으로 구할 수 있다. 이를 다음의 예제를 통해 설명한다.

습공기와 관련된 응용에서는 우리가 다루는 조건의 대부분이 대기와 유사한 온도와 압력하에 있다. 혼합물의 수분 함유량은 절대적 기준에 의하면 대체로 낮으므로(앞의 예제들로부터 ω의 값을 유추한다), 수증기의 분압은 단지 몇 kPa이 될 뿐이다. 이는 수증기를 이상기체로 표현하는 것은 적절한 가정임을 의미하며 이로부터 상태량(h, u)은 온도만의 함수가 된다. 유동이 있는 조건에서는 에너지 식에 다음과 같은 항들이 포함된다.

$$\dot{m}h = \dot{m}_a h_a + \dot{m}_v h_v = \dot{m}_a(h_a + \omega\, h_v)$$

그러므로 유동하는 건공기의 단위 질량당 엔탈피는

$$\tilde{h} = h_a + \omega h_v = h_a + \omega h_g \tag{11.30}$$

이고 여기서 과열 증기의 엔탈피는 포화 증기의 엔탈피와 같아진다. mu와 같은 에너지 항에 대해서도 같은 근사 방법이 적용된다.

$$mu = m_a u_a + m_v u_v = m_a(u_a + \omega u_g)$$

포화증기의 상태량은 표 B.1, 공기의 상태량은 표 A.7에서 찾을 수 있다. 온도 범위가 작은 응용에서는 공기에 대해서는 비열이 일정하다는 가정이 종종 사용된다.

예제 11.5

그림 11.5는 공기 조화 장치의 압력, 온도, 상대 습도 자료를 나타내고 있다. 운동 에너지의 변화를 무시하고 건공기 단위 질량당 열전달량을 계산하라.

검사 체적: 냉각 열교환기를 제외한 덕트. 상태는 그림 11.5에 나타남

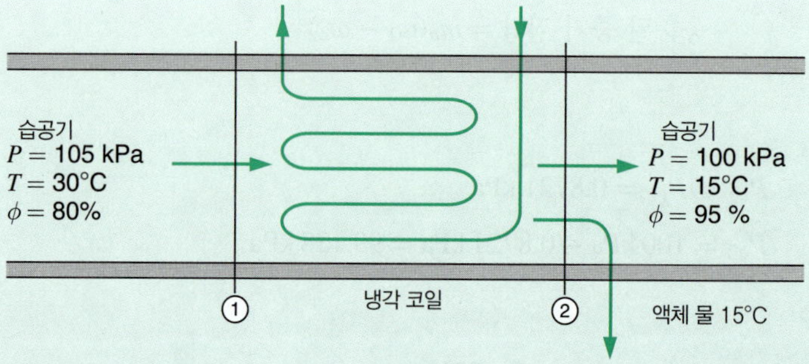

그림 11.5 » 예제 11.5의 개략도.

해석

공기와 물에 대한 질량 보존은 다음과 같다.

$$\dot{m}_{a1} = \dot{m}_{a2}$$

$$\dot{m}_{v1} = \dot{m}_{v2} + \dot{m}_{l2}$$

제1법칙은 다음과 같다.

$$\dot{Q}_{\text{c.v.}} + \sum \dot{m}_i h_i = \sum \dot{m}_e h_e$$

$$\dot{Q}_{\text{c.v.}} + \dot{m}_a h_{a1} + \dot{m}_{v1} h_{v1} = \dot{m}_a h_{a2} + \dot{m}_{v2} h_{v2} + \dot{m}_{l2} h_{l2}$$

이 식을 $\dot{m}_a$로 나누고 물에 대한 질량 보존식과 $\dot{m}_v = \omega \dot{m}_a$를 이용하면 제1법칙은 다음과 같이 표현된다.

$$\frac{\dot{Q}_{\text{c.v.}}}{\dot{m}_a} + h_{a1} + \omega_1 h_{v1} = h_{a2} + \omega_2 h_{v2} + (\omega_1 - \omega_2) h_{l2}$$

풀이

$$P_{v1} = \phi_1 P_{g1} = 0.80 \times 4.246\ \text{kPa} = 3.397\ \text{kPa}$$

$$\omega_1 = \frac{R_a}{R_v}\frac{P_{v1}}{P_{a1}} = 0.622 \times \left(\frac{3.397}{105 - 3.4}\right) = 0.0208$$

$$P_{v2} = \phi_2 P_{g2} = 0.95 \times 1.7051\ \text{kPa} = 1.620\ \text{kPa}$$

$$\omega_2 = \frac{R_a}{R_v} \times \frac{P_{v2}}{P_{a2}} = 0.622 \times \left(\frac{1.62}{100 - 1.62}\right) = 0.0102$$

대입하면 다음과 같다.

$$\dot{Q}_{\text{c.v.}}/\dot{m}_a = h_{a2} - h_{a1} + \omega_2 h_{v2} - \omega_1 h_{v1} + (\omega_1 - \omega_2) h_{l2}$$

$$\dot{Q}_{\text{c.v.}}/\dot{m}_a = 1.004\,\text{kJ/kg-K}\,(15 - 30)\,\text{K} + 0.0102 \times 2528.9\,\text{kJ/kg}$$
$$- 0.0208 \times 2556.3\,\text{kJ/kg} + (0.0208 - 0.0102) \times 62.99\,\text{kJ/kg}$$
$$= -41.76\,\text{kJ/kg dry air}$$

예제 11.6

체적 0.5 m^3의 용기 안에 질소와 수증기가 들어 있다. 혼합물의 온도는 50℃이고 전체 압력이 2 MPa이다. 수증기의 부분압은 5 kPa이다. 용기 안의 내용물이 10℃로 냉각될 때까지의 열전달량을 계산하라.

검사 체적: 초기 상태로 주어진 질소와 물, 정적 과정

해석

이 과정은 정적 과정이다. 일이 0이므로 제1법칙은 다음과 같다.

$$Q = U_2 - U_1 = m_{N_2} C_{v(N_2)}(T_2 - T_1) + (m_2 u_2)_v + (m_2 u_2)_l - (m_1 u_1)_v$$

이 식은 수증기의 일부가 응축된다는 가정하에서 쓰여졌다. 이 가정의 타당성은 다음 풀이에서와 같이 확인되어야 한다.

풀이

질소와 수증기의 질량은 이상기체 상태 방정식을 이용하여 계산할 수 있다.

$$m_{N_2} = \frac{P_{N_2} V}{R_{N_2} T} = \frac{1995\,\text{kPa} \times 0.5\,\text{m}^3}{0.2968\,\text{kJ/kg-K} \times 323.15\,\text{K}} = 10.39\,\text{kg}$$

$$m_{v1} = \frac{P_{v1} V}{R_v T} = \frac{5\,\text{kPa} \times 0.5\,\text{m}^3}{0.4615\,\text{kJ/kg-K} \times 323.15\,\text{K}} = 0.01676\,\text{kg}$$

응축이 일어나면 최종 상태의 증기는 10℃의 포화 증기이다. 따라서 다음과 같다.

$$m_{v2} = \frac{P_{v2} V}{R_v T} = \frac{1.2276\,\text{kPa} \times 0.5\,\text{m}^3}{0.4615\,\text{kJ/kg-K} \times 283.15\,\text{K}} = 0.00470\,\text{kg}$$

이 양은 초기의 수증기 질량보다 작으므로 명백히 응축이 일어났다. 응축된 액체의 질량 m_{l2}는 다음과 같다.

$$m_{l2} = m_{v1} - m_{v2} = 0.01676 - 0.00470 = 0.01206\,\text{kg}$$

수증기의 내부 에너지는 같은 온도에서 포화 수증기의 내부 에너지와 같다.

$$u_{v_1} = 2443.5\,\text{kJ/kg}, \qquad u_{v_2} = 2389.2\,\text{kJ/kg}, \qquad u_{l2} = 42.0\,\text{kJ/kg}$$

$$\dot{Q}_{\text{c.v.}} = 10.39\,\text{kg} \times 0.745\,\text{kJ/kg-K}\,(10 - 50)\,\text{K} + 0.0047\,\text{kg} \times 2389.2\,\text{kJ/kg}$$
$$+ 0.01206\,\text{kg} \times 42.0\,\text{kJ/kg} - 0.01676\,\text{kg} \times 2443.5\,\text{kJ/kg}$$
$$= -338.8\,\text{kJ}$$

11.4 단열 포화 과정

공기-수증기 혼합물의 중요한 과정으로 **단열 포화 과정**(adiabatic saturation process)이 있다. 이 과정에서는 공기-수증기 혼합물이 그림 11.6과 같이 완전하게 단열된 덕트에서 물과 접촉한다. 입구의 상대 습도가 100% 미만이면 물의 일부가 증발할 것이고 공기-수증기 혼합물의 온도는 감소할 것이다. 이 과정으로 덕트 출구에서 혼합물이 포화되었을 때 출구에서의 혼합물의 온도를 **단열 포화 온도**라 한다. 이 과정이 정상 유동 과정으로 이루어지기 위해서는 증발되는 물만큼의 보충수(makeup water)를 단열 포화 온도에서 공급해 주어야 한다. 압력은 일정하다고 가정한다.

단열 포화 과정을 운동 에너지와 위치 에너지의 변화가 없는 정상상태, 정상 유동 과정으로 간주하면 열역학 제1법칙은 다음과 같다.

$$h_{a1} + \omega_1 h_{v1} + (\omega_2 - \omega_1)h_{f2} = h_{a2} + \omega_2 h_{v2}$$

$$\omega_1(h_{v1} - h_{f2}) = C_{pa}(T_2 - T_1) + \omega_2(h_{v2} - h_{f2}) \quad (11.31)$$

$$\omega_1(h_{v1} - h_{f2}) = C_{pa}(T_2 - T_1) + \omega_2 h_{fg2}$$

단열 포화 과정에서 가장 중요한 점은 출구에서 혼합물의 온도인 단열 포화 온도가 공기-수증기 혼합물의 입구 압력, 온도, 상대 습도, 그리고 출구 압력의 함수라는 점이다. 따라서 공기-수증기 혼합물의 입구에서의 상대 습도와 절대 습도는 단열 포화기의 입출구 압력, 입출구 온도를 측정하여 결정할 수 있다. 이러한 측정은 상대적으로 간단하므로 공기-수증기 혼합물의 습도를 결정하는 하나의 수단이 된다.

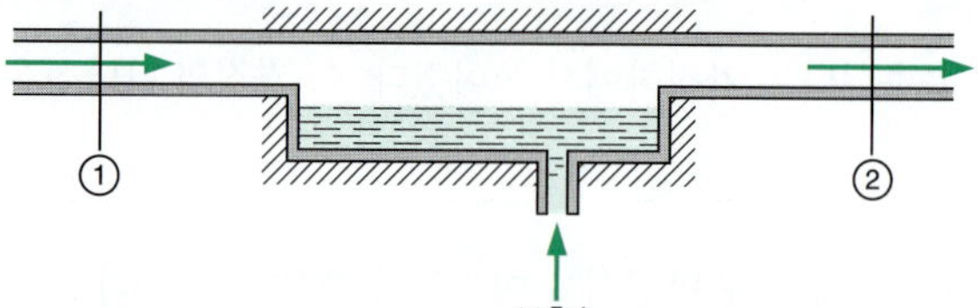

그림 11.6 ▸ 단열 포화 과정.

예제 11.7

단열 포화기의 입구와 출구 압력이 모두 0.1 MPa이고, 입구 온도는 30°C, 단열 포화 온도인 출구 온도는 20°C이다. 유입되는 공기-수증기 혼합물의 절대 습도와 상대 습도를 계산하라.

검사체적: 그림 11.6의 단열 포화기. ω_1과 ϕ_1을 제외한 모든 상태는 알고 있음

해석

질량 보존 및 제1법칙 식 (11.31)을 사용한다.

풀이

출구에서 수증기는 포화되어 있으므로, $P_{v2} = P_{g2}$이고 ω_2는 다음과 같이 계산할 수 있다.

$$\omega_2 = 0.622 \times \left(\frac{2.339}{100 - 2.34}\right) = 0.0149$$

ω_1은 식 (11.30)을 이용하여 다음과 같이 계산한다.

$$\omega_1 = \frac{C_{pa}(T_2 - T_1) + \omega_2 h_{fg2}}{(h_{v1} - h_{l2})}$$

$$= \frac{1.004\,\text{kJ/kg-K}\,(20 - 30)\,\text{K} + 0.0149 \times 2454.1\,\text{kJ/kg}}{(2556.3 - 83.96)\,\text{kJ/kg}} = 0.0107$$

$$\omega_1 = 0.0107 = 0.622 \times \left(\frac{P_{v1}}{100 - P_{v1}}\right) \Rightarrow P_{v1} = 1.691\,\text{kPa}$$

$$\phi_1 = \frac{P_{v1}}{P_{g1}} = \frac{1.691}{4.246} = 0.398$$

개념점검

f. 습공기를 가열하면 상대 습도와 절대 습도는 어떻게 되는가?

g. 습공기를 냉각하는 경우, 정압과 정적 과정 중 어떤 과정에서 먼저 노점에 도달하는가?

h. 습공기를 냉각하면 상대 습도와 절대 습도는 어떻게 되는가?

i. 절대 습도와 상대 습도가 무엇인지 말로 설명하라.

j. 단열 포화 과정에서 ϕ, ω, T는 어떤 방향으로 변하는가?

11.5 공학 응용—습구 온도, 건구 온도, 그리고 습공기 선도

공기-수증기 혼합물의 습도는 전통적으로 **건습구 습도계**(psychrometer)라는 기기를 사용하여 측정하였다. 이 기기에서는 공기가 **건구**(dry-bulb) 온도계와 **습구**(wet-bulb) 온도계를 통과하도록 되어 있다. 습구 온도계의 습구는 물로 포화되어 있는 솜 심지로 싸여 있다. 건구 온도계는 단순히 공기 온도를 측정한다. 그림 11.7의 연속 유동 건습구 습도계에서 공기 유동은 송풍기로 유지된다.

습구 온도계에서 일어나는 과정은 다소 복잡하다. 공기-수증기 혼합물이 포화 상태에 있지 않으면 심지의 물이 증발하여 주변의 공기에 확산되고 심지의 물은 냉각된다. 물의 온도가 내려가면 열이 공기와 온도계

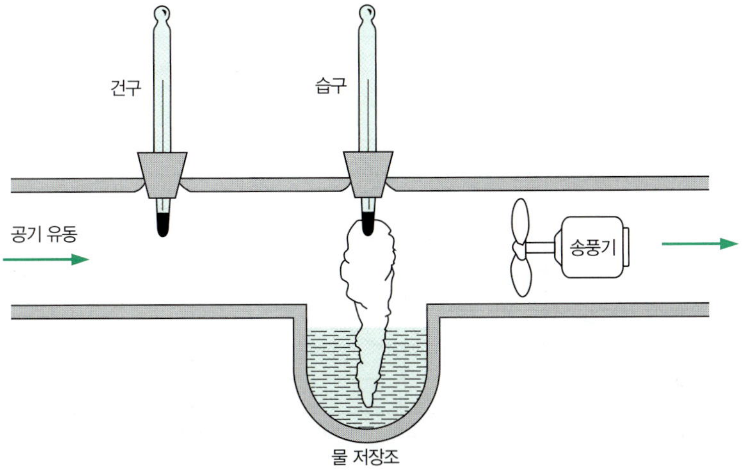

그림 11.7 » 습구 온도와 건구 온도를 측정하기 위한 정상 유동 장치.

로부터 물로 전달된다. 열 및 질량 전달률(transfer rate)로 결정되는 정상상태에 도달되면 습구 온도계의 온도는 건구 온도계의 온도보다 낮게 된다.

이 증발 냉각 과정은 11.4절에서 다룬 단열 포화 과정과 유사하기는 하나 정확히 같지는 않다. 실제로 단열 포화 온도를 간혹 **열역학적 습구 온도**(thermodynamic wet-bulb temperature)라 부르기도 한다. 그러나 건습구 습도계로 측정하는 습구 온도는(열역학 평형 상태량뿐만 아니라 예를 들어 공기의 유속에 의해 좌우되는) 열 및 질량 전달률에 따라 변화한다. 그러나 대기의 온도와 압력 상태의 공기-수증기 혼합물에 대해 두 온도는 매우 비슷한 값을 가지므로 이 교재에서 두 온도는 같다고 가정한다.

최근에는 습도를 여러 가지 현상을 이용하여 편리하고 간편한 전자 기기로 측정하고 있다. 예를 들어 어떤 물질은 길이, 형태, 정전 용량(electrical capacitance) 등이 대기 중의 수분의 양에 매우 민감하게 변한다. 이러한 물질을 계측 장비에 이용하여 공기-수증기 혼합물의 습도를 측정할 수 있다. 결과는 상대 습도, 절대 습도, 습구 온도 등 원하는 변수로 출력할 수 있게 프로그램이 작성되어 있다.

공기-수증기 혼합물의 상태량은 **습공기 선도**(psychrometric chart)로 나타낸다. 선도는 여러 가지 형태가 있는데 여기서는 주된 특성만을 다루기로 한다. 이원 혼합물(binary mixture)의 상태를 기술하기 위해서는 세 개의 독립 상태량(예를 들어 압력, 온도, 혼합물 조성)이 필요하다.

그림 11.8은 부록 E의 그림 E.4를 단순화한 선도이다. 기본 습공기 선도에서 절대 습도(종축)가 건구 온도(횡축)의 함수로 표시되었으며, 상대 습도, 습구 온도, 건공기 단위 질량당 혼합물 엔탈피를 매개변수로 사용하고 있다. 전체 압력이 일정하면(이 선도에서는 1 bar 또는 100 kPa이다) 등상대 습도선과 등습구 온도선을 선도에 나타낼 수 있다. 왜냐하면 건구 온도, 전체 압력, 절대 습도가 주어지면 상대 습도와 습구 온도는 결정되기 때문이다. 수증기의 부분압은 절대 습도와 전체 압력에 의해 결정되므로 수증기의 부분압을 나타내는 제2의 종축 눈금을 그릴 수 있다. 마찬가지로 혼합물의 비체적과 엔트로피도 선도상에 나타낼 수 있다.

대부분의 습공기 선도에는 건공기 단위 질량당 공기-수증기 혼합물의 엔탈피가 나타나 있다. 건공기의 엔탈피는 −20°C에서 그 값을 0으로 둔 이상기체표를 사용하고, 수증기의 엔탈피는 수증기표(0°C 포화 액체의 엔탈피를 0으로 함)를 이용한다. 습공기 선도에서 사용된 엔탈피는 다음과 같다.

$$\tilde{h} \equiv h_a - h_a(-20°\text{C}) + \omega h_v = h_a - 253.453\ \text{kJ/kg} + \omega h_g \tag{11.32}$$

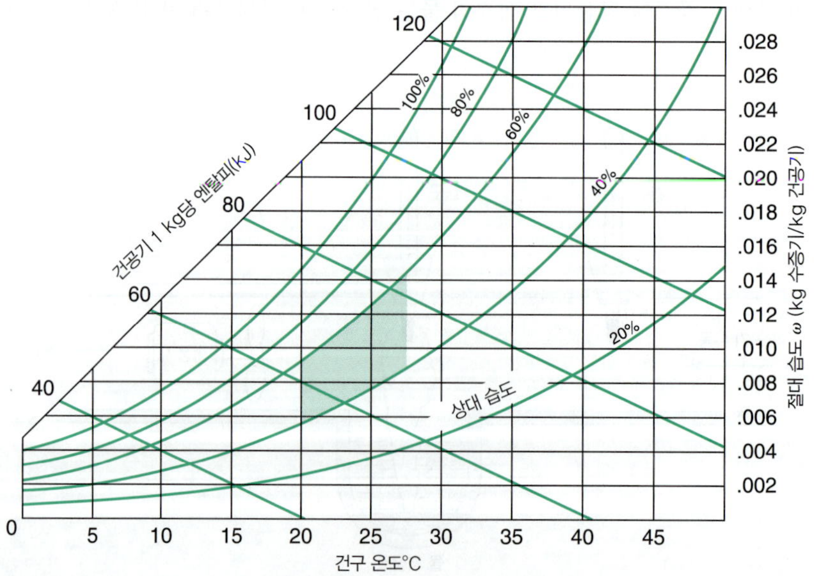

그림 11.8 » 습공기 선도.

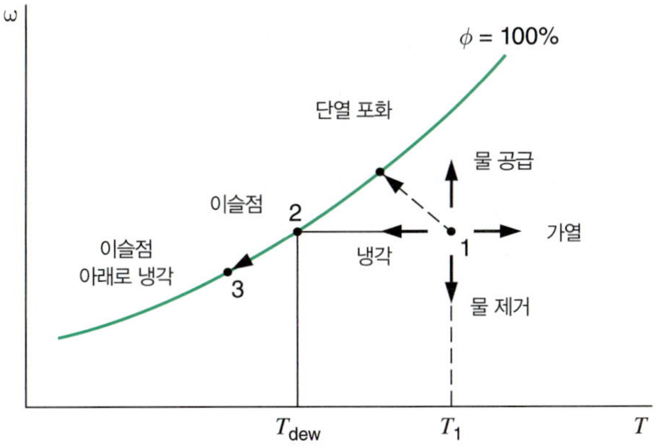

그림 11.9 ▸▸ 습공기 선도에 나타낸 과정.

대개의 경우 엔탈피의 차이가 계산되므로 이와 같이 계산하는 것이 적절하다. 등엔탈피 선은 등습구 온도 선과 거의 평행한데 그 이유는 습구 온도가 근본적으로 단열 포화 온도와 같기 때문이다. 따라서 그림 11.6의 단열 포화기로 들어오는 액체의 엔탈피를 무시하면 단열 포화 온도에서 공기-수증기 혼합물의 출구 엔탈피에 의해 혼합물의 입구 엔탈피가 결정된다.

그림 11.8의 선도에는 **인체에 가장 쾌적한 영역**(human comfort zone)이 표시되어 있다. 공기 조화기는 외부 대기 조건과 상관없이 실내 공기를 적절하다고 생각되는 쾌적 영역 내에 유지할 수 있어야 한다. 일부 선도는 대기압의 변화에 대한 보정이 가능하도록 작성되기도 한다. 주어진 선도를 사용하기에 앞서 선도를 작성할 때 한 가정을 완전히 이해해야 하고 당면한 문제에 적용할 수 있는지를 잘 검토해야 한다.

그림 11.9의 습공기 선도에 공기-수증기 혼합물에 대한 여러 가지 과정의 진행 방향을 제시하였다. 예를 들어 상태 1에서 출발하는 정압 냉각 과정은 일정한 절대 습도하에서 상태 2의 이슬점까지 진행된 후 계속하여 냉각하면 포화 곡선(상대 습도 100%)을 따라서 상태 3까지 연속 냉각된다. 유사한 방식으로 다른 과정도 추적할 수 있다.

기술적으로 중요한 여러 가지 과정에는 공기를 가열하거나 냉각하는 과정, 물을 더하거나 제거하는 과정들이 있다. 기기를 설계하는 경우 수증기의 응축으로 인하여 재료가 부식되지 않도록 특별한 주의가 요망된다. 공조장치를 설치하면, 창문형 또는 중앙 공조 유닛에 관계없이 공기가 노점 이하로 냉각되는 경우 수증기가 응축하므로 적절한 배수 시스템이 설치되어야 한다.

예제 11.8

(1) 20°C, $\phi = 40\%$인 공기가 히터 400 W로 유입되어 (2) 46°C로 나와 습한 표면 위로 흘러가면서 열 유입 없는 과정에서 수분을 흡수하여 (3) 포화된다. 마지막으로 이 습공기는 실내의 벽면 위를 흘러 (4) 20°C로 냉각된다(그림 11.10 참조). 공기의 질량 유량과 실내에서의 수분 응축이 있다면 수분 응축량을 구하고자 한다.

이것은 세 정상 유동 과정의 조합이다.

검사 체적 1로부터 2까지의 가열:

$$\omega_2 = \omega_1; \qquad q = \tilde{h}_2 - \tilde{h}_1$$

검사 체적 2로부터 3까지의 단열 포화 과정은 다음과 같다.

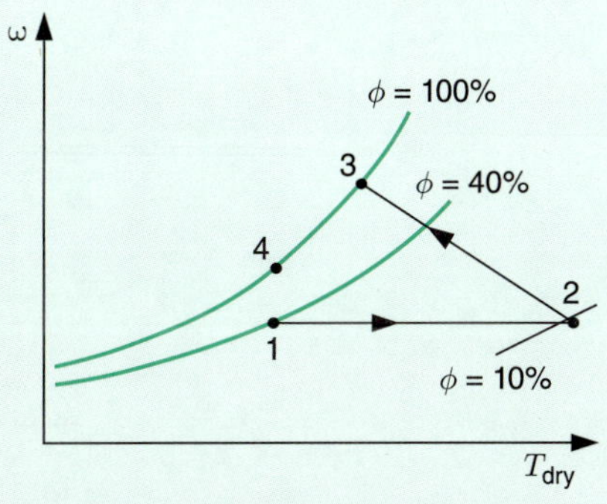

그림 11.10 ▸▸ 예제 11.8의 과정 경로.

$$\omega_3 - \omega_2 = \dot{m}_{liq}/\dot{m}_a; \qquad \dot{m}_a\tilde{h}_2 + \dot{m}_{liq}h_f = \dot{m}_a\tilde{h}_3$$

검사 체적 3으로부터 4까지의 냉각 과정은 다음과 같다.

$$\dot{m}_{liq} = (\omega_3 - \omega_4)\,\dot{m}_a; \qquad \dot{m}_a\tilde{h}_3 = \dot{Q}_{cool} + \dot{m}_{liq}h_f + \dot{m}_a\tilde{h}_4$$

습공기 선도로부터 상태량을 구한다.

$$1\text{: T}, \phi \Rightarrow \omega_1 = 0.0056, \tilde{h}_1 = 54\ \text{kJ/kg dry air}$$

$$2\text{: } \omega_2 = \omega_1, T_2 \Rightarrow \phi_2 = 9\%, \tilde{h}_2 = 80\ \text{kJ/kg dry air}$$

$$3\text{: } \phi = 100\%\ \&\ \text{adiabatic} \Rightarrow T_3 = T_{wet,2} = 21.2°\text{C}, w_3 = 0.0158$$

$$4\text{: } \phi = 100\%, T_4 \Rightarrow \omega_4 = 0.0148$$

풀이

$$q = \tilde{h}_2 - \tilde{h}_1 = 80 - 54 = 26\ \text{kJ/kg dry air}$$

$$\dot{m}_a = \dot{Q}/q = 0.4\ \text{kW}/26\ \text{kJ/kg} = 0.0154\ \text{kg/s}$$

$$\dot{m}_{liq} = (\omega_3 - \omega_4)\,\dot{m}_a = (0.0158 - 0.0148) \times 0.0154\ \text{kg/s} = 0.0154\ \text{g/s}$$

공기 조화 유닛의 사례가 그림 11.11에 나타나 있다. 냉방 모드로 운전되므로 내부 열교환기는 냉동 사이클에서 저온의 증발기가 된다. 외부 유닛은 압축기와 응축기로 작동되는 열교환기로 구성되었으며 송풍기를 이용하여 공기를 고온의 표면으로 불어서 에너지를 주변 공기로 방출한다. 동일한 유닛은 4방 밸브에 의해 2개의 유동 방향을 역전시킴으로써 실내 열교환기는 응축기가 되고, 실외 열교환기는 증발기가 되어 실내로 열을 방출시키는 열펌프로도 작동될 수 있다. 이 모드에서는 증발기 표면 온도가 너무 낮으면 실외기의 표면에 서리가 형성될 수 있다.

냉동 사이클은 그림 11.12와 같이 송풍팬으로 증발기에 공기를 불어 노점 이하로 냉각시켜 증발 기기 표면에 응축을 일으키고 응축수를 용기 또는 배수 장치로 떨어뜨림으로써 습기를 제거하는 소형 제습기에도 사용된다. 그림 11.13과 같이 공기 중의 수분 일부가 제거된 후 공기는 응축기로 유입되어 가열된다. 이 그림

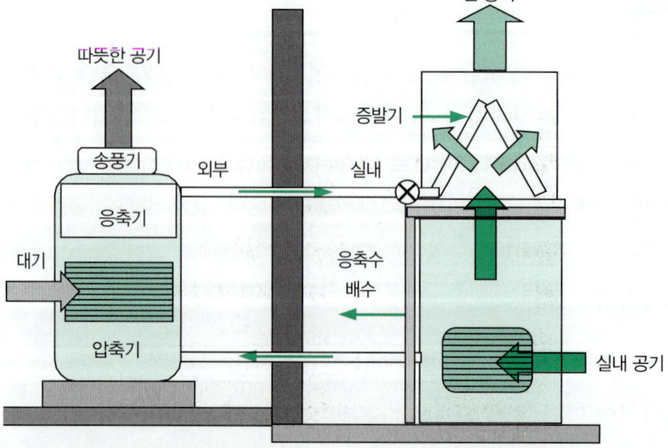

그림 11.11 » 냉방 모드로 작동되는 공기 조화기.

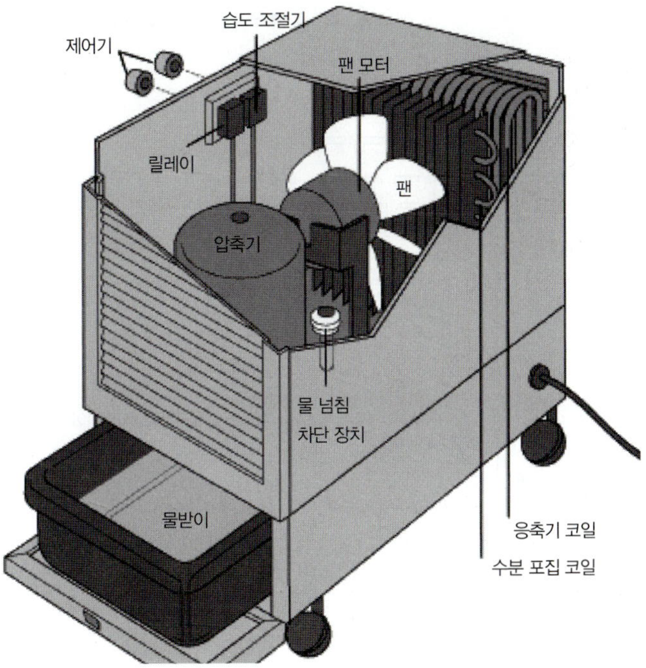

그림 11.12 » 가정용 제습기.

은 냉동 사이클의 개략도를 나타내기도 한다. 모든 기기를 포함하는 검사 체적을 고려하면, 전체적인 효과로서, 상대적으로 차가운 응축수는 제거되고 압축일을 더하여져서 공기가 가열됨을 알 수 있다.

단열 포화 과정의 냉각 효과는 증발 냉각 장치에서 사용하여, 주어진 대기 조건에서 열교환기 단독으로 내릴 수 있는 온도보다 더 낮은 온도로 물을 냉각시킬 수 있다. 대용량에 적용하면, 이 과정은 응축기로부터 에너지를 흡수할 수 있는 충분한 양의 물이 없는 발전 플랜트에도 사용될 수 있다. 건물 공조용으로 냉동 사이클과 조합된 방식이 그림 11.14에 나타나 있다. 여기서 냉각탑은 높은 COP (coefficient of performance, 성능 계수)를 위해 냉동 사이클의 최고 온도를 낮게 유지한다. 보다 더 큰 용량의 냉각탑은 그림 11.15와 같이 응축기를 냉각시키는 냉각수를 만들기 위한 용도로 발전 플랜트에 사용된다. 이러한 장치에서는 일부 물이 증발되므로, 물이 보충되어야 한다. 대부분의 최신 가스 터빈 발전 플랜트는 압축일을 감소시키고 터빈 출력을 높이기 위해 공기가 압축기에 유입되기 전에 증발식 냉각을 수행한다.

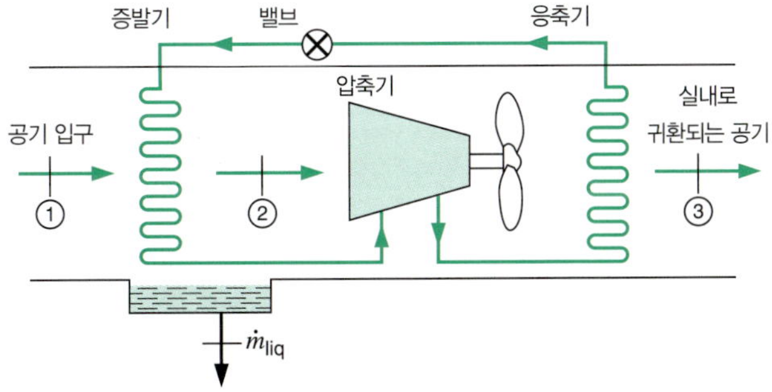

그림 11.13 » 제습기 개략도.

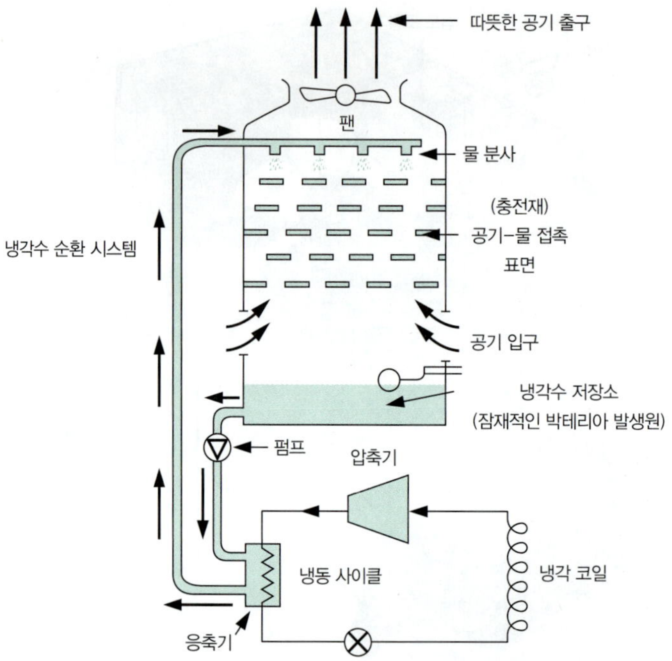

그림 11.14 » 건물 공조에 사용되는 증발 냉각식 냉각탑.

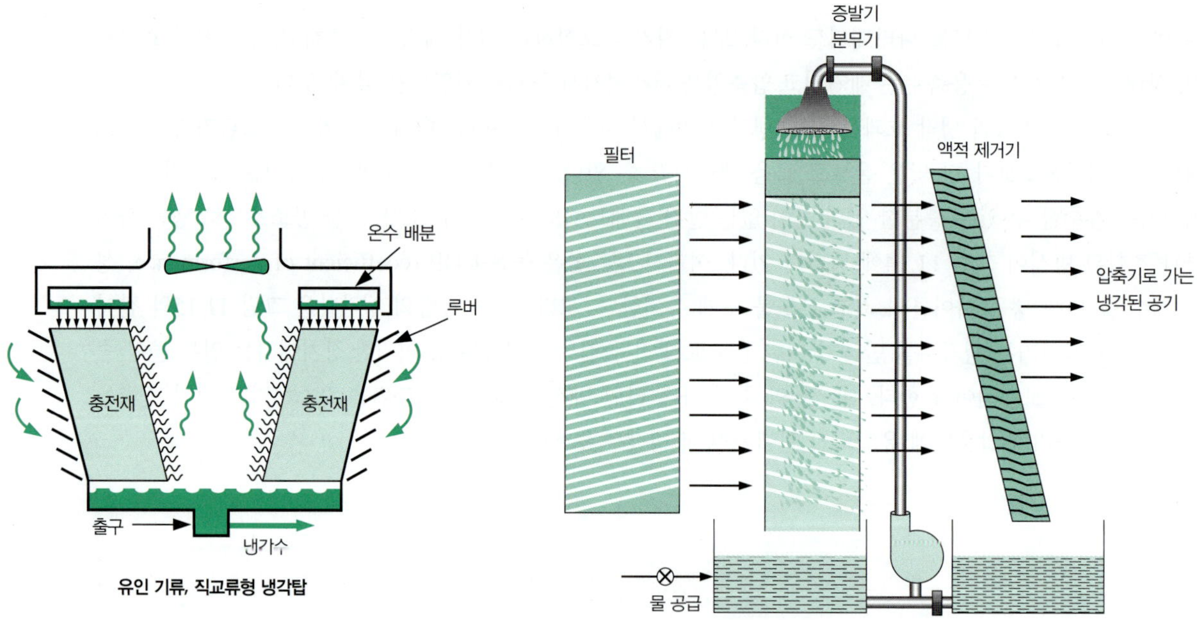

그림 11.15 » 증기 발전소와 가스 터빈에 사용되는 냉각탑의 증발식 냉각.

주요 개념과 공식

조성

질량 농도: $c_i = \frac{m_i}{m_{tot}} = \frac{y_i M_i}{\sum y_j M_j}$ (11.1), (11.3)

몰농도: $y_i = \frac{n_i}{n_{tot}} = \frac{c_i / M_i}{\sum c_j / M_j}$ (11.2), (11.4)

몰질량: $M_{mix} = \Sigma y_i M_i$ (11.5)

상태량

내부에너지: $u_{mix} = \sum c_i u_i; \quad \bar{u}_{mix} = \sum y_i \bar{u}_i = u_{mix} M_{mix}$ (11.11)

엔탈피: $h_{mix} = \sum c_i h_i; \quad \bar{h}_{mix} = \sum y_i \bar{h}_i = h_{mix} M_{mix}$ (11.12)

기체 상수: $R_{mix} = \bar{R}/M_{mix} = \sum c_i R_i$ (11.14), (11.15)

비열: $C_{v\,mix} = \sum c_i C_{v\,i}; \quad \bar{C}_{v\,mix} = \sum y_i \bar{C}_{v\,i}$ (11.21)

$C_{v\,mix} = C_{p\,mix} - R_{mix}; \quad \bar{C}_{v\,mix} = \bar{C}_{p\,mix} - \bar{R}$

$C_{p\,mix} = \sum c_i C_{p\,i}; \quad \bar{C}_{p\,mix} = \sum y_i \bar{C}_{p\,i}$ (11.23)

비열비: $k_{mix} = \frac{C_{p\,mix}}{C_{v\,mix}}$

Dalton 모델: $P_i = y_i P_{tot}$ & $V_i = V_{tot}$ (11.8)

엔트로피: $s_{mix} = \sum c_i s_i; \quad \bar{s}_{mix} = \sum y_i \bar{s}_i$ (11.16)

구성 성분의 엔트로피: $s_i = s^o_{Ti} - R_i \ln[y_i P/P_0]; \quad \bar{s}_i = \bar{s}^o_{Ti} - \bar{R} \ln[y_i P/P_0]$ (11.18)

혼합 과정에서의 엔트로피 생성: $S_{gen\,mix} = -n\bar{R} \sum y_k \ln y_k$ (11.19)

공기-수증기 혼합물

상대 습도: $\phi = \frac{P_v}{P_g}$ (11.25)

절대 습도: $\omega = \frac{m_v}{m_a} = 0.622 \frac{P_v}{P_a} = 0.622 \frac{\phi P_g}{P_{tot} - \phi P_g}$ (11.26), (11.28)

$\omega \le \omega_{max} = 0.622 \frac{P_g}{P_{tot} - P_g}$ (11.29)

건공기 1 kg당 엔탈피: $\tilde{h} = h_a + \omega h_v = h_a + \omega h_g$ (11.30)

습공기선도: $\tilde{h} \equiv h_a - h_a(-20°C) + \omega h_v$ (11.32)

$= h_a - 253.453\ kJ/kg + \omega h_g$

개념학습용 문제

11.1 동일한 질량의 아르곤과 헬륨이 혼합된다. 혼합물의 분자량은 두 물질의 산술평균이 되는가?

11.2 순수한 아르곤과 순수한 헬륨이 각각 일정한 유량으로 흐르면서 혼합되어 각각의 몰분율이 0.25와 0.75인 혼합물을 생성한다. 입구 압력이 출구의 전체 압력과 동일하고 모든 온도는 동일하다고 가정하여 목표하는 비율이 되도록 유입 유량을 어떻게 계측해야 하는지 설명하라.

11.3 탱크 내의 기체 혼합물에 대해 각각의 부분압은 중요한가?

11.4 강철 탱크에 *T*, *P*인 이상기체를 주입하여 *T*, *P*인 이상 혼합물을 만든다. 열전달이 일어난다고 가정하여 온도 *T*는 공급 상태와 동일하게 유지된다고 가정한다. 각각의 성분에 대해 상태량 *P*, *v*, *u*는 증가, 감소, 또는 일정 중 어떻게 변하는가?

11.5 *T*, *P*의 이상기체를 혼합 상자에 주입하여 열전달이 없고 출구가 *P*가 되는 *T*, *P*의 이상 혼합물을 만든다. 각각의 성분에 대해 상태량 *P*, *v*, *h*는 증가, 감소, 또는 일정 중 어떻게 변하는가?

11.6 어떤 혼합물이 여러 다른 과정에 사용된다면 분압을 고려하는 것이 필요한가?

11.7 혼합물인 공기에 대한 여러 상태량표를 왜 조성을 고려하지 않고 사용할 수 있는가?

11.8 수증기의 질량 분율과 습도비와의 관계를 식으로 나타내라.

11.9 110°C, 100 kPa인 공기에 대해 물을 보유할 수 있는 양에 한계가 있는가?

11.10 어는점 이하의 습공기, 예를 들어 −10°C에서 노점이 존재하는가?

11.11 에어컨이 작동되는 자동차에서 왜 종종 물이 떨어지는가?

11.12 온도 35°C, $\omega = 0.0175$, $\Phi = 50\%$ 상태의 습공기를 34°C, $\omega = 0.01$, $\Phi = 30\%$ 상태로 바꾸고자 한다. 물을 더해야 하는가, 감해야 하는가?

과제용 문제

혼합물 조성과 상태량

11.13 공기 중 산소의 몰 분율이 21%이다. 실내 온도 300 K, 압력 100 kPa, 전체 체적 60 m^3 상태에서 산소의 상태 (*P*, *T*, *v*)를 구하라.

11.14 체적 3 L인 액체 혼합물은 부피 기준 물, 암모니아, 에탄올 각각 1/3씩으로 구성되어 있다. 혼합물의 질량 분율과 전체 질량을 구하라.

11.15 정제소에서 25°C, 110 kPa의 에탄 C_2H_6, 프로판 C_3H_8, 부탄 C_4H_{10} 혼합물이 유량 1 m^3/s로 유입된다. 측정에 의하면 부분압은 에탄이 15 kPa, 프로판이 65 kPa이다. 각 성분의 질량유량은 어떻게 되는가?

11.16 몰 기준으로 50% N_2, 30% H_2O, 20% O_2인 20°C, 125 kPa의 기체 혼합물이 있다. 각 성분의 질량비, 혼합물 기체 상수, 그리고 혼합물 5 kg의 체적을 구하라.

11.17 신냉매 R-407은 질량 기준 23% R-32, 25% R-125, 52% R-134a의 혼합물로 이루어져 있다. 신냉매의 몰분율, 혼합물 기체 상수, 혼합물 비열을 구하라.

11.18 질량 기준으로 25% 질소, 50% 산소, 25% 이산화탄소 혼합물 2 kg이 150 kPa, 300 K 상태에 있다. 혼합물 기체 상수와 전체 체적을 구하라.

11.19 점화 시간을 예측하기 위해 연료와 산소의 부분압이 필요하다. 혼합물이 700 kPa이고 질량 기준 옥탄 C_8H_{18}과 공기의 비율이 1:18일 때 각각의 부분압을 구하라.

11.20 신냉매 R-507a는 질량 기준 R-125와 R-143a의 비율이 1:1이다. 냉매 R-143a의 분자량은 84.041 kg/kmol, 정압 비열 C_p = 0.929 kJ/kg-k이다. 이 혼합물의 분자량, 기체 상수 그리고 비열비는 어떻게 되는가?

11.21 자동차 엔진에서 휘발유(옥탄 C_8H_{18}로 가정)가 증발되어 질량 기준 공기와 1:15 비율로 혼합된다. 실린더 내에서 점화될 때 혼합물은 750 kPa, 650 K이다. 이 때 옥탄의 부분압과 혼합물의 비체적을 구하라.

단순 과정

11.22 견고한 용기 안에 700 K의 이산화탄소 1 kg과 400 K의 아르곤 1 kg이 각각 150 kPa 압력 하에 들어 있다. 이제 외부와 열교환 없이 두 기체를 혼합한다. 최종 온도와 압력을 구하라.

11.23 문제 11.18의 혼합물을 500 K까지 정적 가열한다. 최종 압력과 총열전달량을 표 A.5를 이용하여 구하라.

11.24 문제 11.18의 혼합물은 0.01 kg/s로 흐르고 500 K까지 정압 가열된다. 출구의 체적 유량과 열전달률을 표 A.5를 사용하여 구하라.

11.25 직전 문제를 표 A.8의 이상 기체 상태표를 사용하여 다시 풀이하라.

11.26 그림 P11.26과 같이 관에 질량 분율이 40% 이산화탄소, 60% 질소인 혼합물이 400 kPa, 300 K, 1.5 kg/s로 흐르고 있다. 가열용 테이프로 관의 일부를 감고 단열재를 추가한 뒤, 전력 2 kW로 관을 가열한다. 출구에서의 혼합물의 온도를 구하라.

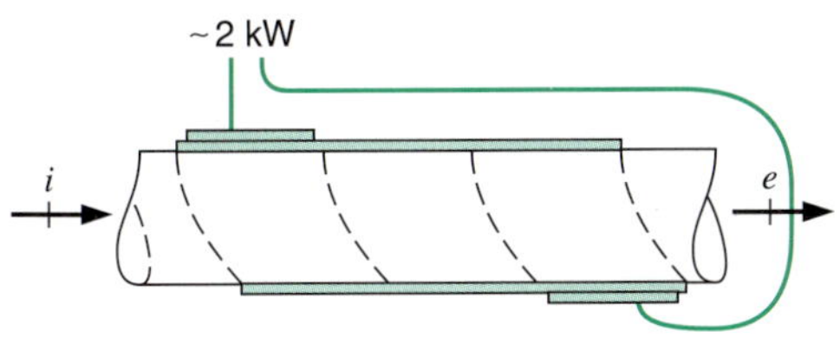

그림 P11.26

11.27 300 K, 유량 1 kg/s인 아르곤과 1600 K, 유량 1 kg/s인 이산화탄소가 단열 과정으로 혼합된다. 각각의 압력은 150 kPa이다. 출구의 온도와 압력을 구하라.

11.28 비열이 변한다고 가정하고 이전 문제를 풀이하라.

11.29 한쪽 배관에서 정상 상태 유량 0.1 kg/s, 1000 K 이산화탄소가 다른 배관의 유량 0.2 kg/s, 400 K인 질소와 혼합되고 있다. 각각의 압력은 100 kPa이다. 혼합상자는 단열되어 있고 압력은 일정하게 100 kPa이다. 비열이 일정하다고 가정하여 혼합 용기의 출구온도를 구하라.

11.30 단열된 가스 터빈의 입구에 질량비로 10% 이산화탄소, 10% 물, 80% 질소의 혼합물이 1000 K, 500 kPa의 상태로 유입된다. 입구에서의 체적 유량이 2 m^3/s이고 출구 상태는 700 K, 100 kPa이다. 표 A.5에 나타난 300 K에서 일정 비열을 이용하여 가스 터빈 출력을 kW의 단위로 계산하라.

11.31 100 kPa, 400 K에서 0.5 kg 이산화탄소와 0.5 kg 물 혼합물이 일정한 압력으로 유지되는 피스톤–실린더에 들어 있다. 이제 가열에 의해 1200 kJ이 가해진다. 표 A.8 값을 이용하여 혼합물의 최종 온도와 엔트로피의 증가량을 구하라.

11.32 신냉매 R-410A는 R-32와 R-125의 질량비 1:1 혼합물이 다. 어떤 과정에서 0.5 kg의 R-410A가 270 K에서 350 K까지 250 kPa의 일정 압력으로 피스톤-실린더 장치 안에서 변화한다. 비열이 일정하다고 가정하고 일과 열전달량을 구하라.

11.33 피스톤–실린더 장치 안에 질량비로 40% 메탄과 60% 프로판의 혼합물 0.1 kg이 300 K, 100 kPa 상태에 있다. 이 기체를 서서히 압축하여 등온 과정으로 최종 압력이 250 kPa이 되었다. 이 과정을 P-V 선도에 나타내고, 이 과정 중의 일과 열전달량을 구하라.

11.34 압축기로 R-410A(문제 11.32 참조)를 −10°C, 125 kPa 상태에서 500 kPa 상태까지 가역 단열 압축한다. 이상기체 거동을 가정하고 출구 온도와 단위 질량당 일을 구하라. 표 B.4를 활용하여 다시 구하라.

11.35 두 개의 단열 탱크 A와 B가 그림 P11.35처럼 밸브로 연결되어 있다. 탱크 A의 부피는 1 m^3이고 300 kPa, 10°C의 아르곤이 보관되어 있다. 탱크 B의 부피는 2 m^3이고 200 kPa, 50°C의 에탄이 보관되어 있다. 밸브는 혼합 기체가 균일한 상태에 도달할 때까지 열려 있다. 최종 압력과 온도를 구하라.

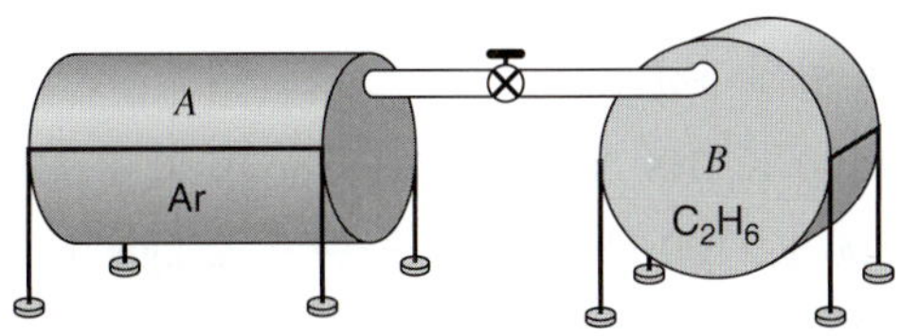

그림 P11.35

11.36 질량비로 75% 메탄과 25% 에탄의 혼합물인 천연가스가 17°C, 100 kPa의 상태에서 압축기로 들어간다. 가역 단열 압축기는 혼합물을 450 kPa까지 압축한다. 출구 온도와 kg 유량당 소요 일을 구하라.

엔트로피 생성

11.37 문제 11.22에서 엔트로피 발생량은 얼마인가?

11.38 유동 기체 A와 기체 B가 동일한 온도 T에서 몰비 1:1로 혼합된다. 유동 출구에서 kmol당 엔트로피 생성은 얼마인가?

11.39 질량비로 50% CO_2와 50% O_2의 혼합물 유동 2 kg/s가 정압 열교환기를 통과하여 400 K에서 1000 K까지 1400 K의 복사 열원에 의해 가열된다. 그림 P11.39에 나타낸 과정에서 열전달률과 엔트로피 생성률을 구하라.

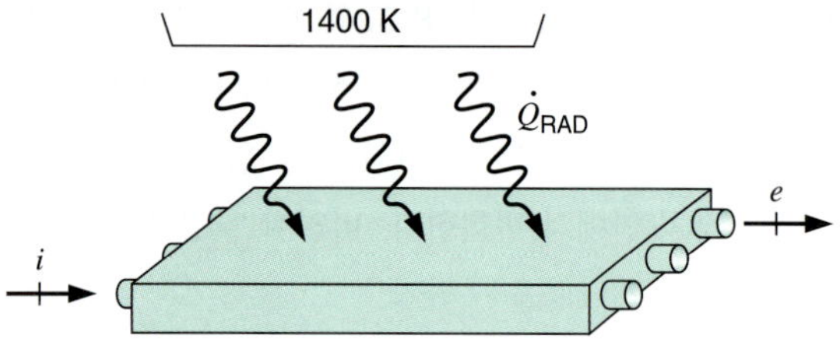

그림 P11.39

11.40 문제 11.24에서 열이 700 K 열원에 의해 전달된다고 할 때 가열 과정 중 비가역성률을 구하라.

11.41 문제 11.26에서 가열 과정 중 비가역성률을 구하라.

11.42 견고한 용기에 1 kg, 300 K인 아르곤과 1 kg, 400 K인 아르곤이 각각 150 kPa 상태로 들어 있다. 열전달 없이 둘이 혼합될 때 최종 온도와 압력을 구하라. 생성된 엔트로피가 있는지 답하라.

11.43 견고한 단열 용기 안에 200 kPa, 280 K의 산소 12 kg과 400 kPa, 360 K의 이산화탄소 26 kg이 막으로 분리되어 있다. 막이 제거되고 혼합 기체는 균일 상태에 도달한다. 최종 온도, 압력, 생성 엔트로피를 구하라

11.44 질량비로 헬륨 60%와 질소 40%인 혼합물이 1 MPa, 800 K, 2 kg/s로 터빈으로 들어간다. 단열 터빈의 출구 압력은 100 kPa이고 등엔트로피 효율은 85%이다. 터빈 일을 구하라.

11.45 1600 K, 100 kPa 상태의 이산화탄소 유동 1 kg/s와 800 K, 100 kPa 상태의 물 유동 2 kg/s가 혼합된 후 열교환기로 들어가서 400 K의 주변 공기에 의해 500 K까지 냉각된다(그림 P11.45). 열교환기에서 방출된 열전달률은 얼마인가? 전 과정에 대한 엔트로피 생성률은 얼마인가?

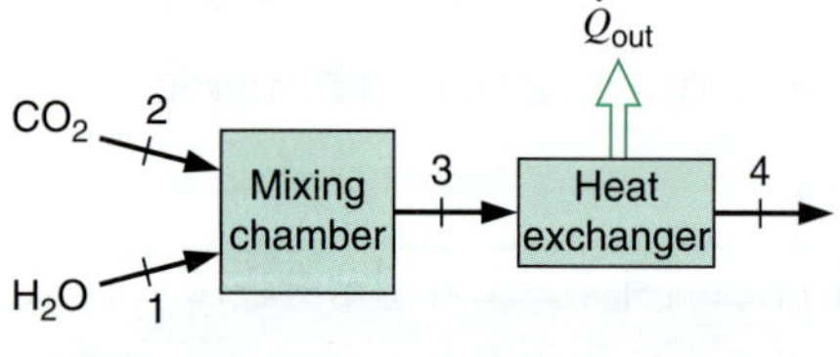

그림 P11.45

11.46 질량 기준 40% 산소(O_2)와 60% 아르곤이 1000 K, 400 kPa 상태로 터빈에 유입되어 100 kPa로 팽창한다. 터빈의 등엔트로피 효율은 85%이다. 비열이 일정하다고 가정할 때 터빈이 실제로 한 단위질량당 일과 단위질량당 엔트로피 생성량을 구하라.

11.47 세 정상 유동이 압력 150 kPa인 단열 상자에서 혼합된다. 첫째 유동은 340 K의 산소 2 kg/s이고, 둘째는 280 K의 질소 4 kg/s이며, 셋째는 310 K의 이산화탄소 3 kg/s이다. 세 유동의 압력은 모두 150 kPa이며 이는 출구에서 전체 압력과 같다. 출구 온도와 이 과정에서의 엔트로피 생성률을 구하라.

11.48 한 용기가 격막에 의해 두 개의 공간으로 같이 분리되어 있다. (그림 P11.48) 공간 A에는 1 kg의 물이 들어 있고, 공간 B에는 1.2 kg의 공기가 들어 있으며, 모두 20°C, 100 kPa 상태에 있다. 격막이 파괴되고, 700°C의 열원에 의해 용기 전체가 600°C까지 가열된다. 최종 전체 압력, 열전달량, 전체 엔트로피 생성량을 구하라.

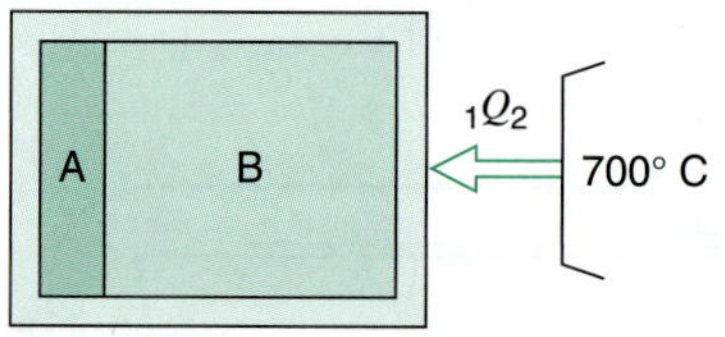

그림 P11.48

11.49 320 K의 이산화탄소 기체를 280 K의 질소와 단열 혼합 용기에서 혼합한다. 두 유동의 입구 압력은 모두 100 kPa이고, 이산화탄소와 질소의 질량비는 2:1이다. 출구 온도와 혼합물의 kg당 총엔트로피 생성량을 구하라.

공기-수증기 혼합물

11.50 100 kPa인 공기가 (a) −10°C, (b) 45°C, (c) 110°C이면 각각의 최대 절대 습도는 얼마가 되는가?

11.51 100 m^3의 공기-수증기 혼합물이 100 kPa, 15°C, 상대습도 40%의 상태에 있다. 물의 질량과 습도비를 구하라. 혼합물의 이슬점은 얼마인가?

11.52 주위의 공기가 100 kPa, 25°C, 상대 습도 75% 상태에 있다. 절대 습도와 이슬점을 구하라. 이 공기를 30°C까지 가열하면 상대 습도는 얼마가 되는가?

11.53 대기의 습공기가 정상 상태로 공기조화기에 102 kPa, 30°C, 상대습도 60% 상태로 유입된다. 공기조화기에 유입되는 체적 유량은 100 L/s이다. 유닛에서 나오는

습공기의 상태는 95 kPa, 15°C, 상대습도 100%이고 액체는 15°C로 배출된다. 이 과정에서 열전달률을 구하라.

11.54 제조 시설에서 20°C, 100 kPa, $\Phi = 60\%$ 대기로부터 압축 공기를 생산한다. 600 kPa로 압축한 후 공기는 20°C로 냉각되고 액체 수분과 기름이 제거되면서 세정된다. 유입 건공기 유량 0.5 kg/s에 대하여 배출되는 액체 수분량과 출구 공기의 상대습도를 구하라.

11.55 100 kPa, 25°C, 80% 상대 습도에서 유동 1 m^3/s로 흐르는 공기가 있다. 이 혼합물이 지하실에 들어가서 15°C, 100 kPa로 냉각된다고 할 때, 물의 응축률과 출구 혼합물의 체적 유량을 구하라.

11.56 관에서 대기로 100 kPa, 120°C의 수증기가 나온다. 100 kPa, 20°C, 상대 습도 45%에서 주위 공기와 단열로 혼합하여 최종 혼합물의 절대 습도 $\omega = 0.01$로 가정한다. 최종 혼합물 온도와 상대 습도를 구하라.

11.57 건공기 질량 50 kg, 상대 습도 40%, 20°C인 실내 공기에 물을 끓여 최종 상태가 20°C, 상대 습도 100%가 되게 한다. 얼마만큼의 물이 공기에 가해졌는가?

11.58 액체 상태의 물 80°C, 유동 0.2 kg/s가 60°C, 16 kg/s인 건조 공기와 함께 상자 내로 분사된다. 물 전체가 증발하여 온도 25°C인 습공기가 배출된다. 출구 상대 습도와 열전달량을 구하라.

11.59 20 MPa, 360°C의 물로 채워진 1 m^3의 반응로가 100 kPa, 25°C의 공기가 들어 있는 100 m^3의 단열된 밀폐 공간 내에 위치해 있다. 고장으로 반응로가 파괴되어 물이 밀폐 공간을 채운다. 최종 압력을 구하라.

11.60 T_1, 100 kPa의 완전히 건조한 공기 2 kg/s에 10°C, 100 kPa의 물(액체)을 분사하여 10°C, 100 kPa의 포화 습공기가 되었다. 외부 열전달과 일이 없는 정상상태 과정으로 간주한다. 출구 습공기의 절대 습도와 물(액체)의 유량을 구하라. 또 건조한 공기의 입구 온도 T_1을 구하라.

11.61 건조한 커피 가루를 만들기 위해 상자 내에서 80°C, 0.2 kg/s인 커피를 온도 T, 8 kg/s인 건공기와 혼합한다. 물 전체가 증발해야 하며 공기의 출구 온도는 최소 40°C가 되어야 한다. 여기서 가루는 무시한다. 유입 공기의 온도 T를 구하라.

11.62 2 kg/s, 30°C, 상대 습도 80%인 공기 유동 중 절반을 분리하여 냉각시킨 후 다른 절반의 유동과 혼합시킨다. (그림 P11.62) 출구 수분 함유량은 당초 유동의 75%가 되어야 한다고 가정한다. 몇 도까지 냉각되어야 하는가? 냉각률과 유동의 최종 출구 온도를 구하라.

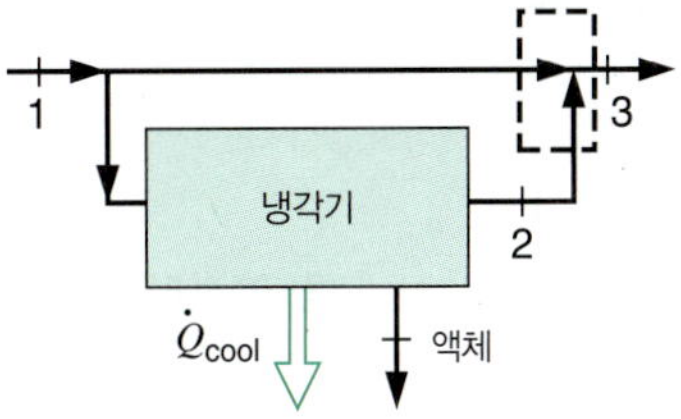

그림 P11.62

표와 공식 또는 습공기 선도

11.63 35°C, 상대 습도 40%인 공기를 25°C, $\omega = 0.015$로 만들려고 한다. 물을 더해야 하는가, 아니면 제거해야 하는가?

11.64 식과 수증기표를 이용하여 전체 압력 100 kPa인 습공기에 대해 주어지지 않은 상태량 ϕ, ω, T_{dry}를 구하라. 습공기 선도를 이용하여 답을 다시 구하라.

a. $\phi = 50\%$, w = 0.010

b. $T_{dry} = 25°C$, $T_{wet} = 21°C$

11.65 100 kPa, 40°C, 상대 습도 40%의 습공기 유동이 정압 과정으로 15°C까지 냉각된다. 입구 및 출구의 절대 습도와 건공기 단위 질량당 열전달량을 구하라. 습공기선도에 이 과정을 나타내라.

11.66 환기 시스템에서 34°C, 상대 습도 70%, 건공기 기준 유량 0.75 kg/s인 실내 공기가 통로를 지나면서 25°C로 냉각된다. 내부 공기의 이슬점, 통로 출구에서의 상대습도, 그리고 열전달량을 구하라. 습공기선도에 이 과정을 나타내라.

11.67 31°C, 상대 습도 50%의 습공기가 넓은 면적의 액체 물 위를 흐르고 있다. 단열 포화 온도를 시행착오법을 사용하여 구하라. (힌트: 22.5°C 부근이다)

11.68 의류 건조기에서 토출되는 습공기는 35°C, 상대 습도 80% 상태에 있다. 이 유동은 파이프로 지붕을 통과하여 그림 P11.68와 같이 대기로 배출된다. 파이프에서의 열전달에 의해 이 유동은 배출구에서 온도가 24°C로 냉각된다. 의류 건조기 출구와 배출구에서의 유동의 절대 습도를 각각 구하라. 건공기 1 kg당 열전달률을 구하라. 이 유동에 대하여 액체가 형성된다면 건공기 1 kg당 얼마가 형성되는가?

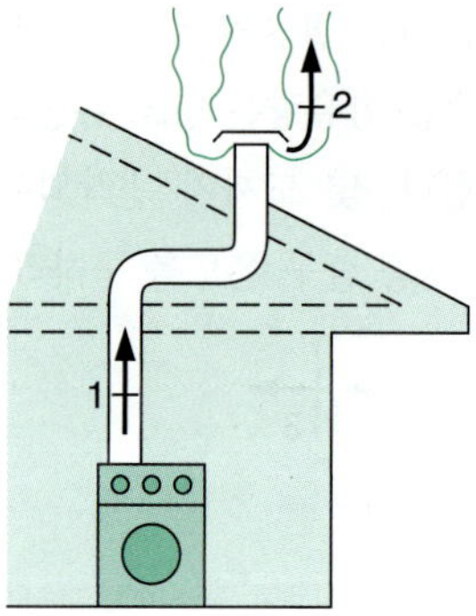

그림 P11.68

11.69 상대 습도 85%, 건공기 질량 유량 0.1 kg/s인 두 습공기 유동이 정상 유동 과정으로 혼합된다. 입구 온도는 각각 32.5°C, 16°C이다. 출구 상대 습도를 구하라.

11.70 한 단열 용기의 입구 공기는 $\omega_1 = 0.0084$ 상태, 출구 공기는 $T_2 = 22°C$, $\phi_2 = 90\%$ 상태이며 압력은 모두 100 kPa이다. 그림 P11.70과 같이 제3의 배관에서는 80°C, 100 kPa의 물이 0.25 kg/s로 분사된다. 정상 상태 과정에 대해 출구 절대 습도, 필요한 공기의 질량 유량, 입구 공기 온도 T_1을 구하라.

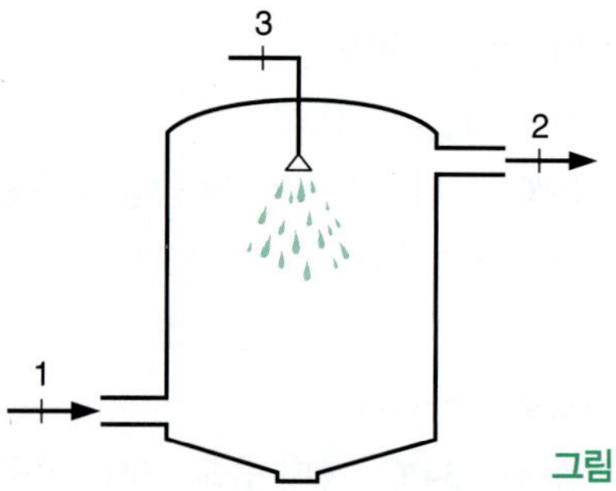

그림 P11.70

11.71 겨울철에 건물 난방을 위해 25°C, 100 kPa, 상대 습도 50%의 공기 1 m^3/s를 정상(steady) 공급하는 것이 필요하다. 외부의 공기는 10°C, 100 kPa, 상대 습도 50% 상태이다. 이 목적에 필요한 물(액체)의 질량 유량과 열전달률을 구하라.

11.72 자동차의 서리-안개 제거 장치에서 21°C, 상대 습도 80%의 대기가 유입되고 냉각되어 물방울이 떨어진다. 이 건조해진 공기가 41°C까지 가열되어 차 유리창에 분사된다. 차 유리창에서 물을 제거하려면 분사되는 공기의 상대 습도가 10% 이하가 되어야 한다. 대기의 이슬점 온도, 차 유리창에 분사되는 공기의 비습도, 냉각기에서의 최저 온도와 단위 질량당 열전달량을 구하라. 습공기 선도에 이 과정을 나타내라.

11.73 상업용 세탁소에서 출구 유동이 0.5 kg/s, 48°C, 상대 습도 70%인 습공기가 배출되는 건조기를 운전하고 있다. 가열 비용을 줄이기 위해 그림 P11.73과 같이 세탁기에 공급되는 10°C인 차가운 물을 가열하도록 반향류 열교환기가 사용된다. 유출되는 습공기의 온도는 25°C로 냉각된다고 가정한다. 그림에서 누락된 유동이 있는가? 열교환기에 의한 에너지 회수율 그리고 30°C로 가열되기 위한 물의 유량을 구하라.

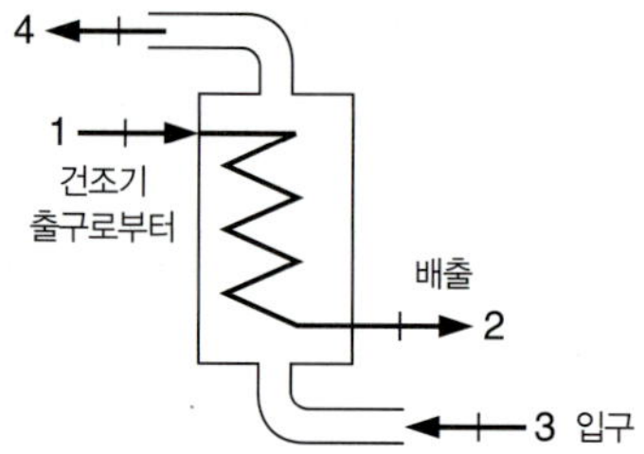

그림 P11.73

습공기 선도

11.74 습공기 선도를 이용하여 ϕ, ω, T_{wet}, T_{dry} 중에서 값이 주어지지 않은 상태량을 구하라.

a. $T_{dry} = 25°C$, $\phi = 80\%$

b. $\omega = 0.01$, $\phi = 100\%$

c. $T_{dry} = 20°C$, $\omega = 0.010$

d. $T_{dry} = 25°C$, $T_{wet} = 23°C$

11.75 습공기 선도를 이용하여 ϕ, ω, T_{wet}, T_{dry} 중에서 값이 주어지지 않은 상태량을 구하라.

a. $\phi = 80\%$, $\omega = 0.012$

b. $T_{wet} = 15°C$, $\phi = 60\%$

c. $\omega = 0.008$, $T_{wet} = 17°C$

d. $T_{dry} = 10°C$, $\omega = 0.006$

11.76 문제 11.75의 각 상태에 대해 이슬점(노점)을 구하라.

11.77 공기 조화기로 0.2 kg/s로 유동하는 40°C, 상대 습도 40% 습공기를 냉각하고자 한다. 출구 온도는 25°C가 되어야 하며, 압력은 100 kPa이다. 필요한 열전달량과 응축된 물의 양을 구하라.

11.78 산들바람이 불고 구름 낀 두 곳의 기상을 비교하라. 해변 A는 21°C, 103.5 kPa, 상대 습도 92%이다. 해변 B는 25°C, 99 kPa, 상대 습도 40%이다. 수영을 하고 물 밖으로 나왔다고 가정한다. 어떤 지역에서 더 쾌적하게 느껴지는가? 그 이유는 무엇인가?

11.79 100 kPa, 35°C, 상대 습도 40%의 습공기가 포화 상태에 도달하기 위해 20°C의 액체 물의 단열 증발로 냉각된다. 건공기 1 kg당 필요한 물의 양과 출구 온도를 구하라.

11.80 10°C, $\phi = 90\%$의 공기 유동이 집에 공급되어 25°C,

상대 습도 60%로 조화된다. 이는 복합 가열기–증발기에 의한 것으로 액체 물의 온도는 10°C다. 필요한 물의 유량과 열전달량을 공급되는 건공기 kg당 단위로 구하라. 최종 혼합물의 이슬점을 구하라.

11.81 35°C, 상대 습도 70%의 공기가 2 kg/s의 건공기와 함께 흐른다. COP가 3인 냉동 사이클이 공기 온도를 20°C로 만든다. 냉동기 구동에 필요한 동력과 발생하는 액체 양을 구하라. 습공기 선도를 사용하여 문제를 풀고 이 과정을 습공기 선도에 나타내라.

11.82 0.2 kg/s의 건공기와 40°C, 상대 습도 50%의 습공기로 이루어진 유동이 외부에서 들어온다. (상태 1) 지하실에서 이 유동은 16°C로 냉각된다. (상태 2) 그 후 거실로 흘러가서 25°C로 가열된다. (상태 3) 상태 1의 이슬점과 생성되는 액체 양, 지하실에서 발생하는 열전달량, 상태 3의 거실에서 상대 습도를 구하라. 이 과정을 습공기 선도에 나타내라.

11.83 45°C, 상대습도 10%, 건공기 0.2 kg/s 유량인 습공기가 25°C, 절대습도 $\omega = 0.018$, 건공기 유량 0.3 kg/s인 습공기와 혼합된다. 혼합은 압력 100 kPa인 공기 덕트에서 이루어지고 열전달은 없다고 가정한다. 혼합 후 최종 온도가 40°C가 되도록 열이 전달된다. 혼합 후 온도와 상대습도를 구하라. 열전달량과 최종 출구 상대습도를 구하라.

11.84 실내 수영장에서는 1.512 kg/h의 유량으로 물이 증발되며 제습기로 이 물을 제거하여 실내를 21°C, 상대 습도 70% 상태로 유지한다. 그림 P11.84의 제습기는 냉동 사이클로 구성되는데, 공기가 증발기에서 냉각되면서 물(액체)이 응축되고 계속해서 응축기를 지나간다. 0.1 kg/s의 공기 유동을 위해서 송풍기와 압축기를 모터로 구동하여 1.4 kW가 소요된다. 사이클의 성능 계수는 $\beta = Q_L/W_C = 2.0$이다. 출구 공기의 상태와 압축기 입력 동력을 구하라.

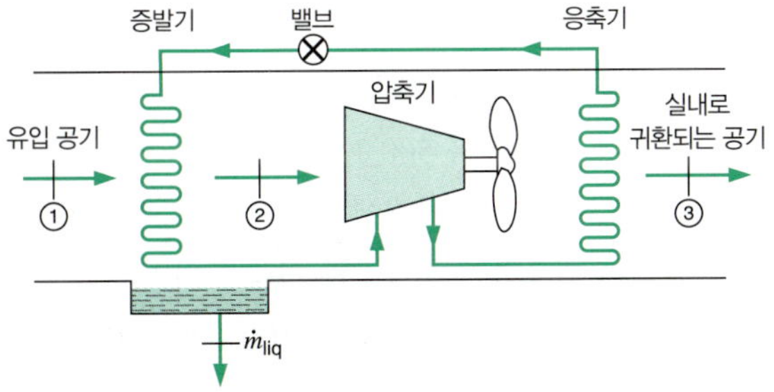

그림 P11.84

11.85 가정용 난로에서 습공기 유동이 45°C, 상대 습도 10% 상태에 있고, 건공기 유량은 0.05 kg/s이다. 소형 전기 가열기를 이용하여 15°C의 수돗물을 100°C, 100 kPa 상태의 수증기로 만들어 더한다(그림 P11.85). 거실에 도달하는 유동의 상태는 30°C, 상대 습도 60%(상태 4)이다. 전기 가열기에 필요한 동력을 구하라. 상태 1에서 상태 4까지의 유동에 필요한 열전달량을 구하라.

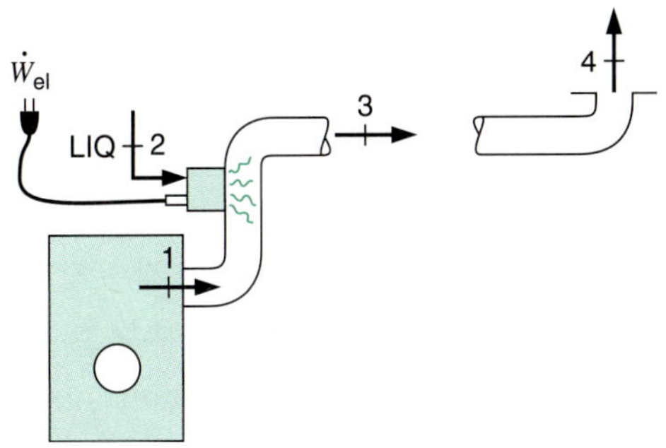

그림 P11.85

11.86 21°C, 상대 습도 60%인 습공기 유동은 서로 다른 두 습공기 유동의 혼합으로 만들어진다. 유동 1은 10°C, 상대 습도 80%이며 유동 2는 32°C, 이슬점 온도 27°C이다. 혼합 용기는 가열기 또는 냉각기와 연결되어 있다. 추가되는 액체 물은 없고 압력 $P = 100$ kPa다. 질량유동비 $\dot{m}_{a1}/\dot{m}_{a2}$와 가열기 또는 냉각기의 건공기 단위질량당 열전달량을 구하라.

11.87 그림 P11.87과 같은 혼합 과정에서 10°C, $\phi = 90\%$의 차갑고 습한 유동 1이 42°C, 이슬점 온도 31°C인 유동 2와 혼합된다. 출구 혼합 유동의 온도가 21°C, $\phi = 50\%$일 때 $\dot{m}_{a1}/\dot{m}_{a2}$와 건공기 단위질량당 열전달량을 구하라.

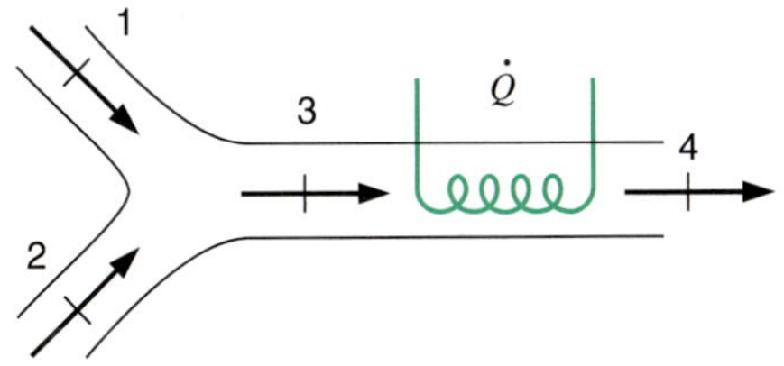

그림 P11.87

에너지 보존, 엑서지, 그리고 응용

11.88 이상기체의 여러 유동 과정을 고려한다: (1) 100 kPa인 기체 혼합물을 300 kPa로 압축, (2) 주변 공기를 이용하여 50°C인 기체 혼합물을 주변 온도 20°C로 냉각, (3) 두 개의 다른 기체를 100 kPa에서 혼합, (4) 125

kPa인 기체 혼합물을 100 kPa로 팽창(throttling). 각각의 경우에 대하여 엑서지가 어떻게 되는지, 엑서지 파괴가 있는지, 조성(composition)이 필요한지 논하라.

11.89 문제 11.39의 열교환기에 대해 열역학 제2법칙의 효율을 구하라. 주변 온도는 25°C라 가정한다.

11.90 질량비로 75% 이산화탄소와 25% 수증기의 혼합물 유동이 1600 K, 100 kPa 상태로 열교환기로 유입되어 열기관에 에너지를 전달한다. 혼합물은 열교환기에서 500 K로 배출되며 질량 유량은 2 kg/min이다. 열기관으로 전달되는 에너지와 엑서지 유량을 구하라. 주변 온도는 25°C라 가정한다.

11.91 가스 터빈에 유입되는 공기는 물에 젖은 격자를 통과하면서 증발식 냉각 과정에 의해 수분을 흡수한다. 대기는 100 kPa, 28°C, 상대 습도 50%이다. 외부 냉각 없이 공기는 얼마나 냉각될 수 있는지 그리고 비제척의 감소 백분율을 구하라.

11.92 증발 또는 응축에 의해 수증기 함유량이 변하는 습공기 유동에 대하여 엑서지는 어떻게 되는가? 호수 위를 지나는 공기 중의 수증기는 액체인 물과 평형을 이루는가?

11.93 건공기와 절대습도 $\omega = 0.01$인 습공기에 대하여 정압 비열 C_P와 기체 상수 R의 차이를 구하라.

11.94 가스 터빈의 압축기는 2 kg/s의 건공기를 100 kPa에서 1000 kPa로 만들어야 한다. 공기의 상태가 20°C, 상대 습도 $\Phi = 60\%$일 때 비열이 일정하다고 가정하여 압축기 일을 구하라.

11.95 문제 11.94에서 유입되는 공기가 압축기로 들어가기 전에 단열 증발 냉각 과정을 거쳐 100% 포화 상태가 된다고 가정하자. 새로운 유입 조건에 대해 비열이 일정하다고 가정하여 압축기 일을 구하라.

11.96 옥수수를 원료로 사용하여 에탄올을 생산하는 과정에서 발효 후 남는 고체 성분은 연속 흐름 오븐에서 건조된다. 이 과정은 90°C, 상대 습도 70%의 15 kg/s 습공기를 만든다. 습공기 내부에 존재하는 소량의 휘발성 유기 화합물 및 불순물을 제거하기 위해 이 유동은 열산화기(thermal oxidizer)로 유입되고, 천연 가스 화염이 혼합물에 800°C의 열을 가한다. 천연 가스 연소기에 의한 열소비율(rate of heating)을 구하라(그림 P11.96).

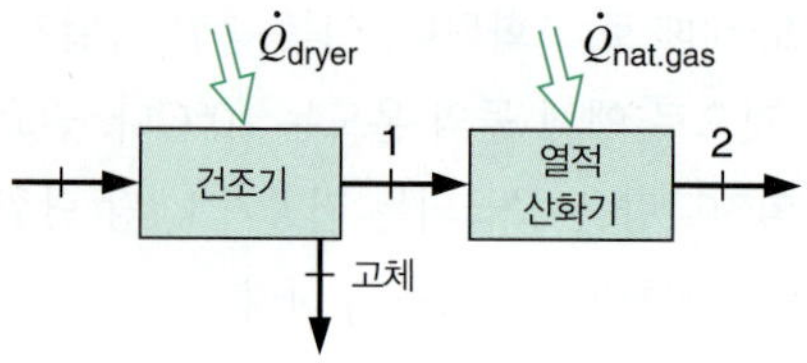

그림 P11.96

11.97 이전 문제에서 천연 가스 사용을 감소시키기 위해, 혼합물을 냉각하여 재가열 전에 수증기 일부를 응축시켜 제거하는 방법이 제안된다. 따라서 유동은 90°C에서 50°C로 냉각되고, 건조기 혼합물은 800°C로 가열된다(그림 P11.97). 응축되어 제거되는 물의 양과 천연가스 연소기의 가열률을 구하여라.

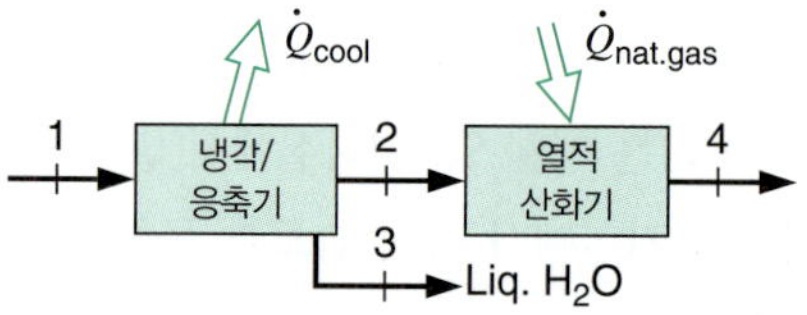

그림 P11.97

11.98 동력 발전소용 수냉각탑에서 45°C의 물(액체)을 증발하여 냉각한다. 냉각탑으로 19.5°C, 100 kPa, $\phi = 30\%$의 공기가 들어가서 물을 통과하여 25°C, $\phi = 70\%$ 상태로 냉각탑에서 나온다. 남아있는 물은 1 MW를 방출한 후 30°C가 되어 응축기로 되돌아간다. 공기의 질량 유량과 증발되는 물의 양을 구하라.

복습 문제

11.99 질량을 측정하여 만든 0.5 kg 산소, 1.5 kg 질소, 0.5 kg 메탄의 혼합물이 60°C, 225 kPa의 상태에 있다. 각 성분의 부분압, 혼합물의 (질량당) 비체적, 혼합물의 분자량 및 전체 체적을 구하라.

11.100 압축된 건공기가 고압에서 분자 여과기(molecular sieve)로 들어가고, 이 시스템에서 100 kPa의 순수한 산소 유동과, 150 kPa의 질소와 5% 산소로 이루어진 유동이 나온다. 온도는 20°C이며 가역 반응이라 가정할 때, 공기 입구 압력의 최솟값을 구하여라

11.101 질량비로 이산화탄소 50%와 물 50%의 혼합물이 1500 K, 1 MPa에서 500 K, 200 kPa까지 폴리트로픽 과정으로 정상상태 기기에서 변환된다. 표 A.5의 값을 이용하여 필요한 열전달량과 일을 구하라.

11.102 100 kg의 포화 습공기가 100 kPa, 5°C의 상태로 피스톤-실린더 내에 들어 있다. 정압 과정으로 45°C까지

가열하였을 때, ${}_1Q_2$와 최종 상대 습도를 구하라. 만일 초기 상태에서 200 kPa까지 등온 압축한다면, 응축되는 물의 질량은 얼마인가?

11.103 공기-수증기 혼합물이 상태 1 (10°C, 상대 습도 10%, 유량 1 m^3/s)로 정상상태에서 유동하는 가열-가습기 유닛으로 들어간다. 다른 공기-수증기 혼합물이 상태 2 (20°C, 상대습도 20%, 유량 2 m^3/s)로 유닛으로 들어간다. 또 물이 액체 상태 3 (10°C, 유량 400 kg/h)으로 들어간다. 하나의 출구에서 공기-수증기 혼합물이 그림 P11.122와 같이 상태 4 (40°C)로 나온다. 출구 유동의 상대 습도와 이 유닛으로의 열전달률을 계산하라.

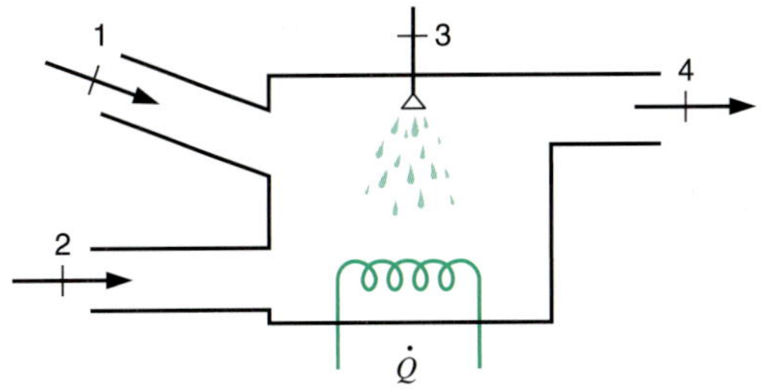

그림 P11.103

제 12 장

열역학 상태량 관계식

Thermodynamic Relations

지금까지 이미 여러 가지 상태량을 정의하여 사용해 왔다. 그중 몇 가지를 나열하면 압력, 비체적, 밀도, 온도, 질량, 내부 에너지, 엔탈피, 엔트로피, 정압 비열, 정적 비열, Joule-Thomson 계수 등이 있다. 이 장에서는 두 상태량, 즉 Helmholtz 함수와 Gibbs 함수가 소개될 것인데, 이들은 이후에 광범위하게 사용할 것이다. 여러 물질에 대한 열역학 상태량표도 이미 여러 차례 사용해 왔다.

여기에서 한 가지 중요한 질문을 생각해 보자. 열역학 상태량 중에서 어떤 것들을 실험으로 측정할 수 있는가? 이 질문에 답하기 위하여 실험실에서 하는 측정을 생각해 보자. 내부 에너지와 엔트로피 같은 상태량은 직접 측정할 수 없으며 다른 실험 데이터를 이용하여 계산해야 한다. 모든 열역학 상태량들을 잘 살펴보면 압력, 온도, 체적, 질량 등 네 가지만을 직접 측정할 수 있다는 결론에 도달한다.

그렇다면 두 번째 질문도 생각할 수 있다. 측정할 수 있는 상태량의 실험 데이터로부터 측정할 수 없는 상태량들을 어떻게 결정할 수 있는가? 이 질문에 답하기 위해서는 일반적인 열역학 관계식들을 유도해야 한다. 수없이 많은 관계식들을 만들어낼 수 있으나 여기서는 실험 데이터로부터 열역학 상태량을 계산하는 데 필요한 일부 기본 관계식만을 다루도록 한다. 그리고 이와 관련된 내용으로 일반화된 선도와 상태 방정식을 다루도록 한다.

12.1 Clapeyron 식

측정 가능한 다른 상태량의 함수로 엔탈피나 엔트로피와 같은 열역학 상태량을 계산하는 방법은 크게 두 부류로 나누어진다. 즉 두 개의 서로 다른 상(phase) 사이의 상태량 차이와 하나의 균일상 내에서의 상태량 변화이다. 이 절에서는 첫 번째인 다른 상 사이의 계산에 중점을 두도록 한다. 두 개의 상을 편의상 액체와 증기로 가정하겠지만, 그 결과를 다른 상들 사이에도 적용할 수 있다.

T와 $T - \Delta T$의 저장조들 사이의 매우 작은 온도 차이에서 작동하는 Carnot 사이클 열기관을 생각해 보자. 이 온도들에 대응하는 포화 압력들은 각각 P와 $P - \Delta P$이다. Carnot 사이클은 네 개의 정상상태 기기로 작동한다. 그림 12.1의 두 선도에 나타낸 바와 같이, 고온 열전달 과정에서 작동 유체는 포화 액체 1에서 포화 증기 2로 변화한다.

그림 12.1a에서 가역적인 열전달에 대해서

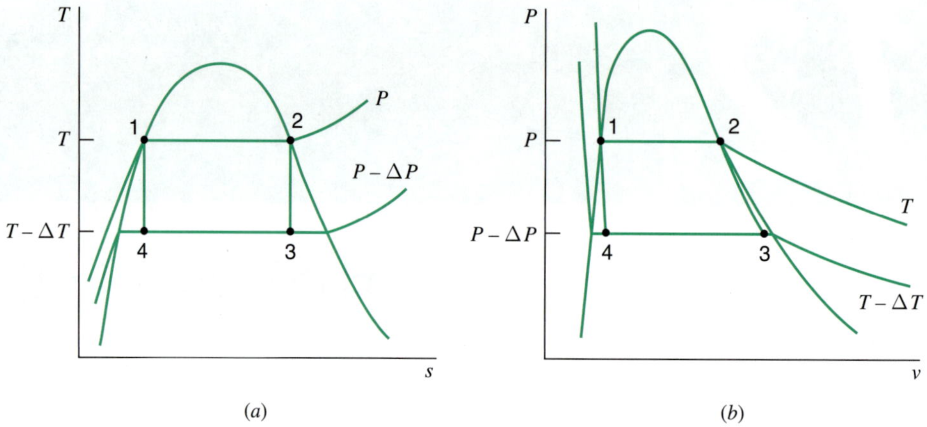

그림 12.1 ▸ 작은 온도 차이에 의해 운전되는 Carnot 사이클.

$$q_H = Ts_{fg}; \qquad q_L = (T - \Delta T)s_{fg}$$

이므로

$$w_{NET} = q_H - q_L = \Delta T s_{fg} \tag{12.1}$$

이다. 그림 12.1*b*에서 각 과정은 정상상태이고 가역적이므로, 각 과정의 일은 식 (7.15)에 의해서

$$w = -\int v\,dP$$

로 표현된다. 결과적으로 사이클의 네 과정 전체에 대해

$$\begin{aligned} w_{NET} &= 0 - \int_2^3 v\,dP + 0 - \int_4^1 v\,dP \\ &\approx -\left(\frac{v_2 + v_3}{2}\right)(P - \Delta P - P) - \left(\frac{v_1 + v_4}{2}\right)(P - P + \Delta P) \\ &\approx \Delta P\left[\left(\frac{v_2 + v_3}{2}\right) - \left(\frac{v_1 + v_4}{2}\right)\right] \end{aligned} \tag{12.2}$$

(ΔP가 작을수록, 더 근사한 결과가 된다.)

이 성립된다. 이제 식 (12.1)과 (12.2)를 비교하고 정리하면 다음과 같다.

$$\frac{\Delta P}{\Delta T} \approx \frac{s_{fg}}{\left(\frac{v_2 + v_3}{2}\right) - \left(\frac{v_1 + v_4}{2}\right)}$$

$\Delta T \to 0$인 극한에서, $v_3 \to v_2 = v_g$, $v_4 \to v_1 = v_f$ 이며 그 결과로

$$\lim_{\Delta T \to 0} \frac{\Delta P}{\Delta T} = \frac{dP_{sat}}{dT} = \frac{s_{fg}}{v_{fg}} \tag{12.3}$$

을 얻는다. 가열 과정 1–2는 등온이면서 정압 과정이므로

$$q_H = h_{fg} = Ts_{fg}$$

이며 식 (12.3)의 일반적인 결과는

$$\frac{dP_{sat}}{dT} = \frac{s_{fg}}{v_{fg}} = \frac{h_{fg}}{Tv_{fg}} \tag{12.4}$$

로 나타나며, 이를 **Clapeyron 식**이라 부른다. 이 식은 간단하지만 효용도가 대단히 높다. 식 (12.4)의 좌변은 온도의 함수인 증기압 곡선의 기울기이다. 또 주어진 온도에서 포화 증기와 포화 액체의 비체적도 측정할 수 있으므로, 식 (12.4)를 이용하여 증발 과정에서의 엔탈피 변화와 엔트로피 변화를 계산할 수 있다. 이는 제1법칙 또는 제2법칙 계산에서 한 상에서 다른 상으로 넘어가는 계산을 가능하게 하는데, 이것이 바로 이 식을 유도해 낸 목적이다.

같은 내용을 고체상에서 액체상으로의 변화나 고체상에서 증기상으로의 변화에도 적용할 수 있다. 각 경우의 결과로 얻는 Clapeyron 식에는 적절한 포화 압력, 비체적, 엔탈피 변화, 엔트로피 변화가 관여한다. 고체 i에서 액체 f로의 과정은 융해 곡선(fusion line)을 따라 일어나며, 결과는 다음과 같다.

$$\frac{dP_{\text{fus}}}{dT} = \frac{s_{if}}{v_{if}} = \frac{h_{if}}{Tv_{if}} \tag{12.5}$$

일반적으로 $v_{if} = v_f - v_i$는 매우 작은 값이므로, 융해 곡선의 기울기는 매우 급하다(물의 경우에 매우 특이하게도 v_{if}가 음수이기 때문에 융해 곡선의 기울기가 급하면서 음수이다).

고체 i가 직접 증기 g로 변화하는 승화(sublimation)에 대해 Clapeyron 식은 다음과 같다.

$$\frac{dP_{\text{sub}}}{dT} = \frac{s_{ig}}{v_{ig}} = \frac{h_{ig}}{Tv_{ig}} \tag{12.6}$$

매우 낮은 온도의 증기상을 Clapeyron 식으로 다루는 특수한 경우에 대해 생각해 보자. 이때 포화 압력이 매우 낮다. 비체적 v_g는 응축상, 즉 식 (12.4)에서의 액체나 식 (12.6)에서의 고체의 비체적보다 매우 클 뿐 아니라, 이상기체 상태 방정식을 이용하여 상당히 정확히 표현될 수 있다. 그러면 Clapeyron 식은 다음과 같은 형태로 정리된다.

$$\frac{dP_{\text{sat}}}{dT} = \frac{h_{fg}}{Tv_{fg}} = \frac{h_{fg}P_{\text{sat}}}{RT^2} \tag{12.7}$$

낮은 온도(임계 온도에 가깝지 않은)에서 h_{fg}는 온도에 따라 크게 변화하지 않는다. 만일 이 값을 상수라고 가정하면, 식 (12.7)을 정리하여 온도 범위에 걸쳐 적분할 수 있으므로, 포화 압력이 알려져 있지 않은 온도에서 포화 압력을 계산할 수 있다. 이 내용을 다음 예제에서 살펴보자.

예제 12.1

수증기표에 나타난 데이터를 이용하여 −60°C에서 수증기의 승화 압력을 구하라.

검사 질량: 물

풀이

부록 표 B.1.5에는 −40°C 이하의 온도에 대한 포화 압력이 나와 있지 않다. 그러나 h_{ig}는 이 온도 영역에서 상대적으로 일정하기 때문에 식 (12.7)을 −40°C에서 −60°C까지 적분할 수 있다.

$$\int_1^2 \frac{dP}{P} = \int_1^2 \frac{h_{ig}}{R}\frac{dT}{T^2} = \frac{h_{ig}}{R}\int_1^2 \frac{dT}{T^2}$$

$$\ln\frac{P_2}{P_1} = \frac{h_{ig}}{R}\left(\frac{T_2 - T_1}{T_1T_2}\right)$$

여기서

$$P_2 = 0.0129\,\text{kPa} \qquad T_2 = 233.2\,\text{K} \qquad T_1 = 213.2\,\text{K}$$

이므로 다음과 같다.

$$\ln\frac{P_2}{P_1} = \frac{2838.9}{0.461\,52}\frac{\text{kJ/kg}}{\text{kJ/kg-K}}\left(\frac{233.2 - 213.2}{233.2 \times 213.2}\right)\frac{1}{\text{K}} = 2.4744$$

$$P_1 = 0.001\,09\,\text{kPa}$$

12.2 균일상에 대한 수학 관계식

앞 절에서는 직접 측정 가능한 상태량을 이용하여 서로 다른 상 사이의 엔탈피(따라서 내부 에너지)와 엔트로피의 차이를 계산하는 방법을 살펴보았다. 이제부터는 단순 압축성 물질에 대해 하나의 균일상(기체, 액체, 고체) 내에서 상태량의 변화를 계산하는 식들을 다루려고 한다. 먼저 이런 식들을 유도하기 위해서는 유용한 수학 관계식들이 필요하다.

x와 y의 연속 함수인 변수(열역학 상태량)를 생각하자.

$$z = f(x, y)$$

$$dz = \left(\frac{\partial z}{\partial x}\right)_y dx + \left(\frac{\partial z}{\partial y}\right)_x dy$$

이 함수를 다음의 형태로 나타내면 편리하다.

$$dz = M\,dx + N\,dy \tag{12.8}$$

여기서

$$M = \left(\frac{\partial z}{\partial x}\right)_y = x\text{에 대한 } z\text{의 편도함수(변수 } y\text{는 일정)}$$

$$N = \left(\frac{\partial z}{\partial y}\right)_x = y\text{에 대한 } z\text{의 편도함수(변수 } x\text{는 일정)}$$

이다.

순수 물질의 상태량들을 연관 짓는 편도함수들의 물리적 중요성은 과열 증기 영역에서의 $P-v-T$ 면을 나타내는 그림 12.2를 참조하여 설명할 수 있다. 이 선도는 면상의 점 b에서 교차하는 등온, 정압, 등적 면을 나타내고 있다. 따라서 편도함수 $(\partial P/\partial v)_T$는 점 b에서 곡선 abc의 기울기이다. 직선 de는 점 b에서 곡선 abc의 접선을 나타낸다. 유사한 해석을 편도함수 $(\partial P/\partial T)_v$와 $(\partial v/\partial T)_p$에 대해서도 할 수 있다.

등온선을 따라 편도함수를 계산하고자 할 때는 편미분을 상미분으로 표현할 수 있다. 따라서 등온 과정에서

$$\left(\frac{\partial P}{\partial v}\right)_T = \frac{dP_T}{dv_T}$$

의 관계가 성립되고 통상적인 적분이 가능하다. 이 점은 추후 여러 예제에서 예시될 것이다.

다시 관계식

$$dz = M\,dx + N\,dy$$

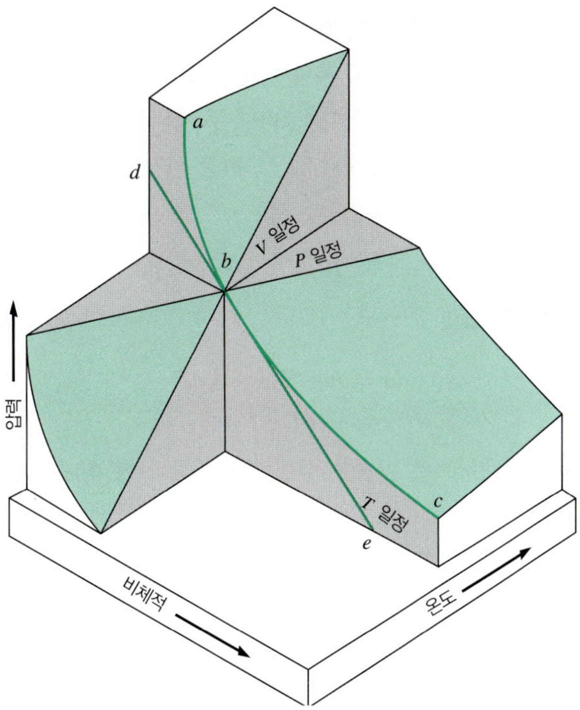

그림 12.2 » 편도함수에 관한 개략도.

으로 돌아오자. 만일 x, y, z가 모두 점함수라면(즉 상태에만 의존하고 경로와 무관하다면) 미분은 완전 미분이 된다. 이 경우 다음의 중요한 관계식이 성립된다.

$$\left(\frac{\partial M}{\partial y}\right)_x = \left(\frac{\partial N}{\partial x}\right)_y \tag{12.9}$$

이는 다음 식으로 증명된다.

$$\left(\frac{\partial M}{\partial y}\right)_x = \frac{\partial^2 z}{\partial x\,\partial y} = \frac{\partial^2 z}{\partial y\,\partial x} = \left(\frac{\partial N}{\partial x}\right)_y$$

점함수인 경우 미분의 순서는 결과에 영향을 미치지 않는다.

12.3 Maxwell 관계식

화학 조성이 일정한 단순 압축성 검사 질량을 생각하자. 이 시스템에 대한 Maxwell 관계식은 상태량 P, v, T, s를 관련지어 주는 네 개의 방정식인데, 이 식들은 측정 가능한 다른 상태량들의 함수로 엔트로피를 계산하는 데 유용하다.

Maxwell 관계식은 6.4절에 소개된 열역학 상태량 관계식을 다소 다르게 표현함으로써 가장 손쉽게 유도할 수 있다. 그중 두 개의 식들은 다음과 같이 바꿔 쓸 수 있다.

$$du = T\,ds - P\,dv \tag{12.10}$$

$$dh = T\,ds + v\,dP \tag{12.11}$$

식 (12.8)의 수학적 표현을 살펴보면, 이 표현식은

$$u = u(s, v), \qquad h = h(s, P)$$

의 형태이며, 두 식에서 모두 엔트로피가 두 개의 독립 상태량 중 하나로 사용된다. 엔트로피는 측정할 수 없는 상태량이므로 이 식은 바람직하지 않은 형태이다. 그러나 두 개의 새로운 상태량과 두 개의 새로운 형태의 열역학 상태량 관계식을 도입하면, 독립 상태량에서 엔트로피를 제거할 수 있다. 이 중에서 첫 번째가 **Helmholtz 함수 A**이다.

$$A = U - TS, \qquad a = u - Ts \tag{12.12}$$

이 식을 미분하고 식 (12.10)을 대입하면

$$\begin{aligned} da &= du - T\,ds - s\,dT \\ &= -s\,dT - P\,dv \end{aligned} \tag{12.13}$$

이 된다. 이것은 T와 v를 독립 상태량으로 이용한 상태량 관계식의 한 형태이다. 두 번째 새로운 상태량은 **Gibbs 함수 G**이다.

$$G = H - TS, \qquad g = h - Ts \tag{12.14}$$

이 식을 미분하고 식 (12.11)을 대입하면

$$\begin{aligned} dg &= dh - T\,ds - s\,dT \\ &= -s\,dT + v\,dP \end{aligned} \tag{12.15}$$

이 되고, 네 번째 형태의 상태량 관계식을 얻는다. 이 관계식은 T와 P를 독립 상태량으로 이용한 형태이다.

식 (12.10), (12.11), (12.13), (12.15)는 상태량들만을 포함하는 관계식이므로 완전 미분이며 일반적인 식 (12.8)

$$dz = M\,dx + N\,dy$$

의 형태이다. 식 (12.9)로부터 계수 M과 N 사이에는

$$\left(\frac{\partial M}{\partial y}\right)_x = \left(\frac{\partial N}{\partial x}\right)_y$$

의 관계가 성립된다. 따라서 식 (12.10)으로부터 다음의 관계식을 얻는다.

$$\left(\frac{\partial T}{\partial v}\right)_s = -\left(\frac{\partial P}{\partial s}\right)_v \tag{12.16}$$

마찬가지로 식 (12.11), (12.13), (12.15)로부터 다음의 관계식들을 얻는다.

$$\left(\frac{\partial T}{\partial P}\right)_s = \left(\frac{\partial v}{\partial s}\right)_P \tag{12.17}$$

$$\left(\frac{\partial P}{\partial T}\right)_v = \left(\frac{\partial s}{\partial v}\right)_T \tag{12.18}$$

$$\left(\frac{\partial v}{\partial T}\right)_P = -\left(\frac{\partial s}{\partial P}\right)_T \tag{12.19}$$

이상의 네 방정식이 단순 압축성 질량에 대한 **Maxwell 관계식**으로 알려져 있으며 추후에 그 유용성을 예시할 것이다. 앞서 설명한 바와 같이, 이들 관계식을 이용하면 측정이 가능한 상태량인 압력, 온도, 비체적의 함수로 엔트로피 변화를 계산할 수 있다.

식 (12.10), (12.11), (12.13), (12.15)로부터 그 밖의 많은 유용한 관계식들도 유도할 수 있다. 예를 들어

식 (12.10)으로부터 다음 관계식을 얻을 수 있다.

$$\left(\frac{\partial u}{\partial s}\right)_v = T, \qquad \left(\frac{\partial u}{\partial v}\right)_s = -P \tag{12.20}$$

다른 세 개의 식들로부터도 유사하게 다음을 얻을 수 있다.

$$\begin{aligned} \left(\frac{\partial h}{\partial s}\right)_P &= T, \qquad \left(\frac{\partial h}{\partial P}\right)_s = v \\ \left(\frac{\partial a}{\partial v}\right)_T &= -P, \qquad \left(\frac{\partial a}{\partial T}\right)_v = -s \\ \left(\frac{\partial g}{\partial P}\right)_T &= v, \qquad \left(\frac{\partial g}{\partial T}\right)_P = -s \end{aligned} \tag{12.21}$$

이미 언급한 바와 같이, 여기에서 제시하는 Maxwell 관계식은 단순 압축성 물질에 대한 것이다. 그렇지만 표면 효과 또는 전기 효과 등의 다른 효과를 포함하는 물질에 대해서도 유사한 Maxwell 관계식을 쓸 수 있다. 예를 들어 식 (6.9)는

$$dU = T\,dS - P\,dV + F\,dL + \sigma dA + EMF\,dZ + \cdots \tag{12.22}$$

의 형태로 쓸 수 있으므로 표면 효과만이 관여하는 물질에 대해서

$$dU = T\,dS + \sigma dA$$

으로 표현할 수 있고, 다음의 관계가 성립된다.

$$\left(\frac{\partial T}{\partial A}\right)_S = \left(\frac{\partial \sigma}{\partial S}\right)_A$$

이러한 물질에 대해 다른 Maxwell 관계식들도 서로 다른 변수들을 이용하여 상태량 관계식으로서 표현할 수 있으며, 이 방법은 여러 효과가 동시에 관여하는 시스템에도 확장하여 적용할 수 있다. 이 방법은 조성이 변화하는 시스템에 대해 적용하는 상태량 관계식을 다룰 때에는 더욱 복잡해지는데 12.9절에서 취급할 것이다.

예제 12.2

부록 표 B.1.4의 압축 액체 물의 상태량을 살펴보면, 압축 액체의 엔트로피는 0°C에서는 포화 액체의 엔트로피보다 크고 표에 나열된 다른 모든 온도에서는 포화 액체의 엔트로피보다 작다. 다른 열역학 데이터를 이용하여 그 이유를 설명하라.

검사 질량: 물

풀이

초기에 포화 액체인 물을 온도를 유지한 채 압축한다고 생각하자. 이 과정 동안 물의 엔트로피 변화는 다음의 Maxwell 관계식 (12.19)를 적분하여 구할 수 있다.

$$\left(\frac{\partial s}{\partial P}\right)_T = -\left(\frac{\partial v}{\partial T}\right)_P$$

따라서 엔트로피 변화의 부호는 $(\partial v/\partial T)_P$의 부호에 의해 좌우된다. 이 항을 물리적으로 해석하면 일정한 압력에서 온도가 변화할 때의 비체적의 변화를 의미한다. 적당히 낮은 압력과 0°C 상태의 물을 정압 과정으로 가열하면, 비체적은 약 4°C인 최대 밀도점까지는 감소하고 그 후에는 증가한다. 이 과정을 그림 12.3의 v-T 선도상에 나타내었다. 따라서 $(\partial v/\partial T)_P$는 그림 12.3에서

곡선의 기울기이다. 이 기울기는 0°C에서 음수이므로 0°C에서 $(\partial s/\partial P)_T$는 양수이다. 최대 밀도점에서는 기울기가 0이므로 그림 6.4의 정압선이 최대 밀도점에서 포화 액체선과 교차한다.

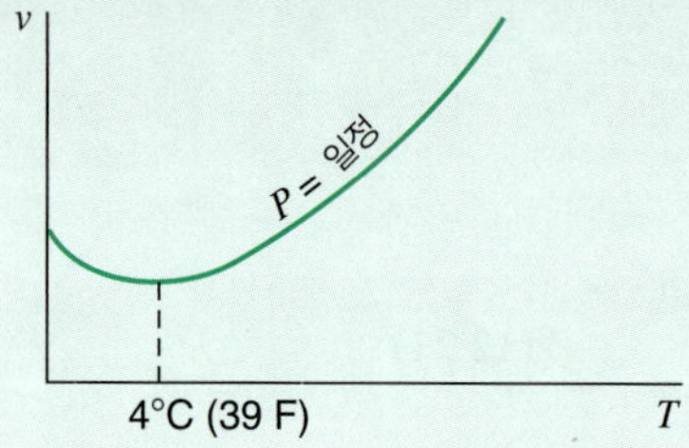

그림 12.3 ▸ 예제 12.2의 선도.

12.4 엔탈피, 내부 에너지, 엔트로피에 대한 열역학 관계식

우선 각각 C_p와 C_v를 포함하는 두 식들을 유도하자.

이미 C_p는

$$C_p \equiv \left(\frac{\partial h}{\partial T}\right)_p$$

로 정의하였고 순수 물질에 대해

$$T\,ds = dh - v\,dP$$

이므로 다음의 관계가 성립된다.

$$C_p = \left(\frac{\partial h}{\partial T}\right)_P = T\left(\frac{\partial s}{\partial T}\right)_P \tag{12.23}$$

마찬가지로 C_v는

$$C_v \equiv \left(\frac{\partial u}{\partial T}\right)_v$$

로 정의하였고

$$T\,ds = du + P\,dv$$

이므로 다음의 관계가 성립된다.

$$C_v = \left(\frac{\partial u}{\partial T}\right)_v = T\left(\frac{\partial s}{\partial T}\right)_v \tag{12.24}$$

이제 순수 물질의 엔탈피 변화량에 대한 일반적인 관계식을 유도하자. 순수 물질에 대해

$$h = h(T, P)$$

이므로 다음의 관계가 성립된다.

$$dh = \left(\frac{\partial h}{\partial T}\right)_P dT + \left(\frac{\partial h}{\partial P}\right)_T dP$$

관계식

$$T\,ds = dh - v\,dP$$

로부터

$$\left(\frac{\partial h}{\partial P}\right)_T = v + T\left(\frac{\partial s}{\partial P}\right)_T$$

을 얻는다. 이 식에 Maxwell 관계식 (12.19)를 대입하면

$$\left(\frac{\partial h}{\partial P}\right)_T = v - T\left(\frac{\partial v}{\partial T}\right)_P \tag{12.25}$$

를 얻는다. 이 식과 식 (12.23)을 대입하면 다음의 최종식을 얻는다.

$$dh = C_p\,dT + \left[v - T\left(\frac{\partial v}{\partial T}\right)_P\right] dP \tag{12.26}$$

정압선을 따라서

$$dh_p = C_p\,dT_p$$

이며 등온선을 따라서

$$dh_T = \left[v - T\left(\frac{\partial v}{\partial T}\right)_P\right] dP_T \tag{12.27}$$

이다. 식 (12.26)은 상태 변화에 대한 엔탈피 변화량을 다음과 같이 적분하여 구할 수 있도록 해주기 때문에 중요하다.

$$h_2 - h_1 = \int_1^2 C_p\,dT + \int_1^2 \left[v - T\left(\frac{\partial v}{\partial T}\right)_P\right] dP \tag{12.28}$$

단지 하나의 정압선에서의 정압 비열만 있으면 첫째 항을 적분할 수 있다. 둘째 적분에는 P, v, T의 관계를 나타내는 상태 방정식이 필요하다. 만일 이 상태 방정식이 체적 양함수(volume-explicit)로 표현할 수 있는 식이라면 $(\partial v/\partial T)_P$를 바로 구할 수 있으므로 유리하다.

이 내용은 그림 12.4를 통하여 더 자세히 설명할 수 있다. 상태 1과 2 사이의 엔탈피 변화를 계산한다고 생각하자. 등온선 $1-x$와 정압선 $x-2$로 이루어진 경로 $1-x-2$를 따라 상태 변화를 계산할 수 있다. 따라서 식 (12.28)은 다음과 같이 적분할 수 있다.

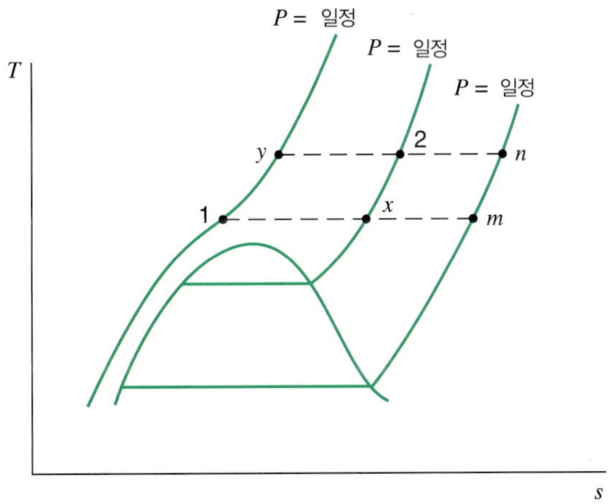

그림 12.4 ▸▸ 주어진 상태 변화가 이루어지는 여러 가지 서로 다른 경로들.

$$h_2 - h_1 = \int_{T_1}^{T_2} C_p\, dT + \int_{P_1}^{P_2} \left[v - T\left(\frac{\partial v}{\partial T}\right)_P\right] dP$$

$T_1 = T_x$이고 $P_2 = P_x$이므로 이 식은 다음과 같이 표현된다.

$$h_2 - h_1 = \int_{T_x}^{T_2} C_p\, dT + \int_{P_1}^{P_x} \left[v - T\left(\frac{\partial v}{\partial T}\right)_P\right] dP$$

이 식에서 둘째 항은 등온선 $1-x$를 따른 엔탈피 변화이며 첫째 항은 정압선 $x-2$를 따른 엔탈피 변화이다. 두 가지를 합하여 1과 2 사이의 순 엔탈피 변화를 구할 수 있다. 그러므로 x에서 2까지의 정압선을 따라서 정압 비열을 알고 있어야 한다. 엔탈피 변화는 또한 경로 $1-y-2$를 따라서도 구할 수 있으며, 이 경우에는 정압선 $1-y$를 따라 정압 비열을 알고 있어야 한다. 정압 비열을 다른 압력, 예를 들어 정압선 $m-n$을 따라 알고 있으면, 엔탈피 변화는 경로 $1-m-n-2$를 따라 결정할 수 있다. 이때 등온선 $1-m$과 $n-2$를 따른 엔탈피 변화를 계산해야 한다.

이제 내부 에너지 변화에 대한 유사한 관계식을 유도하자. 자세한 설명 없이 유도 과정의 모든 단계만을 제시한다. 엔탈피의 경우 $h = h(T, P)$로 시작하였으나, 내부 에너지의 경우에는 $u = u(T, v)$로 시작하기로 한다.

$$u = f(T, v)$$

$$du = \left(\frac{\partial u}{\partial T}\right)_v dT + \left(\frac{\partial u}{\partial v}\right)_T dv$$

$$T\, ds = du + P\, dv$$

따라서

$$\left(\frac{\partial u}{\partial v}\right)_T = T\left(\frac{\partial s}{\partial v}\right)_T - P \tag{12.29}$$

이며 Maxwell 관계식 (12.18)을 대입하면

$$\left(\frac{\partial u}{\partial v}\right)_T = T\left(\frac{\partial P}{\partial T}\right)_v - P$$

을 얻는다. 따라서 최종식은 다음과 같다.

$$du = C_v\, dT + \left[T\left(\frac{\partial P}{\partial T}\right)_v - P\right] dv \tag{12.30}$$

정적선을 따라서

$$du_v = C_v\, dT_v$$

이며 등온선을 따라서

$$du_T = \left[T\left(\frac{\partial P}{\partial T}\right)_v - P\right] dv_T \tag{12.31}$$

의 관계가 성립된다. 엔탈피 변화에 대한 앞의 방법과 마찬가지로 순수 물질의 상태 변화에 대한 내부 에너지의 변화도 식 (12.30)으로 계산할 수 있다. 이때에는 하나의 정적선을 따라 정적 비열을 알고 있어야 하고, 해당 영역에서 압력 양함수(pressure-explicit) 형태의 상태 방정식이 필요하다[도함수 $(\partial P/\partial T)_v$를 계산하기 위하여]. 그림 12.4와 유사한 선도를 그려서 정압선을 정적선으로 바꾸면 엔탈피의 경우와 같은 일반적인 결론에 도달한다.

지금까지 한 것들을 요약하면, 유도한 식들은 (12.26)과 (12.30)이다.

$$dh = C_p\,dT + \left[v - T\left(\frac{\partial v}{\partial T}\right)_P\right] dP$$

$$du = C_v\,dT + \left[T\left(\frac{\partial P}{\partial T}\right)_v - P\right] dv$$

첫째 식은 엔탈피의 변화와 정압 비열이 관여하는 식으로서 체적 양함수형 상태 방정식이 있을 경우에 사용하기에 적합한 식이다. 둘째 식은 내부 에너지의 변화와 정적 비열이 관여하며, 압력 양함수형 상태 방정식이 있을 경우에 사용하기에 적합하다. 만일 둘 중 첫째 식으로 엔탈피 변화를 계산했다면, 내부 에너지 변화는 다음의 관계식을 이용하여 바로 계산할 수 있다.

$$u_2 - u_1 = h_2 - h_1 - (P_2 v_2 - P_1 v_1)$$

반대로 만일 둘째 식으로 내부 에너지 변화를 계산했다면, 엔탈피 변화도 역시 같은 관계식을 이용하여 바로 계산할 수 있다. 엔탈피와 내부 에너지 변화를 계산하기 위해 두 식 중 어느 식을 사용할 것인가는 이용 가능한 비열과 상태 방정식(또는 다른 P–v–T 데이터)에 달려 있다.

엔트로피 변화에 대해서는 두 가지 표현식들을 유도할 수 있다. 먼저 온도와 압력을 독립 상태량으로 사용하는 경우를 생각하자.

$$s = s(T, P)$$

$$ds = \left(\frac{\partial s}{\partial T}\right)_P dT + \left(\frac{\partial s}{\partial P}\right)_T dP$$

식 (12.19)와 (12.23)을 대입하면 다음이 얻어진다.

$$ds = C_p \frac{dT}{T} - \left(\frac{\partial v}{\partial T}\right)_P dP \tag{12.32}$$

$$s_2 - s_1 = \int_1^2 C_p \frac{dT}{T} - \int_1^2 \left(\frac{\partial v}{\partial T}\right)_P dP \tag{12.33}$$

정압선을 따라서

$$(s_2 - s_1)_P = \int_1^2 C_p \frac{dT_P}{T}$$

이며 등온선을 따라서

$$(s_2 - s_1)_T = -\int_1^2 \left(\frac{\partial v}{\partial T}\right)_P dP$$

이다.

하나의 정압선을 따라 정압 비열을 알고 있고, 체적 양함수형 상태 방정식이 있다면 엔트로피 변화를 계산할 수 있음을 식 (12.33)으로부터 알 수 있다. 이 식은 엔탈피 변화에 대한 식 (12.26)과 유사하다. 이제 온도와 비체적을 독립 상태량으로 사용하는 경우를 생각하자.

$$s = s(T, v)$$

$$ds = \left(\frac{\partial s}{\partial T}\right)_v dT + \left(\frac{\partial s}{\partial v}\right)_T dv$$

식 (12.18)과 (12.24)를 대입하면

$$ds = C_v \frac{dT}{T} + \left(\frac{\partial P}{\partial T}\right)_v dv \quad \textbf{(12.34)}$$

$$s_2 - s_1 = \int_1^2 C_v \frac{dT}{T} + \int_1^2 \left(\frac{\partial P}{\partial T}\right)_v dv \quad \textbf{(12.35)}$$

을 얻는다.

이 엔트로피 변화식은 정적선을 따라 정적 비열을 알고 있고, 등온선을 따라 압력 양함수형 상태 방정식을 알고 있을 때 사용할 수 있다. 따라서 이 식은 내부 에너지 변화에 대한 식 (12.30)과 유사하다.

예제 12.3

좁은 온도와 압력 범위에서 어떤 물질에 대한 다음의 상태 방정식이 상당히 정확하다.

$$\frac{Pv}{RT} = 1 - C' \frac{P}{T^4} \quad \Rightarrow \quad v = \frac{RT}{P} - \frac{C}{T^3}$$

여기에서 C와 C'은 상수이다.

등온 과정에서 이 물질의 엔탈피 변화와 엔트로피 변화에 대한 표현식을 유도하라.

검사 질량: 기체

풀이

상태 방정식이 체적 양함수형이므로 식 (12.27)을 이용해서 엔탈피 변화를 계산하는 것이 적절하다. 이 식을 적분하면

$$(h_2 - h_1)_T = \int_1^2 \left[v - T\left(\frac{\partial v}{\partial T}\right)_P\right] dP_T$$

을 얻을 수 있다. 상태 방정식으로부터

$$\left(\frac{\partial v}{\partial T}\right)_P = \frac{R}{P} + \frac{3C}{T^4}$$

이므로

$$(h_2 - h_1)_T = \int_1^2 \left[v - T\left(\frac{R}{P} + \frac{3C}{T^4}\right)\right] dP_T$$

$$= \int_1^2 \left[\frac{RT}{P} - \frac{C}{T^3} - \frac{RT}{P} - \frac{3C}{T^3}\right] dP_T$$

$$(h_2 - h_1)_T = \int_1^2 -\frac{4C}{T^3}\, dP_T = -\frac{4C}{T^3}\,(P_2 - P_1)_T$$

을 얻을 수 있다. 엔트로피 변화에 대해서는 체적 양함수형의 상태 방정식에 적합한 식 (12.33)을 사용하면 된다.

$$(s_2 - s_1)_T = -\int_1^2 \left(\frac{\partial v}{\partial T}\right)_P dP_T = -\int_1^2 \left(\frac{R}{P} + \frac{3C}{T^4}\right) dP_T$$

$$(s_2 - s_1)_T = -R \ln\left(\frac{P_2}{P_1}\right)_T - \frac{3C}{T^4}\,(P_2 - P_1)_T$$

개념점검

- **a.** Clapeyron 식의 두 가지 용도를 설명하라.
- **b.** 정압 과정에서 온도를 올리면 Gibbs 에너지 g는 올라가는가, 내려가는가?
- **c.** 등엔트로피 과정에서 압력을 올리면 엔탈피 h는 올라가는가, 내려가는가? 이것은 상과 무관한가?

12.5 체적 팽창률, 등온 압축률, 단열 압축률

학생들은 재료역학을 공부하면서 선형 팽창 계수(coefficient of linear expansion)를 접했을 것이다. 이 계수는 일정한 압력에서 온도 변화에 따라 고체의 길이가 어떻게 변화하는가를 나타낸다. 편도함수를 이용하면 선형 팽창 계수 δ_T는 다음과 같이 정의된다.

$$\delta_T = \frac{1}{L}\left(\frac{\delta L}{\delta T}\right)_P \tag{12.36}$$

체적의 변화에 대해서도 이와 유사한 계수를 정의할 수 있다. 이 계수는 고체뿐만 아니라 액체와 기체에 대해서도 적용할 수 있다. 체적 팽창계수 α_P는 체적 팽창률(volume expansivity)이라고 부르기도 하며, 일정한 압력에서 온도 변화에 따른 체적 변화를 나타낸다. 체적 팽창률의 정의는 다음과 같다.

$$\alpha_P \equiv \frac{1}{V}\left(\frac{\partial V}{\partial T}\right)_P = \frac{1}{v}\left(\frac{\partial v}{\partial T}\right)_P = 3\,\delta_T \tag{12.37}$$

이는 선형 팽창 계수의 3배와 같은데, 체적 $V = L_xL_yL_z$를 온도에 대하여 미분하여 증명할 수 있으며 연습문제로 남겨 둔다. 식 (12.26)으로 엔탈피 변화를 계산할 때 그리고 식 (12.32)로 엔트로피를 계산할 때 체적 팽창률이 필요하다는 점을 상기하자.

등온 압축률(isothermal compressibility) β_T는 일정한 온도에서 압력 변화에 따른 체적 변화를 나타낸다. 등온 압축률의 정의는 다음과 같다.

$$\beta_T \equiv -\frac{1}{V}\left(\frac{\partial V}{\partial P}\right)_T = -\frac{1}{v}\left(\frac{\partial v}{\partial P}\right)_T \tag{12.38}$$

단열 압축률(adiabatic compressibility) β_s는 일정한 엔트로피에서 압력의 변화에 따른 체적 변화를 나타내며 다음과 같이 정의한다.

$$\beta_s \equiv -\frac{1}{v}\left(\frac{\partial v}{\partial P}\right)_s \tag{12.39}$$

단열 체적 탄성률(adiabatic bulk modulus) B_s는 단열 압축률의 역수이다.

$$B_s \equiv -v\left(\frac{\partial P}{\partial v}\right)_s \tag{12.40}$$

매질에서 음속(velocity of sound) c는 다음과 같이 정의한다.

$$c^2 = \left(\frac{\partial P}{\partial \rho}\right)_s \tag{12.41}$$

단열 체적 탄성률(B_s)을 이용하여 바꾸어 표현하면 다음과 같다.

$$c^2 = -v^2\left(\frac{\partial P}{\partial v}\right)_s = vB_s \tag{12.42}$$

압축성 매질, 예를 들어 기체에서 음속은 보통 정도이지만 비압축성 상태, 예를 들어 액체 또는 고체에서 음속은 매우 빠르다.

체적 팽창률과 등온 압축률 및 단열 압축률은 물질의 열역학 상태량이며, 단순 압축성 물질에서 두 독립 상태량의 함수이다. 그 값들은 표준 물리량 핸드북들에 수록되어 있다. 다음 예제는 체적 팽창률과 등온 압축률의 사용 방법과 중요성을 나타내고 있다.

예제 12.4

질량이 1 kg인 구리 덩어리에 가하는 압력을 가역 과정으로 0.1 MPa에서 100 MPa까지 증가시키면서 온도는 15°C를 유지하였다. 이 과정 동안 구리에 가해진 일, 구리의 단위 질량당 엔트로피 변화량, 열전달량, 단위 질량당 내부 에너지 변화량을 계산하라.

이 문제의 압력과 온도 범위에서 다음의 데이터를 사용할 수 있다.

체적 팽창률 $= \alpha_P = 5.0 \times 10^{-5}\ \text{K}^{-1}$
등온 압축률 $= \beta_T = 8.6 \times 10^{-12}\ \text{m}^2/\text{N}$
비체적 $= 0.000\ 114\ \text{m}^3/\text{kg}$

해석

검사 질량: 구리 덩어리
상태: 초기 상태와 최종 상태를 알고 있음
과정: 가역 등온 과정

등온 압축 과정 동안 한 일은

$$w = \int P\, dv_T$$

이다. 등온 압축률은

$$\beta_T = -\frac{1}{v}\left(\frac{\partial v}{\partial P}\right)_T$$

$$v\beta_T\, dP_T = -dv_T$$

로 정의되므로 등온 과정에 대해 다음과 같이 표현된다.

$$w = -\int_1^2 v\beta_T P\, dP_T$$

v와 β_T는 그 값이 대체로 일정하므로 이 식을 다음과 같이 바로 적분할 수 있다.

$$w = -\frac{v\beta_T}{2}(P_2^2 - P_1^2)$$

엔트로피 변화는 Maxwell 관계식 (12.19)와 체적 팽창률의 정의를 이용하여 계산할 수 있다.

$$\left(\frac{\partial s}{\partial P}\right)_T = -\left(\frac{\partial v}{\partial T}\right)_P = -\frac{v}{v}\left(\frac{\partial v}{\partial T}\right)_P = -v\alpha_P$$

$$ds_T = -v\alpha_P \, dP_T$$

v와 α_P가 일정하다는 가정하에 이 식을 간단히 적분할 수 있다.

$$(s_2 - s_1)_T = -v\alpha_P(P_2 - P_1)_T$$

이 과정은 가역 등온 과정이므로 열전달량을 다음 식으로 구할 수 있다.

$$q = T(s_2 - s_1)$$

내부 에너지 변화는 제1법칙으로부터 직접 구한다.

$$(u_2 - u_1) = q - w$$

풀이

$$w = -\frac{v\beta_T}{2}(P_2^2 - P_1^2)$$
$$= -\frac{0.000\,114 \times 8.6 \times 10^{-12}}{2}\ \mathrm{m^3/kg\text{-}Pa}\,(100^2 - 0.1^2) \times 10^{12}\ \mathrm{Pa^2} = -4.9\ \mathrm{J/kg}$$

$$(s_2 - s_1)_T = -v\alpha_P(P_2 - P_1)_T$$
$$= -0.000\,114\ \mathrm{m^3/kg} \times 5.0 \times 10^{-5}\ \mathrm{K^{-1}}(100 - 0.1) \times 10^6\ \mathrm{Pa} = -0.5694\ \mathrm{J/kg\text{-}K}$$

$$q = T(s_2 - s_1) = -288.2\ \mathrm{K} \times 0.5694\ \mathrm{J/kg\text{-}K} = -164.1\ \mathrm{J/kg}$$

$$(u_2 - u_1) = q - w = -164.1 - (-4.9) = -159.2\ \mathrm{J/kg}$$

12.6 실제 기체 거동과 상태 방정식

2.8, 2.9절에서는 기체의 $P-v-T$ 거동을 간략히 다루었고 식 (2.12)로 압축성 인자를 정의하였다.

$$Z = \frac{Pv}{RT}$$

그리고 환산 압력과 환산 온도의 함수로 표현되는 부록 그림 D.1의 **일반 압축성 인자 선도**(generalized compressibility chart)까지 다루었다. 일반 압축성 인자 선도는 특정한 하나의 물질에 대해서 정확하게 적용된다기보다는 많은 물질들 특히 분자 구조가 간단한 물질들에 대해 대체로 적당한 정도의 정확도를 가지고 근사적으로 사용될 수 있다. 이런 의미에서 일반 압축성 인자 선도는 물질의 일반화된 거동에 대한 하나의 표현 방식으로서 넓은 범위에서 기체와 액체의 실제 거동을 나타내는 상태 방정식의 그래프 형태로 간주할 수 있다.

낮은 밀도에서 기체의 거동을 이해하기 위하여 일반 압축성 인자 선도의 저압 부분을 자세히 살펴보자. 이 거동은 그림 12.5에 나타내었다. 이 영역에서 등온선들은 거의 직선인데, 그 기울기가 특히 중요하다. 기울기는 T_r에 따라 증가하여 T_r이 약 5일 때 최댓값을 갖고 더 높은 온도에서는 다시 $Z = 1$ 선을 향해 감소한다. 임계 온도의 약 2.5배가 되는 온도에서

$$\lim_{P\to 0}\left(\frac{\partial Z}{\partial P}\right)_T = 0 \tag{12.43}$$

이며 이 온도를 그 물질의 **Boyle 온도**로 정의한다. 이 온도는 낮긴 하지만 0이 아닌 유한한 압력에서 기체가

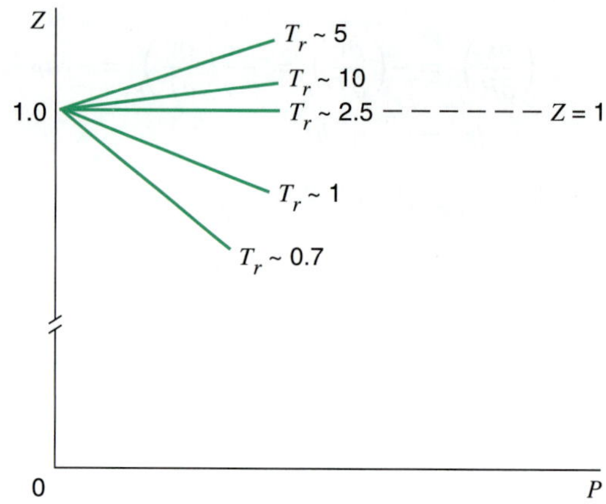

그림 12.5 » 압축성 인자 선도의 저압 영역.

정확하게 이상기체의 거동을 하는 유일한 온도이다. 왜냐하면 그림 12.5에서 다른 등온선들은 압력이 0에 접근할 때 기울기가 0이 아니기 때문이다. 이 점을 강조하기 위하여, **잔류 체적**(residual volume) α를 살펴보자.

$$\alpha = \frac{RT}{P} - v \tag{12.44}$$

이 식에 P를 곱하면

$$\alpha P = RT - Pv$$

을 얻는다. 따라서 αP는 RT와 Pv의 차이를 의미한다. P가 0에 접근하면 Pv는 RT에 접근한다. 그러나 이것이 P가 0에 접근한다고 하여 α가 항상 0에 접근함을 의미하는 것은 아니다. α는 유한한 값을 가지면 된다. 식 (12.43)의 도함수는 다음과 같이 표현된다.

$$\lim_{P\to 0}\left(\frac{\partial Z}{\partial P}\right)_T = \lim_{P\to 0}\left(\frac{Z-1}{P-0}\right) = \lim_{P\to 0}\frac{1}{RT}\left(v - \frac{RT}{P}\right) = -\frac{1}{RT}\lim_{P\to 0}(\alpha) \tag{12.45}$$

$P \to 0$이면 α는 **Boyle 온도**에서만 0에 접근한다. 왜냐하면 그림 12.5에서 등온선의 기울기가 0인 온도는 오직 Boyle 온도뿐이기 때문이다. 놀랍게도 $P \to 0$이면 $Pv \to RT$이다. 그러나 일반적으로 $(RT/P-v)$는 0에 수렴하지 않으며, 대신 두 큰 값 사이의 작은 차이가 된다. 이는 기체의 다른 특정한 상태량들에 영향을 미친다.

그림 12.5에 표현된 낮은 밀도에서 기체의 압축성 인자의 거동은 분자 간 상호작용의 결과이고, **비리얼 상태 방정식**(virial equation)이라고 부르는 상태 방정식의 형태로 나타낼 수 있다. 이 식은 통계 열역학으로부터 유도되는데, 결과는 다음과 같다.

$$Z = \frac{Pv}{RT} = 1 + \frac{B(T)}{v} + \frac{C(T)}{v^2} + \frac{D(T)}{v^3} + \cdots \tag{12.46}$$

여기에서 $B(T)$, $C(T)$, $D(T)$는 온도의 함수이며 **비리얼 계수**(virial coefficient)라고 부른다. $B(T)$는 제2비리얼 계수이며 두 분자 간의 상호작용에 의한 효과를 나타낸다. 제2비리얼 계수가 온도에 따라 변하는 일반적인 경향은 질소에 대해 나타낸 그림 12.6과 같다. 식 (12.46)에 RT/P를 곱하여 정리하면 다음의 형태가 된다.

$$\frac{RT}{P} - v = \alpha = -B(T)\frac{RT}{Pv} - C(T)\frac{RT}{Pv^2}\cdots \tag{12.47}$$

$P \to 0$인 극한에서

$$\lim_{P\to 0}\alpha = -B(T) \tag{12.48}$$

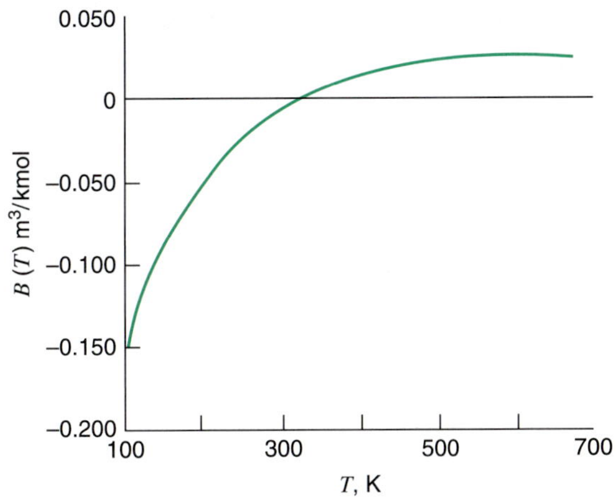

그림 12.6 ▸ 질소에 대한 제2비리얼 계수.

이며, 식 (12.43)과 (12.45)로부터 그림 12.6에서 $B(T) = 0$이 되는 유일한 온도가 Boyle 온도임을 알 수 있다. 제2비리얼 계수는 기체의 비이상적 거동에 대한 1차 보정으로 간주할 수 있고, 따라서 상당히 중요하며 관심의 대상이다. 사실상 그림 12.5에 나타낸 저밀도 영역에서 등온선의 거동은 제2비리얼 계수에 직접적으로 기인한다.

기체의 일반화된 거동에 대해서 살펴볼 다른 내용으로 임계점 근처에서의 등온선의 거동이 있다. P-v 선도상에 실험 데이터를 나타내면, 임계 등온선은 그림 12.7과 같이 임계점에서 수평 변곡점(horizontal inflection point)을 통과한다. 수학적으로 설명하면 임계점에서 1차 도함수와 2차 도함수가 모두 0이 된다.

$$\left(\frac{\partial P}{\partial v}\right)_{T_c} = 0 \quad \text{(C.P.일 때)} \tag{12.49}$$

$$\left(\frac{\partial^2 P}{\partial v^2}\right)_{T_c} = 0 \quad \text{(C.P.일 때)} \tag{12.50}$$

이 속성이 많은 상태 방정식들의 구속 조건으로 사용된다.

지금까지는 상태 방정식의 그래프 형태인 일반화된 압축성 인자 선도와 이론적 기반을 가진 비리얼 상태 방정식을 다루었다. 이제부터는 다른 해석적인 상태 방정식들, 즉 형태상으로 일반화된 거동을 나타내는 식 또는 구체적인 $P-v-T$ 데이터에 의존해서 상수들이 결정되는 경험적인 식들을 다루기로 한다. 일반화된

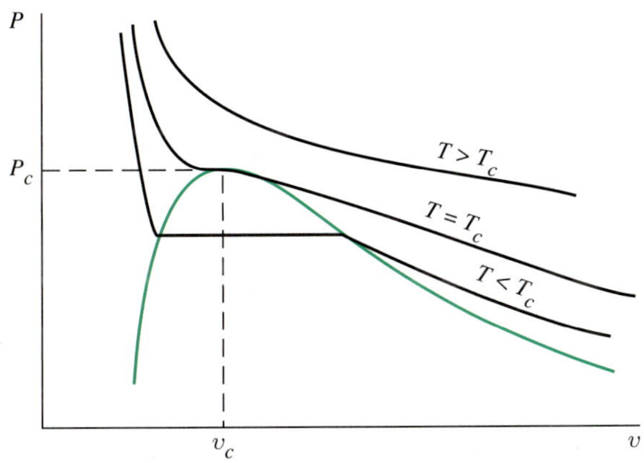

그림 12.7 ▸ 전형적인 순수 물질에 대한 압력–체적 선도상의 임계점 근처에서의 등온선.

식 중에서 가장 오래된 것은 **van der Waals 상태 방정식**으로서 2장의 식 (2.14)에 나타낸 바 있으며 3차 방정식 형태로 분류되는 것들 중 하나이다. 이 식은 이상기체 모델을 준이론적으로 개선한 것으로서 1873년에 소개되었다. van der Waals 상태 방정식은 두 개의 상수를 포함하며 다음과 같이 표현된다.

$$P = \frac{RT}{v-b} - \frac{a}{v^2} \tag{12.51}$$

상수 b는 분자가 차지하고 있는 공간에 대해, a/v^2 항은 분자 간 인력에 대해 수정한 것이다. 일반화된 식의 경우에서 유추할 수 있듯이 상수 a와 b는 기체의 일반화된 거동으로부터 구한다. 특히 이 상수들은 임계 등온선이 임계 변곡점을 지난다는 것과 그 점에서 기울기가 0이라는 것을 이용하여 구한다. 따라서 식 (12.51)을 식 (12.49), (12.50)을 이용하여 v에 대해서 미분하여 두 개의 도함수들을 구한 뒤 이들을 0으로 한다. 이 식들의 쌍과 식 (12.51)을 풀어서 a, b, v_c를 구한다. 결과는 다음과 같다.

$$\begin{aligned} v_c &= 3b \\ a &= \frac{27}{64}\frac{R^2T_c^2}{P_c} \\ b &= \frac{RT_c}{8P_c} \end{aligned} \tag{12.52}$$

결과적으로 van der Waals 상태 방정식에 대해 임계점에서 압축성 인자는

$$Z_c = \frac{P_c v_c}{RT_c} = \frac{3}{8}$$

로 계산되는데 이 값은 모든 물질에 대한 실제 값보다 상당히 크다.

van der Waals 식은 압축성 인자 $Z = Pv/RT$, 환산 압력 P_r, 환산 온도 T_r을 이용하여 **3차 상태방정식**으로 표현할 수 있다.

$$Z^3 - \left(\frac{P_r}{8T_r} + 1\right)Z^2 + \left(\frac{27P_r}{64T_r^2}\right)Z - \frac{27P_r^2}{512T_r^3} = 0 \tag{12.53}$$

이 식이 부록 D에 나타낸 일반 압축성 인자 선도 $Z = f(P_r, T_r)$와 동일한 형태라는 점은 중요하다. 함수 관계식 (12.53)은 Lee-Kesler 식에 의거한 선도와는 상당히 다른 값을 보여준다. 다른 물질이라도 동일한 환산 상태량(P_r, T_r)에서 동일한 압축성 인자 값을 가진다는 개념은 **상응 상태**(corresponding state)를 설명하는 또 하나의 방법이다.

van der Waals 식보다 훨씬 정확한 3차 방정식 형태의 상태 방정식이 1949년에 **Redlich와 Kwong**에 의해서 제안되었다.

$$P = \frac{RT}{v-b} - \frac{a}{v(v+b)T^{1/2}} \tag{12.54}$$

여기서 상수는 다음과 같다.

$$\begin{aligned} a &= 0.427\,48\,\frac{R^2T_c^{5/2}}{P_c} \\ b &= 0.086\,64\,\frac{RT_c}{P_c} \end{aligned} \tag{12.55}$$

상수 안의 계수 수치는 van der Waals 식에서와 유사한 절차로부터 결정되었다. 이 식은 단순하기 때문

에 정밀한 열역학 상태량표를 작성할 만큼 충분히 정확하지는 않다. 그러나 혼합물 계산이나 상평형 상관식에 자주 사용하여 좋은 결과를 보였다. 최근에는 이 식을 수정한 몇몇 식들도 사용되었으며, 두 가지를 부록 D에 나타내었다.

실제 물질의 거동을 표현하기 위하여 경험 상태 방정식들도 제안되고 사용되어 왔다. 경험 상수들을 포함한 Beattie-Bridgeman 식이 1928년에 소개되었다. 1940년에는 밀도가 높은 영역의 거동을 더 잘 표현하기 위해서 이 식을 확장한 Benedict-Webb-Rubin 식이 도입되었다. 이 식은 통상 **BWR 식**으로 불린다. 이후 수년간 이 식을 수정한 몇 개의 식들이 종종 기체 혼합물의 거동을 예측하기 위해서 사용되었다.

BWR 상태 방정식을 수정한 것들 중 특별히 주목할 만한 것은 1975년에 제안된 **Lee-Kesler 식**이다. 이 식에는 12개의 상수가 있고 일반화된 상태량들을 이용하여 다음과 같이 표현된다.

$$\begin{aligned} Z &= \frac{P_r v_r'}{T_r} = 1 + \frac{B}{v_r'} + \frac{C}{v_r'^2} + \frac{D}{v_r'^5} + \frac{c_4}{T_r^3 v_r'^2}\left(\beta + \frac{\gamma}{v_r'^2}\right)\exp\left(-\frac{\gamma}{v_r'^2}\right) \\ B &= b_1 - \frac{b_2}{T_r} - \frac{b_3}{T_r^2} - \frac{b_4}{T_r^3} \\ C &= c_1 - \frac{c_2}{T_r} + \frac{c_3}{T_r^3} \\ D &= d_1 + \frac{d_2}{T_r} \end{aligned} \tag{12.56}$$

여기에서 변수 v_r'은 진정한 환산 비체적이 아니며

$$v_r' = \frac{v}{RT_c/P_c} \tag{12.57}$$

로 정의된다. 단순 유체에 대한 이 방정식의 경험 상수들은 부록의 표 D.2에 나타나 있다.

주어진 환산 온도와 환산 압력에서 압축성 인자 Z를 계산하는 소프트웨어를 사용할 때, 특별히 포화 상태나 이에 근접한 상태에서 상관식의 정확도를 높이기 위해서 제3의 파라미터인 편심 인자 ω (acentric factor, 부록 D에 정의와 값들이 있음)가 포함될 수 있다. 소프트웨어에서 단순 유체에 대해서 계산된 값은 Z0로 불리며, Lee-Kesler 식의 서로 다른 상수 조합을 이용하여 편차 Z1으로 불리는 보정항이 결정된다. 종합적인 압축성 인자 Z는 다음과 같다.

$$Z = Z0 + \omega Z1 \tag{12.58}$$

최종적으로 현대적인 상태 방정식들은 열역학적 상태량과 표를 계산하는 데 필요한 $P-v-T$ 거동을 표현함에 있어서 위에 언급한 방법과는 다소 다른 접근 방식을 사용한다는 점을 주목할 필요가 있다. 이 주제는 12.11절에서 구체적으로 다룰 것이다.

12.7 등온 과정에서의 엔탈피 변화에 대한 일반화된 선도

12.4절에서 등온 과정에서의 엔탈피 변화를 식 (12.27)로 표현하였다.

$$(h_2 - h_1)_T = \int_1^2 \left[v - T\left(\frac{\partial v}{\partial T}\right)_P\right] dP_T$$

이 식은 체적 양함수형 상태 방정식이 알려져 있을 때 사용하기에 적합하다. 그렇지 않으면 온도가 일정할 때 내부 에너지 변화에 대한 식 (12.31)을 사용하는 것이 더 편리하다.

$$(u_2 - u_1)_T = \int_1^2 \left[T\left(\frac{\partial P}{\partial T}\right)_v - P \right] dv_T$$

이때 엔탈피 변화는 정의를 이용하여 다음과 같이 계산할 수 있다.

$$\begin{aligned}(h_2 - h_1) &= (u_2 - u_1) + (P_2 v_2 - P_1 v_1)\\ &= (u_2 - u_1) + RT(Z_2 - Z_1)\end{aligned}$$

그림 D.1의 일반화된 선도와 부합되도록 엔탈피 거동을 결정하기 위해서 앞서 설명한 방법 중 둘째 방법을 채택한다. 왜냐하면 식 (12.56)의 일반화된 식인 Lee-Kesler 식이 압력을 비체적과 온도에 대한 양함수로 나타내기 때문이다. 식 (12.56)은 압축성 인자 Z의 표현식이므로

$$P = \frac{ZRT}{v}, \qquad \left(\frac{\partial P}{\partial T}\right)_v = \frac{ZR}{v} + \frac{RT}{v}\left(\frac{\partial Z}{\partial T}\right)_v$$

과 같이 바꾸어 쓰고 이를 식 (12.31)에 대입하면 다음 식을 얻는다.

$$du = \frac{RT^2}{v}\left(\frac{\partial Z}{\partial T}\right)_v dv$$

그러나

$$\frac{dv}{v} = \frac{dv'_r}{v'_r}; \qquad \frac{dT}{T} = \frac{dT_r}{T_r}$$

이므로 환산 변수들을 이용하면 다음과 같이 표현된다.

$$\frac{1}{RT_c}\, du = \frac{T_r^2}{v'_r}\left(\frac{\partial Z}{\partial T_r}\right)_{v'_r} dv'_r$$

이 식을 일정한 온도에서 주어진 상태(P_r, v'_r)에서부터 이상기체 거동을 하는 극한($P_r^* \to 0$, $v_r'^* \to \infty$)(상첨자 * 는 항상 이상기체 상태 또는 상태량을 나타낸다)까지 적분하면, 내부 에너지 변화, 즉 주어진 상태에서 이상기체 값으로부터의 내부 에너지 이탈(departure)은 다음과 같이 표현된다.

$$\frac{u^* - u}{RT_c} = \int_{v'_r}^{\infty} \frac{T_r^2}{v'_r}\left(\frac{\partial Z}{\partial T_r}\right)_{v'_r} dv'_r \tag{12.59}$$

식 (12.59)의 우변의 적분은 Lee-Kesler 식 (12.56)을 이용하여 계산할 수 있다. 주어진 상태(P_r, v'_r)에서 이에 대응하는 **엔탈피 이탈**(enthalpy departure)은 식 (12.59)의 적분을 이용하면

$$\frac{h^* - h}{RT_c} = \frac{u^* - u}{RT_c} + T_r(1 - Z) \tag{12.60}$$

과 같다. 압축성 인자의 경우와 마찬가지로 Lee-Kesler 식에 단순 유체 상수를 적용하고 식 (12.60)을 이용하여 단순 유체 엔탈피 이탈을 계산할 수 있다. 엔탈피 이탈 값은 그림 D.2에 그래프로 나타나 있다. 예제 12.5는 엔탈피 이탈 함수 사용의 사례를 보여준다.

주어진 환산 온도와 환산 압력에서 컴퓨터 소프트웨어를 사용하여 엔탈피 이탈을 구할 때, 식 (12.58)의 압축성 인자를 다룰 때 했던 것과 동일한 방법으로 편심 계수를 사용해서 정확도를 높일 수 있다.

예제 12.5

질소가 단열 정상상태 정상 유동 과정으로 20 MPa, −70°C에서 2 MPa까지 스로틀된다. 질소의 출구 온도를 구하라.

과정: 입구 상태와 출구 압력이 알려진 정상상태 교 과정축

선도: 정상 상태, 교축 과정은 그림 12.8에 나와 있다.

모델: 일반화된 선도, 그림 D.2

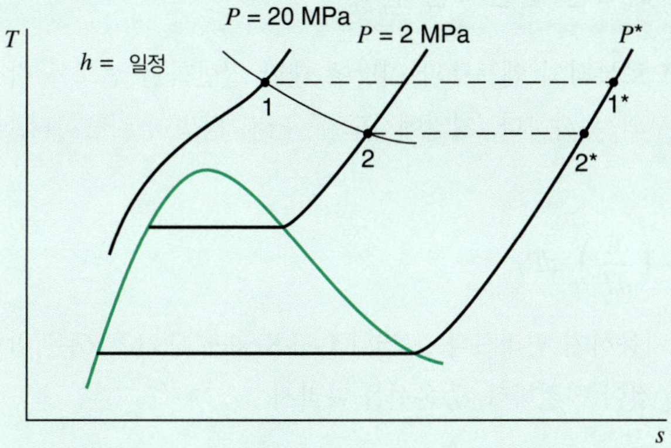

그림 12.8 ▸▸ 예제 12.5의 개략도.

해석

제1법칙:

$$h_1 = h_2$$

풀이

표 A.2의 값을 이용하여 다음을 구한다.

$$P_{r1} = \frac{P_1}{P_c} = \frac{20}{3.39} = 5.9, \quad T_{r1} = \frac{T_1}{T_c} = \frac{203.2}{126.2} = 1.61, \quad P_{r2} = \frac{P_2}{P_c} = \frac{2}{3.39} = 0.59$$

등온 과정의 엔탈피 변화에 대한 일반화된 선도인 그림 D.2로부터 다음을 구한다.

$$h_1^* - h_1 = 2.1\,RT_c = 2.1 \times 0.2968\,\text{kJ/kg-K} \times 126.2\,\text{K} = 78.7\,\text{kJ/kg}$$

출구 온도를 가정하고 이 과정에 대한 순 엔탈피 변화가 0인지를 확인한다. 우선 $T_2 = 146$ K로 가정하자. 1*와 2* 사이의 엔탈피 변화는 압력 0에서의 비열 자료를 이용하여 계산할 수 있다.

$$h_1^* - h_2^* = C_{p0}(T_1^* - T_2^*) = 1.0416\,\text{kJ/kg-K}\,(203.2 - 146)\,\text{K} = +59.6\,\text{kJ/kg}$$

(필요하다면 C_{p0}의 온도에 따른 변화를 고려할 수 있다.)

이제 2*와 2 사이의 엔탈피 변화를 계산하자.

$$T_{r2} = \frac{146}{126.2} = 1.157 \qquad P_{r2} = 0.59$$

따라서 엔탈피 이탈 선도 그림 D.2로부터, 이 상태에서는 다음 값을 구한다.

$$h_2^* - h_2 = 0.5\,RT_c = 0.5 \times 0.2968\,\text{kJ/kg-K} \times 126.2\,\text{K} = 19.5\,\text{kJ/kg}$$

이제 이 과정에 대한 순 엔탈피 변화가 0인지 확인하자.

$$h_1 - h_2 = 0 = -(h_1^* - h_1) + (h_1^* - h_2^*) + (h_2^* - h_2)$$
$$= -78.7 + 59.6 + 19.5 \approx 0$$

대체로 충족되므로 출구 온도는 약 146 K이다. 질소의 열역학표 B.6을 이용해도 대체로 같은 출구 온도를 얻게 된다.

12.8 등온 과정에서의 엔트로피 변화에 대한 일반화된 선도

이 절에서는 주어진 온도와 압력에서 이상기체 값으로부터의 엔트로피 이탈에 대한 일반화된 선도를 작성하고자 하며, 그 방식은 앞 절의 엔탈피 이탈의 경우와 유사하다. 여기에서도 두 가지 방법이 가능하다. 식 (12.32)에서 온도가 일정할 때

$$ds_T = -\left(\frac{\partial v}{\partial T}\right)_P dP_T$$

이며, 이 식은 체적 양함수형 상태 방정식이 있으면 사용하기 편리하다. 그러나 Lee-Kesler 식 (12.56)은 압력 양함수형 방정식이다. 따라서 식 (12.34)를 사용하는 것이 적절하다. 등온선을 따라서

$$ds_T = \left(\frac{\partial P}{\partial T}\right)_v dv_T$$

이며, 환산 상태량을 이용하여 Lee-Kesler 식으로 표현하면 이 식은 다음과 같다.

$$\frac{ds}{R} = \left(\frac{\partial P_r}{\partial T_r}\right)_{v_r'} dv_r'$$

이 식을 주어진 상태(P_r, v_r')에서 이상기체 거동을 하는 극한($P_r^* \to 0$, $v_r'^* \to \infty$)까지 적분하면 문제가 발생한다. 이상기체의 엔트로피는 압력의 함수이며 압력이 0에 접근하면 엔트로피는 무한대로 발산하기 때문이다. 이 문제는 다음의 두 단계로 해결할 수 있다. 우선 적분을 유한한 P_r^*, $v_r'^*$까지만 하면 엔트로피 변화

$$\frac{s_{P^*}^* - s_P}{R} = \int_{v_r'}^{v_r'^*} \left(\frac{\partial P_r}{\partial T_r}\right)_{v_r'} dv_r' \qquad \textbf{(12.61)}$$

을 얻는다. 이 적분 자체에는 임의의 낮은 기준 압력에서의 엔트로피가 포함되어 있기 때문에 완전한 식으로 받아들일 수 없다. 완전한 표현이 되기 위해서는 기준 압력에서의 값을 정해야 한다. 이제 가상적인 이상기체에 대해 동일한 상태 변화에 대한 적분을 수행하자. 이 적분에서의 엔트로피 변화는 다음과 같다.

$$\frac{s_{P^*}^* - s_P^*}{R} = +\ln\frac{P}{P^*} \qquad \textbf{(12.62)}$$

식 (12.61)에서 식 (12.62)를 빼면 주어진 상태 T_r, P_r에서 가상적인 이상기체의 엔트로피와 같은 상태에서 실제 물질의 엔트로피 사이의 차이를 얻는다.

$$\frac{s_P^* - s_P}{R} = -\ln\frac{P}{P^*} + \int_{v_r'}^{v_r'^* \to \infty} \left(\frac{\partial P_r}{\partial T_r}\right)_{v_r'} dv_r' \qquad \textbf{(12.63)}$$

여기에서는 임의의 기준 상태 P_r^*, $v_r'^*$에서의 값들이 식의 우변에서 소거되었다[적분의 첫째 항에는 $+\ln(P/P^*)$이 있으며 이것이 다른 항을 소거시킨다]. 식 (12.63)을 유도하는 데 사용된 세 상태들을 그림 12.9에 나타내었다.

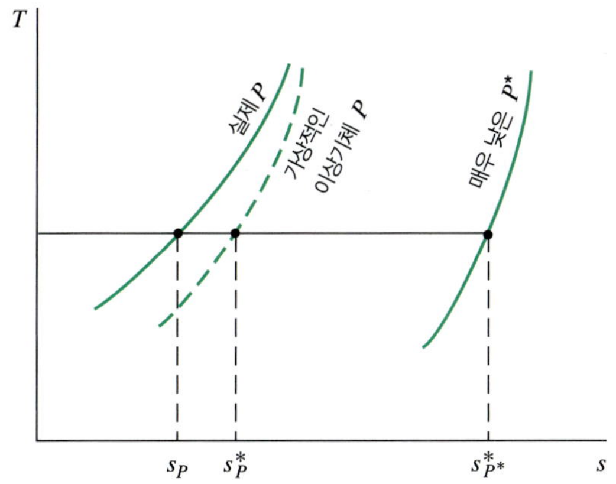

그림 12.9 ▸▸ 실제 상태와 이상기체 상태 및 엔트로피.

12.7절에서 엔탈피 이탈값을 계산하는 절차를 동일하게 밟아서 일반화된 엔트로피 이탈(generalized entropy departure)값을 계산할 수 있다. Lee-Kesler의 단순 유체 상수를 사용하여 식 (12.63)의 적분을 계산하면 단순 유체 엔트로피 이탈을 얻는다. 엔트로피 이탈값은 그림 D.3에 그래프로 나타나 있다. 주어진 환산 온도와 환산 압력에서 컴퓨터 소프트웨어를 사용하여 엔트로피 이탈을 구할 때, 식 (12.58)의 압축성 인자를 다룰 때 했던 것과 동일한 방법, 즉 12.7절의 엔탈피 이탈에 대해서 한 것과 동일한 방법으로 편심 인자를 사용해서 정확도를 높일 수 있다.

예제 12.6

8 MPa, 150 K의 질소가 0.5 MPa까지 스로틀된다. 기체가 짧은 관을 통과한 후 온도는 125 K로 측정되었다. 일반화된 선도를 이용하여 열전달량과 엔트로피 변화량을 계산하라. 이 결과를 질소표를 이용한 결과와 비교하라.

검사 체적: 입구 및 출구 상태가 알려진 정상상태

과정: 그림 12.10에 나타난 정상 상태과정

모델: 일반화된 선도와 질소 표

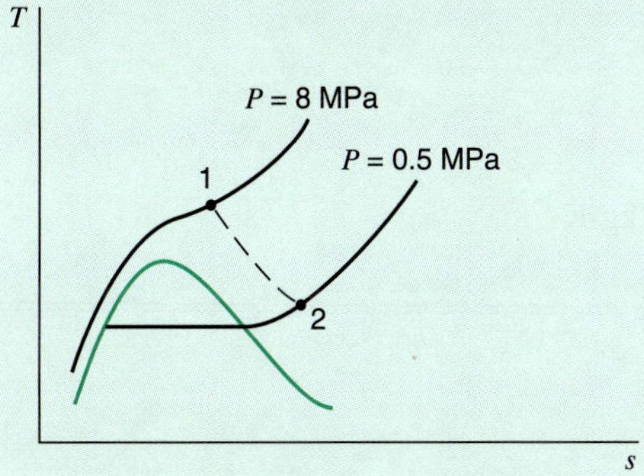

그림 12.10 ▸▸ 예제 12.6의 개략도.

해석

한 일이 없으며 운동 에너지와 위치 에너지의 변화는 무시한다. 따라서 단위 질량에 대해서 다음이 성립한다.

제1법칙:

$$
\begin{aligned}
q + h_1 &= h_2 \\
q &= h_2 - h_1 = -(h_2^* - h_2) + (h_2^* - h_1^*) + (h_1^* - h_1)
\end{aligned}
$$

풀이

표 A.2의 값을 이용하여 다음을 얻는다.

$$
P_{r1} = \frac{8}{3.39} = 2.36 \qquad T_{r1} = \frac{150}{126.2} = 1.189
$$

$$
P_{r2} = \frac{0.5}{3.39} = 0.147 \qquad T_{r2} = \frac{125}{126.2} = 0.99
$$

그림 D.2로부터

$$
h_1^* - h_1 = 2.5\,RT_c = 2.5 \times 0.2968\ \text{kJ/kg-K} \times 126.2\ \text{K} = 93.6\ \text{kJ/kg}
$$

$$
h_2^* - h_2 = 0.15\,RT_c = 0.15 \times 0.2968\ \text{kJ/kg-K} \times 126.2\ \text{K} = 5.6\ \text{kJ/kg}
$$

이다. 이상기체에 대해 일정한 비열을 가정하면

$$
\begin{aligned}
h_2^* - h_1^* &= C_{p0}(T_2 - T_1) = 1.0416\ \text{kJ/kg-K}\,(125 - 150)\ \text{K} = -26.0\ \text{kJ/kg} \\
q &= -5.6 - 26.0 + 93.6 = 62.0\ \text{kJ/kg}
\end{aligned}
$$

이다. 질소표 B.6을 사용하면 엔탈피 변화량을 바로 구할 수 있다.

$$
q = h_2 - h_1 = 123.77 - 61.92 = 61.85\ \text{kJ/kg}
$$

일반화된 선도를 이용하여 엔트로피 변화를 계산하는 과정은 다음과 같다.

$$
s_2 - s_1 = -(s^*_{P_2,T_2} - s_2) + (s^*_{P_2,T_2} - s^*_{P_1,T_1}) + (s^*_{P_1,T_1} - s_1)
$$

그림 D.3에서

$$
s^*_{P_1,T_1} - s_{P_1,T_1} = 1.6\,R = 1.6 \times 0.2968\ \text{kJ/kg-K} = 0.475\ \text{kJ/kg-K}
$$

$$
s^*_{P_2,T_2} - s_{P_2,T_2} = 0.1\,R = 0.1 \times 0.2968\ \text{kJ/kg-K} = 0.0297\ \text{kJ/kg-K}
$$

이다. 이상기체에 대해 일정한 비열을 가정하면

$$
\begin{aligned}
s^*_{P_2,T_2} - s^*_{P_1,T_1} &= C_{p0} \ln\frac{T_2}{T_1} - R\ln\frac{P_2}{P_1} \\
&= 1.0416 \ln\frac{125}{150} - 0.2968 \ln\frac{0.5}{8} = 0.6330\ \text{kJ/kg-K} \\
s_2 - s_1 &= -0.0297 + 0.6330 + 0.475 = 1.078\ \text{kJ/kg-K}
\end{aligned}
$$

이다. 질소표 B.6으로부터는 다음과 같다.

$$
s_2 - s_1 = -5.4282 - 4.3522 = 1.0760\ \text{kJ/kg-K}
$$

개념점검

d. 온도를 일정하게 유지하고 압력을 올리면 T가 올라가는가, 내려가는가?

e. 압축성 인자가 1보다 크다는 것이 의미하는 바가 무엇인가?

f. 일반화된 선도의 이점은 무엇인가? 이 선도를 이용하려면 선도 자체 이외에 어떤 상태량들을 알아야 하는가?

12.9 혼합물의 상태량 관계식

11장에서 혼합물을 다룰 때에는 이상기체에만 한정하였다. 그때는 내용을 더 확장해서 다룰 필요가 없었다. 이제는 혼합물에 대한 상태량 관계식을 개발하는 방향으로 주제를 계속 다루기로 한다. 이 주제는 14장의 화학 평형을 고려함에 있어서 특히 유용하다.

혼합물에 대해, 임의의 종량적 상태량 X는 혼합물의 온도와 압력, 그리고 각 성분 몰수의 함수이다. 따라서 두 성분 혼합물에 대해

$$X = f(T, P, n_A, n_B)$$

이므로 다음과 같이 표현된다.

$$dX_{T,P} = \left(\frac{\partial X}{\partial n_A}\right)_{T,P,n_B} dn_A + \left(\frac{\partial X}{\partial n_B}\right)_{T,P,n_A} dn_B \tag{12.64}$$

일정한 온도와 일정한 압력에서 종량적 상태량은 질량에 비례하므로 식 (12.64)를 적분하면

$$X_{T,P} = \overline{X}_A n_A + \overline{X}_B n_B \tag{12.65}$$

이 되며, 여기서

$$\overline{X}_A = \left(\frac{\partial X}{\partial n_A}\right)_{T,P,n_B}, \qquad \overline{X}_B = \left(\frac{\partial X}{\partial n_B}\right)_{T,P,n_A}$$

이다.

여기서 $\overline{X}$를 혼합물 안의 한 성분에 대한 부분 몰 상태량(partial molal property)으로 정의한다. 특히 부분 몰 상태량은 일정한 온도와 일정한 압력 조건하에서 정의된다는 점에 주목해야 한다.

부분 몰 상태량은 혼합물이 화학 반응을 겪을 때 특히 중요하다. 성분 A와 B로 구성된 혼합물이 있고, 화학 반응이 일어나서 A의 몰수가 dn_A만큼 변화하고 B의 몰수가 dn_B만큼 변화한다고 가정하자. 온도와 압력은 일정하다. 이 과정 동안 혼합물의 내부 에너지 변화는 얼마인가? 식 (12.64)로부터

$$dU_{T,P} = \overline{U}_A\, dn_A + \overline{U}_B\, dn_B \tag{12.66}$$

이라는 결론을 얻을 수 있으며, 여기서 $\overline{U}_A$와 $\overline{U}_B$는 각각 A와 B의 부분 몰 내부 에너지이다. 식 (12.66)에 의하면, 각 성분의 부분 몰 내부 에너지는 혼합물 안에 존재하고 있는 그 성분의 내부 에너지로 정의할 수도 있다.

12.3절에서는 질량이 일정한 시스템에 대한 여러 가지 상태량 관계식들을 다루었다. 그중 한 가지는 다음과 같다.

$$dU = T\,dS - P\,dV$$

이 식에서 온도는 엔트로피와 관련된 강성적 상태량, 즉 퍼텐셜 함수이고, 압력은 체적과 관련된 강성적 상태량이다. 앞 단락에서 설명한 화학 반응을 생각해 보자. 그 상황에서 위 상태량 관계식을 어떻게 수정하겠는가? 직관적으로

$$dU = T\,dS - P\,dV + \mu_A\,dn_A + \mu_B\,dn_B \tag{12.67}$$

로 쓸 수 있을 것이다. 여기서 μ_A는 n_A와 관련된 강성적 상태량, 즉 퍼텐셜 함수이고, 마찬가지로 μ_B는 n_B와 관련된 강성적 상태량이다. 이 퍼텐셜 함수를 **화학 퍼텐셜**(chemical potential)이라 한다.

이 화학 퍼텐셜에 대한 표현식을 유도하기 위해, 식 (12.67)을 근거로 U를 다음의 형태로 표현하면 적절하다고 결론지을 수 있다.

$$U = f(S, V, n_A, n_B)$$

따라서

$$dU = \left(\frac{\partial U}{\partial S}\right)_{V,n_A,n_B} dS + \left(\frac{\partial U}{\partial V}\right)_{S,n_A,n_B} dV + \left(\frac{\partial U}{\partial n_A}\right)_{S,V,n_B} dn_A + \left(\frac{\partial U}{\partial n_B}\right)_{S,V,n_A} dn_B$$

이다. 여기서 표현식들

$$\left(\frac{\partial U}{\partial S}\right)_{V,n_A,n_B}, \qquad \left(\frac{\partial U}{\partial V}\right)_{S,n_A,n_B}$$

는 일정한 조성에서의 도함수를 의미하므로 식 (12.20)으로부터

$$\left(\frac{\partial U}{\partial S}\right)_{V,n_A,n_B} = T, \qquad \left(\frac{\partial U}{\partial V}\right)_{S,n_A,n_B} = -P$$

이다. 따라서 다음 식을 얻는다.

$$dU = T\,dS - P\,dV + \left(\frac{\partial U}{\partial n_A}\right)_{S,V,n_B} dn_A + \left(\frac{\partial U}{\partial n_B}\right)_{S,V,n_A} dn_B \tag{12.68}$$

이 식을 식 (12.67)과 비교하면 화학 퍼텐셜은 다음의 관계로 정의할 수 있다.

$$\mu_A = \left(\frac{\partial U}{\partial n_A}\right)_{S,V,n_B}, \qquad \mu_B = \left(\frac{\partial U}{\partial n_B}\right)_{S,V,n_A} \tag{12.69}$$

화학 퍼텐셜과 부분 몰 Gibbs 함수도 연관 지을 수 있다. 미분을 적용하면 다음을 얻는다.

$$G = U + PV - TS$$
$$dG = dU + P\,dV + V\,dP - T\,dS - S\,dT$$

식 (12.67)을 이 관계식에 대입하면 다음 식을 얻는다.

$$dG = -S\,dT + V\,dP + \mu_A\,dn_A + \mu_B\,dn_B \tag{12.70}$$

이 식에 의하면 G에 대한 표현식을 다음의 형태로 쓸 수 있다.

$$G = f(T, P, n_A, n_B)$$

내부 에너지에 대하여 유사한 표현식을 유도한 절차를 따라서 진행하면

$$dG = \left(\frac{\partial G}{\partial T}\right)_{P, n_A, n_B} dT + \left(\frac{\partial G}{\partial P}\right)_{T, n_A, n_B} dP + \left(\frac{\partial G}{\partial n_A}\right)_{T, P, n_B} dn_A + \left(\frac{\partial G}{\partial n_B}\right)_{T, P, n_A} dn_B$$

$$= -S\,dT + V\,dP + \left(\frac{\partial G}{\partial n_A}\right)_{T, P, n_B} dn_A + \left(\frac{\partial G}{\partial n_B}\right)_{T, P, n_A} dn_B$$

을 얻는다. 이 식을 식 (12.70)과 비교하면 다음의 관계가 성립된다.

$$\mu_A = \left(\frac{\partial G}{\partial n_A}\right)_{T, P, n_B}, \qquad \mu_B = \left(\frac{\partial G}{\partial n_B}\right)_{T, P, n_A}$$

부분 몰 상태량은 일정한 온도와 일정한 압력에서 정의되므로, $(\partial G/\partial n_A)_{T,\,P,\,n_B}$와 $(\partial G/\partial n_B)_{T,\,P,\,n_A}$는 두 성분에 대한 부분 몰 Gibbs 함수이다. 즉 화학 퍼텐셜은 **부분 몰 Gibbs 함수**와 같다.

$$\mu_A = \overline{G}_A = \left(\frac{\partial G}{\partial n_A}\right)_{T, P, n_B}, \qquad \mu_B = \overline{G}_B = \left(\frac{\partial G}{\partial n_B}\right)_{T, P, n_A} \tag{12.71}$$

μ는 식 (12.69)와 같이 다른 상태량을 이용하여 정의할 수도 있으나, 그 표현은 온도와 압력이 일정한 조건하에서의 편도함수가 아니기 때문에 부분 몰 내부 에너지가 아니다. 부분 몰 Gibbs 함수는 화학 반응에 대한 열역학 해석에서 매우 중요한 상태량이다. 일정한 온도와 압력(이 조건하에서 많은 화학 반응이 일어남)에서 부분 몰 Gibbs 함수는 화학 퍼텐셜, 즉 화학 반응이 일어나도록 하는 추진력을 나타낸다.

화학 퍼텐셜은 부분 몰 Gibbs 함수와 동일하므로, 순수 물질 상태량에 대한 이들의 관계는 혼합물과 시스템 전체의 상태량으로 나타낸다. 이상기체 혼합물의 극한에서는 상호작용이 0이므로 유일한 효과는 각 성분 "i"가 혼합물 온도와 부분압 P_i 상태의 순수 물질처럼 거동한다는 것이다. 이러한 극한 경우에는 화학 퍼텐셜이 다음 식처럼 Gibbs 함수와 동일하며

$$\begin{aligned}\mu_i &= \overline{g}_i = \overline{g}(T, P_i) = \overline{h}_i - T\,\overline{s}_i(T, P_i) = \overline{g}_{i\,T,P} + \overline{R}T \ln \frac{P_i}{P} \\ &= \overline{g}_{i\,T,P} + \overline{R}T \ln y_i\end{aligned} \tag{12.72}$$

엔트로피 계산에는 압력 의존도만이 포함한다. 일반 혼합물의 경우, 보다 상세한 분석에 의해 압력에 따른 Gibbs 함수의 변화량을 나타내는 fugacity(유사 압력)를 정의한다. 그러므로 이 취급 방식은 이상기체와 유사하다. Fugacity는 실제 기체 (μ)와 이상기체 (μ^*)의 차로 정의된다.

$$(\mu - \mu^*)_T = (g - g^*)_T = \int dg_T = RT \ln (f/P) \tag{12.73}$$

Fugacity는 이상기체로부터의 이탈로 계산된다. 식 (12.15), (12.21)을 사용하면

$$\ln (f/P) = \int_0^P (Z-1)\,d\ln P \tag{12.74}$$

극한 조건인 이상기체 ($Z = 1$)에서는 fugacity는 압력 ($f = P$)이 된다. 혼합물에서는 P, T인 상태하에서의 순수물질의 값으로부터 혼합물에 존재하는 성분 fugacity f_i를 산출해야 한다. 여기에 대한 단순 모델은 이상용액이며

$$f_{i,\,\text{mix}} = y_i f_i \tag{12.75}$$

이것은 **Lewis-Randal 규칙**이라고 하며 이상기체 혼합물에서의 부분압과 매우 유사하다.

혼합물이 액체상이면 일반적으로 비압축성 물질이며 상태량은 엔트로피와 Gibbs 함수를 제외하고는 압력에 대하여 민감하지 않지만 모든 상태량은 농도에는 민감하다. 식 12.15에 의해

$$dg_T = v\,dP \quad \Rightarrow \quad g_i \approx g_{i\,T}^{\text{sat}} + v_i(P - P_i^{\text{sat}}) \tag{12.76}$$

액체 물에 용해된 물질과 같은 불순물이 있다면 몰분율은 약간 감소되고 식 12.72 기체의 경우와 같은 화학적 포텐셜이 된다.

$$\mu_i = g_{i\,T,\,P} + RT\ln(y_i) \tag{12.77}$$

빙점 $\mu_{\text{ice}} = g_{\text{ice}} = \mu_i$에서 액체 물은 순수 얼음보다 화학적 포텐셜이 낮으므로 이 감소로 인하여 빙점은 감소된다. 불순물이 비휘발성이라고 가정하면 이로 인하여 비등 온도는 상승한다.

12.10 실제 기체 혼합물의 유사순수 물질 모델

유사순수(pseudopure) 모델을 이용하여 실제 기체 혼합물을 다루기 위해서는 적절한 기준 상태의 개념을 사용하는 것이 필요하다. 우선 상태 변화를 겪는 순수 물질에 대한 엔트로피 변화를 계산하기 위해 기준 상태에 대한 몇 가지 기본적인 문제를 살펴보자. 일반화된 선도 보정을 다룰 때 따랐던 것과 유사한 방법으로 초기 상태 1과 최종 상태 2의 엔트로피를 기준 상태 0을 이용하여 표현할 수 있다. 이 과정을 거치면 다음을 얻는다.

$$s_1 = s_0 + (s^*_{P_0T_0} - s_0) + (s^*_{P_1T_1} - s^*_{P_0T_0}) + (s_1 - s^*_{P_1T_1}) \tag{12.78}$$

$$s_2 = s_0 + (s^*_{P_0T_0} - s_0) + (s^*_{P_2T_2} - s^*_{P_0T_0}) + (s_2 - s^*_{P_2T_2}) \tag{12.79}$$

이 식들은 각 상태의 엔트로피를 표현하는 완전히 일반적인 식으로서, 임의의 기준 상태의 값과 그 상태에서부터 원하는 실제 상태까지 일관성 있는 계산에 의해서 얻어진다. 기준 상태를 P_0와 T_0에서의 가상의 이상기체 상태로 선택하면 이 식들을 간략화할 수 있다.

$$(s^*_{P_0T_0} - s_0) = 0 \tag{12.80}$$

이므로

$$s_0 = s_0^* \tag{12.81}$$

을 얻는다. 이러한 선택이 적절하다는 것은 명백하다. 왜냐하면 식 (12.80)의 보정항의 값을 어떻게 선택하느냐와 관계없이 엔트로피 차이 $s_2 - s_1$을 계산함에 있어서 보정항은 두 식에서 항상 소거되기 때문이다. 따라서 가장 간단한 값인 0을 선택한다. 비슷한 방법으로 식 (12.81)의 이상기체 기준값도 가장 간단한 값인 0을 선택할 수 있으며, 화학 반응과 같이 제약 조건이 있는 경우가 아니면 보통 이러한 선택을 한다.

기준 상태에 대해서 주의해야 할 추가적인 점은 P_0와 T_0의 선택과 연관되어 있다. 식 (12.80)과 (12.81)을 식 (12.78)과 (12.79)에 대입하고 비열이 일정하다고 가정하면 이 식들은 다음과 같다.

$$s_1 = s_0^* + C_{p0}\ln\left(\frac{T_1}{T_0}\right) - R\ln\left(\frac{P_1}{P_0}\right) + (s_1 - s^*_{P_1T_1}) \tag{12.82}$$

$$s_2 = s_0^* + C_{p0}\ln\left(\frac{T_2}{T_0}\right) - R\ln\left(\frac{P_2}{P_0}\right) + (s_2 - s^*_{P_2T_2}) \tag{12.83}$$

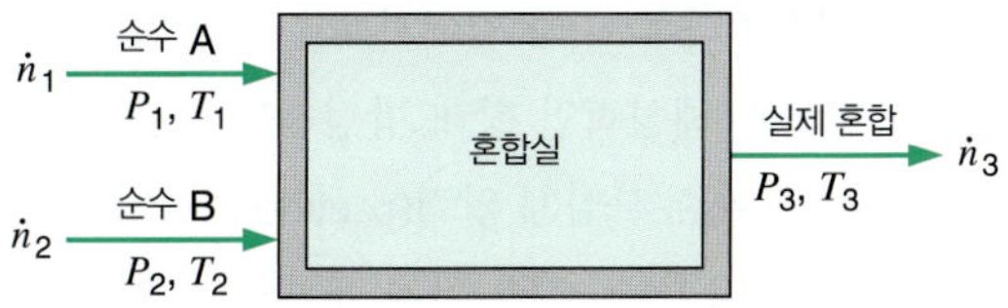

그림 12.11 ▸▸ 혼합 과정의 예.

화학 반응의 경우와 같이 제약 조건이 있는 경우가 아니면 P_0와 T_0는 임의로 선택할 수 있으므로 식 (12.82)과 (12.83)을 살펴보면 가장 간단한 선택은

$$P_0 = P_1 \quad \text{또는} \quad P_2 \qquad\qquad T_0 = T_1 \quad \text{또는} \quad T_2$$

이라는 것이 명백하다. 기준 상태를 식 (12.80)과 같이 P_0와 T_0에서의 가상적인 이상기체 상태로 선택하기 때문에 실제 물질이 그 압력과 온도에서 어떠한 거동을 하는가는 중요하지 않다. 따라서 기준 상태 압력 P_0를 반드시 낮은 압력으로 선택할 이유는 없다.

이제 이러한 기준 상태 설정의 문제를 실제 기체 혼합물까지 포함하도록 확장해 보자. 그림 12.11과 같은 혼합 과정을 살펴보자. 각 물질의 상태와 양은 그림에 표시하였다. 앞서 했던 바와 같이 엔트로피 표현식을 전개하면 다음과 같다.

$$\bar{s}_1 = \bar{s}^*_{A_0} + \overline{C}_{p0_A} \ln\left(\frac{T_1}{T_0}\right) - \overline{R} \ln\left(\frac{P_1}{P_0}\right) + (\bar{s}_1 - \bar{s}^*_{P_1T_1})_A \tag{12.84}$$

$$\bar{s}_2 = \bar{s}^*_{B_0} + \overline{C}_{p0_B} \ln\left(\frac{T_2}{T_0}\right) - \overline{R} \ln\left(\frac{P_2}{P_0}\right) + (\bar{s}_2 - \bar{s}^*_{P_2T_2})_B \tag{12.85}$$

$$\bar{s}_3 = \bar{s}^*_{\text{mix}_0} + \overline{C}_{p0_{\text{mix}}} \ln\left(\frac{T_3}{T_0}\right) - \overline{R} \ln\left(\frac{P_3}{P_0}\right) + (\bar{s}_3 - \bar{s}^*_{P_3T_3})_{\text{mix}} \tag{12.86}$$

여기서

$$\bar{s}^*_{\text{mix}_0} = y_A \bar{s}^*_{A_0} + y_B \bar{s}^*_{B_0} - \overline{R}(y_A \ln y_A + y_B \ln y_B) \tag{12.87}$$

$$\overline{C}_{p0_{\text{mix}}} = y_A \overline{C}_{p0_A} + y_B \overline{C}_{p0_B} \tag{12.88}$$

이다. 식 (12.84)~(12.86)을 엔트로피 변화식

$$\dot{S}_{\text{gen mix}} = \dot{n}_3 \bar{s}_3 - \dot{n}_1 \bar{s}_1 - \dot{n}_2 \bar{s}_2$$

에 대입하면 임의의 기준값들인 s^*_{A0}, s^*_{B0}, P_0, T_0는 모두 소거되는데, 이는 기준 상태의 임의성을 생각할 때 필연적인 결과이다. 이상기체의 혼합 엔트로피인 식 (12.87)의 마지막 항은 결과식에 남게 되어 사실상 각 성분 물질에 대한 상대적인 혼합물의 기준값 역할을 한다. 기준 상태의 선택과 기준 상태 엔트로피에 대해 앞서 언급한 내용들은 이 상황에도 적용된다.

여기까지의 내용을 정리하면 다음과 같다. 예를 들어 식 (12.86)을 이용하여 실제 혼합물의 상태량을 계산하기 위해 필요한 것은 가상적인 이상기체 기준 상태를 설정하고, 실제 혼합물의 상태까지 이상기체 계산을 일관되게 수행하며, 그 상태에서 혼합물의 실제 거동을 고려하는 보정을 하는 것이다. 마지막 항만이 유일하게 실제 거동을 나타내고 있으며, 따라서 이 항은 반드시 **유사순수 물질 모델**(pseudopure substance model)을 이용하여 계산해야 한다.

실제 기체 혼합물을 유사순수 물질로 다루는 데 있어서 $P-v-T$ 거동을 나타내는 데에는 두 가지 방법이 있다. 일반화된 선도를 이용하는 방법과 해석적인 상태 방정식을 이용하는 방법이다. 일반화된 선도를 이용하기 위해서는 혼합물 성분 값을 이용하여 **유사임계 압력**(pseudocritical pressure)과 **유사임계 온도**(pseudocritical temperature)를 구하는 모델이 필요하다. 여러 가지 모델들이 제안되어 사용되어 왔으나, 가장 간단한 것은 W. B. Kay가 1936년에 제안한 **Kay의 법칙**으로서 다음과 같다.

$$(P_c)_{\text{mix}} = \sum_i y_i P_{ci}, \qquad (T_c)_{\text{mix}} = \sum_i y_i T_{ci} \tag{12.89}$$

이 장에서는 이 유사임계 모델만을 살펴보기로 한다. 다른 모델들은 계산하고 사용하기가 다소 더 복잡하지만 상당히 더 정확하다.

고찰할 다른 접근법은 해석적인 상태 방정식을 이용하는 방법인데 여기서는 순수 물질에 대한 상태 방정식으로부터 혼합물에 대한 상태 방정식을 유도하는 것이 필요하다. 즉 각 성분에 대한 상수가 알려져 있는 상태 방정식에 대해, 혼합물을 마치 유사순수 물질인 것처럼 간주하여 혼합물에 대한 상수를 결정하는 경험적인 조합 법칙을 개발해야 한다. 실제 기체 혼합물의 실험 데이터를 이용하여 여러 상태 방정식에 대해 이 문제가 연구되었고 각종 경험 법칙들이 제안되었다. 예를 들면 van der Waals 식 (12.51)과 Redlich-Kwong 식 (12.53)에 대해 순수 물질 상수 a, b를 다음의 관계식에 따라서 조합한다.

$$a_m = \left(\sum_1 c_i a_i^{1/2}\right)^2 \qquad b_m = \sum_i c_i b_i \tag{12.90}$$

다음 예제는 실제 기체 혼합물을 유사순수 물질로 다루는 두 가지 방법을 예시하고 있다.

예제 12.7

질량 기준으로 80% CO_2와 20% CH_4의 혼합물이 310.94 K, 86.19 bar의 상태에 있고 비체적이 0.006757 m^3/kg으로 측정되었다. 비체적을 (a) Kay의 법칙과 (b) van der Waals 상태 방정식으로 계산할 때의 백분율 편차를 구하라.

검사 질량: 기체 혼합물
상태: P, v, T를 알고 있음
모델: (a) Kay의 법칙, (b) van der Waals 식

풀이

편의상 CO_2와 CH_4를 각각 A, B로 두면 표 A.2와 A.5로부터

$$T_{c_A} = 304.1\ \text{K} \qquad P_{c_A} = 7.38\ \text{MPa} \qquad R_A = 0.1889\ \text{kJ/kg-K}$$
$$T_{c_B} = 190.4\ \text{K} \qquad P_{c_B} = 4.60\ \text{MPa} \qquad R_B = 0.5183\ \text{kJ/kg-K}$$

이다. 식 (11.15)로부터 기체 상수는 다음과 같고

$$R_m = \sum c_i R_i = 0.8 \times 0.1889 + 0.2 \times 0.5183 = 0.2548\ \text{kJ/kg-K}$$

몰분율은 다음과 같다.

$$y_A = (c_A/M_A)/\sum(c_i/M_i) = \frac{0.8/44.01}{(0.8/44.01)+(0.2/16.043)} = 0.5932$$

$$y_B = 1 - y_A = 0.4068$$

a. Kay의 법칙인 식 (12.89)으로부터

$$T_{cm} = \sum_i y_i T_{ci} = y_A T_{cA} + y_B T_{cB}$$
$$= 0.5932 \times 304.1\ \text{K} + 0.4068 \times 190.4\ \text{K} = 257.9\ \text{k}$$
$$P_{cm} = \sum_i y_i P_{ci} = y_A P_{cA} + y_B P_{cB}$$
$$= 0.5932(7.38\ \text{MPa}) + 0.4068(4.60\ \text{MPa}) = 6.249\ \text{MPa}$$

이고, 따라서 혼합물의 유사환산 상태량은

$$T_{r_m} = \frac{T}{T_{cm}} = \frac{310.94}{257.9} = 1.206, \quad P_{r_m} = \frac{P}{P_{cm}} = \frac{8.619}{6.249} = 1.379$$

이다. 일반화된 선도인 그림 D.1에서

$$Z_m = 0.7$$

이며

$$v = \frac{Z_m R_m T}{P} = \frac{0.7 \times 0.2548 \times 310.94}{8619}\frac{\text{kJ/kg}}{\text{kPa}} = 0.006435\ \text{m}^3/\text{kg}$$

이다. 실험값과의 백분율 편차는 다음과 같다.

$$\text{백분율 편차} = \left(\frac{0.006757 - 0.006435}{0.006757}\right) \times 100 = 4.8\%$$

5% 편차의 주된 이유는 유사임계 모델인 Kay의 법칙 식 (12.89)가 선형식이기 때문이다. 정확한 유사임계 모델과 일반화된 선도를 사용하면 편차를 약 1%까지 줄일 수 있다.

b. van der Waals 식에 대해 순수 물질 상수는

$$a_A = \frac{27 R_A^2 T_{cA}^2}{64 P_{cA}} = 0.18864\ \frac{\text{kPa m}^6}{\text{kg}^2}$$

$$b_A = \frac{R_A T_{cA}}{8 P_{cA}} = 0.000973\ \text{m}^3/\text{kg}$$

및

$$a_B = \frac{27 R_B^2 T_{cB}^2}{64 P_{cB}} = 0.8931\ \frac{\text{kPa m}^6}{\text{kg}^2}$$

$$b_B = \frac{R_B T_{cB}}{8 P_{cB}} = 0.002682\ \text{m}^3/\text{kg}$$

이다. 식 (12.90)으로부터 혼합물에 대해

$$a_m = (c_A\sqrt{a_A} + c_B\sqrt{a_B})^2$$

$$= (0.8\sqrt{0.188\,64} + 0.2\sqrt{0.8931})^2 = 0.2878\ \frac{\text{kPa m}^6}{\text{kg}^2}$$

$$b_m = c_A b_A + c_B b_B$$

$$= 0.8 \times 0.000973 + 0.2 \times 0.002682 = 0.001315\ \text{m}^3/\text{kg}$$

이다. 이 조성의 혼합물에 대한 상태 방정식은

$$P = \frac{R_m T}{v - b_m} - \frac{a_m}{v^2}$$

$$8619 = \frac{0.2548 \times 310.94}{v - 0.001315} - \frac{0.2878}{v^2}$$

이다. 시행착오 방법으로 v에 대해 풀면 다음과 같다.

$$v = 0.006326\ \text{m}^3/\text{kg}$$

$$\text{백분율 편차} = \left(\frac{0.006757 - 0.006326}{0.006757}\right) \times 100 = 6.4\%$$

이상기체 식으로 계산하면 v = 0.00919 m^3/kg이며 측정값과 36%의 편차가 있다. 그리고 Redlich-Kwong 상태 방정식을 이용하고 van der Waals 식과 같은 작업을 하면 혼합물의 비체적은 0.00652 m^3/kg으로 계산되며 3.5%의 편차가 있다.

이 예제의 결과만으로 일반적인 결론을 내릴 수는 없다. 예제에서는 단 하나의 혼합물에 대해 단 한 상태에서만 비체적의 백분율 편차를 계산하였다. 그러나 사용하는 여러 가지 방법들이 서로 크게 다른 결과를 가져온다는 것은 명백하게 알 수 있다. 다수의 혼합물에 대한 더 일반적인 연구 결과에 비추어 보면 이 예제의 결과는 적어도 정성적으로 상당히 전형적이다. Kay의 법칙은 상당히 정확하면서도 상대적으로 간단하므로 매우 유용하다. van der Waals 식은 너무 단순해서 $P-v-T$ 거동을 정확히 표현하지는 못하지만, 더 복잡한 해석적인 상태 방정식을 사용할 때 수반되는 과정을 보여주기에 적합하다. Redlich-Kwong 식은 상당히 더 정확하면서도 여전히 비교적 사용하기에 간편하다.

예제에서 언급한 바와 같이, 더 복잡한 일반화된 거동 모델과 경험 상태 방정식을 이용하면 넓은 밀도 범위에 걸쳐 혼합물의 $P-v-T$ 거동을 1% 이내까지 표현해낼 수 있지만, 예제 12.7에서 다룬 방법보다 사용하기 더 어렵다. 일반화된 모델은 사용하기 쉬운 장점이 있으며 손으로 계산하기에 적합하다. 복잡한 경험 상태 방정식은 매우 난해하지만 $P-v-T$ 조성의 관계를 해석적인 형태로 나타내는 장점이 있으므로 컴퓨터를 이용한 계산에 적합하다.

12.11 공학 응용—열역학 상태량표

앞선 절에서 물질의 거동이 수학적 근사식 또는 관계식에 의하여 묘사된다면 유용하게 활용되는 여러 상태량 관계와 특별 응용 사례가 소개되었다. 실험적으로 P, v, T와 같은 상태량이 정해질 수 있고, 비등 온도, 어는 온도 또는 몇 가지를 열거한다면 음속, 점성 그리고 열전도율과 같은 다른 상태량도 정할 수 있다. 이 관계식은 상태량을 매우 정확하게 나타내는 더 복잡한 상태식(EOS)를 개발하는 데 매우 유용하므로 아래에 그런 특정한 관계식의 일부를 보여준다.

상 선도(phase diagram)를 정하기 위해 Clapeyron 식을 승화선(sublimation line)과 융해선(fusion line)에 적용하면 편리하다. 간단한 근사식은 포화선을 나타내는 데 정확하지 않으므로 포화압력을 나타내는 Wagner 상관식을 사용한다.

$$\ln P_r = [C_1\tau_0 + C_2\tau_0^{1.5} + C_3\tau_0^{2.5} + C_4\tau_0^5]/T_r \quad (12.91)$$

여기서 무차원 온도는 $\tau_0 = 1 - T_r$이다. 이러한 상관식은 일반적으로 오차 1% 내로 정확하며 임계점 부근 또는 매우 낮은 온도로 외삽하면 조금 더 오차가 커질 수 있다.

열 종류의 데이터를 소개하자면, 3장과 부록 C에서 다룬 것처럼 이상기체 상태의 비열을 사용한다. 그러면 온도의 다항식과 Einstein 지수식이 나타난다.

$$C_P/R = c_o + c_1 T^{c2} + \sum_{n}^{k=1} v_k \tau_u^2 \frac{\exp(\tau_u)}{[\exp(\tau_u) - 1]^2} \quad (12.92)$$

$\tau_u = u_k/T$이며 u_k는 k번째 내부 에너지 모드의 특정 온도이며 c_0, c_1, c_2와 v_k는 상수이다.

➲ 열열학 상태량표

열역학 상태량표를 작성하는 현대적인 접근법은 식 (12.12)로 정의되는 Helmholtz 함수를 활용한다. 식 (12.21)의 a에 대한 두 가지 편도함수를 ρ 대신 v로 표현하면 다음과 같다.

$$P = \rho^2 \left(\frac{\partial a}{\partial \rho}\right)_T \quad (12.93)$$

$$s = -\left(\frac{\partial a}{\partial T}\right)_\rho \quad (12.94)$$

이제 Helmholtz 함수를 이상기체가 기여하는 부분과 나머지 잔류(실제 물질) 부분의 합으로 표현하면

$$a(\rho, T) = a^*(\rho, T) + a^r(\rho, T) \quad (12.95)$$

이 되고, RT로 나누면

$$\frac{a(\rho, T)}{RT} = \alpha(\delta, \tau) = \alpha^*(\delta, \tau) + \alpha^r(\delta, \tau) \quad (12.96)$$

이 되는데, 여기서 환산 변수들은

$$\delta = \frac{\rho}{\rho_c}, \qquad \tau = \frac{T_c}{T} \quad (12.97)$$

이다. 이상기체 부분 α^*(또는 a^*/RT)의 표현식을 얻기 위해서

$$a^* = h^* - RT - Ts^* \quad (12.98)$$

을 사용하는데, 여기서

$$h^* = h_0^* + \int_{T_0}^{T} C_{p0}\, dT \quad (12.99)$$

$$s^* = s_0^* + \int_{T_0}^{T} \frac{C_{p0}}{T}\, dT - R \ln\left(\frac{\rho T}{\rho_0 T_0}\right) \tag{12.100}$$

$$\text{여기서 } \rho_0 = P_0/RT_0 \tag{12.101}$$

여기서 P_0, T_0는 기준 상태이며 h_0^*, s_0^*는 임의의 상수이다. 앞에서 주어진 비열 형태는 온도 변화에 따른 엔탈피와 엔트로피의 변화량을 산출하도록 적분된다.

이제 잔류항 α^r을 구해야 하는데, 일반적으로 다음 형태를 갖는다.

$$\alpha^r = \sum N_k \delta^{i_k} \tau^{j_k} + \sum N_k \delta^{i_k} \tau^{j_k} \exp(-\delta^{l_k}) \tag{12.102}$$

여기서 지수 i_k와 l_k는 대체로 양의 정수이며, j_k는 대체로 양이지만 정수는 아니다. 물질의 종류와 피팅의 정확도에 따라 다르긴 하지만 식 (12.102)의 합으로 나타낸 두 부분들은 각각 4~20개 정도의 항을 갖는다. 식 (12.102)의 형태는 식 (12.56)의 Lee-Kesler 상태 방정식의 항들로 제안된다.

이제 상태 방정식을 표현할 수 있다. 식 (12.93)으로부터

$$Z = \frac{P}{\rho RT} = \rho\left(\frac{\partial a/RT}{\partial \rho}\right)_T = \delta\left(\frac{\partial \alpha}{\partial \delta}\right)_\tau = 1 + \delta\left(\frac{\partial \alpha^r}{\partial \delta}\right)_\tau \tag{12.103}$$

이다[주의: 이상기체 부분에 대해서 $\rho\left(\frac{\partial a^*}{\partial \rho}\right)_T = \frac{P}{\rho} = RT$, $\delta\left(\frac{\partial \alpha^*}{\partial \delta}\right)_\tau = 1$임].

식 (12.102)를 미분하고 식 (12.103)에 대입하면 식 (12.102)의 경험 상수와 지수들로 표현되는 $Z = Z(\delta, \tau)$의 함수인 상태 방정식이 얻어진다. 이 상수들은 가용한 실험 자료들로부터 피팅으로 구한다. 이 부분이 완성되면 주어진 T에서 계산되는 α^*와 식 (12.102)로 구해지는 α^r로부터 열역학적 상태량들인 s, u, h, a, g가 계산된다. 그러면 식 (12.96)에서 a/RT가 바로 구해진다. 식 (12.94)에서

$$\frac{s}{R} = -\frac{1}{R}\left(\frac{\partial a}{\partial T}\right)_\rho = -T\left(\frac{\partial a/RT}{\partial T}\right)_\rho - \frac{a}{RT} = \tau\left(\frac{\partial \alpha}{\partial \tau}\right)_\delta - \alpha \tag{12.104}$$

이고, 식 (12.12)와 (12.104)에서

$$\frac{u}{RT} = \frac{s}{R} + \frac{a}{RT} = \tau\left(\frac{\partial \alpha}{\partial \tau}\right)_\delta \tag{12.105}$$

이며, 최종적으로

$$\frac{h}{RT} = \frac{u}{RT} + Z \tag{12.106}$$

$$\frac{g}{RT} = \frac{a}{RT} + Z = \alpha + Z \tag{12.107}$$

이다. 마지막 식이 특히 중요한데, 포화 상태에서 액체와 증기의 Gibbs 함수가 같아져야 하기 때문이다($h_{fg} = Ts_{fg}$). 그러므로 주어진 온도에서 포화 압력은 포화 증기와 액체에 대해서 계산된 Gibbs 함수[식 (12.107)]가 동일해지는 압력이다. 식 (12.91)로 주어지는 압력과 이 절의 앞부분에서 설명한 바 있는 실험으로 주어지는 액체의 밀도가 이 반복 계산의 초기치가 될 수 있다.

이와 같이 상태 방정식을 이용하여 증기와 액체의 상태량들을 계산하는 방법은 수학적 적분을 필요로 하지 않는다는 점에서 표현상의 정확성이라는 뚜렷한 장점을 갖는다. CATT3에 포함된 대부분의 물질은 식 (12.96)과 같이 Helmholtz 함수에 의해 계산된다.

➲ 특별 응용

기체와 액체 혼합물 분석에 의하면 성분에 대한 부분 Gibbs 함수는 동일한 P와 T 상태의 순수 성분에 비하여 감소됨을 보여주었다. 이것의 예로는 불순물이 통과하지 못하도록 막아주는 반투과막을 통하여 물을 확산시켜 물을 정화하는 가역 삼투 시스템이다. 물은 큰 Gibbs 함수 측으로부터 작은 값의 Gibbs 함수 측으로 이동할 것이다.

$$\begin{aligned} &\text{순수 물 측:} \quad g = g_{\text{liq}\,T\,P_o} \\ &\text{비순수 물 측:} \quad g = g_{\text{liq}\,T\,P_{\text{high}}} + RT \ln y_{\text{water}} \end{aligned} \tag{12.108}$$

불순물은 Gibbs 함수를 감소시키므로 그 선의 압력은 증가되어 첫 항은 전체 Gibbs 함수를 순수 물 측보다 크게 만든다.

설명한 바와 같이 상평형에서 두 상에 대한 부분 Gibbs 함수는 동일해야 하므로 희석은 빙점과 비등점 온도에 영향을 미친다. 몰분율 y인 용액 속의 물이 얼음인 물과 평형을 이루는 경우를 고려한다. 그러면 다음 식을 만족해야 한다.

$$g_{\text{liq}} = g_{\text{liq}\,T\,P_o} + v_{\text{liq}\,T}(P - P_o) + RT \ln y \tag{12.109}$$

여기서 액체 값인 P_o는 가상 값이 된다(표준 빙점보다 낮은 온도에서 순수 액체는 존재하지 않으므로). 고체상(순수 얼음)에 대해

$$g_{\text{ice}} \approx g_{\text{sat}\,T\,\text{ice}} + v_{\text{sat}\,T\,\text{ice}}(P - P_{\text{sat}\,T}) \tag{12.110}$$

두 식이 같아지면 평형 상태가 가능해진다. 만약 두 식이 같지 않으면 낮은 Gibbs 함수의 상이 평형 상태가 된다. 그러므로 $y = 1$과 비교하면 1보다 작은 y에 대해 두 Gibbs 함수가 동일하려면 빙점 온도는 더 낮아져야 한다.

마지막 예는 식 6.9와 식 12.22의 엔트로피 표현에 포함된 표면장력의 효과이다. 그 경우에 있어서 엔트로피는 영향을 받았고 Gibbs 함수도 그러하였다. Gibbs 함수의 완전한 변화는 다음과 같이 구해진다.

$$\begin{aligned} g &= g_o - \int s\,dT + \int v\,dP + RT \ln y + \int \sigma d(A/m) \\ &= g_{TP} + RT \ln y + \sigma A/m = g_{TP} + RT \ln y + \sigma \frac{2v}{r} \end{aligned} \tag{12.111}$$

여기서 표면장력은 일정하다고(표면장력 σ) 가정하고 어떤 고체 재료의 구멍처럼 질량당 실린더에 대하여 면적을 산출하였다.

$$A/m = \frac{2\pi r L}{\rho \pi r^2 L} = \frac{2}{\rho r} = \frac{2v}{r} \tag{12.112}$$

표면장력은 일반적으로 작고 표면의 종류에 따라 달라진다. 예를 들어 액체 물-고체 콘크리트 표면이면 $\sigma = -0.07$ J/m^{2}이다. 그러므로 큰 구멍에 대해서는 이 효과는 인지 안 될 정도로 작지만 구멍의 반지름이 50 nm보다 작아지면 중요해진다. 표면장력이 음수가 되면 Gibbs 함수는 더 작고 자유(공기) 표면에 비해 구멍에 있는 액체 물은 작은 값을 갖게 된다. 얼음의 경우 표면장력은 양수가 되므로 Gibbs 함수는 증가한다. 이것은 액체 물이 대부분의 다공성 재료에 왜 흡수되는지 그리고 또한 얼음의 Gibbs 함수가 액체의 그 값보다 낮아질 때 왜 구멍에 있는 액체가 매우 낮은 온도에서 얼게 되는지를 설명해 준다.

주요 개념과 공식

Clapeyron 식:	$\frac{dP_{sat}}{dT} = \frac{h'' - h'}{T(v'' - v')}$; $S-L, S-V, V-L$ 영역	(12.4)
Maxwell 관계식:	$dz = M\,dx + N\,dy \Rightarrow \left(\frac{\partial M}{\partial y}\right)_x = \left(\frac{\partial N}{\partial x}\right)_y$	(12.8)
Helmholtz 함수:	$A \equiv U - TS;\quad a \equiv u - Ts$	(12.12)
Gibbs 함수	$G \equiv H - TS;\quad g \equiv h - Ts$	(12.14)
엔탈피 변화량:	$h_2 - h_1 = \int_1^2 C_p\,dt + \int_1^2 \left[v - T\left(\frac{\partial v}{\partial T}\right)_p\right] dP$	(12.28)
내부에너지 변화량:	$u_2 - u_1 = \int_1^2 C_v\,dt + \int_1^2 \left[T\left(\frac{\partial P}{\partial T}\right)_v\right] dv$ $= h_2 - h_1 - (P_2v_2 - P_1v_1)$	(12.30)
엔트로피 변화량:	$s_2 - s_1 = \int_1^2 \frac{C_p}{T} dT - \int_1^2 \left(\frac{\partial v}{\partial T}\right)_p dP$	(12.33)
단열 압축률:	$\beta_s = -\frac{1}{v}\left(\frac{\partial v}{\partial P}\right)_s$	(12.39)
음속:	$c^2 = \left(\frac{\partial P}{\partial \rho}\right)_s = -v^2\left(\frac{\partial P}{\partial v}\right)_s = \frac{1}{\beta_s \rho}$	(12.41–12.42)
비리얼 상태 방정식(질량 기준):	$z = \frac{Pv}{RT} = 1 + \frac{B(T)}{v} + \frac{C(T)}{v^2} + \frac{D(T)}{v^3} + \cdots$	(12.46)
Van der Waals 상태 방정식:	$P = \frac{RT}{v-b} - \frac{a}{v^2}$	(12.51)
Redlich-Kwong 상태 방정식:	$P = \frac{RT}{v-b} - \frac{a}{v(v+b)\,T^{1/2}}$	(12.54)
다른 상태 방정식들:	부록 D 참조	
h에 대한 일반화된 선도:	$h_2 - h_1 = (h_2^* - h_1^*)_{ID.G.} - RT_c(\Delta h_2 - \Delta h_1)$	
엔탈피 이탈:	$\Delta h = (h^* - h)/RTc$; h^*는 이상기체에서의 값 Δh는 그림 D.2로부터 도식적으로 결정됨	(12.60)
s에 대한 일반화된 선도:	$s_2 - s_1 = (s_2^* - s_1^*)_{ID.G.} - R(\Delta s_2 - \Delta s_1)$	
엔트로피 이탈:	$\Delta s = (s^* - s)/R$; s^*는 이상기체에서의 값	(12.63)

Δs는 그림 D.3으로부터 도식적으로 결정됨

퓨개시티(유사 압력):	$\ln(f/P) = \int_0^P (Z-1)\,d\ln P$	(12.63)
	$= (g - g^*)_T/RT$	(12.73)
Gibbs 함수 + 희석:	$gi = gi\ TP + RiT \ln yi$	(12.72)
Gibbs 함수 + 표면장력:	$g = g_{TP} + \sigma\frac{2v}{r}$ (질량 기준, 원통형 구멍)	(12.111)

유사임계 압력: $$P_{c\,\text{mix}} = \sum_i y_i P_{ci} \tag{12.89}$$

유사입계 온도: $$T_{c\,\text{mix}} = \sum_i y_i T_{ci} \tag{12.89}$$

유사순수 물질: $$a_m = \left(\sum_i c_i a_i^{1/2}\right)^2; \quad b_m = \sum_i c_i b_i \text{ (질량 기준)} \tag{12.90}$$

개념학습용 문제

12.1 증발 곡선의 기울기 dP/dT는 임계점에 접근하면 h_{fg}와 v_{fg}가 모두 0에 접근함에도 불구하고 유한한 값을 가진다. 어떻게 이렇게 되는가?

12.2 Clapeyron 식과 그림 2.6를 보고 얼음 I와 또 다른 형태의 얼음 사이에 특별한 무엇이 있는지 설명하라.

12.3 2상 영역에서(그림 2.7과 2.8 참조) $(\partial P/\partial T)_v$와 같은 미분을 취한다면 v 값이 무엇인지가 상관이 있는가? 온도 T에 대해서는 어떠한가?

12.4 $P-T$ 선도에 v가 일정한 곡선이 압축 액체 영역, 2상 $L-V$ 영역, 과열 증기 영역에서 어떻게 나타나는지 그려 보라.

12.5 등온 과정으로 압력을 올리면 액체 또는 고체에 대하여 h는 증가하는가, 감소하는가? 기체인 경우에는 무엇을 알아야 하는가?

12.6 예제 12.3의 상태 방정식은 v 양함수(explicit) 형태로 사용되었다. P 양함수 형태도 가능한가?

12.7 어떤 상태 범위에 걸쳐서 12.5절의 각종 계수가 가장 유용한가?

12.8 액체 또는 고체에 대하여 v는 T 또는 P 중 어떤 것에 더 민감한가? 이상기체에 대해서는 어떠한가?

12.9 대부분의 상태 방정식은 어떤 상태의 범위를 취급하도록 개발되었는가?

12.10 2상 영역에서 상태 방정식을 사용할 수 있는가?

12.11 $P \to 0$이면 비체적 $v \to \infty$이다. $P \to \infty$이면 $v \to 0$인가?

12.12 상태 방정식이 두 조건식 (12.49)와 (12.50)을 만족시켜야만 하는가?

12.13 어떤 상태에서 h와 s에 대한 이탈 항(departure term)이 작아지는가? 그때 Z는 어떠한가?

12.14 h와 s에 대한 이탈 함수는 항상 양수이다. 이것은 실제 물질의 h와 s값이 이상기체에 대하여 상대적으로 어떠하다는 것을 뜻하는가?

12.15 퓨개시티(Fugacity)의 가장 단순한 모델은 무엇인가?

12.16 Kay의 법칙이 혼합물 상태 방정식에 비하여 어떤 장점이 있는가?

12.17 습공기의 상대 습도가 $\Phi < 100\%$이면 동일 온도의 액체와 비교하여 기체의 Gibbs 함수가 어떤 의미인가?

12.18 액체 방울의 경우 표면장력은 양수이다. 이것은 매우 작은 방울에 대해서는 어떤 의미인가?

과제용 문제

Clapeyron 식

12.19 포화 압력을 근사적으로 $\ln P_{sat} = A - B/T$로 나타낼 수 있다. 여기서 A와 B는 상수이다. 이 식은 어떤 상변화에 대하여 적절한가? 어떤 종류의 상태량 변화를 가정했는가?

12.20 Clapeyron 식이 표 B.4의 10°C, R-410A를 만족시킴을 증명하라.

12.21 Clapeyron 식이 표 B.3의 0°C, 이산화탄소를 만족시킴을 증명하라.

12.22 문제 12.19에 주어진 근사식과 표 B.1을 이용하여 25°C 수증기만을 위한 A와 B를 구하라. 이 식을 이용하여 40°C에서의 포화 압력을 예측하고 이 값을 수증

기표의 값과 비교하라.

12.23 삼중점(triple-point) 온도보다 높다고 가정하여 −75°C인 냉매 R-410A의 포화 압력을 구하라.

12.24 삼중점(triple-point)에서 물의 상태량을 사용하여 융해 곡선의 포화 압력 식을 온도의 함수로 유도하라.

12.25 Clapeyron 식을 이용하여 70 K와 110 K에서의 질소의 h_{fg}와 s_{fg} 값을 계산하라. 필요한 압력과 비체적 값은 표 B.6.1에서 구한다.

12.26 −70°C의 암모니아는 건도 50% 조건일 때 특수 목적으로 사용된다. 표 B.2 의 −50°C 이하 부분만 유효하다고 가정하라. $x = 0.5$일 때 0.5 kg 보관 가능한 용기를 설계할 때 포화 압력과 용기 부피 근사치를 구하여라.

12.27 대기압(101.3 kPa)에서 헬륨의 끓는점은 4.22 K이며 h_{fg}는 83.3 kJ/kmol이다. 진공 펌프로 액체 헬륨의 압력을 낮추면 끓는 온도도 낮아진다. 끓는점이 1 K와 0.5 K이기 위한 압력을 각각 구하라.

12.28 표 B.1.1부터 B.1.5까지의 물에 대한 열역학표를 이용하여 40 MPa에서 액체인 물의 어는 점(freezing temperature)을 계산하라.

상태량 관계식, Maxwell 관계식, 엔탈피, 내부 에너지, 엔트로피 관계식

12.29 Gibbs 관계식 $du = T\,ds - P\,dv$와 Maxwell 관계식 중 하나를 이용하여 $(\partial u/\partial P)_T$에 대한 표현식을 P, v, T만 나타나도록 유도하라. 이상기체의 경우에 이 편도함수의 값은 얼마인가?

12.30 Joule-Thomson 계수 μ_J는 교축 과정에서 온도가 압력에 따라 어떤 방향 및 크기로 변하는지를 알려준다. 어떠한 상태량 x, y, z에 대해서도 다음 수학식이 성립된다.

$$\left(\frac{\partial x}{\partial y}\right)_z \left(\frac{\partial y}{\partial z}\right)_x \left(\frac{\partial z}{\partial x}\right)_y = -1$$

위 수학식을 이용하여 Joule-Thomson 계수가 다음 식을 만족시킴을 보여라.

$$\mu_J\left(\frac{\partial T}{\partial P}\right)_h = \frac{T\left(\frac{\partial v}{\partial T}\right)_P - v}{C_P} = \frac{RT^2}{PC_p}\left(\frac{\partial Z}{\partial T}\right)_P$$

12.31 문제 12.30의 관계식을 이용하여 이상기체의 Joule-Thomson 계수를 구하라.

12.32 Gibbs 관계식 $dh = T\,ds + v\,dP$와 Maxwell 관계식 중 하나를 이용하여 $(\partial h/\partial v)_T$에 대한 표현식을 P, v, T를 이용하여 나타내라. 그 다음 식 (12.24)를 이용하여 $(\partial h/\partial T)_v$에 대한 표현식도 구하라.

12.33 식 (12.23)과 (12.24)와 $C_p > C_v$라는 사실로부터 T-s 선도상의 정적선과 정압선의 기울기에 대하여 무엇을 말할 수 있는가? 즉 함수 $T(s, P, v$는 주어짐)에 대하여 알고자 한다.

12.34 등엔트로피 과정에서 압력의 변화에 따른 온도의 변화 $(\partial T/\partial P)_T$를 P-v-T의 상태량과 비열 C_p만으로 표현하라. 식 (12.32)의 전개 절차를 이용하라.

12.35 $P(v - b) = RT$와 같은 P-v-T 관계식이 문제 12.30의 수학적 관계식을 만족시킴을 보여라.

12.36 식 (12.34)를 사용하여 편도함수 $(\partial T/\partial v)_s$에 대한 표현식을 유도하라. T-v 선도에서 등엔트로피 과정을 나타내는 곡선의 일반 형태는 어떻게 되는가? 이상기체에 대하여 그 형태가 어떠한지 추가로 더 설명할 수 있는가?

체적 팽창률과 압축률

12.37 물질의 상태가 모든 방향으로 균일하고 $V = L_xL_yL_Z$이다. 체적 팽창률이 $\alpha_P = 3\delta_T$임을 보여라 (힌트: T로 미분하고 V로 나눈다).

12.38 수증기표를 이용하여 20°C, 5 MPa에서와 300°C, 15 MPa에서의 체적 팽창률 α_p와 등온 압축률 β_T를 구하라.

12.39 음속은 식 12.41에 주어졌고 이것은 단열 압축성과 연관 지을 수 있다. 25°C인 액체 메탄올의 값은 1.05×10^{-9} m²/N이다. 이 온도에서 음속을 구하라.

12.40 상용 구리(표 A.3 참조)는 25°C에서 음속이 약 4700 m/s이다. 단열 압축률 β_s는 얼마인가?

12.41 식 (12.32)를 이용하여 $(\partial T/\partial P)_s$를 T, v, C_p, α_p 등으로 나타내라. 25°C의 물 ($\alpha_p = 2.1 \times 10^{-4}$ K^{-1})을 등엔트로피 과정으로 200 kPa에서 2000 kPa까지 압축하면 온도는 얼마나 변하는가?

12.42 표 B.3을 이용하여 2500 kPa, 100°C 근처의 이산화탄소의 음속을 수치 편미분을 사용하여 근사값을 구하라.

12.43 식 (12.41)로 정의된 음속을 고려한다. 수증기표를 이용하여 20°C, 2.5 MPa 상태인 물(액체)에서의 음속과 200°C, 300 kPa 상태인 수증기에서의 음속을 구하라.

12.44 부드러운 고무를 모터 장착대의 부품으로 사용한다. 단열 체적률은 $B_s = 2.82 \times 106$ kPa, 체적 팽창률은 $\alpha_p = 4.86 \times 10^{-4}$ K^{-1}이다. 고무를 통하는 진동 음속은

얼마인가? 압력 변화 1 MPa에 대한 상대적인 체적 변화는 얼마인가?

12.45 액체 메탄올은 20°C에서 단열 압축률이 9.4×10^{-10} m^2/N이다. 음속은 얼마인가? 단열 피스톤–실린더 장치로 500 kPa에서 50 MPa까지 압축한다면 단위 질량당 일은 얼마인가?

12.46 식 (12.32)를 이용하여 $(\partial T/\partial P)_s$를 T, v, C_p, α_p 등으로 나타내라. 문제 12.45의 메탄올 압축 시 온도가 얼마나 올라가는가? 온도 25°C의 메탄올에 대하여 $\alpha_p = 2.5 \times 10^{-4}\ K^{-1}$이다.

상태 방정식

12.47 표 B.4를 이용하여 임계점에서의 이산화탄소 압축률을 구하라.

12.48 표 B.3를 이용하여 60°C인 R-410A의 압축률을 (a) 포화 액체, (b) 포화 증기, 그리고 (c) 3000 kPa에 대해 구하라.

12.49 상수 B를 포함하는 절단된 비리얼 상태 방정식(truncated virial equation of state)을 이용하여, 20°C, 1 MPa의 이산화탄소에 대해 실제 기체 내부 에너지와 이상기체 내부 에너지의 차이를 계산하라. 20°C에서 이산화탄소는 $B = -0.128\ m^3/kmol$, $T(dB/dT) = 0.266\ m^3/kmol$이라고 가정한다.

12.50 기체가 첫 두 항 B, C를 포함하는 비리얼 EOS로 표현된다. 피스톤–실린더 장치에서 등온 팽창 과정에서의 일을 나타내는 식을 제시하라.

12.51 문제 12.49를 확장하여 이상 기체와 실제 기체의 엔트로피 차이를 구하고 이를 표 B.3과 비교하라

12.52 van der Waals EOS에 대해 식 (12.52)의 상수들을 어떻게 구하는지 보여라.

12.53 엔탈피 변화와 엔트로피 변화가 있는 예제 12.3에 제시된 상태식을 사용하여 등온 과정에서 내부 에너지의 변화를 구하여라. 엔탈피를 통해서 계산하면 안된다.

12.54 등온 과정에 대하여 기체의 u, h, s 변화량을 계산하라. 기체의 상태 방정식은 $P(v - b) = RT$이다.

12.55 van der Waals 식에 대해 등온 과정에서의 내부 에너지, 엔탈피, 엔트로피 변화를 나타내는 식을 유도하라.

12.56 환산 압력과 환산 온도를 이용하여 나타낸 다음과 같은 상태 방정식이 있다: $Z = 1 + (P_r/14T_r)[1 - 6T_r^{-2}]$. 이 방정식을 이용하면 환산 Boyle 온도는 어떻게 되는가?

12.57 주어진 상태 방정식이 $P = [RT/(v - b)] - a/v^2T$ 일 때 Boyle 온도는 어떻게 되는가? (a, b는 상수)

12.58 Redlich-Kwong EOS에 대해 등온 과정에서의 내부 에너지, 엔탈피, 엔트로피 변화를 나타내는 식을 유도하라.

12.59 van der Waals 식을 개선하려는 초기의 시도로 아래의 형태를 사용하였다. van der Waals 식에서와 같은 방법으로 상수 a, b, v_c를 구하라.

$$P = \frac{RT}{v - b} - \frac{a}{v^2 T}$$

12.60 온도 230 K, 압력 5 MPa 상태의 산소 유동을 정상 유동 과정으로 100 kPa까지 교축(throttle)한다. Redlich-Kwong EOS와 이상기체 비열을 이용하여 출구 온도와 단위 질량당 엔트로피 생성량을 구하라. 이 계산은 h, P, v, T의 비선형 결합으로 인해 반복 계산이 필요하다.

일반 선도

12.61 278.6 K의 N_2O 가스를 5% 정확도 이내에서 이상기체로 취급하려면 압력은 얼마 이하가 되어야 하는가?

12.62 278.6 K의 CO_2가 2상 상태로 존재하는 압력에 있다. 포화 액체와 포화 증기의 일반화된 엔탈피 이탈을 구하라.

12.63 일반 선도를 이용하여 0°C에서 R-140A의 증발열, h_{fg}를 구하라. 그리고 표 B.5의 값과 비교하라.

12.64 250 L의 견고한 용기 안에 9 MPa, 280°C 상태의 프로판이 들어 있다. 주위와 열교환이 이루어져 프로판이 50°C까지 냉각된다. 일반 압축성 인자 선도 그림 D.1을 이용하여 최종 상태의 건도와 용기 내 액체 질량을 구하라.

12.65 새로운 냉매 R-152a가 증발기 −20°C, 응축기 40°C인 냉장고의 작동 유체로 사용된다. 이 사이클에서 저압과 고압은 각각 얼마인가?

12.66 체적 5 m^3인 저장 용기에 10 MPa, 100°C인 에탄 가스가 들어있다. Lee-Kesler EOS를 이용하여 에탄의 질량을 구하라.

12.67 앞의 문제에서 저장 용기 내의 에탄 가스가 0°C로 냉각된다. 새로운 압력을 구하라.

12.68 40°C의 R-410A가 2000 kPa와 100 kPa 사이에 있을 때 엔탈피와 엔트로피 변화를 다음을 사용하여 구하라.

a. 표 B.4.

b. 일반 선도

12.69 견고한 용기 안에 3 MPa, 30°C 상태의 에틸렌 5 kg이 들어 있다. 에틸렌이 포화 증기에 도달할 때까지 냉각한다. 최종 상태의 온도를 구하라.

12.70 환산 압력과 환산 온도를 이용하여 나타낸 다음과 같은 상태 방정식이 있다: $Z = 1 + (P_r/14T_r)\,[1 - 6T_r^{-2}]$. 이 방정식을 이용하면 $P_r = 0.4$, $T_r = 0.9$ 상태에서 엔탈피 이탈은 얼마인가?

12.71 단열되지 않은 피스톤–실린더 내에 주변과 같은 온도 19°C, 건도 50%, 체적 10 L인 프로판 C_3H_6가 들어 있다. 프로판은 압력이 460 kPa로 감소할 때까지 천천히 팽창한다. 프로판의 질량, 과정 중 발생하는 일과 열전달을 구하라.

12.72 극저온 냉동고는 네온을 냉매로 사용한다. 압축기에서 1.5 MPa, 80 K의 네온은 응축기를 지나 40 K의 포화 액체로 변한다. 일반 선도를 사용하여 단위 질량당 열전달을 구하라.

12.73 실린더 안에 1.536 MPa, −13°C인 에틸렌 C_2H_4가 들어있다. 이제 가역 과정으로 5.12 MPa까지 등온 압축된다. 단위 질량당 일과 열전달을 구하라.

12.74 12.6°C인 이소부탄(T_c = 408.2 K, P_cM = 58.124)의 증발열을 일반선도로부터 구하고 이 값을 CATT3 전산 표와 비교하라.

12.75 30°C의 포화 증기 R-410A가 정상 유동 과정을 통해 200 kPa까지 교축된다. 운동 에너지의 변화가 없다고 가정하고, 일반 선도 그림 D.2를 이용하여 출구 온도를 구하라. R-410A 표 B.4를 이용하여 다시 계산하라.

12.76 신규 냉매 R-123은 40°C의 포화 액체 상태로 열교환기에 들어가서 100 kPa의 정상 유동 상태로 출구로 나온다. 그림 D.2를 사용하여 단위 질량당 열전달을 구하여라.

12.77 230 K, 5 MPa 정상 유동 상태 산소가 100 kPa로 교축된다. 출구 온도 T_{exit}이 208 K임을 보이고, 단위질량당 엔트로피 생성을 구하여라.

12.78 검사 질량이 20 kg의 부탄 기체이며 초기에 80°C, 500 kPa 상태에 있다. 가역 등온 과정을 통해 체적이 초기 체적의 1/5이 될 때까지 압축한다. 이 과정 동안의 열전달량은 얼마인가?

12.79 400°C, 3 MPa의 옥탄 C_3H_{18}이 정상 유동으로 배관을 통해 공급되고 있다. 위치와 운동 에너지 변화량을 무시하고 이 정상 유동 장치에서 엑서지를 예측해 보라.

혼합물

12.80 만약 50°C, 10 kPa 수증기가 이상기체라면 fugacity는 10 kPa이다. 그렇다면 2 MPa 포화 수증기의 fugacity는 얼마인가?

12.81 100 kPa, 290 K인 공기를 가정할 때, 온도 T가 10 K 증가한 것과 동일한 변화가 되기 위해 이 공기는 아르곤에 의해 얼마나 희석되어야 하는가?

12.82 질량비로 아르곤 50%와 질소 50%의 혼합물 4 kg이 용기 안에 2 MPa, 180 K 상태로 들어 있다. 혼합물의 체적을 다음의 두 모델을 이용하여 구하라: (a) 이상기체, (b) Kay의 법칙과 일반 압축성 인자 선도.

12.83 앞의 문제를 (a) 이상기체, (b) 혼합물 a, b의 van der Waals 상태식으로 계산하라.

12.84 문제 12.82를 (a) 이상기체, (b) 혼합물 a, b의 Redlich-Kwong 상태식으로 계산하라.

12.85 R-410A는 질량비로 R-32와 R-125가 1:1인 혼합물이다. Kay의 법칙과 일반 선도를 이용하여 20°C, 1200 kPa에서의 혼합물의 비체적을 구하라. 이 값을 표 B.4의 값과 비교하라.

12.86 문제 12.85에서 R-410A가 열교환기를 통과한 후 출구 상태는 120°C, 1200 kPa이다. Kay의 법칙과 일반 선도를 이용하여 단위 질량당 열전달량을 구하고 이 값을 표 B.4를 이용하여 구한 값과 비교하라.

12.87 몰비로 60% 에틸렌과 40% 아세틸렌 혼합물이 6 MPa, 300 K 상태에 있다. 혼합물이 정압 예열기를 통과하여 400 K까지 가열된다. Redlich-Kwong 상태 방정식과 혼합물에 대한 a, b 값을 이용하여 입구 비체적을 구하라. Kay의 법칙과 일반 선도를 이용하여 답을 다시 구하라.

12.88 T_1 = 14°C, 유량 0.25 kmol/s인 포화 액체 에탄이 정상 유동 혼합실에 들어가 교축된다. T_2 = 25°C, 800 kPa의 아르곤 기체가 0.75 kmol/s로 혼합실에 들어간다. 기체 혼합물이 출구에서 T_3 = 120°C, 800 kPa이 되도록 150°C의 등온 열원에서 혼합실로 열이 전달된다. 열전달률과 엔트로피 생성률을 구하라.

12.89 1 MPa의 포화 액체 메탄 CH_4 1 kmol/s와 250°C, 1 MPa 상태의 에탄 C_2H_6 2 kmol/s가 혼합실에 공급되어 50°C, 1 MPa 상태로 배출된다. 혼합물에 Kay의 법

칙이 적용된다고 가정하고, 이 과정에서의 열전달량을 구하라.

12.90 Raft 강에 설치된 지열 발전소는 작동 유체로 이소부탄을 사용한다. 가역 단열 터빈의 입구 상태는 160°C, 5.475 MPa이고, 응축기 출구 상태는 33°C의 포화 액체이다. 이소부탄의 상태량 데이터는 $T_c = 408.14$ K, $P_c = 3.65$ MPa, $C_{p0} = 1.664$ kJ/kg-K, 비열비 $k = 1.094$, 분자량 58.124이다. 단위 질량당 터빈 일과 펌프 일을 구하라.

12.91 대체 에너지 발전소에서 6 MPa, 100°C의 이산화탄소가 터빈에 들어가 1 MPa의 포화 증기로 나온다. 일반 선도를 이용하여 단위 질량당 터빈 일을 구하라. 표 B.3을 이용하여 다시 계산하라.

12.92 환경 면에서 안전한 냉매인 R-152a가 가정 난방용 열펌프의 작동 유체로 사용된다. 증발기 온도는 −20°C이고 응축기 온도는 30°C이다. 모든 과정은 이상적이라고 가정하며, R-152a의 정압 비열은 0.996 kJ/kg-K이다. 이 사이클의 성능 계수를 계산하라.

Helmholtz 상태 방정식

12.93 Helmholtz 함수의 이상기체 부분을 식 (12.91)에 대입하면 식 (12.103) 다음에 쓰여 있는 바와 같이 이상기체 상태 방정식이 됨을 증명하라.

12.94 아르곤과 네온 같은 기체의 경우 비열은 일정하다. 이러한 경우에 대해 식 (12.98)의 Helmholtz 함수의 이상기체 기여 부분을 나타내는 식을 유도하라.

12.95 Helmholtz 식이 아래와 같다고 가정하자. 여기서 C_0, C_1, C_2는 상수이고 T_0와 ρ_0는 온도와 압력의 기준값이다. [식 (12.98)~(12.101) 참조] 이 식에서 상태량 P, u, s를 구하라. 이 형태에 관해 필요한 가정이 있는가?

$$a^* = C_0 + C_1 T - C_2 T \ln\left(\frac{T}{T_0}\right) + RT \ln\left(\frac{\rho}{\rho_0}\right)$$

12.96 20°C, 100 kPa의 순수 액체 물이 있다. 여기에 설탕을 추가하여 몰 기준 99% 물인 용액이 된다. 100 kPa 순수 물과 용액 내 물의 Gibbs 함수가 동일하려면 전체 압력은 얼마가 되어야 하는가?

12.97 0.01°C, 100 kPa인 액체 물을 고려한다. 동일 온도 T의 포화액에 비해 Gibbs 함수는 상대적으로 얼마가 큰가? 얼음 0.01°C, 100 kPa에 대해 반복 계산하라. 만약 물에 불순물이 있어 $y = 0.98$이면 액체 물의 Gibbs 함수는 어떻게 되는가?

12.98 실린더형 체적에서 표면장력 효과가 나타났다. 방울과 같은 구형 체적에서 어떤 결과가 나타날지 구하라.

12.99 0.01°C, 100 kPa의 얼음에서 온도가 −10°C로 감소되었을 때 Gibbs 함수의 변화량을 구하라. 표면장력이 −0.04 J/m^{2}이면 기공 반지름이 얼마일 때 동일한 Gibbs 함수의 변화량을 나타내는가?

복습 문제

12.100 한 냉매의 응축기(정상상태 과정, 압력 일정) 입구 상태는 150 kPa, 70°C이고 유량은 1.5 kg/s이며 출구 상태는 포화 액체이다. 응축기로부터의 열전달률을 계산하라. 이상기체로 가정하고, 포화 상태에서 $v_f < v_g$로 가정할 수 있다. 냉매에 대해 다음의 식이 알려져 있다. 압력은 kPa, 온도는 K로 주어져 있고 분자량은 100이다.

$$\ln P_g = 8.15 - 1000/T \qquad C_{p0} = 0.7\,\text{kJ/kg-K}$$

12.101 피스톤과 실린더로 이루어진 공간에 20°C, 100 kPa의 액체 메탄올 10 L가 들어 있다. 피스톤으로 메탄올을 20 MPa까지 등온 압축한다. 이 과정에 필요한 일을 계산하라. 액체 메탄올의 20°C에서의 등온 압축률은 1.22×10^{-9} m^2/N이다.

12.102 2.44 MPa의 포화 액체 에탄이 정상상태 열교환기로 들어가서 611 K까지 정압 가열된 후, 가역 단열 터빈에서 100 kPa까지 팽창된다. 열교환기에서의 단위 질량당 열전달량, 터빈 출구 온도, 터빈 일을 구하라.

12.103 새로 개발된 화합물을 이상적인 Rankine 사이클 동력 발전소의 작동 유체로 사용한다. 터빈 입구 상태는 200°C의 포화 증기, 응축기 출구 상태는 20°C의 포화 액체이다. 이 화합물에 대해서 알고 있는 자료는 오직 분자량 80 kg/kmol, 이상기체 정압 비열 $C_p = 0.80$ kJ/kg-K, $T_c = 500$ K, $P_c = 5$ MPa이다. 일반 선도를 이용하여 단위 질량당 펌프 입력일과 사이클 열효율을 계산하라.

12.104 1 kg/s의 물이 그림 P12.104과 같이 40°C의 상태로 태양열 집열기에 들어가서 190°C로 나온다. 고온수가 직접 접촉식 열교환기(두 유체의 혼합은 없다)에 분사되어 액체 부탄을 끓이는 데 사용된다. 상부의 출구에서 순수 포화 증기 부탄은 온도가 80°C이며 터빈으로 전

달된다. 부탄 응축기 온도는 30°C이고, 터빈과 펌프의 등엔트로피 효율은 각각 80%이다. 사이클의 순 출력 동력을 구하라.

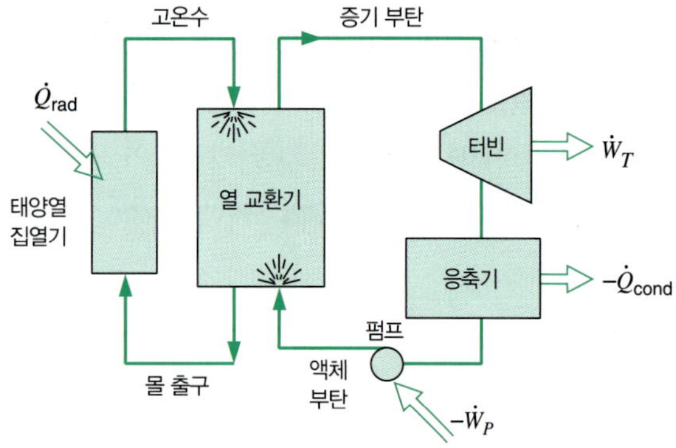

그림 P12.104

12.105 삼중점(triple-point)에서 물의 상태량을 사용하여 융해 곡선의 포화 압력 식을 온도의 함수로 유도하라.

제 13 장

연소

Chemical Reactions

열역학으로 해결하여야 하는 많은 문제에 화학 반응이 동반된다. 탄화수소 연료의 연소가 우리에게 가장 익숙한 화학 반응일 것이며, 그 이유는 대부분의 동력 발생 장치에서 이 연소 과정이 이용되기 때문이다. 그러나 인체 안에서 일어나는 과정을 포함하여 화학 반응이 일어나는 다른 과정을 얼마든지 생각해 낼 수 있다.

13장에서는 화학 반응이 일어나는 시스템을 제1법칙과 제2법칙으로 해석하고자 한다. 여러 면에서 13장의 내용은 우리가 이미 고찰한 제1법칙과 제2법칙의 연장일 뿐이다. 그러나 많은 새로운 용어를 소개하며, 필요에 의해 열역학 제3법칙을 도입하게 된다.

이 장에서는 연소 과정을 자세히 다룬다. 이를 강조하는 데는 두 가지 이유가 있다. 첫째는 공학자의 관심 대상인 많은 문제 또는 장치에서 연소 과정이 아주 중요하기 때문이다. 둘째는 연소 과정을 통하여 화학 반응과 관련된 열역학의 기본 원리를 잘 배울 수 있기 때문이다. 이 장의 내용을 공부해 가면서 이 두 가지 이유를 항상 염두에 두어야 한다.

열해리(dissociation)와 관련된 내용은 화학 평형과 함께 14장에서 다루기로 한다.

13.1 연료

열역학 교재에서 연료를 상세히 다루는 것은 적당하지 않다. 그러나 연료에 관하여 약간은 알고 있어야 연소를 공부할 수 있으므로, 이 절에서 일부 **탄화수소 연료**(hydrocarbon fuel)에 관하여 간략히 언급하기로 한다. 대부분의 연료는 석탄(coal), 액체 탄화수소(liquid hydrocarbons), 기체 탄화수소(gaseous hydrocarbons)의 세 범주 안에 들어간다.

석탄은 지나간 지질학적 시대에 존재했던 식물 층이 생화학 작용, 고압, 고온, 침몰 등을 겪은 후에 남은 잔해로 구성되어 있다. 석탄은 채탄 장소에 따라 그 특성이 상당히 다르며, 심지어 같은 석탄광에서 채굴한 석탄도 약간씩 조성의 차이가 있다.

석탄 시료를 다음 두 가지 기준 중 하나로 분석한다. 공업 분석(proximate analysis)으로는 수분, 휘발성 물질, 고정 탄소, 회분(ash)의 상대적인 양을 질량 기준으로 명기한다. 원소 분석(ultimate analysis)으로는 탄소, 황, 수소, 질소, 산소, 회분의 상대적인 양을 질량 기준으로 명기한다. 원소 분석은 "접수 기준(as-received basis)" 또는 건조 기준(dry basis)으로 하게 된다. 후자의 원소 분석 결과에는 공업 분석의 경우와는 달리 수

표 13.1 » 일부 탄화수소족의 특성

족	화학식	구조	포화 여부
파라핀	C_nH_{2n+2}	사슬	포화
올레핀	C_nH_{2n}	사슬	불포화
디올레핀	C_nH_{2n-2}	사슬	불포화
나프텐	C_nH_{2n}	고리	포화
방향족			
벤젠 계열	C_nH_{2n-6}	고리	불포화
나프탈렌 계열	C_nH_{2n-12}	고리	불포화

분이 포함되어 있지 않다.

이 외에도 주어진 용도에 맞는 석탄을 평가하는 데 중요한 여러 가지 성질이 있다. 이 중 몇 가지로 회분의 용해성(fusibility), 연마성(grindability) 즉 분쇄(pulverization)의 용이성, 건조 특성(weathering characteristics), 크기 등을 들 수 있다.

대부분의 액체 또는 기체 탄화수소 연료는 서로 다른 여러 가지 탄화수소의 혼합물이다. 예를 들어 가솔린은 혼합물이며, 약 40종의 탄화수소가 주성분이고, 이외의 여러 가지 다른 물질들이 극소량 들어 있다. 따라서 탄화수소 연료에 대하여 논할 때에는 표 13.1에 요약한 가장 중요한 탄화수소족에 대하여 간단하게 고찰할 필요가 있다.

우선 세 가지 개념을 정의하여야 한다. 첫째는 **분자 구조**와 관계가 있다. 고리 구조(ring structure)와 사슬 구조(chain structure)가 중요하며 이들의 차이점은 그림 13.1과 같다. 둘째로 같은 그림에 **포화 탄화수소 및 불포화 탄화수소**의 정의를 예시하였다. 불포화 탄화수소에는 이중 결합 또는 삼중 결합으로 연결된 두 개 또는 그 이상의 인접한 탄소 원자가 있는 반면에 포화 탄화수소에는 모든 탄소 원자가 단일 결합으로 연결되어 있다. 세 번째로 정의해야 할 용어는 이성질체(isomer)이다. 탄소 원자 수와 수소 원자 수가 같으나 분자 구조가 서로 다른 두 탄화수소를 이성질체라고 한다. 즉 8개의 탄소 원자와 18개의 수소 원자로 된 옥탄(C_8H_{18})은 여럿 있으나, 각각의 분자 구조는 서로 다르다.

다양한 탄화수소족을 공통 접미사로 구별한다. 파라핀 족(paraffin family)을 구성하는 화합물은 프로판(propane)과 옥탄(octane)과 같이 전부 *-ane*으로 끝난다. 그와 유사하게 올레핀 족(olefin family)의 화합물은 프로펜(propene)과 옥텐(octene)과 같이 *-ylene*이나 *-ene*으로 끝나며 디올레핀 족(diolefin family)은 부타디엔(butadiene)과 같이 *-diene*으로 끝난다. 나프텐 족(naphthene family)은 올레핀 족과 화학식은 같으나 사슬 구조가 아닌 고리 구조로 되어 있다. 나프텐 족의 탄화수소는 사이클로펜탄(cyclopentane)과 같이 이름에 접두사 *cyclo-*가 붙어 있다.

방향족(aromatic family)에는 벤젠 계열(benzene series, C_nH_{2n-6})과 나프탈렌 계열(naphthalene series, C_nH_{2n-12})이 있다. 벤젠 계열은 고리 구조의 불포화 탄화수소이다.

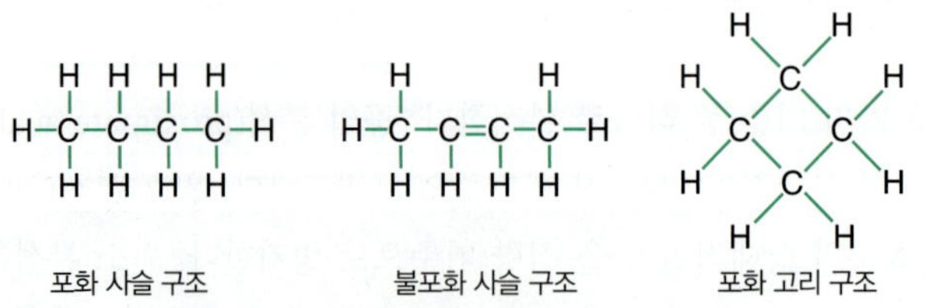

그림 13.1 » 일부 탄화수소 연료의 분자 구조.

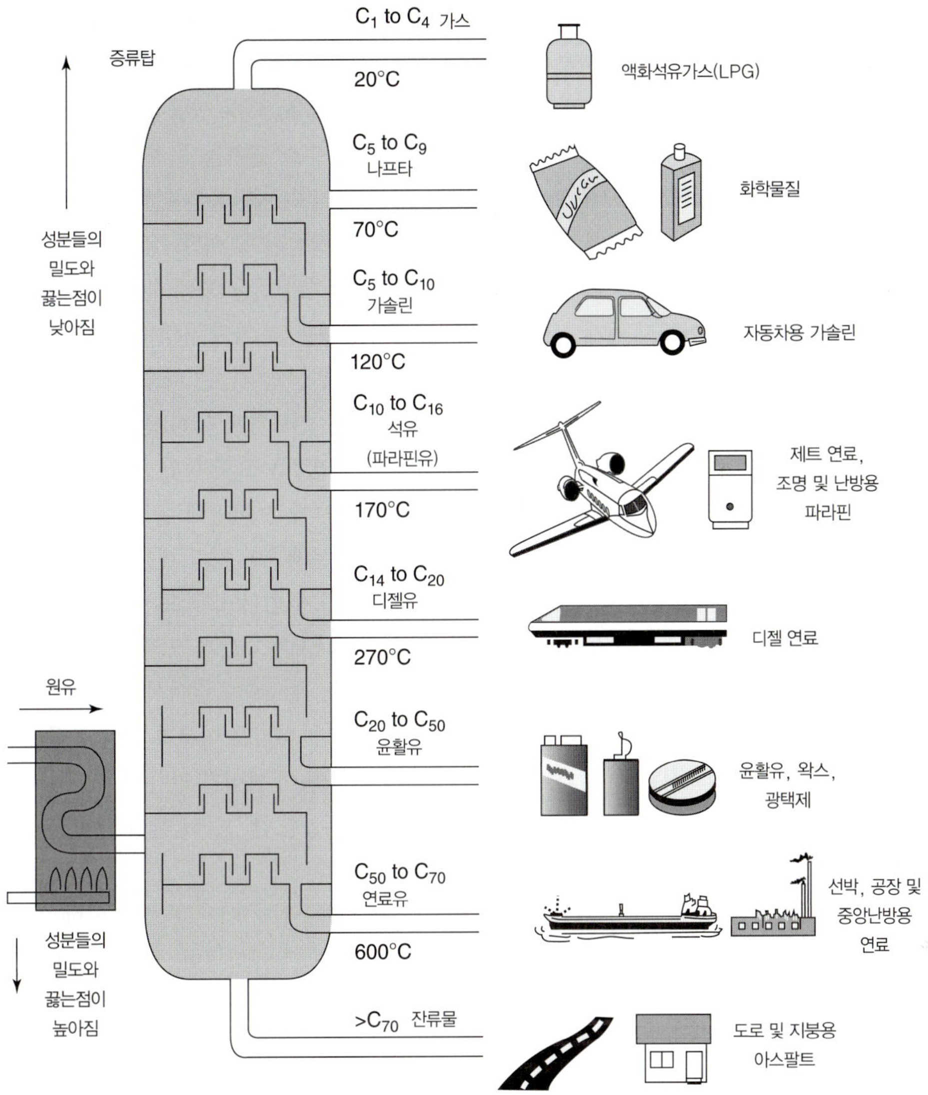

(*a*) 개략도

(*b*) 정제 공장의 증류탑 전경

그림 13.2 ▸ 원유 증류탑.

대부분의 액체 탄화수소 연료는 원유를 증류와 분해 과정을 통하여 추출한 탄화수소의 혼합물이다. 증류탑(distillation column)은 주어진 원유에서 다양한 성분들을 추출하는 데 사용된다(그림 10.24). 그림 13.2

는 해당 공정을 나타낸다. 액상의 원유는 기화되어 증류탑 하단부에 유입된다. 높은 비등점을 갖는 분자량이 큰 성분들은 높은 온도 영역인 증류탑 하단부에서 증류되는 반면에 분자량이 작은 성분들은 낮은 온도 영역인 증류탑 상단부에서 증류된다. 이렇게 생산된 연료들 중의 일부가 휘발유, 석유, 항공유, 경유, 중유이다.

현재 내연 기관용 연료로 점차 많이 사용되고 있는 알코올은 수소 원자들 중 한 개가 수산기(OH radical)로 대체된 탄화수소족이다. 메틸알코올 또는 메탄올은 CH_3OH이고, 에탄올은 C_2H_5OH이다. 바이오 연료에 속하는 에탄올은 농작물이나 폐기물에 화학 변환 공정을 거쳐 생산된다. 석탄, 유모혈암(oil shale), 타르 모래층(tar sands deposits)에서 기상 및 액상 탄화수소 연료를 생산하기 위한 공정 개발만큼이나 방대한 기초 연구와 개발이 바이오 연료 분야에서 현재 진행되고 있다. 이와 관련한 몇 가지 유망 기술의 타당성이 시연되었으며, 이 기술들은 가까운 미래에 인류에게 필요한 연료 공급에 있어 점차 많은 비중을 차지하게 될 것이다.

연료에 관한 논의에 있어서 또 한 가지 주목할 점은 자동차용 연료로서 특히 연료 전지와 관련하여 수소를 사용하기 위한 연구가 상당히 진행되고 있다는 것이다. 액체 연료는 오랫 동안 로켓 연료로서 성공적으로 사용되어 왔지만 자동차용으로 사용하기에는 부적합한데 이는 액체 수소(절대 온도 약 20 K)를 생산하기에 에너지 비용이 많이 들고 수송과 저장에 있어서도 해결해야 할 문제들이 많기 때문이다. 대안으로서 수소는 고압 용기나 금속 수소화물(metal hydride) 시스템에 저장될 필요가 있다. 그래도 수소를 연료로 쓰기에는 여전히 많은 문제가 남아 있다. 수소는 물이나 탄화수소에서 생산되어야 하는데 이러한 방법들은 많은 에너지 소비를 초래한다. 공기 중의 수소 가스는 가연 범위(flammability range)가 넓어서 거의 모든 수소 농도에 대하여 연소될 수 있다. 수소는 또한 매우 낮은 점화 에너지를 갖는다. 따라서 아무리 작은 불꽃(spark)이라도 수소 혼합물을 공기 중에서 점화시킬 수 있다. 마지막으로 수소는 화염이 보이지 않기 때문에 위험할 수 있다. 수소를 연료로 사용하고자 하는 동기는 수소의 연소 또는 반응의 유일한 생성물이 물이라는 것이지만 수소의 생산, 수송 및 저장을 포함한 전반적인 검토가 아직 필요하다.

액체 연료를 연소하는 경우에는 연료가 여러 탄화수소의 혼합물일지라도 그 조성을 한 가지 탄화수소로 나타내는 것이 편리하다. 따라서 휘발유는 옥탄(octane, C_8H_{18})으로 나타내며, 경유는 도데칸(dodecane, $C_{12}H_{26}$)으로 간주한다. 탄화수소 연료의 조성을 탄소와 수소의 백분율로 나타내는 경우도 있다.

기체 탄화수소 연료의 주 공급원은 천연가스정과 특정한 화학 제조 공정 두 가지이다. 표 13.2에 여러 기체 연료의 조성을 나타내었다. 천연가스의 주성분은 메탄이며 제조 가스(manufactured gas)와 구별된다.

13.2 연소 과정

연소 과정은 연료 중 가연 성분이 산화되는 과정이므로, 이 과정을 화학식으로 나타낼 수 있다. 연소 과정 중에는 각 원소의 질량이 일정하게 유지된다. 따라서 화학식을 쓰고 각 구성 성분의 양에 관한 문제를 풀 때는 각 원소의 질량 보존을 기본적으로 이용한다. 이 장에서는 이러한 내용을 연소 과정에 특별히 적용하여 간단히 살펴보고자 한다.

먼저 탄소가 다음의 반응식으로 산소와 반응하는 것을 고찰해 보기로 하자.

$$\begin{array}{cc} \text{반응물} & \text{생성물} \\ C+O_2 & \rightarrow CO_2 \end{array}$$

이 식은 1 kmol의 탄소와 1 kmol의 산소가 반응하여 1 kmol의 이산화탄소를 생성한다는 것을 나타낸다. 또한 12 kg의 탄소와 32 kg의 산소가 반응하여 44 kg의 이산화탄소를 생성한다는 것도 의미한다. 연소 과정을 겪는 모든 초기 물질을 반응물(reactant)이라 하며, 연소 과정의 결과로 생기는 물질을 생성물(product)이라

표 13.2 » 일부 전형적인 기체 연료의 체적 분석

구성 성분	각종 천연가스				역청탄 발생로 가스	탄화수 가스	코크스 제조로 가스
	A	B	C	D			
메탄	93.9	60.1	67.4	54.3	3.0	10.2	32.1
에탄	3.6	14.8	16.8	16.3			
프로판	1.2	13.4	15.8	16.2			
부탄 외[a]	1.3	4.2		7.4			
에텐						6.1	3.5
벤젠						2.8	0.5
수소					14.0	40.5	46.5
질소		7.5		5.8	50.9	2.9	8.1
산소					0.6	0.5	0.8
일산화탄소					27.0	34.0	6.3
이산화탄소					1.5	3.0	2.2

[a] 부탄 및 부탄보다 더 무거운 모든 탄화수소가 포함됨.

한다.

탄화수소 연료를 연소시킬 때는 탄소와 수소 모두가 산화된다. 이러한 예로 메탄의 연소에 대해 고찰해 보자.

$$CH_4 + 2O_2 \rightarrow CO_2 + 2H_2O \tag{13.1}$$

여기서 연소 생성물은 이산화탄소와 물 모두를 지칭한다. 물은 연소 생성물의 온도와 압력에 따라서 증기상, 액체상, 고체상으로 존재할 수 있다.

연소 과정의 화학 반응 도중에 많은 중간 생성물이 만들어지지만 이 책에서는 그 중간 생성물은 제외하고 초기 반응물과 최종 생성물만을 생각할 것이다. 그러나 연소에 대해 상세히 고찰할 때는 중간 생성물의 문제가 매우 중요하다.

대부분의 연소 과정에서 산소를 순수 산소로 공급하는 것이 아니라 공기로 공급한다. 공기는 몰 기준으로 21%의 산소, 78%의 질소, 1%의 아르곤으로 구성되어 있다. 여기서 질소와 아르곤은(14장에서 설명하게 될 열해리를 제외하고) 화학 반응을 겪지 않는다고 가정한다. 그러나 질소와 아르곤은 다른 생성물과 동일한 온도로 배출되므로, 생성물의 온도가 원래의 공기 온도와 다를 경우에는 이들의 상태가 변화한다. 내연 기관에서 이루어지는 고온하에서는 실제로 산소와 질소의 반응이 어느 정도 일어나며, 이로 인해 기관으로부터 배출되는 질소 산화물에 의한 대기 오염 문제가 발생한다.

공기와 관련된 연소 계산에서는 아르곤을 보통 무시하여, 공기가 체적 기준으로 21%의 산소와 79%의 질소로 구성되어 있다고 생각한다. 이 경우에 질소를 종종 **대기 질소**(atmospheric nitrogen)라고 한다. 순수 질소의 분자량이 28.013인 데 비하여 대기 질소의 분자량은(아르곤을 고려한 값인) 28.16이 된다. 이 책에서는 이런 구분을 하지 않고 79%의 질소를 순수 질소로 생각하기로 한다.

공기를 체적 기준으로 21.0%의 산소와 79.0%의 질소로 가정하면, 1 mol의 산소에 대해 질소가 79.0/21.0 = 3.76 mol 동반된다는 결론을 얻게 된다. 따라서 메탄의 연소에 필요한 산소를 공기로 공급하는 경우에, 그 반응은 다음과 같이 쓸 수 있다.

$$CH_4 + 2\,O_2 + 2(3.76)\,N_2 \rightarrow CO_2 + 2\,H_2O + 7.52\,N_2 \tag{13.2}$$

연료 중의 모든 탄소, 수소 및 그 외의 산화 가능한 원소를 **완전 연소**(complete combustion)시키기에 충분한 산소를 공급하기 위해 필요한 최소 공기량을 **이론 공기량**(theoretical air)이라고 한다. 이론 공기량으로 완전 연소시켰을 경우에 생성물에는 산소가 남아 있지 않다. 따라서 탄화수소 연료와 공기의 일반적인 연소 반응식은 다음과 같다.

$$C_xH_y + \nu_{O_2}(O_2 + 3.76\,N_2) \rightarrow \nu_{CO_2}CO_2 + \nu_{H_2O}H_2O + \nu_{N_2}N_2 \tag{13.3}$$

여기서 각 물질의 계수를 **양론 계수**(stoichiometric coefficient)라고 한다. 이론 공기량은 다음과 같은 원자 균형식으로 구한다.

$$\begin{aligned}
\text{C:}&\quad \nu_{CO_2} = x\\
\text{H:}&\quad 2\nu_{H_2O} = y\\
\text{N}_2\text{:}&\quad \nu_{N_2} = 3.76 \times \nu_{O_2}\\
\text{O}_2\text{:}&\quad \nu_{O_2} = \nu_{CO_2} + \nu_{H_2O}/2 = x + y/4
\end{aligned}$$

따라서 연료 1 mol당 공기의 총몰수는 다음과 같다.

$$n_{air} = \nu_{O_2} \times 4.76 = 4.76(x + y/4)$$

이 공기량이 100% 이론 공기량이다. 실제로는 공급 공기량이 이론 공기량보다 얼마간 많지 않으면 완전 연소를 이루기 어렵다. 연료와 공기의 비를 나타내기 위해 종종 쓰이는 두 개의 중요한 변수가 **공연비**(AF: air-fuel ratio)와 이의 역수인 **연공비**(FA: fuel-air ratio)이다. 이들을 대개 질량 기준으로 표현하지만 때로는 몰비로 표현하는 경우도 있다. 즉 다음과 같이 계산한다.

$$AF_{mass} = \frac{m_{air}}{m_{fuel}} \tag{13.4}$$

$$AF_{mole} = \frac{n_{air}}{n_{fuel}} \tag{13.5}$$

분자량을 이용하면 이들의 관계는 다음과 같다.

$$AF_{mass} = \frac{m_{air}}{m_{fuel}} = \frac{n_{air}M_{air}}{n_{fuel}M_{fuel}} = AF_{mole}\frac{M_{air}}{M_{fuel}}$$

그리고 100%이론 공기량을 공급하여 **양론 혼합물**(stoichiometric mixture)을 이루게 하는 경우는 하첨자 s를 써서 나타낸다. 실제 연소 과정에서는 공기의 양을 이론 공기량과의 비로 표시한 **백분율 이론 공기량**으로 나타낸다. 이와 유사한 **당량비**(equivalence ratio)는 실제 연료 공기비를 이론 연료 공기비로 나눈 값으로, 다음과 같이

$$\Phi = FA/FA_s = AF_s/AF \tag{13.6}$$

백분율 이론 공기량의 역수이다. 백분율 이론 공기량과 당량비 모두는 양론 공연비와 실제 공연비의 비율이기 때문에 분자량은 소거되어 없어지므로 그들의 값은 질량 기준이나 몰 기준에 관계없이 동일하다.

따라서 150% 이론 공기량이란 실제로 공급된 공기량이 이론 공기량의 1.5배이며 당량비가 $^2/_3$임을 의미한다. 메탄을 150% 이론 공기량으로 완전 연소시킬 때 연소식은 다음과 같다.

$$CH_4 + 1.5 \times 2(O_2 + 3.76\,N_2) \rightarrow CO_2 + 2\,H_2O + O_2 + 11.28\,N_2 \tag{13.7}$$

여기서 양론 계수는 모든 원자가 보존된다는 사실로부터 구해진다.

실제로 공급하는 공기량을 **백분율 과잉 공기량**(percent excess air)으로도 나타낼 수 있다. 과잉 공기량이란 이론 공기량을 넘어서 그 이상 공급한 공기량을 말한다. 즉 150% 이론 공기량은 50% 과잉 공기량에 해당한다. 이론 공기량, 과잉 공기량, 당량비는 현재 모두 사용되는 용어로, 연료와 공기가 혼합된 반응물에 관한 동등한 정보를 제공한다.

공급하는 공기량이 필요한 이론 공기량보다 적은 경우에는 불완전 연소가 일어난다. 공기의 양이 약간 부족하다면, 대부분의 경우에 일부의 탄소가 산소와 결합하여 이산화탄소(CO_2)가 아닌 일산화탄소(CO)를 형성하게 된다. 공급되는 공기가 이론 공기량보다 많이 부족하다면, 약간의 탄화수소가 연소 생성물 중에 남아 있을 수도 있다.

공기를 어느 정도 과잉 공급한다고 할지라도 적은 양의 일산화탄소가 생성될 수 있는데, 정확한 양은 연소 중의 혼합과 난류 그리고 다른 많은 인자에 의해 결정된다. 따라서 메탄을 110% 이론 공기량으로 연소시키면 다음과 같은 반응이 일어날 수 있다.

$$\begin{aligned} &CH_4 + 2(1.1)O_2 + 2(1.1)3.76\,N_2 \rightarrow \\ &\qquad + 0.95\,CO_2 + 0.05\,CO + 2\,H_2O + 0.225\,O_2 + 8.27\,N_2 \end{aligned} \tag{13.8}$$

모든 탄화수소 연료의 경우 연소 시 발생되는 연소 생성물의 열이 이용되고 그 결과 그 온도가 낮아지게 되는데 연소 생성물 중에는 수분이 포함되어 있다. 연소 생성물 온도가 이슬점 온도보다 낮아지면 수분이 응축되기 시작한다. 수분을 머금은 습공기인 대기와 유사하게 이슬점 온도란 연소 생성물 중 수증기가 차지하는 분압이 그 온도에서 물의 포화 압력과 같게 되는 온도를 말한다.

$$\begin{aligned} P_g(T_{\text{dew}}) &= P_v = y_v P \\ y_v &= \frac{\nu_{H_2O}}{\nu_{CO_2} + \nu_{H_2O} + \nu_{N_2} + \nu_{O_2} + \cdots} \end{aligned} \tag{13.9}$$

만약 온도가 이슬점 온도 미만이면 응축된 수분이 제거된 후의 새로운 낮은 수증기 분율을 계산하기 위해 다음 식을 사용한다.

$$y_v' = P_g(T_{\text{new}})/P = \frac{\nu'_{H_2O}}{\nu_{CO_2} + \nu'_{H_2O} + \nu_{N_2} + \nu_{O_2} + \cdots} \tag{13.10}$$

위 식을 잔류 수증기 몰수인 ν'_{H_2O}에 대해서 푼다. 이 경우 응축된 또는 동결된 물의 양은 다음의 차이와 같다.

$$\nu_{H_2O\,\text{liq}} = \nu_{H_2O} - \nu'_{H_2O}$$

연소 생성물로부터 응축된 물은 대개 물에 용해된 가스 성분을 포함하고 있어 부식성이 강할 수도 있다. 이러한 이유로 연소 생성물은 대기 중으로 배출될 때까지 이슬점 온도 이상으로 유지시키는 경우가 대부분이다.

이 절에서 이제까지 다룬 내용을 다음 예제를 통해서 구체적으로 설명하기로 한다.

예제 13.1

옥탄(C_8H_{18})을 연소시키기 위한 이론 공연비를 계산하라.

풀이

연소 방정식은 다음과 같다.

$$C_8H_{18} + 12.5\,O_2 + 12.5(3.76)\,N_2 \rightarrow 8\,CO_2 + 9\,H_2O + 47.0\,N_2$$

몰 기준으로 공연비는 다음과 같다.

$$AF = \frac{12.5 + 47.0}{1} = 59.5 \text{ kmol 공기/kmol 연료}$$

질량 기준으로 이론 공연비는 공기 및 연료의 분자량을 이용하여 다음과 같이 계산한다.

$$AF = \frac{59.5(28.97)}{114.2} = 15.0 \text{ kg 공기/kg 연료}$$

예제 13.2

옥탄(C_8H_{18})을 200% 이론 공기량으로 연소시킨다. 연소 생성물의 몰 분석을 하고, 압력이 0.1 MPa인 경우에 생성물의 이슬점을 결정하라.

풀이

옥탄을 200% 이론 공기량으로 연소시킬 때 연소 방정식은 다음과 같다.

$$C_8H_{18} + 12.5(2)\,O_2 + 12.5(2)(3.76)\,N_2 \rightarrow 8\,CO_2 + 9\,H_2O + 12.5\,O_2 + 94.0\,N_2$$

생성물의 몰 분석:

생성물 성분:	CO_2	H_2O	O_2	N_2	
몰 수 n:	8	9	12.5	94	$n_{tot} = 123.5$
몰분율 [%] n/n_{tot}:	6.47	7.29	10.12	76.12	

수증기의 분압은 100 kPa (0.0729) = 7.29 kPa이다. 이 압력에 해당하는 포화 온도는 39.7°C이며 이것이 이슬점 온도이다.

예제 13.3

역청탄 발생로 가스(표 13.2 참조)를 20% 과잉 공기량으로 연소시킨다. 공연비를 체적 기준과 질량 기준으로 각각 계산하라.

풀이

필요한 이론 공기량을 계산하기 위해, 연료 1 kmol에 들어 있는 가연 물질에 대한 연소 방정식을 쓰면 다음과 같다.

$$0.14\,H_2 + 0.070\,O_2 \rightarrow 0.14\,H_2O$$
$$0.27\,CO + 0.135\,O_2 \rightarrow 0.27\,CO_2$$
$$0.03\,CH_4 + \underline{0.06\,O_2} \rightarrow 0.03\,CO_2 + 0.06\,H_2O$$
$$0.265 = \text{요구 산소 kmol/연료 kmol}$$
$$\underline{-0.006} = \text{연료 중 산소 kmol/연료 kmol}$$
$$0.259 = \text{공기로부터의 요구 산소 kmol/연료 kmol}$$

따라서 1 kmol의 연료에 대한 완전 연소 방정식은 다음과 같다.

$$\overbrace{0.14\,H_2 + 0.27\,CO + 0.03\,CH_4 + 0.006\,O_2 + 0.509\,N_2 + 0.045\,CO_2}^{\text{연료}}$$

$$\overbrace{+0.259\,O_2 + 0.259(3.76)\,N_2}^{\text{공기}} \rightarrow 0.20\,H_2O + 0.345\,CO_2 + 1.482\,N_2$$

$$AF_{s\ mol} = \frac{n_{O_2\ req}}{n_{fuel}}\frac{n_{air}}{n_{O_2\ air}} = \frac{0.259}{0.21} = 1.233$$

공기 및 연료의 압력과 온도가 같다면, 위의 값을 이용하여 공기와 연료의 부피비를 다음과 같이 구한다.

$$20\%\ \text{과잉 공기량의 경우,}\ AF_{ac\ mol} = 1.2 \times AF_{s\ mol} = 1.2 \times 1.233 = 1.48$$

질량 기준으로 공연비는 다음과 같다.

$$\begin{aligned} AF &= \frac{1.48(28.97)}{0.14(2) + 0.27(28) + 0.03(16) + 0.006(32) + 0.509(28) + 0.045(44)} \\ &= \frac{1.48(28.97)}{24.74} = 1.73\ \text{kg 공기/kg 연료} \end{aligned}$$

연소 생성물을 분석하면 연소 과정 중에 실제로 공급한 공기량을 아주 간단히 계산할 수 있다. 이러한 분석을 할 수 있는 여러 가지 실험 방법이 있다. 그중 몇 가지로는 결과를 **건조 기준**(dry basis)으로 얻을 수 있다. 즉 수증기를 제외한 모든 성분의 분율을 분석한다. 다른 실험 방법으로는 수증기를 포함하는 분석 결과를 얻는다. 여기서 우리의 관심은 실험 장치나 실험 절차보다는, 실험 결과를 어떻게 잘 이용하여 화학 반응을 열역학적으로 해석하느냐이다. 다음 일련의 예제에서 생성물의 분석을 통해 화학 반응과 연료의 성분을 어떻게 결정하는가를 보이고자 한다.

연소 생성물의 분석 결과를 이용하여 실제 연공비를 결정하는 데 쓰이는 기본 원리는 각 원소의 질량 보존이다. 따라서 반응물 및 생성물 양쪽에서 탄소, 수소, 산소, 질소(이 외에 관련된 여타 원소)의 양이 균형을 이루어야 한다. 더욱이 이들 원소 중 일부는 그 비율이 일정하다. 즉 공기를 통해 공급되는 질소와 산소의 비는 일정하며, 탄화수소 연료의 조성을 알고 있다면 탄소와 수소의 비도 일정하다.

예제 13.4

메탄(CH_4)을 대기로 연소시킨다. 생성물을 건조 기준으로 분석한 결과는 다음과 같다.

성분:	CO_2	O_2	CO	N_2
건조기준 몰분율:	10.0	2.37	0.53	87.10

공연비와 백분율 이론 공기량을 계산하고, 연소 방정식을 결정하라.

풀이

미지의 양을 문자 계수로 표기하여 100 kmol의 건조 생성물에 대한 연소 방정식을 쓴 다음에 이들 계수를 구한다.

생성물을 건조 기준으로 분석하였음에 주의하여 방정식을 다음과 같이 쓸 수 있다.

$$a\,CH_4 + b\,O_2 + c\,N_2 \rightarrow 10.0\,CO_2 + 0.53\,CO + 2.37\,O_2 + d\,H_2O + 87.1\,N_2$$

각 원소에 대한 균형식으로부터 모든 미지 계수를 구한다.

탄소 균형: $a = 10.00 + 0.53 = 10.53$

수소 균형: $d = 2a = 21.06$

질소 균형: $c = 87.1$

산소 균형: $b = 10.0 + \frac{1}{2} \times 0.53 + 2.37 + \frac{1}{2} \times 21.06 = 23.16$

검산: $= c/3.76 = 87.1/3.76 = 23.16$ OK

이렇게 하여 구한 값을 a, b, c, d에 대입하면 다음과 같다.

$$10.53\,CH_4 + 23.16\,O_2 + 87.1\,N_2 \rightarrow 10.0\,CO_2 + 0.53\,CO + 2.37\,O_2 + 21.06\,H_2O + 87.1\,N_2$$

이 식 전체를 10.53으로 나누면 1 kmol의 연료에 대한 연소 방정식을 다음과 같이 얻는다.

$$CH_4 + 2.2\,O_2 + 8.27\,N_2 \rightarrow 0.95\,CO_2 + 0.05\,CO + 2\,H_2O + 0.225\,O_2 + 8.27\,N_2$$

몰 기준으로 공연비는 다음과 같다.

$$2.2 + 8.27 = 10.47 \text{ kmol 공기/kmol 연료}$$

분자량을 도입하여 질량 기준으로 공연비를 구하면 다음과 같다.

$$AF = \frac{10.47 \times 28.97}{16.0} = 18.97 \text{ kg 공기/kg 연료}$$

이론 공연비는 이론 공기량으로 연소시키는 경우의 연소 방정식으로부터 다음과 같이 구한다.

$$CH_4 + 2\,O_2 + 2(3.76)\,N_2 \rightarrow CO_2 + 2\,H_2O + 7.52\,N_2$$

$$AF_{theo} = \frac{(2 + 7.52)28.97}{16.0} = 17.23 \text{ kg 공기/kg 연료}$$

백분율 이론 공기량은 $\frac{18.97}{17.23} = 110\%$이다.

개념점검

- **a.** 1 kmol의 탄소를 태우기 위해 몇 1 kmol의 공기가 필요한가?
- **b.** 1 kmol의 수소를 6 kmol의 공기로 태운다면 몰 기준 공연비는 얼마인가? 그리고 백분율 이론 공기량은 얼마인가?
- **c.** 식 (13.8)의 110% 이론 공기량에 대하여 당량비는 얼마인가? 이 혼합기는 농후한가 아니면 희박한가?
- **d.** 대부분의 경우에 연소 생성물은 이슬점 온도 이상으로 배기된다. 이유는 무엇인가?

13.3 형성 엔탈피

이 책의 1장에서 12장까지는 화학 반응을 통한 조성의 변화가 없는, 즉 화학 조성이 항상 일정한 문제만을 다루었다. 따라서 열역학 상태량은 주어진 물질에 대한 상태량표를 이용하여 구했다. 각각의 표에서 열역학 상

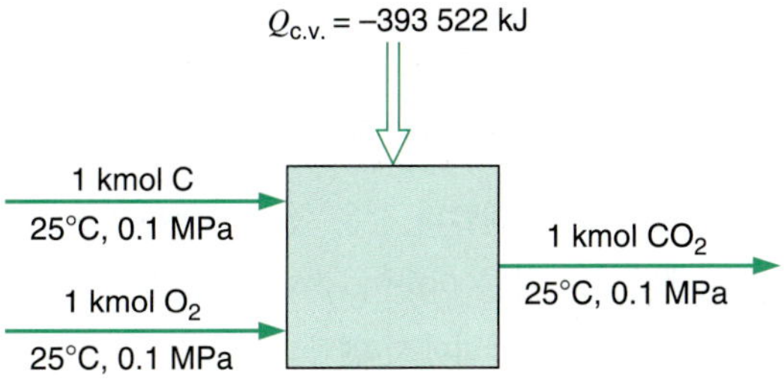

그림 13.3 ▸ 연소 과정의 예.

태량은 어떤 임의의 기준점에 대한 상대적인 값이다. 예를 들어 수증기표에서 0.01°C 포화 액체의 내부 에너지 값은 0으로 되어 있다. 이 방법은 조성의 변화가 없는 경우에 아주 적절하다. 왜냐하면 우리가 알고자 하는 것은 주어진 물질에 대한 상태량의 변화량이기 때문이다. 이 경우 기준 상태의 조건하에서의 상태량 값은 계산 과정 중에 상쇄되어 없어진다. 12.10절에서 기준 상태를 논의할 때, 주어진 (혼합물의 한 성분일 수도 있는) 물질에 대하여 그 상태와 조건에서부터 원하는 실제 상태까지 일관성 있게 계산을 하는 한, (예를 들어 가상적인 이상기체라는) 기준 상태를 정하는 데 아무런 제약 조건이 없다는 것을 알았다. 또한 주어진 물질의 양이 결과적으로 변하게 되는 화학 반응 때문에 상태량의 변화량을 일관성이 있게 계산할 수 없는 경우를 제외하면 기준 상태 값은 임의로 취할 수 있다는 것을 알았다. 이제는 화학 반응이 일어날 가능성을 생각해야 하므로 일반적이고도 일관성이 있는 근거하에서 이들 기준 상태값을 선택할 필요가 있을 것이다. 우리가 사용할 기준 상태는 온도 25°C, 압력 0.1 MPa이며, 기체 물질에 대해서는 가상적인 이상기체 조건을 사용한다.

그림 13.3에 나타낸 간단한 정상상태 연소 과정을 살펴보자. 이상화된 이 반응에서 고체 탄소는 (이상) 기체 상태의 산소와 연소되는데, 각 원소는 25°C, 0.1 MPa의 기준 상태로 검사 체적으로 유입된다. 이 반응에 의해 생성된 이산화탄소(이상기체)는 25°C, 0.1 MPa의 기준 상태로 나온다. 이때 열전달량을 정확히 측정한다면 그 값은 생성된 이산화탄소 1 kmol당 −393522 kJ이 될 것이다. 이 과정에 대한 화학 반응식은 다음과 같다.

$$C + O_2 \rightarrow CO_2$$

이 과정에 열역학 제1법칙을 적용하면 다음과 같다.

$$Q_{\text{c.v.}} + H_R = H_P$$

여기에서 하첨자 R과 P는 반응물 및 생성물을 각각 지칭한다. 이런 과정에 대한 제1법칙을 다음과 같은 형태로 나타내는 것이 편리하다.

$$H_R = \sum_R n_i \bar{h}_i; \quad H_P = \sum_P n_i \bar{h}_i \tag{13.11}$$

여기서 합산 기호는 모든 반응물 또는 모든 생성물에 각각 적용한다.

따라서 열전달량을 측정하면 각각 기준 상태에 있는 반응물과 생성물의 엔탈피 차이를 알 수 있다. 이제 기준 상태에서 모든 원소의 엔탈피 값을 0으로 지정하자. 이 경우에 반응물의 엔탈피 값은 0이므로 다음을 얻는다.

$$Q_{\text{c.v.}} = H_P = -393\,522 \text{ kJ/kmol}$$

온도 25°C, 압력 0.1 MPa 상태(이 임의의 기준 상태에서 원소의 엔탈피 값을 0으로 놓음)의 (가상적인) 이상기체 이산화탄소의 엔탈피를 **형성 엔탈피**(enthalpy of formation)라고 한다. 이를 기호 $\bar{h}_f$로 나타낸다. 따라서 이산화탄소의 경우에 형성 엔탈피는 다음과 같다.

$$\bar{h}^0_{f\,CO_2} = -393\,522\ \text{kJ/kmol}$$

기준 상태와는 다른 상태하에서 이산화탄소의 엔탈피 값은 형성 엔탈피에 25°C, 0.1 MPa의 이상기체 엔탈피와 주어진 상태에서 이산화탄소의 엔탈피의 차를 더하여 구하며, 그 값은 원소의 엔탈피 값을 0으로 놓은 기준에 대한 상대적인 값이다. 즉 임의의 온도와 압력에서 엔탈피 $h_{T,P}$는 다음과 같다.

$$\bar{h}_{T,P} = (\bar{h}^0_f)_{298,0.1\,\text{MPa}} + (\Delta\bar{h})_{298,0.1\,\text{MPa}\to T,P} \tag{13.12}$$

여기서 $(\Delta\bar{h})_{298,0.1\,\text{MPa}\to T,P}$항은 임의의 주어진 상태에서의 엔탈피와 298.15 K, 0.1 MPa 상태의 이상기체 엔탈피의 차를 나타낸다. 앞으로는 예제에서 편의상 하첨자를 대부분 생략할 것이다.

이산화탄소를 갖고 설명했던 절차를 다른 화합물에도 적용할 수 있다. 표 A.10에는 각종 물질의 형성 엔탈피 값이 kJ/kmol 단위로 나와 있다.

형성 엔탈피에 대한 일반 규칙은 다음과 같다.

기저 상태인 표준 조건 p_0, T_0에서 순수 물질의 형성 엔탈피는 0이다.
안정한 화합물의 형성 엔탈피는 음수이다.
불안정한 화합물의 형성 엔탈피는 양수이다.

위 규칙으로부터 다음과 같은 몇 가지 사항을 관찰할 수 있다.

1. 탄소는 흑연, 수정 또는 다이아몬드 형태로 존재할 수 있다. 흑연은 기저 상태이고 다이아몬드는 흑연과 다르지만 안정한 상태이다. 다른 물질들도 안정해 보이는 상태에 있을 수 있지만 충분히 큰 외란을 받는다면 더 안정한 구조로 붕괴할 수 있다. 그러한 상태를 **준안정**(metastable)하다고 하며 기저 상태는 아니다.
2. 오존(O_3)이나 단일원자 산소(O)와 같은 물질은 화학적으로 순수하지만 산소(O_2)의 입장에서 기저 상태가 아니다. 오존은 결국 이원자 분자 산소로 붕괴할 것이며 단원자 산소는 다른 산소원자와 결합하여 이원자 산소를 형성하게 될 것이다. 2개의 산소 원자를 분리시켜 단원자 산소를 생성하는 경우 이러한 과정은 일을 필요로 한다. 따라서 2개의 분리된 원자는 더 많은 에너지를 갖고 있는 것이다. 그 일은 2개의 원자를 결합하고 있는 에너지와 같아서 단원자 산소에 대한 양의 형성 엔탈피를 설명한다.
3. 이산화탄소(CO_2)나 물(H_2O)과 같은 안정된 화합물은 화학적 결합 에너지를 추가하는 경우 순수 원소들로 분리될 수 있다. 원소들은 제로 형성 엔탈피를 갖고 있기 때문에 이러한 하합물은 음이 형성 엔탈피를 갖게 되며 그 차이가 화학적 결합 에너지와 같다.

표 A.10을 살펴보면 물의 형성 엔탈피 값이 두 개 나와 있는 것을 알 수 있다. 하나는 액체 상태의 물에 대한 것이고, 다른 하나는 (가상적인 이상)기체 상태의 물에 대한 것이며, 이때 물의 상태는 모두 기준 상태 25°C, 0.1 MPa이다. 표 A.9에 나와 있는 이상기체의 상태량 변화에 대해서는 가상적인 이상기체 기준을 사용하고, 수증기표 B.1에 나와 있는 실제 물의 상태량 변화에 대해서는 실제 액체 기준을 사용하는 것이 편리하다. 실제 액체의 기준 상태 상태량은, 12.10절에서 설명했던 계산 절차에 의해서, 가상적인 이상기체 기준 상태에서의 값으로부터 구한 값이다. 기준 온도 25°C에서 포화 압력이 0.1 MPa 미만인 다른 물질에 대해서도 동일한 방법으로 실제 액체의 기준 상태 상태량을 구할 수 있다.

13.4 반응 시스템의 에너지 해석

형성 엔탈피가 중요한 이유는 반응 시스템을 제1법칙으로 해석할 때 아주 편리하게 쓰이기 때문이다. 서로 다른 물질의 엔탈피는 동일한 기준에 대한 상대적인 값이므로 더하거나 뺄 수 있다.

그러한 문제에서 정상상태 정상 유동 과정에 대한 제1법칙은

$$Q_{\text{c.v.}} + H_R = W_{\text{c.v.}} + H_P$$

또는

$$Q_{\text{c.v.}} + \sum_R n_i \bar{h}_i = W_{\text{c.v.}} + \sum_P n_e \bar{h}_e$$

이다. 여기서 R과 P는 반응물과 생성물을 각각 지칭한다. 개개의 문제에서는 해의 기준을 결정할 필요가 있다. 일반적으로 1 kmol의 연료를 기준으로 한다.

예제 13.5

정상상태 정상 유동 과정으로 진행되는 다음의 반응을 생각해 보라.

$$CH_4 + 2\,O_2 \rightarrow CO_2 + 2\,H_2O(l)$$

반응물과 생성물 모두 상태는 전압력 0.1 MPa, 온도 25°C이다. 연소실로 들어가는 연료 1 kmol당 열전달량을 구하라.

검사 체적: 알려진 입구와 출구상태 (P_0, T_0)를 갖는 정상상태 연소실. 부록 A.9와 A.10의 물성치 참조.

해석

제1법칙:

$$Q_{\text{c.v.}} + H_R = H_P$$

풀이

표 A.10의 값을 이용하면 다음과 같다.

$$H_R = \textstyle\sum_R n_i \bar{h}_i = (\bar{h}_f^0)_{CH_4} = -74873 \text{ kJ/kmol}$$

$$H_P = \textstyle\sum_P n_e \bar{h}_e = (\bar{h}_f^0)_{CO_2} + 2(\bar{h}_f^0)_{H_2O(l)}$$

$$= -393522 \text{ kJ/kmol} + 2(-285830 \text{ kJ/kmol}) = -965182 \text{ kJ/kmol}$$

$$Q_{\text{c.v.}} = -965182 \text{ kJ/kmol} - (-74873 \text{ kJ/kmol}) = -890309 \text{ kJ/kmol}$$

그러나 대부분의 경우에 화학 반응의 반응물과 생성물을 구성하는 물질은 25°C, 0.1 MPa 상태(이 상태에서 형성 엔탈피 값이 지정되어 있음)에 있지 않다. 따라서 25°C, 0.1 MPa 상태와 주어진 상태 사이의 엔탈피 변화량을 알아야만 한다. 고체나 액체의 경우에는 열역학 상태량표나 비열 데이터로부터 이 엔탈피 변화량을 대부분 구할 수 있다. 기체의 경우에는 다음의 방법 중 한 가지로 엔탈피 변화량을 대부분 구할 수 있다.

1. 기준 상태(25°C, 0.1 MPa)와 주어진 상태 사이에서는 물질이 이상기체의 거동을 한다고 가정한다. 이 경우에 엔탈피는 온도만의 함수이므로, $\bar{C}_{p0}$에 대한 식 또는 온도의 함수로서 나타낸 (이상기체 거

동을 가정하여 만든)엔탈피 표를 이용하여 구할 수 있다. 표 A.6에는 각종 물질에 대한 $\overline{C}_{p0}$의 식이 나와 있으며 표 A.9에는[식 (13.12)의 $\Delta\bar{h}$ 값인] $(\bar{h}^0 - \bar{h}^0_{298})$의 값이 kJ/kmol 단위로 나와 있다. 여기서 $\bar{h}^0_{298}$는 25°C 즉 298.15 K에서의 값을 의미하는데, 간단히 $\bar{h}^0_{298}$로 나타낸다. 상첨자 0는 이상기체 거동에 따른 0.1 MPa에서의 엔탈피, 즉 표준 상태 엔탈피를 나타내는 데 사용한다.

2. 열역학 상태량표를 이용할 수 있는 경우에는 $\Delta\bar{h}$를 그 상태량표로부터 직접 구할 수 있다. 단, 실제 물질 기준 상태를 사용해야 한다. 이는 액체 상태의 물에 대해서 앞에서 설명한 바와 같다. 가상적인 이상기체를 기준 상태로 사용하는 경우에는 그 상태에서의 상태량에 대한 실제 물질 보정을 한 뒤에 표를 이용할 필요가 있다.
3. 이상기체 거동에서 상당히 벗어나지만 열역학 상태량표가 없다면, $\Delta\bar{h}$의 값을 위에서 언급한 바와 같이 $\overline{C}_{p0}$나 0.1 MPa에서의 $\Delta\bar{h}$의 값을 이용하고 일반 선도를 활용하여 구할 수 있다.

따라서 화학 반응이 동반되며 운동 에너지와 위치 에너지의 변화를 무시할 수 있는 정상상태 과정에 제 1법칙을 적용하면 일반적으로 다음과 같이 쓸 수 있다.

$$\dot{m}_{\text{mix}}h_{\text{mix}} = \dot{n}_{\text{mix}}\bar{h}_{\text{mix}} = \dot{n}_{\text{fuel}}H$$

$$H = H^\circ + \Delta H = \sum v_i\bar{h}_i = \sum v_i\bar{h}^0_{fi} + \sum v_i\Delta\bar{h}_i \qquad (13.13)$$

예제 13.6

다음의 각 방법으로 25°C, 0.1 MPa의 기준 상태에 대한 3.5 MPa, 300°C 상태에서의 물 1 kmol의 엔탈피를 구하라.

1. 수증기를 이상기체로 가정하고 표 A.6에 있는 $\overline{C}_{p0}$값을 이용한다.
2. 수증기를 이상기체로 가정하고 표 A.9에 있는 $\Delta\bar{h}$값을 이용한다.
3. 수증기표를 이용한다.
4. 위의 제2항에 주어진 비열과 일반 선도를 이용한다.

풀이

이들 각 방법에 대해서

$$\bar{h}_{T,P} = (\bar{h}^0_f + \Delta\bar{h})$$

이다. $\Delta\bar{h}$를 계산하는 방법만이 유일한 차이점이다. 표 A.10으로부터 물의 형성 엔탈피는 다음과 같다.

$$(\bar{h}^0_f)_{H_2O(g)} = -241826 \text{ kJ/kmol}$$

1. 표 A.6으로부터 $H_2O(g)$에 대한 비열식은 다음과 같다.

$$C_{p0} = 1.79 + 0.107\theta + 0.586\theta^2 - 0.20\theta^3, \theta = T/1000$$

평균 온도는 다음과 같고

$$T_{avg} = \frac{298.15 + 573.15}{2} = 435.65 \text{ K}$$

이때의 비열은 다음과 같다.

$$C_{p0} = 1.79 + 0.107(0.435\,65) + 0.586(0.435\,65)^2 - 0.2(0.435\,65)^3 = 1.9313\frac{\text{kJ}}{\text{kg K}}$$

따라서 다음과 같이 구한다.

$$\Delta\bar{h} = MC_{p0}\,\Delta T$$
$$= (18.015 \times 1.9313)\ \mathrm{kJ/kmol\text{-}K}\ (573.15 - 298.15)\ \mathrm{K} = 9568\ \mathrm{kJ/kmol}$$
$$\bar{h}_{T,P} = -241\,826 + 9568 = -232258\ \mathrm{kJ/kmol}$$

2. $H_2O(g)$에 대해 표 A.9를 이용하여 다음과 같이 계산한다.

$$\Delta\bar{h} = 9539\ \mathrm{kJ/kmol}$$
$$\bar{h}_{T,P} = -241\,826 + 9539 = -232287\ \mathrm{kJ/kmol}$$

3. 수증기표를 이용할 때는 액체 기준 상태 또는 기체 기준 상태를 적용할 수 있다.

액체 기준 상태를 적용하는 경우

$$\Delta\bar{h} = 18.015\ \mathrm{kg/kmol}\ (2977.5 - 104.9)\ \mathrm{kJ/kg} = 51750\ \mathrm{kJ/kmol}$$
$$\bar{h}_{T,P} = -285830 + 51750 = -234080\ \mathrm{kJ/kmol}$$

기체 기준 상태를 적용하는 경우

$$\Delta\bar{h} = 18.015\ \mathrm{kg/kmol}\ (2977.5 - 2547.2)\ \mathrm{kJ/kg} = 7752\ \mathrm{kJ/kmol}$$
$$\bar{h}_{T,P} = -241826 + 7752 = -234074\ \mathrm{kJ/kmol}$$

이들 계산 결과에 아주 작은 차이가 있는 이유는 $\Delta\bar{h}$를 계산할 때 온도 25°C에서 (거의 이상기체에 가깝지만 이상기체는 아닌) 포화 증기의 엔탈피를 사용하였기 때문이다.

4. 일반 선도를 이용할 때는 12장에서 도입했던 기호를 다음과 같이 사용한다.

$$\bar{h}_{T,P} = \bar{h}_f^0 - (\bar{h}_2^* - \bar{h}_2) + (\bar{h}_2^* - \bar{h}_1^*) + (\bar{h}_1^* - \bar{h}_1)$$

여기서 하첨자 2는 3.5 MPa, 300°C의 상태를 나타내며, 하첨자 1은 0.1 MPa, 25°C의 상태를 나타낸다.

제2항의 방법으로부터 $\bar{h}_2 - \bar{h}_1^* = 9539\ \mathrm{kJ/kmol}$이다.

$$\bar{h}_1^* - \bar{h}_1 = 0 \qquad (\text{이상기체 기준})$$

$$P_{r2} = \frac{3.5}{22.09} = 0.158 \qquad T_{r2} = \frac{573.2}{647.3} = 0.886$$

일반 엔탈피 선도 그림 D.2로부터 다음과 같이 계산한다.

$$\frac{\bar{h}_2^* - \bar{h}_2}{RT_c} = 0.21, \qquad \bar{h}_2^* - \bar{h}_2 = 0.21 \times 8.3145 \times 647.3 = 1130\ \mathrm{kJ/kmol}$$
$$\bar{h}_{T,P} = -241826 - 1130 + 9539 = -233417\ \mathrm{kJ/kmol}$$

12.7절에서 논의된 바와 같이 편심 인자(acentric factor) 보정값(표 D.4의 값)을 포함한 프로그램을 사용한다면 엔탈피 보정값은 0.21이 아니라 0.298이 되어 그때의 엔탈피 값은 −233996 kJ/kmol이 된다. 이는 가장 정확한 값인 상기 3항의 수증기표 값에 상당히 근접해 있다.

주어진 문제에서 어떤 방법을 사용할 것인가는 주어진 물질에 대해서 어떤 자료가 이용 가능한가에 따라서 결정될 것이다.

예제 13.7

소형 가스 터빈에서 연료인 $C_8H_{18}(l)$을 400% 이론 공기량으로 연소시킨다. 공급되는 연료와 공기의 온도는 25°C이며, 배출되는 연소 생성물의 온도는 900 K이다. 기관의 출력과 연료 소비량을 측정한 결과, 출력 1 MW당 연료 소비율은 0.25 kg/s이었다. 연료 1 kmol당 (기관으로부터의)열전달량을 구하라. 완전 연소를 가정한다.

검사 체적: 알려진 입구와 출구상태(P_0, T_0)를 갖는 정상상태 가스터빈기관. 부록 A.9와 A.10의 물성치 참조.

해석

연소 방정식은 다음과 같다.

$$C_8H_{18}(l) + 4(12.5)O_2 + 4(12.5)(3.76)N_2 \rightarrow 8CO_2 + 9H_2O + 37.5O_2 + 188.0N_2$$

제1법칙:

$$Q_{c.v.} + \sum_R n_i(\bar{h}_f^0 + \Delta\bar{h})_i = W_{c.v.} + \sum_P n_e(\bar{h}_f^0 + \Delta\bar{h})_e$$

풀이

유입되는 25°C의 공기는 원소만으로 구성되어 있으므로 반응물의 엔탈피는 다음과 같이 연료의 엔탈피만을 계산하여 구한다.

$$\sum_R n_i(\bar{h}_f^0 + \Delta\bar{h})_i = (\bar{h}_f^0)_{C_8H_{18}(l)} = -250105 \text{ kJ/kmol 연료}$$

생성물을 고려하여 다음과 같이 계산한다.

$$\begin{aligned}\sum_P n_e(\bar{h}_f^0 + \Delta\bar{h})_e &= n_{CO_2}(\bar{h}_f^0 + \Delta\bar{h})_{CO_2} + n_{H_2O}(\bar{h}_f^0 + \Delta\bar{h})_{H_2O} \\ &\quad + n_{O_2}(\Delta\bar{h})_{O_2} + n_{N_2}(\Delta\bar{h})_{N_2} \\ &= 8(-393522 + 28030) + 9(-241826 + 21937) \\ &\quad + 37.5(19\,241) + 188(18\,225) \\ &= -755\,476 \text{ kJ/kmol 연료}\end{aligned}$$

$$W_{c.v.} = \frac{1000\text{ kJ/s}}{0.25\text{ kg/s}} \times \frac{114.23\text{ kg}}{\text{kmol}} = 456920 \text{ kJ/kmol 연료}$$

제1법칙으로부터 다음과 같이 열전달량을 구할 수 있다.

$$Q_{c.v.} = -755476 + 456920 - (-250105) = -48451 \text{ kJ/kmol 연료}$$

예제 13.8

온도가 25°C인 기체 에텐(ethene) 1 kmol과 산소 3 kmol의 혼합물이 체적이 일정한 인압 용기 안에서 반응한다. 그 후 생성물이 600 K로 냉각될 때까지 열을 전달한다. 시스템으로부터의 열전달량을 구하라.

검사 질량: 알려진 입구와 출구상태(P_0, T_0)를 갖는 정상상태의 체적이 일정한 인압용기. 부록 A.9와 A.10의 물성치 참조.

해석

화학 반응식은 다음과 같다.

$$C_2H_4 + 3\,O_2 \rightarrow 2\,CO_2 + 2\,H_2O(g)$$

제1법칙:

$$U_P - U_R = Q$$

$$Q + \sum_R n(\bar{h}_f^0 + \Delta\bar{h} - \bar{R}T) = \sum_P n(\bar{h}_f^0 + \Delta\bar{h} - \bar{R}T)$$

풀이

표 A.9와 A.10에 있는 값을 이용하면 다음과 같다.

$$\sum_R n(\bar{h}_f^0 + \Delta\bar{h} - \bar{R}T) = (\bar{h}_f^0 - \bar{R}T)_{C_2H_4} - n_{O_2}(\bar{R}T)_{O_2} = (\bar{h}_f^0)_{C_2H_4} - 4\bar{R}T$$

$$= 52467\text{ kJ} - 4\text{ kmol} \times 8.3145\text{ kJ/kmol-K} \times 298.2\text{ K} = 42550\text{ kJ}$$

$$\sum_P n(\bar{h}_f^0 + \Delta\bar{h} - \bar{R}T) = 2[(\bar{h}_f^0)_{CO_2} + \Delta\bar{h}_{CO_2}] + 2[(\bar{h}_f^0)_{H_2O(g)} + \Delta\bar{h}_{H_2O(g)}] - 4\bar{R}T$$

$$= 2(-393522 + 12906)\text{ kJ} + 2(-241826 + 10499)\text{ kJ}$$

$$- 4\text{ kmol} \times 8.3145\text{ kJ/kmol-K} \times 600\text{ K}$$

$$= -1243841\text{ kJ}$$

따라서 다음과 같이 열전달량을 구한다.

$$Q = -1243841 - 42550 = -1286391\text{ kJ}$$

실제 기체 혼합물의 경우라면 Kay의 법칙, 즉 식 (12.84)과 같은 유사임계 방법(pseudocritical method)을 이용하여, 12.10절에서 설명했던 절차와 같이, 주어진 온도와 압력 상태에서 혼합물의 비이상기체 엔탈피 이탈을 구하고 그 값에 같은 온도의 이상기체 혼합물 엔탈피를 더하여 혼합물의 엔탈피를 계산할 수도 있다.

13.5 연소 엔탈피와 연소 내부 에너지 그리고 반응열

연소 엔탈피(h_{RP}, enthalpy of combustion)는 주어진 온도와 압력하에서 완전 연소가 이루어질 때, 생성물의 엔탈피와 반응물의 엔탈피의 차로 다음과 같이 정의한다.

$$\bar{h}_{RP} = H_P - H_R$$

$$\bar{h}_{RP} = \sum_P n_e(\bar{h}_f^0 + \Delta\bar{h})_e - \sum_R n_i(\bar{h}_f^0 + \Delta\bar{h})_i \qquad (13.14)$$

연소 엔탈피는 연료 1 kg당(h_{RP}) 또는 연료 1 kmol당($\bar{h}_{RP}$) 등과 같이 연료 단위 질량당 값으로 보통 표현한다.

형성 엔탈피는 그 값이 확정된 것이므로 항을 다음과 같이 분리한다.

$$H = H^0 + \Delta H$$

여기서

$$H_R^0 = \sum_R n_i \overline{h}_{fi}^0; \qquad \Delta H_R = \sum_R n_i \Delta \overline{h}_i$$

및

$$H_p^0 = \sum_P n_i \overline{h}_{fi}^0; \qquad \Delta H_P = \sum_P n_i \Delta \overline{h}_i$$

이다. 이제 엔탈피 차는 다음과 같이 쓸 수 있다.

$$\begin{aligned} H_P - H_R &= H_P^0 - H_R^0 + \Delta H_P - \Delta H_R \\ &= H_{RP}^0 + \Delta H_P - \Delta H_R \end{aligned}$$

이는 기준 연소 엔탈피 H_{RP}^0와 두 개의 이탈항 ΔH_P와 ΔH_R로 구성된다. 뒤의 (생성물과 반응물에 대한) 두 항은 상태가 기준 상태와 다르다면 0이 되지 않는다.

표에 있는 연료의 연소 엔탈피 값은 보통 온도 25°C, 압력 0.1 MPa 상태에서의 값이다. 그 온도와 압력 상태에서 각종 탄화수소 연료의 연소 엔탈피는 H_{RP}^0로 표기하며, 표 13.3에 나와 있다.

연소 내부 에너지(internal energy of combustion)도 유사한 방식으로 다음과 같이 정의한다.

$$\begin{aligned} U_{RP} &= U_P - U_R \\ &= \sum_P n_e(\overline{h}_f^0 + \Delta\overline{h} - P\overline{v})_e - \sum_R n_i(\overline{h}_f^0 + \Delta\overline{h} - P\overline{v})_i \end{aligned} \tag{13.15}$$

기체 상태의 구성 성분 모두를 이상기체로 볼 수 있고, 액체 상태 및 고체 상태의 구성 성분의 체적이 기체 상태의 구성 성분의 체적에 비해 무시할 수 있을 정도로 작은 경우에, $\overline{u}_{RP}$에 대한 위의 식을 다음과 같이 간략히 쓸 수 있다.

$$U_{RP} = H_{RP} - \overline{R}T(n_{\text{기체 생성물}} - n_{\text{기체 반응물}}) \tag{13.16}$$

발열량(heating value) 또는 **반응열**(heat of reaction)이라는 용어를 자주 사용한다. 이는 등온 과정으로 연소 또는 반응이 일어나는 동안 연소실로부터 전달되는 열량을 나타낸다. 정압 과정 또는 정상 유동 과정의 경우에는, 그 값이 연소 엔탈피의 음수 값과 동일하다는 것을 열역학의 제1법칙으로부터 알 수 있다. 이러한 이유 때문에 때로는 이 열전달량을 연소 과정의 **정압 발열량**(constant-pressure heating value)이라고 한다.

정적 과정인 경우에 열전달량은 연소 내부 에너지의 음수 값과 같다. 연소 과정에서는 때로 이를 **정적 발열량**(constant-volume heating value)이라고 한다.

발열량이라는 용어를 사용할 때는 **고위 발열량**(higher heating value)과 **저위 발열량**(lower heating value)이라는 용어를 사용한다. 고위 발열량은 생성물 중의 물이 액체 상태인 경우의 열전달량이며, 저위 발열량은 생성물 중의 물이 기체 상태인 경우의 열전달량을 말한다.

정상 유동의 에너지 방정식인 다음과 같이 쓸 수 있다.

$$\begin{aligned} W_{\text{c.v.}} - Q_{\text{c.v.}} &= H_R - H_P \\ &= -H_{RP}^0 + \Delta H_R - \Delta H_P \\ &= HV \times M_{\text{fuel}} + \Delta H_R - \Delta H_P \end{aligned} \tag{13.17}$$

만약 반응물과 생성물이 기준 상태에서 들어가고 나간다면, 순에너지 방출량($W_{\text{c.v.}} - Q_{\text{c.v.}}$)는 발열량과 같다. 반응물이 예열된($\Delta H_R > 0$)인 경우에는 순에너지 방출량이 따라서 커지며, 생성물이 상승된 온도에서 토출되면 $\Delta H_P > 0$, 순에너지 방출량은 감소한다. 모든 항들을 동일한 기준 즉 질량이나 몰 기준으로 계산하는 데 주의해야 한다.

표 13.3 ⏵ 25°C에서 일부 탄화수소의 연소 엔탈피(equals −HV in kJ/kg)

탄화수소	단위: $\frac{kJ}{kg}$	생성물 중의 물은 액체		생성물 중의 물은 기체	
	화학식	액체 연료	기체 연료	액체 연료	기체 연료
파라핀 족	C_nH_{2n+2}				
메탄	CH_4		−55 496		−50 010
에탄	C_2H_6		−51 875		−47 484
프로판	C_3H_8	−49 973	−50 343	−45 982	−46 352
n-부탄	C_4H_{10}	−49 130	−49 500	−45 344	−45 714
n-펜탄	C_5H_{12}	−48 643	−48 011	−44 983	−45 351
n-헥산	C_6H_{14}	−48 308	−48 676	−44 733	−45 101
n-헵탄	C_7H_{16}	−48 071	−48 436	−44 557	−44 922
n-옥탄	C_8H_{18}	−47 893	−48 256	−44 425	−44 788
n-데칸	$C_{10}H_{22}$	−47 641	−48 000	−44 239	−44 598
n-도데칸	$C_{12}H_{26}$	−47 470	−47 828	−44 109	−44 467
n-세탄	$C_{16}H_{34}$	−47 300	−47 658	−44 000	−44358
올레핀 족	C_nH_{2n}				
에텐	C_2H_4		−50 296		−47 158
프로펜	C_3H_6		−48 917		−45 780
부텐	C_4H_8		−48 453		−45 316
펜텐	C_5H_{10}		−48 134		−44 996
헥센	C_6H_{12}		−47 937		−44 800
헵텐	C_7H_{14}		−47 800		−44 662
옥텐	C_8H_{16}		−47 693		−44 556
노넨	C_9H_{18}		−47 612		−44 475
데센	$C_{10}H_{20}$		−47 547		−44 410
알킬벤젠 족	$C_{6+n}H_{6+2n}$				
벤젠	C_6H_6	−41 831	−42 266	−40 141	−40 576
메틸벤젠	C_7H_8	−42 437	−42 847	−40 527	−40 937
에틸벤젠	C_8H_{10}	−42 997	−43 395	−40 924	−41 322
프로필벤젠	C_9H_{12}	−43 416	−43 800	−41 219	−41 603
부틸벤젠	$C_{10}H_{14}$	−43 748	−44 123	−41 453	−41 828
기타 연료					
가솔린	C_7H_{17}	−48 201	−48 582	−44 506	−44 886
디젤 T-T	$C_{14.4}H_{24.9}$	−45 700	−46 074	−42 934	−43 308
JP8 제트 연료	$C_{13}H_{23.8}$	−45 707	−46 087	−42 800	−43 180
메탄올	CH_3OH	−22 657	−23 840	−19 910	−21 093
에탄올	C_2H_5OH	−29 676	−30 596	−26 811	−27 731
니트로메탄	CH_3NO_2	−11 618	−12 247	−10 537	−11 165
페놀	C_6H_5OH	−32 520	−33 176	−31 117	−31 774
수소	H_2		−141 781		−119 953

예제 13.9

다음의 조건하에서 25°C 프로판의 1 kmol당 및 1 kg당 연소 엔탈피를 각각 계산하라.

1. 액체 프로판, 생성물 중의 물은 액체
2. 액체 프로판, 생성물 중의 물은 기체
3. 기체 프로판, 생성물 중의 물은 액체
4. 기체 프로판, 생성물 중의 물은 기체

이 예제는 형성 엔탈피로부터 연소 엔탈피를 어떻게 구할 수 있는가를 보이기 위한 문제이다. 프로판의 증발 엔탈피(enthalpy of evaporation)는 370 kJ/kg이다.

➘ 해석 및 풀이

기본 연소 방정식은 다음과 같다.

$$C_3H_8 + 5\,O_2 \rightarrow 3\,CO_2 + 4\,H_2O$$

표 A.10으로부터 $(\bar{h}_f^0)_{C3H8(g)} = -103900$ kJ/kmol이므로 액체 프로판의 형성 엔탈피는 다음과 같다.

$$(\bar{h}_f^0)_{C_3H_8(l)} = -103900\ \mathrm{kJ/kmol} - 44.097\ \mathrm{kg/kmol}\ (370\ \mathrm{kJ/kg}) = -120216\ \mathrm{kJ/kmol}$$

1. 액체 프로판–액체 상태의 물:

$$\begin{aligned} H_{RP}^0 &= 3(\bar{h}_f^0)_{CO_2} + 4(\bar{h}_f^0)_{H_2O(l)} - (\bar{h}_f^0)_{C_3H_8(l)} \\ &= 3(-393522) + 4(-285830) - (-120216) \\ &= -2203670\ \mathrm{kJ/kmol} = -\frac{2203670}{44.097} = -49973\ \mathrm{kJ/kg} \end{aligned}$$

따라서 액체 프로판의 고위 발열량은 49 973 kJ/kg이 된다.

2. 액체 프로판–기체 상태의 물:

$$\begin{aligned} H_{RP}^0 &= 3(\bar{h}_f^0)_{CO_2} + 4(\bar{h}_f^0)_{H_2O(g)} - (\bar{h}_f^0)_{C_3H_8(l)} \\ &= 3(-393522) + 4(-241826) - (-120216) \\ &= -2027654\ \mathrm{kJ/kmol} = -\frac{2027654}{44.097} = -45982\ \mathrm{kJ/kg} \end{aligned}$$

따라서 액체 프로판의 저위 발열량은 45 982 kJ/kg이 된다.

3. 기체 프로판–액체 상태의 물:

$$\begin{aligned} H_{RP}^0 &= 3(\bar{h}_f^0)_{CO_2} + 4(\bar{h}_f^0)_{H_2O(l)} - (\bar{h}_f^0)_{C_3H_8(g)} \\ &= 3(-393522) + 4(-285830) - (-103900) \\ &= -2219986\ \mathrm{kJ/kmol} = -\frac{2219986}{44.097} = -50343\ \mathrm{kJ/kg} \end{aligned}$$

따라서 기체 프로판의 고위 발열량은 50 343 kJ/kg이 된다.

4. 기체 프로판–기체 상태의 물:

$$\begin{aligned} H_{RP}^0 &= 3(\bar{h}_f^0)_{CO_2} + 4(\bar{h}_f^0)_{H_2O(g)} - (\bar{h}_f^0)_{C_3H_8(g)} \\ &= 3(-393522) + 4(-241826) - (-103900) \\ &= -2043970\ \mathrm{kJ/kmol} = -\frac{2043970}{44.097} = -46352\ \mathrm{kJ/kg} \end{aligned}$$

따라서 기체 프로판의 저위 발열량은 46352 kJ/kg이 된다.

이 예제에서 계산한 값들은 표 13.3에 나와 있는 값들에 각각 대응한다.

예제 13.10

온도 500 K인 기체 프로판의 연소 엔탈피를 계산하라(연소 시 생성되는 모든 물은 이 온도에서 기체이다). 이 예제는 프로판의 연소 엔탈피가 온도에 따라서 어떻게 변하는가를 설명해 주는 문제이다. 프로판의 평균 정압 비열은 25°C와 500 K 사이에서 2.1 kJ/kg-K = 92.6 kJ/kmol-K이다.

해석

연소 방정식은 다음과 같다.

$$C_3H_8(g) + 5\,O_2 \rightarrow 3\,CO_2 + 4\,H_2O(g)$$

형성 엔탈피는 식 (13.13)으로부터 다음과 같다.

$$(H_{RP})_T = \sum_P n_e(\bar{h}_f^0 + \Delta\bar{h})_e - \sum_R n_i(\bar{h}_f^0 + \Delta\bar{h})_i$$

풀이

$$\begin{aligned}
H_{R_{500}} &= [\bar{h}_f^0 + \bar{C}_{p.\text{av}}(\Delta T)]_{C_3H_8(g)} + n_{O_2}(\Delta\bar{h})_{O_2} \\
&= -103900\ \text{kJ/kmol} + 92.6\ \text{kJ/kmol-K}\ (500 - 298.2)\ \text{K} + 5(6086)\ \text{kJ/kmol} \\
&= -54783\ \text{kJ/kmol} \\
H_{P_{500}} &= n_{CO_2}(\bar{h}_f^0 + \Delta\bar{h})_{CO_2} + n_{H_2O}(\bar{h}_f^0 + \Delta\bar{h})_{H_2O} \\
&= 3(-393522 + 8305) + 4(-241826 + 6922) - 2095267\ \text{kJ/kmol} \\
H_{RP_{500}} &= -2095267 - (-54783) = -2040484\ \text{kJ/kmol} \\
h_{RP_{500}} &= H_{RP_{500}}/M = \frac{-2040484}{44.097}\frac{\text{kJ/kmol}}{\text{kg/kmol}} = -46273\ \text{kJ/kg}
\end{aligned}$$

이 된다. 온도 25°C에서 연소 엔탈피는 −46352이었다.

이 문제는 25°C에서의 연소 엔탈피 값을 이용해서 다음과 같이 구할 수도 있다.

$$\begin{aligned}
H_{RP_{500}} &= (H_P)_{500} - (H_R)_{500} = H_P^0 + \Delta H_P = H_R^0 - \Delta H_R \\
&= H_{RP}^0 + (n\Delta\bar{h})_{CO_2} + (n\Delta\bar{h})_{H_2O} - \bar{C}_{p\,\text{av}}\Delta T_{\text{fuel}_{(g)}} - (n\Delta\bar{h})_{O_2} \\
H_{RP_{500}} &= -46352\ \text{kJ/kg} \times 44.097\ \text{kg/kmol} + [3(8305) + 4(6922)]\ \text{kJ/kmol} \\
&\quad -92.6\ \text{kg/kmol-K}\ (500 - 298.2)\ \text{K} - 5(6086\ \text{kJ/kmol}) \\
&= -2040499\ \text{kJ/kmol} \\
h_{RP_{500}} &= H_{RP_{500}}/M = \frac{-2040499}{44.097}\frac{\text{kJ/kmol}}{\text{kg/kmol}} = -46273\ \text{kJ/kg}
\end{aligned}$$

13.6 단열 화염 온도

많은 연소 응용 장치에 있어 최고 온도는 중요하며 그 이유도 다양하다. 열기관에서는 온도가 높을수록 열효율이 증가하고, 소각로나 고열 산화 장치에서는 최고 온도가 유해 가스나 분진의 제거를 확실하게 해 준다. 그러나 고온은 또한 제거하기 어려운 공해 물질인 다양한 형태의 질소 산화물 생성의 원인이 되고, 연소 생성물에 노출된 모든 재료의 열변형을 초래한다. 연소 생성물의 정상상태 유동에 포함된 에너지는 식 (13.17)의 에너지 방정식으로부터 다음과 같이 표현될 수 있다.

$$\Delta H_P = \mathrm{HV} \times M_{\text{fuel}} + \Delta H_R + Q_{\text{c.v.}} - W_{\text{c.v.}}$$

따라서 일과 열전달이 없는 주어진 연소 과정에 대하여 우변의 첫 두 항은 배기 생성물 엔탈피 정의에 관련된 항들이고 이때의 배기 생성물 온도를 **단열 화염 온도**(adiabatic flame temperature)라고 한다. 이 온도는 반응물의 상태와 생성물의 조성에 따라 달라지기 때문에 단열 화염 온도를 명확하게 정의할 수 있는 조건이 필요하다. 이 조건은 반응물이 기준 온도($\Delta H_R = 0$)에서 공급되고, 완전 연소가 이루어져 생성물의 조성이 알려지는 경우에 해당한다.

연료 및 반응물의 온도와 압력이 주어진 경우에, 최고의 단열 화염 온도는 양론 혼합물(stoichiometric mixture)을 연소시켜 얻을 수 있다. 단열 화염 온도는 과잉 공기의 사용량을 조절하여 제어할 수 있다. 이는 예를 들어 가스 터빈의 경우에 중요한 문제가 된다. 터빈의 최고 허용 온도는 터빈의 재질을 고려하여 결정되므로, 생성물 온도를 엄격하게 제어하는 것이 필수적이다.

예제 13.11를 통하여 단열 화염 온도를 어떻게 구하는가를 설명하고자 한다. 단열 화염 온도에 많은 영향을 미치는, 연소 생성물의 열해리(dissociation) 과정은 다음 장에서 다루기로 한다.

예제 13.11

정상 유동 과정으로 온도 25°C의 액체 옥탄을 25°C, 400% 이론 공기량으로 연소시킨다. 단열 화염 온도를 구하라.

검사 체적: 입구상태가 알려진 정상상태 연소실. 부록 A.9와 A.10의 물성치 참조.

해석

반응식은 다음과 같다.

$$C_8H_{18}(l) + 4(12.5)\,O_2 + 4(12.5)(3.76)\,N_2 \rightarrow 8\,CO_2 + 9\,H_2O(g) + 37.5\,O_2 + 188.0\,N_2$$

예열이 없는 단열과정이고 일이 0이므로 에너지 방정식은 다음과 같다.

$$\Delta H_P = HV \times M_{\text{fuel}} + \Delta H_R + Q - W = HV \times M_{\text{fuel}}$$
$$\Delta H_P = \sum_P n_e \Delta\bar{h}_e = [8\Delta\bar{h}_{CO_2} + 9\Delta\bar{h}_{H_2O} + 37.5\Delta\bar{h}_{O_2} + 188.0\Delta\bar{h}_{N_2}]_{T\text{-adiabatic}}$$

여기서 $\Delta\bar{h}_e$는 단열 화염 온도에서 생성물의 각 구성 성분에 대한 것이다.

풀이

표 13.3과 에너지 방정식으로부터 다음의 결과를 얻는다.

$$\Delta H_P = HV \times M_{\text{fuel}} = 44425\ \text{kJ/kg} \times 114.232\ \text{kg/kmol} = 5074757\ \text{kJ/kmol}$$
$$= [8\,\Delta\bar{h}_{CO_2} + 9\,\Delta\bar{h}_{H_2O} + 37.5\,\Delta\bar{h}_{O_2} + 188.0\,\Delta\bar{h}_{N_2}]_{T\text{-adiabatic}}$$

반응물측의 발열량 HV는 표 A.10의 제로 형성엔탈피를 적용하여 다음과 같이 구할 수 있다.

$$\Delta H_P = -H^0_{RP} = \bar{h}^0_{f\,\text{fuel}} - 8\,\bar{h}^0_{f\,CO_2} - 9\bar{h}^0_{f\,H_2O}$$
$$= -250105 - 8(-393522) - 9(-241826) = 5074505\ \text{kJ/kmol}$$

부록 A.9의 $\Delta\bar{h}$값을 시행착오법으로 적용하여 생성물 온도 T_P를 구한다.

로 가정한 경우 $T_P = 900$ K :

$$\Delta H_P = [8 \times 28030 + 9 \times 21892 + 37.5 \times 19249 + 188.0 \times 18222] \text{ kJ/kmol}$$
$$= 4568842 \text{ kJ/kmol} \text{ 너무 낮다.}$$

로 가정한 경우 $T_P = 1000$ K :

$$\Delta H_P = [8 \times 33400 + 9 \times 25956 + 37.5 \times 22710 + 188.0 \times 21461] \text{ kJ/kmol}$$
$$= 5387097 \text{ kJ/kmol} \text{ 너무 높다.}$$

이제 선형보간법을 적용한다.

$$T_P = 900 \text{ K} + 100 \text{ K} \times \frac{5074757 - 4568842}{5387097 - 4568842} = 961.8 \text{ K}$$

실제 온도는 불완전 연소, 열전달 손실, 화학평형 반응으로 인하여 이보다 낮다.

개념점검

e. 연료의 연소 엔탈피는 연료의 생성 엔탈피와 어떻게 연관되는가?

f. *n*-부탄의 고위 발열량(HHV)과 저위 발열량(LHV)은 얼마인가?

g. *n*-옥탄의 h_{fg}는 얼마인가?

h. 어떤 연료를 농후하게 연소시킬 때와 희박하게 연소시킬 때 각각의 경우 단열 화염 온도는 어떻게 되는가?

13.7 열역학 제3법칙과 절대 엔트로피

화학 반응에 대한 제2법칙 해석을 할 때는 제1법칙 해석을 할 때와 마찬가지의 문제에 직면하게 된다. 즉 각종 물질의 엔트로피에 대한 기준을 어떻게 정할 것인가 하는 문제이다. 이 문제 때문에 열역학 제3법칙을 고려하게 된다.

열역학 제3법칙은 완벽한 결정체의 엔트로피는 절대온도 0도에서 0임을 뜻한다. 6.12절에서 절대온도 0도에서의 열역학적 카오스를 언급할 때 엔트로피에 대한 표현은 완벽한 질서($w = 1$)였고 따라서 $S = 0$이었음을 상기하라. 이 절대 기준을 근거로 하는 엔트로피를 **절대 엔트로피**(absolute entropy)라고 한다. 절대 0도와 모든 주어진 상태 사이의 엔트로피 증가량은 열량계에 의한 자료나 통계 열역학에 근거한 절차에 의해서 구할 수 있다. 열량계로는 주어진 온도 범위에서 비열 및 상변태(phase transformation)와 관련된 에너지를 정밀하게 측정한다. 이 측정 결과는 통계 열역학 및 관찰된 분자 자료를 근거로 계산한 결과와 일치한다.

표 A.10에는 25°C, 0.1 MPa 상태인 각종 물질의 절대 엔트로피 값이 나와 있다. 표 A.9에는 압력 0.1 MPa인 각종 기체의 절대 엔트로피 값이 여러 온도에 대해 나와 있다. 기체의 경우에 이들 표에 있는 모든 값은 가상적인 이상기체라는 가정하에서 구한 것이다. 0.1 MPa의 압력 P^0를 **표준 상태 압력**(standard-state pressure)이라고 하며, 이들 표에서 절대 엔트로피는 $\bar{s}^0$로 나타낸다. 온도는 캘빈 단위로 $\bar{s}^0_{1000}$과 같이 하첨자로 표기한다.

표준 상태 압력 0.1 MPa과 주어진 온도 상태에서의 절대 엔트로피 값을 아는 경우에는(가상적인 이상기체 상태이거나 실제 기체 상태이거나에 관계없이)이 상태와 원하는 다른 상태 사이의 엔트로피 변화량을

12.10절에서 설명했던 절차를 따라서 간단히 계산할 수 있다. 표 A.9에 있는 물질에 대해서는 다음과 같이 쓸 수 있다.

$$\bar{s}_{T,P} = \bar{s}_T^0 - \bar{R}\ln\frac{P}{P^0} + (\bar{s}_{T,P} - \bar{s}^*_{T,P}) \tag{13.18}$$

이 표현식에서 우변의 첫 항은 표 A.9에 나와 있는 값이며, 두 번째 항은 압력이 P^0에서 P까지 변화하는 것을 고려한 이상기체 항이고, 세 번째 항은 실제 물질의 거동을 보정하는 항으로 부록 D의 일반 엔트로피 선도에 나타나있다. 실제 물질의 거동을 상태 방정식이나 열역학 상태량표로 구해야 한다면 이상기체의 압력 변화를 고려한 항에서 압력은 표에 나와 있는 값 중에서 이상기체의 거동이 적절하게 가정될 수 있는 저압인 P^*가 되어야 한다. 그 경우에

$$\bar{s}_{T,P} = \bar{s}_T^0 - \bar{R}\ln\frac{P^*}{P^0} + (\bar{s}_{T,P} - \bar{s}^*_{T,P^*}) \tag{13.19}$$

이다. 표 A.9에 그 물질이 나와 있지 않으며, 예를 들어 표 A.10에 있는 것과 같이, 한 온도 T_0에서만 절대 엔트로피 값을 안다면

$$\bar{s}_T^0 = \bar{s}_{T_0}^0 + \int_{T_0}^{T} \frac{\bar{C}_{p0}}{T}\,dT \tag{13.20}$$

과 같이 $\bar{s}_T^0$를 계산한 다음에, 식 (13.17)또는 식 (13.19)를 이용하여야 한다.

물질이 이상기체 거동을 한다고 가정할 수 있는 영역에서 그 물질의 절대 엔트로피를 식 (13.18)을 이용하여 계산하는 경우에는 식 (13.18)의 마지막 항은 무시한다.

이상기체 혼합물의 절대 엔트로피를 T, P 상태에서 계산할 때에 혼합물의 엔트로피는 다음과 같이 각 성분의 부분 엔트로피를 이용하여 계산한다.

$$\bar{s}^*_{\text{mix}} = \sum_i y_i \bar{S}^*_i \tag{13.21}$$

여기서

$$\bar{S}^*_i = \bar{s}^0_{T_i} - \bar{R}\ln\frac{P}{P^0} - \bar{R}\ln y_i = \bar{s}^0_{Ti} - \bar{R}\ln\frac{y_i P}{P^0} \tag{13.22}$$

이다. 실제 기체 혼합물의 경우에는 식 (13.21)과 식 (13.22)에서 계산한 이상기체 엔트로피 값에 12.10절에서 설명한 유사임계 방법을 이용한 보정값을 추가한다. 이 보정식은 다음과 같다.

$$\bar{s}_{\text{mix}} = \bar{s}^*_{\text{mix}} + (\bar{s} - \bar{s}^*)_{T,P} \tag{13.23}$$

여기서 우변의 두 번째 항은 일반 엔트로피 선도로부터 구하는 보정항이다.

13.8 반응 시스템의 제2법칙 해석

가역일, 비가역성, 엑서지에 대한 개념을 8장에서 소개하였다. 이들 개념에는 열역학 제1법칙 및 제2법칙 모두가 포함되어 있다. 이제 이 내용을 상세히 전개하고, 특히 연소 과정을 통하여 얻을 수 있는 최대일(엑서지)과 이러한 과정과 관계되는 비가역성에 대해 살펴보기로 한다.

주위를 제외한 다른 열저장조와 열전달이 없고 운동 에너지와 위치 에너지의 변화가 없는 경우에 정상상태 정상 유동 과정에 대한 가역일은 전체 질량에 대해 식 (8.14)로부터 다음과 같다.

$$W^{\text{rev}} = \sum m_i(h_i - T_0 s_i) - \sum m_e(h_e - T_0 s_e)$$

이 식을 화학 반응이 있는 정상상태에 적용하고 이 장에서 사용하는 기호를 써서 표현하면 다음과 같다.

$$W^{\text{rev}} = \sum_R n_i(\bar{h}_f^0 + \Delta\bar{h} - T_0\bar{s})_i - \sum_P n_e(\bar{h}_f^0 + \Delta\bar{h} - T_0\bar{s})_e \tag{13.24}$$

위와 같은 방법으로 이 과정에 대한 비가역성도 다음과 같이 쓸 수 있다.

$$I = W^{\text{rev}} - W = \sum_P n_e T_0 \bar{s}_e - \sum_R n_i T_0 \bar{s}_i - Q_{\text{c.v.}} \tag{13.25}$$

정상상태에 대한 엑서지 ψ는 운동 에너지와 위치 에너지의 변화가 없는 경우에 식 (8.22)의 정의에 의해 다음과 같게 된다.

$$\psi = (h - T_0 s) - (h_0 - T_0 s_0)$$

또한 반응물과 생성물 모두가 주위와 온도 평형을 유지하면서 정상상태 화학 반응이 일어날 때 식(12.14)로 정의한 Gibbs 함수($g = h - Ts$)는 중요한 변수가 된다. 이러한 과정에서 운동 에너지와 위치 에너지의 변화가 없는 경우에는 가역일을 다음의 관계식으로 구한다.

$$W^{\text{rev}} = \sum_R n_i \bar{g}_i - \sum_P n_e \bar{g}_e = -\Delta G \tag{13.26}$$

여기서

$$\Delta G = \Delta H - T\Delta S \tag{13.27}$$

이다. 식 (13.26)은 특수한 경우에만 쓰인다는 것을 기억해야 한다. 반응물과 생성물이 주위와 온도 평형을 유지하지 않는다면 가역일은 식 (13.24)를 이용해서 구해야 한다.

이제는 화학 반응으로부터 얻을 수 있는 최대일에 관한 문제를 생각해 보기로 하자. 예를 들어 1 kmol의 탄화수소 연료와 이를 완전 연소시키는 데 필요한 공기가 모두 주위와 동일한 압력 및 온도인 0.1 MPa과 25°C 상태에 있는 경우를 생각하자. 이 연료가 공기와 반응할 때 얻을 수 있는 최대일은 얼마인가? 8장에서 다룬 내용으로부터 이 화학 반응이 가역이고 생성물이 최종적으로 주위와 압력 및 온도 평형을 이루는 경우에 최대일을 얻을 수 있음을 알 수 있다. 이 가역일은 관계식 (13.26)으로부터 다음과 같이 계산할 수 있을 것이다.

$$W^{\text{rev}} = \sum_R n_i \bar{g}_i - \sum_P n_e \bar{g}_e = -\Delta G$$

최종 상태는 주위와 평형을 이루므로 이 일의 양이 연료와 공기의 엑서지와 같음을 알 수 있다.

예제 13.12

25°C, 0.1 MPa 상태의 기체 에텐을 25°C, 0.1 MPa 상태의 400% 이론 공기량으로 연소시킨다. 이 반응은 25°C에서 가역적으로 일어나며, 생성물은 25°C, 0.1 MPa 상태로 배출된다고 가정한다. 이 문제를 더욱 단순화하기 위하여, 공기 중의 산소와 질소는 연소 반응이 일어나기 전에(각각 0.1 MPa, 25°C 상태로) 분리되어 있으며, 생성물의 구성 성분도 분리되어 각각 25°C, 0.1 MPa 상태에 있다고 가정한다. 따라서 반응은 그림 13.4와 같이 일어난다. 공기 중의 산소와 질소는 이미 혼합되어 있고 연소실에서 배출되는 연소 생성물의 경우도 마찬가지기 때문에 이는 실제로 일어날 수 있는 상황은 아니다. 하지만 다른 화학 반

응들과 비교하기 위한 기준으로 삼기 위해 흔히 사용되는 모델이다. 같은 이유에서 반응으로 생성된 물은 모두 기체 상태(주어진 T와 P에서의 가상적인 상태)라고 가정한다.

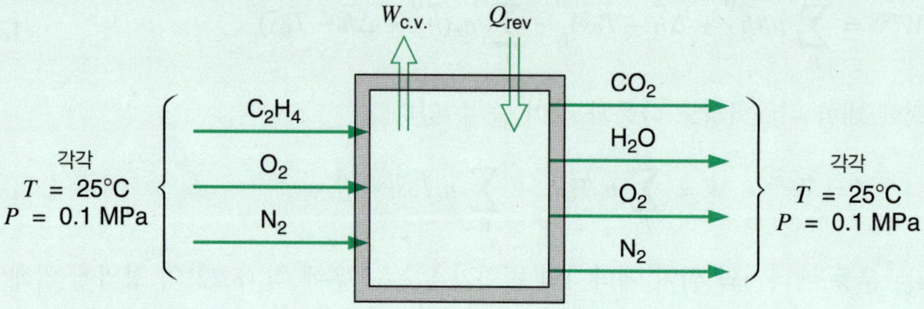

그림 13.4 » 예제 13.12의 개략도.

이 과정의(즉 이 화학 반응이 가역 등온으로 일어난다면 얻게 되는) 가역일을 결정하라.

검사 체적: 그림 13.4에서와 같이 알려진 입구와 출구 상태를 갖는 정상상태 연소실. 물성치는 부록 A.9와 A.10 참조.

해석

화학 반응식은 다음과 같다.

$$C_2H_4(g) + 3(4)\,O_2 + 3(4)(3.76)\,N_2 \rightarrow 2\,CO_2 + 2\,H_2O(g) + 9\,O_2 + 45.1\,N_2$$

이 과정의 가역일은 이 반응 전후의 Gibbs 함수 감소량과 동일하다. 즉 식 (13.26)과 같다. 각 성분이 표준 상태 압력 P^0하에 있으므로 식 (13.26)과 (13.27)을 다음과 같이 쓸 수 있다.

$$W^{rev} = -\Delta G^0, \qquad \Delta G^0 = \Delta H^0 - T\Delta S^0$$

또한 이 표현식에서 45.1 N_2는 서로 상쇄되며, 12 O_2 중 9 O_2도 마찬가지로 상쇄된다.

풀이

표 A.8과 A.9에서 25°C의 값을 이용하여 다음과 같이 계산한다.

$$\begin{aligned}\Delta H^0 &= 2\bar{h}^0_{f\,CO_2} + 2\bar{h}^0_{f\,H_2O(g)} - \bar{h}^0_{f\,C_2H_4} - 3\bar{h}^0_{f\,O_2}\\ &= 2(-393522) + 2(-241826) - (+52467) - 3(0)\\ &= -1323163\ \text{kJ/kmol 연료}-\text{K}\end{aligned}$$

$$\begin{aligned}\Delta S &= 2\bar{s}^0_{CO_2} + 2\bar{s}^0_{H_2O(g)} - \bar{s}^0_{C_2H_4} - 3\bar{s}^0_{O_2}\\ &= 2(213.795) + 2(188.843) - (219.330) - 3(205.148)\\ &= -29.516\ \text{kJ/kmol 연료}\end{aligned}$$

$$\Delta G^0 = -1323163 - 298.15(-29.516) = -1314363\ \text{kJ/kmol}\ C_2H_4$$

$$W^{rev} = -\Delta G^0 = 1314363\ \text{kJ/kmol}\ C_2H_4 = \frac{1314363}{28.054}\,\frac{\text{kJ/kmol}}{\text{kg/kmol}} = 46851\ \text{kJ/kg}$$

따라서 1 kg의 에텐이 25°C, 표준 상태 압력 0.1 MPa 상태에 있을 때 46 851 kJ의 엑서지가 있다고 말할 수 있다.

그러므로 내연 기관이나 증기 동력 발전소 등과 같이 연소 과정을 이용하여 일을 하도록 설계된 장치의 효율을 평가할 때에는, 보통의 경우와 같이 실제일을 발열량과 비교하는 것보다는, 실제일을 예제 13.12의 화학 반응에 대한 Gibbs 함수의 감소량 즉 가역일과 비교하여 평가하는 것이 논리적일 것이다. 사실상 이것이 제2법칙 효율의 기본 원리이며, 엑서지 해석과 관련하여 8장에서 소개하였다. 예제 13.12에 의하면 Gibbs 함수의 감소량과 발열량의 차이는 작다. 이것은 탄화수소 연료의 전형적인 특징이다. 따라서 앞에서 언급한 두 효율의 차이는 일반적으로 크지 않을 것이다. 그러나 효율을 논할 때에는 고려의 대상이 되는 효율의 정의를 주의 깊게 살펴보아야 한다.

연소 과정 중에 일어나는 비가역성을 연구하는 것은 특별히 흥미 있는 일이다. 다음의 예제는 그에 관한 것으로, 예제 13.13에서 다루었던 동일한 연료(25°C, 0.1 MPa 상태의 에텐 기체)를 고려하기로 한다. 앞의 예제에서 엑서지가 46851 kJ/kg이라는 것을 알았다. 이제는 정상상태 정상 유동의 단열 과정에서 이 연료를 400% 이론 공기량으로 연소시키기로 한다. 이 경우 연료와 공기는 각각 25°C로 연소실에 유입되고 연소 생성물은 단열 화염 온도로 배출되지만, 계산 과정을 예시하기 위해 각 반응물 및 생성물의 압력은 모두 200 kPa이라고 가정한다. 이 경우 계산된 결과는 예제 13.12과 정확하게 비교할 수는 없지만 그 차이는 극히 미소하다. 단열 과정이므로 이 과정에 대한 비가역성은 식 (13.25)를 이용하여 엔트로피 증가로부터 직접 계산할 수 있다.

예제 13.13

25°C, 200 kPa의 에텐 가스가 25°C, 200 kPa의 400% 이론 공기량과 함께 그림 13.5에서 보는 바와 같이 정상상태 단열 연소실에 유입된다. 연소된 가스는 단열 화염 온도와 200 kPa로 배출된다. 이 과정에 대하여 에텐 kmol당 비가역성을 계산하라.

검사 체적: 그림 13.5에서와 같이 알려진 입구와 출구 상태를 갖는 정상상태 연소실. 물성치는 표 13.3과 부록 A.9와 A.10 참조.

그림 13.5 » 예제 13.13의 개략도.

↘ 해석

연소 방정식은 다음과 같다.

$$C_2H_4(g) + 12\,O_2 + 12(3.76)\,N_2 \rightarrow 2\,CO_2 + 2\,H_2O(g) + 9\,O_2 + 45.1\,N_2$$

먼저 단열 화염 온도를 결정한다.

제1법칙:

$$\Delta H_P = HV \times M_{\text{fuel}} + \Delta H_R + Q - W = HV \times M_{\text{fuel}} = -H^0_{RP}$$

↘ 풀이

에너지 방정식은 표 13.3 또는 표 A.10을 적용하여 다음과 같이 계산한다.

$$\Delta H_P = 47\,158 \text{ kJ/kg} \times 28.054 \text{ kg/kmol} = 1\,322\,971 \text{ kJ/kmol} \quad \text{표 13.3}$$
$$= [52\,467 + 2 \times 393\,522 + 2 \times 241\,826] = 1\,323\,163 \text{ kJ/kmol} \quad \text{A.10}$$
$$= [2\Delta\bar{h}_{CO_2} + 2\Delta\bar{h}_{H_2O} + 9\Delta\bar{h}_{O_2} + 45.1\Delta\bar{h}_{N_2}]_{\text{T-adiabatic}}$$

표 A.9의 값들을 시행착오법으로 적용하여 $T_P = 1016$ K의 결과를 얻는다.

더 나아가 이 단열연소 과정 중 엔트로피 변화를 다음과 같이 구한다.

$$S_R = S_{C_2H_4} + S_{\text{air}}$$

식 (13.17)로부터

$$S_{C_2H_4} = 1\left(219.330 - 8.3145 \ln \frac{200}{100}\right) \text{ kJ/kmol-K} = 213.567 \text{ kJ/kmol-K}$$

식 (13.21)과 (13.22)에서

$$S_{\text{air}} = 12\left(205.147 - 8.3145 \ln \frac{0.21 \times 200}{100}\right) \text{ kJ/kmol-K}$$
$$+45.1\left(191.610 - 8.3145 \ln \frac{0.79 \times 200}{100}\right) \text{ kJ/kmol-K}$$
$$= 12(212.360) + 45.1(187.807) = 11018.416 \text{ kJ/kmol-K}$$
$$S_R = 213.567 + 11018.416 = 11231.983 \text{ kJ/kmol-K}$$

다성분 연소 가스 혼합물에 대해 다음과 같이 표를 만드는 것이 편리하다.

Comp	n_i	y_i	$\bar{R} \ln \frac{y_i P}{P^0}$	$\bar{s}^0_{Ti}$	$\bar{S}_i$
CO_2	2	0.0344	−22.254	270.194	292.448
H_2O	2	0.0344	−22.254	233.355	255.609
O_2	9	0.1549	−9.743	244.135	253.878
N_2	45.1	0.7763	+3.658	228.691	225.033

표에서 각 성분 i별 n_i와 $\bar{S}_i$의 값을 취하여 계산하면

$$S_P = \sum n_i \bar{S}_i = 13530.004 \text{ kJ/kmol-K}$$

단열 과정이기 때문에 비가역성은 식 (13.25)로부터 다음과 같이 계산된다.

$$I = T_0(S_P - S_R) = 298.15(13530.004 - 11231.983) = 685155 \text{ kJ/kmol } C_2H_4$$
$$= \frac{685155}{28.054} = 24423 \text{ kJ/kg}$$

예제 13.13의 결과로부터 이 연소 과정의 비가역성은, 예제 13.12의 표준 상태 조건에서와 같이, 동일 연료의 엑서지의 50%임을 알 수 있다. 이로부터 일반적인 연소 과정은 매우 비가역적이라고 결론을 내릴 수 있다.

13.9 연료 전지

앞의 예제들을 풀면서, 화학 반응이 가역으로 일어날 수 있느냐는 의문이 생길 수 있다. 그림 13.6에서 설명하는 바와 같이 어떤 반응을 전해 전지(electrolytic cell)에서 일어나게 하여 가역 반응에 접근하게 할 수 있다. 전지의 고유 기전력(electromotive force)과 정확히 같은 퍼텐셜(potential)을 가하였을 때는 반응이 일어나지 않는다. 퍼텐셜을 약간 증가시키면 한 방향으로 반응이 진행된다. 퍼텐셜을 약간 감소시키면 반대 방향으로 반응이 진행된다. 이때 한 일은 공급 또는 발생된 전기 에너지와 같다.

연료 전지는 이온교환막을 포함하는데 이 막은 반응물 및 생성물 가스로부터 전극을 분리하는 기능을 한다. 기본적인 연료 전지에서는 수소와 산소 가스가 분리되어 있으며, 수소 가스는 양극으로 유입되는데 양극에서 수소 가스는 수소 원자로 분리되고 더 나아가 수소 이온과 전자로 분해된다. 수소 이온은 이온교환막/전해질을 통과하고 전자는 외부 전기 회로를 따라 흐른다. 이들은 음극에서 다시 산소와 결합하여 물을 생성한다. 양극과 음극 사이에는 전기 퍼텐셜이 있으며 전자의 흐름은 전류를 형성하는데 이러한 물리적 현상이 전기적 일이 외부 부하에 어떻게 전달되는지를 나타낸다.

주위의 온도와 동일한 일정 온도에서 일어나는 가역 반응을 생각하자. 이때 연료 전지의 출력일은 다음과 같다.

$$W = -\left(\sum n_e \bar{g}_e - \sum n_i \bar{g}_i\right) = -\Delta G$$

여기서 ΔG는 화학 반응 전반에 대한 Gibbs 함수 변화량이다. 또한 전기 퍼텐셜 $\mathscr{E}$에 의해서 흐르는 전하 전자(charged electron)를 이용하여 일을 다음과 같이 나타낼 수 있다.

$$W = \text{EMF}\, n_e N_0 e$$

여기서 n_e는 외부 회로를 통해서 흐르는 전자의 kmol수이며

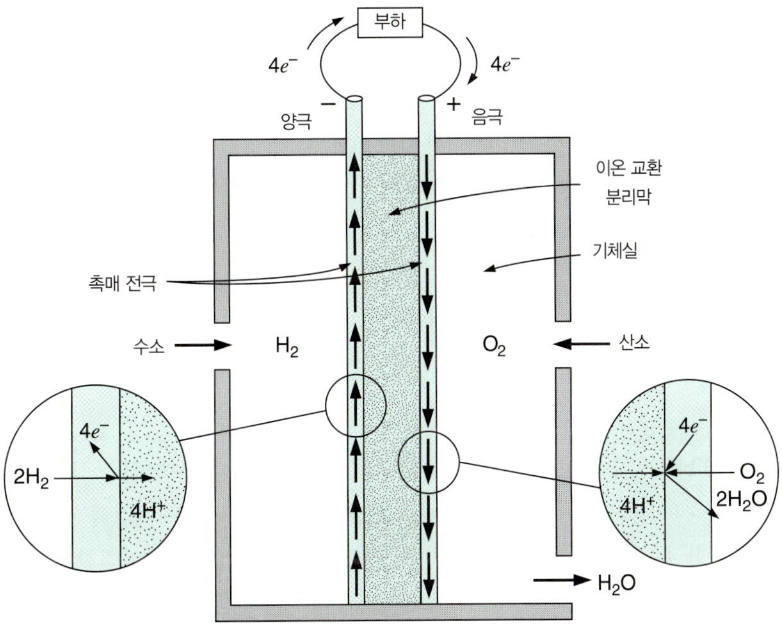

그림 13.6 ▸ 연료 전지의 이온교환막 형태에 관한 개략도.

$$N_0 e = 6.022\,136 \times 10^{26}\ \text{elec/kmol} \times 1.602\,177 \times 10^{-22}\ \text{kJ/elec V}$$
$$= 96\,485\ \text{kJ/kmol V} = \text{F}$$

이다. 여기서 F는 패러데이 상수이다. 따라서 주어진 반응에서 주어진 온도 상태에 있는 연료 전지의 최대(가역 반응) **전기 퍼텐셜**(electrical potential) EMF^0는 다음과 같다.

$$\text{EMF}^0 = \frac{-\Delta G}{F n_e} \tag{13.28}$$

예제 13.14

그림 13.6에 보인 수소-산소 연료 전지의 25°C에서 가역 기전력(EMF)을 계산하라.

풀이

양극(anode)에서의 반응은 다음과 같다.

$$2\,H_2 \rightarrow 4\,H^+ + 4\,e^-$$

그리고 음극(cathode)에서의 반응은 다음과 같다.

$$4\,H^+ + 4\,e^- + O_2 \rightarrow 2\,H_2O$$

따라서 전체 반응을 kmol 단위로 나타내면 다음과 같이 된다.

$$2\,H_2 + O_2 \rightarrow 2\,H_2O$$

여기서는 외부 회로를 통해서 4 kmol의 전자가 흐른다. 각 성분이 0.1 MPa의 표준 상태 압력하에 있고, 생성된 물은 액체라고 가정해 보자. 그러면

$$\Delta H^0 = 2\bar{h}^0_{f_{H_2O(l)}} - 2\bar{h}^0_{f_{H_2}} - \bar{h}^0_{f_{O_2}}$$
$$= 2(-285830) - 2(0) - 1(0) = -571660\ \text{kJ/kmol}$$
$$\Delta S^0 = 2\bar{s}^0_{H_2O(l)} - 2\bar{s}^0_{H_2} - \bar{s}^0_{O_2}$$
$$= 2(69.950) - 2(130.678) - 1(205.148) = -326.604\ \text{kJ/kmol-K}$$
$$\Delta G^0 = -571660\ \text{kJ/kmol} - 298.15\ \text{K}\ (-326.604)\ \text{kJ/kmol-K} = -474283\ \text{kJ/kmol}$$

이므로, 식 (13.28)로부터 다음과 같이 된다.

$$\text{EMF}^0 = \frac{-(-474283)}{96485 \times 4}\ \frac{\text{kJ/kmol}}{\text{kg/kmol-V}} = 1.229\ \text{V}$$

예제 13.14에서 Gibbs 함수의 변화량과 25°C에서의 가역 EMF를 구하였다. 그러나 실제로 많은 연료 전지들이 고온에서 작동하며 물은 액체가 아닌 기체로 배출되므로 더 많은 에너지를 갖고 나가게 된다. 이 계산을 온도 범위에 걸쳐 할 수 있으며 온도가 증가하면 EMF가 낮아지게 된다. 이러한 경향을 그림 13.7에 나타내었다.

다양한 연료 전지들을 고정식과 이동식 동력 발전소에 사용하기 위하여 연구하고 있다. 저온 연료 전지는 수소를 연료로 쓴다. 반면에 고온 연료 전지는 메탄과 일산화탄소를 사용하며, 이들은 내부적으로 수소와 이산화탄소로 개질(reform)된다. 가장 중요한 연료 전지와 그들의 주요 특성을 표 13.4에 나열하였다.

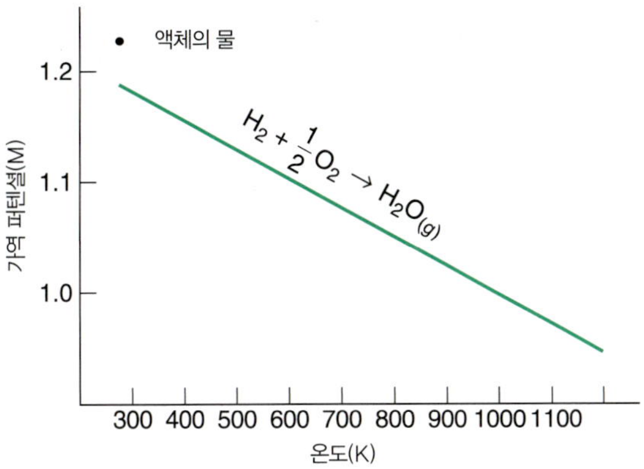

그림 13.7 ▸ 온도와 수소–산소 연료 전지의 이상적 EMF.

저온 연료 전지는 일산화탄소에 오염되는 것에 매우 민감하므로 기체 수소를 공급하기 위하여 외부 개질기와 정화기를 필요로 한다. 고온 연료 전지는 표 13.2에 보인 바와 같이 주로 메탄, 에탄, 프로판 등으로 구성된 천연 가스를 개질하여 전지 내부에서 수소 기체와 일산화탄소로 바꿀 수 있다. 최근에는 가스화 석탄을 연료로 사용하고 예를 들어 15기압의 고압에서 전지를 운전하는 것을 연구하고 있다. 연료 전지의 배기 가스에는 소량의 연료가 들어 있으므로 추가 연소가 일어날 수 있어 연료 전지를 가스 터빈 또는 증기 동력 발전소와 조합하여 배기 가스 에너지를 활용할 수도 있다. 이러한 복합 사이클 동력 발전소의 효율을 60%까지 올리고자 노력하고 있다.

성능 예측을 위해 연료 전지 내에서 일어나는 다양한 과정들에 대한 모델을 세울 수 있다. 열역학적 해석에 의하면 그 과정 중에 발생하는 이론적 전압은 Gibbs 함수에서의 기전력(EMF)과 같다. 양쪽 전극에서는 전압을 강하시키는 활성화 손실과 전지를 통과하지 않는 누설 전류 i_{leak}가 존재한다. 전해질이나 전지 분리막은 이온 이동에 대하여 전기 저항 ASR_{ohmic}을 갖고 있어 전력 손실이 발생한다. 마지막으로 큰 전류에 대해서는 반응물 측 전극을 닳게 하고 다른 전극에서는 생성물의 농도가 높아져 전극 양단의 전압 손실을 증가시키는 심각한 전지 농도 손실이 발생한다. 연료 전지에서 발생하는 출력 전압 V는 다음과 같이 계산된다.

$$V = \text{EMF} - b \ln\left(\frac{i + i_{\text{leak}}}{i_0}\right) - i\,ASR_{\text{ohmic}} - c \ln \frac{i_L}{i_L - (i + i_{\text{leak}})} \tag{13.29}$$

여기서 i는 전류 밀도[amp/cm^2], ASR_{ohmic}은 저항[ohm cm^2]이고 b와 c는 전지 상수[V], 전류 밀도 i_0는 기준값이고 i_L은 한계값이다.

표 13.4 ▸ 일부 탄화수소족의 특성

연료 전지의 종류	PEC	PAC	MCC	SOC
	고분자 전해질	인산	용융 탄산염	고체 산화물
T	80°C	200°C	650°C	900°C
Fuel	수소, H_2	수소, H_2	CO, 수소	천연가스
Carrier	H^+	H^+	CO_3^{--}	O^{--}
Charge, n_e	$2e^-$ per H_2	$2e^-$ per H_2	$2e^-$ per H_2 $2e^-$ per CO	$8e^-$ per CH_4
Catalyst	Pt	Pt	Ni	ZrO_2
Poison	CO	CO		

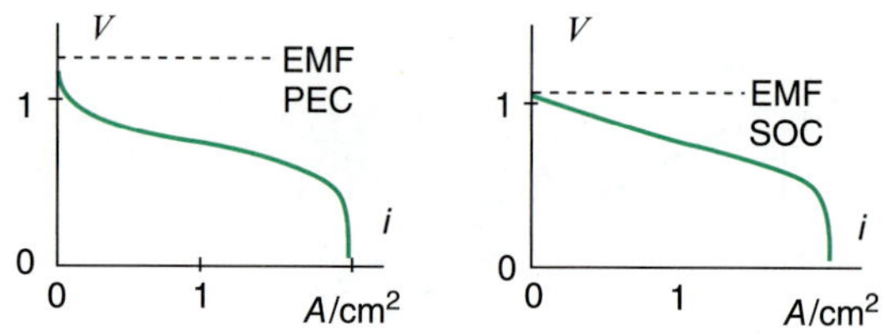

그림 13.8 ▸▸ 저온 PEC 전지와 고온 SOC 전지에 대한 식 (13.29)의 단순 모델 결과.

위 식의 두 가지 예는 그림 13.8과 같다. 여기서 PEC(고분자 전해 전지)의 경우 낮은 온도 때문에 활성화 손실이 크지만 저항 손실은 작게 된다. 전기 밀도는 한계값 근처로 갈수록 증가하기 때문에 두 경우 모두 전압은 급격히 감소한다. 그리고 단위 면적당 출력(V_i)을 계산하여 그래프에 표시한다면 그 최댓값은 전류 밀도의 중간 범위에 위치할 것이다.

이 결과는 주어진 크기의 열교환기가 장착된 열기관의 결과와 유사하다. 출력이 증가할수록 그에 상응한 열전달을 위해 온도차가 커져야 하며[식 (5.14)~(5.16)참조], 그 결과 열기관 자체의 온도차는 감소하여 낮은 기관 효율을 갖게 된다.

개념점검

i. 연소 과정에서 비가역성은 중요한가? 자신의 답을 설명해보라.

j. 공기 연료비가 이론 공기 연료비보다 크다면 이 과정은 더 가역적인가 아니면 덜 가역적인가?

k. 동력 발생 관점에서 연료 전지의 장점은 무엇인가?

13.10 공학 응용

연소는 열이나 일 형태의 에너지가 필요한 경우에 적용된다. 열을 이용하는 연소와 관련된 생활 기기를 몇 가지 예로 들면 가스 스토브, 온수기, 땜납용 프로판 버너, 야외 요리용 그릴 등이 있다. 휘발유나 경유를 연료로 사용하는 연소 과정에 의해 구동되는 동력원을 이용한 생활 기기에는 잔디 깎는 기계, 제설기, 예비 발전기, 자동차 및 모터보트가 있다. 대규모의 경우, 신형 발전소에서 가스 터빈에 천연가스(메탄)를 사용하고 구식 발전소에서는 보일러-증기 발전기에 주연료로 오일이나 석탄을 사용한다. 제트 엔진과 로켓은 연소를 이용하여 비행기나 로켓을 추진하기 위한 고속 유동을 발생시킨다.

5장에서 서술되고, 9장과 10장에서 간단한 열역학 사이클 모델로 표현된 대부분의 열기관은 연소 과정으로 인한 고온 열전달을 내포하고 있다. 이는 사실 열전달이 아니라 연소에 의해 반응물이 고온의 생성물로 바뀌는 에너지 변환 과정이다. Rankine과 Stirling 사이클의 경우 연소는 사이클 외부에서 일어나는 반면, 가솔린 엔진이나 디젤 엔진과 같은 내연 기관의 경우 연소는 사이클을 구성하는 작동 유체 자체에서 일어난다.

외부 연소의 경우 연소 생성물은 열전달에 의해 에너지를 사이클에 전달하면서 그 자체는 냉각되므로 일정 온도의 에너지원이 되지 못한다. 안전과 공해 제어 측면을 포함하여 공연비가 집중 감시되는 정상상태 유동 조건에서 연소가 진행된다. 내부 연소의 경우, 가스 터빈 모델인 Brayton 사이클은 정상상태 유동 조건이고, 가솔린-디젤 엔진은 간헐 연소가 이루어지는 피스톤-실린더 엔진 구조이다. 가솔린-디젤 엔진은 과도(transient) 과정을 포함하고 있기 때문에 제어하기가 다소 어렵다.

실제 연소 과정의 성능을 평가하기 위하여 서로 다른 많은 변수를 정의할 수 있다. 이는 과정의 특성 및 고려 대상인 시스템에 좌우된다. 예를 들어 가스 터빈의 연소실에서는 생성물의 온도를 주어진 (보통은 터빈의 금속이 견딜 수 있는 최고) 온도까지 올리는 것이 목적이다. 만약 연소 과정에서 완전 연소가 단열 과정으로 이루어지면 생성물의 온도는 단열 화염 온도가 될 것이다. 이러한 조건하에서 주어진 온도까지 도달하는 데 필요한 연료 공기비를 **이상 연료 공기비**라고 하기로 한다. 실제 연소실에서는 불완전 연소가 어느 정도 일어날 것이며, 주위로의 열전달이 얼마간 있을 것이다. 따라서 주어진 온도까지 도달하려면 더 많은 연료가 필요할 것이며, 이를 **실제 연료 공기비**라고 한다. 여기서 **연소 효율**(combustion efficiency) η_{comb}는 다음과 같이 정의한다.

$$\eta_{comb} = \frac{FA_{ideal}}{FA_{actual}} \tag{13.30}$$

주어진 노(furnace)내 온도에 도달하기 위한 또 다른 방법은 **산소부화 연소**(oxygen-enriched combustion)[가끔 산소 연소(oxy-combustion)라고도 불림]를 하는 것이다. 공기가 25% 내지 30%의 산소를 포함하도록 개조하면 소정의 연료량을 태우는 데 필요한 공기량이 적어진다. 이는 보다 적은 질소량이 가열되는 것을 의미하므로 단열화염온도가 증가한다. 그로 인한 효과는 노가 더 적은 양의 열을 배기가스로 배출하므로 요구온도 유지에 필요한 연료량을 절감할 수 있게 되는 것이다.

반면에 증기 발생기(보일러)의 노(furnace)에서는 가능한 최대 열량을 수증기(물)로 전달하는 것이 목적이다. 실제로 증기 보일러의 효율은 수증기로 전달한 열량과 연료의 고위 발열량의 비로 정의한다.

$$\eta_{\text{수증기 발생기 효율}} = \frac{\text{연료 1 kg당 수증기에 전달된 열량}}{\text{연료 고위발열량}} \tag{13.31}$$

산업용 버너, 보일러 그리고 열산화장치와 같은 연소 시스템에서 일반적으로 배기가스 열에너지 일부를 회수한다. 열 회수는 주로 **공기예열기**로 이루어지는데 이 예열기는 대향류 열교환기 형태로서 들어오는 신선한 공기와 배출되는 배기가스 흐름이 서로 반대방향으로 되어 있다. 회수된 에너지는 유입 공기의 에너지 증가($\Delta H_R > 0$)이고, 이 에너지는 그림 13.9와 같이 보일러와 노의 저압 연소에 이용된다. 이 과정은 가스 터빈에서는 사용하지 않는데 그 이유는 해당 공기가 압축기에 유입될 때 예열은 압축기 일을 증가시키기(비체적 증가) 때문이다. 다른 응용의 경우는 뜨거운 배기가스로 물을 데워 다른 목적에 활용하는 것이다. 이와 같이 열을 회수하는 장치를 **환열기**(recuperator) 또는 **재생기**(regenerator)라고 한다.

연소생성물이 대기 온도까지 최대로 냉각될 수 있다고 가정하면 열역학 제1법칙 회수효율(또는 분율)은 다음과 같이 표현된다(그림 13.9 참조).

$$\eta_{recovery} = \frac{\Delta H_{air}}{\Delta H_{P_2} - \Delta H_{P_{amb}}} = \frac{\Delta H_{P_2} - \Delta H_{P_3}}{\Delta H_{P_2} - \Delta H_{P_{amb}}} \tag{13.32}$$

연료 연소는 흔히 공기를 산화제로 사용하는데 이 경우 반응물은 공기 중의 수분을 포함한다. 습공기의 절대습도 v가 알려져 있는 경우 산소 1몰당 공기 조성은 다음과 같이 표현된다.

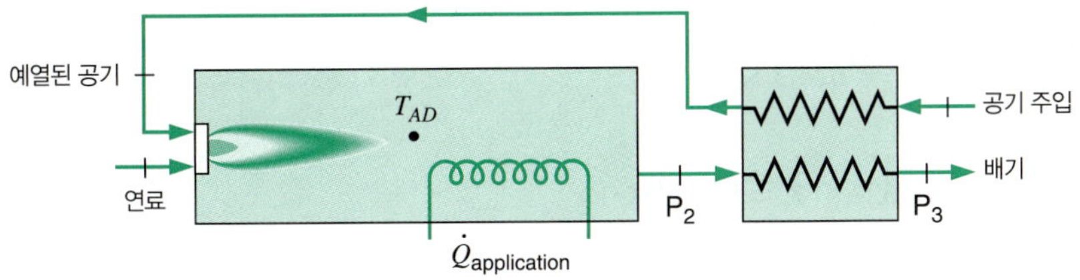

그림 13.9 » 배기가스에서 열을 회수하기 위한 예열기

$$1\,O_2 + 3.76\,N_2 + x\,H_2O$$

절대 습도는 $\omega = m_v/m_a$이므로, 물의 몰수는

$$n_v = \frac{m_v}{M_v} = \frac{\omega m_a}{M_v} = \omega n_a \frac{M_a}{M_v}$$

이고 산소 1몰당 건공기의 몰수는(1 + 3.76)/1이다. 따라서 x는 다음과 같이 계산된다.

$$x = \frac{n_v}{n_{\text{oxygen}}} = \omega\, 4.76 \frac{M_a}{M_v} = 7.655\omega \tag{13.33}$$

연료 중의 수소 산화로 발생한 물 이외에 위의 양만큼의 물이 연소 생성물에 존재한다.

내연 기관에서는 일을 얻는 것이 목적이다. 내연 기관의 성능을 평가하는 합리적인 방법은 기관이 실제로 한 일과 반응물에서 생성물로 바뀌는 가역 상태 변화로 할 수 있는 최대일을 비교하는 것이다. 이것을 앞서 언급한 **제2법칙 효율**이라고 한다.

그러나 실제로는 내연 기관의 효율을 실제일과 연료의 연소 엔탈피의 음수 값(즉 정압 발열량)의 비로 정의한다. 이 비를 보통 **열효율**(η_{th}, thermal efficiency)이라고 하며 다음과 같다.

$$\eta_{\text{th}} = \frac{w}{-h^0_{RP}} = \frac{w}{HV} \tag{13.34}$$

식 (13.34)을 적용할 때는 일과 발열량에 대하여 동일한 단위 척도를 사용해야 한다. 즉 발열량이 단위 연료 kg (kmol)당이면 일도 단위 연료 kg (kmol)당이어야 한다. 사이클 해석 시 일과 열에 대하여 작동 유체 kg당 값을 사용하였다. 정압 연소에 대해 $h_P = h_R + q_H$이다. 발열량은 단위 연료 kg당이고 q_H는 혼합기 kg이므로

$$m_{\text{tot}} = m_{\text{fuel}} + m_{\text{air}} = m_{\text{fuel}}(1 + AF_{\text{mass}})$$

이고, 따라서

$$q_H = \frac{HV}{AF_{\text{mass}} + 1} \tag{13.35}$$

여기서 HV와 AF의 척도는 질량 기준이 적용되어야 한다.

같은 방식으로 가스 터빈이나 증기 동력 발전소의 종합 효율(overall efficiency)을 정의한다. 내연 기관 또는 연료 연소식 증기 동력 발전소와 같은 장치의 열효율은 상대적으로 낮다. 그 원인은 연소 자체가 비가역 반응이기 때문이다.

예제 13.15

100 kPa, 300 K의 대기 입구조건을 갖는 고정형 가스터빈이 매일 100 MW의 전력을 생산한다. 열역학 사이클은 압축비가 13:1이고 메탄을 연소하여 1600 K 연소온도를 갖는다. 연소 시 실제 공연비와 연료 질량유량(kg/s)을 구하라.

풀이

이 사이클은 4개의 변수 P_1, T_1, r_P 및 T_3가 알려진 Brayton 사이클이다.

가역단열압축과정: $T_2 = T_1 r_P^{(k-1)/k} = 300\text{ K} \times 13^{0.2857} = 624.3\text{ K}$

열 공급: $q_H = h_3 - h_2 = C_p(T_3 - T_2)$

$= -1.004\text{ kJ/kg-K} \times (1600 - 624.3)\text{ K} = 979.6\text{ kJ/kg}$

사이클: $\eta = 1 - r_p^{-(k-1)/k} = 1 - T_1/T_2 = 1 - 300/624.3 = 0.519$

순 일: $w_{\text{net}} = \eta q_H = 0.519 \times 979.6 \text{ kJ/kg} = 508.8 \text{ kJ/kg}$

비례율: $\dot{m}_{\text{tot}} = \dot{W}_{\text{net}}/w_{\text{net}} = 100000 \text{ kW}/508.8 \text{ kJ/kg} = 196.5 \text{ kg/s}$

연소: $q_H = HV/(AF+1); \quad HV = 50010 \text{ kJ/kg}$ (표 13.3)

따라서 실제 공연비는 다음과 같다.

$$AF = \frac{HV}{q_H} - 1 = \frac{50010}{979.6}\frac{\text{kJ/kg}}{\text{kJ/kg}} - 1 = 50.04$$

연료 유량과 공기 유량의 합은 사이클 해석상 전체 질량 유량과 같으므로

$$\dot{m}_{\text{tot}} = \dot{m}_{\text{air}} + \dot{m}_{\text{fuel}} = (AF+1)\dot{m}_{\text{fuel}}$$
$$\dot{m}_{\text{fuel}} = \dot{m}_{\text{tot}}/(AF+1) = 196.5 \text{ kg/s}/(50.04+1) = 3.85 \text{ kg/s}$$

또는 다음과 같이 비례율을 적용하여 구할 수도 있다.

$$\dot{Q}_H = \dot{m}_{\text{tot}}\, q_H = 196.5 \text{ kg/s} \times 979.6 \text{ kJ/kg} = 192491.4 \text{ kW} = \dot{m}_{\text{fuel}} HV$$
$$\dot{m}_{\text{fuel}} = \dot{Q}_H/HV = 192491.4 \text{ kW}/50010 \text{ kJ/kg} = 3.85 \text{ kg/s}$$

메탄 이론공연비는 $AF = 2 \times 4.76 = 9.52$, 식 (13.2) 참조.

예제 13.16

어떤 증기 동력 발전소에서 시간당 325000 kg의 물이 압력 10 MPa, 온도 200°C 상태로 보일러로 들어간다. 보일러에서 나오는 수증기의 상태는 8 MPa, 500°C이다. 터빈의 출력은 81000 kW이다. 석탄은 26700 kg/h의 비율로 사용되며 고위 발열량은 33250 kJ/kg이다. 증기 보일러의 효율과 발전소의 종합 효율을 구하라.

증기 동력 발전소의 보일러 효율과 발전소의 종합 효율 모두는 연료의 고위 발열량을 기준으로 한다.

풀이

식 (13.31)에서 정의한 보일러의 효율은 다음과 같다.

$$\eta_{\text{steam generator}} = \frac{\text{연료 kg당 } H_2O\text{에 전달된 열량}}{\text{고위 발열량}}$$

따라서

$$\eta_{\text{steam generator}} = \frac{325000 \text{ kg} \times (3398.3 - 856.0) \text{ kJ/kg}}{26700 \text{ kg/h} \times 33250 \text{ kJ/kg}} \times 100 = 93.1\%$$

이다. 식 (13.33)으로 정의한 열효율은 다음과 같다.

$$\eta_{\text{th}} = \frac{w}{HV} = \frac{81000 \text{ kW} \times 3600 \text{ s/h}}{26700 \text{ kg/h} \times 33250 \text{ kJ/kg}} \times 100 = 32.8\%$$

주요 개념과 공식

반응:	연료 + 산화제 ⇒ 반응물	
	탄화수소 + 공기 ⇒ 이산화탄소 + 물 + 질소	
화학양론비:	과잉 연료 없음, 과잉 산소 없음	
화학양론 계수:	반응물과 생성물 사이의 원자 균형을 맞추는 계수	
화학양론 반응:	$C_xH_y + \nu_{O_2}(O_2 + 3.76N_2)$	(13.3)
	$\Rightarrow \nu_{CO_2}CO_2 + \nu_{H_2O}H_2O + \nu_{N_2}N_2$	
	$\nu_{O_2} = x + y/4;\quad \nu_{CO_2} = x;\quad \nu_{H_2O} = y/2;\quad \nu_{N_2} = 3.76\nu_{O_2}$	
공기-연료 비:	$AF_{mass} = \frac{m_{air}}{m_{fuel}} = AF_{mole}\frac{M_{air}}{M_{fuel}}$	(13.4-5)
당량비:	$\Phi = \frac{FA}{FA_s} = \frac{AF_s}{AF}$ 자동차 산업	(13.6)
	($\Phi = AF/AF_s$ 항공산업 표준)	
형성 엔탈피:	$\bar{h}_f^0$ 표 A.10 (kJ/kmol 연료)	
성분 엔탈피:	$\bar{h}_i = \bar{h}_f^0 + \Delta\bar{h}_i$	(13.12)
	$\Delta\bar{h}_i = M_i(h_i - h_i^0)$; h is from App. B	
	$\approx \Delta\bar{h}_{i\,\text{ID Gas}} = \bar{h}_i - \bar{h}_{fi}^0$ tabulated in A.9	
	$\approx \Delta\bar{h}_{i\,\text{ID Gas}} = M_iC_{p\,i}(T_i - T_o)$ from A.5	
	$\approx \Delta\bar{h}_{i\,\text{ID Gas}} - M_i(\Delta h_i - \Delta h_i^0)$;	
	$\Delta h_i/RT_c$ from Fig. D.2 Generalized charts	
연소 엔탈피:	$\bar{h}_{RP} = H_P - H_R = H_{RP}^0 + \Delta H_P - \Delta H_R$	(13.14)
	$h_{RP} = (H_P^0 - H_R^0)/M_{fuel}$ 표 13.3에서 kJ/kg 연료	
발열량 HV:	$HV = -h_{RP}$ Fct(T) 온도의 함수이지만 $T = T_o$인 경우에만 사용하라.	
고위 발열량 HV	$HHV = -h_{RP} = (H_R - H_{P\,H_2O\,liquid})/M_{fuel}$; $T = T_o$	
저위 발열량 HV	$LHV = -h_{RP} = (H_R - H_{P\,H_2O\,vapor})/M_{fuel}$; $T = T_o$	
연소 내부에너지:	이상 기체인 경우 $U_{RP} = U_P - U_R = \bar{h}_{RP} - \bar{R}T(n_P - n_R)$	(13.16)
단열화염온도:	정상유동인 경우 $H_P = H_R$; 일정 체적인 경우 $U_P = U_R$	
가역 일:	$W^{rev} = GR - GP = -\Delta G$	(13.26)
	$\Delta G = \Delta H - T\Delta S$	
	열 Q는 국소온도 T로 전달되어야 한다.	
가역 일:	$W^{rev} = -[\Delta H - T_o\Delta S]$	(13.24)
	열 Q는 주위 온도 T_o로 전달되어야 한다.	
Gibbs 함수	$G \equiv H - TS$	(12.14)
비가역성:	$i = w^{rev} - w = T_o\dot{S}_{gen}/\dot{m} = T_o s_{gen}$	
	$I = W^{rev} - W = T_o\dot{S}_{gen}/\dot{n} = T_oS_{gen}$ 1 kmol 연료에 대하여	(13.25)
연료전지:	$EMF = -\Delta G/Fn_e$; F = Faraday 상수 $= N_0e$	(13.28)

공기 중 수증기: $x = n_{H_2O}/n_{O_2} = 7.655\omega$

사이클에 공급된 열: $q_H = HV / (AF_{mass} + 1)$ (13.35)

개념학습용 문제

13.1 연소 시 질량이 보존되는가? 몰수는 일정한가?

13.2 모든 연소는 공기와 함께 발생하는가?

13.3 몰 기준으로 또는 질량 기준으로 공기 연료비가 필요한 이유는 무엇인가?

13.4 탄화수소 연료를 공기로 연소할 때 반응물과 생성물의 몰 수에 왜 큰 차이가 없는가?

13.5 왜 연소 생성물을 건조 기준으로 측정하는가?

13.6 수소를 양론 순수 산소로 연소할 때 이슬점은 얼마인가? 공기의 경우에는 얼마인가?

13.7 당량비가 0.9, 1.0, 1.1일 때 이슬점은 어떻게 변화하는가?

13.8 연소는 왜 지구 온난화를 촉진하는가?

13.9 산소(O_2, O)및 CO_2의 형성 엔탈피는 각각 얼마인가?

13.10 공기 중 질소의 비율이 낮아진다면 단열 화염 온도는 증가할 것인가 아니면 감소할 것인가?

13.11 연소 엔탈피는 공기 연료비의 영향을 받는가?

13.12 단열화염온도에서의 연소엔탈피란 무엇인가?

13.13 표 13.3에서 왜 일부 연료의 경우, 액체 연료 항목이 없는가?

13.14 한 연료의 발열량은 고정된 값인가?

13.15 일반적으로 기체 연료들은 발열량을 kJ/std m^3으로 표기한다. 그 이유는?

13.16 한 연료의 단열 화염 온도는 고정된 값인가?

13.17 순수 산소로 연소시킬 때와 공기로 연소시킬 때 연소 엔탈피에 차이가 있는가? 단열 화염 온도는 어떠한가?

13.18 용접공은 아세틸렌 용기와 산소 용기를 사용한다. 왜 공기 대신 산소 용기를 사용하는가?

13.19 일부 가스 용접은 연료, 산소, 그리고 아르곤 용기를 사용한다. 아르곤은 왜 사용되는가?

13.20 연소는 가역 과정인가?

13.21 100% 이론적 공기량보다 과잉 공기량을 갖는 연소는 더 가역적인가 덜 가역적인가?

13.22 간단한 가역 연료전지에서 열전달이 일어나는가?

과제용 문제

연료와 연소 과정

13.23 그릴에 프로판 가스와 이론 공연비의 공기가 공급된다. 질량 기준 공연비를 계산하라. 연소되는 부탄 2 kg당 반응물 전체 질량을 계산하라.

13.24 연료 혼합물이 E85이다. E85는 질량비로 85% 에탄올과 15% 가솔린(옥탄으로 가정)으로 구성되어 있다. 양론적 연소에 필요한 질량 기준 공연비를 구하라.

13.25 에탄올(C_2H_5OH) 연소 시 질량 기준 이론 공연비와 몰 기준 이론 공연비를 구하라.

13.26 메탄이 200% 이론 공기량과 연소된다. 연소 생성물의 조성과 이슬점을 구하라.

13.27 데칸($C_{10}H_{22}$)이 150% 이론공연비의 공기량으로 연소된다. 연소 생성물 조성을 구하라.

13.28 가솔린(C_7H_{17})의 이론 연소에 대하여 (1) 연료 분자량, (2) 연소 반응식, (3) 연소된 연료 1 kg당 발생한 이산화탄소의 질량을 구하라.

13.29 표 13.2에 수록된 천연가스 B이 20% 과잉공기와 연소된다. 배기가스 조성을 구하라.

13.30 프로판이 건조 공기와 연소된다. 건조 기준(dry basis)으로 연소가스의 체적 분율은 8.6% CO_2, 0.6% CO, 7.2% O_2 및 83.6% N_2이다. 이 연소과정에서 사용된 공기의 이론 공기 백분율을 구하라.

13.31 메탄올(CH_3OH) 이 엔진에서 125% 이론 공기와 연소된다. 배기 가스는 100 kPa, 30°C로 배출된다. 연료 1 kg

당 응축되는 물의 양은 얼마인가?

13.32 부탄이 40°C, 100 kPa 상태의 건조 공기와 질량 기준 공연비 22로 연소된다. 완전 연소를 위한 당량비, 이론 공기량 백분율, 배기가스의 이슬점을 구하라. 배기가스가 대기 온도인 40°C로 냉각될 때 만약 있다면 연료 단위 질량(kg)당 응축되는 물의 양은 얼마인가?

에너지 방정식, 형성 엔탈피

13.33 P_0, T_0 조건으로 공급되는 액체 메탄올과 이론 공기량의 공기가 정압 과정으로 연소되고 생성물은 900 K로 열교환기에서 배출된다. 연료 kmol 당 열전달량을 구하라.

13.34 천연가스(메탄)가 정상상태 유동 버너에서 이론 공연비 공기와 연소되고 이때 반응물은 표준 조건 P_0, T_0로 공급된다. 연소 생성물은 800 K로 배출된다. 버너가 20 kW의 열을 발생시킨다면 천연가스 필요 공급 유량(kg/s)은 얼마인가?

13.35 부탄 가스와 200% 이론 공기량 모두가 25°C, 100 kPa 상태로 정상 유동 연소기로 유입된다. 배출되는 연소 생성물의 온도는 1000 K이다. 50 kW 열전달에 필요한 부탄의 질량유량을 계산하라.

13.36 아세틸렌 가스 C_2H_2가 토치에서 이론적 공기량과 연소된다. 반응물은 표준 조건 P_0, T_0로 공급된다. 생성물은 복사에 의한 일부 열손실 후 2500 K의 화염에서 배출된다. 연료 1 kmol당 열손실량을 구하라.

13.37 수소가 이론공연비의 공기량과 정상 상태 과정으로 연소되고 이 반응물은 모두 100 kPa, 298 K로 공급된다. 연소 생성물은 열교환기에서 800 K로 냉각된다. 수소 1 kmol당 열전달량을 구하라.

13.38 정상상태 과정으로 펜텐(C_5H_{10})을 순수 산소로 연소시킨다. 생성물의 온도가 700 K인 지점에서 생성물이 열교환기로 유입되어 35°C까지 냉각된다. 연료 1 kg당 열교환기에서의 열손실량을 구하라.

13.39 에탄올(C_2H_5OH)은 곡물을 발효시켜 얻는다. 액체 에탄올을 120% 이론 공기량으로 연소시키는 정상상태 과정을 고려한다. 온도 20°C의 반응물이 연소실로 공급되고, 생성물이 60°C, 100 kPa 상태로 배출된다. 연료 1 kmol 당 열전달량을 계산하라.

13.40 신형 고효율 용광로에 체적비로 90% 메탄, 10% 에탄 혼합물로 가정할 수 있는 천연가스와 110% 이론 공기량이 각각 25°C, 100 kPa의 상태로 유입되고, 생성물이 40°C, 100 kPa 상태로 배출된다. 이 과정에서의 열전달량은 얼마인가? 이 값을 생성물이 250°C, 100 kPa의 상태로 배출되는 구형 용광로의 경우와 비교하라.

13.41 단열된 밀폐 용기를 25°C, 150 kPa 상태에 있는 양론비의 산소와 수소로 채운다. 이를 연소시킨 뒤 25°C, 액체 상태의 물을 분무하여 최종 온도가 1000 K가 되었다. 최종 압력은 얼마인가?

13.42 가스 터빈에서 천연가스(메탄)와 이론 공기량의 공기가 1000 kPa, 500 K 상태로 연소실에 유입된다. 2차 공기(그림 P13.42 참조)가 또한 1000 kPa, 500 K 상태로 연소 직후에 추가되어 생성물 혼합기의 온도를 1500 K로 떨어뜨린다. 1차 혼합기 유동의 질량 기준 공연비를 구하라. 그리고 1차 공기에 대한 2차 공기의 비(질량 유동 비)를 구하라.

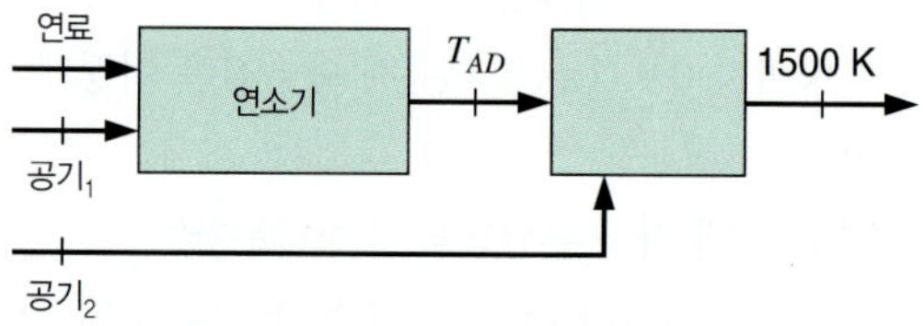

그림 P13.42

13.43 견고한 용기 안에 1:1 몰비의 프로판과 부탄 가스가 이론 공기량과 P_0, T_0 상태로 혼합되어 있다. 이 혼합물이 연소된 후에 최종 온도가 1000 K가 되도록 하는 열전달이 있었다. 최종 압력과 혼합 연료 kmol당 열전달량을 구하라.

연소 엔탈피 및 발열량

13.44 순수 탄소의 연소 엔탈피와 발열량을 구하라.

13.45 페놀은 표 13.3에 나와 있으나 표 A.10에는 대응되는 형성 엔탈피 값이 없다. 이를 계산하는 것이 가능한가?

13.46 일부 유형의 목재는 20000 kJ/kg의 저위 발열량을 갖는 $C_1H_{1.5}O_{0.7}$로 모델링될 수 있다. 형성 엔탈피를 구하라.

13.47 질량비 60%의 *n*-부탄과 40%의 메탄올로 구성된 혼합연료가 버너에 공급되고 이론공연비의 공기와 연소된다. 배기가스의 조성을 구하라. 또한 혼합 연료 1 kg당의 저위 발열량(kJ/kg fuel mix)을 구하라.

13.48 혼합연료 E10은 질량 기준 10%의 에탄올과 90%의 가솔린(C_7H_{17}으로 가정)으로 구성되어 있다. 액체 상태

에서 순수 가솔린의 발열량과 이 혼합연료의 발열량을 구하라.

13.49 프로필벤젠(C_9H_{12})이 표 13.3에 수록되어 있지만 표 A.10에는 없다. 이 교재에는 분자량 정보가 없다. 이 액체 연료의 형성 엔탈피와 증발 엔탈피를 구하라.

13.50 표 A.10 대신 표 13.3를 이용하여 문제 13.33을 다시 풀어라.

13.51 농산물에서 추출된 부탄올($C_4H_{10}O$)는 분자량이 74.12이고 바이오부탄올이라고 불리며 저위 발열량은 액체 상태에 대하여 LHV = 33075 kJ/kg이다. 이 연료의 형성 엔탈피를 구하라.

13.52 음식물 제조 공정에서 발생하는 습식 바이오매스 폐기물이 촉매 반응기에 공급된다. 이 반응기에서 폐기물은 음식물 제조 공정용 보일러에서 연소시키기에 적절한 낮은 에너지 준위의 연료가스로 정상 상태 유동과정으로 변환된다. 연료 가스는 체적비로 50% CH_4, 45% CO_2 그리고 5% H_2로 구성된다. 단위 체적당 이 연료 가스 혼합물의 저위 발열량을 구하라.

13.53 천연가스(메탄으로 가정함)를 200% 이론 공기량으로 그림 P13.53과 같이 연소시킨다. 반응물은 표준 온도와 압력 상태의 기체로 공급한다. 생성물은 열교환기를 지나면서 20°C, 500 kPa 상태로 들어와서 700°C, 500 kPa 상태로 흘러나가는 물에 에너지를 전달한다. 생성물은 400 K로 열교환기를 떠나 굴뚝으로 나간다. 생성물이 연료 1 kmol당 얼마의 에너지를 전달할 수 있으며 몇 kg의 물을 가열할 수 있는가?

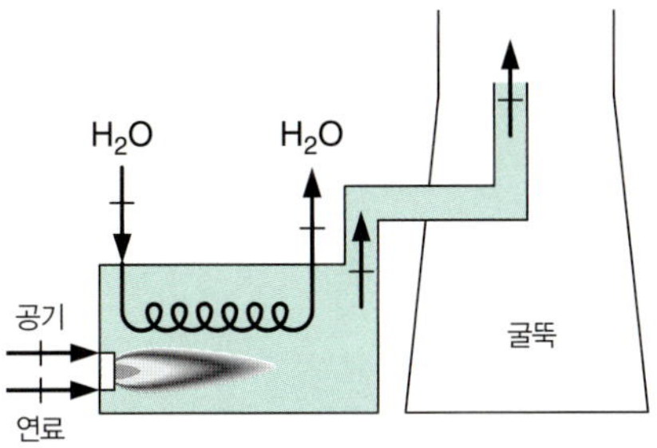

그림 P13.53

13.54 E84는 질량비로 84% 에탄올과 16% 가솔린(옥탄으로 가정)로 구성된다. 이 혼합연료의 저위 발열량을 구하라.

13.55 제철 공장의 용광로 가스를 250°C로 얻을 수 있다. 이 가스를 연소시켜 그 열로 수증기를 발생시킬 수 있다. 이 가스의 조성은 체적 기준으로 다음과 같다.

성분	CH_4	H_2	CO	CO_2	N_2	H_2O
체적 백분율	0.1	2.4	23.3	14.4	56.4	3.4

온도 250°C와 대기압 상태에서 이 가스의 저위 발열량 (kJ/m^3)을 결정하라.

13.56 기화기에서 액체 니트로메탄과 공기를 섞어 양론 혼합물을 만든다. 연료와 공기의 상태는 모두 298 K, 100 kPa이다. 연소 후에 정압 열교환기를 거쳐 배출 직전 생성물의 온도가 600 K이다. 연료 중의 질소는 N_2 기체가 된다고 가정한다. 전 과정 동안 연료 1 kmol당 총 열전달량을 구하라.

13.57 P_0, T_0 조건의 기체 상태 벤젠(C_6H_6)과 이론 공연비의 공기가 등압과정으로 연소한다. 생성물의 온도를 2000 K로 제한하기 위해 연소 후 액체 물이 분사된다. 연료 kmol당 추가되어야 할 물의 kmol수는 얼마인가? 그리고 분사된 물을 포함한 생성물의 이슬점 온도는 얼마인가?

13.58 질량비로 85% 에탄올과 15% 가솔린(옥탄으로 가정)으로 구성된 혼합 연료가 E85이다. 연료와 공기는 모두 T_0, P_0 상태로서 엔진에 흡입되기 전에 기화기에 유입되어 이론공연비의 공기량과 섞여 연료가 기화된다. 엔진은 발생한 일을 저위발열량으로 나눌 때 30%인 효율을 갖는다. 이 엔진이 40 kW의 동력을 발생하게 하고자 한다. 500 K인 배기 가스유동으로부터 기화기에 필요한 열량을 취한다. 다음을 구하라. (1) 연료 질량당 저위발열량(kJ/kg), (2) 연료 소비율, (3) 기화기에 필요한 열량, (4) 기화기에서의 엔트로피 생성량

단열 화염 온도

13.59 탄소가 200% 이론공기와 보일러에서 연소된다. 두 반응물은 모두 표준 온도와 압력 상태로 공급된다. 단열 화염온도는 얼마인가?

13.60 온도 25°C, 압력 100 kPa 상태의 아세틸렌 가스가 절단용 토치 헤드에 공급된다. 아세틸렌을 다음의 두 물질과 함께 연소시킬 때 단열 화염 온도를 각각 계산하라.

a. 25°C의 150% 이론 공기량

b. 25°C의 150% 이론 산소량

13.61 그림 13.61과 같이 수소 가스가 정상 상태 유동의 버너에서 순수 산소와 연소된다. 두 반응물은 표준온도와

압력에서 화학양론비로 공급된다. 단열화염온도는 얼마인가?

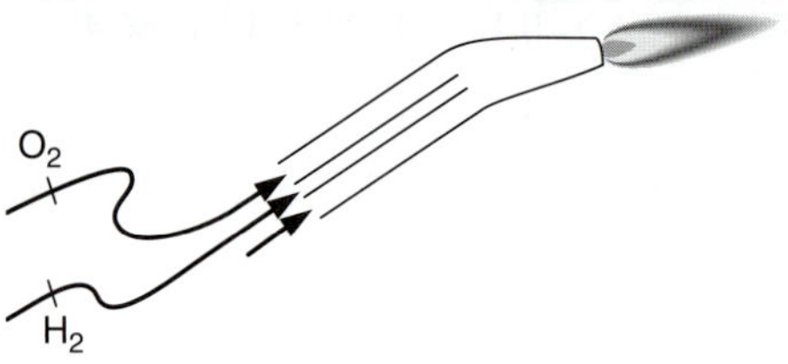

그림 P13.61

13.62 가스 터빈에서 메탄이 200% 이론 공기량의 공기와 연소된다. 공기와 연료는 각각 별개의 압축기에 100 kPa, 298 K로 유입된 후 1400 kPa까지 압축된 후 혼합된 기체는 750 K로 연소실에 유입된다. ΔH_P 항의 계산을 위해 일정 비열을 가정하여 단열 화염 온도를 구하라.

13.63 ΔH_P 항에 대한 표 A.9의 자료를 이용하여 앞의 문제를 다시 풀어라.

13.64 수소가스가 200% 이론공연비의 공기와 정상 유동 버너에서 연소된다. 이때 두 반응물은 표준 상태의 온도와 압력으로 공급된다. 단열화염온도는 얼마인가?

13.65 특별한 석탄 연소기는 석탄과 산소-알곤 혼합물(1:1 몰비)의 화학양론적 혼합물을 사용한다. 반응물들은 모두 표준 상태 P_0, T_0이다. 완전 연소를 가정하고 단열화염온도를 계산하라.

13.66 천연가스(메탄으로 가정함)를 200% 이론 공기량으로 연소시킨다. 반응물은 표준 온도와 압력 상태의 기체로 공급된다. 생성물은 열교환기를 거쳐 그림 P13.66과 같이 배기된다. 연소 직후, 열교환기 바로 앞에서의 단열 화염 온도는 얼마인가?

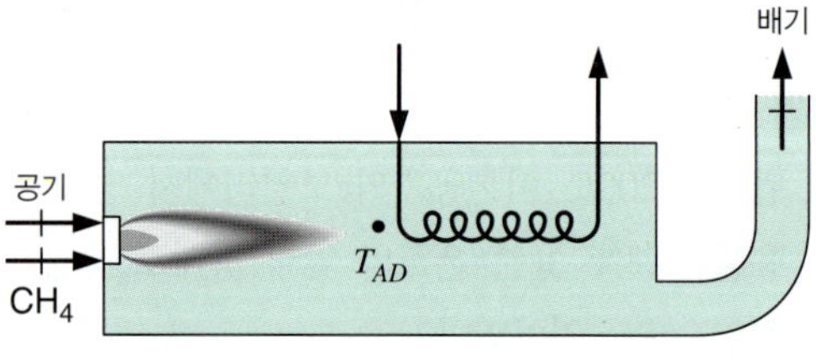

그림 P13.66

13.67 문제 13.42에서 2차 공기가 추가되기 전 단열화염 온도는 얼마인가?

13.68 기체 에탄올(C_2H_5OH)이 정적 연소실에서 순수 산소와 연소된다. 반응물들은 표준 상태, 화학양론비로 채워져 있다. 열전달이 없다고 가정할 때 최종 온도는 얼마인가? (>5000 K)

13.69 T_0의 액체 n-부탄을 1.0 MPa, 400 K 상태로 흐르는 1차 공기와 화학양론비로 섞어 가스 터빈 안으로 분무한다(그림 P13.42 참조). 완전 연소 후에 생성물은 단열화염온도이자만, 이 온도가 너무 높기 때문에 1.0 MPa, 400 K 상태의 2차 공기를 더하여 최종 혼합물의 온도가 1400 K가 되게 한다. T_{AD} >1400 K임을 보이고 1차에 대한 2차 공기 유량의 비를 구하라.

13.70 로켓 추진 연료 성능 시험에서 100 kPa, 25°C의 액체 하이드라진(N_2H_4)과 100 kPa, 25°C의 산소 기체가 0.5 kg O_2/kg N_2H_4의 비율로 연소실에 공급된다. 연소실에서 주위로의 열전달은 100 kJ/kg N_2H_4로 추정된다. 연소실을 빠져 나가는 연소생성물의 온도를 구하라. H_2O와 H_2 그리고 N_2만이 존재한다고 가정한다. 액체 하이드라진의 형성 엔탈피는 +50417 kJ/kmol이다.

13.71 고체 탄소가 정상 유동과정에서 화학양론비의 공기와 연소된다. T_0, P_0의 반응물은 그림 P13.71에서 보는 바와 같이 두 번째 열교환기로 유입되기 전의 배기가스 열로 예열기에서 T_2 = 500 K까지 가열된다. 두 번째 열교환기에서 이 배기가스는 T_0로 떠난다. 배기가스 온도 T_4를 구하고 두 번째 열교환기에서 연료 (4에서 5) kmol 당 열전달량을 계산하라.

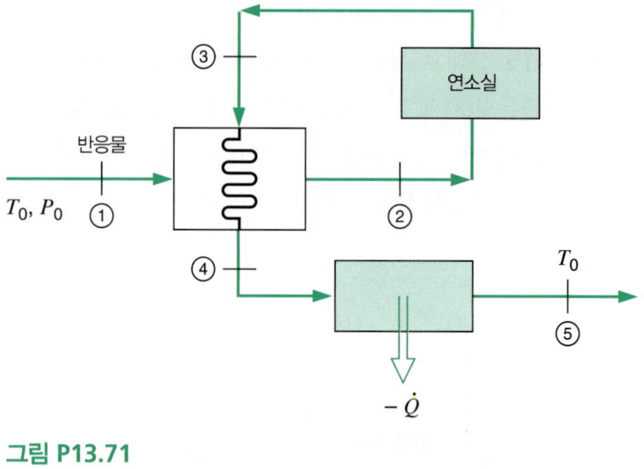

그림 P13.71

연소 과정에 대한 제2법칙

13.72 정상 유동 단열 조건에서 수소와 화학양론비의 순수 산소가 혼합된 연소를 고려한다. 반응물은 각각 298 K, 100 kPa로 유입되고 반응물은 100 kPa로 배출된다. 배출 온도와 비가역성은 얼마인가?

13.73 메탄올(CH_3OH)을 25% 과잉 공기량으로 연소시킨다. 연소 생성물은 열교환기를 거쳐 200 kPa, 400 K 상태

로 나온다. 열교환기에서 나오는 생성물의 절대 엔트로피를 연소된 메탄올 1 kmol당으로 계산하라. 모든 물은 증기 상태라고 가정하라.

13.74 P_0, T_0 상태의 흑연(C)을 P_0, 500 K 상태로 들어오는 적절한 비율의 공기로 연소시키며, 생성물은 P_0, 1250 K 상태로 나간다. 당량비, 백분율 이론 공기량, 전체 비가역성을 구하라.

13.75 견고한 용기 안에 2 kmol의 탄소와 2 kmol의 산소가 25°C, 200 kPa 상태로 들어있다. 이들이 연소된 후 최종 생성물은 1 kmol의 이산화탄소, 1 kmol의 일산화탄소, 과잉 산소이고 온도는 1000 K이다. 이 과정의 비가역성을 계산하라.

13.76 수소 가스 유동을 화학양론비의 산소 유동과 혼합한다. 두 유동은 모두 298 K, 50 kPa 상태이다. 혼합물은 열교환 없이 완전 연소된다. 단열 화염 온도와 과정 중에 수소 1 kmol당 생성되는 엔트로피 양을 구하라.

13.77 온도 25°C, 압력 150 kPa 상태의 기체 펜탄이 단열 정상 상태 유동 연소실로 유입된다. 온도 500 K, 압력 150 kPa 상태의 과잉 공기를 별도로 충분히 공급하여 연소 생성물의 온도를 1800 K로 유지한다. 이 과정에서 필요한 백분율 이론 공기량을 계산하고, 연소되는 펜탄 1 kmol당 비가역성을 구하라.

13.78 견고한 밀폐 용기를 100 kPa, 298 K 상태에 있는 프로펜(C_3H_6)과 150% 이론 공기량으로 채웠다. 이 혼합물을 점화하여 완전 연소시킨다. 온도 500 K의 열저장조로 열이 전달되어 생성물의 최종 온도는 700 K가 된다. 최종 압력, 연료 1 kmol당 열전달량 및 연료 1 kmol당 총생성 엔트로피를 구하라.

연료전지

13.79 예제 13.14에서는 기본적인 수소-산소 연료 전지 반응을 25°C, 100 kPa 상태에서 분석하였다. 순수 산소 대신에 같은 상태의 공기를 사용하여 연료 전지가 동작한다고 가정하여 계산을 다시 하라.

13.80 기본 수소–산소 연료 전지가 예제 13.14의 298 K 대신 600 K에서 작동한다고 가정한다. Gibbs 함수 변화량 및 발생 가능한 가역 EMF를 구하라.

13.81 수소와 순수 산소로 작동하는 가역 연료 전지는 표준 조건 P_0, T_0에서 물을 생산한다. 이 과정은 예제 13.14에 서술되어 있다. 수소 kmol당 발생 동력 및 열전달률을 구하라. 실제 연료 전지는 80%의 열역학 제2법칙 효율로 작동하며, 충분한 열전달이 이루어져 해당 연료 전지는 25°C로 유지된다고 가정한다. 수소 kmol당 열전달량은 얼마인가?

13.82 메탄–산소 연료 전지의 양극에서 일어나는 반응은 다음과 같다.

$$CH_4 + 2\,H_2O \rightarrow CO_2 + 8e^- + 8\,H^+$$

이 반응으로 생긴 전자는 외부의 부하를 통과하여 이동한다. 양이온은 전해질을 통과하여 다음의 반응이 일어나는 음극으로 이동한다.

$$8e^- + 8\,H^+ + 2\,O_2 \rightarrow 4\,H_2O$$

온도 25°C, 압력 100 kPa 상태에서 작동하는 연료 전지의 가역일과 가역 기전력(EMF)을 계산하라.

13.83 위의 문제를 실내 온도 대신 1200 K에서 연료 전지가 작동한다고 가정하고 다시 풀어라.

13.84 900 K의 SOC 연료전지는 EMF = 1.06 V, 식 13.29의 상수들인 $b = 0$, $c = 0.1$ V, $ASR = 0.04\ \Omega\,\text{cm}^2$, $i_{\text{leak}} = 0.01\ A/\text{cm}^2$, $i_L = 2\ A/\text{cm}^2$, $i_0 = 0.13\ A/\text{cm}^2$로 서술된다. 전류 밀도 $i = 0.25$, 0.75 및 1.0 A/cm^2에 대한 전압과 전력 밀도를 구하라.

13.85 기본적인 수소–산소 연료 전지가 예제 13.14에서의 298 K 대신 600 K에서 작동한다. 10 kW의 발전을 위해 필요한 수소 질량 유량과 배기 유동에서의 엑서지를 계산하라.

연소 응용과 효율

13.86 메탄 연소에 25°C, 100 kPa이고 상대 습도가 70%인 공기가 150% 이론 공기량으로 사용된다. 연소 생성물의 조성과 이슬점 온도를 구하라.

13.87 펜탄이 100 kPa의 정압 과정으로 120%의 이론 공기량과 연소된다. 연소 생성물은 대기 온도인 20°C로 냉각된다. 연료 kg당 몇 kg의 물이 응축되는가? 연소에 사용된 공기의 상대 습도가 90%라고 가정하고 같은 물음에 답하라.

13.88 문제 13.34에서의 버너가 800 K의 배기 생성물을 사용하여 반응물을 예열하여 배기 생성물이 400 K로 배기되게 한다. 10 kW의 열을 공급하고자 한다면 필요한 연료량은 얼마인가? 몇 퍼센트의 연료가 절약되는가?

13.89 가스 터빈 사이클에 공급되는 열량은 $q_H = 1160$ kJ/kg

이다. 연료는 메탄 가스이고 q_H는 T_0에서의 발열량으로부터 구해진다. 질량 기준으로 공연비를 구하라.

13.90 천연가스 버너로 가열되는 오븐에서는 연소가 U형상 강철 배관 내에서 일어나므로 가열은 배관 외부 표면에서 복사 형태로 이루어진다. 개별 버너는 15 kW의 복사열을 발생시키고 버너에서는 110% 이론 공기와 메탄이 연소한다. 연소 생성물은 800 K로 배관에서 배출된다. 메탄 유량(kg/s)을 구하라. 버너에는 이제 산소가 농후한 공기(30% O_2와 70% N_2)가 공급된다. 나머지 조건은 이전의 경우와 동일하다고 가정한다. 이 경우의 메탄 유량(kg/s)을 구하라.

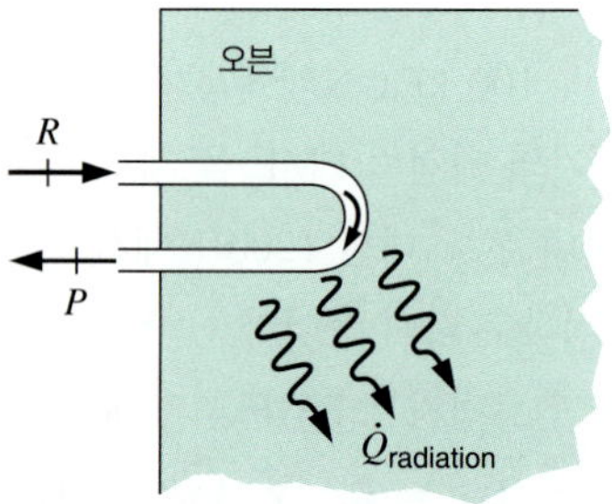

그림 P13.90

13.91 산소가 과농한 공기를 이용한 연소의 한 가지 단점은 화염 온도의 증가로서 NO_x의 증가를 초래하는 경향이 있다. 앞 문제에서 표준 공기와 산소 과농 공기의 경우별로 화염온도를 계산하라.

13.92 연료가 (a) 메탄 그리고 (b) 옥탄 가스인 경우에 대하여 열역학 사이클 계산의 정압 과정 연소에 사용되는 q_H에 상응한 열전달량을 계산하라. 두 경우 모두 생성물 중 물은 수증기 상태이고 이론 공연비 혼합물이다.

13.93 표준 공기를 이용하는 문제 13.90의 U자형 튜브 메탄 연소를 변형하여 800 K의 연소생성물이 점화장치 직전의 연료/공기 혼합물을 예열하고 500 K로 배출되게 한다. 예열이 없는 경우와 있는 경우 이 과정의 효율(Q/HV)을 각각 구하라. 예열 후 연료/공기 혼합물의 온도는 얼마인가?

복습 문제

13.94 연료, C_xH_y가 건조 공기와 연소된 후 수분이 제거된 생성물의 몰 기준 성분은 9.5% CO_2, 7.4% O_2, 및 83.1% N_2이다. 연료 성분(x/y)과 사용된 이론 공기량 백분율을 구하라.

13.95 몰 비가 9:1인 액체 옥탄과 에탄올이 이론 공연비의 공기와 함께 298 K, 100 kPa의 상태로 엔진에 유입된다. 완전 연소 후, 연소 생성물은 배기 시스템을 빠져나가는데 이 배기 시스템에서 10°C까지 냉각된다. 연소 생성물의 이슬점 온도와 혼합 연료 kg당 응축되는 물의 질량을 구하라.

13.96 1 CO + 1 H_2O + 20 N_2의 혼합물이 200% 이론공기량으로 연소되고 반응물이 P_0, T_0로 유입될 때 단열화염 온도를 구하라.

13.97 일산화탄소(CO)를 150% 이론 공기량으로 연소시킨다. 두 기체는 150 kPa, 600 K 상태로 공급된다. 발열량과 단열 화염 온도를 구하라.

13.98 온도가 T_0인 프로판이 4 kg/h의 유량으로 T_0인 200% 이론공기량과 연소되고 배기생성물은 800 K, 100 kPa로 열회수장치로 유입되고 400 K가 되어 배출된다. 배기 생성물은 800 K에 이르기 전에 얼마의 에너지를 방출한 것인가? 그리고 열회수장치에서는 얼마의 에너지를 회수한 것인가? 열회수장치 효율을 구하라.

13.99 앞 문제의 열회수장치에서 T_0 온도의 연소용 공기가 가열된다. 예열 후 온도, 연소생성물이 열회수장치에 전달한 엑서지, 그리고 장치의 열역학 제2법칙 효율을 구하라.

13.100 단단한 용기 내에 부틴(C_4H_8)과 이론공연비의 공기가 P_0, T_0로 채워져 있다. 이 혼합물은 짧은 시간에 연소되어 열손실 없이 상태 2가 된다. 그 다음 연소생성물은 1200 K로 냉각되는 상태 3이 된다. 최종 압력 P_3를 구하라. 총열전달량 ${}_1Q_3$ 그리고 연소 직후의 온도 T_2를 구하라.

제 14 장

상평형 및 화학 평형의 개요

Introduction to Phase and Chemical Equilibrium

이제까지는 시스템은 평형이라고 가정하거나, 준평형 과정 또는 가역 과정 등에서와 같이 시스템은 평형에서 벗어난 정도가 미소하다고 가정했었다. 즉 비가역 과정이 진행 중일 때에는 시스템의 상태는 전혀 다루지 않았으며, 검사 질량의 경우에는 시스템의 초기 상태와 최종 상태만을, 검사 체적의 경우에는 입구 상태와 출구 상태만을 다루었다. 어떤 경우이든 시스템은 전반적으로 평형이거나 최소한 국부적으로 평형이라고 가정하였다.

14장에서는 평형에 대한 판단 기준을 검토하고, 여기에서 유도되는 관계식을 이용하여 평형인 시스템의 상태량을 특정한 조건하에서 결정하고자 한다. 우리가 다루게 될 특정 예로는 단상(single phase)의 화학 평형(균일 평형) 및 이와 관련된 몇몇 문제 등이 있다.

14.1 평형 조건

일반적인 평형 조건으로, 시스템이 주위로부터 고립되었을 때 이 시스템이 일을 할 가능성이 없으면 그 시스템은 당연히 평형이라고 가정한다. 이 판단 기준을 적용하려면, 시스템을 2개 또는 그 이상의 부시스템(subsystem)으로 나누고, 이들 두 부시스템 사이의 모든 상호작용을 고려하여, 그로 인해 일을 할 가능성이 있는지를 살펴보는 것이 도움이 된다. 그림 14.1이 한 가지 예로, 둘로 나눈 시스템 사이에 (생각할 수 있는 다양한 모든) 기관이 있는 경우이다. 시스템을 다르게 정의하여 인접한 주위를 포함하도록 할 수도 있다. 이 경우에는 인접한 주위를 부시스템으로 간주하여 시스템과 그 주위의 평형이라는 일반적인 경우를 생각해 볼 수 있다.

첫 번째 평형 조건은 두 부시스템의 온도가 같아야 한다는 것이다. 만일 두 온도가 같지 않다면 이 두 시스템 사이에서 열기관을 작동시켜 일을 할 수 있을 것이다. 따라서 평형 조건의 하나는 시스템의 온도가 균일

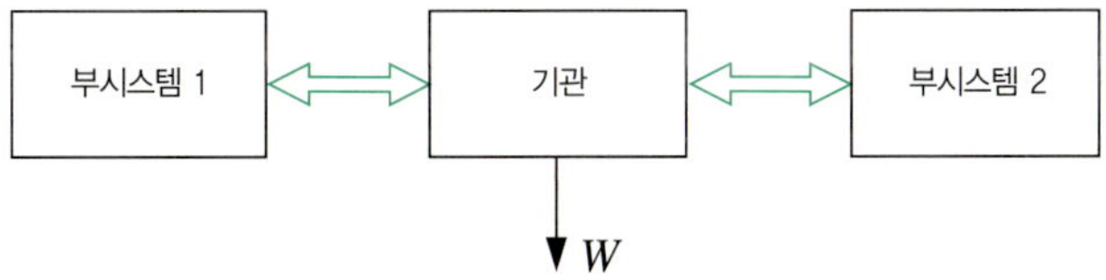

그림 14.1 ▸ 기관을 통해 연결된 두 부시스템.

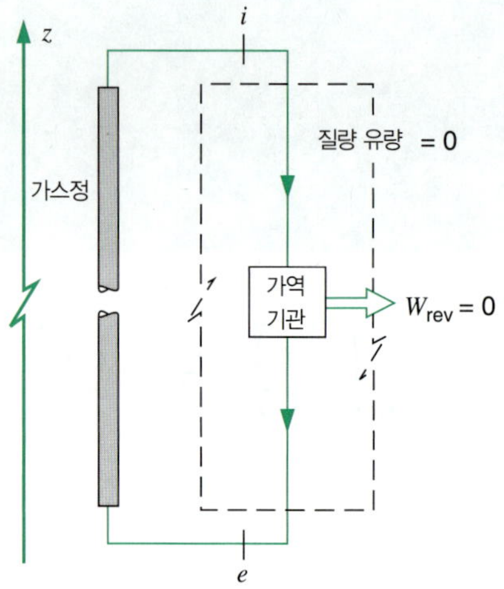

그림 14.2 ▸ 가역일과 평형의 판단 기준 사이의 관계.

해야 한다는 것이다. 두 번째로 두 시스템 사이에서는 역학적인 힘의 균형이 유지되어야 한다. 그렇지 않다면 두 시스템 사이에서 터빈 기관 또는 피스톤 기관을 작동시켜 일을 할 수 있을 것이다.

이제 화학 반응을 겪는 물질을 포함하는 모든 단순 압축성 물질에 적용될, 평형의 일반적인 판단 기준을 세우고자 한다. Gibbs 함수가 평형의 판단 기준을 정의하는 데 특히 중요한 상태량이 될 것이다.

그러면 먼저 이를 설명하기 위한 정성적인 예를 생각해 보기로 한다. 천연 가스정의 깊이가 1 km이고, 가스정 전체에 걸쳐 가스의 온도는 일정하다고 가정해 보자. 가스정 상부에서의 가스 성분은 알고 있을 때, 가스정 하부에서의 가스 조성을 구하려 한다. 또한 가스정 안의 상태는 평형이라고 가정한다. 이러한 경우에 그림 14.2와 같은 (높이의 변화에 따른 압력과 조성의 차이에 의해 작동하며 연소 과정은 없는) 기관은 일을 할 수 없다고 예상된다.

이 기관을 둘러싸고 있는 검사 체적에 대한 정상상태 과정을 해석하면 i부터 e까지의 상태 변화에 대한 가역일은 식 (8.14)를 이용하여 전체 질량을 기준으로 다음과 같다.

$$\dot{W}^{\text{rev}} = \dot{m}_i\left(h_i + \frac{\mathbf{V}_i^2}{2} + gZ_i - T_0 s_i\right) - \dot{m}_e\left(h_e + \frac{\mathbf{V}_e^2}{2} + gZ_e - T_0 s_e\right)$$

또 $T_i = T_e = T_0 =$ 일정이므로 위의 식을 Gibbs 함수 $g = h - Ts$로 식 (12.14)의 형태로 간단히 쓸 수 있다. 따라서 가역일은 다음과 같다.

$$\dot{W}^{\text{rev}} = \dot{m}_i\left(g_i + \frac{\mathbf{V}_i^2}{2} + gZ_i\right) - \dot{m}_e\left(g_e + \frac{\mathbf{V}_e^2}{2} + gZ_e\right)$$

그러나

$$\dot{W}^{\text{rev}} = 0, \qquad \dot{m}_i = \dot{m}_e, \qquad \frac{\mathbf{V}_i^2}{2} = \frac{\mathbf{V}_e^2}{2}$$

이므로 다음과 같이 쓸 수 있다.

$$g_i + gZ_i = g_e + gZ_e$$

따라서 높이차가 dZ인 가스정 안의 두 점 사이에서 평형 조건은 다음과 같을 것이다.

$$dg_T + g\,dZ_T = 0$$

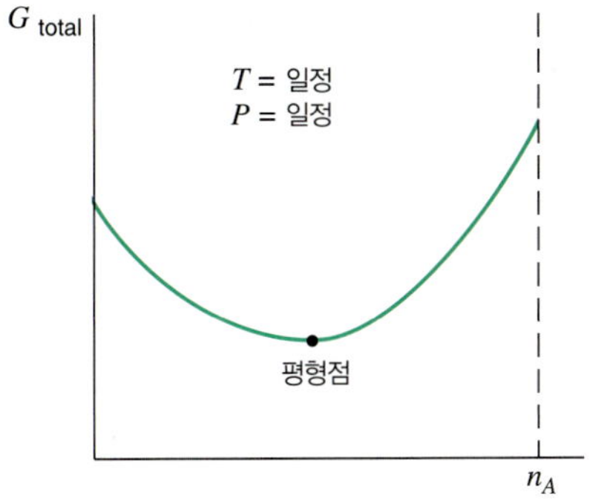

그림 14.3 ▸ 화학 평형 조건의 예시.

깊은 가스정과는 달리 우리가 다루는 대부분의 시스템에서 ΔZ는 무시할 수 있을 정도로 작으므로 압력은 전반적으로 균일하다고 생각한다.

이상으로부터 화학 조성의 변화가 있을 수 있는 단순 압축성 물질에 적용하는, 평형에 대한 일반적인 표현을 다음과 같이 유도하게 된다.

$$dG_{T,P} = 0 \tag{14.1}$$

즉 화학 반응의 **평형**(equilibrium) 상태는 **Gibbs 함수가 최소**가 되는 상태라고 할 수 있다. 예를 들어 초기에 n_A 몰의 물질 A와 n_B 몰의 물질 B로 이루어진 시스템이 다음의 관계식으로 반응한다고 하자.

$$\nu_A A + \nu_B B \rightleftharpoons \nu_C C + \nu_D D$$

또한 이 반응이 일정한 압력과 온도에서 일어난다고 하자. 이 검사 질량에 대한 G를 시스템 안에 존재하는 A의 몰수 n_A의 함수로 그리면 그림 14.3과 같은 곡선으로 나타난다. 곡선 상의 최소점에서 $dG_{T,P} = 0$이며, 이때의 조성이 주어진 온도와 압력 상태에서 이 시스템의 평형 조성(equilibrium composition)이 될 것이다. 화학 평형에 대해서는 14.4절에서 그 내용을 더 다루게 된다.

14.2 순수 물질의 2상 평형

평형 조건의 다른 예로 순수 물질의 2상(two phases) 평형에 대하여 생각해 보기로 한다. 순수 물질의 두 상이 평형을 이루고 있는 검사 질량을 생각해 보자. 이 조건하에서 두 상의 압력과 온도는 동일하다. 이제 온도와 압력은 일정하게 유지되면서 dn 몰의 상이 1에서 2로 바뀌는 다음의 상태 변화를 생각해 보자.

$$dn^1 = -dn^2$$

이 검사 질량의 Gibbs 함수는 다음과 같다.

$$G = f(T, P, n^1, n^2)$$

여기서 n^1과 n^2는 각 상의 몰수를 나타낸다. 따라서

$$dG = \left(\frac{\partial G}{\partial T}\right)_{P,n^1,n^2} dT + \left(\frac{\partial G}{\partial P}\right)_{T,n^1,n^2} dP + \left(\frac{\partial G}{\partial n^1}\right)_{T,P,n^2} dn^1 + \left(\frac{\partial G}{\partial n^2}\right)_{T,P,n^1} dn^2$$

이다. 정의에 의해

$$\left(\frac{\partial G}{\partial n^1}\right)_{T,P,n^2} = \bar{g}^1 \qquad \left(\frac{\partial G}{\partial n^2}\right)_{T,P,n^1} = \bar{g}^2$$

이므로 온도와 압력이 일정할 때는

$$dG = \bar{g}^1\,dn^1 + \bar{g}^2\,dn^2 = dn^1(\bar{g}^1 - \bar{g}^2)$$

이다. 평형일 때는 식 (14.1)에서

$$dG_{T,P} = 0$$

이다. 따라서 평형일 때는

$$\bar{g}^1 = \bar{g}^2 \tag{14.2}$$

이 된다. 즉 평형 조건하에서 순수 물질의 각 상의 Gibbs 함수는 서로 같다. 그렇다면 300 kPa의 포화 액체(물)와 포화 증기(수증기)의 Gibbs 함수를 계산하여 위의 사실을 확인해 보자. 수증기표에서

포화 액체의 경우:

$$g_f = h_f - Ts_f = 561.47 - 406.7 \times 1.6718 = -118.4\ \text{kJ/kg}$$

포화 증기의 경우:

$$g_g = h_g - Ts_g = 2725.3 - 406.7 \times 6.9919 = -118.4\ \text{kJ/kg}$$

이다. 식 (14.2)는 관계식

$$T\,ds = dh - v\,dP$$

을 압력과 온도가 일정한 상태에서 일어나는 상변화에 적용하여 유도할 수도 있다. 이 과정에 대해 관계식은 다음과 같이 적분할 수 있다.

$$\int_f^g T\,ds = \int_f^g dh$$
$$T(s_g - s_f) = (h_g - h_f)$$
$$h_f - Ts_f = h_g - Ts_g$$
$$g_f = g_g$$

평형을 이루고 있는 두 상의 Gibbs 함수가 같다는 사실을 고려하면, 12.1절에서 유도했던 Clapeyron 식을 다른 방법으로 유도할 수 있다. 12장에서 단순 압축성 물질에 대한 아래 관계식[식 (12.15)]을 생각했다.

$$dg = v\,dP - s\,dT$$

평형을 유지하고 있는 포화 액체와 포화 증기로 이루어진 검사 질량에서 압력이 dP만큼 변했다고 하자. 이에 따른 온도 변화는 증기압 곡선에서 dT가 된다. 두 상의 Gibbs 함수는 dg만큼 변하지만, 이들이 평형을 이루고 있을 때 두 상의 Gibbs 함수 값은 항상 같기 때문에 다음과 같은 결과를 얻는다.

$$dg_f = dg_g$$

식 (12.15)의 dg를 두 상에 대해 각각 적용하면

$$dg_f = v_f\,dP - s_f\,dT$$
$$dg_g = v_g\,dP - s_g\,dT$$

두 식을 평형 조건에 대입하면

$$v_f\,dP - s_f\,dT = v_g\,dP - s_g\,dT$$

$$dP(v_g - v_f) = dT(s_g - s_f)$$

$$\frac{dP}{dT} = \frac{s_{fg}}{v_{fg}} = \frac{h_{fg}}{Tv_{fg}} \tag{14.3}$$

요약하면 순수 물질의 서로 다른 상들이 평형을 이루고 있을 때 각 상의 단위 질량당 Gibbs 함수 값은 같다. 이 사실은 순수 물질의 서로 다른 고체상들의 관계에도 적용되며 열역학을 금속에 적용할 경우에 중요하다. 예제 14.1을 통하여 이 원리를 설명한다.

예제 14.1

온도가 25°C인 흑연을 다이아몬드로 변환하기 위해 가해야 할 압력은 얼마인가? 온도 25°C, 압력 0.1 MPa에 대한 아래 데이터를 이용한다.

	흑연	다이아몬드
g	0	2867.8 kJ/kmol
v	0.000 444 m^3/kg	0.000 284 m^3/kg
β_T	0.304×10^{-6} 1/MPa	0.016×10^{-6} 1/MPa

해석 및 풀이

이 문제를 푸는 기본 원리는 흑연과 다이아몬드의 Gibbs 함수가 같을 때에 이들이 평형을 이루며 존재할 수 있다는 것이다. 압력이 0.1 MPa이면 다이아몬드의 Gibbs 함수 값이 흑연의 Gibbs 함수 값보다 크다. 그러나 다이아몬드보다는 흑연의 경우에 압력 증가로 인한 Gibbs 함수의 증가량이 더 크므로 어떤 높은 압력에서는 이들이 평형 상태로 존재할 수 있으며, 그 압력을 구하면 된다.

이미 알고 있는 관계식

$$dg = v\,dP - s\,dT$$

에서 등온 과정이므로 간단히

$$dg_T = v\,dP_T \tag{a}$$

이다. 이제 등온 압축성 인자를 이용하여 임의의 압력 P와 주어진 온도 상태에서의 비체적을 구할 수 있다.

$$v = v^0 + \int_{P=0.1}^{P} \left(\frac{\partial v}{\partial P}\right)_T dP = v^0 + \int_{P=0.1}^{P} \frac{v}{v}\left(\frac{\partial v}{\partial P}\right)_T dP$$

$$= v^0 - \int_{P=0.1}^{P} v\beta_T\,dP \tag{b}$$

이 예제에서 상첨자 0은 압력 0.1 MPa, 온도 25°C에서의 상태량을 나타낸다.

압력 변화로 인한 비체적의 변화는 아주 작기 때문에 $v \approx v^0$이다. 또한 β_T는 일정하며 압력은 상당히 높다고 가정한다. 이렇게 가정하면 위의 식을 다음과 같이 적분할 수 있다.

$$v = v^0 - v^0\beta_T P = v^0(1 - \beta_T P) \tag{c}$$

이제 이 식을 식 (a)에 대입하여 다음의 관계식을 얻는다.

$$dg_T = [v^0(1 - \beta_T P)]\, dP_T$$

$$g - g^0 = v^0(P - P^0) - v^0\beta_T\frac{(P^2 - P^{02})}{2} \quad \text{(d)}$$

$P^0 \ll P$라고 가정하면 위의 식은 다음과 같이 간단하게 된다.

$$g - g^0 = v^0\left(P - \frac{\beta_T P^2}{2}\right) \quad \text{(e)}$$

흑연의 경우 $g^0 = 0$이므로

$$g_G = v_G^0\left[P - (\beta_T)_G\frac{P^2}{2}\right]$$

이며, 다이아몬드의 경우 g^0의 값이 정해져 있으므로

$$g_D = g_D^0 + v_D^0\left[P - (\beta_T)_D\frac{P^2}{2}\right]$$

이다. 그러나 평형 상태에서 흑연과 다이아몬드의 Gibbs 함수는 동일하다.

$$g_G = g_D$$

따라서

$$v_G^0\left[P - (\beta_T)_G\frac{P^2}{2}\right] = g_D^0 + v_D^0\left[P - (\beta_T)_D\frac{P^2}{2}\right]$$

$$(v_G^0 - v_D^0)P - [v_G^0(\beta_T)_G - v_D^0(\beta_T)_D]\frac{P^2}{2} = g_D^0$$

$$(0.000\,444 - 0.000\,284)\text{ MPa } P$$
$$-(0.000\,444 \times 0.304 - 0.000\,284 \times 0.016) \times 10^{-6}P^2/2 = \frac{2867.8}{12.011 \times 1000}\text{ MPa}^2$$

이다. 이 식을 풀어 P를 구하면

$$P = 1493\text{ MPa}$$

이 된다. 즉 1493 MPa, 25°C에서 흑연과 다이아몬드는 평형을 이루며 존재할 수 있다. 따라서 흑연이 다이아몬드로 변환될 가능성이 있다.

14.3 준안정 평형

이 책에서 다룰 수 있는 내용에는 한계가 있으므로 준안정 평형(metastable equilibrium)에 대한 광범위한 논의는 어려우나, 간단한 소개만은 하고자 한다. 우선 준안정 평형의 한 예를 생각하자.

약간 과열된 수증기가 그림 14.4와 같이 축소-확대 노즐에서 팽창한다. 이 과정이 가역 단열이라고 가정하면, 증기의 상태는 T-s 선도 상의 경로 1−a를 따라 변화하고 점 a에서 응축이 일어날 것으로 예상된다. 그러나 노즐의 확대부에서 점 a에 도달하더라도 점 b에 이르기 전까지는 응축이 일어나지 않다가 점 b에서 아주 급격히 응축이 일어나는 것을 관찰하게 된다. 이것을 **응축 충격**(condensation shock)이라 한다. 점 a와 b 사이에서 물은 증기로서 존재하나, 그 온도는 주어진 압력에 대한 포화 온도보다 낮다. 이러한 상태를 **준안정**

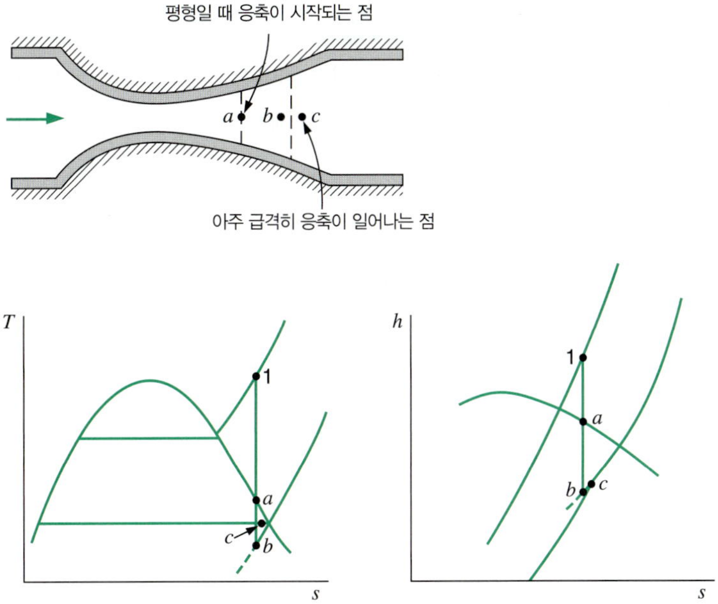

그림 14.4 ▸ 노즐 안에서 일어나는 과포화(supersaturation) 현상의 예시도.

상태(metastable state)라 한다. 준안정 상태는 모든 상변화에서 존재할 가능성이 있다. 그림 14.5의 상선도에서 점선은 고체–액체–증기 평형에서 가능한 준안정 상태를 나타내고 있다.

준안정 상태 현상은 그림 14.6과 같이 도식적 표현으로 흔히 나타낸다. 이 그림에서 공은 변위가 작을 때는 안정된 위치('준안정 상태')에 있지만, 변위가 큰 경우에는 평형이 유지되는 새로운 위치로 이동한다. 노즐에서 팽창하는 수증기는 a와 b 사이에서는 준안정 상태에 있는데, 이것이 뜻하는 바는 다음과 같다: 물방울의 크기가 어떤 특정한 임계 크기보다 작은 경우에는 그 물방울은 재증발하며, 이 임계 크기보다 큰 물방울이 형성될 경우에만(공이 움푹 파인 곳에서 나와 새로운 위치로 이동하는 경우에 해당됨) 새로운 평형 상태가 나타나게 된다.

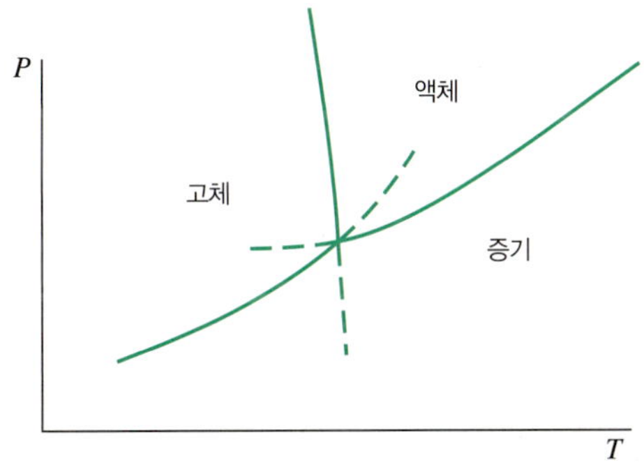

그림 14.5 ▸ 고체–액체–증기 평형에 대한 준안정 상태.

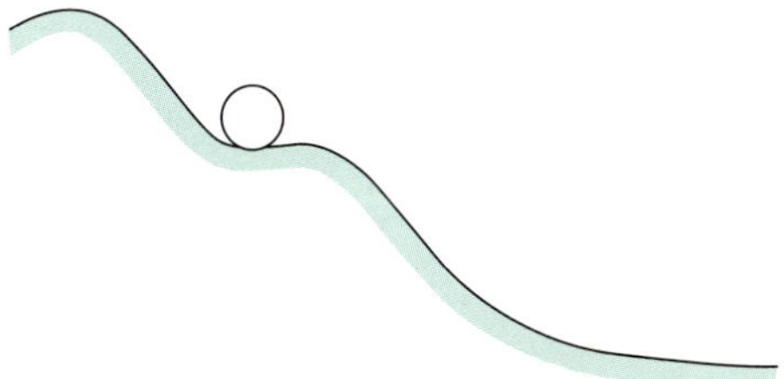

그림 14.6 ▸ 준안정 평형의 도식적 표현.

14.4 화학 평형

이제 화학 평형으로 관심을 돌려서, 단상에서 일어나는 화학 반응을 우선 생각해 보자. 이것을 균일 화학 반응(homogeneous chemical reaction)이라고 한다. 이 단상을 기체상으로 생각하는 것이 편리하겠지만 기본적으로 모든 상에 다 적용될 수 있다.

그림 14.7의 용기에는 주어진 압력과 온도에서 화학 평형을 유지하고 있는 4개의 화합물 A, B, C, D가 들어있다. 예를 들면 이들은 평형을 유지하고 있는 CO_2, H_2, CO, H_2O일 수도 있다. 각 성분의 몰수를 각각 n_A, n_B, n_C, n_D로 표기하고, 이들 네 성분 사이에서 일어나는 화학 반응은 다음과 같다고 하자.

$$\nu_A A + \nu_B B \rightleftharpoons \nu_C C + \nu_D D \tag{14.4}$$

여기서 ν는 양론 계수(stoichiometric coefficient)이다. 강조할 점은 ν(양론 계수) 값들 사이에는 아주 명확한 관계가 있는 반면, 모든 구성 성분의 n(존재하는 성분의 몰수) 값들은 반응 용기 안에 들어 있는 그 성분의 양에 따라 결정된다는 점이다.

이제 평형 상태에서 $dG_{T,P} = 0$이라는 평형 조건이 균일 화학 반응에 어떻게 적용되는가를 생각해 보자. 먼저 네 성분이 화학 평형을 이루고 있다고 가정하고, 그 후에 온도와 압력을 일정하게 유지하면서 이 평형 상태로부터 식 (14.4)의 오른쪽으로 가는 반응이 약간 진행된다고 가정한다. 그 결과로 A와 B의 몰수는 감소하고 C와 D의 몰수는 증가한다. 여기서 반응도(degree of reaction)를 ε으로 표기하고, 다음 식으로 정의한다.

$$\begin{aligned} dn_A &= -\nu_A \, d\varepsilon \\ dn_B &= -\nu_B \, d\varepsilon \\ dn_C &= +\nu_C \, d\varepsilon \\ dn_D &= +\nu_D \, d\varepsilon \end{aligned} \tag{14.5}$$

즉 화학 반응 과정에서 각 성분의 몰수 변화는 양론 계수(ν)와 반응도의 곱이다.

화학 반응이 오른쪽으로 $d\varepsilon$만큼 진행될 때 이 화학 반응과 관련된 Gibbs 함수의 변화량을 계산해 보자. 이 계산을 하기 위해서 혼합물 안에 있는 각 성분의 Gibbs 함수—부분 몰 Gibbs 함수(또는 이와 동등한 화학 퍼텐셜)—를 다음과 같이 이용한다.

$$dG_{T,P} = \overline{G}_C \, dn_C + \overline{G}_D \, dn_D + \overline{G}_A \, dn_A + \overline{G}_B \, dn_B$$

식 (14.5)를 위의 식에 대입하면

$$dG_{T,P} = (\nu_C \overline{G}_C + \nu_D \overline{G}_D - \nu_A \overline{G}_A - \nu_B \overline{G}_B) \, d\varepsilon \tag{14.6}$$

이제 부분 몰 Gibbs 함수를 계산이 가능한 상태량으로 나타내는 식을 유도해야 한다. Gibbs 함수의 정의식 (12.14)는 다음과 같다.

$$G = H - TS$$

그림 14.7 » 화학 평형에 대한 설명도.

성분 A와 B로 구성된 혼합물에 대해 T, P, n_B를 고정하고 n_A에 대해서 위 식을 편미분하면 다음의 식을 얻는다.

$$\left(\frac{\partial G}{\partial n_A}\right)_{T,P,n_B} = \left(\frac{\partial H}{\partial n_A}\right)_{T,P,n_B} - T\left(\frac{\partial S}{\partial n_A}\right)_{T,P,n_B}$$

여기서 세 편미분 도함수는 식 (12.65)에 따라 부분 몰 상태량의 정의에 해당한다. 따라서

$$\overline{G}_A = \overline{H}_A - T\overline{S}_A \tag{14.7}$$

이상기체 혼합물에서 엔탈피는 압력의 함수가 아니므로

$$\overline{H}_A = \overline{h}_{A,TP} = \overline{h}^{\,0}_{A,TP^0} \tag{14.8}$$

그러나 엔트로피는 압력의 함수이므로 A의 부분 엔트로피는 표준 상태 값을 이용하여 식 (13.22)로 표현할 수 있다.

$$\overline{S}_A = \overline{s}_{A,TP_A=y_AP} = \overline{s}^{\,0}_{A,TP^0} - \overline{R}\ln\left(\frac{y_AP}{P^0}\right) \tag{14.9}$$

이제 식 (14.8)과 (14.9)를 식 (14.7)에 대입하면 다음의 결과를 얻는다.

$$\begin{aligned}\overline{G}_A &= \overline{h}^{\,0}_{A,TP^0} - T\overline{s}^{\,0}_{A,TP^0} + \overline{R}T\ln\left(\frac{y_AP}{P^0}\right)\\ &= \overline{g}^{\,0}_{A,TP^0} + \overline{R}T\ln\left(\frac{y_AP}{P^0}\right)\end{aligned} \tag{14.10}$$

식 (14.10)은 혼합물 중 한 성분의 부분 Gibbs 함수에 대한 표현식으로, 부분 Gibbs 함수를 특정 기준값, 즉 같은 온도에서 순수 물질의 표준 상태 Gibbs 함수와 온도, 압력, 혼합물 조성의 함수의 합으로 나타낸 것이다. 이 표현식을 각 구성 성분에 대해서 적용하고 식 (14.6)에 대입하여 정리하면 다음과 같다.

$$\begin{aligned}dG_{TP} = \Bigg\{&\nu_C\left[\overline{g}^{\,0}_C + \overline{R}T\ln\left(\frac{y_CP}{P^0}\right)\right] + \nu_D\left[\overline{g}^{\,0}_D + \overline{R}T\ln\left(\frac{y_DP}{P^0}\right)\right]\\ &- \nu_A\left[\overline{g}^{\,0}_A + \overline{R}T\ln\left(\frac{y_AP}{P^0}\right)\right] - \nu_B\left[\overline{g}^{\,0}_B + \overline{R}T\ln\left(\frac{y_BP}{P^0}\right)\right]\Bigg\}d\varepsilon\end{aligned} \tag{14.11}$$

다음과 같이 ΔG^0를 정의한다.

$$\Delta G^0 = \nu_C\overline{g}^{\,0}_C + \nu_D\overline{g}^{\,0}_D - \nu_A\overline{g}^{\,0}_A - \nu_B\overline{g}^{\,0}_B \tag{14.12}$$

즉 식 (14.4)로 표현된 (각 성분의 양론 계수 값만 관계되는) 화학 반응이 왼쪽에서 오른쪽으로 완전히 진행되었을 때, ΔG^0는 온도 T와 표준 상태 압력 상태에서 초기 반응물 A와 B가 최종 생성물 C와 D로 변하였을 때 **Gibbs 함수의 변화량**이다. 또 주어진 반응에 대한 ΔG^0는 온도만의 함수이다. 이는 균일 화학 평형의 내용을 전개하는 데 있어서 기억해야 할 가장 중요한 사항이다. 여기서 잠시 ΔG^0를 계산하는 예제를 살펴보자.

예제 14.2

25°C 및 2000 K에서 화학 반응 $2H_2O \rightleftharpoons 2H_2 + O_2$의 ΔG^0 값을 구하라. 여기서 물은 기체상이다.

풀이

주어진 임의의 온도에서 표준 상태 Gibbs 함수 변화량에 대한 식 (14.12)는 다음 관계식을 이용하여 계산할 수 있다.

$$\Delta G^0 = \Delta H^0 - T\,\Delta S^0$$

온도 25°C에서

$$\begin{aligned}\Delta H^0 &= 2\bar{h}^0_{f\,H_2} + \bar{h}^0_{f\,O_2} - 2\bar{h}^0_{f\,H_2O(g)}\\ &= 2(0) + 1(0) - 2(-241\,826\ \text{kJ/kmol}) = 483\,652\ \text{kJ/kmol}\\ \Delta S^0 &= 2\bar{s}^0_{H_2} + \bar{s}^0_{O_2} - 2s^0_{H_2O(g)}\\ &= [2(130.678) + 1(205.148) - 2(188.834)]\ \text{kJ/kmol-K} = 88.836\ \text{kJ/kmol-K}\end{aligned}$$

따라서 25°C에서는

$$\Delta G^0 = 483\,652\ \text{kJ/kmol} - 298.15\ \text{K} \times 88.836\ \text{kJ/kmol-K} = 457\,166\ \text{kJ/kmol}$$

온도 2000 K에서

$$\begin{aligned}\Delta H^0 &= 2\left(\bar{h}^0_{2000} - \bar{h}^0_{298}\right)_{H_2} + \left(\bar{h}^0_{2000} - \bar{h}^0_{298}\right)_{O_2} - 2\left(\bar{h}^0_f + \bar{h}^0_{2000} - \bar{h}^0_{298}\right)_{H_2O}\\ &= [2(52\,942) + (59\,176) - 2(-241\,826 + 72\,788)]\ \text{kJ/kmol}\\ &= 503\,136\ \text{kJ/kmol}\\ \Delta S^0 &= 2\left(\bar{s}^0_{2000}\right)_{H_2} + \left(\bar{s}^0_{2000}\right)_{O_2} - 2\left(\bar{s}^0_{2000}\right)_{H_2O}\\ &= [2(188.419) + (268.748) - 2(264.769)]\ \text{kJ/kmol-K}\\ &= 116.048\ \text{kJ/kmol-K}\end{aligned}$$

따라서

$$\Delta G^0 = 503\,136\ \text{kJ/kmol} - 2000\ \text{K} \times 116.048\ \text{kJ/kmol-K} = 271\,040\ \text{kJ/kmol}$$

이제 다시 내용 전개를 계속하기로 한다. 식 (14.12)를 식 (14.11)에 대입하여 정리하면 다음 식을 얻는다.

$$dG_{T,P} = \left\{\Delta G^0 + \bar{R}T\ln\left[\frac{y_C^{\nu_C} y_D^{\nu_D}}{y_A^{\nu_A} y_B^{\nu_B}}\left(\frac{P}{P^0}\right)^{\nu_C+\nu_D-\nu_A-\nu_B}\right]\right\} d\varepsilon \qquad \textbf{(14.13)}$$

평형 상태에서 $dG_{T,P} = 0$이다. 그리고 $d\varepsilon$은 임의의 값이므로

$$\ln\left[\frac{y_C^{\nu_C} y_D^{\nu_D}}{y_A^{\nu_A} y_B^{\nu_B}}\left(\frac{P}{P^0}\right)^{\nu_C+\nu_D-\nu_A-\nu_B}\right] = -\frac{\Delta G^0}{\bar{R}T} \qquad \textbf{(14.14)}$$

편의상 **평형 상수**(equilibrium constant) ***K***를 다음과 같이 정의한다.

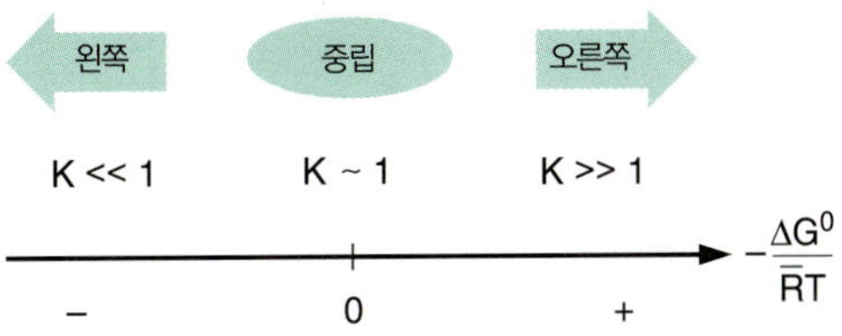

그림 14.8 ▸ Gibbs 함수의 변화와 반응 방향.

$$\ln K = -\frac{\Delta G^0}{\bar{R}T} \tag{14.15}$$

여기서 주어진 반응에 대한 K는 온도만의 함수여야 한다. 왜냐하면 ΔG^0는 주어진 온도와 표준 상태 압력하에 있는 순수 물질의 상태량을 이용하여 식 (14.12)로 나타냈기 때문이다.

식 (14.14)와 (14.15)를 연립하면

$$K = \frac{y_C^{\nu_C} y_D^{\nu_D}}{y_A^{\nu_A} y_B^{\nu_B}} \left(\frac{P}{P^0}\right)^{\nu_C+\nu_D-\nu_A-\nu_B} \tag{14.16}$$

이 된다. 이 식이 반응식 (14.4)에 대한 **화학 평형식**(chemical equilibrium equation)이다.

평형 상수의 정의식인 (14.15)와 (14.16)에서 몇 가지 결론을 이끌어 낼 수 있다. Gibbs 함수의 변화가 크고 양수이면, ln K는 크고 음수이므로 K 값은 아주 작게 되어 결국 주어진 압력 P에서 식 (14.16)의 우변(성분 C와 D) 농도 값들은 좌변 농도 값과 비교하여 상대적으로 작게 된다. 즉 반응은 왼쪽으로 진행된다. 이와 반대로 Gibbs 함수의 변화가 크고 음수이면 K 값은 아주 크고 반응은 그림 14.8과 같이 오른쪽으로 진행된다. Gibbs 함수의 변화가 없으면 ln K는 0이고 K는 정확히 1이며, 반응은 중립이고 양론 계수가 극단적으로 큰 값이 아니면 모든 농도는 같은 크기의 차수가 된다.

살펴봐야 할 또 한 가지 사항은 온도와 압력의 영향이다. 같은 Gibbs 함수의 변화에 대하여 온도가 높아지면 ln K의 절댓값은 작아지고 K는 1에 가까워지므로 반응은 중립에 가깝다. 온도가 낮아지면 반응은 Gibbs 함수 G^0가 작은 쪽으로 진행된다. 압력의 영향이 있는 경우는 식 (14.16)의 지수가 0이 아닐 경우로, 우변의 몰수($\nu_C + \nu_D$)가 좌변의 몰수($\nu_A + \nu_B$)와 다를 때이다. 우변의 몰수가 크면, 이 지수는 양수이다. 압력이 기준 압력보다 클 때, 전체 압력비는 1보다 크고, 주어진 온도에서 K 값은 고정되어 있으므로 우변의 농도가 감소한다. 다른 모든 경우의 조합도 생각해 볼 수 있는데, 압력이 높아지면 몰수가 적어지는 방향으로 반응이 진행되고 압력이 낮아지면 몰수가 많아지는 방향으로 반응이 진행된다. 외부에서 가해지는 압력이 변화하면, 반응은 이와 반대 반향으로 진행된다고 할 수 있다.

예제 14.3

25°C 및 2000 K에서 화학 반응 $2H_2O \rightleftharpoons 2H_2 + O_2$의 상수 K를 ln K로 표현하라.

풀이

위의 두 온도에서 반응이 일어나는 경우에 대한 ΔG^0를 예제 14.2에서 이미 구했으므로 25°C에서 다음과 같다.

$$(\ln K)_{298} = -\frac{\Delta G^0_{298}}{\bar{R}T} = \frac{-457\,166\ \text{kJ/kmol}}{8.3145\ \text{kJ/kmol-K} \times 298.15\ \text{K}} = -184.42$$

2000 K에서

$$(\ln K)_{2000} = -\frac{\Delta G^0_{2000}}{\bar{R}T} = \frac{-271\,040\ \mathrm{kJ/kmol}}{8.3145\ \mathrm{kJ/kmol\text{-}K} \times 2000\ \mathrm{K}} = -16.299$$

표 A.11에는 각종 반응에 대한 평형 상수 값이 나와 있다. 각 반응에 대한 평형 상수는 각 순수 구성 성분의 표준 상태 압력 상태량으로 결정되었으며 온도만의 함수이다.

다른 반응식에 대해서도 화학 평형 상수를 예제 14.3과 같이 계산할 수 있다. 필요하면 표 A.11에 열거된 기본 반응을 선형 조합하여 다른 반응을 구성할 수 있다. 예를 들어 반응 I과 반응 II의 선형 조합(linear combination)으로 반응 III을 구성한다고 가정하자.

$$\begin{aligned} \mathrm{LHS_{III}} &= a\,\mathrm{LHS_I} + b\,\mathrm{LHS_{II}} \\ \mathrm{RHS_{III}} &= a\,\mathrm{RHS_I} + b\,\mathrm{RHS_{II}} \end{aligned} \tag{14.17}$$

Gibbs 함수 변화량의 정의 식 (14.12)에서

$$\Delta G^0_{\mathrm{III}} = G^0_{\mathrm{III\,RHS}} - G^0_{\mathrm{III\,LHS}} = a\,\Delta G^0_{\mathrm{I}} + b\,\Delta G^0_{\mathrm{II}}$$

평형 상수의 정의 식 (14.15)로부터

$$\ln K_{\mathrm{III}} = -\frac{\Delta G^0_{\mathrm{III}}}{\bar{R}T} = -a\frac{\Delta G^0_{\mathrm{I}}}{\bar{R}T} - b\frac{\Delta G^0_{\mathrm{II}}}{\bar{R}T} = a\ln K_{\mathrm{I}} + b\ln K_{\mathrm{II}}$$

따라서

$$K_{\mathrm{III}} = K_{\mathrm{I}}^a K_{\mathrm{II}}^b \tag{14.18}$$

이제 몇 가지 예제를 통해 균일 반응(homogeneous reaction)에 대한 평형 조성을 결정하는 과정과 특정 변수가 평형 조성에 미치는 영향에 대해서 살펴보기로 한다.

예제 14.4

다음의 수성 가스 반응인

$$\mathrm{III:}\ H_2 + CO_2 \rightleftharpoons H_2O + CO$$

에 대한 평형 상수를 표 A.11에 열거된 값으로 계산할 수 있음을 보이라.

풀이

표 A.11에 있는 반응식

$$\mathrm{I:}\ 2CO_2 \rightleftharpoons 2CO + O_2$$
$$\mathrm{II:}\ 2H_2O \rightleftharpoons 2H_2 + O_2$$

을 이용하면 다음과 같다.

$$\mathrm{III} = \tfrac{1}{2}\mathrm{I} - \tfrac{1}{2}\mathrm{II} = \tfrac{1}{2}(\mathrm{I} - \mathrm{II})$$

따라서

$$K_{III} = \left(\frac{K_I}{K_{II}}\right)^{\frac{1}{2}}$$

이다. 여기서 K_{III}는 표 A.11의 값을 이용하여 다음과 같이 계산한다.

$$\ln K_{III} = \frac{1}{2}(\ln K_I - \ln K_{II})$$

예제 14.5

온도 25°C, 압력 0.1 MPa 상태에 있는 1 kmol의 탄소가 25°C, 0.1 MPa 상태에 있는 1 kmol의 산소와 정상상태 과정으로 반응하여, 3000 K, 0.1 MPa 상태에 있는 CO_2, CO, O_2의 평형 혼합물을 형성한다. 평형 조성과 이 과정에 대한 열전달을 구하라.

검사 체적: 그림 14.9의 정상상태 연소실; 상태 알고 있고, 표 A.9와 A.10의 상태량

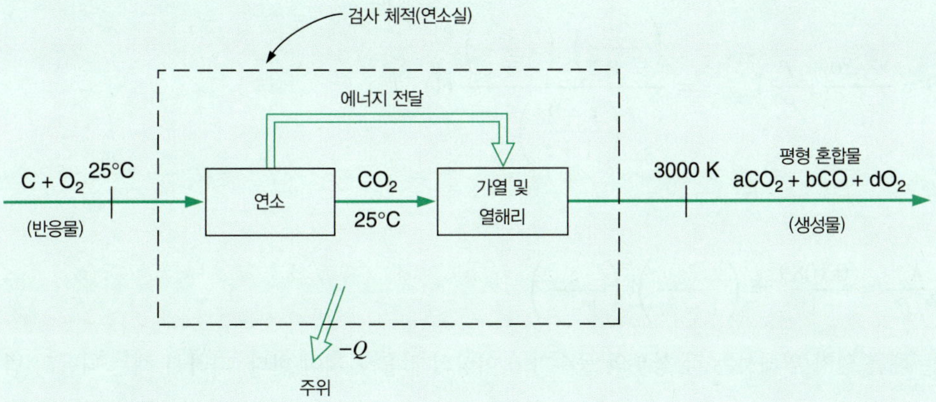

그림 14.9 » 예제 14.5의 개략도.

해석 및 풀이

편의상 전 과정을 그림 14.9와 같이 별도의 두 과정, 즉 연소 과정 및 연소 생성물인 이산화탄소의 가열과 **열해리**(dissociation) 과정으로 분리한다. 이들 두 단계의 과정은 각각 다음과 같다.

$$\text{연소:} \quad C + O_2 \rightarrow CO_2$$
$$\text{열해리:} \quad 2CO_2 \rightleftharpoons 2CO + O_2$$

즉 C와 O_2의 연소 과정에서 방출되는 에너지로 생성물 CO_2가 고온까지 가열되고, 그 결과로 CO_2의 일부는 열해리에 의해 CO와 O_2가 된다. 따라서 전 반응을 다음과 같이 쓸 수 있다.

$$C + O_2 \rightarrow aCO_2 + bCO + dO_2$$

여기서 미지수 a, b, d는 열해리 반응에 관한 평형 방정식을 풀어서 구해야 한다. 일단 이것을 구하면 연소실을 검사 체적으로 하고 제1법칙을 적용하여 열전달을 계산할 수 있다.

연소 방정식에서 열해리 반응의 초기 조성은 1 kmol의 CO_2가 전부이다. 따라서 $2z$를 열해리되는 CO_2의 kmol 수라고 하면 다음의 결과를 얻는다.

	$2CO_2 \rightleftharpoons$	$2CO +$	O_2
초기량:	1	0	0
변화량:	$-2z$	$+2z$	$+z$
평형량:	$(1-2z)$	$2z$	$z \Rightarrow n = 1 - 2z + 2z + z = 1 + z$

따라서 전 반응에 대한 반응식은

$$C + O_2 \rightarrow (1-2z)CO_2 + 2zCO + zO_2$$

총 몰수가 n이므로, 평형 몰분율은

$$y_{CO_2} = \frac{1-2z}{1+z} \qquad y_{CO} = \frac{2z}{1+z} \qquad y_{O_2} = \frac{z}{1+z}$$

이다. 3000 K에서 열해리 반응의 평형 상수 값은 표 A.11로부터 다음과 같다.

$$\ln K = -2.217 \quad \Rightarrow \quad K = 0.1089$$

이 값들과 $P = 0.1$ MPa을 식 (14.16)에 대입하면, 다음의 평형 방정식을 얻는다.

$$K = 0.1089 = \frac{y_{CO}^2 y_{O_2}}{y_{CO_2}^2}\left(\frac{P}{P^0}\right)^{2+1-2} = \frac{\left(\frac{2z}{1+z}\right)^2\left(\frac{z}{1+z}\right)}{\left(\frac{1-2z}{1+z}\right)^2} \quad (1)$$

더 편리한 형태로 정리하면

$$\frac{K}{P/P^0} = \frac{0.1089}{1} = \left(\frac{2z}{1-2z}\right)^2\left(\frac{z}{1+z}\right)$$

이 수학식에서 물리적으로 의미 있는 해를 얻기 위해서는 각 성분의 몰수가 0 이상의 값을 가져야 한다. 따라서 해는 다음의 범위 안에서 구한다.

$$0 \leq z \leq 0.5$$

위의 평형 방정식을 시행착오 방법으로 풀면

$$z = 0.2189$$

이다. 따라서 전 과정은 다음과 같다.

$$C + O_2 \rightarrow 0.5622\,CO_2 + 0.4378\,CO + 0.2189\,O_2$$

여기서 평형 몰분율은 다음과 같다.

$$y_{CO_2} = \frac{0.5622}{1.2189} = 0.4612; \quad y_{CO} = \frac{0.4378}{1.2189} = 0.3592; \quad y_{O_2} = \frac{0.2189}{1.2189} = 0.1796$$

연소실에서 주위로의 열전달은 형성 엔탈피와 표 A.9를 이용하여 계산할 수 있다. 이 과정에 대해서 반응물의 엔탈피는 다음과 같다.

$$H_R = (\bar{h}_f^0)_C + (\bar{h}_f^0)_{O_2} = 0 + 0 = 0$$

평형 생성물은 3000 K로 연소실에서 나오므로

$$H_P = n_{CO_2}(\bar{h}_f^0 + \bar{h}_{3000}^0 - \bar{h}_{298}^0)_{CO_2} + n_{CO}(\bar{h}_f^0 + \bar{h}_{3000}^0 - \bar{h}_{298}^0)_{CO} + n_{O_2}(\bar{h}_f^0 + \bar{h}_{3000}^0 - \bar{h}_{298}^0)_{O_2}$$

$$= 0.5622(-393\,522 + 152\,853)\ \text{kJ/kmol} + 0.4378(-110\,527 + 93\,504)\ \text{kJ/kmol}$$

$$+ 0.2189(98\,013)\ \text{kJ/kmol} = -121\,302\ \text{kJ/kmol}$$

이다. 이 결과를 제1법칙 식에 대입하면 다음과 같다.

$$Q_{\text{c.v.}} = H_P - H_R = -121\,302\ \text{kJ/kmol C burned}$$

예제 14.6

25°C의 탄소 1 kmol과 25°C의 산소 2 kmol이 반응하여 3000 K, 0.1 MPa의 CO_2, CO, O_2 평형 혼합물을 형성한다. 평형 조성을 구하라.

검사 체적: 그림 14.9의 정상상태 연소실; 상태 알고 있고, 표 A.9와 A.10의 상태량

해석 및 풀이

앞의 예제와 마찬가지로 전 과정을 두 단계로 분리한다. 연소 과정 식은

$$C + 2O_2 \rightarrow CO_2 + O_2$$

이며, 그 다음의 열해리 과정은 다음과 같다.

	$2CO_2$	$\rightleftharpoons 2CO$	$+ O_2$
초기량:	1	0	1
변화량:	$-2z$	$+2z$	$+z$
평형량:	$(1-2z)$	$2z$	$(1+z)$

이 경우에 전 과정은

$$C + 2O_2 \rightarrow (1-2z)CO_2 + 2zCO + (1+z)O_2$$

이고, 평형 상태에서 총 kmol 수는 다음과 같다.

$$n = (1-2z) + 2z + (1+z) = 2 + z$$

몰분율은

$$y_{CO_2} = \frac{1-2z}{2+z} \qquad y_{CO} = \frac{2z}{2+z} \qquad y_{O_2} = \frac{1+z}{2+z}$$

3000 K에서 반응 $2CO_2 \rightleftharpoons 2CO + O_2$의 평형 상수의 값은 예제 14.5로부터 0.1089이다. 따라서 이 값들과 식들 및 $P = 0.1$ MPa을 대입하면 평형 방정식은 다음과 같다.

$$K = 0.1089 = \frac{y_{CO}^2 y_{O_2}}{y_{CO_2}^2}\left(\frac{P}{P^0}\right)^{2+1-2} = \frac{\left(\frac{2z}{2+z}\right)^2\left(\frac{1+z}{2+z}\right)}{\left(\frac{1-2z}{2+z}\right)^2} (1)$$

즉

$$\frac{K}{P/P^0} = \frac{0.1089}{1} = \left(\frac{2z}{1-2z}\right)^2\left(\frac{1+z}{2+z}\right)$$

이다. 각 성분의 kmol 수가 0 이상이 되려면 다음의 조건을 만족시켜야 한다.

$$0 \le z \le 0.5$$

z에 대한 평형 방정식을 풀면

$$z = 0.1553$$

이므로, 전 과정은 다음과 같다.

$$C + 2\,O_2 \rightarrow 0.6894\,CO_2 + 0.3106\,CO + 1.1553\,O_2$$

이 결과를 예제 14.5의 결과와 비교하면 CO_2는 많아졌고 CO는 적어졌음을 알 수 있다. 산소를 추가하면 열해리 반응이 더 왼쪽으로 이동하게 된다.

평형 혼합물 안에 있는 각 성분의 몰분율은 다음과 같다.

$$y_{CO_2} = \frac{0.6894}{2.1553} = 0.320; \quad y_{CO} = \frac{0.3106}{2.1553} = 0.144; \quad y_{O_2} = \frac{1.1553}{2.1553} = 0.536$$

이 과정에서 연소실로부터의 열전달은 전 과정을 생각하여 예제 14.5와 같은 방법으로 구할 수 있다.

개념점검

a. 일정한 온도 T에서 O_2와 O의 혼합물 압력을 증가시시면, 조성에 어떤 변화가 생기는가?

b. 일정한 압력 P에서 O_2와 O의 혼합물 온도를 증가시기면, 조성에 어떤 변화가 생기는가?

c. 일정한 온도 T 및 일정한 압력 P에서 O_2와 O의 혼합물에 아르곤을 추가하면 O의 몰수에 어떤 변화가 생기는가?

14.5 연립 반응

14.4절에서 평형 방정식과 평형 상수에 대한 표현식을 유도할 때 시스템 안에 있는 물질에 대한 화학 반응식은 단 하나라고 가정했다. 여러 화학 반응이 일어나는 일반적인 상황을 설명하기 위해서, 두 반응이 동시에 일어나는 경우를 14.4절과 유사한 방법으로 해석해 보기로 한다. 그 결과는 여러 반응이 동시에 일어나는 시스템에 바로 확장 적용할 수 있다.

그림 14.10과 같이 물질 A, B, C, D, L, M, N으로 이루어진 혼합물을 생각해 보자. 압력 P, 온도 T에서 이 물질들은 화학 평형을 이루고 있으며, 아래의 독립적인 두 반응으로 연관되어 있다.

$$(1)\quad \nu_{A1}A + \nu_B B \rightleftharpoons \nu_C C + \nu_D D \qquad \textbf{(14.19)}$$

$$(2)\quad \nu_{A2}A + \nu_L L \rightleftharpoons \nu_M M + \nu_N N \qquad \textbf{(14.20)}$$

이 경우에는 성분 중의 하나(물질 A)가 두 반응 모두에 포함되어 있는데, 어떻게 결과식에 영향을 미치

그림 14.10 ▸ 연립 반응을 설명하는 개략도.

는지 살펴보고자 한다. 앞 절에서와 같이 성분의 양이 변화하는 것은 여러 양론 계수(그 값은 용기 안에 있는 각 물질의 몰수와 일치하지 않음)와 관계가 있다. 또한 계수 ν_{A1}과 ν_{A2}가 반드시 같지는 않다. 즉 일반적으로 물질 A가 각 반응에 참여하는 정도는 같지 않다.

평형 조건의 전개 방법은 14.4절에서 했던 방법과 완전히 동일하다. 각 반응이 오른쪽으로 약간 진행된다고 가정한다. 그 결과로 A, B, L의 몰수는 감소하고 C, D, M, N의 몰수는 증가한다. 반응 1과 2에 대한 반응도를 각각 ε_1과 ε_2라 하면 평형 조성에서 약간 벗어나서 발생하는 몰수의 변화는 다음과 같다.

$$\begin{aligned} dn_A &= -\nu_{A1}\,d\varepsilon_1 - \nu_{A2}\,d\varepsilon_2 \\ dn_B &= -\nu_B\,d\varepsilon_1 \\ dn_L &= -\nu_L\,d\varepsilon_2 \\ dn_C &= +\nu_C\,d\varepsilon_1 \\ dn_D &= +\nu_D\,d\varepsilon_1 \\ dn_M &= +\nu_M\,d\varepsilon_2 \\ dn_N &= +\nu_N\,d\varepsilon_2 \end{aligned} \qquad (14.21)$$

일정한 온도와 압력에서 용기 내 혼합물에 대한 Gibbs 함수의 변화는 다음과 같다.

$$dG_{T,P} = \overline{G}_A\,dn_A + \overline{G}_B\,dn_B + \overline{G}_C\,dn_C + \overline{G}_D\,dn_D + \overline{G}_L\,dn_L + \overline{G}_M\,dn_M + \overline{G}_N\,dn_N$$

여기에 식 (14.21)의 표현식을 대입하여 정리하면

$$\begin{aligned} dG_{T,P} = {} & (\nu_C\overline{G}_C + \nu_D\overline{G}_D - \nu_{A_1}\overline{G}_A - \nu_B\overline{G}_B)\,d\varepsilon_1 \\ & + (\nu_M\overline{G}_M + \nu_N\overline{G}_N - \nu_{A_2}\overline{G}_A - \nu_L\overline{G}_L)\,d\varepsilon_2 \end{aligned} \qquad (14.22)$$

이 된다. 이번에도 각각의 부분 몰 Gibbs 함수를 다음과 같은 항으로 표현하는 것이 편리하다.

$$\overline{G}_i = \overline{g}_i^{\,0} + \overline{R}T\ln\left(\frac{y_iP}{P^0}\right)$$

위의 형태를 이용하여 식 (14.22)는 다음과 같이 쓸 수 있다.

$$\begin{aligned} dG_{T,P} = {} & \left\{\Delta G_1^0 + \overline{R}T\ln\left[\frac{y_C^{\nu_C}y_D^{\nu_D}}{y_A^{\nu_{A1}}y_B^{\nu_B}}\left(\frac{P}{P^0}\right)^{\nu_C+\nu_D-\nu_{A1}-\nu_B}\right]\right\}d\varepsilon_1 \\ & + \left\{\Delta G_2^0 + \overline{R}T\ln\left[\frac{y_M^{\nu_M}y_N^{\nu_N}}{y_A^{\nu_{A2}}y_L^{\nu_L}}\left(\frac{P}{P^0}\right)^{\nu_M+\nu_N-\nu_{A2}-\nu_L}\right]\right\}d\varepsilon_2 \end{aligned} \qquad (14.23)$$

이 식에서 각 반응에 대한 Gibbs 함수의 표준 상태 변화는 다음과 같이 정의한다.

$$\Delta G_1^0 = \nu_C\overline{g}_C^{\,0} + \nu_D\overline{g}_D^{\,0} - \nu_{A1}\overline{g}_A^{\,0} - \nu_B\overline{g}_B^{\,0} \qquad (14.24)$$

$$\Delta G_2^0 = \nu_M\overline{g}_M^{\,0} + \nu_N\overline{g}_N^{\,0} - \nu_{A2}\overline{g}_A^{\,0} - \nu_L\overline{g}_L^{\,0} \qquad (14.25)$$

식 (14.23)은 T와 P가 일정할 때 두 반응 1과 2, 즉 식 (14.19)와 (14.20)이 약간 진행된 시스템에 대한 Gibbs 함수의 변화를 나타낸다. 평형 조건은 $dG_{T,P} = 0$이며, 반응 1과 2는 서로 독립적이므로 $d\varepsilon_1$과 $d\varepsilon_2$도 독립적으로 변화할 수 있다. 따라서 평형 상태에서는 식 (14.23)의 대괄호 안의 값이 각각 0이어야 한다. 두 반응에 대한 평형 상수를

$$\ln K_1 = -\frac{\Delta G_1^0}{\bar{R}T} \tag{14.26}$$

$$\ln K_2 = -\frac{\Delta G_2^0}{\bar{R}T} \tag{14.27}$$

로 정의하면, 평형 상태에서

$$K_1 = \frac{y_C^{\nu_C} y_D^{\nu_D}}{y_A^{\nu_{A1}} y_B^{\nu_B}} \left(\frac{P}{P^0}\right)^{\nu_C+\nu_D-\nu_{A1}-\nu_B} \tag{14.28}$$

$$K_2 = \frac{y_M^{\nu_M} y_N^{\nu_N}}{y_A^{\nu_{A2}} y_L^{\nu_L}} \left(\frac{P}{P^0}\right)^{\nu_M+\nu_N-\nu_{A2}-\nu_L} \tag{14.29}$$

이 된다. 이 표현식을 연립하여 풀면 혼합물의 평형 조성을 구할 수 있다. 다음의 예제를 통하여 이 계산 방법을 명확히 살펴보자.

예제 14.7

수증기 1 kmol을 0.1 MPa, 3000 K로 가열한다. 시스템 안에 H_2O, H_2, O_2, OH가 있다고 가정하고 평형 조성을 구하라.

검사 체적: 수증기가 들어가고 평형 기체혼합물이 나오는 정상상태 열교환기

해석 및 풀이

평형 상태에 있는 혼합물의 네 성분과 관계된 독립 반응은 두 개이다. 이들은 다음과 같다.

$$(1):\quad 2\,H_2O \rightleftharpoons 2\,H_2 + O_2$$
$$(2):\quad 2\,H_2O \rightleftharpoons H_2 + 2\,OH$$

가열되는 동안, 반응 (1)에 따라 열해리되는 물의 kmol 수를 $2a$로 하고, 반응 (2)에 따라 열해리되는 물의 kmol 수를 $2b$로 하자. 초기 조성은 1 kmol의 물이므로 두 반응에 의한 변화는 다음과 같다.

$$\begin{array}{lllll} (1): & 2\,H_2O & \rightleftharpoons 2\,H_2 & + & O_2 \\ \text{변화:} & -2a & +2a & + & a \end{array}$$

$$\begin{array}{lllll} (2): & 2\,H_2O & \rightleftharpoons H_2 & + & 2\,OH \\ \text{변화:} & -2b & +b & + & 2b \end{array}$$

평형 상태에 있는 각 성분의 kmol 수는 초기의 kmol 수에 변화를 더한 것이므로, 평형 상태에서

$$\begin{aligned} n_{H_2O} &= 1 - 2a - 2b \\ n_{H_2} &= 2a + b \\ n_{O_2} &= a \\ n_{OH} &= 2b \\ \hline n &= 1 + a + b \end{aligned}$$

이다. 가열 과정 동안 일어나는 전체 화학 반응은

$$H_2O \rightarrow (1-2a-2b)H_2O + (2a+b)H_2 + aO_2 + 2bOH$$

로 표현된다. 이 식의 우변은 시스템의 평형 조성을 나타낸다. 각 물질의 kmol 수는 반드시 0 이상이 되어야 하므로, a와 b 값의 가능한 범위는 아래와 같다.

$$a \geq 0; \quad b \geq 0; \quad (a+b) \leq 0.5$$

혼합물이 이상기체의 거동을 한다고 가정하면 두 평형 방정식은

$$K_1 = \frac{y_{H_2}^2 y_{O_2}}{y_{H_2O}^2}\left(\frac{P}{P^0}\right)^{2+1-2}$$

$$K_2 = \frac{y_{H_2} y_{OH}^2}{y_{H_2O}^2}\left(\frac{P}{P^0}\right)^{1+2-2}$$

이다. 각 성분의 몰분율은 그 성분의 kmol 수와 혼합물의 총 kmol 수의 비이므로, 식은 다음과 같이 쓸 수 있다.

$$K_1 = \frac{\left(\dfrac{2a+b}{1+a+b}\right)^2\left(\dfrac{a}{1+a+b}\right)}{\left(\dfrac{1-2a-2b}{1+a+b}\right)^2}\left(\frac{P}{P^0}\right) = \left(\frac{2a+b}{1-2a-2b}\right)^2\left(\frac{a}{1+a+b}\right)\left(\frac{P}{P^0}\right)$$

$$K_2 = \frac{\left(\dfrac{2a+b}{1+a+b}\right)\left(\dfrac{2b}{1+a+b}\right)^2}{\left(\dfrac{1-2a-2b}{1+a+b}\right)^2}\left(\frac{P}{P^0}\right) = \left(\frac{2a+b}{1+a+b}\right)\left(\frac{2b}{1-2a-2b}\right)^2\left(\frac{P}{P^0}\right)$$

두 식에서 $P = 0.1$ MPa이고 K_1과 K_2의 값은 알고 있으므로 미지수는 a와 b 두 개이다. 표 A.11로부터 3000 K에서

$$K_1 = 0.002062 \qquad K_2 = 0.002893$$

이다. 따라서 이들 연립 방정식을 풀어 a와 b를 구할 수 있다. 연립 방정식을 만족시키는 값은 다음과 같다.

$$a = 0.0534 \qquad b = 0.0551$$

이 값들을 각 성분과 혼합물의 kmol 수에 대한 표현식에 대입하여 다음과 같이 평형 몰분율을 구한다.

$$y_{H_2O} = 0.7063; \quad y_{H_2} = 0.1461; \quad y_{O_2} = 0.0482; \quad y_{OH} = 0.0994$$

이 절에서 살펴본 방법은 세 개 이상의 독립 반응이 일어나는 평형 시스템에 즉시 확장하여 적용할 수 있다. 각 경우에 연립 평형 방정식의 개수는 독립 반응의 개수와 같다. 그러나 대형 비선형 연립 방정식의 해를 구하기는 원래 매우 어려워서 손으로는 쉽게 계산할 수 없고, 주로 컴퓨터를 사용하여 반복 계산 방법으로 구한다. 화합물의 수가 많은 경우, 다른 전형적인 접근 방법도 있다. 이 방법은 평형 상태에 존재하는 모든 화합물(예를 들어 예제 14.7에서 H_2O, H_2, O_2, OH)의 변화에 대해 시스템 Gibbs 함수를 직접 최소화하는 것이다. 일반적으로 $dG = \Sigma \overline{G}_i dn_i$인데, 여기서 각 $\overline{G}_i$는 식 (14.10)으로 주어지고 dn_i는 몰수의 변화이다. 그러나 존

재하는 각 원소(예제 14.7에서 *H*와 *O*)의 전체 몰수에 제한 조건이 있기 때문에, 각 몰수의 변화는 모두 독립적이지 않다. 결과적으로 이 과정은 원소와 화합물의 수를 더한 숫자만큼의 비선형 연립방정식이 된다. 이 연립방정식도 역시 반복적인 풀이 방법이 필요하지만, 많은 수의 화합물에 대한 평형 상수와 방정식을 이용하는 방법보다는 더 직접적이고 간단하다.

14.6 석탄 가스화

석탄이나 다른 바이오매스(biomass)를 가스화하는 공정은 고체 재료를 약 300~400°C로 가열하는 과정으로 시작하는데, 열분해의 결과로 고체 숯(주로 탄소임) 및 휘발성 기체(CO_2, CO, H_2O, H_2, 경량 탄화수소 일부) 그리고 타르가 생성된다. 가스화기에서 숯은 미량의 산소나 수증기와 반응한다.

$$C + 0.5\,O_2 \rightarrow CO \qquad \text{발열 반응} \tag{14.30}$$

$$C + H_2O \rightarrow H_2 + CO \tag{14.31}$$

이렇게 생성된 H_2와 CO의 기체 혼합물을 합성가스(syngas)라 부른다.

여기에 적절한 촉매를 이용하면 수성 가스 이동 평형 반응인

$$CO + H_2O \rightleftharpoons H_2 + CO_2 \tag{14.32}$$

과 메탄 생성 평형 반응인

$$CO + 3\,H_2 \rightleftharpoons CH_4 + H_2O \tag{14.33}$$

이 나타난다.

두 평형 반응 (14.32)와 (14.33)의 결과는 식 (14.30)과 (14.31)에서 숯과의 반응에 사용된 O_2 및 H_2O의 초기량에 따라 다르고, 또 온도와 압력에 따라서도 물론 크게 다르다. 상대적으로 낮은 온도와 높은 압력이 CH_4의 생성에 도움이 되고, 높은 온도와 낮은 압력이 H_2와 CO의 생성에 도움이 된다. 가스화기에서 혼합물은 평형에 도달할 만큼 충분한 시간이 없기 때문에, 시간도 또 한 가지 변수이다. 전체 공정은 매우 복잡하지만, 여러 해 동안의 연구를 통해 얻은 결과이다. 합성가스를 액체 연료로 변환하는 공정도 여러 가지가 있으며, 현재에도 계속 연구 개발이 진행되고 있다.

14.7 이온화

이 절에서는 이온화된 기체 또는 플라즈마(plasma)로 이루어진 시스템의 평형을 다룬다. 이 분야에 대한 연구 및 응용 사례들이 최근에 점차 증가하고 있다. 앞 절에서는 **분자 열해리**(molecular dissociation)에 특히 중점을 두어 화학 평형을 설명하였는데, 그 한 가지 예가

$$N_2 \rightleftharpoons 2N$$

으로, 이 반응은 대부분의 분자가 3000 K 내지 10000 K 정도의 고온에 있을 때에만 어느 정도 발생한다. 전기 아크(electric arc)에서와 같이 더욱 높은 온도에서는 기체가 이온화된다. 즉 일부의 원자가 다음과 같은 반응에 의해 전자를 잃어버리게 된다.

$$\mathrm{N} \rightleftharpoons \mathrm{N}^{+} + e^{-}$$

여기서 N^+는 전자 하나를 잃고 양전하를 띠는 **1가 이온화**(singly ionized) 질소 원자를 나타내며, e^-는 자유 전자(free electron)를 나타낸다. 온도가 이보다 더욱 높아지면 다음의 반응에 의해 많은 이온화 원자들이 전자를 하나 더 잃게 된다.

$$\mathrm{N}^{+} \rightleftharpoons \mathrm{N}^{++} + e^{-}$$

따라서 2가 이온화가 된다. 온도가 계속해서 높아지면 이 과정은 계속되어 궁극적으로 핵에서 모든 전자가 이탈된다.

이온화 반응은 일반적으로 고온에서만 일어난다. 그러나 열해리와 이온화는 모두 저압에서 더 많이 일어나는 경향이 있으므로 상층 대기(upper atmosphere) 등과 같은 환경 조건에서는 높지 않은 온도에서도 열해리와 이온화가 일어날 수 있다. 복사(radiation) 등의 다른 원인으로 이온화가 일어나기도 하지만, 이런 영향은 여기에서 취급하지 않는다.

플라즈마의 조성을 해석하는 문제는 보통의 화학 반응보다 훨씬 더 어렵다. 왜냐하면 전기장에 있는 혼합물(플라즈마) 중의 자유 전자가 양이온 및 중성자와 에너지를 교환하는 속도가 전기장과 에너지를 교환하는 속도와 같지 않기 때문이다. 그 결과로 전기장의 영향을 받는 플라즈마 안에 있는 전자 기체(electron gas)의 온도는 다른 무거운 입자들의 온도와 정확히 일치하지 않는다. 그러나 아주 강한 전기장이 아니라면, 플라즈마가 열평형을 이루고 있다고 가정하는 것이 적절한 근사 방법이며, 적어도 예비 계산에 사용할 수 있다. 이 조건하에서는 보통의 화학 평형을 해석할 때와 똑같은 방식으로 이온화 평형을 다룰 수 있다.

이러한 극고온에서 플라즈마가 중성자, 양이온, 전자 기체로 이루어진 이상기체 혼합물처럼 거동한다고 가정해도 무방하다. 따라서 어떤 원자 A의 이온화 과정

$$A \rightleftharpoons A^{+} + e^{-} \tag{14.34}$$

에 대한 이온화 평형 방정식을 다음과 같이 쓸 수 있다.

$$K = \frac{y_{\mathrm{A}^+} y_{e^-}}{y_{\mathrm{A}}} \left(\frac{P}{P^0} \right)^{1+1-1} \tag{14.35}$$

여기서 **이온화 평형 상수**(ionization-equilibrium constant) K도 같은 방식대로

$$\ln K = -\frac{\Delta G^0}{\overline{R}T} \tag{14.36}$$

로 정의되며, 온도만의 함수이다. 반응식 (14.34)에 대한 표준 상태 Gibbs 함수의 변화는

$$\Delta G^0 = \overline{g}^{\,0}_{A^+} + \overline{g}^{\,0}_{e^-} - \overline{g}^{\,0}_{A} \tag{14.37}$$

로 구한다. 주어진 플라즈마 온도에서 각 성분에 대한 표준 상태 Gibbs 함수는 **통계 열역학**(statistical thermodynamics)적 방법을 이용하여 계산할 수 있다. 따라서 이온화 평형 상수를 온도의 함수로 나타내는 표를 작성할 수 있다.

이온화 평형 방정식 (14.35)의 해도 일반 화학 반응 평형과 같은 방법으로 구할 수 있다.

예제 14.8

기체 아르곤을 전기 아크로 10 000 K, 1 kPa까지 가열한다. 이 플라즈마가 Ar, Ar^+, e^-로 이루어져 있다고 가정하고 평형 조성을 계산하라. 단, 이 온도에서 다음의 반응에 대한 이온화 평형 상수는 0.00042이다.

$$Ar \rightleftharpoons Ar^+ + e^-$$

검사 체적: 전기 아크 가열기

출구 상태: P, T를 알고 있음

모델: 평형 상태의 이상기체 혼합물

해석 및 풀이

초기의 조성은 1 kmol의 중성 아르곤이며, 가열 과정 중에 이온화된 kmol 수를 z라 하면

	Ar ⇌	Ar^+ +	e^-
초기량:	1	0	0
변화량:	$-z$	$+z$	$+z$
평형량:	$(1-z)$	z	z

이고

$$n = (1-z) + z + z = 1 + z$$

이다. 각 성분의 kmol 수는 양수이기 때문에, 변수 z의 범위는 다음과 같이 제한된다.

$$0 \le z \le 1$$

평형 몰분율은 다음과 같다.

$$y_{Ar} = \frac{n_{Ar}}{n} = \frac{1-z}{1+z}; \quad y_{Ar^+} = \frac{n_{Ar^+}}{n} = \frac{z}{1+z}; \quad y_{e^-} = \frac{n_{e^-}}{n} = \frac{z}{1+z}$$

평형 방정식은

$$K = \frac{y_{Ar^+} y_{e^-}}{y_{Ar}} \left(\frac{P}{P^0}\right)^{1+1-1} = \frac{\left(\frac{z}{1+z}\right)\left(\frac{z}{1+z}\right)}{\left(\frac{1-z}{1+z}\right)} \left(\frac{P}{P^0}\right)$$

이므로, 10000 K, 1 kPa에서

$$0.00042 = \left(\frac{z^2}{1-z^2}\right)(0.01)$$

이다. 이 식을 풀면

$$z = 0.2008$$

이 되므로, 조성은 다음과 같다.

$$y_{Ar} = 0.6656; \quad y_{Ar^+} = 0.1672; \quad y_{e^-} = 0.1672$$

14.8 공학 응용

화학 반응과 평형 조건은 연소와 같이 에너지 변환이 이루어지는 여러 산업 공정에 중요하다. 연소 생성물의 온도는 대단히 높기 때문에, 저온에서는 일어나지 않는 많은 화학 반응이 일어난다. 반응 에너지가 매우 커서 생성된 혼합물의 온도에 절대적인 영향을 주는 열해리가 그 전형적인 예이다. 일반적으로 화학 반응을 촉진하기 위해 촉매를 여러 반응에 이용하는데, 자동차 배기 시스템의 3중 촉매 변환기에서와 같이 백금 펠릿(platinum pellet)을 사용할 수 있다. 앞에서는 석탄의 가스화에 중요한 반응을 소개한 바 있고, 과제용 문제에 바이오매스나 석탄으로부터 합성 연료를 생산하는 데 중요한 반응이 있다. 연료 전지에 사용하기 위한 수소의 생산도 이러한 공정의 일부[식 (14.31)~(14.33) 참조]이고, 최종 평형 혼합물에서 온도와 압력의 영향을 살펴보는 것이 중요하다.

대기 오염 물질을 형성하는 중요한 화학 반응의 하나는 NO_x(질소–산소 조합)의 생성 반응인데, 연료와 공기를 사용하는 모든 화학 과정에서 나타난다. 고온에서 이루어지는 NO_x의 생성은 산화질소(NO)와 이산화질소(NO_2)로 구성되는데, 보통 산화질소가 더 중요하다. 산화질소는 아래 반응을 통해 공기 중의 질소로부터 형성되는데, 이 반응을 **확장된 *Zeldovich* 메카니즘**(extended Zeldovich mechanism)이라고 한다.

$$\begin{aligned} &1:\ \ O + N_2 \rightleftharpoons NO + N \\ &2:\ \ N + O_2 \rightleftharpoons NO + O \\ &3:\ \ N + OH \rightleftharpoons NO + H \end{aligned} \tag{14.38}$$

앞의 두 식을 더하면 표 A.11에 나와 있는

$$4:\ \ O_2 + N_2 \rightleftharpoons 2\,NO$$

가 된다. 평형 상태에서 정반응 속도와 역반응 속도는 같다. 그러나 비평형 상태에서는 두 속도가 같지 않으며, NO도 비평형에서 형성된다. NO의 농도를 줄이려면 정반응 속도가 역반응 속도보다 훨씬 커야 하는데, 이 과정은 온도와 압력에 민감하다. 반응률과 농도에 대한 모델로 NO 생성률을 나타낼 수 있다.

$$\frac{dy_{NO}}{dt} = \frac{y_{NOe}}{\tau_{NO}} \tag{14.39}$$

$$\tau_{NO} = CT(P/P_0)^{-1/2} \exp\left(\frac{58300\ K}{T}\right) \tag{14.40}$$

여기서 $C = 8 \times 10^{-16}\ sK^{-1}$이고, y_{NOe}는 평형 NO 농도이며, τ_{NO}는 초 단위의 시간 상수이다. 보통 엔진에서와 같이, 최고 T와 P의 시간은 1 ms 정도로 짧아서 평형 농도에 빨리 도달한다. 기체가 팽창하고 T와 P가 감소하면서 NO가 제거되는 역반응을 위한 시간 상수가 커지고 농도는 큰 값으로 결정된다. NO 평형 농도는 식 (14.16)에 따라 반응 4의 평형 상수 K_4(표 A.11 참조)로 구할 수 있다.

$$y_{NOe} = [K_4\, y_{O2e}\, y_{N2e}]^{1/2} \tag{14.41}$$

역반응률을 포함한 전체 과정을 해석하기 위해서는 수성 가스 반응을 포함한 연소 생성물에 대한 상세 혼합물 모델이 필요하다.

이 단순 모델은 저오염 연소 과정을 설계하는 데 화학 반응이 얼마나 중요하고 최고 온도 및 압력이 NO 생성에 얼마나 민감한 역할을 하는가를 잘 보여주고 있다. 한 가지 방법으로 터빈이 유입되기 전에 연소 생성물에 수증기를 분사할 수 있다. 또 다른 방법은 상당한 우회 유동을 만들어, 압축 공기의 일부만 연소실에 들어가고 나머지 우회 유동을 연소 생성물과 혼합할 수 있다. 두 가지 경우에 모두 연소의 안정성을 유지하면서

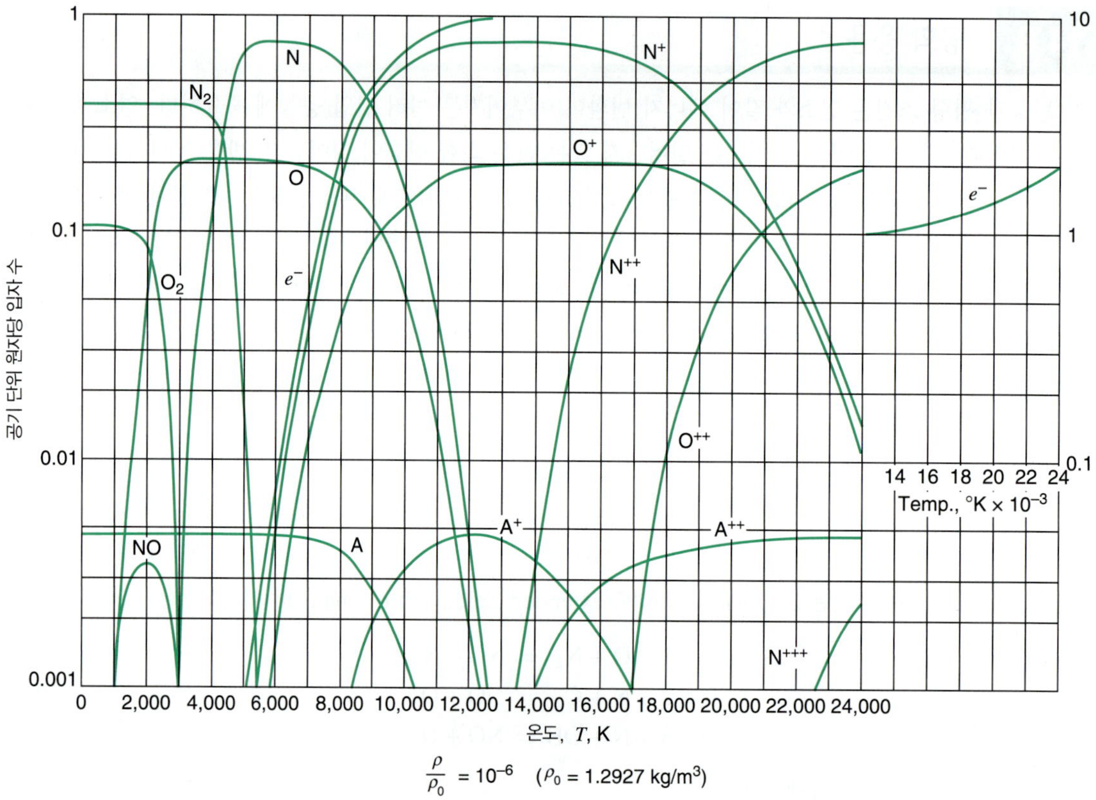

그림 14.11 » 공기의 평형 조성(W. E. Moeckel and K. C. Weston, NACA TN 4265, 1958).

생성물 온도를 가능한 한 낮추고 있다.

응용의 마지막 예는 여러 단계의 열해리와 이온화가 포함된 연립 반응이다. 기체가 이온화되면 플라즈마로 되어 열평형으로 가정하고 이상기체로 간주하여 일차적 근사 계산을 할 수 있다. 많은 연립 반응은 14.5절의 마지막에 설명한 Gibbs 함수 최소화 방법으로 풀 수 있다. 그림 14.11은 저밀도 고온 공기의 평형 조성을 나타낸 것으로 각종 열해리 과정의 영역과 이온화 과정의 영역이 겹쳐져 있음을 알 수 있다. 예를 들어 3000 K 이상에서 이원자 산소는 거의 남지 않고, 그 이하에서는 O와 NO가 형성됨을 알 수 있다.

개념점검

d. 연소 후 열해리가 일어나면 온도는 올라가는가 아니면 내려가는가?

e. 대부분의 열해리와 이온화 반응에서 압력이 증가하면 조성에 어떤 변화가 있는가?

f. 같은 온도에서 압력이 낮아지면, NO 형성을 위한 시간 상수가 어떻게 변화하는가?

g. 온도가 감소하면 공기 중의 어떤 원자가 먼저 이온화되는가? 어떻게 설명할 수 있는가?

주요 개념과 공식

Gibbs 함수	$g \equiv h - Ts$	
평형	주어진 T, P에 대한 최소 $g \Rightarrow dG_{TP} = 0$	(14.1)
상평형	$g_f = g_g$	(14.2)
평형 반응	$\nu_A A + \nu_B B \Leftrightarrow \nu_C C + \nu_D D$	(14.4)
Gibbs 함수의 변화	$\Delta G^0 = \nu_C \bar{g}_C^0 + \nu_D \bar{g}_D^0 - \nu_A \bar{g}_A^0 - \nu_B \bar{g}_B^0$ (T, P^0에서 계산)	(14.12)
평형 상수	$K = e^{-\Delta G^0/\bar{R}T}$	(14.15)
평형 방정식	$K = \dfrac{y_C^{\nu_C} y_D^{\nu_D}}{y_A^{\nu_A} y_B^{\nu_B}} \left(\dfrac{P}{P^0}\right)^{\nu_C+\nu_D-\nu_A-\nu_B}$	(14.16)
몰분율	$y_i = n_i/n_{tot}$ (반응하지 않는 물질을 포함한 n_{tot})	
반응 체계	반응 체계 $\text{III} = a\,\text{I} + b\,\text{II} \Rightarrow K_{\text{III}} = K_{\text{I}}^a K_{\text{II}}^b$	(14.18)
희석	반응은 동일, y는 작아짐	
연립 반응	K_1, K_2, ..., y 추가됨	

개념학습용 문제

14.1 평형이라는 개념은 열역학에만 국한되는가?

14.2 액체가 증기로 변화할 때 Gibbs 함수는 건도에 따라서 어떻게 변하는가?

14.3 화학 평형 과정이 연소 과정과 어떻게 다른가?

14.4 화학 평형에 도달하기 위해서는 P와 T가 고정되어야 하는가?

14.5 반응에 대한 Gibbs 함수의 변화 ΔG^0는 어떤 상태량의 함수인가?

14.6 정상 유동 버너에서 온도는 제어되지 않는다. 어떤 상태량이 제어되는가?

14.7 온도가 증가했을 때, 한 반응이 우변으로 이동한다면 ΔG_0에 대한 무엇을 알 수 있는가?

14.8 견고한 밀폐 인압 용기에서 어떤 상태량이 고정되는가?

14.9 물의 열해리는 압력에 민감한가?

14.10 298 K에서 물의 열해리 상수 $K = \exp(-184)$이다. 이는 무엇을 의미하는가?

14.11 어떤 반응이 압력에 민감하지 않다면, 이 반응은 주어진 온도에서 희석에 민감하지 않음을 보이라.

14.12 압력에 민감한 반응에서 불활성 기체를 추가(희석)했다. 반응이 어떻게 변화하는가?

14.13 연소 과정에서 반응들이 단열 화염 온도에 영향을 미치는가?

14.14 평형 상태에서 반응물과 생성물의 Gibbs 함수가 서로 같다. 에너지는 어떠한가?

14.15 열해리 과정에서 에너지가 들어가는가 나오는가?

14.16 조성이 변하는 혼합물의 모든 구성 성분을 이상기체로 가정한다면 그 혼합물의 비열은 온도의 함수인가 또는 압력의 함수인가?

14.17 예제 14.4의 수성 가스 반응에서 온도가 1200 K일 때 K 값은 얼마인가?

14.18 그림 14.11에서 압력이 높아지면 O나 N과 같은 단원자 물질의 농도는 어떻게 변화하는가?

과제용 문제

평형 및 상평형

14.19 깊이 2 km의 가스정(well)에 균일한 온도 30°C의 메탄과 에탄의 기체 혼합물이 들어 있다. 이 가스정의 상부에서 압력은 14 MPa이고 혼합물의 조성은 몰 기준으로 90% 메탄과 10% 에탄이다. 각 성분에 대하여 $dG + gdZ = 0$이고, 평형 상태(상부에서 바닥까지)이며, 이상기체를 가정하여 식 (14.10)이 적용된다. 가스정 바닥에서의 압력과 조성을 결정하라.

14.20 개선된 원유 채굴 공정에서 25 MPa의 이산화탄소를 깊이가 5 km인 유정의 상부로 주입한다. 유정 안의 유체 기둥의 온도는 60°C로 균일하다. 이산화탄소를 이상기체로 간주하면 유정의 바닥에서 압력은 얼마가 되는가?

화학 평형, 평형 상수

14.21 표 A.11에 열거된 반응 중에서 어떤 반응이 압력에 민감한가?

14.22 온도 298 K와 6000 K에서 2000 K 근처에 $O_2 \rightleftharpoons 2O$에 대한 평형 상수를 계산하라. 결과를 표 A.11로 확인하라.

14.23 표 A.9의 상태량을 이용하여 반응 $H_2 \rightleftharpoons 2H$에 대한 2000 K에서의 평형 상수를 계산하라. 그 결과를 표 A.11에 나와 있는 값과 비교하라.

14.24 반응 $2CO_2 \rightleftharpoons 2CO + O_2$에 대하여 ln K와 $1/T$의 관계를 실척으로 그려라. ln K에 대한 식을 온도의 함수로 쓰라.

14.25 기체 수소를 실온으로부터 4000 K, 500 kPa 상태까지 가열하면 이원자 분자의 일부가 단원자 형태로 열해리된다. 이 상태에서의 평형 조성을 결정하라.

14.26 산소의 열해리 $O_2 \rightleftharpoons 2O$에서 298 K의 산소 1 kmol을 100 kPa 정압 과정으로 가열한다. 몇 도의 온도에서 단원자 산소의 농도가 10%에 도달하는가?

14.27 전체 압력이 40 kPa인 경우에 대해, 문제 14.26을 다시 풀라.

14.28 이산화탄소가 100 kPa에서 가열된다. CO의 몰분율이 0.25가 되었을 때의 온도는 얼마인가? 이 온도에서 압력이 200 kPa이면 CO의 몰분율은 얼마인가?

14.29 기체 질소(N_2)를 가열하여 4000 K, 10 kPa 상태가 되었다. 이 상태에서 얼마의 N_2가 N으로 열해리되는가?

14.30 표 A.11을 이용하여 3200 K에서 $CO + \frac{1}{2}O_2 \rightleftharpoons CO_2$의 평형 상수를 구하라.

14.31 순수 산소를 일정 압력 200 kPa에서 정상상태 과정으로 25°C에서 3000 K까지 가열한다. 출구에서의 조성 및 열전달을 구하라.

14.32 400 kPa, 2000 K의 공기(21% O_2, 79% N_2)에서 O_2와 N_2의 해리는 무시할 수 있다고 가정하라. NO의 평형 몰분율은 얼마인가? NO의 형성에 따른 기체의 엔탈피 차이를 구하라.

14.33 순수 산소가 아르곤과 몰비 1:1로 희석된 후, 100 kPa의 일정 압력에서 3000 K로 가열되었다. Ar, O_2, O의 평형 몰분율을 구하라.

14.34 산소와 질소의 평형 몰분율이 공기와 유사하다고 가정하라. 열해리는 무시하고, 3400 K, 500 kPa에서 NO의 평형 몰분율을 구하라.

14.35 펜탄(C_5H_{12})을 양론비의 순수 산소로 연소시켜 얻은 연소 생성물이 2400 K, 100 kPa 상태에 있다. CO_2만의 열해리를 고려하여 CO의 최종 평형 몰분율을 구하라.

14.36 2 kmol/s CO_2, 1 kmol/s Ar, 1 kmol/s CO의 혼합물 유동이 100 kPa의 정압으로 298 K에서 2800 K까지 가열된다. CO_2의 열해리만 평형에 고려한다. 출구 평형 조성과 열전달률을 구하라.

14.37 CH_4가 O_2와 연소하여 CO_2와 H_2O가 생성된다. 1000 K에서 이 반응에 대한 평형 상수를 구하라. 연료의 평균 비열 C_p = 52 kJ/kmol-K을 사용하고 다른 성분은 표 A.9를 사용하라.

14.38 온도 25°C, 압력 150 kPa 상태의 1 kmol CO, 1 kmol N_2, 1 kmol O_2의 기체 혼합물을 정압 정상상태 과정으로 가열한다. 배출되는 혼합물에는 CO_2, CO, O_2, N_2가 화학 평형을 이루고 있다고 가정한다. 이때 CO_2의 몰분율은 0.176이다. 이 과정의 열전달을 구하라.

14.39 촉매식 기체 발생기는 액체를 분해하여 원하는 기체 혼합물을 공급하는 용도(우주선 제어 시스템, 연료 전지의기체 공급 등)에 사용된다. 순수 액체 하이드라진(hydrazine) N_2H_4가 기체 발생기에 들어가고 100°C,

350 kPa에서 화학 평형을 이루고 있는 N_2, H_2, NH_3의 기체 혼합물이 나온다. 평형 혼합물에서 각 성분의 몰분율을 계산하라.

14.40 예제 14.4의 수성 가스 반응에 대한 평형 상수를 온도 500, 1000, 1200, 1600 K에서 각각 구하라. 이 결과로 무엇을 추론할 수 있는가?

14.41 100 kPa의 정압 과정에서 순수 탄소와 공기의 양론 연소를 생각해 보자. (아무런 평형 반응이 없을 때) 단열 화염 온도를 구하라. 그리고 CO와 CO_2의 조성이 같도록 혼합물이 가열/냉각되었을 때의 온도를 구하라.

14.42 용기 안에 H_2 0.1 kmol과 Ar 기체 0.1 kmol이 25°C, 200 kPa 상태로 들어 있고, 용기의 체적은 일정하다. 수소 원자 H의 몰분율이 10%가 되려면 얼마의 온도까지 가열해야 하는가?

14.43 액체 연료를 촉매식 반응로에서 아래 반응으로 생산한다.

$$C_2H_4 + H_2O \rightleftharpoons C_2H_5OH$$

700 K에서 평형 상수가 $\ln K = -6.691$임을 보이라. 500 K에서 에틸렌에 대해 $C_p = 63$ kJ/kmol K, 에탄올에 대해 $C_p = 115$ kJ/kmol K를 사용하라.

14.44 화학 비료의 제조 과정에서 중요한 절차 중 하나는 반응 $N_2 + 3H_2 \rightleftharpoons 2NH_3$으로 암모니아를 생산하는 것이다. 150°C에서 이 반응의 평형 상수가 $K = 6.202$임을 보이라.

14.45 앞의 문제에서 이 반응이 150°C, 5 MPa에서 평형을 이루고 있다. 초기 조성이 몰 기준으로 25% 질소, 75% 수소일 때, 평형 조성을 계산하라.

14.46 실온, 200 kPa의 CO_2 1 kmol과 H_2 1 kmol을 1200 K, 200 kPa로 가열한다. 수성 가스 반응을 이용하여 CO의 몰분율을 결정하라. H_2와 O_2의 열해리는 무시한다.

14.47 고온에서 산소와 질소는 NO를 형성할 수 있다. 천연가스(메탄)가 100 kPa에서 150% 이론 공기와 연소로 얻은 생성물 온도가 1800 K이다. 다른 반응은 무시하고 NO의 평형 조성을 구하라. NO의 형성으로 온도가 변화하는가?

연립 반응

14.48 문제 14.36의 과정에서 산소의 열해리도 고려해야 하는가? 설명하고, 정량적으로 확인하라.

14.49 산소의 해리를 포함하여 문제 14.36을 다시 풀라.

14.50 에탄을 150% 이론 공기량으로 가스 터빈 연소실에서 연소시킨다. 연소실에서 나오는 생성물은 CO_2, H_2O, O_2, N_2, NO의 혼합물로 1800 K, 1 MPa에서 화학 평형을 이루고 있다. 생성물 중 NO의 몰분율을 결정하라. 생성물 중 CO를 무시하는 것이 타당한가?

14.51 수소와 순수 산소의 연소로 생성물이 단열 화염 온도 4990 K에 있을 때, 어떤 반응을 고려해야 하는가? 최종 혼합물에 어떤 성분이 존재하는가?

14.52 1 kmol H_2O와 1 kmol O_2의 혼합물을 정상상태 과정으로 400 K에서 3000 K, 200 kPa까지 가열한다. 이 열교환기의 출구에서의 평형 조성을 결정하라. 혼합물은 H_2O, H_2, O_2, OH만으로 이루어져 있다고 가정한다.

14.53 1 kmol 수증기가 정압 유동 과정으로 100 kPa, 400 K에서 3000 K까지 가열된다. 평형에서 H_2O, H_2, O_2, OH만 존재한다 가정하고, 최종 조성을 결정하라.

14.54 수소와 순수 산소의 연소로 만들어진 물이 3800 K, 50 kPa 상태에 있다. 기체로 H_2O, O_2, OH, H_2만이 존재하고, 두 개의 물 열해리 반응이 진행된다고 가정하여 평형 조성을 구하라.

가스화

14.55 탄화수소 연료를 연료 전지에서 사용하는 한 방법은 탄화수소를 "개질(reform)"하여 수소를 얻고 이를 연료 전지로 보내는 것이다. 이 과정을 부분적으로 해석하기 위해 개질 반응 $CH_4 + H_2O \rightleftharpoons CO + 3H_2$를 생각한다. CH_4, H_2O, H_2, CO의 혼합물이 800 K, 100 kPa의 화학 평형으로 배출된다. 평형 상수 $K = 0.0237$을 이용하여 이 혼합물의 평형 조성을 결정하라.

14.56 석탄을 열분해하여 얻는 (주로 탄소인) 숯을 수증기로 가스화하면 1 kmol CO와 1 kmol H_2의 기체 혼합물이 생긴다. 수소 함유량을 높이기 위해서 이 합성가스 연료 혼합물을 1 kmol의 H_2O와 함께 적절한 촉매 반응로로 보낸다. 이 반응로에서 배출되는 600 K, 500 kPa 상태의 화학 평형 기체 혼합물은 CO, H_2, H_2O, CO_2로 구성된다. 평형 조성을 결정하라. 예제 14.4를 참조하라.

14.57 메탄의 평형 반응 $CH_4 \rightleftharpoons C + 2H_2$는 800 K에서 $\ln K = -0.3362$이고 600 K에서 $\ln K = -4.607$이다. K와 온도의 관계에 주의하여, $\ln K$를 $(1/T)$로 보간하고 700 K에서 K 값을 구한 후, 선형 보간의 결과와 비교하라.

14.58 석탄 가스화기에서 1 CO와 2 H_2의 혼합물을 생산한 후, 이를 촉매 변환기에 공급하여 메탄을 생산한다. 이 반응이 식 (14.33)의 메탄 생성 반응이며, 600 K에서 평형 상수 $K = 1.83 \times 10^6$이다. 압력을 600 kPa이라 가정하고 출구 유동에서의 조성을 구하라.

14.59 가스화기에 4 kmol CO, 3 kmol H_2, 3.76 kmol N_2가 들어 가고, 900 K, 1 MPa의 평형 혼합물로 나간다. 반응식은

$$2CO + 2H_2 \rightleftharpoons CH_4 + CO_2$$

으로 식 (14.32)와 (14.33)의 합이다. 평형 상수가 $K = 2.679$일 때, 출구 유동의 조성을 구하라.

이온화

14.60 온도 10000 K에서 아르곤의 이온화 반응은 $Ar \rightleftharpoons Ar^+ + e^-$이며 평형 상수 $K = 4.2 \times 10^{-4}$이다. 얼마의 압력에서 아르곤 이온(Ar^+)의 몰분율이 20%가 되는가?

14.61 아르곤이 기체 혼합물의 1%를 구성하고, 다른 기체의 반응을 무시한다고 가정하여 앞의 문제를 다시 풀라. 아르곤 이온(Ar^+)의 몰분율이 0.2%가 되는 압력을 구하라.

14.62 10000 K에서 N과 Ar의 이온화 반응은 다음과 같다.

$$(1)\ Ar \rightleftharpoons Ar^+ + e^- \qquad (2)\ N \rightleftharpoons N^+ + e^-$$

각 평형 상수는 $K_1 = 4.2 \times 10^{-4}$, $K_2 = 6.3 \times 10^{-4}$이다. 1 kmol Ar, 0.5 kmol N_2로 시작한다면, 압력 10 kPa에서 평형 조성은 무엇인가?

응용

14.63 평형 조건을 볼 때, Zeldovich 기구의 세 반응은 압력에 민감한가?

14.64 3000 K, 1 MPa의 공기에서 NO를 형성하는 시간 상수를 구하라. 1800 K, 1200 kPa에 대해서도 답하라.

14.65 2600 K, 1 MPa의 공기에서 산소와 질소의 열해리를 무시하고 NO의 평형 농도를 구하라.

14.66 표 A.11의 기본 반응으로 $2NO + O_2 \rightleftharpoons 2NO_2$에 대한 평형 상수를 구하고 다음 물음에 답하라. NO와 NO_2 중 어느 질소산화물이 25°C, 100 kPa에서 더 안정한가? 어느 T에서 각 성분의 양이 같아지는가?

14.67 2600 K, 500 kPa에서 Zeldovich 기구의 첫째 반응에 대한 평형 상수를 계산하라. 이 값은 표 A.11에 나와 있지 않다.

14.68 300 K의 공기가 순간적으로 2600 K, 1 MPa이 되었다면, NO의 형성률은 얼마인가

14.69 3000 K, 100 kPa 및 0.0001 kPa의 공기에서 산소 원자의 농도를 추정하라. 이 결과를 그림 14.11과 비교하라.

14.70 어느 온도 범위에서 공기가 플라즈마로 되는가?

복습 문제

14.71 가스 터빈 연소기의 시험에서 단열 화염 온도를 1400 K로 유지하기 위해 115 K, 포화 액체 상태의 메탄을 과잉 공기로 연소시킨다. 생성물은 CO_2, H_2O, N_2, O_2, NO로 구성된 혼합물로 화학 평형 상태에 있다고 가정한다. 연소 과정의 백분율 과잉 공기량과 생성물 중 NO의 백분율을 결정하라.

14.72 CH_4를 O_2로 연소하여 생성물로 CO_2와 H_2O가 나온다. 1000 K에서 이 반응에 대한 평형 상수를 구하라. 연료의 평균 비열은 $C_p = 52$ kJ/kmol K이고, 다른 성분에 대해서는 표 A.9의 값을 이용하라.

14.73 단열 정상상태 과정으로 25°C, 100 kPa의 메탄을 400 K, 100 kPa 상태의 200% 이론 산소로 연소시킨다. 연소 생성물은 100 kPa의 압력으로 배출된다. 생성물에서 단 하나의 중요한 열해리 반응은 CO_2에서 CO와 O_2로 가는 반응이다. 생성물의 평형 조성 및 연소실 출구에서의 생성물의 온도를 결정하라.

14.74 60 kPa에서 벤젠 C_6H_6와 공기가 양론 연소되는데, 약간의 열손실로 화염 온도가 2400 K이 되었다. 평형 과정으로 CO_2가 CO와 O_2로 열해리되는 과정만 생각하라. 열해리된 CO_2의 몰분율을 구하라.

14.75 석탄이 기준 조건 P_0, T_0의 반응물로 공급되어 양론 공기로 연소된다. 아무런 해리가 없다면, 단열 화염 온도는 2461 K이다. CO_2의 해리가 있다면 이 온도는 얼마인가?

14.76 건공기가 100 kPa 정압 과정으로 25°C에서 4000 K로 가열된다. 발생 가능한 반응을 열거하고 평형 조성을 결정하라. 필요한 열전달을 구하라.

제 15 장

압축성 유체

Compressible Flow

15장에서는 노즐과 통로(passage)를 통과하는 단순 압축성 유체의 열역학적 측면을 학습한다. 9장과 10장에서 다룬 몇 가지 열역학 사이클에는 요소 기기 내에 노즐이나 디퓨저를 통과하는 유동이 포함되어 있다. 예컨대 증기 터빈 내부에 있는 일련의 노즐들은 고압 증기 유동을 저압 고속 유동으로 변환하여 회전하는 블레이드들 사이의 통로로 유입되게 한다. 여러 단의 블레이드 통로를 지난 후 유동은 디퓨저 형상의 체임버와 또 다른 일련의 노즐을 통과한다. 팬제트에는 압축성 기체가 고속으로 흐르는 여러 위치가 존재한다. 유동은 먼저 디퓨저를 지나고 바로 후방에 위치한 팬과 압축기를 지나 터빈 블레이드 사이의 통로를 지나고 마지막으로 노즐을 통하여 빠져나간다. 압축성으로 간주되어야 하는 유동의 마지막 예는 디젤 엔진의 터보 과급기(turbocharger)를 통과하는 유동이다. 이 유동은 이어서 흡입 포트와 흡입 밸브를 지나 실린더로 최종 유입된다. 이러한 과정의 적절한 해석은 질량 유량, 일, 열전달이나 관련된 운동 에너지의 정확한 계산을 위해 중요하고, 전체 시스템의 설계와 작동 거동에까지 관련된다.

위에 언급된 예들은 모두 유동 형상 및 유동 매체의 관점에서 복잡하기 때문에 단순화된 모델을 사용할 것이다. 이 장에서 대부분의 유동 진행 과정은 이상기체 거동을 가정하고 순수 물질의 일차원 유동으로 취급된다. 이 경우 우리는 음속의 영향을 받는 압축성 유동의 중요한 측면에 관심을 집중할 수 있게 되며, 마하수는 이러한 형태의 유동에 중요한 변수이다.

15.1 정체 상태의 상태량

유동을 포함한 문제를 다루는 데 있어서 **등엔트로피 정체 상태**(isentropic stagnation state) 개념 및 이와 관련된 열역학적 상태량들을 도입하면 많은 논의와 관련 식들이 단순해질 수 있다. 등엔트로피 정체 상태란 속도가 있는 유체가 가역 단열적으로 감속되어 정지하게 된다면 얻게 될 열역학적 상태이다. 이 상태는 이 장에서 하첨자 0으로 표기된다. 정상상태 과정에 대한 열역학 제1법칙으로부터

$$h + \frac{\mathbf{V}^2}{2} = h_0 \qquad (15.1)$$

일반적인 가스나 증기의 실제와 등엔트로피 정체 상태는 그림 15.1의 h-s 선도와 같다. 가끔은 실제와 등엔트로피 정체 상태를 구분하는 것이 도움이 된다. 실제 정체 상태는(유체 유동 속에 놓인 물체의 선단부에

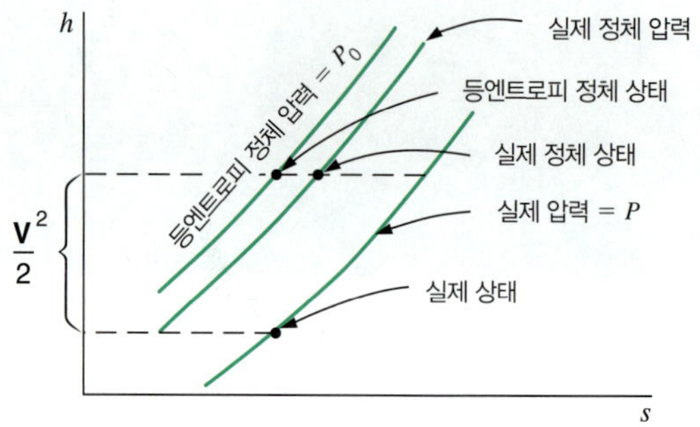

그림 15.1 ▸ 정체 상태의 정의를 예시하는 h-s 선도.

서처럼) 실제로 감속되어 정지하게 된 경우의 상태이며 감속 과정과 관련하여 비가역성이 있을 수 있다. 따라서 **정체 상태량**(stagnation property)은 실제 상태와 관련된 열역학적 상태량을 지칭하기 위해 종종 사용되며, **총합 상태량**(total property)은 등엔트로피 정체 상태를 지칭하는 데 사용된다.

엔탈피가 실제와 등엔트로피 정체 상태(실제 과정이 단열적이라고 가정하면) 모두에 대하여 동일하다는 것은 그림 15.1로부터 자명하다. 따라서 이상기체의 경우 실제 정체 온도는 등엔트로피 정체 온도와 동일하다. 그러나 실제 정체 압력은 등엔트로피 정체 압력보다 작을 수 있다. 이 때문에 등엔트로피 정체 압력을 의미하는 **총합 압력**(total pressure)은 실제 정체 압력에 비해 특별한 의미를 갖는다.

예제 15.1

공기가 150 kPa의 압력과 200 m/s의 속도로 덕트 내를 흐른다. 공기 온도는 300 K이다. 등엔트로피 정체 압력과 온도를 구하라.

해석 및 풀이

공기가 표 A.5에 주어진 바와 같이 일정 비열을 갖는 이상기체라면 계산 과정은 다음과 같다. 식 (15.1)로부터

$$\frac{\mathbf{V}^2}{2} = h_0 - h = C_{P0}(T_0 - T)$$

$$\frac{(200)^2\ (\text{m/s})^2}{2 \times 1000\ \text{J/kJ}} = 1.004\ \text{kJ/kg-K}\,(T_0 - 300\ \text{K}) \quad \Rightarrow \quad T_0 = 319.9\ \text{K}$$

정체 압력은 다음의 관계식으로부터 구할 수 있다.

$$\frac{T_0}{T} = \left(\frac{P_0}{P}\right)^{(k-1)/k} \quad \Rightarrow \quad P_0 = P(T_0/T)^{k/(k-1)}$$

$$P_0 = 150\ \text{kPa}\,(319.9/300)^{1.4/0.4} = 187.8\ \text{kPa}$$

표 A.8로부터 계산된 공기에 관한 표인 표 A.7이 사용될 수도 있었을 것이며 그 경우에는 온도에 따른 비열의 변화가 반영되었을 것이다. 실제 상태와 **정체** 상태의 엔트로피가 같으므로 다음과 같이 유도될 수 있다. 표 A.7.2를 이용하면

$$T = 300\ \text{K} \qquad h = 300.47\ \text{kJ/kg} \qquad P_r = 1.1146$$

$$h_0 = h + \frac{\mathbf{V}^2}{2} = 300.47\ \text{kJ/kg} + \frac{(200)^2}{2 \times 1000}\,\frac{(\text{m/s})^2}{\text{J/kJ}} = 320.47\ \text{kJ/kg}$$

$$T_0 = 319.9\ \text{K} \qquad P_{r0} = 1.3956$$

$$P_0 = PP_{r0}/P_r = 150\ \text{kPa} \times \frac{1.3956}{1.1146} = 187.8\ \text{kPa}$$

15.2 검사 체적에 대한 운동량 방정식

진도를 나가기에 앞서 검사 체적에 대한 운동량 방정식을 유도하는 것이 도움이 될 것이다. Newton의 제2법칙에 따르면, 주어진 방향으로 물체에 작용하는 외부 힘들의 합은 주어진 방향으로의 운동량 변화율에 비례한다. 이 표현을 x 방향에 대한 식으로 쓰면 다음과 같다.

$$\frac{d(m\mathbf{V}_x)}{dt} \propto \sum F_x$$

이 교재에서 사용하는 단위계에 대해서는 비례 상수 없이 직접 등호로 쓸 수 있다.

$$\frac{d(m\mathbf{V}_x)}{dt} = \sum F_x \tag{15.2}$$

식 (15.2)는 고정된 질량의 물체, 또는 열역학적 표현으로는 검사 질량에 대하여 서술된 것이다. 이제 검사 체적에 대한 운동량 방정식을 유도하고자 하며 이는 검사 체적에 대하여 연속 방정식, 열역학 제1 및 제2 법칙을 서술하는 데 사용된 바와 유사한 과정을 따를 것이다.

좌표계에 대하여 상대적으로 고정된 그림 15.2의 검사 체적을 고려한다. 검사 체적에 들어오거나 떠나는 각 유동은 단위 질량당 운동량을 갖고 있으므로 검사 체적에 대하여 운동량 변화율을 가감하게 된다.

운동량 방정식(momentum equation)을 식 (4.1), (4.7) 및 (7.2) 각각에 해당하는 질량, 에너지 및 엔트로피에 관한 평형식들처럼 변화율의 형태로 쓰면 다음과 같이 표현할 수 있다.

$$\text{운동량 변화율} = \sum F_x + \text{운동량 유입률} - \text{운동량 유출률} \tag{15.3}$$

검사 체적 내 질량에 작용하는 힘(예: 중력)이나 검사 체적 표면에 작용하는 힘(예: 마찰이나 피스톤에 작용하는 힘) 그리고 운동량을 가진 질량 유동만이 운동량 변화에 기여할 수 있다. 운동량은 보존되므로, 검사 체적과 관련하여 질량, 에너지 등의 보존 방정식에서 논의된 바와 마찬가지로 운동량은 생성되거나 소멸될 수 없다.

식 (15.3)의 형태로 x 방향 운동량 식을 전개하면 다음과 같다.

$$\frac{d(m\mathbf{V}_x)}{dt} = \sum F_x + \sum \dot{m}_i \mathbf{V}_{ix} - \sum \dot{m}_e \mathbf{V}_{ex} \tag{15.4}$$

마찬가지로 y 및 z 방향에 대하여

$$\frac{d(m\mathbf{V}_y)}{dt} = \sum F_y + \sum \dot{m}_i \mathbf{V}_{iy} - \sum \dot{m}_e \mathbf{V}_{ey} \tag{15.5}$$

이고

$$\frac{d(m\mathbf{V}_z)}{dt} = \sum F_z + \sum \dot{m}_i \mathbf{V}_{iz} - \sum \dot{m}_e \mathbf{V}_{ez} \tag{15.6}$$

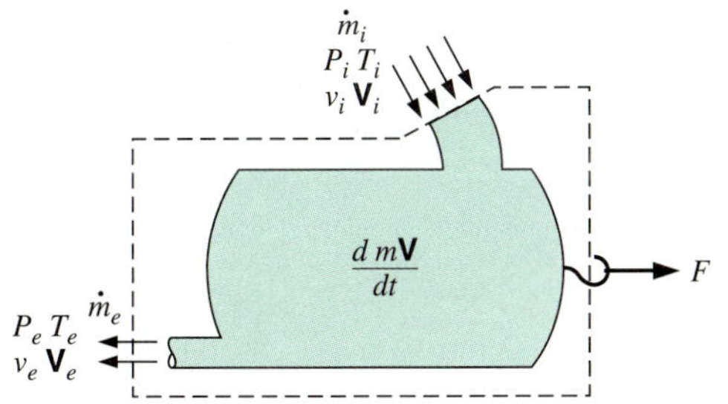

그림 15.2 ▸ 검사 체적에 대한 운동량 방정식의 전개.

질량 유출입이 없는 검사 체적(즉 검사 질량)에 대해서는 위의 식들이 각 방향에 대하여 식 (15.2)의 형태로 축소된다.

이 장에서 우리는 균일한 상태량을 갖고 검사 체적으로 유입되는 단일 유동과 균일한 상태량을 갖고 검사 체적을 떠나는 단일 유동만이 존재하는 정상상태 과정들만 고려할 것이다. 정상상태 가정은 식 (15.4), (15.5) 및 (15.6)에서 검사 체적에 대한 운동량 변화율이 0임을 의미한다. 즉

$$\frac{d(m\mathbf{V}_x)_{\text{c.v.}}}{dt} = 0 \qquad \frac{d(m\mathbf{V}_y)_{\text{c.v.}}}{dt} = 0 \qquad \frac{d(m\mathbf{V}_z)_{\text{c.v.}}}{dt} = 0 \tag{15.7}$$

따라서 정상상태 과정에 대하여 각 상태에서 균일한 상태량을 가정하면, 검사 체적의 운동량 방정식은 다음 형태로 축소된다.

$$\sum F_x = \sum \dot{m}_e(\mathbf{V}_e)_x - \sum \dot{m}_i(\mathbf{V}_i)_x \tag{15.8}$$

$$\sum F_y = \sum \dot{m}_e(\mathbf{V}_e)_y - \sum \dot{m}_i(\mathbf{V}_i)_y \tag{15.9}$$

$$\sum F_z = \sum \dot{m}_e(\mathbf{V}_e)_z - \sum \dot{m}_i(\mathbf{V}_i)_z \tag{15.10}$$

게다가 검사 체적을 출입하는 단일 유동만 존재하는 특별한 경우에는 위의 식들이 다음과 같이 간단해진다.

$$\sum F_x = \dot{m}[(\mathbf{V}_e)_x - (\mathbf{V}_i)_x] \tag{15.11}$$

$$\sum F_y = \dot{m}[(\mathbf{V}_e)_y - (\mathbf{V}_i)_y] \tag{15.12}$$

$$\sum F_z = \dot{m}[(\mathbf{V}_e)_z - (\mathbf{V}_i)_z] \tag{15.13}$$

예제 15.2

터빈 두 날개 사이에 형성된 유로의 정상상태를 고려한다. 문제를 단순화하여 속력(벡터량인 속도의 크기)은 일정하지만 속도의 방향은 그림과 같이 변하며 날개와 유동 간의 마찰은 무시한다고 가정한다. 그림 15.3과 같은 유동에 필요한 힘을 구하라.

해석과 풀이

정상상태 유로 주변으로 검사체적을 잡는다. x 방향에서 볼 때 질량유량이 동일하며 속력은 $\mathbf{V}_e = \mathbf{V}_i$로 동일하다.

$$\begin{aligned}\sum F_x &= \frac{d(m\mathbf{V}_x)}{dt} + \sum \dot{m}_e\mathbf{V}_{ex} - \sum \dot{m}_i\mathbf{V}_{ix} \\ &= 0 + \dot{m}_e\mathbf{V}_{ex} - \dot{m}_i\mathbf{V}_{ix} = \dot{m}(\mathbf{V}_e\cos 45° - \mathbf{V}_i\cos 45°) = 0\end{aligned}$$

x 방향 순 힘은 0이므로 유동의 y 방향을 보자.

$$\begin{aligned}\sum F_y &= \frac{d(m\mathbf{V}_y)}{dt} + \sum \dot{m}_e\mathbf{V}_{ey} - \sum \dot{m}_i\mathbf{V}_{iy} \\ &= 0 + \dot{m}_e\mathbf{V}_{ey} - \dot{m}\mathbf{V}_{iy} = \dot{m}[\mathbf{V}_e\sin(-45°) - \mathbf{V}_i\sin 45°] \\ &= -\dot{m}\mathbf{V}_i\, 2\sin 45° = -\dot{m}\mathbf{V}_i\sqrt{2}\end{aligned}$$

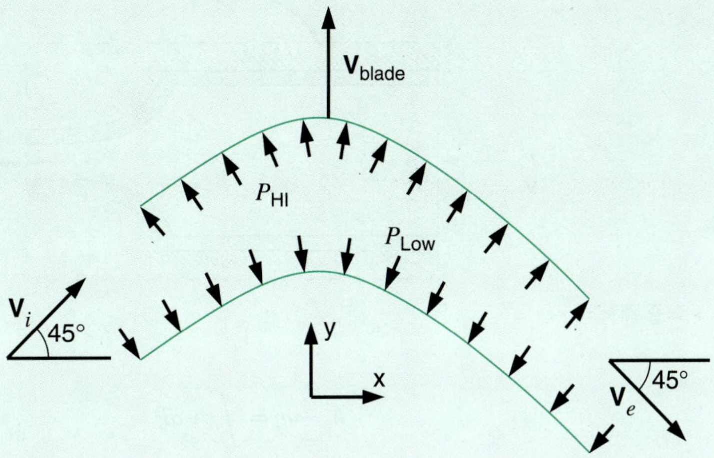

그림 15.3 ▸▸ 회전 중인 날개 표면에서 본 두 날개 사이 유동의 상대속도.

순힘이 음수이므로 유동을 밀어 내리고 유로면에서의 반작용력은 날개와 동일한 방향으로 위로 작용한다. 그 결과 동력이 $F_y\mathbf{V}_{\text{blade}}$의 크기로 날개에 전달되고 있으며 이것이 터빈이 유동으로부터 축동력을 얻는 과정이다. 힘은 아래 날개면에 대해 윗 날개면에 작용하는 상대적으로 높은 압력에 의해 생성된다.

15.3 노즐을 통과하는 비압축 유체의 단열, 일차원, 정상상태 유동

노즐은 유체의 운동 에너지가 단열 과정으로 증가되게 하는 장치이다. 운동 에너지 증가는 압력의 감소를 초래하며 이는 유동 면적의 적절한 변경으로 이루어진다. 디퓨저는 반대 기능, 즉 유체를 감속시켜 압력을 증가시키는 장치이다. 이 절에서 노즐과 디퓨저가 모두 다루어지지만 용어의 최소화를 위해 **노즐**이라는 표현만 사용하게 될 것이다.

그림 15.4의 노즐을 생각해 보자. 비압축성 유체의 단열, 일차원, 정상상태 과정을 가정한다. 연속 방정식으로부터 다음 식이 얻어진다.

$$\dot{m}_e = m_i = \rho A_i \mathbf{V}_i = \rho A_e \mathbf{V}_e$$

또는

$$\frac{A_i}{A_e} = \frac{\mathbf{V}_e}{\mathbf{V}_i} \tag{15.14}$$

이 과정에 대한 제1법칙은

$$h_e - h_i + \frac{\mathbf{V}_e^2 - \mathbf{V}_i^2}{2} + (Z_e - Z_i)g = 0 \tag{15.15}$$

제2법칙으로부터 $s_e \geq s_i$,이며 등식은 가역 과정에 대하여 성립한다. 따라서 관계식

$$T\,ds = dh - v\,dP$$

로부터 가역 과정에 대하여 다음이 성립함을 알 수 있다.

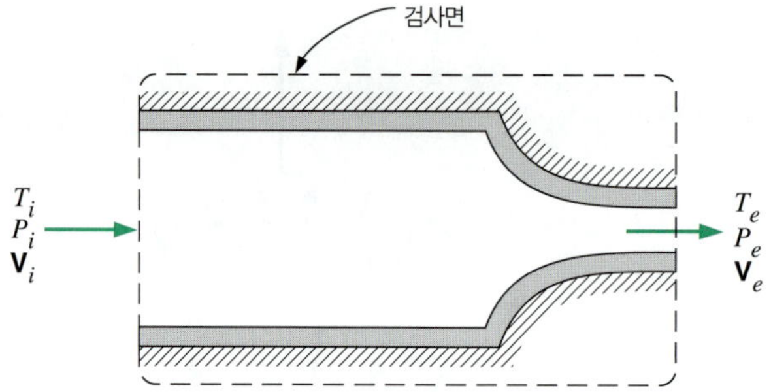

그림 15.4 ▸ 노즐 개략도.

$$h_e - h_i = \int_i^e v\,dP \tag{15.16}$$

유체가 비압축성이라고 가정하면, 식 (15.19)를 적분하여 다음을 얻는다.

$$h_e - h_i = v(P_e - P_i) \tag{15.17}$$

이 결과를 식 (15.18)에 대입하여 다음을 얻는다.

$$v(P_e - P_i) + \frac{\mathbf{V}_e^2 - \mathbf{V}_i^2}{2} + (Z_e - Z_i)g = 0 \tag{15.18}$$

이 식은 물론 7.3절에서 유도되었던 식 (7.16)인 **Bernoulli 방정식**이다. 노즐을 통과하는 비압축성 유체의 가역, 단열, 일차원 정상상태 유동에 대하여 Bernoulli 방정식은 열역학 제1 및 제2법칙이 조합된 서술을 나타낸다.

예제 15.3

물이 펌프 케이스 내에 위치한 디퓨저에 30 m/s의 속도, 350 kPa의 압력, 그리고 25°C의 온도로 유입된다. 물은 7 m/s의 속도와 600 kPa의 압력으로 디퓨저를 떠난다. 이러한 입구 조건과 출구 속도를 갖는 가역 디퓨저에 대한 출구 압력을 구하라. 실제 디퓨저에 대하여 엔탈피 증가, 내부 에너지 증가 및 엔트로피 증가를 구하라.

➘ 해석 및 풀이

주어진 입구 조건과 출구 속도를 갖는 가역 디퓨저 주위에 먼저 검사면을 설정한다. Bernoulli 방정식인 식 (15.18)은 이 과정에 대한 열역학 제1 및 제2법칙의 표현이다. 높이차가 없으므로 이 방정식은 다음과 같이 간단해진다.

$$v[(P_e)_s - P_i] + \frac{\mathbf{V}_e^2 - \mathbf{V}_i^2}{2} = 0$$

여기서 $(P_e)_s$는 가역 디퓨저 출구 압력을 나타낸다. 수증기표로부터 $v = 0.001003\ \text{m}^3/\text{kg}$이다.

$$P_{es} - P_i = \frac{(30^2 - 7^2)\,(\text{m/s})^2}{0.001003\ \text{m}^3/\text{kg} \times 2 \times 1000\ \text{J/kJ}} = 424\ \text{kPa} \Rightarrow P_{es} = 774\ \text{kPa}$$

다음으로 실제 디퓨저를 에워싸는 검사면을 고려한다. 엔탈피 변화는 이 과정에 대한 열역학 제1법칙인 식 (15.15)로부터 구할 수 있다.

$$h_e - h_i = \frac{\mathbf{V}_i^2 - \mathbf{V}_e^2}{2} = \frac{(30)^2 - (7)^2}{2 \times 1000}\frac{(\text{m/s})^2}{\text{J/kJ}} = 0.4255\ \text{kJ/kg}$$

내부 에너지의 변화는 엔탈피의 정의인 $h_e - h_i = (u_e - u_i) + (P_e v_e - P_i v_i)$로부터 계산할 수 있다.

따라서 비압축성 유체에 대하여

$$u_e - u_i = h_e - h_i - v(P_e - P_i)$$
$$= 0.4255 \text{ kJ/kg} - 0.001003 \text{ m}^3\text{/kg}\,(600 - 350) \text{ kPa} = 0.17475 \text{ kJ/kg}$$

온도가 일정하다(이 경우에는 근사적으로 타당하다)고 가정하고 비압축성 유체에 대하여 $dv = 0$이라는 사실을 주목하면 엔트로피 변화는 다음의 잘 알려진 식으로부터 근사화될 수 있다.

$$T\,ds = du + P\,dv$$

이러한 가정들을 이용하면

$$s_e - s_i = \frac{u_e - u_i}{T} = \frac{0.17475}{298.2}\frac{\text{kJ/kg}}{\text{K}} = 0.000586 \text{ kJ/kg-K}$$

이는 비가역 단열 과정이기 때문에 위의 계산이 지적하는 바와 같이 엔트로피는 증가할 것이다.

15.4 이상기체에서의 음속

압축성 유체 내에서 압력 변동이 일어나면 그 변동은 유체의 열역학적 상태에 의존하는 속도로 퍼져 나간다. 음파는 매우 작은 압력 변동이다. 소리의 속도는 음속(sonic velocity)이라고 불리며 압축성 유체 유동에서 중요한 변수이다. 이제 기체의 상태량들의 함수로 이상기체의 음속에 관한 식을 유도하고자 한다.

그림 15.5*a*의 튜브 끝에서 피스톤의 움직임으로 압력 변동을 발생시킨다. 파는 음속 c의 속도로 튜브 속을 진행한다. 파가 지나간 후 기체의 상태량은 미분량만큼 변하고 그 기체는 파면(wave front)을 향하여 속도 $d\mathbf{V}$로 이동하고 있다고 가정한다.

그림 15.5*b*에서는 이 과정을 파면과 함께 이동하는 관찰자의 관점에서 보여준다. 그림 15.5*b*의 검사면을 고려한다. 이 과정의 정상상태에 대하여 열역학 제1법칙으로부터 다음과 같이 쓸 수 있다.

$$h + \frac{c^2}{2} = (h + dh) + \frac{(c - d\mathbf{V})^2}{2} \tag{15.19}$$
$$dh - c\,d\mathbf{V} = 0$$

연속 방정식으로부터

$$\rho A c = (\rho + d\rho)A(c - d\mathbf{V}) \tag{15.20}$$
$$c\,d\rho - \rho\,d\mathbf{V} = 0$$

또한 Gibbs 물성치 관계식을 고려하자.

$$T\,ds = dh - \frac{dP}{\rho}$$

등엔트로피 과정의 경우 $ds = 0$이므로 위 식과 식 (15.19)를 조합하면 다음의 관계를 얻는다.

$$\frac{dP}{\rho} - c\,d\mathbf{V} = 0 \tag{15.21}$$

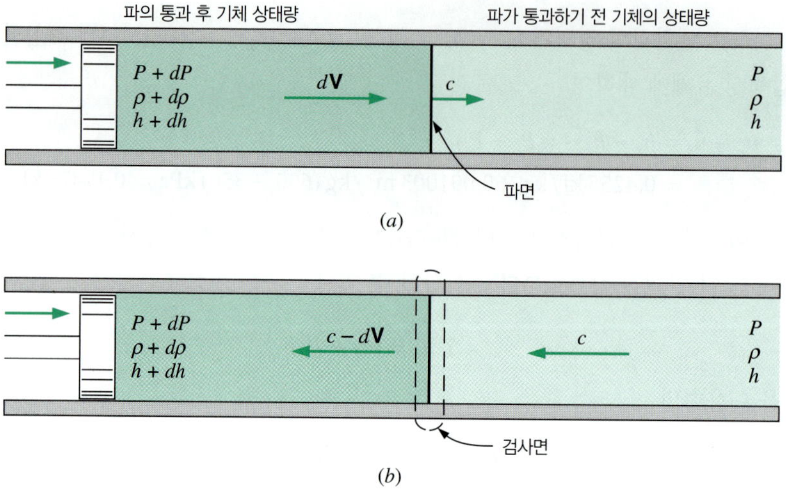

그림 15.5 » 음속 예시 선도. (*a*) 정지해 있는 관찰자, (*b*) 파면과 함께 이동하는 관찰자.

이 식과 식 (15.20)에서 $d\mathbf{V}$를 소거하면

$$\frac{dP}{d\rho} = c^2$$

등엔트로피 과정을 가정하였으므로 위 식은 다음의 편미분 형태로 표현될 수 있다.

$$\left(\frac{\partial P}{\partial \rho}\right)_s = c^2 \qquad \textbf{(15.22)}$$

결과 유도를 위한 또 다른 방법은 운동량 방정식을 적용하는 것이다. 그림 15.5*b*의 검사 체적에 대한 운동량 방정식은

$$PA - (P + dP)A = \dot{m}(c - d\mathbf{V} - c) = \rho Ac(c - d\mathbf{V} - c)$$
$$dP = \rho c\, d\mathbf{V} \qquad \textbf{(15.23)}$$

위 식을 식 (15.20)과 조합하면 식 (15.22)를 얻는다.

$$\left(\frac{\partial P}{\partial \rho}\right)_s = c^2$$

이상기체에서의 음속(velocity of sound)에 관한 식 (15.22)를 풀어야 한다.

등엔트로피 과정을 겪는 이상기체에 대하여 일정 비열을 가정하면 다음 식이 성립함을 6장에서 이미 배웠다.

$$\frac{dP}{P} - k\frac{d\rho}{\rho} = 0$$

또는

$$\left(\frac{\partial P}{\partial \rho}\right)_s = \frac{kP}{\rho}$$

식 (15.22)에 위 식을 대입하면 이상기체의 음속에 대한 다음 식을 얻는다.

$$c^2 = \frac{kP}{\rho} \tag{15.24}$$

이상기체에 대하여

$$\frac{P}{\rho} = RT$$

이므로 위 식은 다음과 같다.

$$c^2 = kRT \tag{15.25}$$

마하수(Mach number) M은 음속 c에 대한 실제 속도 $\mathbf{V}$의 비로 정의된다.

$$M = \frac{\mathbf{V}}{c} \tag{15.26}$$

유동은, $M > 1$이면 **초음속**(supersonic), $M < 1$이면 **아음속**(subsonic)이고 $M = 1$이면 음속이 된다. 유체 유동 문제에서 변수로서의 마하수의 중요성은 다음 절들에서 명확해질 것이다.

예제 15.4

300 K와 1000 K인 공기에서의 음속을 구하라.

해석 및 풀이

공기의 비열비 $k = 1.4$를 식 (15.25)에 적용하면

$$c = \sqrt{kRT}$$
$$= \sqrt{1.4 \times 0.287 \text{ kJ/kg-K} \times 300 \text{ K} \times 1000 \text{ J/kJ}} = 347.2 \text{ m/s}$$

마찬가지로 1000 K에서 $k = 1.4$를 이용하면

$$c = \sqrt{1.4 \times 0.287 \text{ kJ/kg-K} \times 1000 \text{ K} \times 1000 \text{ J/kJ}} = 633.9 \text{ m/s}$$

온도가 증가함에 따라 음속이 증가함을 유의하라.

개념점검

a. 정체 온도는 자유 유동 온도보다 항상 높은가? 그 이유는 무엇인가?
b. 식 (15.22)를 이용하여 고체, 액체 및 기체의 음속 순서를 정하라.
c. 이상기체에서의 음속은 압력의 영향을 받는가? 실제 기체의 경우는 어떠한가?

15.5 노즐을 통과하는 이상기체의 가역, 단열, 일차원 유동

그림 15.6은 수축 및 확장 단면을 모두 갖춘 노즐이나 디퓨저를 나타낸다. 최소 단면적은 목(throat)이라고 한다.

첫 번째로 관심을 가져야 할 사항은 노즐이나 디퓨저가 확장 또는 수축 영역이어야 하는지를 결정할 조건과 목에서의 조건을 파악하는 일이다. 그림의 검사 체적에 대해 다음의 관계식을 적용한다.

열역학 제1법칙:

$$dh + \mathbf{V}\,d\mathbf{V} = 0 \tag{15.27}$$

상태량 관계식:

$$T\,ds = dh - \frac{dP}{\rho} = 0 \tag{15.28}$$

연속 방정식:

$$\rho A\mathbf{V} = \dot{m} = \text{일정}$$
$$\frac{d\rho}{\rho} + \frac{dA}{A} + \frac{d\mathbf{V}}{\mathbf{V}} = 0 \tag{15.29}$$

식 (15.27)과 식 (15.28)을 조합하면

$$dh = \frac{dP}{\rho} = -\mathbf{V}\,d\mathbf{V} \quad \Rightarrow \quad d\mathbf{V} = -\frac{1}{\rho\mathbf{V}}\,dP$$

위 결과를 식 (15.29)에 대입하면

$$\begin{aligned}\frac{dA}{A} &= \left(-\frac{d\rho}{\rho} - \frac{d\mathbf{V}}{\mathbf{V}}\right) = -\frac{d\rho}{\rho}\left(\frac{dP}{dP}\right) + \frac{1}{\rho\mathbf{V}^2}\,dP \\ &= \frac{-dP}{\rho}\left(\frac{d\rho}{dP} - \frac{1}{\mathbf{V}^2}\right) = \frac{dP}{\rho}\left(-\frac{1}{(dP/d\rho)} + \frac{1}{\mathbf{V}^2}\right)\end{aligned}$$

등엔트로피 유동이므로

$$\frac{dP}{d\rho} = c^2 = \frac{\mathbf{V}^2}{M^2}$$

따라서

$$\frac{dA}{A} = \frac{dP}{\rho\mathbf{V}^2}(1 - M^2) \tag{15.30}$$

위 식은 매우 중요한 방정식이다. 왜냐하면 이 식으로부터 노즐과 디퓨저의 적정 형상에 관한 다음의 결론을

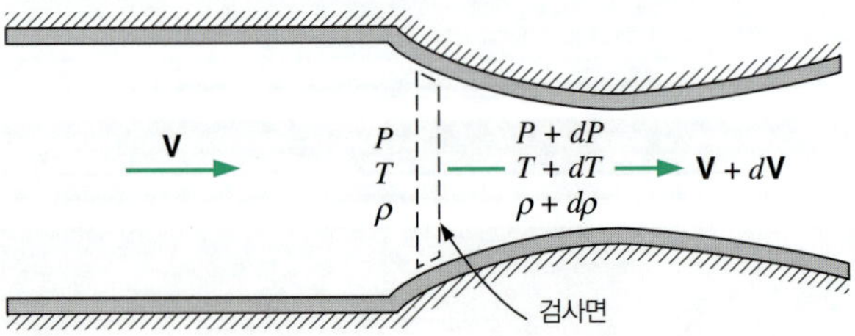

그림 15.6 » 노즐을 통과하는 일차원, 가역, 단열 정상 유동.

유도할 수 있기 때문이다.

노즐에 대해서는 $dP < 0$이다. 따라서

아음속 노즐의 경우, $M < 1 \Rightarrow dA < 0$이고 노즐은 수축하는 형상

초음속 노즐의 경우, $M > 1 \Rightarrow dA > 0$이고 노즐은 확장하는 형상

디퓨저에 대해서는 $dP > 0$이다. 따라서

아음속 디퓨저의 경우, $M < 1 \Rightarrow dA > 0$이고 디퓨저는 확장하는 형상

초음속 디퓨저의 경우, $M > 1 \Rightarrow dA < 0$이고 디퓨저는 수축하는 형상

$M = 1$일 때 $dA = 0$이며 이는 노즐이나 디퓨저의 목에서만 음속이 될 수 있음을 의미한다. 이러한 결론들은 그림 15.7에 정리되어 있다.

이제 실제 상태량, 정체 상태량 및 마하수 사이의 많은 관계식을 유도할 것이다. 이 관계식들은 노즐에서 이상기체의 등엔트로피 유동을 다루는 데 매우 유용하다.

식 (15.1)은 엔탈피, 정체 엔탈피 및 운동 에너지의 관계를 표현한다.

$$h + \frac{\mathbf{V}^2}{2} = h_0$$

일정 비열을 갖는 이상기체에 대하여 식 (15.1)은 다음과 같이 쓸 수 있다.

$$\mathbf{V}^2 = 2C_{p0}(T_0 - T) = 2\frac{kRT}{k-1}\left(\frac{T_0}{T} - 1\right)$$

다음과 같으므로

$$c^2 = kRT$$

$$\mathbf{V}^2 = \frac{2c^2}{k-1}\left(\frac{T_0}{T} - 1\right)$$

$$\frac{\mathbf{V}^2}{c^2} = M^2 = \frac{2}{k-1}\left(\frac{T_0}{T} - 1\right)$$

$$\frac{T_0}{T} = 1 + \frac{(k-1)}{2}M^2 \qquad (15.31)$$

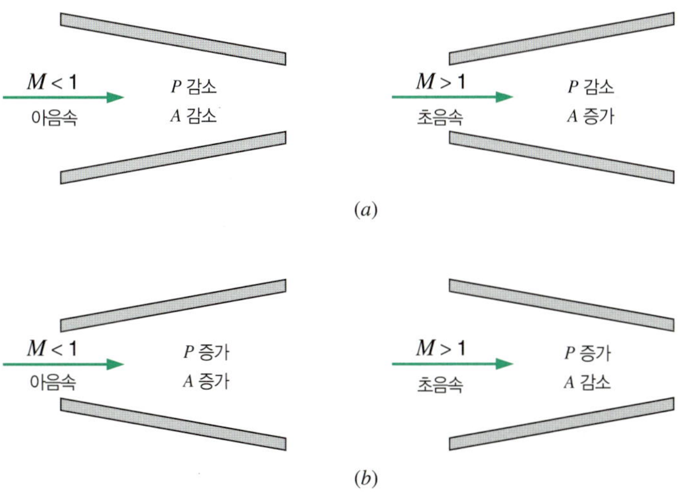

그림 15.7 ▸ (*a*) 노즐과 (*b*) 디퓨저에 필요한 단면적의 변화.

표 15.1 ›› 이상기체 등엔트로피 유동에 대한 임계 압력, 밀도 및 온도 비

	$k = 1.1$	$k = 1.2$	$k = 1.3$	$k = 1.4$	$k = 1.67$
P^*/P_0	0.5847	0.5644	0.5457	0.5283	0.4867
ρ^*/ρ_0	0.6139	0.62.9	0.6276	0.6340	0.6497
T^*/T_0	0.9524	0.9091	0.8696	0.8333	0.7491

등엔트로피 과정에 대해

$$\left(\frac{T_0}{T}\right)^{k/(k-1)} = \frac{P_0}{P}; \qquad \left(\frac{T_0}{T}\right)^{1/(k-1)} = \frac{\rho_0}{\rho}$$

따라서

$$\frac{P_0}{P} = \left[1 + \frac{(k-1)}{2}M^2\right]^{k/(k-1)} \tag{15.32}$$

$$\frac{\rho_0}{\rho} = \left[1 + \frac{(k-1)}{2}M^2\right]^{1/(k-1)} \tag{15.33}$$

P/P_0, ρ/ρ_0 및 T/T_0의 값들은 $k = 1.40$에 대하여 표 A.12에 M의 함수로 주어진다.

노즐 목에서의 조건은 목에서 $M = 1$이라는 사실을 주목하면 찾을 수 있다. 노즐 목에서의 상태량은 별표(*)로 표기한다. 따라서

$$\frac{T^*}{T_0} = \frac{2}{k+1} \tag{15.34}$$

$$\frac{P^*}{P_0} = \left(\frac{2}{k+1}\right)^{k/(k-1)} \tag{15.35}$$

$$\frac{\rho^*}{\rho_0} = \left(\frac{2}{k+1}\right)^{1/(k-1)} \tag{15.36}$$

$M = 1$일 때 노즐 목에서의 상태량들을 임계 압력(critical pressure), 임계 온도(critical temperature)및 임계 밀도(critical density)라 하고, 식 (15.34), (15.35) 및 (15.36)의 비들은 각각 임계 온도비, 임계 압력비 및 임계 밀도비라고 한다. 표 15.1에는 다양한 k 값에 따른 비들이 제시되어 있다.

15.6 등엔트로피 노즐을 통과하는 이상기체의 질량 유량

이제 노즐의 단위 면적당 질량 유량 $\dot{m}/A$을 고찰한다. 연속 방정식으로부터

$$\begin{aligned}\frac{\dot{m}}{A} &= \rho\mathbf{V} = \frac{P\mathbf{V}}{RT}\sqrt{\frac{kT_0}{kT_0}} = \frac{P\mathbf{V}}{\sqrt{kRT}}\sqrt{\frac{k}{R}}\sqrt{\frac{T_0}{T}}\sqrt{\frac{1}{T_0}} \\ &= \frac{PM}{\sqrt{T_0}}\sqrt{\frac{k}{R}}\sqrt{1+\frac{k-1}{2}M^2}\end{aligned} \tag{15.37}$$

식 (15.32)를 식 (15.37)에 대입하면 단위 면적당 유동은 정체 압력, 정체 온도, 마하수 및 가스 상태량으로 표현될 수 있다.

$$\frac{\dot{m}}{A} = \frac{P_0}{\sqrt{T_0}}\sqrt{\frac{k}{R}} \times \frac{M}{\left(1 + \frac{k-1}{2}M^2\right)^{(k+1)/2(k-1)}} \tag{15.38}$$

목에서 $M = 1$이므로 목에서 단위 면적당 유량 $\dot{m}/A^*$은 식 (15.38)에서 $M = 1$로 두어 구할 수 있다.

$$\frac{\dot{m}}{A^*} = \frac{P_0}{\sqrt{T_0}}\sqrt{\frac{k}{R}} \times \frac{1}{\left(\frac{k+1}{2}\right)^{(k+1)/2(k-1)}} \tag{15.39}$$

이 결과로부터 노즐목에서 음속 조건에 도달한 노즐 통과 유량은 정체 물성치 P_0, T_0, 유체 물성치 k, R 및 노즐목 면적 A^*에 의존함을 알 수 있다. 유체와 노즐이 주어진 경우에는, 정체 물성치만이 유량 결정에 중요하다.

면적비 A/A^*는 식 (15.39)를 식 (15.38)로 나누어 구할 수 있다.

$$\frac{A}{A^*} = \frac{1}{M}\left[\left(\frac{2}{k+1}\right)\left(1 + \frac{k-1}{2}M^2\right)\right]^{(k+1)/2(k-1)} \tag{15.40}$$

면적비 A/A^*는 목 면적(A^*)에 대한 마하수가 M인 지점에서의 면적(A)의 비이다. A/A^*값들은 마하수의 함수로 표 A.12에 주어져 있다. 그림 15.8은 A/A^*대 M의 그래프를 나타내는데 이는 아음속 노즐이 축소 형상이고 초음속 노즐은 확장 형상이라는 앞 절의 결론과 일치한다.

노즐을 통과하는 이상기체의 등엔트로피 유동에 관해 마지막으로 짚어야 할 중요한 점은 **배압**(back pressure, 노즐 출구 외부 압력)의 변화가 질량 유량에 미치는 영향이다.

노즐 길이에 따라 압력비 P/P_0의 변화를 보여 주는 그림 15.9의 **수축형 노즐**(convergent nozzle)을 검토한다. 유동 상류 조건은 일정한 값으로 가정되는 정체 조건이다. 노즐 출구면에서의 압력은 P_E, 배압은 P_B로 표기된다. 배압 P_B가 증가함에 따라 질량 유량 $\dot{m}$과 출구면 압력 P_E/P_0가 어떻게 거동하는지 고찰하자. 이 값들은 그림 15.10에 도시되어 있다.

$P_B/P_0 = 1$일 때는 물론 유동이 없고 $P_E/P_0 = 1$은 점 a로 표기되어 있다. 다음으로 P_B/P_0가 임계 압력비보다 크도록 점 b로 표기된 곳까지 배압 P_B를 낮춘다. 질량 유량은 어떤 값을 갖게 되고 $P_E = P_B$이다. 출구 마하수는 1보다 작다. 다음으로 배압을 점 c로 표기된 임계 압력까지 낮춘다. 이제 출구에서 마하수는 1이고 P_E는 P_B와 같다. 점 d로 표기된 것처럼 P_B가 임계 압력보다 낮아지면 질량 유동은 더 이상 증가하지 않고 P_E는 임계 압력과 같은 값으로 일정하게 유지되므로 출구 마하수는 1이다. P_E에서 P_B까지의 압력 강하는 노즐 출구 바깥에서 일어난다. 이런 조건하에서 노즐은 **초크되었다**(choked)고 하며 이는 주어진 정체 조건에 대하

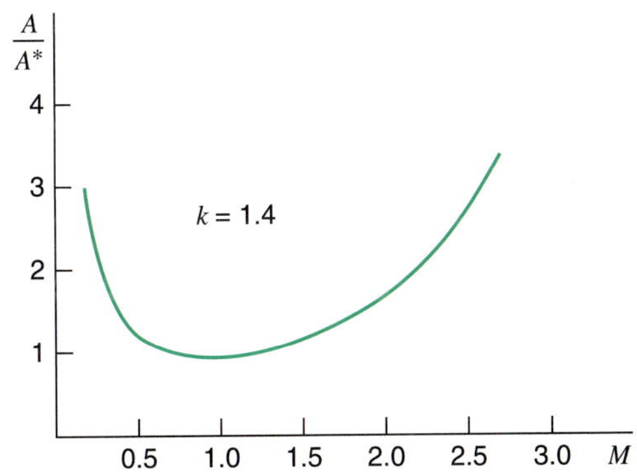

그림 15.8 » 가역 단열 노즐에 대하여 마하수 함수로 표현된 면적비.

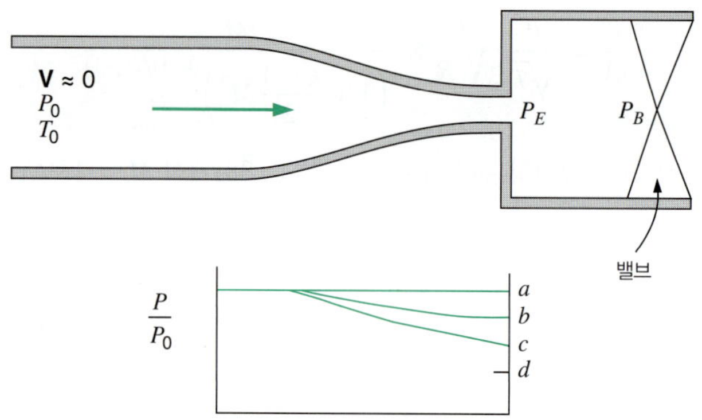

그림 15.9 » 수축형 노즐에서 배압의 함수인 압력비.

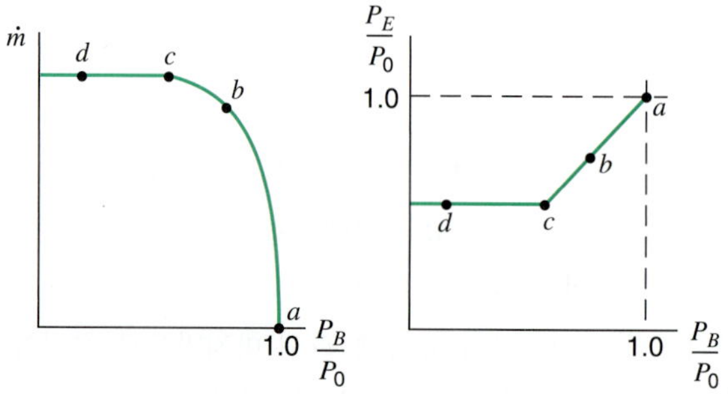

그림 15.10 » 수축형 노즐에서 배압의 함수인 질량 유량과 출구 압력.

여 노즐은 가능한 최대 질량 유동을 통과시키고 있음을 의미한다.

이번에는 그림 15.11의 축소-확장 노즐(convergent-divergent nozzle)을 유사한 전개 방식으로 고찰한다. 점 a는 $P_B = P_0$이고 유동이 없는 조건을 나타낸다. P_B가 점 b로 표기된 압력까지 감소하여 P_B/P_0가 1보다 작지만 임계 압력비보다는 상당히 크게 되면, 축소 형상 구간에서 속도는 증가하지만 목에서 $M < 1$이다. 따라서 확장 형상 구간은 압력이 증가하고 속도가 감소하는 아음속 디퓨저 기능을 하게 된다. 점 c는 목에서 $M = 1$인 배압을 나타내지만 확장 형상 구간은 압력이 증가하고 속도가 감소하는 아음속 디퓨저 기능(입구에서 $M = 1$임)을 한다. 점 d는 등엔트로피 유동을 가능하게 하는 또 다른 배압을 나타내는데, 이 경우 확장 형

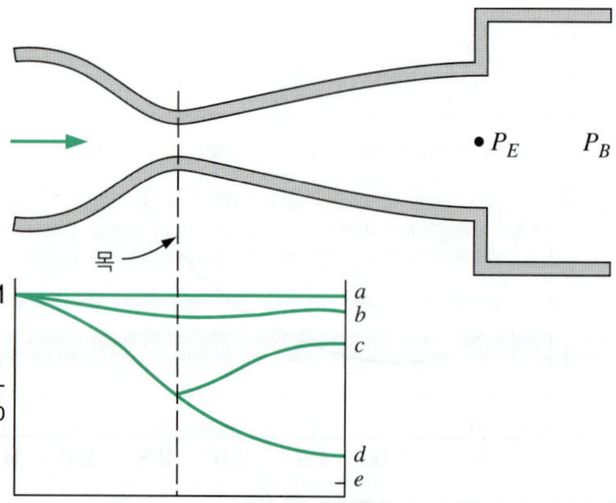

그림 15.11 » 축소-확장 형상의 가역 노즐에서 배압의 함수로서의 노즐 압력비.

상 구간은 압력이 감소하고 속도가 증가하는 초음속 노즐 기능을 하게 된다. 점 c와 d로 표기된 배압 사이의 영역에서는 등엔트로피 해가 불가능하고 충격파가 나타난다. 이 현상은 다음 절에서 논의된다. 배압이 점 d로 표기된 값보다 감소하게 되면 출구면 압력 P_E는 일정하게 유지되고 P_E에서 P_B로의 압력 강하는 노즐 바깥에서 발생한다. 강하되는 압력은 점 e로 표기되어 있다.

예제 15.5

축소 형상 노즐의 출구면 면적은 500 mm^{2}이다. 공기는 정체압 1000 kPa, 정체 온도 360 K로 노즐에 유입된다. 등엔트로피 유동을 가정하고 배압 800 kPa, 528 kPa, 그리고 300 kPa에 대하여 질량 유량을 계산하라.

↘ 해석 및 풀이

공기에 대해 $k = 1.4$와 표 A.12를 적용한다. 임계 압력비 P^*/P_0는 0.528이다. 따라서 배압 528 kPa에 대해 노즐 출구에서 $M = 1$이고 노즐은 초크된다. 528 kPa 아래로 배압을 낮추어도 유량은 증가하지 않는다.

528 kPa의 배압에 대해

$$\frac{T^*}{T_0} = 0.8333 \qquad T^* = 300\ \text{K}$$

출구에서

$$\begin{aligned}
\mathbf{V} &= c = \sqrt{kRT} \\
&= \sqrt{1.4 \times 0.287\ \text{kJ/kg-K} \times 300\ \text{K} \times 1000\ \text{J/kJ}} = 347.2\ \text{m/s} \\
\rho^* &= \frac{P^*}{RT^*} = \frac{528}{0.287 \times 300}\,\frac{\text{kPa}}{\text{kJ/kg}} = 6.1324\ \text{kg/m}^3 \\
\dot{m} &= \rho A \mathbf{V}
\end{aligned}$$

목 구간에 이 관계식을 적용하면

$$\dot{m} = 6.1324\ \text{kg/m}^3 \times 500 \times 10^{-6}\ \text{m}^2 \times 347.2\ \text{m/s} = 1.0646\ \text{kg/s}$$

800 kPa의 배압에 대해 $P_E/P_0 = 0.8$(하첨자 E는 출구면에서의 상태량을 나타낸다)이다. 표 A.12로부터

$$\begin{aligned}
M_E &= 0.573 \qquad T_E/T_0 = 0.9381 \\
T_E &= 337.7\ \text{K} \\
c_E &= \sqrt{kRT_E} = \sqrt{1.4 \times 0.287\ \text{kJ/kg-K} \times 337.7\ \text{K} \times 1000\ \text{J/kJ}} = 368.4\ \text{m/s} \\
\mathbf{V}_E &= M_E c_E = 211.1\ \text{m/s} \\
\rho_E &= \frac{P_E}{RT_E} = \frac{800}{0.287 \times 337.7}\,\frac{\text{kPa}}{\text{kJ/kg}} = 8.2542\ \text{kg/m}^3 \\
\dot{m} &= \rho A \mathbf{V}
\end{aligned}$$

위 식을 출구면에 적용하면

$$\dot{m} = 8.2542\ \text{kg/m}^3 \times 500 \times 10^{-6}\ \text{m}^2 \times 211.1\ \text{m/s} = 0.8712\ \text{kg/s}$$

임계 압력(이 경우에는 528 kPa)보다 낮은 배압에 대해서는 노즐이 초크되고 질량 유량은 임계 압력에서의 유량과 동일하다. 그러므로 300 kPa의 배기 압력에 대해서는 질량 유량이 1.0646 kg/s이다.

예제 15.6

축소-확장 형상 노즐의 목 면적에 대한 출구 면적의 비가 2이다. 공기는 정체 압력 1000 kPa, 정체 온도 360 K의 상태로 노즐에 유입된다. 노즐 목 면적은 500 mm^2이다. 다음 조건에 대하여 질량 유량, 출구 압력, 출구 온도, 출구 마하수, 그리고 출구 속도를 구하라.

a. 목에서 음속이고 확장 형상 구간에서 노즐로 작용(그림 15.11에서 점 *d*에 해당)

b. 목에서 음속이고 확장 형상 구간에서 디퓨저로 작용(그림 15.11에서 점 *c*에 해당)

➘ 해석 및 풀이

(a) 표 A.12에서 $A/A^* = 2$에 해당하는 마하수가 2개임을 알 수 있다. 그중 하나는 1보다 크고 나머지는 1보다 작다. 확장 형상 구간이 초음속 노즐로 작용할 때는 $M > 1$인 경우의 값을 사용한다. 다음은 표 A.12에서 얻은 값들이다.

$$\frac{A_E}{A^*} = 2.0 \qquad M_E = 2.197 \qquad \frac{P_E}{P_0} = 0.0939 \qquad \frac{T_E}{T_0} = 0.5089$$

따라서

$$P_E = 0.0939 \times 1000\,\text{kPa} = 93.9\,\text{kPa}$$
$$T_E = 0.5089 \times 360\,\text{K} = 183.2\,\text{K}$$
$$c_E = \sqrt{kRT_E} = \sqrt{1.4 \times 0.287\,\text{kJ/kg-K} \times 183.2\,\text{K} \times 1000\,\text{J/kJ}} = 271.3\,\text{m/s}$$
$$\mathbf{V}_E = M_E c_E = 2.197 \times 271.3\,\text{m/s} = 596.1\,\text{m/s}$$

질량 유량은 목이나 출구면에서 구할 수 있으나, 일반적으로 목에서 조건으로부터 질량 유량을 계산하는 것이 선호된다. 이 경우 계산 과정은 목에서 $M = 1$이므로 목이 초크되었을 때 예제 15.5의 축소 형상 노즐에서의 유동에 대한 계산 결과와 동일하다.

(b) 다음은 표 A.12에서 얻은 값이다.

$$\frac{A_E}{A^*} = 2.0 \qquad M = 0.308 \qquad \frac{P_E}{P_0} = 0.936 \qquad \frac{T_E}{T_0} = 0.9812$$
$$P_E = 0.936 \times 1000\,\text{kPa} = 936\,\text{kPa}$$
$$T_E = 0.9812 \times 360\,\text{K} = 353.3\,\text{K}$$
$$c_E = \sqrt{kRT_E} = \sqrt{1.4 \times 0.287\,\text{kJ/kg-K} \times 353.3\,\text{K} \times 1000\,\text{J/kJ}} = 376.8\,\text{m/s}$$
$$\mathbf{V}_E = M_E c_E = 0.308 \times 376.3\,\text{m/s} = 116\,\text{m/s}$$

목에서 $M = 1$이므로 예제 15.5의 축소 형상 노즐이 초크되었을 때의 유동과 동일한 (a)의 경우에서와 같은 질량 유량 값을 갖는다.

위의 예에서 배압이 936 kPa과 93.9 kPa 사이에 있으면 등엔트로피 유동을 가정해서는 해를 구할 수 없다. 배압이 이 범위에 있으면 노즐 내부에서 수직 충격파(normal shock wave) 또는 노즐 외부에서 경사 충격파(oblique shock wave)가 발생할 것이다. 수직 충격파는 다음 절에서 다룬다.

개념점검

d. 축소 형상의 단열 노즐은 초음속 유동을 발생시킬 수 있는가?

e. 주어진 노즐을 통과하는 공기 질량 유량을 극대화하기 위해 어떤 상태량을 어느 방향으로 늘려야 하는가? 아니면 줄여야 하는가?

f. 가역 등엔트로피 유동에서 정체 온도와 압력은 어떻게 변하는가?

15.7 노즐을 관류하는 이상기체에서의 수직 충격파

충격파는 매우 빠르고 급격한 상태 변화를 수반한다. 수직 충격파에서 이 상태 변화가 유동에 수직인 평면에 걸쳐 발생한다. 그림 15.12는 이러한 수직 충격파를 포함한 검사면을 나타낸다. 이로부터 유동을 지배하는 관계식들을 유도할 수 있다. 정상상태, 정상 유동을 가정하여 다음의 관계식을 쓸 수 있다. 여기서 하첨자 x와 y는 각각 충격파의 상류와 하류에서의 조건을 표기한다. 열이나 일이 검사면을 통과하지 않음을 유의하라.

제1법칙:

$$h_x + \frac{\mathbf{V}_x^2}{2} = h_y + \frac{\mathbf{V}_y^2}{2} = h_{0x} = h_{0y} \tag{15.41}$$

연속 방정식:

$$\frac{\dot{m}}{A} = \rho_x \mathbf{V}_x = \rho_y \mathbf{V}_y \tag{15.42}$$

운동량 방정식:

$$A(P_x - P_y) = \dot{m}(\mathbf{V}_y - \mathbf{V}_x) \tag{15.43}$$

제2법칙: 단열 과정이므로

$$s_y - s_x = s_{\text{gen}} \geq 0 \tag{15.44}$$

에너지와 연속 방정식을 조합하여 한 개의 방정식으로 표현할 수 있는데 이 식을 h-s 선도에 나타낸 것을 **Fanno 선**(Fanno line)이라고 한다. 마찬가지로 운동량과 연속 방정식을 한 개의 방정식으로 표현하고 h-s 선도에 나타낸 것을 **Rayleigh 선**(Rayleigh line)이라고 한다. 그림 15.13의 h-s 선도에 두 가지 선이 모두 도시되어 있다. 각 선에서의 최대 엔트로피 지점 a와 b는 $M = 1$에 해당한다는 것을 알 수 있다. 각 선의 하단부는 초음속에 해당하고 상단부는 아음속에 해당한다.

3가지 지배 방정식을 모두 만족시키는 두 점이 x와 y인데, x는 초음속 영역, y는 아음속 영역에 존재한

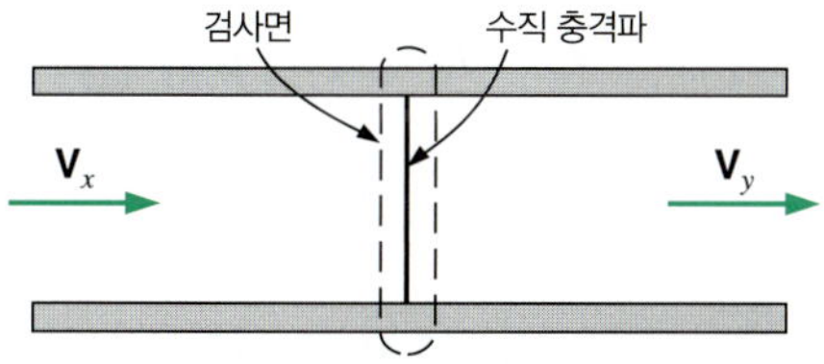

그림 15.12 ▸ 일차원 수직 충격파.

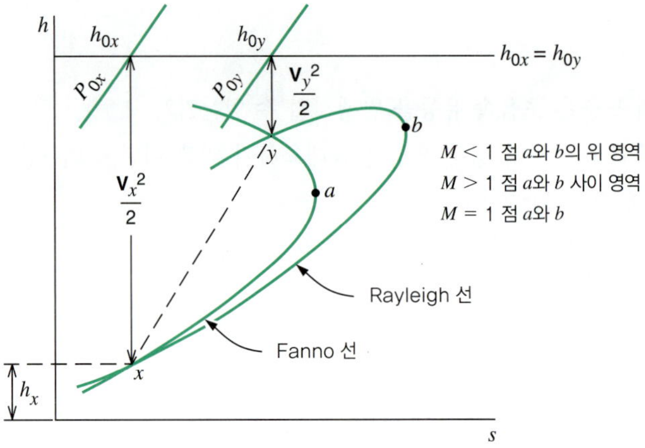

그림 15.13 ▸ h-s 선도에 표기된 일차원 수직 충격파의 종단 상태들.

다. 열역학 제2법칙으로부터 단열 과정에 대하여 $s_y - s_x \geq 0$이어야 하므로 수직 충격파는 x에서 y로만 진행할 수 있을 뿐이라고 결론지을 수 있다. 이는 속도가 충격파 이전에 초음속($M > 1$)에서 충격파 이후 아음속($M < 1$)으로 변한다는 것을 의미한다.

이제 수직 충격파의 지배 방정식을 유도할 차례이다. 일정 비열을 가정하는 경우 식 (15.41)의 에너지 방정식으로부터

$$T_{0x} = T_{0y} \tag{15.45}$$

따라서 수직 충격파 전후에서는 정체 온도의 변화가 없다. 식 (15.31)을 도입하면

$$\frac{T_{0x}}{T_x} = 1 + \frac{k-1}{2}M_x^2 \qquad \frac{T_{0y}}{T_y} = 1 + \frac{k-1}{2}M_y^2$$

이고 식 (15.45)에 대입하면 다음의 결과를 얻는다.

$$\frac{T_y}{T_x} = \frac{1 + \frac{k-1}{2}M_x^2}{1 + \frac{k-1}{2}M_y^2} \tag{15.46}$$

다음의 연속 방정식에 상태 방정식, 마하수 정의, 그리고 $c = \sqrt{kRT}$를 대입하여 정리하면 다음의 관계식들을 얻는다.

$$\rho_x \mathbf{V}_x = \rho_y \mathbf{V}_y$$

그리고

$$\rho_x = \frac{P_x}{RT_x} \qquad \rho_y = \frac{P_y}{RT_y}$$

$$\frac{T_y}{T_x} = \frac{P_y \mathbf{V}_y}{P_x \mathbf{V}_x} = \frac{P_y M_y c_y}{P_x M_x c_x} = \frac{P_y M_y \sqrt{T_y}}{P_x M_x \sqrt{T_x}}$$

$$= \left(\frac{P_y}{P_x}\right)^2 \left(\frac{M_y}{M_x}\right)^2 \tag{15.47}$$

각각 에너지 방정식과 연속 방정식에 해당하는 식 (15.46)과 (15.47)을 조합하여 정리하면 다음의 Fanno 선 방정식을 얻는다.

$$\frac{P_y}{P_x} = \frac{M_x\sqrt{1+\frac{k-1}{2}M_x^2}}{M_y\sqrt{1+\frac{k-1}{2}M_y^2}} \tag{15.48}$$

운동량과 연속 방정식을 조합하면 다음과 같은 Rayleigh 선 방정식이 유도된다.

$$P_x - P_y = \frac{\dot{m}}{A}(\mathbf{V}_y - \mathbf{V}_x) = \rho_y\mathbf{V}_y^2 - \rho_x\mathbf{V}_x^2$$

$$P_x + \rho_x\mathbf{V}_x^2 = P_y + \rho_y\mathbf{V}_y^2$$

$$P_x + \rho_x M_x^2 c_x^2 = P_y + \rho_y M_y^2 c_y^2$$

$$P_x + \frac{P_x M_x^2}{RT_x}(kRT_x) = P_y + \frac{P_y M_y^2}{RT_y}(kRT_y)$$

$$P_x(1+kM_x^2) = P_y(1+kM_y^2)$$

$$\frac{P_y}{P_x} = \frac{1+kM_x^2}{1+kM_y^2} \tag{15.49}$$

방정식 (15.48)과 (15.49)를 조합하면 M_x와 M_y에 관련된 다음 식이 구해진다.

$$M_y^2 = \frac{M_x^2 + \frac{2}{k-1}}{\frac{2k}{k-1}M_x^2 - 1} \tag{15.50}$$

표 A.13은 M_x의 함수로서의 M_y를 포함한 **수직 충격파 함수**(normal shock function)를 제시한다. 이 표는 $k = 1.4$인 이상기체에 적용된다. M_x는 항상 초음속이고 M_y는 항상 아음속임(이는 수직 충격파에서 속도는 초음속에서 아음속으로 변한다는 앞 절의 서술과 일치한다)에 유의하라. 표 A.12와 A.13 또한 M_x의 함수로 수직 충격파를 가로지르는 압력, 밀도, 온도 및 정체 압력비를 제공하고 있다. 이 값들은 식 (15.46)과 (15.47) 및 상태 방정식에서 찾을 수 있다. 수직 충격파를 가로지르는 정체 압력 강하와 정압의 상승이 항상 존재함을 유의하라.

예제 15.7

확장 형상 구간에서 초음속 노즐로 작용하는 예제 15.6의 수축–확장 형상 노즐을 고려한다(그림 15.14). 수직 충격파는 노즐 출구면에 존재한다고 가정하자. 수직 충격파 바로 하류에서의 정압, 온도, 그리고 정체 압력을 구하라.

개략도: 그림 15.14

↘ 해석 및 풀이

표 A.13으로부터

$$M_x = 2.197 \qquad M_y = 0.547 \qquad \frac{P_y}{P_x} = 5.46 \qquad \frac{T_y}{T_x} = 1.854 \qquad \frac{P_{0y}}{P_{0x}} = 0.630$$

$$P_y = 5.46 \times P_x = 5.46 \times 93.9\text{ kPa} = 512.7\text{ kPa}$$

$$T_y = 1.854 \times T_x = 1.854 \times 183.2\text{ K} = 339.7\text{ K}$$

$$P_{0y} = 0.630 \times P_{0x} = 0.630 \times 1000\text{ kPa} = 630\text{ kPa}$$

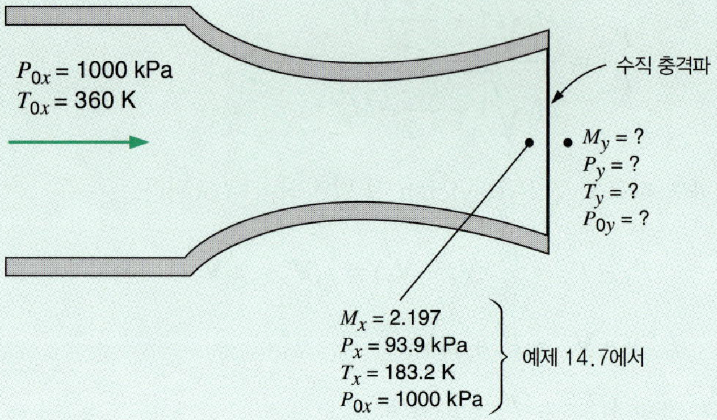

그림 15.14 ▸ 예제 15.7의 개략도.

이 예제의 결과로부터 수축-확장 형상 노즐을 통과하는 유동에 관한 결론을 내릴 수 있다. 편의상 그림 15.11을 여기에 그림 15.15로 반복하였으며 점 f, g 및 h를 추가하였다. 점 d를 살펴보자. 이 배압의 경우 출구면 압력 P_E는 배압 P_B와 같고 노즐 내부에는 등엔트로피 유동이 유지된다는 것을 이미 살펴보았다. 이제 배압을 점 f로 표기된 지점까지 끌어 올려 보자. 출구면 압력 P_E는 이 배압의 증가로 영향을 받지 않고 P_E에서 P_B로의 압력 증가는 노즐 바깥에서 발생한다. 노즐 출구면에서 수직 충격파가 발생하기에 충분한 크기의 배압에 해당하는 점 g로 표기된 지점까지 배압을 증가시켜 본다. 출구면 압력 P_E(충격파 하류)는 배압 P_B와 같고, 노즐을 떠나는 유동은 $M < 1$이다. 이것은 예제 15.7의 경우에 해당한다. 이제 배압을 점 h에 해당하는 지점까지 증가시켜 본다. 배압이 g에서 h까지 증가됨에 따라 수직 충격파는 지적된 것처럼 노즐 내부로 이동한다. 수직 충격파 하류에서는 $M < 1$이기 때문에 충격파 하류에 위치한 노즐의 확장 형상 부분은 아음속 디퓨저로 작용한다. 배압이 h에서 c로 증가됨에 따라 충격파는 더 상류 쪽으로 이동하고 배압이 c와 같아지는 노즐 목에서는 사라진다. 이는 논리적으로 타당한데 그 이유는 배압이 c와 같을 때는 관련된 초음속이 없어 충격파가 가능하지 않기 때문이다.

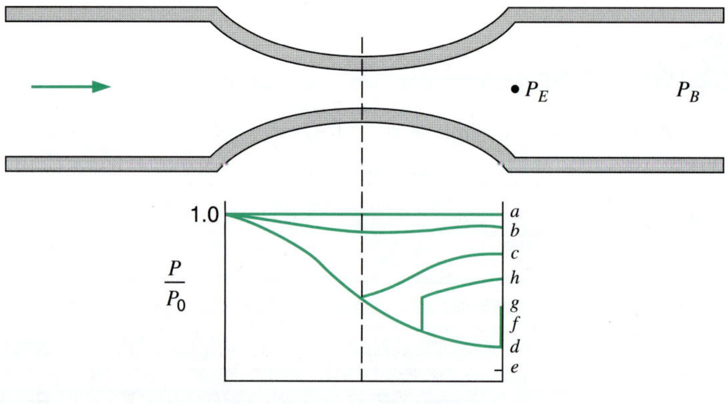

그림 15.15 ▸ 수축-확장 형상 노즐에 대한 배압의 함수로서의 노즐 압력비.

예제 15.8

예제 15.6과 15.7의 축소–확장 형상 노즐에 대하여 $M = 1.5$인 지점에 수직 충격파가 위치하고 있다고 가정한다. 출구면 압력, 온도 및 마하수를 구하라. 수직 충격파를 제외하고는 등엔트로피 유동이라고 가정한다(그림 15.16).

개략도: 그림 15.16

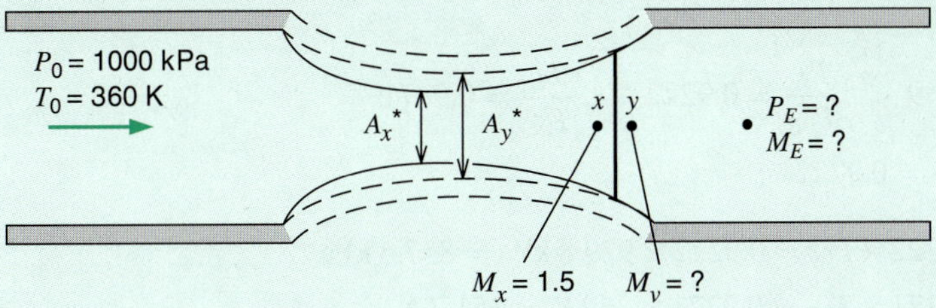

그림 15.16 » 예제 15.8 개략도.

해석 및 풀이

지점 x까지는 등엔트로피 유동이므로 표 A.12로부터 지점 x에서의 상태량을 구할 수 있다.

$$M_x = 1.5 \qquad \frac{P_x}{P_{0x}} = 0.2724 \qquad \frac{T_x}{T_{0x}} = 0.6897 \qquad \frac{A_x}{A_x^*} = 1.1762$$

따라서

$$P_x = 0.2724 \times 1000\ \text{kPa} = 272.4\ \text{kPa}$$
$$T_x = 0.6897 \times 360\ \text{K} = 248.3\ \text{K}$$

지점 y에서의 상태량은 표 A.13의 수직 충격파 함수로부터 결정할 수 있다.

$$M_y = 0.7011 \qquad \frac{P_y}{P_x} = 2.4583 \qquad \frac{T_y}{T_x} = 1.320 \qquad \frac{P_{0y}}{P_{0x}} = 0.9298$$
$$P_y = 2.4583\ P_x = 2.4583 \times 272.4\ \text{kPa} = 669.6\ \text{kPa}$$
$$T_y = 1.320\ T_x = 1.320 \times 248.3\ \text{K} = 327.8\ \text{K}$$
$$P_{0y} = 0.9298\ P_{0x} = 0.9298 \times 1000\ \text{kPa} = 929.8\ \text{kPa}$$

수직 충격파 전면과 후면의 정체 온도는 변하지 않으므로

$$T_{0x} = T_{0y} = 360\ \text{K}$$

y부터 E까지에서 확장 형상 구간은 아음속 디퓨저로 작용한다. 이 문제를 풀 때 지점 y에서의 유동은 목 면적 A_y^*인 등엔트로피 노즐로부터 온 것으로 간주하는 것이 편리하다. 그러한 가상적 노즐은 점선으로 표시되어 있다. 등엔트로피 유동 함수표인 표 A.12로부터 $M_y = 0.7011$에 대하여 다음의 값을 얻는다.

$$M_y = 0.7011 \qquad \frac{A_y}{A_y^*} = 1.0938 \qquad \frac{P_y}{P_{0y}} = 0.7202 \qquad \frac{T_y}{T_{0y}} = 0.9105$$

문제의 서술로부터

$$\frac{A_E}{A_x^*} = 2.0$$

또한 y에서 E까지의 유동은 등엔트로피 과정이므로

$$\frac{A_E}{A_E^*} = \frac{A_E}{A_y^*} = \frac{A_E}{A_x^*} \times \frac{A_x^*}{A_x} \times \frac{A_x}{A_y} \times \frac{A_y}{A_y^*}$$
$$= \frac{A_E}{A_y^*} = 2.0 \times \frac{1}{1.1762} \times 1 \times 1.0938 = 1.860$$

$A/A^* = 1.860$과 $M < 1$에 대한 등엔트로피 유동 함수의 표로부터

$$M_E = 0.339 \qquad \frac{P_E}{P_{0E}} = 0.9222 \qquad \frac{T_E}{T_{0E}} = 0.9771$$
$$\frac{P_E}{P_{0E}} = \frac{P_E}{P_{0y}} = 0.9222$$
$$P_E = 0.9222 \times P_{0y} = 0.9222 \times 929.8\ \text{kPa} = 857.5\ \text{kPa}$$
$$T_E = 0.9771 \times T_{0E} = 0.9771 \times 360\ \text{K} = 351.7\ \text{K}$$

수직 충격파를 고찰할 때, 점성과 열전도 효과를 무시하였지만 이들의 효과는 분명히 존재한다. 실제 충격파는 어느 정도 유한한 두께에 걸쳐 발생한다. 그러나 여기에 제시된 이론적 전개는 수직 충격파의 정성적 특성을 파악하는 데 충분하며 또한 훨씬 정확한 정량적 결과를 도출하기 위한 토대를 제공한다.

15.8 노즐과 디퓨저 계수

지금까지는 등엔트로피 유동과 수직 충격파만 고찰하였다. 7장에서 지적했던 바와 같이 노즐을 지나는 등엔트로피 유동은 실제 노즐의 성능을 평가할 수 있는 기준을 제공한다. 노즐의 경우, 실제 유동과 이상적인 유동을 비교할 수 있는 세 가지 중요한 변수인 노즐 효율(nozzle efficiency), 속도 계수(velocity coefficient), 그리고 유량 계수(discharge coefficient)가 있다. 이들의 정의는 다음과 같다.

노즐 효율 η_N의 정의는

$$\eta_N = \frac{\text{노즐 출구 실제 운동 에너지}}{\text{동일 출구 압력에 대한 등엔트로피 유동의 경우 노즐 출구 운동 에너지}}$$

이며, 상태량들로 정의될 수 있다. 그림 15.17의 h-s 선도상에서 상태 $0i$는 노즐에 유입되는 유체의 정체상태를 나타내고 상태 e는 노즐 출구에서의 실제 상태를 나타낸다. 그리고 상태 s는 유동이 동일 출구 압력에 대하여 가역 단열이었더라면 노즐 출구에서 도달하게 되었을 상태를 나타낸다. 따라서 이러한 상태들로 노즐 효율을 표현하면

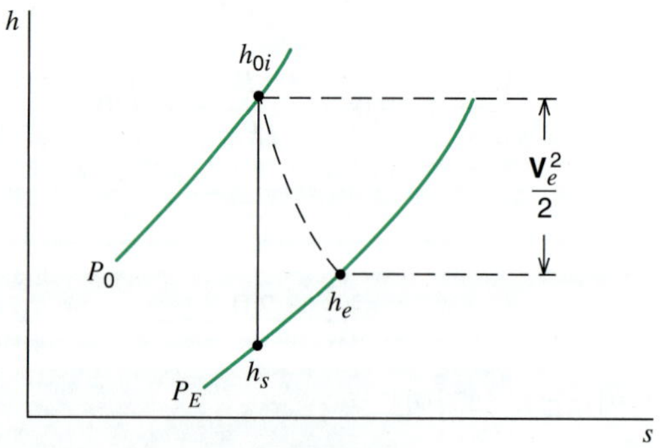

그림 15.17 ➻ 노즐에서의 비가역성 효과를 보여 주는 h-s 선도.

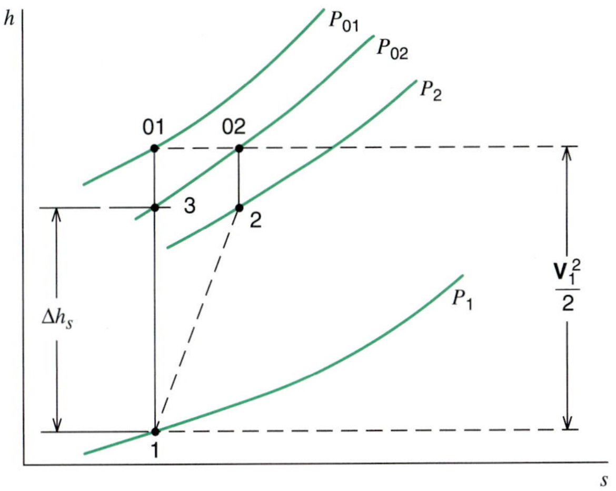

그림 15.18 ▸ 디퓨저 효율의 정의를 나타내는 *h-s* 선도.

$$\eta_N = \frac{h_{0i} - h_e}{h_{0i} - h_s} \tag{15.51}$$

노즐 효율은 일반적으로 90%에서 99%까지 변한다. 큰 노즐은 대개 작은 노즐보다 효율이 높고, 직선 축으로 된 노즐은 굽은 축의 노즐보다 효율이 높다. 등엔트로피 유동에서 벗어나게 하는 비가역성은 주로 마찰 효과에 기인하며 대개 경계층 영역에 국한된다. 노즐 축을 따른 단면적 변화율(즉 노즐 윤곽)은 효율적인 노즐 설계 시 특히 확장 형상 구간에서 중요한 변수이다. 이 문제에 관한 자세한 서술은 이 교재의 범위 밖이므로 관심 있는 독자는 이 주제에 관한 참고서를 참조하기 바란다.

속도 계수 C_V의 정의는 다음과 같다.

$$C_V = \frac{\text{노즐 출구 실제 유속}}{\text{동일 출구 압력에 대한 등엔트로피 유동 시의 노즐 출구 유속}} \tag{15.52}$$

위 식으로부터 속도 계수는 노즐 효율의 제곱근과 같음을 알 수 있다.

$$C_V = \sqrt{\eta_N} \tag{15.53}$$

유량 계수 C_D의 정의는 다음과 같다.

$$C_D = \frac{\text{실제 질량 유량}}{\text{등엔트로피 유동 시의 질량 유량}}$$

등엔트로피 조건에서의 질량 유량을 결정하는 데 있어 노즐이 초크되지 않은 경우에는 실제 배압을 사용한다. 노즐이 초크된 경우에는 등엔트로피 질량 유량은 최소 단면적에서의 등엔트로피 유동과 음속(즉 축소 형상 노즐의 출구나 축소-확장 형상 노즐의 목에서의 음속)에 의해 결정된다.

디퓨저의 성능은 대개 디퓨저 효율로 표현되는데 이 효율은 *h-s* 선도로 가장 잘 정의된다. 그림 15.18의 *h-s* 선도상에서 상태 1과 01은 디퓨저에 유입되는 유체의 실제와 정체 상태를 나타낸다. 상태 2와 02는 디퓨저를 떠나는 유체의 실제와 정체 상태이다. 상태 3은 디퓨저에서 발생하는 상태가 아니라 초기 상태와 같은 엔트로피와 디퓨저를 떠나는 등엔트로피 정체 상태의 압력에 해당하는 상태이다. 디퓨저 효율 η_D의 정의는 다음과 같다.

$$\eta_D = \frac{\Delta h_s}{\mathbf{V}_1^2/2} = \frac{h_3 - h_1}{h_{01} - h_1} = \frac{h_3 - h_1}{h_{02} - h_1} \tag{15.54}$$

일정한 비열을 갖는 이상기체를 가정하면

$$C_{P_0} = \frac{kR}{k-1} \qquad T_1 = \frac{c_1^2}{kR} \qquad \mathbf{V}_1^2 = M_1^2 c_1^2 \qquad \frac{T_3}{T_1} = \left(\frac{P_{02}}{P_1}\right)^{(k-1)/k}$$

$$\left(\frac{P_{02}}{P_1}\right)^{(k-1)/k} = \left(\frac{P_{01}}{P_1}\right)^{(k-1)/k} \times \left(\frac{P_{02}}{P_{01}}\right)^{(k-1)/k} = \left(1 + \frac{k-1}{2}M_1^2\right)\left(\frac{P_{02}}{P_{01}}\right)^{(k-1)/k}$$

따라서 디퓨저 효율은 다음과 같이 계산된다.

$$\eta_D = \frac{T_3 - T_1}{T_{02} - T_1} = \frac{T_3 - T_1}{T_1}\frac{T_1}{\mathbf{V}_1^2/2C_{P0}} = \frac{\left(\frac{P_{02}}{P_{01}}\right)^{(k-1)/k} - 1}{\frac{k-1}{2}M_1^2}$$

$$= \frac{\left(1 + \frac{k-1}{2}M_1^2\right)\left(\frac{P_{02}}{P_{01}}\right)^{(k-1)/k} - 1}{\frac{k-1}{2}M_1^2} \tag{15.55}$$

개념점검

g. 그림 15.15(a~h)의 경우들 중에서 어느 경우에 엔트로피가 생성되고 어느 경우에 생성되지 않는가?

h. 효율이 100%보다 작은 단열 노즐 유동에서 정체 온도와 압력은 어떻게 변하는가?

i. 표 A.13에는 P_{0y}/P_{0x}에 대한 데이터 열이 있다. 왜 T_{0y}/T_{0x}에 대한 데이터 열은 없는가?

주요 개념과 공식

정체 엔탈피	$h_0 = h + \frac{1}{2}\mathbf{V}^2$	(15.1)
운동량 방정식, x방향	$\frac{d(m\mathbf{V}_x)}{dt} = \sum F_x + \sum \dot{m}_i \mathbf{V}_{ix} - \sum \dot{m}_e \mathbf{V}_{ex}$	(15.4)
Bernoulli 방정식	$v(P_e - P_i) + \frac{1}{2}(\mathbf{V}_e^2 - \mathbf{V}_i^2) + (Z_e - Z_i)g = 0$	(15.18)
이상기체 음속	$c = \sqrt{kRT}$	(15.25)
마하수	$M = \mathbf{V}/c$	
면적 압력 관계식	$\frac{dA}{A} = \frac{dP}{\rho\mathbf{V}^2}(1 - M^2)$	(15.30)

마하수 M의 국소 상태량과 정체 상태량 간의 등엔트로피 관계식

압력 관계식	$P_0 = P\left[1 + \frac{k-1}{2}M^2\right]^{k/(k-1)}$	(15.32)
밀도 관계식	$\rho_0 = \rho\left[1 + \frac{k-1}{2}M^2\right]^{1/(k-1)}$	(15.33)

온도 관계식	$T_0 = T\left[1 + \frac{k-1}{2}M^2\right]$	(15.31)
질량 유량	$\dot{m} = AP_0\sqrt{\frac{k}{RT_0}}M \Big/ \left[1 + \frac{k-1}{2}M^2\right]^{(k+1)/2(k-1)}$	(15.38)
임계 온도	$T^* = T_0\frac{2}{k+1}$	(15.34)
임계 압력	$P^* = P_0\left[\frac{2}{k+1}\right]^{k/(k-1)}$	(15.35)
임계 밀도	$\rho^* = \rho_0\left[\frac{2}{k+1}\right]^{1/(k-1)}$	(15.36)
임계 질량 유량	$\dot{m} = A^*P_0\sqrt{\frac{k}{RT_0}}\left[\frac{2}{k+1}\right]^{(k+1)/2(k-1)}$	(15.39)
수직 충격파	$M_y^2 = \left[M_x^2 + \frac{2}{k-1}\right] \Big/ \left[\frac{2k}{k-1}M_x^2 - 1\right]$	(15.50)
	$\frac{P_y}{P_x} = \frac{1 + kM_x^2}{1 + kM_y^2}$	(15.48)
	$\frac{T_y}{T_x} = \frac{1 + \frac{k-1}{2}M_x^2}{1 + \frac{k-1}{2}M_y^2}$	(15.47)
	$P_{0y} = P_y\left[1 + \frac{k-1}{2}M_y^2\right]^{k/(k-1)}$ (P_{0x}에 대해서도 유사한 공식 적용)	(15.33)
	$s_{\text{gen}} = s_y - s_x = C_P \ln\frac{T_y}{T_x} - R\ln\frac{P_y}{P_x} > 0$	(15.44)
노즐 효율	$\eta_N = \frac{h_{0i} - h_e}{h_{0i} - h_s}$	(15.51)
유량 계수	$C_D = \frac{\dot{m}_{\text{actual}}}{\dot{m}_s}$	
디퓨저 효율	$\eta_D = \frac{\Delta h_s}{\mathbf{V}_1^2/2}$	(15.54)

개념학습용 문제

15.1 온도계나 열전대(thermocouple)는 무슨 온도를 측정하는가? 온도계를 교정할 필요가 있는가?

15.2 제트 엔진 추력은 전체에 걸친 운동량 방정식에서 구할 수 있다. 실제 힘은 (그것이 유동 내부의 긴 길이에 걸쳐 작용하는 힘이 아니라면) 어느 위치에 작용하고 있는가?

15.3 대부분의 압축기는 출구에 작은 디퓨저를 두어 회전하는 날개 근처의 빠른 기체 속도를 줄여 출구 유동 압력을 증가시킨다. 이것은 정체 압력에 어떤 영향을 미치는가?

15.4 아음속 디퓨저는 유속 감소에 사용되는 확산형 노즐이다. 이와 같이 작용하기 위한 마하 수의 한계치가 존재하는가?

15.5 출구면에서 $M = 1$이 되도록 축소형 노즐에 유입되는 아음속 유동에 대하여 입구에서 출구까지의 $\mathbf{V}$, T, P, ρ 및 M의 변화를 스케치하라.

15.6 출구면에서 $M = 2$가 되도록 확장형 노즐에 유입되는 음속($M = 1$) 유동에 대하여 입구에서 출구까지의 $\mathbf{V}$, T, P, ρ 및 M의 변화를 스케치하라.

15.7 임의의 충분히 낮은 배압으로 등엔트로피 초음속 유동을 발생시킬 수 있는가?

15.8 노즐이 초크되게 하면 어떤 이점이 있는가?

15.9 충격파는 노즐 목의 상류에 위치할 수 있는가?

15.10 예제 15.6에서 고속 출구 유동은 183 K이다. 이 유동은 실내 냉방에 이용될 수 있는가?

15.11 초음속 출구 유동이 요구되는 상황에 축소–확장 형상 노즐을 적용한다. 이 노즐에 대하여 처음 관찰되는 특징들은 어떤 것인가?

15.12 노즐을 통과하는 부탄에 대한 임계압력비는 얼마인가? 헬륨의 경우 임계압력비는 얼마인가?

15.13 초크된 노즐을 지나는 유량을 증가시키기 위해 노즐 앞이나 뒤에서 유동을 가열/냉각 또는 압축/팽창(4가지 열역학적 과정)시킬 수 있다. 이 여덟 가지 가능성 중에서 어느 것이 도움이 되고 어느 것은 도움이 되지 않는지 설명하라.

15.14 축소–확장 형상 노즐이 그림 15.15의 사례 *h*처럼 작동하고 있다고 가정한다. 어떤 종류의 노즐이 동일한 출구 압력을 가지면서 가역 유동이 될 수 있는가?

15.15 모든 이론과 문제가 단열과정과 연관되어 있다. 만약 유동이 가열된다면 어떤 변화가 일어날 것인가? *P*, *T*및 *v*와 같은 물성치에 어떤 변화가 일어나는가? 그리고 이 물성치들과 마하 수 간의 관계식은 어떻게 되는가?

과제용 문제

정체상태량

15.16 속도가 200 m/s인 공기 유동 중에 정지해 있는 온도계로 측정한 온도가 80°C이다. 실제 유동의 온도는 얼마인가?

15.17 수증기가 500 kPa, 350°C, 250 m/s의 상태로 노즐을 떠난다. 등엔트로피 정체 압력과 온도는 얼마인가?

15.18 운석은 3000 K의 온도에서 용해되고 연소된다. 운석이 5 kPa, 50 K의 대기에 부딪칠 경우 이런 온도에 도달하려면 속도가 얼마가 되어야 하는가?

15.19 1600 kPa, 300°C의 수증기가 정체(총합)압력이 1800 kPa이 되도록 흐른다. 속도와 정체 온도를 구하라.

15.20 제트 엔진의 연소 생성물이 비행기에 대한 상대 속도 400 m/s, 480°C, 그리고 75 kPa로 엔진을 떠난다. 연소 생성물에 대해 $k = 1.32$, $C_p = 1.15$ kJ/kg-K를 가정하고 비행기에 대해 상대적인 연소 생성물의 정체 압력과 온도를 구하라.

15.21 수증기가 400 kPa의 압력으로 노즐에 흐르고 있다. 정체 압력과 온도는 600 kPa과 350°C로 측정되었다. 유동 속도와 온도는 얼마인가?

15.22 이산화탄소가 800 kPa, 0°C로 흐르고 있고 이 유동의 정체 압력은 1000 kPa이다. 표 B.3을 이용하여 속도를 구하라. 그리고 이제 표 A.5와 이상기체 가정을 사용하여를 다시 계산하라. 이때 속도와 정체 온도를 구하라.

15.23 압력과 온도가 각각 100 kPa, 20°C인 공기 유동의 정체 압력은 110 kPa로 측정되었다. 유동의 속도는 얼마인가?

운동량 방정식과 힘

15.24 제트 엔진이 75 kPa, 5°C의 150 m/s 공기를 흡입하고 0.6 m^2의 단면적에 걸쳐 450 m/s, 75 kPa, 800 K의 상태로 배출한다. 질량 유량과 추력을 구하라.

15.25 물총에서 물이 유속 25 m/sec 유량 0.1 kg/s으로 분사되게 하려면 얼마의 힘을 가해야 하는가? 물총 내부 공간에 얼마의 압력이 필요한가?

15.26 노즐을 이용하는 물 터빈이 Mead 호수면에서 175 m 아래인 Hoover 댐 바닥에 위치해 있다. 물기둥 높이에 대해 20% 손실을 반영한 크기의 정체 압력을 갖는 물이 노즐로 유입된다. 온도는 15°C이고 물은 표준 대기압으로 방출된다. 노즐을 지나는 유동이 가역 단열이면 노즐을 떠나는 물의 속도와 kg당 운동 에너지는 얼마인가?

15.27 그림 P15.27와 같이 관개용 펌프가 호수에서 물을 흡입하고 노즐을 통해 방류한다. 펌프 출구에서 물의 압력이 900 kPa이고 20°C이다. 노즐이 펌프보다 15 m 위에 위치해 있고, 대기압은 100 kPa이다. 시스템 전체에 걸쳐 가역 유동을 가정할 때 노즐을 떠나는 물의 속도를 구하라.

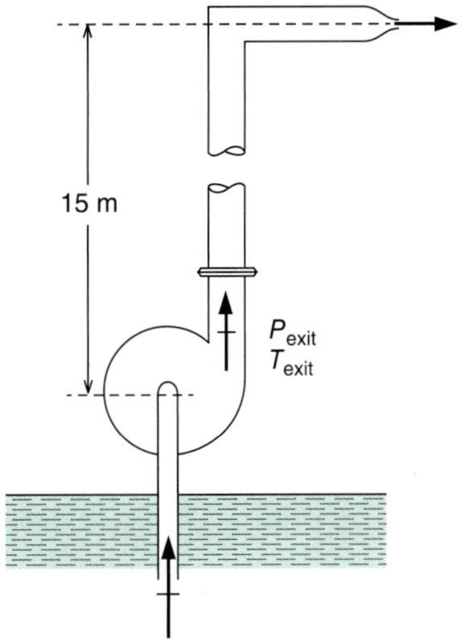

그림 P15.27

단열 일차원 유동과 음속

15.28 0°C와 45°C에 대하여 100 kPa에서의 공기의 음속을 구하라. 이산화탄소와 아르곤 가스에 대하여 동일한 질문에 답하라.

15.29 식 (15.22)와 6 MPa, 400°C의 상태에 대한 수증기표로부터 직접 수증기에 대한 음속을 계산하라. 찾고자 하는 상태와 동일한 엔트로피 값에서 5 MPa과 7 MPa의 표 값들을 이용하라. 그리고 식 (15.22)를 유한차분으로 풀어라. 또한 수증기가 이상기체라고 가정하고 음속을 구하라.

15.30 대기 온도가 20°C이고 번개가 보이고 5초 후에 천둥소리가 들렸다면 번개는 얼마의 거리에 떨어져 있는가?

15.31 25°C에서의 물의 음속은 약 1500 m/s이다. 25°C, 100 kPa에서 M = 0.1인 유동의 정체 압력과 온도를 구하라. 물의 마하 수가 꽤 큰 유동을 구현하는 것이 가능한가?

15.32 공기가 −40°C, 45 kPa의 상태에 있는 고도 12 km에서 제트기가 900 km/h의 속도로 날고 있다. 제트기 선단부에서의 마하 수와 정체 온도를 구하라.

노즐을 지나는 가역 유동

15.33 20 m/s, 1800 kPa, 300°C로 흐르는 수증기가 수축 형상 노즐에서 1600 kPa로 팽창한다. 출구 속도와 면적비 A_e/A_i를 구하라.

15.34 이산화탄소가 축소형 노즐에서 1000 kPa, 220°C 정체 상태로부터 750 kPa의 압력으로 팽창한다. 출구 속도와 출구 마하 수를 구하라.

15.35 최소 면적이 0.1 m^2인 수축 형상 노즐에 175 kPa, 1000 K, 100 m/s의 공기가 유입된다. 최대 질량 유량을 흐르게 하기 위한 배압은 얼마인가? 그 질량 유량을 구하라.

15.36 최소 면적이 0.1 m^2인 수축 형상 노즐에 250 kPa, 1000 K, 100 m/s의 공기가 유입된다. 최대 질량 유량을 흐르게 하기 위한 배압은 얼마인가? 그 질량 유량을 구하라.

15.37 축소–확장 형상 노즐의 목 면적은 100 mm^2이고 출구 면적은 175 mm^2이다. 입구 유동은 총합 압력 1 MPa, 정체 온도 375 K의 헬륨이다. 목에서만 음속이고 다른 곳에서는 모두 아음속이 되기 위한 배압은 얼마인가?

15.38 문제 15.33의 수증기가 마하 수 1에 도달하려면 얼마의 압력까지 팽창해야 하는가? 일정 비열을 적용하여 이 문제를 풀어라.

15.39 600 kPa, 600 K, M = 0.3의 공기가 목에서 M = 1인 축소–확장 형상 노즐에 흘러 들어간다. 출구 면적은 목 면적의 2배이고 가역 유동이라고 가정한다. 아음속 출구 유동이 존재하기 위한 출구 압력과 온도를 구하라.

15.40 공기가 노즐에서 2 MPa, 600 K의 정체 상태에서 1.9 MPa의 배압까지 팽창한다. 출구 단면적이 0.003 m^2일 때 질량 유량을 구하라.

15.41 150 kPa, 290 K의 공기가 출구 면적 0.01 m^2의 수축형 노즐을 지나 100 kPa의 대기로 팽창한다. 이상적인 노즐을 가정하라. 유동이 비압축성으로 가정되면 질량 유량의 퍼센트 오차는 얼마인가?

15.42 1 m^3의 단열 탱크에 1 MPa, 560 K의 공기가 들어 있다. 탱크 안의 공기가 작은 수축형 노즐을 통해 100 kPa의 대기로 방출된다. 노즐 출구 면적은 3×10^{-5} m^2이다.

a. 탱크에서의 초기 질량 유량을 구하라.

b. 전체 질량의 반이 방출되었을 때의 질량 유량을 구하라.

15.43 목 면적이 0.005 m^2이고 출구 면적은 목 면적의 2배인 축소–확장 형상 노즐로 공기가 흘러 들어간다. 입구 정체 상태는 1 MPa, 600 K이다. 목에서 M = 1이면서 가역 초음속 출구 유동을 발생시킬 배압을 구하라. 이때 질량 유량은 얼마인가?

15.44 앞의 문제에서 가역 아음속 출구 유동을 허용하는 출구 압력을 구하라.

15.45 500 kPa, 500 K의 헬륨이 축소–확장 노즐에 100 m/s의 속도로 유입된다. 가역 유동이고 노즐 목에서 M = 1인 경우에 대하여 노즐 목 압력과 온도를 구하라.

15.46 공기가 노즐에서 2 MPa, 600 K의 정체 상태에서 200 kPa의 정압까지 팽창된다. 노즐을 지나는 질량 유량은 5 kg/s이다. 유동은 가역 단열이라고 가정하고 노즐의 목 면적과 출구 면적을 구하라.

15.47 문제 15.42와 동일한 탱크와 조건을 가정한다. 일부가 노즐을 통해 흘러나간 후 유동은 아음속이 된다. 이 때의 탱크 내 질량과 질량 유량을 구하라.

15.48 정체압력과 온도가 각각 2 MPa, 150°C인 공기가 가역 단열 과정으로 흘러 출구 마하 수가 2.8이 되도록 설계된 노즐이 있다. 질량 유량이 5 kg/s이고 k는 1.4이고 일정하다고 가정한다. 출구 압력, 출구온도, 출구 단면적 그리고 노즐 목 면적을 구하라.

수직 충격파

15.49 정체압 125 kPa, 정체온도 650°C인 연소 생성물 (물성은 공기로 대체)이 제트 엔진 수축형 노즐에 유입된다. 대기압은 45 kPa이고 유동은 단열이고 유량은 20 kg/s이다. 노즐의 출구 면적은 얼마인가?

15.50 앞의 문제를 $k = 1.3$, 분자량 31인 혼합물로 가정하고 다시 풀어라.

15.51 공기 중에서의 수직 충격파는 상류 총합 압력이 500 kPa, 총합 온도가 500 K이고, $M_x = 1.4$이다. 하류 정체 압력과 단위 질량당 생성 엔트로피를 구하라.

15.52 앞 문제를 표 A.5의 물성치를 갖는 수증기에 대하여 다시 풀어라.

15.53 문제 15.46의 노즐을 고려한다. 노즐 출구면에 수직충격파가 위치할 배압을 구하라. 이것은 그림 15.15의 사례 g에 해당한다. 이 조건에서 질량 유량은 얼마인가?

15.54 예제 15.8의 충격파에서 유동 1 kg당 생성되는 엔트로피는 얼마인가?

15.55 공기 중의 수직 충격파로 흘러 드는 유동의 총합 압력은 400 kPa, 정체 온도는 600 K, $M_x = 1.2$이다. 상류 온도 T_x, 충격파 내 단위 질량당 엔트로피 생성량, 그리고 하류 속도를 구하라.

15.56 앞 문제를 아르곤 가스에 대하여 다시 푸시오.

노즐, 디퓨저, 그리고 오리피스

15.57 속도 200 m/s, 정압 70 kPa, 온도 −6°C인 공기가 디퓨저로 유입되고 있다. 디퓨저를 떠나는 속도는 60 m/s이고 디퓨저 출구에서의 정압은 80 kPa이다. 디퓨저 출구에서의 정압과 디퓨저 효율을 구하라. 입구와 출구에서의 정체 압력을 비교하라.

15.58 예연(sharp-edged) 오리피스가 관 내 공기 유동을 측정하기 위해 사용된다. 관 직경은 100 mm이고 오리피스 직경은 25 mm이다. 오리피스 상류에서 절대압은 150 kPa이고 온도는 35°C이다. 오리피스에서의 압력 강하는 15 kPa이고 유량 계수는 0.625이다. 관에서의 질량 유량을 구하라.

15.59 희석 터널은 자동차 배기가스와 일부 공기를 끌어들여 40°C, 100 kPa의 유동을 형성한다. 공기는 노즐목 면적이 500 mm^{2}인 노즐을 통과한다. 노즐에서 임계유동이 발생하게 될 흡입 압력과 질량유량을 구하라. 또한 이 공기를 100 kPa로 배출하기 위한 송풍기 동력을 구하라.

15.60 효율 90%인 노즐에서 공기가 700 kPa, 200°C에서 150 kPa까지 팽창한다. 질량 유량은 4 kg/s이다. 노즐 출구 면적, 출구 속도, 그리고 공기 kg당 엔트로피 증가를 구하라. 이 결과를 가역 단열 노즐의 경우와 비교하라.

15.61 1 MPa, 400°C의 수증기가 노즐에서 200 kPa의 압력까지 팽창한다. 노즐 효율은 90%이고 질량 유량은 10 kg/s 이다. 노즐 출구 면적과 출구 속도를 구하라.

15.62 출구 직경이 2 cm인 수축형 노즐에 정체 조건이 20°C, 101 kPa인 공기가 유입된다. 노즐의 등엔트로피 효율은 95%이고 노즐 통과 시 압력 강하는 50 cm의 물 높이로 측정되었다. 압축성 단열 유동으로 가정하고 질량 유량을 구하라. 비압축성 유동에 대해 이 계산을 반복하라.

복습 문제

15.63 주어진 수축형 노즐은 400 kPa, 400 K의 정체 입구 유동 상태량으로 초크되도록 작동한다. 유량을 증가시키려고 가역 단열 압축기를 노즐 앞에 설치하여 정체 유동 압력을 500 kPa까지 올린다. 질량 유량은 어떻게 되는가?

15.64 문제 15.37의 노즐을 고려한다. 수직 충격파가 노즐 출구면(그림 15.15에서 사례 g에 해당)에 나타나기 위한 배압은 얼마인가? 충격파 이후의 출구속도는 얼마인가?

15.65 앞 문제의 충격파에서 단위 질량당 엔트로피 발생량은 얼마인가?

15.66 배압이 1.4 MPa이면 문제 15.46의 노즐에서 수직 충격파가 발생할 마하 수는 얼마인가? (M_x를 시행착오 방식으로 구하라.)

표 A.12 » 이상기체의 1차원 등엔트로피 압축성 유동 함수(일정한 비열 및 분자량 그리고 k = 1.4일 때)

M	M^*	A/A^*	P/P_0	ρ/ρ_0	T/T_0
0.0	0.00000	∞	1.00000	1.00000	1.00000
0.1	0.10944	5.82183	0.99303	0.99502	0.99800
0.2	0.21822	2.96352	0.97250	0.98028	0.99206
0.3	0.32572	2.03506	0.93947	0.95638	0.98232
0.4	0.43133	1.59014	0.89561	0.92427	0.96899
0.5	0.53452	1.33984	0.84302	0.88517	0.95238
0.6	0.63481	1.18820	0.78400	0.84045	0.93284
0.7	0.73179	1.09437	0.72093	0.79158	0.91075
0.8	0.82514	1.03823	0.65602	0.73999	0.88652
0.9	0.91460	1.00886	0.59126	0.68704	0.86059
1.0	1.0000	1.00000	0.52828	0.63394	0.83333
1.1	1.0812	1.00793	0.46835	0.58170	0.80515
1.2	1.1583	1.03044	0.41238	0.53114	0.77640
1.3	1.2311	1.06630	0.36091	0.48290	0.74738
1.4	1.2999	1.11493	0.31424	0.43742	0.71839
1.5	1.3646	1.17617	0.27240	0.39498	0.68966
1.6	1.4254	1.25023	0.23527	0.35573	0.66138
1.7	1.4825	1.33761	0.20259	0.31969	0.63371
1.8	1.5360	1.43898	0.17404	0.28682	0.60680
1.9	1.5861	1.55526	0.14924	0.25699	0.58072
2.0	1.6330	1.68750	0.12780	0.23005	0.55556
2.1	1.6769	1.83694	0.10935	0.20580	0.53135
2.2	1.7179	2.00497	0.93522E-01	0.18405	0.50813
2.3	1.7563	2.19313	0.79973E-01	0.16458	0.48591
2.4	1.7922	2.40310	0.68399E-01	0.14720	0.46468
2.5	1.8257	2.63672	0.58528E-01	0.13169	0.44444
2.6	1.8571	2.89598	0.50115E-01	0.11787	0.42517
2.7	1.8865	3.18301	0.42950E-01	0.10557	0.40683
2.8	1.9140	3.50012	0.36848E-01	0.94626E-01	0.38941
2.9	1.9398	3.84977	0.31651E-01	0.84889E-01	0.37286
3.0	1.9640	4.23457	0.27224E-01	0.76226E-01	0.35714
3.5	2.0642	6.78962	0.13111E-01	0.45233E-01	0.28986
4.0	2.1381	10.7188	0.65861E-02	0.27662E-01	0.23810
4.5	2.1936	16.5622	0.34553E-02	0.17449E-01	0.19802
5.0	2.2361	25.0000	0.18900E-02	0.11340E-01	0.16667
6.0	2.2953	53.1798	0.63336E-03	0.51936E-02	0.12195
7.0	2.3333	104.143	0.24156E-03	0.26088E-02	0.09259
8.0	2.3591	190.109	0.10243E-03	0.14135E-02	0.07246
9.0	2.3772	327.189	0.47386E-04	0.81504E-03	0.05814
10.0	2.3905	535.938	0.23563E-04	0.49482E-03	0.04762
∞	2.4495	∞	0.0	0.0	0.0

표 A.13 ▸▸ 이상기체의 1차원 정상 충격 함수(일정한 비열 및 분자량 그리고 k = 1.4일 때)

M_x	M_y	P_y/P_x	ρ_y/ρ_x	T_y/T_x	P_{0y}/P_{0x}	P_{0y}/P_x
1.00	1.00000	1.0000	1.0000	1.0000	1.00000	1.8929
1.05	0.95313	1.1196	1.0840	1.0328	0.99985	2.0083
1.10	0.91177	1.2450	1.1691	1.0649	0.99893	2.1328
1.15	0.87502	1.3763	1.2550	1.0966	0.99669	2.2661
1.20	0.84217	1.5133	1.3416	1.1280	0.99280	2.4075
1.25	0.81264	1.6563	1.4286	1.1594	0.98706	2.5568
1.30	0.78596	1.8050	1.5157	1.1909	0.97937	2.7136
1.35	0.76175	1.9596	1.6028	1.2226	0.96974	2.8778
1.40	0.73971	2.1200	1.6897	1.2547	0.95819	3.0492
1.45	0.71956	2.2863	1.7761	1.2872	0.94484	3.2278
1.50	0.70109	2.4583	1.8621	1.3202	0.92979	3.4133
1.55	0.68410	2.6362	1.9473	1.3538	0.91319	3.6057
1.60	0.66844	2.8200	2.0317	1.3880	0.89520	3.8050
1.65	0.65396	3.0096	2.1152	1.4228	0.87599	4.0110
1.70	0.64054	3.2050	2.1977	1.4583	0.85572	4.2238
1.75	0.62809	3.4063	2.2791	1.4946	0.83457	4.4433
1.80	0.61650	3.6133	2.3592	1.5316	0.81268	4.6695
1.85	0.60570	3.8263	2.4381	1.5693	0.79023	4.9023
1.90	0.59562	4.0450	2.5157	1.6079	0.76736	5.1418
1.95	0.58618	4.2696	2.5919	1.6473	0.74420	5.3878
2.00	0.57735	4.5000	2.6667	1.6875	0.72087	5.6404
2.05	0.56906	4.7362	2.7400	1.7285	0.69751	5.8996
2.10	0.56128	4.9783	2.8119	1.7705	0.67420	6.1654
2.15	0.55395	5.2263	2.8823	1.8132	0.65105	6.4377
2.20	0.54706	5.4800	2.9512	1.8569	0.62814	6.7165
2.25	0.54055	5.7396	3.0186	1.9014	0.60553	7.0018
2.30	0.53441	6.0050	3.0845	1.9468	0.58329	7.2937
2.35	0.52861	6.2762	3.1490	1.9931	0.56148	7.5920
2.40	0.52312	6.5533	3.2119	2.0403	0.54014	7.8969
2.45	0.51792	6.8363	3.2733	2.0885	0.51931	8.2083
2.50	0.51299	7.1250	3.3333	2.1375	0.49901	8.5261
2.55	0.50831	7.4196	3.3919	2.1875	0.47928	8.8505
2.60	0.50387	7.7200	3.4490	2.2383	0.46012	9.1813
2.70	0.49563	8.3383	3.5590	2.3429	0.42359	9.8624
2.80	0.48817	8.9800	3.6636	2.4512	0.38946	10.569
2.90	0.48138	9.6450	3.7629	2.5632	0.35773	11.302
3.00	0.47519	10.333	3.8571	2.6790	0.32834	12.061
4.00	0.43496	18.500	4.5714	4.0469	0.13876	21.068
5.00	0.41523	29.000	5.0000	5.8000	0.06172	32.653
10.00	0.38758	116.50	5.7143	20.387	0.00304	129.22

A

SI 단위계: 단일상태

SI Units: Single-State Properties

표 A.0a ▸ 기초 물리 상수

아보가드로 수(Avogadro)	$N_o = 6.022140857 \times 10^{23}\ mol^{-1}$
볼츠만 수(Boltzmann)	$k = 1.38064852 \times 10^{-23}\ JK^{-1}$
플랑크 수(Planck)	$h = 6.62607004 \times 10^{-34}\ Js$
기체상수(Gas Constant)	$\bar{R} = N_o\ k = 8.3144598 J/mol^{-1}\ K^{-1}$
원자질량 단위(Atomic Mass Unit)	$m_o = 1.660538921 \times 10^{-27}\ kg$
빛의 속도	$c = 2.99792458 \times 10^{8}\ ms^{-1}$
전하량(Electron Charge)	$e = 1.60217662 \times 10^{-19}\ C$
전자 질량(Electron Mass)	$m_e = 9.10938356 \times 10^{-31}\ kg$
패러데이 상수(Faradays Constant)	$F = 96485.33289 Cmol^{-1}$
광자 질량(Proton Mass)	$m_p = 1.672621898 \times 10^{-27}\ kg$
표준 중력가속도(Gravitation. Std.)	$g = 9.80665 ms^{-2}$
스테판-볼츠만 수(Stefan Boltzmann)	$\sigma = 5.670367 \times 10^{-8}\ Wm^{-2}\ K^{-4}$

표 A.0b ▸ 수량 접두어

펨토(femto)	f	10^{-15}
피코(pico)	p	10^{-12}
나노(nano)	n	10^{-9}
마이크로(micro)	μ	10^{-6}
밀리(milli)	m	10^{-3}
센티(centi)	c	10^{-2}
데시(deci)	d	10^{-1}
데카(deka)	da	10^{+1}
헥토(hecto)	h	10^{+2}
킬로(kilo)	k	10^{+3}
메가(mega)	M	10^{+6}
기가(giga)	G	10^{+9}
테라(tera)	T	10^{+12}
페타((peta)	P	10^{+15}
엑사(exa)	E	10^{+18}
농도		
백만분율(parts per million)		ppm 10^{-6}

표 A.1 » 단위 환산 인자

면적(A)	
$1\ mm^2 = 1.0 \times 10^{-6}\ m^2$	$1\ ft^2 = 144\ in.^2$
$1\ cm^2 = 1.0 \times 10^{-4}\ m^2 = 0.1550\ in.^2$	$1\ in.^2 = 6.4516\ cm^2 = 6.4516 \times 10^{-4}\ m^2$
$1\ m^2 = 10.7639\ ft^2$	$1\ ft^2 = 0.092\,903\ m^2$
열전도도(k)	
$1\ W/m\text{-}K = 1\ J/s\text{-}m\text{-}K = 0.577\,789\ Btu/h\text{-}ft\text{-}°R$	$1\ Btu/h\text{-}ft\text{-}°R = 1.730\,735\ W/m\text{-}K$
밀도(ρ)	
$1\ kg/m^3 = 0.06242797\ lbm/ft^3$	$1\ lbm/ft^3 = 16.018\,46\ kg/m^3$
$1\ g/cm^3 = 1000\ kg/m^3$	
$1\ g/cm^3 = 1\ kg/L$	
에너지(E, U)	
$1\ J = 1\ N\text{-}m = 1\ kg\text{-}m^2/s^2$	$1\ lbf\text{-}ft = 1.355\,818\ J$
$1\ J = 0.737\,562\ lbf\text{-}ft$	$= 1.285\,07 \times 10^{-3}\ Btu$
1cal (Int.) = 4.186 81 J	1 Btu (Int.) = 1.055 056 kJ = 778.1693 lbf-ft
$1\ erg = 1.0 \times 10^{-7}\ J$	
$1\ eV = 1.602\,177\,33 \times 10^{-19}\ J$	
중요한 산업계 에너지 용어 및 단위	
전기 에너지	
1 kWh = 3600 kJ	1 kWh = 3412.14 Btu
1 hp h = 0.7457 kWh = 2685 kJ	1 hp h = 2544 Btu
보일러 에너지	
1 hp h = 9.81 kWh = 35.318 MJ	1 hp h = 33.475 Btu
석유 에너지	
1 toe = 1 tonne oil equivalency = 41 868 MJ	1 toe ≈ 10^{10} cal
석탄 에너지	
1 tonne coal ≈ 29.3 GJ	1 tonne coal ≈ 27.8 MBtu
천연가스 에너지	
1 cf-gas = 1 ft^3 of gas (P_o, T_o)	1 cf-gas ≈ 1000 Btu
1 MMBtu = 1000 × 1000 Btu (Roman numeral M)	1 MMBtu ≈ 1000 cf-gas
1 therm = 105,506 kJ = 105.5 MJ	1 therm = 100,000 Btu
1 quad = 1.055 EJ = 1.055 × 10^{18} J	1 quad = 10^{15} Btu
힘(F)	
1 N = 0.224 809 lbf	1 lbf = 4.448 222 N
1 kp = 9.806 65 N (1 kgf)	
중력 가속도	
$g = 9.806\,65\ m/s^2$	$g = 32.174\,05\ ft/s^2$

(계속)

표 A.1 ▸ 단위 환산 인자 (계속)

SI	영국 단위
단위 면적당 열유속	
$1\ W/m^2 = 0.316\ 998\ Btu/h\text{-}ft^2$	$1\ Btu/h\text{-}ft^2 = 3.154\ 59\ W/m^2$
열전달 계수(h)	
$1\ W/m^2\text{-}K = 0.176\ 11\ Btu/h\text{-}ft^2\text{-}°R$	$1\ Btu/h\text{-}ft^2\text{-}°R = 5.678\ 26\ W/m^2\text{-}K$
길이(L)	
1 mm = 0.001 m = 0.1 cm	1 ft = 12 in.
1 cm = 0.01 m = 10 mm = 0.3970 in.	1 in. = 2.54 cm = 0.0254 m
1 m = 3.280 84 ft = 39.370 in.	1 ft = 0.3048 m
1 km = 0.621 371 mi	1 mi = 1.609 344 km
1 mi = 1609.3 m (US statute)	1 yd = 0.9144 m
질량(m)	
1 kg = 2.204 623 lbm	1 lbm = 0.453 592 kg
1 tonne = 1000 kg	1 slug = 14.5939 kg
1grain = $6.479\ 89 \times 10^{-5}$ kg	1 ton = 2000 lbm
모멘트(토크, T)	
1 N-m = 0.737 562 *lbf*-ft	1 lbf-ft = 1.355818 N-m
운동량(mV)	
1 kg-m/s = 7.232 94 lbm-ft/s = 0.224 809 lbf-s	1 lbm-ft/s = 0.138 256 kg-m/s
동력($\dot{Q}$, $\dot{W}$)	
1 W = 1 J/s = 1 N-m/s = 0.737 562 lbf-ft/s	1 lbf-ft/s = 1.355 818 W = 4.626 24 Btu/h
1 kW = 3412.14 Btu/h	1 Btu/s = 1.055 056 kW
1 hp (metric) = 0.735 499 kW	1 hp (UK) = 0.7457 kW = 550 lbf-ft/s = 2544.43 Btu/h
1ton of refrigeration = 3.516 85 kW	1 ton of refrigeration = 12000 Btu/h
압력(P)	
$1\ Pa = 1\ N/m^2 = 1\ kg/m\text{-}s^2$	$1\ lbf/in.^2 = 6.894\ 757\ kPa$
$1\ bar = 1.0 \times 10^5 Pa = 100\ kPa$	
1 atm = 101.325 kPa = 1.013 25 bar = 760 mm Hg [0°C] = 10.332 56 m H_2O [4°C]	1 atm = 14.695 94 lbf/in.^{2} = 29.921 in. Hg [32°F] = 33.8995 ft H_2O [4°C]
1 torr = 1 mm Hg [0°C]	
1 mm Hg [0°C] = 0.133 322 kPa	1 in. Hg [0°C] = 0.491 15 lbf/in.^{2}
1 m H_2O [4°C] = 9.806 38 kPa	1 in. H_2O [0°C] = 0.0361 26 lbf/in.^{2}

(계속)

표 A.1 ▸ 단위 환산 인자 (계속)

에너지(e, u)	
$1\ kJ/kg = 0.429\,92\ Btu/lbm$	$1\ Btu/lbm = 2.326\ kJ/kg$
$= 334.55\ lbf - ft/lbm$	$1\ lbf\text{-}ft/lbm = 2.989\,07 \times 10^{-3} kJ/kg$
	$= 1.285\,07 \times 10^{-3}\ Btu/lbm$
비열(C_p, C_v, C), 비엔트로피(s)	
$1\ kJ/kg\text{-}K = 0.238\,846\ Btu/lbm\text{-}°R$	$1\ Btu/lbm\text{-}°R = 4.1868\ kJ/kg\text{-}K$
운동 에너지($\frac{1}{2}\mathbf{V}^2$)	
$1\ m^2/s^2 = 0.001\ kJ/kg$	$1\ ft^2/s^2 = 3.9941 \times 10^{-5} Btu/lbm$
$1\ kJ/kg = 1000\ m^2/s^2$	$1\ Btu/lbm = 25037\ ft^2/s^2$
위치 에너지(Zg)	
$1\ m\text{-}g_{std} = 9.806\,65 \times 10^{-3}\ kJ/kg$	$1\ ft\text{-}g_{std} = 1.0\ lbf\text{-}ft/lbm$
$= 4.216\,07 \times 10^{-3}\ Btu/lbm$	$= 0.001\,285\ Btu/lbm$
	$= 0.002\,989\ kJ/kg$
비체적(v)	
$1\ cm^3/g = 0.001\ m^3/kg$	$1\ ft^3/lbm = 0.062\,428\ m^3/kg$
$1\ cm^3/g = 1\ L/kg$	
$1\ m^3/kg = 16.018\,46\ ft^3/lbm$	
온도(T)	
$1\ K = 1°C = 1.8\ °R = 1.8\ F$	$1\ °R = (5/9)\ K$
$TC = TK - 273.15$	$TF = TR - 459.67$
$= (TF - 32)/1.8$	$= 1.8\ TC + 32$
$TK = TR/1.8$	$TR = 1.8\ TK$
일반 기체 상수	
$R = N_0 k = 8.314\,51\ kJ/kmol\text{-}K$	$R = 1.985\,89\ Btu/lbmol\text{-}°R$
$= 1.985\,89\ kcal/kmol\text{-}K$	$= 1545.36\ lbf - ft/lbmol\text{-}°R$
$= 82.0578\ atm\text{-}L/kmol\text{-}K$	$= 0.730\,24\ atm\text{-}ft^3/lbmol\text{-}°R$
	$= 10.7317\ (lbf/in.^2)\text{-}ft^3/lbmol\text{-}°R$
속도($\mathbf{V}$)	
$1\ m/s = 3.6\ km/h$	$1\ ft/s = 0.681\,818\ mi/h$
$= 3.280\,84\ ft/s$	$= 0.3048\ m/s$
$= 2.236\,94\ mi/h$	$= 1.097\,28\ km/h$
$1\ km/h = 0.277\,78\ m/s$	$1\ mi/h = 1.466\,67\ ft/s$
$= 0.911\,34\ ft/s$	$= 0.447\,04\ m/s$
$= 0.621\,37\ mi/h$	$= 1.609\,344\ km/h$
체적(V)	
$1\ m^3 = 35.3147\ ft^3$	$1\ ft^3 = 2.831\,685 \times 10^{-2}\ m^3$
$1\ L = 1\ dm^3 = 0.001\ m^3$	$1\ in.^3 = 1.6387 \times 10^{-5}\ m^3$
$1\ Gal\ (US) = 3.785\,412\ L$	$1\ Gal\ (UK) = 4.546\,090\ L$
$= 3.785\,412 \times 10^{-3} m^3$	$1\ Gal\ (US) = 231.00\ in.^3$

표 A.2 » 임계 상수

물질	화학식	분자량	온도 (K)	압력 (MPa)	체적 (m^3/kg)
암모니아	NH_3	17.031	405.5	11.35	0.00426
아르곤	Ar	39.948	150.8	4.87	0.00188
브롬	Br_2	159.808	588	10.30	0.000796
이산화탄소	CO_2	44.01	304.1	7.38	0.00212
일산화탄소	CO	28.01	132.9	3.50	0.00333
염소	$C1_2$	70.906	416.9	7.98	0.00175
불소	F_2	37.997	144.3	5.22	0.00174
헬륨	He	4.003	5.19	0.227	0.0143
수소(정상)	H_2	2.016	33.2	1.30	0.0323
크립톤	Kr	83.80	209.4	5.50	0.00109
네온	Ne	20.183	44.4	2.76	0.00206
일산화질소	NO	30.006	180	6.48	0.00192
질소	N_2	28.013	126.2	3.39	0.0032
이산화질소	NO_2	46.006	431	10.1	0.00365
아산화질소	N_2O	44.013	309.6	7.24	0.00221
산소	O_2	31.999	154.6	5.04	0.00229
이산화황	SO_2	64.063	430.8	7.88	0.00191
물	H_2O	18.015	647.3	22.12	0.00317
제논	Xe	131.30	289.7	5.84	0.000902
아세틸렌	C_2H_2	26.038	308.3	6.14	0.00433
벤젠	C_6H_6	78.114	562.2	4.89	0.00332
n-부탄	C_4H_{10}	58.124	425.2	3.80	0.00439
R-142b	CH_3CClF_2	100.495	410.3	4.25	0.00230
R-22	$CHClF_2$	86.469	369.3	4.97	0.00191
R-141	CH_3CCl_2F	116.95	481.5	4.54	0.00215
R-123	$CHCl_2CF_3$	152.93	456.9	3.66	0.00182
R-152a	CHF_2CH_3	66.05	386.4	4.52	0.00272
R-32	CF_2H_2	52.024	351.3	5.78	0.00236
에탄	C_2H_6	30.070	305.4	4.88	0.00493
에탄올	C_2H_5OH	46.069	513.9	6.14	0.00363
에틸렌	C_2H_4	28.054	282.4	5.04	0.00465
n-헵탄	C_7H_{16}	100.205	540.3	2.74	0.00431
n-헥산	C_6H_{14}	86.178	507.5	3.01	0.00429
메탄	CH_4	16.043	190.4	4.60	0.00615
메탄올	CH_3OH	32.042	512.6	8.09	0.00368
n-옥탄	C_8H_{18}	114.232	568.8	2.49	0.00431
R-125	CHF_2CF_3	120.022	339.2	3.62	0.00176
n-펜탄	C_5H_{12}	72.151	469.7	3.37	0.00421
프로판	C_3H_8	44.094	369.8	4.25	0.00454
프로펜	C_3H_6	42.081	364.9	4.60	0.00430
혼합냉매	R-410A	72.585	344.5	4.90	0.00218
R-134a	CF_3CH_2F	102.03	374.2	4.06	0.00197

표 A.3 ▸▸ 각종 고체의 25°C에서의 상태량

물질	ρ (kg/m³)	C_p (kJ/kg-K)
아스팔트	2120	0.92
일반 벽돌	1800	0.84
다이아몬드	3250	0.51
탄소(흑연)	2000–2500	0.61
석탄	1200–1500	1.26
콘크리트	2200	0.88
판유리	2500	0.80
유리솜	20	0.66
화강암	2750	0.89
얼음(0°C)	917	2.04
종이	700	1.2
플라스틱 유리	1180	1.44
폴리스티렌	920	2.3
폴리염화비닐(PVC)	1380	0.96
(부드러운) 고무	1100	1.67
건조 모래	1500	0.8
암염	2100–2500	0.92
실리콘	2330	0.70
단단한 눈(snow)	560	2.1
단단한 나무(오크)	720	1.26
연한 나무(소나무)	510	1.38
양모	100	1.72
금속류		
알루미늄	2700	0.90
황동, 60~40	8400	0.38
구리	8300	0.42
금	19300	0.13
주철	7272	0.42
강철	7820	0.46
납	11340	0.13
마그네슘, 2% Mn	1778	1.00
니켈, 10% Cr	8666	0.44
은, 99.9% Ag	10524	0.24
나트륨	971	1.21
주석	7304	0.22
텅스텐	19300	0.13
아연	7144	0.39

표 A.4 ▸▸ 각종 액체의 25°C*에서의 상태량

물질	ρ (kg/m³)	C_p (kJ/kg-K)
암모니아	604	4.84
벤젠	879	1.72
부탄	556	2.47
사염화탄소	1584	0.83
이산화탄소	680	2.9
에탄올	783	2.46
가솔린	750	2.08
글리세린	1260	2.42
등유	1120	2.3
등유	815	2.0
메탄올	787	2.55
n-옥탄	692	2.23
엔진 오일	885	1.9
경오일	910	1.8
프로판	510	2.54
R-12	1310	0.97
R-22	1190	1.26
R-32	961	1.94
R-125	1191	1.41
R-134a	1206	1.43
R-410A	1059	1.69
물	997	4.18
액체 금속류		
창연, Bi	10040	0.14
납, Pb	10660	0.16
수은, Hg	13580	0.14
NaK(56/44)	887	1.13
칼륨, K	828	0.81
나트륨, Na	929	1.38
주석, Sn	6950	0.24
아연, Zn	6570	0.50

* 또는 높은 경우 용융 온도.

표 A.5 ▸ 각종 이상기체의 25°C, 100 kPa*에서의 상태량

기체	화학식	분자량 (kJ/kmol)	R (kJ/kg-K)	ρ_0 (kg/m^3)	C_{p0} (kJ/kg-K)	C_{v0} (kJ/kg-K)	$k = \frac{C_p}{C_v}$
수증기	H_2O	18.015	0.4615	0.0231	1.872	1.410	1.327
아세틸렌	C_2H_2	26.038	0.3193	1.05	1.699	1.380	1.231
공기	Mixture	28.97	0.287	1.169	1.004	0.717	1.400
암모니아	NH_3	17.031	0.4882	0.694	2.130	1.642	1.297
아르곤	Ar	39.948	0.2081	1.613	0.520	0.312	1.667
부탄	C_4H_{10}	58.124	0.1430	2.407	1.716	1.573	1.091
이산화탄소	CO_2	44.01	0.1889	1.775	0.842	0.653	1.289
일산화탄소	CO	28.01	0.2968	1.13	1.041	0.744	1.399
에탄	C_2H_6	30.07	0.2765	1.222	1.766	1.490	1.186
에탄올	C_2H_5OH	46.069	0.1805	1.883	1.427	1.246	1.145
에틸렌	C_2H_4	28.054	0.2964	1.138	1.548	1.252	1.237
헬륨	He	4.003	2.0771	0.1615	5.193	3.116	1.667
수소	H_2	2.016	4.1243	0.0813	14.209	10.085	1.409
메탄	CH_4	16.043	0.5183	0.648	2.254	1.736	1.299
메탄올	CH_3OH	32.042	0.2595	1.31	1.405	1.146	1.227
네온	Ne	20.183	0.4120	0.814	1.03	0.618	1.667
일산화질소	NO	30.006	0.2771	1.21	0.993	0.716	1.387
질소	N_2	28.013	0.2968	1.13	1.042	0.745	1.400
아산화질소	N_2O	44.013	0.1889	1.775	0.879	0.690	1.274
n-옥탄	C_8H_{18}	114.23	0.07279	0.092	1.711	1.638	1.044
산소	O_2	31.999	0.2598	1.292	0.922	0.662	1.393
프로판	C_3H_8	44.094	0.1886	1.808	1.679	1.490	1.126
R-12	CCl_2F_2	120.914	0.06876	4.98	0.616	0.547	1.126
R-22	$CHClF_2$	86.469	0.09616	3.54	0.658	0.562	1.171
R-32	CF_2H_2	52.024	0.1598	2.125	0.822	0.662	1.242
R-125	CHF_2CF_3	120.022	0.06927	4.918	0.791	0.722	1.097
R-134a	CF_3CH_2F	102.03	0.08149	4.20	0.852	0.771	1.106
R-410A	Mixture	72.585	0.11455	2.967	0.809	0.694	1.165
이산화황	SO_2	64.059	0.1298	2.618	0.624	0.494	1.263
삼산화황	SO_3	80.053	0.10386	3.272	0.635	0.531	1.196

* 또는 100 kPa 이하인 경우 포화 압력.

표 A.6 ▸ 각종 이상기체의 정압 비열*

$C_{p0} = C_0 + C_1\theta + C_2\theta^2 + C_3\theta^3$		(kJ/kg-K)		$\theta = T$(Kelvin)/1000	
기체	화학식	C_0	C_1	C_2	C_3
수증기	H_2O	1.79	0.107	0.586	−0.20
아세틸렌	C_2H_2	1.03	2.91	−1.92	0.54
공기	—	1.05	−0.365	0.85	−0.39
암모니아	NH_3	1.60	1.4	1.0	−0.7
아르곤	Ar	0.52	0	0	0
부탄	C_4H_{10}	0.163	5.70	−1.906	−0.049
이산화탄소	CO_2	0.45	1.67	−1.27	0.39
일산화탄소	CO	1.10	−0.46	1.0	−0.454
에탄	C_2H_6	0.18	5.92	−2.31	0.29
에탄올	C_2H_5OH	0.2	4.65	−1.82	0.03
에틸렌	C_2H_4	0.136	5.58	−3.0	0.63
헬륨	He	5.193	0	0	0
수소	H_2	13.46	4.6	−6.85	3.79
메탄	CH_4	1.2	3.25	0.75	−0.71
메탄올	CH_3OH	0.66	2.21	0.81	−0.89
네온	Ne	1.03	0	0	0
일산화질소	NO	0.98	−0.031	0.325	−0.14
질소	N_2	1.11	−0.48	0.96	−0.42
아산화질소	N_2O	0.49	1.65	−1.31	0.42
n-옥탄	C_8H_{18}	−0.053	6.75	−3.67	0.775
산소	O_2	0.88	−0.0001	0.54	−0.33
프로판	C_3H_8	−0.096	6.95	−3.6	0.73
R-12†	CCl_2F_2	0.26	1.47	−1.25	0.36
R-22†	$CHClF_2$	0.2	1.87	−1.35	0.35
R-32†	CF_2H_2	0.227	2.27	−0.93	0.041
R-125†	CHF_2CF_3	0.305	1.68	−0.284	0
R-134a†	CF_3CH_2F	0.165	2.81	−2.23	1.11
이산화황	SO_2	0.37	1.05	−0.77	0.21
삼산화황	SO_3	0.24	1.7	−1.5	0.46

* 근사식의 적용 범위: 250 K~1200 K.

† 최고 500 K까지 사용.

표 A.7.1 ▸ 이상기체 공기의 상태량 및 압력 0.1 MPa (1 bar)에서의 표준 엔트로피*

T (K)	u (kJ/kg)	h (kJ/kg)	s_T^0 (kJ/kg-K)	T (K)	u (kJ/kg)	h (kJ/kg)	s_T^0 (kJ/kg-K)
200	142.77	200.17	6.46260	1100	845.45	1161.18	8.24449
220	157.07	220.22	6.55812	1150	889.21	1219.30	8.29616
240	171.38	240.27	6.64535	1200	933.37	1277.81	8.34596
260	185.70	260.32	6.72562	1250	977.89	1336.68	8.39402
280	200.02	280.39	6.79998	1300	1022.75	1395.89	8.44046
290	207.19	290.43	6.83521	1350	1067.94	1455.43	8.48539
298.15	213.04	298.62	6.86305	1400	1113.43	1515.27	8.52891
300	214.36	300.47	6.86926	1450	1159.20	1575.40	8.57111
320	228.73	320.58	6.93413	1500	1205.25	1635.80	8.61208
340	243.11	340.70	6.99515	1550	1251.55	1696.45	8.65185
360	257.53	360.86	7.05276	1600	1298.08	1757.33	8.69051
380	271.99	381.06	7.10735	1650	1344.83	1818.44	8.72811
400	286.49	401.30	7.15926	1700	1391.80	1879.76	8.76472
420	301.04	421.59	7.20875	1750	1438.97	1941.28	8.80039
440	315.64	441.93	7.25607	1800	1486.33	2002.99	8.83516
460	330.31	462.34	7.30142	1850	1533.87	2064.88	8.86908
480	345.04	482.81	7.34499	1900	1581.59	2126.95	8.90219
500	359.84	503.36	7.38692	1950	1629.47	2189.19	8.93452
520	374.73	523.98	7.42736	2000	1677.52	2251.58	8.96611
540	389.69	544.69	7.46642	2050	1725.71	2314.13	8.99699
560	404.74	565.47	7.50422	2100	1774.06	2376.82	9.02721
580	419.87	586.35	7.54084	2150	1822.54	2439.66	9.05678
600	435.10	607.32	7.57638	2200	1871.16	2502.63	9.08573
620	450.42	628.38	7.61090	2250	1919.91	2565.73	9.11409
640	465.83	649.53	7.64448	2300	1968.79	2628.96	9.14189
660	481.34	670.78	7.67717	2350	2017.79	2692.31	9.16913
680	496.94	692.12	7.70903	2400	2066.91	2755.78	9.19586
700	512.64	713.56	7.74010	2450	2116.14	2819.37	9.22208
720	528.44	735.10	7.77044	2500	2165.48	2883.06	9.24781
740	544.33	756.73	7.80008	2550	2214.93	2946.86	9.27308
760	560.32	778.46	7.82905	2600	2264.48	3010.76	9.29790
780	576.40	800.28	7.85740	2650	2314.13	3074.77	9.32228
800	592.58	822.20	7.88514	2700	2363.88	3138.87	9.34625
850	633.42	877.40	7.95207	2750	2413.73	3203.06	9.36980
900	674.82	933.15	8.01581	2800	2463.66	3267.35	9.39297
950	716.76	989.44	8.07667	2850	2513.69	3331.73	9.41576
1000	759.19	1046.22	8.13493	2900	2563.80	3396.19	9.43818
1050	802.10	1103.48	8.19081	2950	2613.99	3460.73	9.46025
1100	845.45	1161.18	8.24449	3000	2664.27	3525.36	9.48198

*기준압력은 $s(T, P) = s_T^0 - R \ln(P/P_0)$와 연관됨.

표 A.7.2 » 등엔트로피 상대 압력과 상대 체적 함수

T[K]	P_r	v_r	T[K]	P_r	v_r	T[K]	P_r	v_r
200	0.2703	493.47	700	23.160	20.155	1900	1327.5	0.95445
220	0.3770	389.15	720	25.742	18.652	1950	1485.8	0.87521
240	0.5109	313.27	740	28.542	17.289	2000	1658.6	0.80410
260	0.6757	256.58	760	31.573	16.052	2050	1847.1	0.74012
280	0.8756	213.26	780	34.851	14.925	2100	2052.1	0.68242
290	0.9899	195.36	800	38.388	13.897	2150	2274.8	0.63027
298.15	1.0907	182.29	850	48.468	11.695	2200	2516.2	0.58305
300	1.1146	179.49	900	60.520	9.9169	2250	2777.5	0.54020
320	1.3972	152.73	950	74.815	8.4677	2300	3059.9	0.50124
340	1.7281	131.20	1000	91.651	7.2760	2350	3364.6	0.46576
360	2.1123	113.65	1050	111.35	6.2885	2400	3693.0	0.43338
380	2.5548	99.188	1100	134.25	5.4641	2450	4046.2	0.40378
400	3.0612	87.137	1150	160.73	4.7714	2500	4425.8	0.37669
420	3.6373	77.003	1200	191.17	4.1859	2550	4833.0	0.35185
440	4.2892	68.409	1250	226.02	3.6880	2600	5269.5	0.32903
460	5.0233	61.066	1300	265.72	3.2626	2650	5736.7	0.30805
480	5.8466	54.748	1350	310.74	2.8971	2700	6236.2	0.28872
500	6.7663	49.278	1400	361.62	2.5817	2750	6769.7	0.27089
520	7.7900	44.514	1450	418.89	2.3083	2800	7338.7	0.25443
540	8.9257	40.344	1500	483.16	2.0703	2850	7945.1	0.23921
560	10.182	36.676	1550	554.96	1.8625	2900	8590.7	0.22511
580	11.568	33.436	1600	634.97	1.6804	2950	9277.2	0.21205
600	13.092	30.561	1650	723.86	1.52007	3000	10007	0.19992
620	14.766	28.001	1700	822.33	1.37858			
640	16.598	25.713	1750	931.14	1.25330			
660	18.600	23.662	1800	1051.05	1.14204			
680	20.784	21.818	1850	1182.9	1.04294			
700	23.160	20.155	1900	1327.5	0.95445			

상대 압력과 상대 체적은 온도의 함수로서 두 개의 상수 A_1, A_2를 이용하여 다음과 같이 계산한다.

$$P_r = \exp[s_T^0/R - A_1]; \qquad v_r = A_2 T/P_r$$

등엔트로피 과정 $s_1 = s_2$에 대하여

$$\frac{P_2}{P_1} = \frac{P_{r2}}{P_{r1}} = \frac{e^{S_{T_2}^0/R}}{e^{S_{T_1}^0/R}} \approx \left(\frac{T_2}{T_1}\right)^{C_p/R} \quad \text{및} \quad \frac{v_2}{v_1} = \frac{v_{r2}}{v_{r1}} \approx \left(\frac{T_1}{T_2}\right)^{C_v/R}$$

이고, 근사 등호는 근사적으로 일정 비열일 때 성립한다.

표 A.8 ▸ 각종 물질의 이상기체 상태량 및 압력 0.1 MPa (1 bar)에서의 엔트로피(질량 기준)* (계속)

	질소, 이원자(N_2) $R = 0.2968$ kJ/kg-K $M = 28.013$ kg/kmol			산소, 이원자(O_2) $R = 0.2598$ kJ/kg-K $M = 31.999$ kg/kmol		
T (K)	u (kJ/kg)	h (kJ/kg)	s_T^0 (kJ/kg-K)	u (kJ/kg)	h (kJ/kg)	s_T^0 (kJ/kg-K)
200	148.39	207.75	6.4250	129.84	181.81	6.0466
250	185.50	259.70	6.6568	162.41	227.37	6.2499
300	222.63	311.67	6.8463	195.20	273.15	6.4168
350	259.80	363.68	7.0067	228.37	319.31	6.5590
400	297.09	415.81	7.1459	262.10	366.03	6.6838
450	334.57	468.13	7.2692	296.52	413.45	6.7954
500	372.35	520.75	7.3800	331.72	461.63	6.8969
550	410.52	573.76	7.4811	367.70	510.61	6.9903
600	449.16	627.24	7.5741	404.46	560.36	7.0768
650	488.34	681.26	7.6606	441.97	610.86	7.1577
700	528.09	735.86	7.7415	480.18	662.06	7.2336
750	568.45	791.05	7.8176	519.02	713.90	7.3051
800	609.41	846.85	7.8897	558.46	766.33	7.3728
850	650.98	903.26	7.9581	598.44	819.30	7.4370
900	693.13	960.25	8.0232	638.90	872.75	7.4981
950	735.85	1017.81	8.0855	679.80	926.65	7.5564
1000	779.11	1075.91	8.1451	721.11	980.95	7.6121
1100	867.14	1193.62	8.2572	804.80	1090.62	7.7166
1200	957.00	1313.16	8.3612	889.72	1201.53	7.8131
1300	1048.46	1434.31	8.4582	975.72	1313.51	7.9027
1400	1141.35	1556.87	8.5490	1062.67	1426.44	7.9864
1500	1235.50	1680.70	8.6345	1150.48	1540.23	8.0649
1600	1330.72	1805.60	8.7151	1239.10	1654.83	8.1389
1700	1426.89	1931.45	8.7914	1328.49	1770.21	8.2088
1800	1523.90	2058.15	8.8638	1418.63	1886.33	8.2752
1900	1621.66	2185.58	8.9327	1509.50	2003.19	8.3384
2000	1720.07	2313.68	8.9984	1601.10	2120.77	8.3987
2100	1819.08	2442.36	9.0612	1693.41	2239.07	8.4564
2200	1918.62	2571.58	9.1213	1786.44	2358.08	8.5117
2300	2018.63	2701.28	9.1789	1880.17	2477.79	8.5650
2400	2119.08	2831.41	9.2343	1974.60	2598.20	8.6162
2500	2219.93	2961.93	9.2876	2069.71	2719.30	8.6656
2600	2321.13	3092.81	9.3389	2165.50	2841.07	8.7134
2700	2422.66	3224.03	9.3884	2261.94	2963.49	8.7596
2800	2524.50	3355.54	9.4363	2359.01	3086.55	8.8044
2900	2626.62	3487.34	9.4825	2546.70	3210.22	8.8478
3000	2729.00	3619.41	9.5273	2554.97	3334.48	8.8899

*기준압력은 $s(T, P) = s_T^0 - R \ln(P/P_0)$와 연관됨.

(계속)

표 A.8 ▸▸ 각종 물질의 이상기체 상태량 및 압력 0.1 MPa (1 bar)에서의 엔트로피(질량 기준)* (계속)

	이산화탄소(CO_2) $R = 0.1889$ kJ/kg-K $M = 44.010$ kg/kmol			물(H_2O) $R = 0.4615$ kJ/kg-K $M = 18.015$ kg/kmol		
T (K)	u (kJ/kg)	h (kJ/kg)	s_T^0 (kJ/kg-K)	u (kJ/kg)	h (kJ/kg)	s_T^0 (kJ/kg-K)
200	97.49	135.28	4.5439	276.38	368.69	9.7412
250	126.21	173.44	4.7139	345.98	461.36	10.1547
300	157.70	214.38	4.8631	415.87	554.32	10.4936
350	191.78	257.90	4.9972	486.37	647.90	10.7821
400	228.19	303.76	5.1196	557.79	742.40	11.0345
450	266.69	351.70	5.2325	630.40	838.09	11.2600
500	307.06	401.52	5.3375	704.36	935.12	11.4644
550	349.12	453.03	5.4356	779.79	1033.63	11.6522
600	392.72	506.07	5.5279	856.75	1133.67	11.8263
650	437.71	560.51	5.6151	935.31	1235.30	11.9890
700	483.97	616.22	5.6976	1015.49	1338.56	12.1421
750	531.40	673.09	5.7761	1097.35	1443.49	12.2868
800	579.89	731.02	5.8508	1180.90	1550.13	12.4244
850	629.35	789.93	5.9223	1266.19	1658.49	12.5558
900	676.69	849.72	5.9906	1353.23	1768.60	12.6817
950	730.85	910.33	6.0561	1442.03	1880.48	12.8026
1000	782.75	971.67	6.1190	1532.61	1994.13	12.9192
1100	888.55	1096.36	6.2379	1719.05	2226.73	13.1408
1200	996.64	1223.34	6.3483	1912.42	2466.25	13.3492
1300	1106.68	1352.28	6.4515	2112.47	2712.46	13.5462
1400	1218.38	1482.87	6.5483	2318.89	2965.03	13.7334
1500	1331.50	1614.88	6.6394	2531.28	3223.57	13.9117
1600	1445.85	1748.12	6.7254	2749.24	3487.69	14.0822
1700	1561.26	1882.43	6.8068	2972.35	3756.95	14.2454
1800	1677.61	2017.67	6.8841	3200.17	4030.92	14.4020
1900	1794.78	2153.73	6.9577	3432.28	4309.18	14.5524
2000	1912.67	2290.51	7.0278	3668.24	4591.30	14.6971
2100	2031.21	2427.95	7.0949	3908.08	4877.29	14.8366
2200	2150.34	2565.97	7.1591	4151.28	5166.64	14.9712
2300	2270.00	2704.52	7.2206	4397.56	5459.08	15.1012
2400	2390.14	2843.55	7.2798	4646.71	5754.37	15.2269
2500	2510.74	2983.04	7.3368	4898.49	6052.31	15.3485
2600	2631.73	3122.93	7.3917	5152.73	6352.70	15.4663
2700	2753.10	3263.19	7.4446	5409.24	6655.36	15.5805
2800	2874.81	3403.79	7.4957	5667.86	6960.13	15.6914
2900	2996.84	3544.71	7.5452	5928.44	7266.87	15.7990
3000	3119.18	3685.95	7.5931	6190.86	7575.44	15.9036

*기준압력은 $s(T, P) = s_T^0 - R \ln(P/P_0)$와 연관됨.

표 A.9 ▸ 각종 물질의 이상기체 상태량 및 압력 0.1 MPa (1 bar)에서의 엔트로피(몰 기준)* (계속)

	질소, 이원자(N_2) $\bar{h}^0_{f,298} = 0$ kJ/kmol $M = 28.013$ kg/kmol		질소, 단원자(N) $\bar{h}^0_{f,298} = 472\,680$ kJ/kmol $M = 14.007$ kg/kmol	
T K	$(\bar{h}-\bar{h}^0_{298})$ kJ/kmol	$\bar{s}^0_T$ kJ/kmol-K	$(\bar{h}-\bar{h}^0_{298})$ kJ/kmol	$\bar{s}^0_T$ kJ/kmol-K
0	−8670	0	−6197	0
100	−5768	159.812	−4119	130.593
200	−2857	179.985	−2040	145.001
298	0	191.609	0	153.300
300	54	191.789	38	153.429
400	2971	200.181	2117	159.409
500	5911	206.740	4196	164.047
600	8894	212.177	6274	167.837
700	11937	216.865	8353	171.041
800	15046	221.016	10431	173.816
900	18223	224.757	12510	176.265
1000	21463	228.171	14589	178.455
1100	24760	231.314	16667	180.436
1200	28109	234.227	18746	182.244
1300	31503	236.943	20825	183.908
1400	34936	239.487	22903	185.448
1500	38405	241.881	24982	186.883
1600	41904	244.139	27060	188.224
1700	45430	246.276	29139	189.484
1800	48979	248.304	31218	190.672
1900	52549	250.234	33296	191.796
2000	56137	252.075	35375	192.863
2200	63362	255.518	39534	194.845
2400	70640	258.684	43695	196.655
2600	77963	261.615	47860	198.322
2800	85323	264.342	52033	199.868
3000	92715	266.892	56218	201.311
3200	100134	269.286	60420	202.667
3400	107577	271.542	64646	203.948
3600	115042	273.675	68902	205.164
3800	122526	275.698	73194	206.325
4000	130027	277.622	77532	207.437
4400	145078	281.209	86367	209.542
4800	160188	284.495	95457	211.519
5200	175352	287.530	104843	213.397
5600	190572	290.349	114550	215.195
6000	205848	292.984	124590	216.926

*기준압력은 $\bar{s}(T, P) = \bar{s}^0_T - \bar{R}\ln(P/P_0)$와 연관됨.

(계속)

표 A.9 » 각종 물질의 이상기체 상태량 및 압력 0.1 MPa (1 bar)에서의 엔트로피(몰 기준)* (계속)

	산소, 이원자(O_2) $\bar{h}^0_{f,298} = 0$ kJ/kmol $M = 31.999$ kg/kmol		산소, 단원자(O) $\bar{h}^0_{f,298} = 249\,170$ kJ/kmol $M = 16.00$ kg/kmol	
T K	$(\bar{h} - \bar{h}^0_{298})$ kJ/kmol	$\bar{s}^0_T$ kJ/kmol-K	$(\bar{h} - \bar{h}^0_{298})$ kJ/kmol	$\bar{s}^0_T$ kJ/kmol-K
0	−8683	0	−6725	0
100	−5777	173.308	−4518	135.947
200	−2868	193.483	−2186	152.153
298	0	205.148	0	161.059
300	54	205.329	41	161.194
400	3027	213.873	2207	167.431
500	6086	220.693	4343	172.198
600	9245	226.450	6462	176.060
700	12499	231.465	8570	179.310
800	15836	235.920	10671	182.116
900	19241	239.931	12767	184.585
1000	22703	243.579	14860	186.790
1100	26212	246.923	16950	188.783
1200	29761	250.011	19039	190.600
1300	33345	252.878	21126	192.270
1400	36958	255.556	23212	193.816
1500	40600	258.068	25296	195.254
1600	44267	260.434	27381	196.599
1700	47959	262.673	29464	197.862
1800	51674	264.797	31547	199.053
1900	55414	266.819	33630	200.179
2000	59176	268.748	35713	201.247
2200	66770	272.366	39878	203.232
2400	74453	275.708	44045	205.045
2600	82225	278.818	48216	206.714
2800	90080	281.729	52391	208.262
3000	98013	284.466	56574	209.705
3200	106022	287.050	60767	211.058
3400	114101	289.499	64971	212.332
3600	122245	291.826	69190	213.538
3800	130447	294.043	73424	214.682
4000	138705	296.161	77675	215.773
4400	155374	300.133	86234	217.812
4800	172240	303.801	94873	219.691
5200	189312	307.217	103592	221.435
5600	206618	310.423	112391	223.066
6000	224210	313.457	121264	224.597

*기준압력은 $\bar{s}(T, P) = \bar{s}^0_T - \bar{R}\ln(P/P_0)$와 연관됨.

(계속)

표 A.9 ▸▸ 각종 물질의 이상기체 상태량 및 압력 0.1 MPa (1 bar)에서의 엔트로피(몰 기준)* (계속)

	이산화탄소(CO_2) $\bar{h}^0_{f,298} = -393\ 522$ kJ/kmol $M = 44.01$ kg/kmol		일산화탄소(CO) $\bar{h}^0_{f,298} = -110\ 527$ kJ/kmol $M = 28.01$ kg/kmol	
T K	$(\bar{h} - \bar{h}^0_{298})$ kJ/kmol	$\bar{s}^0_T$ kJ/kmol-K	$(\bar{h} - \bar{h}^0_{298})$ kJ/kmol	$\bar{s}^0_T$ kJ/kmol-K
0	−9364	0	−8671	0
100	−6457	179.010	−5772	165.852
200	−3413	199.976	−2860	186.024
298	0	213.794	0	197.651
300	69	214.024	54	197.831
400	4003	225.314	2977	206.240
500	8305	234.902	5932	212.833
600	12906	243.284	8942	218.321
700	17754	250.752	12021	223.067
800	22806	257.496	15174	227.277
900	28030	263.646	18397	231.074
1000	33397	269.299	21686	234.538
1100	38885	274.528	25031	237.726
1200	44473	279.390	28427	240.679
1300	50148	283.931	31867	243.431
1400	55895	288.190	35343	246.006
1500	61705	292.199	38852	248.426
1600	67569	295.984	42388	250.707
1700	73480	299.567	45948	252.866
1800	79432	302.969	49529	254.913
1900	85420	306.207	53128	256.860
2000	91439	309.294	56743	258.716
2200	103562	315.070	64012	262.182
2400	115779	320.384	71326	265.361
2600	128074	325.307	78679	268.302
2800	140435	329.887	86070	271.044
3000	152853	334.170	93504	273.607
3200	165321	338.194	100962	276.012
3400	177836	341.988	108440	278.279
3600	190394	345.576	115938	280.422
3800	202990	348.981	123454	282.454
4000	215624	352.221	130989	284.387
4400	240992	358.266	146108	287.989
4800	266488	363.812	161285	291.290
5200	292112	368.939	176510	294.337
5600	317870	373.711	191782	297.167
6000	343782	378.180	207105	299.809

*기준압력은 $\bar{s}(T, P) = \bar{s}^0_T - \bar{R}\ln(P/P_0)$와 연관됨.

(계속)

표 A.9 ▸ 각종 물질의 이상기체 상태량 및 압력 0.1 MPa (1 bar)에서의 엔트로피(몰 기준)* (계속)

	물(H_2O) $\bar{h}^0_{f,298} = -241\,826$ kJ/kmol $M = 18.015$ kg/kmol		하이드록실(OH) $\bar{h}^0_{f,298} = 38\,987$ kJ/kmol $M = 17.007$ kg/kmol	
T K	$(\bar{h} - \bar{h}^0_{298})$ kJ/kmol	$\bar{s}^0_T$ kJ/kmol-K	$(\bar{h} - \bar{h}^0_{298})$ kJ/kmol	$\bar{s}^0_T$ kJ/kmol-K
0	−9904	0	−9172	0
100	−6617	152.386	−6140	149.591
200	−3282	175.488	−2975	171.592
298	0	188.835	0	183.709
300	62	189.043	55	183.894
400	3450	198.787	3034	192.466
500	6922	206.532	5991	199.066
600	10499	213.051	8943	204.448
700	14190	218.739	11902	209.008
800	18002	223.826	14881	212.984
900	21937	228.460	17889	216.526
1000	26000	232.739	20935	219.735
1100	30190	236.732	24024	222.680
1200	34506	240.485	27159	225.408
1300	38941	244.035	30340	227.955
1400	43491	247.406	33567	230.347
1500	48149	250.620	36838	232.604
1600	52907	253.690	40151	234.741
1700	57757	256.631	43502	236.772
1800	62693	259.452	46890	238.707
1900	67706	262.162	50311	240.556
2000	72788	264.769	53763	242.328
2200	83153	269.706	60751	245.659
2400	93741	274.312	67840	248.743
2600	104520	278.625	75018	251.614
2800	115463	282.680	82268	254.301
3000	126548	286.504	89585	256.825
3200	137756	290.120	96960	259.205
3400	149073	293.550	104388	261.456
3600	160484	296.812	111864	263.592
3800	171981	299.919	119382	265.625
4000	183552	302.887	126940	267.563
4400	206892	308.448	142165	271.191
4800	230456	313.573	157522	274.531
5200	254216	318.328	173002	277.629
5600	278161	322.764	188598	280.518
6000	302295	326.926	204309	283.227

*기준압력은 $\bar{s}(T, P) = \bar{s}^0_T - \bar{R}\ln(P/P_0)$와 연관됨.

(계속)

표 A.9 ▸ 각종 물질의 이상기체 상태량 및 압력 0.1 MPa (1 bar)에서의 엔트로피(몰 기준)* (계속)

	수소, 이원자(H_2) $\bar{h}^0_{f,298} = 0$ kJ/kmol $M = 2.016$ kg/kmol		수소, 단원자(H) $\bar{h}^0_{f,298} = 217\,999$ kJ/kmol $M = 1.008$ kg/kmol	
T K	$(\bar{h} - \bar{h}^0_{298})$ kJ/kmol	$\bar{s}^0_T$ kJ/kmol-K	$(\bar{h} - \bar{h}^0_{298})$ kJ/kmol	$\bar{s}^0_T$ kJ/kmol-K
0	−8467	0	−6197	0
100	−5467	100.727	−4119	92.009
200	−2774	119.410	−2040	106.417
298	0	130.678	0	114.716
300	53	130.856	38	114.845
400	2961	139.219	2117	120.825
500	5883	145.738	4196	125.463
600	8799	151.078	6274	129.253
700	11730	155.609	8353	132.457
800	14681	159.554	10431	135.233
900	17657	163.060	12510	137.681
1000	20663	166.225	14589	139.871
1100	23704	169.121	16667	141.852
1200	26785	171.798	18746	143.661
1300	29907	174.294	20825	145.324
1400	33073	176.637	22903	146.865
1500	36281	178.849	24982	148.299
1600	39533	180.946	27060	149.640
1700	42826	182.941	29139	150.900
1800	46160	184.846	31218	152.089
1900	49532	186.670	33296	153.212
2000	52942	188.419	35375	154.279
2200	59865	191.719	39532	156.260
2400	66915	194.789	43689	158.069
2600	74082	197.659	47847	159.732
2800	81355	200.355	52004	161.273
3000	88725	202.898	56161	162.707
3200	96187	205.306	60318	164.048
3400	103736	207.593	64475	165.308
3600	111367	209.773	68633	166.497
3800	119077	211.856	72790	167.620
4000	126864	213.851	76947	168.687
4400	142658	217.612	85261	170.668
4800	158730	221.109	93576	172.476
5200	175057	224.379	101890	174.140
5600	191607	227.447	110205	175.681
6000	208332	230.322	118519	177.114

*기준압력은 $\bar{s}(T, P) = \bar{s}^0_T - \bar{R}\ln(P/P_0)$와 연관됨.

(계속)

표 A.9 ▸ 각종 물질의 이상기체 상태량 및 압력 0.1 MPa (1 bar)에서의 엔트로피(몰 기준)* (계속)

	일산화질소(NO) $\bar{h}^0_{f,298}$ = 90 291 kJ/kmol M = 30.006 kg/kmol		이산화질소(NO_2) $\bar{h}^0_{f,298}$ = 33 100 kJ/kmol M = 46.005 kg/kmol	
T K	$(\bar{h} - \bar{h}^0_{298})$ kJ/kmol	$\bar{s}^0_T$ kJ/kmol-K	$(\bar{h} - \bar{h}^0_{298})$ kJ/kmol	$\bar{s}^0_T$ kJ/kmol-K
0	−9192	0	−10186	0
100	−6073	177.031	−6861	202.563
200	−2951	198.747	−3495	225.852
298	0	210.759	0	240.034
300	55	210.943	68	240.263
400	3040	219.529	3927	251.342
500	6059	226.263	8099	260.638
600	9144	231.886	12555	268.755
700	12308	236.762	17250	275.988
800	15548	241.088	22138	282.513
900	18858	244.985	27180	288.450
1000	22229	248.536	32344	293.889
1100	25653	251.799	37606	298.904
1200	29120	254.816	42946	303.551
1300	32626	257.621	48351	307.876
1400	36164	260.243	53808	311.920
1500	39729	262.703	59309	315.715
1600	43319	265.019	64846	319.289
1700	46929	267.208	70414	322.664
1800	50557	269.282	76008	325.861
1900	54201	271.252	81624	328.898
2000	57859	273.128	87259	331.788
2200	65212	276.632	98578	337.182
2400	72606	279.849	109948	342.128
2600	80034	282.822	121358	346.695
2800	87491	285.585	132800	350.934
3000	94973	288.165	144267	354.890
3200	102477	290.587	155756	358.597
3400	110000	292.867	167262	362.085
3600	117541	295.022	178783	365.378
3800	125099	297.065	190316	368.495
4000	132671	299.007	201860	371.456
4400	147857	302.626	224973	376.963
4800	163094	305.940	248114	381.997
5200	178377	308.998	271276	386.632
5600	193703	311.838	294455	390.926
6000	209070	314.488	317648	394.926

*기준압력은 $\bar{s}(T, P) = \bar{s}^0_T - \bar{R}\ln(P/P_0)$와 연관됨.

표 A.10 ▸ 각종 물질의 25°C, 100 kPa에서의 형성 엔탈피 및 절대 엔트로피

물질	화학식	M kg/kmol	상태	$\bar{h}_f^0$ kJ/kmol	$\bar{s}_f^0$ kJ/kmol-K
아세틸렌	C_2H_2	26.038	기체	+226 731	200.958
암모니아	NH_3	17.031	기체	−45 720	192.572
벤젠	C_6H_6	78.114	기체	+82 980	269.562
이산화탄소	CO_2	44.010	기체	−393 522	213.795
탄소(흑연)	C	12.011	고체	0	5.740
일산화탄소	CO	28.011	기체	−110 527	197.653
에탄	C_2H_6	30.070	기체	−84 740	229.597
에텐	C_2H_4	28.054	기체	+52 467	219.330
에탄올	C_2H_5OH	46.069	기체	−235 000	282.444
에탄올	C_2H_5OH	46.069	액체	−277 380	160.554
헵탄	C_7H_{16}	100.205	기체	−187 900	427.805
헥산	C_6H_{14}	86.178	기체	−167 300	387.979
과산화수소	H_2O_2	34.015	기체	−136 106	232.991
메탄	CH_4	16.043	기체	−74 873	186.251
메탄올	CH_3OH	32.042	기체	−201 300	239.709
메탄올	CH_3OH	32.042	액체	−239 220	126.809
n-부탄	C_4H_{10}	58.124	기체	−126 200	306.647
이산화질소	N_2O	44.013	기체	+82 050	219.957
니트로메탄	CH_3NO_2	61.04	액체	−113 100	171.80
n-옥탄	C_8H_{18}	114.232	기체	−208 600	466.514
n-축탄	C_8H_{18}	114.232	액체	−250 105	360.575
오존	O_3	47.998	기체	+142 674	238.932
펜탄	C_5H_{12}	72.151	기체	−146 500	348.945
프로판	C_3H_8	44.094	기체	−103 900	269.917
프로펜	C_3H_6	42.081	기체	+20 430	267.066
황	S	32.06	고체	0	32.056
이산화황	SO_2	64.059	기체	−296 842	248.212
삼산화황	SO_3	80.058	기체	−395 765	256.769
T-T-디젤	$C_{14.4}H_{24.9}$	198.06	액체	−174 000	525.90
물	H_2O	18.015	기체	−241 826	188.834
물	H_2O	18.015	액체	−285 830	69.950

표 A.11 ▸▸ 평형 상수 K의 자연 로그 값

반응 $\nu_A A + \nu_B B \rightleftharpoons \nu_C C + \nu_D D$ 에 대한 평형 상수 K의 정의는 다음과 같다.

$$K = \frac{y_C^{\nu_C} y_D^{\nu_D}}{y_A^{\nu_A} y_B^{\nu_B}} \left(\frac{P}{P^0}\right)^{\nu_C+\nu_D-\nu_A-\nu_B}, P^0 = 0.1 \text{ MPa}$$

온도 K	$H_2 \rightleftharpoons 2H$	$O_2 \rightleftharpoons 2O$	$N_2 \rightleftharpoons 2N$	$2H_2O \rightleftharpoons 2H_2 + O_2$	$2H_2O \rightleftharpoons H_2 + 2OH$	$2CO_2 \rightleftharpoons 2CO + O_2$	$N_2 + O_2 \rightleftharpoons 2NO$	$N_2 + 2O_2 \rightleftharpoons 2NO_2$
298	−164.003	−186.963	−367.528	−184.420	−212.075	−207.529	−69.868	−41.355
500	−92.830	−105.623	−213.405	−105.385	−120.331	−115.234	−40.449	−30.725
1000	−39.810	−45.146	−99.146	−46.321	−51.951	−47.052	−18.709	−23.039
1200	−30.878	−35.003	−80.025	−36.363	−40.467	−35.736	−15.082	−21.752
1400	−24.467	−27.741	−66.345	−29.222	−32.244	−27.679	−12.491	−20.826
1600	−19.638	−22.282	−56.069	−23.849	−26.067	−21.656	−10.547	−20.126
1800	−15.868	−18.028	−48.066	−19.658	−21.258	−16.987	−9.035	−19.577
2000	−12.841	−14.619	−41.655	−16.299	−17.406	−13.266	−7.825	−19.136
2200	−10.356	−11.826	−36.404	−13.546	−14.253	−10.232	−6.836	−18.773
2400	−8.280	−9.495	−32.023	−11.249	−11.625	−7.715	−6.012	−18.470
2600	−6.519	−7.520	−28.313	−9.303	−9.402	−5.594	−5.316	−18.214
2800	−5.005	−5.826	−25.129	−7.633	−7.496	−3.781	−4.720	−17.994
3000	−3.690	−4.356	−22.367	−6.184	−5.845	−2.217	−4.205	−17.805
3200	−2.538	−3.069	−19.947	−4.916	−4.401	−0.853	−3.755	−17.640
3400	−1.519	−1.932	−17.810	−3.795	−3.128	0.346	−3.359	−17.496
3600	−0.611	−0.922	−15.909	−2.799	−1.996	1.408	−3.008	−17.369
3800	0.201	−0.017	−14.205	−1.906	−0.984	2.355	−2.694	−17.257
4000	0.934	0.798	−12.671	−1.101	−0.074	3.204	−2.413	−17.157
4500	2.483	2.520	−9.423	0.602	1.847	4.985	−1.824	−16.953
5000	3.724	3.898	−6.816	1.972	3.383	6.397	−1.358	−16.797
5500	4.739	5.027	−4.672	3.098	4.639	7.542	−0.980	−16.678
6000	5.587	5.969	−2.876	4.040	5.684	8.488	−0.671	−16.588

출처: Consistent with thermodynamic data in *JANAF Thermochemical Tables*, third edition, Thermal Group, Dow Chemical U.S.A., Midland, MI, 1985.

B

SI 단위계: 열역학표

SI Units: Thermodynamic Tables

표 B.1 » 물의 열역학 상태량 기준점: $u_f = 0$, $s_f = 0$ (0.01°C 포화 액체 상태에서)

표 B.1.1 » 물의 포화 상태량: 온도 기준 (계속)

		비체적, m^3/kg			내부 에너지, kJ/kg		
온도 (°C)	압력 (kPa)	포화 액체 v_f	증발 v_{fg}	포화 증기 v_g	포화 액체 u_f	증발 u_{fg}	포화 증기 u_g
0.01	0.6113	0.001000	206.131	206.132	0	2375.33	2375.33
5	0.8721	0.001000	147.117	147.118	20.97	2361.27	2382.24
10	1.2276	0.001000	106.376	106.377	41.99	2347.16	2389.15
15	1.705	0.001001	77.924	77.925	62.98	2333.06	2396.04
20	2.339	0.001002	57.7887	57.7897	83.94	2318.98	2402.91
25	3.169	0.001003	43.3583	43.3593	104.86	2304.90	2409.76
30	4.246	0.001004	32.8922	32.8932	125.77	2290.81	2416.58
35	5.628	0.001006	25.2148	25.2158	146.65	2276.71	2423.36
40	7.384	0.001008	19.5219	19.5229	167.53	2262.57	2430.11
45	9.593	0.001010	15.2571	15.2581	188.41	2248.40	2436.81
50	12.350	0.001012	12.0308	12.0318	209.30	2234.17	2443.47
55	15.758	0.001015	9.56734	9.56835	230.19	2219.89	2450.08
60	19.941	0.001017	7.66969	7.67071	251.09	2205.54	2456.63
65	25.03	0.001020	6.19554	6.19656	272.00	2191.12	2463.12
70	31.19	0.001023	5.04114	5.04217	292.93	2176.62	2469.55
75	38.58	0.001026	4.13021	4.13123	313.87	2162.03	2475.91
80	47.39	0.001029	3.40612	3.40715	334.84	2147.36	2482.19
85	57.83	0.001032	2.82654	2.82757	355.82	2132.58	2488.40
90	70.14	0.001036	2.35953	2.36056	376.82	2117.70	2494.52
95	84.55	0.001040	1.98082	1.98186	397.86	2102.70	2500.56
100	101.3	0.001044	1.67185	1.67290	418.91	2087.58	2506.50
105	120.8	0.001047	1.41831	1.41936	440.00	2072.34	2512.34
110	143.3	0.001052	1.20909	1.21014	461.12	2056.96	2518.09
115	169.1	0.001056	1.03552	1.03658	482.28	2041.44	2523.72
120	198.5	0.001060	0.89080	0.89186	503.48	2025.76	2529.24
125	232.1	0.001065	0.76953	0.77059	524.72	2009.91	2534.63
130	270.1	0.001070	0.66744	0.66850	546.00	1993.90	2539.90
135	313.0	0.001075	0.58110	0.58217	567.34	1977.69	2545.03
140	361.3	0.001080	0.50777	0.50885	588.72	1961.30	2550.02
145	415.4	0.001085	0.44524	0.44632	610.16	1944.69	2554.86
150	475.9	0.001090	0.39169	0.39278	631.66	1927.87	2559.54
155	543.1	0.001096	0.34566	0.34676	653.23	1910.82	2564.04
160	617.8	0.001102	0.30596	0.30706	674.85	1893.52	2568.37
165	700.5	0.001108	0.27158	0.27269	696.55	1875.97	2572.51
170	791.7	0.001114	0.24171	0.24283	718.31	1858.14	2576.46
175	892.0	0.001121	0.21568	0.21680	740.16	1840.03	2580.19
180	1002.2	0.001127	0.19292	0.19405	762.08	1821.62	2583.70
185	1122.7	0.001134	0.17295	0.17409	784.08	1802.90	2586.98
190	1254.4	0.001141	0.15539	0.15654	806.17	1783.84	2590.01

(계속)

표 B.1.1 » 물의 포화 상태량: 온도 기준 (계속)

		엔탈피, kJ/kg			엔트로피, kJ/kg-K		
온도 (°C)	압력 (kPa)	포화 액체 h_f	증발 h_{fg}	포화 증기 h_g	포화 액체 s_f	증발 s_{fg}	포화 증기 s_g
0.01	0.6113	0.00	2501.35	2501.35	0	9.1562	9.1562
5	0.8721	20.98	2489.57	2510.54	0.0761	8.9496	9.0257
10	1.2276	41.99	2477.75	2519.74	0.1510	8.7498	8.9007
15	1.705	62.98	2465.93	2528.91	0.2245	8.5569	8.7813
20	2.339	83.94	2454.12	2538.06	0.2966	8.3706	8.6671
25	3.169	104.87	2442.30	2547.17	0.3673	8.1905	8.5579
30	4.246	125.77	2430.48	2556.25	0.4369	8.0164	8.4533
35	5.628	146.66	2418.62	2565.28	0.5052	7.8478	8.3530
40	7.384	167.54	2406.72	2574.26	0.5724	7.6845	8.2569
45	9.593	188.42	2394.77	2583.19	0.6386	7.5261	8.1647
50	12.350	209.31	2382.75	2592.06	0.7037	7.3725	8.0762
55	15.758	230.20	2370.66	2600.86	0.7679	7.2234	7.9912
60	19.941	251.11	2358.48	2609.59	0.8311	7.0784	7.9095
65	25.03	272.03	2346.21	2618.24	0.8934	6.9375	7.8309
70	31.19	292.96	2333.85	2626.80	0.9548	6.8004	7.7552
75	38.58	313.91	2321.37	2635.28	1.0154	6.6670	7.6824
80	47.39	334.88	2308.77	2643.66	1.0752	6.5369	7.6121
85	57.83	355.88	2296.05	2651.93	1.1342	6.4102	7.5444
90	70.14	376.90	2283.19	2660.09	1.1924	6.2866	7.4790
95	84.55	397.94	2270.19	2668.13	1.2500	6.1659	7.4158
100	101.3	419.02	2257.03	2676.05	1.3068	6.0480	7.3548
105	120.8	440.13	2243.70	2683.83	1.3629	5.9328	7.2958
110	143.3	461.27	2230.20	2691.47	1.4184	5.8202	7.2386
115	169.1	482.46	2216.50	2698.96	1.4733	5.7100	7.1832
120	198.5	503.69	2202.61	2706.30	1.5275	5.6020	7.1295
125	232.1	524.96	2188.50	2713.46	1.5812	5.4962	7.0774
130	270.1	546.29	2174.16	2720.46	1.6343	5.3925	7.0269
135	313.0	567.67	2159.59	2727.26	1.6869	5.2907	6.9777
140	361.3	589.11	2144.75	2733.87	1.7390	5.1908	6.9298
145	415.4	610.61	2129.65	2740.26	1.7906	5.0926	6.8832
150	475.9	632.18	2114.26	2746.44	1.8417	4.9960	6.8378
155	543.1	653.82	2098.56	2752.39	1.8924	4.9010	6.7934
160	617.8	675.53	2082.55	2758.09	1.9426	4.8075	6.7501
165	700.5	697.32	2066.20	2763.53	1.9924	4.7153	6.7078
170	791.7	719.20	2049.50	2768.70	2.0418	4.6244	6.6663
175	892.0	741.16	2032.42	2773.58	2.0909	4.5347	6.6256
180	1002.2	763.21	2014.96	2778.16	2.1395	4.4461	6.5857
185	1122.7	785.36	1997.07	2782.43	2.1878	4.3586	6.5464
190	1254.4	807.61	1978.76	2786.37	2.2358	4.2720	6.5078

(계속)

표 B.1.1 » 물의 포화 상태량: 온도 기준 (계속)

온도 (°C)	압력 (kPa)	비체적, m^3/kg 포화 액체 v_f	증발 v_{fg}	포화 증기 v_g	내부 에너지, kJ/kg 포화 액체 u_f	증발 u_{fg}	포화 증기 u_g
195	1397.8	0.001149	0.13990	0.14105	828.36	1764.43	2592.79
200	1553.8	0.001156	0.12620	0.12736	850.64	1744.66	2595.29
205	1723.0	0.001164	0.11405	0.11521	873.02	1724.49	2597.52
210	1906.3	0.001173	0.10324	0.10441	895.51	1703.93	2599.44
215	2104.2	0.001181	0.09361	0.09479	918.12	1682.94	2601.06
220	2317.8	0.001190	0.08500	0.08619	940.85	1661.49	2602.35
225	2547.7	0.001199	0.07729	0.07849	963.72	1639.58	2603.30
230	2794.9	0.001209	0.07037	0.07158	986.72	1617.17	2603.89
235	3060.1	0.001219	0.06415	0.06536	1009.88	1594.24	2604.11
240	3344.2	0.001229	0.05853	0.05976	1033.19	1570.75	2603.95
245	3648.2	0.001240	0.05346	0.05470	1056.69	1546.68	2603.37
250	3973.0	0.001251	0.04887	0.05013	1080.37	1522.00	2602.37
255	4319.5	0.001263	0.04471	0.04598	1104.26	1496.66	2600.93
260	4688.6	0.001276	0.04093	0.04220	1128.37	1470.64	2599.01
265	5081.3	0.001289	0.03748	0.03877	1152.72	1443.87	2596.60
270	5498.7	0.001302	0.03434	0.03564	1177.33	1416.33	2593.66
275	5941.8	0.001317	0.03147	0.03279	1202.23	1387.94	2590.17
280	6411.7	0.001332	0.02884	0.03017	1227.43	1358.66	2586.09
285	6909.4	0.001348	0.02642	0.02777	1252.98	1328.41	2581.38
290	7436.0	0.001366	0.02420	0.02557	1278.89	1297.11	2575.99
295	7992.8	0.001384	0.02216	0.02354	1305.21	1264.67	2569.87
300	8581.0	0.001404	0.02027	0.02167	1331.97	1230.99	2562.96
305	9201.8	0.001425	0.01852	0.01995	1359.22	1195.94	2555.16
310	9856.6	0.001447	0.01690	0.01835	1387.03	1159.37	2546.40
315	10547	0.001472	0.01539	0.01687	1415.44	1121.11	2536.55
320	11274	0.001499	0.01399	0.01549	1444.55	1080.93	2525.48
325	12040	0.001528	0.01267	0.01420	1474.44	1038.57	2513.01
330	12845	0.001561	0.01144	0.01300	1505.24	993.66	2498.91
335	13694	0.001597	0.01027	0.01186	1537.11	945.77	2482.88
340	14586	0.001638	0.00916	0.01080	1570.26	894.26	2464.53
345	15525	0.001685	0.00810	0.00978	1605.01	838.29	2443.30
350	16514	0.001740	0.00707	0.00881	1641.81	776.58	2418.39
355	17554	0.001807	0.00607	0.00787	1681.41	707.11	2388.52
360	18651	0.001892	0.00505	0.00694	1725.19	626.29	2351.47
365	19807	0.002011	0.00398	0.00599	1776.13	526.54	2302.67
370	21028	0.002213	0.00271	0.00493	1843.84	384.69	2228.53
374.1	22089	0.003155	0	0.00315	2029.58	0	2029.58

(계속)

표 B.1.1 ▸ 물의 포화 상태량: 온도 기준 (계속)

온도 (°C)	압력 (kPa)	엔탈피, kJ/kg 포화 액체 h_f	증발 h_{fg}	포화 증기 h_g	엔트로피, kJ/kg-K 포화 액체 s_f	증발 s_{fg}	포화 증기 s_g
195	1397.8	829.96	1959.99	2789.96	2.2835	4.1863	6.4697
200	1553.8	852.43	1940.75	2793.18	2.3308	4.1014	6.4322
205	1723.0	875.03	1921.00	2796.03	2.3779	4.0172	6.3951
210	1906.3	897.75	1900.73	2798.48	2.4247	3.9337	6.3584
215	2104.2	920.61	1879.91	2800.51	2.4713	3.8507	6.3221
220	2317.8	943.61	1858.51	2802.12	2.5177	3.7683	6.2860
225	2547.7	966.77	1836.50	2803.27	2.5639	3.6863	6.2502
230	2794.9	990.10	1813.85	2803.95	2.6099	3.6047	6.2146
235	3060.1	1013.61	1790.53	2804.13	2.6557	3.5233	6.1791
240	3344.2	1037.31	1766.50	2803.81	2.7015	3.4422	6.1436
245	3648.2	1061.21	1741.73	2802.95	2.7471	3.3612	6.1083
250	3973.0	1085.34	1716.18	2801.52	2.7927	3.2802	6.0729
255	4319.5	1109.72	1689.80	2799.51	2.8382	3.1992	6.0374
260	4688.6	1134.35	1662.54	2796.89	2.8837	3.1181	6.0018
265	5081.3	1159.27	1634.34	2793.61	2.9293	3.0368	5.9661
270	5498.7	1184.49	1605.16	2789.65	2.9750	2.9551	5.9301
275	5941.8	1210.05	1574.92	2784.97	3.0208	2.8730	5.8937
280	6411.7	1235.97	1543.55	2779.53	3.0667	2.7903	5.8570
285	6909.4	1262.29	1510.97	2773.27	3.1129	2.7069	5.8198
290	7436.0	1289.04	1477.08	2766.13	3.1593	2.6227	5.7821
295	7992.8	1316.27	1441.78	2758.05	3.2061	2.5375	5.7436
300	8581.0	1344.01	1404.93	2748.94	3.2533	2.4511	5.7044
305	9201.8	1372.33	1366.38	2738.72	3.3009	2.3633	5.6642
310	9856.6	1401.29	1325.97	2727.27	3.3492	2.2737	5.6229
315	10547	1430.97	1283.48	2714.44	3.3981	2.1821	5.5803
320	11274	1461.45	1238.64	2700.08	3.4479	2.0882	5.5361
325	12040	1492.84	1191.13	2683.97	3.4987	1.9913	5.4900
330	12845	1525.29	1140.56	2665.85	3.5506	1.8909	5.4416
335	13694	1558.98	1086.37	2645.35	3.6040	1.7863	5.3903
340	14586	1594.15	1027.86	2622.01	3.6593	1.6763	5.3356
345	15525	1631.17	964.02	2595.19	3.7169	1.5594	5.2763
350	16514	1670.54	893.38	2563.92	3.7776	1.4336	5.2111
355	17554	1713.13	813.59	2526.72	3.8427	1.2951	5.1378
360	18651	1760.48	720.52	2481.00	3.9146	1.1379	5.0525
365	19807	1815.96	605.44	2421.40	3.9983	0.9487	4.9470
370	21028	1890.37	441.75	2332.12	4.1104	0.6868	4.7972
374.1	22089	2099.26	0	2099.26	4.4297	0	4.4297

표 B.1.2 ▸ 물의 포화 상태량: 압력 기준 (계속)

압력 (kPa)	온도 (°C)	비체적, m³/kg 포화 액체 v_f	증발 v_{fg}	포화 증기 v_g	내부 에너지, kJ/kg 포화 액체 u_f	증발 u_{fg}	포화 증기 u_g
0.6113	0.01	0.001000	206.131	206.132	0	2375.3	2375.3
1	6.98	0.001000	129.20702	129.20802	29.29	2355.69	2384.98
1.5	13.03	0.001001	87.97913	87.98013	54.70	2338.63	2393.32
2	17.50	0.001001	67.00285	67.00385	73.47	2326.02	2399.48
2.5	21.08	0.001002	54.25285	54.25385	88.47	2315.93	2404.40
3	24.08	0.001003	45.66402	45.66502	101.03	2307.48	2408.51
4	28.96	0.001004	34.79915	34.80015	121.44	2293.73	2415.17
5	32.88	0.001005	28.19150	28.19251	137.79	2282.70	2420.49
7.5	40.29	0.001008	19.23674	19.23775	168.76	2261.74	2430.50
10	45.81	0.001010	14.67254	14.67355	191.79	2246.10	2437.89
15	53.97	0.001014	10.02117	10.02218	225.90	2222.83	2448.73
20	60.06	0.001017	7.64835	7.64937	251.35	2205.36	2456.71
25	64.97	0.001020	6.20322	6.20424	271.88	2191.21	2463.08
30	69.10	0.001022	5.22816	5.22918	289.18	2179.22	2468.40
40	75.87	0.001026	3.99243	3.99345	317.51	2159.49	2477.00
50	81.33	0.001030	3.23931	3.24034	340.42	2143.43	2483.85
75	91.77	0.001037	2.21607	2.21711	394.29	2112.39	2496.67
100	99.62	0.001043	1.69296	1.69400	417.33	2088.72	2506.06
125	105.99	0.001048	1.37385	1.37490	444.16	2069.32	2513.48
150	111.37	0.001053	1.15828	1.15933	466.92	2052.72	2519.64
175	116.06	0.001057	1.00257	1.00363	486.78	2038.12	2524.90
200	120.23	0.001061	0.88467	0.88573	504.47	2025.02	2529.49
225	124.00	0.001064	0.79219	0.79325	520.45	2013.10	2533.56
250	127.43	0.001067	0.71765	0.71871	535.08	2002.14	2537.21
275	130.60	0.001070	0.65624	0.65731	548.57	1991.95	2540.53
300	133.55	0.001073	0.60475	0.60582	561.13	1982.43	2543.55
325	136.30	0.001076	0.56093	0.56201	572.88	1973.46	2546.34
350	138.88	0.001079	0.52317	0.52425	583.93	1964.98	2548.92
375	141.32	0.001081	0.49029	0.49137	594.38	1956.93	2551.31
400	143.63	0.001084	0.46138	0.46246	604.29	1949.26	2553.55
450	147.93	0.001088	0.41289	0.41398	622.75	1934.87	2557.62
500	151.86	0.001093	0.37380	0.37489	639.66	1921.57	2561.23
550	155.48	0.001097	0.34159	0.34268	655.30	1909.17	2564.47
600	158.85	0.001101	0.31457	0.31567	669.88	1897.52	2567.40
650	162.01	0.001104	0.29158	0.29268	683.55	1886.51	2570.06
700	164.97	0.001108	0.27176	0.27286	696.43	1876.07	2572.49
750	167.77	0.001111	0.25449	0.25560	708.62	1866.11	2574.73
800	170.43	0.001115	0.23931	0.24043	720.20	1856.58	2576.79

(계속)

표 B.1.2 » 물의 포화 상태량: 압력 기준 (계속)

		엔탈피, kJ/kg			엔트로피, kJ/kg-K		
압력 (kPa)	온도 (°C)	포화 액체 h_f	증발 h_{fg}	포화 증기 h_g	포화 액체 s_f	증발 s_{fg}	포화 증기 s_g
0.6113	0.01	0.00	2501.3	2501.3	0	9.1562	9.1562
1.0	6.98	29.29	2484.89	2514.18	0.1059	8.8697	8.9756
1.5	13.03	54.70	2470.59	2525.30	0.1956	8.6322	8.8278
2.0	17.50	73.47	2460.02	2533.49	0.2607	8.4629	8.7236
2.5	21.08	88.47	2451.56	2540.03	0.3120	8.3311	8.6431
3.0	24.08	101.03	2444.47	2545.50	0.3545	8.2231	8.5775
4.0	28.96	121.44	2432.93	2554.37	0.4226	8.0520	8.4746
5.0	32.88	137.79	2423.66	2561.45	0.4763	7.9187	8.3950
7.5	40.29	168.77	2406.02	2574.79	0.5763	7.6751	8.2514
10	45.81	191.81	2392.82	2584.63	0.6492	7.5010	8.1501
15	53.97	225.91	2373.14	2599.06	0.7548	7.2536	8.0084
20	60.06	251.38	2358.33	2609.70	0.8319	7.0766	7.9085
25	64.97	271.90	2346.29	2618.19	0.8930	6.9383	7.8313
30	69.10	289.21	2336.07	2625.28	0.9439	6.8247	7.7686
40	75.87	317.55	2319.19	2636.74	1.0258	6.6441	7.6700
50	81.33	340.47	2305.40	2645.87	1.0910	6.5029	7.5939
75	91.77	384.36	2278.59	2662.96	1.2129	6.2434	7.4563
100	99.62	417.44	2258.02	2675.46	1.3025	6.0568	7.3593
125	105.99	444.30	2241.05	2685.35	1.3739	5.9104	7.2843
150	111.37	467.08	2226.46	2693.54	1.4335	5.7897	7.2232
175	116.06	486.97	2213.57	2700.53	1.4848	5.6868	7.1717
200	120.23	504.68	2201.96	2706.63	1.5300	5.5970	7.1271
225	124.00	520.69	2191.35	2712.04	1.5705	5.5173	7.0878
250	127.43	535.34	2181.55	2716.89	1.6072	5.4455	7.0526
275	130.60	548.87	2172.42	2721.29	1.6407	5.3801	7.0208
300	133.55	561.45	2163.85	2725.30	1.6717	5.3201	6.9918
325	136.30	573.23	2155.76	2728.99	1.7005	5.2646	6.9651
350	138.88	584.31	2148.10	2732.40	1.7274	5.2130	6.9404
375	141.32	594.79	2140.79	2735.58	1.7527	5.1647	6.9174
400	143.63	604.73	2133.81	2738.53	1.7766	5.1193	6.8958
450	147.93	623.24	2120.67	2743.91	1.8206	5.0359	6.8565
500	151.86	640.21	2108.47	2748.67	1.8606	4.9606	6.8212
550	155.48	655.91	2097.04	2752.94	1.8972	4.8920	6.7892
600	158.85	670.54	2086.26	2756.80	1.9311	4.8289	6.7600
650	162.01	684.26	2076.04	2760.30	1.9627	4.7704	6.7330
700	164.97	697.20	2066.30	2763.50	1.9922	4.7158	6.7080
750	167.77	709.45	2056.98	2766.43	2.0199	4.6647	6.6846
800	170.43	721.10	2048.04	2769.13	2.0461	4.6166	6.6627

(계속)

표 B.1.2 » 물의 포화 상태량: 압력 기준 (계속)

압력 (kPa)	온도 (°C)	비체적, m^3/kg 포화 액체 v_f	증발 v_{fg}	포화 증기 v_g	내부 에너지, kJ/kg 포화 액체 u_f	증발 u_{fg}	포화 증기 u_g
850	172.96	0.001118	0.22586	0.22698	731.25	1847.45	2578.69
900	175.38	0.001121	0.21385	0.21497	741.81	1838.65	2580.46
950	177.69	0.001124	0.20306	0.20419	751.94	1830.17	2582.11
1000	179.91	0.001127	0.19332	0.19444	761.67	1821.97	2583.64
1100	184.09	0.001133	0.17639	0.17753	780.08	1806.32	2586.40
1200	187.99	0.001139	0.16220	0.16333	797.27	1791.55	2588.82
1300	191.64	0.001144	0.15011	0.15125	813.42	1777.53	2590.95
1400	195.07	0.001149	0.13969	0.14084	828.68	1764.15	2592.83
1500	198.32	0.001154	0.13062	0.13177	843.14	1751.3	2594.5
1750	205.76	0.001166	0.11232	0.11349	876.44	1721.39	2597.83
2000	212.42	0.001177	0.09845	0.09963	906.42	1693.84	2600.26
2250	218.45	0.001187	0.08756	0.08875	933.81	1668.18	2601.98
2500	223.99	0.001197	0.07878	0.07998	959.09	1644.04	2603.13
2750	229.12	0.001207	0.07154	0.07275	982.65	1621.16	2603.81
3000	233.90	0.001216	0.06546	0.06668	1004.76	1599.34	2604.10
3250	238.38	0.001226	0.06029	0.06152	1025.62	1578.43	2604.04
3500	242.60	0.001235	0.05583	0.05707	1045.41	1558.29	2603.70
4000	250.40	0.001252	0.04853	0.04978	1082.28	1519.99	2602.27
5000	263.99	0.001286	0.03815	0.03944	1147.78	1449.34	2597.12
6000	275.64	0.001319	0.03112	0.03244	1205.41	1384.27	2589.69
7000	285.88	0.001351	0.02602	0.02737	1257.51	1322.97	2580.48
8000	295.06	0.001384	0.02213	0.02352	1305.54	1264.25	2569.79
9000	303.40	0.001418	0.01907	0.02048	1350.47	1207.28	2557.75
10000	311.06	0.001452	0.01657	0.01803	1393.00	1151.40	2544.41
11000	318.15	0.001489	0.01450	0.01599	1433.68	1096.06	2529.74
12000	324.75	0.001527	0.01274	0.01426	1472.92	1040.76	2513.67
13000	330.93	0.001567	0.01121	0.01278	1511.09	984.99	2496.08
14000	336.75	0.001611	0.00987	0.01149	1548.53	928.23	2476.76
15000	342.24	0.001658	0.00868	0.01034	1585.58	869.85	2455.43
16000	347.43	0.001711	0.00760	0.00931	1622.63	809.07	2431.70
17000	352.37	0.001770	0.00659	0.00836	1660.16	744.80	2404.96
18000	357.06	0.001840	0.00565	0.00749	1698.86	675.42	2374.28
19000	361.54	0.001924	0.00473	0.00666	1739.87	598.18	2338.05
20000	365.81	0.002035	0.00380	0.00583	1785.47	507.58	2293.05
21000	369.89	0.002206	0.00275	0.00495	1841.97	388.74	2230.71
22000	373.80	0.002808	0.00072	0.00353	1973.16	108.24	2081.39
22089	374.14	0.003155	0	0.00315	2029.58	0	2029.58

(계속)

표 B.1.2 ▸▸ 물의 포화 상태량: 압력 기준 (계속)

압력 (kPa)	온도 (°C)	엔탈피, kJ/kg 포화 액체 h_f	증발 h_{fg}	포화 증기 h_g	엔트로피, kJ/kg-K 포화 액체 s_f	증발 s_{fg}	포화 증기 s_g
850	172.96	732.20	2039.43	2771.63	2.0709	4.5711	6.6421
900	175.38	742.82	2031.12	2773.94	2.0946	4.5280	6.6225
950	177.69	753.00	2023.08	2776.08	2.1171	4.4869	6.6040
1000	179.91	762.79	2015.29	2778.08	2.1386	4.4478	6.5864
1100	184.09	781.32	2000.36	2781.68	2.1791	4.3744	6.5535
1200	187.99	798.64	1986.19	2784.82	2.2165	4.3067	6.5233
1300	191.64	814.91	1972.67	2787.58	2.2514	4.2438	6.4953
1400	195.07	830.29	1959.72	2790.00	2.2842	4.1850	6.4692
1500	198.32	844.87	1947.28	2792.15	2.3150	4.1298	6.4448
1750	205.76	878.48	1917.95	2796.43	2.3851	4.0044	6.3895
2000	212.42	908.77	1890.74	2799.51	2.4473	3.8935	6.3408
2250	218.45	936.48	1865.19	2801.67	2.5034	3.7938	6.2971
2500	223.99	962.09	1840.98	2803.07	2.5546	3.7028	6.2574
2750	229.12	985.97	1817.89	2803.86	2.6018	3.6190	6.2208
3000	233.90	1008.41	1795.73	2804.14	2.6456	3.5412	6.1869
3250	238.38	1029.60	1774.37	2803.97	2.6866	3.4685	6.1551
3500	242.60	1049.73	1753.70	2803.43	2.7252	3.4000	6.1252
4000	250.40	1087.29	1714.09	2801.38	2.7963	3.2737	6.0700
5000	263.99	1154.21	1640.12	2794.33	2.9201	3.0532	5.9733
6000	275.64	1213.32	1571.00	2784.33	3.0266	2.8625	5.8891
7000	285.88	1266.97	1505.10	2772.07	3.1210	2.6922	5.8132
8000	295.06	1316.61	1441.33	2757.94	3.2067	2.5365	5.7431
9000	303.40	1363.23	1378.88	2742.11	3.2857	2.3915	5.6771
10000	311.06	1407.53	1317.14	2724.67	3.3595	2.2545	5.6140
11000	318.15	1450.05	1255.55	2705.60	3.4294	2.1233	5.5527
12000	324.75	1491.24	1193.59	2684.83	3.4961	1.9962	5.4923
13000	330.93	1531.46	1130.76	2662.22	3.5604	1.8718	5.4323
14000	336.75	1571.08	1066.47	2637.55	3.6231	1.7485	5.3716
15000	342.24	1610.45	1000.04	2610.49	3.6847	1.6250	5.3097
16000	347.43	1650.00	930.59	2580.59	3.7460	1.4995	5.2454
17000	352.37	1690.25	856.90	2547.15	3.8078	1.3698	5.1776
18000	357.06	1731.97	777.13	2509.09	3.8713	1.2330	5.1044
19000	361.54	1776.43	688.11	2464.54	3.9387	1.0841	5.0227
20000	365.81	1826.18	583.56	2409.74	4.0137	0.9132	4.9269
21000	369.89	1888.30	446.42	2334.72	4.1073	0.6942	4.8015
22000	373.80	2034.92	124.04	2158.97	4.3307	0.1917	4.5224
22089	374.14	2099.26	0	2099.26	4.4297	0	4.4297

표 B.1.3 ▸▸ 물의 과열 증기 상태량 (계속)

온도 (°C)	v (m³/kg)	u (kJ/kg)	h (kJ/kg)	s (kJ/kg-K)	v (m³/kg)	u (kJ/kg)	h (kJ/kg)	s (kJ/kg-K)
	P = 10 kPa (45.81°C)				P = 50 kPa (81.33°C)			
Sat.	14.67355	2437.89	2584.63	8.1501	3.24034	2483.85	2645.87	7.5939
50	14.86920	2443.87	2592.56	8.1749	—	—	—	—
100	17.19561	2515.50	2687.46	8.4479	3.41833	2511.61	2682.52	7.6947
150	19.51251	2587.86	2782.99	8.6881	3.88937	2585.61	2780.08	7.9400
200	21.82507	2661.27	2879.52	8.9037	4.35595	2659.85	2877.64	8.1579
250	24.13559	2735.95	2977.31	9.1002	4.82045	2734.97	2975.99	8.3555
300	26.44508	2812.06	3076.51	9.2812	5.28391	2811.33	3075.52	8.5372
400	31.06252	2968.89	3279.51	9.6076	6.20929	2968.43	3278.89	8.8641
500	35.67896	3132.26	3489.05	9.8977	7.13364	3131.94	3488.62	9.1545
600	40.29488	3302.45	3705.40	10.1608	8.05748	3302.22	3705.10	9.4177
700	44.91052	3479.63	3928.73	10.4028	8.98104	3479.45	3928.51	9.6599
800	49.52599	3663.84	4159.10	10.6281	9.90444	3663.70	4158.92	9.8852
900	54.14137	3855.03	4396.44	10.8395	10.82773	3854.91	4396.30	10.0967
1000	58.75669	4053.01	4640.58	11.0392	11.75097	4052.91	4640.46	10.2964
1100	63.37198	4257.47	4891.19	11.2287	12.67418	4257.37	4891.08	10.4858
1200	67.98724	4467.91	5147.78	11.4090	13.59737	4467.82	5147.69	10.6662
1300	72.60250	4683.68	5409.70	14.5810	14.52054	4683.58	5409.61	10.8382
	100 kPa (99.62°C)				200 kPa (120.23°C)			
Sat.	1.69400	2506.06	2675.46	7.3593	0.88573	2529.49	2706.63	7.1271
150	1.93636	2582.75	2776.38	7.6133	0.95964	2576.87	2768.80	7.2795
200	2.17226	2658.05	2875.27	7.8342	1.08034	2654.39	2870.46	7.5066
250	2.40604	2733.73	2974.33	8.0332	1.19880	2731.22	2970.98	7.7085
300	2.63876	2810.41	3074.28	8.2157	1.31616	2808.55	3071.79	7.8926
400	3.10263	2967.85	3278.11	8.5434	1.54930	2966.69	3276.55	8.2217
500	3.56547	3131.54	3488.09	8.8341	1.78139	3130.75	3487.03	8.5132
600	4.02781	3301.94	3704.72	9.0975	2.01297	3301.36	3703.96	8.7769
700	4.48986	3479.24	3928.23	9.3398	2.24426	3478.81	3927.66	9.0194
800	4.95174	3663.53	4158.71	9.5652	2.47539	3663.19	4158.27	9.2450
900	5.41353	3854.77	4396.12	9.7767	2.70643	3854.49	4395.77	9.4565
1000	5.87526	4052.78	4640.31	9.9764	2.93740	4052.53	4640.01	9.6563
1100	6.33696	4257.25	4890.95	10.1658	3.16834	4257.01	4890.68	9.8458
1200	6.79863	4467.70	5147.56	10.3462	3.39927	4467.46	5147.32	10.0262
1300	7.26030	4683.47	5409.49	10.5182	3.63018	4683.23	5409.26	10.1982
	300 kPa (133.55°C)				400 kPa (143.63°C)			
Sat.	0.60582	2543.55	2725.30	6.9918	0.46246	2553.55	2738.53	6.8958
150	0.63388	2570.79	2760.95	7.0778	0.47084	2564.48	2752.82	6.9299
200	0.71629	2650.65	2865.54	7.3115	0.53422	2646.83	2860.51	7.1706

(계속)

표 B.1.3 ▸ 물의 과열 증기 상태량 (계속)

온도 (°C)	v (m³/kg)	u (kJ/kg)	h (kJ/kg)	s (kJ/kg-K)	v (m³/kg)	u (kJ/kg)	h (kJ/kg)	s (kJ/kg-K)
	300 kPa (133.55°C)				400 kPa (143.63°C)			
250	0.79636	2728.69	2967.59	7.5165	0.59512	2726.11	2964.16	7.3788
300	0.87529	2806.69	3069.28	7.7022	0.65484	2804.81	3066.75	7.5661
400	1.03151	2965.53	3274.98	8.0329	0.77262	2964.36	3273.41	7.8984
500	1.18669	3129.95	3485.96	8.3250	0.88934	3129.15	3484.89	8.1912
600	1.34136	3300.79	3703.20	8.5892	1.00555	3300.22	3702.44	8.4557
700	1.49573	3478.38	3927.10	8.8319	1.12147	3477.95	3926.53	8.6987
800	1.64994	3662.85	4157.83	9.0575	1.23722	3662.51	4157.40	8.9244
900	1.80406	3854.20	4395.42	9.2691	1.35288	3853.91	4395.06	9.1361
1000	1.95812	4052.27	4639.71	9.4689	1.46847	4052.02	4639.41	9.3360
1100	2.11214	4256.77	4890.41	9.6585	1.58404	4256.53	4890.15	9.5255
1200	2.26614	4467.23	5147.07	9.8389	1.69958	4466.99	5146.83	9.7059
1300	2.42013	4682.99	5409.03	10.0109	1.81511	4682.75	5408.80	9.8780
	500 kPa (15 1.86°C)				600 kPa (158.85°C)			
Sat.	0.37489	2561.23	2748.67	6.8212	0.31567	2567.40	2756.80	6.7600
200	0.42492	2642.91	2855.37	7.0592	0.35202	2638.91	2850.12	6.9665
250	0.47436	2723.50	2960.68	7.2708	0.39383	2720.86	2957.16	7.1816
300	0.52256	2802.91	3064.20	7.4598	0.43437	2801.00	3061.63	7.3723
350	0.57012	2882.59	3167.65	7.6328	0.47424	2881.12	3165.66	7.5463
400	0.61728	2963.19	3271.83	7.7937	0.51372	2962.02	3270.25	7.7078
500	0.71093	3128.35	3483.82	8.0872	0.59199	3127.55	3482.75	8.0020
600	0.80406	3299.64	3701.67	8.3521	0.66974	3299.07	3700.91	8.2673
700	0.89691	3477.52	3925.97	8.5952	0.74720	3477.08	3925.41	8.5107
800	0.98959	3662.17	4156.96	8.8211	0.82450	3661.83	4156.52	8.7367
900	1.08217	3853.63	4394.71	9.0329	0.90169	3853.34	4394.36	8.9485
1000	1.17469	4051.76	4639.11	9.2328	0.97883	4051.51	4638.81	9.1484
1100	1.26718	4256.29	4889.88	9.4224	1.05594	4256.05	4889.61	9.3381
1200	1.35964	4466.76	5146.58	9.6028	1.13302	4466.52	5146.34	9.5185
1300	1.45210	4682.52	5408.57	9.7749	1.21009	4682.28	5408.34	9.6906
	800 kPa (170.43°C)				1000 kPa (179.91°C)			
Sat.	0.24043	2576.79	2769.13	6.6627	0.19444	2583.64	2778.08	6.5864
200	0.26080	2630.61	2839.25	6.8158	0.20596	2621.90	2827.86	6.6939
250	0.29314	2715.46	2949.97	7.0384	0.23268	2709.91	2942.59	6.9246
300	0.32411	2797.14	3056.43	7.2327	0.25794	2793.21	3051.15	7.1228
350	0.35439	2878.16	3161.68	7.4088	0.28247	2875.18	3157.65	7.3010
400	0.38426	2959.66	3267.07	7.5715	0.30659	2957.29	3263.88	7.4650
500	0.44331	3125.95	3480.60	7.8672	0.35411	3124.34	3478.44	7.7621
600	0.50184	3297.91	3699.38	8.1332	0.40109	3296.76	3697.85	8.0289

(계속)

표 B.1.3 ▸ 물의 과열 증기 상태량 (계속)

온도 (°C)	*v* (m³/kg)	*u* (kJ/kg)	*h* (kJ/kg)	*s* (kJ/kg-K)	*v* (m³/kg)	*u* (kJ/kg)	*h* (kJ/kg)	*s* (kJ/kg-K)
	800 kPa (170.43°C)				1000 kPa (179.91°C)			
700	0.56007	3476.22	3924.27	8.3770	0.44779	3475.35	3923.14	8.2731
800	0.61813	3661.14	4155.65	8.6033	0.49432	3660.46	4154.78	8.4996
900	0.67610	3852.77	4393.65	8.8153	0.54075	3852.19	4392.94	8.7118
1000	0.73401	4051.00	4638.20	9.0153	0.58712	4050.49	4637.60	8.9119
1100	0.79188	4255.57	4889.08	9.2049	0.63345	4255.09	4888.55	9.1016
1200	0.84974	4466.05	5145.85	9.3854	0.67977	4465.58	5145.36	9.2821
1300	0.90758	4681.81	5407.87	9.5575	0.72608	4681.33	5407.41	9.4542
	1200 kPa (187.99°C)				1400 kPa (195.07°C)			
Sat.	0.16333	2588.82	2784.82	6.5233	0.14084	2592.83	2790.00	6.4692
200	0.16930	2612.74	2815.90	6.5898	0.14302	2603.09	2803.32	6.4975
250	0.19235	2704.20	2935.01	6.8293	0.16350	2698.32	2927.22	6.7467
300	0.21382	2789.22	3045.80	7.0316	0.18228	2785.16	3040.35	6.9533
350	0.23452	2872.16	3153.59	7.2120	0.20026	2869.12	3149.49	7.1359
400	0.25480	2954.90	3260.66	7.3773	0.21780	2952.50	3257.42	7.3025
500	0.29463	3122.72	3476.28	7.6758	0.25215	3121.10	3474.11	7.6026
600	0.33393	3295.60	3696.32	7.9434	0.28596	3294.44	3694.78	7.8710
700	0.37294	3474.48	3922.01	8.1881	0.31947	3473.61	3920.87	8.1160
800	0.41177	3659.77	4153.90	8.4149	0.35281	3659.09	4153.03	8.3431
900	0.45051	3851.62	4392.23	8.6272	0.38606	3851.05	4391.53	8.5555
1000	0.48919	4049.98	4637.00	8.8274	0.41924	4049.47	4636.41	8.7558
1100	0.52783	4254.61	4888.02	9.0171	0.45239	4254.14	4887.49	8.9456
1200	0.56646	4465.12	5144.87	9.1977	0.48552	4464.65	5144.38	9.1262
1300	0.60507	4680.86	5406.95	9.3698	0.51864	4680.39	5406.49	9.2983
	1600 kPa (201.40)°C)				1800 kPa (207.15°C)			
Sat.	0.12380	2595.95	2794.02	6.4217	0.11042	2598.38	2797.13	6.3793
250	0.14184	2692.26	2919.20	6.6732	0.12497	2686.02	2910.96	6.6066
300	0.15862	2781.03	3034.83	6.8844	0.14021	2776.83	3029.21	6.8226
350	0.17456	2866.05	3145.35	7.0693	0.15457	2862.95	3141.18	7.0099
400	0.19005	2950.09	3254.17	7.2373	0.16847	2947.66	3250.90	7.1793
500	0.22029	3119.47	3471.93	7.5389	0.19550	3117.84	3469.75	7.4824
600	0.24998	3293.27	3693.23	7.8080	0.22199	3292.10	3691.69	7.7523
700	0.27937	3472.74	3919.73	8.0535	0.24818	3471.87	3918.59	7.9983
800	0.30859	3658.40	4152.15	8.2808	0.27420	3657.71	4151.27	8.2258
900	0.33772	3850.47	4390.82	8.4934	0.30012	3849.90	4390.11	8.4386
1000	0.36678	4048.96	4635.81	8.6938	0.32598	4048.45	4635.21	8.6390
1100	0.39581	4253.66	4886.95	8.8837	0.35180	4253.18	4886.42	8.8290
1200	0.42482	4464.18	5143.89	9.0642	0.37761	4463.71	5143.40	9.0096
1300	0.45382	4679.92	5406.02	9.2364	0.40340	4679.44	5405.56	9.1817

(계속)

표 B.1.3 ▸▸ 물의 과열 증기 상태량 (계속)

온도 (°C)	*v* (m^3/kg)	*u* (kJ/kg)	*h* (kJ/kg)	*s* (kJ/kg-K)	*v* (m^3/kg)	*u* (kJ/kg)	*h* (kJ/kg)	*s* (kJ/kg-K)
	2000 kPa (212.42°C)				2500 kPa (223.99°C)			
Sat.	0.09963	2600.26	2799.51	6.3408	0.07998	2603.13	2803.07	6.2574
250	0.11144	2679.58	2902.46	6.5452	0.08700	2662.55	2880.06	6.4084
300	0.12547	2772.56	3023.50	6.7663	0.09890	2761.56	3008.81	6.6437
350	0.13857	2859.81	3136.96	6.9562	0.10976	2851.84	3126.24	6.8402
400	0.15120	2945.21	3247.60	7.1270	0.12010	2939.03	3239.28	7.0147
450	0.16353	3030.41	3357.48	7.2844	0.13014	3025.43	3350.77	7.1745
500	0.17568	3116.20	3467.55	7.4316	0.13998	3112.08	3462.04	7.3233
600	0.19960	3290.93	3690.14	7.7023	0.15930	3287.99	3686.25	7.5960
700	0.22323	3470.99	3917.45	7.9487	0.17832	3468.80	3914.59	7.8435
800	0.24668	3657.03	4150.40	8.1766	0.19716	3655.30	4148.20	8.0720
900	0.27004	3849.33	4389.40	8.3895	0.21590	3847.89	4387.64	8.2853
1000	0.29333	4047.94	4634.61	8.5900	0.23458	4046.67	4633.12	8.4860
1100	0.31659	4252.71	4885.89	8.7800	0.25322	4251.52	4884.57	8.6761
1200	0.33984	4463.25	5142.92	8.9606	0.27185	4462.08	5141.70	8.8569
1300	0.36306	4678.97	5405.10	9.1328	0.29046	4677.80	5403.95	9.0291
	3000 kPa (233.90°C)				4000 kPa (250.40°C)			
Sat.	0.06668	2604.10	2804.14	6.1869	0.04978	2602.27	2801.38	6.0700
250	0.07058	2644.00	2855.75	6.2871	—	—	—	—
300	0.08114	2750.05	2993.48	6.5389	0.05884	2725.33	2960.68	6.3614
350	0.09053	2843.66	3115.25	6.7427	0.06645	2826.65	3092.43	6.5820
400	0.09936	2932.75	3230.82	6.9211	0.07341	2919.88	3213.51	6.7689
450	0.10787	3020.38	3344.00	7.0833	0.08003	3010.13	3330.23	6.9362
500	0.11619	3107.92	3456.48	7.2337	0.08643	3099.49	3445.21	7.0900
600	0.13243	3285.03	3682.34	7.5084	0.09885	3279.06	3674.44	7.3688
700	0.14838	3466.59	3911.72	7.7571	0.11095	3462.15	3905.94	7.6198
800	0.16414	3653.58	4146.00	7.9862	0.12287	3650.11	4141.59	7.8502
900	0.17980	3846.46	4385.87	8.1999	0.13469	3843.59	4382.34	8.0647
1000	0.19541	4045.40	4631.63	8.4009	0.14645	4042.87	4628.65	8.2661
1100	0.21098	4250.33	4883.26	8.5911	0.15817	4247.96	4880.63	8.4566
1200	0.22652	4460.92	5140.49	8.7719	0.16987	4458.60	5138.07	8.6376
1300	0.24206	4676.63	5402.81	8.9442	0.18156	4674.29	5400.52	8.8099

(계속)

표 B.1.3 ▸ 물의 과열 증기 상태량 (계속)

온도 (°C)	v (m³/kg)	u (kJ/kg)	h (kJ/kg)	s (kJ/kg-K)	v (m³/kg)	u (kJ/kg)	h (kJ/kg)	s (kJ/kg-K)
	5000 kPa (263.99°C)				6000 kPa (275.64°C)			
Sat.	0.03944	2597.12	2794.33	5.9733	0.03244	2589.69	2784.33	5.8891
300	0.04532	2697.94	2924.53	6.2083	0.03616	2667.22	2884.19	6.0673
350	0.05194	2808.67	3068.39	6.4492	0.04223	2789.61	3042.97	6.3334
400	0.05781	2906.58	3195.64	6.6458	0.04739	2892.81	3177.17	6.5407
450	0.06330	2999.64	3316.15	6.8185	0.05214	2988.90	3301.76	6.7192
500	0.06857	3090.92	3433.76	6.9758	0.05665	3082.20	3422.12	6.8802
550	0.07368	3181.82	3550.23	7.1217	0.06101	3174.57	3540.62	7.0287
600	0.07869	3273.01	3666.47	7.2588	0.06525	3266.89	3658.40	7.1676
700	0.08849	3457.67	3900.13	7.5122	0.07352	3453.15	3894.28	7.4234
800	0.09811	3646.62	4137.17	7.7440	0.08160	3643.12	4132.74	7.6566
900	0.10762	3840.71	4378.82	7.9593	0.08958	3837.84	4375.29	7.8727
1000	0.11707	4040.35	4625.69	8.1612	0.09749	4037.83	4622.74	8.0751
1100	0.12648	4245.61	4878.02	8.3519	0.10536	4243.26	4875.42	8.2661
1200	0.13587	4456.30	5135.67	8.5330	0.11321	4454.00	5133.28	8.4473
1300	0.14526	4671.96	5398.24	8.7055	0.12106	4669.64	5395.97	8.6199
	8000 kPa (295.06°C)				10000 kPa (311.06°C)			
Sat.	0.02352	2569.79	2757.94	5.7431	0.01803	2544.41	2724.67	5.6140
300	0.02426	2590.93	2784.98	5.7905	—	—	—	—
350	0.02995	2747.67	2987.30	6.1300	0.02242	2699.16	2923.39	5.9442
400	0.03432	2863.75	3138.28	6.3633	0.02641	2832.38	3096.46	6.2119
450	0.03817	2966.66	3271.99	6.5550	0.02975	2943.32	3240.83	6.4189
500	0.04175	3064.30	3398.27	6.7239	0.03279	3045.77	3373.63	6.5965
550	0.04516	3159.76	3521.01	6.8778	0.03564	3144.54	3500.92	6.7561
600	0.04845	3254.43	3642.03	7.0205	0.03837	3241.68	3625.34	6.9028
700	0.05481	3444.00	3882.47	7.2812	0.04358	3434.72	3870.52	7.1687
800	0.06097	3636.08	4123.84	7.5173	0.04859	3628.97	4114.91	7.4077
900	0.06702	3832.08	4368.26	7.7350	0.05349	3826.32	4361.24	7.6272
1000	0.07301	4032.81	4616.87	7.9384	0.05832	4027.81	4611.04	7.8315
1100	0.07896	4238.60	4870.25	8.1299	0.06312	4233.97	4865.14	8.0236
1200	0.08489	4449.45	5128.54	8.3115	0.06789	4444.93	5123.84	8.2054
1300	0.09080	4665.02	5391.46	8.4842	0.07265	4660.44	5386.99	8.3783

(계속)

표 B.1.3 ▸ 물의 과열 증기 상태량 (계속)

온도 (°C)	v (m^3/kg)	u (kJ/kg)	h (kJ/kg)	s (kJ/kg-K)	v (m^3/kg)	u (kJ/kg)	h (kJ/kg)	s (kJ/kg-K)
	15000 kPa (342.24°C)				20000 kPa (365.81°C)			
Sat.	0.01034	2455.43	2610.49	5.3097	0.00583	2293.05	2409.74	4.9269
350	0.01147	2520.36	2692.41	5.4420	—	—	—	—
400	0.01565	2740.70	2975.44	5.8810	0.00994	2619.22	2818.07	5.5539
450	0.01845	2879.47	3156.15	6.1403	0.01270	2806.16	3060.06	5.9016
500	0.02080	2996.52	3308.53	6.3442	0.01477	2942.82	3238.18	6.1400
550	0.02293	3104.71	3448.61	6.5198	0.01656	3062.34	3393.45	6.3347
600	0.02491	3208.64	3582.30	6.6775	0.01818	3174.00	3537.57	6.5048
650	0.02680	3310.37	3712.32	6.8223	0.01969	3281.46	3675.32	6.6582
700	0.02861	3410.94	3840.12	6.9572	0.02113	3386.46	3809.09	6.7993
800	0.03210	3610.99	4092.43	7.2040	0.02385	3592.73	4069.80	7.0544
900	0.03546	3811.89	4343.75	7.4279	0.02645	3797.44	4326.37	7.2830
1000	0.03875	4015.41	4596.63	7.6347	0.02897	4003.12	4582.45	7.4925
1100	0.04200	4222.55	4852.56	7.8282	0.03145	4211.30	4840.24	7.6874
1200	0.04523	4433.78	5112.27	8.0108	0.03391	4422.81	5100.96	7.8706
1300	0.04845	4649.12	5375.94	8.1839	0.03636	4637.95	5365.10	8.0441
	30000 kPa				40000 kPa			
375	0.001789	1737.75	1791.43	3.9303	0.001641	1677.09	1742.71	3.8289
400	0.002790	2067.34	2151.04	4.4728	0.001908	1854.52	1930.83	4.1134
425	0.005304	2455.06	2614.17	5.1503	0.002532	2096.83	2198.11	4.5028
450	0.006735	2619.30	2821.35	5.4423	0.003693	2365.07	2512.79	4.9459
500	0.008679	2820.67	3081.03	5.7904	0.005623	2678.36	2903.26	5.4699
550	0.010168	2970.31	3275.36	6.0342	0.006984	2869.69	3149.05	5.7784
600	0.011446	3100.53	3443.91	6.2330	0.008094	3022.61	3346.38	6.0113
650	0.012596	3221.04	3598.93	6.4057	0.009064	3158.04	3520.58	6.2054
700	0.013661	3335.84	3745.67	6.5606	0.009942	3283.63	3681.29	6.3750
800	0.015623	3555.60	4024.31	6.8332	0.011523	3517.89	3978.80	6.6662
900	0.017448	3768.48	4291.93	7.0717	0.012963	3739.42	4257.93	6.9150
1000	0.019196	3978.79	4554.68	7.2867	0.014324	3954.64	4527.59	7.1356
1100	0.020903	4189.18	4816.28	7.4845	0.015643	4167.38	4793.08	7.3364
1200	0.022589	4401.29	5078.97	7.6691	0.016940	4380.11	5057.72	7.5224
1300	0.024266	4615.96	5343.95	7.8432	0.018229	4594.28	5323.45	7.6969

표 B.1.4 ▸ 물의 압축 액체 상태량 (계속)

온도 (°C)	v (m³/kg)	u (kJ/kg)	h (kJ/kg)	s (kJ/kg-K)	v (m³/kg)	u (kJ/kg)	h (kJ/kg)	s (kJ/kg-K)
	500 kPa (151.86°C)				2000 kPa (212.42°C)			
Sat.	0.001093	639.66	640.21	1.8606	0.001177	906.42	908.77	2.4473
0.01	0.000999	0.01	0.51	0.0000	0.000999	0.03	2.03	0.0001
20	0.001002	83.91	84.41	0.2965	0.001001	83.82	85.82	.2962
40	0.001008	167.47	167.98	0.5722	0.001007	167.29	169.30	.5716
60	0.001017	251.00	251.51	0.8308	0.001016	250.73	252.77	.8300
80	0.001029	334.73	335.24	1.0749	0.001028	334.38	336.44	1.0739
100	0.001043	418.80	419.32	1.3065	0.001043	418.36	420.45	1.3053
120	0.001060	503.37	503.90	1.5273	0.001059	502.84	504.96	1.5259
140	0.001080	588.66	589.20	1.7389	0.001079	588.02	590.18	1.7373
160	—	—	—	—	0.001101	674.14	676.34	1.9410
180	—	—	—	—	0.001127	761.46	763.71	2.1382
200	—	—	—	—	0.001156	850.30	852.61	2.3301
	5000 kPa (263.99°C)				10000 kPa (311.06°C)			
Sat.	0.001286	1147.78	1154.21	2.9201	0.001452	1393.00	1407.53	3.3595
0	0.000998	0.03	5.02	0.0001	0.000995	0.10	10.05	0.0003
20	0.001000	83.64	88.64	0.2955	0.000997	83.35	93.32	0.2945
40	0.001006	166.93	171.95	0.5705	0.001003	166.33	176.36	0.5685
60	0.001015	250.21	255.28	0.8284	0.001013	249.34	259.47	0.8258
80	0.001027	333.69	338.83	1.0719	0.001025	332.56	342.81	1.0687
100	0.001041	417.50	422.71	1.3030	0.001039	416.09	426.48	1.2992
120	0.001058	501.79	507.07	1.5232	0.001055	500.07	510.61	1.5188
140	0.001077	586.74	592.13	1.7342	0.001074	584.67	595.40	1.7291
160	0.001099	672.61	678.10	1.9374	0.001195	670.11	681.07	1.9316
180	0.001124	759.62	765.24	2.1341	0.001120	756.63	767.83	2.1274
200	0.001153	848.08	853.85	2.3254	0.001148	844.49	855.97	2.3178
220	0.001187	938.43	944.36	2.5128	0.001181	934.07	945.88	2.5038
240	0.001226	1031.34	1037.47	2.6978	0.001219	1025.94	1038.13	2.6872
260	0.001275	1127.92	1134.30	2.8829	0.001265	1121.03	1133.68	2.8698
280					0.001322	1220.90	1234.11	3.0547
300					0.001397	1328.34	1342.31	3.2468

(계속)

표 B.1.4 ▸▸ 물의 압축 액체 상태량 (계속)

온도 (°C)	v (m³/kg)	u (kJ/kg)	h (kJ/kg)	s (kJ/kg-K)	v (m³/kg)	u (kJ/kg)	h (kJ/kg)	s (kJ/kg-K)
	15000 kPa (342.24°C)				20000 kPa (365.81°C)			
Sat.	0.001658	1585.58	1610.45	3.6847	0.002035	1785.47	1826.18	4.0137
0	0.000993	0.15	15.04	0.0004	0.000990	0.20	20.00	0.0004
20	0.000995	83.05	97.97	0.2934	0.000993	82.75	102.61	0.2922
40	0.001001	165.73	180.75	0.5665	0.000999	165.15	185.14	0.5646
60	0.001011	248.49	263.65	0.8231	0.001008	247.66	267.82	0.8205
80	0.001022	331.46	346.79	1.0655	0.001020	330.38	350.78	1.0623
100	0.001036	414.72	430.26	1.2954	0.001034	413.37	434.04	1.2917
120	0.001052	498.39	514.17	1.5144	0.001050	496.75	517.74	1.5101
140	0.001071	582.64	598.70	1.7241	0.001068	580.67	602.03	1.7192
160	0.001092	667.69	684.07	1.9259	0.001089	665.34	687.11	1.9203
180	0.001116	753.74	770.48	2.1209	0.001112	750.94	773.18	2.1146
200	0.001143	841.04	858.18	2.3103	0.001139	837.70	860.47	2.3031
220	0.001175	929.89	947.52	2.4952	0.001169	925.89	949.27	2.4869
240	0.001211	1020.82	1038.99	2.6770	0.001205	1015.94	1040.04	2.6673
260	0.001255	1114.59	1133.41	2.8575	0.001246	1108.53	1133.45	2.8459
280	0.001308	1212.47	1232.09	3.0392	0.001297	1204.69	1230.62	3.0248
300	0.001377	1316.58	1337.23	3.2259	0.001360	1306.10	1333.29	3.2071
320	0.001472	1431.05	1453.13	3.4246	0.001444	1415.66	1444.53	3.3978
340	0.001631	1567.42	1591.88	3.6545	0.001568	1539.64	1571.01	3.6074
360					0.001823	1702.78	1739.23	3.8770

온도 (°C)	v (m³/kg)	u (kJ/kg)	h (kJ/kg)	s (kJ/kg-K)	v (m³/kg)	u (kJ/kg)	h (kJ/kg)	s (kJ/kg-K)
	30000 kPa				50000 kPa			
0	0.000986	0.25	29.82	0.0001	0.000977	0.20	49.03	−0.0014
20	0.000989	82.16	111.82	0.2898	0.000980	80.98	130.00	0.2847
40	0.000995	164.01	193.87	0.5606	0.000987	161.84	211.20	0.5526
60	0.001004	246.03	276.16	0.8153	0.000996	242.96	292.77	0.8051
80	0.001016	328.28	358.75	1.0561	0.001007	324.32	374.68	1.0439
100	0.001029	410.76	441.63	1.2844	0.001020	405.86	456.87	1.2703
120	0.001044	493.58	524.91	1.5017	0.001035	487.63	539.37	1.4857
140	0.001062	576.86	608.73	1.7097	0.001052	569.76	622.33	1.6915
160	0.001082	660.81	693.27	1.9095	0.001070	652.39	705.91	1.8890
180	0.001105	745.57	778.71	2.1024	0.001091	735.68	790.24	2.0793
200	0.001130	831.34	865.24	2.2892	0.001115	819.73	875.46	2.2634
220	0.001159	918.32	953.09	2.4710	0.001141	904.67	961.71	2.4419
240	0.001192	1006.84	1042.60	2.6489	0.001170	990.69	1049.20	2.6158
260	0.001230	1097.38	1134.29	2.8242	0.001203	1078.06	1138.23	2.7860
280	0.001275	1190.69	1228.96	2.9985	0.001242	1167.19	1229.26	2.9536
300	0.001330	1287.89	1327.80	3.1740	0.001286	1258.66	1322.95	3.1200
320	0.001400	1390.64	1432.63	3.3538	0.001339	1353.23	1420.17	3.2867
340	0.001492	1501.71	1546.47	3.5425	0.001403	1451.91	1522.07	3.4556
360	0.001627	1626.57	1675.36	3.7492	0.001484	1555.97	1630.16	3.6290
380	0.001869	1781.35	1837.43	4.0010	0.001588	1667.13	1746.54	3.8100

표 B.1.5 » 물의 포화 고체-포화 증기 상태량 (계속)

온도 (°C)	압력 (kPa)	비체적, m³/kg 포화 고체 v_i	승화 v_{ig}	포화 증기 v_g	내부 에너지, kJ/kg 포화 고체 u_i	승화 u_{ig}	포화 증기 u_g
0.01	0.6113	0.0010908	206.152	206.153	−333.40	2708.7	2375.3
0	0.6108	0.0010908	206.314	206.315	−333.42	2708.7	2375.3
−2	0.5177	0.0010905	241.662	241.663	−337.61	2710.2	2372.5
−4	0.4376	0.0010901	283.798	283.799	−341.78	2711.5	2369.8
−6	0.3689	0.0010898	334.138	334.139	−345.91	2712.9	2367.0
−8	0.3102	0.0010894	394.413	394.414	−350.02	2714.2	2364.2
−10	0.2601	0.0010891	466.756	466.757	−354.09	2715.5	2361.4
−12	0.2176	0.0010888	553.802	553.803	−358.14	2716.8	2358.7
−14	0.1815	0.0010884	658.824	658.824	−362.16	2718.0	2355.9
−16	0.1510	0.0010881	785.906	785.907	−366.14	2719.2	2353.1
−18	0.1252	0.0010878	940.182	940.183	−370.10	2720.4	2350.3
−20	0.10355	0.0010874	1128.112	1128.113	−374.03	2721.6	2347.5
−22	0.08535	0.0010871	1357.863	1357.864	−377.93	2722.7	2344.7
−24	0.07012	0.0010868	1639.752	1639.753	−381.80	2723.7	2342.0
−26	0.05741	0.0010864	1986.775	1986.776	−385.64	2724.8	2339.2
−28	0.04684	0.0010861	2415.200	2415.201	−389.45	2725.8	2336.4
−30	0.03810	0.0010858	2945.227	2945.228	−393.23	2726.8	2333.6
−32	0.03090	0.0010854	3601.822	3601.823	−396.98	2727.8	2330.8
−34	0.02499	0.0010851	4416.252	4416.253	−400.71	2728.7	2328.0
−36	0.02016	0.0010848	5430.115	5430.116	−404.40	2729.6	2325.2
−38	0.01618	0.0010844	6707.021	6707.022	−408.06	2730.5	2322.4
−40	0.01286	0.0010841	8366.395	8366.396	−411.70	2731.3	2319.6

(계속)

표 B.1.5 ▸▸ 물의 포화 고체-포화 증기 상태량 (계속)

온도 (°C)	압력 (kPa)	엔탈피, kJ/kg 포화 고체 h_i	승화 h_{ig}	포화 증기 h_g	엔트로피, kJ/kg-K 포화 고체 s_i	승화 s_{ig}	포화 증기 s_g
0.01	0.6113	−333.40	2834.7	2501.3	−1.2210	10.3772	9.1562
0	0.6108	−333.42	2834.8	2501.3	−1.2211	10.3776	9.1565
−2	0.5177	−337.61	2835.3	2497.6	−1.2369	10.4562	9.2193
−4	0.4376	−341.78	2835.7	2494.0	−1.2526	10.5358	9.2832
−6	0.3689	−345.91	2836.2	2490.3	−1.2683	10.6165	9.3482
−8	0.3102	−350.02	2836.6	2486.6	−1.2839	10.6982	9.4143
−10	0.2601	−354.09	2837.0	2482.9	−1.2995	10.7809	9.4815
−12	0.2176	−358.14	2837.3	2479.2	−1.3150	10.8648	9.5498
−14	0.1815	−362.16	2837.6	2475.5	−1.3306	10.9498	9.6192
−16	0.1510	−366.14	2837.9	2471.8	−1.3461	11.0359	9.6898
−18	0.1252	−370.10	2838.2	2468.1	−1.3617	11.1233	9.7616
−20	0.10355	−374.03	2838.4	2464.3	−1.3772	11.2120	9.8348
−22	0.08535	−377.93	2838.6	2460.6	−1.3928	11.3020	9.9093
−24	0.07012	−381.80	2838.7	2456.9	−1.4083	11.3935	9.9852
−26	0.05741	−385.64	2838.9	2453.2	−1.4239	11.4864	10.0625
−28	0.04684	−389.45	2839.0	2449.5	−1.4394	11.5808	10.1413
−30	0.03810	−393.23	2839.0	2445.8	−1.4550	11.6765	10.2215
−32	0.03090	−396.98	2839.1	2442.1	−1.4705	11.7733	10.3028
−34	0.02499	−400.71	2839.1	2438.4	−1.4860	11.8713	10.3853
−36	0.02016	−404.40	2839.1	2434.7	−1.5014	11.9704	10.4690
−38	0.01618	−408.06	2839.0	2431.0	−1.5168	12.0714	10.5546
−40	0.01286	−411.70	2838.9	2427.2	−1.5321	12.1768	10.6447

표 B.2 ▸ 암모니아의 열역학 상태량 기준점: $h_f = 0$, $s_f = 0$ (−40°C 포화 액체 상태에서)

표 B.2.1 ▸ 암모니아의 포화 상태량 (계속)

		비체적, m³/kg			내부 에너지, kJ/kg		
온도 (°C)	압력 (kPa)	포화 액체 v_f	증발 v_{fg}	포화 증기 v_g	포화 액체 u_f	증발 u_{fg}	포화 증기 u_g
−50	40.9	0.001424	2.62557	2.62700	−43.82	1309.1	1265.2
−45	54.5	0.001437	2.00489	2.00632	−22.01	1293.5	1271.4
−40	71.7	0.001450	1.55111	1.55256	−0.10	1277.6	1277.4
−35	93.2	0.001463	1.21466	1.21613	21.93	1261.3	1283.3
−30	119.5	0.001476	0.96192	0.96339	44.08	1244.8	1288.9
−25	151.6	0.001490	0.76970	0.77119	66.36	1227.9	1294.3
−20	190.2	0.001504	0.62184	0.62334	88.76	1210.7	1299.5
−15	236.3	0.001519	0.50686	0.50838	111.30	1193.2	1304.5
−10	290.9	0.001534	0.41655	0.41808	133.96	1175.2	1309.2
−5	354.9	0.001550	0.34493	0.34648	156.76	1157.0	1313.7
0	429.6	0.001566	0.28763	0.28920	179.69	1138.3	1318.0
5	515.9	0.001583	0.24140	0.24299	202.77	1119.2	1322.0
10	615.2	0.001600	0.20381	0.20541	225.99	1099.7	1325.7
15	728.6	0.001619	0.17300	0.17462	249.36	1079.7	1329.1
20	857.5	0.001638	0.14758	0.14922	272.89	1059.3	1332.2
25	1003.2	0.001658	0.12647	0.12813	296.59	1038.4	1335.0
30	1167.0	0.001680	0.10881	0.11049	320.46	1016.9	1337.4
35	1350.4	0.001702	0.09397	0.09567	344.50	994.9	1339.4
40	1554.9	0.001725	0.08141	0.08313	368.74	972.2	1341.0
45	1782.0	0.001750	0.07073	0.07248	393.19	948.9	1342.1
50	2033.1	0.001777	0.06159	0.06337	417.87	924.8	1342.7
55	2310.1	0.001804	0.05375	0.05555	442.79	899.9	1342.7
60	2614.4	0.001834	0.04697	0.04880	467.99	874.2	1342.1
65	2947.8	0.001866	0.04109	0.04296	493.51	847.4	1340.9
70	3312.0	0.001900	0.03597	0.03787	519.39	819.5	1338.9
75	3709.0	0.001937	0.03148	0.03341	545.70	790.4	1336.1
80	4140.5	0.001978	0.02753	0.02951	572.50	759.9	1332.4
85	4608.6	0.002022	0.02404	0.02606	599.90	727.8	1327.7
90	5115.3	0.002071	0.02093	0.02300	627.99	693.7	1321.7
95	5662.9	0.002126	0.01815	0.02028	656.95	657.4	1314.4
100	6253.7	0.002188	0.01565	0.01784	686.96	618.4	1305.3
105	6890.4	0.002261	0.01337	0.01564	718.30	575.9	1294.2
110	7575.7	0.002347	0.01128	0.01363	751.37	529.1	1280.5
115	8313.3	0.002452	0.00933	0.01178	786.82	476.2	1263.1
120	9107.2	0.002589	0.00744	0.01003	825.77	414.5	1240.3
125	9963.5	0.002783	0.00554	0.00833	870.69	337.7	1208.4
130	10891.6	0.003122	0.00337	0.00649	929.29	226.9	1156.2
132.3	11333.2	0.004255	0	0.00426	1037.62	0	1037.6

(계속)

표 B.2.1 ▸ 암모니아의 포화 상태량 (계속)

온도 (°C)	압력 (kPa)	엔탈피, kJ/kg 포화 액체 h_f	증발 h_{fg}	포화 증기 h_g	엔트로피, kJ/kg-K 포화 액체 s_f	증발 s_{fg}	포화 증기 s_g
−50	40.9	−43.76	1416.3	1372.6	−0.1916	6.3470	6.1554
−45	54.5	−21.94	1402.8	1380.8	−0.0950	6.1484	6.0534
−40	71.7	0	1388.8	1388.8	0	5.9567	5.9567
−35	93.2	22.06	1374.5	1396.5	0.0935	5.7715	5.8650
−30	119.5	44.26	1359.8	1404.0	0.1856	5.5922	5.7778
−25	151.6	66.58	1344.6	1411.2	0.2763	5.4185	5.6947
−20	190.2	89.05	1329.0	1418.0	0.3657	5.2498	5.6155
−15	236.3	111.66	1312.9	1424.6	0.4538	5.0859	5.5397
−10	290.9	134.41	1296.4	1430.8	0.5408	4.9265	5.4673
−5	354.9	157.31	1279.4	1436.7	0.6266	4.7711	5.3977
0	429.6	180.36	1261.8	1442.2	0.7114	4.6195	5.3309
5	515.9	203.58	1243.7	1447.3	0.7951	4.4715	5.2666
10	615.2	226.97	1225.1	1452.0	0.8779	4.3266	5.2045
15	728.6	250.54	1205.8	1456.3	0.9598	4.1846	5.1444
20	857.5	274.30	1185.9	1460.2	1.0408	4.0452	5.0860
25	1003.2	298.25	1165.2	1463.5	1.1210	3.9083	5.0293
30	1167.0	322.42	1143.9	1466.3	1.2005	3.7734	4.9738
35	1350.4	346.80	1121.8	1468.6	1.2792	3.6403	4.9196
40	1554.9	371.43	1098.8	1470.2	1.3574	3.5088	4.8662
45	1782.0	396.31	1074.9	1471.2	1.4350	3.3786	4.8136
50	2033.1	421.48	1050.0	1471.5	1.5121	3.2493	4.7614
55	2310.1	446.96	1024.1	1471.0	1.5888	3.1208	4.7095
60	2614.4	472.79	997.0	1469.7	1.6652	2.9925	4.6577
65	2947.8	499.01	968.5	1467.5	1.7415	2.8642	4.6057
70	3312.0	525.69	938.7	1464.4	1.8178	2.7354	4.5533
75	3709.0	552.88	907.2	1460.1	1.8943	2.6058	4.5001
80	4140.5	580.69	873.9	1454.6	1.9712	2.4746	4.4458
85	4608.6	609.21	838.6	1447.8	2.0488	2.3413	4.3901
90	5115.3	638.59	800.8	1439.4	2.1273	2.2051	4.3325
95	5662.9	668.99	760.2	1429.2	2.2073	2.0650	4.2723
100	6253.7	700.64	716.2	1416.9	2.2893	1.9195	4.2088
105	6890.4	733.87	668.1	1402.0	2.3740	1.7667	4.1407
110	7575.7	769.15	614.6	1383.7	2.4625	1.6040	4.0665
115	8313.3	807.21	553.8	1361.0	2.5566	1.4267	3.9833
120	9107.2	849.36	482.3	1331.7	2.6593	1.2268	3.8861
125	9963.5	898.42	393.0	1291.4	2.7775	0.9870	3.7645
130	10892	963.29	263.7	1227.0	2.9326	0.6540	3.5866
132.3	11333	1085.85	0	1085.9	3.2316	0	3.2316

표 B.2.2 ▸ 암모니아의 과열 증기 상태량 (계속)

온도 (°C)	v (m³/kg)	u (kJ/kg)	h (kJ/kg)	s (kJ/kg-K)	v (m³/kg)	u (kJ/kg)	h (kJ/kg)	s (kJ/kg-K)
	50 kPa (−46.53°C)				100 kPa (−33.60°C)			
Sat.	2.1752	1269.6	1378.3	6.0839	1.1381	1284.9	1398.7	5.8401
−30	2.3448	1296.2	1413.4	6.2333	1.1573	1291.0	1406.7	5.8734
−20	2.4463	1312.3	1434.6	6.3187	1.2101	1307.8	1428.8	5.9626
−10	2.5471	1328.4	1455.7	6.4006	1.2621	1324.6	1450.8	6.0477
0	2.6474	1344.5	1476.9	6.4795	1.3136	1341.3	1472.6	6.1291
10	2.7472	1360.7	1498.1	6.5556	1.3647	1357.9	1494.4	6.2073
20	2.8466	1377.0	1519.3	6.6293	1.4153	1374.5	1516.1	6.2826
30	2.9458	1393.3	1540.6	6.7008	1.4657	1391.2	1537.7	6.3553
40	3.0447	1409.8	1562.0	6.7703	1.5158	1407.9	1559.5	6.4258
50	3.1435	1426.3	1583.5	6.8379	1.5658	1424.7	1581.2	6.4943
60	3.2421	1443.0	1605.1	6.9038	1.6156	1441.5	1603.1	6.5609
70	3.3406	1459.9	1626.9	6.9682	1.6653	1458.5	1625.1	6.6258
80	3.4390	1476.9	1648.8	7.0312	1.7148	1475.6	1647.1	6.6892
100	3.6355	1511.4	1693.2	7.1533	1.8137	1510.3	1691.7	6.8120
120	3.8318	1546.6	1738.2	7.2708	1.9124	1545.7	1736.9	6.9300
140	4.0280	1582.5	1783.9	7.3842	2.0109	1581.7	1782.8	7.0439
160	4.2240	1619.2	1830.4	7.4941	2.1093	1618.5	1829.4	7.1540
180	4.4199	1656.7	1877.7	7.6008	2.2075	1656.0	1876.8	7.2609
200	4.6157	1694.9	1925.7	7.7045	2.3057	1694.3	1924.9	7.3648
	150 kPa (−25.22°C)				200 kPa (−18.86°C)			
Sat.	0.7787	1294.1	1410.9	5.6983	0.5946	1300.6	1419.6	5.5979
−20	0.7977	1303.3	1422.9	5.7465	—	—	—	—
−10	0.8336	1320.7	1445.7	5.8349	0.6193	1316.7	1440.6	5.6791
0	0.8689	1337.9	1468.3	5.9189	0.6465	1334.5	1463.8	5.7659
10	0.9037	1355.0	1490.6	5.9992	0.6732	1352.1	1486.8	5.8484
20	0.9382	1372.0	1512.8	6.0761	0.6995	1369.5	1509.4	5.9270
30	0.9723	1389.0	1534.9	6.1502	0.7255	1386.8	1531.9	6.0025
40	1.0062	1406.0	1556.9	6.2217	0.7513	1404.0	1554.3	6.0751
50	1.0398	1423.0	1578.9	6.2910	0.7769	1421.3	1576.6	6.1453
60	1.0734	1440.0	1601.0	6.3583	0.8023	1438.5	1598.9	6.2133
70	1.1068	1457.2	1623.2	6.4238	0.8275	1455.8	1621.3	6.2794
80	1.1401	1474.4	1645.4	6.4877	0.8527	1473.1	1643.7	6.3437
100	1.2065	1509.3	1690.2	6.6112	0.9028	1508.2	1688.8	6.4679
120	1.2726	1544.8	1735.6	6.7297	0.9527	1543.8	1734.4	6.5869
140	1.3386	1580.9	1781.7	6.8439	1.0024	1580.1	1780.6	6.7015
160	1.4044	1617.8	1828.4	6.9544	1.0519	1617.0	1827.4	6.8123
180	1.4701	1655.4	1875.9	7.0615	1.1014	1654.7	1875.0	6.9196
200	1.5357	1693.7	1924.1	7.1656	1.1507	1693.2	1923.3	7.0239
220	1.6013	1732.9	1973.1	7.2670	1.2000	1732.4	1972.4	7.1255

(계속)

표 B.2.2 ▸▸ 암모니아의 과열 증기 상태량 (계속)

온도 (°C)	v (m³/kg)	u (kJ/kg)	h (kJ/kg)	s (kJ/kg-K)	v (m³/kg)	u (kJ/kg)	h (kJ/kg)	s (kJ/kg-K)
	300 kPa (−9.24°C)				400 kPa (−1.89°C)			
Sat.	0.40607	1309.9	1431.7	5.4565	0.30942	1316.4	1440.2	5.3559
0	0.42382	1327.5	1454.7	5.5420	0.31227	1320.2	1445.1	5.3741
10	0.44251	1346.1	1478.9	5.6290	0.32701	1339.9	1470.7	5.4663
20	0.46077	1364.4	1502.6	5.7113	0.34129	1359.1	1495.6	5.5525
30	0.47870	1382.3	1526.0	5.7896	0.35520	1377.7	1519.8	5.6338
40	0.49636	1400.1	1549.0	5.8645	0.36884	1396.1	1543.6	5.7111
50	0.51382	1417.8	1571.9	5.9365	0.38226	1414.2	1567.1	5.7850
60	0.53111	1435.4	1594.7	6.0060	0.39550	1432.2	1590.4	5.8560
70	0.54827	1453.0	1617.5	6.0732	0.40860	1450.1	1613.6	5.9244
80	0.56532	1470.6	1640.2	6.1385	0.42160	1468.0	1636.7	5.9907
100	0.59916	1506.1	1685.8	6.2642	0.44732	1503.9	1682.8	6.1179
120	0.63276	1542.0	1731.8	6.3842	0.47279	1540.1	1729.2	6.2390
140	0.66618	1578.5	1778.3	6.4996	0.49808	1576.8	1776.0	6.3552
160	0.69946	1615.6	1825.4	6.6109	0.52323	1614.1	1823.4	6.4671
180	0.73263	1653.4	1873.2	6.7188	0.54827	1652.1	1871.4	6.5755
200	0.76572	1692.0	1921.7	6.8235	0.57321	1690.8	1920.1	6.6806
220	0.79872	1731.3	1970.9	6.9254	0.59809	1730.3	1969.5	6.7828
240	0.83167	1771.4	2020.9	7.0247	0.62289	1770.5	2019.6	6.8825
260	0.86455	1812.2	2071.6	7.1217	0.64764	1811.4	2070.5	6.9797
	500 kPa (4.13°C)				600 kPa (9.28°C)			
Sat.	0.25035	1321.3	1446.5	5.2776	0.21038	1325.2	1451.4	5.2133
10	0.25757	1333.5	1462.3	5.3340	0.21115	1326.7	1453.4	5.2205
20	0.26949	1353.6	1488.3	5.4244	0.22154	1347.9	1480.8	5.3156
30	0.28103	1373.0	1513.5	5.5090	0.23152	1368.2	1507.1	5.4037
40	0.29227	1392.0	1538.1	5.5889	0.24118	1387.8	1532.5	5.4862
50	0.30328	1410.6	1562.2	5.6647	0.25059	1406.9	1557.3	5.5641
60	0.31410	1429.0	1586.1	5.7373	0.25981	1425.7	1581.6	5.6383
70	0.32478	1447.3	1609.6	5.8070	0.26888	1444.3	1605.7	5.7094
80	0.33535	1465.4	1633.1	5.8744	0.27783	1462.8	1629.5	5.7778
100	0.35621	1501.7	1679.8	6.0031	0.29545	1499.5	1676.8	5.9081
120	0.37681	1538.2	1726.6	6.1253	0.31281	1536.3	1724.0	6.0314
140	0.39722	1575.2	1773.8	6.2422	0.32997	1573.5	1771.5	6.1491
160	0.41748	1612.7	1821.4	6.3548	0.34699	1611.2	1819.4	6.2623
180	0.43764	1650.8	1869.6	6.4636	0.36389	1649.5	1867.8	6.3717
200	0.45771	1689.6	1918.5	6.5691	0.38071	1688.5	1916.9	6.4776
220	0.47770	1729.2	1968.1	6.6717	0.39745	1728.2	1966.6	6.5806
240	0.49763	1769.5	2018.3	6.7717	0.41412	1768.6	2017.0	6.6808
260	0.51749	1810.6	2069.3	6.8692	0.43073	1809.8	2068.2	6.7786

(계속)

표 B.2.2 ▸ 암모니아의 과열 증기 상태량 (계속)

온도 (°C)	v (m³/kg)	u (kJ/kg)	h (kJ/kg)	s (kJ/kg-K)	v (m³/kg)	u (kJ/kg)	h (kJ/kg)	s (kJ/kg-K)
	800 kPa (17.85°C)				1000 kPa (24.90°C)			
Sat.	0.15958	1330.9	1458.6	5.1110	0.12852	1334.9	1463.4	5.0304
20	0.16138	1335.8	1464.9	5.1328	—	—	—	—
30	0.16947	1358.0	1493.5	5.2287	0.13206	1347.1	1479.1	5.0826
40	0.17720	1379.0	1520.8	5.3171	0.13868	1369.8	1508.5	5.1778
50	0.18465	1399.3	1547.0	5.3996	0.14499	1391.3	1536.3	5.2654
60	0.19189	1419.0	1572.5	5.4774	0.15106	1412.1	1563.1	5.3471
70	0.19896	1438.3	1597.5	5.5513	0.15695	1432.2	1589.1	5.4240
80	0.20590	1457.4	1622.1	5.6219	0.16270	1451.9	1614.6	5.4971
100	0.21949	1495.0	1670.6	5.7555	0.17389	1490.5	1664.3	5.6342
120	0.23280	1532.5	1718.7	5.8811	0.18477	1528.6	1713.4	5.7622
140	0.24590	1570.1	1766.9	6.0006	0.19545	1566.8	1762.2	5.8834
160	0.25886	1608.2	1815.3	6.1150	0.20597	1605.2	1811.2	5.9992
180	0.27170	1646.8	1864.2	6.2254	0.21638	1644.2	1860.5	6.1105
200	0.28445	1686.1	1913.6	6.3322	0.22669	1683.7	1910.4	6.2182
220	0.29712	1726.0	1963.7	6.4358	0.23693	1723.9	1960.8	6.3226
240	0.30973	1766.7	2014.5	6.5367	0.24710	1764.8	2011.9	6.4241
260	0.32228	1808.1	2065.9	6.6350	0.25720	1806.4	2063.6	6.5229
280	0.33477	1850.2	2118.0	6.7310	0.26726	1848.8	2116.0	6.6194
300	0.34722	1893.1	2170.9	6.8248	0.27726	1891.8	2169.1	6.7137
	1200 kPa (30.94°C)				1400 kPa (36.26°C)			
Sat.	0.10751	1337.8	1466.8	4.9635	0.09231	1339.8	1469.0	4.9060
40	0.11287	1360.0	1495.4	5.0564	0.09432	1349.5	1481.6	4.9463
50	0.11846	1383.0	1525.1	5.1497	0.09942	1374.2	1513.4	5.0462
60	0.12378	1404.8	1553.3	5.2357	0.10423	1397.2	1543.1	5.1370
70	0.12890	1425.8	1580.5	5.3159	0.10882	1419.2	1571.5	5.2209
80	0.13387	1446.2	1606.8	5.3916	0.11324	1440.3	1598.8	5.2994
100	0.14347	1485.8	1658.0	5.5325	0.12172	1481.0	1651.4	5.4443
120	0.15275	1524.7	1708.0	5.6631	0.12986	1520.7	1702.5	5.5775
140	0.16181	1563.3	1757.5	5.7860	0.13777	1559.9	1752.8	5.7023
160	0.17071	1602.2	1807.1	5.9031	0.14552	1599.2	1802.9	5.8208
180	0.17950	1641.5	1856.9	6.0156	0.15315	1638.8	1853.2	5.9343
200	0.18819	1681.3	1907.1	6.1241	0.16068	1678.9	1903.8	6.0437
220	0.19680	1721.8	1957.9	6.2292	0.16813	1719.6	1955.0	6.1495
240	0.20534	1762.9	2009.3	6.3313	0.17551	1761.0	2006.7	6.2523
260	0.21382	1804.7	2061.3	6.4308	0.18283	1803.0	2059.0	6.3523
280	0.22225	1847.3	2114.0	6.5278	0.19010	1845.8	2111.9	6.4498
300	0.23063	1890.6	2167.3	6.6225	0.19732	1889.3	2165.5	6.5450
320	0.23897	1934.6	2221.3	6.7151	0.20450	1933.5	2219.8	6.6380

(계속)

표 B.2.2 ▸ 암모니아의 과열 증기 상태량 (계속)

온도 (°C)	v (m³/kg)	u (kJ/kg)	h (kJ/kg)	s (kJ/kg-K)	v (m³/kg)	u (kJ/kg)	h (kJ/kg)	s (kJ/kg-K)
	1600 kPa (41.03°C)				2000 kPa (49.37°C)			
Sat.	0.08079	1341.2	1470.5	4.8553	0.06444	1342.6	1471.5	4.7680
50	0.08506	1364.9	1501.0	4.9510	0.06471	1344.5	1473.9	4.7754
60	0.08951	1389.3	1532.5	5.0472	0.06875	1372.3	1509.8	4.8848
70	0.09372	1412.3	1562.3	5.1351	0.07246	1397.8	1542.7	4.9821
80	0.09774	1434.3	1590.6	5.2167	0.07595	1421.6	1573.5	5.0707
100	0.10539	1476.2	1644.8	5.3659	0.08248	1466.1	1631.1	5.2294
120	0.11268	1516.6	1696.9	5.5018	0.08861	1508.3	1685.5	5.3714
140	0.11974	1556.4	1748.0	5.6286	0.09447	1549.3	1738.2	5.5022
160	0.12662	1596.1	1798.7	5.7485	0.10016	1589.9	1790.2	5.6251
180	0.13339	1636.1	1849.5	5.8631	0.10571	1630.6	1842.0	5.7420
200	0.14005	1676.5	1900.5	5.9734	0.11116	1671.6	1893.9	5.8540
220	0.14663	1717.4	1952.0	6.0800	0.11652	1713.1	1946.1	5.9621
240	0.15314	1759.0	2004.1	6.1834	0.12182	1755.2	1998.8	6.0668
260	0.15959	1801.3	2056.7	6.2839	0.12705	1797.9	2052.0	6.1685
280	0.16599	1844.3	2109.9	6.3819	0.13224	1841.3	2105.8	6.2675
300	0.17234	1888.0	2163.7	6.4775	0.13737	1885.4	2160.1	6.3641
320	0.17865	1932.4	2218.2	6.5710	0.14246	1930.2	2215.1	6.4583
340	0.18492	1977.5	2273.4	6.6624	0.14751	1975.6	2270.7	6.5505
360	0.19115	2023.3	2329.1	6.7519	0.15253	2021.8	2326.8	6.6406
	5000 kPa (88.90°C)				10000 kPa (125.20°C)			
Sat.	0.02365	1323.2	1441.4	4.3454	0.00826	1206.8	1289.4	3.7587
100	0.02636	1369.7	1501.5	4.5091	—	—	—	—
120	0.03024	1435.1	1586.3	4.7306	—	—	—	—
140	0.03350	1489.8	1657.3	4.9068	0.01195	1341.8	1461.3	4.1839
160	0.03643	1539.5	1721.7	5.0591	0.01461	1432.2	1578.3	4.4610
180	0.03916	1586.9	1782.7	5.1968	0.01666	1500.6	1667.2	4.6617
200	0.04174	1633.1	1841.8	5.3245	0.01842	1560.3	1744.5	4.8287
220	0.04422	1678.9	1900.0	5.4450	0.02001	1615.8	1816.0	4.9767
240	0.04662	1724.8	1957.9	5.5600	0.02150	1669.2	1884.2	5.1123
260	0.04895	1770.9	2015.6	5.6704	0.02290	1721.6	1950.6	5.2392
280	0.05123	1817.4	2073.6	5.7771	0.02424	1773.6	2015.9	5.3596
300	0.05346	1864.5	2131.8	5.8805	0.02552	1825.5	2080.7	5.4746
320	0.05565	1912.1	2190.3	5.9809	0.02676	1877.6	2145.2	5.5852
340	0.05779	1960.3	2249.2	6.0786	0.02796	1930.0	2209.6	5.6921
360	0.05990	2009.1	2308.6	6.1738	0.02913	1982.8	2274.1	5.7955
380	0.06198	2058.5	2368.4	6.2668	0.03026	2036.1	2338.7	5.8960
400	0.06403	2108.4	2428.6	6.3576	0.03137	2089.8	2403.5	5.9937
420	0.06606	2159.0	2489.3	6.4464	0.03245	2143.9	2468.5	6.0888
440	0.06806	2210.1	2550.4	6.5334	0.03351	2198.5	2533.7	6.1815

표 B.3 ▸ 이산화탄소의 열역학 상태량 기준점: $h_f = 0$, $s_f = 0$ (−40°C 포화 액체 상태에서)

표 B.3.1 ▸ 이산화탄소의 포화 상태량 (계속)

		비체적, m³/kg			내부 에너지, kJ/kg		
온도 (°C)	압력 (kPa)	포화 액체 v_f	증발 v_{fg}	포화 증기 v_g	포화 액체 u_f	증발 u_{fg}	포화 증기 u_g
−50.0	682.3	0.000866	0.05492	0.05579	−20.55	302.26	281.71
−48	739.5	0.000872	0.05075	0.05162	−16.64	298.86	282.21
−46	800.2	0.000878	0.04694	0.04782	−12.72	295.42	282.69
−44	864.4	0.000883	0.04347	0.04435	−8.80	291.94	283.15
−42	932.5	0.000889	0.04029	0.04118	−4.85	288.42	283.57
−40	1004.5	0.000896	0.03739	0.03828	−0.90	284.86	283.96
−38	1080.5	0.000902	0.03472	0.03562	3.07	281.26	284.33
−36	1160.7	0.000909	0.03227	0.03318	7.05	277.60	284.66
−34	1245.2	0.000915	0.03002	0.03093	11.05	273.90	284.95
−32	1334.2	0.000922	0.02794	0.02886	15.07	270.14	285.21
−30	1427.8	0.000930	0.02603	0.02696	19.11	266.32	285.43
−28	1526.1	0.000937	0.02425	0.02519	23.17	262.45	285.61
−26	1629.3	0.000945	0.02261	0.02356	27.25	258.51	285.75
−24	1737.5	0.000953	0.02110	0.02205	31.35	254.50	285.85
−22	1850.9	0.000961	0.01968	0.02065	35.48	250.41	285.89
−20	1969.6	0.000969	0.01837	0.01934	39.64	246.25	285.89
−18	2093.8	0.000978	0.01715	0.01813	43.82	242.01	285.84
−16	2223.7	0.000987	0.01601	0.01700	48.04	237.68	285.73
−14	2359.3	0.000997	0.01495	0.01595	52.30	233.26	285.56
−12	2501.0	0.001007	0.01396	0.01497	56.59	228.73	285.32
−10	2648.7	0.001017	0.01303	0.01405	60.92	224.10	285.02
−8	2802.7	0.001028	0.01216	0.01319	65.30	219.35	284.65
−6	2963.2	0.001040	0.01134	0.01238	69.73	214.47	284.20
−4	3130.3	0.001052	0.01057	0.01162	74.20	209.46	283.66
−2	3304.2	0.001065	0.00985	0.01091	78.74	204.29	283.03
0	3485.1	0.001078	0.00916	0.01024	83.34	198.96	282.30
2	3673.3	0.001093	0.00852	0.00961	88.01	193.44	281.46
4	3868.8	0.001108	0.00790	0.00901	92.76	187.73	280.49
6	4072.0	0.001124	0.00732	0.00845	97.60	181.78	279.38
8	4283.1	0.001142	0.00677	0.00791	102.54	175.57	278.11
10	4502.2	0.001161	0.00624	0.00740	107.60	169.07	276.67
12	4729.7	0.001182	0.00573	0.00691	112.79	162.23	275.02
14	4965.8	0.001205	0.00524	0.00645	118.14	154.99	273.13
16	5210.8	0.001231	0.00477	0.00600	123.69	147.26	270.95
18	5465.1	0.001260	0.00431	0.00557	129.48	138.95	268.43
20	5729.1	0.001293	0.00386	0.00515	135.56	129.90	265.46
22	6003.1	0.001332	0.00341	0.00474	142.03	119.89	261.92
24	6287.7	0.001379	0.00295	0.00433	149.04	108.55	257.59
26	6583.7	0.001440	0.00247	0.00391	156.88	95.20	252.07
28	6891.8	0.001526	0.00193	0.00346	166.20	78.26	244.46
30	7213.7	0.001685	0.00121	0.00290	179.49	51.83	231.32
31.0	7377.3	0.002139	0.0	0.00214	203.56	0.0	203.56

(계속)

표 B.3.1 ▸ 이산화탄소의 포화 상태량 (계속)

온도 (°C)	압력 (kPa)	엔탈피, kJ/kg 포화 액체 h_f	증발 h_{fg}	포화 증기 h_g	엔트로피, kJ/kg-K 포화 액체 s_f	증발 s_{fg}	포화 증기 s_g
−50.0	682.3	−19.96	339.73	319.77	−0.0863	1.5224	1.4362
−48	739.5	−16.00	336.38	320.38	−0.0688	1.4940	1.4252
−46	800.2	−12.02	332.98	320.96	−0.0515	1.4659	1.4144
−44	864.4	−8.03	329.52	321.49	−0.0342	1.4380	1.4038
−42	932.5	−4.02	326.00	321.97	−0.0171	1.4103	1.3933
−40	1004.5	0	322.42	322.42	0	1.3829	1.3829
−38	1080.5	4.04	318.78	322.82	0.0170	1.3556	1.3726
−36	1160.7	8.11	315.06	323.17	0.0339	1.3285	1.3624
−34	1245.2	12.19	311.28	323.47	0.0507	1.3016	1.3523
−32	1334.2	16.30	307.42	323.72	0.0675	1.2748	1.3423
−30	1427.8	20.43	303.48	323.92	0.0842	1.2481	1.3323
−28	1526.1	24.60	299.46	324.06	0.1009	1.2215	1.3224
−26	1629.3	28.78	295.35	324.14	0.1175	1.1950	1.3125
−24	1737.5	33.00	291.15	324.15	0.1341	1.1686	1.3026
−22	1850.9	37.26	286.85	324.11	0.1506	1.1421	1.2928
−20	1969.6	41.55	282.44	323.99	0.1672	1.1157	1.2829
−18	2093.8	45.87	277.93	323.80	0.1837	1.0893	1.2730
−16	2223.7	50.24	273.30	323.53	0.2003	1.0628	1.2631
−14	2359.3	54.65	268.54	323.19	0.2169	1.0362	1.2531
−12	2501.0	59.11	263.65	322.76	0.2334	1.0096	1.2430
−10	2648.7	63.62	258.61	322.23	0.2501	0.9828	1.2328
−8	2802.7	68.18	253.43	321.61	0.2668	0.9558	1.2226
−6	2963.2	72.81	248.08	320.89	0.2835	0.9286	1.2121
−4	3130.3	77.50	242.55	320.05	0.3003	0.9012	1.2015
−2	3304.2	82.26	236.83	319.09	0.3173	0.8734	1.1907
0	3485.1	87.10	230.89	317.99	0.3344	0.8453	1.1797
2	3673.3	92.02	224.73	316.75	0.3516	0.8167	1.1683
4	3868.8	97.05	218.30	315.35	0.3690	0.7877	1.1567
6	4072.0	102.18	211.59	313.77	0.3866	0.7580	1.1446
8	4283.1	107.43	204.56	311.99	0.4045	0.7276	1.1321
10	4502.2	112.83	197.15	309.98	0.4228	0.6963	1.1190
12	4729.7	118.38	189.33	307.72	0.4414	0.6640	1.1053
14	4965.8	124.13	181.02	305.15	0.4605	0.6304	1.0909
16	5210.8	130.11	172.12	302.22	0.4802	0.5952	1.0754
18	5465.1	136.36	162.50	298.86	0.5006	0.5581	1.0588
20	5729.1	142.97	152.00	294.96	0.5221	0.5185	1.0406
22	6003.1	150.02	140.34	290.36	0.5449	0.4755	1.0203
24	6287.7	157.71	127.09	284.80	0.5695	0.4277	0.9972
26	6583.7	166.36	111.45	277.80	0.5971	0.3726	0.9697
28	6891.8	176.72	91.58	268.30	0.6301	0.3041	0.9342
30	7213.7	191.65	60.58	252.23	0.6778	0.1998	0.8776
31.0	7377.3	219.34	0.0	219.34	0.7680	0.0	0.7680

표 B.3.2 » 이산화탄소의 과열 증기 상태량 (계속)

온도 (°C)	*v* (m³/kg)	*u* (kJ/kg)	*h* (kJ/kg)	*s* (kJ/kg-K)	*v* (m³/kg)	*u* (kJ/kg)	*h* (kJ/kg)	*s* (kJ/kg-K)
	400 kPa (NA)				800 kPa (−46.00°C)			
Sat.	—	—	—	—	0.04783	282.69	320.95	1.4145
−40	0.10499	292.46	334.46	1.5947	0.04966	287.05	326.78	1.4398
−20	0.11538	305.30	351.46	1.6646	0.05546	301.13	345.49	1.5168
0	0.12552	318.31	368.51	1.7295	0.06094	314.92	363.67	1.5859
20	0.13551	331.57	385.77	1.7904	0.06623	328.73	381.72	1.6497
40	0.14538	345.14	403.29	1.8482	0.07140	342.70	399.82	1.7094
60	0.15518	359.03	421.10	1.9033	0.07648	356.90	418.09	1.7660
80	0.16491	373.25	439.21	1.9561	0.08150	371.37	436.57	1.8199
100	0.17460	387.80	457.64	2.0069	0.08647	386.11	455.29	1.8714
120	0.18425	402.67	476.37	2.0558	0.09141	401.15	474.27	1.9210
140	0.19388	417.86	495.41	2.1030	0.09631	416.47	493.52	1.9687
160	0.20348	433.35	514.74	2.1487	0.10119	432.07	513.03	2.0148
180	0.21307	449.13	534.36	2.1930	0.10606	447.95	532.80	2.0594
200	0.22264	465.20	554.26	2.2359	0.11090	464.11	552.83	2.1027
220	0.23219	481.55	574.42	2.2777	0.11573	480.52	573.11	2.1447
240	0.24173	498.16	594.85	2.3183	0.12056	497.20	593.64	2.1855
260	0.25127	515.02	615.53	2.3578	0.12537	514.12	614.41	2.2252
	1000 kPa (−40.12°C)				1400 kPa (−30.58°C)			
Sat.	0.03845	283.94	322.39	1.3835	0.02750	285.37	323.87	1.3352
−20	0.04342	298.89	342.31	1.4655	0.02957	294.04	335.44	1.3819
0	0.04799	313.15	361.14	1.5371	0.03315	309.42	355.83	1.4595
20	0.05236	327.27	379.63	1.6025	0.03648	324.23	375.30	1.5283
40	0.05660	341.46	398.05	1.6633	0.03966	338.90	394.42	1.5914
60	0.06074	355.82	416.56	1.7206	0.04274	353.62	413.45	1.6503
80	0.06482	370.42	435.23	1.7750	0.04575	368.48	432.52	1.7059
100	0.06885	385.26	454.11	1.8270	0.04870	383.54	451.72	1.7588
120	0.07284	400.38	473.22	1.8768	0.05161	398.83	471.09	1.8093
140	0.07680	415.77	492.57	1.9249	0.05450	414.36	490.66	1.8579
160	0.08074	431.43	512.17	1.9712	0.05736	430.14	510.44	1.9046
180	0.08465	447.36	532.02	2.0160	0.06020	446.17	530.45	1.9498
200	0.08856	463.56	552.11	2.0594	0.06302	462.45	550.68	1.9935
220	0.09244	480.01	572.46	2.1015	0.06583	478.98	571.14	2.0358
240	0.09632	496.72	593.04	2.1424	0.06863	495.76	591.83	2.0770
260	0.10019	513.67	613.86	2.1822	0.07141	512.77	612.74	2.1169
280	0.10405	530.86	634.90	2.2209	0.07419	530.01	633.88	2.1558

(계속)

표 B.3.2 ▸▸ 이산화탄소의 과열 증기 상태량 (계속)

온도 (°C)	v (m³/kg)	u (kJ/kg)	h (kJ/kg)	s (kJ/kg-K)	v (m³/kg)	u (kJ/kg)	h (kJ/kg)	s (kJ/kg-K)
	2000 kPa (−19.50°C)				3000 kPa (−5.55°C)			
Sat.	0.01903	285.88	323.95	1.2804	0.01221	284.09	320.71	1.2098
0	0.02193	303.24	347.09	1.3684	0.01293	290.52	329.32	1.2416
20	0.02453	319.37	368.42	1.4438	0.01512	310.21	355.56	1.3344
40	0.02693	334.88	388.75	1.5109	0.01698	327.61	378.55	1.4104
60	0.02922	350.19	408.64	1.5725	0.01868	344.14	400.19	1.4773
80	0.03143	365.49	428.36	1.6300	0.02029	360.30	421.16	1.5385
100	0.03359	380.90	448.07	1.6843	0.02182	376.35	441.82	1.5954
120	0.03570	396.46	467.85	1.7359	0.02331	392.42	462.35	1.6490
140	0.03777	412.22	487.76	1.7853	0.02477	408.57	482.87	1.6999
160	0.03982	428.18	507.83	1.8327	0.02619	424.87	503.44	1.7485
180	0.04186	444.37	528.08	1.8784	0.02759	441.34	524.12	1.7952
200	0.04387	460.79	548.53	1.9226	0.02898	457.99	544.92	1.8401
220	0.04587	477.43	569.17	1.9653	0.03035	474.83	565.88	1.8835
240	0.04786	494.31	590.02	2.0068	0.03171	491.88	587.01	1.9255
260	0.04983	511.41	611.08	2.0470	0.03306	509.13	608.30	1.9662
280	0.05180	528.73	632.34	2.0862	0.03440	526.59	629.78	2.0057
300	0.05377	546.26	653.80	2.1243	0.03573	544.25	651.43	2.0442
	6000 kPa (21.98°C)				10 000 kPa			
Sat.	0.00474	261.97	290.42	1.0206	—	—	—	—
20	—	—	—	—	0.00117	118.12	129.80	0.4594
40	0.00670	298.62	338.82	1.1806	0.00159	184.23	200.14	0.6906
60	0.00801	322.51	370.54	1.2789	0.00345	277.63	312.11	1.0389
80	0.00908	342.74	397.21	1.3567	0.00451	312.82	357.95	1.1728
100	0.01004	361.47	421.69	1.4241	0.00530	338.20	391.24	1.2646
120	0.01092	379.47	445.02	1.4850	0.00598	360.19	419.96	1.3396
140	0.01176	397.10	467.68	1.5413	0.00658	380.54	446.38	1.4051
160	0.01257	414.56	489.97	1.5939	0.00715	399.99	471.46	1.4644
180	0.01335	431.97	512.06	1.6438	0.00768	418.94	495.73	1.5192
200	0.01411	449.40	534.04	1.6913	0.00819	437.61	519.49	1.5705
220	0.01485	466.91	556.01	1.7367	0.00868	456.12	542.91	1.6190
240	0.01558	484.52	578.00	1.7804	0.00916	474.58	566.14	1.6652
260	0.01630	502.27	600.05	1.8226	0.00962	493.03	589.26	1.7094
280	0.01701	520.15	622.19	1.8634	0.01008	511.53	612.32	1.7518
300	0.01771	538.18	644.44	1.9029	0.01053	530.11	635.37	1.7928
320	0.01840	556.37	666.80	1.9412	0.01097	548.77	658.46	1.8324

표 B.4 ▸ R-410A의 열역학 상태량 기준점: $h_f = 0$, $s_f = 0$ (−40°C 포화 액체 상태에서)

표 B.4.1 ▸ R-410A의 포화 상태량 (계속)

		비체적, m³/kg			내부 에너지, kJ/kg		
온도 (°C)	압력 (kPa)	포화 액체 v_f	증발 v_{fg}	포화 증기 v_g	포화 액체 u_f	증발 u_{fg}	포화 증기 u_g
−60	64.1	0.000727	0.36772	0.36845	−27.50	256.41	228.91
−55	84.0	0.000735	0.28484	0.28558	−20.70	251.89	231.19
−51.4	101.3	0.000741	0.23875	0.23949	−15.78	248.59	232.81
−50	108.7	0.000743	0.22344	0.22418	−13.88	247.31	233.43
−45	138.8	0.000752	0.17729	0.17804	−7.02	242.67	235.64
−40	175.0	0.000762	0.14215	0.14291	−0.13	237.95	237.81
−35	218.4	0.000771	0.11505	0.11582	6.80	233.14	239.94
−30	269.6	0.000781	0.09392	0.09470	13.78	228.23	242.01
−25	329.7	0.000792	0.07726	0.07805	20.82	223.21	244.03
−20	399.6	0.000803	0.06400	0.06480	27.92	218.07	245.99
−15	480.4	0.000815	0.05334	0.05416	35.08	212.79	247.88
−10	573.1	0.000827	0.04470	0.04553	42.32	207.36	249.69
−5	678.9	0.000841	0.03764	0.03848	49.65	201.75	251.41
0	798.7	0.000855	0.03182	0.03267	57.07	195.95	253.02
5	933.9	0.000870	0.02699	0.02786	64.60	189.93	254.53
10	1085.7	0.000886	0.02295	0.02383	72.24	183.66	255.90
15	1255.4	0.000904	0.01955	0.02045	80.02	177.10	257.12
20	1444.2	0.000923	0.01666	0.01758	87.94	170.21	258.16
25	1653.6	0.000944	0.01420	0.01514	96.03	162.95	258.98
30	1885.1	0.000968	0.01208	0.01305	104.32	155.24	259.56
35	2140.2	0.000995	0.01025	0.01124	112.83	147.00	259.83
40	2420.7	0.001025	0.00865	0.00967	121.61	138.11	259.72
45	2728.3	0.001060	0.00723	0.00829	130.72	128.41	259.13
50	3065.2	0.001103	0.00597	0.00707	140.27	117.63	257.90
55	3433.7	0.001156	0.00482	0.00598	150.44	105.34	255.78
60	3836.9	0.001227	0.00374	0.00497	161.57	90.70	252.27
65	4278.3	0.001338	0.00265	0.00399	174.59	71.59	246.19
70	4763.1	0.001619	0.00124	0.00286	194.53	37.47	232.01
71.3	4901.2	0.00218	0	0.00218	215.78	0	215.78

(계속)

표 B.4.1 ▸ R-410A의 포화 상태량 (계속)

온도 (°C)	압력 (kPa)	엔탈피, kJ/kg 포화 액체 h_f	증발 h_{fg}	포화 증기 h_g	엔트로피, kJ/kg-K 포화 액체 s_f	증발 s_{fg}	포화 증기 s_g
−60	64.1	−27.45	279.96	252.51	−0.1227	1.3135	1.1907
−55	84.0	−20.64	275.83	255.19	−0.0912	1.2644	1.1732
−51.4	101.3	−15.70	272.78	257.08	−0.0688	1.2301	1.1613
−50	108.7	−13.80	271.60	257.80	−0.0603	1.2171	1.1568
−45	138.8	−6.92	267.27	260.35	−0.0299	1.1715	1.1416
−40	175.0	0	262.83	262.83	0	1.1273	1.1273
−35	218.4	6.97	258.26	265.23	0.0294	1.0844	1.1139
−30	269.6	13.99	253.55	267.54	0.0585	1.0428	1.1012
−25	329.7	21.08	248.69	269.77	0.0871	1.0022	1.0893
−20	399.6	28.24	243.65	271.89	0.1154	0.9625	1.0779
−15	480.4	35.47	238.42	273.90	0.1435	0.9236	1.0671
−10	573.1	42.80	232.98	275.78	0.1713	0.8854	1.0567
−5	678.9	50.22	227.31	277.53	0.1989	0.8477	1.0466
0	798.7	57.76	221.37	279.12	0.2264	0.8104	1.0368
5	933.9	65.41	215.13	280.55	0.2537	0.7734	1.0272
10	1085.7	73.21	208.57	281.78	0.2810	0.7366	1.0176
15	1255.4	81.15	201.64	282.79	0.3083	0.6998	1.0081
20	1444.2	89.27	194.28	283.55	0.3357	0.6627	0.9984
25	1653.6	97.59	186.43	284.02	0.3631	0.6253	0.9884
30	1885.1	106.14	178.02	284.16	0.3908	0.5872	0.9781
35	2140.2	114.95	168.94	283.89	0.4189	0.5482	0.9671
40	2420.7	124.09	159.04	283.13	0.4473	0.5079	0.9552
45	2728.3	133.61	148.14	281.76	0.4765	0.4656	0.9421
50	3065.2	143.65	135.93	279.58	0.5067	0.4206	0.9273
55	3433.7	154.41	121.89	276.30	0.5384	0.3715	0.9099
60	3836.9	166.28	105.04	271.33	0.5729	0.3153	0.8882
65	4278.3	180.32	82.95	263.26	0.6130	0.2453	0.8583
70	4763.1	202.24	43.40	245.64	0.6752	0.1265	0.8017
71.3	4901.2	226.46	0	226.46	0.7449	0	0.7449

표 B.4.2 ▸▸ R-410A의 과열 증기 상태량 (계속)

온도 (°C)	v (m³/kg)	u (kJ/kg)	h (kJ/kg)	s (kJ/kg-K)	v (m³/kg)	u (kJ/kg)	h (kJ/kg)	s (kJ/kg-K)
	50 kPa (−64.34°C)				100 kPa (−51.65°C)			
Sat.	0.46484	226.90	250.15	1.2070	0.24247	232.70	256.94	1.1621
−60	0.47585	229.60	253.40	1.2225	—	—	—	—
−40	0.52508	241.94	268.20	1.2888	0.25778	240.40	266.18	1.2027
−20	0.57295	254.51	283.16	1.3504	0.28289	253.44	281.73	1.2667
0	0.62016	267.52	298.53	1.4088	0.30723	266.72	297.44	1.3265
20	0.66698	281.05	314.40	1.4649	0.33116	280.42	313.54	1.3833
40	0.71355	295.15	330.83	1.5191	0.35483	294.64	330.12	1.4380
60	0.75995	309.84	347.83	1.5717	0.37833	309.40	347.24	1.4910
80	0.80623	325.11	365.43	1.6230	0.40171	324.75	364.92	1.5425
100	0.85243	340.99	383.61	1.6731	0.42500	340.67	383.17	1.5928
120	0.89857	357.46	402.38	1.7221	0.44822	357.17	401.99	1.6419
140	0.94465	374.50	421.74	1.7701	0.47140	374.25	421.39	1.6901
160	0.99070	392.12	441.65	1.8171	0.49453	391.89	441.34	1.7372
180	1.03671	410.28	462.12	1.8633	0.51764	410.07	461.84	1.7835
200	1.08270	428.98	483.11	1.9087	0.54072	428.79	482.86	1.8289
220	1.12867	448.19	504.63	1.9532	0.56378	448.02	504.40	1.8734
240	1.17462	467.90	526.63	1.9969	0.58682	467.74	526.42	1.9172
	150 kPa (−43.35°C)				200 kPa (−37.01°C)			
Sat.	0.16540	236.36	261.17	1.1368	0.12591	239.09	264.27	1.1192
−40	0.16851	238.72	263.99	1.1489	—	—	—	—
−20	0.18613	252.34	280.26	1.2159	0.13771	251.18	278.72	1.1783
0	0.20289	265.90	296.33	1.2770	0.15070	265.06	295.20	1.2410
20	0.21921	279.78	312.66	1.3347	0.16322	279.13	311.78	1.2995
40	0.23525	294.12	329.40	1.3899	0.17545	293.59	328.68	1.3553
60	0.25112	308.97	346.64	1.4433	0.18750	308.53	346.03	1.4090
80	0.26686	324.37	364.40	1.4950	0.19943	324.00	363.89	1.4610
100	0.28251	340.35	382.72	1.5455	0.21127	340.02	382.28	1.5117
120	0.29810	356.89	401.60	1.5948	0.22305	356.60	401.21	1.5611
140	0.31364	374.00	421.04	1.6430	0.23477	373.74	420.70	1.6094
160	0.32915	391.66	441.03	1.6902	0.24645	391.43	440.72	1.6568
180	0.34462	409.87	461.56	1.7366	0.25810	409.66	461.28	1.7032
200	0.36006	428.60	482.61	1.7820	0.26973	428.41	482.35	1.7487
220	0.37548	447.84	504.16	1.8266	0.28134	447.67	503.93	1.7933
240	0.39089	467.58	526.21	1.8705	0.29293	467.41	526.00	1.8372
260	0.40628	487.78	548.73	1.9135	0.30450	487.63	548.53	1.8803

(계속)

표 B.4.2 » R-410A의 과열 증기 상태량 (계속)

온도 (°C)	*v* (m³/kg)	*u* (kJ/kg)	*h* (kJ/kg)	*s* (kJ/kg-K)	*v* (m³/kg)	*u* (kJ/kg)	*h* (kJ/kg)	*s* (kJ/kg-K)
	300 kPa (−27.37°C)				400 kPa (−19.98°C)			
Sat.	0.08548	243.08	268.72	1.0949	0.06475	246.00	271.90	1.0779
−20	0.08916	248.71	275.46	1.1219	—	—	—	—
0	0.09845	263.33	292.87	1.1881	0.07227	261.51	290.42	1.1483
20	0.10720	277.81	309.96	1.2485	0.07916	276.44	308.10	1.2108
40	0.11564	292.53	327.22	1.3054	0.08571	291.44	325.72	1.2689
60	0.12388	307.65	344.81	1.3599	0.09207	306.75	343.58	1.3242
80	0.13200	323.25	362.85	1.4125	0.09828	322.49	361.80	1.3773
100	0.14003	339.37	381.38	1.4635	0.10440	338.72	380.48	1.4288
120	0.14798	356.03	400.43	1.5132	0.11045	355.45	399.64	1.4788
140	0.15589	373.23	420.00	1.5617	0.11645	372.72	419.30	1.5276
160	0.16376	390.97	440.10	1.6093	0.12241	390.51	439.47	1.5752
180	0.17159	409.24	460.72	1.6558	0.12834	408.82	460.16	1.6219
200	0.17940	428.03	481.85	1.7014	0.13424	427.64	481.34	1.6676
220	0.18719	447.31	503.47	1.7462	0.14012	446.96	503.01	1.7125
240	0.19496	467.09	525.58	1.7901	0.14598	466.76	525.15	1.7565
260	0.20272	487.33	548.15	1.8332	0.15182	487.03	547.76	1.7997
280	0.21046	508.02	571.16	1.8756	0.15766	507.74	570.81	1.8422
	500 kPa (−13.89°C)				600 kPa (−8.67°C)			
Sat.	0.05208	248.29	274.33	1.0647	0.04351	250.15	276.26	1.0540
0	0.05651	259.59	287.84	1.1155	0.04595	257.54	285.12	1.0869
20	0.06231	275.02	306.18	1.1803	0.05106	273.56	304.20	1.1543
40	0.06775	290.32	324.20	1.2398	0.05576	289.19	322.64	1.2152
60	0.07297	305.84	342.32	1.2959	0.06023	304.91	341.05	1.2722
80	0.07804	321.72	360.74	1.3496	0.06455	320.94	359.67	1.3265
100	0.08302	338.05	379.56	1.4014	0.06877	337.38	378.65	1.3787
120	0.08793	354.87	398.84	1.4517	0.07292	354.29	398.04	1.4294
140	0.09279	372.20	418.60	1.5007	0.07701	371.68	417.89	1.4786
160	0.09760	390.05	438.85	1.5486	0.08106	389.58	438.22	1.5266
180	0.10238	408.40	459.59	1.5954	0.08508	407.98	459.03	1.5736
200	0.10714	427.26	480.83	1.6413	0.08907	426.88	480.32	1.6196
220	0.11187	446.61	502.55	1.6862	0.09304	446.26	502.08	1.6646
240	0.11659	466.44	524.73	1.7303	0.09700	466.11	524.31	1.7088
260	0.12129	486.73	547.37	1.7736	0.10093	486.42	546.98	1.7521
280	0.12598	507.46	570.45	1.8161	0.10486	507.18	570.09	1.7947
300	0.13066	528.62	593.95	1.8578	0.10877	528.36	593.62	1.8365

(계속)

표 B.4.2 ▸ R-410A의 과열 증기 상태량 (계속)

온도 (°C)	*v* (m^3/kg)	*u* (kJ/kg)	*h* (kJ/kg)	*s* (kJ/kg-K)	*v* (m^3/kg)	*u* (kJ/kg)	*h* (kJ/kg)	*s* (kJ/kg-K)
	800 kPa (0.05°C)				1000 kPa (7.25°C)			
Sat.	0.03262	253.04	279.14	1.0367	0.02596	255.16	281.12	1.0229
20	0.03693	270.47	300.02	1.1105	0.02838	267.11	295.49	1.0730
40	0.04074	286.83	319.42	1.1746	0.03170	284.35	316.05	1.1409
60	0.04429	303.01	338.44	1.2334	0.03470	301.04	335.75	1.2019
80	0.04767	319.36	357.49	1.2890	0.03753	317.73	355.27	1.2588
100	0.05095	336.03	376.79	1.3421	0.04025	334.65	374.89	1.3128
120	0.05415	353.11	396.42	1.3934	0.04288	351.91	394.79	1.3648
140	0.05729	370.64	416.47	1.4431	0.04545	369.58	415.04	1.4150
160	0.06039	388.65	436.96	1.4915	0.04798	387.70	435.68	1.4638
180	0.06345	407.13	457.90	1.5388	0.05048	406.28	456.76	1.5113
200	0.06649	426.10	479.30	1.5850	0.05294	425.33	478.27	1.5578
220	0.06951	445.55	501.15	1.6302	0.05539	444.84	500.23	1.6032
240	0.07251	465.46	523.46	1.6746	0.05781	464.80	522.62	1.6477
260	0.07549	485.82	546.21	1.7181	0.06023	485.21	545.43	1.6914
280	0.07846	506.61	569.38	1.7607	0.06262	506.05	568.67	1.7341
300	0.08142	527.83	592.97	1.8026	0.06501	527.30	592.31	1.7761
	1200 kPa (13.43°C)				1400 kPa (18.88°C)			
Sat.	0.02145	256.75	282.50	1.0111	0.01819	257.94	283.40	1.0006
20	0.02260	263.39	290.51	1.0388	0.01838	259.18	284.90	1.0057
40	0.02563	281.72	312.48	1.1113	0.02127	278.93	308.71	1.0843
60	0.02830	299.00	332.96	1.1747	0.02371	296.88	330.07	1.1505
80	0.03077	316.06	352.98	1.2331	0.02593	314.35	350.64	1.2105
100	0.03311	333.24	372.97	1.2881	0.02801	331.80	371.01	1.2666
120	0.03537	350.69	393.13	1.3408	0.03000	349.46	391.46	1.3199
140	0.03756	368.51	413.59	1.3915	0.03192	367.43	412.13	1.3712
160	0.03971	386.75	434.40	1.4407	0.03380	385.79	433.12	1.4208
180	0.04183	405.43	455.62	1.4886	0.03565	404.56	454.47	1.4690
200	0.04391	424.55	477.24	1.5353	0.03746	423.77	476.21	1.5160
220	0.04597	444.12	499.29	1.5809	0.03925	443.41	498.36	1.5618
240	0.04802	464.14	521.77	1.6256	0.04102	463.49	520.92	1.6066
260	0.05005	484.60	544.66	1.6693	0.04278	483.99	543.88	1.6505
280	0.05207	505.48	567.96	1.7122	0.04452	504.91	567.25	1.6936
300	0.05407	526.77	591.66	1.7543	0.04626	526.25	591.01	1.7358
320	0.05607	548.47	615.75	1.7956	0.04798	547.97	615.14	1.7772

(계속)

표 B.4.2 ▸▸ R-410A의 과열 증기 상태량 (계속)

온도 (°C)	*v* (m³/kg)	*u* (kJ/kg)	*h* (kJ/kg)	*s* (kJ/kg-K)	*v* (m³/kg)	*u* (kJ/kg)	*h* (kJ/kg)	*s* (kJ/kg-K)
	1800 kPa (28.22°C)				2000 kPa (32.31°C)			
Sat.	0.01376	259.38	284.15	0.9818	0.01218	259.72	284.09	0.9731
40	0.01534	272.67	300.29	1.0344	0.01321	269.07	295.49	1.0099
60	0.01754	292.34	323.92	1.1076	0.01536	289.90	320.62	1.0878
80	0.01945	310.76	345.77	1.1713	0.01717	308.88	343.22	1.1537
100	0.02119	328.84	366.98	1.2297	0.01880	327.30	364.91	1.2134
120	0.02283	346.93	388.03	1.2847	0.02032	345.64	386.29	1.2693
140	0.02441	365.24	409.17	1.3371	0.02177	364.12	407.66	1.3223
160	0.02593	383.85	430.51	1.3875	0.02317	382.86	429.20	1.3732
180	0.02741	402.82	452.16	1.4364	0.02452	401.94	450.99	1.4224
200	0.02886	422.19	474.14	1.4839	0.02585	421.40	473.10	1.4701
220	0.03029	441.97	496.49	1.5301	0.02715	441.25	495.55	1.5166
240	0.03170	462.16	519.22	1.5753	0.02844	461.50	518.37	1.5619
260	0.03309	482.77	542.34	1.6195	0.02970	482.16	541.56	1.6063
280	0.03447	503.78	565.83	1.6627	0.03095	503.21	565.12	1.6497
300	0.03584	525.19	589.70	1.7051	0.03220	524.66	589.05	1.6922
320	0.03720	546.98	613.94	1.7467	0.03343	546.49	613.35	1.7338
340	0.03855	569.15	638.54	1.7875	0.03465	568.69	637.99	1.7747
	3000 kPa (49.07°C)				4000 kPa (61.90°C)			
Sat.	0.00729	258.19	280.06	0.9303	0.00460	250.37	268.76	0.8782
60	0.00858	274.96	300.70	0.9933	—	—	—	—
80	0.01025	298.38	329.12	1.0762	0.00661	285.02	311.48	1.0028
100	0.01159	319.07	353.84	1.1443	0.00792	309.62	341.29	1.0850
120	0.01277	338.84	377.16	1.2052	0.00897	331.39	367.29	1.1529
140	0.01387	358.32	399.92	1.2617	0.00990	352.14	391.75	1.2136
160	0.01489	377.80	422.49	1.3150	0.01076	372.51	415.53	1.2698
180	0.01588	397.46	445.09	1.3661	0.01156	392.82	439.05	1.3229
200	0.01683	417.37	467.85	1.4152	0.01232	413.25	462.52	1.3736
220	0.01775	437.60	490.84	1.4628	0.01305	433.88	486.10	1.4224
240	0.01865	458.16	514.11	1.5091	0.01377	454.79	509.85	1.4696
260	0.01954	479.08	537.69	1.5541	0.01446	475.99	533.83	1.5155
280	0.02041	500.37	561.59	1.5981	0.01514	497.51	558.08	1.5601
300	0.02127	522.01	585.81	1.6411	0.01581	519.37	582.60	1.6037
320	0.02212	544.02	610.37	1.6833	0.01647	541.55	607.42	1.6462
340	0.02296	566.37	635.25	1.7245	0.01712	564.06	632.54	1.6879
360	0.02379	589.07	660.45	1.7650	0.01776	586.90	657.95	1.7286

표 B.5 ▸ R-134a의 열역학 상태량 기준점: $h_f = 200$ kJ/kg, $s_f = 1$ kJ/kg-K (0°C 포화 액체 상태에서)

표 B.5.1 ▸ R-134a의 포화 상태량 (계속)

		비체적, m^3/kg			내부 에너지, kJ/kg		
온도 (°C)	압력 (kPa)	포화 액체 v_f	증발 v_{fg}	포화 증기 v_g	포화 액체 u_f	증발 u_{fg}	포화 증기 u_g
−70	8.3	0.000675	1.97207	1.97274	119.46	218.74	338.20
−65	11.7	0.000679	1.42915	1.42983	123.18	217.76	340.94
−60	16.3	0.000684	1.05199	1.05268	127.52	216.19	343.71
−55	22.2	0.000689	0.78609	0.78678	132.36	214.14	346.50
−50	29.9	0.000695	0.59587	0.59657	137.60	211.71	349.31
−45	39.6	0.000701	0.45783	0.45853	143.15	208.99	352.15
−40	51.8	0.000708	0.35625	0.35696	148.95	206.05	355.00
−35	66.8	0.000715	0.28051	0.28122	154.93	202.93	357.86
−30	85.1	0.000722	0.22330	0.22402	161.06	199.67	360.73
−26.3	101.3	0.000728	0.18947	0.19020	165.73	197.16	362.89
−25	107.2	0.000730	0.17957	0.18030	167.30	196.31	363.61
−20	133.7	0.000738	0.14576	0.14649	173.65	192.85	366.50
−15	165.0	0.000746	0.11932	0.12007	180.07	189.32	369.39
−10	201.7	0.000755	0.09845	0.09921	186.57	185.70	372.27
−5	244.5	0.000764	0.08181	0.08257	193.14	182.01	375.15
0	294.0	0.000773	0.06842	0.06919	199.77	178.24	378.01
5	350.9	0.000783	0.05755	0.05833	206.48	174.38	380.85
10	415.8	0.000794	0.04866	0.04945	213.25	170.42	383.67
15	489.5	0.000805	0.04133	0.04213	220.10	166.35	386.45
20	572.8	0.000817	0.03524	0.03606	227.03	162.16	389.19
25	666.3	0.000829	0.03015	0.03098	234.04	157.83	391.87
30	771.0	0.000843	0.02587	0.02671	241.14	153.34	394.48
35	887.6	0.000857	0.02224	0.02310	248.34	148.68	397.02
40	1017.0	0.000873	0.01915	0.02002	255.65	143.81	399.46
45	1160.2	0.000890	0.01650	0.01739	263.08	138.71	401.79
50	1318.1	0.000908	0.01422	0.01512	270.63	133.35	403.98
55	1491.6	0.000928	0.01224	0.01316	278.33	127.68	406.01
60	1681.8	0.000951	0.01051	0.01146	286.19	121.66	407.85
65	1889.9	0.000976	0.00899	0.00997	294.24	115.22	409.46
70	2117.0	0.001005	0.00765	0.00866	302.51	108.27	410.78
75	2364.4	0.001038	0.00645	0.00749	311.06	100.68	411.74
80	2633.6	0.001078	0.00537	0.00645	319.96	92.26	412.22
85	2926.2	0.001128	0.00437	0.00550	329.35	82.67	412.01
90	3244.5	0.001195	0.00341	0.00461	339.51	71.24	410.75
95	3591.5	0.001297	0.00243	0.00373	351.17	56.25	407.42
100	3973.2	0.001557	0.00108	0.00264	368.55	28.19	396.74
101.2	4064.0	0.001969	0	0.00197	382.97	0	382.97

(계속)

표 B.5.1 ▸ R-134a의 포화 상태량 (계속)

		엔탈피, kJ/kg			엔트로피, kJ/kg-K		
온도 (°C)	압력 (kPa)	포화 액체 h_f	증발 h_{fg}	포화 증기 h_g	포화 액체 s_f	증발 s_{fg}	포화 증기 s_g
−70	8.3	119.47	235.15	354.62	0.6645	1.1575	1.8220
−65	11.7	123.18	234.55	357.73	0.6825	1.1268	1.8094
−60	16.3	127.53	233.33	360.86	0.7031	1.0947	1.7978
−55	22.2	132.37	231.63	364.00	0.7256	1.0618	1.7874
−50	29.9	137.62	229.54	367.16	0.7493	1.0286	1.7780
−45	39.6	143.18	227.14	370.32	0.7740	0.9956	1.7695
−40	51.8	148.98	224.50	373.48	0.7991	0.9629	1.7620
−35	66.8	154.98	221.67	376.64	0.8245	0.9308	1.7553
−30	85.1	161.12	218.68	379.80	0.8499	0.8994	1.7493
−26.3	101.3	165.80	216.36	382.16	0.8690	0.8763	1.7453
−25	107.2	167.38	215.57	382.95	0.8754	0.8687	1.7441
−20	133.7	173.74	212.34	386.08	0.9007	0.8388	1.7395
−15	165.0	180.19	209.00	389.20	0.9258	0.8096	1.7354
−10	201.7	186.72	205.56	392.28	0.9507	0.7812	1.7319
−5	244.5	193.32	202.02	395.34	0.9755	0.7534	1.7288
0	294.0	200.00	198.36	398.36	1.0000	0.7262	1.7262
5	350.9	206.75	194.57	401.32	1.0243	0.6995	1.7239
10	415.8	213.58	190.65	404.23	1.0485	0.6733	1.7218
15	489.5	220.49	186.58	407.07	1.0725	0.6475	1.7200
20	572.8	227.49	182.35	409.84	1.0963	0.6220	1.7183
25	666.3	234.59	177.92	412.51	1.1201	0.5967	1.7168
30	771.0	241.79	173.29	415.08	1.1437	0.5716	1.7153
35	887.6	249.10	168.42	417.52	1.1673	0.5465	1.7139
40	1017.0	256.54	163.28	419.82	1.1909	0.5214	1.7123
45	1160.2	264.11	157.85	421.96	1.2145	0.4962	1.7106
50	1318.1	271.83	152.08	423.91	1.2381	0.4706	1.7088
55	1491.6	279.72	145.93	425.65	1.2619	0.4447	1.7066
60	1681.8	287.79	139.33	427.13	1.2857	0.4182	1.7040
65	1889.9	296.09	132.21	428.30	1.3099	0.3910	1.7008
70	2117.0	304.64	124.47	429.11	1.3343	0.3627	1.6970
75	2364.4	313.51	115.94	429.45	1.3592	0.3330	1.6923
80	2633.6	322.79	106.40	429.19	1.3849	0.3013	1.6862
85	2926.2	332.65	95.45	428.10	1.4117	0.2665	1.6782
90	3244.5	343.38	82.31	425.70	1.4404	0.2267	1.6671
95	3591.5	355.83	64.98	420.81	1.4733	0.1765	1.6498
100	3973.2	374.74	32.47	407.21	1.5228	0.0870	1.6098
101.2	4064.0	390.98	0	390.98	1.5658	0	1.5658

표 B.5.2 ▸ R-134a의 과열 증기 상태량 (계속)

온도 (°C)	v (m³/kg)	u (kJ/kg)	h (kJ/kg)	s (kJ/kg-K)	v (m³/kg)	u (kJ/kg)	h (kJ/kg)	s (kJ/kg-K)
	50 kPa (−40.67°C)				100 kPa (−26.54°C)			
Sat.	0.36889	354.61	373.06	1.7629	0.19257	362.73	381.98	1.7456
−20	0.40507	368.57	388.82	1.8279	0.19860	367.36	387.22	1.7665
−10	0.42222	375.53	396.64	1.8582	0.20765	374.51	395.27	1.7978
0	0.43921	382.63	404.59	1.8878	0.21652	381.76	403.41	1.8281
10	0.45608	389.90	412.70	1.9170	0.22527	389.14	411.67	1.8578
20	0.47287	397.32	420.96	1.9456	0.23392	396.66	420.05	1.8869
30	0.48958	404.90	429.38	1.9739	0.24250	404.31	428.56	1.9155
40	0.50623	412.64	437.96	2.0017	0.25101	412.12	437.22	1.9436
50	0.52284	420.55	446.70	2.0292	0.25948	420.08	446.03	1.9712
60	0.53941	428.63	455.60	2.0563	0.26791	428.20	454.99	1.9985
70	0.55595	436.86	464.66	2.0831	0.27631	436.47	464.10	2.0255
80	0.57247	445.26	473.88	2.1096	0.28468	444.89	473.36	2.0521
90	0.58896	453.82	483.26	2.1358	0.29302	453.47	482.78	2.0784
100	0.60544	462.53	492.81	2.1617	0.30135	462.21	492.35	2.1044
110	0.62190	471.41	502.50	2.1874	0.30967	471.11	502.07	2.1301
120	0.63835	480.44	512.36	2.2128	0.31797	480.16	511.95	2.1555
130	0.65479	489.63	522.37	2.2379	0.32626	489.36	521.98	2.1807
	150 kPa (−17.29°C)				200 kPa (−10.22°C)			
Sat.	0.13139	368.06	387.77	1.7372	0.10002	372.15	392.15	1.7320
−10	0.13602	373.44	393.84	1.7606	0.10013	372.31	392.34	1.7328
0	0.14222	380.85	402.19	1.7917	0.10501	379.91	400.91	1.7647
10	0.14828	388.36	410.60	1.8220	0.10974	387.55	409.50	1.7956
20	0.15424	395.98	419.11	1.8515	0.11436	395.27	418.15	1.8256
30	0.16011	403.71	427.73	1.8804	0.11889	403.10	426.87	1.8549
40	0.16592	411.59	436.47	1.9088	0.12335	411.04	435.71	1.8836
50	0.17168	419.60	445.35	1.9367	0.12776	419.11	444.66	1.9117
60	0.17740	427.76	454.37	1.9642	0.13213	427.31	453.74	1.9394
70	0.18308	436.06	463.53	1.9913	0.13646	435.65	462.95	1.9666
80	0.18874	444.52	472.83	2.0180	0.14076	444.14	472.30	1.9935
90	0.19437	453.13	482.28	2.0444	0.14504	452.78	481.79	2.0200
100	0.19999	461.89	491.89	2.0705	0.14930	461.56	491.42	2.0461
110	0.20559	470.80	501.64	2.0963	0.15355	470.50	501.21	2.0720
120	0.21117	479.87	511.54	2.1218	0.15777	479.58	511.13	2.0976
130	0.21675	489.08	521.60	2.1470	0.16199	488.81	521.21	2.1229
140	0.22231	498.45	531.80	2.1720	0.16620	498.19	531.43	2.1479

(계속)

표 B.5.2 ▸ R-134a의 과열 증기 상태량 (계속)

온도 (°C)	*v* (m³/kg)	*u* (kJ/kg)	*h* (kJ/kg)	*s* (kJ/kg-K)	*v* (m³/kg)	*u* (kJ/kg)	*h* (kJ/kg)	*s* (kJ/kg-K)
	300 kPa (0.56°C)				400 kPa (8.84°C)			
Sat.	0.06787	378.33	398.69	1.7259	0.05136	383.02	403.56	1.7223
10	0.07111	385.84	407.17	1.7564	0.05168	383.98	404.65	1.7261
20	0.07441	393.80	416.12	1.7874	0.05436	392.22	413.97	1.7584
30	0.07762	401.81	425.10	1.8175	0.05693	400.45	423.22	1.7895
40	0.08075	409.90	434.12	1.8468	0.05940	408.70	432.46	1.8195
50	0.08382	418.09	443.23	1.8755	0.06181	417.03	441.75	1.8487
60	0.08684	426.39	452.44	1.9035	0.06417	425.44	451.10	1.8772
70	0.08982	434.82	461.76	1.9311	0.06648	433.95	460.55	1.9051
80	0.09277	443.37	471.21	1.9582	0.06877	442.58	470.09	1.9325
90	0.09570	452.07	480.78	1.9850	0.07102	451.34	479.75	1.9595
100	0.09861	460.90	490.48	2.0113	0.07325	460.22	489.52	1.9860
110	0.10150	469.87	500.32	2.0373	0.07547	469.24	499.43	2.0122
120	0.10437	478.99	510.30	2.0631	0.07767	478.40	509.46	2.0381
130	0.10723	488.26	520.43	2.0885	0.07985	487.69	519.63	2.0636
140	0.11008	497.66	530.69	2.1136	0.08202	497.13	529.94	2.0889
150	0.11292	507.22	541.09	2.1385	0.08418	506.71	540.38	2.1139
160	0.11575	516.91	551.64	2.1631	0.08634	516.43	550.97	2.1386
	500 kPa (15.66°C)				600 kPa (21.52°C)			
Sat.	0.04126	386.82	407.45	1.7198	0.03442	390.01	410.66	1.7179
20	0.04226	390.52	411.65	1.7342	—	—	—	—
30	0.04446	398.99	421.22	1.7663	0.03609	397.44	419.09	1.7461
40	0.04656	407.44	430.72	1.7971	0.03796	406.11	428.88	1.7779
50	0.04858	415.91	440.20	1.8270	0.03974	414.75	438.59	1.8084
60	0.05055	424.44	449.72	1.8560	0.04145	423.41	448.28	1.8379
70	0.05247	433.06	459.29	1.8843	0.04311	432.13	457.99	1.8666
80	0.05435	441.77	468.94	1.9120	0.04473	440.93	467.76	1.8947
90	0.05620	450.59	478.69	1.9392	0.04632	449.82	477.61	1.9222
100	0.05804	459.53	488.55	1.9660	0.04788	458.82	487.55	1.9492
110	0.05985	468.60	498.52	1.9924	0.04943	467.94	497.59	1.9758
120	0.06164	477.79	508.61	2.0184	0.05095	477.18	507.75	2.0019
130	0.06342	487.13	518.83	2.0440	0.05246	486.55	518.03	2.0277
140	0.06518	496.59	529.19	2.0694	0.05396	496.05	528.43	2.0532
150	0.06694	506.20	539.67	2.0945	0.05544	505.69	538.95	2.0784
160	0.06869	515.95	550.29	2.1193	0.05692	515.46	549.61	2.1033
170	0.07043	525.83	561.04	2.1438	0.05839	525.36	560.40	2.1279

(계속)

표 B.5.2 » R-134a의 과열 증기 상태량 (계속)

온도 (°C)	v (m³/kg)	u (kJ/kg)	h (kJ/kg)	s (kJ/kg-K)	v (m³/kg)	u (kJ/kg)	h (kJ/kg)	s (kJ/kg-K)
	800 kPa (31.30°C)				1000 kPa (39.37°C)			
Sat.	0.02571	395.15	415.72	1.7150	0.02038	399.16	419.54	1.7125
40	0.02711	403.17	424.86	1.7446	0.02047	399.78	420.25	1.7148
50	0.02861	412.23	435.11	1.7768	0.02185	409.39	431.24	1.7494
60	0.03002	421.20	445.22	1.8076	0.02311	418.78	441.89	1.7818
70	0.03137	430.17	455.27	1.8373	0.02429	428.05	452.34	1.8127
80	0.03268	439.17	465.31	1.8662	0.02542	437.29	462.70	1.8425
90	0.03394	448.22	475.38	1.8943	0.02650	446.53	473.03	1.8713
100	0.03518	457.35	485.50	1.9218	0.02754	455.82	483.36	1.8994
110	0.03639	466.58	495.70	1.9487	0.02856	465.18	493.74	1.9268
120	0.03758	475.92	505.99	1.9753	0.02956	474.62	504.17	1.9537
130	0.03876	485.37	516.38	2.0014	0.03053	484.16	514.69	1.9801
140	0.03992	494.94	526.88	2.0271	0.03150	493.81	525.30	2.0061
150	0.04107	504.64	537.50	2.0525	0.03244	503.57	536.02	2.0318
160	0.04221	514.46	548.23	2.0775	0.03338	513.46	546.84	2.0570
170	0.04334	524.42	559.09	2.1023	0.03431	523.46	557.77	2.0820
180	0.04446	534.51	570.08	2.1268	0.03523	533.60	568.83	2.1067
	1200 kPa (46.31°C)				1400 kPa (52.42°C)			
Sat.	0.01676	402.37	422.49	1.7102	0.01414	404.98	424.78	1.7077
50	0.01724	406.15	426.84	1.7237	—	—	—	—
60	0.01844	416.08	438.21	1.7584	0.01503	413.03	434.08	1.7360
70	0.01953	425.74	449.18	1.7908	0.01608	423.20	445.72	1.7704
80	0.02055	435.27	459.92	1.8217	0.01704	433.09	456.94	1.8026
90	0.02151	444.74	470.55	1.8514	0.01793	442.83	467.93	1.8333
100	0.02244	454.20	481.13	1.8801	0.01878	452.50	478.79	1.8628
110	0.02333	463.71	491.70	1.9081	0.01958	462.17	489.59	1.8914
120	0.02420	473.27	502.31	1.9354	0.02036	471.87	500.38	1.9192
130	0.02504	482.91	512.97	1.9621	0.02112	481.63	511.19	1.9463
140	0.02587	492.65	523.70	1.9884	0.02186	491.46	522.05	1.9730
150	0.02669	502.48	534.51	2.0143	0.02258	501.37	532.98	1.9991
160	0.02750	512.43	545.43	2.0398	0.02329	511.39	543.99	2.0248
170	0.02829	522.50	556.44	2.0649	0.02399	521.51	555.10	2.0502
180	0.02907	532.68	567.57	2.0898	0.02468	531.75	566.30	2.0752

(계속)

표 B.5.2 ▸ R-134a의 과열 증기 상태량 (계속)

온도 (°C)	*v* (m³/kg)	*u* (kJ/kg)	*h* (kJ/kg)	*s* (kJ/kg-K)	*v* (m³/kg)	*u* (kJ/kg)	*h* (kJ/kg)	*s* (kJ/kg-K)
	1600 kPa (57.90°C)				2000 kPa (67.48°C)			
Sat.	0.01215	407.11	426.54	1.7051	0.00930	410.15	428.75	1.6991
60	0.01239	409.49	429.32	1.7135	—	—	—	—
70	0.01345	420.37	441.89	1.7507	0.00958	413.37	432.53	1.7101
80	0.01438	430.72	453.72	1.7847	0.01055	425.20	446.30	1.7497
90	0.01522	440.79	465.15	1.8166	0.01137	436.20	458.95	1.7850
100	0.01601	450.71	476.33	1.8469	0.01211	446.78	471.00	1.8177
110	0.01676	460.57	487.39	1.8762	0.01279	457.12	482.69	1.8487
120	0.01748	470.42	498.39	1.9045	0.01342	467.34	494.19	1.8783
130	0.01817	480.30	509.37	1.9321	0.01403	477.51	505.57	1.9069
140	0.01884	490.23	520.38	1.9591	0.01461	487.68	516.90	1.9346
150	0.01949	500.24	531.43	1.9855	0.01517	497.89	528.22	1.9617
160	0.02013	510.33	542.54	2.0115	0.01571	508.15	539.57	1.9882
170	0.02076	520.52	553.73	2.0370	0.01624	518.48	550.96	2.0142
180	0.02138	530.81	565.02	2.0622	0.01676	528.89	562.42	2.0398
	3000 kPa (86.20°C)				4000 kPa (100.33°C)			
Sat.	0.00528	411.83	427.67	1.6759	0.00252	394.86	404.94	1.6036
90	0.00575	418.93	436.19	1.6995	—	—	—	—
100	0.00665	433.77	453.73	1.7472	—	—	—	—
110	0.00734	446.48	468.50	1.7862	0.00428	429.74	446.84	1.7148
120	0.00792	458.27	482.04	1.8211	0.00500	445.97	465.99	1.7642
130	0.00845	469.58	494.91	1.8535	0.00556	459.63	481.87	1.8040
140	0.00893	480.61	507.39	1.8840	0.00603	472.19	496.29	1.8394
150	0.00937	491.49	519.62	1.9133	0.00644	484.15	509.92	1.8720
160	0.00980	502.30	531.70	1.9415	0.00683	495.77	523.07	1.9027
170	0.01021	513.09	543.71	1.9689	0.00718	507.19	535.92	1.9320
180	0.01060	523.89	555.69	1.9956	0.00752	518.51	548.57	1.9603
	6000 kPa				10000 kPa			
90	0.001059	328.34	334.70	1.4081	0.000991	320.72	330.62	1.3856
100	0.001150	346.71	353.61	1.4595	0.001040	336.45	346.85	1.4297
110	0.001307	368.06	375.90	1.5184	0.001100	352.74	363.73	1.4744
120	0.001698	396.59	406.78	1.5979	0.001175	369.69	381.44	1.5200
130	0.002396	426.81	441.18	1.6843	0.001272	387.44	400.16	1.5670
140	0.002985	448.34	466.25	1.7458	0.001400	405.97	419.98	1.6155
150	0.003439	465.19	485.82	1.7926	0.001564	424.99	440.63	1.6649
160	0.003814	479.89	502.77	1.8322	0.001758	443.77	461.34	1.7133
170	0.004141	493.45	518.30	1.8676	0.001965	461.65	481.30	1.7589
180	0.004435	506.35	532.96	1.9004	0.002172	478.40	500.12	1.8009

표 B.6 » 질소의 열역학 상태량 기준점: $h^* = 8670$ J/mol, $s^* = 191.5$ J/mol-K (298.15 K, 101.325 kPa 이상기체 상태에서)

표 B.6.1 » 질소의 포화 상태량

		비체적, m³/kg			내부 에너지, kJ/kg		
온도 (K)	압력 (kPa)	포화 액체 v_f	증발 v_{fg}	포화 증기 v_g	포화 액체 u_f	증발 u_{fg}	포화 증기 u_g
63.1	12.5	0.001150	1.48074	1.48189	−150.92	196.86	45.94
65	17.4	0.001160	1.09231	1.09347	−147.19	194.37	47.17
70	38.6	0.001191	0.52513	0.52632	−137.13	187.54	50.40
75	76.1	0.001223	0.28052	0.28174	−127.04	180.47	53.43
77.3	101.3	0.001240	0.21515	0.21639	−122.27	177.04	54.76
80	137.0	0.001259	0.16249	0.16375	−116.86	173.06	56.20
85	229.1	0.001299	0.10018	0.10148	−106.55	165.20	58.65
90	360.8	0.001343	0.06477	0.06611	−96.06	156.76	60.70
95	541.1	0.001393	0.04337	0.04476	−85.35	147.60	62.25
100	779.2	0.001452	0.02975	0.03120	−74.33	137.50	63.17
105	1084.6	0.001522	0.02066	0.02218	−62.89	126.18	63.29
110	1467.6	0.001610	0.01434	0.01595	−50.81	113.11	62.31
115	1939.3	0.001729	0.00971	0.01144	−37.66	97.36	59.70
120	2513.0	0.001915	0.00608	0.00799	−22.42	76.63	54.21
125	3208.0	0.002355	0.00254	0.00490	−0.83	40.73	39.90
126.2	3397.8	0.003194	0	0.00319	18.94	0	18.94

		엔탈피, kJ/kg			엔트로피, kJ/kg-K		
온도 (K)	압력 (kPa)	포화 액체 h_f	증발 h_{fg}	포화 증기 h_g	포화 액체 s_f	증발 s_{fg}	포화 증기 s_g
63.1	12.5	−150.91	215.39	64.48	2.4234	3.4109	5.8343
65	17.4	−147.17	213.38	66.21	2.4816	3.2828	5.7645
70	38.6	−137.09	207.79	70.70	2.6307	2.9684	5.5991
75	76.1	−126.95	201.82	74.87	2.7700	2.6909	5.4609
77.3	101.3	−122.15	198.84	76.69	2.8326	2.5707	5.4033
80	137.0	−116.69	195.32	78.63	2.9014	2.4415	5.3429
85	229.1	−106.25	188.15	81.90	3.0266	2.2135	5.2401
90	360.8	−95.58	180.13	84.55	3.1466	2.0015	5.1480
95	541.1	−84.59	171.07	86.47	3.2627	1.8007	5.0634
100	779.2	−73.20	160.68	87.48	3.3761	1.6068	4.9829
105	1084.6	−61.24	148.59	87.35	3.4883	1.4151	4.9034
110	1467.6	−48.45	134.15	85.71	3.6017	1.2196	4.8213
115	1939.3	−34.31	116.19	81.88	3.7204	1.0104	4.7307
120	2513.0	−17.61	91.91	74.30	3.8536	0.7659	4.6195
125	3208.0	6.73	48.88	55.60	4.0399	0.3910	4.4309
126.2	3397.8	29.79	0	29.79	4.2193	0	4.2193

표 B.6.2 ▸▸ 질소의 과열 증기 상태량 (계속)

온도 (K)	v (m³/kg)	u (kJ/kg)	h (kJ/kg)	s (kJ/kg-K)	v (m³/kg)	u (kJ/kg)	h (kJ/kg)	s (kJ/kg-K)
	100 kPa (77.24 K)				200 kPa (83.62 K)			
Sat.	0.21903	54.70	76.61	5.4059	0.11520	58.01	81.05	5.2673
100	0.29103	72.84	101.94	5.6944	0.14252	71.73	100.24	5.4775
120	0.35208	87.94	123.15	5.8878	0.17397	87.14	121.93	5.6753
140	0.41253	102.95	144.20	6.0501	0.20476	102.33	143.28	5.8399
160	0.47263	117.91	165.17	6.1901	0.23519	117.40	164.44	5.9812
180	0.53254	132.83	186.09	6.3132	0.26542	132.41	185.49	6.1052
200	0.59231	147.74	206.97	6.4232	0.29551	147.37	206.48	6.2157
220	0.65199	162.63	227.83	6.5227	0.32552	162.31	227.41	6.3155
240	0.71161	177.51	248.67	6.6133	0.35546	177.23	248.32	6.4064
260	0.77118	192.39	269.51	6.6967	0.38535	192.14	269.21	6.4900
280	0.83072	207.26	290.33	6.7739	0.41520	207.04	290.08	6.5674
300	0.89023	222.14	311.16	6.8457	0.44503	221.93	310.94	6.6393
350	1.03891	259.35	363.24	7.0063	0.51952	259.18	363.09	6.8001
400	1.18752	296.66	415.41	7.1456	0.59392	296.52	415.31	6.9396
450	1.33607	334.16	467.77	7.2690	0.66827	334.04	467.70	7.0630
500	1.48458	371.95	520.41	7.3799	0.74258	371.85	520.37	7.1740
600	1.78154	448.79	626.94	7.5741	0.89114	448.71	626.94	7.3682
700	2.07845	527.74	735.58	7.7415	1.03965	527.68	735.61	7.5357
800	2.37532	609.07	846.60	7.8897	1.18812	609.02	846.64	7.6839
900	2.67217	692.79	960.01	8.0232	1.33657	692.75	960.07	7.8175
1000	2.96900	778.78	1075.68	8.1451	1.48501	778.74	1075.75	7.9393

(계속)

표 B.6.2 » 질소의 과열 증기 상태량 (계속)

온도 (K)	v (m³/kg)	u (kJ/kg)	h (kJ/kg)	s (kJ/kg-K)	v (m³/kg)	u (kJ/kg)	h (kJ/kg)	s (kJ/kg-K)
	400 kPa (91.22 K)				600 kPa (96.37 K)			
Sat.	0.05992	61.13	85.10	5.1268	0.04046	62.57	86.85	5.0411
100	0.06806	69.30	96.52	5.2466	0.04299	66.41	92.20	5.0957
120	0.08486	85.48	119.42	5.4556	0.05510	83.73	116.79	5.3204
140	0.10085	101.06	141.40	5.6250	0.06620	99.75	139.47	5.4953
160	0.11647	116.38	162.96	5.7690	0.07689	115.34	161.47	5.6422
180	0.13186	131.55	184.30	5.8947	0.08734	130.69	183.10	5.7696
200	0.14712	146.64	205.49	6.0063	0.09766	145.91	204.50	5.8823
220	0.16228	161.68	226.59	6.1069	0.10788	161.04	225.76	5.9837
240	0.17738	176.67	247.62	6.1984	0.11803	176.11	246.92	6.0757
260	0.19243	191.64	268.61	6.2824	0.12813	191.13	268.01	6.1601
280	0.20745	206.58	289.56	6.3600	0.13820	206.13	289.05	6.2381
300	0.22244	221.52	310.50	6.4322	0.14824	221.11	310.06	6.3105
350	0.25982	258.85	362.78	6.5934	0.17326	258.52	362.48	6.4722
400	0.29712	296.25	415.10	6.7331	0.19819	295.97	414.89	6.6121
450	0.33437	333.81	467.56	6.8567	0.22308	333.57	467.42	6.7359
500	0.37159	371.65	520.28	6.9678	0.24792	371.45	520.20	6.8471
600	0.44595	448.55	626.93	7.1622	0.29755	448.40	626.93	7.0416
700	0.52025	527.55	735.65	7.3298	0.34712	527.43	735.70	7.2093
800	0.59453	608.92	846.73	7.4781	0.39666	608.82	846.82	7.3576
900	0.66878	692.67	960.19	7.6117	0.44618	692.59	960.30	7.4912
1000	0.74302	778.68	1075.89	7.7335	0.49568	778.61	1076.02	7.6131
	800 kPa (100.38 K)				1000 kPa (103.73 K)			
Sat.	0.03038	63.21	87.52	4.9768	0.02416	63.35	87.51	4.9237
120	0.04017	81.88	114.02	5.2191	0.03117	79.91	111.08	5.1357
140	0.04886	98.41	137.50	5.4002	0.03845	97.02	135.47	5.3239
160	0.05710	114.28	159.95	5.5501	0.04522	113.20	158.42	5.4772
180	0.06509	129.82	181.89	5.6793	0.05173	128.94	180.67	5.6082
200	0.07293	145.17	203.51	5.7933	0.05809	144.43	202.52	5.7234
220	0.08067	160.40	224.94	5.8954	0.06436	159.76	224.11	5.8263
240	0.08835	175.54	246.23	5.9880	0.07055	174.98	245.53	5.9194
260	0.09599	190.63	267.42	6.0728	0.07670	190.13	266.83	6.0047
280	0.10358	205.68	288.54	6.1511	0.08281	205.23	288.04	6.0833
300	0.11115	220.70	309.62	6.2238	0.08889	220.29	309.18	6.1562
350	0.12998	258.19	362.17	6.3858	0.10401	257.86	361.87	6.3187
400	0.14873	295.69	414.68	6.5260	0.11905	295.42	414.47	6.4591
500	0.18609	371.25	520.12	6.7613	0.14899	371.04	520.04	6.6947
600	0.22335	448.24	626.93	6.9560	0.17883	448.09	626.92	6.8895
700	0.26056	527.31	735.76	7.1237	0.20862	527.19	735.81	7.0573
800	0.29773	608.73	846.91	7.2721	0.23837	608.63	847.00	7.2057
900	0.33488	692.52	960.42	7.4058	0.26810	692.44	960.54	7.3394
1000	0.37202	778.55	1076.16	7.5277	0.29782	778.49	1076.30	7.4614

(계속)

표 B.6.2 ▸ 질소의 과열 증기 상태량 (계속)

온도 (K)	v (m³/kg)	u (kJ/kg)	h (kJ/kg)	s (kJ/kg-K)	v (m³/kg)	u (kJ/kg)	h (kJ/kg)	s (kJ/kg-K)
	1500 kPa (110.38 K)				2000 kPa (115.58 K)			
Sat.	0.01555	62.17	85.51	4.8148	0.01100	59.25	81.25	4.7193
120	0.01899	74.26	102.75	4.9650	0.01260	66.90	92.10	4.8116
140	0.02452	93.36	130.15	5.1767	0.01752	89.37	124.40	5.0618
160	0.02937	110.44	154.50	5.3394	0.02144	107.55	150.43	5.2358
180	0.03393	126.71	177.60	5.4755	0.02503	124.42	174.48	5.3775
200	0.03832	142.56	200.03	5.5937	0.02844	140.66	197.53	5.4989
220	0.04260	158.14	222.05	5.6987	0.03174	156.52	219.99	5.6060
240	0.04682	173.57	243.80	5.7933	0.03496	172.15	242.08	5.7021
260	0.05099	188.87	265.36	5.8796	0.03814	187.62	263.90	5.7894
280	0.05512	204.10	286.78	5.9590	0.04128	202.97	285.53	5.8696
300	0.05922	219.27	308.10	6.0325	0.04440	218.24	307.03	5.9438
350	0.06940	257.03	361.13	6.1960	0.05209	256.21	360.39	6.1083
400	0.07949	294.73	413.96	6.3371	0.05971	294.05	413.47	6.2500
450	0.08953	332.53	466.82	6.4616	0.06727	331.95	466.49	6.3750
500	0.09953	370.54	519.84	6.5733	0.07480	370.05	519.65	6.4870
600	0.11948	447.71	626.92	6.7685	0.08980	447.33	626.93	6.6825
700	0.13937	526.89	735.94	6.9365	0.10474	526.59	736.07	6.8507
800	0.15923	608.39	847.22	7.0851	0.11965	608.14	847.45	6.9994
900	0.17906	692.24	960.83	7.2189	0.13454	692.04	961.13	7.1333
1000	0.19889	778.32	1076.65	7.3409	0.14942	778.16	1077.01	7.2553
	3000 kPa (123.61 K)				10000 kPa			
Sat.	0.00582	46.03	63.47	4.5032	—	—	—	—
140	0.01038	79.98	111.13	4.8706	0.00200	0.84	20.87	4.0373
160	0.01350	101.35	141.85	5.0763	0.00291	47.44	76.52	4.4088
180	0.01614	119.68	168.09	5.2310	0.00402	82.44	122.65	4.6813
200	0.01857	136.78	192.49	5.3596	0.00501	108.21	158.35	4.8697
220	0.02088	153.24	215.88	5.4711	0.00590	129.86	188.88	5.0153
240	0.02312	169.30	238.66	5.5702	0.00672	149.42	216.64	5.1362
260	0.02531	185.10	261.02	5.6597	0.00749	167.77	242.72	5.2406
280	0.02746	200.72	283.09	5.7414	0.00824	185.34	267.69	5.3331
300	0.02958	216.21	304.94	5.8168	0.00895	202.38	291.90	5.4167
350	0.03480	254.57	358.96	5.9834	0.01067	243.57	350.26	5.5967
400	0.03993	292.70	412.50	6.1264	0.01232	283.59	406.79	5.7477
500	0.05008	369.06	519.29	6.3647	0.01551	362.42	517.48	5.9948
600	0.06013	446.57	626.95	6.5609	0.01861	441.47	627.58	6.1955
700	0.07012	525.99	736.35	6.7295	0.02167	521.96	738.65	6.3667
800	0.08008	607.67	847.92	6.8785	0.02470	604.42	851.43	6.5172
900	0.09003	691.65	961.73	7.0125	0.02771	689.02	966.15	6.6523
1000	0.09996	777.85	1077.72	7.1347	0.03072	775.68	1082.84	6.7753

표 B.7 ▸▸ 메탄의 열역학 상태량 기준점: $h^* = 10.0177$ J/mol, $s^* = 186.266$ J/mol-K (298.15 K, 101.325 kPa 이상기체 상태에서)

표 B.7.1 ▸▸ 메탄의 포화 상태량 (계속)

		비체적, m³/kg			내부 에너지, kJ/kg		
온도(K)	P (kPa)	v_f	v_{fg}	v_g	u_f	u_{fg}	u_g
90.7	11.7	0.002215	3.97941	3.98163	−358.10	496.59	138.49
95	19.8	0.002243	2.44845	2.45069	−343.79	488.62	144.83
100	34.4	0.002278	1.47657	1.47885	−326.90	478.96	152.06
105	56.4	0.002315	0.93780	0.94012	−309.79	468.89	159.11
110	88.2	0.002353	0.62208	0.62443	−292.50	458.41	165.91
111.7	101.3	0.002367	0.54760	0.54997	−286.74	454.85	168.10
115	132.3	0.002395	0.42800	0.43040	−275.05	447.48	172.42
120	191.6	0.002439	0.30367	0.30610	−257.45	436.02	178.57
125	269.0	0.002486	0.22108	0.22357	−239.66	423.97	184.32
130	367.6	0.002537	0.16448	0.16701	−221.65	411.25	189.60
135	490.7	0.002592	0.12458	0.12717	−203.40	397.77	194.37
140	641.6	0.002653	0.09575	0.09841	−184.86	383.42	198.56
145	823.7	0.002719	0.07445	0.07717	−165.97	368.06	202.09
150	1040.5	0.002794	0.05839	0.06118	−146.65	351.53	204.88
155	1295.6	0.002877	0.04605	0.04892	−126.82	333.61	206.79
160	1592.8	0.002974	0.03638	0.03936	−106.35	314.01	207.66
165	1935.9	0.003086	0.02868	0.03177	−85.06	292.30	207.24
170	2329.3	0.003222	0.02241	0.02563	−62.67	267.81	205.14
175	2777.6	0.003393	0.01718	0.02058	−38.75	239.47	200.72
180	3286.4	0.003623	0.01266	0.01629	−12.43	205.16	192.73
185	3863.2	0.003977	0.00846	0.01243	18.47	159.49	177.96
190	4520.5	0.004968	0.00300	0.00797	69.10	67.01	136.11
190.6	4599.2	0.006148	0	0.00615	101.46	0	101.46

(계속)

표 B.7.1 ▸▸ 메탄의 포화 상태량 (계속)

		엔탈피, kJ/kg			엔트로피, kJ/kg-K		
온도(K)	P (kPa)	h_f	h_{fg}	h_g	s_f	s_{fg}	s_g
90.7	11.7	−358.07	543.12	185.05	4.2264	5.9891	10.2155
95	19.8	−343.75	537.18	193.43	4.3805	5.6545	10.0350
100	34.4	−326.83	529.77	202.94	4.5538	5.2977	9.8514
105	56.4	−309.66	521.82	212.16	4.7208	4.9697	9.6905
110	88.2	−292.29	513.29	221.00	4.8817	4.6663	9.5480
111.7	101.3	−286.50	510.33	223.83	4.9336	4.5706	9.5042
115	132.3	−274.74	504.12	229.38	5.0368	4.3836	9.4205
120	191.6	−256.98	494.20	237.23	5.1867	4.1184	9.3051
125	269.0	−238.99	483.44	244.45	5.3321	3.8675	9.1996
130	367.6	−220.72	471.72	251.00	5.4734	3.6286	9.1020
135	490.7	−202.13	458.90	256.77	5.6113	3.3993	9.0106
140	641.6	−183.16	444.85	261.69	5.7464	3.1775	8.9239
145	823.7	−163.73	429.38	265.66	5.8794	2.9613	8.8406
150	1040.5	−143.74	412.29	268.54	6.0108	2.7486	8.7594
155	1295.6	−123.09	393.27	270.18	6.1415	2.5372	8.6787
160	1592.8	−101.61	371.96	270.35	6.2724	2.3248	8.5971
165	1935.9	−79.08	347.82	268.74	6.4046	2.1080	8.5126
170	2329.3	−55.17	320.02	264.85	6.5399	1.8824	8.4224
175	2777.6	−29.33	287.20	257.87	6.6811	1.6411	8.3223
180	3286.4	−0.53	246.77	246.25	6.8333	1.3710	8.2043
185	3863.2	33.83	192.16	226.00	7.0095	1.0387	8.0483
190	4520.5	91.56	80.58	172.14	7.3015	0.4241	7.7256
190.6	4599.2	129.74	0	129.74	7.4999	0	7.4999

표 B.7.2 ▸ 메탄의 과열 증기 상태량 (계속)

온도 (K)	v (m³/kg)	u (kJ/kg)	h (kJ/kg)	s (kJ/kg-K)	v (m³/kg)	u (kJ/kg)	h (kJ/kg)	s (kJ/kg-K)
	100 kPa (111.50 K)				200 kPa (120.61 K)			
Sat.	0.55665	167.90	223.56	9.5084	0.29422	179.30	238.14	9.2918
125	0.63126	190.21	253.33	9.7606	0.30695	186.80	248.19	9.3736
150	0.76586	230.18	306.77	10.1504	0.37700	227.91	303.31	9.7759
175	0.89840	269.72	359.56	10.4759	0.44486	268.05	357.02	10.1071
200	1.02994	309.20	412.19	10.7570	0.51165	307.88	410.21	10.3912
225	1.16092	348.90	464.99	11.0058	0.57786	347.81	463.38	10.6417
250	1.29154	389.12	518.27	11.2303	0.64370	388.19	516.93	10.8674
275	1.42193	430.17	572.36	11.4365	0.70931	429.36	571.22	11.0743
300	1.55215	472.36	627.58	11.6286	0.77475	471.65	626.60	11.2670
325	1.68225	516.00	684.23	11.8100	0.84008	515.37	683.38	11.4488
350	1.81226	561.34	742.57	11.9829	0.90530	560.77	741.83	11.6220
375	1.94220	608.58	802.80	12.1491	0.97046	608.07	802.16	11.7885
400	2.07209	657.89	865.10	12.3099	1.03557	657.41	864.53	11.9495
425	2.20193	709.36	929.55	12.4661	1.10062	708.92	929.05	12.1059

(계속)

표 B.7.2 ▸▸ 메탄의 과열 증기 상태량 (계속)

온도 (K)	v (m³/kg)	u (kJ/kg)	h (kJ/kg)	s (kJ/kg-K)	v (m³/kg)	u (kJ/kg)	h (kJ/kg)	s (kJ/kg-K)
	400 kPa (131.42 K)				600 kPa (138.72 K)			
Sat.	0.15427	191.01	252.72	9.0754	0.10496	197.54	260.51	8.9458
150	0.18233	223.16	296.09	9.3843	0.11717	218.08	288.38	9.1390
175	0.21799	264.61	351.81	9.7280	0.14227	261.03	346.39	9.4970
200	0.25246	305.19	406.18	10.0185	0.16603	302.44	402.06	9.7944
225	0.28631	345.61	460.13	10.2726	0.18911	343.37	456.84	10.0525
250	0.31978	386.32	514.23	10.5007	0.21180	384.44	511.52	10.2830
275	0.35301	427.74	568.94	10.7092	0.23424	426.11	566.66	10.4931
300	0.38606	470.23	624.65	10.9031	0.25650	468.80	622.69	10.6882
325	0.41899	514.10	681.69	11.0857	0.27863	512.82	680.00	10.8716
350	0.45183	559.63	740.36	11.2595	0.30067	558.48	738.88	11.0461
375	0.48460	607.03	800.87	11.4265	0.32264	605.99	799.57	11.2136
400	0.51731	656.47	863.39	11.5879	0.34456	655.52	862.25	11.3754
425	0.54997	708.05	928.04	11.7446	0.36643	707.18	927.04	11.5324
450	0.58260	761.85	994.89	11.8974	0.38826	761.05	994.00	11.6855
475	0.61520	817.89	1063.97	12.0468	0.41006	817.15	1063.18	11.8351
500	0.64778	876.18	1135.29	12.1931	0.43184	875.48	1134.59	11.9816
525	0.68033	936.67	1208.81	12.3366	0.45360	936.03	1208.18	12.1252
	800 kPa (144.40 K)				1000 kPa (149.13 K)			
Sat.	0.07941	201.70	265.23	8.8505	0.06367	204.45	268.12	8.7735
150	0.08434	212.53	280.00	8.9509	0.06434	206.28	270.62	8.7902
175	0.10433	257.30	340.76	9.3260	0.08149	253.38	334.87	9.1871
200	0.12278	299.62	397.85	9.6310	0.09681	296.73	393.53	9.5006
225	0.14050	341.10	453.50	9.8932	0.11132	338.79	450.11	9.7672
250	0.15781	382.53	508.78	10.1262	0.12541	380.61	506.01	10.0028
275	0.17485	424.47	564.35	10.3381	0.13922	422.82	562.04	10.2164
300	0.19172	467.36	620.73	10.5343	0.15285	465.91	618.76	10.4138
325	0.20845	511.55	678.31	10.7186	0.16635	510.26	676.61	10.5990
350	0.22510	557.33	737.41	10.8938	0.17976	556.18	735.94	10.7748
375	0.24167	604.95	798.28	11.0617	0.19309	603.91	797.00	10.9433
400	0.25818	654.57	861.12	11.2239	0.20636	653.62	859.98	11.1059
425	0.27465	706.31	926.03	11.3813	0.21959	705.44	925.03	11.2636
450	0.29109	760.24	993.11	11.5346	0.23279	759.44	992.23	11.4172
475	0.30749	816.40	1062.40	11.6845	0.24595	815.66	1061.61	11.5672
500	0.32387	874.79	1133.89	11.8311	0.25909	874.10	1133.19	11.7141
525	0.34023	935.38	1207.56	11.9749	0.27221	934.73	1206.95	11.8580
550	0.35657	998.14	1283.45	12.1161	0.28531	997.53	1282.84	11.9992

(계속)

표 B.7.2 ▸ 메탄의 과열 증기 상태량 (계속)

온도 (K)	v (m³/kg)	u (kJ/kg)	h (kJ/kg)	s (kJ/kg-K)	v (m³/kg)	u (kJ/kg)	h (kJ/kg)	s (kJ/kg-K)
	1500 kPa (158.52 K)				2000 kPa (165.86 K)			
Sat.	0.04196	207.53	270.47	8.6215	0.03062	207.01	268.25	8.4975
175	0.05078	242.64	318.81	8.9121	0.03504	229.90	299.97	8.6839
200	0.06209	289.13	382.26	9.2514	0.04463	280.91	370.17	9.0596
225	0.07239	332.85	441.44	9.5303	0.05289	326.64	432.43	9.3532
250	0.08220	375.70	499.00	9.7730	0.06059	370.67	491.84	9.6036
275	0.09171	418.65	556.21	9.9911	0.06796	414.40	550.31	9.8266
300	0.10103	462.27	613.82	10.1916	0.07513	458.59	608.85	10.0303
325	0.11022	507.04	672.37	10.3790	0.08216	503.80	668.12	10.2200
350	0.11931	553.30	732.26	10.5565	0.08909	550.40	728.58	10.3992
375	0.12832	601.30	793.78	10.7263	0.09594	598.69	790.57	10.5703
400	0.13728	651.24	857.16	10.8899	0.10274	648.87	854.34	10.7349
425	0.14619	703.26	922.54	11.0484	0.10949	701.08	920.06	10.8942
450	0.15506	757.43	990.02	11.2027	0.11620	755.43	987.84	11.0491
475	0.16391	813.80	1059.66	11.3532	0.12289	811.94	1057.72	11.2003
500	0.17273	872.37	1131.46	11.5005	0.12955	870.64	1129.74	11.3480
525	0.18152	933.12	1205.41	11.6448	0.13619	931.51	1203.88	11.4927
550	0.19031	996.02	1281.48	11.7864	0.14281	994.51	1280.13	11.6346
	4000 kPa (186.10 K)				8000 kPa			
Sat.	0.01160	172.96	219.34	8.0035	—	—	—	—
200	0.01763	237.70	308.23	8.4675	0.00412	55.58	88.54	7.2069
225	0.02347	298.52	392.39	8.8653	0.00846	217.30	284.98	8.1344
250	0.02814	349.08	461.63	9.1574	0.01198	298.05	393.92	8.5954
275	0.03235	396.67	526.07	9.4031	0.01469	357.88	475.39	8.9064
300	0.03631	443.48	588.73	9.6212	0.01705	411.71	548.15	9.1598
325	0.04011	490.62	651.07	9.8208	0.01924	463.52	617.40	9.3815
350	0.04381	538.70	713.93	10.0071	0.02130	515.02	685.39	9.5831
375	0.04742	588.18	777.86	10.1835	0.02328	567.12	753.34	9.7706
400	0.05097	639.34	843.24	10.3523	0.02520	620.38	821.95	9.9477
425	0.05448	692.38	910.31	10.5149	0.02707	675.14	891.71	10.1169
450	0.05795	747.43	979.23	10.6725	0.02891	731.63	962.92	10.2796
475	0.06139	804.55	1050.12	10.8258	0.03072	789.99	1035.75	10.4372
500	0.06481	863.78	1123.01	10.9753	0.03251	850.28	1110.34	10.5902
525	0.06820	925.11	1197.93	11.1215	0.03428	912.54	1186.74	10.7393
550	0.07158	988.53	1274.86	11.2646	0.03603	976.77	1264.99	10.8849
575	0.07495	1053.98	1353.77	11.4049	0.03776	1042.96	1345.07	11.0272

C 이상기체 비열
Ideal Gas Specific Heat

세 종류의 에너지 저장 방식을 1.8절에서 확인하였다. 그중에서 두 가지, 즉 병진 에너지와 분자 내부 에너지는 개개 분자와 관련되며, 이상기체 모델을 이루고 있다. 나머지 한 가지, 즉 시스템의 분자 간 위치 에너지까지를 고려하면 실제 물질(비이상기체)의 거동을 설명하게 된다. 이 부록에서는 이상기체 기여(contribution) 방식을 다루고자 한다. 여러 가지 저장 방식이 에너지 및 엔탈피에 기여하므로, 각 기체의 비열에도 기여하게 된다. 분자 내부 에너지 기여 방식에 따라서 서로 다른 가능성을 다음과 같이 묶어 설명한다.

C.1 단원자 기체(불활성 기체 Ar, He, Ne, Xe, Kr 및 N, O, H, Cl, F, ...)

$$h = h_{\text{translation}} + h_{\text{electronic}} = h_t + h_e$$

$$\frac{dh}{dT} = \frac{dh_t}{dT} + \frac{dh_e}{dT}, \qquad C_{P0} = C_{P0t} + C_{P0e} = \frac{5}{2}R + f_e(T)$$

여기서 전자 기여량 $f_e(T)$는 온도가 아주 높은 경우를 제외하고는 대체로 작다(예외: O, Cl, F 등).

C.2 이원자 기체 및 선형 다원자 기체(N_2, O_2, CO, OH, ..., CO_2, N_2O, ...)

비열에 대한 병진 운동 기여량과 전자 기여량 이외에도 (분자의 질량 중심을 축으로 하는) 분자 회전 기여량과 분자를 구성하는 a개 원자의 상대적인 진동 기여량이 있다[$(3a - 5)$개의 독립 진동 양식이 있음]. 따라서 비열을 다음과 같이 쓸 수 있다.

$$C_{P0} = C_{P0t} + C_{P0r} + C_{P0v} + C_{P0e} = \frac{5}{2}R + R + f_v(T) + f_e(T)$$

여기서 진동 기여량은 다음과 같다.

$$f_v(T) = R\sum_{i=1}^{3a-5} [x_i^2 e^{x_i}/(e^{x_i} - 1)^2], \qquad x_i = \frac{\theta_i}{T}$$

전자 기여량 $f_e(T)$는 온도가 아주 높은 경우를 제외하고는 대체로 작다(예외: O_2, NO, OH 등).

예제 C.1

N_2, 1개($3a - 5 = 1$)의 진동 양식이 있으며 $\theta_i = 3392$ K이다.

$T = 300$ K인 경우, $C_{P0} = 0.742 + 0.2968 + 0.0005 + \approx 0 = 1.0393$ kJ/kg-K

$T = 1000$ K인 경우, $C_{P0} = 0.742 + 0.2968 + 0.123 + \approx 0 = 1.1618$ kJ/kg-K

(300 K의 경우보다 11.8% 증가함)

예제 C.2

CO_2, 4개($3a - 5 = 4$)의 진동 양식이 있으며 θ_i는 각각 960 K, 960 K, 1993 K, 3380 K이다.

$T = 300$ K인 경우, $C_{P0} = 0.4723 + 0.1889 + 0.1826 + \approx 0 = 0.8438$ kJ/kg-K

$T = 1000$ K인 경우, $C_{P0} = 0.4723 + 0.1889 + 0.5659 + \approx 0 = 1.2271$ kJ/kg-K

(300 K의 경우보다 45.4% 증가함)

C.3 비선형 다원자 분자(H_2O, NH_3, CH_4, C_2H_6, ...)

비열에 대한 기여 방식은 선형 분자와 유사하다. 그러나 회전 기여량은 더 크며, ($3a - 6$)개의 독립 진동 양식이 있다. 따라서 비열을 다음과 같이 쓸 수 있다.

$$C_{P0} = C_{P0t} + C_{p0r} + C_{P0v} + C_{P0e} = \frac{5}{2}R + \frac{3}{2}R + f_v(T) + f_e(T)$$

여기서 진동 기여량은 다음과 같다.

$$f_v(T) = R\sum_{i=1}^{3a-6}[x_i^2 e^{x_i}/(e^{x_i} - 1)^2], \qquad x_i = \frac{\theta_i}{T}$$

그리고 $f_e(T)$는 온도가 아주 높은 경우를 제외하고는 대체로 작다.

예제 C.3

CH_4, 9개($3a - 6 = 9$)의 진동 양식이 있으며 θ_i는 각각 4196 K, (2개의) 2207 K, (3개의) 1879 K, (3개의) 4343 K이다.

$T = 300$ K인 경우, $C_{P0} = 1.2958 + 0.7774 + 0.1527 + \approx 0 = 52.2259$ kJ/kg-K

$T = 1000$ K인 경우, $C_{P0} = 1.2958 + 0.7774 + 2.4022 + \approx 0 = 4.4754$ kJ/kg-K

(300 K의 경우보다 101.1% 증가함)

D 상태 방정식
Equations of State

흔히 쓰이는 몇 가지 압력 표시형(pressure-explicit) 상태 방정식은 두 개의 매개변수가 있는 형태로 나타낼 수 있다. 이런 형태의 식을 **입방 상태 방정식**(cubic equation of state)이라고 하며, 특별한 경우인 이상기체 상태 방정식을 내포하고 있다. 이 입방 상태 방정식의 일반적인 형태는 다음과 같다.

$$P = \frac{RT}{v-b} - \frac{a}{v^2 + cbv + db^2}$$

여기서 (a, b)는 다음과 같은 매개변수이며 (c, d)는 표 D.1에 나타낸 바와 같이 편심 인자(ω)과 함께 상태 방정식 모델을 결정한다.

$$b = b_0 RT_c/P_c \quad 및 \quad a = a_0 R^2 T_c^2/P_c$$

편심 인자는 다음과 같이 환산 온도 $T_r = 0.7$에서의 포화 압력을 이용하여 정의한다.

$$\omega = -\frac{ln\ P_r^{\text{sat}} \text{ at } T_r = 0.7}{ln\ 10} - 1$$

표 D.1 ▸ 상태 방정식

모델	c	d	b_0	a_0
이상기체	0	0	0	0
van der Waals	0	0	1/8	27/64
Redlich-Kwong	1	0	0.08664	$0.42748\ T_r^{-1/2}$
Soave	1	0	0.08664	$0.42748[1+f(1-T_r^{1/2})]^2$
Peng-Robinson	2	−1	0.0778	$0.45724[1+f(1-T_r^{1/2})]^2$

$$f = 0.48 + 1.574\omega - 0.176\omega^2 \quad \text{(Soave의 경우)}$$

$$f = 0.37464 + 1.54226\,\omega - 0.26992\omega^2 \quad \text{(Peng-Robinson의 경우)}$$

표 D.2 ▸ Lee-Kesler 상태 방정식

Lee-Kesler 일반 상태 방정식은 다음과 같다.

$$Z = \frac{P_r v_r'}{T_r} = 1 + \frac{B}{v_r'} + \frac{C}{v_r'^2} + \frac{D}{v_r'^5} + \frac{c_4}{T_r^3 v_r'^2}\left(\beta + \frac{\gamma}{v_r'^2}\right)\exp\left(-\frac{\gamma}{v_r'^2}\right)$$

$$B = b_1 - \frac{b_2}{T_r} - \frac{b_3}{T_r^2} - \frac{b_4}{T_r^3}$$

$$C = c_1 - \frac{c_2}{T_r} + \frac{c_3}{T_r^3}$$

$$D = d_1 + \frac{d_2}{T_r}$$

여기서

$$T_r = \frac{T}{T_c}, \quad P_r = \frac{P}{P_c}, \quad v_r' = \frac{v}{RT_c/P_c}$$

이며, 상수 값들은 다음과 같다.

상수	단순 유체	상수	단순 유체
b_1	0.118 119 3	c_3	0.0
b_2	0.265 728	c_4	0.042 724
b_3	0.154 790	$d_1 \times 10^4$	0.155 488
b_4	0.030 323	$d_2 \times 10^4$	0.623 689
c_1	0.023 674 4	β	0.653 92
c_2	0.018 698 4	γ	0.060 167

표 D.3 ▸ Lee-Kesler 단순 유체의 포화 액체 및 포화 증기 압축성 인자

T_r	0.40	0.50	0.60	0.70	0.80	0.85	0.90	0.95	1
P_r sat	2.7E-4	4.6E-3	0.028	0.099	0.252	0.373	0.532	0.737	1
Z_f	6.5E-5	9.5E-4	0.0052	0.017	0.042	0.062	0.090	0.132	0.29
Z_g	0.999	0.988	0.957	0.897	0.807	0.747	0.673	0.569	0.29

표 D.4 ▸ 일부 물질의 편심 인자

물질		ω	물질		ω
암모니아	NH_3	0.25	물	H_2O	0.344
아르곤	Ar	0.001	n-부탄	C_4H_{10}	0.199
브롬	Br_2	0.108	에탄	C_2H_6	0.099
헬륨	He	−0.365	메탄	CH_4	0.011
네온	Ne	−0.029	R-32	CF_2H_2	0.277
질소	N_2	0.039	R-125	CHF_2CF_3	0.305

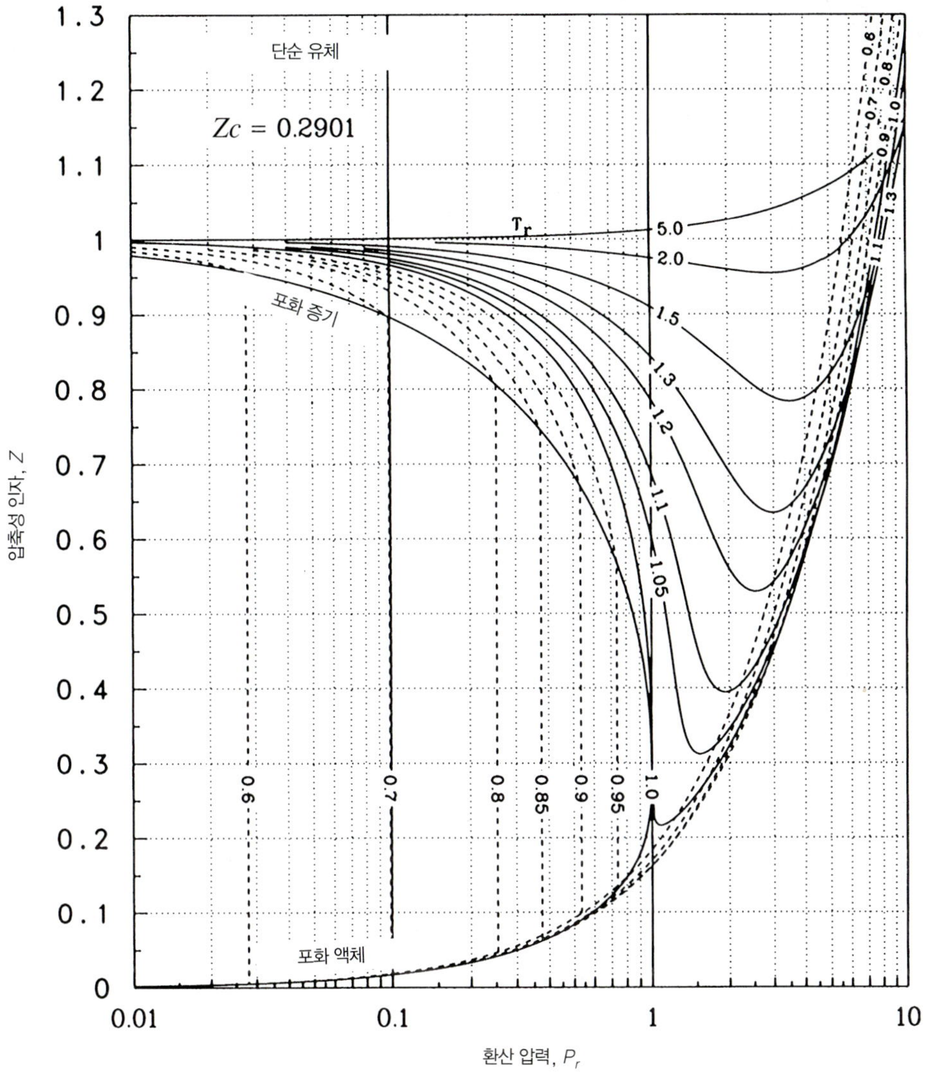

그림 D.1 ▸ Lee-Kesler 단순 유체 일반 압축성 인자 선도.

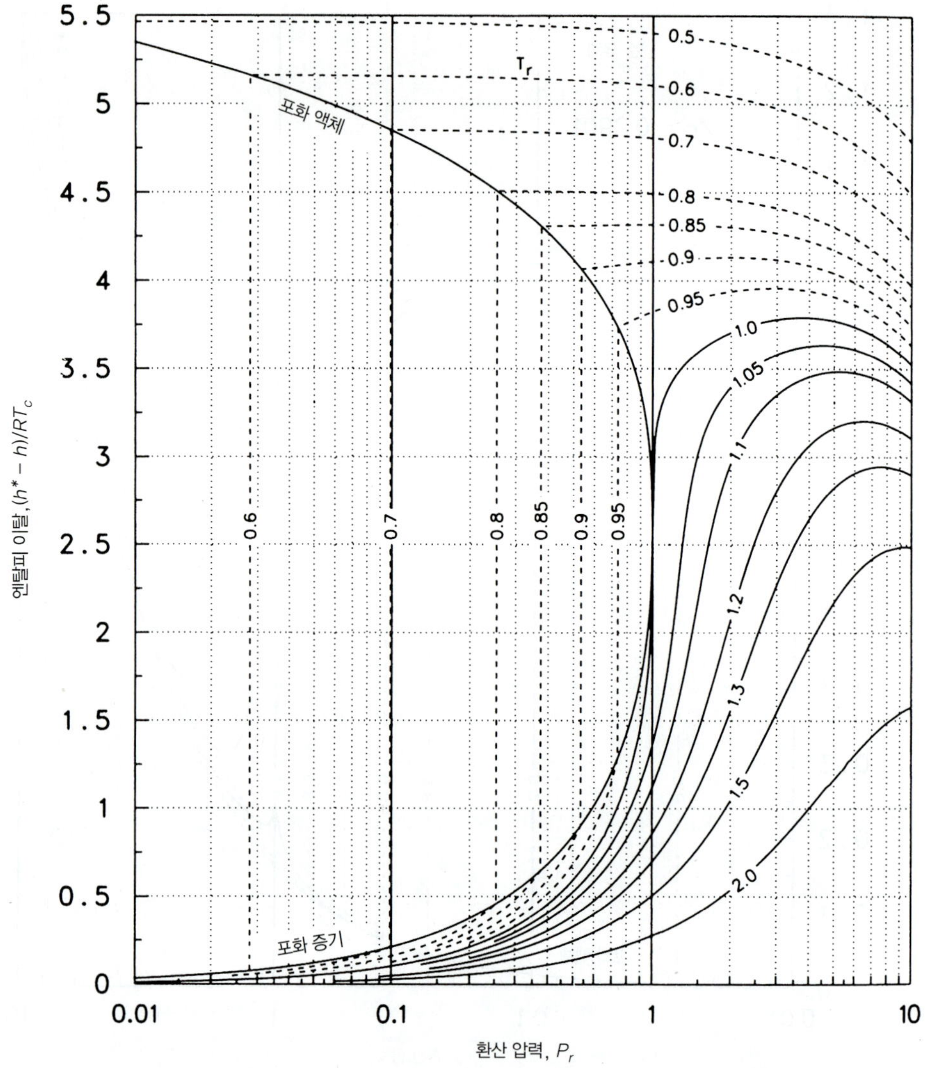

그림 D.2 ▸ Lee-Kesler 단순 유체의 일반 엔탈피 이탈 선도.

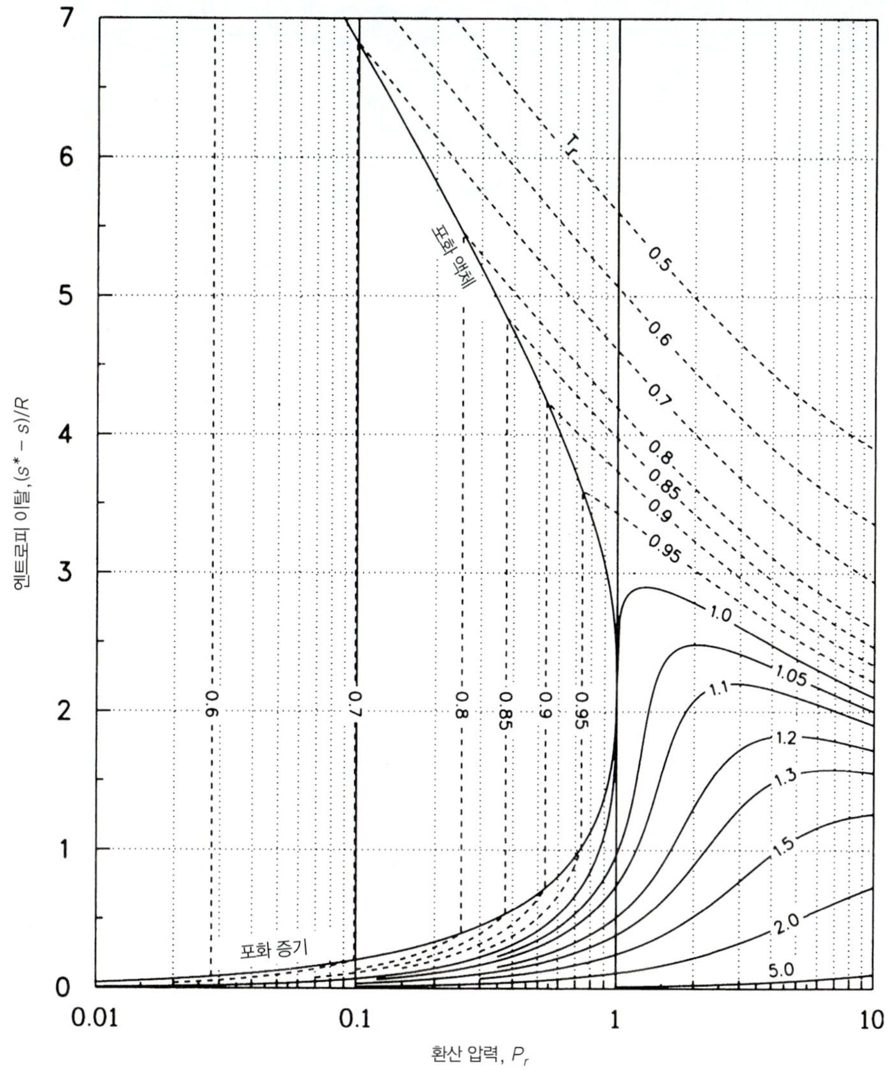

그림 D.3 » Lee-Kesler 단순 유체의 일반 엔트로피 이탈 선도.

E

열역학 선도

Figures

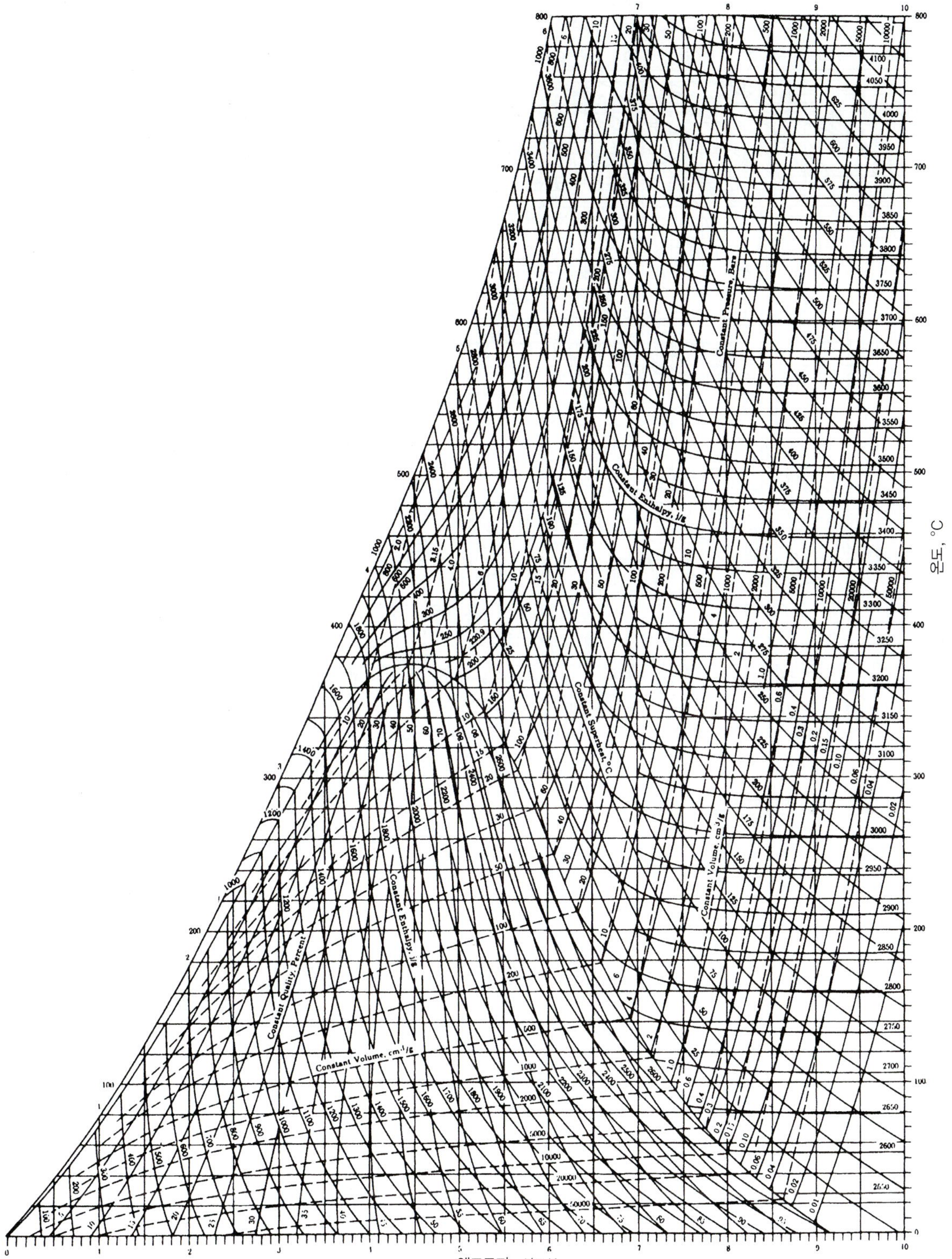

그림 E.1 ▸▸ 물에 대한 온도–엔트로피 선도.

Keenan, Keyes, Hill, & Moore. STEAM TABLES (International Edition-Metric Units). Copyright © 1969, John Wiley & Sons, Inc.

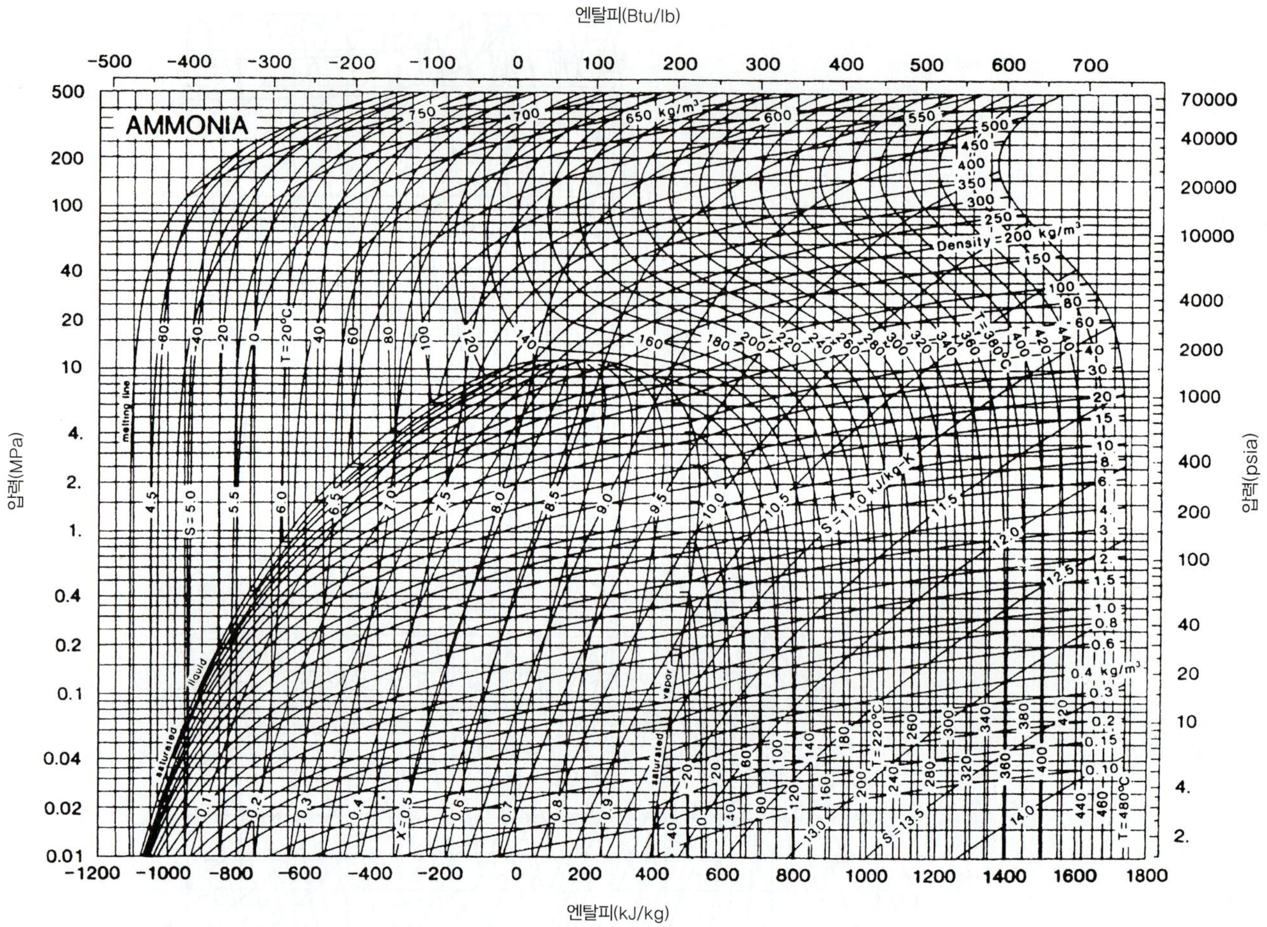

그림 E.2 ›› 암모니아에 대한 압력-엔탈피 선도.

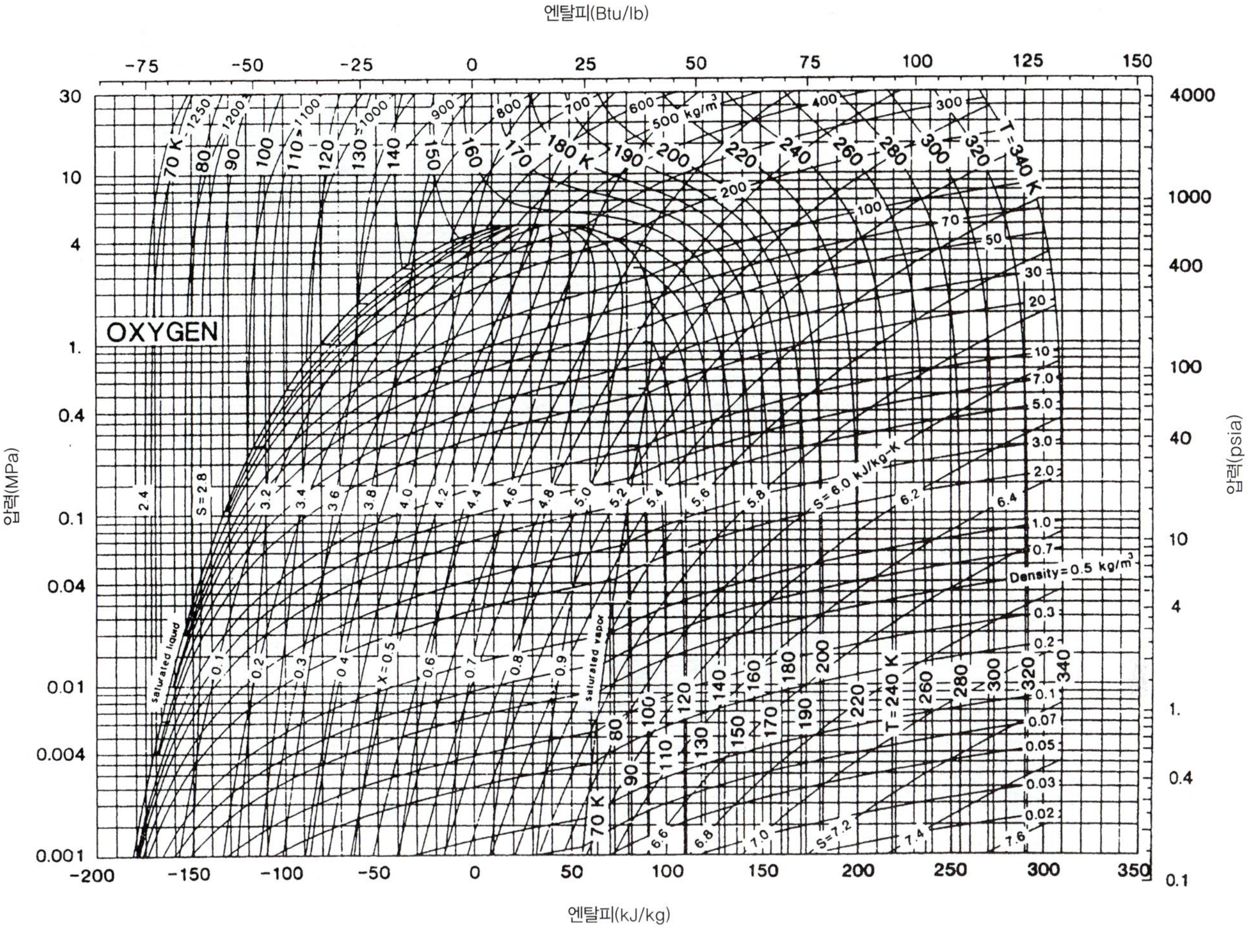

그림 E.3 ▸▸ 산소에 대한 압력-엔탈피 선도.

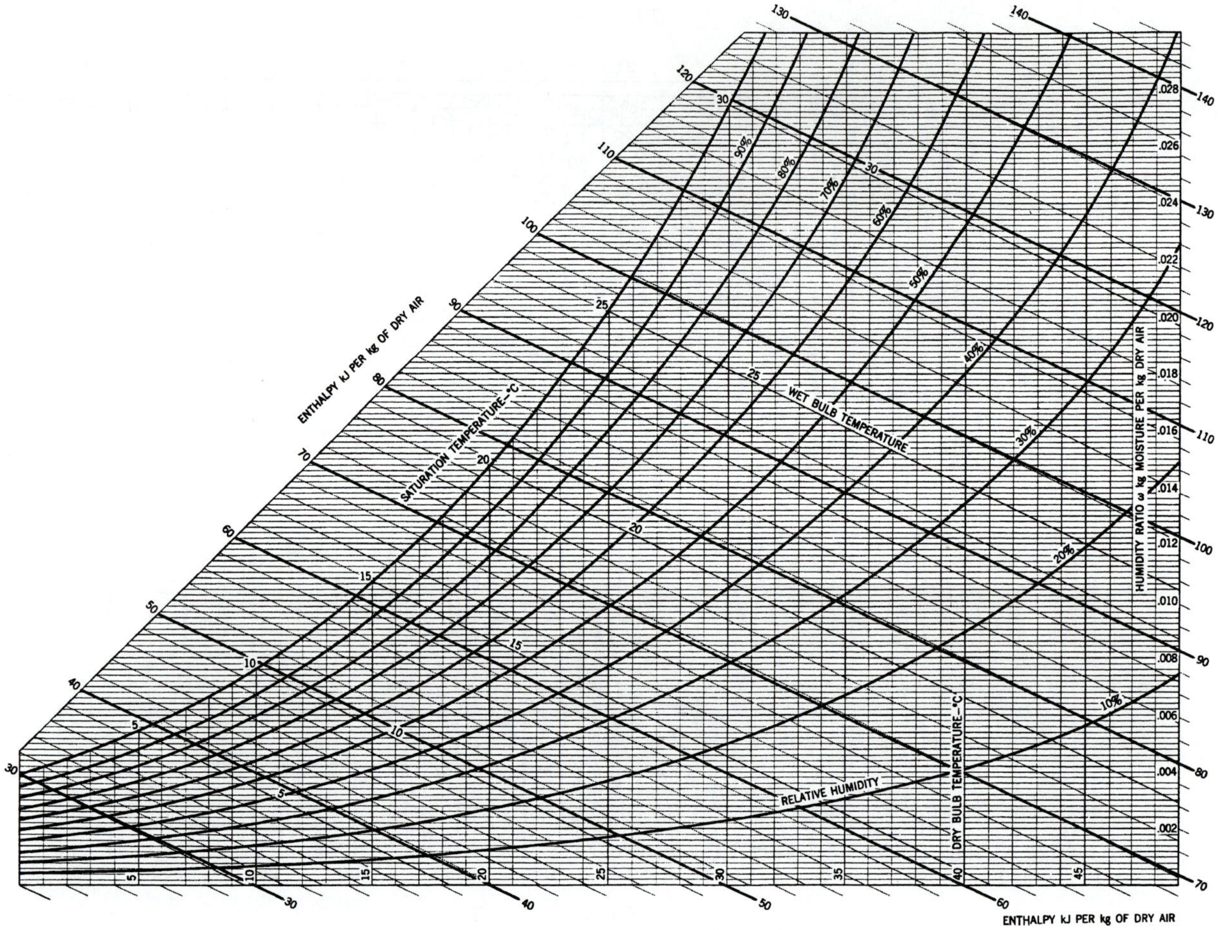
ENTHALPY kJ PER kg OF DRY AIR
SATURATION TEMPERATURE–°C
WET BULB TEMPERATURE
RELATIVE HUMIDITY
DRY BULB TEMPERATURE–°C
HUMIDITY RATIO ω kg MOISTURE PER kg DRY AIR
ENTHALPY kJ PER kg OF DRY AIR

그림 E.4 ▸ 습공기 선도.

찾아보기

Index

한글 찾아보기

ㄱ

ㄴ

ㄷ

ㅇ

ㅈ

ㅊ

ㅋ

ㅌ

ㅍ

ㅎ

영문 찾아보기

A

B

C

D

E

F

G

H

I

J

L

M

N

O

P

Q

R

S

T

V

W

Z

기타